盐碱土壤科学及综合利用

胡树文　李　荣　高海翔 等　著

科 学 出 版 社
北　京

内 容 简 介

本书主要系统梳理了作者团队在盐碱地改良技术方面的创新与实践。面对盐碱地治理传统方法的局限，如技术单一、淡水耗费量大、改良周期长及容易反盐问题，胡树文教授带领团队专注于生态修复盐碱地工程技术体系的构建，十年磨一剑，提出了“重塑土壤，高效脱盐，疏堵结合，垦造良田”这一核心理念。全书共 12 章，第 1 章引言，概述盐碱土的定义、分布与成因和改良技术；第 2 章介绍我国主要盐碱土分类、分布和特征；第 3 章介绍当前盐碱土的主要监测分析技术；第 4 章介绍盐碱土壤的结构与物理性质；第 5 章分析盐碱土壤的水盐动态；第 6 章介绍盐碱土壤的通气性；第 7 章介绍盐碱地土壤胶体与团聚体；第 8 章介绍盐碱土壤养分管理与循环；第 9 章介绍盐碱土的生物多样性与生态学；第 10 章介绍盐碱地的治理利用原则与策略；第 11 章介绍我国主要盐碱地区治理技术模式与典型案例；第 12 章介绍全球不同区域的盐碱土治理技术。

本书适合土壤学领域科研人员、灌溉企业、肥料企业、盐碱地改良企业、农业技术推广部门、园林园艺部门、经济林业部门等技术与管理人员及种植户阅读，也可供高校相关专业师生参考。

图书在版编目（CIP）数据

盐碱土壤科学及综合利用 / 胡树文等著. -- 北京 : 科学出版社, 2024. 11. -- ISBN 978-7-03-080064-0

Ⅰ. S155.2

中国国家版本馆 CIP 数据核字第 2024LF9536 号

责任编辑：张淑晓　孙静惠 / 责任校对：王萌萌
责任印制：赵　博 / 封面设计：东方人华

科学出版社 出版
北京东黄城根北街 16 号
邮政编码：100717
http://www.sciencep.com

涿州市般润文化传播有限公司印刷
科学出版社发行　各地新华书店经销
*
2024 年 11 月第　一　版　开本：787×1092　1/16
2025 年 2 月第三次印刷　印张：33
字数：780 000

定价：188.00 元

（如有印装质量问题，我社负责调换）

序　一

盐碱地是我国土地资源的重要组成部分，但由于盐碱化问题，其生产力水平较低，开发利用难度较大。盐碱地的综合治理与科学利用是保障国家粮食安全、促进生态文明建设的重要课题，也是几代农业科技工作者接续奋斗的目标。长期以来，我国学者在盐碱地治理和利用方面做了大量卓有成效的工作，取得了显著成就，但同时也面临着诸多新的挑战。

该书系统总结了盐碱地治理与利用领域的最新研究成果和实践经验，内容涵盖了盐碱地形成机制、分布特征、监测技术、改良方法、水盐管理、养分循环、生物多样性、生态修复等多个方面，并结合国内外典型案例，深入探讨了盐碱地科学利用的理论基础和技术模式。书中提出的“重塑土壤结构高效脱盐”的盐碱地生态修复系统工程技术模式，创新性地将土壤结构改良与脱盐技术相结合，实现了盐碱地当年改良、当年高产、多年稳产的目标，为我国盐碱地综合治理开辟了新的路径。

作为长期从事盐碱地改良的农业科技工作者，我深知盐碱地治理是一项长期而艰巨的任务，需要持续的科技创新和人才培养。该书适合从事土壤、农业、生态等领域的科研、教学、推广专业人员阅读，也可供相关专业师生及关心盐碱地治理的社会各界人士参考。相信该书的出版，必将对广大农业科技工作者、生态环境保护者以及相关专业师生有所裨益，为我国盐碱地综合治理与科学利用事业的发展提供有力的科技支撑。

衷心希望该书的出版能进一步推动我国盐碱地科学利用事业的发展，为盐碱地综合利用、保障国家粮食安全贡献力量。

石元春
中国科学院院士
中国工程院院士
中国农业大学教授
2024 年 4 月

序

序　二

盐碱土壤，这种广布于全球的特殊土地资源，因其高盐碱含量、低肥力和较差的结构，长期被视为制约农业和生态可持续发展的主要因素。在气候变化加剧和人口持续增长的大背景下，盐碱土壤的科学治理和高效利用，对于保障粮食安全、维护生态平衡、应对资源环境挑战具有重要的战略意义。

21 世纪初，盐碱土壤科学研究已取得显著进展，过去的“废弃地”逐渐转变为具有巨大开发潜力的“希望田”。现代科学技术，如遥感和大数据，正在推动我们深入理解盐碱土的时空分布，同时，新型材料和生物制剂的开发为改良盐碱土提供了新方向。这些技术进步极大地扩展了研究视野，开辟了盐碱土壤科学治理和可持续利用的新途径。

尽管如此，实现盐碱土壤修复和农业高效开发仍面临诸多挑战：盐碱地成因复杂、类型多样、特点各异，针对性治理和差异化利用亟须加强；不同区域盐碱地的环境响应机制有待进一步阐明；新型改良材料、绿色修复技术有待进一步创制和优化；生态保育与农业开发的权衡机制有待进一步完善。这些都对盐碱土壤科学研究提出了更高要求。

该专著正是基于对当前研究现状与未来发展趋势的深刻思考，由胡树文教授领衔，多学科专家学者合力编撰而成。全书以盐碱土的成因与分类、理化特征、生物过程、改良策略、治理实践等为主线，凝聚了国内外盐碱地研究与实践的最新成果。无论是对盐碱土的监测分析方法，还是对其结构与养分特征的剖析；无论是在生物多样性与生态过程方面的新认知，还是在治理模式与工程实践领域的新探索，该书都进行了系统而深入的总结和讨论。同时，胡树文教授致力于将中国本土的科研成果与国际先进经验进行有机结合，从多视角比较了不同区域盐碱地治理技术，以期为读者全面理解盐碱地奥秘、破解盐碱地难题提供借鉴。

我相信，该书的出版将推动盐碱土壤科学研究进一步发展，为相关科研人员、工程技术人员、农技推广人员及广大师生提供宝贵参考。胡教授在盐碱土壤改良与农业高效利用领域的研究积累和创新成果令人印象深刻，也希望该书能激励更多科学家和技术人员关注盐碱土壤问题，共同推动全球农业和生态系统的可持续发展。

2024 年 4 月 16 日

前　　言

在全球范围内，科学管理与高效利用盐碱地是确保粮食安全、促进生态环境恢复、推动农业可持续发展的重要课题。对于中国这样的盐碱地大国而言，这一任务尤为迫切，同时中国也肩负着引领盐碱地研究与治理的重任。在此背景下，《盐碱土壤科学及综合利用》一书，立足于新时代可持续发展的战略需求，致力于阐述盐碱土壤改良与利用的科学原理，并为盐碱土壤实践提供指导。本书涵盖了从基础研究到应用技术，从本土案例到全球治理经验的广泛内容，对盐碱地科学利用的方方面面进行了深入的解析。

本书共 12 章，前两章剖析了盐碱地的基本概念、形成机制、分类方法及在中国的分布状况，旨在为读者揭示盐碱地的本质特征以及面临的挑战。第 3 章、第 4 章详尽介绍了当前盐碱地监测与分析技术的最新进展，以及盐碱土壤的物理改良方法，展现了科学研究在实际应用中的关键作用。第 5 章、第 6 章聚焦盐碱地的水盐管理和土壤通气性研究，强调了资源高效管理对于提升盐碱地生产力的重要性。第 7 章、第 8 章从土壤科学的角度，探讨了土壤胶体与团聚体的相互作用及其对养分循环的影响，明确了盐碱地养分管理的策略与技术路径。值得特别强调的是，第 9 章专门论述了盐碱地生物多样性与生态系统功能，突显了生物多样性在维护生态平衡与促进生态恢复中的核心角色。而第 10 章至第 12 章，不仅系统归纳了国内外在盐碱地治理和科学利用方面的成功案例，更为盐碱地的未来开发提供了科学的技术模式和策略，包括物理、化学、生物修复手段以及综合管理措施。

鉴于跨学科合作在推动科学发现和技术创新中的核心作用，本书尽可能地集合了领域内众多专家学者的智慧和经验，旨在为读者提供一份全面且实用的盐碱地利用指南。本书适合农业科技工作者、环境科学家、土壤学家和政策制定者等专业人士阅读，同时也为广大学生和公众提供了增强对盐碱地重要性认识和理解的机会。

本书的前言由高海翔教授执笔；第 1 章“引言”，由孟云杉撰写；第 2 章“中国主要盐碱土分类、分布及特征”，由胡昊阐述；第 3 章“盐碱土监测分析技术”，由陶树明与邹力共同完成；第 4 章“盐碱土壤结构与物理性质”，由周泰然撰写；第 5 章“盐碱土壤水特征及水管理”，由张运进行了详尽分析；第 6 章“盐碱土壤通气性”，由冯浩杰与葛燕宁共同完成；第 7 章“土壤胶体与团聚体”，由范景彪撰写；第 8 章“盐碱土壤养分管理与循环”，由高子登与吕其霖共同完成；第 9 章“盐碱土的生物多样性与生态学”，由费翼珏、宋瑞和武嘉淇共同撰写；第 10 章“盐碱地的治理利用原则与策略”，由王天浩撰写；第 11 章“中国主要盐碱地区治理技术模式与典型案例”，由高子登与魏彤宇共同撰写；第 12 章“全球不同区域的盐碱地治理技术”，由杜学军与王书翰撰写。参考文献的梳理工作由高攀攀与张鲁昕共同完成。胡树文教授、李荣研究员、高海翔教授对全书进行了最后的统稿定编。

本书的编纂得益于胡树文教授的直接倡导和亲自指导，并在李荣研究员和高海翔教授精心设计的框架下逐步成形。中国农业大学的李保国教授、任图生教授、任雪芹教授、汪杰副教授、周文峰教授等学者对本项工作持续关注并给予指导，他们的真知灼见极大地促进了本书的完善。

在此，向石元春、康绍忠、张福锁、唐华俊、张佳宝、周卫、沈其荣、徐明岗、曹晓风、夏敬源、梅旭荣、陆雅海、武志杰、曾希柏、魏丹、杨劲松、田长彦、刘小京、梁正伟、王志春、徐万里、刘兆辉、赵兰坡等专家表示衷心的感谢，他们的支持与帮助对本书的完成至关重要。同时，也要感谢科学出版社工作人员的辛勤付出。此外，我们也对科技部重大攻关项目、重点研发专项的支持表示深深的感激之情。

我们期待，《盐碱土壤科学及综合利用》的出版，能够为盐碱地领域的基础研究和应用实践注入新的动力，为区域农业绿色发展、土壤健康和粮食安全保障等重大战略需求提供科技支撑，为全球生态文明建设贡献“中国智慧”和“中国方案”。

尽管经过多次修订，但因时间紧迫，书中难免仍有不足之处。我们诚挚地欢迎广大读者提出宝贵意见，以促进本书的进一步完善。

再次感谢所有为本书的出版付出辛勤努力的专家学者和工作人员！

作　者

2024 年 3 月

目　　录

第1章　引　　言

盐碱土(壤)又称盐碱地，是指土壤中含有过量的可溶性盐分，影响植物生长和土壤质量的土壤。盐碱土的形成和分布与气候、地质、水文、生物和人类活动等多种因素有关。盐碱土是一种广泛存在的土壤类型，对农业生产和环境保护构成严重威胁。本章介绍盐碱土的基本概念、形成原因、分类方法、诊断及改良技术等内容，为后续章节做铺垫。

1.1　盐碱土的定义和历史背景

盐碱土的定义和分类有多种标准，其中最常用的是根据土壤饱和浸出液的电导率(EC)和交换性钠百分比(ESP)来划分。根据这两个指标，盐碱土通常可以分为四类：盐土、碱土、盐碱土和非盐碱土。不同类型的盐碱土具有不同的物理、化学和生物学特征，对植物生长和土壤管理有不同的影响。

盐碱土问题是一个古老而又新颖的课题，它既有着悠久的历史，又随着时代的变迁而不断更新。人类对盐碱土的认识和研究经历了一个从经验到科学，从描述到解释，从被动到主动的过程。

早在古代，人们就已经注意到盐碱土对农业生产的不利影响，并采取一些措施来改善或避免盐碱土。例如，古埃及人在尼罗河流域利用洪水冲洗盐分，维持了肥沃的农田；古印度人在《吠陀经》中记载了盐碱土的特征和改良方法；古希腊人和古罗马人在农业相关著作中也提到了盐碱土的危害和防治措施；中国古代农学家也对盐碱土进行了观察和描述，并提出一些灌溉、排水、施肥等改良方法。

随着科学技术的发展，人们对盐碱土的研究也逐步从经验走向科学，从描述走向解释。19世纪以来，随着化学、物理、地质、水文等学科在盐碱土研究中的应用，人们开始探索盐碱土的形成机制、分类方法、分布规律、化学组成、物理性质等方面，并建立了一些理论模型和试验方法。20世纪以来，随着生物学、生态学、遥感技术等学科在盐碱土研究中的应用，人们开始关注盐碱土对植物生长、生物多样性、生态系统服务等方面的影响，并开展了一些综合管理和利用的实践。

在当今时代，随着全球气候变化和人口增长等因素的影响，盐碱化问题日趋严峻，对农业生产和环境保护构成巨大挑战。同时，随着科学技术的进步和创新，盐碱土研究也面临着新的机遇和发展方向。如何充分利用现代科学技术，深入揭示盐碱土的本质规律，探索盐碱地的科学管理和利用途径，提高盐碱地的生产力和生态功能，是当前和未来盐碱地研究的重要课题。

本书系统地介绍了盐碱土壤的基本概念、形成机制、分布规律、特征识别、危害评估、改良利用、管理策略等相关内容，旨在构建一个深入且全面的盐碱土知识体系。我们用通俗易懂的语言，融合丰富的数据和案例，力求为读者提供清晰、科学的理解和应用指导。

1.1.1　盐碱土的定义

盐碱土在国际上通常称为 saline-sodic soil。它的定义是根据土壤中可溶性盐分的种类和含量，以及土壤中交换性钠的含量和比例来划分的。因此，盐碱土可以分为以下两大类。

(1) 盐土(saline soil)：盐土是指土壤中主要含有可溶性盐分，而交换性钠百分比较低的土壤。可溶性盐分主要是氯化物、硫酸盐、硝酸盐、碳酸盐、碳酸氢盐等，其中以氯化物和硫酸盐为主。交换性钠百分比(ESP，俗称碱化度)小于 15%，即交换性钠占总交换性阳离子的比例小于 15%。这类土壤的 pH 通常小于 8.5，不具有强碱性。通常呈白色或棕色，表面有白色或灰白色的盐碱。这类土壤对植物生长的主要影响是增加渗透压，降低水分有效性，造成植物水分胁迫。

(2) 碱性土(alkaline soil)：碱性土是指土壤中主要含有交换性钠，而可溶性盐分含量较低的土壤。这类土壤的 ESP 大于 15%，pH 通常大于 8.5，具有强碱性。通常呈黑色或灰黑色，表面有黑色或灰黑色的盐碱。这类土壤对植物生长的主要影响是破坏土壤结构，降低渗透性和通透性，造成植物营养失衡。

盐土和碱性土的定义是基于对植物生长影响最大的两个因素：可溶性盐分和交换性钠。可溶性盐分是指在水中能够完全或部分溶解的无机物或有机物，如 NaCl、$CaSO_4$、$NaNO_3$、Na_2CO_3、$NaHCO_3$ 等。可溶性盐分可以通过测定饱和浸出液(saturation extract)的电导率(EC)来反映。电导率是指单位长度单位截面积的导体在单位电压下所通过的电流强度，单位是西门子/米(S/m)。电导率与可溶性离子浓度成正比，因此可以用来表示可溶性盐分含量。通常，当 EC 在 25℃下等于或超过 4 dS/m(1 dS/m = 0.1 S/m)时，土壤就被认为是盐碱土。这个定义在最新的美国土壤科学术语表中仍然有效。

交换性钠是指在土壤胶体表面能够与水中其他阳离子进行交换的钠离子，用交换性钠百分比(ESP)来表示。ESP 是指交换性钠占总交换性阳离子的比例，单位是百分比(%)。通常，当 ESP >15%时，土壤就被认为是碱性土。这个定义在最新的美国土壤科学术语表中仍然有效。

盐碱土的诊断是指通过采集、分析、评价和解释土壤样品中可溶性盐分和交换性钠等指标，判断土壤是否存在盐碱化现象，并确定其类型、程度、范围、原因等信息。盐碱土的诊断是进行盐碱化防治和管理的基础工作，也是评价农业生产效果和环境质量状况的重要手段。

盐碱土的诊断技术有多种，可以分为传统的和现代的两类。传统的诊断技术主要是通过采集土壤样品，进行实验室或田间的分析，测定土壤饱和泥浆的电导率、交换性钠百分比等指标，然后根据一定的标准或分类系统，判断土壤是否盐碱化，以及盐碱化的类型和程度。

传统的诊断技术是最基本的盐碱土诊断方法，也是其他诊断技术的参考依据。传统的诊断技术包括以下几个步骤。

土壤采样：根据目的和需要，选择合适的采样方法、时间、深度、数量和位置，采集有代表性的土壤样品。通常，如果怀疑存在盐碱化问题，应该从土壤表层(6～12 cm)采集样品，重点关注表现最差的区域。

土壤分析：根据不同的指标，选择合适的分析方法、仪器和试剂，对土壤样品进行实验室或田间分析。最常用的指标是土壤饱和泥浆的电导率(EC)和交换性钠百分比(ESP)。EC 是用水与干燥细粉状土壤混合，使其达到饱和状态，即不再吸收水分也不流失水分的状态，所形成的浆液中可溶性盐分含量的反映。ESP 是用酸性溶液提取土壤中交换性阳离子，并用火焰光度计或原子吸收光谱仪测定其中钠离子含量与总阳离子含量之比。除了这两个指标之外，还可以测定土壤 pH、钠吸附比(SAR)、碳酸盐含量、硫酸盐含量、氯化物含量、硼含量等其他指标。

土壤评价：根据不同的标准或分类系统，对土壤分析结果进行评价和解释，判断土壤是否存在盐碱化现象，并确定其类型、程度、范围、原因等信息。最常用的标准或分类系统有美国土壤学会(SSSA)和联合国粮食及农业组织(FAO)提出的两种(表 1-1 和表 1-2)。SSSA 系统是根据 EC 和 ESP 两个指标，将盐碱土分为四类：盐土、碱土、盐碱土和非盐碱土。FAO 系统是根据 EC 和 pH 两个指标，将盐碱土分为三类：盐性碱性土、碱性碱性土和中性碱性土。

表 1-1 用 EC 和 ESP 划分的 SSSA 系统

EC/(dS/m)	ESP/%	土壤类型
<4	<15	非盐碱土
>4	<15	盐土
<4	>15	碱土
>4	>15	盐碱土

表 1-2 用 EC 和 pH 划分的 FAO 系统

EC/(dS/m)	pH	土壤类型
>4	<8.5	盐性碱性土
<4	>8.5	碱性碱性土
<4	<8.5	中性碱性土

现代的诊断技术是在传统的诊断技术基础上，利用电磁、光学、电子显微、地学统计、遥感和地理信息系统等先进的仪器和方法，进行快速、准确、连续和大范围的盐碱土检测和监测，获取土壤盐分的空间分布和动态变化等信息。现代的诊断技术包括以下几种。

(1) 电磁技术：利用电磁感应仪(EM38)等仪器，测量土壤中电磁波的反射或透射，从而推算出土壤的电导率。这种方法可以快速地在田间进行连续测量，不需要采集土壤样品，也不受土壤湿度的影响。但是，这种方法需要校准，即用传统的方法测定一些点位土壤的电导率，然后与电磁感应仪测得的值进行回归分析，建立转换关系。

(2) 光学技术：利用光学显微镜或扫描电镜等仪器，观察和分析土壤薄片或粉末中可溶性盐分的形态、结构、组成和分布。这种方法可以直观地显示出土壤中盐分的种类和数量，以及与其他成分的相互作用。但是，这种方法需要制备高质量的土壤薄片或粉末，也需要专业的仪器和人员。

(3) 地学统计技术：利用地学统计学原理和方法，对土壤盐分数据进行空间插值、变异分析、区域划分等处理，得到土壤盐分的空间分布图和统计特征。这种方法可以有效利用有限的数据，揭示出土壤盐分的空间变异规律和影响因素。但是，这种方法需要选择合适的插值方法、变异函数、样点布局等参数，也需要专业的软件和人员。

(4) 遥感技术：利用卫星或飞机等平台搭载的传感器，获取土壤表面或植被覆盖区域的光谱信息，从而反演出土壤含盐量或植被受盐害程度。这种方法可以实现对大范围、难以进入或重复观测区域的盐碱化监测，也可以获取土壤盐分的时序变化信息。但是，这种方法需要校准，即用传统的方法测定一些点位的电导率或植被指数值，然后与遥感影像中相应像元的光谱值进行回归分析，建立反演模型。

(5) 地理信息系统技术：利用地理信息系统(GIS)软件，将不同来源、不同尺度、不同形式的数据(如遥感影像、地形图、气象数据、土壤分析数据等)进行整合、叠加、分析和展示，得到土壤盐分的空间分布图和相关分析结果。这种方法可以有效地管理和利用多源数据，进行综合的土壤盐碱化评价和管理。但是，这种方法需要处理数据的空间匹配、投影转换、格式转换等，也需要专业的软件和人员。

盐碱土的定义是为了方便对这类土壤进行诊断、评价和管理，但并不是绝对的。在实际情况中，可能存在一些特殊的情况，如可溶性盐分和交换性钠含量都很高或很低的土壤，或者可溶性盐分和交换性钠含量与 pH 之间没有明显相关性的土壤。因此，在定义盐碱土和碱性土时，还需要考虑其他因素，如土壤中其他可溶性离子或有机物的含量、土壤的物理和化学特性、植物的耐盐和耐碱能力等。

1. 盐碱土分类标准

盐碱土的分类标准有多种，其中最常用的是根据土壤饱和浸出液的电导率(EC)和交换性钠百分比(ESP)来划分。EC 反映了土壤中可溶性盐分的总量，ESP 反映了土壤中钠离子对土壤结构和渗透性的影响。

美国盐碱土实验室(U.S. Salinity Laboratory)提出了一种基于 EC 和 ESP 的盐碱土分类系统，将盐碱土分为以下四类。

盐土(salt-affect soil)：EC > 4 dS/m，ESP < 15%。这类土壤中含有较多的可溶性盐分，主要是氯化物、硫酸盐和硝酸盐。这些盐分会降低土壤的渗透性和持水能力，增加植物的渗透压，导致植物生长受限。盐碱土通常具有良好的结构和排水条件，可以通过灌溉和淋洗来改良。

碱性土(alkaline soil)：EC < 4 dS/m，ESP > 15%。这类土壤中含有较多的交换性钠，主要是碳酸盐和硅酸盐。这些钠离子会破坏土壤的胶体性质，导致土壤团聚体分解，形成坚硬的板状结构。碱性土通常具有高 pH(> 8.5)、低渗透性和排水能力，容易发生水蚀和风蚀。碱性土的改良需要添加石灰或其他酸性物质，以降低钠离子的活度，促进钙离子的交换，恢复土壤结构。

盐碱土(saline-alkaline soil)：EC > 4 dS/m，ESP > 15%。这类土壤中同时含有较多的可溶性盐分和交换性钠，综合了盐碱土和碱性土的不利特征。盐碱土的改良需要先淋洗掉可溶性盐分，再添加石灰或其他酸性物质，以降低钠离子的活度，促进钙离子的交换，恢复土壤结构。

非盐非碱性土(non-saline non-alkaline soil)：EC < 4 dS/m，ESP < 15%。这类土壤中含有较少的可溶性盐分和交换性钠，不影响植物生长和土壤质量。

根据 EC 的大小，还可以将盐碱土和盐碱土进一步细分为轻度、中度和重度三个等级：

轻度(slightly saline or saline-alkaline)：4 dS/m < EC < 8 dS/m；

中度(moderately saline or saline-alkaline)：8 dS/m< EC < 16 dS/m；

重度(severely saline or saline-alkaline)：EC > 16 dS/m。

我国参照国际通行的分类，制定了新的国标(表 1-3)。

表 1-3 不同类型盐渍土地盐渍化程度分级

盐渍土地类型	指标	轻度	中度	重度	极重度
钠质土	ESP/% EC/(dS/m)	15～20 < 4	20～30 < 4	30～40 < 4	> 40 < 4
盐渍土	EC/(dS/m) ESP/%	2～4 < 15	4～8 < 15	8～16 < 15	> 16 < 15
盐土-钠质土	ESP/%， EC/(dS/m)	15～20, 4～8	15～20, 8～25 20～30, 4～16 30～40, 4～8	15～20, > 25: 20～30, 16～25 30～40, 8～16 40～50, 4～8	20～30, > 25 30～40, > 16: 40～50, > 8: > 50, > 4

除了 EC 和 ESP 之外，还有其他盐碱土分类标准，如根据土壤饱和浸出液的 pH、可溶性盐分的种类和比例、土壤中钠吸附比(SAR)等。不同的分类标准有不同的适用范围和目的，需要根据具体的情况和需求来选择。

2. 碱性土的特征

碱性土是指土壤中交换性钠含量和比例较高，而可溶性盐分含量较低的土壤。交换性钠百分比(ESP)大于 15%，即交换性钠占总交换性阳离子的比例大于 15%。这类土壤的 pH 通常大于 8.5，具有强碱性。碱性土可以进一步分为以下两类(表 1-4)。

盐碱土(saline-alkaline soil)：这类土壤既含有较高的交换性钠，又含有一定量的可溶性盐分。可溶性盐分主要是碳酸盐和碳酸氢盐，其中以碳酸盐为主。这类土壤的 EC 大于或等于 4 dS/m，表明可溶性盐分含量足以影响植物生长。

非盐碱土(non-saline-alkaline soil)：这类土壤只含有较高的交换性钠，而可溶性盐分含量很低。可溶性盐分以碳酸氢盐为主。这类土壤的 EC 小于 4 dS/m，表明可溶性盐分含量不足以影响植物生长。

表 1-4 用交换性钠和可溶性盐分划分的碱性土

交换性钠	可溶性盐分	土壤类型
高	高	盐碱土
高	低	非盐碱土

碱性土的特征主要是由交换性钠引起的，包括以下几个方面。

土壤反应：碱性土的 pH 通常在 8.5～10 之间，表现出强碱性。这是因为交换性钠与水和二氧化碳反应，生成了可溶性的碳酸盐和碳酸氢盐，使得土壤溶液中存在大量的 OH^-。高 pH 会影响土壤中许多元素的有效性和植物对它们的吸收，如降低磷、铁、锌、铜、锰等元素的有效性，造成植物缺少叶绿素或毒素积累。

土壤结构：碱性土的结构通常很差，呈现出散沙状或块状。这是因为交换性钠破坏了黏粒和胶体之间的吸引力，使得黏粒和胶体失去了凝聚力和稳定性，容易发生分散和迁移。分散的黏粒和胶体会堵塞土壤孔隙，降低土壤的渗透性和通透性。

土壤肥力：碱性土的肥力通常很低，不利于植物生长。这是因为高 pH 和高含量交换性钠影响了土壤中有机质、微生物、酶等生物活性物质的形成和转化，降低了土壤中养分的供应能力。另外，高 pH 和高含量交换性钠也影响了植物根系的发育和功能，降低了植物对养分的吸收能力。

土壤表面：碱性土的表面通常有黑色或灰黑色的盐碱，尤其是在土壤水分向上运动的季节。这是因为交换性钠使土壤中的有机质分解和溶解，形成了有色的有机质。这些有机质随着土壤水分向上运动，最终沉积在土壤表面，形成了黑色或灰黑色的盐碱。

1.1.2 盐碱土的历史记载和研究

1. 历史上值得注意的记载和观察

盐碱土并不是一个新现象，已经存在了几个世纪。一个很好的例子是来自美索不达米亚(现在的伊拉克)的历史，那里的早期文明曾经繁荣，后来因为人为引起的盐碱化而衰落。有一本书《古代美索不达米亚农业中的盐和淤泥》(*Salt and Silt in Ancient Mesopotamian Agriculture*)详细介绍了美索不达米亚的盐碱化历史，其中报道了三次盐碱化事件：最早且最严重的一次发生在公元前 2400～公元前 1700 年之间，影响了美索不达米亚南部；较轻微的一次发生在公元前 1300～公元前 900 年之间，影响了美索不达米亚中部；另一次发生在公元 1200 年之后，影响了巴格达东部[1]。

有些报告清楚地显示了“许多以灌溉农业为基础的社会已经失败了”，如美索不达米亚和秘鲁的 Viru 山谷[2]。造成土壤盐碱化的主要原因是洪水、过度灌溉、渗漏、淤积和地下水位上升。这些原因导致土壤中可溶性盐分的增加和累积，影响土壤质量和植物生长。

除了美索不达米亚之外，还有其他一些地区也有关于盐碱土的历史记载和观察。例如，在中国，早在春秋战国时期(公元前 770～公元前 221 年)就有关于盐碱地的记载。

《汉书·卷二十九·沟洫志第九》中记载："秦以为然，卒使就渠。渠成而用注填阏之水，溉舄卤之地四万余顷，收皆亩一钟。于是关中为沃野，无凶年，秦以富强，卒并诸侯，因名曰郑国渠。"这段记载反映了当时人们已经开始治理盐碱地，并取得了显著的成效。《吕氏春秋》任地篇中也提到了与土地管理相关的问题："子能使吾士靖而甽浴士乎？子能使保湿安地而处乎？"这些记载表明，古代中国人已经意识到土地管理的重要性，包括对盐碱地的治理。

在印度，也有关于盐碱土的古代记载。《阿育王碑文》(*Edicts of Ashoka*)中提到了一种名为"usara"的土地，其含义是"不肥沃的"或"不适合耕种的"[3]。这种土地可能就是指盐碱土，因为它与现代印地语中的"usar"一词相似，而"usar"一词就是指盐碱土或碱性土。《阿育王碑文》中还提到了阿育王为了改善这种土地采取了一些措施，如种植树木、挖掘水井、建造水渠等[3]。

在埃及，也有关于盐碱土的古代记载。《埃及死者之书》(*The Egyptian Book of the Dead*)中有一段描述了一个名为"Amentet"的地方，其含义是"西方之地"或"死者之地"。这个地方被认为是一个恐怖的地方，因为它是"一片白色的沙漠，没有水，寸草不生，只有盐和苦涩的东西"(a white desert, without water, without trees, without herbs, with salt and bitter things only)[4]。这个地方可能就是指盐碱土，因为它与现代埃及的西部沙漠相似，那里有大片的盐碱土和盐湖[5]。

以上的例子说明了盐碱土是一个古老而普遍的问题，它不仅影响人类文明的发展，也引起人们对于土壤和农业的关注和思考。在古代，人们对于盐碱土形成和影响的认识还很粗浅，主要是通过直观观察和经验的总结。随着科学技术的进步，人们对于盐碱土的研究也逐渐深入和系统化。

2. *最初的学术研究和发现*

在古代，人们对于盐碱土的认识主要是基于经验和观察，缺乏科学的理论和方法。直到十九世纪末，随着化学、物理、生物等学科的发展，人们开始对盐碱土进行实验室和田间的研究，探索盐碱土的形成原因、化学组成、物理性质、生物活性等。这些最初的学术研究为后来的盐碱土研究奠定了基础，也反映了当时科学家对于盐碱土问题的重视和关注。

最早对盐碱土进行系统研究的是德国化学家维尔纳(Werner)，他在 1893 年发表了一篇论文，介绍了对埃及和北非盐碱土的化学分析结果[6]。他发现，盐碱土中主要含有氯化钠、硫酸钙、碳酸钙、碳酸镁等可溶性盐分，以及少量的硝酸盐、硼酸盐、碘酸盐等。他还发现，不同地区的盐碱土有不同的化学组成，这与当地的气候、地质、水文等因素有关。他认为，盐碱土是由于地下水中的盐分上升到地表而形成的，而地下水中的盐分则是由于古代海水或湖水的蒸发而富集的。他还提出了一些改良盐碱土的方法，如灌溉、排水、施肥等。

在维尔纳之后，另一位德国化学家希尔加德(Hilgard)也对盐碱土进行了深入的研究，并在 1906 年出版了一本书，介绍了对美国西部和墨西哥北部盐碱土的调查结果[7]。他发现，这些地区的盐碱土主要是灌溉引起的，因为灌溉水中含有较高的可溶性盐分，而灌溉后又缺乏有效的排水，导致盐分在土壤中积累。他还发现，不同类型的灌溉水有不同的影响，例如，含有碳酸钙或硫酸钙的灌溉水会降低土壤中钠离子的浓度，而含有氯化钠或硫酸镁的灌溉水会增加土壤中钠离子的浓度。他认为，钠离子是导致土壤团聚性降低和通透性变差的主要因素。他还提出了一些改良盐碱土的方法，如使用优质灌溉水、增加有机质含量、施用石灰等。

除了德国科学家之外，其他国家的科学家也对盐碱土进行了一些研究。例如，美国农业部在 1900 年成立了一个专门研究干旱地区农业问题的部门(Office of Dry Land Agriculture Investigations)，其中一个重要任务就是研究西部地区的盐碱土问题。该部门的科学家对盐碱土进行了大量的调查和试验，研究了盐碱土的分布、形成、分类、改良等，发表了多份报告和公告[8]，介绍了对美国西部盐碱土物理性质的研究结果。研究发现，盐碱土的物理性质与其化学性质密切相关，例如，含有较高比例钠离子的盐碱土通常具有较小的团聚性、较高的容重、较低的孔隙度、较差的通透性等。他还发现，不同类型的盐分对土壤的物理性质有不同影响。例如，硫酸钙和碳酸钙对土壤的团聚性有促进作用，而氯化钠和硫酸镁对土壤的团聚性有抑制作用。当时的研究认为，改良盐碱土的物理性质是提高盐碱土生产力的关键。

总之，最初的学术研究为盐碱土提供了一些基本的概念和知识，如盐碱土的定义、分类、形成、分布、特征、影响等。这些研究也为后来的盐碱土研究提供了一些方法和技术，如盐碱土的采样、分析、评价、改良等。这些研究虽然有一定的局限性和不足，但是对于推动盐碱土研究的发展起到了重要的作用。

1.1.3　盐碱土研究和认知的演变

1. 科学探究的进展

20 世纪初，随着灌溉农业的发展，盐碱土问题变得更加严重和普遍。为了应对这一挑战，许多国家建立了专门的研究机构或部门，进行了大量的盐碱土研究。例如，美国在 1912 年成立了美国盐碱地实验室，在 1927 年成立了美国水利局(U.S. Bureau of Reclamation)，在 1938 年成立了美国农业部水利服务局(U.S. Department of Agriculture Soil Conservation Service)，这些机构都致力于盐碱土的调查、评估、改良和管理。苏联在 20 世纪 20 年代成立了苏联水利委员会(Soviet Water Commission)，在 30 年代成立了苏联水利研究所(Soviet Institute of Water Problems)，这些机构都进行了大规模的盐碱土调查和试验。印度在 1935 年成立了印度中央水利委员会(Central Water Commission of India)，在 1954 年成立了印度中央水利研究所(Central Soil Salinity Research Institute)，这些机构都进行了广泛的盐碱土研究和开发利用。这些国家的研究机构不仅积累了大量的数据和资料，而且培养了一批优秀的科学家和专家，为盐碱土研究做出了重要贡献。

20 世纪中期以后，随着科学技术的进步和全球化的发展，盐碱土研究也进入了一个新阶段。一方面，科学家运用新的理论、方法和工具，对盐碱土进行了更深入、更细致、更精确、更全面的分析和评价。例如，科学家运用物理化学理论、数学模型、遥感技术、核技术等，揭示了盐碱土的形成过程、迁移规律、分布特征、影响机制等[9]。另一方面，科学家加强了国际的合作和交流，对盐碱土进行了更广泛、更系统、更协调的调查和管理。例如，联合国粮食及农业组织(FAO)在 20 世纪 50 年代开始了全球盐碱土的调查和评价工作，发布了多份盐碱土的报告和地图。国际原子能机构(IAEA)在 20 世纪 60 年代开始了利用核技术改良盐碱土的研究和示范工作，发布了多份盐碱土的指南和手册[10]。这些国际组织的工作不仅提供了全球盐碱土的基础信息和技术支持，而且促进了各国之间的信息共享和经验交流。

总之，盐碱土研究经历了从观察到试验，从描述到分析，从局部到全球，从单一到综合的发展过程。在这个过程中，科学家不断提出新的问题，探索新的方法，创造新的知识，为盐碱土的理解和利用奠定了坚实的基础。

2. 盐碱土研究的关键范式转变

盐碱土研究在不断发展过程中，也经历了一些关键的范式转变，即对于盐碱土的认识和理解发生了重大变化和突破。这些范式转变往往是由于新的科学发现、新的技术手段、新的理论框架、新的社会需求等因素的驱动，对于推动盐碱土研究的进步和创新具有重要意义。以下是一些盐碱土研究中的关键范式转变的例子。

从单一因素到多因素的分析。最初的盐碱土研究往往只关注单一的因素，如盐分浓度、钠吸附比、灌溉水质等，而忽视了其他可能影响盐碱土形成和变化的因素，如气候、地形、植被、管理等。随着研究的深入和数据的积累，科学家逐渐认识到，盐碱土是一个复杂的系统，受到多种因素的相互作用和影响，需要进行综合和系统的分析[11]。例如，科学家运用系统分析法、模拟模型法、遥感技术等，对盐碱土进行多尺度、多角度、多层次的研究，揭示了盐碱土在时间和空间上的动态变化规律[12]。

从静态描述到动态模拟。最初的盐碱土研究往往只关注其静态特征，如盐分组成、物理性质、生物活性等，而忽视了盐碱土随着时间和空间变化的动态特征，如盐分迁移、分布、平衡等。随着研究的深入和技术的进步，科学家逐渐认识到，盐碱土是一个动态的系统，需要进行动态的模拟和预测[13]。例如，科学家运用数学模型、计算机模拟、人工智能等，对盐碱土进行动态模拟和预测，分析了盐碱土在不同条件下的响应和变化趋势[14]。

从单纯改良到综合利用。最初的盐碱土研究往往只关注盐碱土对农业生产和环境质量的负面影响，如降低作物产量和品质、造成水土流失和污染等，而忽视了盐碱土本身具有的资源价值和潜力[15]。随着研究的深入和需求的变化，科学家逐渐认识到，盐碱土不仅是一个问题，也是一个机遇，需要进行积极利用和开发[16]。例如，科学家运用遗传工程、基因编辑、杂交育种等，培育了一些耐盐作物品种，提高了盐碱土的农业生产力[17]。科学家还运用生物技术、纳米技术、太阳能技术等，开发了一些利用盐碱土生产能源、材料、药物等的新技术，拓展了盐碱土的产业价值[18]。

总之，盐碱土研究中的关键范式转变反映了科学家对于盐碱土的认识和理解从浅入深、从片面到全面、从消极到积极的发展过程。这些范式转变不仅促进了盐碱土研究的进步和创新，也为盐碱土的利用和管理提供了新的思路和方法。

1.2　土壤中的盐分

1.2.1　土壤中盐分的来源

土壤中的盐分是指土壤中溶解在水中的无机物质，主要包括钠离子、钾离子、钙离子、镁离子、氯离子等。土壤中的盐分可以由自然过程或人为活动产生，影响土壤的化学性质和生物性质，进而影响土壤的肥力和农业生产。土壤中盐分的来源可以分为地质盐源、大气和海洋输入及人为源等几类。表 1-5 总结了不同来源对土壤中含盐量的影响。

表 1-5　不同来源对土壤中含盐量的影响

来源	影响因素	含盐量
地质盐源	岩石和矿物种类、风化速度、水文条件	高
大气和海洋输入	气候类型、风速方向、距离海岸线远近	中
人为源	灌溉水质量、灌溉管理、化肥施用量、污水排放量	高

1. 地质盐源

地质盐源是指地球表层的岩石和矿物中含有的盐分，这些盐分经过长期的风化、淋溶、侵蚀等自然过程，释放到土壤和水体中。地质盐源是土壤中盐分的主要来源之一，尤其是在干旱和半干旱地区，由于降水量少，盐分难以被淋洗，容易在土壤表层或地下积累，形成盐碱土或碱性土[19,20]。

地质盐源的种类和含量取决于岩石和矿物的成分、风化速度、水文条件等因素。通常，岩石中的盐分主要包括硫酸盐、碳酸盐、氯化物等，其中以硫酸盐最为丰富，占岩石中总盐分的 60%以上。矿物中的盐分主要包括氯化钠、硫酸钙、硫酸镁等，其中以氯化钠最为丰富，占矿物中总盐分的 80%以上[21,22]。

风化是岩石和矿物释放盐分的主要过程，包括物理风化和化学风化两种类型。物理风化是指温度变化、冻融作用、生物活动等因素，导致岩石和矿物出现体积变化、开裂、剥落等现象，增加岩石和矿物与水和空气的接触面积，促进盐分的溶解和迁移。化学风化是指水和空气中的二氧化碳、氧气等物质与岩石和矿物发生反应，导致岩石和矿物的成分发生变化，形成新的可溶性或不溶性的产物，从而释放或固定部分盐分[21,22]。

水文条件是影响地质盐源释放和迁移的重要因素，包括降水量、蒸发量、地下水位、地表水流向等。降水量决定了土壤中水分的供应量和淋洗能力，降水量越大，土壤中的水分越充足，淋洗能力越强，土壤中的盐分越容易被带走；反之，则越容易积累。蒸发量决定了土壤中水分的消耗量和盐分的回升能力，蒸发量越大，土壤中的水分越缺乏，盐分越容易通过毛细管作用从深层向表层回升；反之，则越难回升。地下水位决定了土壤中水分和盐分的储存量和交换能力，地下水位越高，土壤中的水分和盐分越丰富，交换能力越强；反之，则越贫乏。地表水流向决定了土壤中水分和盐分的输送方向和速度，地表水流向越明显，土壤中的水分和盐分越容易沿着水流方向输送；反之，则越难输送。表1-6总结了不同类型的岩石和矿物中的盐分种类和含量[21,22]。

表1-6 不同类型的岩石和矿物中的盐分种类和含量

岩石和矿物类型	盐分种类	含盐量/(g/kg)
火成岩	硫酸盐、碳酸盐、氯化物等	0.1～10
变质岩	硫酸盐、碳酸盐、氯化物等	0.1～10
沉积岩	硫酸盐、碳酸盐、氯化物等	0.1～100
盐类矿物	氯化钠、硫酸钙、硫酸镁等	100～1000

2. 大气和海洋输入

大气和海洋输入是指通过降水、风沙、海风等途径，将大气中或海洋中的盐分输送到陆地上。大气中的盐分主要来自海洋飞沫的蒸发和火山喷发等自然现象，以及工业排放、农业施肥、道路撒盐等人为活动。海洋中的盐分主要来自海水的蒸发和河流的输入。大气和海洋输入对于沿海地区和风沙活动频繁的地区的土壤盐分有较大影响[20]。

大气和海洋输入的种类和含量取决于气候类型、风速方向、距离海岸线远近等因素。通常，大气中的盐分主要包括氯化钠、硫酸镁、硫酸钙等，其中以氯化钠最为丰富，占大气中总盐分的80%以上。海洋中的盐分主要包括氯化钠、硫酸镁、硫酸钙、碳酸钙等，其中以氯化钠最为丰富，占海洋中总盐分的85%以上。

降水是将大气中的盐分带到陆地上的主要途径，包括雨水、雪水、露水等。降水中的盐分主要来自大气中的风尘和海盐颗粒，它们与云滴或雪花相碰撞，被吸收或溶解在水中。降水量越大，降水中的盐分越多，土壤中的盐分越容易被淋洗；反之，则越容易积累。

风沙是将大气中或海洋中的盐分带到陆地上的另一种途径，包括风尘暴、沙尘暴等。风沙中的盐分主要来自干旱地区或沿海地区的土壤或岩石表面，它们被风力吹起，随着风向远距离输送，最终落在其他地方。风速越大，风沙中的盐分越多，土壤中的盐分越容易增加；反之，则越容易减少。

海风是将海洋中的盐分带到陆地上的又一种途径，包括海浪溅起的飞沫、潮汐涨落造成的浪花等。海风中的盐分主要来自海水表面，它们被太阳能或风力驱动，随着空气流动，向内陆方向输送。距离海岸线越近，海风中的盐分越多，土壤中的盐分越容易受到影响；反之，则越容易忽略。表1-7总结了不同途径对土壤中含盐量的影响。

表1-7 不同途径对土壤中含盐量的影响

途径	影响因素	含盐量
降水	降水量、降水类型、风尘和海盐浓度	中
风沙	风速、风向、土壤或岩石含盐量	高
海风	太阳能、风力、海水含盐量、距离海岸线远近	低

3. 人为源

人为源是指由人类活动而导致的土壤中盐分增加，主要包括灌溉水、化肥、农药、工业废水、城市污水等。人为源是土壤中盐分的重要来源之一，尤其是在灌溉农业和工业化程度较高的地区，由于灌溉管理不当、化肥施用过量、污水排放不规范等原因，土壤中的盐分积累，形成次生盐碱化[20,23]。

人为源的种类和含量取决于灌溉水质量、化肥施用量、污水排放量等因素。通常，灌溉水中的盐分主要包括氯化钠、硫酸钙、硫酸镁等，其中以氯化钠最为丰富，占灌溉水中总盐分的 60%以上。化肥中的盐分主要包括硝酸钙、硫酸铵、磷酸二铵等，其中以硝酸钙最为丰富，占化肥中总盐分的 40%以上。农药中的盐分主要包括氯化钾、硫酸铜、硫酸锌等，其中以氯化钾最为丰富，占农药中总盐分的 30%以上。工业废水和城市污水中的盐分种类较多，主要包括氯化钠、硫酸镁、硫酸钙、碳酸钙等，以及一些有机物和重金属等[23,24]。

灌溉水是人为源中最重要的一个因素，因为灌溉水通常含有一定量的盐分，如果灌溉管理不当，会导致灌溉水中的盐分在土壤表层积累，形成次生盐碱化。灌溉管理不当的表现有以下几种：

(1) 灌溉水量过大或过小，导致土壤中的水分和盐分平衡失调；

(2) 灌溉水质差，含有过多的可溶性盐分或有害物质；

(3) 灌溉方式不合理，造成土壤结构破坏或表面结皮；

(4) 灌溉排水系统不完善，阻碍了土壤中多余水分和盐分的排出。

化肥是人为源中另一个重要的因素，因为化肥通常含有一些可溶性盐分，如果施用过量或不合理，会增加土壤的电导率和渗透压，影响作物生长。化肥施用过量或不合理的表现有以下几种：

(1) 施用量超过作物需求或土壤容量，导致土壤中积累过多的无机离子；

(2) 施用时间不适当，与作物生长期或降水期不匹配，导致土壤中养分缺乏或过剩；

(3) 施用方式不合理，造成土壤表层或深层的养分不均匀或流失；

(4) 施用种类不适宜，与土壤性质或作物品种不相适应，导致土壤酸碱度或盐分变化。

农药是人为源中的又一个重要因素，因为农药通常含有一些可溶性盐分或有毒物质，如果使用过量或不规范，会对土壤和作物造成污染或伤害。农药使用过量或不规范的表现有以下几种：

(1) 使用量超过作物防治需要或土壤吸收能力，导致土壤中残留过多的农药成分；

(2) 使用时间不适当，与作物生长期或降水期不匹配，导致土壤中农药成分缺乏或过剩；

(3) 使用方式不合理，造成土壤表层或深层的农药分布不均匀或流失；

(4) 使用种类不适宜，与土壤性质或作物品种不相适应，导致土壤酸碱度或盐分变化。

工业废水和城市污水是人为源中的最后一个重要因素，因为工业废水和城市污水通常含有较高浓度的有机物和无机物，如果直接排放到土壤或水体中，会造成严重的污染和盐碱化。工业废水和城市污水直接排放的表现有以下几种：

(1) 排放量超过土壤或水体的自净能力，导致土壤或水体中积累过多的有害物质；

(2) 排放质量差，含有过多的可溶性盐分或重金属等，导致土壤或水体中增加过多的电解质或毒素；

(3) 排放方式不合理，造成土壤表层或深层的污染分布不均匀或扩散；

(4) 排放地点不适宜，与农田灌溉系统或地下水系统相连通，导致农田灌溉水或地下水的污染或盐碱化。

表 1-8 总结了不同因素对土壤中含盐量的影响。

表 1-8 不同因素对土壤中含盐量的影响

因素	影响因素	含盐量
灌溉水	灌溉水量、灌溉水质、灌溉方式、灌溉排水系统	高
化肥	施用量、施用时间、施用方式、施用种类	中
农药	使用量、使用时间、使用方式、使用种类	中
工业废水和城市污水	排放量、排放质量、排放方式、排放地点	高

1.2.2 盐分溶解和运输机制

盐分溶解和运输机制是指土壤中的盐分如何从固态转化为溶解态，以及如何在土壤中水分的驱动下进行迁移和分布。土壤中的盐分溶解和运输机制是影响土壤盐碱化形成和发展的重要因素，它们决定了土壤中的含盐量、种类和分布，进而影响土壤的物理、化学和生物学性质，以及作物的生长和产量。

土壤中的盐分溶解是指土壤中的固态盐分与水发生反应，形成溶液或胶体的过程。土壤中的盐分溶解受到多种因素的影响，主要包括以下几个方面：

盐分本身的性质。不同种类的盐分有不同的溶解度和溶解速率，一般氯化物、硫酸盐、硝酸盐等易溶性盐分比碳酸盐、硅酸盐等难溶性盐分更容易溶解。

水本身的性质。水的温度、pH、电导率等都会影响水对盐分的溶解能力，一般温度越高、pH 越低、电导率越低的水对盐分的溶解能力越强。

土壤本身的性质。土壤的含水量、孔隙度、有机质含量等都会影响土壤中水与盐分的接触面积和时间，一般含水量越高、孔隙度越大、有机质含量越低的土壤中水与盐分的接触面积越大和时间越长。

土壤中的盐分运输是指土壤中的溶解态或胶态盐分随着水在土壤中进行迁移和扩散的过程。土壤中的盐分运输受到多种因素的影响，主要包括以下几个方面：

水本身的性质。水在土壤中运动时会受到重力势能、压力势能、渗透势能等驱动力和阻力的作用，这些力会影响水在土壤中运动的方向和速度，从而影响水带动盐分在土壤中运输的方向和速度。

盐分本身的性质。不同种类和浓度的盐分会对水产生不同程度的渗透压差和化学势差，这些压差和势差会影响水在土壤中运动时所受到的驱动力和阻力，从而影响水带动盐分在土壤中运输的方向和速度。

土壤本身的性质。土壤的质地、结构、有机质含量等都会影响土壤中水和盐分的运动路径和阻力，一般质地细、结构差、有机质含量高的土壤中水和盐分的运动路径较短，阻力较大。

外界环境的条件。外界环境的温度、湿度、风速等都会影响土壤中水和盐分之间的平衡状态，进而影响盐分溶解和运输。一般温度越高、湿度越低、风速越大的外界环境会促进土壤中水向表面蒸发，从而增加土壤中盐分的浓度和梯度。

表 1-9 总结了不同因素对土壤中盐分溶解和运输的影响。

表 1-9　不同因素对土壤中盐分溶解和运输的影响

因素	影响因素	盐分溶解	盐分运输
盐分	种类、溶解度、溶解速率	直接影响	间接影响
水	温度、pH、电导率	直接影响	直接影响
土壤	含水量、孔隙度、有机质含量	直接影响	直接影响
外界环境	温度、湿度、风速	间接影响	间接影响

1. 土壤特性在盐分迁移中的作用

土壤特性在盐分迁移中的作用是指土壤的物理、化学和生物学性质对土壤中水和盐分运动的影响。土壤特性在盐分迁移中的作用是影响土壤盐碱化形成和发展的重要因素，它们决定了土壤中水和盐分运动的路径、速度和阻力，进而影响了土壤中水和盐分的分布和平衡[24,25]。

土壤特性在盐分迁移中的作用主要包括以下几个方面[26]：

土壤 pH，即土壤溶液中氢离子的浓度，影响土壤的酸碱度、电导率、离子平衡等化学性质，从而影响土壤中盐分的种类、溶解度、迁移性等。通常，酸性土壤(pH $<$ 6.5)比碱性土壤(pH $>$ 8.5)有更多的可交换酸性阳离子(如铝离子、铁离子等)，更少的可交换碱性阳离子(如钙离子、镁离子等)，因此盐分的种类以硫酸盐和氯化物为主，溶解度较低，迁移性较差；碱性土壤则相反，盐分的种类以碳酸盐和硼酸盐为主，溶解度较高，迁移性较好。

土壤质地，即土壤中不同粒径颗粒的比例，影响土壤的孔隙度、渗透性、持水性等物理性质，从而影响土壤中水和盐分运动的路径和速度。通常，质地细的土壤(如黏土)比质地粗的土壤(如砂)有更小的孔隙度、更低的渗透性、更高的持水性，因此水和盐分在质地细的土壤中运动的路径较短，速度较慢。

土壤结构，即土壤颗粒之间的排列和团聚方式，影响土壤的通透性、稳定性、抗侵蚀性等物理性质，从而影响土壤中水和盐分运动的阻力和方向。通常，结构好的土壤(如颗粒状)比结构差的土壤(如板状)有更高的通透性、更强的稳定性、更好的抗侵蚀性，因此水和盐分在结构好的土壤中运动的阻力较小，方向较均匀。

土壤有机质，即土壤中由生物活动产生或转化的有机质，影响土壤的肥力、缓冲性、吸附性等化学性质，从而影响土壤中水和盐分之间的相互作用和平衡。通常，有机质含量高的土壤(如黑钙)比有机质含量低的土壤(如白碱)有更高的肥力、更强的缓冲性、更大的吸附性，因此水和盐分在有机质含量高的土壤中相互作用和平衡更容易达到[26]。

土壤微生物，即土壤中存在的各种微生物(如细菌、真菌、藻类等)，影响土壤的生物活性、生态功能、循环过程等生物性质，从而影响土壤中水和盐分之间以及与其他物质之间的转化和利用。通常，微生物数量多且多样性高的土壤(如森林)比微生物数量少且多样性低的土壤(如荒漠)有更高的生物活性、更强的生态功能、更快的循环过程，因此水和盐分在微生物数量多且多样性高的土壤中转化和利用更有效。表 1-10 总结了不同土壤特性对水和盐分迁移的影响。

表 1-10 不同土壤特性对水和盐分迁移的影响

土壤特性	影响因素	水迁移	盐分迁移
土壤 pH	酸碱度、电导率、离子平衡	路径、方向	种类、溶解度
土壤质地	孔隙度、渗透性、持水性	路径、速度	路径、速度
土壤结构	通透性、稳定性、抗侵蚀性	阻力、方向	阻力、方向
土壤有机质	肥力、缓冲性、吸附性	相互作用、平衡	相互作用、平衡
土壤微生物	生物活性、生态功能、循环过程	转化、利用	转化、利用

2. 气候因素

气候因素是指影响土壤中水和盐分平衡和变化的气象条件，主要包括温度、降水、蒸发、风速等。气候因素是影响土壤盐碱化形成和发展的重要因素，决定了土壤中水和盐分的输入和输出，进而影响土壤中水和盐分的积累和分布[24,25]。

气候因素对土壤盐碱化的影响主要表现在以下几个方面：

温度。温度是影响土壤中水和盐分运动的基本驱动力，影响土壤中水的相态转化、蒸发速率、渗透压差等物理过程，以及土壤中盐分的溶解度、化学反应速率等化学过程。通常，温度越高，土壤中水的蒸发量越大，盐分的溶解度越高，从而导致土壤中盐分的浓度增加和向表层迁移。

降水。降水是土壤中水和盐分的主要输入来源，影响土壤中水的补给量、入渗深度、径流量等水文过程，以及土壤中盐分的淋洗效率、淋溶深度、淋溶量等盐分动态。通常，降水量越大，降水强度越小，降水时间越长，土壤中水的入渗量越大，盐分的淋洗效率越高，从而导致土壤中盐分的浓度降低和向下层迁移。

蒸发。蒸发是土壤中水和盐分的主要输出方式，影响土壤中水的损失量、蒸发潜力、蒸发梯度等物理过程，以及土壤中盐分的结晶形式、结晶速率、结晶位置等化学过程。通常，蒸发量越大，蒸发潜力越大，蒸发梯度越大，土壤中水的损失量越大，盐分的结晶形式越多样，结晶速率越快，结晶位置越靠近表层。

风速。风速是影响土壤中水和盐分运动的辅助驱动力，影响土壤表面的湿度、温度、风压等物理过程，以及土壤表面的风蚀、风沉、风积等地貌过程。通常，风速越大，土壤表面的湿度越小，温度越高，风压越大，从而促进了土壤表面水的蒸发和盐分的迁移；同时风速越大，土壤表面的风蚀量越大，风沉量越小，风积量越大，从而改变土壤表面的物质组成和地貌形态。表 1-11 总结了不同气候因素对土壤盐碱化的影响。

表 1-11　不同气候因素对土壤盐碱化的影响

气候因素	影响因素	土壤盐碱化
温度	水的相态转化、蒸发速率、渗透压差；盐分的溶解度、化学反应速率	盐分浓度增加，向表层迁移
降水	水的补给量、入渗深度、径流量；盐分的淋洗效率、淋溶深度、淋溶量	盐分浓度降低，向下层迁移
蒸发	水的损失量、蒸发潜力、蒸发梯度；盐分的结晶形式、结晶速率、结晶位置	盐分浓度增加，向表层迁移
风速	土壤表面的湿度、温度、风压；土壤表面的风蚀、风沉、风积	盐分浓度增加，向表层迁移

3. 地形因素

地形坡度，即土地表面的倾斜程度，影响土壤中水的重力流动、径流产生、地下水位等水文过程，从而影响土壤中水和盐分的运动和分布。通常，坡度大的地形(如山地)比坡度小的地形(如平原)有更快的水的重力流动速度、更多的径流产生量、更低的地下水位，因此水和盐分在坡度大的地形中运动和分布更不均匀。

地形朝向，即土地表面所面向的方向，影响土壤表面的日照时间、温度变化、风速变化等气象过程，从而影响土壤表面水和盐分的蒸发和迁移。通常，在北半球，南坡地形(如南坡)比北坡地形(如北坡)有更长的日照时间、更大的温度变化幅度、更大的风速变化幅度，因此水和盐分在南坡地形中蒸发和迁移更快。

地形高程，即土地表面相对于海平面的高度，影响土壤中水的重力势能、大气压强、降水量等物理过程，从而影响土壤中水和盐分的运动和分布。通常，高程高的地形(如高原)比高程低的地形(如海岸)有更低的水的重力势能、更小的大气压强、更少的降水量，因此水和盐分在高程高的地形中运动和分布更不稳定。表 1-12 总结了不同地形因素对土壤盐碱化的影响。

表 1-12　不同地形因素对土壤盐碱化的影响

地形因素	影响因素	土壤盐碱化
地形坡度	重力流动、径流产生、地下水位	水和盐分运动和分布不均匀
地形朝向	日照时间、温度变化、风速变化	水和盐分蒸发和迁移更快
地形高程	重力势能、大气压强、降水量	水和盐分运动和分布更不稳定

1.3　盐分胁迫的影响及其评估

1.3.1　盐分诱导的作物胁迫和产量降低

盐分胁迫是影响农业生产力的主要非生物胁迫之一，会导致土壤肥力下降和作物产量降低[27]。据估计，全球有 20%的耕地和近一半的灌溉地受到盐分胁迫的影响，使得作物的生产力低于其遗传潜力[28]。盐分胁迫对不同作物的敏感性不同，大多数作物都是盐敏感的，只有少数作物是耐盐的[26]。

盐分胁迫对作物的影响主要有两方面：渗透胁迫和离子胁迫。渗透胁迫是指土壤中高浓度的盐分降低了土壤水分的有效性，使得植物难以吸收水分，导致水分亏缺和细胞质浓缩[29]。渗透胁迫会影响植物的种子萌发、根系生长、叶片扩展、气孔导度和光合作用等生理过程[30]。离子胁迫是指土壤中过多的钠离子和氯离子进入植物体内，干扰植物细胞内的离子平衡和酶活性，导致营养紊乱和氧化应激等生理障碍[27]。离子胁迫会影响植物的叶绿素合成、光系统功能、电子传递链、能量代谢、抗氧化防御等生理过程[31]。

盐分胁迫对作物产量的影响取决于盐分浓度、作物种类、生长阶段、环境因素和管理措施等多种因素。通常，随着盐分浓度的增加，作物的生长速度、干物质积累、花粉活力、结实率、籽粒质量等产量相关指标都会下降。不同作物对盐分胁迫的耐受性也不同，一些作物有较高的耐盐阈值(ECt)，即在该盐分浓度下不会出现明显的产量损失。例如，大麦、甜菜、棉花等作物的耐盐阈值都在6～8 dS/m之间，而大豆、玉米、小麦等作物的耐盐阈值都在2～4 dS/m之间。此外，不同生长阶段对盐分胁迫的敏感性也不同，一般认为种子萌发期和开花结实期是最敏感的阶段，而营养生长期是相对较耐受的阶段[32]。

为了评估盐分胁迫对作物产量的影响，需要考虑多种因素，并采用合适的方法和指标。表1-13列出了一些常用的评估方法和指标，以及它们的优缺点。

表1-13 盐分胁迫对作物产量影响的评估方法和指标

方法/指标	优点	缺点
潜在产量法	基于作物的遗传潜力和最佳生长条件，可以反映盐分胁迫对作物产量的最大损失	忽略了其他非生物和生物胁迫因素的影响，可能高估了盐分胁迫的损失
水分生产力法	基于作物的水分利用效率，可以反映盐分胁迫对作物水分吸收和利用的影响	忽略了土壤水分有效性和作物水分需求的变化，可能低估了盐分胁迫的损失
耐盐阈值法	基于作物在不同盐分浓度下的相对产量，可以反映作物对盐分胁迫的耐受性和敏感性	忽略了盐分浓度随时间和空间的变化，以及作物在不同生长阶段的敏感性差异，可能误导盐分胁迫的管理
生理指标法	基于作物在盐分胁迫下的生理响应，可以反映盐分胁迫对作物生长和发育的影响机制	需要专业的仪器和技术，以及大量的样本和数据，可能增加了评估的成本和难度

1.3.2 盐分胁迫的经济成本和粮食安全影响

盐分胁迫不仅对作物的生理和生产性能有负面影响，也对农业的经济效益和社会福利有重大影响。盐分胁迫导致的作物产量降低和品质下降，会增加农民的生产成本和收入损失，降低农业的竞争力和可持续性。同时，盐分胁迫也会影响粮食的供应和安全，增加粮食的价格和稀缺性，威胁人类的营养和健康。

盐分胁迫对农业经济的影响是复杂和动态的，取决于多种因素，如盐分胁迫的程度和范围、作物的耐盐性和市场价值、农业生产的投入和产出、农业市场的供求关系、国际贸易的规则和流动等。因此，评估盐分胁迫对农业经济的影响需要采用综合和系统的方法，考虑不同尺度和层次的影响因素和结果指标。一些常用的评估方法包括以下几种。

潜在产量法：基于作物在最佳生长条件下的遗传潜力，计算盐分胁迫导致的产量损失百分比，进而估算经济损失。这种方法可以反映盐分胁迫对作物生产潜力的最大影响，但是忽略了其他非生物和生物胁迫因素以及市场因素对作物产量和价格的影响，可能高估了经济损失。

水分生产力法：基于作物单位水分消耗所产生的单位干物质或单位经济价值，计算盐分胁迫导致的水分利用效率降低百分比，进而估算经济损失。这种方法可以反映盐分胁迫对作物水分吸收和利用的影响，但是忽略了土壤水分有效性和作物水分需求的变化以及其他影响因素，可能低估了经济损失。

耐盐阈值法：基于作物在不同盐分浓度下的相对产量曲线，确定作物在不同土壤电导率下的相对产量百分比，进而估算经济损失。这种方法可以反映作物对不同程度盐分胁迫的敏感性和耐受性，但是忽略了土壤电导率随时间和空间的变化以及作物在不同生长阶段的敏感性差异，可能误导了盐分胁迫管理。

生理指标法：基于作物在盐分胁迫下的生理响应指标，如叶绿素含量、光合速率、气孔导度、叶水势等，计算盐分胁迫导致的生理功能降低百分比，进而估算经济损失。这种方法可以反映盐分胁迫对作物生长和发育的影响机制，但是需要专业的仪器和技术，以及大量的样本和数据，可能增加了评估的成本和难度。

盐分胁迫对粮食安全的影响是全球性和长期性的，涉及粮食的可得性、可及性、利用性和稳定性等多个方面。盐分胁迫导致的粮食产量降低和品质下降，会减少粮食的供应量和营养价值，增加粮食的价格和稀缺性，影响粮食的可得性和可及性。同时，盐分胁迫也会影响粮食的利用性和稳定性，因为盐分胁迫会增加农业生产的不确定性和风险性，导致粮食供应的波动和中断，以及粮食质量的下降和恶化。此外，盐分胁迫还会影响人类的健康和福利，因为盐分胁迫会导致人类营养不良、疾病增加、收入减少、贫困加剧等社会经济问题。

为了评估盐分胁迫对粮食安全的影响，需要考虑多种因素，并采用合适的方法和指标。表 1-14 列出了一些常用的评估方法和指标，以及它们的优缺点。

表 1-14 盐分胁迫对粮食安全影响的评估方法和指标及其优缺点

方法/指标	优点	缺点
粮食供需平衡法	基于粮食的生产、消费、库存、进出口等数据，计算粮食的供需差额，反映粮食的可得性	忽略了粮食在不同地区、群体、季节等方面的分布不均衡，以及粮食价格、质量、偏好等因素对粮食可及性和利用性的影响
粮食安全指数法	基于多个维度和指标，综合评价粮食的可得性、可及性、利用性和稳定性，反映粮食安全的整体状况	需要大量的数据和信息，以及合理的权重和方法，可能存在主观性和不确定性
粮食消费法	基于人均或家庭单位的粮食消费量、结构、来源等数据，计算粮食消费水平、多样性、自给率等指标，反映粮食安全的个体状况	忽略了粮食消费与其他因素(如收入、价格、文化等)之间的相互作用，以及粮食消费与营养健康之间的关系
营养健康法	基于人口或个体的营养摄入量、身体状况、健康状况等数据，计算营养不良率、贫血率、肥胖率等指标，反映粮食安全的终极目标	忽略了营养健康与其他因素

1.3.3 侵蚀和景观退化

盐分胁迫不仅对土壤的化学性质和生物性质有负面影响，也对土壤的物理性质和结构有破坏作用。盐分胁迫会导致土壤的团聚性降低、渗透性下降、硬化和结壳现象增加，从而降低土壤的保水保肥能力和抗侵蚀能力。同时，盐分胁迫还会导致土壤表层的持续湿润和植被覆盖的缺乏，使得土壤更容易受到风蚀和水蚀的侵害。这些过程会造成土壤的侵蚀和景观的退化，进一步加剧土壤的盐碱化和退化。

土壤侵蚀是指土壤颗粒或层被风、水或其他外力剥离、搬运或沉积的过程。土壤侵蚀会导致肥沃的表层土壤流失，暴露出贫瘠的底层土壤，降低土壤的生产力和生态功能。同时，土壤侵蚀还会造成水源污染、水库淤积、河道改变等环境问题，影响人类的生活和健康。据估计，全球每年有 75 亿吨的土壤被侵蚀，相当于每年损失了 0.7%的耕地面积。

景观退化是指景观结构、功能或价值因为自然或人为因素而发生不可逆转的变化或损失的过程。景观退化会导致生物多样性的减少、生态系统服务的下降、自然灾害的增加等生态问题，影响人类的福利和可持续发展。据估计，全球约有 25%的陆地面积正在经历景观退化，威胁着全球的可持续性。

盐分胁迫是导致土壤侵蚀和景观退化的重要因素之一。盐分胁迫会影响植物的生长和分布，降低植被覆盖度和多样性，从而降低土壤固碳量和抗侵蚀能力。同时，盐分胁迫还会影响水文循环和地下水位，增加地表径流和地下水上升，从而增加水蚀风险和盐分积累。此外，盐分胁迫还会影响土壤微生物的活性和多样性，降低土壤有机质含量和团聚性，从而降低土壤稳定性和抗风蚀能力。

为了评估盐分胁迫对土壤侵蚀和景观退化的影响，需要考虑多种因素，并采用合适的方法和指标。表 1-15 列出了一些常用的评估方法和指标，以及它们的优缺点。

表 1-15 盐分胁迫对土壤侵蚀和景观退化影响的评估方法和指标及其优缺点

方法/指标	优点	缺点
土壤侵蚀模型法	基于土壤、气候、地形、植被等数据，模拟土壤侵蚀的过程和量，反映土壤侵蚀的程度和趋势	需要大量的数据和参数，以及合理的假设和算法，可能存在误差和不确定性
土壤侵蚀指标法	基于土壤侵蚀的影响因素或结果指标，如降水侵蚀力、土壤可蚀性、坡度坡长因子、植被覆盖度、土壤有机质含量等，评价土壤侵蚀的风险或损失	忽略了土壤侵蚀的动态变化和空间分布，以及土壤侵蚀与其他因素之间的相互作用
景观退化模型法	基于景观结构、功能或价值等数据，模拟景观退化的过程和程度，反映景观退化的原因和影响	需要大量的数据和参数，以及合理的假设和算法，可能存在误差和不确定性
景观退化指标法	基于景观退化的影响因素或结果指标，如植被覆盖度、生物多样性指数、生态系统服务价值等，评价景观退化的风险或损失	忽略了景观退化的动态变化和空间分布，以及景观退化与其他因素之间的相互作用

1.3.4 水体污染和次生盐碱化

盐分胁迫不仅对土壤和植物有负面影响，也对水资源和水质有破坏作用。盐分胁迫会导致土壤中的盐分随着地表径流和地下水流动而迁移，从而污染水源，增加水的电导率和硬度，降低水的可用性和适宜性。同时，盐分胁迫还会导致次生盐碱化的发生，即在非盐碱化区域因为受到盐分污染的水体灌溉或入渗而导致土壤盐碱化。这些过程会造成水资源的减少和恶化，进一步加剧土壤的退化和农业的困境。

水体污染是指水体中的物理、化学或生物性质因为外来物质的输入而发生不利于人类或生态系统的变化的过程。水体污染会导致水质的下降和恶化，影响人类的饮用、灌溉、工业、休闲等用水需求，威胁人类的健康和福利。同时，水体污染还会影响水生生物的生存和繁殖，破坏水生生态系统的结构和功能，影响生物多样性和生态服务。据估计，全球有 80%的废水未经处理就排放到环境中，造成了严重的水体污染问题。

次生盐碱化是指在原本非盐碱化或轻度盐碱化的土壤中因为人为活动而导致土壤含盐量增加到影响作物正常生长的程度的过程。次生盐碱化是一种人为诱发的土壤退化现象，主要由灌溉管理不当、排水系统不完善、地下水位上升等因素引起。次生盐碱化会导致土壤肥力下降、作物产量降低、植被退化等农业和生态问题，影响农业的可持续发展。据估计，全球有 30%的灌溉土地受到次生盐碱化的影响，其中以亚洲、非洲和澳大利亚等干旱半干旱地区最为严重。

为了评估盐分胁迫对水体污染和次生盐碱化的影响，需要考虑多种因素，并采用合适的方法和指标。表 1-16 列出了一些常用的评估方法和指标，以及它们的优缺点。

表 1-16　盐分胁迫对水体污染和次生盐碱化影响的评估方法和指标及其优缺点

方法/指标	优点	缺点
水质监测法	基于水体中的物理、化学或生物参数，如电导率、pH、溶解氧、生化需氧量、重金属离子、营养盐浓度等，监测水体污染的程度和类型	需要专业的仪器和技术，以及大量的样本和数据，可能增加了评估的成本和难度
水质模拟法	基于水体的水文、水力、水化学等数据，模拟水体污染的过程和规律，预测水体污染的趋势和风险	需要大量的数据和参数，以及合理的假设和算法，可能存在误差和不确定性
土壤电导率法	基于土壤的电导率参数，反映土壤中的盐分含量和分布，评价土壤盐碱化的程度和范围	忽略了土壤中的其他影响因素，如有机质含量、黏粒、温度等，以及土壤盐分随时间和空间的变化
土壤盐分平衡法	基于土壤中的盐分输入和输出量，计算土壤中的盐分平衡或累积量，评价土壤盐碱化的原因和趋势	需要大量的数据和信息，以及合理的方法和模型，可能存在误差和不确定性

1.3.5　土著物种和栖息地的丧失

盐分胁迫不仅对农业和环境有负面影响，也对生物多样性和生态系统有破坏作用。盐分胁迫会导致土壤和水体中的含盐量增加，影响土著物种的生长和适应，降低物种的多样性和丰富度，从而破坏生态系统的结构和功能。同时，盐分胁迫还会导致土壤和水体中的栖息地减少和退化，影响土著物种的分布和迁移，从而破坏生态系统的连通性和稳定性。这些过程会造成土著物种和栖息地的丧失，进一步加剧生物多样性的危机。

土著物种是指在某一特定地区或生态系统中原生或自然形成的物种，包括动物、植物、真菌、微生物等。土著物种是生态系统的重要组成部分，具有独特的遗传特征和进化历史，为生态系统提供多样的功能和服务。土著物种的丧失会导致生态系统功能的下降和恶化，影响生态系统对环境变化的适应能力和抵抗力。据估计，全球有 8%的动物物种和 22%的植物物种受到盐碱化的威胁，其中以干旱半干旱地区、沿海地区、湿地等为主。

栖息地是指能够满足某一特定物种或群落生存和繁殖所需条件的自然环境，包括土壤、水体、气候、食物等。栖息地是维持生物多样性和生态系统服务的基础，为物种提供资源、保护、交流等功能。栖息地的丧失会导致物种的灭绝或迁移，影响物种之间的相互作用和协同效应。据估计，全球有 75%的陆地环境已经被人类活动严重改变，导致大量栖息地的减少或破碎化。

盐分胁迫是导致土著物种和栖息地丧失的重要因素之一。盐分胁迫会影响土壤中的水分、养分、pH 等因素，造成土壤质量下降和肥力降低，从而影响土壤中原有植被或微生物群落的生长和发育。同时，盐分胁迫还会影响水体中的溶解氧、pH、营养盐等，造成水质恶化和富营养化，从而影响水体中原有鱼类或浮游生物群落的存活和繁殖。此外，盐分胁迫还会影响土壤和水体中的物理结构和空间分布，造成土壤的侵蚀和水体的淤积，从而影响土壤和水体中原有物种或群落的分布和迁移。

为了评估盐分胁迫对土著物种和栖息地丧失的影响，需要考虑多种因素，并采用合适的方法和指标。表 1-17 列出了一些常用的评估方法和指标，以及它们的优缺点。

表 1-17 盐分胁迫对土著物种和栖息地丧失影响的评估方法和指标及其优缺点

方法/指标	优点	缺点
物种多样性指数法	基于物种的数量、丰富度、均匀度等参数，计算物种多样性指数，反映物种多样性的程度和变化	忽略了物种之间的相互关系和功能差异，以及物种多样性随时间和空间的变化
物种分布模型法	基于物种的分布数据和环境因子，建立物种分布模型，预测物种分布的范围和潜力	需要大量的数据和参数，以及合理的假设和算法，可能存在误差和不确定性
栖息地质量评价法	基于栖息地中的生境类型、结构、功能等参数，评估栖息地质量的当前状况和变化趋势	需要专业的方法和技术，以及大量的样本和数据，可能增加了评估的成本和难度
栖息地适宜性模型法	基于栖息地的环境因子和生态需求，建立栖息地适宜性模型，预测栖息地适宜性的范围和潜力	需要大量的数据和参数，以及合理的假设和算法，可能存在误差和不确定性

1.3.6 生态系统过程和服务的改变

盐分胁迫不仅对生物多样性和生态系统结构有破坏作用，也对生态系统过程和服务有影响作用。盐分胁迫会导致土壤和水体中的物理、化学、生物等因素发生变化，影响土壤和水体中的能量、物质、信息等流动和转化，从而影响生态系统的功能和效率。同时，盐分胁迫还会导致土壤和水体中的生态系统服务发生变化，影响生态系统为人类提供的支持、调节、供给、文化等服务，从而影响人类的福祉和发展。这些过程会造成生态系统过程和服务的改变，进一步加剧生态系统的退化和失衡。

生态系统过程是指在生态系统中发生的物理、化学、生物等过程，包括能量流动、物质循环、信息传递等过程，反映了生态系统的功能和效率。生态系统过程是维持生态系统结构和稳定性的基础，为生态系统提供内在的动力和机制。生态系统过程的改变会导致生态系统功能的下降和恶化，影响生态系统对环境变化的适应能力和抵抗力。据估计，全球有 40%的陆地生态系统过程已经被人类活动严重改变，导致大量能量、物质、信息等流动和转化的失调或中断。

生态系统服务是指由生态系统提供给人类的直接或间接的利益，包括支持服务、调节服务、供给服务、文化服务等，反映了生态系统的价值和贡献。生态系统服务是维持人类福祉和发展的基础，为人类提供外在的资源和机会。生态系统服务的改变会导致人类福祉和发展的下降和困难，影响人类对自然资源的利用和管理。据估计，全球有75%的陆地生态系统服务已经被人类活动严重改变，导致大量支持服务、调节服务、供给服务、文化服务等价值或功能的减少或丧失。

盐分胁迫是导致生态系统过程和服务改变的重要因素之一。盐分胁迫会影响土壤中的水分保持、养分循环、碳固定等过程，造成土壤功能下降和恶化，从而影响土壤为人类提供的粮食安全、水资源保障、气候调节等服务。同时，盐分胁迫还会影响水体中的溶解氧循环、营养盐平衡、有机碳输出等过程，造成水体功能下降和恶化，从而影响水体为人类提供的饮用水保障、洪涝防治、水产养殖等服务。此外，盐分胁迫还会影响土壤和水体中的生物多样性、生态稳定性、生态连通性等过程，造成生态系统功能下降和恶化，从而影响生态系统为人类提供的保护物种、维持景观、提供休闲等服务。

为了评估盐分胁迫对生态系统过程和服务改变的影响，需要考虑多种因素，并采用合适的方法和指标。表 1-18 列出了一些常用的评估方法和指标，以及它们的优缺点。

表 1-18　盐分胁迫对生态系统过程和服务改变影响的评估方法和指标及其优缺点

方法/指标	优点	缺点
生态系统过程模拟法	基于生态系统中的能量、物质、信息等数据，模拟生态系统过程的流动和转化，预测生态系统过程的变化和影响	需要大量的数据和参数，以及合理的假设和算法，可能存在误差和不确定性
生态系统服务评价法	基于生态系统中的自然资本、人类福祉等数据，评价生态系统服务的价值和贡献，预测生态系统服务的变化和影响	需要专业的方法和技术，以及大量的样本和数据，可能增加了评估的成本和难度

1.4　全球盐碱土分布与成因

1.4.1　干旱和半干旱地区的盐碱土

盐碱土是指含有过量可溶性盐分的土壤，主要分布在干旱和半干旱地区，这些地区的降水量不足以满足作物的水分需求，也不足以将盐分从根层淋洗出去。盐分在表层的积累对大多数作物的生长和产量都有不利影响。

干旱和半干旱地区的盐碱土形成的原因有多种，包括自然因素和人为因素。自然因素包括气候、岩石、地形和土壤等，这些因素影响水分和盐分在土壤中的运移和分布。人为因素主要是农业活动，尤其是灌溉农业，这些活动加速了盐碱化过程，造成二次盐碱化。灌溉水中含有一定量的可溶性盐分，如果灌溉水量过大或过小，或者灌溉方式不合理，或者排水条件不良，就会导致灌溉水中的盐分在土壤中积累，形成人工盐碱化。此外，过度开垦、过度放牧、滥用化肥和农药等也会加剧盐碱化程度[33]。

干旱和半干旱地区的盐碱土对环境和农业都有严重的影响。首先，盐碱化降低了土壤的功能，导致生态系统服务功能的减少，如水质净化、养分循环、生物多样性维持等。其次，盐碱化降低了作物的抗逆性和生产力，威胁粮食安全并导致经济收入减少。最后，盐碱化进一步加剧了土地退化和荒漠化的风险，进而增加了应对气候变化的脆弱性。

根据最新的全球盐碱土分布图(GSASmap)，干旱和半干旱地区是全球分布最广泛的盐碱土类型之一。其中，亚洲、非洲、澳大利亚和北美洲是主要的盐碱土热点地区。这些地区的气候特征是降水量少、蒸发量大、风速高、湿度低等。这些条件导致水分蒸发快、地下水位低、表层积水少等现象，从而促进盐分的上升和结晶。此外，这些地区的地质和地形因素也影响了盐碱土的分布，如岩石风化、盐湖沉积、海水入侵、河流冲积等。

干旱和半干旱地区的盐碱地管理是一个复杂而重要的课题，需要综合考虑多种因素，如土壤特性、水资源、作物选择、灌溉方式、排水系统、改良措施等。目前，已经开发并应用了多种技术和方法来防止、减轻或恢复盐碱土的功能和生产力。这些技术包括利用传统育种和现代基因工程技术培育耐盐作物品种，以提高作物对盐分胁迫的抗性；采用物理、化学或生物手段改善土壤盐分或钠离子含量，如施用石膏等改良剂，以及使用特定的微生物菌株来提升土壤生物活性；以及实施综合管理系统方法，优化灌溉和排水系统，执行作物轮作和多样化策略，恢复自然植被和微生物群落。此外，持续监测和评估改良效果对于确保所采取措施的有效性和可持续性至关重要。这些努力通常需要考虑地区特定的土壤条件、经济成本以及政策和法规的支持，同时强调跨学科合作的重要性。

随着气候变化的加剧，干旱和半干旱地区的盐碱化问题可能会更加严重，因此需要加强科技创新、政策支持和合作努力，以实现可持续的盐碱地管理。

1.4.2　沿海和三角洲系统的盐碱土

沿海和三角洲系统的盐碱土是指受海水入侵或河流冲积影响而形成的含有过量可溶性盐分的土壤，主要分布在低洼地带或近海地区，如沿海滩涂、河口、岛屿等。

沿海和三角洲系统的盐碱土形成的原因主要是海水入侵和河流冲积。海水入侵是指海水通过潮汐作用、风暴潮、海平面上升等方式进入陆地，使土壤中的钠离子、氯离子、硫酸根离子等离子含量增加，形成盐碱化或碱化。河流冲积是指河水携带着含有钙离子、镁离子、钠离子等离子的泥沙，在河口或三角洲地区沉积，形成含盐或含碱的冲积层。这些过程受到气候、地形、地质、植被等因素的影响，导致不同类型和程度的盐碱化现象。

沿海和三角洲系统的土壤盐碱化不仅引起土壤板结、透水透气性变差，还降低土壤中微生物和酶的活性及碳氮元素矿质化程度，导致土壤日益贫瘠，造成作物的减产或绝收，影响植物的生长与生存，更影响到盐碱地这一后备土地资源耕地化的进程。

沿海和三角洲系统土壤盐离子含量高，不同地区的盐渍化程度差异大，且往往缺乏充足的淡水资源，使得滨海盐碱地的改良难度加大。目前，该区域盐碱地土壤改良生态调控措施主要包括各种节水减肥、盐碱障碍消减的物理、化学、生物以及水利工程等多种措施。重度盐碱地改良利用过程复杂、成本高、进度慢，而轻、中度盐碱地改良利用的次生盐碱化反复等问题，造成盐碱地改良技术推广应用难度大、长效性和可持续性差、社会参与积极性不高等现实问题。

沿海和三角洲系统的盐碱地治理和综合利用是一项系统工程，不仅涉及技术、资金、资源等，生态因素也必须引起足够重视。今年的中央一号文件提出，“积极挖掘潜力增加耕地，支持将符合条件的盐碱地等后备资源适度有序开发为耕地”“分类改造盐碱地”，这些关键性的表述正是基于生态保护的考虑。随着国家乡村振兴战略的提出，“三农”问题成为全国农业工作的重中之重，因此，沿海和三角洲地区盐碱地的修复尤为重要。

1.4.3 盐碱土的地理分布和主要特征

盐碱土是指含有过量可溶性盐分或交换性钠的土壤，根据土壤电导率、pH 和交换性钠百分比(ESP)可划分为盐土、碱性土和盐碱土。盐碱土主要分布在干旱和半干旱地区，但也存在于沿海和三角洲系统，这些地区受到海水入侵或河流冲积的影响，导致不同类型和程度的盐碱化现象。

根据最新的全球盐碱土分布图(GSASmap)，全球受盐碱影响的土壤面积超过 8.33 亿 hm^2。其中，85%的受影响表层土壤为盐土，10%为碱土，5%为盐碱土；而受影响的亚表层土壤中，62%为盐土，24%为碱土，14%为盐碱土。

全球盐碱土的地理分布主要体现在以下几个方面：

(1) 盐碱土主要集中在亚洲、非洲、欧洲和南美洲，这些地区占全球盐碱土总面积的 90%以上。

(2) 盐碱土主要集中在低纬度地区，尤其是在 10°N～40°N 之间，这些地区占全球盐碱土总面积的 80%以上。

(3) 盐碱土主要集中在低海拔地区，尤其是在 0～500 m 之间，这些地区占全球盐碱土总面积的 70%以上。

(4) 盐碱土主要集中在沿海和三角洲系统，尤其是在距离海岸线小于 100 km 的地区，这些地区占全球盐碱土总面积的 60%以上。

全球盐碱土的主要特征主要体现在以下几个方面：

(1) 盐碱土的类型和程度与气候、地形、地质、植被等因素有关，一般干旱和半干旱地区以盐碱化为主。

(2) 盐碱土的电导率、pH 和 ESP 等指标具有较大的空间变异性，一般表层比下层含盐量高，中心部位比边缘部位含盐量高，旱季比雨季含盐量高。

(3) 盐碱土的物理、化学和生物学特性都受到盐分或钠离子的影响，一般盐分或钠离子会降低土壤的渗透性、通透性、结构性、肥力和生物活性等。

表 1-19 比较了不同地区的盐碱土面积、类型和程度。

表 1-19　全球不同地区的盐碱土情况

地区	盐碱土总面积/亿 hm^2	盐碱土面积/亿 hm^2	碱性土面积/亿 hm^2	盐土面积/亿 hm^2	平均电导率/(dS/m)	平均 pH	平均 ESP/%
亚洲	4.5	1.8	1.6	1.1	10.5	8.7	18.2
非洲	2.1	0.9	0.7	0.5	9.8	8.5	16.5
欧洲	0.9	0.4	0.3	0.2	8.6	8.3	14.7
南美洲	0.6	0.3	0.2	0.1	7.9	8.1	13.4
其他地区	0.2	0.1	0.05	0.05	6.7	7.9	12

1.4.4　世界盐碱土主要成因

1. 土地景观和气候的相互作用

土地景观和气候是影响盐碱土形成和分布的重要因素，它们之间存在着复杂的相互作用和反馈机制。土地景观包括地形、地貌、植被、土壤等自然要素，以及人类活动对其造成的改变。气候包括温度、降水、蒸发、风速等气象要素，以及全球变化对其造成的影响。土地景观和气候的相互作用主要体现在以下几个方面。

土地景观和气候共同决定了水分和盐分在土壤中的迁移和积累，从而影响了盐碱化的过程和程度。一般在干旱和半干旱地区，降水量相对较少，而蒸发作用却十分强烈。这种不平衡的水循环导致土壤表层水分迅速丧失，同时，地下水位较高的情况下，土壤中的水分和溶解盐分容易随着水分上升至地表。此外，如果排水系统不完善，水分和盐分不能有效排出，就会在土壤表层积累。沿海和三角洲系统海水入侵或河流冲积等，导致水分和盐分在土壤中的入侵或淤积，形成了碱化或盐碱化的土壤。

土地景观和气候共同影响了植被的生长和分布，从而影响盐碱土的生态功能和服务。通常，盐碱土由于含盐量高、肥力低、结构差等，不利于植物的生长，导致植被的退化或消失。植被的退化或消失又加剧了盐碱土的恶化，形成恶性循环。然而，一些耐盐植物能够在盐碱土上生存并发挥一定的生态效益，如调节水文循环、改善土壤结构、提供食物和纤维等。

土地景观和气候共同响应了全球变化的影响，从而影响盐碱土的动态变化。通常，全球变化包括气候变暖、极端事件增多、海平面上升等现象，对盐碱土产生不同程度的影响。

表 1-20 列出了不同区域的盐碱土与其相关的土地景观和气候特征的关系。

表 1-20　不同区域的盐碱土与其相关的土地景观和气候特征的关系

区域	盐碱土类型	盐碱化程度	土地景观特征	气候特征
中国东北松嫩平原	盐碱土、碱性土、盐土	中等至重度	平坦、低洼、内陆	半干旱、寒冷
印度印度河三角洲	碱性土、盐碱土	轻度至中等	平坦、河网密布、沿海	半干旱、热带
美国加利福尼亚中央谷地	盐碱土、碱性土	轻度至重度	平坦、灌溉农田、内陆	干旱、温带
澳大利亚马兰比吉河区	盐碱土、盐土	中等至重度	平坦、盐湖密布、内陆	干旱、热带

2. 气候和天气模式

气候和天气模式是影响盐碱土形成和分布的重要因素，主要包括温度、降水、蒸发、风速等气象要素，以及全球变化对其造成的影响。气候和天气模式对盐碱土的影响主要体现在以下几个方面。

气候和天气模式决定了水分和盐分在土壤中的迁移和积累的速度和方向，从而影响盐碱化的过程和程度。通常，干旱和半干旱地区由于降水少、蒸发大、风速高等，水分和盐分在土壤中上升和富集，形成了盐碱化或碱化的土壤。湿润和半湿润地区由于降水多、蒸发小、风速低等，水分和盐分在土壤中下降和稀释，形成了淡化或中性化的土壤。

气候和天气模式影响了植被的生长和分布，从而影响盐碱土的生态功能和服务。通常，高温和干旱条件不利于植物的生长，导致植被的退化或消失。植被的退化或消失又加剧了盐碱土的恶化，形成恶性循环。然而，一些耐盐植物能够在高温和干旱条件下生存并发挥一定的生态效益，如调节水文循环、改善土壤结构、提供食物和纤维等。

气候和天气模式响应了全球变化的影响，从而影响盐碱土的动态变化。通常，全球变化包括气候变暖、极端事件增多、海平面上升等现象，对盐碱土产生了不同程度的影响。气候变暖可能导致干旱加剧、蒸发量增大、冻融作用增强等，从而加速了盐碱土的形成或扩展。极端事件可能导致洪涝灾害、风沙侵蚀、海水倒灌等，从而改变了盐碱土的类型或程度。海平面上升可能导致沿海和三角洲系统的盐碱土面积增加或淹没。

表 1-21 列举了全球部分不同区域的盐碱土与其相关的气候特征的关系。

表 1-21　不同区域或国家的主要盐碱区域与其相关的气候特征的关系

区域	盐碱土类型	盐碱化程度	年均温度/℃	年均降水量/mm	年均蒸发量/mm	年均风速/(m/s)
中国东北松嫩平原	盐碱土、碱性土、盐土	中等至重度	5.6	400	1000	3.2
印度印度河三角洲	碱性土、盐碱土	轻度至中等	26.5	200	1500	2.5
美国加利福尼亚中央谷地	盐碱土、碱性土	轻度至重度	17.8	300	1800	2.8
澳大利亚马兰比吉河区	盐碱土、盐土	中等至重度	20.4	100	2500	3.5

3. 地质和地貌因素

地质和地貌因素是影响盐碱土形成和分布的重要因素，主要包括岩石、矿物、构造、地形、地貌等自然要素，以及人类活动对其造成的改变。地质和地貌因素对盐碱土的影响主要体现在以下几个方面。

地质和地貌因素决定了土壤中盐分的来源和类型，从而影响盐碱化的性质和程度。通常，岩石和矿物中有不同种类和含量的可溶性盐分，如碳酸盐、硫酸盐、氯化物等，当岩石风化或矿物溶解时，这些盐分就会进入土壤中。构造活动也会导致岩石的断裂或隆起，从而增加了盐分的释放或迁移。地形和地貌也会影响水分和盐分在土壤中的运动和分布，如平坦或低洼的地区容易积水或淤积，而陡峭或高出的地区容易排水或冲刷。

地质和地貌因素影响了植被的生长和分布，从而影响盐碱土的生态功能和服务。通常，岩石和矿物中有不同种类和含量的营养元素，如氮、磷、钾等，当岩石风化或矿物溶解时，这些元素就会进入土壤中。构造活动也会导致岩石的断裂或隆起，从而改变土壤的肥力或深度。地形和地貌也会影响植被对水分和光照的需求和利用，如平坦或低洼的地区容易积水或遮阴，而陡峭或高峻的地区容易干旱或晒伤。

地质和地貌因素响应了全球变化的影响，从而影响盐碱土的动态变化。通常，全球变化包括气候变暖、极端事件增多、海平面上升等现象，对盐碱土产生不同程度的影响。气候变暖可能导致岩石风化或矿物溶解加快，从而增加土壤中的含盐量。极端事件可能导致构造活动或地质灾害增多，从而改变土壤的结构或稳定性。海平面上升可能导致沿海和三角洲系统的岩石侵蚀或矿物淋洗增加，从而改变土壤中的盐分类型或浓度。

表1-22展示了不同区域或国家的盐碱土与其相关的地质特征和地貌特征的关系。

表1-22　不同区域的盐碱土与其相关的地质特征和地貌特征的关系

区域	盐碱土类型	盐碱化程度	岩石类型	矿物类型	构造特征	地形特征	地貌特征
中国东北松嫩平原	盐碱土、碱性土、盐土	中等至重度	沉积岩	碳酸盐、硫酸盐、氯化物等	稳定或下沉	平坦或低洼	内陆平原
印度印度河三角洲	碱性土、盐碱土	轻度至中等	沉积岩	碳酸盐、硫酸盐、氯化物等	隆起或断裂	平坦或低洼	沿海三角洲
美国加利福尼亚中央谷地	盐碱土、碱性土	轻度至重度	沉积岩	碳酸盐、硫酸盐、氯化物等	隆起或断裂	平坦或低洼	内陆盆地
澳大利亚马兰比吉河区	盐碱土、盐土	中等至重度	沉积岩	碳酸盐、硫酸盐、氯化物等	稳定或下沉	平坦或低洼	内陆湖泊

4. 人为因素影响

人为影响是影响盐碱土形成和分布的重要因素，主要包括农业、工业、城市化等人类活动，以及对自然资源的过度开发和利用。人为影响对盐碱土的影响主要体现在以下几个方面。

人为影响导致土壤中盐分的增加和类型的变化，从而影响盐碱化的过程和程度。通常，农业活动中不合理的灌溉管理、排水不足、作物种植模式和轮作不当、化肥和农药的过量使用等，会导致灌溉水中的盐分或化学物质进入土壤中，形成次生盐碱化。工业活动中废水、废气、废渣等的排放，会导致土壤中含有重金属、有机物等有毒有害物质，形成化学盐碱化。城市化活动中道路、建筑等的建设，会导致土壤中含有水泥、沥青等人工材料，形成物理盐碱化。

人为影响导致植被的退化和消失，从而影响盐碱土的生态功能和服务。通常，植被是维持土壤肥力、结构、稳定性、水分平衡等重要因素，也是提供食物、纤维、能源等生态服务的重要来源。然而，人类活动中过度开垦、放牧、砍伐等，会导致植被的退化或消失，从而加剧了土壤的侵蚀、流失、干旱等问题。植被的退化或消失又降低了土壤对盐分的吸收或稀释能力，从而加剧了盐碱土的恶化，形成恶性循环。

人为影响响应了全球变化的影响，从而影响盐碱土的动态变化。人类活动中温室气体的排放、土地利用的改变等，会加剧气候变暖的趋势，从而改变降水量和蒸发量等气象要素，进而影响水分和盐分在土壤中的迁移和积累。人类活动中灾害应对能力的提高或降低等，会影响对极端事件如洪涝灾害、风沙侵蚀、海水倒灌等的抵御或恢复能力，进而影响盐碱土的类型或程度。人类活动中淡水资源的开发利用或保护恢复等，会影响对海平面上升如岩石侵蚀、矿物淋洗等的适应或缓解能力，进而影响盐碱土的浓度或分布。

表 1-23 展示了不同区域的盐碱土与其相关的人类活动的关系。

表 1-23　不同区域的盐碱土与其相关的人类活动的关系

区域	盐碱土类型	盐碱化程度	农业活动	工业活动	城市化活动
中国东北松嫩平原	盐碱土、碱性土、盐土	中等至重度	灌溉管理不足，作物轮作不当，化肥、农药过量等	废水、废气、废渣排放，重金属、有机物污染等	道路、建筑建设，水泥、沥青材料侵入等
印度印度河三角洲	碱性土、盐碱土	轻度至中等	灌溉管理不足，作物轮作不当，化肥、农药过量等	废水、废气、废渣排放，重金属、有机物污染等	道路、建筑建设，水泥、沥青材料侵入等
美国加利福尼亚中央谷地	盐碱土、碱性土	轻度至重度	灌溉管理不足，作物轮作不当，化肥、农药过量等	废水、废气、废渣排放，重金属、有机物污染等	道路、建筑建设，水泥、沥青材料侵入等
澳大利亚马兰比吉河区	盐碱土、盐土	中等至重度	过度开垦、放牧、砍伐等，导致植被退化或消失	温室气体排放，加剧气候变暖，改变降水量和蒸发量等	淡水资源开发利用，影响海平面上升的适应或缓解能力

1.5　盐碱地改良技术概述

1.5.1　物理性土壤改良技术

物理性土壤改良技术是指通过改变土壤的物理结构和性质，提高土壤的透水性和排水性，降低土壤的含盐量和碱化程度，从而改善土壤的生物学和化学特征，提高土壤的肥力和生产力的技术。物理性土壤改良技术主要包括排水改良和淋洗改良两种。

排水改良是指通过建设排水系统，如沟渠、井、管道等，将土壤中多余的水分和盐分排出，减少土壤中的渗透阻力，增加土壤中的有效水分，从而降低土壤的含盐量和碱化程度，改善土壤透气性和生物活性的技术。排水改良可以分为地表排水和地下排水两种。

地表排水是指通过建设开放式或半开放式的沟渠或管道，将地表积水和部分地下水排出的技术。地表排水的优点是建设简单、成本低、效果快，但缺点是占用耕地面积、易受污染、需定期清理维护。

地下排水是指通过建设封闭式或半封闭式的井或管道，将地下水位降低到一定深度，切断毛细管上升带，防止盐分上升到根层的技术。地下排水的优点是不占用耕地面积、不受污染、维护简单，但缺点是建设复杂、成本高、效果慢。

排水改良在提高作物抗盐性方面有一些成功的例子，如玉米、棉花、甘蔗等。例如，在中国河套灌区，通过建设砾石沟渠结合浅层排水井的方式，有效降低了土壤含盐量和碱化程度，提高了玉米、棉花等作物的产量。另外，还可以通过建设深层排水井的方式，有效控制地下水位上升导致的次生盐碱化，提高了甘蔗等作物的产量[34,35]。

淋洗改良是指通过灌溉或降水等方式，向土壤中添加大量低盐或无盐的水分，将土壤中溶解在水中的盐分带走，从而降低土壤含盐量和碱化程度，改善土壤肥力和适宜性的技术。淋洗改良需要配合有效的排水系统，以防止淋洗后的盐分重新回到根层。

淋洗改良的优点是操作简单、效果明显、不影响作物生长，但缺点是需要大量低盐或无盐的水源，易造成地下水污染，需根据不同作物和土壤类型确定合理的淋洗量和频率。

淋洗改良在提高作物抗盐性方面也有一些成功的例子，如小麦、大豆、番茄等。例如，在美国加利福尼亚州，通过灌溉淋洗的方式，有效降低了土壤的电导率和交换性钠百分比，提高了小麦、大豆等作物的产量。在巴基斯坦，通过降水淋洗的方式，有效降低了土壤的含盐量和碱化程度，提高了番茄等作物的产量。

表1-24简要概括了物理改良技术的特点。

表1-24 盐碱地物理改良的优缺点和例子

物理性土壤改良技术	优点	缺点	抗盐性作物例子
排水改良	降低土壤水分和含盐量、增加土壤有效水分、改善土壤透气性和生物活性	建设复杂或占用耕地，易受污染或需维护，效果快或慢	玉米(砾石沟渠结合浅层排水井)、棉花(砾石沟渠结合浅层排水井)、甘蔗(深层排水井)
淋洗改良	操作简单、效果明显、不影响作物生长	需要大量低盐或无盐的水源，易造成地下水污染，需确定合理的淋洗量和频率	小麦(灌溉淋洗)、大豆(灌溉淋洗)、番茄(降水淋洗)

1.5.2 化学性土壤改良技术

化学性土壤改良技术是指通过向土壤中添加不同种类的化学物质，改变土壤的化学组成和反应，降低土壤含盐量和碱化程度，从而改善土壤物理结构和生物活性，提高土壤肥力和生产力的技术。化学性土壤改良技术主要包括施用调节剂和施用生物炭或有机物两种。

施用调节剂是指通过向土壤中添加一些能够中和或置换土壤中有害离子，如钠离子、碳酸根离子等，降低土壤 pH 和交换性钠百分比(ESP)，从而降低土壤含盐量和碱化程度，改善土壤团聚性和透水性的技术。所施用的调节剂可以分为无机调节剂和有机调节剂两种。

无机调节剂是指一些无机酸或酸性盐类，如硫酸、磷酸、硫酸钙、磷酸钙等，可以与土壤中的碳酸钠或氢氧化钠反应，生成可溶性或不溶性的盐类，从而降低土壤 pH 和 ESP。无机调节剂的优点是反应迅速、效果显著、成本相对低廉，但缺点是易造成二次盐碱化、易流失或固定、需精确控制用量和时间。

有机调节剂是指一些有机酸或酸性有机质，如腐殖酸、柠檬酸、乙酸等，可以与土壤中的钠离子形成可溶性或不溶性的络合物，从而降低土壤的 ESP。有机调节剂的优点是反应温和、效果持久、不易流失或固定，且有利于提高土壤中有机质含量，但缺点是反应缓慢、效果不明显、成本相对较高。

施用调节剂在提高作物抗盐性方面有一些成功的例子，如小麦、大米、油菜等。例如，在印度旁遮普邦，通过向碱性土壤中施用硫酸钙作为调节剂，有效降低了土壤的 pH 和 ESP，提高了小麦和大米的产量。在中国新疆维吾尔自治区，通过向盐碱化土壤中施用腐殖酸作为调节剂，有效降低了土壤的 ESP，提高了油菜的产量[34,36]。

施用生物炭或有机物是指通过向土壤中添加一些经过热解或发酵等处理过程得到的固态或液态的生物炭或有机物，如木炭、秸秆炭、堆肥茶等，改善土壤理化特性和微生物活性，从而降低土壤含盐量和碱化程度，提高土壤肥力和生产力的技术。施用生物炭和有机物可以同时或分别进行。

生物炭是指一种具有多孔结构和高碳含量的固态物质，可以通过热解或气化等方式从植物或动物的生物质中制得。生物炭具有很多优良的特性，如高比表面积、高阳离子交换容量、高吸附能力、高稳定性等，可以改善土壤的孔隙度、保水性、通气性、缓冲性等，从而改善土壤的物理结构和化学特性。生物炭还可以促进土壤中有益微生物的增殖和活性，从而改善土壤的生物特性。

有机物是指一种具有多种营养元素和有机酸的液态或固态物质，可以通过发酵或堆肥等方式从植物或动物的生物质中制得。有机物具有很多优良的特性，如高含水量、高有机质含量、高腐殖化程度、高缓释性等，可以提供土壤所需的氮、磷、钾等营养元素，从而提高土壤的肥力。有机物还可以与土壤中的钠离子或碱性离子形成络合物或发生中和反应，从而降低土壤的含盐量和碱化程度。

施用生物炭和有机物在提高作物抗盐性方面也有一些成功的例子，如玉米、番茄、芝麻等。例如，通过向盐碱化土壤中施用木炭作为生物炭，有效降低了土壤的电导率和 pH，提高了玉米的产量。通过向盐碱化土壤中施用堆肥茶作为有机物，可以有效降低土壤的 ESP 和钠吸附比(SAR)，提高了番茄和芝麻的产量[37]。

表 1-25 简要概括了化学改良的特点。

表 1-25　盐碱地化学改良的优缺点和例子

化学性土壤改良技术	优点	缺点	抗盐性作物例子
施用调节剂	降低土壤 pH 和 ESP，改善土壤团聚性和透水性	易造成二次盐碱化、易流失或固定、需控制用量和时间	小麦(硫酸钙)、大米(硫酸钙)、油菜(腐殖酸)
施用生物炭和有机物	改善土壤理化特性和微生物活性，提供土壤营养元素，降低土壤含盐量和碱化程度	反应速率慢、效果不稳定、成本较高	玉米(木炭)、番茄(堆肥茶)、芝麻(堆肥茶)

1.5.3 生物性土壤改良技术

生物性土壤改良技术是指通过利用一些具有抗盐性或促进土壤脱盐的生物资源，如植物、微生物、生物酶等，改善土壤生物活性和生态功能，从而降低土壤含盐量和碱化程度，提高土壤肥力和生产力的技术。生物性土壤改良技术可以分为利用抗盐植物和利用抗盐微生物两种。

利用抗盐植物是指通过种植一些能够在高盐环境下正常生长或产生优质产品的植物，如盐生植物、耐盐植物、耐旱植物等，从而提高土壤的利用效率和经济价值。利用抗盐植物还可以通过吸收、排泄或稀释土壤中的盐分，从而降低土壤的含盐量和碱化程度。利用抗盐植物还可以通过改善土壤的结构和通透性，增加土壤的有机质含量和微生物多样性，从而改善土壤的生物活性和生态功能[35,38]。

利用抗盐微生物是指通过施用一些能够在高盐环境下存活或增殖的微生物，如细菌、真菌、藻类等，从而提高土壤中微生物的活性和功能。利用抗盐微生物还可以通过分解、转化或固定土壤中的有机质和无机质，从而提供土壤所需的营养元素，如氮、磷、钾等，提高土壤肥力。利用抗盐微生物还可以通过释放一些有机酸或酶等活性物质，从而降低土壤的 pH 和钠吸附比(SAR)，降低土壤的含盐量和碱化程度[37,39]。

利用抗盐植物和抗盐微生物在提高作物抗盐性方面也有一些成功的例子，如小麦、大豆、芝麻等。例如，在中国新疆维吾尔自治区，通过种植一些耐旱耐盐的作物，如芝麻、油葵等，有效提高了农业产值和农民收入。在埃及阿斯旺省，通过施用一些富含有机质和微生物的堆肥茶，有效提高了小麦和大豆的产量。

表 1-26 简要概括了生物性土壤改良的优缺点和作物。

表 1-26 生物性土壤改良的优缺点和例子

生物性土壤改良技术	优点	缺点	抗盐性作物例子
利用抗盐植物	提高土壤利用效率和经济价值，降低土壤含盐量和碱化程度，改善土壤结构和通透性，增加土壤有机质含量和微生物多样性	需要适宜的种植条件和管理措施，易受其他非生理因素的影响	芝麻(耐旱耐盐)、油葵(耐旱耐盐)
利用抗盐微生物	提高土壤微生物活性和功能，提供土壤营养元素，降低土壤 pH 和 SAR，降低土壤含盐量和碱化程度	需要适宜的施用条件和方式，易受其他生物因素的影响	小麦(堆肥茶)、大豆(堆肥茶)

1. 传统的植物育种方法

传统的植物育种方法主要包括选择育种、杂交育种和诱变育种。这些方法利用自然或人工诱导的遗传变异，通过人工选择和组合，创造出具有优良性状的新品种。传统的植物育种方法在提高作物抗盐性方面取得了一定的成果，但也存在一些局限性，如时间长、效率低、目标性差等。

选择育种是最古老和最简单的植物育种方法，是通过在自然或人工诱导的遗传变异中，选择具有抗盐性或其他优良性状的个体或群体，进行繁殖和固定，形成新品种的过程。选择育种可以分为单株选择、群体选择，亲本选择和后代选择等类型。选择育种的优点是操作简单、成本低、不改变基因组结构，但缺点是依赖于现有的遗传变异资源，不能创造新的遗传变异，且受环境影响大，难以区分表型和基因型。

杂交育种是通过将不同品种或物种的亲本进行人工授粉，产生杂交后代，利用杂种优势或重组优势，创造出具有抗盐性或其他优良性状的新品种的过程。杂交育种可以分为同源杂交、异源杂交、远缘杂交和异域杂交等类型。杂交育种的优点是可以扩大遗传变异范围，提高作物的生产力和适应性，但缺点是操作复杂、成本高、难以稳定和固定所需性状。

选择育种和杂交育种在提高作物抗盐性方面有一些成功的例子，如水稻、小麦、大豆等。例如，在水稻中，通过对不同来源的抗盐基因进行标记辅助选择(MAS)，培育出多个具有高产和抗盐性的新品种，如‘CSR10’、‘CSR27’和‘CSR36’等[40]。在小麦中，通过对不同来源的抗盐基因进行杂交组合和后代选择，培育出多个具有高产和抗盐性的新品种，如‘KRL19-2’、‘KRL19-3’和‘KRL19-4’等[41]。

诱变育种是通过将植物暴露于化学或物理诱变剂(如乙基甲磺酸、辐射等)，产生新的遗传变异，然后通过筛选和评价，获得具有抗盐性或其他优良性状的突变体或突变品系的过程。诱变育种可以分为定向诱变和随机诱变两类。定向诱变是指在已知某一基因与目标性状相关的情况下，有针对性地对该基因进行诱变；随机诱变是指在不知道目标性状与哪些基因相关的情况下，对整个基因组进行诱变。

诱变育种的优点是可以创造新的遗传变异，突破遗传屏障，提高作物的抗逆性和品质，但缺点是诱变效率低，筛选难度大，突变体的稳定性和遗传性差。诱变育种在提高作物抗盐性方面也有一些成功的例子，如大麦、棉花、甘蔗等。例如，在大麦中，通过对普通大麦品种进行 γ 射线辐照，产生了多个具有高产和抗盐性的突变品系，如‘M1-48’、‘M1-49’和‘M1-50’等；在棉花中，通过对普通棉花品种进行乙基甲磺酸(EMS)处理，产生了多个具有高产和抗盐性的突变品系，如‘EMS-1’、‘EMS-2’、‘EMS-3’等[42]。

表 1-27 简要概括了植物育种改良盐碱地的特点。

表 1-27　植物改良盐碱地的优缺点和例子

植物育种方法	优点	缺点	抗盐性作物例子
选择育种	简单、低成本、不改变基因组结构	依赖于现有遗传变异资源、受环境影响大、难以区分表型和基因型	水稻(‘CSR10’等)、小麦(‘KRL19-2’等)
杂交育种	扩大遗传变异范围、提高生产力和适应性	复杂、高成本、难以稳定和固定所需性状	水稻(‘CSR27’等)、小麦(‘KRL19-3’等)
诱变育种	创造新的遗传变异、突破遗传屏障、提高抗逆性和品质	诱变效率低、筛选难度大、突变体稳定性和遗传性差	大麦(‘M1-48’等)、棉花(‘EMS-1’等)

2. 现代遗传工程技术

现代遗传工程技术是指通过利用分子生物学、基因组学、蛋白质组学、代谢组学、转录组学等手段，对植物的基因进行定向改造或调控，从而提高植物抗盐性的技术。现代遗传工程技术可以分为基因组选择和标记辅助选择、基因编辑技术两种。

基因组选择和标记辅助选择是指通过利用分子标记或基因芯片等手段，对植物的全基因组或部分基因组进行高通量的检测和分析，从而快速鉴定和筛选出与抗盐性相关的基因或位点，然后将这些基因或位点作为选择标准，对植物的杂交后代进行高效选择，从而提高植物抗盐性的技术。基因组选择和标记辅助选择可以大大缩短育种周期，提高育种效率，克服传统育种方法的局限性[43,44]。

基因组选择和标记辅助选择在提高作物抗盐性方面也有一些成功的例子，如水稻、小麦、大豆等。例如，在中国，通过利用单核苷酸多态性(SNP)芯片对水稻的全基因组进行扫描，发现了与抗盐性相关的 11 个主效数量性状基因座(QTL)，并利用这些 QTL 构建了一个抗盐性评价模型，从而快速筛选出具有高抗盐性的水稻品种。在印度，通过利用微卫星(SSR)标记对小麦的部分基因组进行检测，发现了与抗盐性相关的 9 个 QTL，并利用这些 QTL 进行标记辅助选择，从而提高了小麦的抗盐性[45,46]。

基因编辑技术是指通过利用一些特殊的核酸酶或核酸导向蛋白等手段，对植物的特定基因进行定向的增加、删除、替换或突变，从而改变植物的表型或功能，提高植物抗盐性的技术。基因编辑技术可以精确地改造植物的目标基因，避免引入外源基因，克服转基因方法的安全性和伦理性问题[47]。

基因编辑技术在提高作物抗盐性方面也有一些成功的例子，如拟南芥、番茄、棉花等。例如，在美国，通过利用 CRISPR/Cas9 系统对拟南芥的 *SOS1* 基因进行编辑，使其失去功能，从而降低了拟南芥的盐分排泄能力，增加了盐分积累能力，提高了抗盐性。在中国，通过利用 CRISPR/Cas9 系统对番茄的 *SlHKT1* 基因进行编辑，使其失去功能，从而降低了番茄的钾钠选择性，增加了钠离子吸收能力，提高了抗盐性。在中国，通过利用 CRISPR/Cas9 系统对棉花的 *GhNHX1* 基因进行编辑，使其过表达，从而增加了棉花的钠离子隔离能力，提高了抗盐性。

1.6 气候变化对盐碱土的影响

1.6.1 升温对盐碱土的潜在影响

气候变化导致的全球平均气温升高，对于盐碱土和耐盐作物都有重要的影响。升温会影响水循环、水分蒸发、盐分迁移、作物生理等方面，从而改变盐碱土的形成和分布，以及耐盐作物的生长和产量。以下是升温对于盐碱土和耐盐作物的两个主要影响。

增加蒸发量和盐碱化风险。升温会增加土壤表层和灌溉水的蒸发量，从而增加土壤中可溶性盐分浓度，导致土壤盐碱化[48]。此外，升温还会导致海平面上升、冰川融化、海水入侵等现象，从而增加沿海地区和低洼地区的土壤盐碱化风险[49]。据估计，到 21 世纪末，全球约有 10%的耕地面积将受到海平面上升的影响，其中大部分为沿海地区的农田[50]。因此，升温会加剧土壤盐碱化的程度和范围，对于农业生产和环境质量构成威胁。

改变耐盐作物的生理。升温会影响耐盐作物的生长发育、光合作用、水分利用、抗逆能力等方面，从而影响其产量和品质[51]。一方面，升温会提高耐盐作物的生长速度和成熟期，缩短生育期，降低其干物质积累和籽粒灌浆[52]。另一方面，升温会增加耐盐作物的蒸腾需求和水分消耗，降低其水分利用效率和水分生产力[53]。此外，升温还会影响耐盐作物对于其他逆境的抗性，如干旱、病虫害、营养缺乏等[54]。因此，升温会降低耐盐作物在盐碱土上的适应性和稳定性。

总之，升温是气候变化对于盐碱土和耐盐作物的一个重要影响因素。升温会增加土壤中可溶性盐分浓度，增加土壤盐碱化的风险；同时，升温也会影响耐盐作物的生长发育、光合作用、水分利用、抗逆能力等方面，降低其产量和品质。因此，应对升温带来的挑战需要采取一些适应性措施，如选择更高效的灌溉方式、培育更高抗性的耐盐品种、利用更先进的监测技术等。

1.6.2 降水格局对盐碱土的影响

气候变化导致降水量、强度、频率、季节性、分布等发生变化，这些变化影响了土壤中水和盐分的运动和分布，进而影响了土壤盐碱化的状况[55,56]。气候变化对降水格局的影响有以下两个方面。

水分可利用性和盐分动态的变化。水分可利用性是指土壤中水分对植物和微生物的供应能力，取决于降水量、强度、频率等因素。盐分动态是指土壤中盐分的积累、淋洗、迁移等过程，取决于水分可利用性和土壤特性。气候变化会改变水分可利用性和盐分动态之间的平衡，从而改变土壤盐碱化的程度和范围。通常，降水量减少、强度增加、频率降低、季节性增强、分布不均匀等都会降低水分可利用性，增加盐分积累和浓度；反之，降水量增加、强度减小、频率增加、季节性减弱、分布均匀等都会增加水分可利用性，促进盐分淋洗和稀释[56]。

干旱和洪涝灾害引起的次生盐碱化风险。次生盐碱化是指由人为活动或自然灾害导致的土壤盐碱化的恶化或扩散。干旱和洪涝灾害是两种常见的自然灾害，会影响土壤中水和盐分的运动和平衡，从而引起次生盐碱化。干旱会使土壤中水分严重不足，导致盐分无法被淋洗或迁移，甚至从地下水或地质层中释放更多的盐分到土壤中；洪涝会使土壤中水分过剩，导致盐分被冲刷或迁移，甚至将海水或其他含盐水体带入土壤中。

表 1-28 总结了不同降水格局对土壤盐碱化的影响。

表 1-28 不同降水格局对土壤盐碱化的影响

降水格局	水分可利用性	盐分动态	土壤盐碱化
降水量减少	降低	积累和浓度增加	加剧
降水量增加	增加	淋洗和浓度减小	缓解
降水强度增加	降低	积累和浓度增加	加剧
降水强度减小	增加	淋洗和浓度减小	缓解
降水频率降低	降低	积累和浓度增加	加剧
降水频率增加	增加	淋洗和浓度减小	缓解
降水季节性增强	降低	积累和浓度增加	加剧
降水季节性减弱	增加	淋洗和浓度减小	缓解

续表

降水格局	水分可利用性	盐分动态	土壤盐碱化
降水分布不均匀	降低	空间差异大	加剧
降水分布均匀	增加	空间差异小	缓解
干旱	降低	释放和浓度增加	加剧
洪涝	增加	冲刷和迁移	加剧

1.7 盐碱地研究与治理的机遇和挑战

1.7.1 新兴技术为盐碱地科学利用提供技术支撑

随着科技的发展，土壤分析和监测技术也在不断创新和进步，为土壤盐碱化的预测、监测和管理提供了新的方法和工具。其中，遥感技术和土壤传感器网络技术是两种新兴的土壤分析和监测技术，具有高效、精确、实时、动态等优点，可以获取大量的土壤信息，为土壤盐碱化的空间分布、时序变化、影响因素等方面提供数据支撑。

遥感技术是指利用各种遥感平台(如卫星、飞机、无人机等)搭载各种遥感传感器(如光学、雷达、热红外等)，从远距离获取地表反射或辐射的电磁波信号，并经过处理和分析，提取地表特征信息的技术。遥感技术可以覆盖广阔的区域，获取多时相、多光谱、多角度、多分辨率等多维度的土壤信息，为土壤盐碱化的定量评估和动态监测提供了可能。

遥感技术应用于土壤盐碱化分析和监测的基本原理是利用不同波段的遥感影像反映土壤含盐量对地表反射率或辐射率的影响，构建不同波段组合或比值形成的盐碱化指数(SI)，并与实地测量的土壤电导率(EC)或含盐量建立相关关系，从而实现土壤盐碱化的反演或分类[57]。根据不同波段组合或比值形成的 SI，可以将遥感技术应用于土壤盐碱化分析和监测的方法分为以下几类。

基于可见光-近红外波段(VIS-NIR)的方法：利用可见光-近红外波段反映土壤颜色变化对盐碱化程度的影响，构建基于可见光-近红外波段组合或比值形成的 SI，如归一化植被指数(NDVI)、归一化差异干旱指数(NDDI)、归一化差异盐碱化指数(NDSI)等。这类方法适用于裸露或低覆盖度植被的土壤盐碱化区域，但受到植被覆盖度、土壤含水量、土壤有机质等因素的干扰[57]。

基于短波红外波段(SWIR)的方法：利用短波红外波段反映土壤含水量变化对盐碱化程度的影响，构建基于短波红外波段组合或比值形成的盐碱化指数(SI)、盐碱化敏感指数(SSI)、盐碱化敏感植被指数(SSVI)等。这类方法适用于高覆盖度植被的土壤盐碱化区域，但受到土壤粒度、土壤有机质等因素的干扰[57]。

基于中波红外波段(MWIR)的方法：利用中波红外波段反映土壤温度变化对盐碱化程度的影响，构建基于中波红外波段组合或比值形成的 SI，如热红外盐碱化指数(TIRSI)、热红外归一化差异盐碱化指数(TIRNDSI)等。这类方法适用于不同覆盖度植被的土壤盐碱化区域，但受到大气条件、地表粗糙度等因素的干扰[57]。

基于长波红外波段(LWIR)的方法：利用长波红外波段反映土壤辐射特性变化对盐碱化程度的影响，构建基于长波红外波段组合或比值形成的 SI，如辐射亮度温度指数(RBTI)、辐射亮度温度差异指数(RBTDI)等。这类方法适用于不同覆盖度植被的土壤盐碱化区域，但受到大气条件、地表粗糙度等因素的干扰[57]。

随着遥感平台和传感器的不断更新和发展，遥感技术应用于土壤盐碱化分析和监测的方法也在不断创新和改进。例如，利用高光谱遥感技术获取更细致和丰富的土壤光谱信息，提高土壤盐碱化反演的精度和灵敏度。利用雷达遥感技术获取更稳定和可靠的土壤信息，克服光学遥感技术受到云雾、大气等因素的干扰。利用无人机遥感技术获取更高分辨率和实时性的土壤信息，满足小尺度和动态的土壤盐碱化监测需求。

土壤传感器网络技术是指利用各种土壤传感器(如电导率传感器、水分传感器、温度传感器等)，通过无线通信技术将传感器部署在土壤中或表面，实时获取土壤信息，并通过数据处理和分析，提取土壤特征信息的技术。土壤传感器网络技术可以实现对土壤信息的连续、实时、动态、精确的监测，为土壤盐碱化的预警、评估和管理提供了可能。

土壤传感器网络技术应用于土壤盐碱化分析和监测的基本原理是利用电导率传感器或水分传感器测量土壤电导率或含水量，并与实地测量的土壤电导率或含盐量建立相关关系，从而实现土壤盐碱化的反演或分类。根据不同的传感器类型和配置方式，可以将土壤传感器网络技术应用于土壤盐碱化分析和监测的方法分为以下几类。

基于电导率传感器的方法：利用电导率传感器测量土壤电导率，作为土壤含盐量的指示参数，与实地测量的土壤含盐量建立线性或非线性关系，从而反演出土壤含盐量。这类方法简单易行，但受到土壤含水量、温度、有机质等因素的干扰。

基于水分传感器的方法：利用水分传感器测量土壤含水量，作为土壤含盐量的指示参数，与实地测量的土壤含盐量建立线性或非线性关系，从而反演出土壤含盐量。这类方法适用于干旱或半干旱地区，但受到土壤结构、质地、有机质等因素的干扰。

基于电导率和水分传感器的方法：利用电导率和水分传感器同时测量土壤电导率和含水量，作为土壤含盐量的指示参数，与实地测量的土壤含盐量建立多元线性或非线性关系，从而反演出土壤含盐量。这类方法可以消除单一传感器受到其他因素干扰的影响，提高反演精度和稳定性。

随着无线通信技术和数据处理技术的不断更新和发展，土壤传感器网络技术应用于土壤盐碱化分析和监测的方法也在不断创新和改进。例如，利用无线通信技术实现多点、多层、多时段的数据采集和传输，提高数据覆盖度和实时性；利用数据处理技术实现数据清洗、压缩、融合、挖掘等功能，提高数据质量和价值；利用大数据技术实现数据存储、管理、可视化等功能，提高数据安全性和可用性 。

1.7.2　技术的创新为土壤修复和改良提供有效方案

除了利用新兴的土壤分析和监测技术，科技创新还为土壤修复和改良提供了新的方法和工具。其中，纳米技术和生物工程是两种具有广阔前景的土壤修复和改良技术，可以有效去除或降低土壤中的有害物质，提高土壤的肥力和生产力。

纳米技术是指利用纳米材料(NMs)或纳米结构(NSs)，即尺寸在1～100 nm范围内的材料或结构，实现对物质、能量、信息等方面的控制和调节的技术。纳米技术在土壤修复中的应用主要是利用纳米材料或纳米结构的高比表面积、高活性、高选择性等特性，去除或降低土壤中的重金属、有机污染物、盐分等有害物质，从而恢复土壤的健康和功能。纳米技术在土壤修复中的应用可以分为以下几类。

基于吸附作用的方法：利用纳米材料或纳米结构的高比表面积和高孔隙度，提供大量的吸附位点，从而吸附土壤中的重金属、有机污染物等有害物质，使其从土壤溶液中分离出来，降低其生物有效性和毒性。这类方法简单有效，但需要考虑吸附剂的再生和回收问题。

基于催化作用的方法：利用纳米材料或纳米结构的高活性和高选择性，催化土壤中的重金属、有机污染物等有害物质发生氧化还原反应，使其转化为低毒或无毒的形式，从而降解或无害化处理。这类方法高效环保，但需要考虑催化剂的稳定性和可控性问题。

基于固定作用的方法：利用纳米材料或纳米结构与土壤中的重金属、盐分等有害物质发生化学或物理作用，形成稳定的复合物或沉淀物，从而固定或沉淀处理。这类方法可持续性强，但需要考虑固定效果的长期性和可逆性问题。

随着纳米材料或纳米结构的不断开发和优化，纳米技术在土壤修复中的应用也在不断创新和完善。例如，利用多功能或智能型纳米材料或纳米结构，实现对多种污染物的同时去除或降低，以及对环境条件的自适应调节；利用生物基或可生物降解型纳米材料或纳米结构，实现对土壤生态系统的友好或促进作用，以及对纳米材料或纳米结构的安全处理。

生物工程是指利用生物、化学、物理等学科的原理和方法，对生物体或生物分子进行改造或优化，以实现对生命过程的控制和调节的工程。生物工程在土壤改良中的应用主要是利用改造或优化后的植物、微生物、酶等生物体或生物分子，增加或改善土壤中的有益物质，提高土壤的肥力和生产力。生物工程在土壤改良中的应用可以分为以下几类。

基于植物的方法：利用基因工程或育种技术，培育出具有高抗逆性、高盐耐性、高产量等特性的植物品种，从而适应不同类型和程度的土壤盐碱化条件，提高土壤的农业利用价值。这类方法符合自然规律，但需要考虑植物品种的安全性和适应性问题。

基于微生物的方法：利用基因工程或筛选技术，培养出具有高降解能力、高固氮能力、高溶磷能力等特性的微生物菌株，从而降解或转化土壤中的有害物质，增加或改善土壤中的有益物质，提高土壤的微生态平衡和肥力水平。这类方法成本低廉，但需要考虑微生物菌株的稳定性和协同性问题。

基于酶的方法：利用基因工程或提取技术，制备出具有高活性、高选择性、高稳定性等特性的酶分子或酶复合体，从而催化或促进土壤中的有机质降解、矿质素释放、营养素转化等过程，提高土壤的有机质含量和营养素有效性。这类方法效果显著，但需要考虑酶分子或酶复合体的保存和投放问题。

随着生物体或生物分子的不断改造或优化，生物工程在土壤改良中的应用也在不断创新和完善。例如，利用基因编辑技术，实现对植物、微生物、酶等生物体或生物分子的精准和高效改造，提高其功能和表达。利用合成生物学技术，实现对植物、微生物、酶等生物体或生物分子的重新设计和组装，创造出具有新功能和新特性的人造生命。

1.7.3 国际合作共同面对盐碱地可持续开发利用的挑战

1. 国际合作的作用

土壤盐碱化是一种普遍存在的土壤退化问题，影响了全球各地区的农业生产、食品安全和生态系统服务。盐碱地的形成和分布受到自然和人为因素的共同影响，包括气候变化、灌溉管理、土地利用变化等。因此，应对土壤盐碱化问题需要全球范围内的合作努力和政策框架，以实现盐碱地管理的目标。

国际合作在促进可持续盐碱地管理方面发挥着重要的作用，主要体现在以下两个方面。

多边环境协定：多边环境协定是指由多个国家或地区参与制定和签署的具有法律约束力的国际条约，旨在解决某一特定的环境问题或领域。多边环境协定为可持续盐碱地管理提供了一个共同的目标和原则，以及一个协调和监督各方行动和义务的机制。例如，《联合国防治荒漠化公约》(UNCCD)是唯一专门针对土壤退化问题的多边环境协定，其目标是通过有效的土地管理和恢复措施，防止、减轻和逆转荒漠化、土地退化和干旱现象。UNCCD 为各缔约方提供了一个平台，分享经验、知识和最佳实践，制定国家行动计划，动员财政、技术和能力建设支持，以及监测和评估进展和成果。UNCCD 还与其他相关的多边环境协定，如《联合国气候变化框架公约》(UNFCCC)和联合国《生物多样性公约》(CBD)，建立了协调机制，实现了在应对气候变化、保护生物多样性和促进可持续发展方面的协同效应。

全球研究和知识交流网络：全球研究和知识交流网络是指由不同国家或地区的政府、学术机构、非政府组织、私营部门等参与建立和运行的非正式或正式的组织或平台，旨在促进关于某一特定的环境问题或领域的科学研究、信息共享和能力建设。全球研究和知识交流网络为可持续盐碱地管理提供了一个创新的思想和方法，以及一个增强能力和影响力的机会。例如，全球土壤伙伴关系(GSP)是由联合国粮食及农业组织牵头发起并支持运行的一个自愿性质的全球性组织，其目标是改善全球土壤状况，支持可持续土壤管理和土壤保护。GSP 为各成员提供了一个平台，制定和实施全球土壤议程，开展和协调全球土壤项目，建立和维护全球土壤信息系统，以及推动和支持区域和国家层面的土壤行动。GSP 还与其他相关的全球研究和知识交流网络，如国际土壤科学联盟(IUSS)和世界土壤资源参比基础(WRB)，建立了合作关系，实现了在推动土壤科学发展、提高土壤意识和影响力方面的协同效应。还有联合国粮食及农业组织(FAO)搭建的全球盐碱地网络(International Network of Salt Affected Soils，INSAS)，这一平台旨在推动全世界各方共同努力，治理盐碱地，可持续利用土地资源。

2. 国家政策和法规的重要性

盐碱土是一种由于土壤中含有过多的可溶性盐分而影响植物生长的土壤。盐碱地的形成和分布受到多种因素的影响，如气候、水文、地质、地形、植被、土地利用和管理等[57]。盐碱地不仅降低农业生产力，还造成环境退化和生物多样性丧失，威胁生态系统服务[57]。因此，有效地管理和改良盐碱地是实现可持续发展目标的重要途径之一。

不同国家和地区根据自身的盐碱地状况和治理需求，制定了不同的政策和法规来指导和规范盐碱地的管理和改良。以下是一些典型的例子。

美国：美国农业部(USDA)于 1954 年出版了《盐碱土诊断与改良手册》(Handbook No. 60)，该手册是关于盐碱土的经典著作，系统地介绍了盐碱土的起源、性质、测定方法、改良技术、植物响应和作物选择、灌溉水质、土壤表征方法、植物培养和分析方法以及灌溉水分析方法等内容。该手册为全球范围内的盐碱土研究和管理提供了科学依据和技术指导。此外，美国还通过《清洁水法案》(Clean Water Act)等法律法规，对灌溉排水进行监管，以防止其造成水体污染和二次盐碱化[58]。

中国：中国是世界上盐碱土壤面积最大的国家之一，其主要分布在东北、华北、西北等地区。中国政府高度重视盐碱土壤治理工作，制定了一系列相关的政策和法规，如《中华人民共和国草原法》《中华人民共和国防沙治沙法》《中华人民共和国水污染防治法》《农业科技发展规划(2006—2020 年)》等。这些政策和法规旨在保护草原资源，防止沙漠化，控制水污染，促进农业结构调整，提高农业生态效益。

印度：印度是另一个拥有大面积盐碱土壤的国家，其盐碱土壤主要集中在印度河平原、恒河平原、德干高原等地区。印度政府通过《印度灌溉委员会法案》(Indian Irrigation Commission Act)等法律法规，设立了印度灌溉委员会(Indian Irrigation Commission)，负责制定和执行灌溉计划，监督和评估灌溉项目的效果，提供技术支持和咨询服务，协调各州政府和中央政府之间的合作，促进灌溉水资源的合理利用和管理，防止灌溉排水造成的盐碱土壤问题。

尽管不同国家和地区已经制定了一些涉及盐碱土的政策和法规，但仍存在一些缺口和不足，需要进一步改进和完善。以下是一些可能的改进建议。

加强政策和法规的执行力度和监督机制。一些国家和地区虽然有相关的政策和法规，但在实施过程中缺乏有效的执行力度和监督机制，导致政策和法规的落实不到位，无法达到预期的效果。例如，一些国家和地区对于灌溉排水的管理和控制不够严格，导致水体污染和二次盐碱化问题加剧。因此，需要加强政策和法规的执行力度和监督机制，确保政策和法规能够得到有效执行和遵守。

增加政策和法规的灵活性和适应性。一些国家和地区的政策和法规过于刚性和统一，没有考虑到不同地区、不同类型、不同程度的盐碱土的差异性和多样性，导致政策和法规的适用性和有效性受到限制。例如，一些国家和地区对于盐碱地改良技术的选择和推广没有充分考虑当地的气候、水文、土壤、经济、社会等因素，导致改良技术的效果不理想或不可持续。因此，需要增加政策和法规的灵活性和适应性，根据不同地区、不同类型、不同程度的盐碱土的特点，制定更加合理、科学、有效、可持续的政策和法规。

增强政策和法规的协调性和一致性。一些国家和地区在制定涉及盐碱土的政策和法规时，没有充分协调各个部门、各个层级、各个利益相关方之间的利益诉求和目标设定，导致政策和法规之间存在冲突或矛盾，影响政策和法规的实施效果。例如，一些国家和地区在推动农业结构调整时，没有充分考虑盐碱土对作物生长的影响，导致作物产量下降或作物品质下降。因此，需要增强政策和法规的协调性和一致性，在制定涉及盐碱土的政策和法规时，充分协调各个部门、各个层级、各个利益相关方之间的利益诉求和目标设定，确保政策和法规之间能够相互支持、相互促进。

1.8 本章总结

本章介绍了盐碱土的定义和历史背景，分析了盐碱土的形成机制、危害、分布和利用策略，以及盐碱土管理面临的挑战和机遇。本章的主要内容和结论如下。

盐碱土是指土壤中含有可溶性盐分过多或碱性物质过多的土壤，根据盐分种类和含量，可分为盐碱土、碱化土和复盐土三种类型。盐碱土的形成与水盐运移和积累有关，受到气候、地形、地质、植被、人类活动等因素的影响。

盐碱土对农业生产、环境质量、生物多样性和生态服务等方面都有不利影响，如降低作物产量和品质、加剧土壤退化和次生盐碱化、破坏土壤生物平衡和功能等。

盐碱土在全球范围内广泛分布，主要集中在干旱、半干旱和亚湿润地区，以及沿海、内陆湖泊和河流下游地区。不同生物群落中的盐碱土具有不同的特征和形成原因，如热带雨林中的白色盐碱土、草原中的黑色碱化土等。影响盐碱土全球分布的因素包括气候变化、地质构造、水文循环、植被演替等。

盐碱土的科学利用策略主要包括开发耐盐作物品种、改良和修复盐碱土、实施综合管理措施等。开发耐盐作物品种是指通过传统育种或基因工程等方法，培育出能够在高盐或高碱条件下正常生长和产量的作物品种。改良和修复盐碱土是指通过物理、化学或生物手段，改善或恢复盐碱土的理化性质和生物性质，降低或去除盐分或碱性物质，提高或恢复盐碱土的肥力和功能。实施综合管理措施是指通过合理规划、合理灌溉、合理施肥、合理轮作等方法，综合调控水盐平衡，防止或减轻盐碱化或碱化现象，提高或保持盐碱土的生产力和生态效益。

盐碱土管理面临着气候变化、技术创新、国际合作等方面的挑战和机遇。气候变化可能导致温度升高、降水变化等现象，进而影响水盐运移和积累过程，加剧或缓解盐碱化或碱化风险，改变耐盐作物的生理特征。技术创新可提供一些先进的土壤分析和监测技术，如遥感技术、传感器网络技术等，以及一些新兴的土壤改良和修复技术，如纳米技术、生物工程等，为盐碱土管理提供新的思路和方法。国际合作可能促进一些多边环境协议的签定和执行，如《联合国防治荒漠化公约》等，以及一些全球研究和知识交流网络的建立和发展，如国际土壤科学联合会(International Union of Soil Sciences，IUSS)等，为盐碱土管理提供新的平台和资源。

本章为本书的引言，旨在为读者提供关于盐碱土的基本概念和背景知识，并阐明本书的主要内容和目的。在后续章节中，将详细介绍盐碱土的形成机制、危害、分布和利用策略，以及盐碱土管理的挑战和机遇，以期为盐碱土的科学研究和实践提供有用的信息和参考。

参考文献

[1] Jacobsen T, Adams R M. Salt and silt in ancient mesopotamian agriculture: progressive changes in soil salinity and sedimentation contributed to the breakup of past civilizations. Science, 1958, 128: 1251-1258.

[2] Hillel D. Rivers of Eden: the Struggle for Water and the Quest for Peace in the Middle East. New York: Oxford University Press, 1994:192-195.

[3] Singh R V. Historical perspectives of soil salinity and waterlogging problems in India: a review. Developments in Soil Salinity Assessment and Reclamation, 2013,11: 19-38.

[4] Budge E A W. The Egyptian Book of the Dead: the Papyrus of Ani in the British Museum. Garden City: Dover Publications, 1967: 457-533.

[5] Shahat M F, Kholy M A, Araby T A. Soil salinity and sodicity in the western desert of Egypt. Journal of Applied Sciences Research, 2011, 7: 2234-2242.

[6] Werner A. Die Salzigen und Alkalischen Böden Aegyptens und Nordafrikas. Berlin: Verlag von Paul Parey, 1893:79-109.

[7] Hilgard E W. Soils, Their Formation, Properties, Composition, and Relations to Climate and Plant Growth in the Humid and Arid Regions. New York: The Macmillan Company, 1906: 50.

[8] Ahrendsen B L, Dodson C B, Dixon B L, et al. Research on USDA farm credit programs: past, present, and future. Agricultural Finance Review, 2005, 65: 165-181.

[9] Shahid S A, Zaman M, Heng L. Soil Salinity Management in Agriculture: Technological Advances and Applications. Boca Raton: CRC Press, 2017: 485-487.

[10] IAEA. Guidelines for soil salinity assessment, mitigation and adaptation using nuclear and related techniques. Vienna: IAEA, 2018: 154-162.

[11] Szabolcs I. Salt Affected Soils in Europe. Madrid: Springer Dordrecht, 1974: 1-57.

[12] Gupta S K, Goyal M R. Soil Salinity Management in Agriculture: Technological Advances and Applications. New York: Apple Academic Press, 2017: 485-487.

[13] Shainberg I, Letey J. Response of soils to sodic and saline conditions. Hilgardia, 1984, 52: 1-57.

[14] Qadir M, Quillérou E, Nangia V, et al. Economics of salt-induced land degradation and restoration. Natural Resources Forum, 2014, 38: 282-295.

[15] Qadir M, Tubeileh A, Akhtar J, et al. Productivity enhancement of salt-affected environments through crop diversification. Land Degradation & Development, 2008, 19: 429-453.

[16] Tester M, Langridge P. Breeding technologies to increase crop production in a changing world. Science, 2010, 327: 818-822.

[17] Flowers T J, Colmer T D. Salinity tolerance in halophytes. The New Phytologist, 2008, 179: 945-963.

[18] Kissoudis C, Van de Wiel C, Visser R G, et al. Future-proof crops: challenges and strategies for climate resilience improvement. Current Opinion in Plant Biology, 2016, 30: 47-56.

[19] Hassani A, Azapagic A, Shokri N. Predicting long-term dynamics of soil salinity and sodicity on a global scale. Proceedings of the National Academy of Sciences of the United States of America, 2020, 117: 33017-33027.

[20] Hassani A, Azapagic A, Shokri N. Global predictions of primary soil salinization under changing climate

in the 21st century. Nature Communications, 2021, 12: 6663-6680.
[21] Okur B, Örçen N. Soil salinization and climate change//Prasad M N V, Pietrzykowski M. Climate Change and Soil Interactions. Amsterdam: Elsevier, 2020: 331-350.
[22] Stavi I, Thevs N, Priori S. Soil salinity and sodicity in drylands: a review of causes, effects, monitoring, and restoration measures. Frontiers in Environmental Science, 2021, 9: 712831.
[23] Mohanavelu A, Naganna S R, Al-Ansari N. Irrigation induced salinity and sodicity hazards on soil and groundwater: an overview of its causes, impacts and mitigation strategies. Agriculture, 2021, 11: 983-995.
[24] Kamran M, Parveen A, Ahmar S, et al. An overview of hazardous impacts of soil salinity in crops, tolerance mechanisms, and amelioration through selenium supplementation. International Journal of Molecular Sciences, 2019, 21: 148-166.
[25] Ma L, Liu X, Lv W, et al. Molecular mechanisms of plant responses to salt stress. Frontiers in Plant Science, 2022, 13: 934877.
[26] Reddy I N B L, Kim B K, Yoon I S, et al. Salt tolerance in rice: focus on mechanisms and approaches. Rice Science, 2017, 24(3): 123-144.
[27] Maiti R, Rodríguez H G, Kumari C A, et al. Advances in Rice Science: Botany, Production, and Crop Improvement. New York: Apple Academic Press, 2020, Chap. 6: 1-44.
[28] Corwin D L. Climate change impacts on soil salinity in agricultural areas. European Journal of Soil Science, 2021, 72(2): 842-862.
[29] Ren Z H, Gao J P, Li L G, et al. A rice quantitative trait locus for salt tolerance encodes a sodium transporter. Nature Genetics, 2005, 37: 1141-1146.
[30] Ingram J. A food systems approach to researching food security and its interactions with global environmental change. Food Security, 2011, 3: 417-431.
[31] Li H, La S, Zhang X, et al. Salt-induced recruitment of specific root-associated bacterial consortium capable of enhancing plant adaptability to salt stress. The ISME Journal, 2021, 15: 2865-2882.
[32] Su C, Tao Y, Xie X, et al. Novel physical techniques for soil salinization restoration based on gravel: performance and mechanism. Journal of Soils and Sediments, 2023, 23: 1281-1294.
[33] Shahid S A, Zaman M, Heng L E. Introduction to soil salinity, sodicity and diagnostics techniques// Zaman M, Shahid S A, Heng L. Guideline for Salinity Assessment, Mitigation and Adaptation Using Nuclear and Related Techniques. Cham: Springer International Publishing, 2018: 1-42.
[34] Verma H, Ray A, Rai R, et al. Ground improvement using chemical methods: a review. Heliyon, 2021, 7: e07678.
[35] Cuevas J, Daliakopoulos I N, Moral F, et al. A review of soil-improving cropping systems for soil salinization. Agronomy, 2019, 9: 295.
[36] Ullah A, Bano A, Khan N. Climate change and salinity effects on crops and chemical communication between plants and plant growth-promoting microorganisms under stress. Frontiers in Sustainable Food Systems, 2021, 5: 618092.
[37] Maryum Z, Luqman T, Nadeem S, et al. An overview of salinity stress, mechanism of salinity tolerance and strategies for its management in cotton. Frontiers in Plant Science, 2022, 13: 907-937.
[38] Munir N, Hasnain M, Roessner U,et al. Strategies in improving plant salinity resistance and use of salinity resistant plants for economic sustainability. Critical Reviews in Environmental Science and Technology, 2021, 52(12): 2150-2196.
[39] Afzal M, El Sayed Hindawi S, Alghamdi S S, et al. Potential breeding strategies for improving salt tolerance in crop plants. Journal of Plant Growth Regulation, 2023, 42: 3365-3387.

[40] Ashraf M, McNeilly T. Breeding for salt tolerance in crop plants — the role of molecular markers. Acta Physiologiae Plantarum, 1997, 19: 427-437.

[41] Isayenkov S V. Genetic sources for the development of salt tolerance in crops. Plant Growth Regulation, 2019, 89: 1-17.

[42] Singh M, Nara U, Kumar A, et al. Salinity tolerance mechanisms and their breeding implications. Journal of Genetic Engineering and Biotechnology, 2021, 19: 173-191.

[43] Zhang J, Chen L L, Xing F, et al. Extensive sequence divergence between the reference genomes of two elite indica rice varieties Zhenshan 97 and Minghui 63. Proceedings of the National Academy of Sciences of the United States of America, 2016, 113: 5163-5171.

[44] Mondal S, Singh R P, Crossa J, et al. Earliness in wheat: a key to adaptation under terminal and continual high temperature stress in South Asia. Field Crops Research, 2013, 151: 19-26.

[45] Shahid M Q, Riazuddin S. Salinity tolerance in plants: breeding and genetic engineering. Australian Journal of Crop Science, 2012, 6: 1337-1348.

[46] Deepthi E, Karuppusamy R, Chellamuthus. Drivers of soil salinity and their correlation with climate change. Current Opinion in Environmental Sustainability, 2021, 50: 310-318.

[47] Beibei E, Zhang S, Driscoll C T, et al. Human and natural impacts on the U. S. freshwater salinization and alkalinization: a machine learning approach. The Science of the Total Environment, 2023, 889: 164138.

[48] Dasgupta S, Laplante B, Meisner C, et al. The impact of sea level rise on developing countries: a comparative analysis. Climatic Change, 2009, 93: 379-388.

[49] Chen J, Mueller V. Climate change is making soils saltier, forcing many farmers to find new livelihoods. The Conversation, 2018, 106048.

[50] Lobell D B, Schlenker W, Costa-Roberts J. Climate trends and global crop production since 1980. Science, 2011, 333: 616-620.

[51] Farooq M, Gogoi N, Barthakur S, et al. Drought stress in grain legumes during reproduction and grain filling. Journal of Agronomy and Crop Science, 2017, 203: 81-102.

[52] Wang W, Vinocur B, Altman A. Plant responses to drought, salinity and extreme temperatures: towards genetic engineering for stress tolerance. Planta, 2003, 218: 1-14.

[53] Perri S, Molini A, Hedin L O, et al. Contrasting effects of aridity and seasonality on global salinization. Nature Geoscience, 2022, 15: 375-381.

[54] Jordán M M, Navarro-Pedreno J, García-Sánchez E, et al. Spatial dynamics of soil salinity under arid and semi-arid conditions: geological and environmental implications. Environmental Geology, 2004, 45: 448-456.

[55] Gorji T, Tanik A, Sertel E. Soil salinity prediction, monitoring and mapping using modern technologies. Procedia Earth and Planetary Science, 2015, 15: 507-512.

[56] Gangwar P, Singh R, Trivedi M, et al. Sodic soil: management and reclamation strategies//Shukla V, Kumar N. Environmental Concerns and Sustainable Development. Singapore: Springer Singapore, 2019: 175-190.

[57] Qadir M, Noble A D, Qureshi A S, et al. Salt - induced land and water degradation in the Aral Sea basin: a challenge to sustainable agriculture in Central Asia. Natural Resources Forum, 2009, 33(2): 134-149.

[58] Robert W A, Landman J C. Clean Water Act 20 Years Later. No. ISLAND-0379/XAB. Washington: Island Press, 1993.

第 2 章　中国主要盐碱土分类、分布及特征

盐碱土的主要特点是土壤中可溶性盐分含量或可交换性钠离子含量较高。目前，研究者主要根据钠离子吸附比、电导率、总碱度等指标作为盐碱土分类和评定的依据。另外，盐碱土的分类还要考虑盐碱土形成过程、成土条件和盐碱特性。

盐碱土的成因会受到多种因素的影响，包括：①气候条件：在我国东北、西北和华北地区，降水量小和蒸发量大会导致溶解的盐分积聚在土壤表层中。春季地表水分蒸发强容易出现“返盐现象”。②地理条件：水溶性盐随水从高处向低处移动，容易积聚在低洼地带。盐碱土主要分布在内陆盆地、山间洼地和排水不畅的平原区，如松辽平原。③土壤质地和地下水：土壤因颗粒大小适中，毛管水上升速度较快，而砂土和黏土相对积盐速度较慢。④河流和海水的影响：河流两旁的土地，因河水侧渗而使地下水位抬高，容易使其积盐。沿海地区受到海水浸碱的影响，易形成滨海盐碱土。⑤耕作管理不当：大水漫灌或低洼地区只灌不排，导致次生盐碱化。

土壤含盐量是灌区土壤盐碱化的划分基本依据：土壤盐分总含量在 1.0～2.0 g/kg 为轻度盐碱化土壤，盐分总含量在 2.0～4.0 g/kg 为中度盐碱化土壤，盐分总含量在 4.0～6.0 g/kg 为重度盐碱化土壤，大于 6.0 g/kg 为盐土。轻度盐土的出苗率为 70%～80%，重度盐土的出苗率低于 50%。不同类型的盐碱土所含的盐碱成分不同，在干旱、半干旱地区盐碱化土壤，以水溶性的氯化物和硫酸盐为主。滨海地区由于受海水浸碱，生成滨海盐碱土，所含盐分以氯化物为主，在我国南方沿海还分布着一种反酸盐土。图 2-1 和图 2-2 分别是典型的盐碱地外貌和剖面图。

图 2-1　东北盐碱地照片(胡树文拍摄)*

图 2-2　盐碱地土壤剖面(周泰然拍摄)

* 扫描封底二维码可见全书彩图。

盐碱土是土壤退化的一个重要类型，几乎分布在世界的干旱和半干旱地区。土壤盐碱化会导致耕地退化和土壤结构变化，土壤肥力下降和有效养分的改变，以及影响植物正常生长发育和产量、质量下降等。联合国粮食及农业组织2021年10月发布的全球盐碱土壤分布图显示，全球超过8.33亿hm^2的土壤已经受到盐碱化的影响。其分布从热带、温带到寒带的所有区域，遍布于大洋洲、亚洲、欧洲到美洲的各个大陆地区。由于地理位置及气候条件不同，盐碱土在不同地区及国家的分布及面积也有很大差异。据调查，盐碱土面积排名前十的国家分别是澳大利亚、俄罗斯、中国、印度尼西亚、巴基斯坦、印度、伊朗、沙特阿拉伯、蒙古国、马来西亚。根据全球盐碱土分布图(GSASmap)，全球超过3%的表土和超过6%的底土受到盐度或钠化度的影响。全球2/3以上的盐碱土位于干旱和半干旱气候区。其中，37%的盐碱土位于干旱的沙漠；27%的盐碱土分布在干旱草原(一半在寒冷干旱草原，一半在炎热干旱草原)。

中国幅员辽阔，自然情况复杂，气候变化差异性大，因此盐碱土类型也很复杂，分布广泛。盐碱地是国家后备耕地资源储备，可以保障国家粮食安全。因此，盐碱地的治理、改良与利用，高效地将盐碱荒地改造为生态良田，可以为国家新增大量优质耕地，大幅增加粮食产能，促进生态环境保护，推动碳中和战略，对于实现农业、经济的新发展有重大意义。第三次全国国土调查(2019年)的结果显示，中国全部盐碱地的总面积约为1.15亿亩。中国盐碱土的分布与其土壤类型和气候条件密切相关，主要分布在西北内陆、华北、东北及长江以北沿海地带。

(1) 东北地区盐碱土。该区域主要包括松辽平原、松嫩平原、三江平原和内蒙古呼伦贝尔。据统计，该区域盐碱土总面积达到4795.5万亩(1亩≈666.67 m^2)，其主要盐碱离子成分是CO_3^{2-}和HCO_3^-。

(2) 沿海区域盐碱土。该区域主要有华东、华南以及江北的沿海地区。地下水位为0.5～2.5 m，矿化度高于10 g/L，甚至高达50 g/L，含盐量在0.4%以上，主要盐碱离子成分是Cl^-。

(3) 黄河中游半干旱地区盐碱土。该区域盐碱土总面积达到几千万亩，主要分布在青海、甘肃、宁夏、内蒙古河套地区和山西、陕西的河谷平原。该地区的气候干旱且多风，年降水量低是土壤盐碱化的主要原因。其盐碱离子成分主要是Cl^-和SO_4^{2-}。

(4) 西北内陆地区盐碱土。该区域主要包括新疆吐鲁番及塔里木盆地、青海柴达木盆地、甘肃河西走廊和内蒙古的西部。根据资料显示，新疆盐碱土面积已达到1306.7万hm^2，占总土壤面积的15.4%。该区域地下水矿化度为3～5 g/L，甚至高达10 g/L，其盐碱离子成分主要是Cl^-和SO_4^{2-}，含量为1%～4%，尤其在土壤表层聚集明显，甚至高达20%。重度盐土会在表面形成硬且厚的盐结壳。

(5) 黄淮海平原次生盐碱土。据“六五”期间的卫星、遥感资料估算，该区域盐碱土面积约为3000万亩，主要包括黄河下游地区、海河、黄海平原地区以及皖北和苏北的平原地区。该区域的盐碱土特点是盐分在土壤表面聚集性强，但在2 cm以下土层，盐碱成分含量快速下降至0.1%左右，其主要盐碱离子成分为Cl^-、SO_4^{2-}和CO_3^{2-}。

2.1　松嫩平原盐碱土

正如前面所述，我国盐碱土的分布和特性与其广袤的地域和多变的气候条件密切相关。每一种盐碱土类型都是这些复杂自然条件相互作用的结果。在深入探索松嫩平原等特定区域的盐碱土特性之前，需首先认识到这些土地面临的共同挑战，如土壤肥力下降、生态环境受损，以及对农业生产的负面影响。尽管这些问题在全国范围内普遍存在，但是不同区域的盐碱土因气候条件、地理位置、土壤成分和土壤母质的差异而展现出独特的特点。这种共性与差异性在转向松嫩平原的详细讨论时被特别强调，以便更全面地理解我国盐碱土的复杂性及其对国家土壤资源管理和农业生产的影响。

苏打盐碱土是我国一种特殊的土壤类型，主要分布在松嫩平原地区。苏打盐碱土有别于其他类型盐碱地，其盐分主要为 $NaHCO_3$ 和 Na_2CO_3，含有少量的硫酸盐和氯化物。由于土壤在苏打盐化过程中伴随发生碱化过程，因此苏打盐碱土兼有不同程度的盐化和碱化特性。土壤 pH 一般在 7.02～10.16 之间[1]，多呈强碱性，ESP 一般为 10%～45%，高者可达 80%以上；土壤交换性钠含量较高，理化性质恶劣，多呈现出土壤板结、渗透性差等特点。该地区的植物同时受到高交换性钠含量和高 pH 的危害[2,3]。按照土壤盐化和碱化的程度，可以分为草甸盐土、草甸碱土和盐碱化土壤三种类型[4]。苏打盐碱土由于碱性特别强，生草过程很弱，加之碱性淋洗的作用，表层和亚表层土壤中的有机质含量及氮、磷含量也相应降低，使得苏打盐碱土肥力较为匮乏。苏打盐碱土的另一个较为普遍的特点是，含有较高数量的 CO_3^{2-} 和 HCO_3^-，该成分制约了土壤 pH 的降低，导致土壤 pH 居高不下，极大地增加了改良的难度。苏打盐碱土作为我国重要的土地资源，尽管区域内土壤理化性质恶劣，但由于面积大，区域内温光自然条件好，气候生产潜力高，其未来改良与利用开发潜力巨大。

2.1.1　松嫩平原盐碱土分布范围

我国苏打盐碱土面积约为 3.8×10^6 hm^2[5]，占该地区土地总面积的 15.2%[6,7]。松嫩平原被嫩江和松花江分割成南北两大区域。其中吉林省西部盐碱土位于南面区域，该区域苏打盐碱土主要分布在吉林省松原市、白城市、通榆县和长岭县等地。而北面区域地处黑龙江省南部，该区域苏打盐碱土主要分布在安达市、大庆市和三肇等地区，其他区域如三江地区也有零星分布。据统计，苏打盐碱土每年的扩张速度约为 1.4%。数据资料显示，1954～2000 年间，松嫩平原西部的草地面积缩减了约 64%，退化的草地主要变成了盐碱荒地[8]。近年来，人类活动和自然因素的影响，导致松嫩平原草地面积缩减，大部分退化的草地变成了盐碱荒地。因此，苏打盐碱地治理已成为该区域生态环境保护的当务之急。

2.1.2　松嫩平原盐碱土成因

1. 地形地势特征

以松嫩平原为例，其特点是，西、北、东三面被大小兴安岭和长白山脉环绕，南部隆起，这一特殊的地形构造使松嫩平原整体四周地势高，中部形成大面积凹陷区，地势低洼，排水不畅，平原内泡沼遍布。林年丰等研究认为这一特殊地貌主要是由新构造运动造成的，更新世时期地壳反复多次的沉降抬升运动，使松嫩平原中部形成中央凹陷区，进而形成中央大湖。随着地质运动的发展，由于不规则的地壳隆起和沉降，中央大湖破碎消失，该区域最终形成大大小小若干不同的沉降区，之后发展成为众多的湖泊和沼泽，使这一地区土壤长期处于淹水状态，地下水位上升，岩石水解风化加速，Na^+与H_2O、CO_3^{2-}作用极易形成 Na_2CO_3、$NaHCO_3$，为苏打盐碱土的形成创造了地质基础。同时有研究表明，松嫩平原苏打盐碱土的盐分主要集中在地壳运动时期形成的沉降区内，该区域也是现代苏打盐碱土的重灾区，这也从侧面反映出，特殊的地质构造所造成的淹水现象为苏打盐碱土的形成提供了先决条件。

2. 富钠矿物为苏打盐碱土形成提供了母质来源

松嫩平原周围山地的成土母质多为玄武岩和花岗岩风化物，以富钠的硅铝酸盐矿物为主要成分，蒙脱石占很大比例，碱性大，遇水易膨胀分散。裘善文等研究指出，土壤母质中的 $NaAlO_2$、Na_2SiO_3 和 $NaHSiO_3$ 等化合物经过若干年代的风化搬运、冲刷淋洗，在平原和低洼地区沉积下来，在比较稳定的静水环境条件下形成深厚的河湖淤(冲)积物。在低洼淹水盆地，水解和酸蚀作用使得岩石矿物进一步溶解，释放出大量游离Na^+，淹水造成强烈的土壤还原作用，最终形成以 $NaHCO_3$ 和 Na_2CO_3 为主要成分的苏打盐碱土。因此，富含Na^+的土壤母质为松嫩平原苏打盐碱土的形成提供了物质来源。

3. 干旱气候拉动盐分表聚并加速土壤苏打盐碱化

松嫩平原属温带季风性气候向温带大陆性气候过渡区，区域内常年平均降水量在 400 mm 左右，且季节性极强，主要降水集中在夏季，降水时经常发生内涝，造成水多流不出去。这些聚集在低洼处的水分常年靠蒸发减少，年蒸发量达 1700～1800 mm，是降水量的 4～5 倍，巨大的蒸发拉力又使得松嫩平原低洼淹水区域的土壤中盐分随水分上行集聚在地表。同时松嫩平原冬季寒冷漫长，冻融作用对土壤中盐分迁移也有重要的推动作用。松嫩平原冬季土壤冻结期较长，冻结时间长达 5 个月，冻结期内土壤盐分从未冻结区迁移到冻结区，盐分随地下水垂直向上迁移，导致融化时盐分进一步集聚在地表，加剧了表层土壤的盐碱化程度，这种现象以低洼区域更为显著。这种干旱气候和水分集聚现象造成了盐分的不断积累，进一步促进了苏打盐碱化的形成。

4. 冻融作用

冻融作用与东北地区土地盐碱化的关系十分密切，但其影响一直为前人所忽视。该地区每年有长达半年的冻结期，不但冻结期长，而且冻层厚度大，一般可达 1.2～1.5 m。

在黑龙江南部、内蒙古东北部、吉林西北部冻土层可超过 3 m。除存在春季强烈积盐和秋季返盐两个积盐期外，该地区还存在伴随土壤冻融过程而同步发生的“隐蔽性”积盐过程。在土壤冻结过程中，结冻使土壤冻层与非冻层的地温产生一定差异，底层土壤水盐明显地向冻层运移，引起土壤毛管水分向冻层移动，盐分也随之上升，在冻层中累积，冻层以下土壤水分和含盐量下降；同时地下水不断借毛细管作用上升补给，使水分和盐分不断向冻层移动，所以造成水分和盐分在冻层中大量累积。冬季“隐蔽性”积盐过程与地下潜水有直接联系。当春季来临时，气温回升，地表蒸发逐渐强烈，使冬季累积于冻层的盐分转而向地表近乎“爆发式”地聚集，这种过程直至冻层化通为止。在冻层化通之前，它像一块隔水层，隔断了冻层之上土壤水分与冻层之下潜水的联系。因此，东北地区春季强烈积盐的实质是冬季冻层中大量累积的盐分随着春季蒸发在地表的强烈聚集，而与潜水位并没有直接的联系。

5. 灌排措施不完善导致了次生盐碱化加剧

在东北地区，灌区开发后大量引入河水。由于灌溉定额过大和灌溉技术不完善，除少部分引水渗漏损失外，送入田间的水大量渗入地下，结果抬高了地下水位，使盐分上升，引起次生盐碱化。而后又大量引水，采用大水压盐的办法遏制土壤盐碱化，使得地下水位进一步抬升，造成盐碱化与次生盐碱化的恶性循环。例如松嫩平原西部，20 世纪 70 年代修建引嫩工程，每年引嫩江水 4.65×10^8 m^3 进入该区，由于工程不配套，耕地中的次生盐碱化面积 1980 年比 1959 年增加 23.7%。除此之外，缺乏完善的排水系统导致排水不畅也是土地盐碱化的重要原因。东北地区从 20 世纪 50 年代末以来修建了不少大中型灌水渠和平原水库，由于工程不配套，仅修了灌溉工程，未修排水工程或田间工程，不能及时将灌区内多余灌溉积水排出去，使得地下水位不断抬高，促使和加剧了土地次生盐碱化的发生。

6. 农业技术措施使用不当

由于受传统习惯的影响和经济条件的限制，东北大部分地区仍沿袭着广种薄收、粗放经营的生产方式。重用轻养、重化肥轻农肥、重产出轻投入，这种掠夺式的经营方式，使全区土壤养分平衡失调，有机质含量下降，土壤理化性状渐趋恶化；再加上种植结构单一，地面作物覆盖率低，促使土壤盐碱在表层强烈积聚。当耕地发生盐碱化后，由于未及时采取措施，进行精耕细作，培肥改土，从而加重了该区耕地盐碱化的程度。

7. 过度垦殖

对土地资源的过度垦殖，如滥垦、过牧、伐薪、采药等都是导致土地盐碱化的不良经济行为。20 世纪 50～60 年代，由于没有因地制宜利用土地资源，东北地区盲目开展了大规模的垦荒运动，包括毁林开荒、开垦草地，使农业生态环境受到严重破坏，发生了大范围的土地盐碱化，形成“越垦越穷，越穷越垦”的恶性循环。1958～1984 年的 26 年期间，由于不合理地利用草地，如过度放牧、割草、搂柴、烧荒和采药等，吉林西部草地盐碱化面积增加了 16.5 万 hm^2，平均每年增加 6346 hm^2。

8. 生物活动加剧了土壤苏打盐碱化过程

生物活动，如动物采食、践踏等，严重破坏了地表植被，使原本宜牧的草地蓄水能力减弱，蒸发加剧，盐分随地下水位不断上升，在地表集聚，碱斑也随之出现，最终造成土壤苏打盐碱化程度越来越高。另外，由于植物对盐碱的适应性不同，许多植物不断退化导致地表裸露，也加剧了土壤盐碱化程度。

2.1.3 松嫩平原盐碱土特点

松嫩平原盐碱土呈经线分布，处于亚湿润干旱和半干旱地带。轻度盐碱化土地分布于低河漫滩，中、重度盐碱化土地分布于高河漫滩。在平原地势低平、不易排水处盐碱地连片分布。低阶地、洼地、湿地、泡泽、牛轭湖等地形有利于水、盐聚集，因此也是该区域苏打盐碱地的分布区。盐碱地多分布于内陆河附近。松嫩平原西部盐碱化土地大致沿大兴安岭呈东北—西南向分布。松嫩平原盐碱土壤中的盐分主要是苏打(Na_2CO_3)和小苏打($NaHCO_3$)，阳离子主要是 Na^+，阴离子主要是CO_3^{2-}和HCO_3^-。土壤碱化度高，土壤颗粒分散、土壤膨胀。图 2-3 是松嫩平原盐碱地的航拍图。

图 2-3 吉林省松原市前郭县盐碱地航拍图

2.1.4 松嫩平原盐碱土治理措施

1. 关于苏打盐碱地区旱田井灌问题

井灌井排是改良低洼易涝盐碱地的一种措施，利用水泵从机井内抽取地下水，灌溉洗盐的同时又降低地下水位。金明道等研究发现，大安市小井种稻，水稻产量 6000 kg/hm^2。刘长江等在松嫩平原苏打盐碱地区采用 4 井管组合井，在玉米拔节中期至灌浆中期进行淋洗灌溉试验。结果表明，与无淋洗灌溉相比，微咸水的补充灌溉、小额淋洗(51 mm)和大额淋洗(112 mm)的玉米分别增产 39.5%、101.4%和 117.5%。然而苏打盐碱地区的地下水大多数为弱碱性低矿化水，利用井水进行沟灌时易引起土壤次生盐碱化现象，从而导致表土结壳、板结等。因此，需要研究井灌抗旱、防涝、调控区域土壤水盐运动和防治土壤次生盐碱化作用的具体技术措施。

2. 关于苏打盐碱土的培肥问题

由于苏打盐碱土盐分中的 Na_2CO_3、$NaHCO_3$ 含量高，碱性强，易造成土壤腐殖质被溶提、冲洗和流失，致使土壤腐殖质含量降低。伴随着土壤有机质的溶失，土壤胶体团聚性减弱，物理性质恶化，易使土壤发生次生盐碱化。因此，需要研究在水田和旱田条件下，有机肥料对苏打盐碱土的培肥改良作用及其机制，以及秸秆还田的改土效果等。

长期以来，有机肥的施用对降低土壤盐碱度和培肥地力方面的效果一直是土壤学工作者关注和研究的热点问题。大量研究表明，施用有机肥对改良盐碱土效果明显，不仅能降低土壤的含盐量，而且可以改善土壤结构、硬度和通透性，提高土壤养分含量、微生物活性和水分入渗速率，调节盐分离子在土壤中的分配，改善作物生长环境。有机肥的施用还可以减少耕层土壤返盐，降低土壤次生盐碱化发生的概率，有利于土壤向非盐碱化方向发展，具有较好的抑盐效果。黑龙江省肇源县城郊，由于长期以来施肥结构过于单一，盐碱化耕地越种越板结，单产不超过 1500 kg/hm^2，通过增施优质农家肥后，单产超过 3750 kg/hm^2。在施用有机肥的过程中，需注意有机肥与无机肥配合施用，盐碱土 N、P、K 和 Zn 等营养元素缺乏比较突出，平衡施肥是盐碱化培肥改良的重要原则。由于盐碱土 Na^+和 HCO_3^- 含量很高，土壤溶液呈碱性，氮肥应以铵态氮和尿素为宜；磷肥应以磷酸二铵、重过磷酸钙为佳；钾肥以硫酸钾为佳。肥料用量根据作物种类、品种、土壤肥力及盐碱化程度等条件的不同而异。施肥的基本原则是适量为止，不宜过多，以免造成次生盐碱化、土壤酸化或者对土壤结构造成不良影响。

农作物秸秆属于再生资源，具有极大的营养潜力。例如，稻草的氮含量约 6.0 g/kg，钾含量约 15 g/kg，碳含量 400 g/kg。近年来，秸秆还田配施无机肥也在盐碱地上得到广泛应用，秸秆、根茬可利用机械粉碎直接还田，可增加耕层土壤有机质含量，特别是长期的秸秆还田能显著增加土壤腐殖质含量，而腐殖质对盐碱具有很好的抑制效果。据研究，松嫩平原通过向盐碱斑上施枯草以改良草地盐碱化，施枯草(1.5 万 kg/hm^2)两年后，pH 由 10.05 降至 8.53，含盐量由 5.6 g/kg 降至 2.5 g/kg，ESP 由 64.59%降至 35.76%，体积质量下降了 0.61 g/cm^3，孔隙度提高 16.02%，而且效果随着施枯草量的增加而提高。

3. 种植绿肥

盐碱土种植绿肥，并实行草田轮作可以增加土壤有机质和速效养分，也可以使土壤体积质量变小、孔隙度增大、渗透性增强，不但有利于作物生长，而且有利于排水洗盐。吉林省通过种植绿肥大面积压青增加土壤有机质，每年压青 1～2 茬，连续 3 年后，耕层有机质含量达 7.0 g/kg，使盐碱土达到半熟化和熟化程度。据试验，盐碱化耕地在种植田菁的耕层(0～20 cm)含盐量为 3.04 g/kg，压青后则降到 1.65 g/kg，减少 1.39 g/kg，脱盐率达 45.7%；而未种田菁的晒旱地(留麦地)的耕层含盐量前后仅减少 0.75 g/kg，脱盐率为 24.7%，压青比留麦地脱盐率高 21%。常种植的绿肥品种有草木墀、黑麦草、苜蓿、田菁、绿豆、大豆等。在我国的盐碱化地区，种植绿肥、实行草田轮作已被多年实践证明是行之有效的措施，应努力加以推广。

4. 关于苏打碱斑的改良问题

碱斑是苏打盐碱土在地面的表露，是寸草不生的光板地，苏打碱斑土壤集重盐化、重碱化和极强碱性于一体，使作物不能出苗。旱田中碱斑“秃疮”严重，水稻死秧苗，草原形成“光板地”，林带成为“断带地”是盐碱地改良利用中最大的难点。对于一些表层碱斑呈零星分布，且不易通过大面积的生物改良措施在短期内达到改良效果的盐碱土，目前换土以改变碱斑土壤的理化性状是一种经济有效的措施。具体做法是：把表层土挖出运走，挖深约 1 m，以见较松的底土为止；然后，底层垫一些沙子、炉渣等隔碱，上层再填上 30～50 cm 的好土。黑龙江省青冈县新村采用换土改碱方法，搬走碱斑 4000 余块，造田 5.4 hm^2，结合开挖田间排水沟，盐碱危害得到治理，粮食单产由原来 975 kg/hm^2 提高到 3000 kg/hm^2。

5. 关于苏打盐碱地造林问题

在盐碱土造林的利用改良方面，多年的实践表明，松辽平原苏打盐碱地区造林难度较大。草甸盐土和草甸碱土栽树，树木生长受到严重抑制，成活率很低，因而盐碱地区一般均为“无林景观”。为了提高盐碱土造林改良成效，应把工作重点着眼于树种选择和造林技术方面，如选择合适的树种、开沟造林、挖沟筑台造林、挖坑换土造林。

2.2　滨海盐碱土

滨海盐碱土是盐土的一个亚类，是指直接受海水盐碱作用形成的，表层、心土和底土含盐量都较高的土壤。据调查，滨海盐碱土表层含盐量一般为 1%～3%，有的高达 5%～8%，在 1 m 土层中平均含盐量达 0.5%～2%。滨海盐碱地地下水的矿化度较高，距海越近，其矿化度越高，一般可达到 10～30 g/L，高者甚至可达到 30～50 g/L 以上。其土壤盐分组成和地下水的盐分组成与海水的盐分组成一致，均以氯化物占绝对优势，氯离子含量占阴离子总量的 90%左右，钠离子含量占阳离子总量的 60%～80%，土壤的盐分组成在土层垂直分布上差异不明显；地下水的化学组成与海水基本一致，主要由 Ca^{2+}、Mg^{2+}、K^+、Na^+四种阳离子和 HCO_3^-、Cl^-、SO_4^{2-} 三种阴离子组成，pH 一般在 7.0～8.5 之间。滨海盐碱地主要地貌类型有滨海平原、河口三角洲和滨海滩涂，且不同滨海区域形成盐碱地的沉积时间、分布地理位置、地面海拔高度和滨海土壤质地等诸多方面存在较大差异，这也导致不同滨海区域的土壤质地变化较为复杂，根据土地距离海洋的距离由远到近可依次划分为：容易脱水和盐化的苏打型滨海盐碱土、滨海轻度盐碱土、滨海中度盐碱土、滨海重度盐碱土。

2.2.1 滨海盐碱土分布范围

滨海盐碱地涉及我国 11 个省市的海岸线，分布极其广泛，约占全国盐碱化土地总面积的 7%。其中东部沿海各省市的盐碱土面积占各省的土地面积比例较大，且有逐年增长的趋势[9]。例如，海域辽阔的浙江省，海涂面积 2.6×10^6 hm^2，拥有长达 6500 km 的大陆、海岛海岸线和 3000 多个海岛。宁波、温州、绍兴、台州、舟山共有盐碱土 5.04×10^4 hm^2，其中盐碱耕地 3.64×10^4 hm^2，占盐碱土总面积的 72.2%，盐碱荒地 1.4×10^4 hm^2，占盐碱土总面积的 27.8%[10]。山东省滨海盐碱土主要分布在渤海湾南岸、黄河三角洲扇裙和莱州湾沿岸，面积达 4×10^5 hm^2。江苏省滩涂占地约 6.53×10^6 hm^2，约占全国滩涂总面积的 25%，并且呈动态增加的趋势，每年淤积面积达 1334 hm^2[11-13]。福建省海岸线绵延曲折，大陆岸线长达 3051 km，拥有 2.46×10^5 hm^2 的海涂土壤，其中滨海盐碱旱地 5240 hm^2[14]。这些是相对比较旧的数据，近年来的面积不断增加，因此，滨海盐碱地是良好的后备耕地资源，利用好滨海盐碱地资源，对缓解土地资源利用的现状，保障国民经济发展和生态环境保护具有重要意义。

2.2.2 滨海盐碱土成因

滨海盐碱地土壤盐分主要源于浅层地下水，土壤含盐量主要受地下水情况(包括水位及矿化度)和水盐运移规律的影响。在土壤的盐分组成中，氯化物是主要成分，氯离子占所有阴离子 80%以上，而主要的阳离子则是钠离子，主要的盐为氯化钠。滨海盐碱土是在海潮或者高浓度地下水作用下形成的含盐土壤，由于其形成原因，盐分组成单一，氯化物占绝对优势，表层与底层土壤含盐量都很高。滨海地区土壤盐离子含量高，不同地区的盐碱化程度差异大，且往往缺乏充足的淡水资源，使得滨海盐碱地的改良难度加大。

2.2.3 滨海盐碱土特点

滨海地区土壤中的盐分主要是氯化钠(NaCl)，阳离子主要是 Na^+，阴离子主要是 Cl^-。它主要受海潮和地下水两个方面的影响，土壤含盐量高达 2%～6%，pH 大于 8，土壤有机质含量低。其特点主要体现在土壤含盐量和地下水位高、土壤自然脱盐率低等因素上，土壤结构黏滞、通气性差、养分释放慢。在蒸发作用下，土壤表层的盐碱化进一步加剧，出现硬化、板结等现象，严重制约了滨海地区作物的生长及产量的提高。淡水资源缺乏，水文存在日变化及季节变化，植被品种多样性及丰度均较差，乡土树种及耐盐碱树种生长缓慢，不能迅速成林。气候方面，生态环境易受台风、海潮、盐尘、盐雾的影响。然而，在沿海地区耕地质量恶化、建设用地日益紧缺的背景下，这些盐碱地是非常可贵的资源。沿海地区经济发达、城市化水平高、人口密度大、耕地资源紧张，为保证人口与耕地资源的“占补平衡”，合理开发潜在土地资源变得非常必要[15]。

2.2.4　滨海盐碱土改良措施

1. 水利工程措施

滨海地区地下水水位高、矿化度高，导致水盐向上运动，造成盐分在土壤表层聚集，通过抽取地下水进行灌溉，可以有效地降低地下水位，再通过灌溉时的淋水冲洗土壤中的盐分，同时通过排水系统，将淋洗土壤和地下水中的土壤涝水以及被灌溉水冲洗的土壤盐分同时排出，迫使地下水位下移，减少盐分随土壤蒸发而上移，可有效降低滨海盐碱地的土壤盐分，抑制土壤的返盐[16]。从 20 世纪 80 年代起，我国北方多省开始采用暗管排盐法改良滨海盐碱地。暗管排盐是基于水盐运移规律，通过在地下铺设平行的排盐管网，让土壤中的盐分随水排走，并将地下水位控制在临界深度以下，达到土壤脱盐和防止盐碱化的目的[17]。在铺设暗管时需因地制宜地确定灌排参数，如淋洗定额、地下排水管道的最佳间距和深度等。Xu 等[18]利用滴灌和地下埋管开垦滨海盐碱荒地的过程中发现，结合 10 mm 的灌溉水量，可使植株存活率保持在 85%以上。但是张金龙等[19]研究发现，在漫灌条件下，随着暗管埋设间距增大，田面平均入渗强度变小，导致土壤脱盐不均。水利工程改良措施是目前治理盐碱地最直接有效的方法，但地下水位控制不当会引起土壤返盐，易造成土壤次生盐碱化及土壤中矿质元素的流失，并且必须有充足的淡水水源，投资巨大[20]。

2. 咸水灌溉

在淡水资源缺乏的背景下，优化和发展节水技术，开发农田灌溉替代水资源，是缓解水资源短缺的有效途径。滨海地区非常规水资源相对丰富，近年来，发现利用冬季咸水结冰可以有效降低沿海地区的含盐量，改良效果显著[21]。其原理是咸水在低温下结冰，温度回升时，含盐量高的冰先融化并入渗，含盐量低的微咸水后续融化起到淋溶洗盐的作用[22]。刘海曼等[23]研究表明，春季高浓度咸水灌溉以及地膜覆盖有效降低了耕层土壤盐分，为作物播种萌发提供了适宜的土壤水分、肥力环境。

3. 农业耕作措施

滨海盐碱地土壤中盐分的分布规律随着时间的变化具有特异性差异，因此，通过调节土壤中水盐分布、理化性质，可以保证作物的正常生长。农业耕作中最常见有客土改良、平整土地、深翻松耕、压沙等行之有效的方法。客土改良是常用的方法，主要用于改良原生型的重度和中度盐碱地。客土改良虽然作用直接有效，但工程量大，需要从其他地区获取大量优质土壤，费用过高，且对取土地区造成巨大伤害，不宜大规模使用。通过深翻松耕、平整土地对土壤进行扰动以改变土壤中盐分分布，可以增强土壤通透性，能够有效抑制土壤返盐[24]。该方法操作简单，费用低，易推广，相对容易实施，但不能从根本上降低土壤含盐量，只能做到当年改良利用。

4. 园林绿化苗木栽培

滨海盐碱地园林绿化有助于逐步有效地改善盐碱土壤。由于土壤含盐量不同，选取合适的抗盐碱植物进行种植栽培，能大大提高植物存活率，有效促进园林绿化。目前滨海盐碱地绿化适生植物有椰树、国槐、加拿利海枣、相思树、木麻黄和金银木等[25]。邓丞[26]针对天津滨海盐碱地营建集土壤改良、环境美化、特种能源功能于一体的综合防护林体系，通过筛选获得 62 种耐中重度滨海盐碱地的植物，为中重度滨海盐碱地植物选择提供了更多植物资源。张桂霞等[27]比较了乔木国槐、栾树、合欢和灌木忍冬、榆叶梅、金银木等不同组合栽植条件下植株生长状况，以确定土壤盐碱条件下适宜的乔灌组合，结果表明，栾树-金银木组合相对较好，国槐-合欢组合及金银木-榆叶梅组合生产量均低于单独栽培。这些研究为实现滨海盐碱地园林绿化，以及盐碱地开发利用和城市造林绿化等提供了相关参考依据。

2.2.5　滨海盐碱地作物生产

1. 粮食作物生产

滨海盐碱地由于受全盐量和养分含量的影响，在农业生产中受到限制。中国科学院李振声院士的“渤海粮仓”计划，通过研发、集成、示范推广耐盐优质高产农作物品种等措施，提高了环渤海低平原 6700 km^2 盐碱荒地的粮食增产能力，小麦、水稻和玉米是该工程种植的主要粮食作物，滨海盐碱地在农业生产中的高效开发，是多年来滨海盐碱地研究的主要内容之一。朱家辉等通过使用控释掺混肥和改良剂，改良了黄河三角洲滨海地区的轻度盐碱化土壤，用于种植小麦。结果表明，小麦的千粒重提升至 37.45 g，产量达到 5963 kg/hm^2。郭相平等通过在江苏省如东县滨海盐碱地设置不同隔离层材料和石膏施用量来研究对玉米生长和产量的影响，结果表明，施用石膏 100 t/hm^2 与地下 40 cm 处理设麦秆隔离层相结合，能更好地起到促进玉米生长、提高产量的作用。魏文杰等在滨海盐碱地通过田间试验，观察国内现有耐盐水稻品种(系)在盐碱地的适应性、产量特征以及土壤盐度变化，筛选出适合滨海盐碱种植的品种(系)及其配套栽培技术，为耐盐水稻在滨海盐碱地的推广种植提供了参考。

2. 经济作物种植

滨海盐碱地耐盐作物的种植在改良盐碱土壤的同时还可获得经济效益。天津农学院承担的耐盐经济植物改良盐碱地技术项目，示范和推广了红花、梨、沙枣、葫芦巴和薏苡等 20 种耐盐经济作物，在中度盐碱地上可正常生长发育。棉花作为一种盐碱地耐盐碱经济作物被广泛种植。郭凯等利用结冰灌溉措施改良河北省海兴县滨海盐碱地，处理组表层土壤含盐量下降到 0.31%，低于棉花发芽和苗期生长的临界含盐量，为棉花播种出苗提供了适宜的土壤水分和低盐环境。结果表明，棉花出苗率达到 76.8%，最终获得籽棉产量达 3700.17 kg/hm^2。林少华等研究了不同沼液施用对江苏省东台市滨海盐碱地紫甘蓝生长、产量及品质等的影响。结果表明，滨海盐碱地土壤性状得到改善，土壤酸碱度和可溶性盐含量降低，土壤肥力提高，最佳沼液施用总量为每亩 5.6 m^3，获得最高亩产 3747.2 kg。刘新光等在河北唐山汉沽管理区滨海盐碱地种植西瓜，为了遮阴、保墒和防晒，间隙套种玉米或高粱等高秆作物，增加了经济收入。

2.3　河套平原或沿黄灌区盐碱土

河套灌区处于黄河中上游，其面积较为广泛，主要包括内蒙古河套灌区、宁夏银川平原、甘肃河西走廊等[28]，是我国西北地区重要的商品粮、油生产基地，在保障我国农业生产方面发挥着重要作用。然而，由于该地区地处内陆干旱区，降水量少，蒸发量大，蒸降比可在 10 以上，加之多年来引黄河水漫灌，排水不良，以及农田种植品种单一，造成了浅层地下水位上升和土壤盐碱化问题[29]。长期以来，河套灌区的生存和发展完全依靠黄河水，尤其是“以水洗盐”在改良和利用盐碱地中发挥着重要作用。但由于黄河水用水紧张，河套灌区可引用的水量大幅减少，加之河套灌区排水不畅，给以水洗盐、引灌淤地的盐碱土改良措施带来较大困难，对盐碱化耕地的改良利用十分不利。同时，灌区盐碱地耕层土壤肥力持续下降，严重制约了农业生产。因此，在水、肥、盐的共同胁迫下，如何处理好土壤培肥与土壤脱盐之间的关系是实现河套盐碱地农业高效利用的关键[30]。

2.3.1　河套平原或沿黄灌区盐碱土分布范围

河套地区盐碱地面积约为 32.3 万 hm^2，占该区域总面积的 45%，且仍呈现逐年增加的趋势[31]。灌区盐碱地分布状况为西、中部较轻，东部较重，从上游到下游逐步加重。尽管我国多年来致力于治理灌区并颇显成效，但在耕地中仍存在着不同程度的盐碱化，其中又以青铜峡灌区中银北盐碱化程度最为严重，紧随其后的就是银南灌区、卫宁灌区、河东灌区以及河西灌区。据统计，河西走廊盐碱荒地约有 75.33 万 hm^2，占荒地总面积的 53%，次生盐碱化耕地约 8.33 万 hm^2，占可耕地农田总面积的 17%[32]。

2.3.2　河套平原或沿黄灌区盐碱土成因

河套平原或沿黄灌区盐碱土的成因主要是不利的自然因素和不良的人为措施。以内蒙古河套灌区、宁夏银川平原、甘肃河西走廊等典型灌区来看，盐碱土的成因包括以下五个方面。

(1) 土壤质地因素。成土母质和地下水中含有一定数量的可溶性盐分，主要为钠、镁的氯盐和硫酸盐。例如，内蒙古河套灌区在气候干旱、蒸降比大的条件下，经过强烈蒸发促使土壤盐化和碱化过程同时发生[33]。由此而形成的碱化土壤整体的碱化度都特别高(从地表到地下水位)，土体紧实坚硬，地表寸草不生。河套灌区从建立以来就未开发过，从而使这种状况演变得越来越严重，成为平原内历史最长、程度最严重的碱荒地。具体来讲，宁夏平原的土壤大多数为粉砂质，结构松散，透水性极强，毛管孔隙直径大小适中。地下水借毛细管上升速度快、上升高度大，地下水临界深度大，土壤易产生盐碱化。宁夏地区尤其是银川平原，地下水滞留严重。蒸发作用使地下水含盐量不断增大，矿化度较高，地下水位较浅，造成土壤盐碱化。盐分随着水的运行转移到地表，为土壤盐碱化提供了大量的盐类物质[34]。甘肃灌区表层是 100～150 cm 的风成黄土，土壤含盐量较高，下端为红色砂岩，在黄土与砂岩之间有一层厚为 30～50 cm 的红锈色泥质胶结砂层。这层泥质胶结砂层结构较密、隔水性强，阻止了盐分随水下渗，导致土壤盐分向表层聚集，造成大量耕地发生比较严重的次生盐碱化。

(2) 气候条件因素。内蒙古灌区地处内陆干旱地带，属于典型的温带大陆性气候，气候条件干旱，降水少，蒸发量大，使土壤水分和浅层地下水垂直向上运动，从而盐分强烈聚集在地表。宁夏黄灌区属内陆大陆性气候，气候干燥、气温日差大、光照充足、太阳辐射强、境内高低悬殊，高山、平川、沙漠和戈壁等兼而有之，地下水位高的地带土壤盐分随毛管水上升到地面后，强烈的蒸发使盐分聚集，土壤逐渐形成盐土。甘肃黄灌区(特别是高扬程灌区)深居西北内陆，属典型大陆性气候，年降水量仅为200～300 mm，而蒸发量却在 2000 mm 以上，蒸发量可达降水量的 5～10 倍，是我国最干旱的地区[35]。在这种干旱的气候条件下土壤中的可溶性盐分无法淋溶，只能随水滩至排水不畅的低平地区，在蒸发的作用下盐分随水分上升，聚积于表层土壤中，导致土壤盐碱化[36]。

(3) 地形因素。从地形看，土地盐碱化的发生有一定的规律，一般陆地上可溶性盐分移动和积聚的基本趋势是：盐分随水从高处向低处汇集，所以积盐程度从高处到低处逐渐加重，这就使得盐碱土在河套地区多是分布于低矮的盆地和平原地区。在干旱的气候条件作用下，土地很容易发生盐碱化。

(4) 灌溉排水因素。人为因素是通过引入含盐分的黄河水进行灌溉，灌排比例失调，采用粗放的灌水技术，大水漫灌、大水压碱等，导致河套平原或沿黄灌区土壤盐碱化。以宁夏黄灌区为例，这里普遍采用大水漫灌压碱、冬灌洗盐等措施来降低土壤表层的盐分，但却忽视灌区排水和地下水利用，在建立灌溉系统的同时没有建立或没健全相应的排水系统，或者在修渠筑路时堵塞原来的自然排水河道，导致水分较长时间覆盖在土壤上面，土壤毛细管被水分填充，使地下水与表层水连通，地下水位上升，引发地下水中盐分向土壤表层迁移，从而引发土壤盐碱化。

(5) 耕作方式因素。不合理的农业生产耕作方式、单一的种植品种等都是土地盐碱化的原因。过载放牧、随意开垦草原、种植农作物、疯狂掠夺盐碱地薄弱的植被，导致地表长期积水、枯水后变成盐碱地。此外，翻耕时把地表仅有的植被埋入地下，使地表完全处于裸露状态，春季大风使土壤内的水分大量蒸发，而水中的盐分却随水分上走而积于表层，久而久之，造成土壤的次生盐碱化。另外，部分化肥在施用后未能被作物吸收的成分如氯化铵等残留土壤中，随土壤水分蒸发，最终集聚在土壤表层。这些残留的物质使土壤内盐离子浓度增加，加重土壤盐碱化程度[37]。

2.3.3　河套平原或沿黄灌区盐碱土特点

河套平原或沿黄灌区所在不同地区，其盐碱地盐类成分也存在一定差异。像山麓高地大多数以碳酸盐-重碳酸盐为主，在平原上部以重碳酸盐-硫酸盐为主，平原中部以氯化物-硫酸盐为主，而平原尾部硫酸盐-氯化物为主。河西走廊的盐土，常年积累着大量的石膏和碳酸镁，而宁夏银川平原则有大面积的龟裂碱化土。

河套灌区主要农作物是小麦、向日葵和玉米，同时还夹杂种植一些辣椒、番茄、西瓜等作物。由于受灌溉条件影响，上游地区灌溉次数多，农田种植结构复杂，而下游地区灌溉次数少，只能种植向日葵这种耐盐植物，种植结构相对单一。

包凤琴等[38]将河套平原盐碱化土壤改良划分为 6 个一级区，包括河套倾斜平原灌淤土土壤盐碱化改良区、黄河-引黄总干(二黄河)两河间平地盐碱化土壤改良区、乌加河排水总干沟北侧黄灌盐碱化土壤改良区、河套平原北部狼山南侧洪积冲积平原盐碱化土壤改良区、乌拉山-黄河之间三湖河盐碱化土壤改良区、乌兰布和沙漠东边缘绿洲盐碱化土壤改良区，并进一步划分为 13 个亚区。侯玉明等[39]根据其盐分组成把河套地区的盐碱土分为以下 6 种，包括：

(1) 白盐土(硫酸盐-氯化物盐土)：盐分类型为氯化物和硫酸盐复合类型，以氯化物为主。

(2) 氯化物-硫酸盐盐土：盐分类型以硫酸盐为主，并含有 25%以上的氯化物。

(3) 蓬松盐土(硫酸盐盐土)：以 Na_2SO_4 为主。

(4) 黑油盐土：地表呈黑灰色，盐结皮中含有氯化钠和氯化镁。

(5) 苏打盐土(马尿盐土)：盐分组成以碳酸钠和碳酸氢钠为主，并含有硫酸盐，多为复合型。

(6) 碱土：河套地区碱土只有龟裂碱土亚类，白僵土属，盐分组成以碳酸盐为主。

2.3.4　河套平原或沿黄灌区盐碱土治理措施

1. 内蒙古河套灌区

内蒙古河套灌区土壤次生盐碱化问题一直处于非常严重的程度，其中尤以灌区中下游最为突出。科技人员结合灌区中下游盐碱地特点和当地技术需求，重点对作物品种耐盐潜力挖掘技术、水盐调控技术、氮素运筹增产技术、秸秆隔层控抑盐技术和抗盐碱产品应用技术等开展了系统性研究，取得了一系列极具实用价值的成果。具体结论如下：①作物品种耐盐潜力挖掘技术主要起到提高作物抗盐性作用。②水盐调控技术可起到作物生育期内储墒、淋盐作用。③秸秆隔层控抑盐技术主要起调控土体盐分分布的作用。④抗盐碱产品主要起改土、保苗作用，而且不同产品在不同土层和不同时期的作用效果有所差异。由于河套灌区中下游土壤、灌溉、微地形、地下水变化等条件有差异，不同盐碱地改良利用技术效果会有所不同，因此，在实际应用中还需做到因地制宜。

2. 宁夏黄灌区

针对宁夏黄灌区盐碱土壤特点和当地技术需求，重点对耐盐水稻品种筛选及增氧剂包衣保苗技术、枸杞节灌控盐技术、微咸水利用技术、枸杞肥盐调控技术、地表覆盖控抑盐技术、盐碱地改良剂应用技术等开展了系统性研究，取得了一系列极具实用价值的成果。宁夏黄灌区盐碱地各技术效果优先顺序为：枸杞节灌控盐技术>地表覆盖控抑盐技术>枸杞肥盐调控技术>耐盐水稻品种筛选及增氧剂包衣保苗技术>盐碱地改良剂应用技术>微咸水利用技术。由于宁夏黄灌区土壤、灌溉、微地形、地下水变化及分布条件有差异，不同盐碱地改良利用技术效果会有所不同，因此，在实际应用中还需做到因地制宜。

3. 甘肃黄灌区

针对甘肃黄灌区新垦盐碱荒地特点和当地技术需求，从快速改良和利用技术的研发入手，重点开展了耐盐作物与品种筛选、肥盐调控技术、垄膜沟灌控抑盐技术、地面覆盖控抑盐技术、耕作控抑盐技术以及抗盐碱产品应用与新产品研发等技术研究，取得了一系列极具实用价值的成果。甘肃黄灌区新垦盐碱荒地各技术效果优先顺序为：肥盐调控技术>抗盐碱产品应用与新产品研发>垄膜沟灌控抑盐技术>地面覆盖抑盐技术>耐盐作物与品种筛选>耕作控盐技术。由于甘肃黄灌区地表组成多样，川、塬、台地兼有，既有集中连片的大面积灌溉区，也有分散于丘陵、坡地上的梯田，既有旱作耕地改造的灌溉农田，也有荒塬、荒川开发改造的新灌区，不同盐碱地改良利用技术也会产生不同的效果，因此，在实际应用中还需做到因地制宜。

2.4 西北内陆干旱区盐碱土

内陆干旱型盐碱地是我国盐碱土面积最大的地区，多为荒漠与荒漠草原碱土。土壤含盐量普遍较高，积盐程度强，含盐量达到百分之几十，化学成分以硫酸盐为主，也含有氯化盐、碳酸盐等，有的地段还含有硝酸盐和硼酸盐。内陆盐碱地通常生态环境恶劣，如果得不到有效治理，荒漠化的趋势将会日趋严重[40]。土壤盐碱化问题是干旱区可持续发展和改善环境质量的战略问题，探明干旱区盐碱土的形成原因并运用方法加以改良对修复我国西北干旱区脆弱的生态环境起到关键性作用。

2.4.1 西北内陆干旱区盐碱土分布范围

内陆干旱型盐碱地在我国分布广泛，跨越省市众多，包括银川平原、鄂尔多斯高原、河西走廊、准噶尔盆地、吐鲁番盆地、塔里木盆地、疏勒河下游、柴达木盆地等地区，广泛分布于我国西北部的干旱区。

西北内陆干旱区盐碱土大致有以下类型：①草甸盐土：主要分布在我国的黄淮海平原、甘肃、青海、新疆的内陆盆地、内蒙古河套地区、东北松辽平原及山西大同盆地等。②沼泽盐土：零星分布于浅平洼地边缘，这些地区的地下水位高，在旱季积盐现象频繁出现。③洪积盐土：主要分布在漠境地区的部分山前洪积扇和阶地上，如新疆天山南麓的部分洪积扇。④残余盐土：大部分分布在我国西北半漠境和漠境地区的山前洪积平原，或古老冲积平原高起的地段和老河床的阶地上。⑤碱化盐土：主要分布在松辽平原、山西大同盆地、内蒙古大小黑河流域以及甘肃、新疆等地。⑥草甸碱土：主要分布在半干旱区，如东北松辽平原、内蒙古东部和北部。⑦草原碱土：主要分布在内蒙古的干草原等地区。⑧龟裂碱土：主要分布在新疆准噶尔盆地和宁夏[41]。

2.4.2 西北内陆干旱区盐碱土成因

从目前的研究来看，内陆地区气候干旱、地面蒸发强烈及地势较平，进而导致地表和地下径流缓慢和汇集，地下水位接近地表，是产生积盐的重要原因。此外，该地区有充分的盐类物质来源和形成集聚盐分的环境条件。对于内陆干旱型盐碱地，盐分主要来源有以下几个部分。

(1) 岩石风化。地壳表面的岩石，在大气和水的联合作用下，在温度变化、生物活动的影响下，所发生的一系列崩解和分解作用，称为风化作用。在风化作用下，大量岩石形成土壤母质，同时各类盐分也随风化过程进入土壤。这种作用在地球的角落上无处不在，也是盐分产生的一个重要组分。

(2) 深层盐分外冒。在部分地球地壳活动后，经常会形成许多热泉和温泉，其中有些从深层流出的矿化水，除了含有钠、镁、钙的氯化物-硫酸盐外，通常含有硼、锂等的化合物，甚至有些含放射性元素。例如，西北柴达木盆地大柴旦北的温泉长期外冒，使邻近土壤富含硼化物，在低处大量富集，形成硼土矿床，成为可以开采利用的化工原料。深层卤水也可以通过深处大断裂，从地下深处源源不断冒出地面，带来大量易溶盐类。在柴达木盆地西部，从泥岩裂隙中流出来的裂隙水，在油田附近出现，矿化度极高，一般为 300 g/L，其中 Cl^-、Na^+的含量占全部阴、阳离子含量的 95%以上。这些高矿化地下水出露地表之后，强烈蒸发，盐分析出，在邻近地区形成具有盐壳的强盐渍化土壤。

(3) 盐随沙来。在西北荒漠地区风力是非常大的，强劲的风不仅吹跑表土、细砂，甚至砾石、石块也被吹跑滚动。风蚀和风积是一个问题的两个方面，此处风蚀，彼处风积。对于风蚀所吹走的盐类的数量，以及在另一处堆积的数量，研究得很少。但是，关于风蚀而危害耕地和作物方面的研究内容，在国内外都有较多的记载。例如，新疆叶城县 1961 年一次连续 12 h 的八级大风，吹蚀耕地 64.7 hm^2。又如，1965 年甘肃酒泉地区受风沙危害的农田 2467 hm^2，其中 14%较为严重。内蒙古伊克昭盟因风沙毁种的面积平均每年有 1533 km^2，占总耕地面积的 41%。在这些盐碱地区，地表盐分结晶或者称为盐尘，同样会受风吹蚀而被带走，然后在某处又沉积下来。甘肃省国土资源厅农垦国土资源局对河西风积物(沙丘上)的采样分析表明，风积砂的含盐量是相当可观的。例如，永昌小井子 7 个样品平均含盐量为 296 g/kg，民勤三棵树东 3 个样品平均含盐量为 10.4 g/kg，张掖红沙窝 4 个样品平均含盐量为 4.2 g/kg，临泽农场北沙丘 3 个样品平均含盐量为 3.2 g/kg。

(4) 植物累积。在盐碱环境中生长的植物(特别是野生的)都具有适应盐分的能力，在其生长发育过程中，能吸收盐分、分泌盐分，死亡后随枯枝落叶的腐解而将盐分遗留在表土中。植物体累积的盐分是从土壤溶液中吸收的，有些深根植物是从土壤的底层吸收盐分的。在西北干旱地区，如塔里木盆地，在河流的主流和支流两岸生长着胡杨(或灰杨)林带，因胡杨吸收地下水中的碱金属重碳酸盐，并在其枝叶聚集，所以在这些胡杨林下发育的土壤往往有苏打(或小苏打)的累积。胡杨的树干内含大量水分，从伐根或伐倒树的断面上流出来的水分蒸发后，留下大量的苏打和小苏打。

除了盐分累积外，聚盐条件也是盐碱地的重要成因，对于西北干旱型盐碱地，主要影响因素有以下两个。

(1) 气候因素。在中国，大面积的盐碱土都分布在北方干旱、半干旱地带，这与气候因素密不可分。研究表明，盐碱土的这种分布规律主要是和气候地带性特点相适应的。在气候要素中，又以降水量和地面蒸发强度与土壤盐碱化的关系最为密切。水是影响土壤盐分的重要因素之一，大多数盐碱地的形成都与不良的土壤水盐运移情况相关。如果土壤肥沃，水流畅通，多余的盐分会随着土壤水下渗离开表层土壤；反之如果水流流通不畅，土壤水携带盐分在土壤表层滞留和聚集，水分会因为时间的流逝和温度改变逐渐蒸发，而盐分则聚积留在了土壤表层，这同时也是西北内陆型盐碱地形成的主要原因。内陆干旱地区因为特殊的地形和气候，全年昼夜温差大，降水稀少，导致很多地区年较小的降水量和巨大的蒸发量不成正比，进而导致地下水随着毛管水不断上升，随着毛管水来到土壤表层的盐分因水分蒸发而聚留在土壤表层，日积月累，盐分便积聚在地表或耕作层。在很多干旱地区年平均降水量 50～300 mm，而蒸发量却高达 1500～3000 mm。降水量少，使聚积在土壤表层的盐分难以淋溶；而蒸发强烈，使含盐的地下水通过毛细管不断上升，在地表不停聚积，所表现出来的盐分累积特点是表聚性强，而向下盐分逐渐递减。

(2) 地理因素。地理因素也是部分西部内陆干旱型盐碱土的成因。地貌地质及构造运动不仅决定了成土母质类型及土壤中含盐量的多少，还决定了土壤盐分的运移方向和分布规律[42]。我国西北地处欧亚大陆腹部，地域辽阔，由于地势跌宕起伏，四周高山环绕，隔断了来自太平洋与印度洋的湿润空气，而形成干旱少雨、温差大、寒暑变化剧烈、多风暴的大陆性气候区[43]。此外，显著的地形高差在重力作用下促使水流从高处向低洼地带汇集，这一过程使得富含可溶性无机盐的水分在低地势区域积聚。由于该地区特有的温带大陆性气候特征——昼夜温差显著，相对干旱且雨量稀少，积聚的水分在较高气温下快速蒸发，但溶解的无机盐却在土壤表层滞留并逐渐积聚。这种高盐分环境对周边的植物生长及微生物群落构成了严重挑战，导致土壤肥力下降，逐渐变得贫瘠。土壤结构也因此受到影响，出现板结现象，进一步阻碍水分的渗透，形成恶性循环。随着盐分日积月累，土壤的退化加剧，最终导致土地荒漠化，生态平衡遭受破坏。

2.4.3　西北内陆干旱区盐碱土特点

干旱地区与其他半干旱地区盐碱地的季节性“脱盐-返盐”流程不同，干旱地区盐碱地由于降水量少，土壤盐分较为稳定，季节性变化不明显。干旱型盐碱土主要表现为以下几个特点。

(1) 土壤肥力低。土壤肥力低是指有机质含量低，有效氮、磷养分奇缺。有机质是构成土壤有机矿质复合体的核心物质，也是土壤养分的储藏库，因而在很大程度上反映出土壤的肥力水平。对于各类盐碱地，由于长期洗盐，土壤有机质普遍含量较低[44]。根据调查，盐碱土的有机质含量大部分在 10 g/kg 以内，总氮为 0.5～0.6 g/kg，速效磷含量在 10 mg/kg 以下。这在很大程度上制约了植物生长，更限制了盐碱土的开发利用。

(2) 土壤板结严重。土壤板结是盐碱土壤结构不良的特征。盐碱土壤的容重一般为 1.35～1.5 g/cm^3，总孔隙度为 45%～50%，甚至更低。土壤含盐量越大，尤其是钠离子含量越高，土壤透水、透气性越差。有测试表明，盐碱化土壤渗吸速率小于 0.1 mm/min，水汽条件不良，会对作物根系伸展、植物生长带来严重影响。盐碱土结构差会导致在旱季土壤蒸发量更大，高于沃土 50%以上，地下水不断补给，盐分随着地下水上浮于表层土，在表面大量聚积，使盐碱化越来越严重。部分土壤表土质地变轻，碱化层相对黏重，并形成严重的不良结构，湿时膨胀泥泞，干时收缩板结，通透性和可耕性差。

(3) 含盐量过高对生物有毒害作用。盐碱土对生物的毒害作用主要表现在两方面：一方面，对植物有着毒害作用。过高含盐量会影响植株光合作用，影响渗透压，使植株脱水等，植物的细胞可直接被土壤渗透液毒害，影响正常的吸收和新陈代谢机能，危及生长发育甚至死亡[45]。另一方面，过高的含盐量会对土壤微生物群落产生影响。过高含量的盐分离子对微生物本身具有毒害和抑制生长作用，此外盐碱土壤有机质含量较低，使微生物生长所需能源匮乏，活性降低和种类减少。据研究，不同含盐量与不同盐碱土壤类型对微生物种类和群落影响很大，当 Na^+含量大于 2 g/kg 时，微生物固氮作用受到抑制；当 Na^+含量大于 10 g/kg 时，氨化作用几乎被遏制。不同盐类对不同细菌的毒性也不相同，在毒性范围内，毒性与渗透压都有密切联系，随着含盐量增加，渗透压不断增大，硝化作用和氨化作用效率不断降低。并且盐分离子可能导致微生物原生质物理和化学性质上的病变，也可能改变原生质胶体的性质，从而影响微生物存活。

(4) 盐碱土有着不良热量特征。盐碱土因为含有过高的盐分，土壤吸湿性比较强，容易造成局部地温偏低，春季地温上升缓慢。根据实际测定，在春耕时节，盐碱土播种层 5 cm 处地温比正常土壤低 1℃左右，多者可相差 2℃，其地温稳定日期要比正常土壤滞后 10 天左右，在秋后播种冬小麦出苗时间也要比非盐碱土壤晚一周左右。针对盐碱土的吸热特性，一般春耕要稍晚一些，夏播和秋播要力争早播。同时，不良的地温也会影响微生物群落的变化和土壤养分的转化，进而影响植株发育。

2.4.4 西北内陆干旱区盐碱土治理措施

近年来，在综合农业处理、生物处理、理化处理以及添加促进剂对盐碱土地的开发与管理方面进行了研究，取得了一些成果。不同地区盐碱地有不同的理化性质，经过多年来对西北地区盐碱地治理方式的总结，得出一套适用于西北地区的盐碱地治理方案。

1. 物理措施

可以实施草田轮作措施。例如，向日葵间种草木樨。在耐盐碱植物中，向日葵具有较高的经济价值，但其对土地养分的消耗也较大，草木樨可以改善这一情况。又如，大麦套种草木樨。大麦也是一种耐盐碱的经济作物，可作为先锋植物在盐碱地上种植。这种套种方式可以使土壤长期处于植被的保护之下，使土壤长期保持湿润从而减少土壤表层的盐分聚集。

2. 生物措施

在盐碱地上种植牧草(如油葵、苜蓿)。牧草的种植有利于有机质的积累。植物根系不仅吸收土壤中的水分而降低地下水位，而且能够吸收养分。根系分泌物活化土壤中的钙元素，促进土壤的淋溶作用，大大改善土壤的物理性质。地表的叶面覆盖也可以减少蒸发，使盐分不向上移动。增设防护林可以有效降低土壤表面的太阳辐射而减少水分蒸发，从而降低土地含盐量。

3. 水利措施

使用节水灌溉技术代替不合理的大水漫灌，具有投资少、回报高的优点，节水灌溉的普及会对盐碱地治理产生积极的影响。例如，完善明沟和暗管排水系统。好的排水设施有利于控制地下水位，通过对地下水位的控制实现对盐分运动方向的引导，从而改善土地盐分聚集的情况，减少盐碱地面积。

在此基础上，一些研究人员进行方案创新，为盐碱地治理提出了新的治理方法。例如，陕西省卤泊滩是半干旱大陆性气候，降水分布不均，7～9 月的降水量约占全年降水量的 1/2，干季时间较长，春季降水量少，蒸发量大。卤泊滩是封闭式洼地，加之不合理的灌溉方式的影响，使得滩区地下水位上升，土地盐碱化日益加重。韩霁昌等[46]提出了新的“改排为蓄、水地共处、和谐生态”治理模式。该模式的创新点在于对目标区域建立合理沟网的同时，通过不向外部排水，建造水库和淹没区，可以动态平衡内部的水量，并且可以将高处淹没的水排出而盐不会流出。改造复杂的传统水利治理工程，包括排水河道、排水闸、湖泊、截流沟、抽排站等为“和谐生态”新模式治理方式，将水全部存储在蓄水沟和淹没区域中，不对外消耗。该工程自 1999 年实施开始，至 2009 年结束，在生态效益、经济效益、社会效益三方面取得较大成效。

新疆地区依据《南疆水资源利用和水利工程建设规划》和《新疆绿洲灌区盐碱地改良利用计划》等文件的指导，于 2016～2020 年期间，对南疆地区泽普县的 340 km^2 盐碱地开展了改良试点工作。此次试点工作重点在于改进排水系统，并根据地形特点优化排水效率。结果显示，实施改良措施后，耕地的排水量显著提升，有效地平衡了区域水资源，有助于降低地下水位并减轻土壤盐碱化程度。由此可见，设计一个完善且合理的排水系统对于改善土壤盐碱化状况至关重要。

2.5　次生盐碱(渍)土

次生盐碱地是人为活动不当，恶化了一个地区的水文、土壤条件，导致原本并不是盐碱化的土壤发生了盐碱化，或加剧了已有盐碱化土壤的积盐过程。次生盐碱化常发生在塑料大棚、玻璃温室和日光温室等园艺设施土壤中，在这些地方，人类不合理的施肥、灌溉、轮作等栽培管理措施，导致了盐分在地表积累，从而引起了土壤盐碱化。自二十世纪八十年代以来，我国各地陆续报道了设施土壤盐分积累问题。侯云霞[47]测得上海市栽培 5 年的大棚土壤，表层含盐量比裸地增加 4～5 倍。刘德和吴凤芝调查发现，哈尔滨市不同种植年限大棚土壤 0～15 cm 全盐量是相应裸地土壤层的 2.1～13 倍，连续种植 8 年以上的大棚土壤表层已发生严重次生盐碱化。研究表明，连续种植 4 年以上的土壤就有可能发生次生盐碱化，并且随着设施栽培年数的增加，情况会越来越严重，部分种植年限达到 5～8 年以上的设施菜地已不能再生产。在对江苏、四川、山东、辽宁等地的现场调查中发现，在设施栽培条件下，发生次生盐碱化的土壤表面均出现大面积白色盐霜，甚至出现块状紫红色胶状物(紫球藻)出现，土壤出现盐化板结，农作物生长状况差，甚至死亡，其中以山东、江苏两省的设施土壤次生盐碱化最为严重。在江苏省内宜兴、苏州、常州、镇江、扬州等地的抽样调查表明，大棚蔬菜土壤有近 1/3 出现次生盐碱化。

2.5.1　次生盐碱土分布范围

次生盐碱土主要分布在干旱或半干旱地区的冲积平原，该地区地下水位往往较高、地下径流不畅、地下水中含有较多可溶性盐，如我国的华北平原、松辽平原、河套平原、渭河平原等。由于设施土壤次生盐碱化的形成受其特殊棚室环境和人为水肥管理措施的影响，其盐分组成与滨海及内陆盐碱土存在明显差异。在引起设施土壤次生盐碱化的 8 种盐分离子(K^+、Na^+、Ca^{2+}、Mg^{2+}、HCO_3^-、Cl^-、SO_4^{2-}、NO_3^-)中，除HCO_3^-外，其余 7 种离子的含量在设施土壤中均比裸地高，且差异达到显著或极显著水平。Na^+已不是土壤中的主要盐分离子，其累积量远远小于 Ca^{2+}和NO_3^-。研究表明，设施土壤中Ca^{2+}的含量占阳离子总量的 60%以上，Mg^{2+}含量在 15%～20%之间。阴离子以NO_3^-为主，其含量为阴离子总量的 56%～76%。其中硝酸盐的积累既是设施土壤次生盐碱化的主要特征之一，同时也是引起设施作物生理障碍的主导因子。但也有报道，设施土壤中的主要阴离子是SO_4^{2-}或Cl^-，这与设施栽培中施用化肥的种类和用量有关。

2.5.2　次生盐碱土成因

1. 盲目过量施肥

盲目过量施肥是造成设施蔬菜土壤次生盐碱化的重要原因之一。在设施栽培条件下，蔬菜生长速度快、茬数多、效益好，为了追求更高的经济效益，种植户通常在每茬种植时都要施用大量化肥和有机肥，并且在施肥过程中，往往过分重视氮肥和磷肥的使用，而忽略了钾肥的重要性，导致土壤养分结构失衡，使大量的氮、磷在土壤中累积，远远超过了蔬菜本身的需肥量。根据调查可知，设施菜地中化肥与有机肥的投入量是裸地的 4～10 倍，是蔬菜需要量的 6～8 倍。过量的肥料未被作物吸收而残留在土壤中，导致次生盐碱化的发生。

在实际生产过程中，种植户往往偏向施用氮肥，过量氮肥的施用导致设施土壤氮素的积累，增加土壤可溶性盐含量。由于毛细管的作用，土壤中的水分总是向上移动，导致土壤表面有大量盐分累积，集中分布于 0～20 cm 的耕作层，从而导致了设施土壤的次生盐碱化并加大盐分被雨水淋洗进入深层土壤的可能。土壤中氮素富集，导致农作物体内硝酸盐的积累，影响蔬菜产量与品质，降低农民经济收入，威胁人类健康。

施肥比例不合理也是一个重要原因。在实际生产中，不合理的施肥比例，将导致土壤养分失衡，进一步导致蔬菜不能正常吸收利用，势必引起设施土壤中氮素的过剩、积累，最终导致土壤次生盐碱化的发生。设施栽培土壤与裸地土壤相比，无论是在耕层土壤(0～20 cm 和 20～30 cm 土层)还是深层土壤(30～40 cm 和 40～50 cm 土层)中，设施菜地的有效氮含量都极显著高于裸地土壤，设施菜地土壤的 0～20 cm、20～30 cm、30～40 cm、40～50 cm 土层的有效氮含量分别比裸地土壤对应土层平均高出 22.8 倍、

18.2 倍、12.1 倍、7.6 倍。

2. 湿热的气候条件

设施栽培的长期封闭环境，使设施内温度高于外界，且为了调节越夏作物的温度和湿度，会频繁浇水，致使土壤水分的蒸腾和蒸发始终强于裸地。设施蔬菜土壤在表层 0～20 cm 的土层，温度高于裸地 6～8℃，在同时进行的水分测定中显示，设施大棚内的空气相对湿度一般保持在 60%～100%，尤其是在冬季不通风的条件下，空气相对湿度通常在 80%～90%，夜间甚至高达 100%。较高的温度和湿度使得土壤原生矿物风化强烈，矿物中离子释放加快。另外，如果设施土壤缺乏雨水的淋洗，会使得毛细管作用增强，土壤水分以上移运动为主。在土壤干旱、蒸发量大时，随着较强的毛细管作用，大量不能被植物吸收利用的成分逐渐随水向上移动，在土壤表层富积。

设施条件下温度和湿度的提高，使土壤中的微生物大量繁殖，促使有机质矿化，还可能造成微生物与根系争夺土壤中有机营养，从而提高硝化细菌的活性，使土壤中残留的硝酸盐含量增加，从而使土壤的次生盐碱化加重。由于土壤自身矿化的离子和人为施入的肥料相结合，使土壤的盐分浓度在较短的年份(2～3 年)里就会明显上升，从而导致农作物生长受抑制，产量、品质显著下降，因此已成为设施土壤次生盐碱化的一个重要因素。

3. 不安全的灌溉水源

灌溉水是灌溉土壤中盐分的经常性供给源。长期使用矿化度高的地下水源灌溉，易造成土壤次生盐碱化。此外，随着城乡工业及经济的发展，城市郊区的灌溉水源或轻或重地受到周围工厂排污的影响，大部分灌溉水源呈现富营养化状态，灌溉水中的各种养分离子、重金属离子、农用化学物质(如农药、除草剂、杀虫剂等有机污染物质)已大幅度超标。设施温室一旦引用这些水源进行灌溉，不但加深土壤盐碱化程度，还会毒化设施土壤，降低农产品品质，严重危及人体健康。

4. 落后的灌溉方式和不健全的排水系统

发展灌溉的过程中，有些地区，大引大灌，只修建主要的干支渠道，而田间渠道较少，串流漫灌，灌水深度多在 30 cm 以上，甚至达 50～60 cm，造成灌溉水大量入渗，一次漫灌常使地下水位增高 0.5～1.0 m 以上，不仅灌溉效率低，而且还给灌区带来次生盐碱化。

此外，排水不配套，排水受阻截。渠系及水库的渗漏是造成地下水位上升、土壤次生盐碱化加重的主要原因之一。过去发生次生盐碱化的灌区，多因只重灌溉，忽视排水。有的灌区没有建立排水系统；有的灌区虽有排水设施，但排水无出路；有的灌区排水设施缺乏管理保护，排水沟坍塌淤积，造成排水不畅；有的灌区灌溉渠系布局不当，不仅打乱了排水系统，还破坏了地面水和地下水的自然流势，使得排水出路受阻，加剧涝情，抬高水位，导致土壤积盐[48]。

5. 高地下水位及矿化度

设施土壤采用自动化的灌溉装置，长期大量的灌溉和各种灌水洗盐措施，使得地下水位在灌溉期急剧上升，盐分随着水分向上移动，积累在土壤表层。土壤表层不断累积过量的盐基离子，也暂时性地向地下水中富集，使得地下水位和矿化度抬高。这样，高温季节土壤水分蒸发强烈，在强烈的土壤毛管力下，土壤水分运动以上升水为主，地下水中的盐基离子如SO_4^{2-}、Cl^-、Ca^{2+}等又随土壤蒸发水上移到地表，形成季节性返盐。高温高湿条件下，原生矿物的风化速度加快，盐基离子的释放也加快，从而使土壤中盐基离子也增多。这是发生土壤次生盐碱化的一个内在作用。

6. 种植方式单一

为提高设施土壤产出效益，一般其种植结构和品种比较单一，合理轮作不够，使得各种营养元素积累不均衡。此外，由于经年满负荷生产，设施土壤得不到应有的休整，造成土壤养分和理化性状失调，加重了次生盐碱化的发生。

2.5.3　次生盐碱土特点

土壤全盐量高、盐分表聚是设施土壤次生盐碱化的主要特征。由于设施土壤不受雨水淋洗，施入的多余肥料则全部残留于土壤中并逐年累积。因此，随着棚室使用年限不断延长，土壤中盐分的累积量也不断增加，且由于棚室内的温度相对较高，土壤蒸发量大，盐分离子便会随着土壤水分的向上运动而逐渐向表层迁移、积聚。据报道，大棚土壤全盐量是裸地的 2.1～13.4 倍，0～5 cm 的表层土壤含盐量占土壤剖面全盐量的40%～75%，多数土壤表层含盐量超过了 1.5 g/kg 的临界值，出现不同程度的次生盐碱化。在设施栽培初期，土壤盐分向 0～5 cm 表层积聚，随使用年限的延长，盐分积聚层的厚度也随之增加，在 0～30 cm 土层内，盐分都有不同程度的积聚。新建大棚经 1 年种植后，土壤表层含盐量较裸地增加 1 倍，种植 5 年后，土壤含盐量则较裸地增加了4～5 倍，表土层(0～5 cm)含盐量在 3 g/kg 左右。冯永军等研究发现，1～2 年棚龄的表层土壤电导率(EC)在 0.21～1.27 mS/cm 之间，平均为 0.57 mS/cm，积盐程度较轻。3～5 年棚龄的表层土壤 EC 可高达 4.06 mS/cm，平均为 1.21 mS/cm，且大部分作物均出现盐害。

设施土壤含盐量受作物生长的季节性影响明显。3～5 月，由于处于作物生长的初期，养分投入量大，土壤中含盐量可达 3～4 g/kg，是积盐的高峰期；6～8 月，因蔬菜旺盛生长，养分吸收量增加，含盐量可降至 2 g/kg 以下，而后随着蔬菜生长逐渐衰退，土壤含盐量会略有回升，至次年春季，土壤含盐量又会大幅度上升到 3～4 g/kg。

2.5.4　次生盐碱土治理措施

次生盐碱土的防治和治理措施的关键在于控制地下水位，故应健全灌排系统，采取合理灌溉等农业技术措施，防止地下水位抬升和土壤返盐。实行测土(配方)施肥，减少土壤中的盐分积累。合理灌溉，降低土壤水分蒸发。漫灌和沟灌会加速土壤水分蒸发，易使盐分向土壤表层积聚。滴灌和渗灌是经济的灌溉方式，也是防止土壤下层盐分向土壤表层积聚的理想灌溉措施。施用秸秆降低土壤含盐量。除豆科作物秸秆外，其他禾本科作物秸秆的碳氮比都较大，施入土壤后，在被微生物分解过程中，能够同化土壤中的氮素，有效地降低土壤中可溶性盐浓度，达到改良土壤的目的。深翻耕作和轮作种植。在蔬菜收获后，通过深翻使表层与深层土壤充分混合，可以有效预防或缓解土壤的次生盐碱化进程。蔬菜保护地连续使用几年后，种一季裸地蔬菜或种一茬粮食作物，对恢复地力、减轻蔬菜生理性病害和病菌引起的病害都有显著作用。

2.6 咸 酸 田

2.6.1 概述

咸酸田是沿海地区酸性硫酸盐土经人为围垦种植水稻后形成的水稻土，又称为酸性硫酸盐水稻土、反酸田、咸矾田、磺酸田等，是我国南方热带和亚热带滨海地区一种以反酸为主、兼咸害的低产水稻土，其发育于富含还原性硫化物的成土母质，经氧化后产生硫酸而使土壤强烈酸化。在强酸性环境下，铝元素和铁、锰等微量元素的溶解度猛增，因而对植物产生毒害作用。咸酸田主要分布于地球上热带、亚热带沿海三角洲平原和低洼地，是一种世界性分布的低产土壤。近年来，由于土地利用方式的改变与利用强度的加大，加上管理不善与措施不当，酸性硫酸盐土的环境危害日趋加重。在酸害强烈爆发地区，农业与渔业生产受到严重影响，特别是在某些干旱季节与年份，通常是“鱼粮两空”。更为严重是，这些地区的土壤、地下水、地表水环境也受到严重的酸污染和有害金属离子(Al^{3+}、Fe^{2+})和重金属(如 Cd、Pb 等)污染，这些对动植物生长、生物多样性及区域生态系统造成严重威胁。同时，土壤和水体酸化对建筑、交通设施和地下管道会产生强烈的酸腐蚀和破坏。鉴于此，加强对酸性硫酸盐土的可持续利用已成为当务之急。

2.6.2 咸酸田的分布

在中国，咸酸田主要分布于南海沿岸各大河流入海的河口地段，西起广西钦江，广东的鉴江和韩江的河口，南到海南岛东南海岸，广州以南的东江、西江和北江河口，向东北至台湾、福建。福建南部的河口地区以及浙江南部沿海海湾也有分布。第二次土壤普查显示，全国酸性硫酸盐土面积约为 11.61 万 hm^2，其中广东省占有面积达 60%左右，目前已被围垦种植水稻形成咸酸田的面积约 8.25 万 hm^2，其中广东、福建、广西的面积较大。

2.6.3 酸性硫酸盐土的酸害发生过程与条件

酸性硫酸盐土的酸害暴发主要包括：①硫铁矿的形成、累积与埋藏过程；②硫铁矿的氧化与致酸过程；③土壤对酸的中和与缓冲过程；④土壤中酸的稀释与迁移过程。土壤实际酸害的发生是由上述多个过程的相对强弱以及植物或水生生物的耐酸程度共同决定的。因此，在实际工作中，可以通过调控上述过程来减缓或抑制酸性硫酸盐土实际酸害的发生。

2.6.4　酸害发生的影响与受控因素

黄铁矿的氧化是酸性硫酸盐土形成酸害的必要条件和主导过程。土壤中黄铁矿的氧化程度、速率与黄铁矿的含量、埋藏深度、地下水位、人类干扰深度及土壤的通气性等因素密切相关。通常，土壤中含有的黄铁矿越丰富，土壤通气状况越好，黄铁矿埋藏深度越浅，地下水位越低，人类干扰深度越大，黄铁矿发生氧化的概率与数量越大。上述条件又受气候、地形地貌、土壤水分、温度、结构及其理化性质与生物学特性等多种因素的影响，同时受人类活动方式及强度(如排灌条件、土地利用方式和耕作深度等)的影响。

当酸性硫酸盐土氧化产生酸后，由于土壤系统自身存在一个酸碱平衡体系而具有一定的缓冲与中和能力，在一定程度上可削弱酸害程度。土壤的缓冲能力与土壤水分的稀释作用、土壤胶体的交换吸附能力及碱性物质(如 $CaCO_3$ 及贝类物质等)的中和作用密切相关。通常，土壤中交换性盐基、碱性物质和土壤水分越多，对酸的缓冲能力越大。这些条件实际上受土壤的物理性质和化学组成、土壤水分状况和人工施肥改良等的影响。迁移作用可使土壤自身遭受的酸害进一步得到削弱。酸的迁移数量受地形地貌、地下水状况、地表径流状况和人为的排灌条件等因素的影响。好的排灌条件和开敞的地貌部位有利于酸的运移和排放，但若管理不当，也可形成面域酸害；相反，排灌条件差和封闭的地形(如低洼地)则易造成酸的滞留和过分积累，从而导致强烈的点源酸害。

2.6.5　酸性硫酸盐土的危害

1. 强酸性环境导致元素毒性及营养元素供应不足

明显发育的酸性硫酸盐土的 pH 通常低于 4.0，甚至可低于 2.5。Van Breemen 研究发现，pH 每降低一个单位，Al^{3+}活性大致增加 10 倍，土壤中 Al^{3+}浓度超过 1～2 μg/g，即可对某些作物产生毒害作用，水溶性铝可累积于根系细胞组织，阻碍细胞的分裂和延展，导致作物根系腐烂。在淹水情况下，土壤中大量三价铁可转化为二价铁，当土壤中可溶性铁含量超过 9 mol/m^3 时，便可对某些水稻品种产生毒害作用。同样在淹水条件下，SO_4^{2-} 可被还原为 H_2S，H_2S 会降低作物根系功能，受 H_2S 影响的作物较易产生病害，尤以幼苗最为敏感。不过，促使 SO_4^{2-} 还原的微生物不能在酸性环境中活动，所以，H_2S 毒性只发生于经长期淹水而使 pH 升到 5.0 以上的酸性硫酸盐土。酸性硫酸盐土还存在氮、磷，有时还包括钾等植物生长所需元素供应不足的问题，在强酸性环境下，磷酸根可与铝、铁反应而形成不溶性磷酸盐。豆科植物的固氮功能也可因酸性环境而大大减弱。此外，黄钾铁矾的形成可降低土壤溶液中 K^+的浓度

2. 盐害

酸性硫酸盐土的母质通常起源于潮间带沉积物，因而含较多的可溶性盐类。土壤含盐量过高可阻碍植物对水分和营养物质的吸收。大多数农作物的生长在 EC 值达

1.5～7 mS/cm 之间时便受影响[49]。

3. 工程问题

很多金属建筑材料可被酸性硫酸盐土产生的硫酸腐蚀。混凝土材料可以与硫酸反应形成石膏等新物质而使体积膨胀，影响混凝土的坚固度。当酸性硫酸盐土用作建筑基地时，由于土壤的物理熟化程度低而引起地基不稳固。并且，如果在酸性硫酸盐土地区使用地下排水管，大量的赭石会在排水管内淀积而使管道受堵。

2.6.6 酸性硫酸盐土的治理和可持续利用技术

酸性硫酸盐土的可持续利用是指根据酸性硫酸盐土的不同类型及环境条件，采用适宜的、具有可操作性的技术和土地利用方式，人为地控制或削弱土壤中黄铁矿的氧化致酸过程，同时增加土壤的自我缓冲能力，并改善排灌条件，使土壤酸害影响达到最低限度，进而恢复与提高土地生产力，维持区域生态系统的稳定。酸性硫酸盐土的可持续利用是一个综合的系统工程，需要全方位的关键与配套技术作为支撑。

(1) 水分管理与调控技术。水分管理与调控对减轻酸性硫酸盐土的酸害具有双重意义和举足轻重的作用。一方面，可以通过灌水和淹水来提高地下水位和土壤含水量，以淹没黄铁矿层，减少土壤中黄铁矿物质与空气的接触机会，从而阻止酸性硫酸盐土的氧化过程。另一方面，又可通过降低地下水位，让黄铁矿加速氧化，随后通过排灌系统将形成的酸性物质淋洗、排放，以达到除酸之目的。水分管理是酸性硫酸盐土酸害控制的一个常用措施。

(2) 土壤施肥及其生态改造技术。酸性硫酸盐土的酸害程度在一定程度上与其自身的物理、化学与生物学性质有关。土壤的结构和质地决定着土壤的通气状况；土壤的化学组成决定着土壤对酸的缓冲能力及基础肥力。酸性硫酸盐土通常具有“酸、咸、碱、瘠、旱”等特点，特别是刚围垦的红树林沼泽地，熟化程度很低，因而要通过大量改土、排灌及施肥等措施使土壤不断地脱沼、脱盐与脱酸，并逐步提高土壤生产力。

填土、客土、移土和增施有机肥料在酸性硫酸盐土的改良中广泛应用。对于新垦的黏质酸性硫酸盐土，适当地掺砂客土、填土可改良土壤质地和结构，并增高田面，从而使土壤不断熟化。对于一些旱化的砂性酸性硫酸盐土，适当地掺淤可提高土壤的保水保肥性能。另外，在某些地区，推行着一种快速改土技术，即直接移除富含黄铁矿的土层，以根除酸害，这种做法往往投资较大，但见效快。增施有机肥料对增强土壤缓冲性能，改善土壤结构和基础地力具有重要作用。作物秸秆、绿肥、厩肥以及近海的水母、白蚬、海胆和海藻等海肥，都是很好的有机肥源。

施石灰是减弱酸害的一种直接有效的方法。石灰在中和土壤酸性物质的同时，也减弱了土壤中有害 Al^{3+}和 Fe^{2+}的活性，并可增加养分元素特别是磷的有效性以及有机质中氮的矿质化速率。施石灰有不同的方法，如单施、混施、穴施等。相比而言，单施石灰，其需求量大，投入成本也高。因此，通常采用石灰与肥料混施，或采用灌排冲洗与施石灰相结合的方法(即先用水洗酸排酸，然后在排酸沟里施石灰)，这样可节省石灰用量，降低成本，而且会取得较好的改良效果。

在酸性硫酸盐土的强酸性环境下，磷酸根易与铝、铁反应生成不溶性磷酸盐而被固定；豆科植物的固氮功能和有机质的矿质化作用也会大大减弱；一些碱性矿物如钙、锰也会因固定或流失而缺乏；而且黄钾铁矾的大量形成可降低土壤中 K^+的浓度。因此，酸性硫酸盐土一般会出现氮、磷、钾和某些金属元素有效性降低或不足，特别是土壤磷素。因此，应增施磷肥(如钙镁磷肥、磷矿粉、骨粉和海鸟粪等)，同时配施一定数量的氮磷钾复合肥和微肥，这对提高土壤肥力具有重要作用。

(3) 耕作栽培技术。①品种选择：酸性硫酸盐土适宜一些耐碱作物或水生生物以及耐酸旱作品种的生长。在长期碱水的低洼地，可种植水稻、莲藕、菱角、慈姑、西洋菜等水生作物。而在旱地可种植一些耐酸品种，如甘蔗、木薯、番薯、马铃薯、柑橙、菠萝、椰子、可可、油棕、橡胶、辣椒、萝卜、大蒜、烟草等。在一些酸害特别严重和淡水缺乏的地区，可适当考虑还林(如红树林)、还草(如耐酸牧草等)、还渔(进行咸水或咸淡水养殖)。②移栽与轮作：气候的干湿季变化，常导致酸性硫酸盐土的酸害爆发也具有明显的季节性，因此，可使作物生长适当避开土壤酸害较为严重的时期。通常由于作物苗期易遭受酸害，因此，可在好田里先培育壮苗，然后再带土移栽。在某些国家的酸性硫酸盐土水稻种植区，水稻秧苗在生长季里有的要进行多次移栽，以免受酸害。轮作(如水旱轮作、稻-虾轮作等)是一种有效的综合利用方式。通常，在雨季淡水充足的情况下，种植水稻等水生作物，而在旱季则改种旱地作物。在越南湄公河三角洲地区，推行稻-虾土地利用系统，即在雨季种植水稻，旱季则利用海潮水养虾。③少耕与免耕：少耕、免耕是减少酸性硫酸盐土扰动的有效途径。对于水稻，应推广抛秧技术以及灌溉施肥方法，这些对减轻酸害和提高水稻产量具有一定作用。对于旱地，则实行浅耕或穴种，肥料采取穴施或喷施方法。在休闲期，尽量不深翻土壤，以防止底层黄铁矿物质的氧化而造成酸害。少耕、免耕技术在酸性硫酸盐土的利用中应得以应用与发展。

(4) 高畦深沟或垄沟种植。垄沟种植是酸性硫酸盐土的一种常用的旱作模式。在一些地下水位较高的酸性硫酸盐土分布区，通常要将原有田块改造为垄沟相间结构，即将沟部表层土壤(不含黄铁矿)堆垫到垄上，增加垄畦土壤表层厚度，并抬高田面，同时通过深沟降低地下水位，并洗酸排酸。作物种植在厚实的垄上，这样可使其隔离酸水，减少侵害。有些地区还充分利用深沟进行种植与养殖(如种植莲藕、菱角或养殖一些耐酸鱼类等)。

(5) 地面覆盖。在酸性硫酸盐土的农业利用中，采用作物秸秆和地膜覆盖是一种值得推广的做法。一方面，地表覆盖可减少土壤水分蒸发，防止地下水位下降[50]。另一方面，地表覆盖在一定程度上可隔绝空气进入土壤，进而可减少土壤中黄铁矿的氧化机会。同时，秸秆和地膜覆盖可改变农田的微生态环境，如提高土壤的保温、保水和保肥能力，并可减少农田杂草和病虫害影响。而且秸秆和一些可降解地膜的腐烂，又可成为很好的土壤肥料。

参 考 文 献

[1] Chi C M, Zhao C W, Sun X J, et al. Reclamation of saline-sodic soil properties and improvement of rice (*Oriza sativa* L.) growth and yield using desulfurized gypsum in the west of Songnen Plain, Northeast

China. Geoderma, 2012, 187: 24-30.
[2] 张唤, 黄立华, 李洋洋, 等. 东北苏打盐碱地种稻研究与实践. 土壤与作物, 2016, 5: 191-197.
[3] Yu R, Liu T, Xu Y, et al. Analysis of salinization dynamics by remote sensing in Hetao Irrigation District of North China. Agricultural Water Management, 2010, 97: 1952-1960.
[4] 赵兰坡, 尚庆昌, 李春林. 松辽平原苏打盐碱土改良利用研究现状及问题. 吉林农业大学学报, 2000, 22(S1): 79-83, 85.
[5] 王维国, 刘东. 苏打盐碱地改良种稻技术研究. 黑龙江水利科技, 2012, 40: 30-33.
[6] 邓伟, 裘善文, 梁正伟. 中国大安碱地生态试验站区域生态环境背景. 北京: 科学出版社, 2006: 132-438.
[7] 李秀军. 松嫩平原西部土地盐碱化与农业可持续发展. 地理科学, 2000, 20(1): 51-55.
[8] Wang Z, Song K, Zhang B, et al. Shrinkage and fragmentation of grasslands in the West Songnen Plain, China. Agriculture, Ecosystems & Environment, 2009, 129: 315-324.
[9] 魏博娴. 中国盐碱土的分布与成因分析. 水土保持应用技术, 2012(6): 27-28.
[10] 黄伟, 毛小报, 陈灵敏, 等. 浙江省盐碱地开发利用概况及政策建议. 浙江农业科学, 2012, 53(1): 1-3.
[11] 刘广明, 杨劲松, 姜艳. 江苏典型滩涂区地下水及土壤的盐分特征研究. 土壤, 2005, 37: 163-168.
[12] 黄增荣, 隆小华, 李洪燕, 等. 江苏北部滨海盐土盐肥耦合对菊芋生长和产量的影响. 土壤学报, 2010, 47: 709-714.
[13] 刘友兆, 吴春林, 马欣. 江苏滩涂资源开发利用研究. 中国农业资源与区划, 2004, 25(3): 6-9.
[14] 高志强. 福建滨海盐土客土改良效果研究. 土壤学报, 1995, 32(1): 101-107.
[15] 赵英, 于金艺, 胡秋丽, 等. 黄河三角洲盐碱地根土水交互过程及其调控. 鲁东大学学报(自然科学版), 2023, 39: 97-106, 145.
[16] 韩建均, 杨劲松, 姚荣江, 等. 苏北滩涂区水盐调控措施对土壤盐渍化的影响研究. 土壤, 2012, 44: 658-664.
[17] 耿其明, 闫慧慧, 杨金泽, 等. 明沟与暗管排水工程对盐碱地开发的土壤改良效果评价. 土壤通报, 2019, 50: 617-624.
[18] Xu Z K, Shao T Y, Lv Z X, et al. The mechanisms of improving coastal saline soils by planting rice. Science of the Total Environment, 2020, 703: 135529.
[19] 张金龙, 赵凌云, 崔书宝, 等. 滨海地区暗管排盐工艺下洋白蜡行道树养分特征. 中国城市林业, 2018, 16: 75-79.
[20] 张强, 赵文娟, 陈卫峰, 等. 盐碱地修复与保育研究进展. 天津农业科学, 2018, 24: 65-70.
[21] Guo L L, Nie Z Y, Zhou J, et al. Effects of different organic amendments on soil improvement, bacterial composition, and functional diversity in saline-sodic soil. Agronomy, 2022, 12: 2210-2294.
[22] Ying J Y, Zhang L M, He J Z. Putative ammonia-oxidizing bacteria and Archaea in an acidic red soil with different land utilization patterns. Environmental Microbiology Reports, 2010, 2: 304-312.
[23] 刘海曼, 郭凯, 李晓光, 等. 地膜覆盖对春季咸水灌溉条件下滨海盐渍土水盐动态的影响. 中国生态农业学报, 2017, 25: 1761-1769.
[24] 王春娜, 宫伟光. 盐碱地改良的研究进展. 防护林科技, 2004(5): 38-41.
[25] Yue Y, Guo W N, Lin Q M, et al. Improving salt leaching in a simulated saline soil column by three biochars derived from rice straw (*Oryza sativa* L.), sunflower straw (*Helianthus annuus*), and cow manure. Journal of Soil and Water Conservation, 2016, 71: 467-475.
[26] 邓丞. 天津滨海盐碱地沿海防护林配置模式及构建技术的研究. 北京: 中国林业科学研究院, 2014.
[27] 张桂霞, 彭立新, 任志雨. 果树栽培学综合设计性实验项目建设的研究. 教育教学论坛, 2016(16): 227-228.
[28] 江杰, 王胜. 我国盐碱地成因及改良利用现状. 安徽农业科学, 2020, 48: 85-87.

[29] Tarrass F, Benjelloun M, Benjelloun O. Recycling wastewater after hemodialysis: an environmental analysis for alternative water sources in arid regions. American Journal of Kidney Diseases, 2008, 52: 154-158.
[30] 王庆蒙，景宇鹏，李跃进，等. 不同培肥措施对河套灌区盐碱地改良效果. 中国土壤与肥料，2020(5): 124-131.
[31] 李玉义，逄焕成，张志忠，等. 内蒙古河套平原盐碱化土壤改良分区特点与对策. 中国农业资源与区划, 2020, 41(5): 115-121.
[32] 李爽，汤巧香，高杰. 河西走廊盐碱地治理研究. 现代园艺, 2019, 42: 76-77.
[33] 张建锋，邢尚军，孙启祥，等. 黄河三角洲重盐碱地白刺造林技术的研究. 水土保持学报，2004, 18(6): 144-147.
[34] 马传明，靳孟贵. 西北地区盐渍化土地开发中存在问题及防治对策. 水文, 2007, 27: 78-81.
[35] 殷旭红，张俊兰. 浅析河套灌区盐碱土形成的主要原因及改良的有效措施. 现代农业，1997(11): 17-18.
[36] 李茜，孙兆军，秦萍. 宁夏盐碱地现状及改良措施综述. 安徽农业科学，2007，35: 10808-10810, 10813.
[37] 温利强. 我国盐碱土的成因及分布特征. 合肥: 合肥工业大学, 2010.
[38] 包凤琴，李佑国，郝晓琳，等. 内蒙古河套地区地球化学分区及特征，地质科技情报, 2015, 34(2): 1-14.
[39] 侯玉明，王刚，王二英，等. 河套灌区盐碱土成因、类型及有效的治理改良措施. 现代农业，2011(1): 92-93.
[40] 王斌，黄高鉴，刘伟，等. 内陆盐碱土水盐动态监测调控及决策系统研究. 中国农学通报，2020, 36: 81-87.
[41] 边荣荣，黄永飞，李惠军，等. 不同改良剂对干旱区盐碱地改良效果研究进展. 农业科学研究，2017, 38: 69-75.
[42] 徐子棋，许晓鸿. 松嫩平原苏打盐碱地成因、特点及治理措施研究进展. 中国水土保持，2018(2): 54-59, 69.
[43] 张征海. 西北内陆盆地盐渍土和盐湖铁路工程地质问题. 铁道工程学报, 1988, 5(4): 156-162.
[44] 李惠霞，何文寿. 盐碱地土壤肥力对宁夏枸杞产量和品质的影响. 湖北农业科学，2010，49: 2571-2574, 2578.
[45] 郝文凤，董娇，路秋爽，等. 盐碱地改良的植被选择研究. 安徽农学通报, 2020, 26: 119-122.
[46] 韩霁昌，解建仓，朱记伟，等. 陕西卤泊滩盐碱地综合治理模式的研究. 水利学报，2009，40: 372-377.
[47] 侯云霞，钱光熹，王建民，等. 上海蔬菜保护地的土壤盐分状况. 上海农业学报, 1987, 3(4): 31-38.
[48] 卜祥新. 盐碱地改良项目排水系统设计. 河南水利与南水北调, 2018, 47: 23-24, 87.
[49] 雷芝，董玉平，雷莉，等. 土壤次生盐碱化的原因与防治措施. 农村科技, 2005(4): 11-12.
[50] 高云海. 浅析设施蔬菜土壤次生盐碱化的危害与综合防治. 科学种养, 2014(1): 34.

第 3 章　盐碱土监测分析技术

3.1　物理性质的测定

3.1.1　土壤质地的测定

土壤由液体、气体和固体三相组成，主要组成部分是不同直径的土壤颗粒。土壤机械组成(土壤颗粒组成)是土壤的基本性质之一，可以反映土壤母质来源和发育程度，土壤质地的粗细直接影响土壤蓄水性、透气性和保肥性。通常，土壤粒径较大的砂质土透气性较强，而蓄水性和保肥性较差，土壤温度的变幅也较大；相反，黏性土诚然透气性较差，但蓄水性和保肥性都高，土壤温度的变幅也较小；而壤土则介于二者之间。确定土壤质地和土壤结构，是划分土壤类型的重要依据，在农业和林业的应用中具有重要意义。目前测定土壤机械组成的方法主要有比重计法、吸管法和激光粒度仪法等。比重计法和吸管法是经典的土壤机械组成测定方法，已经长期广泛地应用于农业研究中土壤机械组成的测定。

1. 比重计法

比重计法是利用土壤比重计，观察土壤悬浊液密度的变化，然后根据斯托克斯定律计算各级土粒大小及含量，绘制颗粒大小分布曲线，获得颗粒含量，确定土壤质地。马作豪等在比较吸管法和比重计法时发现，测定获得的土壤质地类型结果基本一致[1]。通过平行试样测定结果允许的绝对误差分析发现，吸管法的精度较比重计法稍差，但两者都能达到土壤普查的要求。

2. 吸管法

吸管法是一种传统的土壤机械组成测定方法，利用土粒在静水中的沉降规律，将不同直径的土壤颗粒按粒级分开，加以收集、烘干、称量，并计算各级颗粒含量百分数[2]。吸管法标准流程中物理分散方法为煮沸分散，依据斯托克斯定律测定土壤颗粒质量，自应用以来，已形成一套完整的试验方法体系，是目前被普遍接受的标准的测定方法，但存在操作烦琐、耗时长等问题。

传统的研究认为比重计法操作简单但精度较差，而吸管法可以获得高精度和高重复性的粒径分布结果，目前仍被土壤学界认定为土壤粒径测定的标准方法。但是随着分析方法的发展和计算机技术的普及，分析方法也在不断改进。

3. 激光粒度仪法

20 世纪 90 年代，激光粒度仪法成为一种新型测定方法，该方法依据 Fraunhofer 衍射和 Mie 散射原理，操作简便、速度快、具有广阔的应用前景。但该方法出现时间短，尚未形成一套成熟的试验体系，对其结果的精确性尚未达成统一的认识，目前还难以直接取代传统的测定方法[3]。此外，激光粒度仪应用于土壤机械组成测定的时间较短，操作处理尚缺乏统一规范，不同的前处理如土样制备、分散等会造成测定结果的不同。并且激光粒度仪的适用性与测定对象的具体性质相关，即对于同一土类的不同土壤质地类型适用性存在差异。对黏粒测定精度要求高的情况下，激光粒度仪法测定结果严重偏小而不适用，其他情况下测定数据经过转换可满足使用要求[4]。

对于黏粒，研究者普遍认为激光粒度仪测定结果低于吸管法；对于粉粒，部分研究者认为激光粒度仪测定结果高于吸管法，另有研究通过测定黄土和古土壤土样后发现二者各有高低；对于砂粒，则呈现激光粒度仪测定结果高于、低于、各有高低或近于吸管法结果，总之这两种方法测定砂粒含量的结果较其他粒级更为相近[5]。

左志辉等采用激光粒度仪和 X 射线衍射分析仪，测定了蒙脱石原料及其散剂粒径和晶体杂质，取得预计效果[6]。刘亚青等用激光粒度仪测定近纳米 $Al(OH)_3$ 的粒径，研究了分散剂类型、超声分散时间和分散剂浓度对近纳米 $Al(OH)_3$ 粒径测量的影响，还确定了最佳测定条件[7]。李晓玲等采用吸管法和激光粒度仪法测定了土壤机械组成的结果差异及相关性[8]。采用激光粒度仪法测得的黏粒含量明显低于吸管法，而粉粒含量高于吸管法，这两种方法测得的砂粒含量比较接近。这两种方法测得的黏粒、粉粒和砂粒各个粒级含量均呈 0.01 水平显著的线性相关关系。土壤类型不同，得到的转换关系有一定的差异，因此针对不同的土壤类型，可能需要分别建立这两种方法测定结果之间的转换关系式。

3.1.2　土壤粒级分布的测定

土壤粒级分布与土壤物理性质、化学性质、生物性质密切相关，对土壤的持水、保肥、导热、抗侵蚀等能力有重要影响。土壤粒度组成可用来确定土壤质地和土壤结构，在土壤学研究中是不可或缺的基础数据。

土壤粒度组成测定的传统方法为湿筛-吸管(SPM)法，此外还有激光衍射(LD)法、筛析(SA)法、扫描电镜(SEM)法等，这些方法各有优缺点。SPM 法至今仍被认为是测定土壤粒度组成的标准方法，土壤颗粒当量粒径的定义也来自该方法；但这种方法操作步骤烦琐，耗工费时，测定精度依赖实验室条件与操作熟练水平。LD 法需要样品量较少(1～3g)，具有快速、测量范围广、自动化程度高等优点，但受颗粒通过激光束时长短轴随机变化及大颗粒对小颗粒遮蔽的影响，测定结果会产生一定误差。SA 法基于重力作用对不同粒级的质量分数进行测定，操作简单，费用低，但测定所需样品量较多且难以对细颗粒精确测定。SEM 法是一种可以直接观察颗粒形态特征的粒度分析方法，该法能够直接观察颗粒的形态特征，样品需求量微小(0.2～1.0 g)，但其市场应用范围有限，限制了该方法的普及[9]。

LD 法能够大大提高测定效率，因而备受研究者的重视。自 20 世纪 90 年代以来，展开了一系列与传统方法之间的比较研究，其中 SPM 法与 LD 法之间的比较研究最为常见。多数研究者认为 LD 法相对于 SPM 法而言，低估了黏粒部分，高估了粉粒部分，砂粒部分相差不大。为实现 LD 法的广泛应用，能否在两种测定结果之间建立转换关系成为研究的重点。但是受土壤性质、处理条件、仪器性能等因素的限制，建立的转换关系的适用性有限。SA 法也是一种传统的测定方法，操作简便，但这种方法只能对较粗颗粒进行测定，细颗粒则无法测定[10]。SA 法与 LD 法之间的测定结果存在差异，与 LD 法相比，SA 法测得粒径较细且分选性更好。SEM 法具有还原颗粒真实形态的优点，是一种很好的测定手段，常见于颗粒形状的分析研究[11]，但是图像处理技术的进步使得获取目标参数的效率得以提高，多用于工业粉末颗粒研究，在土壤粒度组成研究方面应用较少。

不同测定方法测得结果之间存在差异的原因众多。其中，测定原理的局限性与土壤性质的异质性之间不对应的影响最为重要[12]。土壤性质的异质性表现为不同土壤类型的颗粒形态特征与矿物性质存在差异，使得颗粒的形状、密度、折光系数并非完全一致，这与仪器测定的设定原理不符，影响了仪器的准确性与敏感性，其中颗粒形状的影响已被众多研究证实。鉴于此，充分了解各种粒度测定方法的特点，针对不同的测定对象和测定目的，选择合适的测定方法尤为重要。随着粒度测定方法的进步，对于非分散颗粒分布情况的测定得以实现。

3.1.3 土壤容重的测定

土壤容重是指单位体积自然状态下干土壤的质量，工程上也称为干密度[13]，又称土壤假比重，指一定容积的土壤(包括土粒及粒间的孔隙)烘干后质量与烘干前体积的比值，是由土壤孔隙和土壤固体的数量决定的。容重是土壤重要的物理性质之一，也是一个重要的土壤基础数据，对土壤的透气性、下渗能力、保持水土的能力、溶质迁移特征以及土壤的抗侵蚀能力都有非常大的影响。土壤容重小，表明土壤比较疏松，通透性较好，肥力较好；反之，土壤容重大，表明土体紧密，结构性和通透性较差[14]。土壤容重不仅在灌溉排水和农田基本建设等工作中常用来进行土壤含水量和灌水定额等方面的计算，而且在计算工程土方量、估算各种土壤成分储量、评价地基基础压实度质量、保证工程质量安全等方面都有重要的应用[15]。另外，土壤容重指标对于研究与季风气候变化的关系以及不同环境条件下的古气候等都具有重要的意义。

测定土壤容重的方法很多，有直接法、间接法。直接法按取样方式不同可分为定容法、不定容法和器测法。定容法是使用固定容积的环刀采集土壤样品。经典环刀法操作简便、结果准确，是目前最常用的定容法，适合测定颗粒较小的土壤容重。不定容法每次所取土样体积都不是固定的，特别适用于测定坚硬和易碎土壤的容重，其中常用的是挖坑法。器测法是使用仪器来直接测定土壤容重的方法，主要有核子湿密度仪和土壤无核密度仪两大类仪器。器测法快速、简便，在工程上，特别是道路施工过程中常用。间接法是通过测定其他土壤水文参数，再利用所测定的参数与土壤容重之间的固定关系换算而得。

1. 经典环刀法

环刀法是用已知质量及容积的环刀，切取土样，使土样的体积与环刀容积一致，这样环刀的容积即为土的体积。称量后，去除环刀的质量即得土的质量，然后计算得到土壤容重。经典环刀法是目前农田试验中测定土壤容重最常用的方法，也是农业气象观测首选方法[16]。测量时先要挖掘土壤剖面坑，然后用环刀逐层采取土壤样本农业气象监测要求每层取 4 个样品重复，农业检测要求每层取 3 个样品重复。取样后将土壤样品进行称量、烘烤。

经典环刀法测定土壤容重的主要工具是环刀。该方法操作简便、结果准确，是目前最常用的方法，但每次测量时需要挖掘剖面，工作量大而且伤害土壤结构，只适用颗粒较小的土壤。同时由于用环刀法测得的结果是环刀内土样所在深度范围内的平均容重，不能代表整个土层的容重，又费时费力，因而在工程上较少使用。于是有人对经典环刀法的土壤采样方式进行了改进，设计发明了诸多的土壤容重取样工具。例如，CTM-81-4 型土体容重取土仪[17]是一款手摇式土体容重取土仪。土壤容重钻，又称环刀钻，是一种特制的土钻，钻头为带口的环刀，由底座、钻管、取样管及脱样器等部分组成的原状土壤取土器。还有 IN-SITU 原状取土管，周雪青等设计了由取土管靴、取土管、推刀环和内置环刀等部分组成的分段式原状取土器[18]；黄毅等研制了由取样器、容重环两部分构成的土壤容重取样器[19]。

2. 浸液法

浸液法是利用阿基米德原理设计的样品质量的测定方法，主要有两类，即浸水称重法和浸油称重法。

浸水称重法依据物体的质量等于其体积与密度的乘积。该方法的操作步骤是将装有土样的环刀放入盛水的容器中浸泡 12 h，然后取出并称重。这一过程需要重复进行，直至环刀内的土样质量达到恒定值，从而得到饱和土的质量。根据中国科学院南京土壤研究所刘多森等的研究，浸水称重法与传统方法在测定土壤容重的结果上没有显著差异，表明该方法在准确性上是可行的。特别是在缺乏烘箱的野外条件下，浸水称重法因其独特的实用性，成为测定土壤容重的不可替代的方法[20]。

浸油称重法测定容重的原理是将已知质量的土块快速浸入植物油中，并快速称量土样在油中的质量($m_{油}$)。根据阿基米德原理和油的密度($\rho_{油}$)，可求得土壤样品的容重：

$$\rho=(m_{样}-\rho_{油})/m_{油} \tag{3-1}$$

孙有斌等的测量结果表明，浸油称重法测量结果具有较高精确度和稳定性[21]。

3. 泥浆法

泥浆法是李云波提出的一种测定土壤容重方法，它的最大优点是省去了烘干设备，减少了烘干、称量等主要环节，大大缩短了测试时间，为及时抽查施工质量提供了方便。一般土体是由土粒、水和空气组成的三相体，当土体中的空隙完全被水充满时，便成了土和水组成的二相。浸水称重法和泥浆法不像经典环刀法那样使用烘干设备来测定环刀内的土壤含水量，适合野外作业。

4. 排水称重法

排水称重法是边伟提出的，其原理与上述泥浆法基本相似。因为土是由固体、液体和气体三相系组成的松散的颗粒集合体，用环刀取得单位体积的土样后称量，将土样置于已知质量的装满清水的瓶中，排净土中空气，称取浑水质量，计算清水、浑水差值即可得到土壤样品的容重[22]。泥浆法和排水称重法测定工具简单，受天气条件限制小，能够满足工程精度要求，是野外快速检测土方压实参数有效而实用的方法。

5. 体积置换法

体积置换法是马玉莹等提出的一种直接测量土壤质量含水量及土壤容重的方法，其原理是用一定体积的水置换土壤中充气空隙的体积，从而得到非饱和土壤的孔隙体积。由总的土样体积和计算得到充气空隙，可以计算出土壤颗粒和土壤中所含水分的体积，进而可以得到土壤的总体积。根据水和土壤颗粒的密度、初始湿润土壤样品的质量即可计算出土壤容重和土壤质量含水量[23]。

体积置换法计算得到的土壤容重也具有较高的测量精度，而且操作简单，耗时少，克服了长期以来的传统烘干称质量法、酒精燃烧法等存在的费时耗力和浪费资源等问题。

6. 挖坑法

挖坑法就是在待测地段挖坑取出一定量的土壤，烘干称量，并测量土坑容积，计算单位容积的烘干质量即为容重，特别适用于含根系或砾石较多、难以使用环刀的土壤。测量土坑容积的方法很多，对于含根系或砾石少的土壤可挖规则的长方体坑，用直尺量出坑的长、宽、深，计算土坑容积，但测出的容积精度一般难以达到要求。对于不规则土坑的容积测量，多使用填砂法、灌水法等，即在取出土壤样品的小坑中填满干沙或灌满水，并严格计算出干砂或水的体积。此类方法简便，并不要求特殊的设备，适用于测定含根系或石砾较多土壤的容重。

7. 蜡封法

在不可能精确地切出一定土壤体积的情况下，可采用蜡封法。蜡封法是利用阿基米德原理，用已知质量的斥水物质把土块包被住，对该包裹物在水中浸湿前后的质量进行称量，以此来测定土块体积，进而求出土壤容重。

8. 自封袋法

自封袋法是张中峰等提出的测定土壤容重的方法，其原理是通过测量装入样土并排除了空气的自封袋体积$V_{土+袋}$与空自封袋体积$V_{袋}$，便可得到样土的体积 V，按相应公式计算土壤容重。自封袋法可有效减小测定不规则形状土壤体积的误差，从而提高土壤容重的测试精度。并且该方法适合特殊环境(环境复杂、土体破碎)下土壤容重的测定，尤其适用于在土体不连续、土壤中石块与植物根系较多、土层厚度较薄或土壤结构松散的土体中测定土壤容重。龙怀玉等设计研发的测定土壤容重的方法及土壤容重测定系统与此方法相似，只是测自封袋体积的方法有所不同[24]。

9. 土壤无核密度仪

土壤无核密度仪有基于时域反射(TDR)法、测量电极之间的无线电频率(EDG)、电化学阻抗图谱技术(SDG)和利用电磁辐射原理(PQI)四种，其中PQI无核密度仪只能用于测试热沥青混合料的相对密度，不能测试土壤[25]。多深度指示器(multi-depth indicator，MDI)土壤无核密度仪是应用时域反射法原理，通过测量TDR脉冲发生器发出的阶梯式电磁脉冲信号来获得土壤的电介质常数和土体的电导率，从而得到土壤干容重和含水量。标准的MDI测试法(ASTM D 6780M-19)规定了两种现场测试方法。其优点：一是测量快速；二是适用于多种土壤类型；三是数据采集和分析软件可在个人或掌上电脑上进行。它的局限性：不适合测量冻土、沥青及混凝土材料，砾石、土石混合材料以及高含水量的高有机质土或高塑性土的容重和含水量，探测深度仅在30 cm以内。EDG土壤无核密度仪是通过电极之间的高频无线电波来测量压实土壤材料的介电性，再将介电性数据与“土壤模块”作比较，最后通过数学运算法计算出土壤容重及其他参数。它是利用点对点的无线电频率来确保测量的精确度。SDG土壤无核密度仪的测量原理是采用电化学阻抗图谱(electrochemistry impedance spectroscopy)技术，通过电磁感应场对土壤基质电化学势阻抗的变化响应来实现测定土壤容重。内置的处理器将测试数据经计算得到土壤的密度、含水量等参数，实现实时快速检测，它最大的特点是能够实现真正意义上的无损测量。土壤无核密度仪的优点在于：①可代替核子密度湿度仪；②无核源，因而使用安全，对存储与运输没有特殊要求；③简单易学、使用方便；④快速、可靠、轻便、牢固、精确；⑤采用无损检测，不破坏土壤结构；⑥不必担心土壤是否均匀。

10. 土壤水分仪结合土钻法

时域反射(time domain reflectometry，TDR)仪和湿度探针(moisture probe，MP)土壤水分仪探测得到的是土壤体积含水量，利用土壤容重与土壤体积含水量、土壤质量含水量之间的关系来快速、准确、连续监测土壤水分。祝艳涛等提出了测定土壤容重的间接方法，即结合土钻法测定的土壤质量含水量，得到土壤容重 = 土壤体积含水量/土壤质量含水量[26]。土壤水分仪结合土钻法测定土壤容重具有快速、精确、连续测定等优点，还可以精确地测定某一土层的含水量，适合长期连续监测。

徐玲玲等利用时域反射(TDR)仪测定土壤含水量，建立了标定曲线，并基于评价结果提出了相应的改善方案[27]。王成志等利用室内模拟试验，在均质土槽中埋设TDR仪，自动检测滴灌条件下的土壤水分，研究了层施保水剂条件下点源交汇入渗及蒸发过程中土壤水分运动规律[28]。马海艳等利用布设在胡杨林地、人工梭梭林、苜蓿地及戈壁观测点的管式TDR水分测定仪进行定点、定位观测研究了上游放水前后、同一观测点、不同深度及不同土地利用条件下，土壤水分的时空分布和动态变化状况[29]。

3.1.4 土壤孔隙度和孔隙结构的测定

土壤中各种形状的粗细土粒集合和排列成固相骨架，骨架内部有宽狭和形状不同的孔隙，构成复杂的孔隙系统，水和空气共存并充满于土壤孔隙系统中。土壤孔隙是水分运动和储存的场所，是影响土壤渗透性能、决定地表产流量和产流时间的关键要素。

土壤孔隙根据其粗细又分为三种类型，即无效孔隙、毛管孔隙和非毛管孔隙。无效孔隙是孔隙直径小于 0.001 mm，保持在这种孔隙中的水分被土粒强烈吸附，不能被植物利用。这类孔隙与土粒的大小和分散程度密切相关，即土粒越细或越分散，无效孔隙越多。无效孔隙增多，透水透气困难，土壤耕性恶化。毛管孔隙是孔隙直径在 0.001～0.1 mm 之间，具有毛细管作用，水分可借助毛细管弯月面力储存并保持在其内，靠毛管引力向上下左右移动，是对作物最有利的水分状态。非毛管孔隙是直径大于 0.1 mm 的孔隙，这时毛细管作用明显减弱，保持储存水分能力逐步消失，是水分与空气的通道，经常被空气所占据，故又称空气孔隙或大孔隙。它的多少直接影响着土壤透气与渗水能力。从农业生产需要来看，旱作土壤耕层非毛管孔隙度应保持在 10%以上，大小孔隙之比为(1∶2)～(1∶4)较合适[30]。

土壤的孔隙状况用土壤孔隙度描述，土壤孔隙度是指土壤中孔隙体积与土壤总体积之比。描述孔隙度的指标有三类，分别是毛管孔隙度、非毛管孔隙度、总孔隙度。其中，毛管孔隙度是土壤中毛细管体积与土壤总体积之比；非毛管孔隙度是土壤中非毛细管体积与土壤总体积之比；总孔隙度是土壤中所有孔隙体积与土壤总体积之比。

土壤孔隙度的测定方法较多，大致可分为仪器测定法和计算法两类。总孔隙度一般不直接测定，而是由土壤密度和相对密度两项数值，通过公式计算而得；毛管孔隙度可用石蜡法、磨片显微镜法测定，也可用计算法求得。一般粗质地土壤孔隙度较低，但粗孔隙较多，而细质地土壤相反。团聚较好的土壤和松散的土壤(容重较低)孔隙度较高，前者粗细孔的比例较适合作物的生长。土粒分散和紧实的土壤，孔隙度低且细孔隙较多。土壤孔隙度一般不直接测定，可由土粒密度和容重计算求得[31]。

压汞法(mercury injection method)可用来测定焦炭中的过渡气孔和宏观气孔的孔径及它们的分布。压汞法原本是依靠外加压力，使汞克服表面张力进入焦炭气孔来测定其气孔孔径和气孔分布。外加压力增大，可使汞进入更小的气孔，进入焦炭气孔的汞量也就越多。当假设焦炭气孔为柱形时，根据汞在气孔中的表面张力与外加压力平衡的原理，可以得到焦炭孔径的计算方法。采用压汞法要求所用的汞必须没有化学杂质，也未受到物理污染。这是因为汞的污染会严重影响本身的表面张力以及与焦炭的接触角。基本原理是：汞对一般固体不润湿，欲使汞进入孔需施加外压，外压越大，汞能进入的孔半径越小。测量不同外压下进入孔中汞的量即可得知相应孔大小的孔体积。所用压汞仪使用压力最大约 200 MPa，可测孔范围为 0.0064～950 μm(孔直径)。压汞法在盐碱土研究中也有广泛应用。例如，丁小刚等利用压汞法对非饱和重塑弱膨胀土微观结构及土-水特征曲线进行了试验研究[32]。李超月以吉林西部代表性区域乾安地区盐渍土作为主要研究对象，对盐渍土的基本性质、孔隙特征及强度特性进行了试验研究，从孔隙变化的角度对盐渍土强度的变化特征进行了分析[33]。

测定气孔结构的方法很多。微气孔可以用气体吸附法测定；过渡气孔和宏观气孔可以用压汞法，或用光学显微镜和电子显微镜测定。20 世纪 70 年代以来，采用自动图像分析仪测定气孔结构，省时，误差小，可以得到气孔直径、气孔壁厚、气孔周边长、气孔数、气孔形状系数和气孔分布曲线等多种参数，用以综合评价气孔结构。

3.1.5　土壤团聚体和稳定性的测定

土壤团聚体(soil aggregate)又称为土团，是土壤颗粒(包括土壤微团聚体)经凝聚胶结作用后形成的个体。其直径一般在 0.25～10 mm 范围以内[34]。按其对抵抗水分散力的大小，可分成水稳性团聚体和非水稳性团聚体。由水稳性团聚体构成的主体，保水性较好，有利于抗旱、保墒，不易产生地表径流。水稳土壤团聚体是良好的土壤结构体，其特点是多孔性与水稳性。具体表现在土壤孔隙度大小适中，持水孔隙与充气孔隙的并存，且有适当的数量和比例，因而土壤中的固相、液相和气相处于协调状态，所以一般都认为，水稳性团聚体多是土壤肥沃的标志之一。由非水稳性团聚体构成的土体，雨后被分散的细小土粒堵塞土壤孔隙，不利于渗水、保水，地面径流大，易引起水蚀。但在干旱地区，通过适宜的耕作所形成的非水稳性团聚体，在一定时间内也能起抗旱保墒作用。所以在干旱地区，雨后要勤锄地，使被雨打板的表土重新形成一层非水稳性团聚体，切断由下向上引水的毛细管，以利于保墒。在盐碱土中，土壤团聚体结构差，这是因为高含量 Na^+可以使土壤颗粒崩解、膨胀和分散，最终破坏土壤团聚结。筛分法根据土壤大团聚体在水中的崩解情况，识别其水稳定性程度，测定分干筛和湿筛两个程序进行，最后筛分出各级水稳性大团聚体，分别称其质量，再换算为占土样的质量分数。

1. 干筛法

非水稳性大团聚体组成用干筛法测定。干筛法是将土壤样品先晾干至恒定质量，然后进行筛分。通常使用具有不同孔径的筛网，目的是确定土壤中不同粒径的颗粒占总质量的百分比，团聚体的大小可以通过比较相邻筛网之间的颗粒直径得到。干筛法适用于研究土壤颗粒的组成以及团聚体的粒径分布等信息[35]。

2. 湿筛法

湿筛法是测定土壤团聚体粒径分布和稳定性的经典方法。湿筛法是在土壤样品中加入一定量的水，将其混合均匀后进行筛分。相对于干筛法，湿筛法可以更好地模拟土壤颗粒之间的自然黏结状态，反映出土壤团聚体的真实大小，并更能反映土壤微生物、植物根系等因素对土壤结构形态的影响。湿筛法可以测量土壤中水稳性团聚体的比例，这些团聚体能够在水中稳定存在，不易分解。

土样在湿润过程中，同时发生了崩解、差异膨胀和物理-化学分散作用。崩解作用的强烈程度与土样初始湿度和湿润速度有关，土样初始含水量越少、湿润速度越快，崩解作用越剧烈。已有的湿润方法按湿润速度可分为快速湿润和慢速湿润，按土样所处的气压条件可分为常压湿润和高真空湿润。常压快速湿润过程中，土壤内部封闭的空气被压缩，产生微型爆炸，对团聚体破坏较大；慢速湿润和真空湿润减小了对团聚体的破坏，使团聚体稳定性显著增大。采用单一的湿润方式不能适用于不同的研究目的及土壤条件，为了更全面地了解土壤团聚体稳定性及粒径分布特征，可同时采用常压快速湿润和常压慢速湿润(或真空湿润)两种方式对土样进行预湿。湿筛过程中振动速度不能太快，以免对团聚体造成破坏，筛目可以根据试验目的选择。

Nahidan 和 Nourbakhsh 研究发现，过筛方法导致土壤团聚体中的有机碳含量和酰胺水解酶活性不同，但与干筛法相比，湿筛法在聚集体潜在酶活性方面表现出更大的揭示显著性差异的能力。湿筛法也最能检测土壤类型之间有机碳含量和酶活性的长期变化[36]。

3.1.6　土壤交换性钠百分比(碱化度)的测定

土壤的交换性钠百分比(exchange sodium percentage)又称碱化度，是用 Na^+的饱和度来表示，它是指土壤胶体上吸附的交换性 Na^+量占阳离子交换容量的百分比。当碱化度达到一定程度时，土壤的理化性质会发生一系列的变化，呈极强的碱性反应，pH 大于 8.5 甚至超过 10.0。土粒分散，湿时泥泞，不透气，不透水，干时硬结，耕性极差，土壤理化性质所发生的这一系列变化称为碱化作用。碱化度是盐碱土分类和利用改良的重要指标。计算公式：

碱化度(ESP) = (交换性钠离子量 / 阳离子交换容量)×100%

3.1.7　饱和导水率与入渗的测定

土壤饱和导水率是土壤被水饱和时，单位水势梯度下、单位时间内通过单位面积的水量。土壤饱和导水率在用水势头表示水势时单位是 cm/s 或 m/d，与通量单位相同。它是土壤质地、容重、孔隙分布特征的函数。饱和导水率由于受土壤质地、容重、孔隙分布及有机质含量等空间变量的影响，空间变异强烈。其中孔隙分布特征对土壤饱和导水率的影响最大。土壤饱和导水率是土壤重要的物理性质之一，是计算土壤剖面中水的通量和设计灌溉、排水系统工程的一个重要土壤参数，也是水文模型中的重要参数，它的准确与否严重影响模型的精度。

地表径流的产生和发展一般会被土壤饱和导水率制约着，土壤饱和导水率在土壤入渗过程中有重要的影响，在水分模型建立中也有重要的意义。目前，确定饱和导水率的方法大致分为三种：经验性公式推算、实验室测定和野外原位测定。

(1) 经验性公式推算：按公式推算出的计算公式都是具有经验性的，影响土壤饱和导水率的因素很复杂，公式不能把所有的影响因子都体现出来，很多学者都试图找到一个函数关系能够表示出饱和导水率的值，但是结果都令人不满意。公式要考虑的因素过为复杂，只能在有限的条件下应用。所以中国农业大学胡树文教授团队的研究主要集中在实验室测定和野外原位测定法。

(2) 实验室测定：实验室测定饱和导水率的方法有饱和导水率仪测定、Darcy 实验测定，假设实验中的土壤水利特征符合线性模型，在测得水头损失流量 Q 后，则可以求得饱和导水率。

$$K_s = -Q / (w \times \nabla H) \tag{3-2}$$

式中：w 为土壤横截面面积；$\nabla H = \Delta H / \Delta z$ 为水力梯度。在实际测定中应该在不同的水力梯度下进行测定，需要改进试验设备，使不同的水头损失在一定范围内，改变进水口土层的水头。这种测定方法因为在测定过程中水头高度是不变的，所以被称为定水头法。实验室内另一种常用的方法是变水头法，即在测定过程中测定两个不同水头高度，利用不同水头高度测定的值进行计算得到饱和导水率。这种方法比较适合测定颗粒较细的土壤。不管是定水头还是变水头，都需要足够的样本量和代表性。

(3) 野外原位测定：目前越来越多的学者在条件允许时，更愿意使用野外原位的方法来测定土壤饱和导水率。野外原位法能最大限度地反映土壤当时最自然的状态，使测定出的结果更加接近真实值，现在人们常用的有单环入渗法、双环入渗法、降水模拟法、Guelph 渗透法、Hood 入渗法、圆盘入渗法。

单环入渗法是测量土壤表层水分入渗和运移的重要方法，是使用一个高度为 20～30 cm 的圆，将圆环插入地下 10 cm 深。利用马氏瓶为环内供水，使环内保持一定高度的积水状态，环内的水分属于积水条件下的运动过程，通过不同水头下单位时间内用水量的多少来计算土壤饱和导水率。这种方法的优点是操作简单、方便快速；缺点是尺寸小，在插入环时会对土壤造成破坏，以及环内壁造成边际流的影响。

双环入渗法是使用直径不同的两个圆环，高度在 20～30 cm，以同一点为中心将两个环插入地下 10 cm 左右，使用马氏瓶为内环外环同时供水达到同一水层厚度。外环水层主要是防止内环的水沿环壁侧渗，待环内水入渗稳定后可开始测定，试验过程与单环入渗法相同。双环入渗法和单环入渗法一般只能测定地表的土壤饱和导水率，用水量较大且试验时间较长。

人们使用了很多模拟天然降水的方法来研究土壤入渗的问题。目前，降水模拟有很多种，大多数是手提式，在田间使用比较方便。在进行试验前，先平整样地，然后插入铁质框架设置重复处理区域。前期工作准备好后装上模拟降水器，以不同的降水强度进行均匀喷洒，测量各处理区域在一定时间内的径流量，径流量达到稳定后停止试验，按照双环入渗法计算即可得出土壤饱和导水率。此种方法测定过程所需时间较短，但前期准备工作较多，整体试验所需时间还是较长。

Guelph 渗透仪主要由供水、测量、支架和入渗部分组成。供水部分利用马氏瓶的原理，由同心双管组成，内管是进气管，外管是供水管，用来测定维持某一水位时所需的稳定流量，可以测定土层厚度 75 cm。在野外试验时，将仪器放入土壤钻孔中，在不同水头高度下测量一个局部土壤饱和时储水管中水流稳定流速，计算出土壤饱和导水率。

Hood 入渗仪是德国 UGT 公司的产品，由 Hood 水罩(直径 17.6 cm 或 24.8 cm)、U 形管压力计、导水管路、储水管等组成。试验尽量选择去除地表作物、平整的样地，将钢圈部分插入土壤，并将水罩放在钢圈内，水罩与钢圈之间用饱和的湿沙密封。进行试验时给 U 形管，内、外管注水，利用阀门和调压管调节压力差，直至观察到液面下降稳定计算出土壤饱和导水率。

圆盘入渗仪由澳大利亚生产，由储水管、恒压管、入渗圆盘组成。在平整地面后铺上细沙保证圆盘能与地面紧密接触，入渗圆盘与储水管固定连接，并通过橡胶管连接恒压管来控制恒定负水头压力。水通过圆盘向土壤中呈三维入渗，其入渗过程可以用 Richard 方程来描述。目前，圆盘入渗仪在国外有广泛的应用。

除了利用 Guelph 渗透仪测定土壤饱和导水率，获得的饱和导水率数值还可用于计算土壤的孔隙分布和估算溶质迁移模型的参数。

测定原理与方法：土壤饱和导水率测定的基本原理是根据饱和状态下多孔介质的达西定律，其基本公式为

$$q = (K_s \times \Delta H) / L \tag{3-3}$$

式中：q 为土壤水流通量；ΔH 为总水势差；L 为水流路径的直线长度；K_s 为土壤饱和导水率。

根据这一原理，试验采用变水头方法：在试验中记录试验土柱高度 L、土柱半径 r、水柱半径 R、测量开始时 ΔH (mm)、测量结束时的水头 Δh 以及测量时间 Δt (天)，按以下方式计算饱和导水率：

$$K=(r^2\pi L)/[(R^2\pi\Delta t)\times\ln(\Delta H/\Delta h)] \tag{3-4}$$

由于温度对土壤饱和导水率会产生影响，为便于比较不同温度下所测土壤饱和导水率，一般以水温为 10℃时的饱和导水率 (K_{10}) 为标准，因此将测试所得的土壤饱和导水率按照以下公式换算为 10℃时的值：

$$K_{10} = K_t / (0.7 + 0.3t) \tag{3-5}$$

式中：K_{10} 为温度为 10℃时的土壤饱和导水率；K_t 为温度为 t 时的饱和导水率；t 为测定时的温度。

3.2　化学性质的测定

土壤化学性质影响土壤中的物理化学过程、化学过程及生物学过程的进行，其中重要的有土壤的酸碱性、缓冲性、氧化还原性质、吸附性、表面电化学性质与胶体性能等[37]。这些性质深刻影响土壤的形成与发育过程，对土壤的保肥能力、缓冲能力、自净能力和养分循环等也有显著影响。土壤化学性质和化学过程是影响土壤肥力水平的重要因素之一。除土壤酸度和氧化还原性对植物生长产生直接影响外，土壤化学性质主要是通过对土壤结构状况和养分状况的干预间接影响植物生长。土壤矿物的组成、有机质的数量和组成、土壤交换性阳离子的数量和组成等都对土壤质地、土壤结构、土壤水分状况和生物活性产生影响。进入土壤中的污染物的转化及归宿也受土壤化学性质的制约。土壤物理性质，如土壤质地、土壤结构和土壤水分状况对土壤胶体数量和性质、电荷特性、氧化还原程度和土壤溶液的组成有明显影响。土壤生物，尤其是土壤微生物则影响土壤有机质的积累、分解和更新。

3.2.1　土壤全盐含量和电导率的测定

土壤中可溶性盐分是指用一定的水土比例，在一定时间内浸提出来的土壤中所含有的水溶性盐分。分析土壤中可溶性盐分的阴、阳离子组成，以及由此确定的盐分类型和含量，可以判断土壤的盐渍状况和盐分动态，因为土壤所含的可溶性盐分达到一定数量后，会直接影响作物的发芽和正常生长[38]。当然，盐分对作物生长的影响主要取决于

土壤可溶性盐分的含量及其组成和不同作物的耐盐程度。就盐分组成而言：苏打盐分(碳酸钠、碳酸氢钠)对作物的危害最大，氯化钠次之，硫酸钠相对较轻。当土壤中可溶性镁含量增高时，也能毒害作物。因此，定期测定土壤中可溶性盐分总量及其盐分组成，可以了解土壤的盐渍程度和季节性盐分动态，据此拟订改良利用盐碱地的措施。

通常，用水浸提液的烘干残渣量来表示土壤中水溶性物质的总量，烘干残渣量不仅包括矿质盐分量，尚有可溶性有机质以及少量硅、铝等氧化物。全盐量通常是盐分中阴、阳离子的总和，而烘干残渣量一般都高于全盐量，因而应扣除非盐分数量。此外，所测得的可溶性盐分总量，尚可验证系统分析中各种阴阳离子分量的分析结果。

1. 重量法

在土壤全盐量检测过程中，应用最广泛的检测方法就是重量法。结合土壤全盐量检测实际情况，吸取一定量的待测液，经蒸干后，称得的质量即为烘干残渣量(此数值一般接近或略高于全盐量)。将此烘干残渣量再用过氧化氢去除有机质后，称其质量即得可溶性盐分总量。重量法的检测过程较为简单。

2. 电导法

与重量法相比，电导法出现较晚，是一种相对新型的检测方法。电导法的应用原理如下：土样选择之后，对土壤的浸出液用电导仪测定，并按照电导率仪操作说明将温度校正至 25℃。电导率单位一律采用 dS/cm，用去离子水和土壤样品以 5∶1 比例混合。通过 0.45 μm 滤膜进行过滤得到土壤浸出液。其中浸出液由多种离子组成，土壤全盐量为多种离子质量之和，之后，便可根据离子组成的测定结果划分盐土类型。与重量法相比，电导法对土壤中的盐量测定相对准确，并且测量难度不高，易于操作。

在土壤全盐量检测过程中，准确性是关系到整个检测效果的关键[39]。只有提高检测的准确性，才能为土壤研究提供有力支持。从当前电导法的应用来看，由于使用了先进的检测方式，实现了对土壤浸出液的有效标定，不仅降低了土壤中盐量检测的难度，同时也提高了检测的准确性，在检测所得的数据中，通过电导率可以直接判断出土壤中盐的含量，对土壤检测具有重要意义。

潘国勇等尝试使用电导法测定黄土-古土壤序列中的易溶盐总量。研究中着重考察配制溶液时的水土比例、溶解时间等具体试验条件对测试结果的影响。当水土比固定时，若溶解时间增加，电导率也随之增加；当溶解时间固定时，随着水土比的增加，电导率则逐渐降低。水土比变化对电导率测量值的影响较溶解时间更大，是最重要、需要最先确定的试验条件。为了尽可能保证易溶盐溶解、避免难溶盐参与溶解，建议测定黄土-古土壤序列电导率时使用 5∶1 的水土比，选择至少 10 min 的振荡时间，30 min 为最优，若样品年代较早，或地理位置偏东南，则建议更长的振荡时间[40]。

从电导法的应用来看，利用电导法测定土壤中的含盐量，可以得到可靠的土壤电导率数值，为深入分析土壤盐分情况提供可靠的研究基础。这一优势使电导法能够通过测定电导率就获得土壤含盐量数据，对提高土壤盐量测定的准确性意义重大，也充分满足了土壤盐量测定的实际需要。因此，电导法对土壤全盐量的检测具有重要的推动作用，对其检测效果的提高也有重要帮助。由此可见，电导法是一种成熟的检测方法，对土壤中全盐量的检测有着重要帮助，对土壤全盐量检测效果的提高也有直接作用。

3.2.2 土壤 pH 的测定

土壤 pH 受气候、地形、母质、植被、人类活动及盐基饱和度等多种因素影响，是土壤的重要化学性质之一。土壤酸碱性与土壤诸多理化性质密切相关，对土壤养分存在的形态和有效性、微生物活性、营养元素的传递和有效吸收、植物生长发育有很大影响。同时，土壤酸碱性还是重金属元素吸附和解吸、污染物降解的关键影响因素之一。因此，准确测定土壤 pH 就显得极为重要，但各个测定分析方法对土壤粒径、水土比、搅拌时长和浸提剂等的要求均不一致。在土壤 pH 测定过程中，不同酸碱度的土壤 pH 质控样品分析结果可能不准确。目前，土壤 pH 测定方法大致可分为电位法和比色法两大类。

1. 电位法

随着分析仪器的进展，土壤实验室基本上都采用了电位法。电位法有准确、快速、方便等优点。其基本原理是用 pH 计测定土壤悬浊液的 pH 时，由于玻璃电极内外溶液 H^+活度的不同产生电位差。

2. 比色法

土壤 pH 还可以采用比色法来测量。取土壤少许(约黄豆大)，弄碎后放在白磁盘中，滴入土壤混合指示剂数滴，直到土壤全部湿润并有少量剩余。振荡磁盘，使指示剂与土壤充分作用，静置 1 min，和标准比色卡比色，即得出土壤的酸碱度。

影响土壤 pH 测定的因素很多，其中有些是属于土壤本身问题，有些是方法和仪器方面的问题，有些是环境因素的变化引起的，总体来看，有以下几个因素。

(1) 液土比。对于中性和酸性土壤，一般情况是土壤悬浊液越稀即液土比越大，pH 越高。大部分土壤从脱黏点到液土比 10∶1 时，pH 增加 0.3～0.7 pH 单位。所以，为了使测定结果能够互相比较，在测定 pH 时液土比应该固定。国际土壤学会规定液土比为 2.5∶1。在我国的例行分析中，1∶1、2.5∶1、5∶1 较多。为使所测定的 pH 更接近田间的实际情况，以液土比 1∶1 或 2.5∶1，甚至水分饱和的饱和浸出液为好。

(2) 提取与平衡时间。在制备悬浊液时，土壤与提取剂的浸提平衡时间不够，将影响土壤胶体扩散层与自由溶液之间的氢离子分布状况，因而产生误差。在现行的各种方法中，有搅拌 1～2 min 放置 0.5 h；有搅拌 1 min 平衡 5 min；振荡 1 h 后平衡 0.5 h，还有其他处理方法。对于不同土壤，搅拌与放置平衡时间要求不同。对于我国大多数土壤，1 h 的平衡时间一般就够了，过长时间可能因微生物活动而引起误差。

(3) 界面电位影响。当甘汞电极与土壤悬浊液接触时就会产生电位，称为液接电位。液接电位可引起土壤 pH 测定的误差。当玻璃电极在悬浊液上下不同位置时，测定值也有差异，这种差异的大小取决于土壤的种类和 pH。当 pH 低于 5 时，差异很小；而当 pH 为 6.5～7.5 时，可增加 0.2～0.3 pH 单位；对于红壤，测定时若搅动溶液可降低 0.03～0.30 pH 单位。因此，在常规测定中，甘汞电极处在清液层，玻璃电极与泥糊接触，清液测量可以取得较为稳定的读数。

3.2.3　土壤离子组成和浓度的测定

土壤水溶性盐中的阳离子包括 Ca^{2+}、Mg^{2+}、K^{+}、Na^{+}四种。目前 Ca^{2+}和 Mg^{2+}的含量普遍采用 EDTA 滴定法进行测定，它可以不经分离同时测出 Ca^{2+}、Mg^{2+}含量，符合准确和快速分析的要求。近年来广泛采用的原子吸收光谱法也是测定 Ca^{2+}和 Mg^{2+}的好方法，K^{+}和 Na^{+}则普遍使用火焰光度法。

阴离子 CO_3^{2-}、HCO_3^{-}、SO_4^{2-} 和 Cl^{-}是盐碱土浸出液中的主要成分。在盐碱土分类中，常用阴离子的种类和含量进行划分，所以在盐碱土的化学分析中，必须进行阴离子的测定。在阴离子分析中除 SO_4^{2-} 外，多采用半微量滴定法。SO_4^{2-} 测定的标准方法是 $BaSO_4$ 重量法，但常用的是比浊法、半微量 EDTA 间接络合滴定法或差减法。

1. 钙和镁的测定——EDTA 滴定法

EDTA 是一种络合剂，一分子的 EDTA 可与许多金属离子如 Mn^{2+}、Cu^{2+}、Zn^{2+}、Ni^{2+}、Co^{2+}、Ba^{2+}、Ca^{2+}、Mg^{2+}等发生配合反应，形成微解离的无色稳定性配合物[41]。在土壤水溶液中除 Ca^{2+}、Mg^{2+}外，能与 EDTA 配合的其他金属离子数量较少，因而可用 EDTA 在 pH=10 时直接测定 Ca^{2+}和 Mg^{2+}的数量。

当单独测定 Ca^{2+}含量时，可采用的指示剂有紫尿酸铵、铵指示剂(NN)或酸性铬蓝 K 与萘酚绿 B 混合指示剂(K-B 指示剂)。在碱性溶液中，指示剂(蓝绿色)首先与钙形成红色配合物，然后再用 EDTA 进行滴定。由于指示剂与钙形成配合物的稳定性比 EDTA 与钙形成配合物的稳定性要小，因此，在滴定过程中，与指示剂络合的钙逐渐与 EDTA 结合，指示剂显示出原有的蓝绿色，此时即为滴定终点。

当对钙镁合量进行测定时，使用的指示剂为络黑 T，滴定终点溶液从深红色变为天蓝色。当使用的指示剂为 K-B 指示剂时，滴定终点溶液由紫红色变成蓝绿色。

当待测溶液中 Mn^{2+}、Fe^{3+}、Al^{3+}等金属离子含量多时，可加掩蔽剂三乙醇胺进行消除。1：5 的三乙醇胺溶液 2 mL 能掩蔽 5～10 mg Fe^{3+}、10 mg Al^{3+}、4 mg Mn^{2+}。当待测溶液中含有大量 CO_3^{2-}或 HCO_3^{-}时，应预先酸化，加热除去 CO_2，否则当溶液 pH 达到 12 以上时会有 $CaCO_3$ 沉淀形成，用 EDTA 滴定时，由于 $CaCO_3$ 逐渐解离而使滴定终点拖长。

单独测定 Ca^{2+}时，如果溶液中 Mg^{2+}含量超过 Ca^{2+}含量 5 倍，用 EDTA 滴定 Ca^{2+}时应先稍加过量的 EDTA，使 Ca^{2+}先和 EDTA 进行配合，防止碱化时形成的 $Mg(OH)_2$ 沉淀对 Ca^{2+}进行吸附，最后再用 $CaCl_2$ 标准溶液回滴过量 EDTA。

2. 钾和钠的测定——火焰光度法

含 K^{+}、Na^{+}的溶液在高温条件下容易被激发而放出不同能量的谱线，用火焰光度计可以测定 K^{+}、Na^{+}的发射光强度，以确定土壤溶液中的 K^{+}、Na^{+}含量。为抵消二者的相互干扰，可以把 K^+、Na^+混在一起配成混合标准溶液。除 Ca^{2+}外，在土壤水溶液中其他离子的含量都达不到干扰 K^+、Na^+测定的程度。Ca^{2+}对 K^+干扰不大，但对 Na^+影响较大，可用 $Al_2(SO_4)_3$ 抑制 Ca^{2+}的激发从而减少干扰。

阳雄宇等为提高火焰光度法测定土壤中速效钾、缓效钾结果的准确度，对可能影响检测结果的相关因素进行研究[42]。结果表明，标准溶液基质、浸提方式和时间、仪器稳定性、其他试验细节等对该法检测结果有一定影响。通过使用配套标准溶液、规范浸提方法和时间、逐次标定仪器、稀释样品等方法可有效提升测量结果准确度，减少试验误差。卢丽娟等为解决在土壤、植物钠含量的检测分析过程中火焰光度计法手动操作、效率低等问题，利用实验室现有连续流动分析仪，搭建了连续流动分析仪与火焰光度计联用平台，并优化了以土壤、植物样品的钠元素检测条件[43]。李淑筠使用碱性的铵盐溶液，通过离子交换反应来置换出土壤中的钠离子[44]，使用碱性铵盐溶液浸提后土壤浸提液直接在火焰光度计上进行测定。

3. CO_3^{2-}、HCO_3^-的测定——双指示剂中和滴定法

溶液中同时存在 CO_3^{2-}、HCO_3^-时，可用标准酸(硫酸或者盐酸)进行滴定，反应分为两步进行，第一步 Na_2CO_3 转变成 $NaHCO_3$，OH^-被完全中和，溶液呈弱碱性，此时可用酚酞作指示剂，检出滴定终点(pH = 8.2)。

$$Na_2CO_3 + HCl === NaHCO_3 + NaCl \tag{3-6}$$

继续用酸滴定，$NaHCO_3$ 转变为 NaCl，溶液呈酸性，此时可用溴酚蓝作指示剂，检出滴定终点(pH = 4.1)。

$$NaHCO_3 + HCl === NaCl + CO_2 + H_2O \tag{3-7}$$

由标准酸的两步用量可以分别求得土壤中 CO_3^{2-}、HCO_3^-的含量。如果用 H_2SO_4 标准酸滴定溶液，则滴定后的溶液可以继续测定 Cl^-的含量。对于质地黏重、碱度较高或有机质含量高的土壤，会使溶液带有棕黄色，滴定终点很难确定，可采用电位滴定法进行测定。

4. 氯离子的测定

硝酸银滴定法以 K_2CrO_4 作为滴定终点指示剂，硝酸银可以与溶液中的氯离子反应生成氯化银沉淀，也可以与指示剂 K_2CrO_4 反应生成 Ag_2CrO_4 沉淀，前者的溶解度要低于后者，所以当溶液中加入硝酸银后，会首先与溶液中的氯离子发生反应形成白色的氯化银沉淀，当溶液中的氯离子反应完后，硝酸银与 K_2CrO_4 开始发生反应，生成棕红色的 Ag_2CrO_4 沉淀，此时到达滴定终点。

任青针对土壤中可溶性氯离子含量的检测，分别从线性范围、精密度、检出限等方面对离子色谱法和硝酸银滴定法进行了分析和比较。离子色谱法具有更好的线性关系，线性关系的相对标准偏差(RSD)为 0.40%～0.55%，最低检出限为 0.006 mg/L，相关系数 R^2 = 0.9996，加标回收率为 95%～102%。离子色谱法操作更加安全、简便、快速、精密度高、稳定性良好，可为农业土壤检测分析提供较好的技术支撑[45]。

5. 硫酸根的测定——EDTA 间接络合滴定法

向溶液中加入过滤的氯化钡以使土壤溶液中的SO_4^{2-}完全沉淀为硫酸钡，为防止同是沉淀的碳酸钡生成，需要将溶液彻底酸化，然后将溶液加热煮沸以除去溶液中的CO_2，接着趁热加入氯化钡溶液以生成硫酸钡沉淀。

3.2.4　土壤有机质的测定

有机质作为土壤的重要组成部分，对土壤结构的形成和土壤物理状况的改善起着决定性作用。其主要以三种形态类型存在于土壤中：一是分解很少，仍保持原形态学特征的动植物残体；二是动植物残体的半分解产物及微生物代谢产物；三是有机质的分解和合成而形成的较稳定的高分子化合物——腐殖酸类化合物。尽管有机质仅占土壤组成的5%左右，但对土壤结构的形成、质量的改善、土壤容重的降低、肥力的提高有着极其重要的作用。一方面，有机质矿化过程，不仅为微生物活动提供能源，也为植物生长提供所需要的各种营养元素，而且有机质的胶体特性和弱酸性还使土壤具有保肥和缓冲性。另一方面，土壤有机质是一种胶结剂，使土壤形成稳定的团粒结构，减小土壤黏性，提高土壤的通透性和可耕性，有利于土壤持水保墒。此外，土壤有机质对全球碳平衡起着重要的作用，被认为是影响全球温室效应的主要因素。因此，有机质动态变化不仅对土壤肥沃程度、植物生长状况有重要影响，而且还影响着整个生态系统结构和农业利用，了解有机质动态变化特征，是进行农业生产管理、实现精准农业、保证农业可持续发展的基本条件。

土壤有机质根据测定原理不同主要分为三类。第一类是燃烧法，主要包括干烧法和灼烧法。第二类是化学氧化法，主要包括湿烧法、重铬酸钾容量法和比色法。燃烧法和化学氧化法，是根据有机碳释放的 CO_2 量或者是氧化有机碳消耗的氧化剂的量，来确定有机质含量。第三类是碳成分直接测定法。随着对土壤深入的研究和高光谱技术的发展，在研究土壤光谱特征基础上，通过对土壤有机质光谱特点的分析，可实现对有机质含量的预测。相对土壤有机碳直接测定法而言，土壤光谱法是一种有机质间接测定法。因此，根据测定有机质过程中所检测的原理不同，将现今有机质测定方法主要分为 CO_2 检测法、化学氧化法、灼烧法和土壤光谱法。

1. CO_2 检测法

CO_2 检测法是根据有机质组成特点，在无 CO_2 环境下，将土壤中有机碳高温氧化成 CO_2，通过重量法、滴定法、分光光度法和气相色谱等技术测定 CO_2，并根据释放 CO_2 的量计算总有机碳含量。CO_2 检测法中有机碳的氧化分为干烧法和湿烧法。干烧法是土壤样品在电炉(感应电炉、管式电炉和电阻电炉)中，在无 CO_2 的氧气流或惰性载气流中燃烧。燃烧温度根据电炉种类的不同会有所差别，通常燃烧温度超过 900℃。干烧法由于仪器设备要求高，分析运行成本大，在试验过程中通过湿烧法代替干烧法氧化有机碳，可以很大程度降低试验需求和运行成本。湿烧法是在高温环境下，使用氧化剂氧化有机碳，释放出 CO_2。湿烧法可采用的氧化剂种类较多，如过氧化氢、过氧化钾、高锰酸钾、重铬酸盐和过硫酸盐等，而现今实验室一般使用的氧化剂为重铬酸钾[46]。干烧法和湿烧法测定土壤有机质时，在氧化过程中，土壤中无机碳酸盐也会分解，使测定结果偏高。尤其是测定石灰性土壤的有机质时，可以先用亚硫酸处理消除碳酸盐影响，或者在测定总碳的基础上减去无机碳的含量。除此之外，通过结合高温电炉灼烧和气相色谱装置制成碳氮自动分析仪，如总有机碳(TOC)分析仪、元素分析仪等，已用于土壤有机质的测定中。其仪器原理基本相似，即通过高温氧化碳成为 CO_2，测定其含量，从而计算样品中有机质含量。其中 TOC 分析仪运用较多，一般用来测定水样中的 TOC 和无机碳(IC)，另外在仪器上增加一个固体进样装置，可以实现对固体样品中有机碳含量的测定。TOC 分析仪按工作原理不同，可分为气相色谱法、燃烧氧化-非分散红外吸收法、电导法等。其中，燃烧氧化-非分散红外吸收法只需一次性转化，流程简单、重现性好、灵敏度高，因而被国内外广泛采用。在采用 TOC 分析仪进行有机质测试前，首先可把土样放于陶瓷舟中，加入盐酸到样品不再冒出气泡为止，从而除去土样中无机碳对测定结果的影响。随后将样品烘干，放入 TOC 分析仪中，在 900℃条件下，利用 Co_3O_4 和铂金触媒的催化作用，使土样中的碳完全氧化成为 CO_2，将反应后产生的混合气体通过卤素吸收管和干燥管除去水蒸气等其他气体，得到纯净的 CO_2 气体，再通过红外检测器检测 CO_2 含量，从而测定样品中有机碳的含量。虽然用 TOC 分析仪测定土样中有机质，相比传统实验室测定具有操作简单、分析时间短、样品用量少等优点，但是前期样品酸化过程中残留的酸在长期使用中会影响仪器的使用寿命，并且 TOC 分析仪价格也较高，不易广泛推广使用。

2. 化学氧化法

化学氧化法借助氧化剂氧化有机碳，类似于 CO_2 检测法中的湿烧法。与湿烧法所不同的是，化学氧化法在酸性环境下测定，可以消除碳酸盐对测定结果的影响，并且可以避免 CO_2 检测法中一系列烦琐步骤，包括试验过程需要在无 CO_2 气流中进行，释放出的 CO_2 需要收集等过程。

目前常用的化学氧化法有重铬酸盐氧化法、过硫酸盐氧化法、臭氧氧化法和微波消解法等。而现今实验室普遍运用的方法是重铬酸钾容量法：在过量硫酸存在的环境下，用重铬酸钾氧化有机质，过量的重铬酸钾用标准硫酸亚铁溶液回滴，以消耗的氧化剂用量来计算所氧化的有机碳量。在化学氧化法测定过程中，为使有机碳消解更完全，反应需加热进行，根据加热方式的不同，可以分为稀释热法和外加热法。稀释热法是用浓硫酸和重铬酸钾以 2∶1 的体积比迅速混合时所产生的稀释热(温度在 120℃左右)来氧化有机质。由于产生的热量温度较低，对有机质氧化程度低，平均氧化率仅 7.7%(相对于干烧法)，且受土壤类型及室温的影响较大，适于在室温 20℃以上的条件下进行。外加热法氧化温度较高(170～180℃)，对有机质氧化较完全，可达 90%～95%(相对于干烧法)，且不受室温变化的影响[47]。

除了滴定法之外，也可使用比色法通过与标准色阶或比色卡比较计算出土壤里有机质含量。即利用土壤溶液中重铬酸盐 Cr^{6+}为橙色，还原态 Cr^{3+}为绿色，过量的重铬酸盐被还原后产生的绿色 Cr^{3+}或剩余的重铬酸钾的橙色的变化情况，来计算有机质的快速测定法。比色法在有一定准确度的情况下能够做到简单易行，快速得出分析结果，适合在条件艰苦和对试验结果精度要求不高的地方使用。

虽然化学氧化法只需测定氧化剂的消耗量来计算出土壤有机质含量，并不受土壤中碳酸盐干扰，但土壤中还原性物质如氯化物、二氧化锰及亚铁盐等均会影响测定结果，需预先去除。若土壤中 Cl^-含量较少时，可加少量的 Ag_2SO_4，使其生成 AgCl 沉淀，从而除去 Cl^-。若土壤中还原性物质(Fe^{2+}、Mn^{2+})较多时，可以让土样充分风干，使其彻底氧化。

3. 灼烧法

灼烧法是将在 105℃下除去吸湿水的土样称量后，直接在 350～1000℃环境下，灼烧土样 2 h 后再称量，根据灼烧后失去的质量计算有机质含量。土样灼烧后失去的质量，不仅包括有机质的质量，还包括烧烧过程中碳酸盐、硫化物、黏土矿物结构水等的失量，这使得灼烧法测定的有机质含量往往高于干烧法，所以造成了该法在细密质地的土壤及石灰性土壤中的应用受到限制。虽然灼烧法缺点明显，但已有研究表明，灼烧法与有机质测定之间有着显著的相关性。陶真鹏等研究发现，在 550℃高温下灼烧测定的烧失量和有机质含量比较接近。灼烧法操作简便，可直接测定原土样，无须磨碎，灼烧过程中也无须添加任何化学试剂，减少了对样品的污染，适合大批量土样的测定[48]。

4. 土壤光谱法

土壤光谱法是根据土壤自身特有的光谱特点，反映有机质在特定波段反射率变化情况，从而估测有机质含量。土壤光谱反射特性是土壤基本性质之一，与土壤的理化性质密切相关。不同的土壤有不同形态的反射特征曲线，这种特性为研究土壤自身的属性提供了一个新的途径和指标[49]。

土壤光谱法虽然操作方便、快速，适合有机质快速估测，但是在测定过程中没有统一的测定标准，样品处理方式不同，其结果也会有差异，而且光谱仪价格较高，限制了其使用范围。虽然土壤水分、氧化铁、质地等对土壤光谱法测定结果有影响，但是利用该方法快速便捷的优点，对于比较同一农田区有机质含量高低，可以做到快速得出结果，具有省时省力、效率高的特点[50]。

3.2.5　其他主要元素的测定

1. 总氮的测定

土壤总氮测定，是指土壤中总氮包括有机氮和无机氮的测定，常采用半微量凯氏定氮法进行。土壤中的含氮化合物，利用浓硫酸及混合催化剂，在强热高温处理下水解氧化，使氮素转变成铵根离子，向消化好的溶液中加入氢氧化钠进行蒸馏，蒸馏出的游离态的氨经硼酸溶液吸收，再用酸标准溶液滴定(溴甲酚绿和甲基红作混合指示剂，终点为桃红色)，由酸标准溶液的消耗量计算出总氮[51]。但是这种方法不包括亚硝态氮、硝态氮及固定态铵，一般因这些组分含量较少，不影响分析结果。如果需要测定包括亚硝态氮、硝态氮和固定态铵的总氮，则必须加入将亚硝态氮和硝态氮还原成铵态氮的步骤，以及加入氢氟酸和盐酸破坏黏土矿物提取固定态铵的步骤，即修正凯氏消煮蒸馏半微量定氮法[52]。

2. 磷的测定

土壤总磷测定采用碳酸氢钠浸提-钼锑抗分光光度法，将土壤中的磷用碱熔法或酸溶法转化为可溶态正磷酸盐的待测液，再对溶液中的磷用钼蓝比色法进行定量。碱熔法中碳酸钠熔融法(920℃)一般认为是可以将磷转化最完全的方法，常作为标准方法或仲裁方法，但需用昂贵的铂坩埚，一般实验室常用氢氧化钠在银(镍)坩埚内熔融(720℃)来代替。碱熔法制得的待测液可做土壤铁、锰、铜、锌等元素的全量分析。酸溶法常用硫酸-高氯酸消煮，方法操作简便易行，若只测土壤总磷时多用此法制备待测液。酸溶法对于高度风化的土壤(如红壤、砖红壤)或有包裹态磷灰石存在时，测定结果稍有偏低，但不影响使用[53]。如果用高氯酸-氢氟酸在铂坩埚或聚四氟乙烯坩埚内消化则能使土壤完全分解，磷也能提取完全。待测液中磷的测定多采用钼蓝比色法，在锑剂存在下，用还原剂(氯化亚锡、维生素 C 等)将其还原生成蓝色络合物后进行比色测定。当用维生素 C 作还原剂时，该方法称为钼锑抗比色法[54]。此法操作简便，显色范围较宽，显色稳定，干扰离子允许含量较大。

提取水解型磷时，碳酸氢钠溶液不仅可用于提取，同时也能抑制二价钙离子的活性，使包含在钙磷杂质中的磷元素浸出。对于含有杂质的铝钙离子而言，将萃取剂的浓度适当降低，即可使其溶解在水中，以便于提取。磷肥属于缓效肥，残留在土壤中的磷在后续作物生长中会缓慢地释放，以供作物吸收利用，因此，在进行土壤有效磷的成分分析时，应将其计算在内。在试剂呈现出相同的颜色时可以采用波长来确定试验结果，波长可以不被脱色活性炭的化学性质所影响[55]。此外，在进行土壤有效磷测定时应注意，当土壤有效磷含量高时，提取液的取样量应减少。

3. 钾的测定

钾的测定采用乙酸铵浸提-火焰光度法(flame photometric method)。该法是以火焰作为激发光源，使被测元素的原子激发，用光电检测系统来测量被激发元素所发射的特征辐射强度，从而进行元素定量分析的方法。火焰光度法属于原子发射光，是样品中某些元素被火焰激发后发射一定波长的光，依据所发射光的强度测定其含量的方法。该法具有简单快速、取样量少的优点[56]，特别适用于咸水和盐碱土壤中钠、钾、钙、镁等金属元素的测定。该法需要选择适当的方式将分析试样引入火焰中，依靠火焰(1800～2500℃)的热效应和化学作用将试样蒸发、离子化、原子化和激发发光。根据特征谱线的发射强度 I 与样品中该元素浓度 c 之间的关系式 $I = abc$ (a、b 为常数)，将未知试样待测元素分析谱线的发射强度与一系列已知浓度标准样的测量强度相比较，进行元素的火焰光谱定量分析。测定所用的装置为火焰光度计。火焰光度检测器也可用作气相色谱仪检测器，对含硫、含磷化合物具有高选择性、高灵敏度，据此可制成专用的硫型、磷型火焰光度检测器[57]。先进的仪器可测定 20 多种元素(用 C_2H_2/空气作载气)，检测水平在 ppm(1 ppm = 1×10^{-6})级。

3.3　土壤微生物的测定

土壤微生物在土壤生态系统中的物质循环和能量流动具有重要作用。土壤微生物作为生态系统中主要的分解者，分解土壤中的动植物残体、遗体、排泄物，对保持土壤肥力、维护土壤生态系统的稳定起到重要作用。

3.3.1　土壤微生物数量的测定

1. 平板计数法

平板计数法是指利用琼脂、明胶等凝胶型固体培养基制成一个平面，并在此培养基上培养微生物，若干天后，对已形成菌落数进行统计，得到菌落总数的方法[58]。该方法在具体应用过程中的流程如下：首先，将待测样品适当稀释，其中的微生物充分分散成单个细胞；然后，取一定量的稀释样液涂布到平板上，经过培养后，每个单细胞生长繁殖形成肉眼可见的菌落，即一个单菌落应代表原样品中的一个单细胞；最后，统计菌落数，根据其稀释倍数和取样接种量即可换算出样品中的菌落形成单位(CFU)总数。该方法在使用过程中，具有培养结果易于辨认、计数结果准确性较高等优势，但也存在不足，如检测周期较长、受环境影响较大等[59]。

2. 纸片检测方法

纸片检测方法是利用快检纸片代替培养基，利用菌落显色药剂指示菌落总数，从而得到相应的计数结果。其具体操作流程如下：在进行计数试验前，需要确保样品以外所有需要和纸片进行接触的物品，如移液管、烧杯等，都在前期进行无菌化处理[60]。同时，计数试验人员需要佩戴口罩、头套、手套(均经过无菌化处理)，方可进行试验。检测人员将纸片从盒中抽出后，利用生理盐水进行浸泡，这样可以确保纸片和样品充分接触，整个过程维持 30 s，随后将纸片从样品中取出，并将其放置在 37℃恒温箱内进行培养，培养 18 h 后根据菌落显示进行计数。该方法在使用过程中，由于具有采样过程污染小、携带便捷性高、环境适应性强、结果统计方便等优点受到研究者的青睐。另外，该技术在应用中也有一些不足之处，如细菌数量较大时，计数结果不可用，并且检测内容比较固定，一次只能检测一类菌种，具有一定的局限性[61]。

3.3.2　土壤微生物的测定与分析

1. 实时荧光定量 PCR 技术

实时荧光定量 PCR 技术，是指在聚合酶链式反应(PCR)体系中加入荧光基团，利用荧光信号的累积实时监测 PCR 进程，最后通过标准曲线对未知模板进行定量分析的方法。在荧光定量 PCR 技术中有一个很重要的参数：Ct 值。C 是 cycle 的缩写，t 是

threshold 的缩写，Ct 值的意义是反映管内的荧光信号达到所设定阈值时经过的循环数。经研究表明，每个模板的 Ct 值与该模板的起始拷贝数的对数呈现线性关系，起始拷贝数越大，Ct 值越小。如此便可以通过已知起始拷贝数的标准品，建立荧光定量 PCR 的标准曲线。这样检测到未知浓度的基因组的 Ct 值，通过标准曲线就可以推算该基因组的起始浓度[62]。

实时荧光定量 PCR 技术有效地突破了传统定量只能终点检测的局限，实现了每一轮循环均检测一次荧光信号的强度，并记录在计算机软件中，通过对每个样品 Ct 值的计算，根据标准曲线获得定量结果。因此，实时荧光定量 PCR 技术无需内标，是建立在如下两个基础之上的。

(1) Ct 值的重现。PCR 循环在到达 Ct 值所在的循环数时，刚刚进入真正的指数扩增期(对数期)，此时微小误差尚未放大，因此 Ct 值的重现性极好，即同一模板不同时间扩增或同一时间不同管内扩增，得到的 Ct 值是恒定的。

(2) Ct 值与起始模板的线性关系。由于 Ct 值与起始模板的对数存在线性关系，可利用标准曲线对未知样品进行定量测定，因此，实时荧光定量 PCR 是一种采用外标准曲线定量的方法。外标准曲线的定量方法相比内标法是一种准确且值得信赖的科学方法。利用外标准曲线的实时荧光定量 PCR 技术是目前最准确、重现性最好的定量方法[63]。

2. PCR-DGGE 技术

变性梯度凝胶电泳(DGGE)技术在 1993 年被首次应用在微生物生态学研究中，能够帮助我们研究自然界中微生物群落的遗传多样性以及种群差异性。后来 DGGE 技术与 PCR 技术结合使用，称为聚合酶链式反应-变性梯度凝胶电泳(PCR-DGGE)技术。该技术的操作步骤简要概括如下：先从样品中提取出微生物群体的 DNA 分子，将其纯化处理，然后选择不同的扩增引物对 DNA 中的 16S rDNA 片段进行 PCR 扩增，得到的扩增产物随后进行变性梯度凝胶电泳。在电泳刚开始的阶段，DNA 分子的迁移速度与其分子大小直接相关，但是当 DNA 分子迁移到某一位置时(这个位置是指该 DNA 分子的变形浓度)，DNA 的双链结构开始变形分开，导致其在凝胶电泳中迁移速度的降低。DNA 的变性条件与其分子结构中碱基的组成有直接关系，由于不同 DNA 片段内所含碱基的组成不同，因此 DNA 片段的变形位置也有所不同，这样就会导致在凝胶上产生不同位置的条带。这个步骤能够将长度相同但是 DNA 组成序列不同的分子分开[64]。

运用 PCR-DGGE 技术能够同时分析多个样品，并且直接从样品中提取总 DNA，不需要进行分离培养，直接对 16S rDNA 片段进行扩增即可，通过生物的遗传特性来判断微生物的种属，得到的结果是非常可靠的。而且该方法能够同其他方法组合使用。以上是 PCR-DGGE 技术的优点，但是不可否认的是，该技术同样存在着一定的缺点，例如，在对复杂环境中的样品提取 DNA 时，通常要对样品进行预处理，在经过一系列的细胞裂解、DNA 沉淀等过程中很容易造成细菌数量的改变，甚至是 DNA 含量的变化，这样就会对最终的分析结果带来影响。另外，该技术是 PCR 技术同 DGGE 技术的结合，通过 PCR 扩增来对微生物菌群的结构进行分析，但是 PCR 技术本身存在一定的缺陷，如果使用的引物不同，那么得到的 PCR-DGGE 图谱也存在着明显的差异。并且 DGGE 技术也会受到电泳时间、染色等因素的影响[65]。

3. T-RFLP 技术

末端限制性片段长度多态性(terminal restriction fragment length polymorphism, T-RFLP)，是以分子生物学技术为基础的较为先进的微生物群落研究方法，它是 PCR 技术、荧光标记技术、DNA 限制性酶切技术和 DNA 序列自动分析技术的综合运用。该技术依据微生物的比较基因组学信息，确定合适的 DNA 目的序列，然后根据基因的保守区设计通用引物，其中 1 个引物的 5′ 端用荧光物质标记，常用的荧光物质有四氯荧光素(TET)、六氯荧光素(HEX)和六羧基荧光素(6-FAM)。提取样品中的总 DNA，以总 DNA 为模板进行 PCR 扩增，PCR 产物纯化后用四碱基限制性内切酶酶切，消化产物在自动测序仪上就可以检测出末端被荧光标记了的限制性片段，得到末端片段峰，而未用荧光标记的片段是检测不到的[66]。不同的末端片段峰代表不同种类的微生物，所以通过峰高或峰面积的大小、峰的数量可以判断出微生物群落的结构、功能及其变化情况。

T-RFLP 技术在研究土壤微生物群落多样性领域中，无论是从技术本身的灵敏度和精确度来看，还是从试验经费方面考虑，都具有很大的优势，但也存在一些局限性：T-RFLP 技术前期需要进行 PCR 扩增和限制性内切酶酶切，如果近缘种微生物在扩增片段靠近荧光标记端的切点一样，T-RFLP 图谱上的 1 个峰就有可能代表多种微生物，因此无法区分近缘种微生物；T-RFLP 技术只能根据原始数据计算出每个片段的相对丰度，因而得到的结果只能看出各类微生物所占比例，并不能确定某一生态系统中各类微生物的绝对含量，即便某些微生物在数量上有所改变，单从相对比例上也无法准确地看出其变化趋势；在原始数据处理时，片段长度范围的确定、噪声峰的去除及大小相近的片段合并都会对结果造成影响，尤其是片段的合并存在很大的人为因素，不同的人处理的数据会有所差异，导致结果出现偏差，不能非常准确地反映土壤微生物群落[67]。

3.3.3　土壤酶的测定

土壤酶是指土壤中的聚积酶，包括游离酶、胞内酶和胞外酶，主要来源于土壤微生物、植物根系分泌物和动植物残体腐解过程中释放的酶。为有效研究和应用各种酶，国际酶学委员会(International Enzyme Committee)于 1961 年提出按照酶的催化反应类型和功能，将其分为六大类，即氧化还原酶类、水解酶类、转移酶类、裂合酶类、连接酶类和异构酶类，土壤中广泛存在的是氧化还原酶类和水解酶类。酶是土壤组分中最活跃的有机成分之一，其活性不仅能反映土壤物质能量代谢的旺盛程度，还可作为评价土壤肥力与生态环境质量的一个重要指标。在几乎所有生态系统的监测和研究中，土壤酶活性成为必不可少的测定指标。研究土壤酶对培肥土壤、土壤污染治理、土壤科学利用与管理等方面具有重要意义。

1. 分光比色分析法

分光比色分析法的基本原理为酶和底物混合经培养后生成某种有色物质，其可在一定波长下产生特征性吸收峰，再用分光光度计测得生成物的含量，由此确定酶活性的大小。该方法灵敏度高，测定下限可达 10^{-6}～10^{-5} mol/L；准确度高，一般吸光光度法的相对误差为 2%～5%，对微量成分来说还是比较满意的；应用广泛，几乎所有无机离子和有机物都可直接或间接地用分光比色分析法进行测定。分光比色分析法测量溶液浓度则是基于一定浓度范围条件下符合数学规律算法而适用的方法，超出规律所允许的范围就会不准确，故对浓度也有限制。

2. 荧光分析法

20 世纪 90 年代，荧光分析法这一酶活性测量的新方法在国际上快速发展起来，其原理是用荧光团标记底物作探针，通过荧光强度的变化来反映酶活性。传统的比色法测定一般先根据所测酶的种类来选定底物，制作相应的标准曲线，然后对土样进行培养、离心、显色等前处理后在同波长下测定其吸光值，再由标准曲线确定样品中的酶活性。这种方法应用较早，已获得普遍认可，长期以来被国内外研究者所采纳，但其缺点是操作不够简易且耗时较长，选择性和灵敏度不高。荧光分析法对样品的处理及测定步骤与比色法基本一致。与传统方法相比较，荧光分析技术是一种更为强大的分析手段，具有高选择性、高灵敏度(比分光光度法高 2～3 个数量级)、试样量少、耗时短等优点，同时也存在分析成本较高、底物难溶解等缺点。

3.4 原位测定

3.4.1 土壤水分动态监测

土壤水分是土壤成分之一，其大小直接影响土壤中气体的含量及运动，固体结构，制约着土壤中养分的溶解、转移和吸收以及土壤微生物的活动。因此，土壤水分状况的测定对农业生产实时服务和理论研究都具有重要意义。同时，土壤水分监测及研究对荒漠生态系统具有重要意义，是半干旱地区植被健康生长的关键制约因子。

1. 土壤水分传感器法

频域反射(frequency domain reflectometry，FDR)法自动土壤水分传感器，利用电磁脉冲在不同介质中传播时振荡频率变化来测定土壤水分。其利用当土壤中水分改变时，土壤介电常数发生变化的基本原理实现土壤水分的测量。FDR 法传感器利用一对铜环组成的电容作为敏感元件，利用一个固定电感元件与传感器电容形成高频 LC 振荡电路，通过测量振荡电路频率(100～130 MHz)的变化计算土壤水分。这一方法的优点是电路简单，缺点是引入的电感及分布式电容造成的传感器个体差异性无法避免，高频信号更容易受到干扰，受环境温度影响过大且不可控，使用中需要标定的参数过多(7 个)等[68]。多年来，应用物理介电特性的自动土壤水分传感器获得较广泛的应用，时域反射法、频域反射法自动土壤水分传感器测量土壤水分具有较高的精度，但仍受土壤类型、颗粒大小、容重、有机质含量、盐分及温度等严重影响。

2. 中子仪法

中子仪(neutron probe)法测定土壤水分的基本原理是：利用中子源辐射的快中子碰到氢原子时慢化为热中子，通过热中子数量与土壤含水量之间的相关关系，来确定土壤水分的多少。中子仪法在 20 世纪 50 年代就被用于测定土壤含水量，此后，很多国家对此进行研究，使中子仪法日趋完善。中子仪法十分适用于监测田间土壤水分动态，套管永久安放后不破坏土壤，能长期定位连续测定，不受滞后作用影响，测深不限。中子仪还可与自动记录系统和计算机连接，因而成为田间原位测定土壤含水量较好的方法，并得到广泛应用。目前，国际上已广泛地使用快中子测定土壤水分，应用中子测定的土壤水分是土壤一定容积的平均含水量，精度高，误差 1%左右；速度快，每个样只需几分钟；不动土，适于土壤水分定位研究；无滞后现象；防护材料简便(主要是石蜡)。

测定土壤水分的中子仪类型主要有嵌入型、表面型、透射型和散射型，原地测量土壤剖面含水量的一般是嵌入型中子仪测水仪。嵌入型中子仪测水仪工作过程是将中子源嵌入待测土壤中，中子源持续稳定地发射快中子，快中子进入土壤介质并与各种原子离子的核相碰撞，快中子损失能量，从而使其慢化，通过测定慢中子云的密度与水分子间的函数关系来确定土壤中的含水量[69]。

但是，需要田间校准是中子仪法的主要缺点之一，另外，仪器设备昂贵，一次性投入大，特别是中子仪还存在潜在的辐射危害。中子仪法测定土壤范围为一球体，在一些特殊情况下测量结果会出现偏差，如土壤处于干燥或湿润周期时，层状土壤、表层土壤等的测定结果都存在偏差。

3. 烘干法

将土壤样品置于 105℃下烘干至恒量，此时土壤有机质不会分解，而土壤中的自由水和吸湿水全被驱除。计算土壤失水质量与烘干土质量的比值，即为质量含水量，以百分数或小数表示。测定重复 2～5 次，取平均值。此法操作方便、设备简单、精度高，但在采样、包装和运输过程中应保持密封状态以免水分丢失造成误差。烘干法水分测定仪是基于烘干操作原理直接对衡量样品表面分离物或者微量水分进行计量的仪器设备，在使用过程中可以对加热过程中处于物理状态或者化学状态的样品开展表面含水量的测量。其加热方法有石英加热、红外陶瓷加热、卤素灯、激光、微波等多种形式。烘干法水分测定仪包含称量装置和烘干装置，被测样品通过初始质量和蒸发水分后的质量差值来获得在特定温度下的含水量[70]。

3.4.2　土壤温度和气象条件监测

1. 热电偶法

在温度测量中，热电偶的应用极为广泛，它具有结构简单、制造方便、测量范围广、精度高、惯性小和输出信号便于远传等许多优点。热电偶测温的基本原理是两种不同成分的材质导体组成闭合回路，当两端存在温度梯度时，回路中就会有电流通过，此时两端之间就存在电动势——热电动势，这就是所谓的塞贝克效应(Seebeck effect)。两种不同成分的均质导体为热电极，温度较高的一端为工作端，温度较低的一端为自由端，自由端通常处于某个恒定的温度下。根据热电动势与温度的函数关系，制成热电偶分度表；分度表是自由端温度在 0℃条件下得到的，不同的热电偶具有不同的分度表。在热电偶回路中接入第三种金属材料时，只要该材料两个接点的温度相同，热电偶所产生的热电位将保持不变，即不受第三种金属接入回路中的影响[71]。因此，在热电偶测温时，可接入测量仪表，测得热电动势后，即可知道被测介质的温度。热电偶测量温度时要求其冷端(测量端为热端，通过引线与测量电路连接的端称为冷端)的温度保持不变，其热电位大小才与测量温度呈一定的比例关系。若测量时，冷端的(环境)温度变化，将严重影响测量的准确性。由于冷端温度变化造成的影响，而对冷端采取一定措施补偿称为热电偶的冷端补偿正常。与测量仪表连接用专用补偿导线，具有装配简单，更换方便；压簧式感温元件，抗震性能好；测量精度高；测量范围大(–200～1300℃，特殊情况下–270～2800℃)；热响应时间快；机械强度高，耐压性能好；耐高温可达2800℃；使用寿命长等优点。

2. 红外测温技术

红外线的波长在 0.76～100 μm 之间，按波长的范围可分为近红外、中红外、远红外、极远红外四类，它在电磁波连续频谱中的位置处于无线电波与可见光之间的区域。红外线辐射是自然界存在的一种最为广泛的电磁波辐射，它是基于任何物体在常规环境下都会产生自身的分子和原子无规则的运动，并不停地辐射出热红外能量，分子和原子的运动越剧烈，辐射的能量越大；反之，辐射的能量越小。温度在绝对零度以上的物体，都会因自身的分子运动而辐射出红外线。通过红外探测器将物体辐射的功率信号转换成电信号后，成像装置的输出信号就可以完全一一对应地模拟扫描物体表面温度的空间分布，经电子系统处理，传至显示屏上，得到与物体表面热分布相应的热像图。运用这一方法，便能实现对目标进行远距离热状态图像成像和测温并进行分析判断。

3.4.3　地下水位和地表水位监测

地下水位是水资源监测的重要组成部分，且监测难度比较大。为了实现地下水位监测自动化，必须合理应用防水等级高的监测设备，保证监测设备即使浸入水中也不会影响正常工作。为实现监测设备和地理信息系统的有效结合，应利用地理信息技术使监测数据更加准确易懂，利用完善的数据统计系统及相应的软件，对各种经度、纬度、水位、温度及气压因素进行准确监测，并对这些数据进行有效的储存，为数据检索提供充分保障[72]。

目前，对地下水压力的测量主要还是通过现场钻孔，设置水位观测井的方法来实现。尽管有各种不同的方法测量地下水位，但都比较费时、费力，同时在施工中的误差比较大，不能掌握实时的地下水压力变化情况；同时由于水位观测井设置在施工现场，井口不能封堵，因此容易受到施工破坏，现场保护难度较大。当地下水压力监测完成，在对水位观测井进行填埋和封堵时难度较大，同时容易对地下水产生污染。

地表水观测井是由观测房、垂直竖井和引水洞组成，其中引水洞为水平或斜向通水孔，内侧与竖井相通，外侧连接水库，进口设置防堵塞拦污栅。垂直竖井、引水洞和水库构成一个连通器，在水的压强作用下，垂直竖井中的水面始终与水库水面相平，通过对竖井中水位的监测，可达到间接监测水位的目的。所谓连通器，就是液面以下相互连通的两个或几个容器。在其中注入同一种液体，液体不流动时，连通器内各容器的液面保持在同一水平面上。钻孔法建岸式水位观测井正是利用这一原理间接监测水库水位，垂直竖井中水位变化较水库水位变化滞后时间短，所测结果能够真实准确地反映水库水位的变化情况，测量精度较高[73]。

3.4.4　土壤盐分迁移与积累的监测

土壤浸提液法作为一种传统的盐分测定方法得到了各界的广泛认可，但是浸提液法过程烦琐，耗时较长，且在测定过程中不可避免要破坏土壤原样，导致测定结果精度有限，也无法对土壤中的盐分进行长期监测。在提倡精准农业的今天，土壤盐分快速、有效和可靠的原位测量显得非常重要。现有常用的土壤盐分原位测量方法大致可分为土壤电导率法和遥感法两大类，每种方法都拥有各自的优缺点和适用场景。

1. 电导率测定土壤原位盐分

将电学方法应用于土壤学最早见于 Archie 于 1942 年创制的 Archie 公式，通过电导率描述了土壤的特性。土壤盐分组成的不同会导致电导率的差异，所以在 1954 年，美国农业部国家盐土所通过测定土壤浸出液的电导率来判定盐度，最初的研究仅限于建立土壤含盐量与电导率的相关关系，通过回归方程以求得土壤的全盐量。后来人们才逐步发明了土壤盐分传感器法、电磁感应法、电阻率法及时域反射仪(TDR)等相关测定方法和仪器[74]。

2. 土壤盐分传感器法

当不需要测定土壤溶液的离子组成时，可采用土壤盐分传感器直接测量土壤溶液电导率来评估土壤盐分。Kemper 首次提出并研制了土壤盐分传感器，其工作构件是一个充满一定浓度的 KCl 溶液的多孔陶瓷电导池，当传感器埋设于土壤中时，土壤溶液中的可溶性盐离子与陶瓷孔隙中溶液的盐分离子之间存在浓度差，可通过离子扩散逐渐达到平衡，这时陶瓷孔隙中溶液的浓度与土壤溶液的浓度相同，测量陶瓷孔隙中溶液的电导率就可以代表土壤溶液的电导率。在长期连续的土壤盐分监测中，现行的土壤盐分传感器具有较高的灵敏度、稳定性和准确度。但同时土壤盐分传感器的使用也具有一定的局限性，例如，研究发现当土壤处于干旱环境下，盐分传感器的响应时间明显延长，在一般土壤中使用也需要一定的平衡时间。这使得土壤盐分传感器不适于监测短期和快速的盐分变化，更不适用于干燥环境[75]。

3. 四电极法

四电极法最初应用于地球物理勘探。长期以来，广大地质和水文工作者应用该方法测量地下水及岩石介质的电阻率，将该方法应用于测定田间土壤盐分的含量和变化则是十九世纪七十年代以后才开始的[76]。土壤具有一定的导电性能，其电导率的大小很大程度上取决于土壤中溶液的浓度，土壤溶液浓度越高，电导率越大。用四电极法测量土壤溶液含盐量就是通过测量仪器先测量出土壤的电阻率数值，再经校准、换算得到表示土壤溶液含盐量的实际电导率。在田间，土壤电阻率除受土壤含盐量的影响外，还受盐分组成、土壤质地和结构、土壤含水量、温度等因素的影响，但通过四电极法进行校正，可以消除这些影响。该方法具有测量速度快、移动方便、读数无滞后的特点，可以测量一定厚度土层的平均含盐情况，适合大面积调查土壤含盐量的变化。由于四电极是通过测量土壤电阻率然后经换算得到土壤电导率，因此影响土壤电阻率的许多因子均能影响测量精度，在测量过程中应尽量选择地形平坦、土壤质地均一且含水量较高的地块进行测量，不应在刚耕作过的或石块较多的田块进行采集，还应避免作物根系及动物穴等影响而造成的误差。

4. 电磁感应法

原生电磁场中的导体会产生感应电流，其大小与导体的电导率成正比，感应电流本身又会产生一个次生电磁场，其场强大小与感应电流和导体电导率均呈正相关。电磁感应电导仪(以 EM38 为例)两端分别装有发射线圈和接收线圈，当尾部发射线圈通入电流时，在有效范围内土壤就会形成一个原生电磁场，作为导体的土壤就会在原生电磁场的作用下形成感应涡电流回路，感应涡电流产生的次生电磁场场强与涡电流强度及电导率呈正相关。所以当次生电磁场场强的信号被电磁感应仪首端的接收线圈截获后，将其放大并形成输出电压，输出电压的大小与土壤电导率成正比。仪器将输出电压直接转换成土壤电导率读数并在刻度表上读出。该电磁感应电导仪可在水平和垂直放置的两种方式下进行测量，在垂直放置时其探查深度为 1.5 m，在水平放置时则为 0.75 m。用 EM38 进行土壤盐渍化调查时，首先要选择典型土壤剖面进行分层采集土样，分析所采集土样的有关性质数据，建立土壤电导率与各深度范围内土壤盐渍化程度之间的关系，之后即可快速地对大面积土壤盐渍化的空间分布状况进行测定。电磁感应法测定土壤含盐量具有操作方便、快速、灵敏等优点，适合大面积土壤盐渍化的评价。但在具体操作过程中会受到许多因素的干扰，如天气情况，地表已有的较厚盐结壳，周围存在的金属物品、高大建筑物等设施都会对其测量准确度产生不同程度的影响。

3.4.5　气体原位测定

土壤中的二氧化碳产生于土壤动物、土壤微生物和植物根系新陈代谢(土壤呼吸)及土壤有机质分解、碳酸盐的矿化或沉积，受土壤温度、土壤湿度、土壤孔隙度、土壤结构、土壤质地等土壤物理、化学和生物性质，以及地上植被、大气、人类利用方式等条件的影响，随时间、空间分布而变化。另外，土壤除了是大气甲烷的最大生物源外，还是除大气光化学反应外陆地生态系统最大的汇。通常，人类很难对大气光化学反应进行调控。因此，对于甲烷土壤汇的强度、时空变化及其影响因素的研究就显得尤为重要。除此之外，土壤二氧化碳和氧气的实时监测也有非常重要的意义。下面仅以二氧化碳为例，简单介绍对土壤表面二氧化碳通量的测定。

在诸多的测定方法和设备装置中，应用比较广泛的土壤二氧化碳通量原位测定方法为微气象学方法和箱法。微气象学方法(micrometeorological method)是建立在气象学基础上的微型化气象测定方法。它根据气温、地温、风向、风速、太阳辐射、降水量等气象因子来推算土壤二氧化碳通量，要求建立观测站，包括观测塔和相关的气象观测仪器和设备，适于大范围、中长期定位观测。箱法(chamber method)包括静态(static)箱法和动态(dynamic)箱法。

(1) 静态箱-碱液吸收法：是一种应用最早的化学方法，把盛有碱溶液的容器敞口置于一个下端开口的样品箱里，快速密封样品箱，扣在待测样地上，一段时间后拿出做酸碱滴定，计算土壤二氧化碳通量。该方法简单、易行，技术成熟，不需要昂贵的仪器设备，可以多点、长时间测定，但在野外十分不方便，测定结果常常偏低。

(2) 静态箱-气相色谱法：即用密封的箱子在野外收集二氧化碳，用注射器采集气体样品，拿回到实验室上气相色谱(GC)，测定二氧化碳的浓度，进而推算此时此地的土壤二氧化碳通量。该方法的优点是结果稳定、重现性良好，缺点是需要配备价格昂贵、保养困难、专业操作的气相色谱仪，而且不直接，需要将样品从野外拿到实验室分析，不方便。

(3) 动态箱法：是用不含二氧化碳或已知二氧化碳浓度，以一定的速率从覆盖在土壤表面的箱体，经过红外线气体分析仪测量其中气体的二氧化碳的含量，根据进出箱体二氧化碳的浓度差，计算土壤二氧化碳通量。动态箱法通常包括动态密闭箱法和动态开放箱法。动态开放箱法的优点在于比较客观而真实，缺点是容易受箱体内外气压差的影响造成较大误差，一般需要校正；动态密闭箱法一般不需要校正。动态开放箱法目前被认为是比较理想的方法，但是仪器设备昂贵，主要靠国外进口，一般的科研单位难以承受。另外，需微电脑控制，操作复杂，需要经过培训，一个主机最多可控制 16 个样点，仅能做一个样地的监测，不便移动，需要供电，在野外测定受到限制。

3.5 其他技术

3.5.1 多光谱遥感

盐碱化土壤的光谱结果显示，与一般的耕地相比，盐碱土在可见光和近红外波段都具有更强的响应特征。通过多元数据分析手段，遥感影像中的反射率可以与旱地农业土壤含盐量之间建立多元关系，即土壤含盐量可以显著性地影响土壤在遥感影像中的光谱反射率。另外，盐碱土的动态演化过程也可以在遥感影像中通过图像变换方法的改变进行反演。目前用于盐碱化监测的遥感数据源主要包括多光谱遥感影像及高光谱遥感影像等。

多光谱遥感是利用两个以上波谱通道传感器对盐碱地进行同步成像的一种技术，它将地表反射辐射的电磁波信息分成若干波谱段进行接收和记录。土壤光谱特征容易受到土地覆盖或利用模式、土壤湿度、地下水深埋及土壤类型等众多因素的影响，因此在利用多光谱遥感数据监测土壤盐渍化的空间分布和制图时，还应综合多源数据辅助解释。

遥感方法探测土壤盐渍化的最好时机应为雨季前的干旱季，对特定的区域还应同时考虑地表的覆盖情况。若以植被为探测盐渍土的间接指征，则应选择 8～9 月的数据，这一时期植被的生物量几乎达到最大。此外，依据各波段的信息量、相关性、结合图像获取的时相及研究对象的特征和应用目的，来选择最佳波段组合，以确保各类别的可分性。

3.5.2 高光谱遥感

高光谱遥感是遥感界的一场革命，是遥感技术发展的一个重要方向。与传统的遥感技术相比，高光谱数据的优势体现在其应用的灵活度和信息的丰富度。一方面，高光谱遥感通常具有数十个甚至多达数百个近乎连续的光谱窄带，大量精确详细的光谱数据增加了盐渍化反演中光谱的可选择性，有利于对特定盐分特征参数的有效提取。另一方面，光谱空间分辨率的提高使高光谱数据对地球表面的固定性物体的分辨和识别能力增强，实现了对地物的光谱信息、空间信息和辐射信息的同步获取，具有“图谱合一”的特点。在盐碱化程度较高的地区，利用高光谱可获得较高的精度，但在野外实测光谱测量过程中也容易受到光照、土壤水分、粗糙度等因素的影响，导致在观测过程中降低了土壤光谱反演模型的准确度，并且利用高光谱获取的影像数据均以单点的形式存在，且单点覆盖面积较小，在一定程度上制约了其在土壤监测方面的应用。

鉴于此，任建华等提供一种基于光谱测量的考虑裂缝土表面纹理特征的盐碱土土壤性质估计方法。为此，以中国松嫩平原的 57 份土壤样品为研究对象进行了开裂试验，并从灰度共生矩阵(GLCM)中提取了土壤样品裂缝图像的对比度(CON)纹理特征，然后测量原始反射率，并结合块状土壤样品(由裂缝区域分隔的土壤块)和比较土壤样品(粒径为 2 mm 的土壤粉末)计算考虑 CON 纹理特征的混合反射率。光谱与主要土壤性质分析结果表明，表面裂缝会降低土壤的整体反射率，从而增大不同盐度水平块状土壤样品之间的光谱差异[77]。结果表明，考虑 CON 纹理特征的单变量和多变量的线性回归模型均能提高盐碱土壤的主要盐碱性质（如 Na^{+}含量、电导率和盐度等）的预测精度，也能降低自然条件下场谱测量强度。

3.5.3 透射电镜技术

从整体结构组成来看，一台透射电镜主要由电子光学模块、真空模块(各种真空泵组，如隔膜泵、分子泵和离子泵)、电源与控制模块(如各种电源、安全系统和控制系统)三部分组成。电子光学模块为透射电镜的核心组件，主要包括照明系统(电子枪、高压发生器、加速管、照明透镜系统和偏转系统等)、成像系统(物镜、中间镜、投影镜及各类光栅等)、观察和记录系统。现代透射电镜的照明系统通常还包括双聚焦透镜系统，其功能是将经加速管加速的电子汇聚并照射到试样上，并且控制该处的照明孔径角、电流密度(照明亮度)和光斑尺寸。在双聚焦透镜系统里面还装有偏转线圈，用于合轴调整和电子束的倾斜、移动和扫描等操作。样品台是进行结构观察和分析的关键部位，现代透射电镜一般都会配备多种样品杆，可以对试样进行倾转或加热、冷却和电场等原位处理和观测。物镜是透射电镜的核心部分，用来形成样品的一次放大像及衍射谱。放大系统由中间镜和投影镜组成，将物镜形成的一次中间像或衍射谱放大到荧光屏，一般能够放大 150 万倍。数据记录系统随着电荷耦合器件(CCD)的使用而趋于数字化，可进行大量的数据处理和记录。依据电子枪和汇聚透镜等性能指标的不同，现在常用的透射电镜分为 3 个级别：常规透射电镜、场发射透射电镜和球差校正透射电镜。常规透射电镜的电子枪灯丝材质主要为钨(W)或六硼化镧(LaB_6)。场发射透射电镜电子枪则采用的是场发射型灯丝，如 ZrO/W(100)用于热场发射，W(310)用于冷场发射，亮度高且均一，光源尺寸小，相干性极好，技术指标和分析能力优于常规透射电镜。球差校正透射电镜是基于场发射透射电镜加入了球差校正器(聚光镜球差和/或物镜球差)，从而接近分辨率极限，达到原子尺度乃至皮米尺度，分析能力远远优于常规透射电镜和场发射透射电镜。目前，世界上先进的商业化球差校正扫描透射电镜 STEM-HAADF 的分辨率已经高达 0.05 nm，如 Thermo Fisher Scientific 公司的 Titan Themis 系列、JEOL 公司的 JEM-ARM300F 等。

常规透射电镜工作原理：透射电镜成像和分析原理是以电子束为光源，并将其置于加速管内加速，再通过两级聚光镜的聚焦后形成极细的高压电子束，然后入射到纳米级厚度的薄试样上，与样品物质的原子核及核外电子相互作用后，入射电子束的方向或能量发生改变，或二者同时改变，这种现象称为电子散射。根据散射中能量是否发生变化，分为弹性散射(仅方向改变)和非弹性散射(方向与能量均改变)。弹性散射是电子衍射谱和相位衬度成像的基础，而损失能量的非弹性电子及其转成的其他信号(X 射线、二次电子、阴极荧光、俄歇电子和透射电子等)，主要用于样品的化学元素分析[如 EDXS 或电子能量损失谱(EELS)分析]或表面观察。上述电子或能量信号携带了样品的特征信息，再依次经过物镜、中间镜和投影镜的三级放大作用，最终将样品的信息投射到下游的荧光屏上，并通过照相室成像和拍照，最终获取试验结果，如明/暗场像、电子衍射谱、高分辨像和化学信息等。

如果在常规透射电镜上配置 STEM 附件，则称为扫描透射电镜(scanning transmission electron microscope，STEM)。扫描透射电镜的工作原理是通过系列线圈将电子束汇聚成一个细小的束斑并聚焦于样品表面，然后利用扫描线圈精确控制束斑在薄样品上进行逐点扫描，在样品上、下方安装有不同的环形探测器来同步接收各种物理信号，然后环形探测器将这些携带样品信息的物理信号转换成电流强度，显示于荧光屏或计算机屏幕上。样品上所扫描的每一点都与产生的像一一对应，连续扫描完一个区域，便形成扫描透射电子像(STEM 图像)，如高角环形暗场(high angleannular dark field，HAADF)像、低角环形暗场(low angleannular dark field，LAADF)像、环形明场(annular bright field，ABF)像和二次电子像等。配置于 STEM 中样品下方的 HAADF 环形探测器的内孔能滤掉大部分布拉格散射和未发生散射的电子，主要接收高角度散射的透射电子，得到的图像称为高角环形暗场像，并且图像亮度与原子序数的平方(Z^2)成正比，对原子序数极为敏感，也称 Z 衬度像。低角环形暗场像是基于环形探测器收集离轴散射角度介于 0.573°～2.865°的散射电子而形成的图像。环形明场像是基于样品下方的轴向 ABF 探测器收集未经过散射和经低角度散射的透射电子(离轴散射角度小于 0.573°)而形成的图像，其衬度与原子序数 $Z^{1/3}$ 成正比，因而对原子序数较小的轻元素更为敏感。

球差校正透射电镜是在透射电镜的聚光镜系统和物镜系统后面增加一个发散透镜，相当于光学显微镜系统中的凹透镜，来补偿球差。发散透镜即球差校正器，大多数是通过两组六极电磁透镜系统来实现。在同等电压下，球差校正透射电镜的电子束流比无球差校正透射电镜高约 10 倍，分辨率则能提高一倍多，十分有利于原子尺度的微区分析。在实际工作中，通常还将 STEM 和 EDXS 或者 EELS 配合使用，可以获得样品在亚纳米或者原子水平的元素组成及其空间分布信息。

3.5.4　CT 扫描技术

CT 扫描技术，即 X 射线计算机断层成像(X-ray computed tomography)技术，可以快速获取原状土壤内部结构，是非破坏性检测土壤孔隙 3D 结构的一种新兴手段，可以实现土壤孔隙结构的可视化与定量化，与传统基本理化性状指标监测技术相比具有不可比拟的优势。在 CT 扫描系统中，当 X 射线穿过被测物体时，将对一定厚度的层面进行扫描，并把被测物体划分为若干立方体小块(体素)。被测物体不同组分对 X 射线的吸收性存在差异，使得穿过该物质的 X 射线发生衰减。当X射线穿过某层面时，沿该方向排列的各体素均在一定程度上吸收一部分 X 射线，通过比较入射前后 X 射线的强度变化即获得截面上的所有体素沿该方向衰减值的总和。上述衰减值可由 X 射线衰减系数来表示，而 X 射线衰减系数也决定着 X 射线 CT 扫描结果的灰度差异，从而构成了 CT 扫描图像中不同矿物相的区分依据。

1. CT 扫描技术获取土壤孔隙精度

早在二十世纪七十年代 CT 扫描仪的精确度就达到了毫米级，该精度下的研究应用最为普遍。吴华山等利用 CT 扫描技术对太湖地区主要水稻土中大孔隙的研究中，探索了不同深度不同毫米级的大孔隙的分布状况，结果表明等效直径越大的孔隙(>5 mm)，在土壤不同深度下数量的变化也越大。表层上大直径(>5 mm)的大孔隙较多，在土壤剖面 30～40 cm 以下其数量急剧减少，而直径较小(<1 mm)孔隙的数量在土壤剖面不同深度下相差不大，该研究可为植被种植提供理论依据。Marco Voltolini 等利用微米 CT 扫描技术进行土壤微团聚体的定量表征，将形态学参数与物理、生物学特性联系起来建立模型，对土壤聚合形态进行全面表征，发现微生物种群与土壤微团聚体有着耦合联系。白斌等在利用多尺度 CT，表征致密砂岩微观孔喉结构的研究中进行了纳米-微米多尺度 CT 三维成像分析，最终计算出样品的孔隙度和渗透率。结果表明，在微米尺度下，孔喉大小不一，直径为 5.4～26.0 μm，呈孤立状，局部呈条带状。在纳米尺度下，微孔直径为 0.4～1.5 μm，纳米级微孔数量增多，孔喉为管状、球状。并且发现纳米级球状微孔连通性较差，纳米级短管状微孔具有一定的连通性，与微米级管状微孔和邻近孤立球状纳米微孔具有一定连通性，兼具喉道与孔隙的双重功能，该精确度下微孔隙结构得到更好的观察分析[78]。郭雪晶等在基于纳米 CT 及数字岩心的页岩孔隙微观结构及分布特征研究中使用的 Nano-CT 扫描设备，最大分辨率为 50 nm，扫描分析后得到三维孔隙内部结构数据，据此分析岩石组分的空间展布和孔隙结构特征，探讨孔隙的连通性，并获得了孔隙数量及体积差分分布曲线[79]。这些研究成果可以为研究盐碱土带来一些启示

和借鉴。

CT 精确度的提高有利于精确研究土壤内部微观结构，然而目前国内微米 CT、纳米 CT 扫描技术还多用于研究岩石的孔隙结构，开展该技术研究土壤孔隙结构是研究土壤特性的新思路，有助于土壤大孔隙优势流、植被种植、生物洞穴系统等的研究，对于农业生产、土壤恢复等有着重大意义。常用 CT 扫描仪的分辨率尚不够高，在 50～100 μm，因此仅能用于分析近饱和状态的土壤水分运动过程。如果能在扫描精度上获得进一步突破，就可为更小尺度上的研究提供更准确和翔实的数据，构建的形态学网络模型能更逼真地反映小孔隙对土壤水分持留与传输的影响，因此，未来要注重使用更高精度的 CT 扫描仪，准确分析土壤特性。

2. 应用 CT 扫描技术研究土壤孔隙特性

土壤孔隙是指土壤中大小不等、弯弯曲曲、形状各异的各种孔洞，是土壤重要的物理性质，对于土壤中水分、溶质的运移起着决定作用。由于 CT 扫描技术具有操作简单、分析速度快、对土样无破坏性等优点，目前国内外许多学者使用 CT 扫描技术进行土壤孔隙特性研究也取得很大进展。随着土壤微形态学研究的发展，获取土壤孔隙特征常用的方法有传统法和土壤切片法。尽管这些方法已经相对成熟，但仍存在局限性：一方面，在操作步骤上较为烦琐，试验周期长；另一方面，常用方法的限制条件较多，对土壤结构存在破坏性，所得数据不够准确。近年来，应用 CT 扫描技术分析土壤孔隙度、孔隙空间分布状况、孔隙间连通性等成为土壤孔隙特征研究的新方向。CT 扫描技术可以在不破坏土壤内部结构条件下，获取原状土壤孔隙结构图像，通过数字图像分析技术定量识别出孔隙的形态和结构特征，得到土壤孔隙数量、孔隙度及孔隙在土壤剖面的分布特征。早在 1989 年，对于 CT 扫描图像已经有了可视化解释，说明 CT 可准确揭示大孔隙的数目、大小和位置，为研究土壤特性打下基础。CT 扫描技术可定量获取土壤孔隙特性相关参数，使定量化表征土壤孔隙特性成为可能。

Zeng 和 Gantzer 进一步利用 CT 结合分形维数和分形非均匀性来描述土壤大孔隙结构，推动该技术的发展。冯杰和郝振纯从传统统计法和分形几何法两方面论述了根据 CT 扫描图像和二维矩阵图得到大孔隙数目、大小、形状和连通性在土柱横断面和纵断面上的分布[80]。这些研究集中在土壤孔隙结构的获取上，相比传统法，CT 扫描技术更简单快速高效，但其费用高，受分辨率的限制，今后降低 CT 扫描技术成本，提高精确度还亟待解决。

3. 应用 CT 扫描技术研究土壤水力特性

土壤水是作物正常生长的直接水源，并与地表水、地下水及大气水有着紧密的联系。土壤水分运动是陆地水文循环的重要组成部分，是化肥、农药、污染物等化学物质进入地下水的重要途径。因此，预测土壤水力特性对农业生产、水土保护有着重要的指导意义。土壤水动力学参数决定着土壤保水和释水的能力，主要包括土壤水分常数、土壤水分特征曲线、土壤导水率等指标。达西定律是测定土壤水力特性的理论基础，基于此提出了大量的测定方法，但在实际操作过程中传统的测定方法对土体扰动较大、操作烦琐、精度不达标，测定土壤水力特性参数不够全面，学者们将 CT 扫描技术应用到室内获取土壤水力特性中在很大程度上解决了这些困难。常规测定方法结合 CT 扫描技术可提高预测能力与精确度，扩大适用范围，因此，加强 CT 扫描技术在研究土壤特性中的应用有其重要的现实意义。

土壤水力特性一般分为直接方法获取与间接方法预测，直接方法中应用 CT 扫描技术较少，目前在积极探索中。许多国内外学者采用间接方法结合 CT 扫描技术来获取土壤水力特性的参数，如 CT 扫描图像直方图及三维重构网络模型法等。刘慧等采用 CT 无损识别技术进行不同温度梯度下岩石 CT 扫描试验，运用 CT 扫描图像直方图技术进行不同温度梯度下冻结岩石 CT 扫描图像解析，能够动态地展示出岩石在温度降低过程中水冰含量、损伤程度及细观结构的变化情况，为定量分析冻结岩石细观力学及损伤特性提供了新的途径和方法。据此，可以将 CT 扫描图像直方图应用于测量土壤含水量，可以更加简洁直观地得到土壤含水量及土壤内部结构特征。

例如，Andrey 基于 X 射线 CT 扫描图像的质量平衡方法量化土壤中水分分布；Lavrukhin 等基于饱和流动特性孔隙尺度建模并且使用卷积神经网络进行土壤 XCT 图像分割，并进行了孔隙尺度模拟，通过 3D binary 土壤图像来计算土壤渗透性参数。Zhang 等基于 CT 扫描技术对矿区土壤进行饱和导水率预测。

3.6 展　望

3.6.1 网络监测系统的建立与完善

自主监控系统是我国土壤环境监测的未来发展趋势与主攻研究方向，通过对现有数据资源的分析结果来看，未来我国土壤环境监测分析工作不仅要将提高工作效率与质量作为重点，还应在此基础之上加强对土壤环境的有效治理。这两项工作的实现都离不开技术力量与网络检测系统作用的有效发挥，网络监测系统可根据监测侧重点的不同进行精细划分。为了将网络监测系统落到实处，土壤环境监测中的相关管理者应与技术人员进行有效沟通与协作交流，利用现有的各种资源与现代化技术手段，建立健全内部互联网共享平台与网络监测系统。需要注意的是，为了能使该系统与土壤环境监测工作得到充分的融合，相关技术人员在构建该平台前应充分考量信息技术与土壤环境监测工作的特征与具体要求，这样才能使其作用得到充分发挥，不断提高该系统对目标环境的监测效率以及对相关数据信息的收集与处理能力。通过对现有设备进行更新和升级的方式提高土壤环境监测效率与质量。

3.6.2 土壤环境监测技术的自动化

就目前情况来看，土壤环境监测工作对相关人员解决关键技术能力与进行集成创新的程度都有着较高的要求，为了适当减轻工作人员的工作负担，简化对土壤样品的采集、运输环节，技术人员应将自动化技术合理运用到土壤环境监测技术中，这也是土壤环境监测技术的未来发展方向之一。在具体实践过程中，技术人员应先对相关机械设备进行深度了解与分析，这一步操作主要是为了找寻机械设备与自动化技术的关联，从而使土壤环境监测中所使用的机械设备的自动性得到有效加强，减少技术人员与机械设备之间的关联度与依赖性。例如，可建立健全自动土壤呼吸检测系统，通过在相关机械设备中安装先进科技装置，如高质量温度热电阻探头等，来对目标区域内的土壤环境进行自动化监测，监测内容包括土壤的温度、湿度、受污染情况等。这种技术打破了静态气室法的局限，在提高土壤环境监测安全性与准确性的同时，实现了该项工作自动化水平的提升。

3.6.3　现场快速分析技术

土壤环境监测工作的展开主要从两方面入手，分别是对环境土壤和污染现场进行快速监测，这就需要相关人员熟练掌握相应的现场快速分析技术。以具体环境监测工作为例，技术人员除了对目标区域内的土壤环境进行检测外，还应对目标区域以外的周边环境进行适当监测。对污染区域周边的地理环境进行检测能帮助技术人员迅速确定污染物的来源，从而为被污染的土壤环境制定相应的解决措施与治理方案。由此可见，现场快速分析技术在土壤环境监测的未来发展中占据着明显的优势地位，只有不断扩大该项技术的操作空间与应用范围，相关工作人员才能迅速掌握目标区域土壤环境的现实状况，从而使整个监测流程得到有效调整与优化，相应的工作时长也会得到有效缩短。为了提高现场快速分析技术的有效性与稳定性，技术人员不仅可利用该项技术对现有的监测方案进行系统化调整与创新，还应实现现场快速分析技术与自动化技术、重金属分析设备三者的有效融合。这样一来，有了先进技术手段与专业设备的辅助，土壤环境监测将会更具科学性与现代性，多种机器共同作业的模式也会在未来得到进一步的推广、发展与应用。

3.6.4　土壤环境监测技术的精确化

就目前情况来看，只有在对土壤环境中的无机物与有机物进行监测时，才会要求相应技术的精确度与稳定性，这一弊端可能会使得一些对人体有害的重金属不能被及时监测出来。不仅如此，由于土壤环境中重金属污染物质的含量会随着时间的推移而逐渐减少，因此相关工作人员若不能在前期就将这类物质监测出来，那么后续就无法发现该片土壤环境中存在的问题。这种工作方式与结果都是无意义的，不仅会对人力、物力和财力资源造成一定的浪费，还会降低土壤环境监测的可靠性与准确性，对整个工作的进程产生不小的消极影响。由此可见，土壤环境监测技术精确度的提高必定会是未来土壤环境监测发展的重点之一。从技术角度来讲，提高土壤环境监测技术精确度的有效方式之一就是增加痕量检测技术在土地环境监测中的应用次数，并在此过程中不断加强监测精准度的提高，为相关人员的工作提供一定支撑，帮助其迅速掌握目标区域的土壤环境状况，制定相应的土壤环境污染治理措施。与此同时，技术人员还应在此环节中注重对土壤检测效率的提升，利用相关文献的最新的研究方法和分析技术对土壤环境污染物进行深层次研究与分析。

参 考 文 献

[1] 马作豪, 唐昊冶, 李文红, 等. 吸管法和比重计法测定土壤机械组成的比对研究. 中国无机分析化学, 2023, 13(6): 645-651.

[2] 朱瑜, 张卓栋, 刘畅, 等. 激光粒度仪与吸管法测定土壤机械组成的比较研究——以不同退化程度栗钙土为例. 水土保持研究, 2018, 25: 62-67, 204.

[3] 苗涵博. 激光粒度仪法与湿筛-沉降法测定土壤颗粒组成的比较研究. 沈阳: 沈阳农业大学, 2019.

[4] 王保田, 黄待望, 董薇, 等. 激光粒度仪颗粒分析试验应用研究. 三峡大学学报(自然科学版), 2015, 37: 34-37.

[5] 刘涛, 高晓飞. 激光粒度仪与沉降-吸管法测定褐土颗粒组成的比较. 水土保持研究, 2012, 19: 16-18, 22.

[6] 左志辉, 安彦, 唐素芳, 等. 研究蒙脱石原料及其散剂的粒度与晶体杂质. 药物分析杂志, 2012, 32: 829-833.

[7] 刘亚青, 刘玉敏, 胡永琪. 激光粒度仪测定近纳米氢氧化铝粒径的研究. 现代化工, 2015, 35: 175-177.

[8] 李晓玲, 温美丽, 高晓飞. 吸管法与激光粒度仪法测定土壤机械组成的比较研究. 安徽农业科学, 2015, 43: 57-59, 91.

[9] 李慧茹, 刘博, 王汝幸, 等. 土壤粒度组成分析方法对比. 中国沙漠, 2018, 38: 619-627.

[10] 吴正. 中国沙漠与治理研究 50 年. 干旱区研究, 2009, 26: 1-7.

[11] Dur J C, Elsass F, Chaplain V, et al. The relationship between particle-size distribution by laser granulometry and image analysis by transmission electron microscopy in a soil clay fraction. European Journal of Soil Science, 2004, 55: 265-270.

[12] Buurman P, Pape T, Reijneveld J A, et al. Laser-diffraction and pipette-method grain sizing of Dutch sediments: correlations for fine fractions of marine, fluvial, and loess samples. Netherlands Journal of Geosciences, 2001, 80: 49-57.

[13] 熊丽琴, 谢贤健, 张洲, 等. 内江市微地形条件对土壤容重的影响分析. 内江师范学院学报, 2012, 27: 65-69.

[14] 秦耀东, 任理, 王济. 土壤中大孔隙流研究进展与现状. 水科学进展, 2000, 11(2): 203-207.

[15] 余斌. 不同容重的泥石流淤积厚度计算方法研究. 防灾减灾工程学报, 2010, 30: 207-211.

[16] 张数标, 吴华聪, 陈金水, 等. 水稻机插配套育秧技术. 安徽农学通报, 2010, 16: 66-67, 141.

[17] 张德明. CTM-81-4 型土体容重取土仪. 大坝观测与土工测试, 1982(4): 22-25.

[18] 周雪青, 李洪文, 何进, 等. 土壤容重测定用分段式原状取土器的设计. 农业工程学报, 2008, 24: 127-130.

[19] 黄毅, 邹洪涛, 虞娜, 等. 新型土壤容重取样器的研制与应用. 水土保持通报, 2010, 30: 190-191, 197.

[20] 刘多森, 李伟波. 土壤容重和孔隙度的简易测定法. 土壤通报, 1983,14(4): 44-47.

[21] 孙有斌, 安芷生, 周杰, 等. 浸油法测量黄土样品的容重及其意义. 地质论评, 2000, 46: 220-224.

[22] 边伟. 土壤干容重等物理参数野外快速测验方法. 节水灌溉, 2009(4): 63-64.

[23] 马玉莹, 雷廷武, 张心平, 等. 体积置换法直接测量土壤质量含水率及土壤容重. 农业工程学报, 2013, 29: 86-93.

[24] 龙怀玉, 张认连, 雷秋良. 测定土壤容重的方法及土壤容重测定系统: CN103558120A. 2014-02-05.

[25] 梁晓宁. 无核密度仪在土石回填压实度质量检测中的应用. 华东科技(学术版), 2012, 6: 433.

[26] 祝艳涛, 钱天伟, 但德忠. 时域反射仪结合土钻法测定土壤容重. 资源开发与市场, 2006, 22(3): 213-215,

219.
[27] 徐玲玲, 高彩虹, 王佳铭, 等. 时域反射仪(TDR)测定土壤含水量标定曲线评价与方案推荐. 冰川冻土, 2020, 42(1): 265-275.
[28] 王成志, 杨培岭, 任树梅, 等. 保水剂对滴灌土壤湿润体影响的室内实验研究. 农业工程学报, 2006, 22(12): 1-7.
[29] 马海艳, 龚家栋, 王根绪, 等. 干旱区不同荒漠植被土壤水分的时空变化特征分析. 水土保持研究, 2005, 12(6): 231-234.
[30] 裴忠雪, 武燕, 王琼, 等. 松嫩平原土壤孔隙指标与其他土壤指标的相关关系. 水土保持研究, 2016, 23: 134-138.
[31] 伍海兵, 李爱平, 方海兰, 等. 绿地土壤孔隙度检测方法及其对土壤肥力评价的重要性. 浙江农林大学学报, 2015, 32: 98-103.
[32] 丁小刚, 马丽娜, 蔺文博, 等. 非饱和重塑弱膨胀土孔隙结构与土-水特征曲线试验研究. 岩石力学与工程学报, 2022, 41: 3081-3090.
[33] 李超月. 乾安地区盐渍土孔隙特征与强度特性的试验研究. 长春: 吉林大学, 2019.
[34] 刘思佳. 施用不同有机物料对土壤团聚体结构中有机碳贮量及作物产量的影响. 农业与技术, 2023, 43: 14-18.
[35] 方健梅, 蒋丽伟, 杨帆, 等. 施用生物炭对国槐人工林土壤理化性质的影响. 湖南林业科技, 2023, 50: 14-19.
[36] Nahidan S, Nourbakhsh F. Large macroaggregates determine distribution of soil amidohydrolase activities at different landscape positions. CATENA, 2018, 170: 316-323.
[37] Murtaza B, Zaman G, Imran M, et al. Municipal solid waste compost improves crop productivity in saline-sodic soil: a multivariate analysis of soil chemical properties and yield response. Communications in Soil Science and Plant Analysis, 2019, 50(8): 1013-1029.
[38] Che Z, Wang J, Li J S. Determination of threshold soil salinity with consideration of salinity stress alleviation by applying nitrogen in the arid region. Irrigation Science, 2022, 40: 283-296.
[39] 陈相, 周俊, 姬明晓. 土壤全盐量的检测方法研究. 科技创新与应用, 2015, 5(23): 54-66.
[40] 潘国勇, 李玉梅, 罗明奇, 等. 电导法测定黄土-古土壤序列易溶盐含量的方法学研究. 中国科学院大学学报, 2014, 31: 791-798.
[41] 朱珍桥, 毛军涛. EDTA 滴定法测定耐碱网格布中氧化锆含量研究. 化纤与纺织技术, 2021, 50: 95-96.
[42] 阳雄宇, 金菲英, 章超, 等. 火焰光度法测定土壤中速效钾、缓效钾. 磷肥与复肥, 2023, 38: 33-35.
[43] 卢丽娟, 李金玉, 陈岚, 等. 连续流动分析仪-火焰光度计联用快速测定土壤、植物中的钠含量. 中国土壤与肥料, 2022(10): 247-252.
[44] 李淑筠. 土壤交换性钠的测定——碳瓶淋洗火焰光度法. 北京农业科技, 1982(1): 27-28.
[45] 任青. 离子色谱法和硝酸银滴定法测定土壤中可溶性氯离子的对比研究. 世界有色金属, 2019(10): 180-181.
[46] 吴才武, 夏建新, 段峥嵘. 土壤有机质测定方法述评与展望. 土壤, 2015, 47: 453-460.
[47] 郭艳. 土壤有机质不同测定方法的对比. 农业与技术, 2019, 39: 25-26.
[48] 陶真鹏, 徐宗恒, 丁俊楠, 等. 基于不同方法的林下土壤有机质含量测定. 科学技术与工程, 2022, 22: 3892-3901.
[49] Demattê J A. Soil chemical alteration due to slaughterhouse waste application as identified by spectral reflectance in São Paulo State, Brazil: an environmental monitoring useful tool. Environmental Earth Sciences, 2016, 75: 1277-1299.
[50] 彭杰, 张杨珠, 周清, 等. 去除有机质对土壤光谱特性的影响. 土壤, 2006, 38(4): 453-458.

[51] 岳中慧, 龙寿坤, 郭子强, 等. 超声交换-抽滤淋洗-全自动凯氏定氮法测定土壤中阳离子交换量. 理化检验-化学分册, 2022, 58:197-201.
[52] 张薇, 付昀, 李季芳, 等. 基于凯氏定氮法与杜马斯燃烧法测定土壤全氮的比较研究. 中国农学通报, 2015, 31: 172-175.
[53] 任奕蒙. 弱酸性土壤有效磷测定中两种检测方法的对比. 山西化工, 2023, 43: 79-80, 93.
[54] 叶祥盛, 童军, 赵竹青. 流动注射分析法与钼锑抗比色法分析土壤有效磷含量的比较. 河北农业科学, 2011, 15: 160-164.
[55] 李朝英, 郑路. 流动分析仪同时快速测定植物全氮、全磷含量的方法改进. 中国土壤与肥料, 2021(2): 336-342.
[56] 任嘉欣, 杨文娜, 李忠意, 等. 基体效应对火焰光度计测定土壤和植株钾素含量准确性的影响[J]. 浙江农业学报, 2019, 31(6): 955-962.
[57] 孙海峰, 曹琴, 李世欣, 等. 激光诱导击穿光谱与火焰光度法定量分析土壤钾元素含量. 河南农业大学学报, 2018, 52: 918-924.
[58] 李凯凯, 曹伟伟, 文昌丽, 等. 基于高通量测序的稀释平板计数细菌群落变化研究. 微生物学报, 2022, 62: 4447-4464.
[59] 杨秀超, 俞文静, 段作营, 等. 土壤中盾壳霉双标记平板计数法的建立及应用. 植物保护, 2017, 43: 134-142.
[60] 王永强, 陈林, 银永安, 等. 腐植酸铵对连作棉田土壤微生物特性的影响. 新疆农垦科技, 2015, 38: 44-47.
[61] 白晶芝, 赵源, 吴凤芝. 盐碱胁迫对黄瓜嫁接苗根际土壤细菌和真菌群落结构及丰度的影响. 中国生态农业学报, 2017, 25: 1626-1635.
[62] 冯文龙, 辜运富, 余伟, 等. PGPR 菌剂对植烟土壤微生物群落结构的影响. 安徽农业科学, 2019, 47: 146-150.
[63] 张智猛, 慈敦伟, 张冠初, 等. 山东地区盐碱土花生种子际土壤微生物群落结构的研究. 微生物学报, 2017, 57: 582-596.
[64] 王林闯, 贺超兴, 张志斌. PCR-DGGE 和 FAMEs 技术在土壤微生物多态性研究中的应用. 生物技术通报, 2009, 25(S1): 113-117.
[65] 蒋绍妍, 王文星, 薛向欣, 等. 利用 PCR-DGGE 分析茂名油页岩矿区土壤细菌群落组成. 中南大学学报(自然科学版), 2015, 46: 4719-4724.
[66] 郑斯平, 陈彬, 王瑾, 等. 小叶满江红(*Azollamicrophylla*)内生细菌多样性的 T-RFLP 分析. 安徽农业科学, 2012, 40: 14185-14187, 14270.
[67] 熊婧, 张思璐, 魏霜, 等. 属特异性 T-RFLP 技术在双歧杆菌群落分析中的应用. 微生物学通报, 2014, 41: 2538-2546.
[68] 周建平, 李银, 臧耀辉, 等. 基于 FDR 技术的土体质量含水率和干密度快速检测方法. 河海大学学报(自然科学版), 2022, 50: 123-129.
[69] 谢鹏宇, 刘泽鑫. 土壤水分测量原理与技术方法研究. 现代农业科技, 2020(23): 166-168.
[70] 常学尚, 常国乔. 干旱半干旱区土壤水分研究进展. 中国沙漠, 2021, 41: 156-163.
[71] 谢清俊. 热电偶测温技术相关特性研究. 工业计量, 2017, 27: 5-8.
[72] 郝兴明, 陈亚宁, 李卫红, 等. 塔里木河中下游荒漠河岸林植被对地下水埋深变化的响应. 地理学报, 2008, 63(11): 1123-1130.
[73] 何冬梅, 王磊, 万欣, 等. 江苏里下河不同湿地植被地下水水位动态及影响因素. 林业科学研究, 2020, 33: 112-117.
[74] 徐志闻, 刘亚斌, 胡夏嵩, 等. 基于水分和原位电导率的西宁盆地盐渍土含盐量估算模型. 农业工程学报, 2019, 35: 148-154.

[75] 刘梅先, 杨劲松. 土壤盐分的原位测定方法. 土壤, 2011, 43: 688-697.
[76] 杨劲松, 祝寿泉, 单光宗, 等. 四电极法在土壤调查中的应用. 土壤, 1988, 20(2): 106-110.
[77] Ren J, Li X, Li S, et al. Quantitative analysis of spectral response to soda saline-alkali soil after cracking process: a laboratory procedure to improve soil property estimation. Remote Sensing, 2019, 11(12): 1406.
[78] 白斌, 朱如凯, 吴松涛, 等. 利用多尺度 CT 成像表征致密砂岩微观孔喉结构. 石油勘探与开发, 2013, 40: 329-333.
[79] 郭雪晶, 何顺利, 陈胜, 等. 基于纳米 CT 及数字岩心的页岩孔隙微观结构及分布特征研究. 中国煤炭地质, 2016, 28: 28-34.
[80] 冯杰, 郝振纯. CT 在土壤大孔隙研究中的应用评述. 灌溉排水, 2000, 19(3): 71-76.

第4章　盐碱土壤结构与物理性质

土壤结构被认为控制着土壤中的许多过程，如调节水分保持和渗透、气体交换、土壤有机质和养分动态、根系渗透和侵蚀易感性[1,2]。土壤结构也构成了无数土壤生物的栖息地，从而驱动它们的多样性并调节它们的活动[3,4]。作为一种重要的反馈，土壤结构也是由这些生物主动塑造的，从而改变了水和空气在其栖息地的分布[5,6]。农业或工程项目的成败在很大程度上取决于土壤的物理性质[7-9]。土壤物理性质还与许多植物的起源、生长以及水分、养分和化学污染物在地表和土壤中的迁移相关[10,11]。根据土壤发生层的颜色、质地和其他物理性质，土壤学家对土壤剖面进行分类并确定土壤是否适用于农业生产或环境项目。有关土壤基础物理性质的知识不仅具有重要的实践价值，也有利于理解后面几章中涉及的其他土壤特性。常见土壤物理性质及定义见表4-1。

表4-1　常见土壤物理性质

物理性质	定义	测定方法
土壤颜色	土壤反射的可见光的颜色	芒塞尔土色卡分类等
土壤质地	土壤中不同矿物颗粒粒径的组合状况	国际制、卡庆斯基制、美国制等
土壤密度	单位体积土壤(不含孔隙)的烘干质量	环刀法、密度瓶法
土壤孔隙	土粒与土粒之间或者团聚体之间以及团聚体内部的孔洞	以数量(孔隙度)和大小分布表示
土壤团聚体	土壤颗粒(包括土壤微团聚体)经凝聚胶结作用后形成的个体	水稳性团聚体和非水稳性团聚体、大团聚体和微团聚体

盐碱土壤结构致密、孔隙度低、渗透性差，常存在反盐现象，降低盐碱化地区的修复效果。从长远来看，土壤结构与物理性质的改善是解决土地盐碱化的重要切入点[12,13]。近年来，国内外学者对盐碱土的微观结构特征进行了研究。通过微观结构测试，研究了不同石膏含量盐碱土的膨胀性、压缩性和渗透性[14]。扫描电镜(SEM)微观结构特征测试结果表明，盐晶体胶结是影响察尔汗盐湖地区不同含盐量盐碱土物理性质的重要因素[15-17]。现有研究普遍表明，盐碱土的微观结构特征与其物理性质密切相关[18-20]。此外，近年来，土壤微观结构在控制土壤盐分排放方面发挥着关键作用，这已成为当前研究的重点[1,16,21]。因此，在修复盐碱土时，对其结构与物理性状的研究至关重要。本章首先综述对于土壤颜色、质地，土壤物理结构，土壤团聚体等方面的研究进展，在明确基本概念之后，进一步阐述盐碱土壤相关研究的最新进展和历史资料，最后重点介绍了盐碱土壤物理性质和土壤结构的修复方式、研究进展，以及胡树文教授研究团队的最新成果。

本章将揭示盐碱土壤结构和土壤物理性质的影响，为基于土壤微观结构的盐碱地修复提供理论依据。

4.1　盐碱土壤颜色、质地

颜色通常是土壤最明显的特征之一。虽然土壤颜色对土壤行为和应用的影响很小，但可以为研究土壤其他性质提供线索。影响土壤颜色的因素主要包括有机质含量、水含量、铁锰氧化物的含量及氧化状态等，构成了土壤分类的诊断指标[22-24]。土壤有多种颜色，包括红色、棕色、黄色甚至绿色。一些土壤几乎呈黑色，而另外一些土壤几乎为白色；一些土壤的颜色非常鲜亮，另外一些土壤则呈暗灰色。在一个较大区域内，不同地点的土壤颜色可能存在很大差异，在同一个土壤剖面内，土壤颜色可能随着深度而变化。图 4-1 展示了在同一土层或土块，东北苏打盐碱荒地以及不同改良方式下土壤剖面的颜色变化。

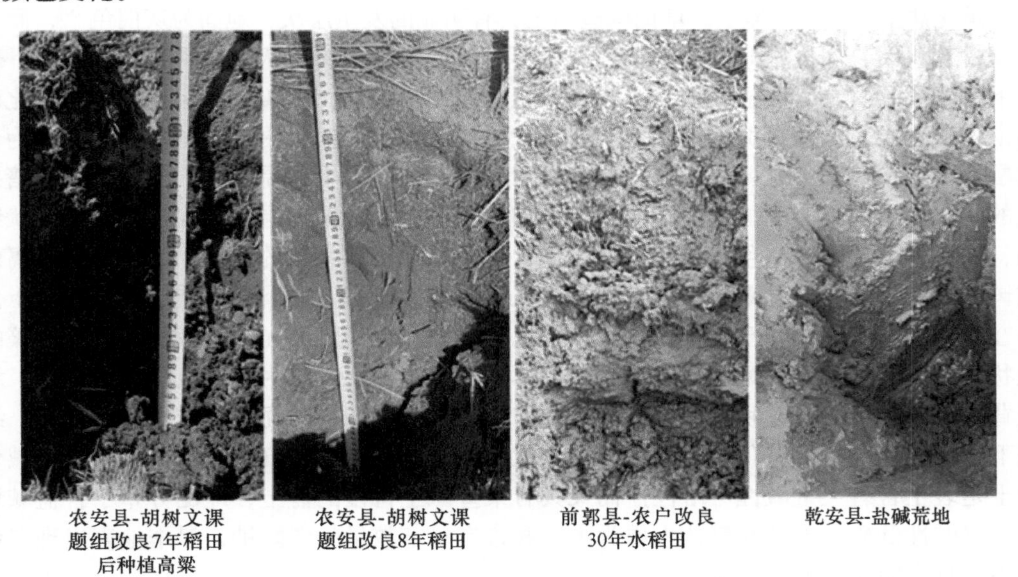

图 4-1　东北苏打盐碱荒地以及不同改良方式下土壤剖面的颜色变化
扫描封底二维码可见本图彩图

4.1.1　盐土与碱土

根据我国盐碱土壤分类系统，盐土和碱土是两种结构与物理性状不同的土类，盐土土壤表层或根活动层含有过多的水溶性盐类，严重抑制了普通栽培作物的生长发育，甚至可能导致作物死亡；而碱土则是交换性钠进入土壤吸收性复合体中，引起一系列土壤内部理化性质恶化的问题[25]。盐化土壤是指土壤表层和土体中累积可溶性盐类，碱化土壤则指土壤胶体吸附钠离子，恶化土壤的理化性质，无论是盐化或是碱化都需要有一个可溶性盐类的累积过程和一些相同的自然条件[26]。盐土和碱土在发生演化中有亲缘关系，因此在一个地区内，盐土和碱土经常共存，这是由于土壤盐化过程既与碱化过程有质的差别，又有密切的相互联系[27]。

陈晓飞等在先前研究的基础上，总结了盐土和碱土的划分依据和外观特征。盐土有以下外表特征：土壤表面形成有白色盐霜，或盐结皮甚至盐结壳，地面往往伴随有稀疏的耐盐或者盐生植物，也有部分盐土完全不生长植物。在盐土进行作物种植时，由于盐分分布不均匀，部分地块含盐量较高，形成斑块状缺苗[27]。而碱土胶体中含有较多的交换性钠，具有明显的碱化层，呈强碱性反应，同时具有更高的二氧化硅含量，这导致碱土呈现灰白色，多数不生长植物，并且可能呈现龟裂状[25]。俞仁培总结了我国碱土的颜色和质地特征，主要分为黄淮海平原的瓦碱、松辽平原的草甸构造碱土、蒙古高原的草原构造碱土、新疆及宁夏的龟裂碱土和广泛分布的碱化盐土。他指出，各种碱土的分布地区不同，地表景观与剖面特征也有明显差异[28]。分布在黄淮海平原的瓦碱，实际上是一种结皮草甸碱土，瓦碱的表层是一层坚实土结壳，结壳表面有灰白色的二氧化硅粉末，微凹处覆盖一层红棕色的胶膜，结壳背面多蜂窝状气孔，结壳下紧接着为各种不同质地的河流沉积物所组成的层状土层。草甸构造碱土主要分布在东北广大的松辽平原，位于碱化盐土区的微高地上。草甸构造碱土具有明显的发生层次，地面为灰白色[29]，而表层富含有机质，厚度由几厘米到十几厘米不等，小片状或鳞片状结构，有时为粒状。表层下为碱化层，具有明显的柱状结构，呈灰棕色或暗灰色，坚实，柱头有白色二氧化硅粉末。碱化层下为盐分淀积层，块状或核状结构，结构面上有白色假菌丝体，往下为母质层。草原构造碱土主要分布在内蒙古自治区蒙古高原的干草原地区，土壤表层为暗栗色的有机质层，具有明显的团粒、粒状结构，表层以下为碱化层，呈大柱状或棱柱状结构，柱头表面有很多白色二氧化硅的粉末，整个碱化层有大量的死植物根和舌状的腐殖质斑，碱化层下为盐分聚积层，有许多白色的硫酸盐斑点，往下是母质层。龟裂碱土分布在新疆准噶尔盆地和宁夏银川平原，常见于古湖洼地，地面光秃，有时可见到蓝藻的丝状体，干旱时蓝藻成为斑状黑色干脆的薄皮。龟裂碱土表层为具有龟裂纹的结壳，结壳背面有蓝黑色藻类丝状体，结壳的四边向上，中央略凹，结壳背面有红色的黏粒，结壳下为短柱状结构的碱化层，其下为棱块状结构的土层，整个剖面非常坚硬[16,30]。碱化盐土是表土含有大量碱性可溶性盐而又具有某些碱土特性的盐土，广泛分布于各盐碱地区，以碱性低矿化度碳酸氢盐水质为主，并含有一定数量的碳酸钠，旱季地表出现白色盐霜，具有明显的酚酞反应。

除此之外，在世界上很多国家都分布有镁盐土和镁质碱化土壤。祝寿泉对镁盐土和镁质碱化土壤的颜色、质地以及基本性质进行了总结[25]：①黏合垒结呈整块状结构，干时极为坚实；②易产生裂隙，裂面上常有特殊的胶膜；③透水性极差，毛细管性能极弱；④土壤底层有潜育化；⑤色暗，但腐殖质含量少；⑥碱性反应，当交换性镁含量占盐基总量的 35%～40%时，土壤开始明显出现镁质碱化。

4.1.2　盐碱土壤质地

除土壤颜色外，分析不同粒级颗粒在土壤中的分布(即土壤质地)对了解土壤性质和土壤管理有重要意义，由于土壤颗粒性质稳定，也构成了野外土壤调查相关研究的基础[31]。基于美国农业部(USDA，www.usda.gov)建立的土壤质地分类方法，通过粒径分析得到样品的颗粒含量百分比后，以土壤中砂粒、粉粒和黏粒含量的百分比，可以利用三角坐标图来确定其质地名称，包括砂土、壤土、黏土等 14 种。松嫩平原盐碱地的土壤剖面颗粒组成相关研究表明，除个别深度的土层外，细砂含量均较高，各层的平均值分别为 47.4%(草甸碱土)和 39.5%(草甸盐土)；其次为黏粒，各层平均值分别为 27.1%(草甸碱土)和 29.5%(草甸盐土)；再次为粉粒，各层平均值分别为 17.7%(草甸碱土)和 16.6%(草甸盐土)；黏砂的含量最少，各层平均值分别仅为 7.8%(草甸碱土)和 14.4%(草甸盐土)。按国际制质地分类标准分类，草甸碱土和草甸盐土剖面的质地分别为黏壤土和砂质黏土，但是这两种土壤质地大多较为黏重，均体现了沉积物母质的特性[32]。滨海盐碱土的相关研究表明，滨海盐土的土壤质地与河流冲积物和海相沉积作用的特点密切相关，距河流入海口远处和原海湾深湖等静水沉积区多为黏质沉积物，距入海口近处多为壤质土。辽东半岛和辽西丘陵边缘地区的土壤质地较砂，盘锦地区土壤质地较黏重。天津市与河北省滨海地区大多数为壤质土和黏质土。黄河三角洲多为粉砂壤土并具有砂黏夹层沉积的特点。江苏北部滨海平原土壤质地大多数为砂壤到中壤土[33]。

了解盐碱土的颗粒组成对于土壤改良和生态恢复具有重要意义，因为不同颗粒组成的土壤对改良剂的反应和植物生长的适应性有所不同[34]。比较图 4-2 中非盐碱土和盐碱土的土壤粒径分布的容量维数和信息维数变化范围和平均值可以发现，虽然盐碱土的粒径分布更宽，但非盐碱土的粒径分布更为不均匀，说明土壤颗粒在密集区分布得更多。

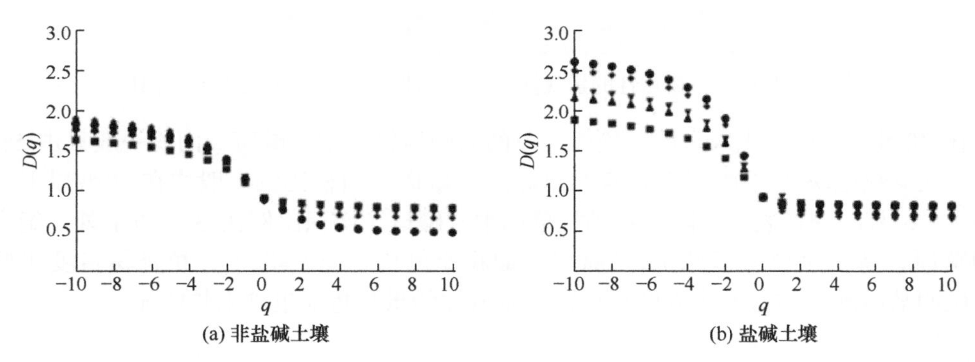

图 4-2　随机 5 个非盐碱土与盐碱土壤样品粒径分布广义维数谱[34]

$D(q)$表示土壤粒径分布多重分形的广义维数谱；q 表示−10～10 之间的实数，例如，D_0可以反映土壤粒径分布范围，D_0值越大表明粒径分布范围越广；而 $D(q)$-q 越趋近一条直线，土壤粒径分布越均匀，若 $q < 0$ 时 $D(q)$的下降趋势比 $q > 0$ 显著，说明 $D(q)$在稀疏区域更多

4.1.3　使用遥感技术探究盐碱土物理特征

在 20 世纪，大量学者对盐碱土的光谱特征进行了调查研究[35]。Howari 等[36]确定了含盐土壤的光谱吸收特征，这些盐包括 NaCl、$NaHCO_3$、Na_2SO_4和 $CaSO_4·2H_2O$。Farifteh 等[37]进行了基于实验室的分析，以根据其光谱特征确定骨料土壤中的盐度。Pessoa 等从伯南布哥州 78 个地点选取了土壤样品，并获得了其光谱数据，结果表明与光谱反射率相关性最高的土壤性质是交换性钠百分比[38]。Matinfar 等[39]研究了伊朗盐碱土的土壤表面颜色与 Landsat 光谱反射率之间的相关性，并得出结论，即在可见光下的 Landsat 反射率可用于估算土壤颜色。使用卫星遥感数据和相关模型反演，可以快速精准地获取区域尺度的盐碱土壤盐分分布特征[40,41]。

4.1.4　盐碱土壤微域性的景观特征

赵兰坡等的研究表明，盐碱土壤可能具有一定微域性的景观特征[32]。如图 4-3 所示，在位于吉林省松原市前郭县的试验地，在斑块水平范围内，由于土壤盐碱含量过高，地表形成盐霜，春季播种前呈现灰白色。播种后，由于土壤理化性质恶劣，作物出苗率与旁边健康地块相比大幅降低，即使出苗，生长速度也显著受到抑制，从而在农田中形成一片片大小不等、形状不规则的“缺苗断条”和无苗“空地”景象，农民群众将其称为“碱疤瘌”或“碱斑”。

图 4-3　盐碱土壤微域性的景观特征(周泰然拍摄于吉林省松原市前郭县)

在 20 世纪 70 年代末之前，松嫩平原的盐碱地耕地中“碱斑”面积一般只占 5%～10%，仅少数地块在 10%以上；自然草原上“碱斑”面积比例一般均在 20%以下。但 2000 年 6 月的调查表明，除少数围栏草原中“碱斑”面积比例在 30%以下外，绝大多数的草原，特别是放牧草原中，“碱斑”面积比例均达 30%以上，植被覆盖度明显降低，说明盐碱地区的盐碱化程度在加剧，微域性的景观特征也越来越明显。

4.2　盐碱土壤物理结构

土壤物理结构是指土壤颗粒(包括团聚体)的排列与组合形式。在多种力的作用下，土壤颗粒团聚在一起，形成不同尺度的结构单元，称为结构体。结构体通常被用来描述土壤剖面较大尺度的结构单元，在该尺度下，土壤颗粒之间相互吸附形成的结构单元，主要受物理、人类活动等因素的影响。大多数较大的土壤结构体由较小的结构体或团聚体组成，团聚体之间及其内部的孔隙网络是土壤结构重要部分，对空气和水分的运动、植物根系的生长和土壤生物的活动有很大影响[31]。

在田间鉴别时，土壤结构通常指那些不同形态和大小，且能彼此分开的结构体。土壤结构是成土过程或利用过程中由物理的、化学的和生物的多种因素综合作用而形成，按形状可分为块状、片状和柱状三大类型。按其大小、发育程度和稳定性等，再分为团粒、团块、块状、棱块状、棱柱状、柱状和片状等结构。

在评价土壤物理结构时，通常使用土壤容重、孔隙度和稳定性的综合分析。土壤结构控制着土壤稳定性[42,43]。土壤容重应称为干容重，又称为土壤假密度，指一定容积的土壤(包括土粒及粒间的孔隙)烘干后质量与烘干前体积的比值。土壤中各种形状的粗细土粒集合和排列成固相骨架，骨架内部有宽狭和形状不同的孔隙，构成复杂的孔隙系统，全部孔隙容积与土体容积的百分比称为土壤孔隙度。土壤密度、结构、孔隙空间等机械组成是土壤的一个稳定的自然属性，并对土壤的物理、化学和生物特性具有决定性的作用[44,45]。

结构良好的土壤具有透水性强、透气性良好、蒸发弱、土壤持水能力强等特点。土壤颗粒粒径减小时，可使土壤的吸湿水含量、最大吸湿量、持水量与毛细管持水量增加，但土壤的通气性与透水速率则下降[46]。研究表明，粉砂壤土的结构特征导致其容易发生盐碱化，我国大部分盐碱化发生的地区都是粉砂壤土区域。粉砂壤土是一种含粉砂粒很多的壤质土，土壤有机质含量少，排列均匀、密实，总孔隙度较低，但毛管孔隙度较高，进而导致其具有毛细管性能强、透水性弱的易盐碱特性[47]。

4.2.1　盐碱土壤密度和容重

钠质土壤是指土壤交换性钠占土壤阳离子交换总容量的 15%以上，pH 通常高于 8.5 的土壤。这种土壤的特点是土层松散，透气性好，但水分保持能力差，容易产生结皮，且盐碱化程度较高。钠质土壤的形成与地质、气候、水文和人类活动等因素有关，导致土壤中钠离子含量不断积累，主要分布在我国西北地区。土壤密度可以分为颗粒密度和体积密度：

颗粒密度（particle density）：定义为单位体积土壤固体的质量，与固体物质的密度本质上是一致的，矿物的化学组成和晶格结构决定其颗粒密度[31]。

体积密度（bulk density）：定义为单位体积土壤（包括固体和孔隙）的质量，受孔隙大小、土壤结构等影响[48]。

颗粒密度通常不受孔隙大小的影响，因此与土壤结构无关。而体积密度受土壤质地、剖面深度和管理措施等因素的影响。以下内容中提到的“土壤密度”主要指体积密度。

正常土壤密度通常为 1.1～1.5 g/cm^3(中等至细粒结构)和 1.2～1.65 g/cm^3(粗颗粒结构)[23]。各地碱化土壤的密度通常比当地其他非碱化土壤的密度高。只有内蒙古呼盟草原地区的草原-草甸碱土的表层比较疏松，密度为 1.0～1.1 g/cm^3，通气孔隙度为 25%～29%。而柱状层以下土体都很紧实，密度为 1.4～1.5 g/cm^3，甚至可达 1.7 g/cm^3，通气孔隙降低到 10%～20%。东北松嫩平原的草甸柱状碱土以及内蒙古大小黑河流域的碱化盐土密度都为 1.4～1.5 g/cm^3[49,50]。宁夏银川平原地区的荒漠龟裂碱土的密度更大，为 1.6 g/cm^3 左右，比重为 2.5，总孔隙度仅 35%左右[27]。整体而言，苏打土和盐碱土(中等质地)具有较高的密度(1.5～1.65 g/cm^3)，可抑制根系的渗透和增殖。由于钠的分散作用和雨滴的影响，钠质土壤表层的密度可高达 1.7 g/cm^3，中细粒土的渗透速率和渗透率通常较低，密度超过 1.65 g/cm^3。

除此之外，土壤容重是反映土壤质量的另一个重要指标。土壤容重和土壤密度的区别在于，土壤容重是单位体积的原状土壤中干土的质量，是土壤烘干后质量与烘干前体积的比值，而土壤密度是单位体积土壤的烘干质量，是土壤烘干后质量与烘干后体积的比值。因此土壤容重的比值总是小于土壤密度，两者可以相互转换，但需要进行单位换算。土壤容重可以用 105℃烘干法测定，而土壤密度可以用烘干质量和单位体积固体颗粒的质量计算。土壤容重的计算公式为：土壤质量 = 体积 × 容重，定义为单位体积干土的质量。土壤容重可以用来预测土壤总孔隙度。整体而言，土壤容重随着改良剂、耕作和种植的作用而降低[23]。这是由于高浓度的Na^+会降低土壤溶液的表面张力，导致土壤颗粒收缩。高浓度的Na^+也会导致胶体颗粒的分散和膨胀以及土壤孔隙度的降低和骨料破坏，从而使渗透性能降低，因此成为盐碱土淋洗和改良的严重障碍[51]。对于土壤矿物组成以蒙脱石为主的苏打盐碱土，水分可使土壤晶格膨胀，使土壤分散至无结构，导致土壤容重增加，造成土壤物理性质的恶化，进而对植物的出苗以及根系的生长形成障碍。因此，只有土壤容重值在特定范围内才有利于作物的生长发育，同时获得较高的产量[1]。

4.2.2　盐碱土壤硬度和孔隙空间

土壤硬度又称坚实度，是土壤强度的一个综合指标，包括剪切、压缩、拉伸及摩擦，有时还包括塑性破坏的强度值。土壤硬度与作物根系的伸展有密切关系[31]。在钠质土壤中，由于高 pH 和 ESP，土壤贫瘠。土壤干燥时非常坚硬致密，潮湿时非常黏稠[24,52]。苏打盐碱土具有高度分散的特性，干燥后会开裂。在冲积钠质土壤中，沟壑不是很宽。根据变性土的特性，即使是湿润时膨胀、干燥时收缩的碱性变性土，也不会出现宽裂缝。事实上，裂纹的深度和宽度随着ESP的增加而增加。连续干燥后，薄片被剥落，进一步干燥后，随着 ESP 的增加，会形成窄、浅和更多的微裂纹[52]。整体而言，苏打盐碱土结构稳定性低，土壤在潮湿时会分散和消化，在干燥时可能会形成坚硬的外壳。外壳的形成不仅限于钠质土壤，也可能在正常土壤或盐碱土壤中形成。表面结壳通常与高ESP有关，并且由于苏打盐碱土具有较低含量的有机质、土壤结构性差以及湿润土壤至零张力的特征，导致土壤表面结壳[53]。断裂模量是一种用来推断干燥后在土壤表面形成地壳强度的特性，并且随着土壤表面 ESP 的增加而增加[54]。据研究，当土壤硬度为 18 mm，旱田作物根系的伸长即受到显著抑制，硬度达 24 mm 时，根系完全不可能伸长。白城市洮南大通乡微域范围草甸碱土和草甸盐土两剖面土壤硬度的测定结果均表明，盐碱土均为硬度很高的土壤，当地旱作耕地进行起垄、播种及耥地等作业时，遇到上述“明碱斑”时必须绕道走，否则会发生“打铧”，使农机具受损，农民形容其硬度时称其为“刀枪不入”。因此，从作物根系生长的角度来看，盐碱土均是硬度很高的土壤[55]。

土壤孔隙可分为大孔隙、中孔隙和微孔隙等。大孔隙的特点是其中的空气可以轻易流动，水分容易渗漏。在结构性好的土壤中，大孔隙一般在自然结构体间形成[31]。这些结构体之间的孔隙可能出现在松散排列的团聚体之间，或者以二维裂纹出现在紧密连接的块状或棱柱状结构体之间[56]。盐碱土剖面分析结果表明，盐碱土质地黏重、硬度较大、结构不良、土壤容重高、土体较紧实，导致土壤干时坚硬湿时通透性极差，水分上行下行较难，一般旱田作物难以正常生长，如遇雨水较多时，地势低洼的盐碱地易形成涝害[55]。总体而言，孔隙空间和土壤容重密切相关，低孔隙度土壤通常在田间容量下几乎没有空气空间。在高产、正常、中等至细粒结构土壤中，犁耕区的非毛管孔隙度通常为 10%～30%。钠质土壤的非毛管孔隙度可能低至 2%，这会对植物的正常通气产生不利影响[52]。Gupta 和 Abrol[23]观察到，正常土壤剖面(0～110 cm)的总孔隙度和非毛管孔隙度分别在 38.5%～45.8%和 5.7%～8.6%之间变化，而盐碱土的总孔隙度和非毛管孔隙度分别在 38.9%～39.5%和 2.5%～4.9%之间变化。由于盐碱土壤中含有大量的金属离子，金属离子可能会诱导黏土分散而形成致密的结皮。当黏土颗粒在土壤水中分散时，会堵塞水穿过土壤的通道，随着反复的湿润和干燥，黏土分散发生，然后转化并固化为几乎没有孔隙(结构)的水泥状土壤[52]。在自然条件下，盐碱土的干燥现象较为普遍，这是脱水过程造成的，在脱水过程中，土壤颗粒与土壤中的交换性阳离子相互作用，在土壤颗粒之间形成相对较厚的黏结水膜。对于含盐量较高的土壤，这种黏结水膜更厚，它减少了胶结作用，增加了土壤颗粒之间的距离，导致土壤凝聚力和抗拉强度降低[57,58]。此外，土壤颗粒之间黏结水膜的润滑作用减小了土壤颗粒之间的内摩擦角以及降低了土壤的抗剪强度[59,60]，因此，含盐量较高的土壤表现出更明显的裂缝。

4.2.3　盐碱土壤结构的表征方法

传统的土壤孔隙结构一般由间接方法测定得出，包括利用土壤水、气的信息获得，因为土壤孔隙自身结构复杂，研究手段受到了限制，难以对其进行直接测定。随着技术发展，逐渐有直接测定的方法，国内外目前用来测定土壤孔隙的方法大致可分为间接方法和直接方法。采用间接方法最简单的是利用公式代入土壤容重和土壤密度计算土壤孔隙度，但通过该方法换算出来的是土壤总孔隙度，只能确定孔隙的数量，无法进一步确定孔隙具体分布状态和各孔隙段对应的孔隙含量。其他间接方法还包括水分特征曲线法、土壤水穿透曲线法、压汞法和气体吸附法等。其中土壤水分特征曲线可反映土壤孔隙分布状况与黏粒的含量。研究表明，土壤质地、有机肥及土壤容重等因素对土壤水分特征曲线具有重要影响[61,62]。通常，具有较高黏粒含量的土壤在各种吸力下的含水量都相对较高，这主要是由于黏粒表面能较大，以及高黏粒含量的土壤中微孔隙较多，因此可以吸附更多的水分[63,64]。砂质土中，大孔隙较多，水分较容易排出，土壤颗粒吸持的水分较少；而黏土中的孔隙分布均匀且微孔隙较多，因此当吸力增加时，土壤含水量减少得较慢。

直接测定方法包括对土壤进行切片分析、X 射线扫描土壤断面(图 4-4)、核磁共振技术等。虽然方法多样，但适用的范围不尽相同，且都存在缺陷，需要根据研究目标灵活选用方法。

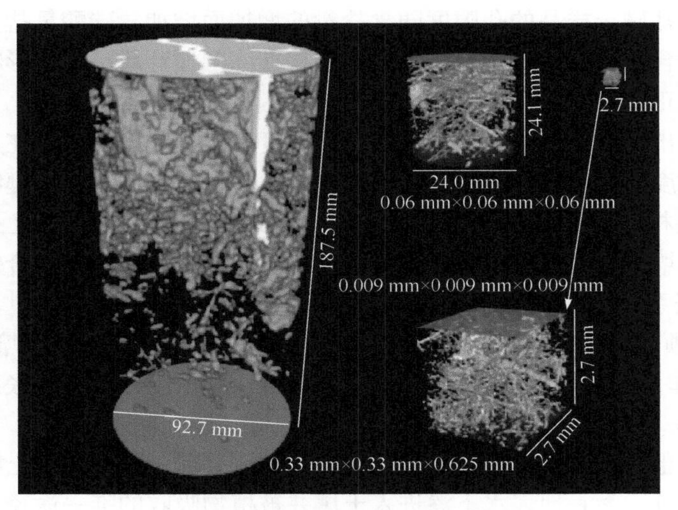

图 4-4　不同土壤样品孔隙结构[65]

识别土壤孔隙结构的传统方法包括穿透曲线法、张力渗透仪法和汞侵入法[66,67]；除上述传统方法之外，还有很多方法和指标可以用来表征土壤结构，如平均孔隙度、(平均)孔径、孔隙面积、分形维数、孔隙和颗粒的丰度和各向异性率，其中平均孔隙度和分形维数是较为常见的，可以反映宏观特征[68]。但是，确定孔隙结构的切片法可能会破坏土壤结构[69]。近年来，非破坏性技术的发展，如计算机断层成像(CT)和核磁共振(NMR)，为快速获取土壤孔隙结构提供了可靠的技术[70]。这些方法提供了获取土壤孔隙大小、连通性、弯曲度和孔隙网络详细空间信息的可能性，这可能有助于我们了解盐碱土系统水力特性的机制[71]。

目前，土壤孔隙特征经常用于研究不同自然和人为影响下土壤固体的变化[72]。有大量研究基于分形理论分析土壤的结构变化[73]。从几何角度来看，表面不均匀性可以用表面分形维数来表征。分形维数是表面粗糙度的度量。如果曲面是分形的，则分形维数越高，表示曲面越粗糙。表面分形维数可以根据吸附与吸附势的依赖关系进行估算，以对数坐标绘制。分形几何学越来越多地用于描述土壤结构特征及其对土壤物理、化学和生物过程的影响[74]。另外，显微结构参数通常通过压汞法(MIP)和扫描电镜(SEM)测试获得。MIP 用于通过计算压入样品的汞体积来定量评估孔隙结构特征，并测试土壤的微观结构变化以及颗粒和团聚体的特征[75]。盐沉淀改变了混凝土和砂浆中的孔径分布(PSD)，并将孔隙的比例降低至 45%～50%[76]。SEM 具有高放大率和高分辨率的优点，通常用于观察样品的三维形貌和分析微观结构。基于此方法，通过裂缝图像系统分析了温度、裂缝厚度、干湿循环和土壤类型对裂缝类型的影响[77,78]。通过环境扫描电镜(ESEM)，可以在钙质岩中观察到硫酸钠晶体填充到较大的孔隙中，硫酸钠的快速运输导致石材层剥落和损坏[79]。通过 SEM 图像获得了经石膏和石灰处理的土壤中钙矾石晶体的尺寸、形状和位置，它们是孔隙体积变化的原因[14]。根据 MIP 和 SEM 测试结果，盐碱土孔隙度随含盐量的增加先增大后减小，盐分的存在及其数量改变了孔隙体积，但不改变颗粒的形状。当含盐量增加时，孔隙体积增大，颗粒的摩擦力变弱；当含盐量超过阈值时，盐分部分溶解，多余盐分结晶沉淀，晶体填充孔隙，导致孔隙体积减小[80]。在冻融过程中，盐碱土样品的孔隙度随含盐量的增加而增加，碳酸氢盐主要影响土壤样品中孔和大孔的含量。此外，盐碱土的孔隙结构在冻融循环后呈现分形特征，分形维数与大孔隙含量呈正相关[81,82]。

也有研究指出，盐碱土壤表面性质在剖面深度和土壤盐度方面存在显著差异，阳离子交换能力和粒度组成是主要的影响因素，交换性钠含量和 pH 对土壤结构特征有显著影响[83,84]。盐度相关指标[如电导率(EC)]与碱度(SAR/ESP)的比值决定了盐对土壤的影响，盐度促进土壤絮凝，而碱度促进土壤分散。土壤盐度和碱度的综合效应通过膨胀系数来衡量，膨胀系数是土壤在不同盐度和碱度组合下可能膨胀的量[85]。从本质上讲，膨胀系数可以预测钠诱导的分散或盐度诱导的絮凝是否会影响土壤的物理性质。McNeal 给出了作为土壤钠含量(调整后 ESP)和土壤水盐浓度函数的膨胀系数，有助于说明如何通过高 EC 灌溉水的絮凝作用来减轻高 ESP 土壤的分散效应[86]。

除此之外，土壤入渗是连接地表水与地下水的重要部分，是评价土壤物理性质的一个重要指标。水分入渗是地表水下渗进入土壤并被植物吸收的唯一途径。测定土壤入渗效率，对于预防土壤侵蚀、增加下渗减少地表径流和预防土壤盐碱化具有指导意义。关于土壤水、气的测定，将在第 5 章和第 6 章展开论述。

4.2.4　冻融循环对盐碱土壤结构的影响

冻融循环会改变土壤结构，破坏土壤颗粒之间的黏结力，导致土壤颗粒重新排列[87]。在季节性冰冻地区，由于孔隙溶液中存在可溶性盐，盐碱土的冻结过程较为复杂[88]。人们对季节性冻土区盐碱土的工程性质和微观结构进行了大量研究。Wang 等发现，冻融循环数量的增加主要改变土壤中的大孔和中孔含量[89,90]。Han 等证明，冻融循环通过改变盐碱土的微观结构影响其剪切特性[17,91]。Liu 等研究发现，石灰改良盐碱土的孔隙度在冻融循环后显著增加，导致机械强度降低[92,93]。这些研究表明，盐碱土孔隙结构的变化是土壤工程性质变化的重要因素。当温度降到孔隙水的冰点以下时，孔隙水的相变会引起盐碱土的冻胀。此外，盐的溶解度随着温度的降低而降低，盐碱土中的盐吸收水分并从孔隙溶液中结晶，因此，盐结晶导致盐碱土发生盐胀[16,94]。在这些条件下，土壤的孔隙结构特征发生了显著变化。Li 等得出了一致的结论，他们认为冻胀显著改善了土壤的微观结构和孔隙度，在冻胀作用下，直径大于 20 μm 的盐碱土孔隙显著增加，平均孔隙度达到 34.06%，比冻结前高 45.49%。另外，结果表明含水量和温度是冻胀条件下影响土壤微观特性的主要因素，含水量的影响更为显著[42,95,96]。

Bing 等指出，盐碱土中的水和盐在反复冻融循环中迁移和重新分配。许多研究表明，在冻结过程中，不同含盐量和类型的盐碱土具有不同的冰点和未冻水含量，并且研究了不同硫酸钠含量的盐碱土，指出盐的溶解度在冻融循环期间随温度而变化，由于温度梯度，可溶性盐随未冻水迁移[66]。因此，冰和盐晶体同时沉淀，从而改变土壤的孔隙结构[97,98]。You 等研究发现，随着含盐量的增加，冻结粉质黏土的孔隙度先增大后减小，转折点位于含盐量约 1.5%处。因此，在冻融循环条件下，可溶性盐是影响盐碱土孔隙结构的重要因素[80]。在季节性冰冻地区，盐碱土的含盐量随外部环境的变化而波动。此外，土壤中的盐分类型是多组分而不是单组分，这导致了盐碱土中复杂的相变过程。因此，研究不同含盐量、不同类型盐碱土在冻融循环条件下的孔隙结构特征具有重要的现实意义[99,100]。

4.3　盐碱土壤团聚体及稳定性

4.3.1　土壤团聚体的基本概念

团聚体是土壤结构的基本单位，这一土壤的基本特性是影响土壤侵蚀过程及土壤性质的关键指标之一，也是土壤安全、土壤质量和健康的重要评价指标[101]。土壤团聚体的稳定性可分为机械稳定性、水稳定性和生物稳定性[102]。通常，稳定性指数用于表征土壤结构，与水分运动、作物根系生长和有机物载体有关[103]。通常，土壤团聚结构在很大程度上影响了土壤的生物、物理和化学过程[104]，并且与土壤有机碳含量密切相关。因此，土壤团聚体的变化可能对耕种条件下有机碳储量和土壤质量起着重要作用[105]。土壤容重和孔隙度是有机碳含量、土壤粒径和团聚体稳定性以及土壤密度的函数。土壤有机碳含量的降低会导致土壤容重的增加和孔隙度的降低，从而降低土壤的渗透性以及水和空气的储存能力[106]。

在盐碱土的形成和治理过程中，不同的处理方法对土壤团聚体的稳定性和分布的水稳定性会产生影响，进而影响盐碱土治理质量以及土壤质量。土壤团聚体稳定性通常用土壤水稳性团聚体的平均直径、几何平均直径和直径大于 0.25 mm 土壤团聚体的百分比来表征，平均直径、几何平均直径和直径大于 0.25 mm 土壤团聚体的百分比越大，表示团聚体稳定性越好[107]。盐碱土壤的高盐、高碱性等特殊环境条件会对土壤团聚体稳定性产生重要影响。在高盐环境中，离子的排斥作用会降低土壤团聚体稳定性，使土壤黏粒向外扩散，微团聚体分解，导致土壤表面形成密实的颗粒状结构，降低土壤透水性和通气性。而在高碱性环境中，会引起土壤胶黏性增强，使土壤粒子容易聚集形成大团聚体，但同时也会导致土壤团聚体破坏，减小土壤孔隙度，影响土壤透气性和根系发育。因此，在盐碱土的治理和改良中，需要针对不同的土壤条件采取相应的措施，如添加有机肥料、石灰等改善土壤结构，提高土壤团聚体的稳定性和水稳定性，从而增强土壤的抗风蚀和抗侵蚀能力，改善土壤质量和生产力。

4.3.2　土壤团聚体的形成与稳定性

影响土壤团聚体形成与稳定性的因素很复杂，包括土壤外部环境和基本性质两方面，外部环境主要有土地利用方式、管理措施、植被覆盖情况、气候条件等。土壤基本性质主要是一些有机和无机物质，如土壤有机质、黏粒含量等[108]。土壤团聚体形成涉及生物和物理-化学过程，物理-化学过程的作用在小尺度上最重要，而生物过程的作用在大尺度上比较突出。团聚体形成过程的物理-化学过程主要与黏粒有关，因此在细质地土壤中作用更明显[109]。砂土中黏粒含量很低，其团聚体的形成主要取决于化学和生物过程。并且，蓄水排水处理结合秸秆还田会影响小团聚体和大团聚体的转化和再分配，从而影响土壤结构的稳定性和抗侵蚀性。许多学者表明，土壤的分形维数与大团聚体之间存在显著的负相关，即分形维数随着大团聚体含量的增加而减小。Li 等的研究表明，在 0～30 cm 土壤中，蓄水排水处理的土壤团聚体的分形分布随着土壤深度的增加而减小，表现出一致的趋势[110]。

有机碳与土壤黏土矿物通过吸附作用直接形成稳定有机-无机复合物，参与团聚体的形成。不同类型的黏土矿物与有机碳的吸附能力存在差异，例如，2∶1 型黏土矿物如蒙脱石、伊利石，具有很大的比表面积，吸附能力强[111]。但是，1∶1 型黏土矿物为主的土壤在有机碳含量较低情况下，仍可以表现出较高的团聚体稳定性[112]。多价金属阳离子可以与土壤黏粒形成黏粒-多价阳离子-腐殖质复合物[113]，保护有机碳抵抗微生物的分解作用。此外，土壤团聚体稳定性还与多价金属阳离子成正比，因为多价金属阳离子(Ca^{2+}、Al^{3+}、Fe^{3+})可以减少土壤黏粒的负电荷，降低黏粒与土壤腐殖质之间的静电斥力，间接促进土壤团聚体形成[114]。与多价金属阳离子相反，交换性 Na^{+}对土壤团聚稳定性具有强烈的负效应。苏打盐碱土中交换性 Na^{+}含量过高，甚至可以达到阳离子交换总量的 80%，过多 Na^{+}增加黏粒负电荷数量，导致土壤颗粒间斥力增加、土壤分散性增强。盐碱土壤的分散性导致其对有机碳保护能力减弱[115]，使土壤中的有机质更易分解矿化，土壤缺乏有机胶结物质更难以形成稳定团聚体结构。对于含有丰富的铁铝氧化物的土壤，其团聚体形成主要依赖黏粒之间的黏结力或非晶态铁铝氧化物的胶结作用。铁铝氧化物还可以通过吸附有机物或与多价金属阳离子形成稳定的有机-无机复合物，保护有机碳不被分解，增强团聚体的稳定性[116]。并且有研究表明，铁铝氧化物含量与团聚体的稳定或周转密切相关[117]。

土壤团聚机制一直被视为是一种微生物驱动的过程[118]。细菌以单个细胞、微群落或生物膜的方式存在于团聚体孔隙间的水溶液中，以便于附着在微团聚体表面。细菌参与有机质的分解，促进有机-矿物复合物形成，该复合物可以与黏粒形成稳定的微团聚体[109]。此外，小微团聚体(<20 μm)可以直接与细菌和腐生真菌结合形成直径 20～250 μm 微团聚体[63]。细菌生长过程中分泌的多糖、氨基酸和糖醛酸等物质，带负电荷且具有黏性，可以将黏粒胶结形成团聚体[119]。革兰氏阳性细菌和阴性细菌的细胞壁带负电荷，可以增强细菌对黏粒和微团聚体的吸附能力[120]。值得注意的是，土壤微生物在促进团聚体形成的同时，也会由于土壤微生物在团聚体内生长消耗过多的有机胶结物质，进而导致大团聚体的自然分解[118]。

真菌对土壤团聚体的作用机制分为直接和间接两种，这两种作用机制是相互依存的。直接作用机制中，腐生真菌、外生菌根、丛枝菌根以及其他真菌的菌丝将土壤黏粒缠绕、包裹在一起[77,78]。Chenu 等研究还发现，土壤颗粒会沿着菌丝的延展方向形成团聚体[121]。菌丝可以直接与微团聚体结合形成大团聚体，团聚体稳定性与菌丝长度成正比[122]。间接作用机制中，真菌向土壤中分泌黏液、多糖、胞外化合物和疏水性蛋白[123]。Glomalin 是丛枝菌根分泌的一种疏水性蛋白，大约 80%的 Glomalin 与真菌菌壁结合，协助真菌运输营养物质和水分；Glomalin 同时具有疏水性和类似胶体的黏结特性，两者均有助于团聚体的形成和稳定[118]。此外，分解的真菌菌丝、Glomalin 可以与矿物黏粒形成团聚体团簇[124]。就土壤团聚体稳定相关的真菌类型而言，目前研究较多的是丛枝菌根[125]。除了菌丝、黏性分泌物外，丛枝菌根可以通过改变其生活环境的微生物群落结构和宿主植物的根际环境，参与团聚体的形成与稳定[126]。Daynes 等提出一种新的土壤团聚体模型，结果表明丛枝菌根、有机质和植物根系是土壤团聚体形成的关键因素[127]。

水稳性团聚体(>0.25 mm)含量是影响土壤团聚体稳定性的主要指标之一。Nath 和 Lal 认为它是土壤肥力的中心调节器，在很大程度上影响土壤通气性和抗蚀性[128]。国内外许多研究结果也认为水稳性团聚体含量与有机碳含量存在线性关系[129]。早在 1949 年，Van Bavelz 就已经提出将平均质量直径(mean weight diameter，MWD)当作土壤团聚体分布及稳定性的指标，并且得到广泛应用[73]。Hamblin 和 Greenland 发现免耕会导致平均质量直径减少[130]。但 Hajabbasi 等研究却认为耕作方式显著影响 0～15 cm 团聚体平均质量直径[131]。Lal 报道，相对于耕作来讲，免耕增加水稳性团聚体平均质量直径。也有人在研究不同利用方式和肥力红壤中水稳性团聚体分布及物理性质特征，认为团聚体平均质量直径也是评价水稳性的指标之一，可以反映土壤团聚特征[132]。各种土地利用方式中的水稳性团聚体含量与土壤平均质量直径存在一定的相关性[133]。在引进平均质量直径指标对土壤团聚体的粒径分布和稳定性进行评价的基础上，学者通过引进数学方法弱化团聚体粒径影响的比例，同时增加团聚体质量含量在评价中的份额，提出了用几何平均径(geometric mean diameter，GMD)来评价土壤团聚体的稳定性[134]。由于两个指标的重点不同，在具体应用过程中，采用两个指标对同一土壤进行评价，可能会出现评价结果不一致现象[133]。团聚体平均质量比表面积是基于土壤界面过程的思想和平均直径的方法进行构建的，能够作为分析和研究土壤团聚体特征的有效指标[135]。不同级别的团聚体对于协调土壤养分的保持与供应、改善孔隙组成、水力学性质和生物学性质具有不同的作用，GMD 和 MWD 常常作为土壤团聚体状况的指标，其值越小表示土壤的团聚度越高，团聚体稳定性就越强[136]。

众多团聚体模型提出的团聚体形成过程是不一致的，但都认为水稳性团聚体的稳定与有机胶结物质、无机胶结物质的含量密切相关。一般情况下，有机碳是影响土壤团聚体稳定性的主要限制因素。Chaney 和 Swift 研究发现，土壤团聚体稳定性与有机质、总碳水化合物和腐殖质的含量及类型之间存在一定的相关性[137]。类似的结果，Golchin 等发现颗粒态有机质与团聚体稳定性具有极强相关性($r = 0.86$)[138]。相反地，Zhu 发现土壤总有机碳含量与土壤团聚体稳定性间的相关性较弱[139]。团聚体稳定性与有机碳含量之间的相关性强弱与团聚体粒径大小相关。Jastrow 等发现有机碳含量与微团聚体稳定性相关系数为 0.43，与较粗大团聚体(>2000 μm)相关系数仅为 0.28。Hernanz 等在长期田间试验研究中发现，干筛大团聚体(1000～2000 μm)与土壤有机碳之间的相关性最强[140]。以上存在矛盾的结果表明，团聚体与有机碳的相互作用是复杂的，或者说两者潜在的相互关系以及有机胶结物质的复杂作用机制是不能简单地用相关性解释。Tisdall 和 Oades 推测可能的原因有以下几点：①颗粒态有机碳与团聚体相关性远大于总有机碳；②在一定范围内有机碳含量与团聚体形成密切相关，超过临界值后相关性迅速减弱；③土壤中部分有机碳参与团聚体形成。Golchin 等在团聚体等级模型基础上进一步强调了游离态颗粒有机质(POM)的含量对土壤团聚机制的重要性，不稳定的大团聚体分解形成中等粒径微团聚体(<250 μm)，进一步分解形成更小粒径微团聚体(<20 μm)和 POM[141]。POM 是土壤有机质的重要组分之一，主要由粗、细颗粒状不稳定的有机质组成，占土壤有机质总含量的 10%～20%，容易被微生物分解。

4.3.3　盐碱土壤有机质与团聚体

土壤有机质的含量和组成类型是土壤肥力高低的重要指标之一，也是土壤团聚体形成的重要胶结物质[142]。国内外学者就土壤有机质对团聚体水稳性的影响做了大量研究工作[143]。影响土壤团聚体的因素都影响土壤碳，土壤碳的数量和质量与团聚体密切相关[144]。Romero 等对水稳性团聚体的研究认为红壤水稳性大团聚体的形成主要依靠有机质的胶结作用，红壤开垦后，有机质分解加快或有机质补充减少，从而导致稳定性团聚体数量减少和团聚体的稳定性下降[46]。黏粒是土壤结构形成的重要因素。早期研究认为黏粒间的结合主要基于颗粒结合的几何关系和水膜理论。而 20 世纪 50 年代，土壤团聚体形成机制的研究有了新的进展。西方土壤学者提出了土壤团聚体形成的黏团学说，东欧土壤学者提出了团聚体的多级形成学说[145]。有研究者把相互凝聚的平行黏土晶体称为黏团，且认为有机质主要通过形成并加强黏团之间，以及石英颗粒与黏团之间的键合来稳定团聚体[46]。粗质地的土壤中有机质对团聚体结构影响较大，随着黏粒含量的增加，黏粒的类型比数量更能决定团聚体的形成和稳定性[146]。相关研究也证实了100～200 μm 团聚体的主要胶结物质是有机物残体为主的有机质[147]。Jastrow 等利用 ^{13}C 示踪法进一步证实了团聚体中大团聚体比微团聚体含有更多的有机碳，而且团聚体中的有机碳比大团聚体中的有机碳形成时间更早[148]。研究发现，团聚体稳定性随土地利用变化而变化时，总有机碳含量并未发生改变[149]。Singh 等在印度沿丛林、草原及农田进行调查，认为森林生态系统大团聚体组分所占比例最高，其次为草原和农田；相反，微团聚体中，当草地变成耕地时，土壤微域环境变得对微生物分解甚为有利，有机质分解加快是导致水稳性团聚体减少和团聚体稳定性下降的主要原因，并且有机碳、微生物碳、总氮含量在大团聚体组分中高，而总磷、微生物氮、磷含量在微团聚体组分中高[149]。Franzluebbers 等报道，随土层加深和团聚体粒级减小，团聚体的碳矿化减少[105]。

盐碱土方面的相关研究结果表明，种植水稻显著提高了团聚体有机碳(SOC)含量(图 4-5，$P<0.05$)，不同粒级的团聚体 SOC 含量差异很大。土壤团聚体 SOC 含量大小顺序依次为：大团聚体(>250 μm)>黏粉粒(<53 μm)>微团聚体(53～250 μm)。弃耕荒地种植水稻第 5 年(PF-5)出现水稳性大团聚体，其 SOC 含量为 15.31 g/kg 团聚体，显著高于其他粒级。不同粒级团聚体中，微团聚体的 SOC 含量最低，种稻 10 年(PF-10)后达到9.77 g/kg 团聚体。弃耕荒地土壤黏粉粒 SOC 含量为 6.30 g/kg 团聚体，种稻 10 年后增加到 14.45 g/kg 团聚体，增幅为 129.4%。不同粒级团聚体的 SOC 含量均随种稻年限逐年增加。

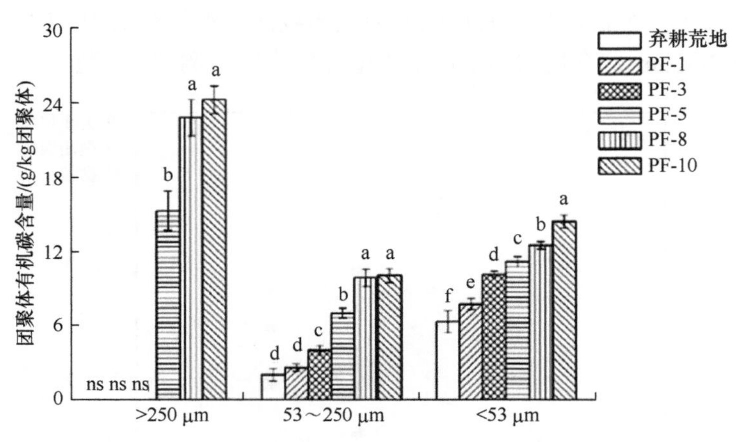

图 4-5　种植不同年限水稻盐碱土壤不同粒级团聚体的有机碳含量

PF 代表水稻田，PF 后数字代表种植年限，ns 代表未测出

盐碱土壤不同有机质组分的有机碳含量变化趋势如图 4-6 所示。游离态粗颗粒有机质(fPOM)组分有机碳含量从第 5 年开始逐年增加，种稻 10 年后有机碳含量达到1.7 g/kg。闭蓄态有机质(oPOM)和矿质结合态有机质(MOC)组分有机碳含量逐年递增，oPOM 组分有机碳含量为 0.73～1.77 g/kg，MOC 组分有机碳含量为 4.39～15.94 g/kg，MOC 组分有机碳含量最高。

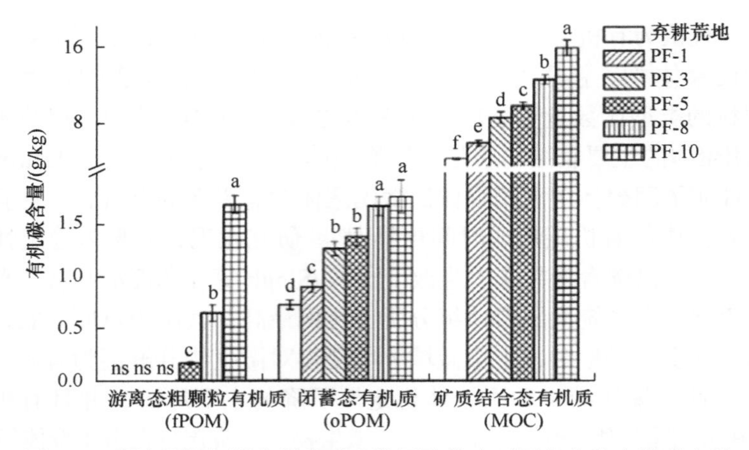

图 4-6　种植不同年限水稻盐碱土壤团聚体中不同组分的有机碳含量

苏打盐碱土不同粒级团聚体对土壤有机碳的贡献率存在差异，如图 4-7 所示，结果表明土壤有机碳主要分布在黏粉粒上，贡献率在 40%以上，因为这个粒径团聚体数量占绝对优势。随时间推移，大团聚体有机碳的贡献率逐步增加，种植水稻 10 年后大团聚体有机碳贡献率达到 36.1%。该粒径团聚体有机碳年龄相对较“新”，容易矿化分解，属于较为活跃的不稳定有机碳库，随着大团聚体的周转(不断形成与破碎)，逐渐向稳定有机碳库过渡。弃耕荒地种稻后各粒级团聚体有机碳贡献率显著提高，其大小趋势如下：大团聚体(>250 μm)>黏粒(<53 μm)>微团聚体(53～250 μm)。土壤游离态粗颗粒有机质占比逐渐增加，土壤有机碳库稳定性降低；矿质结合态有机质对土壤总有机碳的贡献率为 80.5%～87.3%，是盐碱稻田有机碳库的主要载体。水稻种植 10 年后土壤有机碳储量增加了 14.05 Mg/hm^2，有机碳固定速率先增加后降低呈倒“U”型。

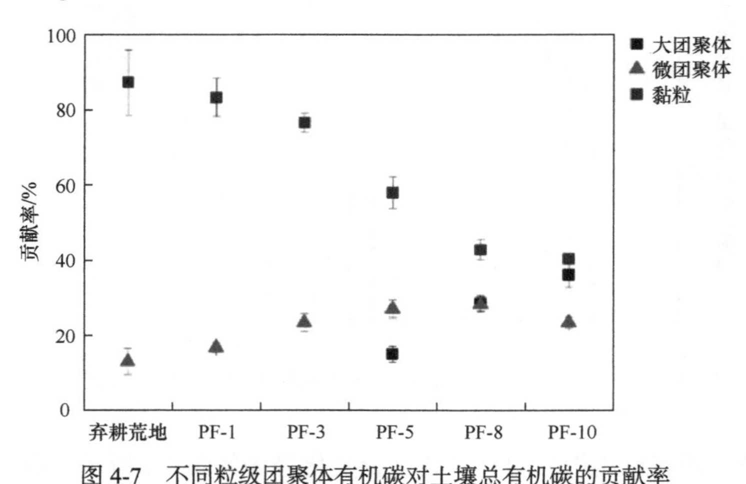

图 4-7　不同粒级团聚体有机碳对土壤总有机碳的贡献率

4.3.4　土壤团聚体对盐碱的响应

盐碱土壤存在大量的可溶性钠离子，团聚体通常不稳定，导致相关的黏土颗粒膨胀和分散[150]。可溶性钠离子减弱了有机材料和土壤矿物之间的共价结合，并增加了渗透力，从而在湿润过程中引起颗粒排斥，进而提高干燥和湿润循环期间团聚体的分解速率[139]。即使部分钠饱和也会大大增加大团聚体和微团聚体的分散性[151]。此外，团聚体稳定性与黏质土壤的碱度密切相关[152]。因此，可溶性钠离子的减少或许可以增加团聚体的凝聚力，黏结剂与土壤化学特性之间的相互作用是土壤团聚体稳定的主要驱动力[153]。

研究表明，随着盐浓度的增加，盐碱土壤大团聚体的比例逐渐降低[154]。Liao 等在草原向森林过渡期间发现了类似的结果。盐度对植被有不利影响[59,60]。盐碱化土壤很难吸收水分并为作物提供养分。因此，植物生长受到影响，导致 SOC 减少，从而影响大团聚体的形成。有研究认为，施用微生物肥料是土壤有机碳增加的主要驱动力，这对作物生产力产生积极影响[155]。但也有研究认为，用微生物肥料后，大团聚体质量比的增加并不显著，表明微生物肥料对团聚体质量比的改善效果随着盐度的增加而降低[154]。

另有研究表明，随着灌溉水中含盐量的增加，由于相邻层间空间膨胀，土壤团聚体被膨胀和黏土分散破坏[3]。另外，土壤团聚过程取决于干湿循环中土壤溶液中的含盐量。团聚体可以被无机阳离子固定在一起并稳定，黏土絮凝作用是团聚体形成的先决条件，而电解质浓度会增强黏土絮凝效果[9]。直径小于 2 μm 的土壤成分由静电作用结合在一起的黏土颗粒组成，这意味着这些小团聚体的稳定性取决于土壤溶液中的含盐量[156]。

4.4　盐碱土壤物理性质的修复

盐碱土壤的物理特征是表征盐碱土壤性质最直接的特性，土壤物理性质决定土壤在生态系统中的功能并影响盐碱地治理方案的确定。盐碱地治理工程项目的成功与否首先要解决的问题是改变并重塑土壤的物理性质。

4.4.1　盐碱土壤颜色与质地

研究表明，土壤颜色、质地可以表征盐碱土的物理化学特性，并可以作为评价盐碱地修复效果的指标。土壤渗透性是影响盐碱土综合利用的关键问题，而土壤渗透性的恶化归因于土壤孔隙度低，孔隙度低又与土壤孔隙大小分布和紧密镶嵌的颗粒排列有关[157]。扫描电镜图像的定量分析显示，盐碱土的微观结构与其渗透性有很好的相关性，土壤的物理力学性质取决于其微观特征[14]。因此，应从根本上转变盐碱土微观结构，以确保其有效利用。如图 4-8 所示，盐碱土壤颜色随着改良年限增加会发生明显变化，土壤成熟土层不断加深。

近年来，关于土壤微观特性的研究取得了长足进展。例如，有研究已经证明，将石灰和石膏的混合物作为结合剂和胶结剂可以改变土壤微观结构及其物理和机械性质[21]。氯盐对石灰处理后盐碱土壤的结构有明显影响，增加了土壤粗颗粒的数量，减少了土壤的总比表面积[12,158]。使用土壤真菌构成的土壤改良剂，可以显著增加盐碱土壤颗粒的粒径，降低土壤矿物结晶程度，使盐碱土壤质地接近森林土壤[159-161]。盐碱土中加入石灰石可使黏土颗粒转化为砂土和粉土颗粒，并导致孔径分布(pore size distribution，PSD)出现小孔和大孔的双峰分布。这些指标的变化均说明，石灰石是修复盐碱土壤的有效改良剂[79,162,163]。综上所述，土壤颜色、质地的相关研究，是盐碱地科学利用中重要的科学问题及研究基础。

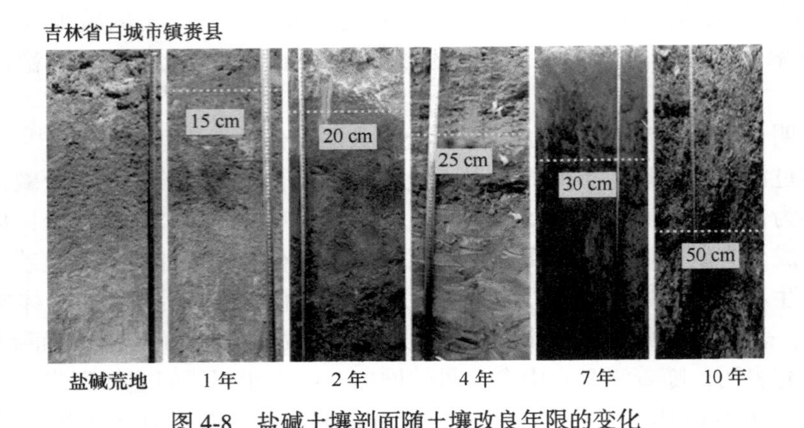

图 4-8　盐碱土壤剖面随土壤改良年限的变化

4.4.2　盐碱土壤结构修复途径

能否改善盐碱地的土壤结构，是盐碱地治理相关工程技术模式的关键问题之一。土壤理化性质是衡量土壤结构、评价土壤质量和生产性能的重要参数，良好的土壤物理和化学特性有利于作物生长，提高产量和品质[43,95,96]。

水利改良通过水利工程灌溉排水，将土体中的可溶性盐分排出土壤以降低土壤耕层的含盐量。改良前期投资成本高，但是改良修复效果持久并且土壤去除盐分速度快，这是水利工程措施改良盐碱地的显著特点。例如，灌溉洗盐可以让土壤中盐分随水分迁移到土壤深层，使土壤耕层含盐量减少。排水洗盐就是在盐碱地区深层设置暗管收集并排除由上层土壤中迁移到深层的盐分。目前水利改良的研究方向主要有以下三个方面：第一，以控制地下水位高低、快速降低含盐量为主的技术研究。土壤水盐的调控需要合理调控区域地下水位，保持适合的潜水深埋，在我国比较常用的有沟渠结合、井灌井排、配套灌溉等方式。荷兰的暗管排盐技术目前已经在全球范围内推广应用，天津滨海部分地区的盐碱地用“暗管排盐”技术进行了大规模的盐碱土壤改良修复，取得良好效果。相关农业工程技术应用后，盐在垂直方向上的空间分布可以改变，压力可以逐渐降低[164-166]。第二，评价土壤结构变化的理论研究。与排水处理相比，蓄水处理可以有效降低土壤含盐量，有效保持土壤压实度和土壤容重在合适的范围内。秸秆还田处理对改善土壤结构有明显效果[167-169]。排水蓄水处理能有效提高土壤容重，增加土壤含水量，改善土壤孔隙分布。结合秸秆还田，合理分配固体、气体和液体加速了秸秆的分解，在一定程度上改善了土壤结构。第三，以大田试验为主的环境变化研究。Aggarwal 等和 Armitage 等通过分析传统排水蓄水生态模式下的土壤容重、含水量、盐度和主要养分特征，分析了不同处理模式下土壤理化性质的差异。结果表明，生态蓄水和传统排水处理可以有效降低土壤容重，在 0～30 cm 土层，土壤容重随土层深度的增加而增加，蓄水处理提高土壤容重和孔隙度的效果优于排水处理，分别降低 1.3%～4.2%和 1.5%～4.7%，相关的农业工程措施有效降低了土壤含盐量[170,171]。

生物方法在利用或植被生物修复受盐影响土壤方面的重要性现已在全世界得到公认[172]。许多研究表明，通过种植牧草可以改善土壤结构[173]。随着根系长度和生物量的发展，土壤保水性得到改善，土壤容重降低[174]。Quirk 和 Schofield 证明，即使在交换性钠百分比(ESP)较高的情况下，只要渗滤水的电解质浓度保持在阈值电解质浓度(TEC)以上，土壤渗透性也可以保持[175]。Robbins 研究发现，与耕种土壤相比，未耕种土壤的渗透性有所降低，并指出，通过选择合适的作物和改良剂以及适当的施水量和时间，可以有效地修复石灰性苏打盐碱土[176]。Gupta 等通过种植水稻，发现强碱性土壤的导水率显著增加[23,24]。

除上述水利改良措施和生物改良措施外，施用改良剂是改善盐碱土壤结构的主要方式之一，近年来得到了学术界的大量关注和研究。例如，为了评价腐殖酸对于盐碱地的改良效果，张晓光等在轻度苏打盐化草甸土上施入不同量的泥炭。结果表明，随着泥炭用量的增加，土壤 pH 降低，全盐量下降，碱化度降低，容重减小，而有机质含量显著增加。铝离子改良剂的施用改善了土壤的微团聚体组成，进而使土壤结构状况得到明显改善，随改良剂用量的增加，土壤容重逐渐下降，孔隙度不断提高。通过土壤结构的变化，证明了铝离子改良剂是有效的化学改良剂[55]。使用生物炭改良土壤对改良土壤的微观和中观结构发展以及增加土壤中大团聚体的数量具有重要作用[2]。土壤结构的改善可能会支持水分进入土壤。因此，生物炭可以降低土壤容重，增加土壤孔隙度，从而提高水力传导率和土壤水分保持[177]。Yue 等证明生物炭可以显著增加土壤孔隙度、有效水含量和田间持水量，降低土壤萎蔫系数。生物炭可以通过提高蓄水能力来稀释土壤溶液，缓解盐胁迫[178]。Akhtar 等测试了生物炭对盐碱土结构的改良效应，结果表明生物炭可以显著提升盐碱土的孔隙度，显著改善了土壤的水力特性。生物炭具有很强的吸附表面或孔隙中盐分的能力，从而降低土壤溶液中的盐分浓度[179]。此外，生物炭可以增加土壤有机碳和养分含量，尤其是 K^+、Ca^{2+}、Mg^{2+}、Zn^{2+}和 Mn^{2+}。Ca^{2+}和 Mg^{2+}有效性的增加可以取代土壤中的 Na^+，这有助于改善盐碱土的聚集性和质量[180]。

然而，一些研究发现，生物炭对土壤物理性质的影响可以忽略甚至是负面的。Islam 等发现，由于生物炭引起的拒水性，添加生物炭后，土壤的水力功能没有得到改善[181]。Tryon 发现，添加生物炭不能提高土壤的含水量，甚至降低了黏土的有效含水量[182]。这些差异反映了生物炭改良土壤水力特性的潜在机制尚不清楚。总体而言，生物炭可以对盐碱土壤物理性质产生直接影响。由于生物炭容重低、孔隙度高，且具有较强的持水力，物理性稀释效应可降低土壤容重、改善土壤孔隙状况，从而提高土壤透水性，加快盐分淋洗，降低土壤含盐量[183]。

烟气脱硫(FGD)石膏是一种燃烧副产品，最近已被用作盐碱土修复中重要的钙元素来源[99]。在钠质土壤中添加 FGD 石膏会增加 Ca/Na 比，促进黏土絮凝，从而提高土壤结构稳定性。一些研究表明，在受盐影响的土壤中施用 FGD 石膏可以加速钠离子淋溶，降低电导率和交换性钠百分比[184]，其应用可以提高透水性、保水能力和团聚体稳定性[184]。这可能是由于可交换的钠离子被钙离子替换，土壤聚集增加，表面结壳减少[185]。

针对盐碱土具有土壤结构差、透气性差、持水性差、有机质含量低等问题，胡树文教授研究团队自主开发出新型生物基改性土壤改良剂，大大提升了脱盐效率。新型生物基改性材料促使土壤团聚体形成，土壤孔隙度增大，比常规改良方法土壤的脱盐效率提高了 10 倍以上。通过综合改良，结果表明，真菌和细菌能进一步促进大团聚体形成和稳定，同时深层土壤中的盐分难以在大的毛细管中上升在地表积盐[186]。快速改良效果的相关评估试验表明，新型改良剂对于吉林省西部苏打盐碱土，尤其是耕层土壤(0～20 cm)，具有显著的改良作用：新型改良剂改变了土壤的颜色(图 4-9)。通过改善土壤的微观孔隙结构(图 4-10)，增加 0.05～1 mm 的微团聚体数量，进而降低土壤容重。同时，新型改良剂能够降低土壤中 Na^+、CO_3^{2-} 和 HCO_3^- 的含量。这对于改善土壤结构，加快洗盐、脱盐以及降低土壤 pH、碱化度和水溶性盐含量都有积极的作用。在吉林省松原市前郭县套浩太乡碱巴拉村进行的水稻种植试验结果表明，新型改良剂能够改善苏打盐碱土壤的理化结构，使得土壤容重变小，含水量升高。通过施用新型改良剂，可以有效地降低土壤的盐碱胁迫，改善土壤结构，增加微生物的物种总数和多样性。图 4-10 的纵坐标为压力对直径的微分，曲线的峰值对应的横坐标可以直观地反映土壤孔隙的大小分布。从图可以看出，盐碱荒地(荒地)、常规改良(CK)、改良盐碱地稻田(处理)的峰值不断右移，说明土壤孔径不断增大，并且不同处理间差异显著。此外，针对天津市武清区次生盐碱化问题的相关试验研究表明，添加新型土壤改良剂能显著改良土壤结构，并且能够显著地降低土壤 pH、EC、水溶性盐含量，降低幅度与新型改良剂施用量呈正相关(图 4-11～图 4-13)。同时，结果表明新型土壤改良剂能改良土壤结构，促进植物生长，增加土壤的大团聚体比例，以及增加作物株高、茎粗，提升叶片叶绿素含量、叶面积和产量。以上结果一方面说明该项土壤修复和改良技术的高效性，也进一步说明，能否对盐碱地的土壤结构进行有效改良和修复，是盐碱地治理的关键问题之一。

盐碱荒地　　　　经中国农业大学改良

图 4-9　施用中国农业大学新型生物基改良材料后的土壤颜色变化

扫描封底二维码可见本图彩图

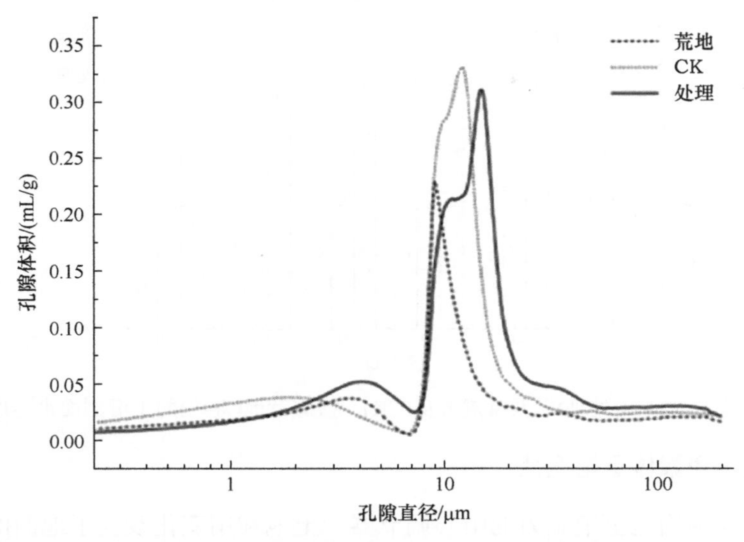

图 4-10　改良盐碱地稻田(处理)以及常规改良(CK)、盐碱荒地(荒地)的孔隙特征

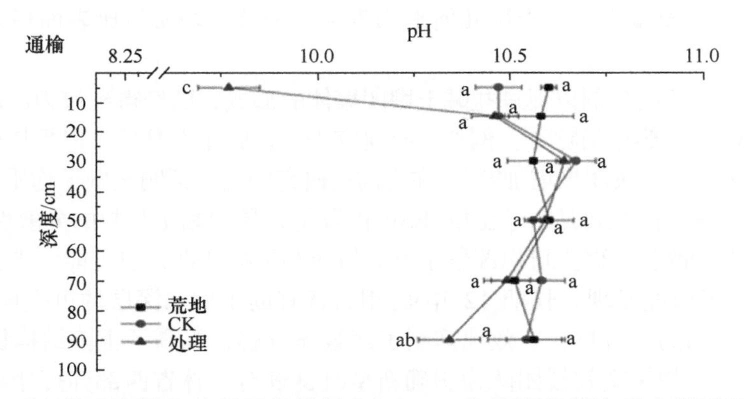

图 4-11　改良盐碱地稻田(处理)以及常规改良(CK)、盐碱荒地(荒地)的土壤剖面 pH 对比

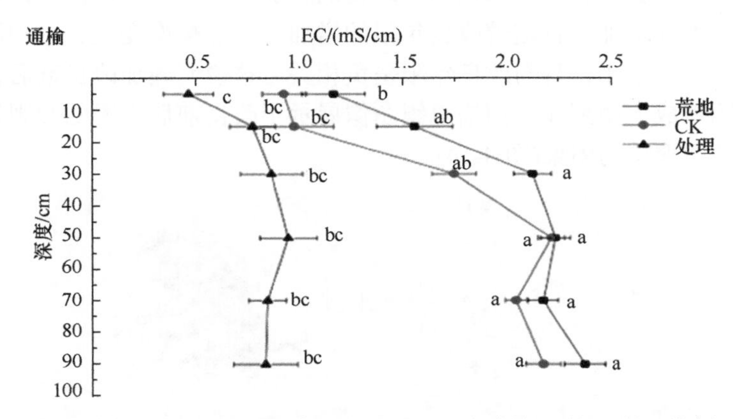

图 4-12　改良盐碱地稻田(处理)以及常规改良(CK)、盐碱荒地(荒地)的土壤剖面 EC 对比

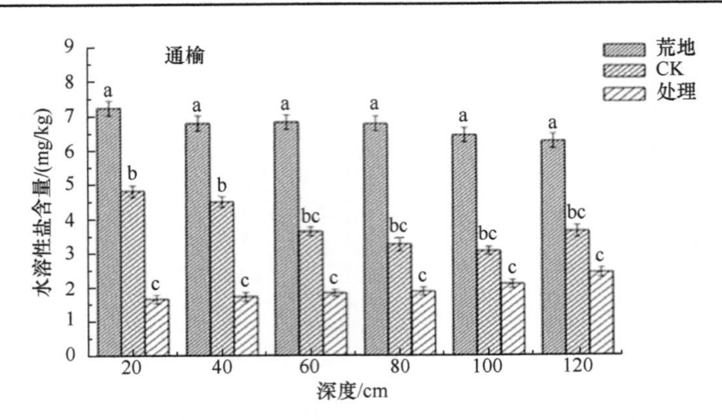

图 4-13　改良盐碱地稻田(处理)以及常规改良(CK)、盐碱荒地(荒地)的土壤剖面水溶性盐含量对比

4.4.3　盐碱土壤团聚体重塑途径

土壤团聚体结构是土壤肥力的中心调节器，土地利用变化改变了地面的植被、土壤微生物、动物数量和质量，使得植物凋落物性质及数量各异，在土壤中分解形成的有机质性质也各异，作物的生产力和土壤的物理性质也有差异。施加新型改良剂对盐碱土壤有机碳含量、平均质量直径、土壤几何平均直径、土壤平均质量比表面积等均产生了不同程度的影响。

采用适当的土壤改良剂以促进盐碱土壤团聚体的形成，已经得到较为广泛的认可，也是当前学术界研究的热点问题[31]。例如，有研究表明，施用石膏后，以平均质量直径和水稳性大团聚体表示的土壤团聚增加[187]。在之前的研究中已经证明土壤平均质量直径和水稳性大团聚体的改善可能主要是由于土壤 ESP 的降低，导致黏土颗粒的分散性降低[188]。此外，通过应用石膏改良盐碱土可以改善土壤有机质和生物活性，也可能促进土壤团聚[96]。Tirado-Corbalá 等研究发现，长期(12 年)施用石膏有助于增加深层的可交换钙浓度[189]。施用石膏增加了钙离子含量，有效地抑制了团聚体分解，提高了土壤结构稳定性[190]。

中国农业大学胡树文教授团队为明确新型改良剂对吉林省西部苏打盐碱地的快速改良效果，以吉林省、黑龙江省的三个地点的盐碱地为试验田，划分小区，施加具有自主知识产权的生物基改良材料。结果表明，改良剂施加后，土壤团聚体的几何平均直径、平均质量直径显著性增加，且随着改良年限的增加，增加幅度变大，平均质量比表面积在施加改良剂后显著减小，且与改良年限呈负相关。这说明施加改良剂后，会使小粒径的土壤团聚体团聚成大团聚体。扫描电镜图像展示了改良前后土壤的微观形貌，表明改良剂会促进土壤团聚体的团聚(图 4-14)。

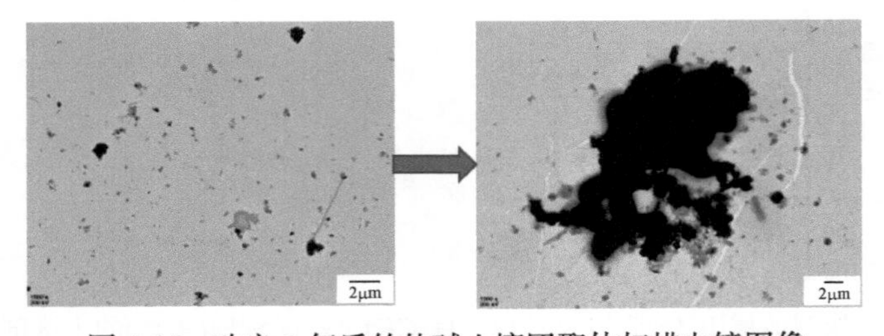

图 4-14　改良 3 年后的盐碱土壤团聚体扫描电镜图像

图 4-15 为不同改良年限下土壤平均质量直径和水稳性大团聚体占比的变化情况。与荒地相比，改良 1 年、2 年、5 年、8 年、10 年不同处理表层 0～10 cm 土层的几何平均直径分别增加了 0.03 mm、0.041 mm、0.087 mm、0.1601 mm、0.281 mm，10～20 cm 土层几何平均直径分别增加了 0.012 mm、0.013 mm、0.035 mm、0.052 mm、0.15 mm，20～40 cm 土层的几何平均直径分别增加了 0.037 mm、0.066 mm、0.094 mm、0.224 mm、0.449 mm。由此可以看出，土壤团聚体的几何平均直径随着改良年限的增加而增加，其中 0～10 cm 表层土的增加趋势最明显，同一改良处理随着深度的增加其增加幅度减小。由图还可以看出平均质量直径有相同的规律。土壤团聚体的平均质量比表面积随着改良年限的增加而减小，其中 0～10 cm 表层土的减小趋势最为显著，且随着土壤深度的增加，减小幅度越来越小。

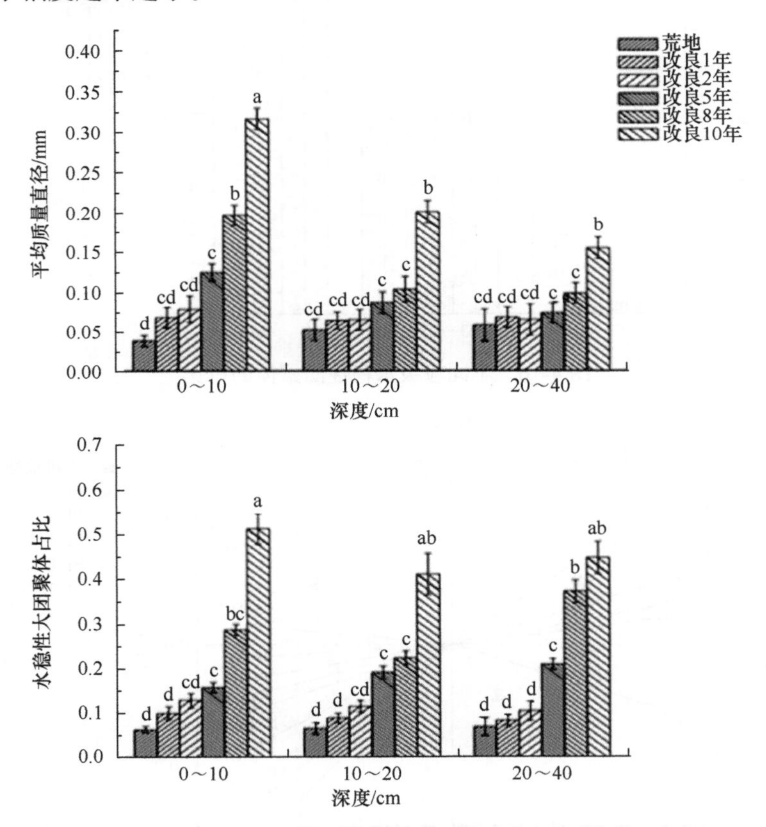

图 4-15　生物基改良剂施用于盐碱地不同改良年限下平均质量直径和水稳性大团聚体的变化

如图 4-16 所示，盐碱土种植水稻明显影响了土壤团聚体的粒径分布。弃耕荒地土壤不存在水稳性大团聚体，第 5 年出现水稳性大团聚体(>250 μm)，种稻 10 年后水稳性大团聚体比例达到 22.51%。对于水稳性微团聚体(53～250 μm)占土壤总质量的比例，整体呈先增加(1～3 年)后降低(5～10 年)的趋势，种稻 10 年后微团聚体比例依然显著高于弃耕荒地。盐碱土壤中黏粉粒(<53 μm)占比显著高于其他粒级，其中弃耕荒地黏粉粒占比为 69.04%，微团聚体占比 30.96%。随着种稻年限增加，土壤中黏粉粒占比逐渐降

低，种稻 10 年后逐渐降至 42.32%。

冗余分析(RDA)结果如图 4-17 所示，盐碱稻田土壤团聚体稳定性主要受土壤 pH、EC，以及交换性阳离子、可溶性有机碳(DOC)、有机碳、微生物量碳/氮影响，增强团聚体稳定性的有机碳、微生物量碳/氮、交换性 Ca^{2+}的含量逐渐提高，不利于团聚体稳定性的 pH、EC、碱化度和交换性 Na^{+}含量逐渐降低。弃耕荒地种稻后，随年限推移土壤团聚体稳定性逐渐增加。盐碱稻田团聚体形成与周转具有阶段性，T1 阶段(1～3 年)：微团聚体(53～250 μm)占比增加，黏粉粒(<53 μm)占比减少；T2 阶段(5～10 年)：大团聚体(>250 μm)初步形成，占比逐年增加。

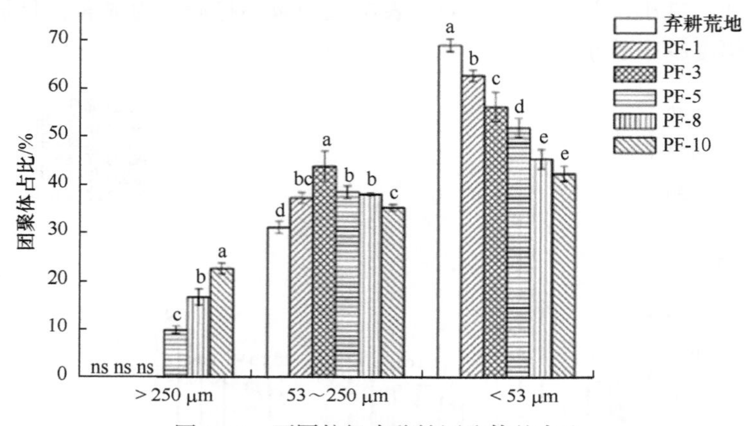

图 4-16　不同粒级水稳性团聚体的占比

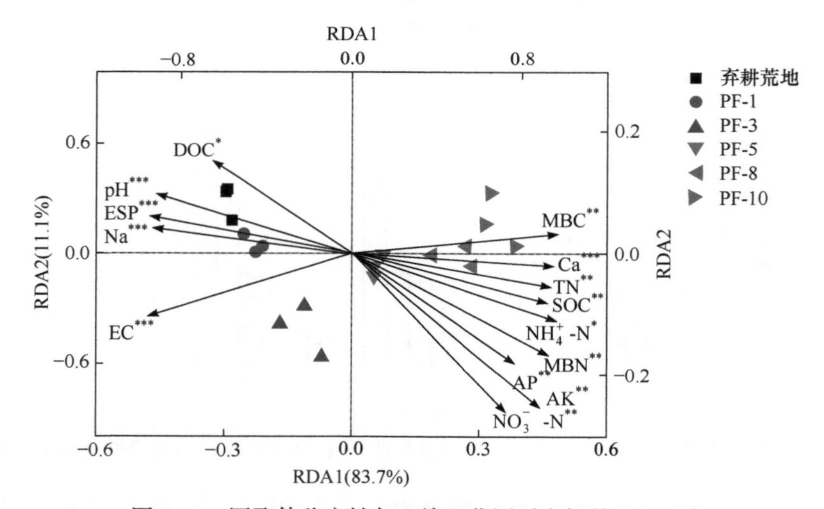

图 4-17　团聚体稳定性与土壤理化因子之间的 RDA 图

施用改良剂改良之后，土壤总氮(TN)、总碳、碱解氮、速效磷(AP)及速效钾(AK)的含量均不同程度增加，且随着改良年限的增加，各养分指标的含量增幅更大。

参 考 文 献

[1] Ahmed A. Compressive strength and microstructure of soft clay soil stabilized with recycled bassanite.

Applied Clay Science, 2015, 104: 27-35.

[2] Ajayi A E, Holthusen D, Horn R. Changes in microstructural behaviour and hydraulic functions of biochar amended soils. Soil & Tillage Research, 2016, 155: 166-175.

[3] Elliott E T. Aggregate structure and carbon, nitrogen, and phosphorus in native and cultivated soils. Soil Science Society of America Journal, 1986, 50(3): 627-633.

[4] Elliott S, Navakitbumrung P, Kuarak C, et al. Selecting framework tree species for restoring seasonally dry tropical forests in northern Thailand based on field performance. Forest Ecology and Management, 2003, 184(1-3): 177-191.

[5] Ben-Hur M, Yolcu G, Uysal H, et al. Soil structure changes: aggregate size and soil texture effects on hydraulic conductivity under different saline and sodic conditions. Australian Journal of Soil Research, 2009, 47(7): 688-696.

[6] Bhardwaj A K, Mandal U K, Bar-Tal A, et al. Replacing saline-sodic irrigation water with treated wastewater: effects on saturated hydraulic conductivity, slaking, and swelling. Irrigation Science, 2008, 26(2): 139-146.

[7] Akhter J, Murray R, Mahmood K, et al. Improvement of degraded physical properties of a saline-sodic soil by reclamation with kallar grass (*Leptochloa fusca*). Plant Soil, 2004, 258(1-2): 207-216.

[8] Allel D, BenAmar A, Badri M, et al. Evaluation of salinity tolerance indices in North African barley accessions at reproductive stage. Czech Journal of Genetics and Plant Breeding, 2019, 55(2): 61-69.

[9] Amézketa E. Soil aggregate stability: a review. Journal of Sustainable Agriculture, 1999, 14(2-3): 83-151.

[10] Wallace A, Terry R E. Handbook of Soil Conditioners: Substances That Enhance the Physical Properties of Soil. New York: Marcel Dekker Inc, 1998: 596.

[11] Abakumov E, Yuldashev G, Darmonov D, et al. Influence of mineralized water sources on the properties of calcisol and yield of wheat (*Triticum aestivum* L.). Plants, 2022, 11(23): 3291.

[12] Li K S, Li Q X, Geng Y H, et al. An evaluation of the effects of microstructural characteristics and frost heave on the remediation of saline-alkali soils in the Yellow River Delta, China. Land Degradation & Development, 2021, 32(3): 1325-1337.

[13] Li K S, Li Q X, Liu C X. Effect of freezing temperature and water content on pore structure characteristics of coastal saline-alkali soil under frost heave. Journal of Soils and Sediments, 2022, 22(6): 1819-1827.

[14] Jha A K, Sivapullaiah P V. Volume change behavior of lime treated gypseous soil-influence of mineralogy and microstructure. Applied Clay Science, 2016, 119: 202-212.

[15] Bing H, He P, Yang C, et al. Impact of sodium sulfate on soil frost heaving in an open system. Applied Clay Science, 2007, 35(3-4): 189-193.

[16] Fang J, Li X, Liu J, et al. The crystallization and salt expansion characteristics of a silty clay. Cold Regions Science and Technology, 2018, 154: 63-73.

[17] Han Y, Wang Q, Wang N, et al. Effect of freeze-thaw cycles on shear strength of saline soil. Cold Regions Science and Technology, 2018, 154: 42-53.

[18] Bicerano J. Predicting key polymer properties to reduce erosion in irrigated soil. Soil Science, 1994, 158(4): 255-266.

[19] Fry M, Brannstrom C, Sakinejad M. Suburbanization and shale gas wells: patterns, planning perspectives, and reverse setback policies. Landscape and Urban Planning, 2017, 168: 9-21.

[20] Gregory A S, Watts C W, Griffiths B S, et al. The effect of long-term soil management on the physical and biological resilience of a range of arable and grassland soils in England. Geoderma, 2009, 153(1-2): 172-185.

[21] Cuisinier O, Auriol J C, Le Borgne T, et al. Microstructure and hydraulic conductivity of a compacted lime-treated soil. Engineering Geology, 2011, 123(3): 187-193.
[22] Brady N C. The Nature and Properties of Soils. New York: Macmillan Publishing Company, 2003: 1-10.
[23] Gupta R K, Abrol I P. Reclamation and management of alkali soils. Indian Journal of Agricultural Sciences, 1990, 60(1): 1-16.
[24] Gupta R K, Singh R R, Abrol I P. Influence of simultaneous changes in sodicity and pH on the hydraulic conductivity of an alkali soil under rice culture. Soil Science, 1989, 147(1): 28-33.
[25] 祝寿泉. 国外盐渍土研究工作简介. 土壤, 1978, 10(4): 140-146.
[26] 俞仁培. 土壤碱化及其防治. 土壤, 1984(5): 163-170.
[27] 陈晓飞, 王铁良, 谢立群, 等. 盐碱地改良: 土壤次生盐渍化防治与盐渍土改良及利用. 沈阳: 东北大学出版社, 2006: 123.
[28] 俞仁培, 陈德明. 我国盐渍土资源及其开发利用. 土壤通报, 1999, 30(4): 158-159, 177.
[29] Wang L, Seki K, Miyazaki T, et al. The causes of soil alkalinization in the Songnen Plain of Northeast China. Paddy and Water Environment, 2009, 7(3): 259-270.
[30] Fang S, Tu W, Mu L, et al. Saline alkali water desalination project in Southern Xinjiang of China: a review of desalination planning, desalination schemes and economic analysis. Renewable & Sustainable Energy Reviews, 2019, 113(11): 109268.
[31] Grant C D. The Nature and Properties of Soils. New York: Macmillan Publishing Company, 2019: 960.
[32] 赵兰坡, 王宇, 冯君, 等. 松嫩平原盐碱地改良利用: 理论与技术. 北京: 科学出版社, 2013: 1-7.
[33] 刘太祥, 毛建华, 马履一, 等. 中国盐碱滩地生态综合改良与植被构建技术. 天津: 天津科学技术出版社, 2011: 1-7.
[34] 张桉赫, 丁建丽, 王敬哲, 等. 干旱区绿洲盐渍土粒径分布单重分形和多重分形特征. 干旱区研究, 2019, 36(2): 314-322.
[35] Crowley J K. Visible and near-infrared (0.4—2.5 μm) reflectance spectra of Playa evaporite minerals. Journal of Geophysical Research: Solid Earth, 1991, 96(B10): 16231-16240.
[36] Howari F M, Goodell P C, Miyamoto S. Spectral properties of salt crusts formed on saline soils. Journal of Environmental Quality, 2002, 31(5): 1453-1461.
[37] Farifteh J, Van Der Meer F, Van Der Meijde M, et al. Spectral characteristics of salt-affected soils: a laboratory experiment. Geoderma, 2008, 145(3-4): 196-206.
[38] Li X J, Ren J H, Zhao K, et al. Correlation between spectral characteristics and physicochemical parameters of soda-saline soils in different states. Remote Sensing, 2019, 11(4): 388.
[39] Matinfar H R, Alavipanah S K, Sarmadian F. Soil spectral properties of arid region, Kashan area, Iran. Biaban, 2006, 11(1): 9-17.
[40] Li F, Wang X, Guo Y, et al. Effect of soil properties and soil enzyme activity in different improvement measures of saline-alkali soil in Yinchuan Plain. Research of Soil and Water Conservation, 2012, 19(6): 13-18.
[41] Li F, Zhang S W, Yang J C, et al. The effects of population density changes on ecosystem services value: a case study in Western Jilin, China. Ecological Indicators, 2016, 61: 328-337.
[42] Li G D, Fang C L, Wang S J. Exploring spatiotemporal changes in ecosystem-service values and hotspots in China. Science of the Total Environment, 2016, 545: 609-620.
[43] Li J, Qu Z, Chen J, et al. Effect of planting density on the growth and yield of sunflower under mulched drip irrigation. Water, 2019, 11(4): 752.
[44] Yang Y, Chai Y B, Xie H J, et al. Responses of soil microbial diversity, network complexity and multifunctionality to three land-use changes. Science of the Total Environment, 2023, 859: 160255.

[45] Yang Y, Wang K, Liu D, et al. Effects of land-use conversions on the ecosystem services in the agro-pastoral ecotone of Northern China. Journal of Cleaner Production, 2020, 249: 119360.
[46] Romero H, Ihl M, Rivera A, et al. Rapid urban growth, land-use changes and air pollution in *Santiago*, Chile. Atmospheric Environment, 1999, 33(24-25): 4039-4047.
[47] 黄荣翰, 魏永纯. 盐碱地改良. 北京: 中国工业出版社, 1962: 1-10.
[48] Bronick C J, Lal R. Soil structure and management: a review. Geoderma, 2005, 124(1-2): 3-22.
[49] Wang H. Regional assessment of ecological risk caused by human activities on wetlands in the Muleng-Xingkai Plain of China using a pressure-capital-vulnerability-response model. Wetlands Ecology and Management, 2022, 30(1): 111-126.
[50] Wang J, Wang Z, Li H, et al. Effects of nitrogen and salt on growth and physiological characteristics of processing tomato under drip irrigation. International Journal of Agricultural and Biological Engineering, 2021, 14(6): 115-125.
[51] Gill J S, Sale P W G, Peries R R, et al. Changes in soil physical properties and crop root growth in dense sodic subsoil following incorporation of organic amendments. Field Crops Research, 2009, 114(1): 137-146.
[52] Gupta S K, Gupta I C. Genesis and Management of Sodic (Alkali) Soils. Jodhpur: Scientific Publishers, 2017:100-110.
[53] Sandhu H S, Wratten S D, Cullen R, et al. The future of farming: the value of ecosystem services in conventional and organic arable land. An experimental approach. Ecological Economics, 2008, 64(4): 835-848.
[54] Ghosh S, Majumdar D, Jain M C. Methane and nitrous oxide emissions from an irrigated rice of North India. Chemosphere, 2003, 51(3): 181-195.
[55] 张晓光, 黄标, 梁正伟, 等. 松嫩平原西部土壤盐碱化特征研究. 土壤, 2013, 45(2): 1332-1338.
[56] Bronick C J, Lal R. Manuring and rotation effects on soil organic carbon concentration for different aggregate size fractions on two soils in northeastern Ohio, USA. Soil & Tillage Research, 2005, 81(2): 239-252.
[57] Zhang Z, Wang H, Song X, et al. Arbuscular mycorrhizal fungal diversity is affected by soil salinity and soil nutrients in typical saline-sodic grasslands dominated by *Leymus chinensis*. Arid Land Research and Management, 2020, 34(1): 68-82.
[58] Zhang Z H, Ma L, Yang X Y, et al. Biodiversity and ecosystem function under simulated gradient warming and grazing. Plants, 2022, 11(11): 1428.
[59] Liao J D, Boutton T W, Jastrow J D. Organic matter turnover in soil physical fractions following woody plant invasion of grassland: evidence from natural ^{13}C and ^{15}N. Soil Biology & Biochemistry, 2006, 38(11): 3197-3210.
[60] Liao M, Lai Y, Wang C. A strength criterion for frozen sodium sulfate saline soil. Canadian Geotechnical Journal, 2016, 53(7): 1176-1185.
[61] Wang J, Xu T, Feng X, et al. Simulated grazing and nitrogen addition facilitate spatial expansion of *Leymus chinensis* clones into saline-alkali soil patches: implications for Songnen grassland restoration in Northeast China. Land Degradation & Development, 2022, 33(5): 710-722.
[62] Wang J, Yuan G, Lu J, et al. Effects of biochar and peat on salt-affected soil extract solution and wheat seedling germination in the Yellow River Delta. Arid Land Research and Management, 2020, 34(3): 287-305.
[63] Zhao Y G, Wang S J, Li Y, et al. Effects of straw layer and flue gas desulfurization gypsum treatments on soil salinity and sodicity in relation to sunflower yield. Geoderma, 2019, 352: 13-21.

[64] Zhao Y G, Wang S J, Li Y, et al. Sustainable effects of gypsum from desulphurization of flue gas on the reclamation of sodic soil after 17 years. European Journal of Soil Science, 2019, 70(5): 1082-1097.
[65] 周虎，李文昭，张中彬，等. 利用 X 射线 CT 研究多尺度土壤结构. 土壤学报，2013，50(6): 1226-1230.
[66] Ball B C, Bingham I, Rees R M, et al. The role of crop rotations in determining soil structure and crop growth conditions. Canadian Journal of Soil Science, 2005, 85(5): 557-577.
[67] Ball B C, Scott A, Parker J P. Field N_2O, CO_2 and CH_4 fluxes in relation to tillage, compaction and soil quality in Scotland. Soil & Tillage Research, 1999, 53(1): 29-39.
[68] Köhne J M, Köhne S, Šimůnek J. A review of model applications for structured soils: a water flow and tracer transport. Journal of Contaminant Hydrology, 2009, 104(1-4): 4-35.
[69] Schlüeter S, Vogel H J. Analysis of soil structure turnover with garnet particles and X-ray microtomography. PLoS One, 2016, 11(7): e0159948.
[70] Spanne P, Jones K W, Prunty L, et al. Potential Applications of Synchroton Computed Microtomography to Soil Science. Madison: American Society of Agronomy, 1994: 43-57.
[71] Hopmans J W, Qureshi A S, Kisekka I, et al. Critical Knowledge Gaps and Research Priorities in Global Soil Salinity. San Diego: Elsevier Academic Press Inc., 2021: 1-191.
[72] Hernández M A, Rojas F, Lara V H. Nitrogen-sorption characterization of the microporous structure of clinoptilolite-type zeolites. Journal of Porous Materials, 2000, 7(4): 443-454.
[73] Vallejos M B, Marcos M S, Barrionuevo C, et al. Salinity and N input drive prokaryotic diversity in soils irrigated with treated effluents from fish-processing industry. Applied Soil Ecology, 2022, 175: 104443.
[74] Pachepsky Y A, Polubesova T A, Hajnos M, et al. Parameters of surface heterogeneity from laboratory experiments on soil degradation. Soil Science Society of America Journal, 1995, 59(2): 410-417.
[75] Sasanian S, Newson T A. Use of mercury intrusion porosimetry for microstructural investigation of reconstituted clays at high water contents. Engineering Geology, 2013, 158: 15-22.
[76] Kaufmann J, Loser R, Leemann A. Analysis of cement-bonded materials by multi-cycle mercury intrusion and nitrogen sorption. Journal of Colloid and Interface Science, 2009, 336(2): 730-737.
[77] Tang Q, Ti C P, Xia L L, et al. Ecosystem services of partial organic substitution for chemical fertilizer in a peri-urban zone in China. Journal of Cleaner Production, 2019, 224: 779-788.
[78] Tang S Q, She D L, Wang H D. Effect of salinity on soil structure and soil hydraulic characteristics. Canadian Journal of Soil Science, 2021, 101(1): 62-73.
[79] Ruiz-Agudo E, Mees F, Jacobs P, et al. The role of saline solution properties on porous limestone salt weathering by magnesium and sodium sulfates. Environmental Geology, 2007, 52(2): 269-281.
[80] You Z M, Lai Y M, Zhang M Y, et al. Quantitative analysis for the effect of microstructure on the mechanical strength of frozen silty clay with different contents of sodium sulfate. Environmental Earth Sciences, 2017, 76(4): 143.
[81] Wang F, Yuan X Z, Zhou L L, et al. Detecting the complex relationships and driving mechanisms of key ecosystem services in the central urban area Chongqing municipality, China. Remote Sensing, 2021, 13(21): 4248.
[82] Wang G, Wang Q, Zhang X, et al. An experiment study of effects of freezing-thawing cycles on water and salt migration of saline soil. Fresenius Environmental Bulletin, 2018, 27(2): 1060-1068.
[83] Józefaciuk G, Sokotowska Z. The effect of removal of organic matter, iron oxides and aluminum oxides on the micropore characteristics of the soil clay fraction. Polish Journal of Soil Science, 2003, 36(2): 111-119.
[84] Jozefaciuk G, Toth T, Szendrei G. Surface and micropore properties of saline soil profiles. Geoderma,

2006, 135: 1-15.
[85] Soge O O, Giardino M A, Ivanova I C, et al. Low prevalence of antibiotic-resistant gram-negative bacteria isolated from rural south-western Ugandan groundwater. Water SA, 2009, 35(3): 343-347.
[86] McNeal B L, Coleman N T. Effect of solution composition on soil hydraulic conductivity. Soil Science Society of America Journal, 1966, 30(3): 308.
[87] Konrad J M. Physical processes during freeze-thaw cycles in clayey silts. Cold Regions Science and Technology, 1989, 16(3): 291-303.
[88] Bing H, Ma W. Laboratory investigation of the freezing point of saline soil. Cold Regions Science and Technology, 2011, 67(1-2): 79-88.
[89] Wang X, Zhang D, Qi Q, et al. The restoration feasibility of degraded *Carex* Tussock in soda-salinization area in arid region. Ecological Indicators, 2019, 98: 131-136.
[90] Wang X F, Li Y, Wang H R, et al. Targeted biochar application alters physical, chemical, hydrological and thermal properties of salt-affected soils under cotton-sugarbeet intercropping. CATENA, 2022, 216: 106414.
[91] Han L, Zhang H, Xu Y, et al. Biological characteristics and salt-tolerant plant growth-promoting effects of an ACC deaminase-producing *Burkholderia pyrrocinia* strain isolated from the tea rhizosphere. Archives of Microbiology, 2021, 203(5): 2279-2290.
[92] Liu C H, Hu N J, Song W X, et al. Aquaculture feeds can be outlaws for eutrophication when hidden in rice fields? A case study in Qianjiang, China. International Journal of Environmental Research and Public Health, 2019, 16(22): 4471.
[93] Liu X, Bakshi B R, Rugani B, et al. Quantification and valuation of ecosystem services in life cycle assessment: application of the cascade framework to rice farming systems. Science of the Total Environment, 2020, 747: 141278.
[94] Fang F, Feng J, Li F, et al. Impacts of the north migration of China's rice production on its ecosystem service value during the last three decades (1980—2014). Journal of Integrative Agriculture, 2017, 16(1): 76-84.
[95] Li H, Wang J, Liu H, et al. Quantitative analysis of temporal and spatial variations of soil salinization and groundwater depth along the Yellow River saline-alkali land. Sustainability, 2022, 14(12): 6967.
[96] Li J, Han J C, Chen C, et al. Characteristics of soil stability and carbon sequestration under water storage and drainage model. Proceedings of the 3rd International Conference on Agricultural and Biological Sciences (ABS), Qingdao, Peoples R China, 2017, 77: 012009.
[97] Xiao D, Huang J, Li J, et al. Inversion study of cadmium content in soil based on reflection spectroscopy and MSC-ELM model. Spectrochimica Acta Part A: Molecular and Biomolecular Spectroscopy, 2022, 283: 121696.
[98] Xiao Y, Xie G D, Lu C X, et al. The value of gas exchange as a service by rice paddies in suburban Shanghai, PR China. Agriculture Ecosystems & Environment, 2005, 109(3-4): 273-283.
[99] Wang Z, Zhang X, Zhang F, et al. Estimation of soil salt content using machine learning techniques based on remote-sensing fractional derivatives, a case study in the Ebinur Lake Wetland National Nature Reserve, Northwest China. Ecological Indicators, 2020, 119: 106869.
[100] Wang Z P, DeLaune R D, Patrick W H Jr, et al. Soil redox and pH effects on methane production in a flooded rice soil. Soil Science Society of America Journal, 1993, 57(2): 382-385.
[101] Kakeh J, Gorji M, Mohammadi M H, et al. Biological soil crusts determine soil properties and salt dynamics under arid climatic condition in Qara Qir, Iran. Science of the Total Environment, 2020, 732: 139168.

[102] Temiz C, Cayci G. The effects of gypsum and mulch applications on reclamation parameters and physical properties of an alkali soil. Environmental Monitoring and Assessment, 2018, 190(6): 347.

[103] Ketterings Q M, Blair J M, Marinissen J C Y. Effects of earthworms on soil aggregate stability and carbon and nitrogen storage in a legume cover crop agroecosystem. Soil Biology & Biochemistry, 1997, 29(3-4): 401-408.

[104] Peixoto R S, Coutinho H L C, Madari B, et al. Soil aggregation and bacterial community structure as affected by tillage and cover cropping in the Brazilian Cerrados. Soil & Tillage Research, 2006, 90(1-2): 16-28.

[105] Franzluebbers A J, Wright S F, Stuedemann J A. Soil aggregation and glomalin under pastures in the southern piedmont USA. Soil Science Society of America Journal, 2000, 64(3): 1018-1026.

[106] Hata K J. Perspectives for fish protection in Japanese paddy field irrigation systems. Japan Agricultural Research Quarterly, 2002, 36(4): 211-218.

[107] Baskent E Z. A framework for characterizing and regulating ecosystem services in a management planning context. Forests, 2020, 11(1): 102.

[108] Chen Y, Fu Y, Zhang Z, et al. Review of the Chinese patents on coastal saline-alkali soil improvement. Chinese Agricultural Science Bulletin, 2014, 30(11): 279-285.

[109] Tisdall J M, Oades J M. Organic matter and water-stable aggregates in soils. Journal of Soil Science, 1982, 33(2): 141-163.

[110] Li Y, Li J, Wen J. Drip irrigation with sewage effluent increased salt accumulation in soil, depressed sap flow, and increased yield of tomato. Irrigation and Drainage, 2017, 66(5): 711-722.

[111] Oades J M, Waters A G. Aggregate hierarchy in soils. Australian Journal of Soil Research, 1991, 29(6): 815-828.

[112] Laird D A, Fleming P, Davis D D, et al. Impact of biochar amendments on the quality of a typical Midwestern agricultural soil. Geoderma, 2010, 158(3-4): 443-449.

[113] Denef K, Six J, Merckx R, et al. Short-term effects of biological and physical forces on aggregate formation in soils with different clay mineralogy. Plant Soil, 2002, 246(2): 185-200.

[114] Duiker S W, Rhoton F E, Torrent J, et al. Iron (hydr)oxide crystallinity effects on soil aggregation. Soil Science Society of America Journal, 2003, 67(2): 606-611.

[115] Barral M T, Arias M, Guérif J. Effects of iron and organic matter on the porosity and structural stability of soil aggregates. Soil & Tillage Research, 1998, 46(3-4): 261-272.

[116] Zhao Y, Wang S, Li Y, et al. Prospects of using flue gas desulfurization gypsum to ameliorate saline-alkaline soils. Journal of Tsinghua University Science and Technology, 2022, 62(4): 735-745.

[117] Minello T J, Zimmerman R J. Utilization of natural and transplanted Texas salt marshes by fish and decapod crustaceans. Marine Ecology Progress Series, 1992, 90(3): 273-285.

[118] Lehmann A, Rillig M C. Understanding mechanisms of soil biota involvement in soil aggregation: a way forward with saprobic fungi?. Soil Biology & Biochemistry, 2015, 88: 298-302.

[119] Zhou Y K, Zhang X Y, Yu H, et al. Land use-driven changes in ecosystem service values and simulation of future scenarios: a case study of the Qinghai Xizang plateau. Sustainability, 2021, 13(7): 4079.

[120] Brown L, Wolf J M, Prados R, et al. Through the wall: extracellular vesicles in Gram-positive bacteria, mycobacteria and fungi. Nature Reviews Microbiology, 2015, 13(10): 620-630.

[121] Chenu C, Guérif J. Mechanical strength of clay-minerals as influenced by an adsorbed polysaccharide. Soil Science Society of America Journal, 1991, 55(4): 1076-1080.

[122] Haynes R J, Beare M H. Influence of six crop species on aggregate stability and some labile organic matter fractions. Soil Biology & Biochemistry, 1997, 29(11-12): 1647-1653.

[123] Caesar-Tonthat T C, Espeland E, Caesar A J, et al. Effects of *Agaricus lilaceps* fairy rings on soil aggregation and microbial community structure in relation to growth stimulation of western wheatgrass (*Pascopyrum smithii*) in Eastern *Montana* rangeland. Microbial Ecology, 2013, 66(1): 120-131.
[124] Lehmann A, Leifheit E F, Rillig M C. Mycorrhizas and soil aggregation//Johnson N C, Gehring C, Jansa J. Mycorrhizal Mediation of Soil. Amsterdam: Elsevier, 2017: 241-262.
[125] Angers D A, Chenu C. Dynamics of soil aggregation and C sequestration//Proceedings of the Symposium on Carbon Sequestration in Soils. Florida: CRC Press-Taylor & Francis Group, 1998: 199-206.
[126] Ambriz E, Báez-Pérez A, Sánchez-Yáñez J M, et al. *Fraxinus-Glomus-Pisolithus* symbiosis: plant growth and soil aggregation effects. Pedobiologia, 2010, 53(6): 369-373.
[127] Daynes C N, Zhang N, Saleeba J A, et al. Soil aggregates formed *in vitro* by saprotrophic Trichocomaceae have transient water-stability. Soil Biology & Biochemistry, 2012, 48: 151-161.
[128] Nath A J, Lal R. Effects of tillage practices and land use management on soil aggregates and soil organic carbon in the North Appalachian Region, USA. Pedosphere, 2017, 27(1): 172-176.
[129] Feng H, Wang S, Gao Z, et al. Aggregate stability and organic carbon stock under different land uses integrally regulated by binding agents and chemical properties in saline-sodic soils. Land Degradation & Development, 2021, 32(15): 4151-4161.
[130] Hamblin A P, Greenland D J. Effect of organic constituents and complexed metal ions on aggregate stability of some east Anglian soils. Journal of Soil Science, 1977, 28(3): 410-416.
[131] Feizi M, Hajabbasi M A, Mostafazadeh-Fard B. Saline irrigation water management strategies for better yield of safflower (*Carthamus tinctorius* L.) in an arid region. Australian Journal of Crop Science, 2010, 4(6): 408-414.
[132] Rao B R M, Sanrma R C, Ravi Sankar T, et al. Spectral behaviour of salt-affected soils. International Journal of Remote Sensing, 1995, 16(12): 2125-2136.
[133] Bearden B N, Petersen L. Influence of arbuscular mycorrhizal fungi on soil structure and aggregate stability of a vertisol. Plant and Soil, 2000, 218(1-2): 173-183.
[134] Karami A, Homaee M, Afzalinia S, et al. Organic resource management: impacts on soil aggregate stability and other soil physico-chemical properties. Agriculture Ecosystems & Environment, 2012, 148: 22-28.
[135] Zema D A, Esteban Lucas-Borja M, Andiloro S, et al. Short-term effects of olive mill wastewater application on the hydrological and physico-chemical properties of a loamy soil. Agricultural Water Management, 2019, 221: 312-321.
[136] En H W, Yu S Z, Xiang W C, et al. Effect of heavy machinery operation on soil aggregates character in phaeozem region. Journal of Soil Science, 2009, 40(4): 756-760.
[137] Chaney K, Swift R S. The influence of organic matter on aggregate stability in some British soils. Journal of Soil Science, 1984, 35(2): 223-230.
[138] Golchin A, Clarke P, Oades J M, et al. The effects of cultivation on the composition of organic-matter and structural stability of soils. Australian Journal of Soil Research, 1995, 33(6): 975-993.
[139] Zhu J K. Plant salt tolerance. Trends in Plant Science, 2001, 6(2): 66-71.
[140] Hernanz J L, López R, Navarrete L, et al. Long-term effects of tillage systems and rotations on soil structural stability and organic carbon stratification in semiarid central Spain. Soil & Tillage Research, 2002, 66(2): 129-141.
[141] Golchin A, Baldock J A, Oades J M. A model linking organic matter decomposition, chemistry, and aggregate dynamics//Proceedings of the Symposium on Carbon Sequestration in Soils. Raton: CRC Press-

Taylor & Francis Group, 1998: 245-266.

[142] Zuo W, Xu L, Qiu M, et al. Effects of different exogenous organic materials on improving soil fertility in coastal saline-alkali soil. Agronomy, 2023, 13(1): 61.

[143] Xu Y Q, Xiao F J. Assessing changes in the value of forest ecosystem services in response to climate change in China. Sustainability, 2022, 14(8): 4773.

[144] Cano M S, Zaccaro M C, Palma R M, et al. Saline sodic soil changes by inoculation of *Tolypothrix tenuis* (cyanobacteria)sheaths or exopolysaccharide. The Indian Journal of Agricultural Sciences, 2001, 71(4): 282-283.

[145] Le Bissonnais Y. Aggregate stability and assessment of crustability and erodibility: 1. Theory and methodology. European Journal of Soil Science, 1996, 47: 425-437.

[146] Pedraza R A, Williams-Linera G. Evaluation of native tree species for the rehabilitation of deforested areas in a Mexican cloud forest. New Forests, 2003, 26(1): 83-99.

[147] Zhu G, Shangguan Z, Deng L. Variations in soil aggregate stability due to land use changes from agricultural land on the Loess Plateau, China. CATENA, 2021, 200: 105181.

[148] Jastrow J D, Miller R M, Boutton T W. Carbon dynamics of aggregate-associated organic matter estimated by carbon-13 natural abundance. Soil Science Society of America Journal, 1996, 60(3): 801-807.

[149] Singh Y P, Arora S, Mishra V K, et al. Harnessing agricultural potential of degraded alkaline soils through combined use of municipal solid waste compost and inorganic amendments. Communications in Soil Science and Plant Analysis, 2022, 53(8): 1026-1038.

[150] Crescimanno G, Iovino M, Provenzano G. Influence of salinity and sodicity on soil structural and hydraulic characteristics. Soil Science Society of America Journal, 1995, 59(6): 1701-1708.

[151] Edelstein M, Plaut Z, Ben-Hur M. Water salinity and sodicity effects on soil structure and hydraulic properties. Advances in Horticultural Science, 2010, 24(2): 154-160.

[152] Frenkel H, Goertzen J O, Rhoades J D. Effects of clay type and content, exchangeable sodium percentage, and electrolyte concentration on clay dispersion and soil hydraulic conductivity. Soil Science Society of America Journal, 1978, 42(1): 32-39.

[153] Fei Y, She D, Gao L, et al. Micro-CT assessment on the soil structure and hydraulic characteristics of saline/sodic soils subjected to short-term amendment. Soil and Tillage Research, 2019, 193: 59-70.

[154] Cong P F, Ouyang Z, Hou R X, et al. Effects of application of microbial fertilizer on aggregation and aggregate-associated carbon in saline soils. Soil & Tillage Research, 2017, 168: 33-41.

[155] Mishra A, Sharma S D, Khan G H. Rehabilitation of degraded sodic lands during a decade of *Dalbergia sissoo* plantation in Sultanpur District of Uttar Pradesh, India. Land Degradation & Development, 2002, 13(5): 375-386.

[156] Xing X, Kang D, Ma X. Differences in loam water retention and shrinkage behavior: effects of various types and concentrations of salt ions. Soil & Tillage Research, 2017, 167: 61-72.

[157] Li M, Yu H, Zheng D, et al. Effects of salt and solidification treatment on the oil-contaminated soil: a case study in the coastal region of Tianjin, China. Journal of Cleaner Production, 2021, 312: 127619.

[158] Li K S, Kong W H, Xu W S, et al. Impacts of application patterns and incorporation rates of dredged Yellow River sediment on structure and infiltration of saline-alkali soil. International Journal of Agricultural and Biological Engineering, 2022, 15(4): 139-146.

[159] Li W, Liu S, Ye X, et al. Effects of the co-culture of rice and aquatic animals on soil eco-system: a review. Journal of Ecology and Rural Environment, 2021, 37(10): 1292-1300.

[160] Li X, Li Y, Wang B, et al. Analysis of spatial-temporal variation of the saline-sodic soil in the west of Jilin

Province from 1989 to 2019 and influencing factors. CATENA, 2022, 217: 106492.

[161] Li X, Wang A, Wan W, et al. High salinity inhibits soil bacterial community mediating nitrogen cycling. Applied and Environmental Microbiology, 2021, 87(21): e0136621.

[162] Aly A A. Soil and groundwater salinization in Siwa Oasis and management opportunities: twenty year change detection and assessment. Arid Land Research and Management, 2020, 34(2): 117-135.

[163] Graham P M, Palmer T A, Pollack J B. Oyster reef restoration: substrate suitability may depend on specific restoration goals. Restoration Ecology, 2017, 25(3): 459-470.

[164] Duan M L, Liu G H, Zhou B B, et al. Effects of modified biochar on water and salt distribution and water-stable macro-aggregates in saline-alkaline soil. Journal of Soils and Sediments, 2021, 21(6): 2192-2202.

[165] Ford M A, Cahoon D R, Lynch J C. Restoring marsh elevation in a rapidly subsiding salt marsh by thin-layer deposition of dredged material. Ecological Engineering, 1999, 12(3-4): 189-205.

[166] Fu T F, Yu H J, Jia Y G, et al. Application of an *in situ* electrical resistivity device to monitor water and salt transport in Shandong coastal saline soil. Arabian Journal for Science and Engineering, 2015, 40(7): 1907-1915.

[167] Cui S, Cao G, Zhu X. Evaluation of ecosystem service of straw return to soil in a wheat field of China. International Journal of Agricultural and Biological Engineering, 2021, 14(1): 192-198.

[168] Dong X, Guan T, Li G, et al. Long-term effects of biochar amount on the content and composition of organic matter in soil aggregates under field conditions. Journal of Soils and Sediments, 2016, 16(5): 1481-1497.

[169] Huang X L, Cheng L L, Chien H, et al. Sustainability of returning wheat straw to field in Hebei, Shandong and Jiangsu provinces: a contingent valuation method. Journal of Cleaner Production, 2019, 213: 1290-1298.

[170] Aggarwal R, Kaushal M, Kaur S, et al. Water resource management for sustainable agriculture in Punjab, India. Water Science and Technology, 2009, 60(11): 2905-2911.

[171] Armitage A R, Ho C K, Madrid E N, et al. The influence of habitat construction technique on the ecological characteristics of a restored brackish marsh. Ecological Engineering, 2014, 62: 33-42.

[172] Abiven S, Menasseri S, Angers D A, et al. Dynamics of aggregate stability and biological binding agents during decomposition of organic materials. European Journal of Soil Science, 2007, 58(1): 239-247.

[173] Pojasok T, Kay B D. Assessment of a combination of wet sieving and turbidimetry to characterize the structural stability of moist aggregates. Canadian Journal of Soil Science, 1990, 70(1): 33-42.

[174] Acharya C L, Abrol I P. Exchangeable sodium and soil water behavior under field conditions. Soil Science, 1978, 125(5): 310-319.

[175] Quirk J P, Schofield R K. Landmark Papers: No. 2. The effect of electrolyte concentration on soil permeability. European Journal of Soil Science, 2013, 64(1): 8-15.

[176] Robbins C W. Carbon dioxide partial pressure in lysimeter soils. Agronomy Journal, 1986, 78(1): 151-158.

[177] Castellini M, Giglio L, Niedda M, et al. Impact of biochar addition on the physical and hydraulic properties of a clay soil. Soil & Tillage Research, 2015, 154: 1-13.

[178] Yue Y, Guo W N, Lin Q M, et al. Improving salt leaching in a simulated saline soil column by three biochars derived from rice straw (*Oryza sativa* L.), sunflower straw (*Helianthus annuus*), and cow manure. Journal of Soil and Water Conservation, 2016, 71(6): 467-475.

[179] Akhtar S S, Andersen M N, Liu F. Residual effects of biochar on improving growth, physiology and yield of wheat under salt stress. Agricultural Water Management, 2015, 158: 61-68.

[180] Chang L, Zhao Z, Jiang L, et al. Quantifying the ecosystem services of soda saline-alkali grasslands in western Jilin Province, NE China. International Journal of Environmental Research and Public Health, 2022, 19(8): 4760.
[181] Islam M K, Mondelli D, Al Chami Z, et al. Comparison of maturity indices for composting different organic waste. Journal of Residuals Science & Technology, 2012, 9(2): 55-64.
[182] Tryon E H. Effect of charcoal on certain physical, chemical, and biological properties of forest soils. Ecological Monographs, 1948, 18(1): 81-115.
[183] Liu X, Lu X, Zhao W Q, et al. The rhizosphere effect of native legume Albizzia julibrissin on coastal saline soil nutrient availability, microbial modulation, and aggregate formation. Science of the Total Environment, 2022, 806: 150705.
[184] Buckley M E, Wolkowski R P. In-season effect of flue gas desulfurization gypsum on soil physical properties. Journal of Environmental Quality, 2014, 43(1): 322-327.
[185] Li Y, Feng G, Tewolde H, et al. Soil aggregation and water holding capacity of soil amended with agro-industrial byproducts and poultry litter. Journal of Soils and Sediments, 2021, 21(2): 1127-1135.
[186] 董伟, 杜学军, 王栋, 等. 新型改良剂对苏打碱土理化性质及水稻产量的影响. 干旱地区农业研究, 2018, 36(1): 61-65.
[187] Mustafa A, Xu M, Shah S, et al. Soil aggregation and soil aggregate stability regulate organic carbon and nitrogen storage in a red soil of Southern China. Journal of Environmental Management, 2020, 270: 110894.
[188] Cheng H, Xu W, Liu J, et al. Application of composted sewage sludge (CSS) as a soil amendment for turfgrass growth. Ecological Engineering, 2007, 29(1): 96-104.
[189] Tirado-Corbalá R, Slater B K, Dick W A, et al. Gypsum amendment effects on micromorphology and aggregation in no-till Mollisols and Alfisols from western Ohio, USA. Geoderma Regional, 2019, 16: e00217.
[190] Oades J M. Associations of Colloids in Soil Aggregates. New York: Plenum Press, 1990: 463-483.

第 5 章　盐碱土壤水特征及水管理

土壤水指的是由地面以下至地下水以上土壤中的水分。土壤水关系到整个生物圈和人类生存的生态环境，是联系地表水与地下水的纽带，是保证作物收成的主要条件，在全球水文循环中具有重要作用。

本章首先讨论了水的结构特点以及土壤水形态和能态、盐碱土壤的水流过程以及土壤田间水分循环，并结合相应内容展示了盐碱土壤改良对土壤持水能力和土壤入渗能力的影响。而土壤水并非是纯水而是稀薄的溶液，有胶体颗粒悬浮或分散，是土壤最活跃的因素之一，是作物吸水的主要来源。盐分是盐碱土壤中最重要的溶质，本章后续讨论了土壤的水盐运移模型发展、常用的水盐运移模型以及盐碱土壤改良过程中的水盐运移研究。最后从全球和中国水资源的角度，讨论了水资源现状、水资源在农业上存在的问题以及水资源现状对盐碱土壤的影响。

5.1　土壤水特征

5.1.1　土壤水的结构与相关特性

先了解土壤水的结构与相关特性对之后讨论土壤水的保持与运动是十分有益的。水是简单的化合物，一个水分子由一个氧原子和两个氢原子组成，氢原子和氧原子共享同一个电子，氢原子和氧原子之间通过共价键连接，水分子的三个原子形成 105°键角(图 5-1)。虽然水的分子量很低，但独特的结构使得其在正常温度下是液体而非气体。

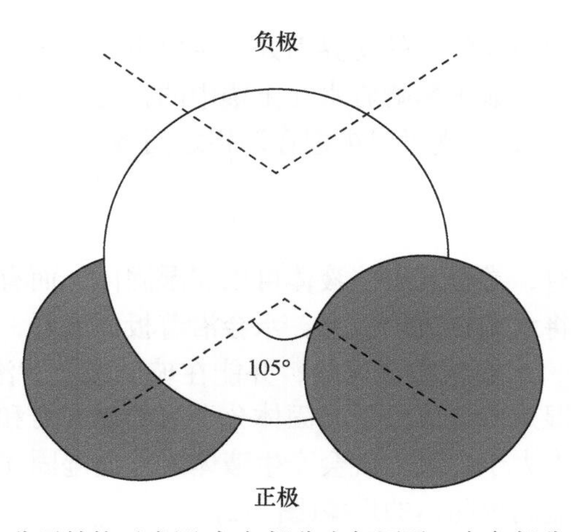

图 5-1　水分子结构示意图(灰色部分为氢原子，白色部分为氧原子)

1. 极性

水分子中氢原子和氧原子的不对称排列导致其静电荷不平衡。在水分子中的氧原子一端出现过剩的负电荷，在氢原子一端出现过剩的正电荷，这样的电荷分布形成一个电偶极体或极性分子，使得水分子对相邻的分子具有一定吸力，而使其呈某种定向排列。

2. 氢键

水分子的氢原子一端是正极，氧原子一端是负极，正极会吸引临近水分子的负极，从而和相邻的水分子连接在一起，这种相互吸引力称为氢键。氢键的能量远小于氢原子和氧原子之间的共价键。水分子之间氢键的存在使得水在沸点、比热容、汽化热、溶解性和表面张力等方面具有特殊的性质。

3. 水合作用

溶质的分子或离子与溶剂的分子相结合的作用称为溶剂化作用，生成水合分子(水合离子)的过程称为水合作用。水是极性分子，可以被带静电离子或胶体表面吸附。一些阳离子如 Na^+、K^+、Ca^{2+}等可以被吸引到水分子中带负电的氧离子一端形成化合物，同样带负电的胶体可以通过吸引水分子中带正电的氢离子而吸附水分子。由于离子化合物对水分子的吸引力大于水分子之间的作用力，水分子的极性会促进盐分溶解。

4. 内聚力与黏着力

水分子之间的吸引力称为内聚力，水分子与固体表面之间的吸引力称为黏着力。土壤颗粒系统通过结合内聚力和黏着力而调控着水的储存与运动。

5. 表面张力

表面张力常存在于液态与气态的交界面处，主要由水分子之间的内聚力大于水分子与空气之间的引力而形成，显著影响着水在土壤中的行为。常见的表面张力现象有昆虫“立”在水面而不沉于水中，水滴可以被捏在两指之间等。

6. 浸润现象

当液体和固体接触时，常看到有些液体可以润湿固体，而有些液体不能湿润固体的现象。以玻璃板为例，将水滴在玻璃板上，水会沿着板面展开，表明水能够润湿玻璃；而将水银滴在玻璃板上，水银将缩成球状，并能在玻璃板上“滚动”，表明水银不能润湿玻璃。润湿或者不润湿是由液体分子与固体分子间的黏着力和液体分子之间的内聚力的大小而决定，当黏着力大于内聚力就会产生液体能够润湿固体的现象，当黏着力小于内聚力就会产生液体不能润湿固体的现象(图 5-2)。

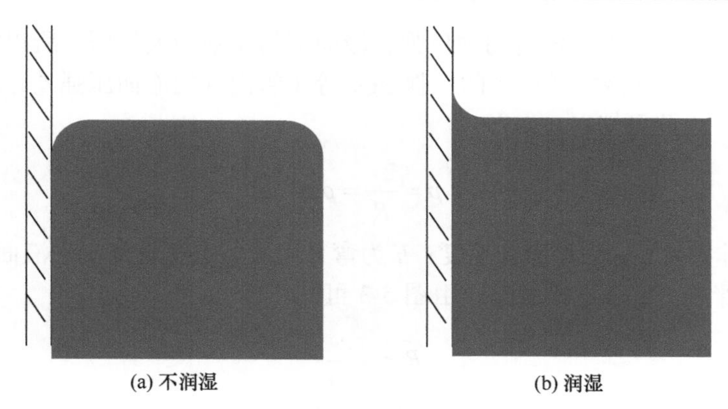
(a) 不润湿　(b) 润湿

图 5-2　浸润现象示意图

7. 毛细管作用

管径很细的管称为毛细管，将毛细管插入液体内，管内外液面会产生高度差。如果液体能润湿管壁，管内液面较管外升高；如果液体不能润湿管壁，管内液面反而较管外降低，这一现象称为毛细现象。水与固体间的吸引力以及水的表面张力共同形成了毛细管现象。

如图 5-3 所示，管内的弯月面是凹的，附加压强向上，因此液面下的压强小于大气压。一般毛细管的截面是圆形的，弯月面与毛细管构成了近球体的一部分，而附加压强与曲面的曲率半径有关[式(5-1)]。按照式(5-1)，在凹形液面下有负的附加压强：

$$p=\frac{2\gamma}{R} \tag{5-1}$$

式中：p 为压强；R 为球形液面的半径；γ 为表面张力。半径越小，附加压强越大。

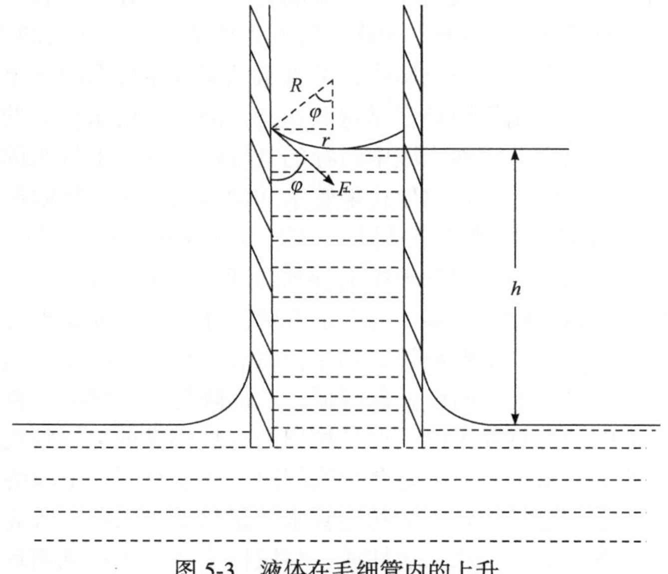

图 5-3　液体在毛细管内的上升

因为管外液面是平的，没有附加压强，液面下的压强为大气压，所以管内的液面被压上升到高度 h。管内液柱所产生的压强 ρgh 等于管内外的液面压强差，也就是弯月面上的附加压强。由此可知

$$p=\frac{2\gamma}{R}=\rho gh \tag{5-2}$$

式中：ρ 为液体密度；g 为重力加速度；h 为弯月面最低点至管外水平液面的高度。用 r 表示毛细管的半径，φ 表示接触角，由图 5-3 可知

$$R=\frac{r}{\cos\varphi} \tag{5-3}$$

将 R 代入式(5-2)得

$$\frac{2\gamma\cos\varphi}{r}=\rho gh \tag{5-4}$$

由此得出液体上升高度

$$h=\frac{2\gamma\cos\varphi}{r\rho g} \tag{5-5}$$

将毛细管直径 $D=2r$ 代入式(5-5)得

$$h=\frac{4\gamma\cos\varphi}{D\rho g} \tag{5-6}$$

式(5-5)和式(5-6)称为 Jurin 式，毛细管内液体上升高度与毛细管管径成反比，管径越细，液体上升高度越大。

如果液体不能够湿润管壁，管内液体的弯月面是凸的，弯月面所产生的附加压强是正的，管内的液面也将低于管外液面。不能湿润管壁的液体在毛细管内下降的高度也可以用式(5-5)计算，接触角 φ 大于 90°，计算出的 h 为负值，表示液面的下降。

毛细管作用主要发生在湿润的土壤中，毛管水的运动主要取决于毛细管的尺寸，但由于土壤孔隙并非笔直的玻璃管而是多呈弯曲状态，因此土壤水运动的速度与上升高度不仅仅由土壤孔隙尺寸决定。一些土壤中封存的气体也会减缓毛管水的上升。在砂土中存在大量的中尺度和大尺度毛管孔隙使得毛管水初期运动较快，但限制了毛管水上升高度。黏土中存在大量发育较好的细小孔隙，导致水分与孔隙壁之间产生了较大的摩擦力，降低了毛管水上升速度。虽然黏土中毛管水初期上升速度较慢，但一定时间之后黏土中毛管水上升高度要高于砂土。壤土的毛细管特征介于砂土和黏土之间。

土壤毛细管上升高度主要受颗粒组成和结构状态的影响，碱化土壤受不同碱化程度的影响，使碱化土壤毛管水上升高度显著降低，从而降低了土壤向植物供水的能力。水稻种植是改良盐碱地的一种重要手段，但是稻田的大规模发展会导致地下水位变浅，地下水位的变化将导致毛管水上升，可能会导致稻田区域以及周围土壤的次生盐碱化。

有关毛管水的测定主要是测定土壤的毛管水含量与毛管水的上升高度。土壤毛管水上升高度的测定方法有：毛管仪法、土柱法、整段标本法、土壤剖面观察法、风干土壤剖面法等。

土壤毛管水的测定[1]：

(1) 样品的采集应尽量避免破坏原状土的结构，所用环刀筒一端的盖子要带孔并垫有滤纸。每层重复三次，装入木箱带回室内。

(2) 把装有原状土的环刀筒打开盖子，将其有孔并垫有滤纸的一端置于盛有薄层水的瓷盘或白铁盘中，让其借土壤毛管力将水分引入土体中。一般砂土需 4～6 h，而黏土则需 8～12 h 或更长。

(3) 浸入薄层水中环刀筒到达预定的时间后即称量。然后再放到薄层水中，而浸入薄层水中的时间砂土约再需要 2 h，黏土约再需要 4 h，继续称量。如果前后两次质量无显著差异，则从筒中用小刀自上到下均匀取出部分样品，放入铝盒中，测定土壤含水量。重复三次，以烘干样品质量为基础的百分数表示毛细管含水量。

5.1.2　土壤水的形态与能态

1. 土壤水的定量与测定

土壤是由土壤固相、土壤液相以及土壤气相组成的一种多孔介质。土壤中所含水分的多少，是由三相中水相所占的相对比例表示。土壤含水量是表征土壤水分状况的指标之一，也称土壤含水量、土壤湿度等。土壤含水量常用质量含水量和体积含水量表示：

(1) 质量含水量：土壤中水分的质量与相应固体物质量的比值。

(2) 体积含水量：土壤中水分占据的体积与土壤总体积的比值。

准确的土壤含水量对于指导农业生产具有重要意义，以下介绍土壤含水量的常用测定方法。

1) 重量法

重量法也称烘干法，是直接测定土壤含水量最经典最准确的方法，常作为其他间接测定方法的依据。烘干法的主要步骤为：首先称量湿土，在 105℃的恒温箱中烘干 24 h 干燥脱水，之后再称干土质量测定土样的质量含水量，两次称量之间的差值即为土壤含水量。烘干法虽然是最为准确经典的方法，但是对土样具有破坏性，常用作标准校准的方法，不能自动测量，不适于检测土壤湿度的变化。

2) 中子法

中子法适用于野外土壤水分的测定，中子仪探头放射源发射出的中子与周围土壤中的氢核碰撞后，根据氢核降低快中子的速度并把它们散射开的原则计算土壤的含水量。中子仪有很多方面的优点，但是对高有机质含量土壤有相当的限制，而且仪器昂贵，不适宜测定 0～15 cm 的土壤含水量。

3) γ 射线法

γ 射线法是 20 世纪 50 年代左右发展起来的一种土壤含水量测定方法，它是利用放射性同位素(如 ^{137}Cs、^{241}Am)放射的 γ 射线在穿过土壤时的衰减程度随土壤湿容重的增加而提高，进而确定土壤的含水量。

4) TDR 法

TDR(time domain reflectometry，时域反射仪)法是 20 世纪 80 年代发展起来的一种土

壤含水量测定方法。TDR 是根据电磁波在介质中的传播速度来测定介质的介电常数，从而确定土壤体积含水量的方法。TDR 法信号的衰减程度和土壤溶液中含盐量相关，因此，它既可以测土壤的含水量又可以测含盐量。TDR 法操作简单，但仪器较贵、分辨率较低。

5) FDR 法

FDR(frequent domain reflectometry，频域反射)法是利用电磁脉冲原理，根据电磁波在介质中传播频率来测量土壤的表观介电常数，从而获得土壤体积含水量。

6) 电容法

电容法是将电容传感器置于土壤中，通过测量沿细金属棒的电压变化来确定土壤的介电常数(土壤的相对介电常数为 4，空气为 1，而水具有较大的相对介电常数，约为 80)，通过介电常数的变化进而推算出土壤含水量。

7) 遥感测量

遥感测量是通过土壤表面发射或反射的电磁能量来评估土壤含水量。遥感测量是一种相对较新的土壤水分测定技术，适于大面积土壤表层含水量的测定。

2. 土壤水的形态

在自然条件下土壤中的含水量随时空而变化。为了区分不同含水量土壤水分的不同特性，许多学者对土壤水进行了形态分类。分类方法有多种，但都是基于土壤水存在的形态以及所受的作用力的性质和大小不同而进行分类，本书将按照雷志栋院士撰写的《土壤水动力学》中对土壤水的分类进行介绍。雷志栋院士将土壤水所受的作用力概括为吸附力、吸着力、毛管力和重力四种，将土壤中的液态水概括为吸湿水、薄膜水、毛管水及重力水四类[2]。

(1) 吸湿水：单位体积土壤具有的土壤颗粒表面积很大，因而具有很强的吸附力，能将周围环境中的水汽分子吸附于自身表面，这种束缚在土壤颗粒表面的水分称为吸湿水。土壤吸湿水量达到最大时对应的含水量称为最大吸湿量或吸湿系数。由于吸湿水与土壤颗粒结合紧密，土壤颗粒对水分子的吸附力最里层可达 10000～20000 atm (1 atm = 0.101325 MPa)，最外层约为 31 atm，不易被植物根系吸收，对植物生长的影响较小。

(2) 薄膜水：当吸湿水达到最大量后，土壤颗粒已经不能吸附具有较强活动能力的水汽分子，只能吸附周围环境中的液态水分子，使得吸湿水外形成一层水膜并随着吸持的液态水增加而加厚，这种被土壤颗粒吸附的液态水称为薄膜水。薄膜水达到最大值时土壤的含水量称为最大分子持水量。薄膜水同样与土壤颗粒结合较紧密，最外层水分子所受的吸着力约为 6.25 atm，不易被植物根系吸收，对植物生长的影响也较小。

(3) 毛管水：土壤颗粒间细小的孔隙可以视为毛细管，毛细管中水汽界面为一个弯月面，弯月面下的液态水因表面张力作用而承受吸持力，这种力也称毛管力。土壤中薄膜水达到最大值后，多余的水分会被毛管力吸持在土壤孔隙中，称为毛管水。毛细管悬着水量达最大值时的土壤含水量称为田间吃水量。毛管水是植物吸水的主要来源，土壤中毛管水含量的适度增加有利于植物生长和土壤生物活性，同时也有助于土壤中化学反应的进行。

(4) 重力水：毛管力会随着毛细管直径的增大而减小，当土壤孔隙的直径很大时，毛细管作用会十分微弱，通常将这种土壤孔隙称为非毛管孔隙。当土壤的含水量超过毛管力的吸附能力，不能被毛管力所吸持，在重力的作用下沿着非毛管孔隙下渗时，这部分水称为重力水。当土壤中的孔隙全部被水充满时，土壤的含水量称为饱和含水量或全蓄水量。然而，当重力水过量时可能导致土壤过于湿润，不利于植物生长和土壤生物活动，同时也会影响土壤中的氧气供应，可能导致土壤缺氧及根系腐烂等问题。

以上根据土壤水分形态不同而定义的土壤特征含水量称为土壤水分常数。在农业生产中常用的水分常数还有凋萎系数、土壤有效含水量等。凋萎系数是指土壤中的薄膜水所受土壤介质的吸着力约为 15 atm 时，土壤中的水分不能被根系吸收，植物开始发生永久凋萎时的土壤含水量。土壤有效含水量是指土壤中能够被作物吸收利用的水量，即田间持水量与凋萎系数之间的土壤含水量。

3. 土壤水的能态

土壤含水量只能提供土壤水分的数量信息，不能用来判断土壤水分的运动方向与速度。其实土壤的持水能力、土壤水分运动以及作物吸水等现象都与能量有关。一般物质的能量分为动能和势能，在土壤中水流速度非常缓慢，通常忽略动能，仅利用势能研究土壤的水分运动。同其他物体一样，土壤水也是从能量高向能量低的方向运动，在相同条件下不同位置水分具有的能量差决定了土壤水分的运动方向及速率。

1) 土水势

土水势指土壤水所具有的势能。确定土壤水的绝对势能是非常困难，甚至有时无法实现的，实际上分析土壤水运动时，不需要测定土壤水的绝对势能。可以选定一个标准参考状态，一般取一定高度处、某一特定温度下、承受标准大气压的纯自由水作为标准参考状态，而其他任意一点的土水势可以利用该点的土壤水状态与标准参考状态的势能差值来定义即可。土水势包括重力势、压力势、基质势、溶质势及温度势五个分势，这些分势同时影响着土壤水的运动与状态。表 5-1 列出的是土水势的单位系统。

表 5-1 土水势的单位系统

土水势	符号	名称	单位
能量/质量	μ_T	化学势	J/kg
能量/容积	ψ_T	土壤水势	N/m^2
能量/质量	h_T	土壤水势透	m

(1) 重力势：土壤水的重力势是由重力场存在而引起的，由土壤水的高度或者垂直位置所决定。

(2) 压力势：土壤水的压力势是由于压力场中压力差的存在而引起的。压力势包含除了重力势和溶质势之外的所有作用于土壤水的势能。

(3) 基质势：土壤水的基质势是由土壤基质对土壤水的吸持作用引起的，主要是土壤基质的吸附作用与毛细管作用。

(4) 溶质势：土壤水的溶质势是土壤溶液中所有形式的溶质对土壤水综合作用的结果。

(5) 温度势：温度势是由温度场的温差而引起的。通常认为由温差导致的土壤水运动通量相对很小，所以分析土壤水运动时常忽略温度势的作用。

土水势的五个分势在实际问题中并非是同等重要的，在分析田间土壤水运动时一般都不考虑溶质势与温度势。

土水势的常用测定方法有以下四种。

(1) 张力计法。

田间条件下一般使用张力计法测定土壤的基质势。张力计主要由底部多孔的陶土头和中部密闭充满水的塑料管以及上部的真空压力表或水银压力计组成。将张力计插入土壤，管中的水分会通过陶土头流出而进入土壤，直至管中的水势与邻近土壤的水势相等。管中水分的流出会导致管内部形成一定的真空度和负压，管内水分承受的压力与土壤的水吸力相同，数值可以由真空压力表或者水印压力计显示从而获得土壤的基质势。

(2) 压力膜装置。

压力膜可以用来测量土壤吸力小于−10 MPa 的土壤基质势。压力膜通过改变土壤周围的压力，使得土壤与周围大气压平衡测定土壤基质势，并通过重量法测定土壤的含水量。与压力板结合，可以测定完整的水分特征曲线。

(3) 热电偶湿度仪。

热电偶湿度仪常用于较干的土壤，能够测量基质吸力和溶质吸力。它是通过测定与土样平衡的闭合气相系统中的湿球降而测定土样的水势。

(4) 电阻法。

将电极置于多孔的石膏、尼龙或玻璃块纤维内，当电阻块被放置在湿土中时能够吸附一定比例的水分，当电阻块内的水势与土水势达到平衡时，水分运动则会停止，这时测定电阻块的电导，并通过校正曲线确定土壤的基质势。

2) 土壤水吸力

土壤水吸力不是指土壤对水的吸力，而是土壤水能态的一种不严格的表示方法。土壤水的基质势和溶质势均为负值，使用时存在不便之处，将基质势和溶质势的相反数定义为土壤水吸力，分别称为基质吸力和溶质吸力，而在研究田间水分运动时，溶质势一般不考虑，因此一般吸力指土壤的基质吸力。

3) 土壤水分特征曲线

土壤水分特征曲线是表示土壤水的基质势或土壤水吸力随土壤含水量变化的曲线，也称土壤持水曲线。土壤水分特征曲线可以反映土壤持水量和土壤水分有效性，以及土壤含水量与能量之间的动态变化关系。

土壤水分特征曲线表示一个土壤的基本特征，具有以下实际意义：

(1) 可以利用土壤水分特征曲线进行土壤水吸力和含水量之间的换算。

(2) 土壤水分特征曲线可以间接反映出土壤孔隙的大小分布状况。

(3) 土壤水分特征曲线可以用于区分不同土壤的持水性以及土壤水分的有效性。

土壤水分特征曲线受到多种因素的影响，主要有土壤质地、土壤温度、土壤干湿变化过程等。

目前常用于测定土壤水分特征曲线的方法有以下三种。

(1) 张力计法。张力计的测定范围为–0.8～0 MPa。可以利用张力计测定原位土壤的基质势，同时测定土壤含水量，建立基质势与土壤含水量之间的联系，获得–0.8～0 MPa范围的土壤水分特征曲线。

(2) 悬挂水柱法。悬挂水柱法常用于测定原状土壤低吸力范围(0～0.01 MPa)的土壤水分特征曲线。

(3) 压力板法。压力板法是一类仪器的总称，也称压力膜仪或土壤水提取器，通过改变土壤周围压力，使土壤与周围大气压力平衡来测定土壤的基质势，并通过重量法测定土壤含水量。测定范围为 0～1500 kPa，可以测定完整的土壤水分特征曲线。

5.1.3　盐碱土壤改良对土壤水分特征曲线的影响

土壤水分特征曲线反映了土壤水基质势随土壤含水量的变化关系，是研究土壤水动力学性质不可缺少的重要参数，对生产实践具有重要的指导作用[3]。

以胡树文教授团队在吉林省通榆县进行的苏打盐碱荒地改良研究为例，研究设置了苏打盐碱荒地(荒地)、农民常规种植水稻(CK)和施用新型生物基有机-无机改良剂后种植水稻(处理)三个处理组，肥料施用、灌水泡田和插秧等田间管理措施均按照当地的常规方法进行[4-6]。利用 Van Genuchten 方程拟合土壤水分特征曲线，得到表 5-2 所示的四个参数，其中参数 n 与 a 为形状参数，n 的大小决定了水分特征曲线的陡度，n 越大，曲线越陡，一般 $n > 1$。从 n 值可以看出处理的水分特征曲线最陡，其次是 CK，荒地最为平缓。a 是进气值的倒数，当吸力增加到土壤孔隙中的水分开始向外排出的临界负压称为进气值。θ_s 与 θ_γ 是土壤质地参数，θ_s 表示土壤的饱和含水量，荒地、CK、处理的饱和含水量分别为：0.578、0.561、0.455；θ_γ 表示残余含水量，三个不同处理组均为 0。

表 5-2　不同处理下水分特征曲线对应各参数

名称	a	n	θ_γ	θ_s	误差平方和
荒地	17.212	1.092	0	0.578	0.0016
CK	20.579	1.124	0	0.561	0.0019
处理	13.451	1.129	0	0.455	0.0004

从图 5-4 所示水分特征曲线的分析可见，在低吸力段($h < 1$ m)由于是土壤孔隙、容重等影响水分特征曲线，所以主要是大孔隙失水，较小的吸力变化就能引起较大的含水量变化，所以不同处理组曲线均较陡直，其中处理变化更加明显，说明改良后土壤含大

孔隙较多；在中高吸力段($h > 7$ m)范围内，经过低吸力段的失水后，土壤中保持的水分较少，所以吸力变化所引起的含水量变化较小，表现为曲线较平缓。在高吸力段，体积含水量表现为荒地 > CK > 处理，可能的原因为在高吸力段影响水分特征曲线的因素变为对水的吸附作用，一方面荒地土壤毛细管孔隙多，比表面积大，吸附能力较 CK 和处理强；另一方面荒地含盐量较高，而土壤颗粒表面是带有电荷的，能够大量吸附溶液中的离子，土壤颗粒大约能够吸附三层离子，增大了比表面积，使其吸附更多的水分子。而且脱湿过程会使一部分盐分析出结晶，增加小孔隙比例，提高其持水性能。这说明添加改良剂进行盐碱地改良，能够有效提高土壤的持水能力。

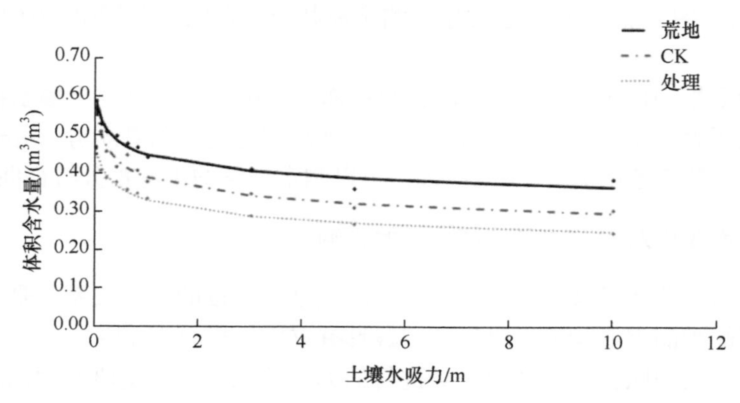

图 5-4　改良盐碱地对土壤水分特征曲线的影响

5.2　盐碱土壤中水的运动

5.2.1　盐碱土壤水流概述

土壤水运动是遵循物质守恒和能量守恒基本原理下水分在土壤这个复杂的多孔介质中的运动过程[7]。土壤中有三种类型的水分运动：饱和流、非饱和流及气态水流动，其中气态水流动一般在相对较干的土壤中进行。土壤水运动的驱动力是土水势梯度，在土水势的各分势中，溶质势只有在存在半透膜的情况下才会发挥作用，一般情况下土壤水运动的驱动力只考虑重力势、压力势和基质势，也就是水力势。盐碱土壤水分的运动过程与正常土壤相同，只是其土壤结构等的差异导致了二者水分运动中存在“数值”上的不同。

1. 饱和流

水分充满土壤间隙时的水流称为饱和流，此时土壤水分运动的驱动力为压力势和重力势梯度。由于水具有黏滞性会与多孔介质之间产生摩擦力，因而在流动过程会出现能量的损失。1856 年，法国水利工程师 Darcy 通过饱和砂层的渗透试验总结出土壤水运动能量损失规律，后人称之为 Darcy 定律[式(5-7)]，成为土壤入渗的理论基础：

$$q = K_s \frac{\Delta H}{L} \tag{5-7}$$

式中：L 为渗流路径的直线长度；H 为总水头或总水势；ΔH 为渗流路径始末断面的总水头差；$\Delta H/L$ 为相应的水力梯度；K_s 为孔隙介质透水性能的综合比例系数，即单位梯度下的通量或渗流速度，其单位与速度单位相同，如 cm/s 或 cm/h，称为饱和导水率或入渗系数。饱和导水率综合反映了多孔介质对某种流体在其中流动的阻碍作用，一方面取决于孔隙介质的基质特征，另一方面也与流体的性质相关，是一个极为重要的参数。

对于三维空间的流动，Darcy 定律写为

$$q = -K_s \nabla H \tag{5-8}$$

式中：∇ 为 Nabla 算子，表示为

$$\nabla = i\frac{\partial}{\partial x} + j\frac{\partial}{\partial y} + k\frac{\partial}{\partial z}$$

式中：x、y、z 为直角坐标系的三个坐标；i、j、k 分别为三个坐标方向的单位向量。

Darcy 定律在绝大多数情况下可以应用于土壤水流计算，只是在粗砂或黏土介质的情况下需要关注 Darcy 定律的上下限限定。很多文献均已指出 Darcy 定律只适用于层流状态，当水流呈紊流状态时，通量与水势梯度不再是线性的。在直管中当雷诺数 Re>1000～2200 时，流动呈紊流状态；在弯曲管道中更容易发生紊流，其临界雷诺数比直管明显降低。在多孔介质中，通常认为水流雷诺数(Re)小于临界值时是层流，通量与水势梯度呈直线关系。对于非线性关系，Forchheimer 提出以下方程来代替 Darcy 定律：

$$\frac{dH}{dx} = av + bv^2 \tag{5-9}$$

式中：a、b 为流体和介质决定的常数；v 为渗透流速。

2. 非饱和流

大多数土壤水流过程都是在土壤处于非饱和状态下进行的，非饱和土壤水分运动的驱动力为基质势和重力势梯度。非饱和土壤中水分运动比饱和土壤中水分运动更加复杂，非饱和土壤中大孔隙充满了气体仅在小孔隙中发生水分运动，并且非饱和土壤的含水量变化很大，极易影响土壤水分运动的速率和方向，定量地说明非饱和流过程是非常困难的。一般认为，适用于饱和水流动的 Darcy 定律在很多情况下也适用于非饱和土壤水分运动。

Richards 在 1931 年将 Darcy 定律引入非饱和土壤水分运动，非饱和流的 Darcy 定律表示为

$$q = -K(\psi_m)\nabla\psi \text{ 或 } q = -K(\theta)\nabla\psi \tag{5-10}$$

式中：ψ 为重力势与基质势之和；K 为非饱和土壤的导水率，也称为水力传导度，由于土壤部分孔隙被气体所填充，其值低于饱和导水率。非饱和导水率还是土壤基质势或含水量的函数，分别记为 $K(\psi_m)$ 或 $K(\theta)$ 。非饱和导水率随着基质势或含水量的减小而降

低，主要原因为：①非饱和导水率是单位梯度时的土壤水分通量 q，在单位水势梯度作用下，当土壤含水量低时，即便水分在孔隙中的真实流速不变，但是孔隙的实际过水面积会减少导致单位时间内通过单位土壤面积的水量也随之减小；②当土壤含水量减小时，较大的孔隙排水，水分将在较小的孔隙中流动，孔隙越小，水流所受的阻力越大；③Darcy 定律中的梯度是按照两点之间的直线距离计算的，而非水分的实际流程。随着含水量的降低，土壤水分越趋于在小孔中流动，水分流动的流程更加弯曲而实际的梯度越小。

3. 气态水流动

土壤水的气态水流动主要有两种形式：内部运动和外部运动。内部运动是发生在土壤孔隙中的气态水运动，外部运动发生在土壤表面通过蒸发产生水分损失。蒸气压会使得水蒸气发生移动，通常水蒸气从潮湿的土壤向较干燥的土壤移动，从低含盐量区向高含盐量区移动。

4. 连续性方程和 Richards 方程

大部分土壤水运动过程都是非稳态的瞬态流，也就是说，土壤含水量(或基质势)不仅是空间变量的函数还是时间变量的函数。质量守恒是物质运动遵循的基本原理，将质量守恒原理应用到多孔介质中的流体流动就得到了连续方程，用于描述土壤中一个无限小点的含水量变化(水不可压缩)：

$$\frac{\partial \theta}{\partial t}=-\left(\frac{\partial q_x}{\partial x}+\frac{\partial q_y}{\partial y}+\frac{\partial q_z}{\partial z}\right) \text{或} \frac{\partial \theta}{\partial t}=-\nabla \cdot q \tag{5-11}$$

式中：θ 为土壤含水量；q_x、q_y、q_z 分别为在 x、y、z 方向的水通量。

1931 年，Richards 将 Darcy 定律与流体连续性方程结合，推出了基本偏微分方程，用于描述非饱和土壤的水分运动，后人称为 Richards 方程：

$$\frac{\partial \theta}{\partial t}=\nabla \cdot [K(\theta)\nabla \psi] \tag{5-12}$$

式(5-12)可以展开为

$$\frac{\partial \theta}{\partial t}=\frac{\partial}{\partial x}\left[K(\theta)\frac{\partial_{\mathrm{m}}}{\partial x}\right]+\frac{\partial}{\partial y}\left[K(\theta)\frac{\partial_{\mathrm{m}}}{\partial y}\right]+\frac{\partial}{\partial z}\left[K(\theta)\frac{\partial_{\mathrm{m}}}{\partial z}\right] \tag{5-13}$$

除式(5-13)外，当因变量不同时，Richards 方程还有许多的变体形式，篇幅原因，就不在此一一赘述了。

5. 土壤水分运动通量法

Darcy 定律和质量守恒原理是土壤水分运动遵循的基本规律，而 Richards 方程是二者的结合。有时也可以不通过 Richards 方程直接应用 Darcy 定律和质量守恒原理分析土壤水分运动，通量法就是其中一种方法。

土壤水分运动通量法是将田间土壤水分运动近似看作一维垂直运动，可将连续性方

程化简积分为

$$q(z^*)-q(z)=\int_{z^*}^{z}\frac{\partial\theta}{\partial t}\mathrm{d}z \tag{5-14}$$

式中：$q(z^*)$和 $q(z)$分别为高度为 z^*和 z 处的土壤水分运动通量。当处于 t_1 到 t_2 时段时，以 $Q(z^*)$、$Q(z)$分别表示在此时段内通过 z^*和 z 处单位面积土壤断面上的水量，由式(5-15)直接化简或根据质量守恒原理推得无源汇情况下的水量平衡方程：

$$Q(z^*)-Q(z)=\int_{z^*}^{z}\theta(z,t_2)\mathrm{d}z-\int_{z^*}^{z}\theta(z,t_1)\mathrm{d}z \tag{5-15}$$

土壤含水量的分布可以使用中子仪法或其他方法监测，测得某一断面 z^*处的水分运动通量 $q(z^*)$或水量 $Q(z^*)$后，可以通过上式计算出任一断面 z 处的水分运动通量 $q(z)$或水量 $Q(z)$。土壤水分运动通量法具体包括零通量面法、表面通量法和定位通量法。

1) 零通量面法

当水势梯度为 0 时，该处通量为 0，则该处的水平面为零通量面(ZFP)。当土壤剖面中存在零通量面时，根据水势的分布特点将零通量面分为以下三种类型。

(1) 单一聚合型零通量面：在降水或灌溉之前，土壤长期保持蒸发状态，上层土壤水分由地下潜水补给，水分自下而上迁移；当降水或灌溉开始后，上层土壤水分开始向下迁移，此时土壤水分存在一处零通量面，土壤水分分别从零通量面两侧向零通量面移动。

(2) 单一发散型零通量面：当降水或灌溉停止，入渗锋面已经下移到潜水面，上层土壤水分开始蒸发，水分自下而上迁移，下层土壤水分继续下渗。此时土壤存在一处零通量面，土壤水分从零通量面分别向上向下移动。

(3) 多个零通量面：多发生在间隔性降水或灌溉时，入渗和蒸发交替出现。

由于零通量面为已知通量(零)断面，若某时段内零通量面位置不变，则根据两时刻的土壤含水量观测值，可计算出时段内任一断面处流过的土壤水通量。

2) 表面通量法

表面通量法需要已知地表处的入渗量或蒸发量，根据实测时段始末土壤含水量剖面数据，推求土壤其他断面处水流通量。地表通量估算的准确程度将直接影响此方法的可靠性。

3) 定位通量法

定位通量法是在土壤剖面中选定一个合适的位置，上下安装两支负压计，监测两点的基质势，根据 Darcy 定律计算定位点处通量。除了需要含水量和基质势的资料外，定位通量法还需要确定非饱和导水率与基质势的关系。该方法可以与零通量面法结合，既可以进行水量平衡计算，也可以计算非饱和导水率。定位通量法适合于土壤含水量变化不大的情况，如靠近潜水面不需要进行土壤剖面含水量的测定，且该点处土壤接近饱和对于测定非饱和导水率更有把握。

以上只是对土壤水分运动基本理论做了简单介绍，如果读者对于这些理论的推导及具体应用感兴趣可以参考《土壤水动力学》和《土壤物理学》等书籍。

5.2.2 盐碱土壤水循环

由太阳能驱动水从地球表面到大气，再从大气到地球表面的循环往返运动过程就是水文循环。水在流域中的运动常以水平衡方程来表示，其最简形式为

$$P = \mathrm{ET} + \mathrm{SS} + D \tag{5-16}$$

式中：P 为降水量；ET 为蒸散量；SS 为蓄水量；D 为排水量。

土壤水是水文循环中的重要一环，土壤水循环通常指地下水位以上土壤非饱和带中的水分运动，主要包括：降水或灌溉后地表水进入土壤的过程(入渗)，入渗后水分在土壤中的运动过程(再分配)，土壤水通过土面向大气蒸发过程(土面蒸发)，以及植物吸水并通过植物的根、茎和叶向大气蒸发过程(蒸腾)。

1. 盐碱土壤水的入渗和渗透

1) 土壤入渗过程

入渗是指水分进入土壤的过程，是自然界水循环过程的重要环节，土壤是连接地表水与地下水的重要部分，是评价土壤物理性质的一个重要指标。也有学者将入渗限定为发生于土壤表面的现象，并将水分进入土壤后向下运动的过程称为渗透。本书所提及的入渗为水分进入土壤的整个过程。研究土壤入渗过程对于水文、农田水利、水资源评价、农业及环境学等都具有重要意义。

水分入渗是地表水下渗进入土壤并被植物吸收的主要途径。土壤孔隙是指土壤固体颗粒间的空隙，是水分、气体和生物活动的场所。根据孔隙的大小，通常将其划分为大孔隙(直径大于 50 μm)和小孔隙(直径小于 50 μm)。大孔隙主要负责土壤中的水分和气体交换，而小孔隙则主要负责存储水分。水分在土壤中的传导主要包括毛细管作用、重力作用和浸润作用。毛细管作用是利用土壤颗粒间的微小空隙产生的表面张力，使水分在土壤中上升或横向传播。重力作用是指土壤中水分受重力的影响而垂直向下渗透。浸润作用是指水分在土壤颗粒表面的吸附，进而使得颗粒间的空隙被填充。

土壤入渗主要有以下三种类型：

(1) 一维垂直入渗，如降水、灌溉水分入渗等过程。

(2) 二维垂直、水平入渗，如河道、渠道水分入渗等过程。

(3) 三维垂直、水平入渗，如水库、湖泊水分入渗等过程。

影响入渗过程主要有两方面：一个是入渗进入土壤的水，主要是供水的强度；一个是水入渗的土壤，主要是土壤对水的吸渗能力。当土壤对水的吸渗能力大于供水的强度时，土壤入渗过程主要受供水强度的限制；而当供水强度大于土壤对水的渗吸能力时，土壤入渗过程主要受土壤渗吸能力的限制。土壤对水的渗吸能力常用入渗率 i 和累积入渗量 I 评估。

入渗率 i：土壤通过地表接受水分的通量，即单位时间通过单位面积入渗的水量，单位为 mm/min 或 cm/d。

累积入渗量 I：在一段时间内通过单位面积的总水量，单位为 mm 或 cm。

入渗率 i 与累积入渗量 I 的关系为

$$i = \frac{dI}{dt}$$

干土在积水条件下的入渗是最简单最典型的垂直入渗问题，因而最早被人们研究。在积水条件下入渗一定时间后，土壤剖面中含水量分布如图 5-5 所示，对这种含水量分布，最早 Coleman 与 Bodman 在 1944 年和 1945 年做了研究，他们将含水量剖面分为四个区：饱和区、含水量有明显降落的过渡区、含水量变化不大的传导区和含水量迅速减小至初始值的湿润区。湿润区的前缘称为湿润锋，传导区和湿润区的存在已得到普遍认可，但人们对饱和区及过渡区则有不同的认识。不少研究者认为表土是很难完全饱和的，过渡区也不明显，此两区也许是加水后表土结构不稳定所表现出的异常现象，实际上不一定存在。

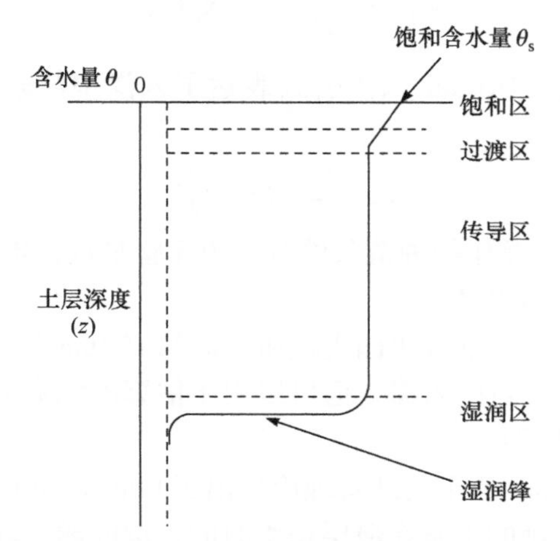

图 5-5　在积水条件下入渗一定时间后土壤剖面中含水量分布

大量试验表明，随土壤入渗时间的增加，入渗速率降低，根据递减速度的快慢，可将入渗划分为三个阶段。第一阶段为渗润阶段，下渗水被土壤颗粒吸附成为薄膜水，发生在初始入渗阶段，其特点为入渗锋面快速延伸，入渗水量大，入渗速率递减迅速，土壤干燥进行测定时更加明显。当含水量达到土壤的最大分子持水量时，进入第二阶段，即渗漏阶段[7]。下渗水进入不同孔径的土壤孔隙，受到向下的重力和向上的毛管力双重作用，主要向下进行不稳定流动，特点为入渗水量明显较第一阶段减少，入渗速率降低缓慢。第三阶段是渗透阶段。经历了第二阶段之后，水分充满土壤孔隙，水分在重力作用下向下达到稳定流动状态，即达到稳定入渗状态。

此后的研究偏重对水分入渗模型的模拟。许多学者都提出了土壤入渗模型，在这里将简要介绍一些常用的一维入渗模型。

A) 经验模型

(1) Kostiakov 入渗公式。Kostiakov 对苏联土壤进行了大量试验后于 1932 年提出了 Kostiakov 入渗公式：

$$I = \gamma t^{\alpha} \tag{5-17}$$

式中：I 为 0～t 时段的累积入渗量；γ 和 α 为经验常数，一般通过试验数据拟合求得。

根据入渗率与累积入渗量的关系可推得 Kostiakov 公式的入渗率形式：

$$i = \alpha\gamma t^{\alpha-1} \tag{5-18}$$

(2) Horton 入渗公式。Horton 认为入渗速率随时间减小的主要原因是土壤表面状况改变：

$$i = i_{\mathrm{f}} + (i_0 - i_{\mathrm{f}})\exp(-\beta t) \tag{5-19}$$

式中：i_0 为 $t=0$ 时的初始入渗率；i_{f} 为入渗速率达到稳定水平时的入渗率；β 为描述入渗速率降低的一个参数。

由积分求得 Horton 入渗公式的累积入渗量形式：

$$I = i_{\mathrm{f}}t + \frac{i_0 - i_{\mathrm{f}}}{\beta}\left[1 - \exp(-\beta t)\right] \tag{5-20}$$

(3) Holtan 入渗公式。Holtan 入渗公式表达了入渗率与表层土壤储水容量之间的关系：

$$i = i_{\mathrm{e}} + a(W - I)^n \tag{5-21}$$

式中：i_{e}、a 和 n 为与土壤及作物种植条件有关的经验参数；W 为表层厚度为 d 的表层土壤在入渗开始时的容许储水量。

美国农业部已经提供了大部分美国土壤所对应的 Holtan 公式所需参数值。Holtan 入渗公式难以精准地描述一个点的入渗，但可以用于估算流域降水入渗。

B) Green-Ampt 入渗模型

1911 年，Green 和 Ampt 基于毛细管理论提出了 Green-Ampt 入渗模型。Green-Ampt 入渗模型研究的是初始干燥的土壤在薄层积水时的入渗问题。其基本假设为入渗时存在着明确的水平湿润锋面，将湿润的和未湿润的区域分开，含水量呈阶梯状分布，湿润区为饱和含水量 θ_{s}，湿润锋为初始含水量 θ_{i}，因此 Green-Ampt 入渗模型又称活塞模型或打气筒模型。

$$i = K_{\mathrm{s}}\frac{z_{\mathrm{f}} + s_{\mathrm{f}} + H}{z_{\mathrm{f}}} \tag{5-22}$$

式(5-22)为入渗率 $i(t)$ 与湿润锋 $z_{\mathrm{f}}(t)$ 的关系，式中 K_{s} 为饱和导水率；H 为地表积水深度；s_{f} 为湿润锋处的土壤水吸力。根据模型的假设，由水量平衡原理可以得出累积入渗量 $I(t)$ 和湿润锋 $z_{\mathrm{f}}(t)$ 的关系：

$$I = (\theta_{\mathrm{s}} - \theta_{\mathrm{i}})z_{\mathrm{f}} \tag{5-23}$$

根据入渗率与累积入渗量的关系可以推得

$$i = \frac{\mathrm{d}I}{\mathrm{d}t} = (\theta_{\mathrm{s}} - \theta_{\mathrm{i}})\frac{\mathrm{d}z_{\mathrm{f}}}{\mathrm{d}t} \tag{5-24}$$

联立式(5-22)与式(5-24)，得

$$\frac{\mathrm{d}z_{\mathrm{f}}}{\mathrm{d}t} = \frac{K}{\theta_{\mathrm{s}} - \theta_{\mathrm{i}}}\frac{z_{\mathrm{f}} - s_{\mathrm{f}} + H}{z_{\mathrm{f}}} \tag{5-25}$$

对式(5-25)进行积分，并利用当 $t = 0$ 时 $z_f = 0$，则有

$$t = \frac{\theta_s - \theta_i}{K_s}\left[z_f - (s_f + H)\ln\frac{z_f + s_f + H}{s_f + H}\right] \tag{5-26}$$

上述的式(5-22)、式(5-23)和式(5-26)是 Green-Ampt 模型的主要入渗关系。

C) Philip 入渗模型

Philip 入渗模型实际是特定条件下 Richards 方程的半解析解，先通过解析方法将基本方程转变为常微分方程，通过迭代的方法求得最终解。

以上介绍的入渗公式无论是经验模型还是半经验半理论模型都可以在一定程度上反映入渗规律。除了一维垂直入渗模型外，还有一些多维入渗模型，如二维和三维入渗模型。这些多维入渗模型可以更好地模拟实际土壤入渗过程中的空间变异，如坡面流、侧向渗流等。其中，二维入渗模型主要分析水平和垂直方向上的入渗过程，而三维入渗模型则同时分析了水平、垂直和侧向三个方向上的入渗过程。值得注意的是，多维入渗模型的计算复杂度较高，需要借助计算机进行数值模拟。这些模型在不同条件下有各自的适用范围和优缺点。对于未来土壤入渗研究的发展方向，可以关注以下几个方面：①改进现有模型，提高模型的适用性和精度；②开发更多多维入渗模型，以更好地模拟实际土壤入渗过程中的空间变异；③利用现代遥感、无人机等技术手段，提高土壤入渗参数的获取精度；④结合大数据、人工智能等技术手段，进一步提升土壤入渗模型的智能化水平。

2) 土壤入渗的测定方法

对土壤入渗效率进行测定，对预防土壤侵蚀、增加下渗减少地表径流和预防土壤盐渍化具有指导意义。

目前，国内外专家提出了不同的用于研究土壤入渗的测定方法，分为野外原位测定和实验室测定。原位测定方法主要有双环入渗仪法和 Guelph 渗透仪法。本书主要介绍双环入渗仪及其应用。双环入渗仪是在单环的基础上，在钢环外圈再加一个防止水分侧渗的同心圆钢环。将两个同心圆钢环打入土中 30 cm，外环与内环同时加入同一高度的水层，同时使用 Mariotte 瓶对内环和外环进行供水，加入水的同时开始计时，通过记录一定时间内的入渗水量来研究土壤入渗速率。双环入渗仪结构简单，适用于野外测量，但需要保证土壤地表水平。环刀法是一种实验室内测定土壤入渗的方法，基于定水头法或降水头法，指用环刀取回原状土，之后在其上对接另一空环刀，两个环刀接口处密封，保证不会漏水。在保证环刀口水平条件下，向空环刀加水至与环刀口水平。当装满土的环刀滴下第一滴水时开始计时，下方放置烧杯和漏斗，每间隔一定时间测量渗水量，直到渗水量达到稳定位置。

盐碱土由于土壤孔隙小、孔径小及孔隙连通性差等结构特点，导致土壤的入渗能力如饱和导水率等远低于正常土壤，目前的研究已经发现很多土壤改良剂能够改善土壤结构、提高土壤的入渗能力。

2. 盐碱土壤水的再分布

在灌溉或降水结束后，土壤水在土层中的运动过程称为土壤水的再分布。再分布是

一个复杂的过程，过程中一部分土壤含水量降低，一部分土壤含水量升高导致对于土壤水分运动的分析十分困难。一般表层含水量因蒸发、水分向下运动而减小，深层水分继续向下运动，湿润锋下移。

通过实验得出了以下描述湿润锋以上的平均含水量 $\overline{\theta}$ 随时间变化的公式：

$$\overline{\theta} = a(t+c) - b \tag{5-27}$$

式中：a、b、c 为经验常数。当式中 t 大于 1 天，常数 c 通常可以省略，式(5-27)可以写为

$$\lg\overline{\theta} = \lg a - b\lg t \tag{5-28}$$

式中：经验常数 a、b 可以由 $\lg\overline{\theta}$ -$\lg t$ 的试验回归直线确定。

土层中某处厚度为 d 的湿润区的排水速率为该湿润区水分的减少率，可以由式(5-29)推得

$$\frac{\mathrm{d}w}{\mathrm{d}t} = -abd(t+c)^{-(b+1)} \tag{5-29}$$

式中：$\mathrm{d}w$ 为储存在该湿润区的含水量。

3. 盐碱土壤水的土面蒸发

土壤水经过土壤表面以水蒸气的形态扩散到大气中的过程称为土面蒸发，是自然界水循环的重要环节。土面蒸发不仅关系到土壤水的保持与损失，在某些条件下还会导致土壤盐渍化的发生。

要保证土面蒸发过程能够持续进行，需要满足以下三个条件：

(1) 有满足土壤水分汽化的热能。

(2) 土壤表面的水蒸气压高于大气的水蒸气压使得水蒸气进入大气。

(3) 土壤表层水分能够从土壤内部得到补充。

上述前两个条件主要由太阳辐射、气温、空气湿度及风速等气象因素决定，可以用大气蒸发力衡量。大气蒸发力也称潜在蒸发力，是单位时间从单位自由水面蒸发的水量。最后一个条件主要是由土壤的导水性质决定。土壤蒸发强度实际是由大气蒸发力和土壤导水性质二者中相对较弱的一方面决定的。土壤蒸发强度通常用单位时间单位面积上损失的水量衡量，即蒸发率 E。

根据土壤蒸发率的大小以及决定因素的不同，一般将土面蒸发分为以下三个阶段。

(1) 大气蒸发力控制阶段(蒸发率保持稳定阶段)。该阶段主要发生在灌溉或者大雨之后，土壤表层水分充足，土面蒸发率主要受到大气蒸发力控制，此时 $E = E_{\mathrm{p}}$，E_{p} 为大气蒸发率。一般而言，质地黏重的土壤非饱和导水率降低较慢，该阶段的持续时间较长；砂质土壤孔隙较大，非饱和导水率降低较快，该阶段持续时间较短。

(2) 土壤导水率控制阶段(蒸发率随含水量变化阶段)。随着蒸发过程的持续，土壤表层的水分不断被蒸发，如果没有地下水或其他来源水的补充，土壤含水量将不断下降，土壤导水率也将相应下降，土壤水向地表运动的通量 J_{w} 最终将小于大气蒸发率，

此时无论向地表传导多少水分都将被蒸发，土面蒸发率由土壤导水率控制。

(3) 扩散控制阶段。蒸发过程持续下去，土壤含水量将越来越低，相应土面的水蒸气压也越来越低，当降低到与大气气压平衡时，土面土壤就达到了气干状态，形成一层干土层。干土层的导水率趋于 0，干土层下面的水分无法以液体的形式传导到土面，而是在干土层下汽化，通过干土层的孔隙扩散到大气中。干土层中的孔隙导热性差，太阳辐射通过干土层到达含水土层时热量将被明显降低。

土壤水的蒸发过程对于干旱和半干旱地区的农业生产是十分重要的。“盐随水走，水去盐留”是土壤水盐运移的基本规律，许多干旱半干旱地区盐渍化就是由于强烈的土面蒸发将大量盐分聚集在土壤表面，并且缺少足够的降水将盐分淋洗下去。在水量有限时为降低蒸发量，可以采用减少灌溉次数、增加每次的灌水量，用秸秆、砾石等材料作为覆盖层以及有选择的保护性耕作措施阻挡太阳辐射、调节土壤温度，从而降低土面蒸发率。

4. 盐碱土壤改良对土壤水入渗与水的再分布的影响

土壤的渗透性是直接影响盐碱地盐分淋洗和脱盐效率的关键因素，而盐碱荒地主要因为土壤渗透性差，板结严重，降水容易形成地表径流，盐分难以淋洗。因此，土壤渗透性的大小直接影响盐碱地改良效果。以在吉林省通榆县进行的苏打盐碱荒地改良为例(具体改良措施参见本章“5.1.3 盐碱土壤改良对土壤水分特征曲线的影响”)，表 5-3 列出了盐碱荒地不同处理下的土壤入渗情况变化。从表 5-3 可见，原生盐碱地土壤达到稳定入渗的时间远小于经过两年的常规水稻种植和改良处理。

表 5-3　盐碱荒地不同处理下的入渗相关参数

名称	时间/min	总渗水量/mL	入渗速率/(mm/min)	入渗系数/(mm/min)
荒地	335	164.4	0.006	0.018
CK	300	640.9	0.017	0.051
处理	210	1251.3	0.043	0.129

从图 5-6 可以得知，荒地在开始入渗的 15 min 即基本达到稳定入渗状态。这也表明吉林省西部苏打盐碱土透水性慢的特点。CK 基本在 95 min 达到稳定入渗状态，处理在 120 min 达到稳定入渗状态，即达到稳定入渗的时间：改良>CK>荒地。从入渗系数上看，荒地、CK、处理的 K_{10} 分别为 0.018 mm/min、0.051 mm/min、0.129 mm/min，经过常规水稻种植和联合改良处理，土壤入渗系数均高于盐碱荒地。CK 的入渗系数为荒地的 2.83 倍，处理的入渗系数为荒地的 7.17 倍。从图 5-7 可以看出，由于土壤入渗系数的差异，180 min 的累积入渗量也存在很大区别，荒地、CK、处理分别为 98.77 mL、482.50 mL、1154 mL，经过改良的土壤渗入水量远高于盐碱荒地，CK 和处理的累积入渗量大致分别为荒地的 4.89 倍和 11.68 倍。

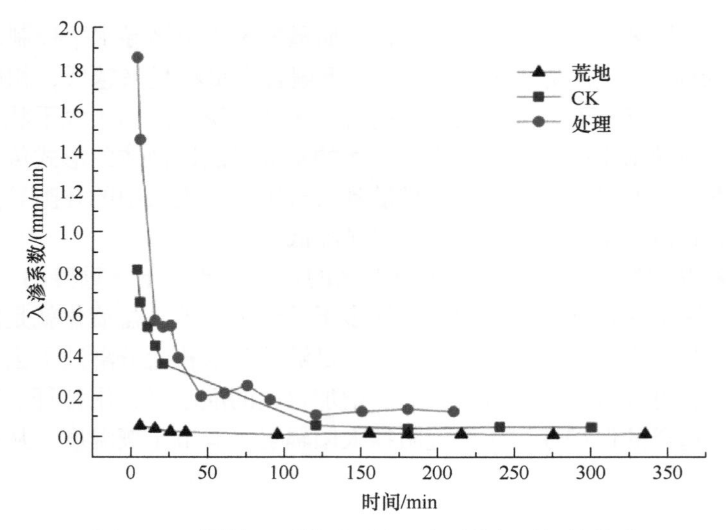

图 5-6　不同处理下盐碱土壤入渗系数与时间的关系

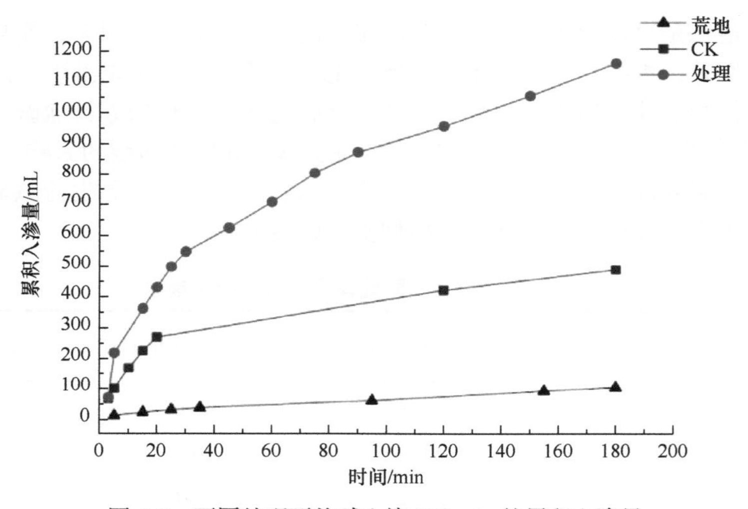

图 5-7　不同处理下盐碱土壤 180 min 的累积入渗量

盐碱荒地的入渗系数远低于常规水稻种植和联合改良处理，可能是由以下原因造成的。由于荒地未经改良，容重较大，有机质含量低，团粒结构稳定性低，表层团粒遇水容易溃散，水分入渗时会沉积在大孔隙中阻碍水分入渗，分散的黏粒也会在土壤表面形成致密层，导致入渗能力变差。另外，荒地土壤 pH、含盐量很大，土壤溶液中钙离子、镁离子的溶解度很低，钠离子占主体地位，土壤钠质化严重；土壤胶体上吸附的钙离子、镁离子大量被钠离子置换，使土壤胶体上吸附的交换性钠离子浓度升高，土壤胶体水化度增大，导致土壤胶体高度分散，从而使土壤孔隙发生退化，大孔隙变为小孔隙，小孔隙甚至发生坍塌堵塞。这样使得孔隙实际过水面积减小，土壤水力传导度也随之减小，土壤水在运动过程中受到的阻力增大。

图 5-8 显示的是东营市改良地与盐碱地在暴雨后的积水对比情况，左侧改良地的水

分快速下渗，没有明显积水，右侧盐碱地地面有大量积水。因此，对于盐碱土而言，入渗系数的增加对加快土体表层脱盐，加快脱盐速率，促进作物生长就显得尤为重要。土壤入渗系数的变化与土壤各项理化性质有着密切联系，通过改良，能够有效改善土壤渗透性能，影响土壤透气透水性。水的运动方向发生极大改变，极大改善了盐碱地土壤水分入渗能力差、水分多被蒸发的问题。

图 5-8　暴雨后的改良地(左)与盐碱地(右)积水情况对比

5. 土壤-植物-大气连续体中的土壤水分运动

以上所讲述的土壤水分运动没有考虑植物存在对土壤水分运动的影响，目前比较流行的方法是将入渗、再分布、蒸发和植物吸水过程看作一个水分循环系统，称为土壤-植物-大气连续系统(soil-plant-atmosphere continuum，SPAC)系统。SPAC 系统中每个过程都是相互联系、相互影响的[8]。

实际上陆地的水分蒸发可以发生在土壤表面，也可以发生在植物的叶面，前者称为土面蒸发，在前面已经讨论过，后者称为植物蒸腾。自然界中土面蒸发和植物蒸腾过程是难以分开的，通常将二者看作一个统一的过程进行研究，称为腾发或蒸散。腾发会导致地下水位较浅地区的潜水对土壤水进行补给，从而导致潜水的消耗。这一过程并非直接的水分蒸发，但习惯上称为潜水蒸发。

SPAC 系统中的水流失十分复杂，有液态水的流动、气态水的扩散、由液态水到气态水的扩散等过程。土水势的各分势在土壤、植物和大气中发挥着不同的作用，目前对于水分在 SPAC 系统中各环节的运动和变化机制还未完全明确，还有许多待研究的问题，并且由于田间土壤的变异性、植物生长的阶段性以及气候的不稳定性等因素，难以对其进行精准的描述。目前对 SPAC 系统中水的运动过程的分析还只能通过半理论半经验的方法，在盐碱土中如何利用该体系进行研究更加值得期待。

5.3　盐碱土壤的水盐运移

土壤液相并不是由纯水组成，而是包含各种溶质的水溶液，可能含有可溶性有机物(如氨基酸、腐殖酸、糖类、有机-金属离子络合物)、有机污染物(如酚类、苯胺类、硝基苯类、有机氯农药、有机磷农药、阿特拉津、丙烯腈和丙烯醛)、无机污染物(如铅、汞等重金属元素，氟、砷和硒等非金属元素)以及无机溶质(如 Ca^{2+}、Mg^{2+}、Na^{+}、K^{+}、Cl^{-}、SO_4^{2-}、CO_3^{2-}、HCO_3^{-}、Fe^{3+}、Cu^{2+})等。这些溶质来源于自然环境(如降水带入的可溶性盐，土壤基质中盐分溶解，地下水中的盐分随潜水蒸发的迁移)或人类活动(如灌溉、排污、农药及化肥的施用)。土壤液相中溶质的运移主要是溶质发生对流、分子扩散与机械弥散的过程。盐分是土壤盐碱化问题的关键，本章主要对土壤的水盐运移进行描述。

5.3.1 水盐运移研究的发展历程

土壤水盐运移的基本规律在理论研究方面，主要是经历了从定性到定量的发展，定性研究方法主要包括田间观察、实验室模拟和现象描述等，这些方法可以帮助我们初步了解土壤水盐运移的基本过程和影响因素。定量研究方法则涉及数学建模、数值模拟和试验数据拟合等，这些方法可以帮助我们深入挖掘土壤水盐运移的内在规律，为盐碱土壤的治理和利用提供科学依据。

最初研究土壤盐分动态大多数采用田间试验和室内模拟试验，通过试验结果定性分析盐分动态，其次是结合水盐均衡、概率统计及成因分析等方法作定量研究。由于盐分运移与土壤水分运动共同发生，因此土壤溶质运移方程也随着土壤水分运动理论的完善而发展。20 世纪 30 年代，Bresler 结合 Darcy 定律，提出了土壤水盐运移平衡理论，为后续的研究提供了思路和框架[9]。1936 年，格拉西莫夫和伊万诺瓦初次尝试开展有关地区性盐分平衡问题的理论研究。B. A. 柯夫达等认真剖析影响盐分平衡的要素，开展了不同尺度(土壤-地块-景观)的盐分平衡案例分析计算。潜水蒸发过程中的土壤水盐动态和水分向土壤入渗过程的水盐动态是开展盐碱土水盐运移规律研究的两大方面。王遵亲以地形地貌对地表水和地下水影响为依据，提出四种水盐运移类型。以上研究结果极大地促进了盐碱土水盐运移相关研究的发展[10]。

从 20 世纪 70 年代开始，人们利用电子计算机技术开始进行田间和流域条件下水盐运移的定量化研究，同时盐碱地改良生产实际所存在的灌溉、排水等问题也促使水盐运移的研究转向宏观[11]。国外学者经研究发现土壤物理性质的空间不均匀性是田间模拟计算结果与实际观测结果相差甚远的主要原因，这要求学者在开展相关研究时要了解研究区域的土壤组成、性质和相关参数特点[12]。当前，国内外学者对区域水盐研究多是采取分区水盐均衡法进行的[13]。我国水盐运移的研究也取得了显著成果。石元春提出了地学综合体的概念，在此基础上系统地论述并划分了黄淮海平原的水盐运移类型并绘制了区域水盐运移类型图[14]。水盐运移规律和平衡理论强调水分管理对于盐碱地改良的重要性，利用水盐运移规律可以摸清区域盐分运移动态，通过水盐平衡方程式可以计算出水分利用效率、脱盐量以及临界排灌比，为盐碱地改良的水盐调控提供理论依据[15]。

易溶性盐一般溶于水并随土壤中水分的运动而运动，土壤水分的运动决定着土壤盐分的运动。不同矿化度的地下水通过土体毛细管作用而蒸发耗损，将所携带的水溶性盐类累积于表层土壤中，将会导致土壤盐分累积，进而导致土壤盐碱化[16]。土壤盐分对土壤水分特性有重要影响[17]。土壤的导水率会因水溶液中盐分的组成或浓度而改变。有研究表明，土壤盐分的增加导致导水率的增加[18,19]。然而，在许多研究中也发现了与此相反的结果[20]。从动力学角度分析，土壤水盐运移的能量主要是来自太阳辐射、地球自转及人类活动[21]。根据 SPAC 系统与外界进行物质能量交换的过程，土壤水盐运移的主要动力包括降水和灌溉水的入渗、土壤蒸发及作物蒸腾和地下水的运动等。这些动力的强弱交替及相互叠加作用形成了土壤水盐动态的复杂变化结果[22]。

5.3.2　水盐平衡模型

土壤水盐运移研究主要有田间实地观测法和模型模拟法，但田间实地观测土壤水盐动态难度较大、耗时费力、成本高，并且容易受到各种条件限制，因此人们开始转向运用模型研究土壤水盐运移。而随着计算机技术的不断发展和机制研究不断深入，模型已由最初的对流扩散方程(convection diffusion equation，CDE)模型发展到数值模型，可以定量描述水盐运移。按照构成原理可分为确定型模型、随机型模型、物理模型、传递函数模型和宏观水文盐渍化模型。本节通过整理前人研究，根据研究内容侧重和研究尺度两种分类方法介绍目前国内外应用较为广泛的几种土壤水盐运移模型。

1) 研究内容侧重

Hopmans 等根据模型所侧重用途将土壤水盐运移模型分为土壤化学模型、植物-土壤水分关系模型及土壤盐分管理模型[23]。

(1) 土壤化学模型。土壤和水体的盐分主要来源于岩石在整个地质时期的地球化学风化，将各种化学成分的盐释放到地表和地下水中。土壤盐分不仅受灌溉水中盐分的影响，还受其他因素如土壤矿物的溶解和沉淀反应(主要是石膏和方解石)，土壤氧化还原反应，气体交换等的影响。土壤盐分的化学过程十分复杂，需要依靠地球化学计算机模型将其与土壤水流、溶质运移及植物生长模型联系起来。在现有的各种水盐模型中，最全面的是 HP1 和 UNSATCHEM，可以模拟非饱和土壤中主要离子，如 Ca^{2+}、Mg^{2+}、Na^{+}、K^{+}、SO_4^{2-}、Cl^{-}、NO_3^{-} 等的化学过程和传输。这两个模型都考虑了各种平衡化学反应，如络合、阳离子交换和沉淀-溶解，同时包含了溶液化学作用对土壤水力特性的影响。

(2) 植物-土壤水分关系模型。为评估不同水平的盐度对植被以及土壤和大气之间水通量的影响，通常使用模拟模型。Hopmans 将植物-土壤水分关系模型区分为两类模型[23]。第一类模型是基于对土壤-植物系统中沿流线的水势梯度的计算[24]。第二类模型是描述植物吸水的宏观流动模拟模型，通过土壤根区含水量和盐度的宏观值计算植物根区的压力，其值在 0～1 之间，代表了植物蒸腾量相对于潜在蒸腾量的减少，式中经验性的植物水胁迫反应函数是从试验中得出的。第一类模型将植物根系组织也看作一种多孔介质，根据多孔介质中水流的主要规律，明确地模拟散体土壤和土壤-根系界面之间的局部过程以及它们在多维根系结构中的水力联系。因此，第一类模型避免了第二类模型中使用的根系吸水、吸水补偿和应力函数的经验参数化。目前倾向于关注盐碱地环境的植物-水分关系的模型主要是 SWAT 和 ENVIRO-GRO。

(3) 土壤盐分管理模型。传统的盐渍化管理方法侧重于确保充分浸出灌溉水输入的盐分，同时保持足够深的地下水位，这主要是为了减少根区盐分累积造成的作物产量损失。而最近的研究更多地集中在有限的可用灌溉水资源的合理和高效利用，如微灌系统的发展，可以精确控制施水量和频率。边际质量水(包括来自城市和城市周边地区的废水，以及盐化和碱化的农业排水和地下水)在很多国家或地区作为灌溉水得到了广泛的使用。边际质量水中的溶质如 Na^+会与土壤基质相互作用，影响土壤孔隙分布、土壤结构，从而影响土壤保水和渗透性等控制流动的水力特性。土壤盐分管理模型可以用于评估边际质量水对土壤盐度、植物生长以及地下水质量的影响。目前最广泛使用的土壤盐分管理模型是 HYDRUS 和 SALTMED。

目前大多数模型关于对植物生长的影响或盐度管理的应用只考虑了土壤溶液总盐度，而特定的离子效应可能与植物耐盐性、作物耐盐性育种以及离子对土壤水力和传输特性的影响有关。研究特定离子效应可能是未来土壤水盐模拟的一个重要方向。

2) *研究尺度*

目前国内外土壤水盐运移模型研究是在微观和宏观领域进行的，即点位、田间、区域和流域尺度。

(1) 点位或田间尺度下水盐运移模型。1991 年，由美国盐碱土实验室和农业部联合开发了用以模拟饱和土壤中一维水分与溶质运移的一维数值模型 HYDRUS。该模型的水流状态为饱和-非饱和 Darcy 水流，忽略空气对土壤水流运动的影响，水分运移方程采用经典的 Richards 方程，土壤水分特征曲线采用 Van Genuchten-Mualem 公式表达，溶质运移方程采用 CDE 方程[一维溶质运移方程，式(5-30)]，两方程采用有限差分法求解。

$$\frac{\partial(\theta c)}{\partial t}=\frac{\partial}{\partial z}\left[D_{\mathrm{sh}}(v,\theta)\frac{\partial c}{\partial z}\right]-\frac{\partial(qc)}{\partial z} \tag{5-30}$$

式中：θ为土壤含水量；c 为溶质浓度；q 为水流通量；v 为平均孔隙流速；$D_{\mathrm{sh}}(v,\theta)$为水动力弥散系数(综合扩散-弥散系数)。

HYDRUS 模型后来发展为 HYDRUS-1D、HYDRUS-2D 及 HYDRUS-3D 等模型，已成为应用最广泛的定量描述水盐运移的模型。HYDRUS 模型边界条件灵活，2000 年起引入我国，在模拟不同土壤质地、灌水方式和改良措施等条件下的土壤水盐运移过程，模拟数值和实测数值吻合度高。但由于田间尺度土壤空间变异性强、模型边界条件复杂，故该模型的精确度不够，从而多采用室内土柱模拟方法替代田间研究。HYDRUS 模型未来应该考虑不同条件下水土之间的相互作用以及热性质来提高模拟精度。

1958 年，荷兰瓦赫宁根大学 Feddes 等开发了 SWATR 模型，此后 Belmans、Wesseling、Van den Brock 和 Van Dam 等对其不断完善，增加了边界条件、溶质运移以及作物生长等内容，发展为现在的 SWAP 3.0 模型。该模型的土壤水分运动采用 Richards 方程描述，溶质运移用 CDE 方程描述，作物模型采用各生育阶段相对产量连乘的形式，用有限差分法求解方程，可以模拟物质对流、扩散、弥散、吸附、降解和根系吸收过程，能够考虑到上边界、下边界、侧向边界以及土层质地和土壤持水性等土壤复杂物理特性的影响。与 HYDRUS 模型相同，以时或日为时间步长，输出主要有逐日土壤含水量和含盐量的垂直分布、潜在蒸发和蒸腾量、实际蒸发和蒸腾量、地下水埋深和作物生物量等，数据更为详细。SWAP 模型已经在巴基斯坦、印度和中国成功应用，且多用于模拟咸水灌溉。但对于特定区域的农田土壤作物环境等条件中的参数和公式仍需要进行率定和验证，且由于土壤空间差异较大，SWAP 模型难以反映整个区域水盐动态。

DrainMod 模型是由 Skaggs 于 20 世纪 70 年代开发的田间排水模型，最初用来描述排水和地下灌溉系统的性能以及农田污染物迁移对作物的影响。后来 Kandil 等为 DrainMod 模型增加了一个盐分预测模块，发展为 DrainMod-S 模型，用于模拟研究土壤水盐动态。DrainMod 模型的主要输入参数包括气象资料、土壤资料和水力条件，并采用简单的函数关系来预测田间水文的变化过程。而 DrainMod-S 模型以 DrainMod 模型的水平衡计算结果作为输入项，进而研究田间盐分的运动。该模型采用 CDE 方程来模拟盐分的运移，特点是简化了水盐平衡计算方法。该模型考虑了灌溉水流和水质，并能够预测排水水质、土壤盐分和作物产量等。国内许多学者已经成功将 DrainMod-S 模型应用于田间土壤水盐动态模拟。例如，张展羽等利用该模型模拟预测了我国东部沿海地区盐碱地地下水埋深和土壤剖面含盐量；李山等将 DrainMod-S 模型用于预测陕西半湿润灌区盐碱地地下水埋深以及土壤层剖面中含盐量，且模拟值与实测值拟合精度较高，可为合理调控地下水埋深提供排水方案，提高水资源利用效率。DrainMod-S 模型被认为是改良盐碱地农田暗管排水工程设计和水管理的有效工具。

(2) 区域尺度下水盐运移模型。将 SWAP 模型与 GIS 技术结合可以构建区域尺度的农田水盐动态模拟模型 GSWAP，对原有模型进行修改，实现对各单元连续独立模拟和区域水盐动态模拟。目前国内徐旭等、刘鑫和张栋良等已经在多地成功应用 GSWAP 模型，并高效地处理和分析数据。但是由于 GSWAP 模型需要提前建立包括大量数据的地理数据库，因此实现难度较大。

SaltMod 和 SahysMod 模型都是由荷兰瓦赫宁根(Wageningen)国际土地开垦改良研究所以水盐平衡原理为基础开发的，用来模拟预测土壤含盐量、地下水埋深和矿化度等。SahysMod 结合了 SaltMod 与地下水模型 SGMP，但二者水盐平衡原理相同。根据当地的气候和作物等情况，可分 1～4 个模拟季节，将垂直水盐平衡分为地表、根区、过渡层和含水层 4 层，每层的水盐平衡数据均以季节为单位输入，并假设所有研究区内因素均匀分布。由于该模型以水量平衡和盐分平衡理论为基础，故主要输入参数包括气象、土壤、作物、地下水、灌溉以及排水的再利用等，输出数据有土壤含盐量、排水和地下水的矿化度、地下水埋深、排水量等。该模型使用的地表水平衡公式为 $P_p + I_g + \lambda_o = E_o + \lambda_i + S_o + \Delta W_s$，地表盐平衡公式为 $Z_{sf} = Z_{si} + Z_{se} + Z_{so}$；式中，$P_p$ 为垂直到达土壤表面的水量(mm)；I_g 为总灌溉流入量(mm)；λ_o 为从根部区域渗入土壤表面的水量(mm)；E_o 为从裸露水面蒸发的水量(mm)；λ_i 为通过土壤表面渗入根部区域的水量(mm)；S_o 为离开该区域的地表径流或地表排水量(mm)；ΔW_s 为地表储存水量的变化(mm)；Z_{sf} 为地表土壤含盐量(mm)；Z_{si} 为地表初始土壤含盐量(mm)；Z_{se} 为灌溉、降水及从根区进入地表的含盐量(mm)；Z_{so} 为地表径流所携带的含盐量(mm)。SaltMod 和 SahysMod 模型已经在印度和巴基斯坦等地得到验证，证明该模型能够有效和准确地模拟土壤水盐运移，并确定了水力传导率是影响地下水位和盐度的高敏感参数。陈艳梅等利用 SaltMod 模型得出适当利用地下微咸水灌溉可以有效控制地下水位、节约淡水资源的研究结果。Yao 等利用

SahysMod 模拟了我国东部沿海旱作农田土壤和地下水盐度动态，并推导出适合当地的农田管理方案。总体来讲，与 HYDRUS 等模型相比，SaltMod 和 SahysMod 模型以季度为时间步长，数据获取相对简单，但由于其灌溉水矿化度只能设定一个值，在模拟研究不同水质灌溉方面存在不足。

(3) 流域尺度下水盐运移模型。SWAT 是 1994 年由美国农业部研发出的一种基于 GIS 技术的流域尺度分布式参数分水岭模型。该模型最初是用来模拟流域尺度上的水流、养分质量迁移和沉积物质量迁移等，尚未应用于土壤盐度问题研究。而 Bailey 等为 SWAT 模型提供了一个新的盐度模块，改进后的 SWAT 模型的原理和公式可参考 Bailey 等的研究成果。该模块可模拟分水岭系统中八大盐离子的迁移转化过程，还可以模拟灌溉水带入土壤剖面的盐量，并成功应用于美国科罗拉多州。SWAT 的盐度模块与其他盐度模型的不同之处在于，它考虑了分水岭系统中主要盐离子在每个主要水文路径(河流、地下水、侧向水和地表径流等)中的盐分负荷和化学平衡反应(沉淀-溶解、络合和阳离子交换)。因此，它可以用于估计流域内的基线含盐量，还可以探索土地管理和水管理方案对减轻土壤盐度、地下水盐度和地表水盐度的影响。该模型开辟了土壤水盐运移研究的新方向，但在其他流域的适用性还有待研究。该模型不足之处在于无法准确描述地下水位和地下水位梯度，也就无法模拟基于物理和空间分布的地下水流动和溶质运移。Bailey 等提出可以将新的盐度模块整合到 SWAT-MODFLOW 模型来弥补原模型的不足，具体效果尚待研究。

表 5-4 简要概括了常用的水盐运移模型，并对比了各模型的优缺点。其实各种水盐运移模型互有优劣，需要根据实际用途选择适合的模型。

表 5-4 几种水盐运移模型比较[25]

模型	类型	尺度	优点	缺点	效果
CDE	确定型	点位	模型中的参数、变量及边界条件均是确定的	只考虑对流和弥散作用，并未考虑任何物理化学作用	理论上分析溶质在土壤中的扩散和对流行为
HYDRUS	物理	点位	可灵活处理各类水流边界	在田间尺度土壤空间变异性强，该模型边界条件复杂，精确度不够，多为土柱模拟研究	能够较好地模拟水盐在土壤中的分布和随时间变化的趋势，可以用于模拟灌区农田水盐运移规律
SWAP	物理	田间	可同时考虑饱和带和非饱和带，并且考虑作物吸收	由于土壤存在空间差异，田间尺度模拟难以反映整个区域水盐动态	能够模拟旱田水盐动态变化并指导农民进行科学灌溉，防止土壤发生盐渍化
GSWAP	物理	区域	利用 GIS 的数据分析与处理功能，可高效地进行模拟	所需地理数据较多，收集困难	可高效地进行区域农田水盐动态模拟，实现数据输入输出、可视化显示与空间分析
DrainMod-S	确定型	田间	简化了水盐平衡计算方法	盐分平衡计算过程中，未专门考虑作物对浅层地下水利用时造成的盐分累积	用于计算农田盐分输出及土壤盐分累积过程，并可根据降水和蒸发调整灌溉水量

续表

模型	类型	尺度	优点	缺点	效果
BP 神经网络	随机型	区域	3 层 BP 神经网络操作简单、预测精度高	模型需要大量样品和数据来验证和率定，否则偏差较大	能够很好地定量描述土壤水盐动态变化与其影响因子之间的响应关系
SaltMod	宏观水文盐渍化	区域	以季度为时间步长，所需参数少，数据获取方便	灌溉水矿化度只能设定一个值，在模拟研究不同水质灌溉方面存在不足	可以预测长期土壤水盐动态
SahysMod	宏观水文盐渍化	区域	结合了 SaltMod 和 SGMP 模型，以季度为时间步长，所需参数少，数据获取方便	灌溉水矿化度只能设定一个值，在模拟研究不同水质灌溉方面存在不足	准确预测土壤水盐和地下水动态变化
SWAT	宏观水文盐渍化	流域	可模拟分水岭系统中每个主要水文路径的八大盐离子的动态过程	无法模拟基于物理的空间分布地下水流和溶质运移，因此地下水盐分向溪流的趋势不准确	评估流域的基线盐度条件，并探索减少流域盐碱化的土地和水管理方案

5.3.3　水盐运移的影响因素

土壤质地直接影响着土壤中的水盐运移。具体的土壤质地类型包括砂质土、壤质土、黏质土等。总体来讲，土壤颗粒间大小不同、形状各异的孔隙可以看成是不同直径的毛细管，土壤的积盐过程是以毛管水流的形式通过土体向上运动。砂质土的毛细管作用较弱，水盐上升速度较慢；壤质土的毛细管作用适中，水盐上升速度较快；黏质土的毛细管作用较强，但水盐上升速度受限于较小的孔隙。研究表明，在相同的水盐条件下，砂质土的盐分储存量较低，而黏质土的盐分储存量较高。此外，土壤质地对水盐运移的影响也可能表现为不同土壤类型之间的相互作用，如黏土层对上层土壤水盐运移的阻隔作用。土壤的盐渍状况，取决于水盐上行(蒸发积盐)与水盐下行两种过程的对比[26]。例如，壤质土的毛细管孔隙多且大小适中，水盐上升时升得高、升得快，所以最容易返上来盐碱；黏土颗粒较细，无效孔隙多，水盐上升较慢；砂质土的颗粒粒间孔隙大，非毛细管孔隙多而毛管细孔隙少，水盐上升较少[27]。除上述均质土外，土体构型对土壤水盐运移也有重要影响。研究表明，毛管水在有黏土夹层土壤中的上升速度均比砂质土和黏壤质土低，毛管水在有黏土夹层的土壤剖面中，其上升速度随黏土夹层厚度的增加而减慢；相同厚度时，毛管水上升速度随黏土层位的升高而减慢[28]。从表土积盐情况看，若黏土夹层厚度相同，层位越高，即距地下水面越远，离地表越近，其隔盐作用越大；若黏土层位相同，厚度越大，隔盐效果越明显，而且黏土夹层的厚薄对土壤水盐运移的影响超过了黏土层位的影响[29]。

大量的研究表明，气候越干旱，土壤水分以及地下水在毛细管上升运动就越强烈，土壤积盐就越强烈[30]。在蒸发强烈的旱季，盐分随着水分的蒸发而不断上行，并且积存于土壤表层；在雨季或人工灌溉下，易溶盐类也随水分下移，直至被淋洗到地下水[26]。研究表明，季节性冻融作用对土壤表面钠积累有明显的控制作用，由于冻融作用，被盐水装载的部分盐将从含水层向上移动到冻结层，并留在地表，导致钠积聚[31]。

地形的高低对于水盐运移有着明显的影响，一般地形低洼地区较为容易积盐，但同时也受到周围微地形和小地形的影响[27]。冲积平原的微斜平地，排水不畅，土壤容易发生盐碱化，但是一般程度较轻，而洼地及其边缘的坡地，则分布较多盐碱地，而且程度较重。滨海平原，排水条件更差，又受海潮影响，盐碱大量聚积，盐碱程度更重[32]。

在其他条件相同时，地下水位越浅、地下水矿化度越高，则土壤积盐越严重。因此，对地下水占绝对支配地位的土壤盐分累积过程来讲，地下水埋藏深度是一个重要因素[25]。研究发现，地下水位与土壤含盐量具有显著的正相关关系，地下水矿化度与土壤含盐量也呈正相关关系。此外，随着地下水位的升高，土壤含盐量也明显增加，而地下水矿化度对土壤含盐量的影响主要体现在表层土壤中。判断地下水埋深是否影响土壤盐碱化的标志称为临界深度，即旱季不致引起土壤盐碱化、使作物不受盐害的最浅的地下水埋藏深度[33]。如果地下水埋藏浅于临界深度，土壤就会发生盐碱化。地下水临界深度，受气候、土壤、地下水矿化度及地下径流通畅情况等自然因素和排水灌溉、耕作施肥等人为活动的综合影响[32]。Bao 等从水盐运移的角度，研究了吉林省西部盐碱化过程及其影响因素。结果表明，土壤中的初始盐分来自母岩产生的可溶性盐分，这种盐分在雨季溶解在水中，并从高地区迁移到低地区；在雨季，大部分的盐会随着水流流到地下深处的土壤中，因此，盐水在此期间向下运移，地表积累的盐分很少[34]。雨季结束后，旱季开始，蒸发作用在此期间出现。蒸发作用提供了水从地表流向深层土壤的驱动力，盐随着土壤向上运移，地表水蒸发到空气中，导致盐分滞留在土壤中。

降水的大小对盐碱有显著的影响，俗话说“大雨压碱，小雨勾碱”，一次 30 mm 以上的降水可以把表土盐碱淋到下面，减少盐碱对作物的危害，但是不足 10 mm 的小雨只能湿润土壤表层，恰恰把盐冲刷至苗木根部区域[32]。

土壤冻融过程中的水盐运移，主要是在温度梯度影响下产生的，可将冻融期的水分运动划分为结冻过程及融化过程。当表土温度低于 0℃时，表土开始冻结，此时表土温度明显低于底土，在温度梯度的作用下，水分向冷端冻层方向不断移动。在此过程中，冻层以下土层中及地下水中的盐分向冻层中累积，整个冻层的土壤含盐量明显增加。冻层的消融是在冻层的上下同时进行的，处于中间的未解冻土层起了隔水作用，由于表土水分蒸发，上部消融层的土壤水分向上运动消耗于蒸发，土壤含水量逐渐减少，下部消融层内土壤水分则向下渗流补给地下水。这期间累积于该土层中的盐分也随之迅速向表土累积，使表土含盐量急剧增加，而下部消融层中的盐分则随着消融水的下渗，向下部土层或地下水中移动[29]。有研究表明，冻融过程对土壤盐分的分布具有显著影响，冻融作用能够加速水分和盐分的垂直迁移。另一项研究发现，在寒冷地区，土壤冻融过程可导致表层土壤盐分的积累，从而加剧盐碱化现象。这些研究结果表明，冻融过程对于土壤水盐运移和盐碱化具有重要影响。

此外，雪是热的不良导体，在冬季对土壤具有保温作用，雪盖越厚保温作用越强，新雪的密度小、导热性差，因此对土壤的保温性更佳。而冬季土壤表面的温度直接影响了土壤的冻结深度、冻结速度，从而影响了土壤在冻结过程中的水盐向土壤表层的运移过程[29]。

盐分变化也与耕作管理相关。有些地方浇水时大水漫灌，或低洼地区只灌不排，以致地下水位很快上升而积盐，进而导致发生土壤次生盐碱化[35]。利用渠系引水灌溉是农业生产中常用的灌排措施，灌溉过程中向深层渗漏的水量多超过灌溉水量的 30%，有些地区采用大水漫灌，渗漏水量更大[36]。多数情况下，渗漏水能将表土盐分淋向下部土层。同时渗漏水又补给土壤水及地下水，使地下水位升高，增加了土壤水分向上运行的速度及流量，强化了潜水的蒸发，使下层土体和地下水中盐分向上积累的量增加[37]。但是在使用竖井灌排时，既可以避免从灌区以外引入大量水盐，还可以降低地下水位，不但减少了灌后潜水蒸发，还可以加强灌溉过程中渗漏水的淋盐作用。在滴灌条件下，滴头灌水时，土壤盐分随入渗水流向四周迁移，与沟灌相比，大量有效水集中在根部[38]。在滴灌过程中，盐分随着灌溉水被带到湿润区边缘，距滴头较近的区域土壤含盐量低于土壤初始含盐量，而较远的区域土壤含盐量高于土壤初始含盐量[39]。许多研究者通过试验或模拟得出，灌水结束时浸润土体的形状取决于土壤特性、滴头流量、土壤初始含水量、灌水量、滴头间距等[16]。

土壤的表面状况取决于土壤的翻耕情况是免耕还是旋耕[40]。耙地后，表层土壤的粗糙度、疏松程度等完全不同，因此降水入渗率不同，蒸发强度也不同，土壤水盐运移状况也不同[29]。深耕技术可以有效降低盐碱土壤的盐碱含量，不同地区的盐度和碱度数据表明，土壤盐度和碱度降低了 30.8%，土壤中的盐碱向上移动，作物根系下部的盐碱向外移动，土壤中盐碱远离作物根区；在土壤下 0～50 cm 之间，土壤盐碱含量由小到大，形成一个盐碱含量脱盐区；深松耕作使 0～30 cm 土层土壤脱盐率达到 83.5%，0～60 cm 土层脱盐率达到 79.9%。塑料薄膜覆盖作为有效而廉价的节水、增温、增产措施已经得到广泛应用[41]。它不仅可以减少可见土壤蒸发量、深层渗漏量，还可以增加土壤温度、保持土壤养分，因此直接影响了土壤水盐运移过程[29]。

5.3.4　盐碱土改良过程的水盐运移研究

化学改良剂是目前应用较为广泛的土壤修复材料，用以改善盐碱地的水盐平衡环境，这些化学改良剂的效果通常是短期的[42]。目前，生物炭作为一种新型的土壤改良剂被广泛应用于土壤改良研究。生物炭是生物质在缺氧/低氧条件下热解产生的固体材料[43]。生物炭改良剂有助于降低土壤密度，增加土壤孔隙度，从而改善土壤结构，促进植物根系生长；生物炭改良剂有助于解决传统农业中多摄取、少给予的问题，原材料中的大部分钙、镁、钾和磷保留在生物炭中，作为土壤改良剂，生物炭可以将大部分养分返回到土壤中[44-46]。大量研究通过实验室模拟试验评估了生物炭对土壤水分迁移的影响，大量的研究中生物炭的施用效果存在矛盾，主要是由于土壤类型、生物炭制备原料、制备温度、施用量和生物炭粒径的差异[47]。Yue 等研究了用生物炭改良的微碱性土壤中的水迁移，生物炭提高了盐分的淋洗效率，因此被认为是中国河套地区盐碱土的潜在改良剂[48]。Sun 等测量了不同粒径的生物炭对滨海盐碱土的改良效果，结果表明，小颗粒生物炭都可以显著改善水分入渗，从而有助于黄河三角洲滨海盐碱土作物的生长[49]。

针对传统方法洗盐效率低、时间长、耗水量大并且容易反盐，胡树文教授研究团队开发新型生物基改性土壤改良剂，并采取“疏堵结合”的策略，控制地下水位，阻隔盐水蒸散的通道，将盐分从区域导出，极大提高了脱盐效率。结合传统改良方式的优缺点，团队采取了缓控释肥与改良剂配施的改良方法，在吉林省松原市前郭县套浩太乡碱巴拉村进行水稻种植试验，开展了大面积示范并进行研究，来探究改良措施对于水盐平衡参数影响。试验设置有 5 个处理，分别为使用普通肥料，不施加缓控释肥和生物基有机-无机改良剂(以下简称为改良剂)处理(CK_1)；施加缓控释肥，不施加改良剂处理(CK_2)；施加缓控释肥，改良剂剂量为 7500 kg/ha(T_1)；施加缓控释肥，改良剂剂量为 15000 kg/ha(T_2)；施加缓控释肥，改良剂剂量为 30000 kg/ha(T_3)。每个处理设有 3 个重复，随机进行排列。

结果表明，综合改良措施显著改变土壤离子组成。土壤中的盐分离子处在一个物理、化学、生物相互联系和连续变化的系统中，土壤含盐量可以反映土壤的盐渍化程度和状态，与土壤盐溶离子含量密切相关[50,51]。在各个土层中，CK_1 的总离子含量在 3.5 cmol/kg 左右，CK_2 的总离子含量在 3.3 cmol/kg 左右，T_3 的总离子含量在 2.3 cmol/kg 左右。通过比较 CK_1、CK_2、T_3 的总离子含量可知，随着处理程度的加深，0～40 cm 土壤中的可溶性盐离子总量依次下降，说明施加缓控释肥和改良剂能够有效降低盐碱地的盐胁迫，使土壤的环境变好。CK_1 和 CK_2 整体呈现柱形分布，盐分没有在 20～40 cm 土层累积，说明盐分未能有效地向下淋洗。T_3 整体呈梯形分布，盐分下降幅度最大，在向 20～40 cm 的土层淋洗。而且，由于 T_3 在 20～40 cm 土层全盐量较 CK_1 和 CK_2 有所降低，说明盐分还在向更深处淋洗。这说明改良剂的施加有助于提升盐分淋洗的效率。

松嫩平原的土壤盐分组成以 Na_2CO_3 和 $NaHCO_3$ 为主，所以解除盐胁迫的基本原理是置换交换性 Na^+，降低 CO_3^{2-} 和 HCO_3^- 的含量，排出土壤盐分。在 0～10 cm 土层，比较不同处理的 Na^+、CO_3^{2-}、HCO_3^- 的含量，可以发现 CK_2 和 CK_1 并没有发生明显变化，T_1、T_2、T_3 的离子含量逐级递减，处理效果最好的是 T_3，与 CK_2 相比，Na^+、CO_3^{2-}、HCO_3^- 的含量分别下降了 63%、63%、48%。在 10～20 cm 土层，同样比较三种离子，可以发现 CK_2 较 CK_1，三种离子的含量均有小幅下降，五种处理中，处理效果最好的是 T_3，与 CK_2 相比，Na^+、CO_3^{2-}、HCO_3^- 的含量分别下降了 49%、36%、29%。在 20～40 cm 土层，CK_2 与 CK_1 相比 Na^+、HCO_3^- 的含量有所下降，CO_3^{2-} 含量没有显著差别，T_1、T_2、T_3 的离子含量逐级递减，处理效果最好的是 T_3，与 CK_2 相比，Na^+、CO_3^{2-}、HCO_3^- 的含量分别下降了 25%、17%、25%。通过上述对比可以得到以下结论；①随着深度的增加，改良的效果逐渐减弱，0～10 cm 的处理效果最好。②缓控释肥对于降低土壤盐分有一定影响，但是效果有限。③新型改良剂对于降低土壤盐分有显著的效果，且效果与剂量成正比。

另外，综合改良措施对于土壤水量平衡也有影响。土壤入渗是指各种形式的水由地表进入土壤的过程。苏打盐碱土由于有机质含量少、质地致密，土壤透水透气性差，阻碍水分的入渗，继而影响盐分的淋洗效果。因此，研究土壤入渗是检验改良效果的重要指标之一。

试验采取的主要方法为双环入渗法，试验土壤为 9 月份小区内田块。为了更好地探究改良效果，设置了荒地的入渗情况作为背景值。入渗系数采用 Darcy 定律进行计算：

$$K = Q \cdot L / [F \cdot (H + Z + L)] \tag{5-31}$$

式中：F 为试坑内环的渗水面积(cm^2)；K 为入渗系数；L 为试验结束时水的渗入深度(cm)；Q 为稳定的渗入水量(cm^3/min)；H 为毛细管压力(cm)；Z 为试坑内环中的水厚度(cm)。

由表 5-5 可知，荒地、CK_2、T_3 达到稳定入渗所需时间逐级上升，而渗入水总量、最大渗透速度、入渗系数逐级上升，达到稳定入渗所需时间与其他参数呈反比关系。达到稳定入渗所需时间越长，说明土壤的通透性越好，T_3 的时间远远超过了荒地与 CK_2，说明改良剂对于土壤透水性有所改善。渗入水总量与土壤中的空隙联系紧密，而 T_3 的渗入水总量分别约是荒地的 4 倍、CK_2 的 2 倍，因此可见改良剂显著改善了土壤的结构。

表 5-5　不同处理对于入渗的影响

处理	入渗时间/min	达到稳定入渗所需时间/min	渗入水总量/mL	最大渗透速度/(mm/min)	入渗系数
荒地	270	30	146.33	0.014	0.043
CK_2	270	120	329.94	0.032	0.095
T_3	270	210	617.48	0.060	0.180

水是盐分运移的载体，为了计算小区的脱盐量，需对小区内水量的流入与流出进行详细统计。降水量由雨量仪进行记录，灌溉量由每个小区田埂上的水量表进行统计，排水量由水面高度变化估测，0～60 cm 土壤水量变化可根据土壤容重计算得出，渗漏量 P 根据水量平衡公式计算得到(图 5-9)。计算公式如下：

$$\Delta W = R + I + Q_1 + C - P - \mathrm{ET} - O - Q_2 \tag{5-32}$$

式中：ΔW 为土层含水量变化；R 为降水量；I 为灌溉量；O 为地表排水量；ET 为蒸散量，主要指植物蒸腾和棵间水面蒸发；P 为渗漏量；C 为毛细管上升水量；Q_1 为地下

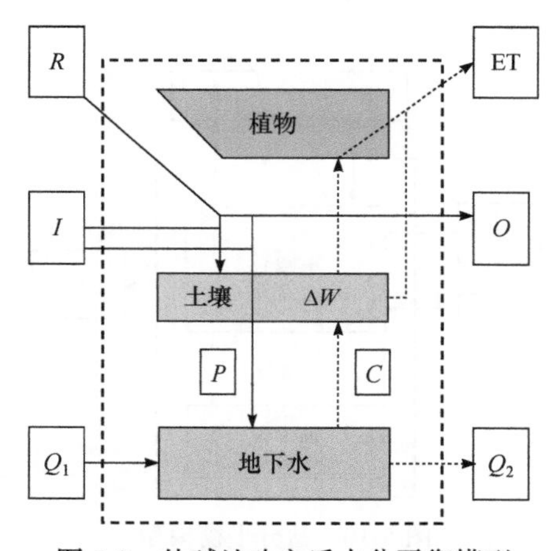

图 5-9　盐碱地改良后水分平衡模型

水径流流入量；Q_2 为地下水径流流出量。

结合具体试验小区可以得出地下径流的入项与出项基本相等，且未产生地表径流；土壤上层覆盖着水层，致使毛管水上升量因水量太小可以忽略不计，所以，可将水平衡方程简化为

$$R + I + \Delta W = O + \mathrm{ET} + P \tag{5-33}$$

由表 5-6 可知，除了两个对照处理外，每种处理所需的灌溉量是不同的，这可能是由于改良剂通过改善土壤的结构(土壤孔隙增大)，提高了土壤的持水能力，并且随着改良剂剂量的增加，提升效果逐渐增强，所以 T_1、T_2、T_3 的灌溉量也逐渐增加；而没有经过改良的处理，土壤结构仍相对紧实，所以 CK_1 和 CK_2 与 T_1、T_2、T_3 处理有显著差异。由于水田表面被水稻所覆盖，所以田间的蒸散量主要是由水稻叶面蒸散量决定，施加改良剂的处理能够有效降低土壤的盐碱胁迫，使得地上作物成活率高，所以蒸散量要显著高于对照组。排水量由田间统一管理，所以基本保持一致。

表 5-6　试验土壤水量平衡统计表　　(单位：mm)

处理	输入项		输出项		0～60 cm 土壤水储量变化 ΔW	渗漏量 P
	降水量 R	灌溉量 I	蒸散量 ET	排水量 O		
CK_1	314	558.52	636.74	120	5.73	121.52
CK_2	314	559.20	639.73	122	6.81	118.29
T_1	314	639.64	653.54	128	9.59	181.69
T_2	314	696.13	662.64	127	9.89	230.38
T_3	314	752.00	679.29	133	7.48	261.19

综合改良措施对于小区排盐量也有较大影响。通过综合考虑土壤中盐分主要的流入流出途径，根据物料投入与损失(图 5-10)，可得到盐分平衡方程：

$$\Delta M_{\mathrm{s}} = \Delta M_{\mathrm{d}} + I + F + R - B - O \tag{5-34}$$

式中：ΔM_{s} 为土壤盐分储量变化；ΔM_{d} 为向下层土壤和地下水输出盐量；I 为灌溉含盐量；F 为肥料、改良剂等投入盐量；R 为降水含盐量；B 为作物携出盐量；O 为地表排水含盐量。

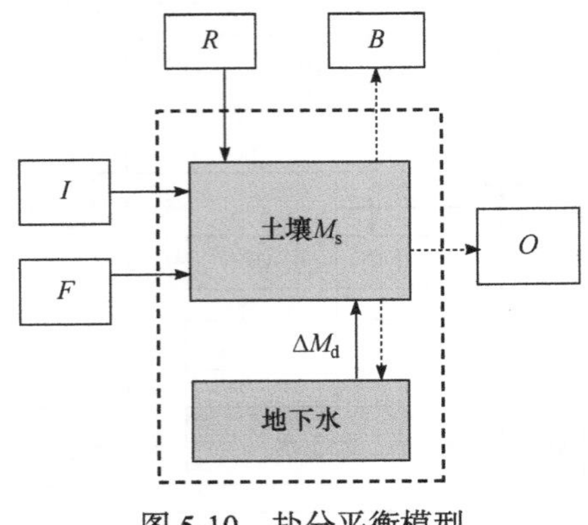

图 5-10　盐分平衡模型

其中，作物携出盐量 B 相对于其他因素的影响较小，故在此简化模型中可忽略。公式可简化如下：

$$\Delta M_{\mathrm{s}} = \Delta M_{\mathrm{d}} + I + F + R - O \tag{5-35}$$

各项盐分的变化可以由相对应的水量变化和水样矿化度的乘积得到，水量变化见表 5-6，各水体矿化度通过水样烘干后所剩盐分的质量与水样体积的比值求得。

如表 5-7 所示，由于灌溉水矿化度一定，灌溉量由 CK_1 至 T_3 逐渐增大，所以灌溉水携入盐量依次增大。CK_1 和 CK_2 的投入盐量来自施加的肥料，投入盐量相同。T_1、T_2、T_3 则来自施加的肥料和改良剂，由于改良剂的施加有梯度，所以它们的投入盐量不同。因为改良剂能有效地将土壤颗粒中的 Na^+ 置换出来并随水排走，所以改良剂处理田块内的水矿化度较高，在排水量一定时，排盐量要大于对照组。改良剂处理的田块，无论是下渗水量还是水体矿化度都要高于对照组，所以下渗水含盐量更大。综合土壤盐分变化值，可以看出 CK_1 和 CK_2 的土壤盐分变化差异不明显，改良组盐分变化的顺序是 $T_2 > T_3 > T_1$，T_2 的改良效果好于 T_3，但是 T_3 的各输出项要好于 T_2，其可能原因是 T_3 的盐分投入量过大，抵消了部分排盐效果。

表 5-7 试验小区土壤盐分变化统计表 (单位：$\times 10^3\ \mathrm{kg/hm^2}$)

	项目	CK_1	CK_2	T_1	T_2	T_3
输入项	灌溉水携入盐量 I	4.28	4.29	4.9	5.33	5.76
	投入盐量 F	0.38	0.38	1.88	3.38	6.38
	降水含盐量 R	0.001	0.001	0.001	0.001	0.001
输出项	地表排水含盐量 O	2.513	2.616	6.259	6.502	6.929
	下渗水含盐量 ΔM_{d}	2.605	2.536	8.703	11.795	13.608
	土壤盐分变化 ΔM_{s}	−0.457	−0.481	−8.181	−9.582	−8.393

试验结果表明，添加新型改良剂对于脱盐量有显著影响。土壤容重对土壤入渗性能和持水能力有非常大的影响，时新玲的研究发现也得到了类似结果，在降水入渗和黏质土壤条件下，土壤吸水而膨胀使容重减小，反之容重增加[52]。潘云等研究了土壤容重对水分入渗的影响，发现容重越大，入渗率和累积入渗量越低。通过本书前面的研究结果可知，改良前的土壤容重比改良后的土壤容重更大，故累积入渗量更小[53]。

综上所述，改良剂的施加降低了土壤的紧实程度，增加了土壤的孔隙，使土壤达到稳定入渗的时间变长，作物所需的灌溉量增加，渗漏量增加。改良剂的施加都显著地降低了土壤的盐分，且在一定范围内随着改良剂剂量的增加而增加，当剂量达到一定范围后，再投加改良剂可能会导致盐分摄入过多，抵消部分排盐的效果。

5.3.5 水盐运移模型发展趋势

盐碱化问题已经是一个全球性的生态问题，土壤水盐运移规律研究将为盐碱地治理提供理论依据，近二十年国内外对于土壤水盐运移的研究都呈现上升趋势。并且盐碱地作为后备耕地资源的重要性将越来越大，有关土壤水盐运移规律的探讨及研究也将持续作为研究的热点。

目前关于土壤水盐运移的研究多集中于田间尺度或单一因素的研究，而对于大区域或多因素影响下的土壤水盐运移规律研究较少。未来关于土壤水盐运移的研究应当：

(1) 发展模型类型综合化。

(2) 加强田间、区域尺度水盐运移模型研究。

(3) 加强水盐运移模型与作物生长模型的耦合研究。

摸清多因素影响下土壤水盐运移规律是对盐碱地进行科学调控和治理的关键。

5.4　水资源管理对盐碱土壤的影响

5.4.1　水资源利用现状及存在的问题

地球的总水量为 138.6×10^8 亿 m^3，水体表面积为 5.1×10^8 km^2。海洋面积为 $3.61\times10^8 km^2$，占地球表面积的 70.8%，平均含盐量为 35 g/L 的海洋水量为 133.8×10^8 亿 m^3，占地球总储水量的 96.5%；陆地面积为 $1.49\times10^8 km^2$，占地球总表面积的 29.2%，水量仅为 4.8×10^8 亿 m^3，占地球水储量的 3.5%[54]。地球水总量中，淡水储量为 3.5×10^8 亿 m^3，占总储量的 2.53%。到目前为止由于开发困难或技术经济的限制，海水、深层地下水、冰雪固态淡水等还很少被直接利用。比较容易开发利用的、与人类生活生产关系最为密切的河流、湖泊和浅层地下淡水资源，储量为 104.6×10^4 亿 m^3，只占淡水总储量的 0.34%，还不到全球水总量的万分之一，而实际上人类可以利用的淡水量远低于此理论值。尽管地球上水的总量充足，但适合饮用的淡水水源却是十分有限的。

根据 2013 年水利普查报告，我国拥有 97 条流域面积超过 10000 km^2 的河流，约 2300 个面积超过 1 km^2 的湖泊，总面积共约为 717871 km^2，约占陆地国土面积的 0.8%。我国在地表水资源总量上仅次于巴西、俄罗斯、加拿大、美国、印度尼西亚。我国年平均河川径流量约为 27115 亿 m^3，折合年径流深为 282 mm。我国年平均地下水资源总量为 7279 亿 m^3。由于地表水与地下水之间可以相互转化，扣除其中重复计算部分，我国水资源总量约为 28124 亿 m^3。虽然我国水资源总量充足，但人均占有量较小。我国全年水资源总量为 28306 亿 m^3，人口 13.7462 亿(不包含港澳台)，人均水资源量只有 2059 m^3，仅为世界平均水平的 1/4、美国的 1/5，在世界上名列 121 位，是全球 13 个人均水资源最贫乏的国家之一。在扣除难以利用的洪水径流和散布在偏远地区的地下水资源后，我国现实可利用的淡水资源量仅为 11000 亿 m^3 左右，人均可利用水资源量约为 800 m^3，并且分布极其不均。

尽管水文循环提供的水总量足以为世界当前人口提供充足的淡水，但全球水资源和人口密度分布不均匀，这些水大部分集中在一定的地区，使其他地区缺水。近 80 个国家超过 40%的世界人口对水的需求已经超过了供应。除水资源的时空分布不均匀之外，目前还有许多问题影响着淡水资源的分配：①在已耕种土地上增加种植强度，使得每单位耕地消耗更多的水，即灌溉农业的垂直扩张，会导致一些地方的土地和相关水资源退化。②在需要额外用水的新土地上种植作物，即水灌溉农业的横向扩张。在没有适当管理实践的情况下，这种扩张使被耕种边缘土地的地表水和地下水质量恶化。③由于人口增加和生活水平提高，优质水的工业和家庭使用增加。2011 年的研究表明，当时约 70 亿的世界人口预计将在未来 50 年内增长 25%～80%。预计全球人口增长的数目大部分将发生在已经遭受水、食物和健康问题影响的第三世界国家。④各种点和非点污染源污染地表和地下水资源。因为农业是最大的淡水消耗方式，目前有 65%～75%的淡水用于灌溉，因此以上的问题很多都与农业相关。

5.4.2　水资源管理对盐碱土壤的影响及对策

1. 边际质量水的应用

水安全是粮食安全的基础，水资源短缺将导致粮食生产变化，是粮食危机真正的根源。许多农民无法控制他们可利用的水量或水的质量。由于缺少淡水资源，世界各地很多进行小规模种植的农民使用边际质量水进行灌溉。边际质量水有两种主要类型：来自城市和城市周边地区的废水，以及盐化和碱化的农业排水和地下水。

在发展中国家的城市周围，农民使用来自住宅、商业和工业的废水，有时被稀释，但往往废水没有经过处理直接投入使用。有时三角洲地区的农民和大规模灌溉计划的尾部地区的农民用运河水、盐碱地排水和废水混合进行灌溉。还有一些农民使用含盐或含碱的地下水进行灌溉，完全使用或与高质量的地表水一起使用。在许多亚洲和非洲城市，废水处理基础设施的建设速度跟不上人口的增长速度，使城市废水管理成为一个巨大的难题。例如，在印度只有 24%的家庭和工业废水得到处理，巴基斯坦只有 2%的废水得到处理，在西非城市，通常只有不到 10%的废水被收集在管道污水系统中，并接受初级或二级处理。

在农业中使用边际质量水增加了许多地区的灌溉水总量，但对土壤以及土壤外的其他因素有着巨大的影响。废水通常含有各种污染物，如盐分、金属、类金属、病原体、残余药物、有机物、内分泌干扰物和个人护理产品的活性残留物等，这些成分中的任何一种都可能损害人类健康和污染环境。农民可能因接触废水而遭受有害的健康影响，消费者也会因食用用废水灌溉的蔬菜和谷物面临健康风险。与废水相比，盐水和碱水含有的盐分会影响植物生长，可能导致土壤盐碱化和水涝，从而损害数百万公顷农田的生产力，降低作物产量。

在不得不使用边际质量水灌溉时，为避免土壤盐碱化等其他形式的土壤退化以及危害人类健康等问题的出现，必须要严格控制水的质量与水的用量，在盐碱地上施用边际质量水更应如此，许多研究者提出了使用边际质量水灌溉盐碱地时的阈值并且仍在深入研究。此外，政府也面临巨大挑战，即要保证农民能够在保护公共健康和环境的同时，最大限度地利用有限的水资源产生价值。Qadir 和 Oster 提出了两种促进边际质量水灌溉下土壤可持续利用的策略：①预测边际质量水灌溉下当地盐碱化和内涝水平，开发与之相兼容的种植模式；②鼓励使用经济激励措施，以促进边际质量水灌溉下的土地实现可持续的作物生产系统[55]。在盐碱地开发过程为了避免优质水资源的浪费，需要加强研究人员和农民之间的联系，以便农民快速采纳有用的研究信息，并将农民的研究需求及时传达给研究人员，这已经成为一项知识密集型的工作。

但是，只要废水处理仍不能跟上城市发展和人口增长的步伐，为了满足粮食需求，许多发展中国家或地区的原废水或稀释废水将继续作为灌溉水使用。废水的日益普及和使用将给环境和公共卫生带来巨大的挑战。就盐碱地来说，虽然也有学者在盐碱地上进行了盐水灌溉相关研究，有研究表明当降水量超过一定界限后将不会导致灌溉水中盐分在土壤中积累，但目前有关盐水在盐碱地的安全使用还需要更多的研究证实。

2. 提高农业用水生产力

我国水资源和其他社会资源分配不均衡。我国北部汇集了 64%的土地总面积、46%的耕地面积和 60%的人口，而那里只有我国总水资源的 19%。我国北部平原的地下水被严重过度开采，其地下水位逐年下移[55]。自 1980 年改革开放政策启动以来，我国的粮食生产能力及其维持稳定粮食供应的能力已大幅提高。粮食总产量从 20 世纪 50 年代的 1 亿 t 增加到目前的 6 亿 t，主要谷物作物的产量也大幅增加。但是粮食产量的增加主要是品种改良、化肥、农药和灌溉共同作用的结果。如何在有限的资源和环境可持续性的约束下确保农产品供应并提高农业发展的可持续性是中国农业面临的重大挑战[56]。

为满足不断增长的人口的需求，到 2030 年我国粮食供应必须增加 30%。然而，水资源短缺限制了我国粮食生产的进一步增长。此外，气候变化，特别是更频繁的极端天气事件对粮食生产的负面影响越来越严重，这可能导致粮食产量波动和粮食供应短缺。相对于全球平均水平，气候变化对我国粮食生产的影响将更加明显。由于气候变化，到 2050 年我国的粮食总产量可能会平均下降 13%。在我国，超过 75%的粮食总产量和 90%的经济作物产量来自灌溉农业，约占耕地总量的 49%，在农业供水不足的制约下，提高农业用水效率对于大幅提高粮食总产量至关重要。为了解决当前的水危机，确保我国农业的可持续发展和粮食安全，必须确定与农业高效用水利用有关的关键问题，了解不同规模粮食生产中的水转化和消耗机制，以及通过科技进步和管理改革提高用水效率。

康绍忠院士团队提出了一种节约用水和提高经济作物质量的综合高效灌溉战略(WSQI)[56]。根据对不同水分和养分处理对经济作物质量影响的分析，筛选对水分和养分敏感的品质性状。用综合评价法科学评价经济作物的综合品质，进而构建经济作物水分-产量和质量的统计模型。结合生物物理模型，对关键作物质量进行定量模拟，以获取更多关于质量形成机制的信息。通过以上分析和模拟，根据作物水分-产量和质量关系进行灌溉决策，实现区域水资源的可持续利用和农业的高效生产。未来的研究应解决粮食生产-水资源-生态系统关系的相互作用和适应性，水资源和粮食生产的相互关系，生态系统和环境对水资源数量和质量变化的反应和适应，粮食生产和当地生态系统微气候之间的相互作用，以及考虑到粮食生产和生态系统服务的水资源管理，根据生态系统足迹的资源承载能力，以及制定政策和管理计划，以实现粮食生产、水资源和生态系统之间的平衡[57]。

对于土壤盐碱化问题，特定区域土壤盐碱化问题虽并不意味着土壤不能够被利用，但是盐碱地的修复往往需要大量的优质水资源，因此盐碱地的修复不能盲目，不仅要考虑土壤的盐碱化程度还需要结合当地的水资源情况以水定地，并且盐碱地的开发修复过程需要因地制宜搭配适当的灌溉模式。

参 考 文 献

[1] 中国科学院南京土壤研究所. 土壤理化分析. 上海: 上海科学技术出版社, 1978: 1-13.

[2] 雷志栋, 杨诗秀, 谢森传. 土壤水动力学. 北京: 清华大学出版社, 1988: 144-290.

[3] 黄昌勇, 徐建明. 土壤学. 北京: 中国农业出版社, 2010: 23-406.

[4] 周宾. 新型改良剂对吉林省西部苏打盐碱土改良效果及剖面盐分分布的研究. 北京: 中国农业大学, 2018.

[5] 董伟. 新型改良剂对吉林省西部苏打碱土改良效果及水盐平衡的研究. 北京: 中国农业大学, 2017.

[6] 张威. 综合修复措施对于苏打碱土理化性质和微生物多样性的影响. 北京: 中国农业大学, 2019.

[7] 秦耀东. 土壤物理学. 北京: 高等教育出版社, 2002: 1-210.

[8] 尼尔布・雷迪, 雷・韦尔. 土壤学与生活. 李保国, 徐建明, 等译. 北京: 科学出版社, 2019: 1-912.

[9] Bresler E. Theoretical modeling of mixed-electrolyte solution flows for unsaturated soils. Soil Science, 1978, 125: 196-203.

[10] 杨劲松. 中国盐渍土研究的发展历程与展望. 土壤学报, 2008, 45(5): 837-845.

[11] Kulikov A I, Mangataev T D. Changes in the salt regime of chernozems in the Transbaikal region upon their irrigation with saline water. Pochvovedenie, 2000, 3: 346-353.

[12] Watt J P C, Vincent K W, Dravid D. Improving irrigation policies: “designer” irrigation consents and soil hydraulic properties. Journal of Hydrology, New Zealand, 1995, 34: 73-88.

[13] Ferraris S. Gallo, furrow irrigation with salty water: modelling of the system and resolution of soil dielectric measurements//Proceedings of the International Workshop of the European-Society-of-Agricultural-Engineers Field of Interest on Soil and Water, Leuven, Belgium, 1999, 43: 190-207.

[14] 石元春, 李韵珠. 盐渍土研究的现状和发展趋势. 干旱区研究, 1986, 3(4): 38-44.

[15] Barnard J H, Van Rensburg L D, Bennie A T P. Leaching irrigated saline sandy to sandy loam apedal soils with water of a constant salinity. Irrigation Science, 2010, 28: 191-201.

[16] 梁飞, 李智强, 张磊. 盐碱地改良技术实用问答及案例分析. 北京: 中国农业出版社, 2018: 23-78.

[17] Tang S Q, She D L, Wang H D. Effect of salinity on soil structure and soil hydraulic characteristics. Canadian Journal of Soil Science, 2021, 101: 62-73.

[18] Hillel D. Introduction to environmental soil physics. Soil Physics, 2004, 30: 97-104.

[19] Yong R N, Mohamed A M O, Warkentin B P. Principles of contaminant transport in soils. Environmental Science, 1992, 34: 317-327.

[20] Carvalho J L N, Nogueirol R C, Santos Menandro L M, et al. Agronomic and environmental implications of sugarcane straw removal: a major review. GCB Bioenergy, 2017, 9: 1181-1195.

[21] Levy D. The response of potatoes (*Solanum tuberosum* L) to salinity: plant growth and *Tuber* yields in the arid desert of Israel. Annals of Applied Biology, 1992, 120: 547-555.

[22] 李学曾. 陕西盐碱地改良. 西安: 陕西科学技术出版社, 1981: 35-90.

[23] Hopmans J W, Qureshi A S, Kisekka I, et al. Critical knowledge gaps and research priorities in global soil salinity//Sparks D L. Advances in Agronomy. Amsterdam: Elsevier, 2021: 1-191.

[24] Hopmans J W, Bristow K L. Current capabilities and future needs of root water and nutrient uptake modeling. Advances in Agronomy, 2002, 77: 103-183.

[25] 杜学军, 闫彬伟, 许可, 等. 盐碱地水盐运移理论及模型研究进展. 土壤通报, 2021, 52: 713-721.

[26] 刘太祥, 毛建华, 马履一, 等. 中国盐碱滩地生态综合改良与植被构建技术. 天津: 天津科学技术出版社, 2011: 45-90.
[27] 姜岩. 盐碱地土壤改良. 长春：吉林人民出版社, 1979: 13-67.
[28] Pérez-Santano A, Trujillano R, Belver C, et al. Effect of the intercalation conditions of a montmorillonite with octadecylamine. Journal of Colloid and Interface Science, 2005, 284: 239-244.
[29] 陈晓飞, 王铁良, 谢立群, 等. 盐碱地改良:土壤次生盐渍化防治与盐渍土改良及利用. 沈阳: 东北大学出版社, 2006: 1-17.
[30] Wang X, Zhang D, Qi Q, et al. The restoration feasibility of degraded *Carex* Tussock in soda-salinization area in arid region. Ecological Indicators, 2019, 98: 131-136.
[31] Wang Y J, Jin M L, Wen F W, et al. Edaphic characterization, water and salt translocation in saline marsh at local scale in Songnein Plain, Northeast China. Advanced Materials Research，2012, 383: 3744-3750.
[32] 河北省《改良盐碱地创高产》编写组. 改良盐碱地创高产. 石家庄: 河北人民出版社, 1974: 23-45.
[33] Sun B, Wang N, Xie J. Salt and water movement of soil-water body under storage condition. Journal of Shenyang Agricultural University, 2009, 40: 245.
[34] Bao S C, Qiu Y Y, Wang Q. Salinization process and influencing factors in western Jilin province, China. Applied Ecology and Environmental Research, 2019, 17: 15559-15572.
[35] Szabolcs I. Salinization of soil and water and its relation to desertification. Desertification Control Bulletin, 1992, 21: 32-57.
[36] Li K S, Geng Y H, Li Q X, et al. Comprehensive microstructural characterization of saline-alkali soils in the Yellow River Delta, China. Soil Science and Plant Nutrition, 2021, 67: 301-311.
[37] Zhou H, Li W. The effects of oasis ecosystem hydrological processes on soil salinization in the lower reaches of the Tarim River, China. Ecohydrology, 2013, 6: 1009-1020.
[38] Li Y, Li J, Wen J. Drip irrigation with sewage effluent increased salt accumulation in soil, depressed sap flow, and increased yield of tomato. Irrigation and Drainage, 2017, 66: 711-722.
[39] Li J, Qu Z, Chen J, et al. Effect of different thresholds of drip irrigation using saline water on soil salt transportation and maize yield. Water, 2018, 10: 1855.
[40] Burrow D. Sodic soils: irrigation farming. //Fath B D, Jorgensen S E. Managing Solis and Terrestrial Systems. Boca Raton: CRC Press, 2020: 93-96.
[41] Yang W, Qi J, Arif M. Impact of information acquisition on farmers' willingness to recycle plastic mulch film residues in China. Journal of Cleaner Production, 2021, 297: 126656.
[42] Wakid M, Al-Solaimani S G, Ismail S M. Reclamation of calcareous saline sodic soil with soil amendment "pozzolan" in Saudi Arabia. Journal of Applied Sciences in Environmental Sanitation, 2014, 9: 27-33.
[43] Glaser B, Lehmann J, Zech W. Ameliorating physical and chemical properties of highly weathered soils in the tropics with charcoal—a review. Biology and Fertility of Soils, 2002, 35: 219-230.
[44] Chen X, Duan M, Zhou B, et al. Effects of biochar nanoparticles as a soil amendment on the structure and hydraulic characteristics of a sandy loam soil. Soil Use and Management, 2022, 38: 836-849.
[45] Laird D A, Fleming P, Davis D D, et al. Impact of biochar amendments on the quality of a typical Midwestern agricultural soil. Geoderma, 2010, 158: 443-449.
[46] Cheng C H, Lehmann J, Engelhard M H. Natural oxidation of black carbon in soils: changes in molecular form and surface charge along a climosequence. Geochimica et Cosmochimica Acta, 2008, 72: 1598-1610.
[47] Mukherjee A, Lal R, Zimmerman A R. Effects of biochar and other amendments on the physical properties and greenhouse gas emissions of an artificially degraded soil. Science of the Total Environment, 2014, 487: 26-36.
[48] Yue Y, Guo W N, Lin Q M, et al. Improving salt leaching in a simulated saline soil column by three biochars

derived from rice straw (*Oryza sativa* L.), sunflower straw (*Helianthus annuus*), and cow manure. Journal of Soil and Water Conservation, 2016, 71: 467-475.

[49] Sun J N, Yang R Y, Li W X, et al. Effect of biochar amendment on water infiltration in a coastal saline soil. Journal of Soils and Sediments, 2018, 18: 3271-3279.

[50] 徐力刚, 杨劲松, 徐南军, 等. 农田土壤中水盐运移理论与模型的研究进展. 干旱区研究, 2004, 21(3): 254-258.

[51] 张连成, 王勇辉. 阿其克苏河河岸带典型植被覆盖下土壤化学特征. 西南师范大学学报(自然科学版), 2015, 40(9): 168-173.

[52] 时新玲, 张富仓, 王国栋, 等. 非水相污染物在黄土性土壤中的入渗试验研究. 干旱地区农业研究, 2005, 23(4): 49-52.

[53] 潘云, 吕殿青. 土壤容重对土壤水分入渗特性影响研究. 灌溉排水学报, 2009, 28: 59-61, 77.

[54] 齐跃明, 宁立波, 刘丽红. 水资源规划与管理. 徐州: 中国矿业大学出版社, 2017: 23-47.

[55] Qadir M, Oster J D. Crop and irrigation management strategies for saline-sodic soils and waters aimed at environmentally sustainable agriculture. Science of the Total Environment, 2004, 323: 1-19.

[56] Kang S Z, Hao X M, Du T S, et al. Improving agricultural water productivity to ensure food security in China under changing environment: from research to practice. Agricultural Water Management, 2017, 179: 5-17.

[57] Zhou H, Chen J, Wang F, et al. An integrated irrigation strategy for water-saving and quality-improving of cash crops: theory and practice in China. Agricultural Water Management, 2020, 241: 106331.

第 6 章　盐碱土壤通气性

土壤通气性是指土壤中气体的扩散和对流能力，它是影响土壤肥力、植物生长和农业生产的重要因素之一。土壤通气性非常重要，通气状况与水分状况同样重要，不仅直接影响土壤中氧气和二氧化碳等气体的交换，还影响土壤水分、温度、pH、盐分、有机质、微生物等物理、化学和生物学特性。土壤通气性不良会导致土壤出现缺氧、酸化、盐碱化、有机质降解减少等问题，进而影响植物的生理代谢、根系发育、抗逆能力等，降低农业生产的效率和质量[1,2]。

盐碱土壤是指含有较高盐分和碱度的土壤，它们在全球范围内广泛分布，尤其是在干旱半干旱地区。盐碱土壤的形成主要与气候、地质、水文、植被等因素有关，其中水分条件是最重要的影响因素。盐碱土壤通常具有较高的含水量、较低的孔隙度和渗透性，以及较高的 pH 和 Na^+、HCO_3^-、CO_3^{2-} 浓度，这些特征都不利于土壤中气体的扩散和对流，造成土壤通气性差[1,2]。

改良盐碱土壤通气性是提高盐碱地农业生产潜力的重要途径之一。通过合理的排水、灌溉、耕作、施肥、种植等措施，可以改善盐碱土壤的物理结构和化学组成，增加土壤孔隙度和透气性，降低土壤 pH 和 Na^+、HCO_3^-、CO_3^{2-} 浓度，提高土壤氧含量和有机质含量，促进土壤中微生物活性和有机残体降解，从而改善植物的生长环境[3,4]。

本章将介绍盐碱土壤通气性的相关概念、影响因素、生态效应及改良方法。

6.1　土壤通气过程

土壤通气过程是指土壤中气体与大气之间的交换和运动，它是影响土壤物理、化学和生物过程的重要因素之一。土壤通气的过程包括以下几个方面[5,6]。

(1) 土壤中气体的生成和消耗。土壤中气体的生成和消耗主要由土壤中的生物活动和化学反应决定。例如，土壤中的植物根系和微生物通过呼吸作用消耗氧气并释放二氧化碳；土壤中的有机质通过分解作用释放甲烷、硫化氢等气体；土壤中的铁、硫等元素通过氧化还原作用消耗或产生氧气等。

(2) 土壤中气体的扩散和对流。土壤中气体的扩散和对流是指土壤中不同位置和不同时间的气体浓度和流速的变化。这些变化主要由土壤中气体的浓度梯度、压力梯度、温度梯度等驱动力，以及土壤孔隙度、孔隙连通性、含水量等阻力决定。只要单一气体在不同位置存在浓度梯度，就会发生扩散。通常，土壤中气体的扩散遵循菲克定律，空气对流遵循达西定律[5,7]。

(3) 土壤与大气之间的气体交换。土壤与大气之间的气体交换是指土壤表面或植物根际区域与大气之间的气体流动。这种流动主要由大气压力、风力、温差等外部驱动力，以及土壤表面或根际区域的孔隙度、含水量等内部阻力决定。通常，土壤与大气之间的气体交换遵循质量守恒定律[7]。

以上三个方面相互影响，共同决定了土壤通气的状况。良好的通气性可以保证土壤和大气之间的气体交换，提供足够的氧气，防止潜在有毒气体，如二氧化碳和甲烷以及乙烯等的积累。土壤通气性可以提高氧气的浓度，而氧气主要由植物根系和微生物种群消耗；同时良好的土壤通气性，还可以缓解厌氧土壤条件下呼吸和其他化学还原过程中形成的高浓度二氧化碳和有毒气体。

土壤通气性不仅是表征土壤中氧含量与土壤透气性的综合指标，而且也是表征土壤肥力的综合指标之一。土壤通气性差、氧气浓度低会造成植物根部的低氧胁迫，从而导致作物发育进程出现生长迟缓、根系死亡、作物鲜重下降、土壤微生物活动受阻等严重后果。土壤通气性会影响土壤气体中的氧含量及其更新速度，是决定土壤空气质量的关键因素。在农田土壤通气过程中，大气中的氧气进入土壤，而土壤中产生的大量二氧化碳得以排出并成为作物光合作用的原料。土壤通气性除了对作物种子萌发、根系生长和根系吸水有明显影响外，还对土壤微生物活性和土壤养分转化产生影响。当土壤中缺氧时，土壤释放的速效性养分有限，硝化作用受到抑制，反硝化作用加强，不但影响作物根系对氮肥的吸收，而且造成氮素损失、温室气体 N_2O 排放量增加。土壤通气性还会影响土壤的氧化还原状况，通气不良时形成的某些还原状态的物质，如硫化氢等对作物根系有毒害作用。

评价土壤通气状况的指标主要有土壤体积含气量(volumetric air content，VAC)、土壤充气孔隙度(air-filled porosity)、土壤气体中 CO_2/O_2 的含量、土壤溶液中的溶解氧含量、土壤氧气扩散速率(oxygen diffusion rate，ODR)及土壤氧化还原电位(E_h)等。大量研究也总结出这些评价指标的相应阈值，但这些指标往往受多种因素的影响，具有很强的时空变异性。因此，如何监测这些指标并用以评价土壤通气性至关重要。

在盐碱土壤中，由于盐分和钠离子对土壤结构和水分运动的影响，土壤通气往往受到限制，导致土壤中缺乏足够的氧气或富集过多的二氧化碳等有害气体，从而影响了植物生长和土壤肥力。因此，研究盐碱土壤的通气性非常有必要。

6.2　土壤通气性基础

6.2.1　气体扩散和对流的本构定律

土壤通气性是影响土壤物理、化学和生物过程的重要因素之一。土壤中气体的交换和运动主要依赖于两种机制：气体扩散和对流[8]。

气体扩散是指由于土壤中不同位置的气体分子浓度差而引起的气体分子从高浓度区向低浓度区移动的过程。气体扩散是土壤通气的主要方式，主要受到土壤孔隙度、孔隙连通性、含水量、温度和压力等因素的影响。

空气对流是指由于大气压力或风力等外部驱动力而引起的土壤中空气流动的过程。

空气对流是土壤通气的辅助方式，主要受到土壤孔隙度、孔隙连通性、含水量、温度和压力等以及外部驱动力的大小和方向等因素的影响[9]。

气体扩散和空气对流的本构定律是描述这两种机制的数学表达式，可以用来计算土壤中不同位置和不同时间的气体浓度和流速。通常，气体扩散遵循菲克定律，空气对流遵循达西定律[8]。

早在 1855 年，菲克就提出了：在单位时间内通过垂直于扩散方向的单位截面积的扩散物质流量[称为扩散通量(diffusion flux)，用 J 表示]，与该截面处的浓度梯度(concentration gradient)成正比，也就是说，浓度梯度越大，扩散通量越大[10]。这就是菲克第一定律，它的数学表达式如下：

$$J = -D \times \mathrm{d}C/\mathrm{d}x \tag{6-1}$$

式中：D 为扩散系数(m^2/s)；C 为扩散物质(组元)的体积浓度(原子数/m^3 或 kg/m^3)；$\mathrm{d}C/\mathrm{d}x$ 为浓度梯度；“–”表示扩散方向为浓度梯度的反方向，即扩散组元由高浓度区向低浓度区扩散。扩散通量 J 的单位是 $kg/(m^2 \cdot s)$。扩散系数 D(diffusion coefficient)是描述扩散速率的重要物理量，相当于浓度梯度为 1 时的扩散通量。D 值越大，表明扩散越快。

达西定律表明，单位时间内通过单位面积垂直于压力梯度方向的空气流量与压力梯度成正比，比例系数为空气导度。

气体扩散和空气对流在不同土壤条件下对土壤通气的贡献不同。通常，在干旱或半干旱地区，由于土壤含水量较低，空气对流对土壤通气的贡献较小，而气体扩散则是主要的通气方式。在湿润或过湿地区，由于土壤含水量较高，空气对流对土壤通气的贡献较大，而气体扩散则受到限制。

菲克定律将 O_2 扩散通量(q)[$M/(L^2 \cdot T)$]描述为 O_2 有效扩散系数(D_s)[L^2/T]与 O_2 浓度梯度(∇C)[M/L^4]的乘积：

$$q = -D_s \nabla C \tag{6-2}$$

这里的 O_2 有效扩散系数(D_s)是根据土壤流体(相关的气态或液态)相中的 O_2 浓度(C)来定义的(而不是根据土壤体积来定义的 O_2 浓度)。在这里，除非特殊情况，土壤的 O_2 浓度是指土壤气相的浓度。固有的、降低的扩散系数是描述干燥(气体)或水饱和(溶质)土壤的有效扩散系数(D_s)与自由流体中的扩散系数(D_0)之比的土壤参数。

与菲克定律[式(6-1)]类似，根据 Darcy-Buckingham 定律，体积空气通量(q_v)[L/T]是空气透过性(K_a)[L/L]与气压水头梯度的乘积：

$$q_v = -K_a \nabla \hbar_\alpha \tag{6-3}$$

空气透过性 K_a 反过来又与空气渗透性(k_a)[L^2]有关：

$$K_a = (k_a \rho_a g)/\mu_a \tag{6-4}$$

式中：μ_a[$M/(L \cdot T)$]为空气动力黏度；ρ_a[M/L^3]为空气密度；g[L/T^2]为重力加速度常数。固有渗透性(k_a^{sat})是描述单流体相、空气或水、烘箱干燥或水饱和土壤渗透性的土壤参数。

在盐碱土壤中，盐分累积和钠离子交换作用会导致土壤颗粒分散，可能形成松散结构或破坏团聚体，导致土壤结构不稳定，降低孔隙度，从而影响了土壤中气体扩散和空气对流的能力。因此，改善盐碱土壤中的通气条件是提高盐碱土壤肥力和植物生长的重要措施之一。

6.2.2　土壤中的气体扩散

土壤中的气体扩散是指气体分子在土壤孔隙中由于热运动和浓度差而发生的随机运动，是土壤通气过程中的主要机制[11]。土壤中的气体扩散主要包括从大气向土壤内扩散和在土壤内部扩散两方面。从大气向土壤内扩散可以近似描述为一维垂直流动，土壤内部扩散包括向单个植物根系和土壤团聚体内部扩散，后者可用径向扩散模型和球形扩散模型描述。

土壤中的气体扩散系数(D_p)是描述土壤中气体扩散能力的重要参数，主要受土壤物理特性的影响，如土壤质地、结构、孔隙度、孔隙分布、孔隙连通性和孔隙曲折度等[5]。土壤中的气体扩散系数决定了氧气、温室气体、熏蒸剂和挥发性有机污染物在农业、林业和城市土壤中的扩散传输速率[5]。

土壤中的气体扩散系数可以用下式计算：

$$D_p = D_0 \cdot \theta_a \cdot n \cdot \tau^{-1} \tag{6-5}$$

式中：D_p 为土壤中的气体扩散系数(cm^2/s)；D_0 为自由空气中的气体扩散系数(cm^2/s)；θ_a 为土壤孔隙度(m^3/m^3)；n 为经验常数；τ 为孔隙曲折度。

根据式(6-5)可以看出，土壤中的气体扩散系数与土壤孔隙度和孔隙曲折度成反比，与自由空气中的气体扩散系数成正比。因此，提高土壤孔隙度和减小孔隙曲折度有利于增加土壤中的气体扩散系数，从而改善土壤通气状况。相反，降低土壤孔隙度和增大孔隙曲折度会降低土壤中的气体扩散系数，从而影响土壤通气状况。

影响土壤孔隙度和孔隙曲折度的因素有很多，主要包括以下几方面。

(1) 土壤质地：不同质地的土壤具有不同的颗粒大小、形状和排列方式，从而导致不同的孔隙度和孔隙曲折度。通常，粗颗粒土(如砂质土)具有较高的孔隙度和较低的孔隙曲折度，因此具有较高的气体扩散系数；细颗粒土(如黏性土)具有较低的孔隙度和较高的孔隙曲折度，因此具有较低的气体扩散系数。

(2) 土壤结构：不同结构的土壤具有不同的团聚程度、团粒大小、形状和稳定性，从而导致不同的孔隙度和孔隙曲折度。通常，良好的土壤结构可以增加土壤孔隙度和减小孔隙曲折度，从而提高土壤中的气体扩散系数；相反，破坏土壤结构会降低土壤孔隙度和增大孔隙曲折度，从而降低土壤中的气体扩散系数。

(3) 土壤含水量：土壤含水量是影响土壤中的气体扩散系数的最重要因素之一，它决定了土壤中气相和液相的相对比例。通常，土壤含水量越高，土壤中的气相比例越低，气体扩散系数越低；土壤含水量越低，土壤中的气相比例越高，气体扩散系数越高。但是，当土壤含水量过低时，由于土壤颗粒间的毛细管作用减弱，孔隙连通性降低，气体扩散系数也会降低。因此，存在一个最适宜的土壤含水量范围，使得土壤中的气体扩散系数达到最大值。

(4) 土壤温度：土壤温度是影响土壤中的气体扩散系数的另一个重要因素，决定了气体分子的运动速度和碰撞频率。通常，土壤温度越高，气体分子的运动速度越快，碰撞频率越高，气体扩散系数越高；土壤温度越低，气体分子的运动速度越慢，碰撞频率越低，气体扩散系数越低。此外，土壤温度还会影响土壤含水量和微生物活性等因素，从而间接影响土壤中的气体扩散系数。

(5) 土壤管理措施：人为对土壤进行的各种管理措施也会影响土壤中的气体扩散系数。例如，耕作、翻松、排水、施肥、覆盖等措施可以改善土壤结构和孔隙连通性，增加土壤孔隙度和减小孔隙曲折度，从而提高土壤中的气体扩散系数；相反，压实、灌溉、积水等措施会破坏土壤结构和孔隙连通性，降低土壤孔隙度和增大孔隙曲折度，从而降低土壤中的气体扩散系数。

氧气从大气向土壤内扩散时，需要克服土壤中水相对气相的阻力，这是由氧气在水中的溶解度和扩散速率显著降低造成的。虽然大部分氧气消耗发生在背景土壤，但局部氧气通量的主要阻力来自根部周围的黏性黏液层。

在盐碱化条件下，盐分沉积、胶结作用、蒸发作用等因素导致了土壤结构的破坏和孔隙度的降低，从而降低了土壤中的气体扩散系数，影响土壤通气状况。因此，改善盐碱土的气体扩散能力是提高盐碱土生产力的重要途径之一。为此，可以采取以下措施：①增加有机质的施入，提高土壤的团聚性和孔隙度，增加土壤中的气相比例，提高土壤中的气体扩散系数。②适当控制灌溉量和灌溉频率，避免土壤过湿或过干，保持适宜的土壤含水量，使土壤中的气体扩散系数达到最大值。③适时进行耕作、翻松、排水等管理措施，改善土壤结构和孔隙连通性，减小孔隙曲折度，提高土壤中的气体扩散系数。④调节土壤温度，避免过高或过低，保持适宜的温度范围，利于气体分子的运动和碰撞，提高土壤中的气体扩散系数。

6.3 土壤通气性的影响因素及调节

6.3.1 土壤通气性的主要影响因素

土壤是一个开放的系统，内部和外部的因子都处于相互联系、影响的状态。土壤通气状况会受到内部和外部因素的影响。内部因素是指土壤本身的性质，如土壤孔隙度、孔隙连通性、含水量、有机质含量等。外部因素是指土壤外部的环境条件，如大气压力、风力、温度、降水、灌溉、耕作、放牧等。这些因素共同决定了土壤中气体的生成和消耗、土壤中气体的扩散和对流以及土壤与大气之间的气体交换，从而影响了土壤通气程度[12]，具体如下。

(1) 土壤孔隙度：土壤孔隙度是指土壤中孔隙占总体积的百分比，反映了土壤中存储空气和水的能力。通常，土壤孔隙度越高，土壤通气越好，因为空气可以在孔隙中自由流动。土壤孔隙度受到土壤颗粒大小、形状、排列方式等因素的影响。粗粒土壤通常具有较高的孔隙度，而细粒土壤通常具有较低的孔隙度。

(2) 土壤孔隙连通性：土壤孔隙连通性是指土壤中不同大小和形状的孔隙之间相互

连接的程度，反映了土壤中空气和水的流动性。通常，土壤孔隙连通性越高，土壤通气越好，因为空气可以在不同层次和方向上进行交换。土壤孔隙连通性受到土壤结构、团聚体稳定性、有机质含量等因素的影响。良好的土壤结构可以增加大型和中型孔隙的数量和连通性，而有机质可以增强团聚体稳定性，防止孔隙被压缩或堵塞。另外，压实的土壤也能阻塞气体通道，导致土壤通气不良。

(3) 土壤含水量：土壤含水量是指土壤中水分占总体积或质量的百分比，反映了土壤中水分状态和可用性。通常，土壤含水量对土壤通气性有双重影响。一方面，适量的水分可以保持团聚体稳定性，防止细小颗粒填充孔隙，从而有利于空气流动；另一方面，过多的水分会占据孔隙空间，排挤空气，从而阻碍空气流动。因此，存在一个最佳的含水量范围，使得土壤通气达到最佳状态。土壤孔隙如果 80%以上被水充满，那么只有小于 20%的孔隙充满空气，氧气浓度会很低，严重影响作物生长。极端情形下，只有部分耐淹水条件的植物可以利用通气组织(水稻等)或气生根(如红树)保障生存所需氧气。

(4) 土壤有机质含量：土壤有机质含量是指土壤中有机物占总质量或体积的百分比，反映了土壤中有机物的来源和转化。通常，土壤有机质含量对土壤通气性有正面影响。一方面，有机质可以提高土壤孔隙度和孔隙连通性，增加空气存储和流动的空间；另一方面，有机质可以提供土壤生物的能量和碳源，促进土壤生物活动，增加气体的生成和消耗，从而增加气体交换的强度。

(5) 大气压力：大气压力是指大气对单位面积的作用力，反映了大气中气体分子的密度和活动程度。通常，大气压力对土壤通气性有微弱影响。当大气压力增加时，大气中的氧气分子会被压缩，从而增加其分压，促进其向土壤中扩散；当大气压力减小时，相反的过程会发生。然而，这种影响通常很小，因为大气压力的变化很少超过 1%。

(6) 风力：风力是指空气流动对单位面积的作用力，反映了空气流动的速度和方向。通常，风力对土壤通气性有较强影响。当风吹过土壤表面时，会产生负压或真空效应，从而抽出土壤中的空气，并吸入新鲜的空气。当风停止时，相反的过程会发生。这种影响通常比大气压力的影响更明显，因为风力的变化更大更频繁。

(7) 温度：温度是指物质中分子运动的平均能量，反映了物质中分子运动的快慢和强弱。通常，温度对土壤通气性有双重影响。一方面，温度可以影响土壤中水分的蒸发和凝结，从而影响孔隙中水分和空气的比例；另一方面，温度可以影响土壤中生物活动的速率和强度，从而影响气体的生成和消耗。

(8) 降水：降水是指大气中水汽凝结成液态或固态后落到地面的现象，反映了大气中水汽含量和温度变化。通常，降水对土壤通气性有负面影响。当降水发生时，雨水会渗入土壤中，占据孔隙空间，排挤空气，并带走其中溶解或吸附的气体；当降水停止后，雨水会逐渐蒸发或下渗，并释放出其中溶解或吸附的气体。这种影响通常比温度的影响更显著，因为降水的变化更突然更剧烈。

(9) 灌溉：灌溉是指人为地向土壤中供应水分的过程，反映了人类对土壤水分状况的调控和管理。通常，灌溉对土壤通气性有双重影响。一方面，适度的灌溉可以保持土壤适宜的含水量，防止土壤过于干燥或过于湿润，从而有利于空气流动；另一方面，过量的灌溉会导致土壤水分过高，占据孔隙空间，排挤空气，并带走其中溶解或吸附的气体。因此，灌溉的频率和量应根据土壤类型、作物需求、气候条件等因素合理确定。

(10) 耕作：耕作是指人为地改变土壤表层结构和性质的过程，反映了人类对土壤物理状况的调控和管理。通常，耕作对土壤通气性有正面影响。耕作可以打碎土壤团聚体，增加大型和中型孔隙的数量和连通性，从而增加空气存储和流动的空间；耕作还可以混合土壤表层和下层，促进气体在不同层次之间的交换；耕作还可以埋入有机质，增加土壤生物活动，增加气体的生成和消耗。

(11) 放牧：放牧是指人为地利用牲畜对草地或牧场进行采食和粪便排放的过程，反映了人类对草地或牧场生态系统的利用和管理。通常，放牧对土壤通气性有负面影响。放牧会导致牲畜对草地或牧场进行践踏，压实土壤表层，减少孔隙度和孔隙连通性，从而阻碍空气流动；放牧还会导致牲畜对草地或牧场进行粪便排放，增加有机质含量，增加气体的生成和消耗。

以上若干因素相互影响，在表 6-1 中列出了影响通气性的主要因素，其共同决定了盐碱土壤中通气状况。在盐碱土壤中，由于盐分和钠离子的存在，土壤孔隙度和孔隙连通性往往较低，土壤含水量往往较高，土壤有机质含量往往较低，这些都不利于土壤通气。盐碱土壤中通常缺乏足够的氧气或富集过多的二氧化碳等有害气体，因此，影响了植物生长和土壤肥力。为了改善盐碱土壤的通气状况，需要采取一些措施，如改良土壤结构、调节土壤水分、增加土壤有机质、合理灌溉、适度耕作、控制放牧等。

表 6-1　影响土壤通气性的主要因素及其作用机制

主要因素	作用机制
土壤含水量	土壤含水量过高会导致土壤孔隙被水分占据，降低土壤通气性。土壤含水量过低会导致土壤结构破坏，增加土壤密度，也降低土壤通气性
土壤质地	土壤质地决定了土壤孔隙的大小和分布。细粒土壤通常具有较高的总孔隙度，但是大部分是微孔，不利于气体交换。粗粒土壤通常具有较低的总孔隙度，但是大部分是大孔，有利于气体交换
入渗性能	入渗性能反映了土壤对水分的渗透能力。入渗性能好的土壤可以快速排除多余的水分，保持适宜的土壤水分状态，有利于土壤通气性。入渗性能差的土壤容易发生水碱，造成缺氧和积碳酸等问题，不利于土壤通气性
机械碾压	机械碾压会导致土壤压实，降低土壤孔隙度和通气性。机械碾压的程度和频率会影响土壤通气性的恢复能力
有机质施用	有机质施用可以改善土壤结构，增加大孔隙度，提高土壤通气性。但是有机质施用过量或者过于易分解的有机质会导致微生物呼吸增强，消耗大量氧气，产生大量二氧化碳，降低土壤通气性
放牧利用	放牧利用会影响土壤表层的植被覆盖和根系活力，从而影响土壤结构和稳定性。放牧利用还会造成动物踩踏和排泄物堆积等问题，影响土壤孔隙度和通气性

6.3.2　土壤中的空气含量

土壤中的空气含量是指土壤孔隙中充满空气的部分所占的比例，反映了土壤中气相的相对多少，是衡量土壤通气状况的重要指标。土壤中的空气含量与土壤孔隙度、土壤含水量和土壤温度等因素密切相关，不同类型和状态的土壤具有不同的空气含量。通常，土壤中的空气含量越高，表明土壤中的氧气供应越充足，有利于植物根系和土壤微生物的呼吸作用；土壤中的空气含量越低，表明土壤中的氧气供应越匮乏，可能导致植物根系和土壤微生物的窒息或厌氧作用。表层土壤空气中氧气浓度一般略低于大气中氧气浓度(20%)，通气不良的底层有时会低于 5%，重度盐碱地由于土壤板结、孔隙度低、排水性差，氧含量往往很低，在 0～30 cm 的土层中可降低 2%左右。相对于稳定的 N_2，CO_2 和 O_2 这两种重要的气体成分含量往往是此消彼长，通常，土壤孔隙中的空气与水的比例最好为 50∶50，这样才能保证微生物的活性和植物的健康生长。

土壤中的空气含量是影响土壤通气和土壤曝气的最重要因素之一。利用氧气扩散速率(ODR)和模拟植物根的 Pt 阴极法可以直接测量土壤中的氧气通量，这比测量土壤氧化还原电位或氧气浓度梯度等方法更为准确。另一种通过测量一种气体(如 CO_2)的通量来估算另一种气体(如 O_2)的通量的方法也较为常用，但这种方法的准确性依赖于呼吸熵(RQ)的假定，而呼吸熵会随外界环境条件和碳源类型的变化而变化。

土壤中的空气含量可以用以下两种方式来表示。

一是空气容量(a_c)：定义为土壤孔隙中充满空气的体积与总孔隙体积之比。空气容量与饱和度(S)之间有如下关系：

$$a_c = 1 - S \tag{6-6}$$

二是充气孔隙度(n_a)：定义为土壤孔隙中充满空气的体积与总土壤体积之比。充气孔隙度(n_a)与孔隙度(n)和饱和度(S)之间有如下关系：

$$n_a = n \cdot (1 - S) \tag{6-7}$$

影响土壤中空气含量的因素有很多，孔隙在盐碱化条件下，盐碱胁迫、分散作用等因素造成了土壤结构劣化和孔隙结构坍塌，导致土壤空气含量降低。为提高盐碱土的空气含量可以采取以下措施：

(1) 增加有机质的施入，提高土壤的团聚性和孔隙度，增加土壤中的空气含量。有研究表明，在中国东北地区，施用有机肥可以显著提高盐碱土中的空气容量和孔隙度。

(2) 适当控制灌溉量和灌溉频率，避免土壤过湿或过干，保持适宜的土壤含水量，使土壤中的空气含量达到最大值。有研究表明，在印度北部地区，灌溉管理对盐碱土中的空气含量有显著影响。

(3) 适时进行耕作、翻松、排水等管理措施，改善土壤结构和孔隙连通性，提高土壤中的空气含量。研究结果表明，在美国西部地区，耕作和排水措施可以有效提高盐碱土中的空气含量和通气性。

调节土壤温度，避免过高或过低，保持适宜的温度范围，利于气体分子的运动和碰撞，提高土壤中的空气含量。在澳大利亚南部地区，温室效应对盐碱土中的空气含量有显著影响，随着气温的升高，盐碱土中的空气含量和通气性都会降低。

6.3.3 土壤及根系呼吸

全球每年从土壤到大气的 CO_2 通量估计在 76.5 Pg C 和(98 ± 12) Pg C 之间，每年增加 0.1 Pg[13]。呼吸作用可分为有氧和无氧两种途径。在有氧途径中，O_2 是电子传递链中的最终电子受体，导致其消耗和 CO_2 的释放；而在无氧途径中，根据氧化还原电位的不同，有许多可能的电子受体。土壤中最常见的无氧电子受体(按氧化还原电位降序排列)是：NO_3^-、Mn^{4+}、Fe^{3+}、SO_4^{2-} 和 CO_2。无氧途径产生能量的效率要低得多。湿地主要的土壤及根系呼吸途径是厌氧呼吸，而在旱地，这两种途径并存，它们各自对土壤呼吸总量的贡献在空间和时间上都是不同的。土壤基础呼吸被定义为土壤中稳定的呼吸速率，起源于有机质的矿化[14]。

在土地覆被对土壤呼吸的影响研究中发现，集约种植的土壤，呼吸速率高于全球平均水平。据报道，在 25℃下，植被密集的土壤(即森林、牧场、灌溉田)的面积土壤呼吸速率约为 15 g O_2 /(m^2 · d)[15]，大田作物约 10 g O_2 /(m^2 · d)[16]，休耕地较少。

在二氧化碳和温度对土壤呼吸的影响研究中，增加二氧化碳浓度对土壤呼吸有抑制作用，并且已发现浓度大于 4%会降低微生物活动。二氧化碳浓度为 0.5%已被证明完全抑制烟草、玉米和棉花的呼吸，而洋葱的根被发现对二氧化碳浓度不太敏感[17]。这一效应促使 Sierra 和 Renault 提出二氧化碳竞争性抑制下氧气消耗率的 Michaelis-Menten 动力学[18]。

根系呼吸是指植物根系在土壤中进行的细胞呼吸过程，即利用土壤中的氧气氧化有机质，释放能量、水和二氧化碳。根系呼吸是土壤中空气含量和通气状况的重要影响因素之一，因为它既消耗了土壤中的氧气，又产生了二氧化碳等气体。研究表明，土壤中根系呼吸的强度取决于根系生物量、根系活性、根际微生物等多种因素。

(1) 根系生物量：根系生物量是指单位土壤体积中的根系质量或数量，反映了土壤中根系的分布和密度。通常，根系生物量越大，表明土壤中根系越多，根系呼吸越强。根系生物量受到植物种类、生长阶段、土壤类型、土壤肥力、水分条件等因素的影响。

(2) 根系活性：根系活性是指单位根系质量或长度的呼吸速率，反映了根系细胞的代谢水平和功能状态。通常，根系活性越高，表明根系细胞越活跃，根系呼吸越强。根系活性受到植物种类、生长阶段、环境温度、光照条件、水分条件等因素的影响。

(3) 根际微生物：根际微生物是指与植物根系相互作用的土壤微生物群落，包括细菌、真菌、线虫、原生动物等。根际微生物在土壤中也进行细胞呼吸，消耗氧气，产生二氧化碳等气体。同时，根际微生物还可以利用植物分泌的有机质或死亡的细胞残体作为碳源，从而增加了土壤中的有机质含量和可呼吸性碳池。因此，根际微生物对土壤中空气含量和通气状况有重要影响。

另外，在植物呼吸作用占光合作用比例方面，不同类型或不同地区的作物或农田具有不同的氧气消耗率。这是因为不同种类的植物在根密度、活性、化学成分和结构上存在差异。在农业实践中，理想的植物种群密度，以及其他可能更重要的考虑因素，如太阳辐射、水和养分的可用性，也由潜在的大气 O_2 补给率与根系消耗之间的比值决定。

根据几项研究的粗略平均值对根呼吸进行评估，得出的值约为 20 mg O_2/(m root · d)。假设空气根密度为 1000 m root /m^2 soil，面积根呼吸速率为 20 g O_2/(m^2 soil · d)，这接近上述一半土壤呼吸[7.5 g O_2/(m^2 soil · d)][15]的估计量。不同物种细根的氧气消耗率从温带气候树木(如橡树和枫树)的 1 mg O_2 /(m root · d)[19]到粮食作物和热带植物(如香蕉)的约 25 mg O_2 /(m root · d)[20]不等。除了物种之间的差异外，根系 O_2 吸收率通常与根系生长速度呈线性相关[21]，在植物的生命周期中随时间而显著变化，在空间上也与根组织的年龄、分支顺序、化学成分(如 N 浓度)和功能有关。与根系生长率之间的正相关相反，最近的一项研究报道了总生物量增长与根呼吸之间的负线性相关[22]。

根区普遍存在的环境条件也影响它们的呼吸速率。例如，Paudel 等[23]研究发现，用处理过的废水灌溉时，与淡水灌溉相比，根呼吸速率增加了 10%～40%，可能是因为在盐水条件下能量需求更高。氧气在空气中的扩散率是在水中的 1 万倍。因此，根的生长部分会渗出一种黏性流体(称为粘液或黏液)，以润滑和促进土壤渗透、微生物动力学和养分循环[24]，黏液中的 O_2 扩散速率是黏液均匀度(沿根部)、黏度和厚度(垂直于根部)的函数，且在干燥土壤中保持水分连续性[25]，与根尖的高呼吸速率是矛盾的。对于相对较低浓度(0.7 mg/g)的玉米根系黏液，Read 和 Gregory[26]测得黏液的黏度约为 2 mPa · s，是 20℃时纯水的两倍。

由此可以得出结论：土壤保持良好的通气性十分必要，这样才能保证植物根系和土壤生物顺利地进行呼吸作用。良好的通气性可以保证土壤和大气之间的气体交换，提供充足的氧气，防止潜在有毒气体的积累，如二氧化碳(CO_2)、甲烷(CH_4)和乙烯(C_2H_4)。

综上所述，土壤中的根系呼吸是影响土壤中空气含量和通气状况的重要因素之一。在盐碱化条件下，由于土壤结构破坏、孔隙度降低、含水量过高等原因，土壤中空气含量降低，通气状况恶化，从而限制了植物根系和微生物的正常呼吸作用，影响了植物生长和土壤功能。

6.3.4　土壤温度

土壤温度是指土壤中各层的温度，是土壤中空气含量和通气状况的重要影响因素之一，因为它既影响了土壤中气体分子的运动和碰撞，又影响了植物根系和微生物的呼吸作用。土壤温度的变化取决于多种因素，主要包括以下几方面。

(1) 大气温度：大气温度是影响土壤温度的主要因素之一，因为大气温度决定了土壤表面的热平衡，进而影响了土壤中各层的热传导和热对流。通常，大气温度越高，土壤温度越高；大气温度越低，土壤温度越低。但是，土壤温度与大气温度之间并不是线性关系，而是受到土壤深度、季节、日照、风速等因素的影响。

(2) 土壤含水量：土壤含水量是影响土壤温度的主要因素之一，因为土壤含水量决定了土壤的热容量、热导率和蒸发量。通常，土壤含水量越高，土壤的热容量越大，即单位质量的土壤能够吸收或释放更多的热量；土壤含水量越高，土壤的热导率越大，即单位时间内单位面积的土壤能够传递更多的热量；土壤含水量越高，土壤的蒸发量越大，即单位时间内单位面积的土壤能够散失更多的热量。因此，土壤含水量对于缓冲和调节土壤温度起着重要作用。

(3) 土壤类型：土壤类型是影响土壤温度的主要因素之一，因为不同类型的土壤具有不同的物理、化学和生物性质，从而影响了土壤中空气含量、含水量、有机质含量、颜色等特征。通常，黏性较大、有机质较多、颜色较深的土壤具有较高的热容量和热导率，能够吸收和传递更多的热量；黏性较小、有机质较少、颜色较浅的土壤具有较低的热容量和热导率，能够吸收和传递较少的热量。

(4) 植被覆盖：植被覆盖是影响土壤温度的主要因素之一，因为植被覆盖决定了地表对太阳辐射的反射、吸收和散射，以及对大气对流的阻碍。通常，植被覆盖越密，地表对太阳辐射的反射越小，吸收越多，散射越少；植被覆盖越密，地表对大气对流的阻碍越大，热量散失越少。因此，植被覆盖可以降低地表温度，提高土壤温度。

土壤呼吸速率随温度的升高而显著增加，每 10℃的温差可引起土壤呼吸速率变化 1～2 倍。除温度之外，土壤中氧含量等其他因素也影响根系呼吸。土壤呼吸速率受温度的强烈影响[27]。通常，土壤呼吸在夏季随着温度的升高而急剧增加(这通常也是农田的灌溉季节)。通常，呼吸速率的日振幅小于呼吸速率的年振幅。温度对土壤呼吸速率的影响通常用一个增加的指数方程来描述，由 10℃差异引起的呼吸速率值之间的比值称为 Q_{10}，$Q_{10} = q(T + 10℃)/q(T)$，则

$$q(T) = q(T_0){Q_{10}}^{(T-T_0)/10} \tag{6-8}$$

式中：q 为呼吸速率；T 为温度(℃)；$q(T_0)$为参考温度 T_0 下的呼吸速率。

土壤温度是影响土壤中空气含量和通气状况的重要因素之一。在盐碱化条件下，由于土壤结构破坏、孔隙度降低、含水量过高等原因，土壤温度分布不均匀，温差较大，从而影响了土壤中气体分子的运动和碰撞，以及植物根系和微生物的呼吸作用。研究表明，土壤温度对土壤中根系呼吸作用有重要影响。

6.3.5　光照对土壤通气性的影响

土壤获得的光照是指土壤表层受到的太阳辐射，是土壤中空气含量和通气状况的重要影响因素之一，因为它既影响了土壤中植物和微生物的光合作用和呼吸作用，又影响了土壤中有机质的分解和转化。土壤中的光照的强度和变化取决于多种因素，主要包括以下几方面。

(1) 大气条件：大气条件是影响土壤中光照的主要因素之一，因为大气条件决定了太阳辐射到达地表的数量和质量。通常，大气条件越晴朗，土壤中光照越强；大气条件越阴沉，土壤中光照越弱。同时，大气条件还影响了太阳辐射的波长分布，从而影响了土壤中光照的质量。例如，云层、雾霾等可以过滤掉部分紫外线和红外线，使得土壤中光照偏向于可见光。

(2) 植被覆盖：植被覆盖是影响土壤中光照的主要因素之一，因为植被覆盖决定了地表对太阳辐射的反射、吸收和散射，以及对土壤表层的遮阴。通常，植被覆盖越

密，地表对太阳辐射的反射越小，吸收越多，散射越少；植被覆盖越密，地表对土壤表层的遮阴越大，土壤中光照越弱。不同类型和形态的植被对于土壤中光照的影响也不同。例如，针叶树比阔叶树更能阻挡太阳辐射；高大的乔木比低矮的灌木更能遮阴土壤表层。

(3) 土壤类型：土壤类型是影响土壤中光照的主要因素之一，因为不同类型的土壤具有不同的物理、化学和生物性质，从而影响了土壤表面对太阳辐射的反射、吸收和散射。通常，颜色较浅、有机质较少、粒径较大、结构较松散的土壤具有较高的反射率，能够反射更多的太阳辐射；颜色较深、有机质较多、粒径较小、结构较紧密的土壤具有较低的反射率，能够吸收更多的太阳辐射。

综上所述，土壤中的光照是影响土壤中空气含量和通气状况的重要因素之一。在盐碱化条件下，由于土壤结构破坏、孔隙度降低、含水量过高等原因，土壤表层受到的太阳辐射减少，从而影响了土壤中植物和微生物的光合作用和呼吸作用，以及土壤中有机质的分解和转化。

6.3.6 盐碱土壤通气性的管理和调节

提高土壤通气性的人为管理措施主要包括耕作、灌溉、施肥、秸秆还田、覆盖等，这些措施可以通过不同的机制影响土壤的通气状况。对于盐碱土而言，改良盐碱土通气性的主要人为管理方式有以下几种。

第一种方法是改良土质。有学者通过改良土壤的质地和结构的方法，如在黏土中掺入沙子或砂土等，改善土壤通气性[28]。而蔺亚莉河在内蒙古套平原研究在黏性碱化盐土中掺入沙子，结果表明，当向黏性碱化盐土中掺入 25%左右的沙子时，土壤的通气孔隙度增加了 11.34%，土壤的全盐量和碱化度均有所降低，使得玉米产量增加了 3 倍以上[29]。

第二种方法是耕作管理。耕作是指对土壤进行翻动、松动、平整等操作，以改善土壤结构，增加土壤孔隙度，促进空气在土壤中的扩散和交换。耕作可以提高土壤中的空气含量，增加有利于植物生长和微生物活动的氧气，同时也可以排出过多的二氧化碳和其他有害气体。但是，过度或不适当的耕作也会破坏土壤结构，导致土壤团粒破碎，孔隙连通性降低，空气含量减少。因此，应根据不同类型和状态的土壤选择合理的耕作方式、深度、时间和频率。如果进行耕作管理，通过深翻改土，改变了土壤的紧实状态，降低了土壤的容重，增加孔隙含量，从而提高了土壤通气性[30]。另外，苏桂义通过对低山丘陵果园进行深翻改土，并合理控制深翻的时期和深度来促进新根产生，从而促进作物增产[31]。改善土壤通气性最常见的做法是耕作，尽管它对土壤结构有破坏性影响——导致土地流失、形成结皮、增加水分蒸发和促进有机质(OM)分解。有研究者提议，如通过地下滴灌注入空气，来对土壤盐碱化进行改良，这似乎具有积极的成本效益潜力[32]，而其他做法目前受到应用成本的限制或由于氧气供应不足[33]。

第三种方法是秸秆还田或使用有机肥。秸秆或有机肥等天然土壤改良材料因价格低廉、有机质含量高，已在农业生产试验中小范围得以应用。天然土壤改良材料如油菜渣、石膏、风化煤、页岩、蛭石、秸秆等在改土培肥方面已取得一定成效且有相关报道。劳秀荣、孙伟红等进行秸秆还田，通过在玉米-小麦轮作的盆栽试验中加入秸秆的方法，增加土壤中的腐殖质，起到疏松土体的效果[34]。罗兴录等在广西大学科研基地，通过有机肥的施用试验，在作物种植的前期施入 450～900 kg/hm^2 的生物有机肥，结果作物在生育期内的土壤通气孔隙度增加了 2%～6%。陈克亮等通过盆栽试验研究了不同含量的油田油渣对玉米生长及品质的影响，结果表明，在土壤中施加适量油渣不会对玉米生长及品质造成不利影响，而且土壤中掺入一定量油渣可改善土壤的理化性质，增强持水能力和增加土壤养分，从而提高玉米出苗率[35]。以上结果表明，施肥可以影响土壤中空气含量，主要通过以下两个方面：一是施肥可以改善土壤结构，增加有机质含量，提高团聚性和孔隙度，从而提高空气含量：二是施肥可以影响植物和微生物的生长和代谢活动，从而影响土壤中氧气的消耗和二氧化碳等气体的产生。因此，应根据不同类型和状态的土壤选择合理的施肥方式、种类、量、时间和频率。

第四种方法是加氧灌溉。灌溉可以改变土壤中含水量，从而影响土壤中空气含量。通常，适当的灌溉可以维持适宜的土壤含水量，使得空气含量达到最大值；过多或过少的灌溉都会降低空气含量，造成土壤过湿或过干。因此，应根据不同类型和状态的土壤选择合理的灌溉方式、量、时间和频率。根据加氧时间的不同，可以分为灌后通气、曝气滴灌、水汽耦合渗灌等方式。有研究通过加氧灌溉中的机械灌溉，减少了地面蒸发又保证了土壤的通气性，使得种植在粉质黏壤土中的番茄作物产量增加了 135.5%左右[36]。

第五种方法是化学合成改良剂施用。有研究采用聚丙烯酰胺(PAM)、β-环糊精、沃特保水剂等土壤结构改良剂，并且通过室内土柱培养，结果表明这几种改良剂在浓度为 0.05%～0.4%时可以提高土壤的孔隙度，且均可改善风沙土结构[37]。而康倍铭等研究发现，在陕西杨凌土中添加 0.1%的聚丙烯酰胺，并且在气候培养箱中培养 60 天，可以使土壤增加 2.1%的孔隙度[38]。单一的物理改良方式所达到的通气性改良效果是有限的，比较适合在盐碱度不高、作物周期短的农田施用。对于盐碱度较高、理化性质恶劣的松嫩平原西部碱化土壤而言，以化学改良为主体并结合相应的物理农艺措施，和培肥紧密结合，才能够提高土壤通气性。

本节介绍了植物在土壤中的呼吸的概念、影响因素和生态效应。植物在土壤中的呼吸是指植物根系和与之相关的微生物对有机碳化合物的氧化分解过程，产生二氧化碳和水。植物在土壤中的呼吸是土壤呼吸的重要组成部分，也是全球碳循环中的主要通量之一。植物在土壤中的呼吸受到多种因素的影响，包括土壤温度、水分、养分、氧气、光照、根系特征、植物生理状态等。这些因素会影响植物根系和微生物的代谢活动及二氧化碳释放的强度和动态变化。植物在土壤中的呼吸对土壤环境和植物生长有重要的影响，包括影响土壤有机质分解、土壤氧气量、植物氧气吸收、植物根系发育、植物耐缺氧能力等。因此，了解植物在土壤中的呼吸对于揭示土壤碳循环和生态过程的机制，以及预测全球变化对土壤碳循环和生态系统功能的影响具有重要意义。

6.4　土壤通气性的作用

6.4.1　土壤通气性对植物需氧量的影响

不同气候条件和植被下，土壤对氧的需求差异显著。此外，不同方法测量的土壤呼吸速率的差异说明这些估计都具有一定的局限性。土壤呼吸不能简单地分为根呼吸(自养)和微生物呼吸(异养)两个部分，因为这两个过程之间存在密切的联系：它们争夺氧气和养分资源，并且通过分泌的光合产物和通过微生物增强的植物养分有效性来协同地联系在一起。因此，田间植物根系的呼吸速率不能从无菌土壤的测量中推断出来，也不能从休耕地的测量中推断出作物田的微生物呼吸速率。土地呼吸测量大多数是破坏性的，可能受到不同大气条件(例如，有些地区的二氧化碳浓度低于土壤大气)的影响。

土壤通气不良是指根区氧气的可利用性无法满足旱生植物和好气性微生物的最佳生长需要的条件。典型情况下，土壤孔隙中 80%～90%的部分都被水充满，这时的土壤孔隙中氧气严重不足，严重阻碍了植物的生长。在前人许多有价值的综述中，已经讨论了土壤通气、完全缺氧、部分缺氧对植物生理的有害影响[39]。Mugnai 等[40]发现根尖过渡区对 O_2 的需求量和 NO 的排放量最大，对根系缺氧的感知和适应起着核心作用，根尖细胞暴露于缺氧环境中足以实现整个根系的缺氧驯化。缺氧对植物和植物根系的生理损害主要由两个过程引起：①低效率的厌氧呼吸途径导致生物合成和降解过程缺乏能量；②厌氧发酵产物的毒性和植物毒素。植物组织中发酵的主要产物是乙醇(高等植物的主要产物)、乳酸和丙氨酸，它们都来源于糖酵解的最终产物丙酮酸。乳酸的积累导致细胞质酸化，H^+-ATP 酶(泵)失活，或阴离子通道激活或代谢转移[41]触发乙醇生产的信号，从而使糖酵解继续进行。乙醛是乙醇的前体，在许多有氧或缺氧的地下植物组织以及水果和叶子中都有发现。有氧条件下丙酮酸脱羧酶的存在也表明糖酵解在有氧条件下也会继续进行。在淹水条件下测定了活性氧(ROS)浓度的增加。活性氧可引起脂质和其他大分子的氧化损伤。因此，酶和化学抗氧化剂的合成对抗淹水植物至关重要[42]。研究还发现，淹水条件可以迅速(在 4 h 内)增加几种生长调节剂的生物合成，如乙烯，它参与通气组织的形成、茎的延伸和不定根的刺激。在缺氧条件下，只要 ATP(三磷酸腺苷)可用，根就会积累 1-氨基环丙烷-1-羧酸(ACC)。ACC 随后到达茎部，在那里它可以被 ACC 氧化酶氧化成乙烯。此外，在低氧含量条件下，去顶普通豆木质部汁液中脱落酸的浓度增加了一倍。

6.4.2　土壤通气性对土壤氧含量的影响

土壤氧含量是指土壤孔隙中氧气的体积分数或质量分数，反映了土壤中氧气的供应和消耗的平衡状态。前面已经提到过，土壤氧含量是影响土壤生物活性和化学反应的重要因素，也是评价土壤通气状况的重要指标。土壤通气是指土壤中孔隙中的空气与大气之间的交换过程，主要由土壤中的气体扩散和对流两种机制实现。土壤通气性对土壤氧含量的影响主要取决于：土壤孔隙度、土壤含水量、土壤温度和土壤有机质含量等。

在研究土壤通气状态中，很多文献都描述了土壤气相的大小和组成(主要是 O_2 和 CO_2 组分)，这决定了植物根系和好氧微生物的 O_2 有效性。曝气状态决定了呼吸速率与 O_2 输送速率受空气(水)含量和土壤质地结构等非生物因素的影响。

土壤的氧储量由其空气含量决定，因为 O_2 在水中的亨利常数(25℃)较高，由此产生的 O_2 在水中的溶解度较低。例如，在空气体积含量为20%的完全通风土壤中，40 cm 深度的 O_2 含量约为 20 g/m^2。

根系从土壤有限的氧储量中吸收氧主要是通过扩散的方式进行的，其中向根际迁移的驱动力是由根系耗氧引起的浓度梯度。由于气相和水相 O_2 扩散系数之比极高，土壤 O_2 扩散速率与空气含量、气相的弯曲度和连续性密切相关。所有这些因素(相对于 O_2 扩散系数)都受到含水量增加的负影响。

土壤中的 O_2 扩散通量发生在：①空气路径，其中 O_2 通量相对非常高；②土壤水膜和黏液中，其中 O_2 通量较低。此外，由于 O_2 在水中的溶解度较低，土壤气相和水相界面上的 O_2 浓度急剧下降。因此，在密集灌溉或强降水的缓慢排水潮湿土壤中，土壤通气性通常较差，土壤 O_2 浓度与灌溉强度和降水率呈负相关[15]。

盐碱障碍土壤通气性对土壤气相的影响更加巨大。由于盐碱土存在固、液、气三相物质严重不平衡的复杂介质问题，且固相土壤颗粒内及颗粒间以大小不等的微孔隙居多，这些孔隙被液相的土壤水和气相的土壤空气所填充的比例严重失衡。正常情况下，对于一定质地的土壤而言，土壤孔隙度是一定的，因此填充于土壤孔隙中的气、液两相物质的含量取决于彼此含量。并且，盐碱地的水分渗透能力极差，当雨季来临时，土壤气体就会被土壤水分“挤”出该部分土体，不但使该部分土体的空气含量过低，而且不利于土壤气体与大气的交换，造成通气不良，从而抑制根系呼吸，导致根系主动吸水困难。盐碱土持水能力差，当土壤含水量过低时，虽然土壤中的氧含量较高，由于土壤水势变低，仍会造成作物根系吸水困难。因此，从通气性方面考虑，改良盐碱地要疏堵结合，使土壤孔隙中的气、液两相协调，有利于作物的根系吸水，才能形成最有利于作物生长的土壤环境。

6.4.3　土壤通气性对植物氧气吸收的影响

植物氧气吸收是指植物根系从土壤孔隙中的空气中吸收氧气的过程，是植物进行有氧呼吸和能量代谢的基础。植物氧气吸收受到土壤通气性和土壤氧含量的直接影响，土壤通气性越好，土壤氧气量越高，植物氧气吸收越充分。许多研究表明，氧气不足会对膜排斥能力、气孔导电性和其他代谢过程产生有害影响，从而影响植物(茎和根)的生长和生产力。

土壤通气性对植物氧气吸收的影响主要体现在以下几个方面。

(1) 植物生长发育：土壤通气能够促进植物根系的生长发育，增加根系长度、表面积和体积，从而增加根系与土壤孔隙中空气的接触面积和机会，提高植物氧气吸收的效率[3]。同时，土壤通气能够改善植物根系的形态结构，使根系更细、更分散、更多毛，从而增加根系对土壤孔隙中空气的渗透能力和利用率。

(2) 植物水分和养分吸收：土壤通气能够提高植物水分和养分吸收的能力，因为水分和养分的运输和利用都需要消耗能量，而能量的产生又需要有充足的氧气供应。另外，土壤通气能够改善土壤水分状况，避免水分过多或过少导致土壤孔隙中空气被排挤或缺乏，从而影响植物水分和养分吸收。

(3) 植物抗逆能力：土壤通气能够提高植物抗逆能力，因为土壤通气能够降低有害物质(如乙醇、乳酸、甲酸等)在土壤中的积累，避免对植物根系造成毒害。同时，土壤通气能够增强植物对盐碱胁迫、干旱胁迫、低温胁迫等不利环境因素的耐受性。

在植物对土壤氧气浓度的响应机制研究中，植物对氧气浓度降低或淹水反应已被广泛综述[43]。不同的物种对缺氧的耐受性不同，在不同的生物和非生物条件下，氧气短缺造成的损害程度也不同。在一些农业植物物种中，如香蕉，排水被认为是高质量产量最重要的基础设施[44]。尽管植物能够形成通气组织，即传输氧气的根组织。不同植物对厌氧条件的反应包括代谢、伸长、生长和根构型的不同变化。一些植物物种在发育阶段，在细胞和器官结构之间交替，以促进获取氧的吸收和扩散[45]。谷类植物，如燕麦、小麦和大麦，对淹水的敏感性主要存在于拔节期，而早期阶段对淹水的耐受性要高得多[46]。

O_2 缺乏对植物的影响取决于：①O_2 缺乏的程度，通常分为部分缺氧和完全缺氧；②O_2 缺乏的持续时间；③植物的抗性和防御机制，如形成内部 O_2 通路，通气组织[47]，特定的组织溶解，生长在表面以上的气根(气孔)允许氧气运输到皮层[48]，或通过抑制细胞代谢减少内部呼吸[49]；④植物的发育生长阶段；⑤其他普遍的胁迫(如盐度)和非生物条件(温度、辐射等)。以香蕉为例，虽然缺氧会立即阻止香蕉根的生长，但缺氧 2 h 后再曝气可使根恢复原来的生长速度，缺氧 4 h 后再通气使根系生长速度降低一半，缺氧 6.5 h 使根系生长不可逆地停止[50]。

基于几项研究的测量结果表明[27]，最低(也称为临界)O_2 浓度(COC)近似于大气浓度，它在正常条件下在 25℃时不抑制呼吸，并且随着温度的升高而增加。而半呼吸浓度(HRC)，即呼吸速率下降到未抑制速率的 50%时的 O_2浓度[51]，这是对 O_2缺乏耐受性的另一个常见量化指标。注意，体外获得的切除根的 COC 和 HRC 高于完整根[52]。试验观察结果表明，通气组织的形成可能有很高的生理成本，或者可以用一个进化过程来解释，在这个进化过程中，高度敏感的物种因为最需要抵抗胁迫而发展出这种防御机制。

6.4.4　土壤通气性对植物根系的影响

植物根系是植物与土壤相互作用的主要部位，负责吸收水分和养分，传导和储存有机质，支持植物的立体结构，以及感知和响应土壤环境变化。植物根系的形态、结构、功能和发育受到土壤通气性的显著影响，土壤通气性越好，植物根系越健康，越能适应土壤环境[2]。

土壤通气能够提高根系功能活性的强度，包括水分和养分吸收、有机质传导和储存、激素合成和分泌等功能。这是因为土壤通气能够提供充足的氧气供应，满足根系细胞进行有氧呼吸和能量代谢所需的条件，同时也能够改善土壤水分状况和养分有效性[12]。

在盐度或温度升高等普遍外部应力下的观察结果表明[53]，土壤 O_2 浓度降低，表明根呼吸速率增加。而抵抗压力是一个消耗能量的过程，例如，缺氧引起的盐度胁迫所造成的损伤的增强归因于低氧条件下膜排斥能力的抑制，这反过来导致离子毒性胁迫[54]。

盐度通过对土壤通气性的影响，如用盐水灌溉，可能会对根系生长产生负面影响。在黏土土壤中更为明显[23]，这是因为浸出盐类所需的灌溉量增加，以及前面提到的盐度和缺氧的双重负面影响。曝气对耐盐性的互补影响尚未得到很好的量化。虽然发现了两种胁迫的独立影响[55]，这表明组合效应可能是胁迫的产物，但 Drew 等[56]发现玉米茎部 Na/K 比具有协同效应。相反，Kriedemann 和 Sands[57]发现缺氧条件可以增加向日葵在盐胁迫下的可持续性。

植物适应缺氧条件最重要的过程是将 O_2 从茎输送到根的能力[58]。这种纵向扩散机制的速率是由充满空气的胞间空隙(胞间孔隙度)决定的。反过来，根部产生的二氧化碳向相反方向扩散(径向向外扩散到根表面，向上扩散到茎部)。根呼出的二氧化碳也通过木质部的蒸腾流输送到植物的地上部分。令人惊讶的是，只有一小部分二氧化碳被树叶吸收，而其余的则扩散到大气中[59]。

这一过程对植物尤其是湿地植物的生存至关重要。例如，在盐碱地改良后的土地中，顺利进出的氧气缓解了产生毒素的土壤还原性条件，并将植物毒性物质氧化为危害较小的产物。因此，根系氧气损失(ROL)允许根系渗透到厌氧区域[60]，并且可以培育一些好氧微生物甚至真菌种群。然而，许多湿地植物在真皮或外皮层中形成了一种屏障，降低了 O_2 的扩散速率，从而降低了根际氧损失的程度，增强了向顶端的纵向 O_2 扩散[24]。

而关于植物对土壤中 O_2 浓度升高(高于大气)(高氧)的反应的认知非常有限。Joe Berry 和 Norris[61]曾证明，在高温(30℃)下，两倍于大气的 O_2 浓度会增加根部的 O_2 吸收率，而在此温度下，100%的 O_2 不会进一步增加根呼吸。这些发现得到了 Carvalho 和 Curtis[62]研究的支持，他们发现，在 25℃下，当使用高于大气的 O_2 浓度时，O_2 吸收率不会显著增加。而某些物种的根伸长率则有所增加。高 O_2 浓度也可能产生负面影响，促进有机质的分解，从而降低土壤的表面积、阳离子交换能力和保水能力。应当注意的是，土壤气相中高于大气的 O_2 浓度在自然条件下不太可能发生。

6.4.5　土壤通气性对植物厌氧的影响

虽然植物(以及浮游植物、藻类和蓝藻)是地球上动物和微生物的主要氧气来源(约25%)，但由于氧气运输机制不佳，它们的根部受到缺氧的影响。厌氧是一种应激状态，需要快速而精确地感知、协调良好的信号和综合反应来应对刺激，而不会不可逆地损害细胞代谢[63]。缺氧代谢的特点是受限制的有氧呼吸和发酵(厌氧呼吸)活动同时进行。Lambers[51]认为，植物对 O_2 缺乏的耐受性与植物根系对溶解 O_2 的亲和力以及植物在缺氧或无氧条件下降低呼吸速率的能力有关。然而，一般大多数栽培植物避免或减轻，而不是容忍氧缺乏。在转移到缺氧环境的几分钟内，细胞就会限制高能量消耗的过程，并改变代谢，通过胞质糖酵解增加三磷酸腺苷(ATP)的厌氧生成[64]。植物下调内部呼吸的能力[65]存在争议，一些研究人员如 Colmer 和 Voesenek[66]认为，这种减少可以通过 Michaelis-Menten 动力学来解释，即通过对 O_2 浓度的反应限制呼吸反应来解释。

除了缺氧对植物的直接影响外，还有其他间接影响。在缺氧对植物的间接影响研究中，特别是在厌氧条件下，这些影响大多数与土壤化学性质(氧化还原电位和 pH)的变化有关，这些变化会影响植物养分、植物毒性元素和化合物的有效性。例如，长期缺氧可能会导致异养兼性厌氧细菌将 NO_3^- 和 NO_2^- 反硝化为 N_2O 和 N_2，并随后由于低氮吸收而导致产量损失[56]。此外，在缺氧条件下，NO_2^- 的积累可能导致根组织的直接损伤[67]。缺氧条件下的植物病害源于植物抗虫害能力的下降或厌氧病原体数量的增加。另外，仅仅是缺氧就会减少土壤线虫和昆虫的数量。

6.5　土壤通气性的指标测定

土壤通气性是指土壤中气体的含量、组成和交换情况，反映了土壤中氧气的供给和消耗的平衡状态。土壤通气性对于维持土壤生物活性、促进有机质分解、调节土壤氧化还原反应、影响植物生长等方面都有重要作用。因此，测定土壤通气性指标是评价土壤质量和功能的重要手段。

土壤通气性指标可以分为物理指标、化学指标和生物指标三类。物理指标主要反映了土壤中气体的含量和分布，如土壤孔隙度、水分特征曲线和通气性测定等；化学指标主要反映了土壤中氧气的浓度和变化，如土壤生化指标、氧气扩散速率和氧化还原电位等；生物指标主要反映了土壤中微生物和植物对氧气的需求和利用，如微生物生物量、潜在矿化氮、土壤呼吸和植物根系等。下面分别介绍这些指标的测定方法和意义(表 6-2)。

表 6-2　盐碱土壤通气性的生态效应及其影响因素

土壤通气性指标	测定方法	简要说明
土壤容重	土壤环法或土壤切块法	土壤容重是指单位体积土壤的干质量，反映了土壤孔隙度和通气性的水平。土壤容重越小，土壤孔隙度越高和通气性越好
土壤氧含量	氧电极法或氧分析仪法	土壤氧含量是指单位体积土壤中的氧气含量，反映了土壤供氧能力和植物根系呼吸状况。土壤氧含量越高，土壤通气性越好
土壤二氧化碳含量	碱吸收法或二氧化碳分析仪法	土壤二氧化碳含量是指单位体积土壤中的二氧化碳含量，反映了土壤微生物活性和有机质分解程度。土壤二氧化碳含量越低，土壤通气性越好
土壤氧化还原电位	铂电极法或银电极法	土壤氧化还原电位是指单位体积土壤中的电子活度，反映了土壤中各种物质的氧化还原状态和反应速率。土壤氧化还原电位越高，土壤通气性越好

6.5.1　土壤孔隙度

土壤孔隙度是指单位体积土壤中孔隙的体积占总体积的百分比，是表征土壤结构和孔隙分布的重要参数。土壤孔隙度越高，表明土壤中含有更多的孔隙，有利于空气、水分和养分在土壤中的流动和交换，提高了土壤通气性。相反，土壤孔隙度越低，表明土壤中含有更少的孔隙，不利于空气、水分和养分在土壤中的流动和交换，降低了土壤通气性。

土壤孔隙度可以分为微孔、大孔和生物孔三类。微孔是指直径小于 0.08 mm 的孔隙，主要负责储存水分和养分，对于植物生长和微生物活动都有重要作用。大孔是指直径大于 0.08 mm 的孔隙，主要负责输送空气和水分，对于维持土壤通气和排水都有重要作用。生物孔是指由生物活动(如根系生长、微生物分解、蚯蚓活动等)形成的孔隙，可以增加土壤的多样性和复杂性，对于改善土壤结构和功能都有重要作用。

测定土壤孔隙度的方法有多种，常用的有以下几种。

(1) 容重法：该法是利用已知体积的圆柱形容器采取不同深度的土样，测定其干重或湿重，然后计算出单位体积干土或湿土的质量(即容重)，再根据容重与固相密度(一般取 2.65 g/cm^3)之间的关系，求出单位体积土样中孔隙的体积(即孔隙度)。该法简单易行，但受采样深度、方式、时间等因素影响较大，需要注意控制误差。

(2) 水位法：该法是利用已知体积的容器装入饱和水分状态下的干燥或湿润的整块或碎块土样，然后向容器内注入一定量的水，并记录水位变化，根据水位变化与孔隙体积之间的关系，求出单位体积土样中孔隙的体积(即孔隙度)。该法适用于测定整块或碎块土样的孔隙度，但受土样大小、形状、密实程度等因素影响较大，需要注意标准化操作。

(3) 气压法：该法是利用气压计测定不同气压下土样中气体的体积变化，然后根据气体状态方程和玻意耳定律，求出单位体积土样中孔隙的体积(即孔隙度)。该法适用于测定干燥或湿润的碎块或粉末土样的孔隙度，但受气压计精度、温度、湿度等因素影响较大，需要注意校准仪器和控制条件。

(4) 核磁共振法：该法是利用核磁共振仪测定土样中水分子在不同磁场下的信号强度变化，然后根据信号强度与含水量之间的关系，求出单位体积土样中孔隙的体积(即孔隙度)。该法适用于测定饱和水分状态下的干燥或湿润的整块或碎块土样的孔隙度，但受核磁共振仪性能、分辨率、参数设置等因素影响较大，需要注意选择合适的仪器和参数。

土壤孔隙系统在生态系统中具有重要的土壤功能，如导水或导气，为根系生长提供空间，为土壤动物提供庇护[68]。然而，三维孔隙空间是由多种不同的孔隙类型组成的，它们的大小、形状、方向和功能各不相同[69]。例如，生物孔是土壤中由蚯蚓挖洞和植物生根等生物活动形成的孔隙。生物孔通常呈圆柱形，高度连续，可沿土壤剖面延伸[70]。而由耕作、冻融或干湿等非生物活动形成的非生物孔隙，形状不规则(充填孔隙)或片状(裂缝)，且随含水量变化极大[71]。一些研究人员已经证明，连续的生物孔隙的存在，而不是孤立的非生物孔隙的存在，显著增加了水的入渗率、溶质运输和空气渗透性[72]。此外，生物孔为根系生长提供了低强度的优先途径，并作为作物根系养分获取和微生物介导 C、N 和 P 元素转化的热点区域[73]。水、植物根系对大孔的可及性以及养分的释放和输送与大孔类型及其特征密切相关。

在耕作过的土壤中，孔隙主要是由耕作工具形成的。另外，在免耕土壤中，孔隙主要是由生物过程形成的，如土壤动物和作物根系的活动。尽管耕作对土壤大孔隙的影响已被广泛研究，但结果并不一致。免耕条件下土壤大孔隙度通常较高[74]；然而，在某些情况下甚至低于耕作处理[75]。

同样，土地利用对土壤大孔隙的影响是不确定和可变的。相反的结果可能源于除土地使用外的其他一些相互作用的因素(如气候)。然而，在我国亚热带典型的暖湿季风气候地区，土地利用变化对土壤大孔隙影响的相关研究较少。在我国亚热带地区，由于斜坡土地的农业集约利用，土壤侵蚀是一个严重的问题[76]。上坡是侵蚀土的来源，下坡常被认为是侵蚀土颗粒的汇。当然，粒径分布随坡度位置的不同而不同[77]。许多研究报道称[78]，堆积密度、土壤含水量和有机质含量对大孔隙的变化起着关键作用，且与坡度位置有关。

有许多方法可用于表征土壤大孔隙，如染料示踪剂[79]、X 射线断层扫描[80]、树脂浸碱技术[81]和空气渗透性[82]。近年来，Peroux 和 White 开发的张力渗透仪被广泛用于野外土壤大孔隙的研究。这种方法的一个主要优点是可以通过测量接近零的不同压头下的入渗，来原位表征土壤大孔隙及其对水流的贡献。此外，与其他技术相比，这是一种相对快速的技术，几乎保持了被测土壤不受干扰。

在过去的几十年中，人们尝试使用从压汞孔隙度(MIP)数据估算的孔径分布(PSD)将土壤微观结构与压实土壤中的孔隙流体渗透性(水和气体)联系起来。尽管在具有主要单峰 PSD 的土壤中取得了相对成功，但当将这些方法应用于具有多峰 PSD 的黏土材料时，研究者已经意识到，PSD 取决于机械和环境作用。黏土微观结构与非饱和水力特性之间的关系很复杂，现有模型可能无法正确捕捉，尤其是考虑孔隙比(干密度)和含水量的重要变化时[83]。而盐碱土由于土壤结构散乱，土壤孔隙和团聚体排列顺序杂乱，其通气性与正常土壤相比较也显现出消极现象，影响了众多生物的生长和发育。这也提示我们可以从土壤孔隙入手，着重对盐碱化的土壤孔隙和通气性进行相关性分析和预测。

6.5.2　土壤水分特征曲线测定

土壤水分特征曲线(SWRC)是指土壤含水量(θ)随土壤基质势(ψ)变化的关系曲线，是表征土壤水分特性的重要参数。SWRC 反映了土壤在不同水分状态下的孔隙结构和水分分布，对于模拟土壤水分运动和溶质迁移、制定灌溉计划和其他土壤管理措施等方面都有重要作用。因此，测定 SWRC 是评价土壤质量和功能的重要手段，在与其相关因素中，土壤气相弯曲度对其影响较大，如图 6-1 所示。

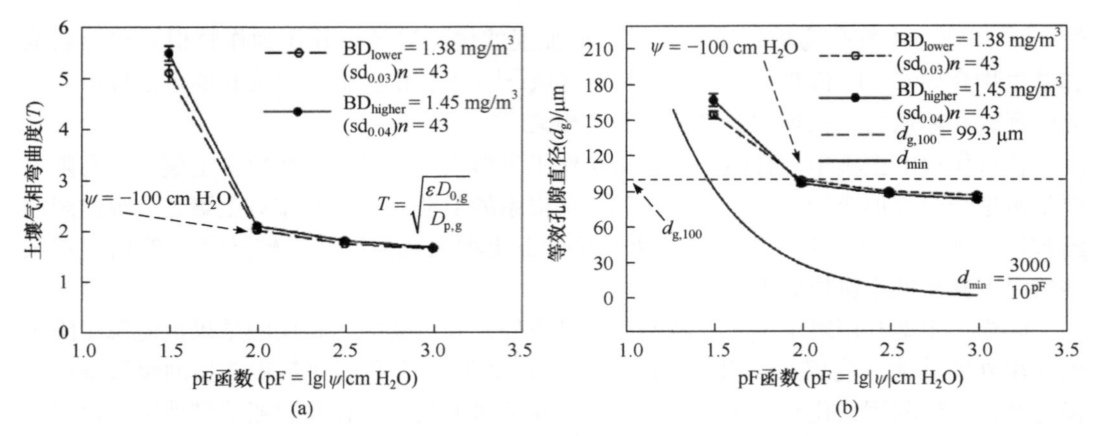

图 6-1　(a)土壤气相弯曲度与 pF 的函数关系；(b)等效孔径作为 pF 的函数

BD 表示容重；sd 表示标准差；n 表示次数；ε 表示介电常数；$D_{0,g}$、$D_{p,g}$ 表示扩散系数；ψ 表示土壤基质势；pF 表示水分特征曲线。数据集被分成两部分，高容重组和低容重组的平均值，误差条表示标准差

测定 SWRC 的方法有多种，常用的有以下几种。

(1) 平衡法：该法是利用不同设备(如悬挂水柱、压力板、张力计、离心机、露点仪等)在不同基质势下测定土样的含水量，然后绘制出 SWRC。该法可以测定不同土样(如完整或破碎的土样)在不同基质势范围内(如 0～10 kPa，10～50 kPa，100～1500 kPa 等)的 SWRC，但受设备性能、操作技术、测量时间等因素影响较大，需要注意控制误差。

(2) 蒸发法：该法是利用蒸发仪在恒温恒湿条件下测定饱和土样在蒸发过程中不同深度处的含水量和基质势变化，然后根据含水量和基质势之间的关系，求出 SWRC。该法可以同时测定 SWRC 和土壤导水率，但受蒸发仪性能、温度、湿度等因素影响较大，需要注意选择合适的蒸发仪和参数。

(3) TDR-基质势探针法：该法是利用 TDR-基质势探针同时测定土样中的含水量和基质势，然后根据含水量和基质势之间的关系，求出 SWRC。TDR-基质势探针是将 TDR 与张力计或固定孔隙介质(如石膏块或多孔陶瓷)结合起来，使得 TDR 可以同时测定土样中的含水量和基质势。该法可以实现原位、自动和连续地测定 SWRC，但受探针性能、安装方式、土壤类型等因素影响较大，需要注意选择合适的探针和安装方法。

除了直接测定 SWRC 外，还可以利用一些间接方法来估算 SWRC，如经验公式法、物理模型法、统计模型法等。这些方法一般需要利用一些容易获取的土壤物理性质(如粒径分布、有机质含量、容重等)作为输入参数，然后通过一些经验或理论公式或模型来计算 SWRC。这些方法的优点是简单快速，不需要复杂的设备和操作，但缺点是精度较低，适用性较差，不能反映土壤在不同条件下的动态变化。

土壤的含水量对土壤的充气孔隙度影响十分显著。相对于土壤含水量，土壤水势是评价土壤水分对作物有效性的最好指标。饱和导水率(K_s)是决定土壤水分入渗和地表径流分配的另一个重要传输参数，被广泛用于水流和化学迁移的建模。

K_s 表示饱和多孔介质的最大入渗能力，和土壤透气性(K_a)都与土壤的固有渗透性有关。如果介质被认为是惰性的，并且测试是在相同的流体含量下进行的，理论上，多孔介质的固有渗透率(K_a 和 K_s)应该是恒定的[84]。

然而，在实践中，由于几个原因，用空气和水测量的固有渗透率通常不同。首先，由于空气或水的引入，土壤孔隙结构可能发生变化(如土壤收缩或膨胀)。其次，土壤中被困的空气可能阻碍水分通过土壤孔隙流动[85]。再次，K_s 不仅受大孔隙的控制，还受更小、更丰富的结构孔隙的控制。由于较大的可压缩性和压力相关的天然气有效渗透率，气体和液体流动之间可能存在较大的差异。尽管存在上述差异，但 K_a 和 K_s 是相关的[86]。因此，评估土壤气体输送参数也为预测土壤水力特性提供了可能[82]，尤其是因为与 K_s 相比，K_a 的测量通常快速和容易得到。

在研究土壤水分对于土壤气体的产生或影响时，土壤含水孔隙度(water-filled pore space，WFPS)是研究者使用较多的指标，它更能反映不同的耕作制度下土壤微生物活性。Davidson 和 Verchot[87]的研究表明，WFPS 为 60%～70%是土壤田间持水量的临界点，超过这个值，土壤的通气性就会迅速变差。当然，土壤质地对这个临界点也有很大影响。尽管土壤含水量对土壤通气性的影响引起了研究者的重视，也有研究者试图用土壤含水量等物理参数来计算土壤通气能力，但这些研究多是在特定环境或特定土壤条件下进行的，因为滴灌条件下的土壤水分分布具有极强的时空变异性。因此，如何评价这种时空变异性对土壤通气性及作物生长的影响，不但过去研究得较少，也将是一个长期的科学难题。

总之，土壤孔隙特性决定了气体和水在土壤中的运移特性。随着含水量的增加，充气孔隙的数量减少，这与孔隙结构直接相关，从而影响土壤的气体输送和通气状态。在潮湿条件下，如果土壤和大气之间的气体交换减慢，氧气就会被需氧菌迅速利用，从而降低微生物的好氧活性和土壤呼吸。

6.5.3 土壤生物化学指标测定

土壤生物化学指标是指反映土壤中生物活性和生物过程的一些物质或参数，是评价土壤生物功能和质量的重要依据。土壤生物化学指标可以分为三类：第一类是土壤有机质及其组分，如总有机碳(TOC)、总有机氮(TON)、微生物量碳(MBC)、微生物量氮(MBN)、易氧化有机碳(ROC)、颗粒有机质(POM)等；第二类是土壤酶活性，如脲酶、蔗糖酶、过氧化氢酶、脱氢酶、磷酸酶等；第三类是土壤呼吸，如土壤 CO_2 释放量、基础呼吸速率、潜在呼吸速率、微生物呼吸速率等。

测定土壤生物化学指标的方法有多种，常用的有以下几种。

(1) 土壤有机质及其组分：该类指标一般通过湿法或干法消解土样，然后利用分光光度计、色谱仪、质谱仪等仪器测定土样中有机质或其组分的含量。该类指标可以反映土壤中有机质的来源、转化和稳定性，以及土壤中微生物的数量和活性。

(2) 土壤酶活性：该类指标一般通过添加底物或抑制剂等方法激发或抑制土样中特定酶的活性，然后利用比色法、荧光法、电化学法等方法测定土样中底物或产物的含量或变化，从而推算出土样中酶的活性。该类指标可以反映土壤中微生物的代谢能力和催化效率，以及土壤中养分的转化和循环。

(3) 土壤呼吸：该类指标一般通过密闭法或开放法测定土样中 CO_2 的释放量或变化率，然后利用红外线吸收仪、气体色谱仪等仪器测定 CO_2 的浓度或流量，从而推算出土样中呼吸速率。该类指标可以反映土壤中微生物和植物根系的呼吸强度和速率，以及土壤中有机质的分解和矿化度。

测定土壤生物化学指标的方法选择和应用应根据不同的目的和条件进行，没有一种方法是适用于所有情况的。另外，在测定土壤生物化学指标时，需要注意以下几点：一是要考虑土壤生物化学指标与土壤功能之间的相关性和敏感性，选择能够反映土壤功能变化的指标；二是要考虑土壤生物化学指标的稳定性和可重复性，选择能够减少误差和变异的指标；三是要考虑土壤生物化学指标的测定方法的简便性和可行性，选择能够适应现场条件和仪器设备的指标；四是要考虑土壤生物化学指标的解释性和通用性，选择能够提供清晰和一致信息的指标。

土壤生物化学指标可以与其他类型的土壤指标(如物理指标和化学指标)相结合，形成综合的土壤质量评价体系。不同类型的土壤指标可以从不同角度反映土壤的特征和功能，相互补充和验证。例如，土壤有机质含量可以与土壤容重、渗透率、团聚体稳定性等物理指标相结合，反映土壤结构和水分状况；土壤酶活性可以与土壤 pH、电导率、氮素含量、磷素含量等化学指标相结合，反映土壤养分和污染状况。通过综合分析不同类型的土壤指标，可以更全面地评价土壤质量和功能。

6.5.4　土壤氧化还原电位测定

土壤氧化还原电位(E_h)是指土壤中氧化还原反应的驱动力或趋势，是表征土壤氧化还原状态的重要参数。E_h 在土壤中通常在−1～+1 V 之间变化，E_h 越高，表示土壤越容易发生氧化反应；E_h 越低，表示土壤越容易发生还原反应。而通气性良好的土壤，氧化还原电位处于一个较高的水平。E_h 与土壤中各种物质的稳定性和可利用性密切相关，如铁、锰、硫、氮、磷等元素的形态和迁移。因此，测定 E_h 是评价土壤质量和功能的重要手段。

测定 E_h 的方法有多种，常用的有以下几种。

(1) 铂电极法：该法是利用铂电极作为工作电极，标准氢电极或饱和甘汞电极作为参比电极，测定土样中氧化还原对(如 SO_4^{2-}/H_2S)与标准氢电极之间的电动势或电位差，然后根据电动势或电位差与 E_h 之间的关系，求出土样中的 E_h。该法可以测定干燥或湿润的整块或碎块土样的 E_h，但受铂电极性能、温度、pH、盐度等因素影响较大，需要注意校准仪器和控制条件。

(2) 氧分析仪法：该法是利用氧分析仪测定土样中空气中氧气(O_2)和二氧化碳(CO_2)的含量和变化，然后根据空气中 O_2 和 CO_2 之间的关系，求出土样中的 E_h。该法可以测定干燥或湿润的整块或碎块土样的 E_h，但受氧分析仪性能、温度、湿度等因素影响较大，需要注意选择合适的仪器和参数。

(3) 指示剂法：该法是利用一些能够在不同 E_h 下改变颜色的指示剂(如甲基橙、亚甲蓝等)测定土样中不同深度处的颜色变化，然后根据颜色变化与 E_h 之间的关系，求出土样中不同深度处的 E_h。该法可以测定饱和水分状态下的整块或碎块土样的 E_h 分布，但受指示剂性质、温度、pH 等因素影响较大，需要注意选择合适的指示剂和观察方法。

除了直接测定 E_h 外，还可以利用一些间接方法来估算 E_h，如经验公式法、物理模型法、化学模型法等。这些方法一般需要利用一些容易获取的土壤物理性质(如温度、pH、盐度等)或化学性质(如铁、锰、硫、氮等元素的含量和形态等)作为输入参数，然后通过一些经验或理论公式或模型来计算 E_h。这些方法的优点是简单快速，不需要复杂的设备和操作，但缺点是精度较低，适用性较差，不能反映土壤中氧化还原反应的动态变化。

土壤条件从还原性向氧化性的转变，被称为土壤通气性或氧化性，是土壤中最重要的化学变化之一。通常，在土壤中安装铂电极来测量氧化还原电位(E_h)，作为氧化还原状态的指标。一个多世纪以来，人们一直鼓励 E_h 测量，但要获得如何获取 E_h 数据的知识，并建立一个适当的功能监测系统，用于时间分辨率和自动化 E_h 测量，还有很长的路要走。

还原条件($E_h < 300$ mV，pH 7)发生在受地下水、栖息水、灌溉、淹水和大雨影响的土壤中。水饱和导致土壤和空气之间的气体交换明显减少。消耗剩余 O_2 后，建立还原条件。在这种情况下，微生物代谢从好氧转变为厌氧，并使用其他终端电子受体代替 O_2。这种新陈代谢的改变具有重大的生态意义，例如，盐碱化的土壤在未改良前，还原条件可能永久存在，但由于土壤进行盐分淋洗和去除，通常会发生还原和氧化交替循环。然后，O_2 进入土壤环境，发生了从还原性到氧化性的转变。这样的增加在 24 h 内可高达约 540 mV，构成了土壤生化环境中很大的短期变化。

目前已知 E_h 在时间(分钟到天)和空间尺度(毫米到米)上变化很大，这使得解释起来会非常复杂[88]。而在这方面，试图描述与铂表面接触的土壤物理化学实验很少。然而最近，从大量 E_h 读数中获得的量化生物地球化学异质性的统计方法非常受欢迎。Dorau 等[89]提出了一种表征曝气状态的方法，将未受干扰的土壤样品与铂电极平行放置，记录土壤基质电位的 E_h 和微张力，从而计算充满空气的孔隙空间(ε)。他们确定了土壤特异性ε 阈值，表征了从厌氧到好氧土壤微生物代谢的生态重要转变。定义了两个特征ε值：①$\varepsilon_{\text{Pt 反应}}$表明铂表面反应的 O_2 初始扩散(E_h 增加 $b > 5$ mV/h)；② $\varepsilon_{\text{Pt 曝气}}$可以根据 O_2 可用性评估曝气状态(E_h 增加 $b > 300$ mV/h，pH 7)。例如，当地下水位下降、栖息的地下水位消失或灌溉结束时，就会发生从还原到氧化的土壤状况的戏剧性转变。

但是，仍有一部分科学家做出了各种努力试图测量和讨论实验室和现场条件下与地下水位(WT)深度相关的 E_h 变化[90]、土壤气体成分、氧气扩散速率和溶解氧浓度。总体来讲，随着充气量(孔隙度)的增大，厌氧土壤的体积减小，有利于土壤中好氧反应的发生。然而，在从还原性到氧化性条件发生转变的充满空气的孔隙体积上存在不确定性。Uteau 等[91]报道，随着 E_h 的增加，在 0.09～0.12 cm^3/cm^3 充气孔体积时，O_2 扩散增加。然而，他们的结果来自均质和重新装填的土柱，不一定与自然条件下发生的任何内部结构相匹配。尽管具有潜在的生态重要性，E_h 和未受干扰土壤样品的土壤质量之间的关系，作为表征空气孔隙体积从还原到氧化状态转变的一种手段，迄今尚未得到系统评估。

6.6　土壤通气性的生态效应

盐碱土壤是指含有较高浓度的可溶性盐分和碱性物质的土壤，通常具有较低的通气性和透水性，对植物生长和土壤生态功能产生不利影响[92]。盐碱土壤通气性差主要是土壤孔隙被水分或盐碱占据，导致土壤中的氧气供应不足，二氧化碳和其他有害气体积累，以及土壤氧化还原电位降低[93]。盐碱土壤通气性差会影响土壤中的物理、化学和生物过程，进而影响土壤中的碳、氮、磷等元素的循环和平衡[92]，以及温室气体的产生和排放。因此，盐碱土壤通气性差对土壤生态系统具有重要的影响。

本节将从以下几个方面综述盐碱土壤通气性差对土壤生态系统的影响(表 6-3)，包括有机残体降解、还原、有毒元素、土壤颜色、温室气体和其他效应，并举例说明一些盐碱土壤通气性研究案例。

表 6-3　盐碱土壤通气性的生态效应及其影响因素

盐碱土壤通气性的生态效应	影响因素
有机残体降解的影响	盐碱土壤通气性差会抑制有机残体的分解，导致有机质积累和碳循环缓慢
还原的影响	盐碱土壤通气性差会导致土壤中的氧气耗尽，促进还原反应的发生，如硫还原、铁还原、甲烷生成等，改变土壤中的化学物质和微生物群落
有毒元素的影响	盐碱土壤通气性差会导致一些有毒元素的积累，如硫化氢、甲烷、铁离子等，对植物和微生物造成毒害或抑制作用
土壤颜色的影响	盐碱土壤通气性差会导致土壤颜色变化，例如，由于铁还原而出现灰色或绿色的斑块，或由于硫还原而出现黑色或绿色的斑块
温室气体的影响	盐碱土壤通气性差会导致温室气体的产生和排放，如二氧化碳、甲烷、氧化亚氮等，增加温室效应和全球变暖
其他效应	盐碱土壤通气性差会影响植物生长和产量，降低作物品质和抗逆能力，减少植物多样性和稳定性，增加侵蚀和沙漠化风险等

6.6.1　土壤通气性对土壤颜色的影响

土壤色泽是指土壤表面或剖面所呈现出的颜色，是土壤性质和状态的重要指示。土壤色泽主要取决于土壤中有机质、铁、锰等元素的含量和形态。土壤中的通气条件可以改变这些元素的含量和形态，从而影响土壤色泽。通常，通气良好的土壤色泽较浅，而通气不良的土壤色泽较深。通气条件影响土壤颜色的主要因素有以下几个方面。

(1) 有机质对土壤色泽的影响。有机质是指土壤中由动植物遗体或代谢产物经过微生物分解或转化而形成的物质，是土壤中最活跃的组分之一。有机质对土壤色泽的影响主要有两个方面：①有机质本身具有深棕色或黑色，可以使土壤色泽变暗；②有机质可以与铁、锰等元素形成络合物或沉淀，从而改变这些元素的颜色和分布。通气条件可以影响有机质的含量和质量，从而影响其对土壤色泽的影响。通气良好的土壤有利于有机质的分解和矿化，从而降低有机质的含量和颜色强度；通气不良的土壤则抑制有机质的分解和矿化，从而增加有机质的含量和颜色强度。

(2) 铁对土壤色泽的影响。铁是土壤中含量较高且活性较强的元素之一，可以以不同的价态和形态存在于土壤中，如 Fe(Ⅱ)、Fe(Ⅲ)、Fe_2O_3 等。铁对土壤色泽的影响主要取决于其价态和形态，通常，Fe(Ⅱ)呈现出灰色或绿色，Fe(Ⅲ)呈现出红色或黄色[3]。通气条件可以影响铁的氧化还原状态，从而影响其对土壤色泽的影响。通气良好的土壤有利于铁的氧化，从而使铁以 Fe(Ⅲ)形式存在，并形成红色或黄色的氧化物或碳酸盐；通气不良的土壤则促进铁的还原，从而使铁以 Fe(Ⅱ)形式存在，并形成灰色或绿色的水合物或硫化物。

(3) 锰对土壤色泽的影响。锰是土壤中含量较低但活性较强的元素之一，它也可以以不同的价态和形态存在于土壤中，如 Mn(Ⅱ)、Mn(Ⅲ)、Mn(Ⅳ)、MnO_2、$MnCO_3$ 等。锰对土壤色泽的影响主要取决于其价态和形态，通常，Mn(Ⅱ)呈现出灰色或白色，Mn(Ⅳ)呈现出黑色或棕色。通气条件可以影响锰的氧化还原状态，从而影响其对土壤色泽的影响。通气良好的土壤有利于锰的氧化，从而使锰以 Mn(Ⅳ)形式存在，并形成黑色或棕色的氧化物或碳酸盐；通气不良的土壤则促进锰的还原，从而使锰以 Mn(Ⅱ)形式存在，并形成灰色或白色的水合物或硫化物。

由于无机物质含量不同，其中铁和锰的氧化状态会对土壤颜色产生极大的影响。当土壤的颜色是红色、黄色，这表明土壤已经经过充分氧化；而当土壤颜色有局部变成灰色或蓝色时，说明在局部有了土壤缺氧的情况。而土壤颜色也可以作为确定排水状况的田间方法，当有这些灰蓝色的斑点出现在土壤上时，这时的土壤情况是不利于多数植物生长的。而盐碱地在改良前后的土壤颜色也不相同，可以与土壤的氧化和还原状态结合起来。重度盐碱地或盐碱荒地有机质含量较低，一般呈现浅黄、灰白等颜色，随着改良利用过程中有机质含量增加，土壤逐渐向正常土壤的棕色发展。

6.6.2 土壤通气性对有害元素的影响

有害元素是指对植物和人畜的健康有不利影响的元素，如重金属(铅、镉、汞等)、砷、硒等。土壤中的有害元素主要来源于自然或人为的污染，如岩石风化、工业废水、农药施用等。土壤中的有害元素对植物和人畜的危害主要取决于其化学形态和生物有效性，即能被植物吸收或进入食物链的部分。土壤中有害元素的化学形态和生物有效性受到多种因素的影响，其中土壤通气性是一个重要的因素。土壤通气性是指土壤中气体的交换和扩散，影响土壤中氧气和二氧化碳等气体的含量和分布，从而影响土壤中有机质分解过程中微生物的活性和代谢方式，进而影响土壤中有害元素的氧化还原状态。

盐碱土是指土壤中含有过量的可溶性盐分或交换性钠离子，导致土壤物理、化学和生物学性质发生变化的一类土壤。盐碱土中有害元素的含量和形态受到多种因素的制约，主要包括以下几个方面。

(1) 盐分对有害元素的影响。通常，低浓度的盐分可以刺激有害元素的转化或迁移，而高浓度的盐分则会抑制有害元素的转化或迁移。

(2) 钠离子还可以与有机质形成络合物，降低有机质的可溶性和可利用性。此外，钠离子还可以与某些有害元素形成沉淀或络合物，影响这些元素的生物有效性和氧化还原状态。例如，钠离子可以与砷形成不溶性的砷酸钠(Na_3AsO_4)或砷酸二氢钠(Na_2HAsO_4)，从而降低砷的生物有效性。

(3) 通气性对有害元素的影响。通气性是指土壤中气体的交换和扩散，主要取决于土壤孔隙度、含水量和温度等因素。通气性影响土壤中氧气和二氧化碳等气体的含量和分布，从而影响土壤中有机质分解过程中微生物的活性和代谢方式，进而影响土壤中有害元素的氧化还原状态。通常，通气良好的土壤有利于有害元素的氧化，而通气不良的土壤则促进有害元素的还原。例如，铅在通气良好的土壤中以 Pb(Ⅳ)形式存在，而在通气不良的土壤中则以 Pb(Ⅱ)形式存在：

$$Pb(\text{IV}) + 2e^- \longrightarrow Pb(\text{II})$$

(4) 其他因素对有害元素的影响。除了盐分、钠离子和通气性外，一些其他因素也会影响盐碱土中有害元素的含量和形态，包括：①有机质的含量和质量。有机质可以与有害元素形成络合物或沉淀，从而改变其生物有效性。②植物根系的活动。植物根系可以通过分泌根系分泌物或吸收养分等方式改变根际环境，从而影响有害元素的转化或迁移。③微生物的种类和数量。微生物可以通过参与或催化有机质分解或有害元素转化等过程影响有害元素的含量和形态。④外界环境的变化。例如，温度、湿度、光照等因素也会影响土壤中有害元素的转化或迁移。

土壤中的有毒元素，如铬(Cr)、砷(As)、硒(Se)等是对食物链具有潜在毒性的元素，而氧化还原反应可以改变不同价态的离子对环境和食物链的影响程度。例如，铬的高价六价氧化态移动性强，对人类的毒性较大；但是在中性和酸性土壤中，易氧化的有机质就可以将铬还原为低价态，减少其潜在毒性。

所以在研究作物改良时，就要区分是在哪种酸碱度下对其进行种植。首先，要判断作物对干旱的耐受性和对水涝的耐受性，以及对盐碱的耐受性。在具有较高的根系呼吸强度和较高的氧需求量时，为了实现和保持土壤水分和渗透性的长期持久和充足水平，要进行根际蓄水，它不仅能储存水分，而且还能渗透土壤空气，帮助保持土壤水分和土壤氧含量相对稳定，使得土壤中有毒元素迁移效应减小。

6.6.3　土壤通气性对有机残体降解的影响

有机残体是指农业生产后留在土壤中的植物或动物的遗体或排泄物，它们是土壤有机质的重要来源，也是土壤肥力和生态功能的基础。有机残体的降解是一个复杂的生物化学过程，受到多种因素的影响，其中土壤通气性是一个重要的因素。土壤通气性是指土壤中气体的交换和扩散，影响土壤中氧气和二氧化碳等气体的含量和分布，从而影响有机残体降解过程中微生物的活性和代谢方式。

盐碱土广泛分布于世界各地，尤其是干旱和半干旱地区，对农业生产和环境质量构成了严重的威胁。盐碱土中有机残体降解受到多种因素的制约，主要包括以下几个方面。

(1) 盐分对有机残体降解的影响。盐分可以通过不同的机制影响有机残体降解，包括：①改变水势梯度，降低水分有效性，限制微生物活动；②改变溶液电导率和离子强度，影响微生物细胞膜的通透性和酶活性；③改变溶液 pH 和缓冲能力，影响微生物代谢产物的稳定性；④提供营养元素或毒性元素，促进或抑制微生物生长；⑤改变土壤结构和孔隙度，影响气体扩散和交换。通常，低浓度的盐分可以刺激有机残体降解，而高浓度的盐分则会抑制有机残体降解。

(2) 钠离子还可以与某些金属离子(如铁离子、锰离子、铜离子等)形成沉淀或络合物，影响这些元素的生物有效性和氧化还原状态，从而影响有机残体降解过程中的酶活性和微生物群落结构。因此，钠离子对有机残体降解的影响是复杂的，可能是促进或抑制的，取决于钠离子的浓度、来源、类型以及与其他因素的交互作用。

(3) 通气性对有机残体降解的影响。通气性是指土壤中气体的交换和扩散，主要取决于土壤孔隙度、含水量和温度等因素。通气性影响土壤中氧气和二氧化碳等气体的含量和分布，从而影响有机残体降解过程中微生物的活性和代谢方式。通常，通气良好的土壤有利于有机残体的好氧降解，而通气不良的土壤则促进有机残体的厌氧降解。好氧降解是指在充足的氧气供应下，微生物将有机质完全氧化为二氧化碳、水和无机盐等简单物质，同时释放出大量的能量。厌氧降解是指在缺乏或没有氧气供应下，微生物将有机质部分或不完全地还原为甲烷、乙醇、乳酸等复杂物质，同时释放出较少的能量。好氧降解和厌氧降解对土壤肥力和环境质量有不同的影响。好氧降解可以提高土壤有机质的矿化率和养分释放率，增加土壤肥力；而厌氧降解则会降低土壤有机质的矿化率和养分释放率，减少土壤肥力。同时，厌氧降解还会产生一些有害或温室效应强的气体(如甲烷、硫化氢等)，污染环境。

土壤通气性对土壤有机残体降解有很大的影响。土壤通气性会影响到许多土壤反应，从而影响许多土壤性质。尤其是那些与微生物活性密切相关的反应，特别是有机残体和其他微生物的降解和反应，会导致一些通气不良的土壤进行被动的有机质积累。其中会产生乙烯、乙醇和有机酸等有机物，其中有很多是对高等植物和分解者的毒害物质，但这也形成了一些富含有机质的深厚土层。

在盐碱土壤中，有机残体因通气不良而无法降解，会导致土壤养分下降，积累毒性物质等后果。所以，氧气的存在与否完全决定了降解过程的本质和植物生长的影响。例如，桃树的根系较浅，呼吸强度高，需要大量氧气。在桃树栽培中，大量施用化肥但有机肥不足会导致土壤硬化板结，甚至盐碱化，从而降低其渗透性，阻碍桃根的呼吸。氧气对根系呼吸是必不可少的，通过在桃树的生长中发挥重要作用，确保正常的生理功能。由于根系几乎总是在土壤中生长，土壤中的气体直接影响植物根系的能量代谢，进而影响根系吸收养分和水分、叶片光合作用、植物形态发生，最终影响产量和质量[94]。

6.6.4　土壤通气性对温室气体的影响

温室气体是指能够吸收和反射地球表面和大气中的红外辐射，从而增加地球表面和大气的温度的气体，主要包括二氧化碳(CO_2)、甲烷(CH_4)、氧化亚氮(N_2O)等。土壤是温室气体的重要源或汇，土壤中的温室气体主要来源于土壤中有机质和无机质的微生物分解或转化过程。土壤中的通气条件可以影响这些过程的进行，从而影响土壤中温室气体的产生和排放。

(1) 土壤通气性对二氧化碳的影响。二氧化碳是土壤中最主要的温室气体之一，主要来源于土壤中有机质的分解过程，如呼吸作用、发酵作用等。二氧化碳对土壤通气性的影响主要有两个方面：①二氧化碳可以降低土壤中的氧含量，从而影响土壤中其他微生物过程的进行；②二氧化碳可以降低土壤溶液的 pH，从而影响土壤中其他元素的溶解度和形态。通气条件可以影响二氧化碳在土壤中的产生和排放，从而影响其对土壤通气性的影响。通气良好的土壤有利于二氧化碳的排放，从而减少其对土壤通气性的不利影响；通气不良的土壤则抑制二氧化碳的排放，从而增加其对土壤通气性的不利影响。

(2) 土壤通气性对甲烷的影响。甲烷是土壤中最主要的温室气体之一，主要来源于土壤中有机质在厌氧条件下的分解过程，如产甲烷菌(*Methanogens*)和甲烷氧化菌(*Methanotrophs*)等。甲烷对土壤通气性的影响主要有两个方面：一是甲烷可以降低土壤中的氧含量，从而影响土壤中其他微生物过程的进行；二是甲烷可以与硫化物或硫酸盐反应，从而改变土壤中硫元素的形态和分布[3]。通气条件可以影响甲烷在土壤中的产生和排放，从而影响其对土壤通气性的影响。通气良好的土壤有利于甲烷氧化菌活动，从而减少甲烷的产生和排放；通气不良的土壤则抑制甲烷氧化菌活动，从而增加甲烷的产生和排放。

(3) 土壤通气性对氧化亚氮的影响。氧化亚氮是土壤中最主要的温室气体之一，主要来源于土壤中无机质的转化过程，如硝化作用、反硝化作用、硝酸盐还原作用等。氧化亚氮对土壤通气性的影响主要有两个方面：一是它可以降低土壤中的氧含量，从而影响土壤中其他微生物过程的进行；二是它可以与其他元素或化合物反应，从而改变土壤中其他元素或化合物的形态和分布。通气条件可以影响氧化亚氮在土壤中的产生和排放，从而影响其对土壤通气性的影响。通气良好的土壤有利于硝化作用和反硝化作用的平衡，从而减少氧化亚氮的产生和排放；通气不良的土壤则打破硝化作用和反硝化作用的平衡，从而增加氧化亚氮的产生和排放。

在湿地土壤中产生的氮氧化物和甲烷具有普遍性的重要意义。二氧化碳在自然湿地和水稻田中被还原生成甲烷这种情况极为常见。土壤研究者也正在寻找不经过排水，但能够管理湿地气体排放的方法。

土壤中的主要温室气体二氧化碳，对大豆的生长也起到了至关重要的作用。田间淹水和土壤盐碱化导致大豆过早衰老，叶片黄化、坏死、落叶、生长停止和种子产量降低。淹水植物的损害和死亡被归因于缺乏氧气来支持根系呼吸。尽管大豆在被洪水淹没的田地中受损，但它可以在缺氧的水中茁壮成长[95]。

因此，大豆对过量水分和缺氧的耐受性比之前预期的要高得多，但其在盐碱化土壤中生长还是取决于土壤的盐碱化程度。除了缺乏氧气外，淹没土壤中的 CO_2 浓度可能达到总溶解气体的 50%(*V*/*V*)，并可能对植物有毒。土壤 CO_2 的实际浓度取决于土壤含水量、土壤类型、可呼吸基质的数量和土壤微生物的活性。

6.6.5 其他效应

土壤中的氧含量也受透气性影响。氧气是植物生长和代谢所必需的环境因子，为了维持正常生长，植物根呼吸需要消耗大量的氧气。土壤水分过多或土壤黏性和碱性过高等造成植物根系处于低氧胁迫状态，会对植物生长发育产生一系列的不利影响，如根细胞代谢减弱，根系因无氧呼吸中毒受伤，根系吸收养分和水分的能力下降，植株生理代谢和生长发育异常甚至死亡等[96]。土壤通气不良时，植物根系和土壤微生物的代谢消耗也会导致土壤中 O_2 浓度降低及 CO_2 浓度升高，进而影响植物根系的吸收和合成功能，影响植株的正常生长发育[97]。虽然植物茎叶可以通过细胞间隙向根系供应氧气[98]，但是茎叶向根系供应氧气的多少与皮层细胞间隙的大小和通气组织发育有关。水稻和芦苇[99]等水生植物因皮层细胞间隙较大和茎-根通气组织的存在，使其可以很好地通过茎向根系输送氧气。

然而，很多陆生植物茎叶向根系输送氧气的能力较差。已有研究报道，土壤板结(压实)可明显减少根系的氧气供应，从而抑制玉米和黑麦的根系生长，其叶片数和干物质量也减少，但冠-根比增加[100]；而根际通气可以增加玉米株高、叶面积及叶绿素含量，促进地上部分和地下部分干物质的积累，并可在一定程度上缓解盐水灌溉对玉米生长发育的不利影响[101]。Niu 等对番茄(*Solanum lycopersicum* L.)的研究[102]表明根际通气可以提高根系活力和促进根系代谢。可见，改善根际通气状况有利于陆生植物的生长发育。

土壤透气性也会显著影响土壤中酶的活性，而酶活性在维持土壤肥力中起着重要作用。脱氢酶是好氧微生物和厌氧微生物呼吸途径的酶。土壤管理技术影响土壤中的微生物群落，并间接改变许多酶的活性水平。土壤的氧合状态是由大气和土壤孔隙之间气体传输的物理过程与 O_2 吸收和 CO_2 生成的生物过程之间的平衡产生的。改变土壤中气体扩散和影响植物生长的重要因素是水和压实条件。

6.7　改善土壤通气性的典型案例

6.7.1　施用新型改良剂对缓解辣椒涝碱胁迫的作用

土壤结构是土壤肥力的重要基础，施用土壤改良剂不仅能改善土壤结构，提高土壤团聚体质量，而且能够改善土壤透水通气性能，最终达到提高土壤农学价值的目的。大量研究表明，施加土壤改良剂可以疏松土壤，使土壤孔隙增多，容重下降。此外，施用改良剂可以通过改善土壤结构，增加土壤水分入渗率，有效缓解水土流失。

为解决由不科学的耕作方式和不合理的施肥导致盐分积累从而加重的涝碱胁迫问题，实现经济作物的抗逆高产，胡树文等以辣椒为研究对象，施用主要成分为聚氨基酸钙的新型土壤改良剂，评价了不同用量的土壤改良剂对盐碱土质量参数的改善情况，以及施用土壤改良剂对缓解涝碱胁迫、在淹水条件下提高辣椒生长发育的效果，提出新型有机-无机生物基土壤改良剂改善连作障碍导致的盐化土壤思路，为容易发生涝害地区辣椒的高产高效发展提供新的途径。

试验地位于山东省西南部的金乡县后周村，年平均降水量为 726.19 mm，土质多为潮土，透气性很好，适宜栽培作物。金乡也素有大蒜、辣椒之乡等美称。表 6-4 列出了

0～10 cm，10～20 cm，20～40 cm 土层的土壤基础理化性质。试验作物为辣椒(*Capsicum annuum* L.)，品种为‘三鹰 8 号’。为了了解新型土壤改良剂在淹水条件下的效果，以改良剂的用量为变量，设置一个对照和三个处理，分别是：G_0Y(0 kg/hm²)、G_1Y(600 kg/hm²)、G_2Y(1200 kg/hm²)、G_3Y(2400 kg/hm²)。如表 6-5 所示，共设置 4 个处理，每个处理设置 3 组平行试验，共设置 12 组试验。试验采取小区设计，每个小区长 6.68 m，宽 3 m。相邻小区间设置 1 m 距离，小区四周打梗以便淹水处理，淹水试验设计如表 6-6 所示。

表 6-4　供试土壤基础理化性质

土层/cm	pH	EC/(mS/cm)	含量				
			全盐量/(g/kg)	总碳/(g/kg)	总氮/(g/kg)	速效磷/(mg/kg)	速效钾/(mg/kg)
0～10	8.72	0.26	2.64	11.58	0.69	58.93	290.09
10～20	8.85	0.32	2.92	11.33	0.60	38.88	266.82
20～40	9.02	0.42	3.38	10.19	0.30	2.41	143.46

表 6-5　改良土壤试验设计表

编号	处理	改良剂用量/(kg/hm²)
1	G_0Y	0
2	G_1Y	600
3	G_2Y	1200
4	G_3Y	2400

表 6-6　淹水试验设计表

品种	时期	持续时间/d	处理
‘三鹰 8 号’	结果期	0	常规
		1	水面约 3 cm
		2	水面约 3 cm
		3	水面约 3 cm
		恢复 7	常规

超氧化物歧化酶(SOD)是植物防御系统中最重要的酶之一，用于清除植物中的活性氧。由图 6-2 可以看出，在胁迫期间，各个处理 SOD 保护酶活性均呈先升后降趋势，随着试验结束，恢复生长第七天时各处理酶活性均有不同水平的上升。分析可知，施加改良剂后，SOD 酶活性明显升高，且随着改良剂用量的增加，SOD 酶活性逐渐升高。

综上所述，施加改良剂可以有效提升 SOD 酶活性，其中 G_3Y 处理涨幅最高，在增强植株抗逆能力的同时缓解淹水造成的损伤。

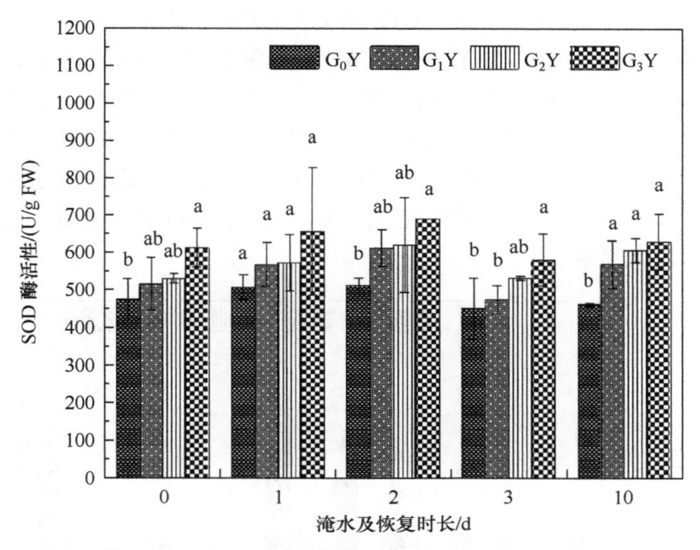

图 6-2　不同改良剂处理对辣椒受涝碱胁迫时超氧化物歧化酶的影响

图 6-3 反映了不同改良剂处理对辣椒在涝碱前、涝碱时以及涝碱后过氧化物酶(POD)酶活性的影响。从图中可以看出，在涝碱前，POD 酶活性随着改良剂用量的增加而增加；涝碱第二天各处理 POD 酶活性达到最高值，与涝碱第一天酶活性相比提高了；涝碱第三天酶活性与第二天相比，各处理均下降；恢复七天之后，与涝碱前的 POD 酶活性对比，除 G_0Y 活性有所下降，其他酶活性升高了。这说明施入改良剂可有效提高植株的 POD 酶活性，从而缓解盐碱和涝碱的双重胁迫。

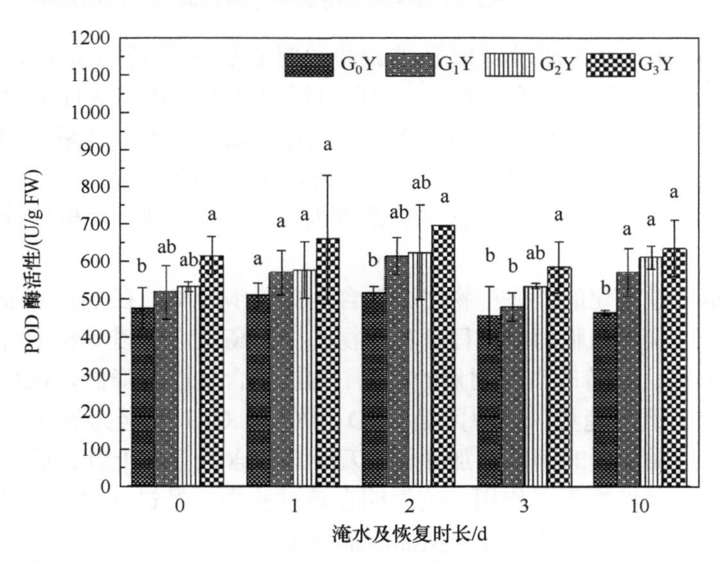

图 6-3　不同改良剂处理对辣椒受涝碱胁迫时过氧化物酶的影响

对于过氧化氢酶(CAT)的活性，从图 6-4 可见，在涝碱前，酶活性大小顺序为 $G_3Y > G_2Y > G_1Y$，G_1Y 与对照有极显著差异($p < 0.001$)，G_2Y 与对照有显著性差异($p < 0.05$)。涝碱第一天，G_1Y、G_2Y、G_3Y 各处理酶活性较涝碱前提高了，其中 G_3Y 增幅最大。涝碱第二天，G_1Y、G_2Y、G_3Y 各处理酶活性达到最高值；涝碱第三天，G_1Y、G_2Y、G_3Y 各处理酶活性与前一天相比下降了。经历七天恢复期后，G_0Y、G_1Y、G_2Y、G_3Y 各处理酶活性相较涝碱第三天均有不同程度的上升，但与涝碱前比，G_0Y 处理 CAT 酶活性下降了 14.10%，而 G_1Y、G_2Y、G_3Y 处理则分别上升了 24.19%、12.40%、26.69%。这说明在该试验范围内，施入改良剂可有效促进 CAT 酶活性的升高，且 G_3Y 处理效果最好。

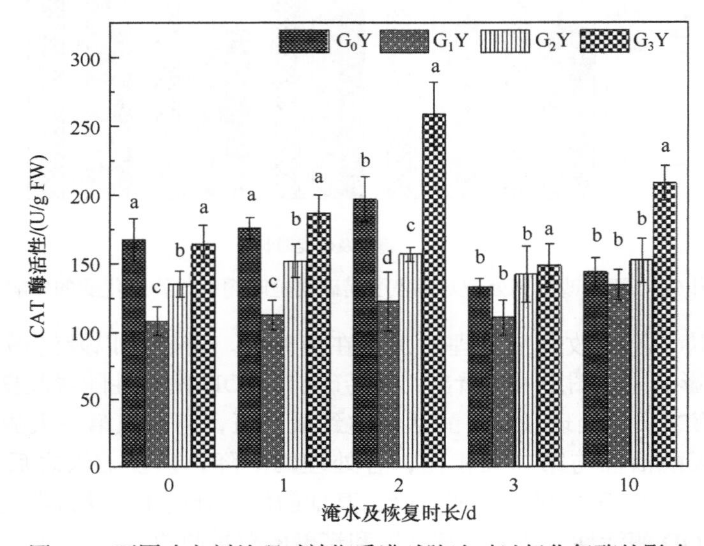

图 6-4　不同改良剂处理对辣椒受涝碱胁迫时过氧化氢酶的影响

由图 6-5 可知，改良剂对辣椒受涝碱胁迫时谷胱甘肽还原酶(GR)的影响趋势与 SOD、POD 酶活性一致，在逆境下，植物可以通过调整上述酶活性来对抗不利环境，在短时间的逆境下，酶活性增强，但随涝碱时间逐渐增长，酶活性呈不同降幅。由图可知，第十天时，随着改良剂用量的增加，各处理酶活性均随之增加。这说明施用改良剂可以在一定程度上缓解涝害，而在该试验范围内 G_3Y 最有利于辣椒植株受涝害之后的恢复生长。

由于细胞脂质过氧化的最终产物之一包含丙二醛(MDA)，在不利的条件下，可以通过监测它的含量以观察细胞的损害程度和植物的抗性高低。从图 6-6 中可以看出，对照的 MDA 含量最高，随着改良剂用量的增加，MDA 含量逐渐降低。在短期涝碱胁迫下(1 天)MDA 含量呈下降趋势，其原因是 SOD、POD、CAT 在努力清除活性氧自由基，维持相对平衡，后随试验时间的增加(2～3 天)MDA 含量显著上升，说明活性氧产生量过多，抗氧化酶已经发挥不了作用。这说明在该试验中，经过 G_3Y 处理改良的地块可有效缓解涝害时辣椒的膜系统受损，从而增加辣椒的抗涝性。

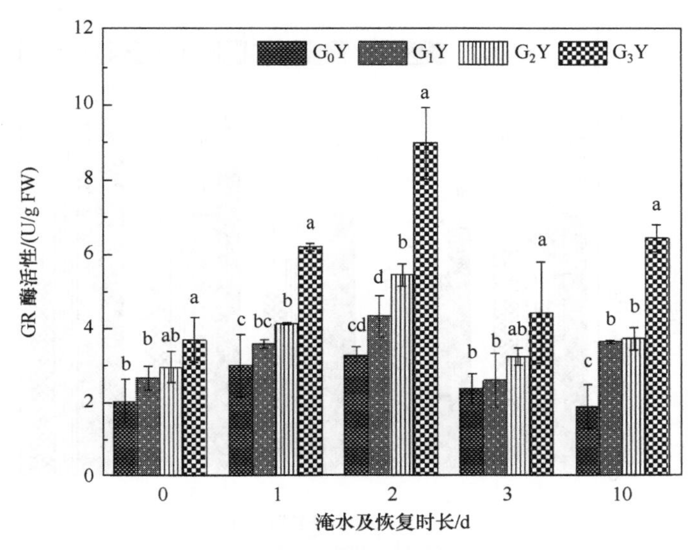

图 6-5　不同改良剂处理对辣椒受涝碱胁迫时谷胱甘肽还原酶的影响

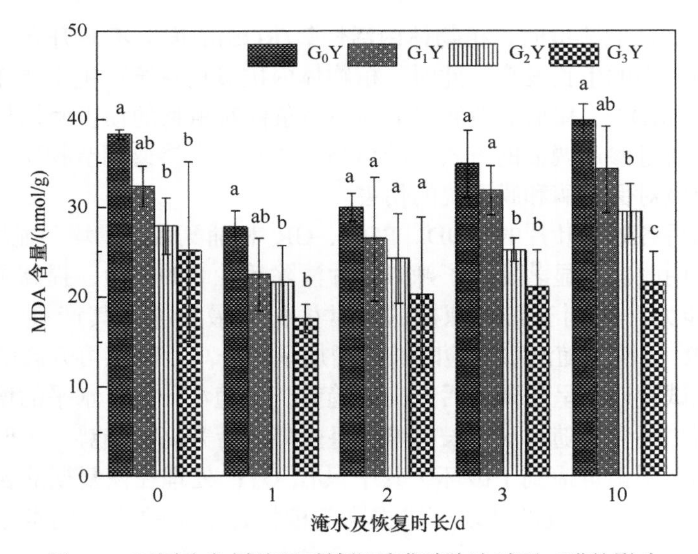

图 6-6　不同改良剂处理对辣椒受涝碱胁迫时丙二醛的影响

植物细胞在逆境时会收集脯氨酸，其水平与大多数植物对逆境的抗性成正比。而脯氨酸既是渗透剂又能提高植物组织的持水能力，可以保护植物不受伤害。当植物遭盐害和涝害双重胁迫时，叶片中的脯氨酸会迅速积累，但随着受害水平的严重，谷氨酸合成速度会变缓慢进而脯氨酸的合成也受到阻碍，导致植株体内脯氨酸积累速度下降。从图 6-7 中可以看出，当施入改良剂后，缓解了外界对辣椒的胁迫，植物体内脯氨酸含量增加，随着涝碱时间的延长，脯氨酸总体呈先上升再下降趋势。这说明 G_3Y 处理更能提高在逆境条件下植物体内脯氨酸的含量；脯氨酸含量下降从侧面说明了，施入改良剂可以使辣椒植株所受涝害程度下降。

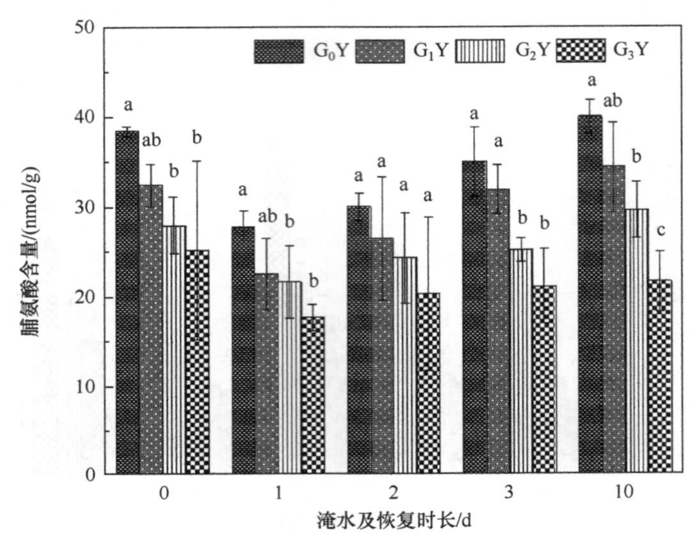

图 6-7　不同改良剂处理对辣椒受涝碱胁迫时脯氨酸的影响

总之，在遭受环境胁迫时，植物体内活性氧(ROS)浓度会不断升高，使得细胞结构氧化损伤，抑制它们的生长发育，此时，植物体内抗氧化系统产生重要作用。植物在逆境中机体会产生 MDA，其水平高低与不利环境条件对植物的损害密切相关。植物缓解水分胁迫时也会通过渗透调节的方式，游离脯氨酸是一大渗透调节物质，有利于细胞保持水分、降低逆境对保护酶和膜系统的伤害。

施入改良剂后各处理叶片的 SOD、POD、GR 和脯氨酸含量均明显增加，MDA 含量有所减少，说明改良剂显著提高了辣椒叶片清除活性氧的能力，提高了辣椒的抗盐碱和涝碱胁迫的能力，有利于露天辣椒的正常生长，最终提高其产量。此外，SOD、POD、CAT、GR 活性均随淹水试验时长的增加呈先升高后降低再升高的趋势；游离脯氨酸含量在涝碱试验期间呈先降低后升高的趋势，即随水分胁迫水平的增加，脯氨酸含量逐渐上升；丙二醛含量随淹水时长的增加呈先降低后升高的趋势，表明其体内产生和清除活性氧的动态平衡也遭到了破坏，其中只有 G_3Y 处理在恢复期的含量低于未淹水时的数值，说明经过其改良的地块可以提高辣椒植株细胞的抗氧化能力从而缓解涝碱胁迫。

6.7.2　压实后土壤结构演变的土壤长期观测

气体扩散系数、空气渗透性及其与空气孔隙度的相互关系是表征土壤中气体扩散和对流输运的必要条件。土壤容重的变化会影响保水性、充气孔隙空间、孔隙网络连通性和弯曲度，从而控制气体扩散和透气性。以砂田表层 15 m×15 m 栅格提取的 86 份未扰动土壤样品为研究对象，研究了土壤容重对土壤气体输运参数和土壤水分特征的影响。与土壤有机质，砂和黏土组分的相互作用也进行了研究。为了评估体积密度效应，从三个测量关系中分别导出两个本构参数。根据土壤水分特征得到 Campbell 孔径分布指数(b)；从气体扩散系数曲线推导出扩散渗透阈值(eDPT)、气体扩散系数几乎为零的充气孔隙度(由相互连通的水膜产生隔离的非活性空气含量)和孔网连通性指数(A_2)，从渗透率曲线推导出对流渗透阈值(eCPT)和对流孔网连通性指数(B_2)。这六个参数均与容重呈显著负相关。为了在参数化气体输运模型中进一步考虑体积密度和大孔隙度的影响，研究人员开发了气体扩散速率的扩散模拟大孔隙度依赖(DAMP)模型和空气渗透性的广义 Kawamoto(GK)等模型，与之前的模型相比，这些模型的预测能力得到了提高。

采样地点位于丹麦南部，耕地面积约 1.6 hm^2(150 m×105m)，坡度为 0%～1%。在这个特殊的地区，有丰富的第四纪晚冰期淡水砂沉积。场地土壤为粗粒砂，有机质含量呈自北向南递增的天然梯度。每年在 3 月的最后一周左右翻耕土壤(22～23 cm 深)。犁地两天后，种上春大麦，用混凝土压路机把地压实。收获后，种植冬小麦或玉米。采样是在 2012 年春季耕作之前完成的。大麦收割和秸秆清除工作于 2011 年 8 月最后一周完成。

为了评价土壤容重对土壤关键水分保持和气体输送特性的影响，测量了土壤水分特征、相对气体扩散系数(D_p/D_0)和透气性(K_a)。通过将不锈钢取样筒(内径 6.05 cm，高度 3.48 cm，体积 100 cm^3)轻轻敲入 15 m×15 m 网格中的土壤，从 8～12 cm 深度提取了 88 个未受干扰的土壤样品。两个岩心样本在运输过程中损坏，因此计算基于 86 个剩余样本。

图 6-8 给出了孔隙系统的例子(在微观计算机断层扫描图像上可检测到的孔隙，即孔径> 120 mm)在 0.1 m 和 0.3 m 深度的压实和未压实土壤。两个深度的孔隙连通性和孔隙度都明显下降。充气孔隙度和气体输运特性的测量结果也证实了这一点(图 6-9)。

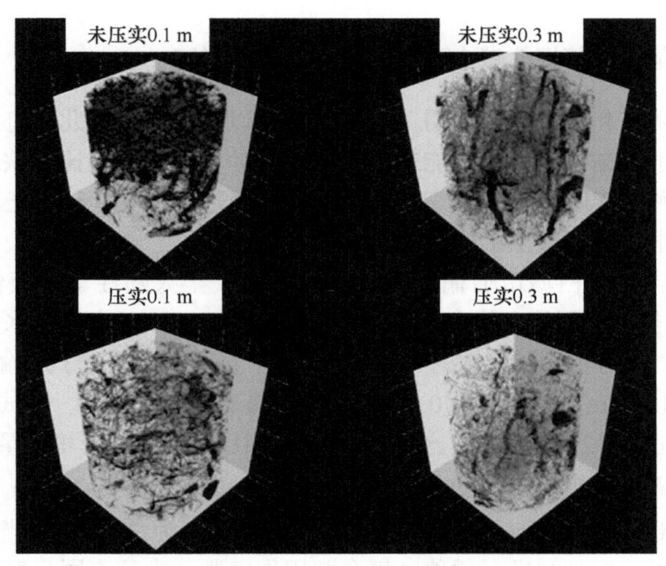

图 6-8　压实 2 周后，在 0.1 m 深度(左)和 0.3 m 深度(右)的未压实裸土(上)和压实裸土(下)的微观计算机断层扫描图像上可检测到的土壤孔隙结构

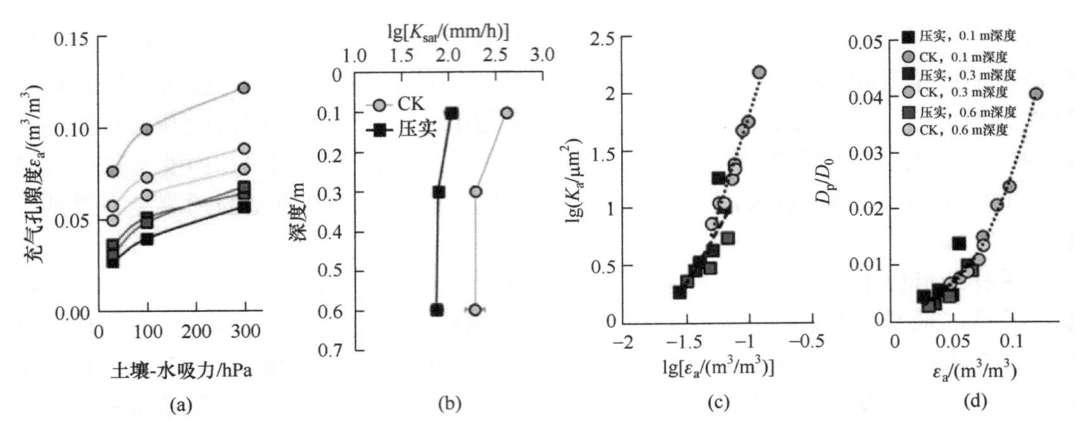

图 6-9　初始压实对(a)不同吸水率下充气孔隙度 ε_a 的影响；(b)饱和水力传导率(K_{sat})；(c)透气性(K_a)，用 $\lg K_a$ *vs.* $\lg \varepsilon_a$ 表示；(d)相对气体扩散系数 D_p/D_0，作为 ε_a 的函数

圆圈：未压实；方框：压实；红色：0.1 m 深度，蓝色：0.3 m 深度，绿色：0.6 m 深度。扫描封底二维码可见本图彩图

孔隙度的降低大大降低了饱和水力传导率 K_{sat}[图 6-9(b)]、透气性 K_a[图 6-9(c)]和相对气体扩散系数 D_p/D_0[图 6-9(d)]。图 6-9(c)和(d)中每次处理和深度的三种不同充气孔隙度反映了在三种吸水值(分别为 30 hPa、100 hPa 和 300 hPa)下获得的测量结果。

在 0.6 m 深度处，测量到的充气孔隙度和输运特性显著降低，尽管体积密度仅略有增加。这表明，与孔隙大小分布和孔隙连通性相关的土壤功能比容重等宏观特性对压实更为敏感。压实不影响 D_p/D_0 与 ε_a 的关系，即不影响相对扩散系数，但压实后的土壤中 D_p/D_0 由于 ε_a 的降低而大幅降低。对于压实土壤，$\lg K_a$ 与 $\lg \varepsilon_a$ 关系的斜率略小[图 6-9(c)]。

6.7.3　不同种稻年限对苏打盐碱土孔隙和入渗性能的影响

已有的科学研究和生产实践表明，种植水稻可以有效改良东北苏打盐碱土。但种植水稻是如何影响土壤结构和入渗性能来改良盐碱地的相关研究还比较缺乏。科学家采用压汞法研究不同种稻年限土壤的微观孔隙变化，并通过土柱实验研究土壤入渗性能的差异，明确了种植水稻对盐碱土结构和入渗性能的影响。

试验地位于吉林省白城市通榆县，属中温带半干旱大陆性季风气候区，年均气温 5.1℃，春秋干旱多风，夏季炎热多雨。年均降水 407.6 mm，春冬降水少，夏秋降水集中，尤其是 7 月、8 月占全年降水的 70%左右，“十春九旱”构成了通榆气候的特点。该地地下水埋深为 1～3 m，矿化度为 0.5～3.0 g/L，属于弱矿化类型。供试土壤质地为砂质黏壤土，砂粒占比 54.12%，粉粒占比 18%，黏粒占比 27.88%，土壤容重为 1.57 g/cm³，密度为 2.65 g/cm³。该试验区为典型的苏打盐碱土，主要盐分为 CO_3^{2-} 、HCO_3^- 等离子。该试验区荒地 pH 为 10.08，EC 为 0.42 mS/cm，碱化度为 39.83%。当地基本于每年 5 月底进行灌水泡田，6 月初进行插秧，复合肥用作底肥，水稻不同生育期用硫酸铵进行追肥，其间进行正常田间管理。

通过分析不同种植年限土壤的孔隙分布和占比可以发现(图 6-10)，随着种植年限的增加，土壤中的无效孔隙(当量孔径＜2μm)占比不断减小，大中孔隙占比不断增加，其中种植 7 年(Y7)的土壤大孔隙所占比例最高。这说明一方面随着种稻年限的增加，可能导致土壤颗粒不断团聚，小颗粒逐渐团聚成大中颗粒。另一方面可能是种稻淹水条件下土壤小颗粒被淋洗至下部，大颗粒的比例增加。随着小颗粒占比的不断减少，土壤比表面积不断降低。土壤孔隙的增多和孔隙度增加，能够有效改善土壤结构。黏粒含量降低，土壤胶结能力减弱，有利于土壤孔隙的形成，小孔隙减少，大中孔隙增加。另外，随种稻年限的增加，土壤盐碱胁迫不断减弱，有利于水稻生长和水稻根系的延伸发育，形成一定规模的根系，能够增加土壤大孔隙数量。

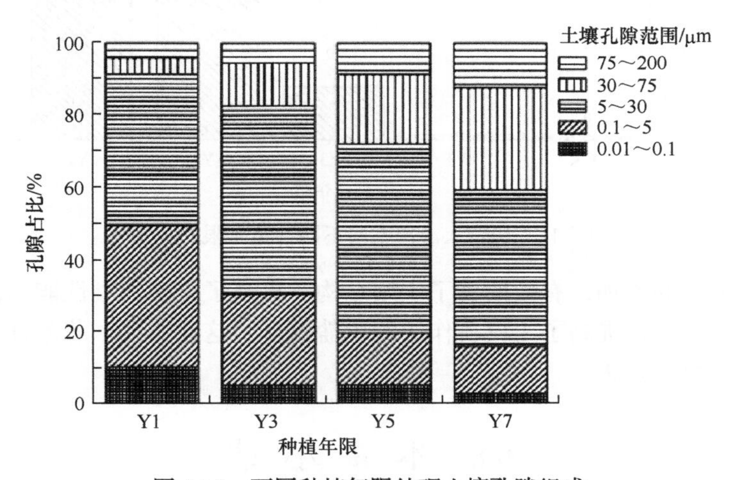

图 6-10　不同种植年限处理土壤孔隙组成

CK 和种植一年(Y1)的土壤入渗速率明显较低(图 6-11)，可能是由于土壤容重较大，有机质含量低，团粒结构稳定性低，表层团粒遇水容易溃散，水分入渗时会沉积在大孔隙中阻碍水分入渗，分散的黏粒也会在土壤表面形成致密层，导致入渗能力变差。另外，土壤钠质化严重，土壤胶体上吸附的交换性钠离子浓度高，导致土壤胶体水化度增大，土壤胶体高度分散，阻碍水分入渗。随着水稻种植年限的增加，形成了“淡化表层”，有机质含量增加，土壤碱化度降低，土壤结构改善，孔隙度和孔径增加，导致土壤入渗性能不断提高。对盐碱地而言，入渗性能的提高能够加快土壤表层脱盐，加速盐分向下淋洗的速率，达到改良盐碱地的目的。

总之，随着种植年限的增加，土壤结构不断改善，土壤平均孔径不断增加，种植 7 年(Y7)的土壤平均孔径较种植 1 年(Y1)增加了 0.808 μm。土壤比表面积随种植年限的增加不断降低，种植 7 年(Y7)的土壤比表面积较 1 年(Y1)降低了 0.087 m^2/g。土壤孔隙度不断增加，种植 7 年(Y7)的土壤孔隙度较 1 年(Y1)增加了 8.35%。随着种植年限的增加，在 30～75 μm 和 75～200 μm 范围内的土壤孔隙占比不断增加，种植 7 年(Y7)的土壤孔隙在这两个范围内的占比最大，分别为 28.25%和 12.45%。土壤入渗性能随种植年限的增加变化明显。除种植 1 年(Y1)的土壤较荒地土壤入渗性能无显著差异外，其他种植年限的土壤入渗性能较荒地均有显著性提高。种植 7 年的土壤稳定入渗速率较荒地提高了 107 倍。盐碱地通过种植水稻，有利于土壤孔隙的形成和小孔隙减少，大中孔隙增加。

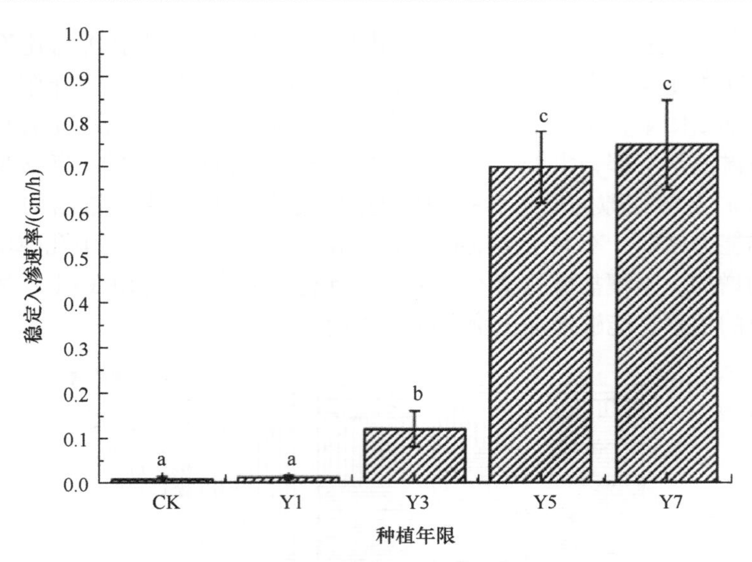

图 6-11 稳定入渗速率与不同种植年限的关系

土壤孔径和孔隙度的增加，有效改善了土壤结构，提高了土壤入渗性能。盐碱土壤盐分向下淋洗的速率增加，提高了土壤耕作层的脱盐效率。这证明在东北苏打盐碱地种稻改良是一个行之有效的方法。

6.8 本 章 小 结

本章主要介绍了盐碱土壤中土壤通气性的重要性、影响因素、生态效应及测量方法。土壤通气性是指土壤空气与大气之间不断进行气体交换的性能，是影响盐碱土壤生物化学过程和植物生长的重要因素之一。土壤通气性受到多种因素的影响，包括土壤孔隙度、含水量、温度、光照、根系呼吸、人类管理等。土壤通气性对盐碱土壤中有机残体降解、还原作用、有毒元素、土壤颜色、温室气体排放等生态效应有显著影响。同时，土壤通气性也影响植物的生理过程，如光合作用、离子平衡、膜转运、活性氧平衡等，以及植物的根系发育和耐缺氧能力。因此，测量和改善盐碱土壤中的土壤通气状况对于提高盐碱地区的农业生产和生态环境具有重要意义。

本章同时介绍了几种测量盐碱土壤中土壤通气性指标的方法，包括土壤孔隙度、土壤水分特征曲线和通气量测定，土壤生物化学指标测定以及土壤氧化还原电位测定。这些方法可以从不同角度反映盐碱土壤中的气体含量和扩散能力，为评价和改良盐碱土壤提供依据。最后，本章还介绍了一些关于盐碱土壤中土壤通气性的案例研究，展示了不同地区和不同作物对盐碱土壤中土壤通气性的响应和适应机制，以及通过改善盐碱土壤中土壤通气性而提高植物耐受性和产量的实践经验。

参 考 文 献

[1] Jiao S, Li J, Li Y, et al.Variation of soil organic carbon and physical properties in relation to land uses in

the Yellow River Delta, China. Scientific Reports, 2020, 10: 20300-20317.
[2] Cao Y, Song H, Zhang L. New insight into plant saline-alkali tolerance mechanisms and application to breeding. International Journal of Molecular Sciences, 2022, 23: 16048.
[3] Zhao Y Y, Zhang Z Y, Li Z H, et al. Comprehensive study on saline-alkali soil amelioration with sediment of irrigation area in Northeast China. Arabian Journal of Chemistry, 2023, 16: 104608.
[4] Heng T, He X L,Yang L L, et al. Mechanism of Saline-Alkali land improvement using subsurface pipe and vertical well drainage measures and its response to agricultural soil ecosystem. Environmental Pollution, 2022, 293: 118583.
[5] Ben-Noah I, Friedman S P. Review and evaluation of root respiration and of natural and agricultural processes of soil aeration. Vadose Zone Journal, 2018, 17: 1-47.
[6] R E H. Soil aeration in agriculture. Nature, 1917, 99: 195.
[7] Vanlanen H A J, Bouma J. Assessment of soil-moisture deficit and soil aeration by quantitative-evaluation procedures as opposed to qualitative methods. Land Qualities in Space and Time, 1989, 12: 189-192.
[8] Ahuja L R, Swartzendruber D. An improved form of soil-water diffusivity function. Soil Science Society of America Journal, 1972, 36: 9-14.
[9] Afrasiab H, Davoodi K H, Barzegari M M, et al. A novel constitutive stress-strain law for compressive deformation of the gas diffusion layer. International Journal of Hydrogen Energy, 2022, 47: 32167-32180.
[10] Van De Steene J, Verplancke H. Adjusted Fick's law for gas diffusion in soils contaminated with petroleum hydrocarbons. European Journal of Soil Science, 2006, 57: 106-121.
[11] Moldrup P, Olesen T, Schjønning P, et al. Predicting the gas diffusion coefficient in undisturbed soil from soil water characteristics. Soil Science Society of America Journal, 2000, 64: 94-100.
[12] Powlson D S, Gregory P J, Whalley W R, et al. Soil management in relation to sustainable agriculture and ecosystem services. Food Policy, 2011, 36: 72-87.
[13] Bond-Lamberty B, Thomson A. Temperature-associated increases in the global soil respiration record. Nature, 2010, 464: 579-582.
[14] Vasenev I I, Bukreyev D A. A method for assessing soil-cover quality in ecosystems. Eurasian Soil Science, 1994, 26: 124-129.
[15] Friedman S P, Naftaliev B. A survey of the aeration status of drip-irrigated orchards. Agricultural Water Management, 2012, 115: 132-147.
[16] Raich J W, Tufekciogul A. Vegetation and soil respiration: correlations and controls. Biogeochemistry, 2000, 48: 71-90.
[17] Cormack R S, Cunningham D J , Gee J B. The effect of carbon dioxide on the respiratory response to want of oxygen in man. Quarterly Journal of Experimental Physiology and Cognate Medical Sciences, 1957, 42: 303-319.
[18] Sierra J, Renault P. Oxygen consumption by soil microorganisms as affected by oxygen and carbon dioxide levels. Applied Soil Ecology, 1995, 2: 175-184.
[19] Rewald B, Rechenmacher A, Godbold D L. It's complicated: intraroot system variability of respiration and morphological traits in four deciduous tree species. Plant Physiology, 2014, 166: 736-745.
[20] Aguilar E A, Turner D W, Gibbs D J, et al. Oxygen distribution and movement, respiration and nutrient loading in banana roots (*Musa* spp. L.) subjected to aerated and oxygen-depleted environments. Plant and Soil, 2003, 253: 91-102.
[21] Bidel L P R, Renault P, Pagès L, et al. Mapping meristem respiration of *Prunus persica* (L.) Batsch seedlings: potential respiration of the meristems, O_2 diffusional constraints and combined effects on root growth. Journal of Experimental Botany, 2000, 345: 755-768.

[22] Rewald B, Kunze M E, Godbold D L. NH_4 : NO_3 nutrition influence on biomass productivity and root respiration of poplar and willow clones. GCB Bioenergy, 2016, 8: 51-58.
[23] Paudel I, Cohen S, Shaviv A, et al. Impact of treated wastewater on growth, respiration and hydraulic conductivity of *Citrus* root systems in light and heavy soils. Tree Physiology, 2016, 36: 770-785.
[24] Lynch J P. Plant roots: their growth, activity, and interaction with soils. Soil Science Society of America Journal, 2007, 71: 636.
[25] Carminati A, Benard P, Ahmed M A, et al. Liquid bridges at the root-soil interface. Plant and Soil, 2017, 417: 1-15.
[26] Read D B, Gregory P J. Surface tension and viscosity of axenic maize and lupin root mucilages. New Phytologist, 1997, 137: 623-628.
[27] Asplund P T, Curtis W R. Intrinsic oxygen use kinetics of transformed plant root culture. Biotechnology Progress, 2001, 17: 481-489.
[28] Bhattarai S P, Su N, Midmore D J. Oxygation unlocks yield potentials of crops in oxygen-limited soil environments. Advances in Agronomy, 2005, 88: 313-377.
[29] 蔺亚莉. 碱化盐土掺砂对土壤理化性状和玉米生长影响研究. 呼和浩特: 内蒙古农业大学, 2015.
[30] Currie J A. The importance of aeration in providing the right conditions for plant growth. Journal of the Science of Food and Agriculture, 1962, 13: 380-385.
[31] 苏桂义. 低山丘陵果园深翻改土技术. 绿色科技, 2018, 20(15): 138, 140.
[32] Ben-Noah I, Friedman S P. Aeration of clayey soils by injecting air through subsurface drippers: lysimetric and field experiments. Agricultural Water Management, 2016, 176: 222-233.
[33] Zhou Y, Li Y K, Liu X J, et al. Synergistic improvement in spring maize yield and quality with micro/nanobubbles water oxygation. Scientific Reports, 2019, 9: 5226.
[34] 劳秀荣, 孙伟红, 王真, 等. 秸秆还田与化肥配合施用对土壤肥力的影响. 土壤学报, 2003, 40: 618-623.
[35] 陈克亮, 杨学春, 孟祥远, 等. 油田油渣对玉米生长及品质的影响. 西南农业大学学报, 2002, 24: 161-164.
[36] Spaccini R, Piccolo A, Haberhauer G, et al. Decomposition of maize straw in three European soils as revealed by DRIFT spectra of soil particle fractions. Geoderma, 2001, 99: 245-260.
[37] 雷宏军, 胡世国, 潘红卫, 等. 土壤通气性与加氧灌溉研究进展. 土壤学报, 2017, 54: 297-308.
[38] 康倍铭, 徐健, 吴淑芳, 等. PAM 与天然土壤改良材料混合对部分土壤理化性质的影响. 水土保持研究, 2014, 21: 68-72, 78.
[39] Amthor J S. The McCree-de Wit-Penning de Vries-Thornley respiration paradigms: 30 years later. Annals of Botany, 2000, 86: 1-20.
[40] Mugnai S, Azzarello E, Baluska F, et al. Local root apex hypoxia induces NO-mediated hypoxic acclimation of the entire root. Plant and Cell Physiology, 2012, 53: 912-920.
[41] Felle H H. pH regulation in anoxic plants. Annals of Botany, 2005, 96: 519-532.
[42] Blokhina O, Virolainen E, Fagerstedt K V. Antioxidants, oxidative damage and oxygen deprivation stress: a review. Annals of Botany, 2003, 91: 179-194.
[43] Pezeshki S R, DeLaune R D. Soil oxidation-reduction in wetlands and its impact on plant functioning. Biology, 2012, 1: 196-221.
[44] Simmonds N W, Weatherup S T C. Numerical taxonomy of the wild bananas (*Musa*). New Phytologist, 1990, 115: 567-571.
[45] Bailey-Serres J, Voesenek L A C J. Flooding stress: acclimations and genetic diversity. Annual Review of Plant Biology, 2008, 59: 313-339.

[46] Stępniewski W, Stępniewska Z, Rożej A. Gas exchange in soils//Hatfield J H. Soil Management: Building a Stable Base for Agriculture. Madison. WI: Soil Science Society of America, 2015: 117-144.

[47] Saglio P H, Raymond P, Pradet A. Oxygen transport and root respiration of maize seedlings: a quantitative approach using the correlation between ATP/ADP and the respiration rate controlled by oxygen tension. Plant Physiology, 1983, 72: 1035-1039.

[48] Geiβler N, Schnetter R, Schnetter M L. The pneumathodes of *Laguncularia Racemosa*: little known rootlets of surprising structure, and notes on a new fluorescent dye for lipophilic substances. Plant Biology, 2002, 4: 729-739.

[49] Geigenberger P. Response of plant metabolism to too little oxygen. Current Opinion in Plant Biology, 2003, 6: 247-256.

[50] Aguilar E A, Turner D, Armstrong W, et al. Response of Banana (*Musa* sp.) Roots to oxygen deficiency and its implications for *Fusarium* wilt. First International Symposium on Banana in the Subtropics, Proceedings, 1998, 490: 223-228.

[51] Lambers H. Respiration and NADH-oxidation of the roots of flood-tolerant and flood-intolerant *Senecio* species as affected by anaerobiosis. Physiologia Plantarum, 1976, 37: 117-122.

[52] Gliński J, Stępniewski W. Soil Aeration and its Role for Plants. Boca Raton: CRC Press, 2017: 1-229.

[53] Assouline S, Narkis K. Effect of long-term irrigation with treated wastewater on the root zone environment. Vadose Zone Journal, 2013, 12: 1-10.

[54] Drew M C, Läuchli A. Oxygen-dependent exclusion of sodium ions from shoots by roots of *Zea mays* (cv Pioneer 3906) in relation to salinity damage. Plant Physiology, 1985, 79: 171-176.

[55] Aubertin G M, Rickman R W, Letey J. Differential salt-oxygen levels influence plant growth. Agronomy Journal, 1968, 60: 345-349.

[56] Saglio P H, Drew M C, Pradet A. Metabolic acclimation to *Anoxia* induced by low (2-4 kPa partial pressure) oxygen pretreatment (hypoxia) in root tips of *Zea mays*. Plant Physiology, 1988, 86: 61-66.

[57] Kriedemann P E, Sands R. Salt resistance and adaptation to root-zone hypoxia in sunflower. Australian Journal of Plant Physiology, 1984, 11: 287-301.

[58] Armstrong W, Armstrong J. Plant internal oxygen transport (diffusion and convection) and measuring and modelling oxygen gradients//Van Dongen J, Licausi F. Low-Oxygen Stress in Plants. Vienna: Springer Vienna, 2013: 267-297.

[59] Bloemen J, McGuire M A, Aubrey D P, et al. Transport of root-respired CO_2 *via* the transpiration stream affects aboveground carbon assimilation and CO_2 efflux in trees. The New Phytologist, 2013, 197: 555-565.

[60] Colmer T D. Long-distance transport of gases in plants: a perspective on internal aeration and radial oxygen loss from roots. Plant, Cell & Environment, 2003, 26: 17-36.

[61] Joe Berry L, Norris W E. Studies of onion root respiration Ⅰ. Velocity of oxygen consumption in different segments of root at different temperatures as a function of partial pressure of oxygen. Biochimica et Biophysica Acta, 1949, 3: 593-606.

[62] Carvalho E B, Curtis W R. Effect of elicitation on growth, respiration, and nutrient uptake of root and cell suspension cultures of *Hyoscyamus muticus*. Biotechnology Progress. 2002, 18: 282-289.

[63] Arru L, Fornaciari S, Mancuso S. New insights into the metabolic and molecular mechanism of plant response to anaerobiosis. International Review of Cell and Molecular Biology, 2014, 311: 231-264.

[64] Voesenek L A, Bailey-Serres J. Flooding tolerance: O_2 sensing and survival strategies. Current Opinion in Plant Biology, 2013, 16: 647-653.

[65] Gupta K J, Zabalza A, Van Dongen J T. Regulation of respiration when the oxygen availability changes.

Physiologia Plantarum, 2009, 137: 383-391.
[66] Colmer T D, Voesenek L A C J. Flooding tolerance: suites of plant traits in variable environments. Functional Plant Biology: FPB, 2009, 36: 665-681.
[67] Arru L, Fornaciari S, Mancuso S. Chapter Five-New insights into the metabolic and molecular mechanism of plant response to anaerobiosis//Jeon K W. International Review of Cell and Molecular Biology. New York: Academic Press, 2014: 231-264.
[68] Athmann M, Kautz T, Pude R, et al. Root growth in biopores—evaluation with *in situ* endoscopy. Plant and Soil, 2013, 371: 179-190.
[69] Katuwal S, Norgaard T, Moldrup P, et al. Linking air and water transport in intact soils to macropore characteristics inferred from X-ray computed tomography. Geoderma, 2015, 237: 9-20.
[70] Luo L F, Lin H, Li S C. Quantification of 3D soil macropore networks in different soil types and land uses using computed tomography. Journal of Hydrology, 2010, 393: 53-64.
[71] Zhang Z B, Zhou H, Zhao Q G, et al. Characteristics of cracks in two paddy soils and their impacts on preferential flow. Geoderma, 2014, 228: 114-121.
[72] Bottinelli N, Zhou H, Capowiez Y, et al. Earthworm burrowing activity of two Non-Lumbricidae earthworm species incubated in soils with contrasting organic carbon content (Vertisol *vs.* Ultisol). Biology and Fertility of Soils, 2017, 53: 951-955.
[73] Banfield C C, Dippold M A, Pausch J, et al. Biopore history determines the microbial community composition in subsoil hotspots. Biology and Fertility of Soils, 2017, 53: 573-588.
[74] Coquet Y, Coutadeur C, Labat C, et al. Water and solute transport in a cultivated silt loam soil: 1. Field observations. Vadose Zone Journal, 2005, 4: 573-586.
[75] Malone R W, Logsdon S, Shipitalo M J, et al. Tillage effect on macroporosity and herbicide transport in percolate. Geoderma, 2003, 116: 191-215.
[76] Zhang B, Yang Y S, Zepp H. Effect of vegetation restoration on soil and water erosion and nutrient losses of a severely eroded clayey Plinthudult in Southeastern China. CATENA, 2004, 57: 77-90.
[77] Changere A, Lal R. Slope position and erosional effects on soil properties and corn production on a Miamian soil in central Ohio. Journal of Sustainable Agriculture, 1997, 11: 5-21.
[78] Hao Y, Lal R, Owens L B, et al. Effect of cropland management and slope position on soil organic carbon pool at the North Appalachian Experimental Watersheds. Soil & Tillage Research, 2002, 68: 133-142.
[79] Wahl N A, Bens O, Buczko U, et al. Effects of conventional and conservation tillage on soil hydraulic properties of a silty-loamy soil. Physics and Chemistry of the Earth, 2004, 29: 821-829.
[80] Henry L. Linking principles of soil formation and flow regimes. Journal of Hydrology, 2010, 39: 3-19.
[81] Singh P, Kanwar R S, Thompson M L. Macropore characterization for two tillage systems using resin-impregnation technique. Soil Science Society of America Journal, 1991, 55: 1674-1679.
[82] Kuncoro P H, Koga K, Satta N, et al. A study on the effect of compaction on transport properties of soil gas and water Ⅰ: relative gas diffusivity, air permeability, and saturated hydraulic conductivity. Soil & Tillage Research, 2014, 143: 172-179.
[83] Liu F, Huang G X, Fallowfield H, et al. Study on heterotrophic-autotrophic denitrification permeable reactive barriers (HAD PRBs) for *in situ* groundwater remediation general introduction. SpringerBriefs in Water Science and Technology, 2014, 45: 1-25.
[84] Wells T, Fityus S, Smith D W. Use of *in situ* air flow measurements to study permeability in cracked clay soils. Journal of Geotechnical and Geoenvironmental Engineering, 2007, 133: 1577-1586.
[85] Huang M B, Rodger H, Barbour S L. An evaluation of air permeability measurements to characterize the saturated hydraulic conductivity of soil reclamation covers. Canadian Journal of Soil Science, 2015, 95:

15-26.

[86] Kawamoto K, Moldrup P, Schjϕnning P, et al. Gas transport parameters in the vadose zone: gas diffusivity in field and lysimeter soil profiles. Vadose Zone Journal, 2006, 5: 1194-1204.

[87] Davidson E A, Verchot L V. Testing the Hole-in-the-Pipe Model of nitric and nitrous oxide emissions from soils using the TRAGNET Database. Global Biogeochemical Cycles, 2000, 14: 1035-1043.

[88] Fiedler S, Vepraskas M J, Richardson J L. Soil redox potential: importance, field measurements, and observations. Advances in Agronomy, 2007, 94: 1-54.

[89] Dorau K, Luster J, Mansfeldt T. Soil aeration: the relation between air-filled pore volume and redox potential. European Journal of Soil Science, 2018, 69: 1035-1043.

[90] Mansfeldt T. *In situ* long-term redox potential measurements in a dyked marsh soil. Journal of Plant Nutrition and Soil Science, 2003, 166: 210-219.

[91] Uteau D, Hafner S, Pagenkemper S K, et al. Oxygen and redox potential gradients in the rhizosphere of alfalfa grown on a loamy soil. Journal of Plant Nutrition and Soil Science, 2015, 178: 278-287.

[92] Zhang K Y, Chang L, Li G H, et al. Advances and future research in ecological stoichiometry under saline-alkali stress. Environmental Science and Pollution Research International, 2023, 30: 5475-5486.

[93] Stolzy L H, Focht D D, Flühler H. Indicators of soil aeration status. Flora, 1981, 171: 236-265.

[94] Boru G, Vantoai T, Alves J, et al. Responses of soybean to oxygen deficiency and elevated root-zone carbon dioxide concentration. Annals of Botany, 2003, 91: 447-453.

[95] Bouma J. Soil environmental quality: a European perspective. Journal of Environmental Quality, 1997, 26: 26-31.

[96] 生利霞，冯立国，束怀瑞. 低氧胁迫下钙对樱桃根系功能及氮代谢的影响. 生态学杂志，2011，30: 2209-2213.

[97] Nakano Y. Response of tomato root systems to environmental stress under soilless culture. Japan Agricultural Research Quarterly, 2007, 41: 7-15.

[98] Shimamura S, Yamamoto R, Nakamura T, et al. Stem hypertrophic lenticels and secondary aerenchyma enable oxygen transport to roots of soybean in flooded soil. Annals of Botany, 2010, 106: 277-284.

[99] 潘澜，薛立. 植物淹水胁迫的生理学机制研究进展. 生态学杂志, 2012, 31: 2662-2672.

[100] Grzesiak S, Grzesiak M T, Hura T, et al. Changes in root system structure, leaf water potential and gas exchange of maize and *Triticale* seedlings affected by soil compaction. Environmental and Experimental Botany, 2013, 88: 2-10.

[101] 郭超，牛文全. 根际通气对盆栽玉米生长与根系活力的影响. 中国生态农业学报，2010，18: 1194-1198.

[102] Niu W Q, Jia Z X, Zhang X, et al. Effects of soil rhizosphere aeration on the root growth and water absorption of tomato. CLEAN-Soil, Air, Water, 2012, 40: 1364-1371.

第 7 章　土壤胶体与团聚体

土壤是由矿物、有机质和微生物等颗粒构成的复杂多组分、多分散体系，是人类赖以生存和发展的物质基础。土壤中最小的组分是黏土和有机质胶体，它们的尺寸极其微小，行为类似于胶体。通常，直径小于 1 μm 的黏粒和有机质胶体被统称为土壤胶体，但为了与土壤黏粒的定义一致，许多土壤学家将 2 μm 定义为土壤胶体组分的尺寸上限[1]。土壤胶体颗粒是土壤团聚体和土壤结构形成的基础物质，也是土壤中最细小和最活跃的部分。它们具有巨大的比表面积，并且表面带有电荷，可以发生离子吸附和离子交换等反应。土壤胶体具有非常高的反应活性，其表面性质和颗粒间相互作用对土壤性质和肥力起着重要影响。

土壤胶体和团聚体是土壤非常重要的组成部分，对土壤的物理、化学和生物学性质产生重要影响。本章节将进一步探讨土壤胶体的形态、结构、功能和作用机制，以及其对土壤肥力和植物生长的影响。将介绍土壤胶体的分类、表征方法、吸附特性、交换反应和胶体稳定性等方面的内容，并讨论土壤胶体与其他土壤组分之间的相互作用和影响。另外，还将介绍土壤团聚体的形成机制和作用，以及团聚体与土壤胶体之间的关系，以深入了解土壤的结构和功能。最后，将探讨如何通过改良盐碱土壤胶体的性质来提高土壤肥力和促进植物生长，实现可持续农业生产和生态环境保护的目标。

7.1　土壤胶体的基本概念

7.1.1　土壤胶体的定义、结构与性质

土壤胶体是土壤中占据着重要位置的一种物质，其定义与特征的研究对于了解土壤性质、植物生长环境等方面具有重要意义。

1. 土壤胶体的定义

土壤胶体是指直径小于 2 μm 的颗粒，包括黏土、腐殖质和铁铝氧化物等成分。由于土壤胶体表面带有电荷，具有吸附水分、养分、重金属和污染物[2]等物质的能力，因此在土壤的保水和供养分方面发挥着重要的作用。

此外，土壤胶体的存在还对土壤的结构和通透性产生影响。它们可以参与土壤团聚体的形成，从而影响土壤的质地和结构。土壤胶体也能够影响土壤的透气性，影响植物的根系生长以及土壤中气体交换的能力。

土壤胶体是一个复杂的概念，既包含矿物质胶体，也包含有机质胶体。较高的矿物质胶体含量对提高土壤的抗压性、增加土壤团粒稳定性等方面都有积极作用。同时，土壤胶体的性质与土壤的自然环境也密切相关，如在不同的水文环境中，土壤胶体的组成

和特征都有所不同，从而影响水循环和地下水质量等方面。土壤胶体对于水文过程和水环境质量的影响包括：控制土壤中的水分储存、调节土壤的水分透过性、影响土壤中物质的运移和转化、影响土壤中微生物的生长和代谢等。

矿物质胶体和有机质胶体都是土壤颗粒中的重要组分，对于植物生长和土壤肥力都有重要影响。在实践应用上，有机质胶体通常被认为是富含养分且具有较高肥力的指标之一，因为有机质胶体中含有丰富的有机物和微生物，能够促进土壤中养分的释放和生物转化，提供植物所需的碳、氮、磷等元素，并且可以改善土壤结构和保水性，提高土壤的生产力。矿物质胶体主要由氧化铁、氧化铝等物质组成，可以提供植物所需的各种矿物质元素，还可以通过吸附作用和胶化作用，帮助土壤吸附固定有害物质，如重金属和有机污染物等，防止其进入水和空气，从而保护环境和人类健康。此外，矿物质胶体在增加土壤质地、改善土壤结构及提高土壤的持水性和保肥性等方面也发挥重要作用。因此，富含有机质胶体和矿物质胶体的土壤都具有重要的环境和生态价值。

此外，在种植作物的过程中，土壤胶体的种类和含量也对不同作物的生长发挥着关键作用。例如，玉米和小麦等作物对磷的吸收较多，而磷主要存在于矿物质胶体中，因此这些作物对矿物质胶体的需求相对较大。而棉花、蔬菜等作物则对有机质的需求较大，因为它们需要大量的氮、磷等元素以及良好的土壤结构和保水性，这些都需要有机质的参与来实现。因此，在农业生产中，了解和合理利用土壤胶体资源，对于保证作物正常生长和提高农业生产效益都至关重要。培肥措施、土壤修复等农业实践也通常会涉及调整土壤胶体的含量和比例，以适应不同作物的需求，这也表明了土壤胶体在农业生产领域中的重要性。

综上所述，土壤胶体是土壤中非常重要的成分，其定义与特征灵活多变，应因地制宜。同时，土壤胶体对于土壤的物理、化学、微生物等方面均产生广泛的影响，因此在土壤和环境研究中受到广泛关注。针对土壤胶体的研究进一步深化，将有效促进农业生产和环境保护等领域的发展。

2. 土壤胶体的结构

土壤中含有大量有机质胶体、矿物质胶体和有机-无机复合胶体，其中有机质胶体主要为腐殖质、细菌、病毒等；矿物质胶体主要为晶质硅酸盐黏粒、非晶质硅酸盐黏粒和铁铝氧化物，包括蒙脱石、蛭石、细云母、绿泥石、高岭石、水铝石、针铁矿、水铝英石等；有机-无机复合胶体是地下环境中的有机质胶体通过阳离子键桥、静电吸附、氢键等作用与阳离子和黏土颗粒结合在一起形成的，一般很少单独存在。

土壤胶体与其表面通过静电引力所吸附的阳离子共同组成土壤的双电层[3,4]。在双电层中，土壤胶体中间的胶核由有机物、无机物或有机-无机复合体组成，带负电荷的土壤胶体如同一个巨大的阴离子构成了双电层的内离子层，是土壤胶体的核心。而土壤胶体表面所吸附的阳离子则组成了双电层的外离子层，由决定电位离子层和补偿电位离子层组成。补偿电位离子层又分为非活性补偿离子层和扩散层两部分[5]。

有机质胶体存在于几乎所有的土壤中，尤其是靠近表层的土壤剖面中，是由大量与氢、氧原子结合的螺旋状或环状的碳原子链构成。腐殖质是最小的土壤胶体之一。

由于其分子量较小，因此具有较强的吸水性。与其他土壤胶体相比，腐殖质几乎没有可塑性和黏性，这是由其分子结构的特殊性质所导致的。由于腐殖质无黏性，腐殖质含量高的土壤(如有机土等)不适合用于房屋或道路的地基。单位土体中，腐殖质具有大量的正、负电荷，但其净电荷主要表现为负电性，且负电荷含量随土壤 pH 变化而变化。

矿物质胶体是由不同种类的矿物颗粒组成的。主要的矿物质胶体包括晶质硅酸盐黏粒、非晶质硅酸盐黏粒和铁铝氧化物。晶质硅酸盐黏粒包括蒙脱石、蛭石、细云母、绿泥石等，它们具有高度的表面活性和吸附能力。非晶质硅酸盐黏粒如高岭石和水铝石等，具有较强的离子交换能力。铁铝氧化物则包括针铁矿和水铝英石等，它们在土壤中起到氧化还原和吸附离子的作用。

晶质硅酸盐黏粒具有主要由硅原子、铝原子和氧原子紧密排列成规则有序的晶层结构，是大多数土壤的主要矿物组成成分。它们的晶状结构如同一本书中的页码一样整齐排列。每个晶层中都含有 2～4 叠密实排布、紧密键合的氧原子、硅原子和铝原子。虽然晶质硅酸盐黏粒都以负电荷为主，这些矿物之间由于形状、电荷强度、黏性、可塑性和膨胀性的不同而具有巨大的差别。

非晶质硅酸盐黏粒也主要由硅原子、铝原子和氧原子紧密结合形成。与晶质黏土矿物(如蒙脱石、绿泥石等)相比，非晶质黏土矿物的结晶性较差，呈非晶态或准晶态。非晶质硅酸盐黏粒的主要成分是含有物理吸附水的硅酸盐胶体。它们具有高度的吸附能力和离子交换能力，对土壤的吸附、保水、保肥和环境中的离子迁移具有重要影响。由于非晶质黏土矿物的结构不完全，其吸附能力较强，能够吸附水和养分，并与有机质发生相互作用。非晶质硅酸盐黏粒的存在对土壤的理化性质和养分循环起着重要作用。它们能够影响土壤的保水性能，调节土壤中水分和养分的可利用性，对土壤肥力的维持和提高具有重要意义。

铁铝氧化物在很多种土壤中都广泛存在，尤其在温暖湿润地区的高度风化土壤(老成土和氧化土)。它们由铁原子或铝原子结合氧原子组成(后者一般与氢原子键合形成羟基基团)。部分铁铝氧化物，如水铝矿(一种铝氧化物)和针铁矿(一种铁氧化物)，具有晶层结构。其他铁铝氧化物多为非晶质的，包裹于土壤颗粒上，呈非晶态。这些胶体的可塑性和黏性相对较低。它们所携带的净电荷一般在轻微负性到中等正性之间。虽然通常将它们简称为铁铝氧化物，但因其带有氢离子，实际上许多是水合态的氢氧化物或羟氧化物。

3. 土壤胶体的性质

土壤是一个由有机质胶体和矿物质胶体物质构成的复杂的多组分、多分散体系，地形、气候等自然环境或者耕作、施肥等人为因素都会对土壤胶体的基本性质造成不同的影响，其基本性质主要包括：胶体粒径大小、表面积、表面电荷、阴阳离子吸附和水吸附等[1]。

1) 粒径大小

土壤胶体的粒径一般小于 2 μm，因此具有较大的比表面积和吸附能力。胶体粒径大小直接影响胶体的 Zeta 电位和比表面积，进而影响胶体与胶体之间、胶体与多孔介质之间的相互作用能，导致不同粒径的胶体在多孔介质中运移行为有所差异。

盐碱土壤中的盐度和碱度对胶体的粒径会产生影响。由于盐碱土壤中盐度和碱度的增加，胶体可能会表现出更小的粒径，同时土壤中胶体的质量分数也会变高。这种情况下，胶体与土壤颗粒和孔隙的接触面积更大，吸附能力增强，同时胶体的移动速度可能会受到限制，因为较小粒径的胶体易受流体阻力和颗粒吸附作用的影响，从而在土壤中停留时间更长。

2) 表面积

土壤胶体的表面分为内表面和外表面。内表面指膨胀性黏土矿物的晶层表面和腐殖质分子聚合体内部的表面；外表面则指黏土矿物、氧化物和腐殖质胶体暴露在外的表面。土壤中的高岭石、水铝英石等以外表面为主，蒙脱石、蛭石等以内表面为主。在同等质量土壤中所含颗粒的尺寸越小，暴露在外可供吸附催化、沉淀、微生物定植和发生其他表面反应的土壤表面积就越大。由于尺寸极其微小，每单位质量土壤胶体的外表面面积超出等量土壤砂粒的 1000 多倍。某些硅酸盐黏粒还在它们碟状晶格的层间具有巨大的内表面面积。为了对这些内表面面积大小的相对数量级有一个更好的理解，可以将这些黏粒看作类似于这本书的结构。你可能只需几笔就可将这本书的外表面(书的封面和边缘)全部涂上颜色；但如果你想将这本书的内表面(书中所有页面的正反两面)均涂上颜色，则可能需要一大罐颜料。就土壤胶体的总表面面积而言，若仅考虑外比表面积，大致为 10 m^2/g，但若同时考虑内比表面积，则可超过 800 m^2/g。

3) 土壤胶体表面电荷

土壤表面电荷对土壤化学性质有重要影响。土壤表面带有大量的正负电荷，而且这些电荷主要集中在土壤的胶体部分。通常，除了部分极度酸化的土壤中矿物质胶体携带正电荷外，大多数的土壤胶体主要携带负电荷。土壤胶体表面的电荷主要来源于同晶置换的永久电荷和边缘基团断键形成的可变电荷。表面电荷的数量和来源不仅会因为土壤胶体种类的不同而产生巨大的不同，在某些情况下还受到化学条件(如土壤 pH、含盐量等)变化的影响。土壤胶体表面的电荷对土壤溶液中的物质和相邻的胶体颗粒能够产生吸引或排斥，是土壤具有一系列化学性质的根本原因[1]。土壤表面电荷对土壤化学性质有重要影响，土壤吸附离子的多少主要取决于其表面电荷的数量，离子被吸附的牢固程度则与土壤的电荷密度有关。土壤的电荷还影响离子在土壤中的扩散和迁移、土壤胶体的分散和絮凝等性质。土壤中的化学反应主要发生在土壤固相物质的表面，土壤颗粒表面巨大的表面积和丰富的表面化学性质使土壤颗粒具有很高的反应活性。因此，表面电荷研究是土壤胶体化学的重要内容之一。

4) 土壤胶体阴阳离子吸附

土壤胶体表面含有大量的正/负电荷，可以吸引大量阴离子或者阳离子，如 Cl^-、NO_3^-、SO_4^{2-}、Al^{3+}、Ca^{2+}、Mg^{2+}、K^+、H^+、Na^+等。这些吸附在土壤胶体表面的阴/阳离子被称为可吸附阴/阳离子，这些可吸附阴离子或者阳离子由于受到土壤胶体表面正/负电荷的静电引力作用而在胶体表面云集，并持续地发生摆动。在盐碱土壤中，土壤胶体表面普遍含有大量的 Na^+、K^+等单价盐基离子和少量 Ca^{2+}、Mg^{2+}等高价盐基离子，带有单个正电荷的阳离子(Na^+、K^+)更容易摆脱静电引力的束缚而进入土壤溶液，与此同时，土壤溶液中高价阳离子或者等价电荷的阳离子则从土壤溶液中进入并取代原有离子，这种过程称为阳离子交换。由于这些离子可与土壤溶液中自由运动的离子发生交换，因此也被称为可交换态离子。

5) 土壤胶体水吸附

除了能吸附阴、阳离子，土壤胶体还可吸附固持大量的水分子。通常，土壤胶体的内表面面积越大，风干后该土壤的持水量也就越大。土壤胶体内外表面上的电荷能够吸引极性水分子上的相反电荷端。一些水分子可以被可交换阳离子所吸引，并包裹在其表面形成一层水合层。吸附于黏粒晶层间的水分子可改变晶层的层间距，增加黏粒的可塑性和膨胀性。当土壤胶体被干燥后，层间水可被去除，晶层间距又会变小。

7.1.2　土壤胶体的分类

土壤胶体是土壤中重要的组分，其粒径一般小于 2 μm，具有很强的吸附性、交换性和反应性。土壤胶体根据其来源、形成过程、成分和性质等因素可分为多种类型。

1. 根据来源分类

(1) 原生土壤胶体：指土壤中天然存在的胶体颗粒，如矿物质胶体、有机质胶体等。矿物质胶体是在矿物颗粒的表面形成的胶体，如黏土矿物胶体。有机质胶体是由植物、微生物等有机体分解生成的胶体。它们通常形成于土壤形成的初期阶段，是由于物理、化学和生物作用等多种因素在土壤中形成的。原生质胶体的物理性质和化学性质比较稳定，通常可以影响土壤的性质和植物的生长发育。

(2) 次生土壤胶体：指经过化学作用、物理作用或生物作用等过程所形成的土壤胶体，如铁铝结核[6,7]、铁锰结核[8,9]。与原生土壤胶体相比，次生土壤胶体在物理和化学性质上有很大的差异。它们通常形成于土壤演化的后期阶段，通过土壤中某些化合物的沉淀、离子交换和聚合等作用形成。由于它们的形成机制不同，次生土壤胶体的颗粒大小、形态等物化性质也不太相同，因此对土壤的影响也是多样的。

(3) 生物土壤胶体：主要是由植物残渣和根系分解产生的有机质组成。当植物死亡或叶片脱落时，其中的有机质会经过微生物分解作用，形成胶状物质。植物残渣中的多糖、蛋白质和脂质等有机质能够形成胶态结构，与土壤颗粒和其他有机质结合在一起[10,11]。

2. 根据化学组成分类

(1) 矿物质胶体：也称土壤无机胶体，由土壤粒子形成，主要成分为铝、铁、硅、钙等元素，如黏土矿物胶体。土壤黏粒中的矿质部分，是岩石风化产物的最细部分，包括土壤母质中矿物的残屑和矿物的风化产物。除少量石英和长石等原生矿物外，主要为次生矿物，包括黏粒中的层状硅酸盐、凝胶类硅酸盐和氧化物。层状硅酸盐矿物有水云母、蒙脱石、绿泥石、高岭石、埃洛石及其单元晶层重叠成的间层矿物等。黏粒氧化物有水铝英石和铁、铝、硅等的氧化物及其水合物。

(2) 有机质胶体：主要由含碳化合物形成，如土壤腐殖质、微生物等，在土壤形成、植物营养和土壤保水保肥特性等方面发挥着十分重要的作用。土壤腐殖质由腐殖物质和非腐殖物质组成，其中，前者是由微生物及动植物残体经微生物作用后，由多酚和多醌类物质聚合而成的含芳香环结构的非晶形高分子有机物，后者是有特定物理化学性质、结构已知的有机物，如碳水化合物、有机酸、蛋白质及其衍生物等。微生物是土壤中最活跃的部分，在土壤形成和发育过程中起着关键作用。中子散射和原子力显微镜的直观证据表明，未经传统制样处理的土壤腐殖质是大小为纳米级别的球状分散颗粒，其表面带有大量的负电荷。Plette 等的研究结果也表明，微生物至少在两个方向上的尺度在纳米范围内，且带有负电荷。

(3) 有机-矿质复合体：也称有机-无机复合体，是土壤中游离态腐殖质与矿物黏粒和阳离子紧密结合形成的。熊毅先生作为我国土壤胶体化学的奠基人，在国内开拓了“土壤有机-无机复合体”的研究领域。土壤有机-矿质复合体是土壤有机质胶体与矿物质胶体通过表面分子缩聚、阳离子桥接和氢键缔合等作用连接在一起的复合体。土壤黏粒与有机质的作用涉及库仑引力、范德瓦耳斯力、阳离子键合、阴离子键合、氢键键合和共价键合等机制。除与硅酸盐矿物发生表面缔合外，有机物还能进入膨胀性矿物的层间，形成复合体。铁、铝氧化物及其水合物在土壤有机-矿质复合体形成过程中发挥了重要作用，这些氧化物除单独与有机物作用形成复合体外，还能充当层状硅酸盐矿物与有机质作用的“桥梁”，形成三元复合物。在铁/铝氧化物形成过程中有机物可以进入氧化物的结构网格中，形成有机-矿质复合体，使其化学反应活性显著增强。土壤有机-矿质复合体对土壤性质有重要影响，是稳定性团聚体和土壤肥力形成的重要机制和物质基础，团聚体的形成能改善土壤的物理性状。复合体中丰富的氮、磷可为植物提供养分，表面丰富的电荷和含氧官能团使其能够吸持养分和污染物，具有保肥和消纳污染物的能力。复合体的形成也使有机物本身得到保护，吸附在黏粒矿物表面和膨胀性黏粒层间的多糖、氨基酸和蛋白质稳定性得到提高，不易被土壤微生物分解。

3. 根据表面电荷性质分类

(1) 阳离子交换型胶体：这种胶体表面带有负电荷，能吸附和交换阳离子(如 Ca^{2+}、Mg^{2+}、K^{+}等)，形成阳离子交换容量。常见的阳离子交换型胶体包括黏土矿物、膨润土、高岭土、绿泥石等，在酸性环境下，其电荷性质会发生改变，往往转变为无电荷或呈现正电荷状态。

(2) 阴离子交换型胶体：这种胶体表面带有正电荷，能吸附和交换阴离子(如 NO_3^-、SO_4^{2-} 等)，形成阴离子交换量。常见的阴离子交换型胶体包括腐殖酸、铁铝氧化物、水杨石等，这些胶体在碱性环境下，电荷性质发生改变，会变成无电荷或带负电荷状态。

(3) 不带电的氧化物胶体：这种胶体表面没有电荷，但由于表面活性较高，能与水中的溶质发生吸附反应。常见的不带电的氧化物胶体包括二氧化硅、三氧化铁等。

此外，根据表面电荷性质还可将土壤胶体分为土壤酸胶体、土壤碱胶体和两性胶体[12]。在土壤胶体中，许多矿物胶体的表面带有正、负或零电荷。这种电荷状态来源于它们表面所承载的某些元素离子或氢离子。在土壤中含有的不同水溶性离子，如H^+、OH^-、K^+、Na^+等，会对这些胶体表面上的电荷状态产生影响，因而造成胶体的表面电荷可能为正、负或零。当土壤胶体表面带负电荷时，它们被称为土壤酸胶体，如黏土矿物和腐殖酸，其化学行为类似于弱酸。这类胶体物质表面可以吸附氢离子和其他阳离子。而当表面带有正电荷时，则被称为碱胶体，这类胶体物质表面可以吸附羟基和其他阴离子[12]。如果胶体表面同时带有正电荷和负电荷，也就是说呈电学上的中性，那么这种胶体被称为两性胶体。蛋白质是典型的两性胶体，它的大分子中既含有相当多的羧基和其他酸性基团，又含有相当多的氨基和其他碱性基团，因此可以发生两性化学反应。热带、亚热带地区的可变电荷土壤和铁铝氧化物胶体表面既带正电荷又带负电荷，也可称为两性胶体。两性胶体表面电荷的数量随介质 pH 的变化而变化。介质 pH 升高，胶体表面正电荷减少，负电荷增加；介质 pH 降低，胶体表面正电荷增加，负电荷减少。胶体表面正电荷数量与负电荷数量相等时介质的 pH 称为电荷零点。当介质 pH 小于电荷零点时，胶体表面带净正电荷(正电荷数量大于负电荷数量)；当介质 pH 高于电荷零点时，胶体表面带净负电荷。介质离子强度对两性胶体表面的电荷数量也有影响，一般随离子强度增加，表面电荷数量增大。土壤酸胶体、碱胶体和两性胶体的分类取决于土壤胶体表面的电荷状态和离子交换特点，在土壤中扮演着重要的角色。

综合以上分类方法，可以看出土壤胶体的种类是相当多样的。因此，需要针对具体的土壤类型和环境条件，结合各种分类方法进行分析，以便更好地理解土壤胶体的作用和特性。在相关研究中，许多学者都对土壤胶体的分类进行过较为深入的探讨。例如，熊毅等许多土壤学家在他们的研究中使用红外光谱和 X 射线衍射技术，对不同来源、成分和性质的土壤胶体进行了详细的分析与研究。总之，对土壤胶体的分类需要综合考虑多种因素，并进行科学、客观的分析。只有这样，才能更好地认识和利用土壤胶体的特性，为土壤环境的保护和可持续发展做出贡献。

7.1.3　土壤胶体的测定方法

1. 土壤胶体大小测定

目前常用的测定土壤胶体粒径大小的方法有显微镜法、光散射法和电泳法等。

(1) 显微镜法：显微镜法的优势就是能最直观地给出胶体颗粒的大小和结构信息。直观的胶体形貌图像可以通过各种设备获得，包括光学显微镜、透射电镜、扫描电镜、原子力显微镜等。

(2) 光散射法：光散射法分为动态光散射法和静态光散射法两种技术。动态光散射法通过监测颗粒或凝聚体布朗运动引起的光强信号变化来获取粒径信息。静态光散射法则通过测量散射光强随散射角度的变化来获得结构特征，如分形维数。动态光散射法适用于了解粒子尺寸和动态行为，而静态光散射法更适用于获得结构特征和形态信息。综合使用这两种方法可以全面理解颗粒或凝聚体的性质和行为。

(3) 电泳法：电泳法利用电场对胶体颗粒进行分离和测定，可以测定直径在 0.001～1 μm 之间的胶体颗粒。这种方法需要使用专业的电泳仪器和设备，操作较为复杂。

2. 土壤胶体表面电荷测定

离子吸附法是测定土壤胶体电荷最常用的方法之一，其中氯化铵法是一种常见的直接测定法。这种方法利用特定的盐溶液(如 NH_4Cl)与土壤反应，通过测定提取液中交换下来的离子浓度来推断土壤胶体的电荷性质。该方法是由英国土壤学家 Schofield 于 1949 年提出。氯化铵法中，首先使用 NH_4Cl 溶液与土壤进行饱和，在特定的 pH 条件下，NH_4^+ 会与土壤胶体表面的负电荷发生交换作用，补偿胶体的负电荷。接下来，利用另一种盐溶液(如 $BaCl_2$ 或 NaCl)进行提取，提取液中被交换下来的 NH_4^+ 和 Cl^- 浓度即可反映土壤胶体所带负电荷和正电荷的数量。所以，只要测定出土壤对 NH_4^+ 和 Cl^- 的吸附量，即可计算出给定 pH 条件下，土壤胶体的正、负电荷的数量。离子吸附法通常适用于各种类型的土壤，尤其是黏土矿物富集的土壤，因为胶体粒子在这些土壤中起主要作用。该方法鉴定了土壤胶体表面的电荷性质，通过测定土壤对于不同离子的吸附量，可以推断土壤中负电荷和正电荷的数量。

然而，需要注意的是，离子吸附法在一些情况下可能存在一些限制和适用性问题。例如，在特定 pH 条件下，土壤胶体可能会对 NH_4^+ 进行固定，从而影响测定结果。此外，对于高有机质和腐殖质含量的土壤，可能需要特殊的处理方法，以避免腐殖质对测定结果产生干扰。因此，在实际应用中，需要根据具体土壤样品的特性和研究目的，合理选择离子吸附法的实验条件和电解质组成，以及进行必要的控制和校正，以保证测定结果的准确性和可靠性。

3. 土壤胶体比表面积测定

1) 氮气吸附法

氮气吸附法是目前应用较广泛的方法，测定氮气吸附的方法有两种，一种是静态吸附，另一种是动态吸附。静态吸附是将吸附质(氮气)与吸附剂(固体)放在一起，达到平衡后测定吸附量。根据吸附量的测定方法不同，静态吸附又分为容量法和重量法两种。容量法是以水银容积来测定其吸附量；而重量法是以石英弹簧伸长长度来测定其吸附量。静态吸附对真空度要求较高，仪器设备较复杂。动态吸附法是使吸附质(氮气)在指定温度及压力下通过定量固体吸附剂，直至质量不再改变时所增加的量即为吸附量。再改变压力重复测试，求得吸附量与压力的关系，作图计算。通常，动态吸附的准确度不如静态吸附，但动态吸附法的仪器易于装置，操作简便，一般实验室均有条件掌握。1958 年，美国科学家 Donald L. Nelsen 和 Karl J. Eggertsen 首先提出了用连续流动气谱法测定吸附量，这是对动态吸附法的重大发展，使得仪器设备向仪表化，以及实验操作向自动化大大迈进，测量的灵敏度也大为提高[13,14]。

2) 水蒸气吸附法

水蒸气吸附法是一种常用的测定土壤胶体比表面积的方法之一。该方法基于 BET 理论，通过测量水蒸气在固体表面的吸附量来推导出土壤胶体的比表面积。具体来讲，通过测量一定温度和压力下，水蒸气分子在固体表面上的吸附量，可以计算出土壤表面积的大小。这种方法的优点是可以在不破坏土壤结构的情况下，快速、准确地测量土壤比表面积[15]。

Mooney 等和 Quirk 曾利用 BET 理论研究水蒸气在常温下的吸附，发现在一定的低气压范围内，可以通过吸附的水量计算比表面积。久保田彻，Olphen 和 Greenland，Hayes 等对该法作了较为详尽的介绍[16]。但应指出，由于该法的水蒸气压相当高，结晶沿 c 轴伸延。所以，对于含有膨胀性黏土矿物的土壤胶体，结果仍不令人满意。并且水蒸气为极性气体，它在与土壤胶体表面吸附时，分子间的作用力可能比较大。从土壤或金属氧化物湿润热测定来看，当水分子湿润超过第二层时，随之出现凝缩热的增高，可见，水蒸气吸附没有完全满足 BET 公式的条件。但许多学者认为，土壤水蒸气吸附等温线却正好符合 BET 公式。看来，BET 的水蒸气单层吸附比氮气复杂，有些问题尚待解决。但在研究土-水体系时，从关系到水分子这一点上，无论水蒸气吸附等温线或是水蒸气吸附法测定比表面积都有一定的意义。

水蒸气吸附法具体的测定步骤通常包括以下几个主要步骤：①样品准备：将土壤样品进行适当的处理和预处理，如研磨、筛分等，以获得均匀且适于测定的样品。②附着剂处理：在样品表面添加适当的附着剂，常见的附着剂有硅胶、石墨、活性炭等，目的是增加胶体表面的可测区域。③吸附等温线测定：使用特定的水蒸气吸附仪或表面积分析仪，通过在不同相对湿度下暴露样品，并记录物质的吸附量，绘制出吸附等温线。吸附等温线通常是以相对湿度(RH)为横坐标，以吸附量(adsorption capacity)或吸附比例(adsorption ratio)为纵坐标。④BET 模型计算：基于 BET 理论，对吸附等温线进行数学分析和计算，从中得到比表面积参数。BET 模型假定吸附层是多层分子层，并考虑分子之间的相互作用。

需要注意的是，每种方法都有其优缺点和适用范围，要根据实际需求和样品特性选择合适的方法。

4. 土壤胶体化学结构测定

土壤胶体部分含有大大小小的有机和无机的胶体组分，其中有次生的层状硅酸盐和硅、铁、铝、锰的氧化物，也有少量原生矿物和腐殖酸等有机分子混存。深入了解这些物质的性质有助于确定土壤的分类，并为土壤在工农业中的有效利用和规划提供支持。常用的土壤胶体化学结构测定方法包括 X 射线衍射、红外光谱、扫描电镜、透射电镜等。

X 射线衍射(XRD)法是一种重要的非破坏性测试方法，通过测定土壤样品中胶体颗粒的 X 射线衍射图谱，可以确定其晶体结构和成分。XRD 可以用于确定土壤中存在的矿物种类和胶体颗粒的晶体结构信息。最先用 X 射线来研究黏土的是 Hadding(1923 年)和 Rinn(1924 年)，后来 Hendricks 和 Fry(1923 年)以及 Kelley 等(1931 年)把它应用于土壤矿物鉴定。1945 年 X 射线衍射仪的研制成功，为长间距晶格的衍射测量打开了新的局面，引起了土壤胶体研究者的浓厚兴趣。熊毅先生从研究过多年的标本中选出典型，远涉重洋，在杰克逊教授指导下，完成了第一篇研究我国土壤黏粒矿物的论文。近 20

多年虽又有许多可进行土壤矿物分析的新式仪器出现，X 射线衍射始终不失为一种最有效的手段。但是，由于颗粒太细、结晶有序度低和成分多变，土壤胶体矿物的鉴定常需多种分析手段的配合。

傅里叶转换红外光谱(FTIR)法通过测量土壤样品中吸收或散射的红外光谱，可以获取土壤胶体中有机和无机物质的化学结构信息。不同的化学键、官能团和化合物特征在红外光谱中具有独特的指纹，可以用于鉴定和定量土壤胶体中的化学成分。

核磁共振(NMR)波谱法利用核磁共振技术，通过检测样品中的核自旋和相应的频率信号，来获取土壤胶体中有机和无机物质的化学结构和分子间相互作用信息。NMR 可以提供关于土壤胶体中组成成分、键合和官能团的详细结构信息。

元素分析法是通过测定土壤样品中各种元素的含量，了解土壤胶体中元素的丰度和分布情况的一种方法。常用的元素分析方法包括原子吸收光谱(AAS)法、电感耦合等离子体发射光谱(ICP-OES)法和质谱法等。

这些方法可以提供关于土壤胶体化学结构的定性和定量信息。根据需要和研究目的，可以选择合适的方法或结合多种方法进行综合分析。同时，也需要根据具体实验条件和样品特点进行方法的优化和调整。

7.1.4　土壤胶体的作用

土壤胶体作为土壤中的重要组成部分，其作用既与土壤的化学性质密切相关，也与土壤的物理性质有着千丝万缕的联系。土壤胶体作用的基本原理主要有以下几个方面。

(1) 吸附作用：土壤胶体表面存在着丰富的吸附位点，可以吸附周围环境中的离子和分子，同时也可以吸附有机质，从而影响土壤中物质的分布和迁移。例如，土壤胶体表面的吸附位点可以吸附钾离子、钙离子等离子，使得这些养分在土壤中得到保持和利用，有助于植物生长。同时，土壤胶体表面的吸附位点还可以吸附有机质，如腐殖酸和其他有机质，这些物质可以影响土壤的结构和质地，提高土壤的保水能力和肥力。

(2) 组成作用：土壤胶体的组成和性质决定了土壤的物理、化学和生物学特性。黏土矿物是土壤胶体中最主要的成分之一，具有吸附能力，可以吸附水分和养分，同时也会影响土壤的结构和通透性。有机质则可以通过分解作用释放养分，促进土壤微生物的生长和活动，同时也可以增加土壤的保水能力和肥力。氧化铁则可以影响土壤颜色和质地，同时也会对土壤中的养分和微生物产生影响。此外，土壤胶体中铁、铝、硅等各元素的组成形态也与土壤性质具有紧密的联系。Thompson 等[17]报道铁氧化还原循环对土壤中元素的迁移具有重要影响。在氧化条件下，铁主要以高价态存在，如 Fe(Ⅲ)，此时铁与土壤中的有机质、矿物质等结合较为紧密，不易迁移。而在还原条件下，铁主要以低价态存在，如 Fe(Ⅱ)，此时铁与土壤中的有机质、矿物质等结合较为松散，容易迁移。因此，铁氧化还原循环会导致土壤中元素的迁移能力发生变化。由此可见，了解土壤胶体的组成和作用对于理解土壤的特性和管理土壤具有重要意义。

(3) 交换作用：土壤胶体的交换作用是指土壤中的胶体颗粒与周围环境中的离子发生相互作用，使得离子在土壤中的含量和分布发生变化的过程。土壤胶体表面带有电荷，可以吸附周围环境中的离子，同时也可以释放已经吸附的离子。这种离子交换作用是土壤中离子平衡的重要机制之一。通过这种作用，土壤胶体可以影响土壤中各种离子的含量和分布，从而对植物生长和土壤质量产生重要的影响。

(4) 胶体作用：土壤胶体的胶体作用是指土壤中的胶体颗粒之间的相互作用，包括聚集和分散等过程，进而影响土壤结构和通透性。这种作用是土壤中颗粒之间的重要相互作用机制之一。因此，胶体作用是影响土壤质量和生态系统稳定性的重要因素之一。

综上所述，在土壤学领域，对于土壤胶体作用的研究要从化学、物理等多个角度出发，向深层次、细致化的方向进行探索，以全面解析土壤中的胶体作用机制，从而为植物生长和土壤改良提供科学依据和实际可行性建议。

7.2 土壤胶体对离子的吸附与交换

7.2.1 土壤胶体对离子吸附的基本原理

土壤胶体的吸附特性是其在土壤和环境系统中扮演重要角色的原因之一。土壤胶体具有非常高的比表面积和表面活性，且表面带有负电荷，使其充当了土壤中离子吸附和质量传递的重要媒介。

离子吸附是指离子在土壤中通过吸附作用被留存在颗粒表面或其他固体介质中的现象。具体来讲，土壤胶体对离子的吸附主要是靠表面电荷作用和化学吸附作用[18]。土壤胶体表面的负电荷是其能够吸附阳离子的主要机制之一，但离子在胶体表面的吸附过程比较复杂，除表面负电荷外，配位键等其他因素也会对其吸附产生影响。吸附到胶体表面的离子与溶液内部的离子形成的物种，在胶体表面上更为稳定[19]。在常规的土壤 pH 范围内，胶体表面通常都带有负电荷，这使胶体表面的负电荷与带有正电荷的阳离子之间形成吸引力(主要为静电作用力)，使其被吸附到胶体上。相反地，阴离子则与胶体表面上的正电荷形成吸引力，也会被吸附到胶体表面上。这种电性吸附作用对带电离子的吸附和去除非常重要。此外，还有一些非电性吸附机制，包括氢键、范德瓦耳斯力等。这些机制可能影响某些离子物种在土壤中的分布和转化。然而，电性吸附作用因基于静电原理和表面化学原理，具有普适性和较高的吸附能力，因此在土壤胶体对离子吸附机制中占主导地位。

土壤胶体对离子的吸附是一种互利共生的相互作用。土壤胶体表面带负电荷，将会导致胶体和水溶液中带正电荷的离子发生静电吸引作用，并利用其表面的活性位点结合在颗粒表面附近。当环境条件如 pH、电荷密度、离子浓度和配离子等发生变化时，离子的吸附量和释放量也将会发生变化。研究表明，土壤的 pH 会影响土壤胶体表面的电荷状态，从而影响对离子的吸附能力。低 pH 条件下，土壤胶体表面带正电荷，更容易吸附带负电荷的离子；而高 pH 条件下，土壤胶体表面带负电荷，更容易吸附带正电荷的离子。土壤胶体表面的电荷密度决定了其对离子的吸附能力。较高的电荷密度意味着更多的吸附位点，从而增强了土壤胶体对离子的吸附能力。离子浓度越高，土壤胶体对离子的吸附量也会增加。高浓度的离子会增加与土壤胶体表面的碰撞机会，从而促进吸附过程。某些离子在与特定的配离子结合时，其对土壤胶体的吸附能力可能增强或减弱。例如，钙离子与镁离子可以与土壤胶体表面的负电荷形成较强的吸附作用，而其他离子可能会竞争性地与胶体表面结合，从而减弱吸附作用[20]。此外，还有一些新兴的技术，如纳米材料和电化学技术，已被广泛地应用于土壤环境的修复和污染控制。这些新技术的成功应用表明，胶体吸附是极为重要的土壤污染治理手段。

总之，土壤胶体表面荷电性和生物化学性质是影响其吸附性能的关键因素。土壤胶体对于离子的吸附主要是通过静电作用来实现的。具体而言，阳离子因为带有正电荷，会被胶体表面上带有负电荷的位置吸引，从而被吸附在胶体表面上。而阴离子则因带负电荷而被引导到胶体上，其吸附程度相对较弱。对土壤胶体对离子吸附机制的深入认识，可以更好地了解土壤中各种元素的循环、转化和迁移过程，从而有效地管理和保护土壤环境。

7.2.2　土壤胶体离子交换的基本原理

土壤胶体离子交换是指胶体表面上的可交换阳离子、可交换阴离子摆脱静电引力的束缚与水溶液中的离子相互交换的过程。这种交换过程与离子在胶体表面吸附的过程不同，因为土壤胶体交换离子的机制比吸附更动态和复杂。

土壤胶体离子交换涉及多个因素，包括物理、化学和生物学等多个方面。具体而言，土壤胶体表面的化学性质、孔洞结构和氢键等因素均会影响阴、阳离子的交换。相对于阴离子的吸附，可交换阳离子(如胶体表面上的可交换 K^+、Ca^{2+}、Na^+、Mg^{2+})在土壤胶体表面交换时，一般是与同等电荷的离子进行反应，从而实现了交换。交换的结果取决于各种因素，例如，土壤胶体表面的电荷特性、周围环境中的离子类型和浓度、土壤水分的状态等都会对交换产生影响。当土壤含水量增加时，可交换阳离子如 Ca^{2+}等会因水分的浸润而从胶体表面流失，而胶体表面的可交换阴离子及其负电荷会保持较为稳定状态。相反，当土壤含水量减少时，胶体表面的可交换阳离子会吸附土壤水中的离子，在这个过程中负责交换的是胶体表面的阴离子，而阳离子则通过吸附方式与之交换。此外，微生物通过胶体表面的离子交换，也可以影响土壤中离子的活性和分布，对土壤质量的影响尤为显著。

研究土壤胶体离子交换机制具有重要意义。土壤胶体离子交换不仅能够影响土壤中养分的储存、分布和形态，而且还能够影响植物对养分的吸收和利用。对于养分管理，离子交换作用对土壤生态系统功能和物质迁移有着不可或缺的作用。资深土壤专家 Rolston 曾对土壤胶体离子交换的机制进行深入探究，指出交换和吸附是两个有区别但有联系的过程，土壤胶体离子交换更侧重于外界离子与胶体可交换离子的交换，而离子吸附则侧重于胶体表面将溶液中离子吸附到表面发生的过程。总结来说，土壤胶体离子交换是土壤中重要的养分循环、生物能量转化和物质迁移过程。对土壤胶体离子交换的深入认识有助于我们更好地把握土壤生态系统的特性和环境质量，实现土地资源的可持续利用和基本农业经济的可持续发展。

7.2.3 土壤胶体对阳离子的吸附与交换

胶体的电荷特性影响着其对其他化学物质的亲和力。在土壤中，大多数胶体表现为带有负电荷的状态，因此可以吸附带正电荷的离子，如 NH_4^+、Ca^{2+}、Mg^{2+}等。在土壤中，阳离子的交换与吸附是胶体表面化学反应的重要表现之一。当土壤的 pH 发生变化时，土壤溶液中的 H^+和 OH^-浓度也会发生变化，进而影响胶体表面的电荷量。通常，土壤的 pH 越低，H^+越多，会使得土壤胶体的负电荷量增多；而 pH 越高，OH^-越多，会使得胶体的负电荷量减少。因此，土壤胶体负电荷量的变化与土壤 pH 变化是密切相关的。同时，也有很多负载物质能够与胶体表面的正离子发生化学反应，进一步稳定离子，并减少滞后时间。研究表明，胶体表面电性与其吸附阳离子的能力之间存在一定的相关性。胶体表面带有正电荷时，可以吸附溶液中带有负电荷的离子。

土壤胶体对阳离子的吸附机制有以下几种：首先，胶体表面具有电荷，一般存在负电荷，因此对可溶于水中的阳离子具有吸附能力，在负电荷下会将阳离子吸附在表面上。其次，平衡相分配的相对大小可能取决于表面电荷等多种因素。例如，离子的分配可能受到离子互相之间的吸引力及离子和胶体之间的吸引力的影响。这些因素都可能对离子在胶体表面的分配情况产生影响。此外，阳离子的交换在胶体表面也占有重要地位。土壤中的阳离子可以与可交换阳离子在胶体表面发生交换。交换的结果取决于周围环境中离子类型和浓度以及土壤水分的状态等因素。同种电荷的离子会发生排斥，异种电荷的离子会发生吸引，从而可能导致胶体表面的阳离子被更换或吸附。有专家指出，土壤胶体对于阳离子的吸附和交换的影响因素包括胶体表面的化学性质、孔隙结构、氢键等多个因素，因此，阳离子吸附和交换过程的影响复杂且难以预测。

土壤胶体对阳离子的吸附和交换是土壤中正离子吸附过程的重要方面。土壤胶体本身具有负电性，与此相对应地，胶体表面会吸附一些阳离子。随着土壤胶体表面阳离子交换容量的增加，胶体对阳离子的交换能力也相应增强。土壤胶体对阳离子的吸附和交换也受到一些其他因素的影响，如土壤 pH、离子强度和胶体表面的交换位宽度等。土壤 pH 越低，胶体表面上的负电荷密度越大，越有利于吸附和交换阳离子。离子强度越高，土壤胶体的吸附场所就越少，因此固定在胶体表面的阳离子也越少。胶体表面的交换位宽度也是影响阳离子吸附和交换的一个因素，交换位宽度越小，胶体表面对阳离子的吸附和交换能力也相应减弱。最近，一些研究人员提出了一些新的观点和理论，如调节胶体表面的电性能力、利用纳米技术实现胶体的定向调控等，这些猜想需要进一步的实验验证和研究。

总之，土壤胶体对阳离子的交换与吸附是土壤物理化学性质的重要表现之一，也是土壤质量保持和养分循环的重要机制之一。深入了解土壤胶体-阳离子相互作用的机制，对于科学合理地管理和利用土壤资源，提高农业生产的效益和质量具有非常重要的意义。

7.2.4 土壤胶体对阴离子的吸附与交换

在土壤胶体表面，由于存在带负电荷的功能基团，它们与带正电荷的阳离子发生吸附作用。这种吸附主要通过静电作用。除了可以吸附带正电荷的阳离子外，土壤胶体同样可以吸附一些带负电荷的阴离子，如 SO_4^{2-} 、NO_3^- 等。这种吸附同样可以通过静电相互作用的方式进行。但是，相对于胶体对阳离子的吸附，对阴离子的吸附速率一般较慢，并且吸附量也较少。这是因为与负电荷相比，正电荷在土壤胶体表面的贡献相对较小，因此对于带负电荷的离子，静电吸附会较弱[21]。相比之下，阴离子在土壤中可以通过其他吸附机制进行吸附，如与胶体表面的功能基团形成氢键或化学键结合，因此对于这些带负电荷离子的吸附更具有选择性。总而言之，土壤胶体对带负电荷的离子也可以发生吸附作用，但相对于带正电荷的离子，吸附速率和吸附量可能较低，因为静电吸附对于带正电荷离子更具有选择性。对于阴离子，其他吸附机制可能更为重要。

1. 土壤胶体对阴离子的吸附机制

土壤胶体对阴离子的吸附是通过胶体表面的电荷吸引来实现的。在主流理论中，阴离子吸附主要分为 3 种机制：共价键吸附、离子交换和电化学吸附。共价键吸附是指一些阴离子与胶体表面存在着很强的化学键，通常由氧化物表面上的氧原子提供反应位点。氧化铝(Al_2O_3)和氧化铁(Fe_2O_3)等胶体表面的羟基(—OH)及铁锰氧化物表面的羟基与碱性土壤中的 SiO_3^{2-} 、PO_4^{3-} 、OH^-等可形成共价键。与之相对的是，SO_4^{2-} 和 NO_3^- 等无法通过共价键吸附。离子交换是胶体表面正电荷与阴离子负电荷间的相互吸引作用。阴离子通过电荷中和的方式被固定在胶体表面。这种吸附机制与离子交换剂如固体蒙脱土中的层间离子交换机制相似。电化学吸附是指在胶体表面电荷不平衡的情况下，阴离子在胶体表面上产生了一个电场梯度，使其沿梯度移动并吸附在表面。这种吸附机制主要在 pH 高的情况下出现，对有机酸阴离子、纺织染料等具有较好的吸附效果。

2. 土壤胶体对阴离子的交换机制

土壤胶体的阴离子交换能力主要是依赖于其表层羟基和簇状铝(氧化铝)的阴离子交换位点发挥作用。其中，羟基是典型的弱酸性位点，氧化铝的交换能力受土壤酸度和土壤中铝的含量等多种因素的影响。在酸性土壤中，Al^{3+}可以与 OH^-等阴离子形成固体沉淀或三价阳离子配合物，释放出的 H^+进一步降低 pH，加强了阴离子分子对交换位点的吸附。而在碱性土壤中，Ca^{2+}和 Mg^{2+}和其他可溶性盐交换，胶体表面由于大量 OH^-的存在而不带正电荷，因此交换活性降低。

3. 土壤胶体对阴离子吸附与交换的影响

土壤胶体对阳离子的吸附已经得到广泛研究和应用，但对于阴离子的吸附和交换，目前尚存在较大的不确定性。在土壤中，大部分阴离子的吸附由土壤有机质负载进行。各种有机物对阴离子的吸附能力不同，通常与有机物的化学性质和分子结构密切相关。例如，具有羧基和酚羟基结构的有机物对于阴离子的吸附作用很强。

土壤胶体对阴离子的吸附与交换是土壤中阴离子吸附过程的一个重要方面。随着土壤胶体中阳离子交换容量的增加，土壤胶体对阴离子的吸附量也相应增加。土壤胶体对阴离子的吸附是通过吸附表面上的电荷来完成的。此外，土壤胶体对阴离子的吸附还存在一些其他影响因素，如土壤酸度、离子强度和含水量等因素。土壤酸度对阴离子的吸附和交换有着重要影响。因此，一些营养元素(如磷)可以通过调节土壤酸度来增加其在土壤中的有效性。离子强度也是影响土壤阴离子吸附的重要因素。土壤中的阴离子吸附与离子强度是成反比的。含水量对土壤阴离子吸附和交换过程的影响比较复杂。通常，土壤含水量越高，吸附场所越多，阴离子吸附量也越大。近年来，有学者提出了一些新的理论和猜想，例如，使用纳米技术增加土壤胶体对阴离子的吸附能力，以及通过合成胶体改善土壤结构和防治土壤污染等。但这些猜想还需要进一步的实验验证。

4. 影响因素

土壤胶体对阴离子的吸附和交换则主要受到以下几个方面的影响。

(1) 黏土矿物类型：不同类型的黏土矿物具有不同的层状结构和黏土黏层间隙，这些差异对于阴离子的吸附和交换具有重要影响。例如，膨润土、伊利石和高岭石等亲水性黏土的层状结构通常含有较多的负电荷，因此具有相对较强的阴离子吸附和交换能力。

(2) pH：土壤 pH 影响土壤胶体表面的电荷状态和溶液中阴离子的形态(如 $H_2PO_4^-$ 和 HPO_4^{2-})。一般而言，土壤 pH 越低，土壤胶体表面所带负电荷越多，阴离子亲和力越强。

(3) 阴离子种类：各种阴离子对土壤胶体的吸附和交换能力不同。通常，大的离子、带正电荷的离子和水解稳定性差的离子会更容易被土壤胶体吸附和交换。比较常见的阴离子，如硝酸盐、磷酸盐和硫酸盐等，其吸附和交换能力已经得到较多的研究。

总体来讲，土壤胶体对于阴离子的吸附和交换能力非常复杂，且目前还存在较多未解之谜。相信随着研究的不断深入，我们将能更好地理解土壤胶体与阴离子之间的相互作用。

7.2.5 土壤离子交换的测定方法

土壤中阳离子交换作用，早在 19 世纪 50 年代就被土壤科学家认识到了。当土壤用一种盐溶液[如乙酸铵(NH_4OAc)]淋洗时，土壤具有吸附溶液中阳离子的能力，同时释放出等量的其他阳离子(如 Ca^{2+}、Mg^{2+}、K^+、Na^+等)，它们称为交换性阳离子。此外，在交换中还可能有少量的金属微量元素和铁、铝被释放出来；但是，由于 Fe^{3+}/Fe^{2+}容易水解生成难溶性的氧化物或氢氧化物，所以一般不作为交换性阳离子。

土壤吸附阳离子的能力用吸附的阳离子总量表示，称为阳离子交换容量(cation exchange capacity，CEC，单位是 cmol/kg)。土壤交换性能的分析包括土壤阳离子交换容量的测定，交换性阳离子组成分析和盐基饱和度，石灰、石膏需要量的计算。

阳离子交换容量的测定受多种因素影响，如交换剂的种类和性质、盐溶液的浓度和 pH 等，必须严格掌握操作技术才能获得可靠结果。作为指示阳离子常用的有 NH_4^+、Na^+、Ba^{2+}，也有选用 H^+作为指示阳离子。各种离子的置换能力由强到弱为 $Al^{3+}>Ba^{2+}>Ca^{2+}>Mg^{2+}>NH_4^+>K^+>Na^+$。$H^+$在一价阳离子中置换能力最强。在交换过程中，土壤交换复合体的阳离子，溶液中的阳离子和指示阳离子互相作用，出现一种极其复杂的竞争过程，往往由于不了解这种作用而使交换不完全。交换剂溶液的 pH 是影响阳离子交换容量的重要因素。阳离子交换容量是由土壤胶体表面的净负电荷量决定的。无机、有机胶体的官能团产生的正负电荷数量因溶液的 pH 和盐溶液浓度的改变而变化。

最早测定阳离子交换容量的方法是用饱和 NH_4Cl 反复浸提，然后由浸出液中 NH_4^+ 的减少量计算出阳离子交换容量。该方法在酸性非盐土中包括了交换性 Al^{3+}，即后来所称的酸性土壤的实际交换量($Q_{+,E}$)。后来改用 1 mol/L NH_4Cl 淋洗，然后用水、乙醇除去土壤中过多的 NH_4Cl，再测定土壤中吸附的 NH_4^+。当时还未意识到在田间 pH 条件下，用非缓冲性盐测定土壤阳离子交换容量更合适，尤其对于高度风化的酸性土。但根据其化学计算方法，已经发现土壤可溶性盐的存在影响测定结果。后来人们改用缓冲盐溶液如乙酸(pH 7.0)淋洗，并用乙醇除去多余的 NH_4^+ 以防止吸附的 NH_4^+ 水解。这一方法在国内外应用非常广泛，美国把它作为土壤分类时测定阳离子交换容量的标准方法。但是，对于酸性土特别是高度风化的强酸性土壤往往测定值偏高。因为 pH 7.0 的缓冲盐体系提高了土壤的 pH，使土壤胶体负电荷增多。同理，对于碱性土壤则测定值偏低。

盐碱土都是盐基饱和的土壤，多数既含石灰质又含易溶盐，因此不仅需要避免和减小石灰质的溶解，还应除去易溶盐。除去盐分，不能用极性溶剂，保证盐分以分子状态溶解，以免参与离子交换作用。一般用>500 mL/L 乙醇溶液洗掉易溶盐。

测定盐碱土交换性钠的方法很多，如石膏-EDTA 法、石灰法等。这些方法都因为碱化土壤含有大量可溶性盐(特别是 Na_2CO_3)和在一些土壤中含有石膏等的干扰，很难取得满意的测定结果。尽管不同的研究者围绕着如何解决这些干扰因素和限制条件，而提出了种种的解决办法，但是迄今为止，碱化土壤交换性钠的测定还没有一个较为满意的方法。采用改进了的 NH_4OAc-NH_4OH 法和 $CaCO_3$-CO_2 法制备的溶液，用火焰光度法测定交换性钠，克服了非交换性钙的干扰，有快速可靠的优点。但是，如何把交换性钠与非交换性钠完全分开仍是一个不易解决的问题。为此，各测定方法都是采用一定浓度的乙醇溶液等有机溶剂洗去样品中可溶性盐，减少可溶性钠的干扰。

1. 盐碱土阳离子交换容量的测定(乙酸钠法)

方法原理：首先，用乙醇溶液洗去盐碱土中可溶性盐；然后用 pH 8.2，1 mol/L 乙酸钠(NaOAc)处理土壤，将土壤中 Ca^{2+}、Mg^{2+}、K^+等交换性阳离子置换到土壤溶液中，使土壤中 Na^+饱和；最后，以 NH_4^+ 将交换性 Na^+交换出来，通过测定溶液中 Na^+以计算土壤阳离子交换容量。在操作程序中，用醇洗去多余的 NaOAc 时，交换性钠倾向于水解进入溶液而损失，因此洗涤过量将产生负误差；减少淋洗次数，则因残留交换剂而提高交换量。只有当两个误差互相抵消时，才能得到良好的结果。试验证明，醇洗 3 次，一般可使误差达到最低值。

主要仪器：离心机、火焰光度计。

试剂：

(1) 1 mol/L 乙酸钠(pH 8.2)溶液。称取 1 mol 乙酸钠用蒸馏水溶解并稀释至 1 L。此溶液 pH 为 8.2，否则用氢氧化钠(NaOH)或乙酸(HOAc)调节 pH 至 8.2。

(2) 异丙醇(990 mL/L)或乙醇(950 mL/L)。

(3) 1 mol/L 乙酸铵(NH_4OAc，pH 7)。取冰醋酸(99.5%)57 mL，加蒸馏水至 500 mL，加浓氨水(NH_4OH)69 mL，再加蒸馏水至约 980 mL，用 NH_4OH 或 HOAc 调节溶液至 pH 7.0，然后用蒸馏水稀释到 1 L。

(4) 钠标准溶液。称取氯化钠(分析纯，105℃烘 4 h)2.5423 g，以 pH 7.0、0.1 mol/L NH_4OAc 为溶剂，定容于 1 L，即为 1000 μg/mL 钠标准溶液，然后用乙酸铵溶液稀释成 3 μg/mL、5 μg/mL、10 μg/mL、20 μg/mL、30 μg/mL、50 μg/mL 标准溶液，贮于塑料瓶中保存。

操作步骤：称取过 1 mm 筛孔的风干土样 4.00～6.00 g (黏土 4.00 g，砂土 6.00 g)，置 50 mL 离心管中，加入 50℃左右的 500 mL/L 乙醇溶液数毫升，搅拌样品，离心后弃去清液，反复数次，直至用 $BaCl_2$ 检查清液仅有微量 $BaSO_4$ 生成为止。向离心管中加 pH 8.2、1 mol/L NaOAc 33 mL，使各管质量一致，塞住管口，振荡 5 min 后离心，弃去清液。重复用 NaOAc 提取 4 次。然后以同样方法，用异丙醇或乙醇洗样品 3 次，最后 1 次尽量除尽洗涤液。将上述土样加 1 mol/L NH_4OAc 33 mL，振荡 5 min (必要时用玻璃棒搅动)，离心，将清液小心倾入 100 mL 容量瓶中；按同样方法用 1 mol/L NH_4OAc 交换洗涤两次，收集的清液最后用 1 mol/L NH_4OAc 溶液稀释至刻度。用火焰光度计测定溶液中 Na^+浓度，计算土壤阳离子交换容量。

结果计算：

$$\text{土壤阳离子交换容量}\,(\text{cmol}_c/\text{kg}) = \frac{\rho \times V}{m \times 23} \times 10^{-3} \times 100$$

式中：ρ为标准曲线上查得的待测液中钠离子的质量浓度(μg/mL)；V 为测定时定容的体积(mL)；23 为钠的摩尔质量(g/mol)；10^{-3} 为把微克换算成毫克；m 为烘干质量(g)。

2. 盐碱土交换性阳离子的测定(乙酸铵法)

方法原理：首先，用乙醇溶液洗去盐碱土中可溶性盐；然后用 NH_4OAc 处理土壤，将土壤中 Ca^{2+}、Mg^{2+}、K^+、Na^+等交换性阳离子置换到土壤溶液中，通过测定溶液中各交换性阳离子的浓度计算土壤阳离子交换容量。

主要仪器：离心机、火焰光度计。

试剂：

(1) 乙醇(500 mL/L)。

(2) 1 mol/L NH_4OAc(pH 7)。取冰醋酸(99.5%)57 mL，加蒸馏水至 500 mL，加浓氨水(NH_4OH)69 mL，再加蒸馏水至约 980 mL，用 NH_4OH 或 HOAc 调节溶液至 pH 7.0，然后用蒸馏水稀释到 1 L。

操作步骤：

(1) 称取过 2 mm 孔径筛的风干土壤样品 5.0 g，置于 250 mL 锥形瓶中。

(2) 加入 50 mL 70%乙醇溶液，以 200 r/min 振荡频率振荡 30 min，转移至放有滤纸的漏斗中，用 30 mL 70%乙醇溶液淋洗，然后将土样转移至锥形瓶中。重复上述步骤，直至检测滤液不存在 Cl^-和 SO_4^{2-}。

(3) 将土样转移至锥形瓶中，加入 100 mL 0.1 mol/L 乙酸铵溶液，200 r/min 振荡频率振荡 30 min，过滤至 250 mL 容量瓶中，重复上述交换步骤，直至容量瓶定容，保存待测。

(4) 用火焰光度计测定溶液中 Ca^{2+}、Mg^{2+}、K^{+}、Na^{+}等离子的浓度，计算阳离子交换容量，计算公式如下：

$$\mathrm{CEC}=W_{(1/2\mathrm{Ca}^{2+})}+W_{(1/2\mathrm{Mg}^{2+})}+W_{(\mathrm{K}^{+})}+W_{(\mathrm{Na}^{+})}$$

式中，$W_{(1/2\mathrm{Ca}^{2+})}$ 为可交换性 Ca^{2+}含量；$W_{(1/2\mathrm{Mg}^{2+})}$ 为可交换性 Mg^{2+}含量；$W_{(\mathrm{K}^{+})}$ 为可交换性 K^{+}含量；$W_{(\mathrm{Na}^{+})}$ 为可交换性 Na^{+}含量。

7.3　土壤胶体絮凝与团聚体的形成和演变

土壤团聚体是由土壤胶体、有机质和其他微粒子聚集而成的颗粒。它们能够保持土壤的稳定性和结构，从而防止水土流失、抑制土壤侵蚀。此外，团聚体还能够影响土壤的通气性和透水性，从而影响植物的根系生长和土壤的透气性。因此，深入研究土壤胶体和团聚体的结构、性质和功能，对于提高土壤质量、改善土地生态环境、保障粮食安全等具有重要意义。

7.3.1　土壤胶体的絮凝机制

土壤胶体颗粒之间的凝聚与分散是土壤中最基本的物理化学过程，不仅是土壤团聚体结构形成的基础，而且还对土壤团聚体的稳定、土壤的孔隙状况、渗透能力具有重要影响，进而对土壤水分运移、侵蚀过程、养分循环和面源污染等宏观现象产生深刻影响。然而，由于土壤胶体迁移过程的微观性及复杂性，并限于传统研究手段的制约，目前尚难以清晰、完整并真实地捕捉到微观尺度下土壤胶体的相互作用过程及机制，对于盐碱土团聚体的形成机制更缺乏全面了解。目前，能够比较完善地解释胶体分散体系稳定性和电解质影响的理论是 DLVO 理论[22]和 Hofmeister 效应。

DLVO(Derjaguin-Landau-Verwey-Overbeek) 理论是 1941 年由苏联学者德查金(Derjaguin)和朗道(Landau)以及 1948 年由荷兰学者维韦(Verwey)和奥弗比克(Overbeek)分别独立提出来的，根据双电层理论研究出胶体颗粒之间的斥力和引力平衡的定量理论。DLVO 理论指出，胶体颗粒之间存在两种相互作用力：颗粒间的长程范德瓦耳斯力以及颗粒间的静电作用力。当范德瓦耳斯力大于静电作用力时，胶体颗粒发生凝聚；当范德瓦耳斯力小于静电排斥力时，胶体就倾向于稳定分散状态。

通常情况下，用总位能 U 来描述胶体的稳定性。体系的总位能 U 等于胶体颗粒间存在的静电斥力位能 U_R 和范德瓦耳斯引力位能 U_A 之和，即 $U=U_A+U_R$。如图 7-1 所示，当溶液离子强度较低时，排斥作用占主导地位，U 曲线上出现较大位垒峰(U_{max})，颗粒借助热运动的能量不能超越 U_{max}，彼此无法靠近，体系保持分散状态[23]。当离子强度逐渐增大到一定程度时，双电层被压缩，U_{max} 降低，一部分颗粒有可能超越 U_{max}。当离子强度很高时，U_{max} 完全消失，颗粒超过 U_{max}，吸引力占优势使颗粒间继续接近至总位能曲线上近距离的极小值(U_{min})时，胶体就会发生絮凝。范德瓦耳斯力是分子间的吸附作用力(色散力、取向力、诱导力)，属于短程力。但对于胶体颗粒，由于每个胶体颗粒都是数量庞大的分子聚积体，所以胶体颗粒之间的范德瓦耳斯力是一种长程作用力。通常情况下，对于给定的胶体颗粒，其范德瓦耳斯力不随环境条件的改变而改变。由此可知，减小胶粒间斥力位能 U_R 将使胶体颗粒凝聚。而减少斥力位能可从以下两点考虑：一是降低胶体颗粒的表面电位 φ_0；二是提高体系的电解质浓度。向体系中加入电解质，能够压缩双电层，使斥力位能显著降低而引力位能基本不变导致总位能变化，使胶体颗粒发生凝聚。已有研究表明，纳米颗粒之间、纳米颗粒与胶体之间、矿物质胶体之间、纳米颗粒与微生物之间都可以通过静电作用产生凝聚。另外由于双电层的叠加，纳米颗粒之间还存在弱的静电斥力。因此，异质凝聚体的各个组分的浓度十分重要，它决定了异质凝聚体的总体表面电荷。某一组分纳米颗粒的浓度过高或者过低，都会使得异质凝聚体间产生较大的静电斥力，从而抑制凝聚的发生。

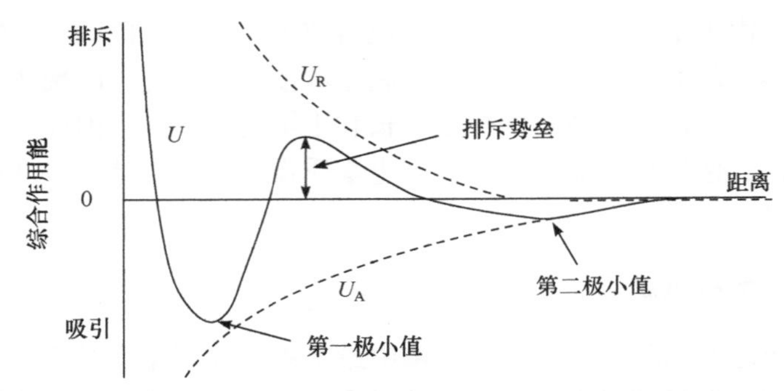

图 7-1　引力位能 U_A、斥力位能 U_R 以及总位能 U 随胶粒间距离的变化曲线

DLVO 理论实际上是描述一个颗粒大小、类型、密度、温度一定的体系中胶体颗粒的静电斥力和长程范德瓦耳斯引力的相互作用关系。在大多数情况下，可以成功地解释并预测胶体的凝聚现象。但是，由于土壤中土壤胶体随降水、蒸发和冻融等外界环境条件不断变化，其温度、颗粒密度及电解质类型和浓度都处在不断变化中，导致土壤胶体系统中发生的许多现象无法用 DLVO 理论解释。这些现象同样在其他胶体体系中存在，例如，在带正电荷的胶体悬液中，当反离子由 Br^-变为 I^-，或者变为 NO_3^-，即使反离子浓度非常低，也可以明显测得胶体颗粒间相互作用力发生显著变化[24]。虽然同为一价碱金属离子，但是 Li^+、Na^+、K^+、Rb^+、Cs^+五种碱金属离子作用下胶体凝聚的临界聚沉浓度值显著不同[25]。López-León 在 *The Journal of Physical Chemistry C* 上发表的文章明确指出：经典 DLVO 理论失效的本质原因是忽略了 Hofmeister 效应[26]。

Hofmeister 效应最初是由捷克科学家 Hofmeister 和他的同事提出，在进行一个蛋白质沉淀实验时发现，当盐溶液中含有同价不同种类的阳离子或阴离子时蛋白质表现出不同的聚沉特征。因为蛋白质聚沉特征与离子种类和价态有关，故又称为离子特异性效应[27]。此后，Franz Hofmeister 教授和他的一些同事在 *Archiv für Experimentelle Pathologie und Pharmakologie* 上先后发表了一系列论文(1887～1898 年，共七篇)，全部用德语撰写。整个系列的标题是“Zur Lehre von der Wirkung der Salze”，翻译为：“关于盐的作用的科学”。论文系统探究了“盐存在时血清中蛋白质的行为”“关于盐的蛋白质沉淀效应的规律性以及这些效应与盐的生理行为的关系”“盐类的脱水作用”等盐类在溶液和胶体化学领域的应用[27]。Hofmeister 发现，向蛋白质中加入不同的离子时，蛋白质凝聚和变性的特征有很大差异，特别是化合价相同、离子不一样时，蛋白质的变性也存在较大差异。通常，按照离子交换能力大小进行如下排列：$Fe^{3+} > Al^{3+} > H^{+} > Ca^{2+} > Mg^{2+} > K^{+}$，$NH_4^{+} > Na^{+}$，这个序列被称为 Hofmeister 序列。Kunz 等[28]和 Rouster 等[29]研究发现，当固定阴离子时，一价阳离子的 Hofmeister 序列为：$Cs^{+} > Rb^{+} > K^{+} > Na^{+} > Li^{+}$；而当保持阳离子不变时，阴离子的 Hofmeister 序列为：$H_2PO_4^{-} > F^{-} > Cl^{-} > Br^{-} > NO_3^{-} > I^{-} > SCN^{-}$。在上述序列中，越位于序列左边的离子，其使蛋白质聚沉的能力越强；而越靠右边的离子，其使蛋白质发生盐析作用相对较弱。

Hofmeister 效应对涉及离子的很多现象适用，广泛地发生在胶体溶液、电解质溶液、气/液界面和固/液界面[28,30-48]，甚至在极性有机溶液中都普遍存在[49]。例如，盐离子不仅影响蛋白质胶体的稳定性，而且影响其溶解度，即稀的盐溶液可以增加或减小蛋白质的溶解度。除了蛋白质溶液，离子对其他大分子胶体溶液的稳定性和溶解度也有类似的影响；除了胶体溶液，盐离子对纯的盐溶液的性质也有相同影响。

土壤胶体通常由各类矿物质和有机质组成，而无论是矿物质胶体还是有机质胶体，或是矿物质/有机质复合胶体，它们在不同电解质溶液中的凝聚过程均表现出 Hofmeister 效应。例如，Tian 等[24]研究发现，Li^{+}存在时蒙脱石胶体凝聚的活化能分别是 Na^{+}、K^{+}、Cs^{+}的 1.2 倍、5.7 倍、28 倍。Wei 等研究发现[50]，促使伊利石凝聚的 Cs^{+}的凝聚临界浓度值为 2.3 mmol/L，低于 Na^{+}的凝聚临界浓度值(8.5 mmol/L)。Tan 等[51-53]的研究表明，Cu^{2+}促使蒙脱石、腐殖酸(HA)等凝聚的能力要远远高于 Zn^{2+}和 Ca^{2+}等离子。Tian 等[41,54]的研究表明，K^{+}对紫色土和黄壤等土壤胶体的凝聚作用比 Na^{+}更弱，其凝聚临界浓度(CCC)较低。此外，土壤中某些氧化物等表面具有大量可变电荷，在中性或微酸性的 pH 环境中可能会带有正电荷，此时胶体凝聚的 Hofmeister 效应及其序列可能存在一定的差异，例如，Zhu 等[55]发现在 Cu^{2+}体系中，表面带有正电荷的针铁矿等胶体凝聚的 CCC 值(117 mmol/L)显著高于 Ca^{2+}(65.3 mmol/L)和 Mg^{2+}(37.9 mmol/L)。Xu 等[56]的研究结果表明，阴离子同为 $H_2PO_4^{-}$时，K^{+}促使赤铁矿胶体凝聚的 CCC 值低于 Na^{+}。

从 20 世纪 50 年代开始，研究人员做了很多胶体絮凝机制的研究工作。目前，人们普遍接受的絮凝机制主要有 4 种，分别是电中和作用、桥架作用、压缩双电层和沉淀卷扫网捕絮凝。

电中和作用是基于带电胶体颗粒扩散双电层模型和胶体稳定性的 DLVO 理论形成的。土壤胶体颗粒表面带有大量电荷，胶体颗粒之间的静电排斥效应和范德瓦耳斯力吸引作用使胶体系统处于相对的动态稳定状态。整个胶体系统的稳定性就取决于这两种作用的相对大小。当向胶体溶液中添加少量带相反电荷的絮凝剂时，因电中和作用，胶体颗粒表面电荷减少，Zeta 电位降低，颗粒会趋于团聚，胶体悬浮液变得不稳定。当胶体表面电荷被完全电中和后，颗粒之间的静电斥力减小到最小，土壤胶体颗粒絮凝形成微团聚体。继续添加过量的带相反电荷絮凝剂时，胶体表面会重新带电荷，颗粒之间静电斥力逐渐增强，系统会重新趋于稳定。因此，对于电中和作用是主要絮凝机制的过程而言，为避免这种“再稳定效应”，存在一个最佳的絮凝剂量。

Ahmad 等[57]研究表明电中和作用形成的絮状物松散易碎、沉降缓慢，通过添加一种具有桥架效应的高分子量絮凝剂可以促进胶体快速絮凝。Razali 等[58]对不同分子量的絮凝剂进行了研究，结果表明，高分子量絮凝剂具有更显著的桥架效应。图 7-2 为聚合物桥架作用机制示意图。如图 7-2(a)所示，当高分子量(通常超过百万)和低电荷密度的长链絮凝剂吸附污染物颗粒时，絮凝剂分子链的长环和尾端在溶液中延伸或扩展，远远超过颗粒的双电层范围，这就使得长链聚合物的不同链段部分可能与其他颗粒相互作用并结合，从而在颗粒之间形成如图 7-2(b)所示的桥架[59]。桥架效应与絮凝剂分子链在水中的构象和形态密切相关，分子链在水中伸展得越多，桥架效应越强；分子量越大，水合粒径也越大，桥架效应也会越强[60]。因此为了实现有效的桥接，絮凝剂链的长度应足以从一个颗粒表面延伸到另一个颗粒表面。此外，颗粒表面应有足够的空位去附着其他絮凝剂链段。因此，高分子絮凝剂用量不应过多，否则颗粒表面将被过多的絮凝剂链覆盖，没有空位与其他颗粒桥架[61]。同时，当高分子量絮凝剂过量投加时，颗粒表面因被过量高分子链覆盖而形成较厚的高分子吸附膜，由此产生的空间位阻效应致使颗粒之间产生较强的排斥作用，颗粒在溶液中重新稳定，无法絮凝，如图 7-2(c)所示。但是高分子量絮凝剂的用量也不能过低，否则无法形成足够多的架桥点。因此，当絮凝过程中链接桥架机制起主导作用时，絮凝剂用量有一个最佳剂量值。此外，Dultz 等[62]研究发现，小颗粒伊利石之间可以通过钙离子桥键作用凝聚，形成更大粒径的凝聚体。Liu 等[63,64]研究发现，赤铁矿与生物炭纳米颗粒之间可通过桥键作用形成凝聚体，其异质凝聚速率明显高于针铁矿(静电力作用)。

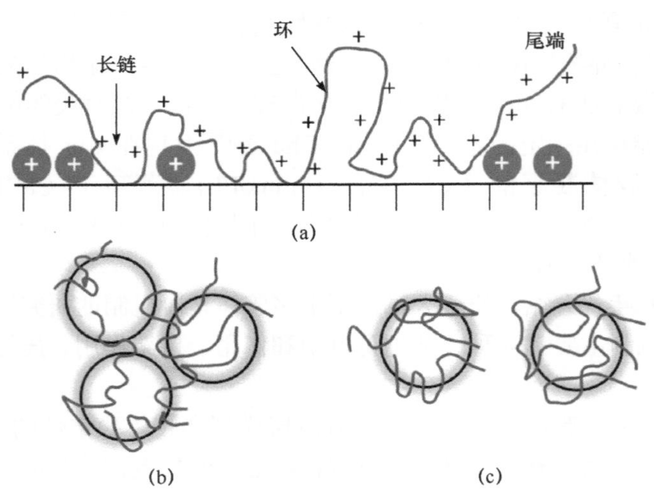

图 7-2　链接桥架作用机制示意图[65]

(a)絮凝剂桥架作用的形成；(b)颗粒之间的桥架作用(聚集)；(c)颗粒之间的重新稳定作用(离散)

絮凝剂一方面在泥浆中产生絮凝作用，另一方面在泥浆中还会形成聚合度较高的多羟基化合物，这些多羟基化合物会与絮凝体颗粒共同充当凝结核。在絮体沉降过程中，通过絮凝和凝聚作用，絮体会吸附较小的絮体及悬浮颗粒，絮体体积会不断增大，从而加快沉降，这种机制称为网捕卷扫作用。

网捕卷扫作用与链接桥架作用有很大不同。前者是絮凝后产生的不溶性金属氢氧化物絮体或者大的聚合物絮体沉淀捕获截留了水中残留的小的絮凝体，而后者是可溶的线形大分子量絮凝剂通过吸附将胶体颗粒连接起来，使其聚集成大絮体并随之沉淀。由此可见网捕卷扫作用本质上是一种机械作用，而链接桥架作用是化学吸附作用。研究表明，胶体浓度低时所需絮凝剂剂量大且絮凝效果差，而胶体浓度高时所需的絮凝剂剂量反而要少，且絮凝效果好。这说明胶体浓度越高，网捕卷扫作用越显著。

双电子层模式作用原理是向稳定胶体分散系统中加入离子强度高的电解质，当电解质进入扩散层后造成扩散层内的电荷密度增加，因此扩散层的体积减小，此种压缩效应使胶体周围电双层的厚度减少，加上离子效应影响使得范德瓦耳斯力取得优势，颗粒最终得以突破能障而结合在一起。该机制通常用来解释铅盐或铁盐等无机盐类的絮凝作用。

土壤是一个复杂环境，通常土壤胶体的絮凝是多种不同机制共同作用的结果。盐碱土壤也不例外，需要进行深入的探讨。

7.3.2 土壤团聚体的定义与特征

土壤团聚体是土壤颗粒物质在其他物质的作用下形成的集合体，是由土壤胶体颗粒、有机质、氧化铁和氧化铝等颗粒物质在自然界中形成的一种固结体结构。

土壤团聚体的形成使得土壤中的颗粒物质凝聚在一起，形成一定大小和形状的颗粒聚合体，以促进土壤的物理、化学和生物特性。团聚体通常是微观层级的结构体，其中的空隙中填充着水分和空气，为根系和微生物提供了一个生存空间。大土壤团聚体在土壤学、土地利用、水资源管理和农业生产等方面具有重要的应用价值。与单个颗粒相比，土壤团聚体在物理性质、化学性质和生物学性质上均具有优越性，主要体现在以下几个方面。

(1) 结构性：土壤团聚体以块体或石墨等形式存在，形状不规则，大小不一，具有结构性。

(2) 稳定性：土壤团聚体的稳定性分为物理稳定性和化学稳定性两个方面。物理稳定性与团聚体中各颗粒间的微观结构、矿物成分、水分和空隙等因素相关；化学稳定性则与团聚体黏合物的类型、黏合物质与土壤质量的联系等有关。

(3) 通气性：团聚体内部的结构和形态有利于气体交换，从而促进土壤通气和气温调节。

(4) 保水性：土壤团聚体可以减少水分流失和渗漏，并通过保水剂离子、空隙适度保留土壤水分。

(5) 肥力：土壤团聚体的形成促进了土壤酶活性的提高，有助于有机物分解和养分吸收，提高土壤的肥力。

总之，土壤团聚体的形成提升了土壤的性能，为植物生长提供更好的条件。因此，在土壤保育和改良中，合理地配置土壤团聚体的结构非常重要。

7.3.3　土壤团聚体的形成

土壤是由大量不同大小的土壤结构体构成的一个复杂系统。土壤中砂粒、粉粒、黏粒和有机颗粒等土壤颗粒在多种力的作用下团聚在一起，形成不同尺度的结构单元，称为结构体或团聚体。土壤团聚体是构成土壤结构的基础，其形成和稳定是土壤物理、化学、生物等多种方式共同作用的结果。关于团聚体形成概念模型的发展经历了多个阶段，研究初期团聚体概念模型主要关注有机质的黏结作用。

Emerson 提出了简单团聚体概念模型，认为有机碳是将土壤砂粒、黏粒胶结成稳定团聚体的“桥梁”，土壤有机碳的数量和性质决定团聚体稳定性强弱[66]。Emerson 团聚体概念模型强调团聚体内的结合力主要由强度较弱的离子键和氢键所构成[67]，团聚过程可以分成两步：第一步是速度相对较快的土壤黏团和粉粒大小的颗粒结合成团聚体；第二步则是砂粒大小的颗粒结合到土壤团聚体内形成大土壤团聚体，这一过程会形成水稳性土壤团聚体，但要比前一过程慢得多。Greenland 认为新鲜植物残体分解产生的多糖可能对团聚体形成起重要作用，但多糖类物质黏结作用的强弱也与土壤质地密切相关[68]。Edwards 和 Bremner 提出大团聚体形成与微团聚体、有机-矿物复合物(<2 μm)相关[67]。该理论强调微团聚体的形成是黏土矿物通过处在交换性阳离子位置上的高价阳离子与有机质颗粒连接在一起的，这种结合在空间的发展会形成球形的微团聚体[69]。Stevenson 进一步认为，对于那些含有机质较多、团聚良好的土壤，大部分黏粒会被有机质分子所包被，Emerson 黏团学说中的“黏土黏团”实际上部分是以“黏-腐殖质”复合体形式存在的。Oades 和 Waters[70]提出的团聚体分级构建模型认为，在有机质为主要结合物的情况下，胶体颗粒的絮凝是形成团聚体的必要条件。在以有机质为主要胶结物的作用下，处于凝聚态的颗粒会形成大小不等的团聚体，并且在团聚体内存在明显的“分级”(hierarchy)，表现为在外力的作用下团聚体的分步破碎。

目前，被大家认可的团聚体概念模型是 Oades 等提出的团聚体等级模型，即土壤黏粒形成微团聚体，微团聚体形成大团聚体，团聚体之间存在由小到大明确的等级特点，提出了团聚体形成的三个具体阶段：①< 0.2 μm 黏粒、<2 μm 小微团聚体通过稳定性胶结物质形成 2～20 μm 微团聚体，稳定性胶结物质主要是高度芳香化的腐殖质、非晶铁铝氧化物或多价阳离子-有机复合物；②2～20 μm 微团聚体与稳定性胶结物质、瞬变性胶结物质形成 20～250 μm 微团聚体，其中瞬变性胶结物质主要是微生物分泌的多糖或黏液；③20～50 μm 微团聚体通过暂时性胶结物质形成>250 μm 大团聚体，暂时性胶结物质一般包括真菌菌丝、植物根系等[69]。

虽然以上的团聚体概念模型提高了对土壤团聚体的认识，但均存在一定的缺陷，这些理论对有机质对团粒结构形成的影响的解释不够深刻，在解释土壤团粒结构的多级结构和与多级结构相关的多级孔性方面也存在缺陷，而且均忽略了团聚体与无机胶结物质之间的联系。

针对农田生态系统中土壤团聚体的周转过程，Six 等提出关于团聚体动态变化的四个动态阶段(图 7-3)[71]。第一阶段，以进入土壤的新鲜植物残体为骨架形成水稳性大团聚体(250～2000 μm)，通过真菌等微生物的分解作用，在团聚体内部产生粗颗粒有机质

(粗 iPOM)。第二阶段，大团聚体内部粗 iPOM 持续分解产生 53～250 μm 细颗粒有机质(细 iPOM)。一般认为大团聚体内部细 iPOM 的数量与大团聚体的年龄成正比，即大团聚体越老，细 iPOM 数量越高。此外，可以将大团聚体中细 iPOM 与粗 iPOM 的比值作为大团聚体周转速率的一个相对衡量标准。农田的耕作措施主要影响第二阶段团聚体周转过程，加快大团聚体分解速率，使土壤形成更多的微团聚体。第三阶段，大团聚体内部细 iPOM 逐渐与黏粒形成稳定的微团聚体。Angers 等采用同位素标记方法证明进入土壤的 ^{13}C 有机碳优先分配到大团聚体，随时间推移逐渐从大团聚体转移到微团聚体，证实了微团聚体在大团聚体内部形成的路径[72]。第四阶段，大团聚体破碎，释放出微团聚体、颗粒态有机碳和黏粒，以上团聚体碎片作为基本单元参与新一轮大团聚体形成过程。

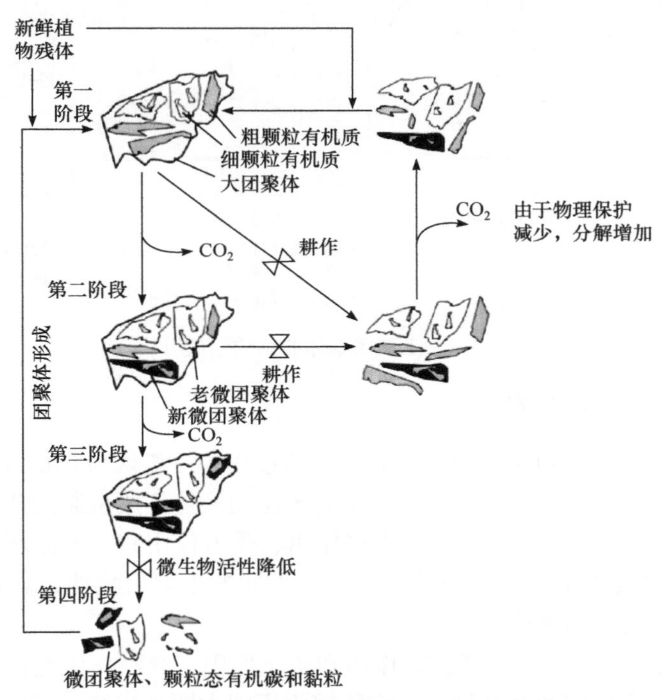

图 7-3　农田土壤中大团聚体“生命周期”及微团聚体的形成过程[71]

大多数较大的土壤结构体由较小的结构体或团聚体组成，也可以分解成小结构体或团聚体。土壤中团聚体的形成是一个高度动态的过程。随着土壤条件的变化，一些土壤胶体颗粒在多种作用力影响下凝聚为微团聚体，随后微团聚体进一步聚集形成更大的团聚体；另一些团聚体分散为更小的团聚体或者土壤胶体颗粒。图 7-4 展示了土壤团聚体的结构组成，从图中可以看到大团聚体是大量小团聚体形成的聚合物。图 7-4 中列出了土壤团聚体等级的四个层次，以及每个层次团聚过程的不同影响因素：①很多微团聚体被大量真菌菌丝和细微的植物根系黏结在一起形成大团聚体；②微团聚体主要由细砂粒和一些由粉粒、黏粒和有机碎屑黏结形成的微小团块(团块中的黏结剂包括根毛、真菌菌丝和微生物分泌物)组成；③非常小的次级微团聚体是由附着有机碎屑的细粉粒和一些与黏粒、腐殖质和铁铝氧化物黏结在一起的微小的植物或微生物残体(颗粒状有机质)

组成；④由层状或无序排列的黏粒晶片与铁铝氧化物和有机聚合物相互作用形成团聚体等级中最小的复合体。这些有机物-黏粒复合体往往结合于腐殖质颗粒和最小矿物颗粒的表面。由此可知，土壤胶体凝聚是团聚体形成的基础，土壤胶体颗粒的凝聚-分散过程是影响团聚体形成的关键问题[73,74]。

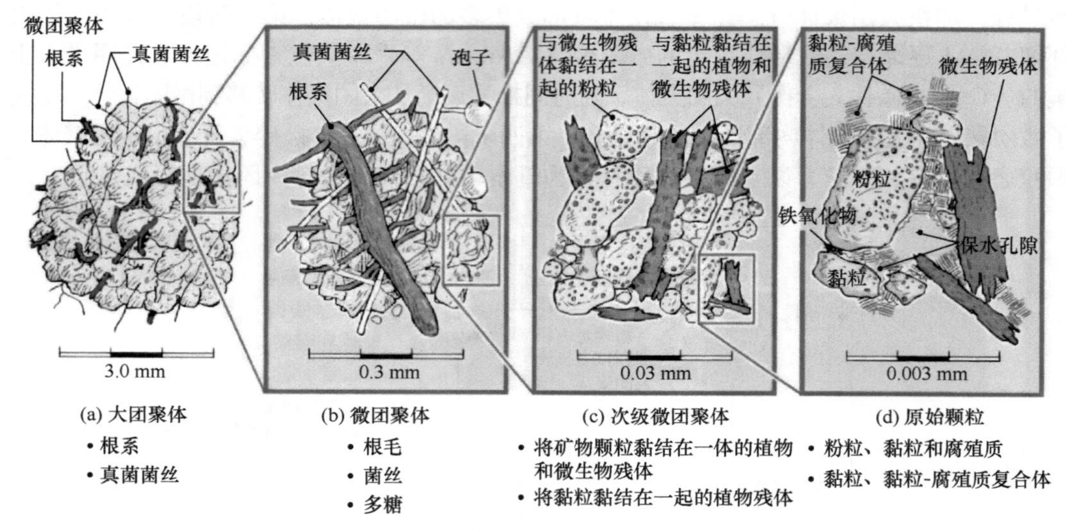

图 7-4　土壤团聚体的结构组成[1]

7.3.4　团聚体形成的机制与演变

土壤团聚体的形成机制是一个复杂而动态的过程，一般认为它是由物理、化学和生物因素相互作用而形成的。具体来讲，以下是土壤团聚体形成机制的几个关键过程。

(1) 物理作用：物理作用主要包括机械作用、受力作用和干湿循环等。在土壤中，风、水、冻融等因素作用于土壤颗粒，形成了不同的土壤聚集体，如颗粒结块和土砾等，进而形成了更大的团聚体。

(2) 化学作用：化学作用包括胶黏作用和矿化作用。胶黏作用是指有机质和胶体颗粒在水力作用下凝聚形成的黏性物质，它能够将不同大颗粒连接成较大团聚体。矿化作用则是指土粒表层与矿物质溶液中的离子发生反应，生成胶体、硅酸盐、氧化铁、氧化铝等物质，这些物质参与了团聚体的形成过程。

(3) 生物作用：土壤团聚体的形成受到植物、土壤动物和微生物等生物因素的影响。植物的根系通过根泥团结合土壤颗粒，形成根系团聚体。土壤动物在土壤中活动，促进土壤颗粒的自然聚集，形成土屑团和粪球等聚集体，有利于团聚体的形成。微生物通过将有机物质、胶体和矿物质等黏合在一起，形成土壤颗粒的团聚结构，对团聚体的形成也发挥着重要作用。这些生物作用共同作用于土壤颗粒，推动了团聚体的形成和演变过程。

因此，土壤团聚体的形成是一种综合性的过程，不同的因素相互作用，促进了团聚体的形成，进而为土壤质量的提升奠定了重要基础。

土壤团聚体的演变过程是一个动态的过程，也是与土壤质地、土壤侵蚀和耕作方式等密切相关的。以下是一些影响团聚体演变过程的因素。

(1) 土壤质地：土壤质地对团聚体演变具有重要影响。细沙颗粒在水力作用下的运移速度较快，使得少量黏土、有机质无法黏结在一起，因此团聚体比较脆弱；黏土颗粒黏附性较强，易形成结构稳定的团聚体。

(2) 土壤水分：土壤水分对团聚体演变有很大影响。适量的水分能够促进土壤颗粒的黏合作用，形成稳定的团聚体；但是过多的水分会破坏团聚体结构，导致团聚体的破碎和溃散。

(3) 耕作方式：耕作方式也是影响团聚体演变的重要因素。常见的耕作方式包括深耕、浅耕、粗松等。深耕会切断团聚体的根系，破坏团聚体的稳定性；浅耕和粗松则更有利于团聚体的发展。

(4) 土壤侵蚀：土壤侵蚀会破坏团聚体，加剧土壤质量的恶化。长期的土壤侵蚀会导致团聚体结构的不稳定、土壤质量下降等。因此，有效措施的采取和科学的管理是维护团聚体结构稳定的重要手段。

综上所述，影响土壤团聚体演变的因素很多，不同的因素相互联系、相互作用，并且具有动态性。因此，在实际生产和管理中，需要关注多个方面的因素，采取综合措施和科学的管理策略来保护土壤团聚体的结构和功能。

7.4　土壤胶体与团聚体的相互作用

7.4.1　土壤胶体与团聚体的关系

土壤胶体和团聚体都是土壤中重要的组成部分，两者之间存在着密切的相互关系。土壤胶体是由微小的颗粒所组成的，这些颗粒的直径通常小于 2 μm。常见的土壤胶体主要有三种：①黏土质土壤胶体，包括膨润土、伊利石等；②有机质土壤胶体，主要是腐殖质；③铁铝质土壤胶体，主要是氧化铁、氧化铝等。这些土壤胶体对土壤团聚体的形成和稳定具有重要的影响。同时，土壤团聚体又对土壤胶体的理化性质产生重要影响。一方面，土壤团聚体是由土壤颗粒聚集而成的结构体，包括大团聚体、中团聚体和小团聚体。团聚体的形成需要土壤胶体的支撑和黏着作用，而胶体对于团聚体的形成具有关键性的作用。当土壤胶体累积达到一定程度时，它们会通过黏附力和胶结力聚在一起，形成团聚体。因此，团聚体的大小、形态和稳定性都与土壤胶体的构成和性质密切相关。另一方面，团聚体可以改变土壤的孔隙结构和孔隙度，从而影响胶体在孔隙中的存在形态和分布，以及移动和交换能力。团聚体中的颗粒大小和形状不同，对于胶体的释放和移动具有不同的影响作用。

综上所述，土壤胶体与团聚体之间的相互作用非常复杂，需要综合考虑它们之间的相互关系，以了解土壤的结构和功能，为土壤改良、保护和管理提供依据。

7.4.2　土壤胶体对团聚体形成的影响

根据前面介绍，土壤胶体是团聚体形成的重要基础。土壤胶体具有极大的比表面积和黏性，可以通过团聚体黏结作用来促进团聚体的形成。特别是黏性较强的黏土，对团聚体形成具有更加显著的促进作用。在土壤中，各种胶体之间还会相互作用，促进胶体的连接和团聚体的形成。土壤颗粒之间的相互作用主要表现在双电层的构造及其变化上。所以，凡是影响双电层和范德瓦耳斯引力的因素都会影响颗粒之间的相互作用，最终影响到土壤团聚体的结构特征。研究表明，胶体的凝聚过程主要受到胶体自身性质以及环境条件(如 pH、胶结物质、温度、微生物、土地管理方式、共存颗粒等)等多种因素的影响[75-95]。胶体颗粒的自身性质的差异，造成颗粒间的静电力或空间位阻等对纳米颗粒的凝聚产生影响；周围环境条件 pH、离子和有机质可以通过影响纳米颗粒表面电荷数量，从而影响纳米颗粒的胶体稳定性，进而产生凝聚现象；纳米颗粒进入环境中，与环境中的其他物质发生相互作用是广泛存在的，这些相互作用通过影响纳米颗粒的粒径、形貌和物化性质，从而影响纳米颗粒在环境转化中的迁移活动，从而进一步影响团聚体的形成。

(1) 土壤胶体颗粒类型与大小的影响：不同矿物类型土壤胶体在凝聚和分散性质上具有很大差异。已有的研究结果表明[27-30]，不同矿物胶体的临界絮凝浓度(CFC)大小次序如下：蒙脱土、伊利土>皂土>高岭石。矿物胶体的 CFC 主要是由矿物胶体本身的电荷性质所决定。高岭石表面的电荷最少，胶粒间的排斥能最低，所以最容易聚沉。只有当颗粒小到一定程度，黏结力对颗粒动力学特性的影响才能超过重力，凝聚等现象才会显现出来。因此，颗粒粒径也是影响絮凝的一个重要因素。通常，较小的胶体颗粒具有较大的比表面积和较强的吸附能力，能够更好地吸附其他颗粒并形成团聚体。同时，小颗粒之间的空隙较小，有助于形成更加紧密的团聚体结构。相反，较大的颗粒则容易形成较松散的团聚体。黄建维收集了我国部分港口、河口淤泥的絮凝沉降实验资料并分析了凝聚因子，认为淤泥的中值粒径越小，絮凝作用越强，发生絮凝的中值粒径为 0.02～0.03 mm[96]。张志忠认为长江口泥沙大于 0.032 mm 的颗粒凝聚作用不显著，而粒径为 0.008 mm 时凝聚作用较强[97]。杨铁笙和赵明的研究表明，颗粒范德瓦耳斯引力能与粒径的一次方成正比，重力势能与粒径的三次方成正比：粒径过大时重力作用能超过范德瓦耳斯引力能，粒径过小则范德瓦耳斯引力作用微弱。以上两种情况均不利于凝聚作用的发生，这或许能够解释既存在临界絮凝粒径，又存在最佳絮凝粒径的实验现象[98]。

(2) 土壤 pH 的影响：土壤的凝聚与分散在一定程度上受 pH 的控制，pH 越高，胶体的 CFC 越大。这是因为随 pH 的升高，土壤胶体表面的 OH^-浓度增加，负电荷密度增大，导致胶体颗粒间的静电排斥力增加，胶体趋于相对稳定。pH 对胶体凝聚的影响表现在两方面：一是体系 pH 会影响胶体表面的电化学性质，如表面电位、表面电荷数量和电荷密度，尤其是对可变电荷表面。随 pH 的降低，胶体表面负电荷的数量减少，表面电位降低。当 pH 降到胶体的电荷零点(ZPC)时，胶粒间的排斥势垒消失，在长程范德瓦耳斯引力作用下胶体颗粒发生凝聚。二是 pH 降低时 H^+与其他阳离子交换，体系中阳离子的浓度发生变化，阳离子通过压缩双电层而导致胶体凝聚。不同矿物质黏粒受 pH 的影响程度不同。矿物质组成以可变电荷为主的土壤对 pH 较为敏感。关于 pH 对胶体凝聚的研究目前主要集中在 pH 与其他因素对胶体定性的共同影响及其程度。Goldberg 等的研究结果表明，氧化铝、氧化铁、高岭石、蒙脱石以及它们的混合物的凝聚与分散都依赖于 pH。以蒙脱石为主的土壤，pH 从 6.4 增加到 9.4 时，其临界凝聚浓度(CCC)从 14 mmol/L 增至 28 mmol/L；pH 对高岭石的影响要大于蒙脱石。蒋新的研究表明，在高 pH 条件下，随凝聚速率的降低，粒子的凝聚过程由扩散控制逐渐转变为反应控制机制，形成的聚集体的分形维数变大；而在低 pH 条件下，分形维数却无显著增加。

(3) 电解质类型的影响：Hofmeister 效应指出不同类型和价态的离子对胶体稳定性的影响程度不同，聚沉能力随反离子价态数的增高而显著增大。对于同价离子，它们带等量的电荷，则半径越小的离子，其表面电荷密度越高，水化能力就越强，对水分子的吸附越强，水化层越厚；反之，离子的水化能力越弱，水化层越薄。对于一价碱金属离子，其水化能力表现为：$Li^+ > Na^+ > K^+ > Rb^+ > Cs^+$。一价碱金属离子在层状硅酸盐矿物上的选择性吸附顺序为：$Cs^+ > Rb^+ > K^+ > Na^+ > Li^+$。在土壤颗粒的聚集-分散方面，在相同的电解质条件下，二价的 Ca^{2+}比同价的 Mg^{2+}更能使土壤胶体发生聚沉。对于土壤中最主要的四种盐基离子而言，其对土壤的分散能力依次表现为：$Na^+ > K^+ > Mg^{2+} > Ca^{2+}$，所以研究人员在分散土壤时通常采用 Na_2CO_3 作为分散剂。在土壤水分运移方面，我们都知道钠质土在大量降水或者灌溉时，土壤结构分散，水分难以渗透，而干时板结。土壤中的四种主要盐基离子对土壤渗透性能具体表现为：$Ca^{2+} > Mg^{2+} > K^+ > Na^+$。

7.4.3　团聚体对胶体性质的影响

具体来讲，土壤团聚体对土壤胶体性质的影响主要由土壤团聚体类型、数量、稳定性以及其与胶体之间的作用方式等参数决定。

首先，不同类型的土壤团聚体对胶体性质的影响也不尽相同。例如，含有铁铝氧化物的土壤团聚体对矿物质胶体的影响要比对有机质胶体的影响更为显著；而含有有机质的微团聚体则对有机质胶体和胶体有机质复合物的影响较为明显。

其次，高稳定性的土壤团聚体可以更有效地保护胶体和有机质，减少其暴露在外而受到化学和物理作用的影响。稳定性的提高可由多种因素，如有机质和黏土矿物等的成分、聚合部位的分布密度和长短、孔隙结构以及离子交换等影响。

此外，土壤团聚体数量的增加也会影响胶体的性质。更多的土壤团聚体意味着更大的“保护层”，从而减少胶体表面暴露，降低表面能和溶解度。同时，更多的团聚体意味着更多的孔隙和通道，有利于水、气体和根系的渗透和通透，提高土壤孔隙度和透水性。

最后，土壤团聚体与胶体之间的相互作用方式也对胶体性质产生影响。例如，土壤团聚体内部的胶体、有机物和微生物等可以形成“微生态团粒”，提供生物和化学保护且可加速胶体和有机物的降解过程。而反过来，胶体本身又能吸附土壤团聚体表面的有机质或离子，增加其稳定性，改变孔隙结构和通透性。

综上所述，土壤团聚体对土壤胶体性质的影响很复杂，但总体来讲，土壤团聚体的存在有助于稳定土壤结构，提高水土保持能力，改善土壤物理和化学性质，促进植物生长发育。

7.5　盐碱土壤胶体的特征与分类

7.5.1　盐碱土壤胶体的定义与特征

盐碱土壤胶体是在盐碱土壤中形成的一种特殊的胶体系统，具有独特的定义与特征。与健康土壤相比，盐碱土壤中的土壤胶体含量较高，并且胶体表面带有负电荷，可以吸附更多的钠离子，这会影响作物生长发育。盐碱土壤中盐基离子，如钠离子和碳酸根离子含量过多，这使盐碱土壤胶体在水溶液中容易分散，但在无水干旱时很容易形成土壤板结，进一步降低土壤渗透性和通气性，影响作物的正常生长发育。相比之下，健康土壤中的土壤胶体含量较低，但具有较为稳定的团聚体结构，能够帮助维持土壤的通气性、渗透性，维持良好的土壤肥力，同时也能吸附并交换营养和水分。

盐碱土壤胶体是指在盐碱土壤中，尺寸小于 2 μm 的颗粒状物质，通常由石英、方解石、伊利石和高岭土等无机物质组成，有时也含有少量的有机胶体(图 7-5)。这些胶体颗粒呈现出颗粒细小、高度分散、碱化度高，以及带负电性等特点，具体特征如下。

(1) 颗粒细小：相比于正常土壤胶体颗粒，由于大量盐分离子的存在，这些盐分离子吸附在土壤胶体表面，盐碱土壤胶体的颗粒粒径更小，且占比更高。

(2) 高度分散性：盐碱土壤胶体颗粒具有较高的分散性，即颗粒之间没有明显的聚集或团聚。盐碱土壤中的盐分会溶解在水分中，形成离子。通过屏蔽胶体的电荷和双电层压缩的作用，减少胶体间的排斥力，从而促使胶体溶液中的胶体颗粒分散。

(3) 碱化度高：盐碱土壤中过量的钠离子和碳酸根离子会使土壤 pH 升高，从而导致胶体颗粒表面的电荷密度减小，胶体颗粒之间的相互作用力也会降低，使得胶体颗粒更容易发生团聚。

(4) 带负电性：盐碱土壤胶体颗粒常常呈现出带负电荷的特性。这是由于胶体颗粒表面的硅酸盐矿物、氧化物等物质具有负电荷。带负电荷的胶体颗粒能够吸附和交换阳离子，影响土壤的离子平衡和养分供应。

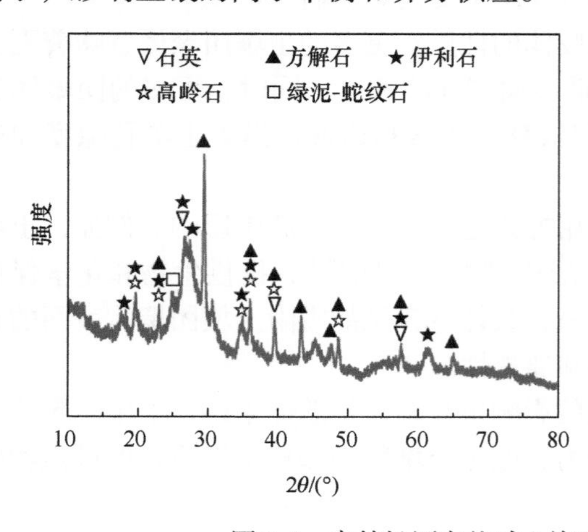

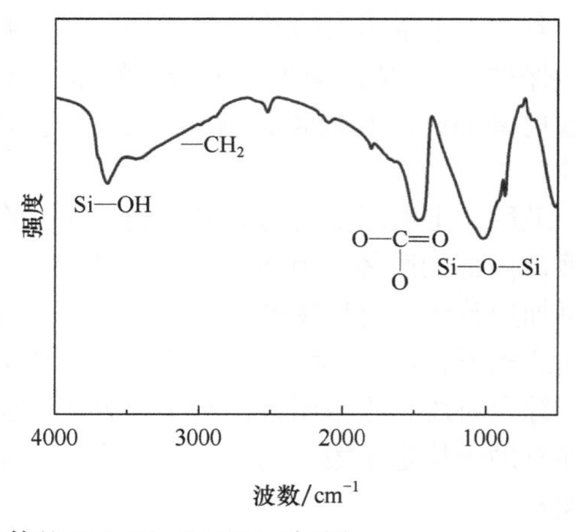

图 7-5　吉林松原市盐碱土壤胶体的 XRD(左)和 FTIR(右)图

7.5.2　盐碱土壤胶体的分类

作为土壤胶体的一种，盐碱土壤胶体同样可以根据其来源、形成过程、成分和性质等因素分为多种类型。此外，根据盐碱土壤胶体的定义：盐碱土壤胶体则是指在盐碱土壤中，尺寸小于 2 μm 的颗粒状物质，通常带有电荷。盐碱土壤胶体可以根据所处的土壤环境分为以下几种类型。

(1) 盐土胶体：这类胶体主要存在于盐碱土壤中，这种土壤富含盐分，如氯化钠、硫酸钠等。盐土胶体的形成与盐分的离子聚集和沉积有关。

(2) 碱土胶体：这类胶体主要存在于碱性土壤中，这种土壤富含碱性物质，如碳酸钠、碳酸氢钠等。碱土胶体的形成与碱性物质的离子聚集和沉积有关。

(3) 盐碱胶体：这类胶体主要存在于盐碱土壤中，这种土壤既富含盐分又富含碱性物质。盐碱胶体的形成受到盐分和碱性物质相互作用的影响。

深入了解不同类型的盐碱土壤胶体，对于了解土壤质地、水分保持能力、养分循环等方面起着重要的作用，在农业和土壤管理方面具有重要的意义。可以根据具体的土壤胶体类型，采取相应的措施来改善盐碱土壤的性质，以提高土壤的肥力和农作物的产量。

7.5.3　盐碱土壤胶体的形成机制

盐碱土壤胶体的形成机制是一个复杂的过程，涉及多种因素。通常，盐碱土壤胶体的形成主要受到以下几个方面的影响。

(1) 土地利用方式：不合理的土地利用方式是造成盐碱土壤胶体形成的主要原因之一。例如，过度放牧、过度耕作、过度施肥等都会导致土壤中的盐分累积，从而形成盐碱土壤胶体。

(2) 气候条件：气候条件对盐碱土壤胶体的形成也有一定的影响。例如，气候干燥、蒸发强烈、降水少等条件下，土壤中的盐分不易被冲走，容易累积在土壤中，从而形成盐碱土壤胶体。

(3) 水文条件：水文条件也是影响盐碱土壤胶体形成的一个重要因素。例如，地下水位过高或者过低都会导致土壤中的盐分浓度增加，从而形成盐碱土壤胶体。

(4) 地质条件：地质条件对盐碱土壤胶体的形成也有一定的影响。例如，地下岩石中含有较多的盐分，通过风化和侵蚀作用，这些盐分会逐渐被输送到地表，从而形成盐碱土壤胶体。

总之，盐碱土壤胶体的形成是一个复杂的过程，需要综合考虑多种因素的影响。只有了解这些因素，才能采取有效的措施来防治盐碱化。

7.6　盐碱土壤胶体的改良与治理

7.6.1　盐碱土壤胶体改良的原则与方法

盐碱土壤胶体改良的原则是通过改善土壤物理化学性质，促进土壤胶体团聚，增加土壤透气性和保水性，从而提高土壤肥力和改善土壤生态环境。盐碱土壤胶体改良的方法主要包括以下几种。

(1) 化学改良法。化学改良法是通过加入化学材料，改变土壤胶体的物理化学性质，从而达到改良盐碱土壤的目的。常用的化学改良剂包括石灰、石膏、硫酸铝等。

(2) 物理改良法。物理改良法是通过改变土壤胶体的物理结构，增加土壤孔隙度和透气性，从而改善盐碱土壤的质地和通透性。常用的物理改良方法包括翻耕、深松、覆盖等。

(3) 生物改良法。生物改良法是通过利用生物学方法，促进土壤胶体分散和土壤有机质的积累，从而改善土壤结构和土壤肥力。常用的生物改良方法包括绿肥种植、菌肥施用等。

7.6.2　盐碱土壤胶体改良的具体措施

盐碱土壤胶体改良的具体措施需要根据不同的土壤类型和改良目的进行选择。通常，盐碱土壤胶体改良的具体措施包括以下几种。

(1) 添加有机质：有机质可以提供丰富的养分，并改善土壤结构和保水性。这主要是因为有机质中含有丰富的有机基团和孔隙结构，可以增加土壤的离子交换能力和水分保持能力，进而对胶体的分散状态和稳定性产生影响。通过添加有机肥料、废弃物堆肥等，可以增加盐碱土壤胶体的有机质含量，促进土壤胶体团聚，改善土壤结构，增加土壤孔隙度，提高土壤的保水性和通气性，从而促进土壤微生物的繁殖和植物的生长，加强根际土壤的生物学功能，从而改善土壤性质和营养状况。

(2) 添加改良剂：常见如石膏、硫酸、硫酸铝、生物炭，可以中和土壤中的碳酸根离子，置换土壤胶体表面的钠离子，促进土壤胶体团聚，提高土壤透气性和保水性，从而改善盐碱土壤的质地和通透性。

(3) 植被修复：植被修复技术是一种重要的盐碱土壤胶体修复方法，可以促进根系生长和微生物活动，从而影响胶体的分散和稳定。耐盐植物能够通过改善土壤的性质，进而增加胶体比表面积，改善胶体分散状态和稳定性。植物修复盐碱化土壤时，需要在选取适当的耐盐植物基础上，加以适当的管理措施，保持土壤湿润和养分供应。

(4) 物理改良法：通过改变土壤的物理性质，如深松、翻耕、覆盖等，可以促进水分渗透和气体交换，改善土壤孔隙度和透气性，进而在一定程度上改善盐碱土壤的质地和通透性。

(5) 盐分淋洗：盐分淋洗是改善盐碱化土壤胶体分散状态和稳定性的重要途径。通过增加土壤中的水分流动，使盐分溶解并随水分排出土壤层，从而减少盐碱土壤胶体中的含盐量，进而促进土壤中的酸碱度平衡，改善土壤的水分保持能力和离子交换能力，促进土壤胶体团聚。配合施加土壤改良剂和改善灌排措施可以更高效地实现盐分淋洗。

(6) 转作或轮作：选择适合盐碱土壤的耐盐作物或耐盐品种进行种植，或者进行轮作，可以逐渐改善盐碱土壤的胶体特性。这些植物可以通过吸收盐分、调节土壤水分和改善土壤氧化还原条件来改善土壤胶体。

(7) 综合措施：为了更好地修复盐碱化土壤中的胶体，需要综合运用多种物理、化学和生物方法。例如，采用物理方法解决土壤结构问题，加速水分和盐分流动；采用化学方法结合有机肥料，调节土壤酸碱度，增加盐分吸附量；同时采用微生物修复技术，刺激盐碱土壤中的微生物活性和能力，促进盐分的降解。

7.6.3　盐碱土壤胶体治理的相关技术

盐碱土壤治理涉及多种相关技术，以下是一些常见的技术。

(1) 土壤改良技术：利用改良剂改善盐碱土壤中的含盐量和离子组成。常见的改良剂包括石膏、有机肥料、腐殖质等。这些改良剂可以降低土壤中的含盐量，促进土壤胶体团聚，提高土壤的肥力和保水能力。

(2) 深松整地：深松整地可以打破土壤板结层，增加土壤孔隙度，提高土壤透水性，有利于盐分的淋洗和排放。

(3) 淋洗技术：通过灌溉或排水，用水冲洗土壤以减少盐分积累。传统的盐分淋洗方式有大水漫灌和明沟排盐，但因其用水量大，水资源利用率低，无法广泛普及。目前较为常用的灌排管理措施有微咸水安全利用、咸水结冰冻融、膜下滴灌、暗管排水等。通过改善土壤排水系统，包括建设排水沟、排水井、排水沟渠等，增强土壤的排水能力，加速盐分的排放，以减少土壤中的盐分和水分积累，减轻土壤盐碱化程度。

(4) 植物修复技术：选用耐盐作物或盐生植物进行植物治理，利用植物吸收和转运盐分的能力来吸收和排放土壤中的盐分，改善土壤状况。这可以包括耐盐植物、盐生植物、植物间作等方式。例如，利用芦苇、碱蓬草等耐盐植物进行治理，可以有效降低土壤盐分含量。

(5) 高效灌溉技术：包括滴灌、微喷灌、渗透灌溉等，通过准确测量和控制灌溉量，避免过量灌溉和盲目排水，减少盐分的积累。膜下滴灌技术是一种结合了滴灌技术和覆膜技术优点的新型节水技术。其基本原理是在滴灌带或滴灌毛管上覆盖一层地膜，使水分和肥料能够更加精确地输送到作物根部，从而达到节约水资源、提高作物产量和质量的目的。膜下滴灌技术的操作要点包括整地施肥、滴灌设备的安装等。此外，膜下滴灌技术还可以与其他技术相结合，如与玉米增产技术相结合，可以实现按需灌水、施肥，改善土壤质地和结构，减缓土壤的盐碱化过程，提高水肥利用率，达到增产增效的目的。

(6) 种稻洗盐改碱技术：该技术利用了水稻的生态特性，通过水稻对土壤盐分的吸收和蓄积，结合水稻生长过程中的灌溉和排水措施，来降低盐分浓度，改善盐碱土壤。通过逐步灌溉、排水、控制水稻生长周期和收割等操作，可以有效减少土壤中的含盐量和碱性，从而使盐碱土壤逐步转化为适宜农作物生长的土壤。该技术最早由水利电力部、交通部南京水利科学研究院的研究团队于 20 世纪 80 年代末至 90 年代初提出和开发。经过多年的实践和推广，取得了显著的效果，在中国和其他盐碱地区都广泛应用。这项技术对于促进盐碱地的可持续利用和农业生产的发展具有重要意义。胡树文等在东北盐碱区开发的一种水改旱技术，旨在通过施加改良剂和种植水稻来降低土壤中的碱度和含盐量，改善土壤结构。这项技术的基本原理包括：①通过新型生物基改良剂将盐碱土壤胶体絮凝，形成土壤团聚体，达到重塑土壤结构的目的。②水稻的生长需要大量的水分，而盐分则会通过重塑后的土壤孔隙随着水分的迁移而被带走，从而达到高效脱盐的目的。同时，水稻根系的生长也能够改善土壤结构，增加土壤的通透性和透气性，有利于盐分的迁移和淋洗。③种植一年水稻后，土壤中的盐分被充分带走，盐碱地变身高产田。此时，改种旱田(如玉米、小麦)，在雨养条件下，即可实现高产。实现“当年改良，当年高产；一年改良，多年有效”的节水节能、高产高效的目的。目前，水改旱技术在东北盐碱区得到了广泛推广和应用。

这些技术需根据盐碱土壤的具体情况和治理目标进行综合考虑和应用。每个技术的选择和操作也需要根据具体情况进行调整和优化，并密切监测治理效果以确保可持续性。

7.7　盐碱土壤胶体的研究进展与展望

7.7.1　盐碱土壤胶体研究的现状与不足

盐碱土壤胶体是土壤胶体的一种，主要由黏土矿物、铁铝氧化物和其他无机物质组成。由于盐碱土壤的高盐碱度、低养分含量、胶体粒子细小和容易分散及团聚体稳定性差等特点，对作物的生长和生态环境造成不利影响。盐碱土壤胶体作为盐碱土壤的基本结构单元，对盐碱土壤的这些特性具有重要影响。因此，对盐碱土壤胶体的研究成为解决盐碱化问题的重要途径。

张文新等探讨了脱硫石膏改良碱化土壤胶体絮凝过程中的离子交换作用[99]。通过设置碱化土壤组和碱化土壤胶体组，并在不同的土水比条件下加入不同量的脱硫石膏，分析了脱硫石膏对碱化土壤胶体团聚过程中的临界絮凝值和 Na^{+} 与 Ca^{2+} 摩尔比的影响。研究结果表明，碱化土壤胶体的临界絮凝值为 0.008 g，胶体与脱硫石膏的质量比为 19.4∶1；碱化土壤的临界絮凝值为 0.005 g，胶体与脱硫石膏的质量比为 10.4∶1。在临界絮凝值处，碱化土壤所用脱硫石膏量是碱化土壤胶体的 1.8 倍，碱化土壤组 Na^{+} 与 Ca^{2+} 摩尔比为 2∶1。研究结果有助于深入了解脱硫石膏改良碱化土壤中胶体絮凝机制，并为确定脱硫石膏改良碱化土壤的适宜施用量提供参考。

胡树文等研究探讨了钙乳酸(CL)作为土壤改良剂缓解土壤盐碱化的应用。研究评估了钙乳酸对土壤盐分、胶体形态和物理化学性质等各种土壤参数的影响。研究发现，钙乳酸通过与游离的 CO_3^{2-} 发生酸碱中和反应，通过离子交换与 Ca^{2+}和 H^{+}交换，Na^{+}从土壤胶体表面移除，从而减少了交换性钠百分比(ESP)。此外，钙乳酸通过桥接和氢键作用促进了更大且更稳定的土壤团聚体的形成，从而增强了土壤结构(图 7-6)。该化合物进一步促进了有机-矿物复合物的形成，并增强了土壤有机碳储存，从而改善了土壤肥力。与其他无机钙盐如氯化钙和石膏相比，钙乳酸作为一种土壤改良剂表现出了卓越的环境友好性、安全性和有效性，可用于缓解土壤盐碱化并提高土壤性质。

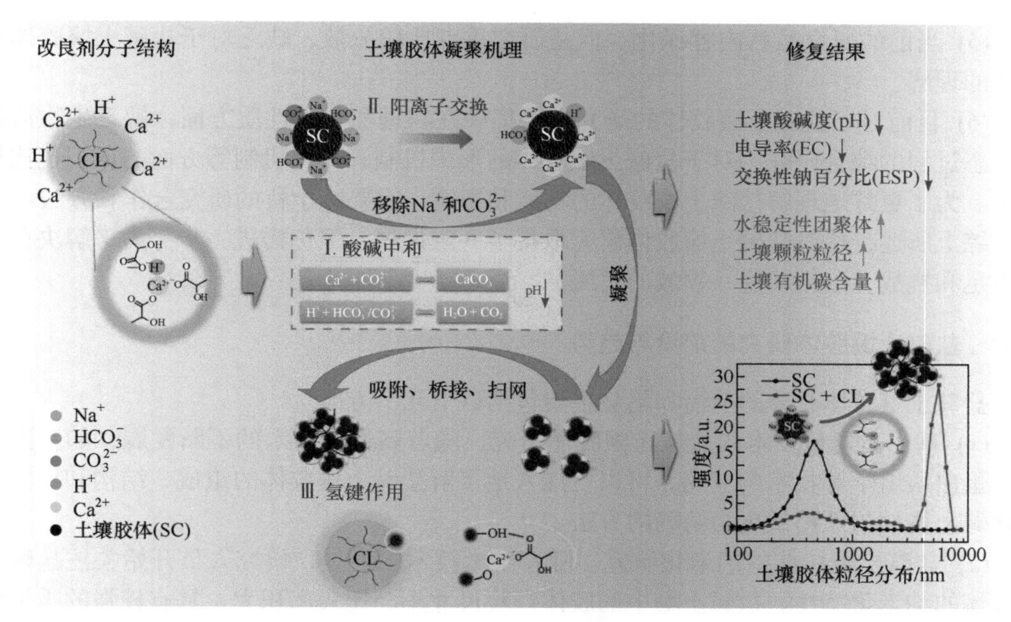

图 7-6　乳酸钙修复盐碱土壤机制示意图
扫描封底二维码可见本图彩图

目前，虽然盐碱土壤治理的研究比较多，但是对盐碱土壤胶体的研究仍有不足。此外，对于盐碱土壤胶体的研究仍面临一些挑战。首先，由于盐碱土壤的复杂性和异质性，采集真实、代表性的胶体样品和获得准确的胶体数据是具有一定困难的。其次，尽管已存在多种表征和分析技术，如电子显微镜和光谱分析，但仍需要进一步发展和改进以准确感知胶体的微观结构和特性。

因此，为了更好地了解盐碱土壤胶体的性质和功能，需要进一步深入研究。这包括对盐碱土壤胶体的组成、结构、表面特性以及与养分释放、离子交换和生物活性之间的关系的深入探讨。通过这些研究，可以提供更准确的盐碱化土壤改良策略，并为实现可持续农业和生态环境保护提供有益的指导。具体难点和建议如下。

(1) 目前对于盐碱土壤胶体的定义和分类主要是基于土壤胶体的研究，缺乏更细致的定义和分类标准，这导致不同研究中使用的胶体概念和描述存在差异。为了推进这一领域的研究和交流，需要建立统一的胶体定义和分类体系。

(2) 由于盐碱土壤的复杂性和异质性，采集有效的胶体样品和获取准确的胶体数据是一个挑战。目前对于获取真实和代表性的盐碱土壤胶体样品的方法还需要进一步改进和研究。

(3) 尽管现有的表征和分析技术在研究胶体方面取得了进展，但仍存在一些限制。例如，某些技术难以对微观尺度的胶体进行定量或实时观测。因此，需要开发和改进新的技术手段来解决表征和分析问题。

(4) 虽然研究手段多样化，但是对于盐碱土壤胶体的结构和功能的研究还是有一定的局限性。例如，对于胶体粒子在微观层面上的结构和功能的研究还比较缺乏。

(5) 当前的研究虽然内容深化，但是研究重点比较分散，缺乏对于盐碱土壤胶体系统性的理解。

(6) 目前对于盐碱土壤胶体的研究主要集中在物理和化学性质方面，缺乏生物活性和生态过程的综合研究。对于盐碱土壤胶体的形成机制、作用机制等方面的认识也比较有限。为了更好地理解盐碱土壤胶体的功能和影响，需要跨学科的研究合作和方法。

综上所述，尽管盐碱土壤胶体研究取得了一定进展，但仍需进一步努力来解决存在的不足和挑战，以推动这一领域的发展。

7.7.2 盐碱土壤胶体研究的前沿与趋势

盐碱土壤胶体研究的前沿和趋势主要包括以下几个方面。

(1) 基于高通量技术的盐碱土壤胶体研究。随着高通量技术的不断发展，如基因测序、蛋白质组学等技术的应用，可以更深入地了解盐碱土壤胶体的组成、结构和功能，为盐碱土壤的治理提供更为精确的方法。

(2) 盐碱土壤胶体的纳米化研究。随着纳米技术的发展，研究人员开始关注盐碱土壤胶体的纳米化特性。盐碱土壤中的胶体颗粒尺寸小、比表面积大，具有较强的吸附能力和交换作用，因此对其进行纳米化研究有望为盐碱土壤的治理提供新的思路和方法。

(3) 盐碱土壤胶体与微生物的相互作用研究。盐碱土壤中的微生物对于土壤的形成和发展具有重要作用。因此，研究盐碱土壤胶体与微生物的相互作用，有助于深入了解盐碱土壤的形成机制和作用机制，并为盐碱土壤的治理提供新的思路。

参 考 文 献

[1] 尼尔·布雷迪，雷·韦尔. 土壤学与生活(原书第十四版). 李保国，徐建明，等译. 北京：科学出版社，2019: 253-290.

[2] Schoonover J E, Crim J F. An introduction to soil concepts and the role of soils in watershed management. Journal of Contemporary Water Research & Education, 2015, 154(1): 21-47.

[3] Sparks D L, Singh B, Siebecker M G. Environmental Soil Chemistry. 3rd ed. Burlington: Academic Press, 2023: 169-201.

[4] Sposito G. The Chemistry of Soils. 3rd ed. Oxford: Oxford University Press, 2016: 149-189.

[5] Liu X, Feng B, Tian R, et al. Electrical double layer interactions between soil colloidal particles: polarization of water molecule and counterion. Geoderma, 2020, 380: 114693.

[6] Chen J, Wang Q, Zhang Q, et al. Mineralogical and geochemical investigations on the iron-rich gibbsitic bauxite in Yongjiang basin, SW China. Journal of Geochemical Exploration, 2018, 188: 413-426.

[7] Löhr S C, Grigorescu M, Cox M E. Iron nodules in ferric soils of the Fraser Coast, Australia: relicts of laterisation or features of contemporary weathering and pedogenesis?. Soil Research, 2013, 51(2): 77-93.

[8] Sipos P, Kovács I, Balázs R, et al. Micro-analytical study of the distribution of iron phases in ferromanganese nodules. Geoderma, 2022, 405: 115445.

[9] Sanz A, Garcia-Gonzalez M T, Vizcayno C, et al. Iron-manganese nodules in a semi-arid environment. Soil Research, 1996, 34(5): 623-634.

[10] Dibbern D, Schmalwasser A, Lueders T, et al. Selective transport of plant root-associated bacterial populations in agricultural soils upon snowmelt. Soil Biology and Biochemistry, 2014, 69: 187-196.

[11] Zhang Q, Boutton T W, Hsiao C J, et al. Soil colloidal particles in a subtropical savanna: biogeochemical

significance and influence of anthropogenic disturbances. Geoderma, 2023, 430: 116282.
[12] 周健民, 沈仁芳. 土壤学大辞典. 北京: 科学出版社, 2013: 278-286.
[13] Haley A J. An extension of the Nelsen-Eggertsen continuous flow method of surface area measurement. Journal of Chemical Technology & Biotechnology, 1963, 13: 392-399.
[14] Nelsen F M, Eggertsen F T. Determination of surface area. Adsorption measurements by continuous flow method. Analytical Chemistry, 1958, 30(8): 1387-1390.
[15] Leão T P, Tuller M. Relating soil specific surface area, water film thickness, and water vapor adsorption. Water Resources Research, 2014, 50(10): 7873-7885.
[16] 熊毅, 等. 土壤胶体(第二册): 土壤胶体研究法. 北京: 科学出版社, 1985: 373-376.
[17] Thompson A, Chadwick O A, Boman S, et al. Colloid mobilization during soil iron redox oscillations. Environmental Science & Technology, 2006, 40(18): 5743-5749.
[18] Sparks D L. Environmental Soil Chemistry. 2nd ed. Oxford: Academic Press, 2003: 133-186.
[19] Li T, Huang X, Wang Q, et al. Adsorption of metal ions at kaolinite surfaces: ion-specific effects, and impacts of charge source and hydroxide formation. Applied Clay Science, 2020, 194: 105706.
[20] Sparks D L. Environmental Soil Chemistry: an Overview. 2nd ed. Oxford: Academic Press, 2003: 1-42.
[21] Durán-Álvarez A, Maldonado-Domínguez M, González-Antonio O, et al. Experimental-theoretical approach to the adsorption mechanisms for anionic, cationic, and zwitterionic surfactants at the calcite-water interface. Langmuir, 2016, 32(11): 2608-2616.
[22] 熊毅, 等. 土壤胶体(第三册): 土壤胶体的性质. 北京: 科学出版社, 1990: 132-137.
[23] 胡纪华, 杨兆禧, 郑忠. 胶体界面化学. 广州: 华南理工大学出版社, 1997: 254-330.
[24] Tian R, Yang G, Li H, et al. Activation energies of colloidal particle aggregation: towards a quantitative characterization of specific ion effects. Physical Chemistry Chemical Physics, 2014, 16(19): 8828-8836.
[25] Gao X D, Li H, Tian R, et al. Quantitative characterization of specific ion effects using an effective charge number based on the Gouy-Chapman model. Acta Physico-Chimica Sinica, 2014, 30(12): 2272-2282.
[26] López-León T, Santander-Ortega M J, Ortega-Vinuesa J L, et al. Hofmeister effects in colloidal systems: influence of the surface nature. The Journal of Physical Chemistry C, 2008, 112(41): 16060-16069.
[27] Kunz W, Henle J, Ninham B W. 'Zur Lehre von der Wirkung der Salze' (about the science of the effect of salts): Franz Hofmeister's historical papers. Current Opinion in Colloid & Interface Science, 2004, 9(1): 19-37.
[28] Kunz W, Lo Nostro P, Ninham B W. The present state of affairs with Hofmeister effects. Current Opinion in Colloid & Interface Science, 2004, 9(1-2): 1-18.
[29] Rouster P, Pavlovic M, Szilagyi I. Destabilization of titania nanosheet suspensions by inorganic salts: Hofmeister series and Schulze-Hardy rule. The Journal of Physical Chemistry B, 2017, 121(27): 6749-6758.
[30] Gregory K P, Elliott G R, Robertson H, et al. Understanding specific ion effects and the Hofmeister series. Physical Chemistry Chemical Physics, 2022, 24(21): 12682-12718.
[31] Zhang X, Zhang L, Jin T, et al. Salting-in/salting-out mechanism of carbon dioxide in aqueous electrolyte solutions. Chinese Journal of Chemical Physics, 2017, 30(6): 811-816.
[32] Carucci C, Salis A, Magner E. Electrolyte effects on enzyme electrochemistry. Current Opinion in Electrochemistry, 2017, 5(1): 158-164.
[33] Nihonyanagi S, Yamaguchi S, Tahara T. Counterion effect on interfacial water at charged interfaces and its relevance to the Hofmeister series. Journal of the American Chemical Society, 2014, 136(17): 6155-6158.

[34] Lakshmanan M, Parthasarathi R, Dhathathreyan A. Do properties of bovine serum albumin at fluid/electrolyte interface follow the Hofmeister series? An analysis using Langmuir and Langmuir-Blodgett films. Biochimica et Biophysica Acta-Proteins and Proteomics, 2006, 1764(11): 1767-1774.
[35] Kunz W. Specific ion effects in liquids, in biological systems, and at interfaces. Pure and Applied Chemistry, 2006, 78(8): 1611-1617.
[36] Lo Nostro P, Lo Nostro A, Ninham B W, et al. Hofmeister specific ion effects in two biological systems. Current Opinion in Colloid & Interface Science, 2004, 9(1-2): 97-101.
[37] Maheshwari R, Sreeram K J, Dhathathreyan A. Surface energy of aqueous solutions of Hofmeister electrolytes at air/liquid and solid/liquid interface. Chemical Physics Letters, 2003, 375(1-2): 157-161.
[38] Sun Y, Pan D, Wei X, et al. Insight into the stability and correlated transport of kaolinite colloid: effect of pH, electrolytes and humic substances. Environmental Pollution, 2020, 266: 115189.
[39] Chu Y, Chen J, Haso F, et al. Expanding the Schulze-Hardy rule and the Hofmeister series to nanometer-scaled hydrophilic macroions. Chemistry: A European Journal, 2018, 24(21): 5479-5483.
[40] Schwierz N, Horinek D, Sivan U, et al. Reversed Hofmeister series-the rule rather than the exception. Current Opinion in Colloid & Interface Science, 2016, 23: 10-18.
[41] Tian R, Yang G, Tang Y, et al. Origin of Hofmeister effects for complex systems. PLoS One, 2015, 10(7): e0128602.
[42] Lim S, Moon D, Kim H J, et al. Interfacial tension of complex coacervated mussel adhesive protein according to the Hofmeister series. Langmuir, 2014, 30(4): 1108-1115.
[43] Dos Santos A P, Levin Y. Ion specificity and the theory of stability of colloidal suspensions. Physical Review Letters, 2011, 106(16): 167801.
[44] Maiti K, Mitra D, Guha S, et al. Salt effect on self-aggregation of sodium dodecylsulfate (SDS) and tetradecyltrimethylammonium bromide (TTAB): physicochemical correlation and assessment in the light of Hofmeister (lyotropic) effect. Journal of Molecular Liquids, 2009, 146(1-2): 44-51.
[45] Tavares F W, Bratko D, Blanch H W, et al. Ion-specific effects in the colloid-colloid or protein-protein potential of mean force: role of salt-macroion van der Waals interactions. The Journal of Physical Chemistry B, 2004, 108(26): 9228-9235.
[46] Edwards S A, Williams D R M. Hofmeister effects in colloid science and biology explained by dispersion forces: analytic results for the double layer interaction. Current Opinion in Colloid & Interface Science, 2004, 9(1-2): 139-144.
[47] Leontidis E. Hofmeister anion effects on surfactant self-assembly and the formation of mesoporous solids. Current Opinion in Colloid & Interface Science, 2002, 7(1-2): 81-91.
[48] Napper D H. Steric stabilization and the Hofmeister series. Journal of Colloid and Interface Science, 1970, 33(3): 384-392.
[49] Lo Nostro P, Ninham B W. Hofmeister phenomena: an update on ion specificity in biology. Chemical Reviews, 2012, 112(4): 2286-2322.
[50] Wei X Y, Pan D Q, Xu Z, et al. Colloidal stability and correlated migration of illite in the aquatic environment: the roles of pH, temperature, multiple cations and humic acid. Science of the Total Environment, 2021, 768: 144174.
[51] Tan L, Yu Z, Tan X, et al. Systematic studies on the binding of metal ions in aggregates of humic acid: aggregation kinetics, spectroscopic analyses and MD simulations. Environmental Pollution, 2019, 246: 999-1007.
[52] Hesterberg D, Page A L. Critical coagulation concentrations of sodium and potassium illite as affected by pH. Soil Science Society of America Journal, 1990, 54(3): 735-739.

[53] Gao X, Tian R, Liu X M, et al. Specific ion effects of Cu^{2+}, Ca^{2+} and Mg^{2+} on montmorillonite aggregation. Applied Clay Science, 2019, 179: 105154.
[54] Tang Y, Li H, Zhu H, et al. Impact of electric field on Hofmeister effects in aggregation of negatively charged colloidal minerals. Journal of Chemical Sciences, 2016, 128(1): 141-151.
[55] Zhu L, Li Z, Tian R, et al. Specific ion effects of divalent cations on the aggregation of positively charged goethite nanoparticles in aqueous suspension. Colloids and Surfaces A: Physicochemical and Engineering Aspects, 2019, 565: 78-85.
[56] Xu C Y, Xu R K, Li J Y, et al. Phosphate-induced aggregation kinetics of hematite and goethite nanoparticles. Journal of Soils and Sediments, 2017, 17(2): 352-363.
[57] Ahmad A L, Wong S S, Teng T T, et al. Improvement of alum and PACl coagulation by polyacrylamides (PAMs) for the treatment of pulp and paper mill wastewater. Chemical Engineering Journal, 2008, 137(3): 510-517.
[58] Razali M A A, Ahmad Z, Ahmad M S B, et al. Treatment of pulp and paper mill wastewater with various molecular weight of polyDADMAC induced flocculation. Chemical Engineering Journal, 2011, 166(2): 529-535.
[59] Lee K E, Morad N, Teng T T, et al. Development, characterization and the application of hybrid materials in coagulation/flocculation of wastewater: a review. Chemical Engineering Journal, 2012, 203: 370-386.
[60] Cho J, Heuzey M C, Bégin A, et al. Viscoelastic properties of chitosan solutions: effect of concentration and ionic strength. Journal of Food Engineering, 2006, 74(4): 500-515.
[61] Sher F, Malik A, Liu H. Industrial polymer effluent treatment by chemical coagulation and flocculation. Journal of Environmental Chemical Engineering, 2013, 1(4): 684-689.
[62] Dultz S, Woche S K, Mikutta R, et al. Size and charge constraints in microaggregation: model experiments with mineral particle size fractions. Applied Clay Science, 2019, 170: 29-40.
[63] Liu G, Zheng H, Jiang Z, et al. Formation and physicochemical characteristics of nano biochar: insight into chemical and colloidal stability. Environmental Science & Technology, 2018, 52(18): 10369-10379.
[64] Liu G, Zheng H, Jiang Z, et al. Effects of biochar input on the properties of soil nanoparticles and dispersion/sedimentation of natural mineral nanoparticles in aqueous phase. Science of the Total Environment, 2018, 634: 595-605.
[65] Sharma B R, Dhuldhoya N C, Merchant U C. Flocculants: an ecofriendly approach. Journal of Polymers and the Environment, 2006, 14(2): 195-202.
[66] Emerson W W. The structure of soil crumbs. Journal of Soil Science, 1959, 10(2): 235-244.
[67] Edwards A P, Bremner J M. Microaggregates in soils. Journal of Soil Science, 1967, 18(1): 64-73.
[68] Greenland D J. Interaction between clays and organic compounds in soils, part II: adsorption of soil organic compounds and this effect on soil properties. Soils and Fertilizers, 1965, 28(6): 521-531.
[69] Tisdall J M, Oades J M. Organic matter and water-stable aggregates in soils. Journal of Soil Science, 1982, 33(2): 141-163.
[70] Oades J M, Waters A G. Aggregate hierarchy in soils. Soil Research, 1991, 29(6): 815-828.
[71] Six J, Elliott E T, Paustian K. Aggregate and soil organic matter dynamics under conventional and No-tillage systems. Soil Science Society of America Journal, 1999, 63(5): 1350-1358.
[72] Angers D A, Recous S, Aita C. Fate of carbon and nitrogen in water-stable aggregates during decomposition of $^{13}C^{15}N$-labelled wheat straw *in situ*. European Journal of Soil Science, 1997, 48(2): 295-300.
[73] 朱华玲, 李兵, 熊海灵, 等. 不同电解质体系中土壤胶体凝聚动力学的动态光散射研究. 物理化学学报, 2009, 25(6): 1225-1231.

[74] 高晓丹, 李航, 朱华玲, 等. 特定 pH 条件下 Ca^{2+}/Cu^{2+}引发胡敏酸胶体凝聚的比较研究. 土壤学报, 2012, 49(4): 698-707.

[75] Xu X, Wang J, Tang Y, et al. Mitigating soil salinity stress with titanium gypsum and biochar composite materials: improvement effects and mechanism. Chemosphere, 2023, 321: 138127.

[76] Liu B, Guo C, Ke C, et al. Colloidal stability and aggregation behavior of CdS colloids in aquatic systems: effects of macromolecules, cations, and pH. Science of the Total Environment, 2023, 869: 161814.

[77] Lin Z, Zhang C, Hu Y, et al. Nano aluminum-based hybrid flocculant: synthesis, characterization, application in mine drainage, flocculation mechanism. Journal of Cleaner Production, 2023, 399: 136582.

[78] Eltohamy K M, Li J, Gouda M, et al. Nano and fine colloids suspended in the soil solution regulate phosphorus desorption and lability in organic fertiliser-amended soils. Science of the Total Environment, 2023, 858: 160195.

[79] Zhang P, Bing X, Jiao L, et al. Amelioration effects of coastal saline-alkali soil by ball-milled red phosphorus-loaded biochar. Chemical Engineering Journal, 2022, 431: 133904.

[80] Tiwari E, Khandelwal N, Singh N, et al. Effect of clay colloid—CuO nanoparticles interaction on retention of nanoparticles in different types of soils: role of clay fraction and environmental parameters. Environmental Research, 2022, 203: 111885.

[81] Tang N, Siebers N, Leinweber P, et al. Implications of free and occluded fine colloids for organic matter preservation in arable soils. Environmental Science & Technology, 2022, 56(19): 14133-14145.

[82] Sun Z, Ge J, Li C, et al. Enhanced improvement of soda saline-alkali soil by *in situ* formation of super-stable mineralization structure based on CaFe layered double hydroxide and its large-scale application. Chemosphere, 2022, 300: 134543.

[83] Ho Q N, Fettweis M, Spencer K L, et al. Flocculation with heterogeneous composition in water environments: a review. Water Research, 2022, 213: 118147.

[84] Chen Q, Cao X, Li Y, et al. Functional carbon nanodots improve soil quality and tomato tolerance in saline-alkali soils. Science of the Total Environment, 2022, 830: 154817.

[85] Chen M, Zhang S, Liu L, et al. Organo-mineral complexes in soil colloids: implications for carbon storage in saline-alkaline paddy soils from an eight-year field experiment. Pedosphere, 2024, 34(1): 97-109.

[86] Chen M, Zhang S, Liu L, et al. Combined organic amendments and mineral fertilizer application increase rice yield by improving soil structure, P availability and root growth in saline-alkaline soil. Soil and Tillage Research, 2021, 212: 105060.

[87] Zhang Y, Tian R, Tang J, et al. Specific ion effect of H^+ on variably charged soil colloid aggregation. Pedosphere, 2020, 30(6): 844-852.

[88] Xu Z, Sun Y L, Niu Z W, et al. Kinetic determination of sedimentation for GMZ bentonite colloids in aqueous solution: effect of pH, temperature and electrolyte concentration. Applied Clay Science, 2020, 184: 105393.

[89] Huang X, Kang W, Guo J, et al. Highly reactive nanomineral assembly in soil colloids: implications for paddy soil carbon storage. Science of the Total Environment, 2020, 703: 134728.

[90] Zhu Y, Ali A, Dang A, et al. Re-examining the flocculating power of sodium, potassium, magnesium and calcium for a broad range of soils. Geoderma, 2019, 352: 422-428.

[91] Zhou M, Liu X, Meng Q, et al. Additional application of aluminum sulfate with different fertilizers ameliorates saline-sodic soil of Songnen Plain in Northeast China. Journal of Soils and Sediments, 2019, 19(10): 3521-3533.

[92] Sadegh-Zadeh F, Parichehreh M, Jalili B, et al. Rehabilitation of calcareous saline-sodic soil by means of biochars and acidified biochars. Land Degradation & Development, 2018, 29(10): 3262-3271.
[93] Hu F N, Xu C Y, Li H, et al. Particles interaction forces and their effects on soil aggregates breakdown. Soil & Tillage Research, 2015, 147: 1-9.
[94] García-García S, Wold S, Jonsson M. Effects of temperature on the stability of colloidal montmorillonite particles at different pH and ionic strength. Applied Clay Science, 2009, 43(1): 21-26.
[95] Itami K, Fujitani H. Charge characteristics and related dispersion/flocculation behavior of soil colloids as the cause of turbidity. Colloids and Surfaces A: Physicochemical and Engineering Aspects, 2005, 265(1): 55-63.
[96] 黄建维. 粘性泥沙在静水中沉降特性的试验研究. 泥沙研究, 1981, 6(2): 30-41.
[97] 张志忠. 长江口细颗粒泥沙基本特性研究. 泥沙研究, 1996(1): 67-73.
[98] 杨铁笙, 赵明. 黏性细颗粒泥沙絮凝发育时空过程的数值模拟. 水利学报, 2015, 46(11): 1312-1320.
[99] 张文新, 张文超, 王淑娟, 等. 脱硫石膏对碱化土壤胶体絮凝的影响. 土壤, 2021, 53(3): 555-562.

第 8 章　盐碱土壤养分管理与循环

土壤养分资源的丰富性与分布，对土壤微生物的多样性和生物群落的内在交互产生决定性影响，进而深远地塑造了农田生态系统的功能表现和稳定性。盐碱地的土壤特性常表现为养分严重匮乏和有机质含量偏低的状态(详见表 8-1)，其中磷素的明显不足尤其降低了土壤养分资源的总体水平。通过精细化的养分管理策略，能够提升土壤肥力，增强土壤生物多样性，进一步改进土壤生物功能，推动养分在生态系统中的良性循环，为盐碱地的持久改良和可持续发展提供坚实基础。本章以碳(C)、氮(N)、硫(S)、磷(P)等几种关键元素为核心，系统地探讨盐碱地养分管理的理论基础和实践策略，目的是在有效利用养分资源的基础上，提出一套旨在维持土壤的高质量、高产能和健康状况，保障粮食安全，改善环境，并能持续利用的解决方案。

表 8-1　东北盐碱土和非盐碱土壤组成与性质对比(0～30 cm)[1]

指标	盐碱土	非盐碱土
黏粒占比/%	42.3 ± 9.0	31.0 ± 7.1
粉粒占比/%	26.7 ± 6.2	37.8 ± 6.1
砂粒占比/%	31.0 ± 8.1	31.2 ± 8.7
水溶性 Ca^{2+}含量/(mmol/kg)	1.32 ± 0.86	122.3 ± 15.2
水溶性 Mg^{2+}含量/(mmol/kg)	1.10 ± 0.78	35.2 ± 8.7
水溶性 Na^{+}+K^{+}含量/(mmol/kg)	41.5 ± 33.0	7.2 ± 2.8
交换性 Na^{+}含量/(mmol/kg)	130.4 ± 81.0	7.14 ± 1.69
CEC/(mmol/kg)	329.3 ± 68.9	260.9 ± 60.8
ESP/%	38.2 ± 19.9	2.94 ± 1.13
$CaCO_3$ 含量/%	13.9 ± 4.6	0.47 ± 1.02
pH	10.0 ± 0.4	6.4 ± 0.5
有机质含量/(g/kg)	2.5 ± 0.4	5.1 ± 0.7

8.1　盐碱土壤碳循环

土壤碳由无机碳(SIC)和有机碳(SOC)两部分组成。土壤无机碳是指土壤中负价态的含碳无机物的总称，主要包括土壤孔隙中的 CO_2，土壤溶液中的 CO_3^{2-} 、HCO_3^- 以及各种碳酸盐矿物质。多数土壤中无机碳的含量低，且周转速率慢，在土壤中比较稳定[2]。

土壤有机碳是指土壤中正价态的含碳有机物的总称，主要包括动植物残体、微生物及其分泌物和它们在各个分解阶段的残留物质[3]。土壤有机碳周转快、活性高，是土壤中活跃的部分，能够反映土壤的肥力，对于植物生长有重要作用[4]。本节将对盐度、碱度、土壤有机碳(SOC)这三者之间的关系进行讨论分析。

8.1.1　盐碱土壤有机碳概况

土壤作为陆地生物圈中最大的碳库[5]，地球的土壤含有大约 2500 亿 t 碳，是大气中碳含量的三倍多，其固碳能力是全球气候调节的关键因素[6]。在调节全球气候变化和碳循环反馈过程中具有极其重要的作用。然而，由于气候变化和人类活动，全球土地严重退化，尤其是土壤盐碱化[7]，导致土壤损失大量有机碳(表 8-2)。盐碱土通常表现出较低的有机碳储量，这是因为土壤盐分降低了植物生产力，导致土壤碳输入量降低，而盐碱土较高的盐度和碱度导致微生物生物量和活性都较低[8]。因此，如果能够科学合理地利用盐碱土，那么就具有巨大的固碳潜力[9]。因此合理的农业管理措施，特别是土地利用和施肥方式的变化，可以提高盐碱土的固碳能力，这对改善土壤质量和缓解全球气候变化都能起到积极作用。

表 8-2　模拟土壤盐分导致的土壤有机碳损失量[8]

地区	总有机碳损失量/Pg	平均有机碳损失量 ^{a}/(t/hm^2)	土壤-植物系统的 CO_2 净释放量/Pg
亚洲	0.33	2.14	1.20
非洲	0.07	0.44	0.24
北美洲	0.10	0.64	0.36
大洋洲	0.02	0.12	0.07
南美洲	0.01	0.05	0.03
欧洲	0.01	0.08	0.05
世界	0.53	3.47	1.94

a. 平均土壤碳损失量基于加权盐碱土面积。

8.1.2　盐碱土壤有机碳来源

有机碳积累的自然过程包括植物凋落物沉积、土壤微生物生物量积累、植物根碎片积累和根分泌。土壤有机碳来源是研究者不断探索的科学问题，并且非常具有争议性。传统观点认为，植物残体和其他生物材料被土壤生物降解成有机物，从而形成土壤有机质。随着分子生物学的发展，人们对于土壤微生物在土壤有机碳形成过程中的作用有了新的认识。由此形成了一些概念模型，如“土壤有机碳连续体模型”、“植物残体逐级分解模型”和土壤微生物“碳泵”等。近期的研究证据表明，微生物残体是土壤有机碳的主要来源之一，其对有机碳积累的贡献率可达 50%以上。而不同气候区和不同利用类型土壤的土壤有机碳来源及其贡献有很大差异，并且可能受到农业管理策略的影响。Lehmann 等和 Whalen 等认为通过微生物形成途径，地下投入物比地上投入物更有效地形成矿物稳定的土壤碳，部分原因是根际微生物群落相对于块状土壤群落的形成效率更高[10,11]。

8.1.3　盐碱土壤有机碳影响因素

土壤 SOC 对环境和人为活动的变化极其敏感，其碳储量对于全球气候变化和可持续土壤管理至关重要。前人已经提出了一系列机制来解释土壤 SOC 随空间和时间的变异。这些机制主要包括物理、化学和生物等土壤固有性质以及土地管理方式等。在这些因子的共同作用下土壤 SOC 保持着动态平衡。因此，应用单一因素来预测土壤 SOC 变化的研究都将导致巨大的不确定性。单一因素对土壤 SOC 的影响可能是其直接效应和间接效应的综合。因此，澄清各种因素对土壤 SOC 直接或间接影响的机制是一个重要的挑战。盐碱土肥力普遍较低，而肥力较低的土壤更易发生盐碱化，盐碱和贫瘠之间存在密切的相互影响。对此，人们提出了以施肥来改良盐碱土的观点。研究发现土壤 SOC 含量越高，越有利于土壤团聚体数量的增加，促进土壤水稳性团聚体的形成，同时有机质还可以提高微生物的活性，使其能够在矿化裂解有机质的过程中形成各种有机酸，使土壤碱性降低。陈恩风先生指出“治水是基础，培肥是根本”[12]，便是说盐碱地改良既要注重水利建设，但更需培肥土壤。

1. 土壤固有性质对有机碳的影响

土壤固有性质控制着土壤 SOC 稳定性，土壤 pH、盐度和物理结构等都能显著影响土壤 SOC 含量和组成。而盐碱地具有高盐浓度、高 Na^+浓度和高 pH。土壤盐度已被证明是影响土壤微生物全球分布的主要因素。盐分通过抑制植物生长减少了土壤中碳的积累，渗透胁迫导致土壤微生物活性下降，碳周转速率减缓。盐度是影响土壤细菌多样性和组成的非常重要的因素，土壤盐度调节了土壤真菌群落的多样性和生态功能。土壤 pH 是土壤微生物活动的主要驱动因素之一。通过多项研究总结得出，土壤碳激发效应随着 pH 的增加而增加。然而，不同土壤中的激发效应对 pH 的响应不相同，因为每种土壤具有除 pH 以外的独特特性。因此，研究初始土壤 pH 对同一土壤基质内激发效应的作用非常重要。Zhang 等发现在半干旱草原上，土壤 pH 的轻微增加有利于土壤 SOC 和氮的储存[13]。另外，盐渍化导致的土壤结构对有机碳的保护作用较差，显著降低了土壤碳储量。同时，土壤物理结构会影响土壤通气和水分状况，进一步影响土壤微生物丰度和多样性。虽然土壤团聚体分布不能完全代表土壤结构属性，但当前研究认为，土壤团聚体结构可代表大部分土壤结构特性。土壤团聚体可为土壤 SOC 提供物理保护作用。土壤团聚体结构对土地管理方式(如施肥、耕作和植被等)的响应高度敏感。Luo 等通过对澳大利亚农业地区变化后不同类型的土壤 SOC 研究发现，土壤 SOC 各组分的变化与初始 SOC 的浓度呈负相关[14]，说明在适当的土地利用管理下，具有较低土壤 SOC 储量的土壤具有更大的固碳潜力，这就表明具有低含量有机碳的盐碱土有必要进一步研究来促进土壤固碳能力。

相比之下，在干旱和半干旱地区，无机碳主要以难溶态存在。盐碱地底层土壤中含有大量不溶性无机碳(SIC)，它对土壤碳循环具有重要影响。在澳大利亚南部和内陆地区，据统计，SIC 在盐碱土中大约占 50%，并通常在钠质土壤中出现。当土壤盐碱化由地下水位上升引起时，SIC 的形成和溶解可能会影响 HCO_3^- - CO_3^{2-} 平衡。当地下水富含 Ca^{2+}或者 HCO_3^- 和 CO_3^{2-} 时，SIC 可能会以碳酸盐沉淀的形式析出。Na^+的增加可以提高 HCO_3^- 和 CO_3^{2-} 的活性，有时还会促使 $CaCO_3$ 和 $MgCO_3$ 沉淀。盐化和钠化程度的加剧会抑制植物的生长发育，甚至造成植物的衰老和死亡。由此，植物根部呼吸作用降低，CO_2 分压减小，pH 升高，从而促使土壤中碳酸盐形成并加重土壤盐碱化。

2. 土地管理方式对有机碳的影响

土壤 SOC 含量对人类活动具有高度响应性，包括由土地利用变化、耕作、灌溉和施肥引起的植被类型变化。然而，农业土壤的长期管理不善可能导致巨大的碳损失，并将农田从碳汇转向碳源。集约化管理的农业系统会耗尽土壤 SOC，导致潜在的严重土地退化，土壤肥力下降，并增加 CO_2 排放。据估计，20 世纪 90 年代土地利用变化引起的 CO_2 排放量占人类活动引起的总排放量的四分之一。随着全球森林和草地转变为农田，土壤 SOC 含量下降了 30%～80%，且城市中不同类型的工程土壤的 SOC 含量存在明显差异。从 1980～2000 年，中国北方和东北地区草原土壤 SOC 含量增加了 9%，然而当大面积的森林和草原转变为农田时，SOC 含量损失了 25%。因为土地利用变化通常会改变土壤基质、土壤微生物活性和化学性质，这些可能单独或交互影响土壤碳循环过程。

此外，耕作对土壤有机碳含量及稳定性影响巨大。在有耕地制度的农业系统中，土壤 SOC 积累取决于植物残体碳输入和土壤微生物对碳的分解过程。在常规耕作中观察到有机碳分解速率随耕作年限增加，与免耕相比，土壤 SOC 含量降低了至少 12%。并且 Wang 等发现耕作制度对华北黄土土壤 SOC 储量也有很大的影响[15]。

施肥方式的差异也是影响土壤碳储量的重要因素。不同肥料类型对不同气候条件下土壤有机碳含量和作物产量的影响机制尚不明确。随着人口和经济的增长，在农业生态系统中化学肥料用量有所增加，以实现高作物产量并满足人口不断增长的需求。另外，化学肥料的过量使用导致大气氮磷沉降量也有所增加。大量研究表明合理施用氮肥和磷肥会增加土壤 SOC 的含量。然而，长期使用化肥不利于可持续农业生态系统的发展。例如，氮肥可以显著减少土壤生物群落的多样性，最终改变其生态功能。也有研究发现低氮肥投入下可以显著提高产量，但在高氮肥投入下对产量的影响很小或没有影响。研究表明，重复使用化肥可能导致土壤 SOC 的减少，特别是当微生物分解的碳量超过作物残茬向土壤的碳输入量时。但是，土壤 SOC 储量对有机肥的施用有明显响应。通常情况下，有机肥可以作为外部碳源输入直接增加土壤 SOC 储量，因此施用有机肥可以有效提高土壤 SOC 含量。除此之外，化肥和有机肥的施用可以提供植物生长所必需的营养元素并改善土壤质量，从而通过增加植物生物量的输入，间接地影响土壤 SOC 储量。另有大量 Meta 分析研究表明，长期施用化肥或有机肥显著增加了土壤 SOC 含量，并且化肥和有机肥共同施用对土壤碳储量影响更大。

具体来讲，施肥会影响土壤可溶性有机质(DOM)的浓度和特征[2]。Schmidt 和

Martínez 指出，DOM 含量随着土壤深度的增加而减少，而免耕管理相比于翻耕/盘耕则可以增加深层土壤中的 DOM 含量[16]。此外，土地利用变化会显著改变几个关键环境因子，这些因子影响着 DOM 的组成和含量[17]。例如，在土地利用转换期间，影响土壤 DOM 特性的几个至关重要的因素包括土壤有机质含量和组成、土壤质地和年平均降水量[18]。此外，生物气候条件的不同会导致 DOM 累积的数量不同。例如，森林植被土壤每年积累 4～5 t/ha 的有机质，草原植被则达到 10～25 t/hm^2，而农田植被每年仅为 3～4 t/ha。在农业生态环境中，由于农作物替换了天然植被，DOM 的主要来源就变成了人们每年投入的有机物料以及农作物的根茬、分泌物和枯枝落叶。因此，无论是施肥还是灌溉等农田管理措施，都会影响土壤有机质的动态变化。

总之，气候因子、土壤固有性质及土地管理方式都是影响土壤 SOC 的重要因素。SOC 对环境和人为活动的变化极其敏感，而且其碳储量对全球气候变化和可持续土壤管理有着重要意义[19]。为了解释土壤 SOC 随空间和时间的变异，前人已经提出了一系列机制。这些机制涉及降水和温度等气候因子[20]，物理、化学和生物等土壤固有性质[21]以及土地管理方式[22]等。这些因子共同作用于土壤 SOC，使其保持动态平衡。同时，地形、植被类型和土壤类型等多种因素也影响着土壤有机质的分布特征，导致其呈现出空间异质性。因此，如果只应用单一因素来预测土壤 SOC 变化，那么研究结果将存在巨大的不确定性[14]。

对于盐碱土，目前还缺乏系统地研究施肥方式对土壤 SOC 的影响机制，以及影响机制的明确性。因此，为了应对全球变化和农业可持续发展的挑战，改善农田管理并研究盐碱土壤固碳潜力是至关重要的。

8.1.4　土壤有机碳组分

土壤总有机碳(total organic carbon，TOC)包括惰性有机碳和活性有机碳。惰性有机碳是指相对较稳定、难分解的有机碳，主要包括一些多酚、腐殖质、多糖等，它们含量的多少可以体现土壤对有机碳的积累。土壤活性有机碳是指土壤中有机碳的活跃部分，在土壤中极易发生变化，最不稳定，生物活性最高。活性有机碳可具体分为易氧化有机碳(ROC)、可矿化有机碳(PMC)、溶解性有机碳(DOC)和微生物量碳(MBC)等。活性有机碳虽然只占 TOC 的较少一部分，但是它可以较快地反映土壤碳库的微小变化，参与土壤中碳的循环，从而影响土壤对碳的固定。TOC 对环境条件的变化十分敏感，容易受多种因素的影响，包括人为干扰因素的影响。TOC 在可持续土壤生产中有着重要作用，然而过量的无机肥料投入和密集的管理措施导致农业土壤中的 TOC 流失。此外，关键的土壤结构特性如土壤总孔隙度、土壤容重和渗透阻力，以及土壤储水量也影响着 TOC。土壤有机碳组成和结构比较庞杂，且地理位置不同时有机碳含量会呈现很大差异性，通过对土壤有机碳组分的深刻研究，可以增强对土壤有机碳转化循环的充分认识。

1. 溶解性有机碳

土壤溶解性有机碳(DOC)是指土壤有机碳能够溶解于水中的部分。DOC 仅占土壤总有机碳的很小的一部分，但是它可以转化为其他有机碳组分，其他组分也能在一定条件下转化为 DOC。土壤 DOC 一方面能够溶于水，可以很容易被微生物分解，从而为植物提供养分，它的含量一直处于动态平衡中。另一方面，它具有迁移性比较强的特点，对土壤中元素的生物地球化学循环有着重要的影响。DOC 在表层土壤和深层中均参与许多生物地球化学过程。DOC 源自细菌、藻类和植物的分解，由芳香族和脂肪族有机物的复杂混合物组成，25%～50%是由腐殖酸和黄腐酸组成，其余由蛋白质、多糖和亲水性有机酸组成，它们在酸性阴离子的吸附-解吸和离子淋洗中有很重要的作用[23]。土壤中 DOC 的特征受到微生物降解的影响，并与土壤理化性质密切相关。由于水溶性有机质可以反映土壤气体交换强度、土壤微生物量碳与土壤微团聚体的稳定性，因此更多的研究者把溶解性有机质当作敏感指标来反映土壤质量变化。土壤 DOC 的影响因素有很多，有季节变化、耕作模式、土壤湿度、温度、土地利用方式等。

大部分水溶性有机质是高分子复合物，具有高分子量，很难用化学方法鉴别。化学方法仅可以甄别一些分子量较低的化合物，如小分子的氨基酸和糖类等。土壤中生物分解和微生物成长发育过程均需要水溶性有机质为其提供主要能量，同时水溶性有机质还影响着土壤微生物生长环境。水溶性有机质生物活性较强，能够代表土壤中的快速中转碳库。近些年来，人们又将水溶性有机质分为冷水溶性有机质与热水溶性有机质，热水溶性有机质含有的糖类化合物、芳香性高聚物(木质素)较冷水溶性有机质丰富且提取量高，但其稳定性差。

众所周知，DOC 对土地管理实践很敏感。在盐碱土壤中，溶解性有机质对盐分的迁移和分布具有重要作用。溶解性有机质具有较高的生物活性，可以通过吸附和脱附过程调节盐分的迁移。在盐碱土壤改良过程中，增加溶解性有机质含量不仅有利于提高土壤结构稳定性和降低含盐量，还可以改善土壤生产力和生态环境。因此，通过施用有机肥料、绿肥等方式提高盐碱土壤中的溶解性有机质含量是改良盐碱土壤的有效途径。

2. 土壤易氧化有机碳

土壤易氧化有机碳(ROC)一般是指土壤有机碳中能够被 333 mmol/L 高锰酸钾溶液氧化的部分。ROC 在土壤中活性非常高，很容易受土地利用方式和土壤环境的影响。有关太湖流域围湖造田的研究发现，林地中土壤 ROC 的含量显著高于耕地，且随季节动态变化明显。而农牧交错带荒地、苜蓿草地、农田中 ROC 含量的研究发现，草地的 ROC 含量低于农田，但是草地的 TOC 含量更高一些，表明草地土壤 ROC 更加稳定。

常用高锰酸钾作为氧化剂将有机质区分为两类：一类是易氧化有机质，又称活性有机质；另一类是非活性有机质，它们不易被氧化剂氧化。首先将高锰酸钾设置成三个梯度，即 33 mmol/L、167 mmol/L 和 333 mmol/L，随后根据有机质对三个梯度浓度高锰酸钾的氧化敏感性将其分成最高活性、中等活性、较低活性以及惰性有机质组分。Farrington 和 Salama[24]通过研究指出 333 mmol/L 高锰酸钾是活性有机质与非活性有机质的一个临界点，能被氧化就是活性有机质，不能则为非活性有机质。然而另一些研究表明，当活性有机质在被 333 mmol/L 高锰酸钾氧化时所测量的比例偏高，因此不能使热带土壤活性有机质的变化得到真实反映。

易氧化有机质在盐碱土壤改良中具有重要作用。首先，易氧化有机质可提供营养物质，促进盐碱土壤中微生物的活性，从而降低盐分对生物的危害。其次，易氧化有机质有助于改善盐碱土壤的结构，增加土壤孔隙，提高土壤的通气性和渗透性，有利于盐分的迁移和排除。此外，易氧化有机质还可以通过吸附作用降低土壤含盐量，减轻盐分胁迫。因此，在盐碱土壤改良过程中，关注易氧化有机质的变化和作用是十分重要的。可以通过施用有机肥料、秸秆还田、种植绿肥作物等方式提高盐碱土壤中的易氧化有机质含量，从而改善盐碱土壤的生态环境。

3. 土壤可矿化有机碳

土壤碳矿化是指土壤中的有机物料(有机质、残枝落叶等)在微生物的作用下分解释放出 CO_2 的过程。在这一过程中，土壤中的碳实现了由有机态向无机态的转化。一般用一定温度下、一段时间内土壤释放 CO_2 的量，即土壤可矿化有机碳(PMC)来量化这一过程。土壤碳矿化速率与土壤中微生物的活性、土壤的含水量以及培养温度密切相关。有研究者[24]通过室内培养的方式研究了不同温度下不同土地利用方式的土壤的有机碳矿化速率，发现每种土壤的矿化速率都随着温度的升高而增大，同一温度下，林地的矿化速率最高，其次是水田、旱地。

4. 土壤微生物量碳

土壤微生物量碳(MBC)是指土壤中微生物体内的碳含量，包括活的微生物和死的微生物的总和。MBC 占土壤碳库的很小一部分，只有 1%～4%，但却是土壤总有机碳中最活跃的部分，对于土壤碳库的转化和土壤中养分的供给起着重要的作用。MBC 也极易受到外界因素的影响，如人为活动、土地利用方式、土壤的酸碱度、含盐量等。在西藏尼洋河流域的不同土地利用方式下，土壤 MBC 含量分布的结果表明不同土地利用方式下土壤 MBC 含量有极显著的差异，林地的 MBC 含量要远高于草地、耕地。而干湿循环系统(干燥—湿润—再干燥—再湿润)进行的 Meta 分析表明，干湿循环使土壤中 MBC 含量增加了 9.5%，且 MBC 的效应量随着干湿循环次数增多而不断增加。

5. 腐殖质

土壤腐殖质(HS)是指高等植物、微生物与动物遗体通过微生物降解所形成的天然有机大分子的不均匀混合物，占土壤有机质的 60%～90%。国内外学者一直关注如何划分腐殖质形态这一问题。根据腐殖质在酸、碱溶液中溶解度的不同，将其分为胡敏酸(HA)、富里酸(FA)和胡敏素(HM)；根据提取剂的不同，腐殖质类物质可分为游离态和结合态；而又由于胡敏酸的光学性质不同，将其分为 A、B、P、Rp 型胡敏酸等。为了提升腐殖质的提取量和纯度，国际腐殖质协会(IHSS)在 20 世纪 90 年代提出了一种标准方法，即使用离子交换柱(XAD-28)分离和纯化富里酸和胡敏素，同时使用稀氢氟酸-盐酸溶液去除胡敏酸中的一些矿物成分。并且这种方法适用于各种类型的土壤[25]。

腐殖质因具有胶体特性可将阳离子吸附于表面，有助于保持土壤肥力；腐殖质可以增加土壤大孔隙结构，使土壤保持疏松，并作为土壤生物圈中的稳定碳库。目前农业生态系统碳循环的研究工作重点便是腐殖质对土壤碳储量的贡献及其稳定机制。腐殖质在盐碱土壤改良中具有重要作用。首先，腐殖质能通过吸附作用降低土壤中的盐分，降低土壤的盐碱度；其次，腐殖质能促进土壤团聚体的形成，改善土壤结构，提高土壤的通气性和渗透性；最后，腐殖质还能提供土壤微生物所需的养分，增加土壤生物活性，从而提高土壤的肥力。因此，研究腐殖质在盐碱土壤改良中的具体作用和影响机制具有重要意义。

8.1.5　土壤有机碳的物理组分

土壤颗粒的空间排列决定了有机质受到的物理保护程度，同时也影响了土壤有机质的转化动力学。物理分组法能够在最大程度上保持有机质的原始形态和结构，从而反映出原状土壤中有机质的结构和功能特征。正因如此，国内外相关研究者更偏爱物理分组方法。常见的物理分组方法有粒径分组、密度分组和二者联合分组。根据团聚体大小进行分组时，以 0.25 mm 为界限将水稳团聚体划分为大团聚体和小团聚体。大团聚体可进一步细分为 0.053～0.25 mm(M_1)和 < 0.053 mm(M_2)两个粒径等级，小团聚体可进一步细分为 > 2 mm(A_1)和 0.25～2 mm(A_2)两个粒径等级。最常用的物理分组方法是粒径分组法，即按照 0.053 mm 为阈值将土壤有机质分为颗粒态有机质(POM)和矿质结合态有机质(MOM)。

团聚体的形成和稳定与土壤中的胶结物质密切相关，这些胶结物质主要包括土壤有机碳、多价阳离子、真菌、黏土矿物等。根据土壤团聚体等级模型，这些胶结物质在不同尺寸团聚体的形成过程中发挥着不同的重要作用。例如，在大多数土壤类型中，有机碳是大团聚体(>250 μm)形成的主要因素；而在热带亚热带氧化土中，非晶体铁铝氧化物是大团聚体稳定性的主要因素。在偏中性土壤中，Ca^{2+}可以促进黏粒和腐殖酸形成复合体，从而作为微团聚体的初级结构。但是，关于这些胶结物质在盐碱土中对土壤团聚体的影响，目前的研究还相对较少。土壤团聚体和有机碳库的稳定性受到土地利用及管理方式变化的强烈影响。例如，在林地转化为农田的过程中，耕作会破坏土壤团聚体的结构稳定性，导致原本被团聚体物理保护的有机碳分解速率增加，进而降低土壤有机碳储量。相反，免耕或保护性耕作可以促进有机碳的团聚作用，从而有利于增加大团聚体的占比盐碱土壤通常具有团聚体水稳定性差、有机碳含量低等特点，但是通过合适的土地利用及管理方式可以明显改善盐碱土壤的这些问题。种植水稻是有效改良盐碱地的方式之一，它可以改变盐碱地的团聚体分布和有机碳组成。

表 8-3 显示了中国松嫩平原地区盐碱地不同种植年限水稻后土壤有机质组分的质量分布和有机碳含量。结果表明，矿质结合态有机质(MOC)占总土壤有机质的比例为60.87%～69.19%，闭蓄态有机质(oPOM)为 30.81%～39.13%，其随时间变化呈现出先上升后下降的趋势，与 MOC 组分相反。fPOM 组分、oPOM 组分和 MOC 组分的有机碳含量分别为 44.21～48.40 g/kg、2.29～5.94 g/kg 和 6.30～23.52 g/kg。弃耕荒地土壤的

MOC 组分有机碳含量为 6.30 g/kg，种植水稻后，MOC 组分的有机碳含量随改良年限逐年增加。

表 8-3　土壤不同有机质组分的质量分布和有机碳含量

处理	质量分布/%			有机碳含量/(g/kg)		
	游离态颗粒有机质(fPOM)	闭蓄态有机质(oPOM)	矿质结合态有机质(MOC)	游离态颗粒有机质(fPOM)	闭蓄态有机质(oPOM)	矿质结合态有机质(MOC)
弃耕荒地	—	30.96 ± 1.28[c]	69.04 ± 1.28[a]	—	2.29 ± 0.44[c]	6.30 ± 0.91[f]
种稻1年	—	30.81 ± 1.76[c]	69.19 ± 1.76[a]	—	2.73 ± 0.35[dc]	8.74 ± 0.57[e]
种稻3年	—	39.13 ± 0.57[a]	60.87 ± 0.57[b]	—	3.06 ± 0.34[d]	14.26 ± 0.98[d]
种稻5年	0.38 ± 0.13[c]	38.70 ± 1.10[a]	60.92 ± 1.03[b]	44.21 ± 2.65[a]	3.73 ± 0.32[c]	16.30 ± 0.45[c]
种稻8年	1.33 ± 0.16[b]	36.27 ± 0.78[b]	62.40 ± 0.85[b]	46.30 ± 2.69[a]	4.63 ± 0.27[b]	20.27 ± 0.78[b]
种稻10年	2.42 ± 0.24[a]	31.83 ± 2.38[c]	65.75 ± 1.24[a]	48.40 ± 0.21[a]	5.94 ± 0.21[a]	23.52 ± 0.77[a]

注：不同小写字母代表处理在 0.05 水平上差异显著。

图 8-1 描述了土壤不同有机质组分的有机碳含量随时间的变化趋势。游离态颗粒有机质(fPOM)组分的有机碳含量从第 5 年开始逐年上升，种植水稻 10 年(PF-10)后达到 1.7 g/kg。闭蓄态有机质(oPOM)和矿质结合态有机质(MOC)组分的有机碳含量也呈现出逐年增加的趋势，其中 oPOM 组分的有机碳含量范围为 0.73～1.77 g/kg，MOC 组分的有机碳含量范围为 4.39～15.94 g/kg，且 MOC 组分的有机碳含量最高。

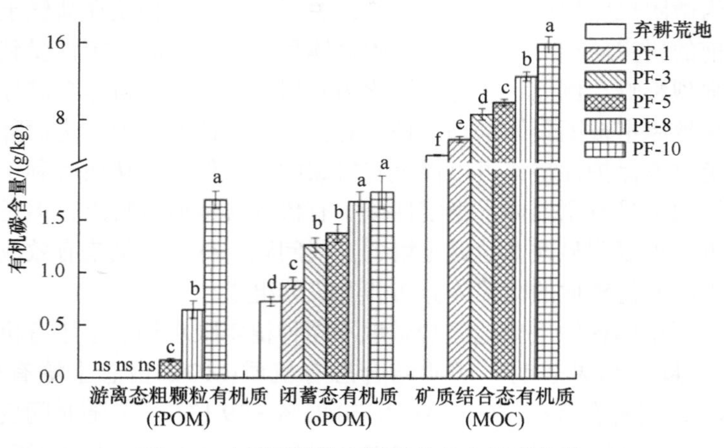

图 8-1　土壤团聚体不同组分的有机碳含量

PF 表示种植水稻；PF 后的数字代表种植年限

土壤有机质组成的演变反映了土壤有机碳库的稳定性。在此项研究中，最为惰性的有机质组成部分——矿质结合态有机质(MOC)，被视为与土壤中黏土矿物联系最为紧密的部分，其对于土壤总有机碳的贡献率为 74.10%～87.33%，从而证实了 MOC 是土壤有机碳库的主要承载体(图 8-2)。在对比中，可以发现 2∶1 型的蒙脱石矿物相对于 1∶1 型的高岭石矿物具有更大的交换容量和比表面积，因此它能吸附更多的有机质。进一步的研究发现，黑土中 MOC 组成部分占土壤有机碳总储量的 60.2%～81.1%，因此也成为土壤有机碳储存的主体。我们推断，由于 MOC 组分有机碳的稳定机制以化学吸附为主，盐碱土有机碳的主要稳定机制应为化学稳定机制。另外，游离态颗粒有机质(fPOM)组分的有机碳稳定性较差，且周转速率快，成为大气碳库和土壤稳定碳库之间重要的中转站。如表 8-1 所示，fPOM 组分的有机碳含量在 44.21%～48.40%之间，这一含量接近秸秆的有机碳含量，可以推断其主要由未完全分解的植物残体构成，这表明新鲜有机碳优先分配至 fPOM 组分。在我们的研究中，POM 组分的有机碳含量呈现出快速增长的趋势，随着时间推移，POM 组分的有机碳占比逐渐增大，这可能暗示着土壤有机碳库的稳定性在降低。

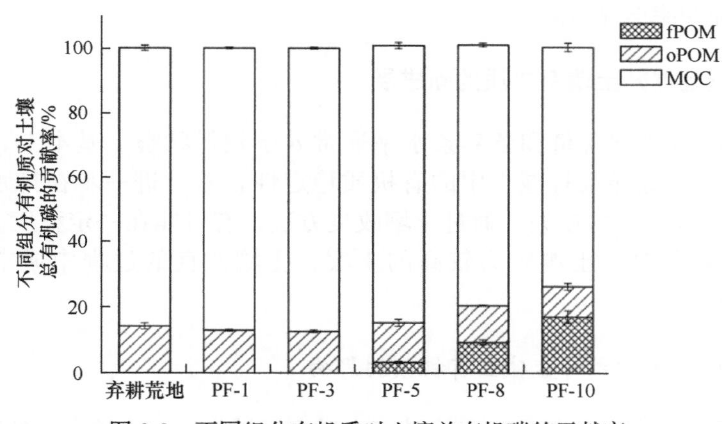

图 8-2 不同组分有机质对土壤总有机碳的贡献率

8.1.6 盐碱土壤有机碳的管理

盐碱土壤的改良培肥措施包括有机物料还田，施用有机肥、化肥、生物肥等。这些改良剂如粪肥、作物秸秆、有机肥料和沼气残留物都能增加土壤碳含量；农作物秸秆和有机肥料由于方便和成本较低而被广泛使用。在土壤中施用有机改良剂是一种有效的方法，它可以增加碳固存并改善土壤团聚体的形成。当土壤有机质含量较少时，向土壤中投入足够的化肥可使土壤有机质含量显著提升，因为施用化肥可促进土壤微生物生物量和地上部生物量的积累。农田中有机物料的投入不仅会对土壤有机质含量的变动产生影响，而且还会影响到土壤有机质组分的改变。农作物秸秆和粪肥的添加能在一定程度上提高土壤水溶性有机质的含量。然而，当有机肥刚加入土壤且还未完全发挥作用时，就可能被土壤微生物所分解，因此对于施用有机肥年限较长的土壤，其水溶性有机质含量同样可能会得到提高。虽然有机肥的投入能够促进腐殖质的积累，但是对于各组分积累效果的研究却尚未达成一致的结论。有机肥料、稻草和生物炭中有机物的化学性质和结构组成显著不同，不同的改良培肥措施对盐碱土壤有机质的影响各异。

土壤有机质是土壤中碳的主要来源，对土壤肥力、环境质量、水分调节及生态系统功能等具有重要作用。有机肥作为一种重要的土壤改良剂，对土壤有机质结构的影响是农业生产和土壤环境研究的关键问题。Neubauer 等比较了有机肥类和土壤类腐殖物质的结构特征。他们发现，有机肥类腐殖物质相对于土壤类腐殖物质，具有更高的类脂性、更低的氧含量、更少的酸性功能团和芳香环结构，以及更大的分子不均一性，表现出低度的腐殖化程度。他们还指出，土壤中腐殖物质的结构受到有机肥的类型和来源的影响[26]。Plaza 等研究了有机肥对土壤中胡敏酸结构的影响，发现有机肥能够增加胡敏酸中脂族碳的比例，并且提高其羧基和酚羟基含量[27]。

通过不断向农田土壤中投入有机肥，土壤有机质含量得到提升，但有机肥的种类、投入量及投入时间等因素都会影响有机质的提升水平。土壤中有机质的含量受到自然气候条件和农业管理方式的制约，每一种土壤类型都存在一个动态平衡点，超过该点后土壤有机质的增加速率会显著降低。

8.1.7　改良盐碱地提升土壤有机质的新进展

盐碱土壤的有机碳含量和营养素水平通常处于较低状态。基本上，较差的土壤物理和化学性质可能导致盐碱土中的有机质稳定性较差，进一步在排水洗盐过程中引起部分可溶性有机质的损失。通过土壤改良方法，有可能在一定程度上减少有机质组分的损失。除了对于土壤肥力较高的土壤，土壤改良的过程中通常能显著降低 Na^+含量和 SAR。

1. 不同土地利用方式对盐碱土有机碳的影响

坐落于中国东北部的松嫩平原是全球三大碱土区域之一。土地利用的变迁产生了多种环境影响，其中包括土地的盐碱化现象。在盐碱土环境中，考虑到土地利用类型与施肥方式可能引发土壤有机碳储量与稳定性的显著变化，因此迫切需要对土地利用类型结构与农业管理方式进行优化。鉴于环境保护的需要与国家粮食安全的考虑，大量盐碱地已被转化为农田或农林复合用地。同时，鉴于中国“碳达峰”与“碳中和”的目标，需要进一步的研究来推动这些目标的实现。

下面的结果基于松嫩平原盐碱土的实证研究，揭示了不同土地利用方式下土壤有机碳的差异。这些结论基于对 252 个土壤样本的分析，如表 8-4 所示，土地利用方式对土壤有机碳各组分产生了显著影响，涉及的有机碳类型包括惰性有机碳、易氧化活性碳，以及活性有机碳。土地利用方式对盐碱土的有机碳储量也产生了显著影响。与盐碱荒地相比，退化草地、林地、旱田和水田分别增加了土壤有机碳储量 4.7%、7.9%、37.7%和 79.6%。农田土壤有机碳储量与其他土地利用类型之间存在显著差异，但三种自然土地利用方式之间没有显著差异。

表 8-4　不同土地利用方式下土壤各有机碳组分含量

土地利用类型	总有机碳含量/(g/kg)	易氧化有机碳含量/(g/kg)	溶解性有机碳含量/(mg/L)	可矿化有机碳含量/[mg/(g·d)]	有机碳储量/(Mg/hm^2)	碳库管理指数
盐碱荒地	6.01 ± 3.89^{c}	2.25 ± 2.55^{c}	6.88 ± 3.35^{b}	0.36 ± 0.18^{a}	19.10 ± 12.36^{c}	100^{b}
退化草地	6.61 ± 4.41^{c}	2.94 ± 1.42^{bc}	8.10 ± 3.90^{b}	0.39 ± 0.14^{a}	20.02 ± 12.45^{c}	133.10 ± 50.75^{ab}
林地	6.96 ± 2.14^{c}	3.21 ± 0.96^{ab}	15.09 ± 8.52^{a}	0.36 ± 0.20^{a}	20.47 ± 5.997^{c}	143.46 ± 47.51^{ab}
旱田	8.66 ± 4.08^{b}	3.44 ± 1.99^{ab}	16.45 ± 12.79^{b}	0.41 ± 0.15^{a}	26.22 ± 12.51^{b}	152.62 ± 95.32^{a}
水田	11.28 ± 6.35^{a}	3.79 ± 1.56^{a}	16.38 ± 11.41^{a}	0.41 ± 0.22^{a}	34.27 ± 19.77^{a}	165.95 ± 73.89^{a}

与盐碱荒地相比，退化草地、林地、旱田和水田的土壤总有机碳含量分别增加了10.0%、16.7%、45.0%和 88.3%。与盐碱荒地相比，退化草地、林地、旱田和水田的易氧化有机碳含量分别增加了 30.67%、42.67%、52.89%、68.44%。与盐碱荒地相比，退化草地、林地、旱田和水田的可矿化有机碳含量分别提高 8.99%、0.47%、12.29%和14.88%。农田土壤总有机碳含量显著高于盐碱荒地、退化草地、林地，但这三种土地利用方式之间差异不显著。为了表征土壤碳的动态变化速率与稳定性，还采用了碳库管理指数作为评估指标。表 8-4 同时显示了各土地利用类型的碳库管理指数。五种土地利用方式遵循以下趋势：盐碱荒地<退化草地<林地<旱田<水田。与盐碱荒地相比，退化草地、林地、旱田和水田的碳库管理指数分别提高了 33.1%、43.46%、52.62%和65.95%。旱田和水田的土壤碳库管理指数显著高于盐碱荒地，但退化草地、林地、旱田和水田之间的碳库管理指数差异不显著。

各有机碳组分占总有机碳比例受不同土地利用方式的显著影响(表 8-5)。与其他土地利用方式相比，水田的稳定有机碳更高。五种土地利用方式下各有机碳组分所占比例无显著差异，然而自然退化土地向农田的转变却提高了稳定有机碳的比例，降低了活性有机碳的比例。盐碱荒地的可矿化有机碳比例最高，而旱田则以溶解性有机碳比例最高为特征。

表 8-5　不同土地利用类型土壤有机碳组分占总有机碳的比例　(单位：%)

土地利用类型	活性有机碳含量	可矿化有机碳含量	溶解性有机碳含量	稳定有机碳含量
盐碱荒地	50.04 ± 24.11^{a}	14.90 ± 15.20^{a}	3.73 ± 1.74^{a}	49.95 ± 11.30^{a}
退化草地	48.34 ± 13.06^{a}	7.92 ± 5.40^{a}	1.57 ± 1.08^{a}	51.65 ± 1.96^{a}
林地	47.54 ± 10.61^{a}	5.74 ± 3.00^{a}	2.48 ± 1.85^{a}	52.45 ± 1.72^{a}
旱田	42.29 ± 20.94^{a}	9.74 ± 7.90^{a}	6.07 ± 3.80^{a}	57.70 ± 2.27^{a}
水田	40.34 ± 18.62^{a}	5.07 ± 5.59^{a}	1.86 ± 1.70^{a}	59.65 ± 2.55^{a}

结构方程模型分析(图 8-3)显示，土地利用方式通过改变表层土壤性质直接或间接地影响有机碳储量。一方面，土地利用方式可以通过改变植物残体输入的数量和质量而直接影响土壤有机碳储量。盐碱荒地由于长期废弃，缺乏外源碳输入。退化草地的植物残体输入量很少，而林地的凋落物输入量则较多。农田由于人为施肥，植物残体输入量

远高于自然土地，从而提高了土壤有机碳储量[28]。该研究中，水田的土壤有机碳储量也高于旱田。这与水田作为一种独特的管理系统，能够驱动氧化还原过程，并影响微生物介导的土壤有机质周转[29]有关。稻田淹水造成的厌氧环境抑制了微生物活性，并降低了参与植物残渣分解的氧化酶的产生[30]，因此有机质在稻田中的停留时间可能会比旱田中更长。另一方面，土地利用方式还可以通过改变表层土壤性质，如总氮、水稳性团聚体、pH 和 EC 值，而间接影响土壤有机碳储量。综上所述，退化土地向农田，特别是水田的转变可以提高松嫩平原盐碱区的土壤质量。因此，水田在水源充足的条件下可以作为一种提高土壤有机碳储量和稳定性的可持续做法。

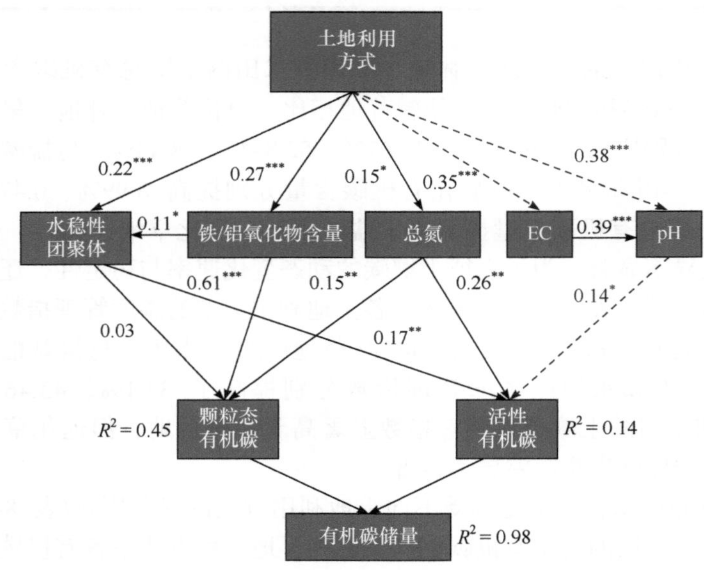

图 8-3　土地利用方式对土壤有机碳的直接和间接影响

图中虚线箭头表示负相关关系，实线箭头表示正相关关系；箭头上的数字代表标准化路径系数；*代表在 0.05 水平下显著相关，**代表在 0.01 水平下显著相关，***代表在 0.001 水平下显著相关；df 代表自由度；n 代表样品量；P 代表显著性；GFI 代表拟合优度；CFI 代表比较拟合指数；ACI 代表赤池信息量；RMSEA 代表近似均方根差

2. 施肥对盐碱土有机碳的影响

尽管土壤中的碳循环是基础生物地球化学循环，但是陆地生态系统的功能显著受到氮和磷输入的影响[31]。氮肥能够改变土壤微生物的组成，从而导致土壤碳循环功能基因的变动[32]。氮肥还可以刺激农业间作系统中甲烷产生量和氧化基因丰度的增加[33]。长期的氮输入还增加了草原土壤中碳降解酶(如 β-葡萄糖苷酶)的活性[34]，从而影响了碳降解过程。此外，许多实验结果都表明，磷可以显著调节土壤碳代谢[35]，并且磷对森林土壤微生物量的影响大于氮[36]。磷可以显著增加土壤微生物量并改变微生物群落的结构[37]，从而影响土壤碳代谢过程。相关研究也确认了磷对土壤碳代谢的作用。例如，磷增加了中国东部森林土壤中的有机碳固存，并刺激了甲烷氧化过程[38]。Hu 等揭示了化肥刺激甲烷氧化过程，并且磷浓度是通过调节黑土中微生物功能特性以影响碳循环的关

键属性[39]。因此，深入研究氮和磷对土壤碳代谢过程的影响对于农业的可持续发展具有重要意义。然而，在一些研究中氮和磷对微生物代谢过程显示出相反的影响，包括土壤呼吸[40]和甲烷代谢过程[41]。当前，关于盐碱土壤中施用氮肥和磷肥对碳循环过程影响的深入研究相对缺乏。因此，该实验基于控制氮、磷添加量的温室盆栽试验，旨在预测盐碱土壤生态系统对氮、磷添加的响应。目标是在微生物功能基因水平上揭示氮、磷添加对盐碱土壤碳代谢的潜在机制，并进一步研究氮、磷添加对盐碱土壤碳矿化的影响。

实验用土壤取自吉林省松原市前郭尔罗斯蒙古族自治县沙家围子村盐碱荒地的表层土壤(0～20 cm)。试验地的土壤质地为粉黏壤土。土壤基本性质如下：pH 为 10.13，电导率(EC)为 0.91 dS/m，有机碳(SOC)含量为 3.81 g/kg，总氮(TN)含量为 0.56 g/kg，总磷(TP)含量为 0.38 g/kg。共设置了八个处理，其中一个对照处理(既不添加氮肥也不添加磷肥，CK)，三个氮水平处理(60 mg/kg 干土、120 mg/kg 干土和 180 mg/kg 干土，以尿素形式添加，分别为 NL、NM 和 NH)，三个磷水平处理(60 mg/kg 干土、120 mg/kg 干土和 180 mg/kg 干土，以过磷酸钙形式添加，分别为 PL、PM 和 PH)和一个混合施肥处理(氮、磷水平均为 60 mg/kg 干土，NP)。每个盆中种植 20 粒狼尾草[*Pennisetum alopecuroides* (L.) Spreng.]种子，定期用去离子水灌溉以保持 60%左右的田间持水量。每个处理重复 3 次，总共 24 个盆栽，采用随机完全区组排列。试验结束后，收集了土壤和植物样本，并测定了相关指标。

结果表明，氮、磷添加显著提高了植物生物量(地上部、地下部和总生物量)($P < 0.05$)(图 8-4)。施氮水平的增加会降低三种植物的生物量；相反，磷水平的增加会增加三种植物的生物量。需要注意的是，氮、磷联合添加对植物生物量的增加效果不超过单独添加氮或磷的效果。

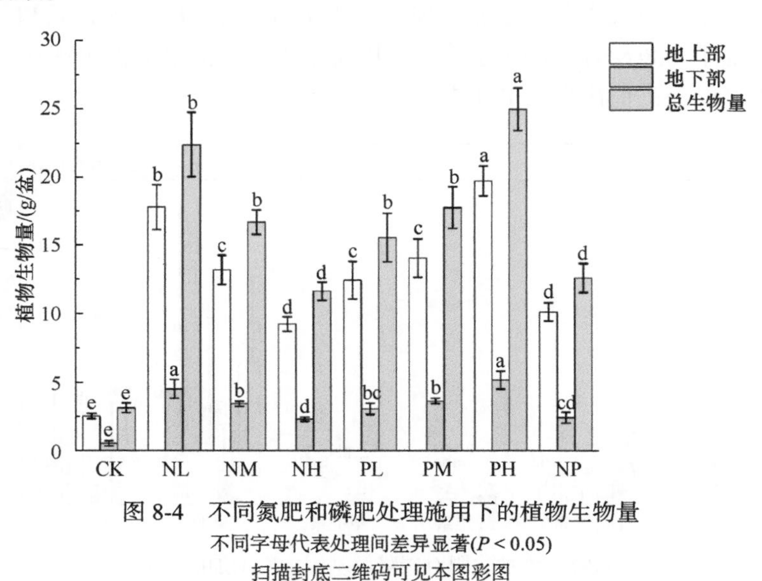

图 8-4　不同氮肥和磷肥处理施用下的植物生物量

不同字母代表处理间差异显著($P < 0.05$)

扫描封底二维码可见本图彩图

表 8-6 显示了不同施肥方式对细菌群落 α 多样性的影响。在细菌的种类数(observed species)方面，CK 最低(2881)，NL 最高(3583)，但随着氮肥用量的增加，种类数显著减

少($P < 0.05$)。氮、磷联合添加处理(NP)与 CK 相比并没有提高种类数。氮肥用量的增加会降低 Chao1 指数，而 NL 的 Chao1 指数显著高于 NM 和 NH($P < 0.05$)。相反，磷肥用量的增加会提高 Chao1 指数，且 PH 的 Chao1 指数显著高于 PL 处理。NP 对 Shannon 指数的影响不显著，而 NM 和 NH 则显著降低了 Shannon 指数。除此之外，其他处理与 CK 的差异也不显著。另外，Simpson 指数在不同处理间也没有明显变化。

表 8-6　不同氮肥和磷肥施用下细菌和真菌多样性

处理	种类数	Chao1 指数	Shannon 指数	Simpson 指数
CK	2881 ± 32^{c}	3586 ± 50^{c}	9.35 ± 0.11^{ab}	0.99 ± 0.00^{ab}
NL	3583 ± 17^{a}	4456 ± 90^{a}	9.85 ± 0.09^{a}	0.99 ± 0.00^{a}
NM	2371 ± 152^{d}	$3008 \pm ^{144d}$	8.66 ± 0.37^{c}	0.99 ± 0.00^{ab}
NH	2251 ± 147^{d}	2892 ± 163^{d}	8.34 ± 0.31^{c}	0.98 ± 0.00^{b}
PL	3160 ± 319^{bc}	4076 ± 298^{b}	9.28 ± 0.40^{b}	0.99 ± 0.00^{ab}
PM	3362 ± 747^{ab}	4317 ± 56^{ab}	9.38 ± 0.31^{ab}	0.99 ± 0.00^{ab}
PH	3443 ± 357^{ab}	4405 ± 343^{a}	9.39 ± 0.63^{ab}	0.99 ± 0.01^{ab}
NP	2993 ± 199^{c}	3768 ± 183^{c}	9.36 ± 0.20^{ab}	0.99 ± 0.00^{ab}

注：表中数值以平均值 ± 标准误差表示；不同字母代表不同处理在 0.05 水平下差异显著。

为了解析不同施肥方式对盐碱土壤中碳循环相关功能基因丰度的影响，进一步的实验评估了六种碳代谢底物降解基因的丰度(图 8-5)，包括木质素、果胶、甲壳素、纤维素、半纤维素和淀粉。根据降解困难程度其排序为淀粉>半纤维素>纤维素>甲壳素>果胶>木质素，这六种物质的降解基因丰度趋势与总功能基因丰度相似。具体而言，NH 对基因丰度的积极影响弱于 NL 和 NM，而 PH 的影响强于 PL 和 PM。NP 处理对基因丰度的积极作用小于氮或磷单独添加处理(NL 或 PL)。与 CK 相比，氮和磷添加使碳固定基因丰度增加了 0.8(NH)～3.0(PH)倍。产甲烷基因丰度的最大值出现在 PH 中，而甲烷氧化基因丰度的最高值出现在 PM 中。

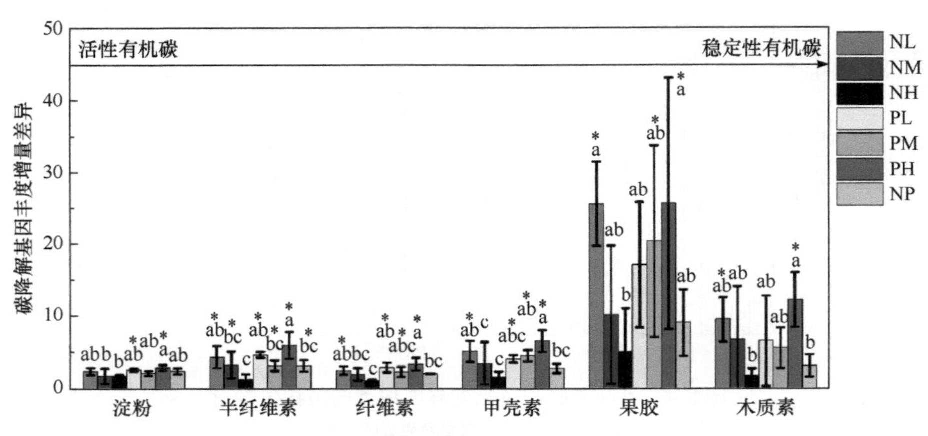

图 8-5　添加化肥对碳降解基因丰度增加的影响

通过将碳降解基因的绝对丰度除以 CK 中的绝对丰度，获得了不同处理中碳降解基因丰度的增加；误差条表示标准误差；不同的字母表示在 $P < 0.05$ 时各处理组之间有差异；*代表处理组与对照组之间有显著性差异($P < 0.05$)

扫描封底二维码可见本图彩图

尽管施加氮肥处理增加了碳降解基因的丰度，然而在仅施加氮肥的处理中，随着氮添加量的增加，碳降解基因的丰度呈现下降趋势。此现象可能由于氮水平的增加导致碳源的利用效率下降[42]。这也可能是因为碳源的利用效率随着氮水平的升高而降低[37]。不同的碳降解底物之间碳氮比差异也可能解释分解速率的变化[43,44]。Magill 和 Aber 指出，氮的添加在一定程度上促进了森林生态系统中土壤纤维素的降解，但同时也降低了木质素的降解[23]。然而，Poeplau 等发现在草地环境中，活性有机碳水平与氮添加水平并无明显相关性[40]。Li 等的研究显示，氮主要促进了稳定有机碳降解基因的活性，而非活性有机碳。这意味着，在非盐碱土壤中，活性有机碳对氮添加的响应比稳定有机碳更强[31]。

相反，在盐碱土壤中，活性有机碳(纤维素、半纤维素和淀粉)和稳定有机碳(木质素、果胶和甲壳素)降解基因的丰度都因为氮、磷的添加而显著增加。相比对照组，活性有机碳降解基因的丰度平均仅增加 2.8 倍，而稳定有机碳降解基因的丰度平均增加 8.9 倍。盐碱土壤中微生物活性的增加可能促进了各种类型碳的利用。尽管在氮、磷添加条件下碳降解基因丰度显著增加，但 SOC 水平反而呈现上升趋势。该研究结果显示，氮、磷的添加增强了植物对盐碱土壤的碳输入，从而导致 SOC 含量增加。这可能是因为氮、磷处理后植物生物量相比对照组平均增加了 5.4 倍，碳固定基因丰度增加了 3 倍，从而使碳增量效应大于对有机碳矿化的增量效应。这一发现对于深入理解氮肥和磷肥在盐碱土壤中对碳储量的潜在影响具有重要价值。此外，碱化度(ESP)可能通过降低植物生物量对土壤功能基因丰度产生负面影响[45-48]。在非盐碱土壤中，并未观察到该结果。因此，在未来的盐碱土壤碳循环研究中，ESP 对功能基因影响的研究应予以关注。

采用偏最小二乘路径模型(PLS-PM)来分析氮肥和磷肥对有机碳矿化和相关功能基因的直接和间接影响[图 8-6(a)]。结果显示，PLS-PM 能够解释 71%的功能基因丰度变异和 34%的有机碳累积矿化量变异。氮肥和磷肥对微生物多样性、土壤孔隙度和植物生物量均有显著影响。其中，微生物多样性(R = 0.89)和植物生物量(R = 0.02)对 DOC 的影响为正向直接影响，而土壤孔隙度对 ESP 的影响为负向直接影响(R = 0.43)。同时，植物生物量(R = 0.07)和 DOC(R = 0.95)对碳降解基因丰度的影响为正向直接影响，而 ESP 则对碳降解基因丰度有负向直接影响(R = 0.19)。此外，碳降解基因的丰度对累积矿化量有直接的正面影响(R = 0.58)。总体来讲，氮肥和磷肥对有机碳矿化的影响为积极影响(标准化总效应分别为 0.18 和 0.36)[图 8-6(b)]。环境变量对有机碳矿化的标准化总效应排序为：碳降解基因丰度>DOC>微生物多样性>土壤孔隙度>植物生物量，而 ESP 对有机碳矿化的标准化总效应为负面影响。

在该研究中，氮肥和磷肥通过提升微生物碳功能基因的丰度来激活盐碱土壤中的碳循环。这种变化主要与土壤可交换性钠离子、交换性钠百分比、微生物多样性、溶解性有机碳及植物生物量等因素有关。相较于低氮肥处理(NL)，高氮肥处理(NM 和 NH)降低了盐碱土壤中的碳含量。磷的添加使得碳循环功能基因的丰度增加，显示出随磷添加量增加，土壤碳含量也有所增加。氮肥和磷肥的使用增大了寡营养微生物类群相对于富营养类群的丰度。碳降解基因的丰度主要受到溶解性有机碳浓度和交换性钠百分比的调控。此外，氮磷添加还可以通过改变土壤性质(主要为溶解性有机碳、微生物多样性和

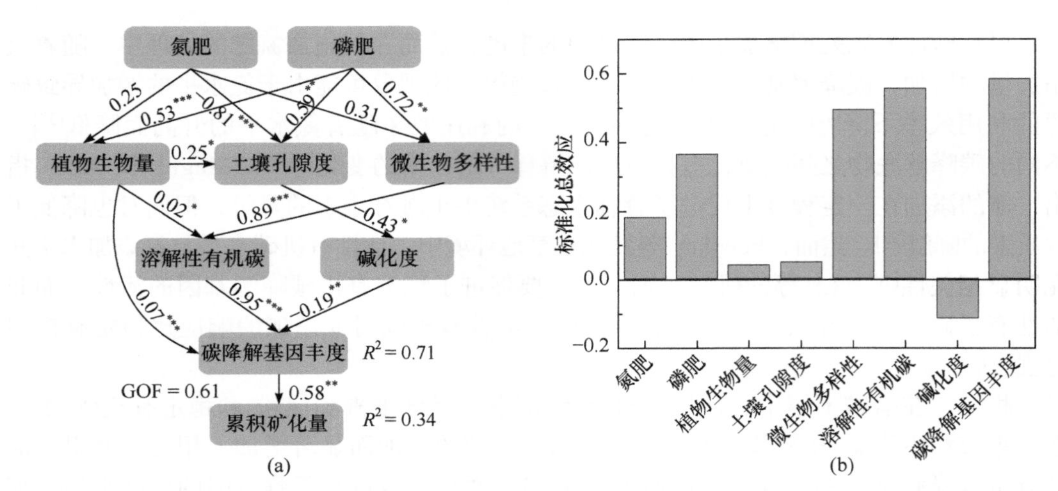

图 8-6　偏最小二乘路径模型显示了氮、磷添加对碳降解基因丰度和累积矿化量的影响(a)及标准化总效应(b)

箭头上的数字是标准化的路径系数；模型的拟合度(GOF)显示在模型下方；*$0.01<P<0.05$，**$0.001<P<0.01$，***$P<0.001$

交换性钠百分比)间接刺激土壤功能基因，从而促进土壤有机碳矿化的过程。这些研究结果为理解碳循环功能基因在盐碱土壤中对氮肥和磷肥反应的机制提供了理论支持。

3. 水稻对盐碱土有机碳的影响

经过长期的实践，人们普遍认同水稻种植能够降低土壤的盐碱度[49]。相较于旱地，水稻土具有更高的碳储量和储存潜力[4]。在盐碱土壤中种植水稻对于土壤碳储量有积极的影响。土壤有机碳的含量取决于外源碳输入和微生物分解的平衡。传统上，人们认为土壤有机碳主要来源于植物的碳输入[50]。然而，随着分子生物学的进步，土壤微生物在土壤有机碳形成过程中的作用已经被重新认识。与快速周转且仅占土壤有机碳含量 2%的活性微生物生物量相比，微生物遗体被认为是土壤有机碳的主要来源，最高可能占到土壤有机碳的 80%[51]。目前，土壤中的氨基糖浓度和木质素酚类化合物通常被用作微生物遗体和植物残体来源的指标。然而，对于植物残留物和微生物遗体的积累及其对土壤有机碳的贡献，学术界的观点尚存在分歧[11,52,53]。下面的这项研究选择了松嫩平原西部的盐碱地为研究对象，进行了长期的水稻种植试验，以研究水稻种植对不同有机碳库的影响，并通过整合土壤和植物特性，评估水稻种植对盐碱土壤中植物残体和微生物遗体积累的影响。

该试验共设置了五个处理条件，包括种植水稻 1 年(1Y)、5 年(5Y)、10 年(10Y)和 27 年(27Y)的土壤，以及一块被永久废弃、地表无植被覆盖的荒地作为对照(CK)。各个稻田处理的农田管理措施均一致，灌溉水源自松花江，插秧和收割等工作都采用了机械化管理，水稻残体均以秸秆还田方式在次年春耕时翻入土壤。水稻品种为‘白稻 8 号’，每公顷种植 2.4×10^5 株水稻。每公顷每年施用 1500 kg 复合肥(N：P：K = 3：2：3)，在分蘖期和抽穗期共追施 225 kg $(NH_4)_2SO_4$ 肥料。在收获季节(10 月)采集了试验地的土壤和作物样品，并进行了相关指标的测试。

通过考察水稻种植对植物生物量的影响，研究发现，与 CK 相比，水稻种植显著增加了水稻地上部和地下部的生物量(图 8-7)。随着水稻种植年限的增加，地上部和地下部的生物量均逐渐增加。尽管 1Y、5Y、10Y 和 27Y 处理之间的地下部生物量没有显著差异，但是 27Y 处理的地上部生物量明显高于其他处理。

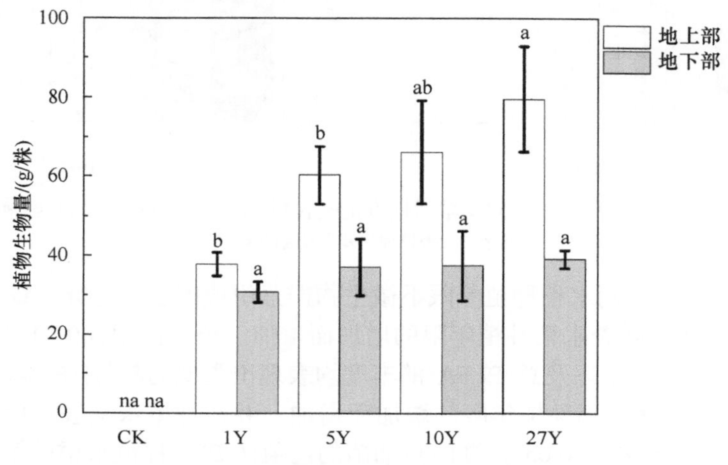

图 8-7　长期种植水稻对植物生物量的影响

不同字母代表处理间差异显著($P < 0.05$)

通过对有机碳组分的影响进行对比分析，发现种植水稻后土壤中颗粒有机碳(POC)和矿物结合态有机碳(MAOC)的含量明显增加(图 8-8)。相较于对照组(CK)，种植水稻 27 年的土壤(27Y)中 POC 含量显著增加($P < 0.05$)，而种植水稻 10 年及 27 年的土壤(10Y 和 27Y)中 MAOC 含量显著提高($P < 0.05$)。土壤中活性有机碳含量在不同处理间表现出显著差异，其范围从 CK 的 4.1 g/kg 增至 27Y 处理的 8.1 g/kg(图 8-9)。在 CK 至种植水稻 5 年的土壤(5Y)之间，土壤 LOC 含量保持相对稳定，然后随着水稻种植年限的延长，从 10Y 至 27Y 处理中，LOC 含量显著增加。然而，碳的活性却呈现出相反的变化趋势，在水稻种植初期(1Y)增加，并随着水稻种植年限的增加而逐渐降低。但是，在五种处理之间，碳的活性没有显著差异。

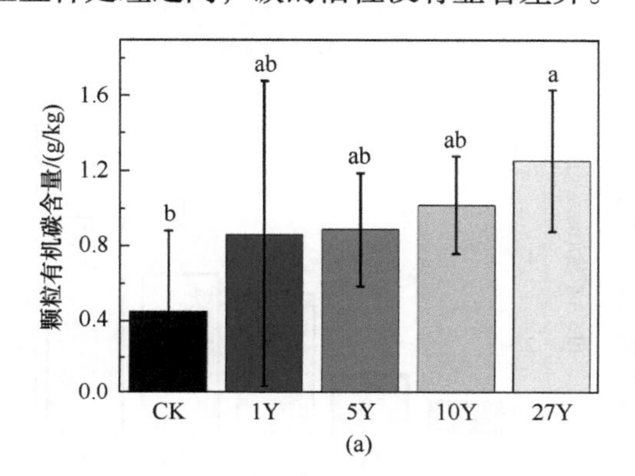

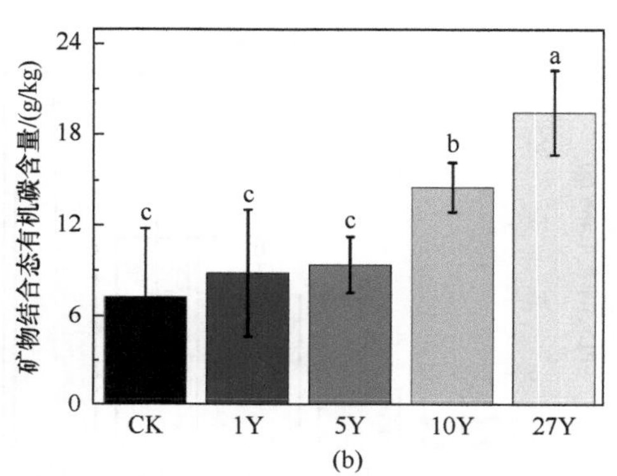

图 8-8　长期种植水稻对土壤有机碳物理组分的影响：(a)颗粒有机碳；(b)矿物结合态有机碳

不同字母代表处理间差异显著($P < 0.05$)

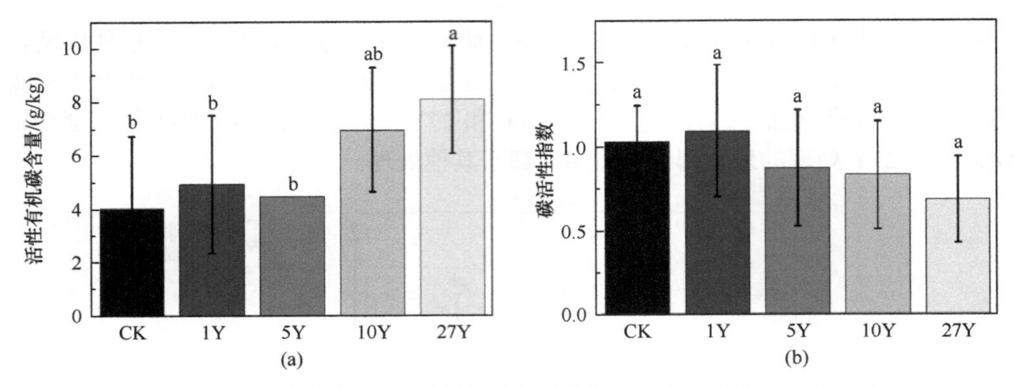

图 8-9　长期种植水稻对土壤活性有机碳含量(a)和碳活性指数(b)的影响

不同字母代表处理间差异显著($P < 0.05$)

图 8-10 揭示了不同水稻种植年限下微生物群落组成的显著差异。细胞脂质类磷脂酸(PLFA)的丰度普遍随着水稻种植年限的增加而增加。革兰氏阳性(G^+)细菌、革兰氏阴性(G^-)细菌、细菌、真菌以及总 PLFA 的丰度均表现出类似的趋势[图 8-10(a)～(e)]。微生物 PLFA 的丰度随水稻种植年限的增加而增加，并在种植水稻五年后(5Y)与对照组(CK)显现出显著差异($P < 0.05$)。真菌与细菌的比值(F/B)在种植水稻的第一年(1Y)后增加，从第 1 年到第 10 年(10Y)逐渐下降，但在第 27 年(27Y)后再次上升[图 8-10(f)]。1Y、5Y 和 10Y 处理的 G^+/G^- 比值低于对照组，但在 27Y 处理下，该比值高于 CK [图 8-10(g)]。

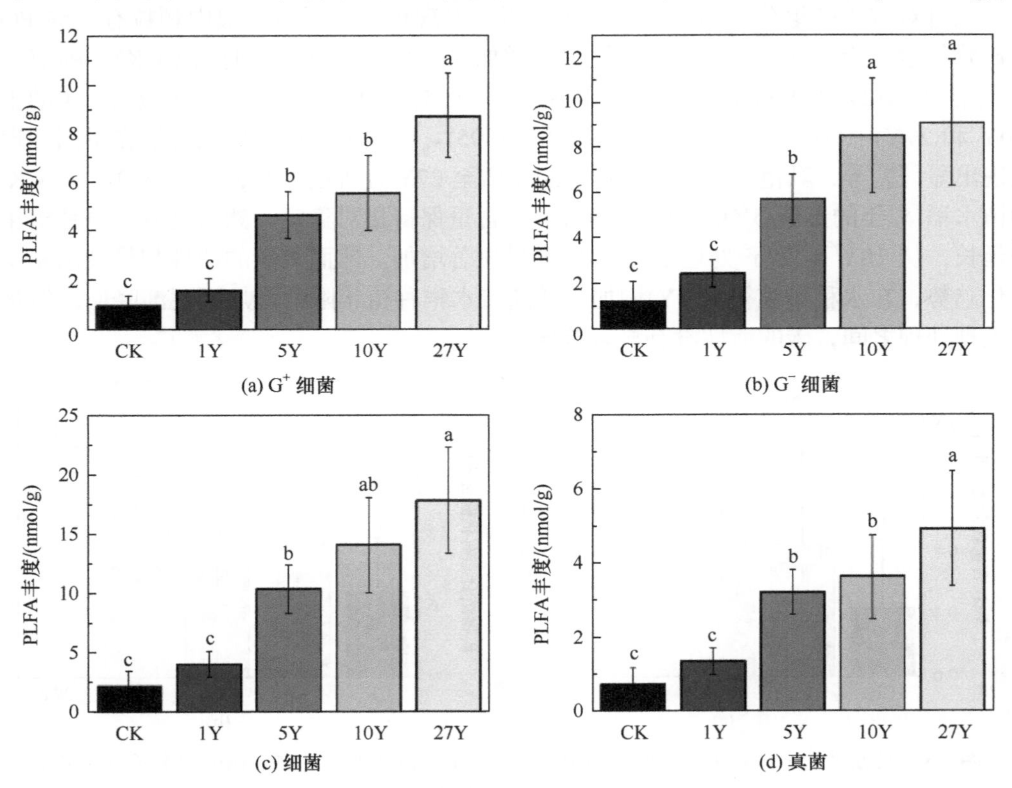

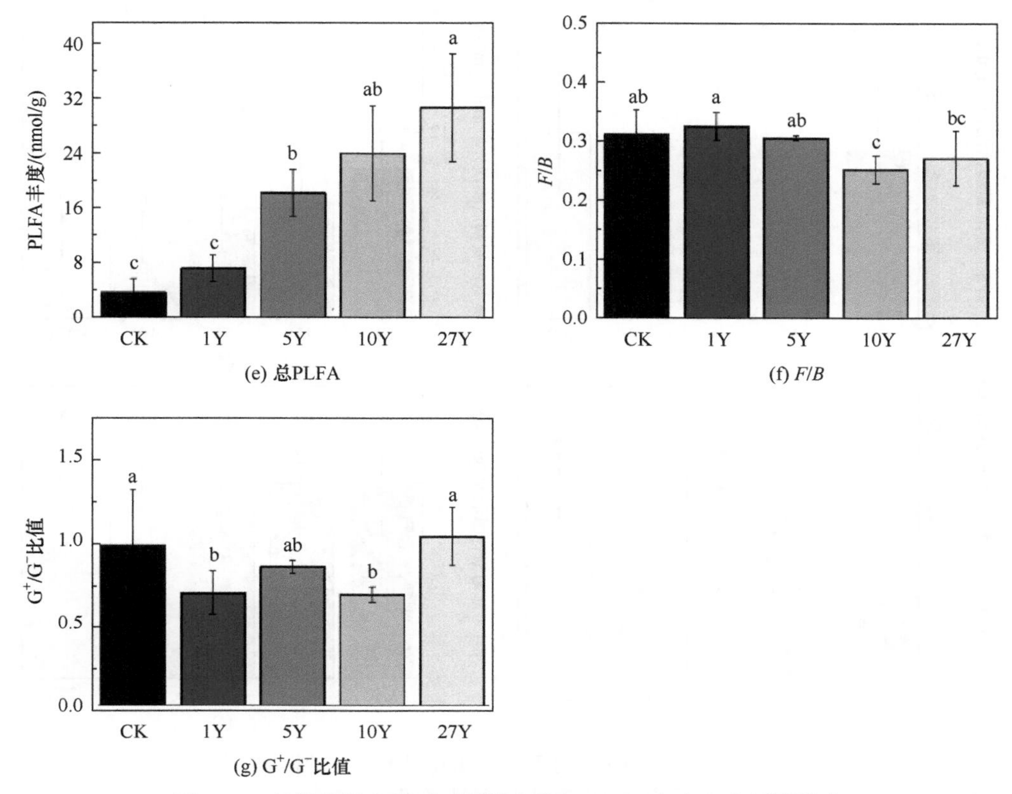

(e) 总PLFA

(f) F/B

(g) G^+/G^-比值

图 8-10　长期种植水稻对不同微生物组 PLFA 丰度和比例的影响

不同字母代表处理间差异显著($P < 0.05$)

种植水稻对盐碱土中土壤酶活性造成了显著影响(图 8-11)。相对于 CK，种植水稻显著降低了过氧化物酶(PER)和酚氧化酶(POX)的活性，但这并未与种植年限产生明显关联。纤维二糖水解酶(CBH)和亮氨酸氨基肽酶(LAP)的活性对水稻种植没有明显反应，但水稻土的 LAP 活性低于 CK。种植水稻 27 年后(27Y)，土壤β-1,4-葡萄糖苷酶(BG)活性显著($P < 0.05$)高于 CK，而其他处理之间无显著差异。

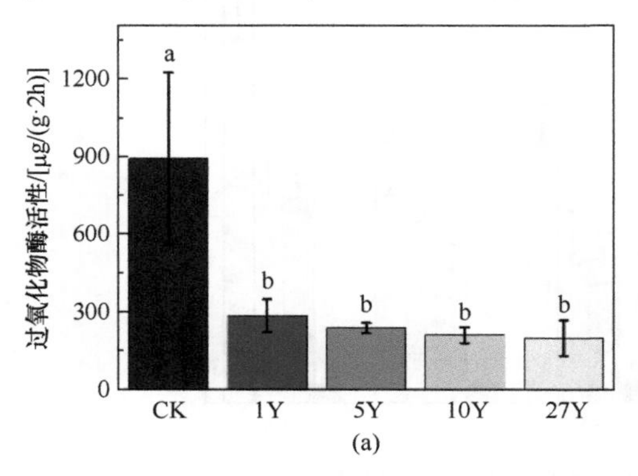

(a)

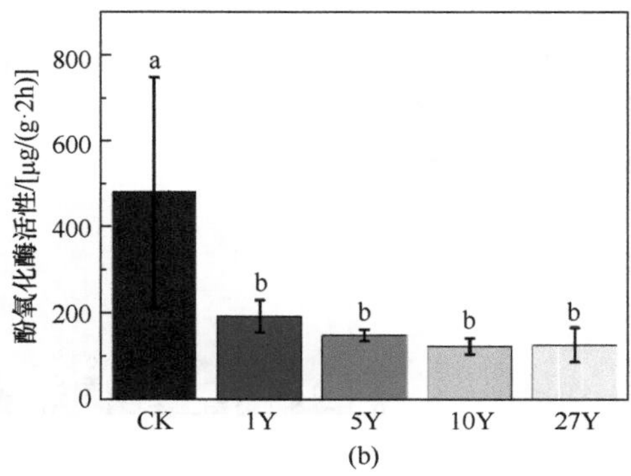

(b)

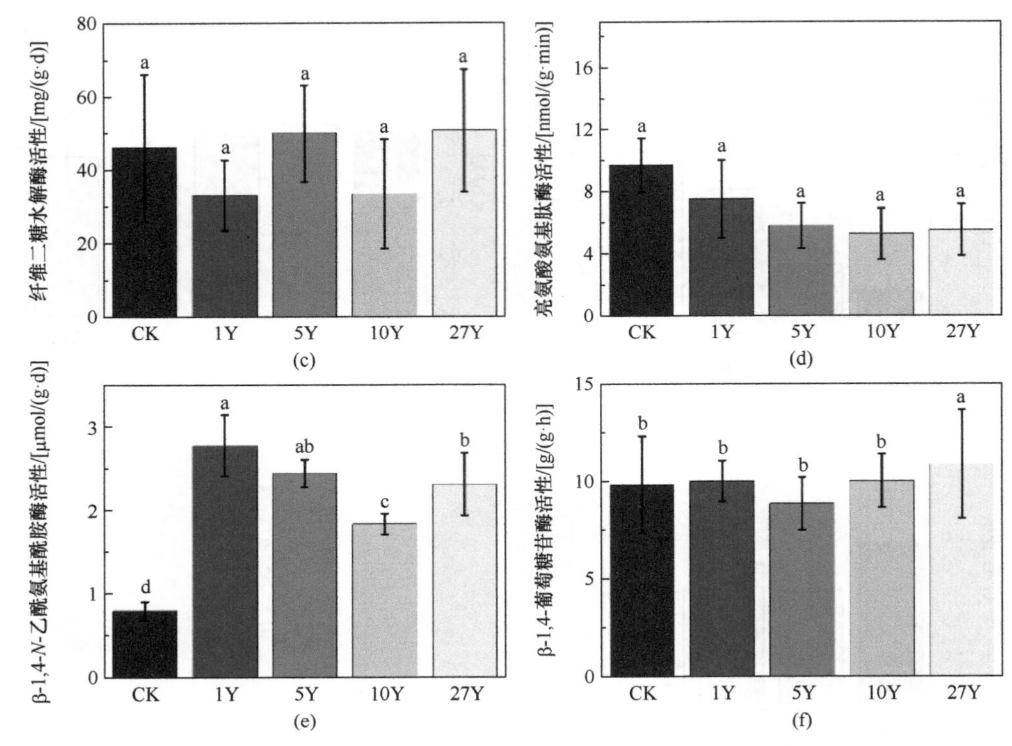

图 8-11　长期种植水稻对土壤胞外酶活性的影响

不同字母代表处理间差异显著($P < 0.05$)

相对于 CK，种植水稻 5 年后，细菌残体碳含量和真菌残体碳含量分别显著增加了 1.8～2.0 倍和 4.6～7.0 倍，导致微生物残体碳含量增加了 4.0～5.9 倍(图 8-12)。种植水

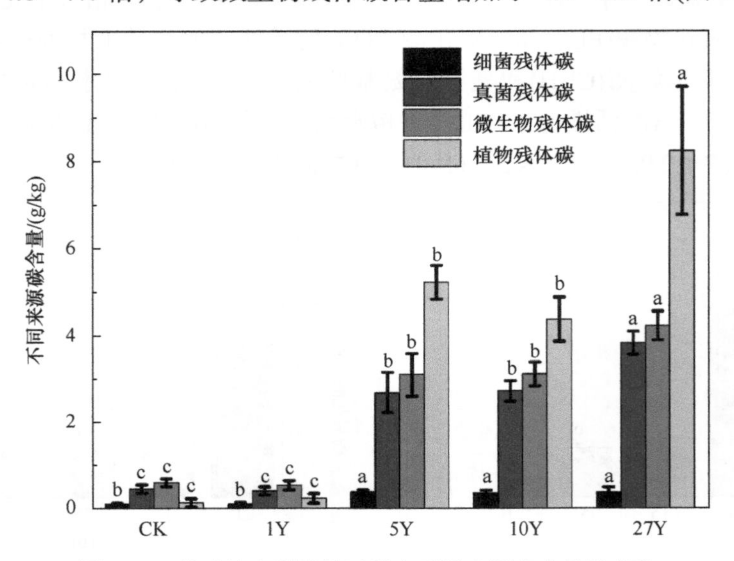

图 8-12　盐碱地水稻种植过程中不同来源碳含量的变化

不同字母代表处理间差异显著($P < 0.05$)

稻 5 年后，细菌和真菌残体碳对土壤有机碳(SOC)的贡献率分别提高了 0.2～2.3 倍和 0.3～5.4 倍，使得微生物残体碳总量对 SOC 的贡献率达到了 CK 的 0.3～5.7 倍(图 8-13)。在种植水稻 5 年后，土壤中植物残体碳含量显著(P < 0.05)高于 CK 和 1Y 处理；而在种植水稻 27 年后，其含量又显著(P < 0.05)高于 5Y 处理。

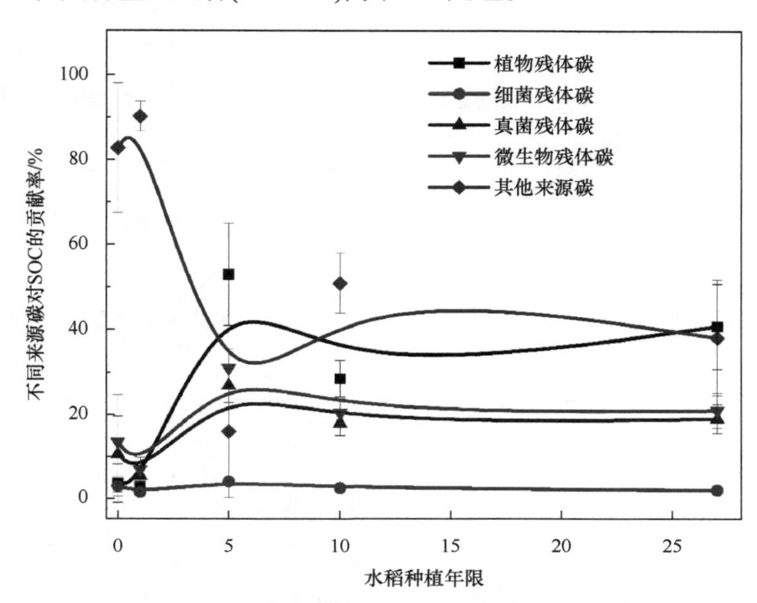

图 8-13　盐碱地水稻种植过程中细菌残体碳、真菌残体碳、微生物残体碳、植物残体碳和其他来源碳对总有机碳的贡献率

该研究采用偏最小二乘路径模型(PLS-PM)分析了土壤环境因子与土壤微生物残体碳含量和植物残体碳含量之间的关系，结果揭示了种稻年限对盐碱土微生物残体碳含量和植物残体碳含量的直接和间接效应。如图 8-14(a)和(b)所示，种稻年限通过改变微生物生物量、化学性质(pH、EC 和 ESP)和营养元素(TN、TP 和 SOC)含量，间接地影响了 LAP 酶活性，进而影响了微生物残体碳含量。环境变量对微生物残体碳含量的标准化总效应大小依次为微生物生物量>营养元素含量>化学性质>LAP 酶活性[图 8-14(c)]。如图所示，种稻年限通过改变植物生物量、化学性质、营养元素含量和微生物生物量，间接地影响了酶活性(PER 和 POX)，进而影响了植物残体碳含量。环境变量对植物残体碳含量的标准化总效应排序为植物生物量>化学性质>酶活性>营养元素含量>微生物生物量[图 8-14(d)]。

随着对于土壤盐渍化对土壤固碳负面影响的理解不断深入[8]。水稻种植被认为是降低土壤盐度和碱度的重要途径[49]。种植水稻可有效降低盐碱土壤的盐度[54]，进一步增强了土壤微生物多样性[55]和提高养分含量以及有机碳含量[56]。水稻种植后增加了土壤中的植物生物量和微生物生物量，提升了土壤中植物残体碳含量和微生物残体碳含量，从而为盐碱土壤的 SOC 增加奠定了基础。微生物残体碳的积累是微生物产物产生和降解之间平衡的结果[57]。土壤湿度是影响微生物群落组成的主要因素[58]。水稻土壤因干湿交替的环境，孕育出了好氧、厌氧和兼性厌氧的微生物。

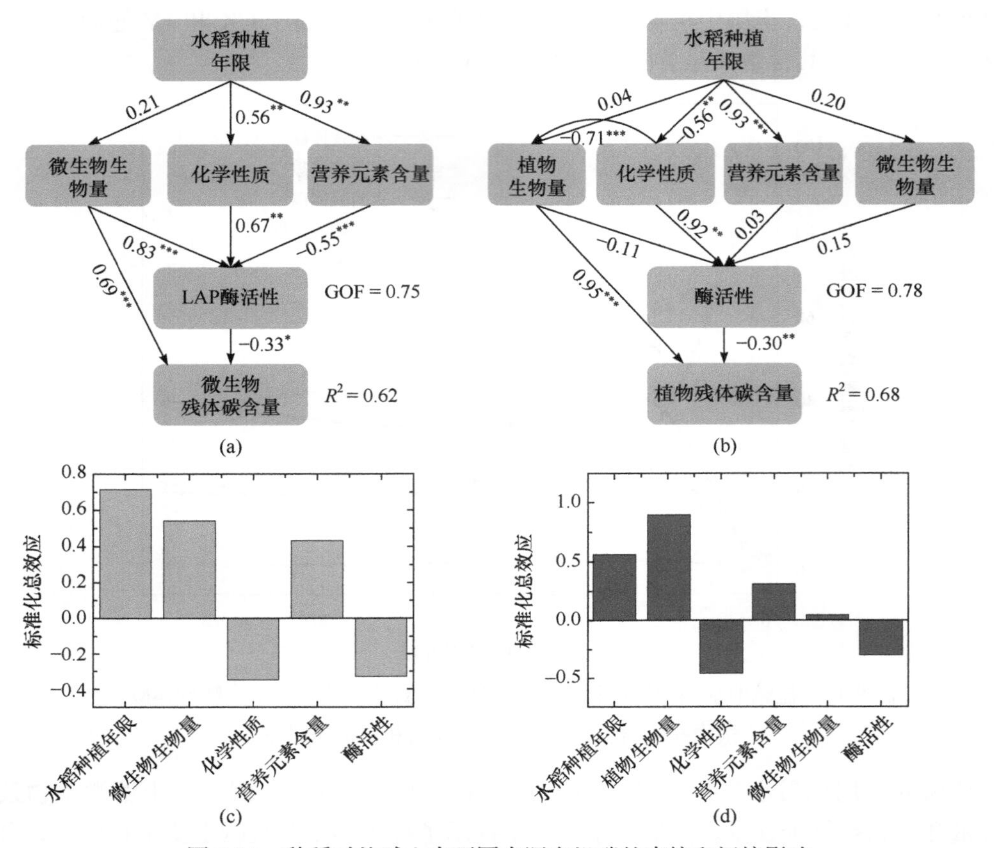

图 8-14　种稻对盐碱土中不同来源有机碳的直接和间接影响

通常，细菌对于可利用养分含量[如有效磷(Olsen-P)和 NH_4^+ -N]的依赖性大于真菌[59]。然而，水稻种植正好增加了盐碱土壤中的养分含量，从而有利于细菌的生长。由于在厌氧条件下细菌的适应性优于真菌[60]，长期种植水稻会导致细菌所占比例的增加(图 8-10)。

然而，目前的微生物残体碳含量显示了不同的结果。相对于 CK，种植水稻 5 年后，真菌残体量的增加量显著高于细菌残体量的增加量(图 8-12)，说明真菌残体在土壤中得到了更好的保护。这与 Xia 等发现水稻土中真菌残体对有机碳贡献较大的结果相符[60]。据报道，真菌残体具有较高的抗分解性，而细菌残体则相对较易分解[57]。这可能与真菌细胞壁的顽固性和真菌衍生的氨基葡萄糖(GluN)的分解速率低于细菌来源的木氨酸(MurA)有关[61]。因此，细菌残体的优先分解可能是其积累缓慢的主要原因。此外，土壤团聚体为微生物提供了不同的微生境，从而影响了土壤团聚体内微生物残体的分布。随着种植年限的延长，稻田土壤中大团聚体的比例显著提高[62,63]。活性真菌和真菌残体对土壤团聚体的形成和稳定起着重要作用[64]，使得更多的真菌衍生有机物受到物理保护。一些研究指出真菌倾向于在大团聚体中聚集，而细菌则偏好微团聚体[65]。

Muruganandam 等也发现土壤中大团聚体的真菌残体浓度高于微团聚体。因此，随着种植年限的增加，真菌残体的积累量超过了细菌残体[66]。真菌和细菌残体对 SOC 积累所起到的作用可能反映了它们在调控 SOC 稳定方面的差异。从整体上看，真菌残体碳对 SOC 积累的贡献率显著高于细菌残体碳(图 8-13)，表明盐碱土稻田 SOC 的形成主要受到真菌代谢过程的影响。综上所述，尽管土壤中细菌和真菌残体碳对 SOC 积累的贡献存在差异，但微生物残体碳呈现出逐年增加的趋势，并在 SOC 积累中发挥了重要的作用。

基于以上结果，构建了一个简化的概念模型，用以描述种植水稻对土壤中植物和微生物残体碳对 SOC 积累的影响(图 8-15)。种植水稻后，土壤中植物残渣和根系生物量增加，其中一部分被微生物利用并产生分泌物来维持自身生长繁殖。难降解的木质素酚类等主要转化为颗粒有机碳，而微生物残体和部分植物源碳则与矿物质结合生成 MAOC。在种植水稻五年内，盐碱土中微生物残体碳和植物残体碳随着种植年限的增加而快速增长，而在种植年限进一步延长后，微生物残体碳和植物残体碳对 SOC 积累的贡献则逐渐趋于稳定。该结果表明，种植水稻可以显著提高土壤中植物残体碳和微生物残体碳的含量，并促进土壤 SOC 储量的提升。

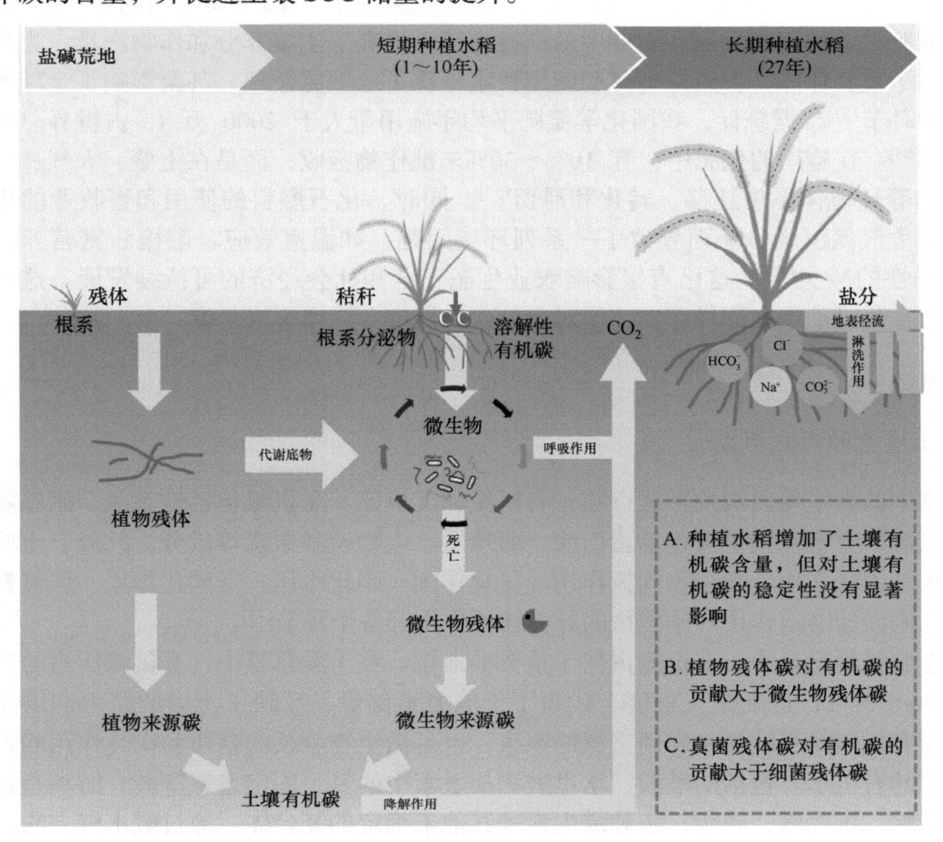

图 8-15　盐碱稻田植物总残留量和微生物残体碳对土壤有机碳贡献的概念模型

综上所述，水稻种植后土壤中不同有机碳组分的含量，包括 POC、MAOC 和 LOC，呈现出显著的增加趋势。微生物残体和植物残体在盐碱土有机碳积累中的作用被认定为至关重要，而这种贡献随着水稻种植年限的增加而增加。随着种植年限的延长，土壤中细菌和真菌的微生物生物量逐渐增加，其中细菌生物量远大于真菌生物量。此外，水稻种植对盐碱土壤胞外酶活性产生了显著影响，尤其是明显降低了土壤 PER 和 POX 等氧化酶以及 LAP 等水解酶的活性，从而降低了微生物对木质素酚和氨基糖的分解。PLS-PM 的结果揭示了水稻种植改变盐碱土化学性质、营养元素含量、微生物生物量、植物生物量和酶活性，从而影响植物残体碳和微生物残体碳的积累。盐碱土壤种植水稻导致植物残体碳对有机碳的贡献大于微生物残体碳，真菌残体碳对有机碳的贡献大于细菌残体碳，并随着种植年限的增加趋于稳定。种植水稻后，盐碱土壤中的活性有机碳含量逐年增加，但土壤有机碳稳定性未发生显著变化。这些结果对于进一步理解盐碱土有机碳的固存潜力具有重要意义。

8.2 盐碱土壤氮循环

氮是植物生长必需且需求量大的元素，也是土壤生产力的主要影响因素。20 世纪中期，氮肥工业的迅速发展和农业中的广泛应用，提高了土壤养分和作物产量，为粮食安全提供了重要保障，但过量的氮肥施用严重干扰了土壤氮循环，甚至影响了全球氮循环的其他环节[67]。据统计，我国化学氮肥平均年施用量大于 2000 万 t，占世界总量的30%左右[68]。在施用的化肥中，有 10%～30%未被作物吸收，而是在土壤、大气、水体以及生物等环境体系中迁移、转化和滞留[69]。同时，化石燃料的使用和畜牧业的集约化增加了大气氮沉降，从而导致了一系列环境问题，如温室效应、酸雨、富营养化和生物多样性的减少[70]，这已直接影响农业生态安全和社会经济的可持续发展。这些问题和过程在盐碱地中也同样存在，但对此的研究深度和广度远未足够。

8.2.1 概述

1. 土壤氮的存在形式

土壤中的氮主要以两种形式存在：有机氮和无机氮。无机氮包括铵态氮、硝态氮、亚硝态氮等。有机氮则主要包括蛋白质、腐殖质、生物碱和尿素等成分。此外，土壤氮素循环包括固氮作用、微生物固氮作用、氨化作用、硝化作用、反硝化作用、厌氧氨氧化作用、硝酸盐淋溶作用和硝酸盐的异养还原作用等各个环节[71]。

在土壤氮素循环中，有机氮占据了重要的地位。在土壤总氮中，有机氮所占的比例高达 95%～98%，这在很大程度上代表了土壤氮素储量，反映了土壤的肥力和供氮潜力。土壤有机氮是交换性铵和硝态氮的源泉，也是微生物生长的基质和矿化作用的物质基础。氮的有机形态包括胡敏酸、富里酸和胡敏素中的氮，固定态氨基酸，游离态氨基酸，氨基糖，生物碱，磷脂，胺和维生素等其他未确定的复合体。通过酸水解方法，有机氮可以分为水解性氮和非水解性氮。

无机氮是指在植物、土壤和肥料中，未与碳形成化合态的含氮物质的总称。土壤中能被植物直接利用的氮素主要是铵态氮和硝态氮。土壤中的铵态氮部分来自大气中氨的湿沉降和干沉降，以及微生物或一些植物固定大气中氮的过程。土壤有机质中的有机氮会在微生物作用下转变成铵态氮，再进一步转变成硝态氮。另外，土壤硝态氮还原为铵态氮的过程，以及化学氮肥的施用，也是土壤铵态氮的重要来源。形成的铵态氮通常以铵盐形式存在。而土壤硝态氮的主要来源则是铵态氮的硝化过程，铵态氮硝化后转变成的硝态氮是作物能够直接利用的、最重要和主要的氮源和氮素形态。氮的无机形态还包括气态氮，如单质氮、氧化亚氮、一氧化氮、二氧化氮等。单质氮、氧化亚氮、一氧化氮是土壤中由于反硝化作用导致氮素损失的主要形式。

在春播前，肥力较低的土壤含硝态氮一般为 5～10 mg/kg，而肥力较高的土壤硝态氮含量有时可以超过 20 mg/kg。旱地土壤中的铵态氮含量一般为 10～15 mg/kg，但在水田中，其含量会有较大的变化波动。

2. 土壤氮循环过程

氮循环是一种与微生物关系极为紧密的生物地球化学过程。氮循环中包含了氮气、无机氮化合物、有机氮化合物在自然环境中的互相转化，由生物固氮、氨化、硝化和反硝化四个主要过程组成。

生物固氮是一种由固氮微生物将大气中的氮气还原成氨的过程。在人工合成氨技术发明之前，生物固定的氮素是陆地生态系统氮源的主导因素。陆地生态系统每年通过生物固氮作用固定氮素的总量在 1.6 亿～4 亿吨之间，其中自然生态系统的固氮作用贡献 1 亿～2.9 亿吨。生物固氮通常可以分为三种类型：共生固氮、联合固氮和自生固氮。共生固氮是指固氮微生物与能进行光合作用的生物共生，利用光合生物提供的碳水化合物为能源，通过固氮酶将大气中的氮气转化为氨，并反过来为光合生物提供氮素，如豆科植物与根瘤菌的共生，以及满江红与鱼腥蓝细菌的共生。联合固氮是指固氮微生物与植物共生但不形成根瘤，以植物提供的碳水化合物为能源，通过固氮酶将大气中的氮气转化为氨，并反过来为植物提供氮素和(或)激素类物质，如甘蔗与固氮螺菌的联合固氮。自生固氮是指固氮微生物独立进行的固氮过程，如蓝细菌、褐球固氮菌和梭菌的自生固氮[72]。

氨化作用是指土壤中有机氮化合物被微生物分解并转变成氨的过程。氨化作用产生的氨一部分被微生物或植物利用，一部分则被转化为硝酸盐。土壤中氨化作用的强度与有机含氮化合物的数量有关，同时受到土壤环境条件的影响。在通气状况良好、水分适宜的中性土壤中，氨化作用的速度会随温度的升高而增强。土壤通气状况的差异导致参与氨化作用的微生物种类以及最终的产物也会有所不同。当土壤通气状况良好时，氨化作用主要由好气微生物进行，最终产物为氨；而在通气状况不佳的条件下，氨化作用主要由厌气微生物进行，最终产物则为氨和胺。冯敏等[73]的研究发现，秸秆还田可以有效提高土壤氨化活性和硝化活性以及相关菌群的数量和活性，相关菌群数量的变化与土壤氨化活性和硝化活性呈正相关。

反硝化作用是一种由反硝化细菌将含氮化合物转化为 N_2、NO 和 NO_2 的过程。土壤反硝化作用主要分为生物反硝化作用和化学反硝化作用。生物反硝化作用是指在嫌气条件下，反硝化细菌以硝态氮为电子受体，产生亚硝酸和氮气。生物反硝化作用需要满足以下条件：存在具有代谢能力的微生物，土壤为嫌气或少氧环境，存在适当的电子供体，以及有氮氧化物作为电子受体。化学反硝化作用则是指土壤中的含氮化合物通过化学反应生成气态氮。农田土壤中的氮素代谢主要是通过生物反硝化作用进行，而化学反硝化作用的贡献则相对较小。参与反硝化作用的酶主要包括硝酸盐还原酶、亚硝酸盐还原酶、一氧化氮还原酶以及氧化亚氮还原酶，其中亚硝酸盐还原酶和氧化亚氮还原酶是反硝化过程中的关键酶和限速酶。

硝化作用是一种由微生物催化的生物化学过程，涉及氨态氮在氧化过程中被转化为硝态氮。该过程主要包含两个阶段：氨态氮氧化为亚硝态氮的过程，以及亚硝态氮氧化为硝态氮的过程，分别由氨氧化微生物和亚硝酸盐氧化菌催化进行[74]。此外，硝化作用也可以理解为异养微生物在进行氨化作用时产生的氨，被硝化细菌和亚硝化细菌氧化成亚硝酸，进一步氧化生成硝酸的过程。该过程是自然界中氮循环的核心部分之一。历来，硝化作用一般被认为包含两个阶段：氨氧化阶段和亚硝酸盐氧化阶段[75]。其中，氨氧化阶段是硝化作用的限速步骤[76]。在 2006 年，理论预测了存在一类微生物可以执行完全硝化作用，这类微生物被命名为完全氨氧化菌(Comammox)[77]。直到近年来，这个理论预测才被一些实验证明，确认了完全氨氧化菌的存在[78,79]。

8.2.2　盐碱土壤氮循环的影响因素

1. 盐度

氮肥在植物生长中扮演着重要角色，然而，氮肥的过量或过少使用都会对植物生长和土壤环境产生负面影响，并可能加剧土地盐碱化。土壤中过高的含盐量会直接影响氮的转化。通过室内恒温密闭培养法和室内恒温通气培养法，李建兵和黄冠华研究了盐分对粉壤土氮转化的影响[80]。研究发现，低浓度的盐分可以刺激氮素的矿化和硝化，而高浓度的盐分则会抑制这两个过程。徐万里等的研究也发现，在碱化土壤中，土壤的矿化速率和硝化速率随着碱度的增加而降低，而在盐渍化土壤中，随着含盐量的增加，氮素的矿化速率明显增加，硝化效果显著，但矿化速率却出现降低的趋势[81]。

2. 土壤 pH

土壤的 pH 是影响土壤氮素转化的主要因素之一。这主要是由于，当 pH 过高或者过低时，都会影响土壤微生物的生长和活性。当 pH 为 5.6～8.0 时，硝化速率会随着土壤 pH 的上升而增大。然而，在 pH 在 7.0～8.0 之间的土壤中，其反硝化作用最为强烈，这可能是由于在酸性土壤中，耐酸的反硝化细菌数量较少或者反硝化细菌在酸性条件下活性降低，从而导致反硝化作用受到抑制[82]。李辉信等[83]的研究也证实了红壤中氮素的硝化速率与土壤的 pH 和有机质含量呈显著正相关。

3. 施肥方式

土壤微生物作为土壤生态系统的重要组成部分，在物质和营养循环以及各种生化过程中扮演着关键角色。硝化微生物与反硝化微生物是氮循环过程的主要执行者，对土壤氮循环具有至关重要的影响。施肥作为农业管理中的关键措施，不仅直接影响植物的生长发育和产量，而且对土壤肥力和整体健康产生深远影响，从而导致土壤中硝化和反硝化微生物数量和群落结构发生变化[84,85]。

长期施肥明显提高了土壤中氨氧化古菌(AOA)和氨氧化细菌(AOB)的数量，并改变了 AOA 和 AOB 的群落结构。在盐碱土壤中，施用氮肥显著改变了 AOB 的数量和群落组成，但对 AOA 影响较小[86]。杨亚东等[87]在碱性土壤条件下研究了不同施氮量对小麦土壤 AOA 和 AOB 的影响，也得到了施氮量对 AOB 群落结构影响较大，而对 AOA 影响较小的结果。随着施氮量的增加，AOB 数量显著增加，而对 AOA 的影响较小。

8.2.3　土壤氮循环相关微生物研究

盐碱土壤中富含丰富的微生物资源，微生物对土壤理化性质、物质循环以及组分、土壤微环境都表现出高度的响应特性，深入研究土壤微生物系统有助于揭示盐碱土的生物过程机制。近年来，随着微生物研究手段的不断更新，盐碱土壤微生物领域的研究取得了重大发展。大部分研究认为，盐碱地的土壤微生物总量表现为细菌 > 放线菌 > 霉菌，其中细菌在微生物数量中占有绝对优势[88]。也有研究发现，耕层盐碱土中放线菌总数高于细菌[89]。土壤细菌群落的组成和结构受不同类型的盐碱和环境因子的影响较大，其中 pH 和全盐量对物种分布影响显著。

土壤微生物促进农田植物营养的转化和代谢，盐碱土中的微生物能够影响农田作物的生长发育，并改良土壤状况。土壤中的氮素微生物生理群体能将生物残体水解为氨基酸和氨，将氨氧化为硝酸，还原所有的硝酸盐，以及固定大气中的氮气。因此，土壤氮素微生物生理群体具有为植物根际环境提供氮素、调节氮素平衡及氮素循环的功能[90]。

氨氧化古菌(ammonia-oxidizing archaea，AOA)在陆地环境中分布广泛，属于一种借助氨态氮氧化以获取能量，以二氧化碳为碳源进行化能无机自养生长的微生物类群，该类微生物隶属于泉古菌门(Crenarchaeota)[91]。AOA 在氧化氨态氮以获取能量的同时，能实现二氧化碳的固定，以此进行化能无机自养生长。此外，它还可在缺氧环境下生存。它的底物亲和力较高，是生态系统中的初级生产者，同时也是深海海域等缺氧环境中氨氧化的优势微生物类群[92]。许多研究表明，相比氨氧化细菌(ammonia-oxidizing bacteria，AOB)群落，AOA 群落对土壤硝化作用的影响力更显著[93]。在环境的土壤氮素含量较低时，土壤硝化作用主要由 AOA 群落驱动，对土壤氮循环起着至关重要的作用[93]。AOA 群落对于土壤环境指标的变化特别敏感，且与土壤速效氮含量存在显著的正相关性[94]。

氨氧化细菌(AOB)分布于海洋湖泊、土壤等环境中，是一种化能自养型微生物。AOB 有五个属，分别为：亚硝化单胞菌属(*Nitrosomonas*)、亚硝化螺菌属(*Nitrosospira*)、亚硝化叶菌属(*Nitrosolobus*)、亚硝化弧菌属(*Nitrosovibrio*)和亚硝化球菌属(*Nitrosococcus*)。AOB 的适宜生长环境是 pH 为 7.0～8.5 的微偏碱性环境，最适宜生长温度为 24～28℃。它们生长速度较缓慢，以氨作为唯一的氮源，以二氧化碳作为唯一的碳源[95]。由于 AOB 群落自身代谢和繁殖力较为缓慢，其丰度显著低于 AOA 微生物群落[78]，因此多数相关研究认为 AOA 对硝化作用的影响远大于 AOB 群落。然而在特定的土壤环境条件下，如氮素含量较高、偏酸性土壤及长期淹灌的土壤中，土壤

AOB 群落对土壤硝化作用表现出更强的影响。

一些研究已经发现，AOB 和 AOA 的 *amoA* 基因丰度以及潜在的氨氧化作用存在线性关联，这表明 AOB 和 AOA 都在推动土壤硝化作用的过程[96]。另一些研究表明，长期施肥影响土壤肥力，通过改变土壤的理化性质，进而影响氨氧化微生物的丰度和群落。AOA 和 AOB 的数量和群落结构受土壤有机碳、总氮、总磷、速效磷、速效钾及土壤硝态氮含量的影响[97]。

2006 年，Costa 等理论预测了一种可执行完全硝化过程的微生物存在，它们被命名为完全氨氧化菌(Comammox)；然而，那时对于这种职能分化的原因并不清楚[77]。只有在近年一些研究成功富集到能够将氨完全氧化成硝酸盐的细菌之后，才得以证实 Costa 等的预测。这些细菌在系统发育上属于硝化螺菌属(*Nitrospira*)谱系Ⅱ的单一微生物[97,98]。Comammox 在各种生态系统中广泛分布，包括土壤、河流、湖泊、滩涂、河口等自然生态系统，以及污水处理厂、饮用水系统、淡水养殖系统等人工生态系统。Comammox 的完全氨氧化途径由氨单加氧酶、羟胺脱氢酶和亚硝酸盐氧化还原酶共同组成。比较分析显示，与 AOB 和 AOA 相比，Comammox 的 *amoA* 基因具有更高的多样性，这表明在与其他氨氧化菌的竞争中，Comammox 过程可能占据优势。在底物浓度低的环境中，Comammox 相对于其他硝化细菌和古菌具有更大的优势。

反硝化微生物是一种大的生理类群，广泛分布于细菌、真菌和古菌中。最初，细菌被发现可以进行反硝化作用，能够发生此过程的细菌主要包括假单胞菌科(Pseudomonadaceae)、芽孢杆菌科(Bacillaceae)、根瘤菌科(Rhizobiaceae)、红螺菌科(Rhodospirillaceae)、噬纤维菌科(Cytophagaceae)、脱氮副球菌科(Paracoccus denitrificans)和盐杆菌科(Halobacteri aceae)等[99]。随后，在真菌、放线菌、酵母菌中也陆续发现了反硝化作用现象[100]。虽然传统观点认为反硝化作用是一个严格的厌氧过程，但周质硝酸盐还原酶(Nap)在好氧条件下也可以表达，因此，含有 Nap 的反硝化细菌也可以在有氧条件下进行反硝化作用，这种过程被称为好氧反硝化作用。近年来，研究人员陆续从海洋、人工湿地等生态系统中分离出好氧反硝化细菌。已报道的好氧反硝化细菌有副球菌属(*Paracoccus*)、假单胞菌属(*Pseudomonas*)、克雷伯菌属(*Klebsiella*)、根瘤菌属(*Rhizobium*)、产碱杆菌属(*Alcaligenes*)和芽孢杆菌属(*Bacilus*)等[101]。因为反硝化微生物的分布类型广泛且生长习性特殊，因此，对于反硝化微生物的研究难度较大，目前只在极少数的反硝化微生物的功能基因及调控机制研究中取得重要进展。

固氮微生物是能够将分子态氮还原为氨态氮的微生物。生物固氮作用是自然界中分子态氮转化为氮素化合物的主要过程。每年，生物固氮作用所固定的氮素量可达 $6.3\times10^7 \sim 1.75\times10^8$ t，对农业生产具有重大影响。常见的自生固氮微生物包括：好氧性自生固氮菌(如圆褐固氮菌为代表)，厌氧性自生固氮菌(如梭菌为代表)，以及具有异形胞的固氮蓝藻(如鱼腥藻、念珠藻和颤藻为代表)。由于这些微生物的异形胞内含有固氮酶，它们可以进行生物固氮。

8.2.4　盐碱土壤氮素循环研究

霍朝晨等[102]于 2020 年对盐碱土耕地由旱田转变为水田后的土壤理化性质和微生物

多样性进行了研究。他们的研究结果表明，细菌群落的多样性减少，而古菌群落的多样性增加。在这些微生物群落中，变形菌门和泉古菌门是主要的优势菌门，而贪噬菌属和 *Methanocella* 是主要的优势菌属。在旱田转为水田的过程中，影响微生物群落结构的最主要环境因素是 pH，总氮与古菌群落结构变化的相关性最大。李明等[103]在 2015 年采用田间试验方法，研究了脱硫废弃物对盐渍化土壤细菌、氨氧化细菌和氨氧化古菌的影响。他们发现，脱硫废弃物增加了土壤细菌和氨氧化功能基因的丰富度，且对上层土壤的影响更为显著。2019 年，戴九兰和苗永君[104]采用 Illumina Miseq 测序技术，对黄河三角洲盐碱农田 5 种典型农作物种植体系土壤中的氨氧化基因(*amoA*)和反硝化基因(*nirS/nirK*)进行了测序，并研究了其参与氨氧化和反硝化过程的功能菌群落结构和多样性。他们发现，在大豆和小麦-玉米轮作体系中，氨氧化细菌(AOB)起主导作用，而在水稻土中主导作用的是氨氧化古菌(AOA)。此外，*nirS* 和 *nirK* 型反硝化菌在水稻和大豆农田生态系统中起主要的反硝化作用。

8.2.5 盐碱土壤氮素研究新进展

近数十年，松嫩平原的盐碱土壤范围在不断扩大，土壤盐碱化程度也日趋严重。为解决松嫩平原的盐碱化问题，研究盐碱土壤中的硝化过程受哪些因素影响，以及具体的影响机制，本节内容将重点以改良后的盐碱土壤和盐碱荒漠土壤为研究对象。通过施用新型土壤改良剂，在不同用量改良剂和不同土壤层次的条件下，研究盐碱土壤中的硝化过程以及硝化微生物的物种丰富度、结构和多样性的变化。这项研究将对深入理解改善土壤盐碱化和提升土壤硝化作用，进一步促进盐碱化土壤的改良、农业高产以及可持续发展具有重要的现实意义。

试验设定在吉林省农安县，进行田间水稻改良试验，以盐碱荒地(CK)为对照组，设置三个不同水平(NL、NM、NH)的新型改良剂处理组(分别为 500 kg/hm^2、1000 kg/hm^2、1500 kg/hm^2)，其中改良剂的有效成分为磺酸钙。研究结果显示，施用改良剂后，0～20 cm 和 20～40 cm 土层的盐碱土壤硝化指标均发生变化(图 8-16～图 8-20)。土壤硝化潜力和硝化作用强度是评估土壤硝化活性的重要指标。这些指标会受到土壤氮素的影响，特别是受到硝态氮和铵态氮共同作用的影响[105]。施用有机肥可以显著提升土壤的硝化潜力[106]。翟辉亮等[107]发现，当土壤环境呈盐碱化时，土壤硝化作用强度与 pH 呈显著正相关，土壤中硝态氮含量与硝化作用强度存在极显著的正相关关系。因此，pH 和硝态氮含量可以作为土壤硝化作用强度的重要影响因素，也可以作为其重要的表征指标。在本节研究中，表层土壤的 NM 处理组硝化潜力最低，亚表层土壤的 NH 处理组硝化潜力最低，两个土壤层次的 NL 处理组硝化潜力最高。氧气供应不足会导致硝化微生物活性减弱，进而降低其进行氨氧化作用的能力，从而削弱了土壤硝化作用的强度[108]。在本节研究中，与对照盐碱荒地(CK)处理相比，施用改良剂后，表层土壤的硝化作用强度有所增加，但在亚表层土壤中降低；硝化作用强度表现出随着改良剂用量的增加而降低的趋势，特别是 NH 处理组的硝化作用强度最低，NL 处理组的硝化作用强度最高。这说明施用 1500 kg/hm^2 的改良剂可以降低表层土壤的硝化作用强度。此外，土壤硝化作用强度与 pH、硝态氮含量呈正相关，这与前人的研究结果一致。

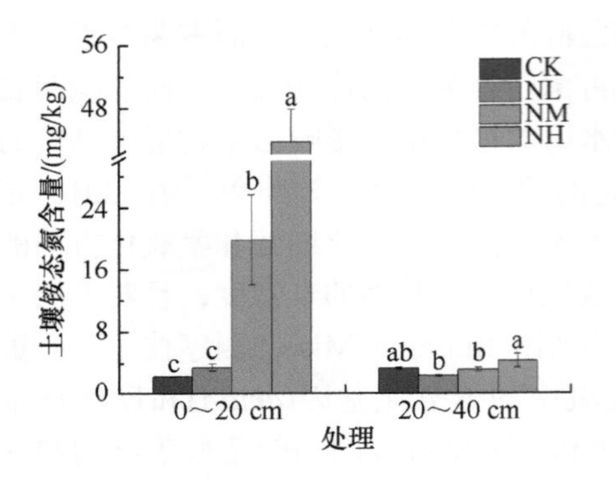

图 8-16　改良剂用量对苏打盐碱土壤铵态氮含量的影响

扫描封底二维码可见本图彩图

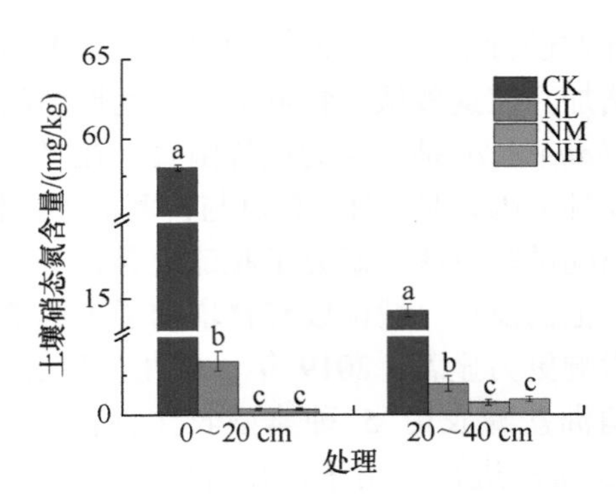

图 8-17　改良剂用量对苏打盐碱土壤硝态氮含量的影响

扫描封底二维码可见本图彩图

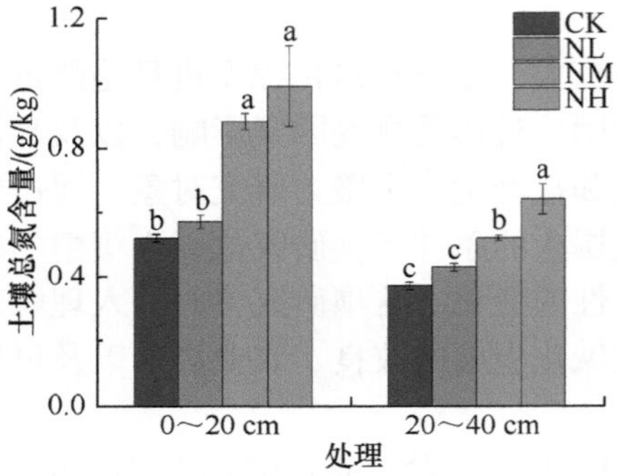

图 8-18　改良剂用量对苏打盐碱土壤总氮含量的影响

扫描封底二维码可见本图彩图

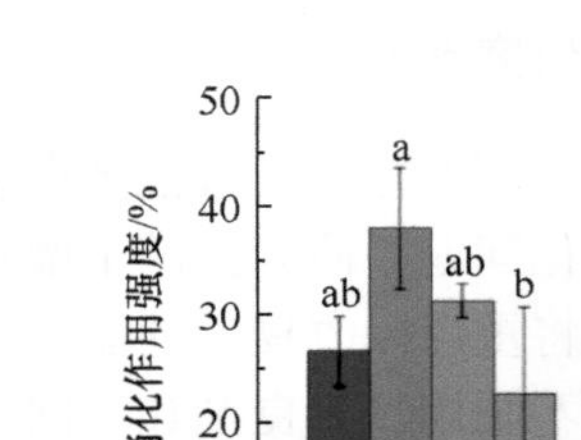

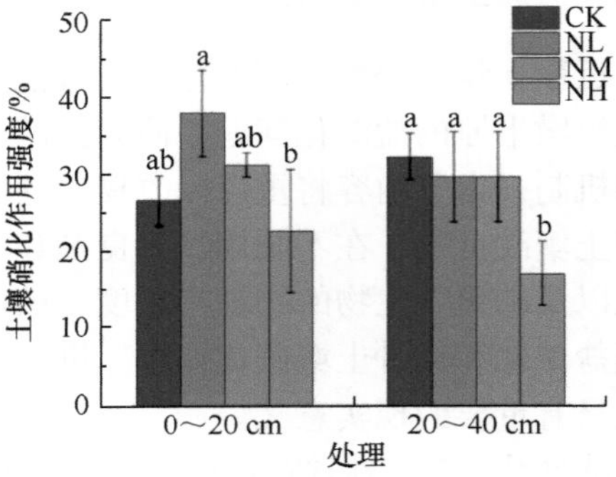

图 8-19　改良剂用量对苏打盐碱土壤硝化作用强度的影响

扫描封底二维码可见本图彩图

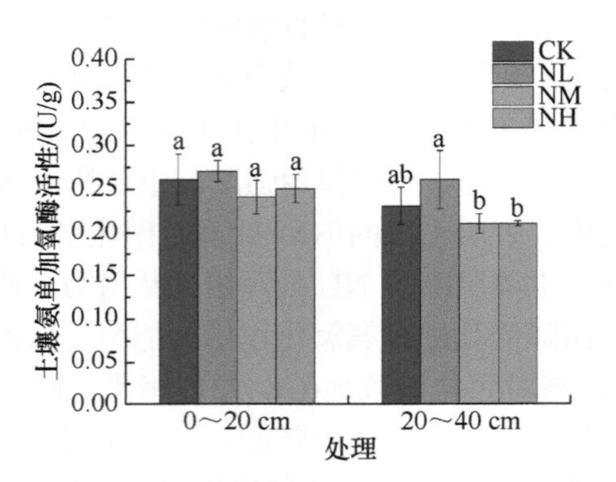

图 8-20　改良剂用量对苏打盐碱土壤氨单加氧酶活性的影响

扫描封底二维码可见本图彩图

土壤酶在土壤组分中活跃程度极高，参与土壤环境的物质循环过程，常常被用于预测土壤生态系统以及环境质量的指标[109,110]。酶的种类和数量受土壤质量和环境条件所影响。研究表明，氧化酶的活性较大程度上受土壤 pH 影响，而水解酶活性则与土壤有机质含量有关，并直接参与有机质的矿化过程，进而影响养分和碳的循环[111]。一些研究表明，施用有机肥料后，土壤氮素转化相关酶活性显著提升，而研究还发现秸秆还田和有机肥配施化肥的处理方式对提升土壤酶活性效果最佳[112]。一项研究发现，有机无机肥的配施可以提高土壤脲酶和固氮酶的活性，但对土壤过氧化氢酶的影响则较小[113]。土壤氨单加氧酶是土壤硝化过程中的关键酶，施用 NL 处理后的土壤氨单加氧酶活性有所提高，但在 NH、NM 处理下则有所下降。这暗示了施用 1500 kg/hm^2 和 1000 kg/hm^2 剂量的改良剂可以降低土壤氨单加氧酶活性，从而减缓土壤硝化作用(图 8-20)。部分处理方式中，土壤氨单加氧酶活性有所降低。因此，随着施加改良剂剂量的增加，苏打盐碱土壤硝化作用程度降低，并提高了氮的有效性。

在苏打盐碱土壤经过改良处理后，其硝化功能微生物的基因丰度、群落物种组成以及多样性均发生显著变化(表 8-7 和表 8-8)。土壤改良剂的施加使得氨氧化细菌(AOB)的 *amoA* 基因丰度明显降低，并在氨氧化古菌(AOA)、AOB 以及完全氨氧化菌(complete ammonia oxidizer，Comammox)群落的相对丰度和 α 多样性上产生了显著影响。在所有经过改良剂处理的样本中，NH 处理的 AOA、AOB 以及 Comammox 群落的丰度和 α 多样性最为显著。这一观察结果显示，施加改良剂的用量与三类微生物群落的丰度和多样性之间存在密切关系。研究数据显示，长期的肥料施用会对土壤的肥力产生影响，并能通过改变土壤的理化性质，从而影响氨氧化微生物的丰度和群落组成[97]。这一发现与当前采用新型土壤改良剂改善土壤肥力和透气透水性，进而影响硝化微生物丰度和群落组成的研究结果是一致的。在对 AOA 群落的分析中[图 8-21(a)]，RDA1 轴的解释度为 69.03%，RDA2 轴的解释度为 9.29%，两轴的总解释度达到 78.32%。总碳、总氮、有效磷和铵态氮的含量的影响主要从 RDA1 轴方向解释，而 pH、EC、有机质含量、硝态氮含量的影响主要从 RDA2 轴方向解释。有效磷(AP)含量对 AOA 群落分布的相对影响显著，pH、EC、OM 含量、NO_3^--N 含量对 AOA 群落分布的相对影响极显著。

表 8-7　AOA、AOB 和 Comammox 的 *amoA* 功能基因丰度

微生物	处理	每克拷贝数
AOA	CK	36785368 ± 22660164^a
	NL	18336542 ± 1796493^a
	NM	27831630 ± 8034635^a
	NH	23896703 ± 1228594^a
AOB	CK	100973211 ± 44339251^a
	NL	29114650 ± 8124432^b
	NM	30195101 ± 5928939^b
	NH	31948763 ± 7476684^b

续表

微生物	处理	每克拷贝数
Comammox	CK	888752 ± 509898[b]
	NL	558000 ± 52826[b]
	NM	1240970 ± 24412[ab]
	NH	1631198 ± 331867[a]

表 8-8　AOA、AOB 和 Comammox 的 α 多样性指数

微生物	处理	Shannon	Simpson	Ace	Chao1
AOA	CK	1.77 ± 0.12[a]	0.29 ± 0.05[b]	35.00 ± 1.71[a]	34.50 ± 1.08[a]
	NL	1.64 ± 0.31[a]	0.33 ± 0.15[b]	27.00 ± 2.14[b]	27.00 ± 2.16[c]
	NM	1.02 ± 0.09[b]	0.62 ± 0.03[a]	30.00 ± 1.69[b]	28.78 ± 1.85[bc]
	NH	2.01 ± 0.10[a]	0.22 ± 0.02[b]	36.00 ± 0.69[a]	33.23 ± 3.00[ab]
AOB	CK	2.52 ± 0.13[a]	0.13 ± 0.02[b]	51.93 ± 3.97[a]	53.67 ± 5.72[a]
	NL	1.25 ± 0.25[b]	0.53 ± 0.08[a]	27.77 ± 1.88[b]	30.00 ± 1.78[b]
	NM	1.16 ± 0.02[b]	0.43 ± 0.01[a]	19.48 ± 3.39[c]	19.08 ± 3.06[c]
	NH	2.74 ± 0.07[a]	0.09 ± 0.01[b]	52.76 ± 2.97[a]	51.48 ± 1.92[a]
Comammox	CK	2.04 ± 0.70[a]	0.30 ± 0.24[a]	48.40 ± 11.16[a]	47.61 ± 10.94[a]
	NL	1.55 ± 0.36[a]	0.36 ± 0.11[a]	38.62 ± 11.32[a]	38.61 ± 12.07[a]
	NM	1.31 ± 0.02[a]	0.39 ± 0.01[a]	42.87 ± 7.00[a]	41.11 ± 5.85[a]
	NH	2.07 ± 0.17[a]	0.28 ± 0.05[a]	58.20 ± 7.65[a]	59.01 ± 6.85[a]

主成分分析主要是用来反映硝化菌群与土壤环境因子之间的关系，RDA 是在线性模型基础上进行分析，CCA 是在单峰模型基础上进行分析。如图 8-21 所示，分别对氨氧化古菌、氨氧化细菌、完全氨氧化菌进行了 RDA/CCA。

针对 AOB 群落[图 8-21(b)]，两个坐标轴的总解释度为 61.34%，其中 CCA1 轴解释度为 39.68%，CCA2 轴解释度为 21.66%。总碳、总氮、有效磷和铵态氮的含量的影响主要从 CCA1 轴方向解释，而 pH、EC、有机质含量、硝态氮含量的影响主要从 CCA2 轴

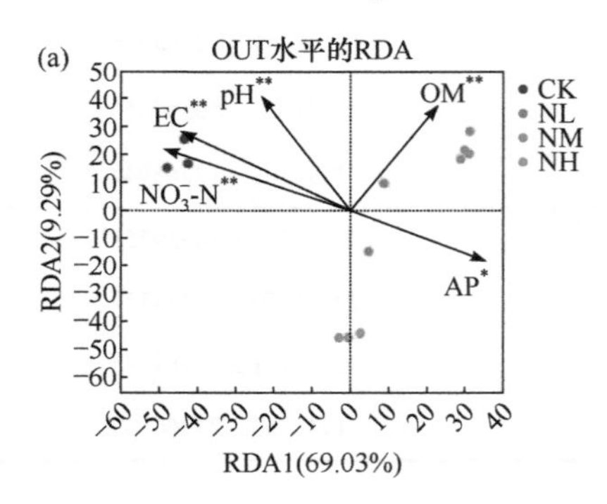

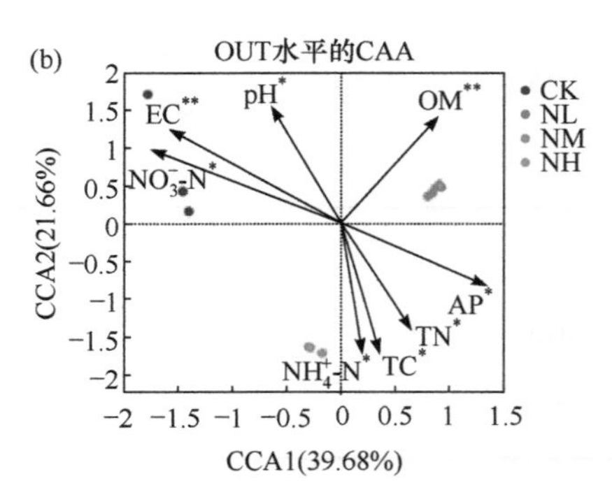

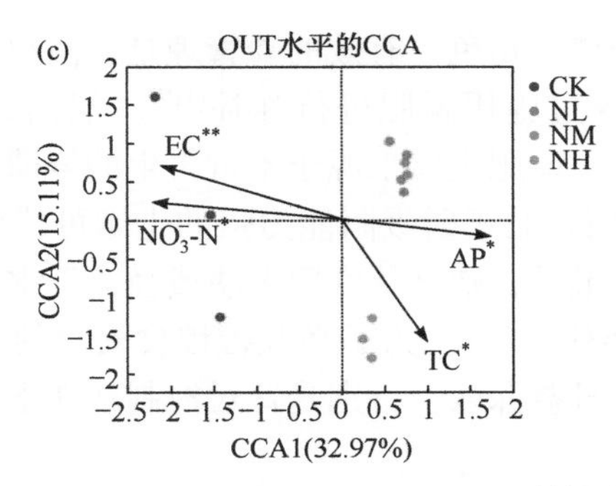

图 8-21　AOA(a)、AOB(b)和 Comammox(c)环境因子关联分析

扫描封底二维码可见本图彩图

方向解释。pH 及 TC、TN、AP、NH_4^+-N、NO_3^--N 的含量对 AOB 群落分布的相对影响显著，EC、OM 含量对 AOB 群落分布的相对影响极显著。

对于 Comammox 群落[图 8-21(c)]，两个坐标轴的总解释度为 48.08%，CCA1 轴解释度为 32.97%，CCA2 轴解释度为 15.11%。总碳、总氮、有效磷和铵态氮的含量的影响主要从 CCA1 轴方向解释，而 pH、EC、有机质含量、硝态氮含量的影响主要从 CCA2 轴方向解释。AP 含量、TC 含量和 NO_3^--N 对 Comammox 群落分布影响相对显著，EC 对 Comammox 群落分布相对显著。

多项研究表明，环境因素对于土壤中氨氧化微生物群落的组成及多样性均有着显著的推动和影响效应[114]。土壤中的有机碳、总氮、总磷、速效磷、速效钾和土壤硝态氮的含量等土壤性质参数，对 AOA 和 AOB 基因的数量和群落结构具有重要影响[97]。Comammox 在中国不同的生境中广泛分布，其丰富度和群落组成主要受土壤中 NH_4^+-N 含量的影响[115]。在当前的研究中，发现土壤的 pH、EC、有机质含量、硝态氮含量和有效磷含量显著影响 AOA 群落的组成；同样，pH、EC、有机质含量、总氮含量和硝态氮含量也对 AOB 群落的组成产生了显著影响；而对于 Comammox 群落的组成，EC、有效磷含量、铵态氮含量、硝态氮含量和总碳含量都发挥了显著影响，这与之前的研究结果相一致。因此，推断施加土壤改良剂能够有效地改变苏打盐碱土壤中硝化功能微生物群落的组成，从而在一定程度上减缓该类土壤的硝化过程。

8.3　盐碱土壤磷循环

磷元素是生态系统初级生产力限制因子之一，也是植物生长中最关键的营养元素，其在土壤中的可用性是决定土壤肥力和作物产量的重要因素[116]。作为生物体不可替代的基本元素，磷元素在细胞功能中起着至关重要的作用。它是构建磷脂细胞膜的固有成分，是脱氧核糖核酸(DNA)和核糖核酸(RNA)等遗传密码分子的构成要素，也是细胞内能量转移的“分子单位货币”——三磷酸腺苷(ATP)的组成部分。所有生物都直接或间接通过土壤食物来源获取磷，因此，土壤至生物系统的磷供应不足会限制作物生长和生产力。

磷在粮食生产中扮演着核心角色，有效的磷管理是提高粮食安全的关键。农业生态系统中的磷短缺问题通常通过施用磷肥进行弥补[117]。然而，过度施用磷肥会带来生态、社会和经济问题。首先，磷肥主要来源于不可再生的岩磷资源，且主要矿床只分布在少数国家[118]。其次，施用磷肥于磷吸附能力强的土壤可能效率低，因为大部分磷会以难溶状态在土壤中积累。最后，磷肥从农田淋滤或径流至水生和海洋生态系统可能导致水质恶化，甚至引发鱼类死亡[119]。为了在改善粮食安全的同时减少生态系统污染，学者们对土壤磷动态的研究日益深入，特别是针对控制磷在土壤固相和生物有效性土壤溶液之间转移的机制。

8.3.1　土壤中磷的形态与影响因素

全球范围内，表层土壤(0～20 cm)的总磷为 200～1000 mg/kg。土壤中的磷主要以两种化学形式存在：①无机磷，包括溶液中的磷酸盐阴离子、磷酸盐矿物及吸附在矿物表面和有机质上的磷酸盐；②有机磷，其中磷原子通过共价键直接(P—C)或通过磷酸酯键[磷酸单酯(P—O—C)或磷酸二酯(C—O—P—O—C)]与碳(C)结合。

溶解的磷与吸附的磷紧密相关。吸附的磷包括具有不同溶解度和生物利用度的物种，根据其结合方式，可以区分出以下三种吸附过程。

(1) 物理吸附或非特异性吸附是由静电吸引力驱动的离子与颗粒表面之间的过程，具有相反的电荷。这种键合能量较低，形成较快，且物理吸附的磷离子容易被具有相同电荷和数值的其他离子替代。

(2) 化学吸附或特异性吸附是由颗粒表面的特定离子与活性基团之间的配位结合产生的，与物理吸附相比，这个过程需要更多的时间，且吸附的离子不易被其他离子替代。

(3) 最稳定的吸附性键是由颗粒表面的沉淀产生的。在第一阶段，离子被吸附在颗粒表面，形成多核离子团。随着时间的推移和离子浓度的增加，这些离子可以作为固体沉淀被吸附在表面上。

土壤 pH 决定了磷阴离子与哪些金属阳离子结合。最常见的是 Ca^{2+}、Al^{3+}、Fe^{3+}和Fe^{2+}，因为磷的阴离子是高度亲核的，而这些金属阳离子是高度亲电的。在碱性环境中，钙磷矿物为主要沉淀，而在酸性土壤中，铁/铝磷矿物占主导地位。

磷阴离子最初吸附到方解石上，然后钙磷矿物发生沉淀。磷灰石具有良好的结晶性，并呈粉砂状。其有三种形态：碳酸磷灰石、羟基磷灰石、氟磷灰石。它们的溶解度按照此顺序逐渐减小。在 pH≥7 时，磷灰石有一定的生物可利用性。由于与碳酸的反应，它们在酸性环境中的溶解度增加。

在 pH 为 6.0～6.5 的环境下，土壤颗粒上的磷最易溶解和流动。酸性环境促进了磷在铁/铝的氧化物或氢氧化物以及黏土矿物上的吸附。在这个特殊的吸附过程中，氧化物和矿物表面的水分子或 OH^-与磷离子交换(配体交换)。在 pH>6.0 时，磷的吸附减少，吸附的磷越来越多地与 OH^-交换。无机磷的这种迁移可以通过配体交换或配体促进的溶解发生。然而，在微酸至中性的环境中，由于特定的吸附作用，50%～70%的土壤磷被吸附在铁铝(氢)氧化物上。

土壤中的其他钙-磷矿物通常是次生的、成土的相。磷酸一钙[$Ca(H_2PO_4)_2$]很容易溶解，很快就能被生物利用。因此，它通常被用作肥料(过磷酸钙、三磷酸钙)。在酸性至碱性环境中，它被转化为不易溶解但仍可间接被生物利用的磷酸二钙和二水磷酸二钙。过磷酸钙的形成是在酸性环境中。在碱性较强的环境中，过磷酸钙或蒙脱石可以转变成微溶的磷酸三钙[$Ca_3(PO_4)_2$]或磷酸八钙[$Ca_8H_2(PO_4)_6 \cdot 5H_2O$]。

全球范围内，有机磷占土壤总磷量的比例从 20%～80%不等，而在有机质丰富的土壤中，这一比例可高达 90%[120]。有机磷被定义为存在于有机物结构中的磷。根据其在有机物中的键合特性，土壤有机磷可被归类为磷酸酯、膦酸酯和酸酐。磷酸酯可根据其与每个磷酸盐分子中键合的酯基数量进一步细分。因此，每个磷酸单酯的磷都键合了一个碳基团，而每个磷酸二酯的磷则键合了两个碳基团。磷酸单酯是大多数土壤有机磷化合物的主要组成部分，其中以肌醇磷酸盐的含量最为丰富，占有机磷总量的 50%以上。在所有类型的肌醇磷酸盐中，也称为植酸的肌醇六磷酸盐($C_6H_{18}O_{24}P_6$)是土壤中最主要的有机磷形态。在土壤中以少量存在的其他磷酸单酯包括糖磷酸盐、磷蛋白和单核苷酸。磷酸二酯包括核酸(DNA 和 RNA)、磷脂和磷壁酸。一般而言，这些磷酸二酯不到土壤有机磷总量的 10%[121]，尽管在一些森林土壤中，有机磷的含量有所提高。相较于核酸，磷脂在土壤有机磷总量中所占的比例较小。磷壁酸是一种酸性多糖，主要存在于革兰氏阳性细菌的细胞壁中[122]。通过使用溶液 ^{31}P 核磁共振波谱，可以在碱性土壤提取物中发现少量的有机磷。土壤有机磷在陆地生态系统中的重要性归因于以下几点：①磷是土壤有机质的固有成分，总有机磷的存在与土壤中的总有机碳含量有关；②磷在肥沃的土壤中可积累为生物难以利用的形态，导致磷肥的农业效率降低；③有机磷经过矿化作用，成为生物体可用的正磷酸盐的重要来源。

土壤无机磷主要以水溶态、吸附态和矿物态存在。水溶态磷通常是指可溶解在土壤溶液中并且可以被植物直接吸收利用的磷酸盐化合物，如磷酸盐、磷酸一氢盐、磷酸二氢盐及磷酸等。水溶态磷是植物和微生物可吸收利用的有效磷源，其含量决定了土壤磷的有效性。同时，水溶态磷也是农业面源污染磷素流失的重要形态[123]。吸附态磷是指通过配位吸附和阴离子交换吸附等方式存在于土壤固相表面的磷。配位吸附是指磷酸根以配位键的形式取代其他配位体(主要是—OH)，与固相物质表面的金属离子配位，从而存在于胶体表面的过程，具有某种程度的专一性[124]。阴离子交换吸附则基于磷酸根与土壤矿物的反应。此外，土壤磷在环境中的分布、迁移和变化受到多种因素的影响。例如，土壤类型、气候、植物、微生物和人类活动等因素都会影响土壤磷的循环。磷在土壤中的转化主要通过物理、化学和生物过程进行，这些过程会影响磷的生物有效性和环境安全性。因此，对土壤磷的循环和生物有效性的理解对于磷的管理和持续性使用至关重要[125]。

8.3.2　土壤中磷的转化

微生物在土壤中磷的循环中起到了不可替代的角色，它们在改善土壤中的生物可用磷方面具有多种代谢能力。由于土壤中磷的高反应性，它可以以多种无机和有机形态存在，然而，这些形态对于植物的吸收具有不稳定性。微生物通过一系列复杂的反应过程，能够将多种难以吸收的磷形态转化为生物可利用的形式，这些形式具有不同的可利用性和稳定性。土壤中磷的生物地球化学转化如图 8-22 所示。

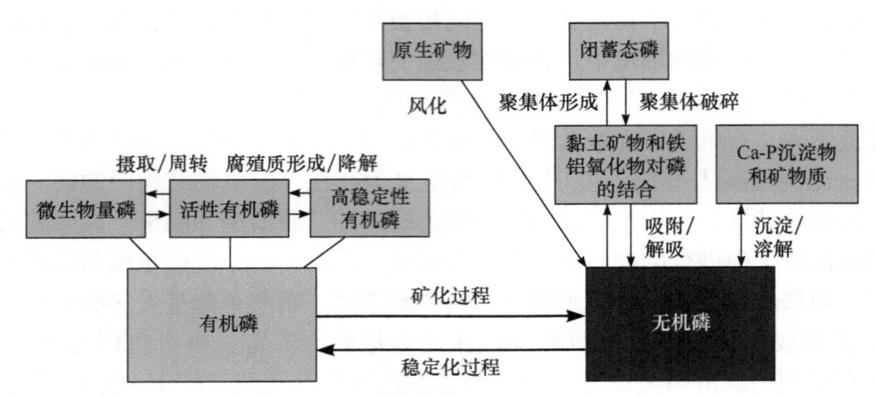

图 8-22　土壤中的磷素地球化学转化过程[118]

土壤中的正磷酸根 (PO_4^{3-}) 可与铁(Fe)、铝(Al)和钙(Ca)形成沉淀，或被铁/铝(水合)氧化物表面吸附，进而转化为生物难以利用的磷形态(如闭蓄态磷)。这些反应降低了土壤中磷的有效性，可能导致植物和微生物出现磷素缺乏的情况。因此，微生物通过分泌磷酸酶和有机酸，以降低土壤的 pH 并增加螯合活性，将难以利用的矿物结合态无机磷转化为可溶解、植物可吸收的正磷酸盐形式，主要是 PO_4^{3-}、HPO_4^{2-} 和 $H_2PO_4^-$ [126]。

土壤中的有机磷以正磷酸盐单酯(包括磷酸肌醇)、正磷酸盐二酯、有机多磷酸盐和磷酸盐的形式存在。这些不同形式的磷的存量和相对比例会随着土壤的形成过程发生变化，随着时间的推移，磷酸钙的减少和有机磷的积累会影响非封闭的磷(表面上的磷)和封闭的磷(次生矿物中的磷)[127]。胞外酶可能存在于细胞外质空间和细胞表面，也可能存在于土壤溶液中或与土壤有机质和黏土矿物相关联。土壤中磷循环过程最重要的酶是磷酸单酯酶(包括植酸酶)、磷酸二酯酶以及能够水解含磷酸酐的焦磷酸酶和多磷酸酶。酸性和碱性磷单酯酶分别在酸性和碱性土壤中占主导地位。土壤中的大部分磷酸酶可能来自微生物，尽管植物也会分泌酸性磷酸单酯酶和其他酶，特别是在磷缺乏的情况下。在碱性土壤中生长的植物根际下，有机磷的矿化与酸性和碱性磷酸单酯酶活性的总和有关。

8.3.3　土壤中磷的光谱能谱技术研究

土壤作为一个非均质系统，其过程和机制颇为复杂，很难完全理解。众多传统的土壤分析技术被用来建立土壤理化性质与土壤某个单一成分的关系，但往往忽视了它们的复杂、多组分间的相互作用。在历史上，我们对土壤系统的理解以及对其质量和功能的评估，均是通过此类实验室分析得出的。为了更好地理解土壤作为一个完整的系统和资源，以便可以更有效地利用它，需要进一步发展土壤分析技术[128]。目前用于土壤中磷研究的先进方法主要包括两类：一类是应用各种高分辨能谱和光谱技术的磷形态分析方法，包括 1D-2D-^{1}H-^{33}P 核磁共振、红外光谱(IR)、Raman 光谱、四极杆-飞行时间串联质谱法(Q-TOF MS/MS)、高分辨率质谱法(MS)、纳米二次离子质谱仪(NanoSIMS)、X

射线荧光谱(XRF)、X 射线光电子能谱(XPS)、X 射线吸收谱(XAS)等；另一类为土壤环境中磷素的环境过程分析方法，包括吸附等温线、量子化学建模、微生物生物量磷、土壤酶活性、DGT 薄膜分析、^{33}P 同位素转化、^{18}O 同位素比值等。这些技术为研究者进行实验设计、筛选最合适的检测技术方法以及优化各种技术方法的组合提供了指导。以下将对这些技术进行简要概述。

光谱学分析具有实时性、高效性、成本低、样本低破坏性等特点，有时甚至比传统分析更精确。此外，一种光谱测试可以同时表征多项土壤性质，并且该技术适用于现场使用。红外光谱主要分为三个波段：可见光(VIS，400～700 nm)、近红外(NIR，700～2500 nm)和中红外(MIR，2500～25000 nm)。通过这三个波段可以对土壤中的磷化合物进行定性分析。

傅里叶变换红外光谱(FTIR)可探测由红外辐射吸收引起的分子振动状态的转变，环境测量通常在中红外波数范围内进行，范围为 400～4000 cm^{-1}。光谱是在干燥的固体上收集的，通常在分析前将待测样品制备成 KBr 薄片，通过测试不同波长范围的透射率来得到样品红外光谱的谱图。

在土壤和有机材料的磷酸盐检测中，FTIR 已被广泛应用，特别是在室内实验中检测到吸附在单个矿物上的 PO_4^{3-}(磷酸盐)。然而，在进行环境基质的 FTIR 分析时，通常会受到基质成分重叠吸收带的干扰。例如，铝硅酸盐矿物的 Al—OH—Al 弯曲振动产生的在 970～1100 cm^{-1} 范围的强吸收带，以及来自硅酸盐矿物的 Si—O—Si 强反对称伸缩振动重叠的光谱区域，都可能掩盖同一区域中 PO_4^{3-} 的吸收带。因此，移除铁铝氧化物/硅酸盐类矿物自身的背景光谱是提高 PO_4^{3-} 峰分离效果的重要步骤。如果测试环境样品的吸收带可以从基质成分的吸收带中分离出来，那么红外光谱将能够精确检测并区分样品中含磷化合物的结构以及不同磷种类的特异性。值得注意的是，无机和有机磷酸盐的红外吸收主要出现在 750～1250 cm^{-1} 光谱范围内的强 P—O—H 伸缩和弯曲振动。

另外，拉曼光谱(Raman spectroscopy)作为一种灵敏且对样品无破坏性的测试表征技术，在过去几十年中在分析科学领域得到了广泛的应用。基于光与材料中化学键振动的相互作用，拉曼光谱能够在分子层面观察到当光与电子云相互作用时发生的拉曼效应，此效应导致分子的振动激发和光的频率偏移[129]。近年来，拉曼光谱被用于表征环境样品中含磷化合物，特别是在研究单个磷酸盐矿物中的键合和化学取代，以及磷物种与反应表面之间化学键的性质和重要性。目前主要研究的含磷物质包括羟基磷灰石[$Ca_{10}(PO_4)_6(OH)_2$]、磷酸八钙[$Ca_8H_2(PO_4)_6·5H_2O$]矿物和吸附在铁/铝氧化物上的磷酸盐。虽然拉曼测量通常使用纯矿物或实验室模拟进行，但由于荧光的干扰，实际土壤样品的使用较少。此外，拉曼信号的强度取决于振动过程中分子极化率的变化；利用拉曼光谱，还可以检测到磷酸盐的 P—O 对称拉伸，波数在 950 cm^{-1} 左右，取决于 PO_4 四面体的环境状态。

拉曼光谱测量具有样品制备简单、所需分析材料样品量少以及所得数据无需后处理即可使用等优点。如果分析物的基质非均匀且存在荧光物质，可以采用提取步骤进行分离。拉曼光谱还具有分析水溶液的能力，因为水的拉曼散射非常弱。此外，可以结合使用拉曼光谱显微技术(“μ-Raman”)与光学显微镜(如常规和共焦拉曼显微镜)，以及像原子力显微镜(AFM)和扫描近场光学显微镜(SNOM)这样的高分辨率非光学显微技术。然而，尽管拉曼光谱具有这些优点，但由于荧光效应的干扰，其在土壤中的应用受限。荧光效应与拉曼散射的基本机制相似，但强度更大，因此会干扰拉曼光谱。要克服这些问题，一种可能的方式是使用表面增强拉曼光谱(SERS)，或将激发能量移动到高能量区域(紫外-拉曼光谱)。

另外，由于磷只有一种同位素 ^{31}P，它在土壤循环的主要元素(如 ^{13}C 和 ^{15}N)中具有最高的核磁共振活性，因此可以通过 ^{31}P 核磁共振(NMR)波谱来获取所有 P 原子的振动和基团特征。在任何化学结构中的每个 P 原子都会产生一个特定的 ^{31}P NMR 信号，信号的积分与样品中单个 P 物种的数量成正比。^{31}P 信号在 NMR 波谱中的位置，相对于如磷酸或亚甲基二膦酸盐(MDP)等外部标准物质的化学位移，可以测量 P 原子周围的电子密度。因此，^{31}P NMR 波谱可以定量鉴定环境样品中的各种磷形态。

^{31}P NMR 波谱法适用于固态和液态样品的研究。与液相 ^{31}P NMR 相比，固相 ^{31}P NMR 在分辨率上表现较差，其原因在于液态样品与固态样品在化学位移各向异性(即与方向相关的化学位移)上的差异。在溶液中，原子核快速运动，导致屏蔽系数平均化。而在固态中，原子核在空间中的方向是固定的，因此屏蔽情况是不均匀的，并取决于原子核在样品中和磁场中的位置。这导致具有相同化学结构的原子核的化学位移发生微小的变化，从而使固相 NMR 波谱相对于溶液 NMR 波谱出现宽峰。由于环境样品中的 P 浓度相对较低，存在的 P 种类的范围广，以及 P 与顺磁性离子如铁(Fe)和锰(Mn)的自然结合，因此，对环境样品进行 ^{31}P NMR 分析比对纯化合物的研究更为复杂。

在液相核磁共振研究中，需使用萃取剂从土壤中提取有机磷，其中 NaOH-EDTA 常被用作萃取剂。然而，目前的一维核磁共振方法存在若干重要的缺陷。首先，波谱由于大量的信号重叠而变得复杂，特别是在单酯区域，因为观察到的信号通常具有数十赫兹的线宽，而 ^{31}P 化学位移范围较小[130]。其次，^{31}P 化学位移对样品矩阵的依赖性使得波谱指认和精确定量变得困难。最后，即使在样品中加入了标准物质，如果化合物的 ^{31}P 化学位移完全重叠，也无法识别出化合物。因此，关于土壤的 ^{31}P 核磁共振的研究通常只报告单酯区域的丰度作为一个整体。与其他方法相比，使用 NaOH-EDTA 联合乙二醇萃取磷物种的数量和多样性最大，且顺磁性金属离子也被引入溶液中。即使顺磁性离子以乙二胺四乙酸乙二酯络合物的形式被移除，它们仍然会导致谱线加宽，从而降低分辨率。二维核磁共振在生物化学中被公认为是一种研究广泛的磷化合物的技术。二维核磁共振适用于土壤萃取物。在二维核磁共振波谱中，每个信号通过其在二维平面上的坐标来识别，从而增强了核磁共振的分辨率。例如，已经证明，根据磷脂在一维的 ^{31}P 化学位移及在第二维的 ^{1}H 化学位移和信号精细结构，可以在二维 ^{1}H-^{31}P 核磁共振相关谱中明确地识别磷脂。此外，这些二维谱图的提供有助于识别未知化合物的结构信息[131]。

质谱法(MS)利用带电分子或分子碎片的质荷比(m/z)来获取样品的“化学指纹”，从而对其分子化学组成进行表征。对于土壤样品，通常需要进行一定的提取和电离步骤，以满足 MS 分析的前置条件。提取物或通过色谱法进行分离，或直接注入质谱仪。电喷雾电离(ESI)是在有机磷(Po)研究中最频繁使用的方法[132]。它对极性化合物的敏感度非常高；然而，在正离子模式下，它常常导致生成多个带电离子和与碱金属的加合物，这使得确定分子物种和评估光谱变得困难。对于磷分析，这个问题更为严重，因为含磷化合物的电离效率低，灵敏度下降。在以溶解的有机碳、氮和氧化合物为主的背景下，土壤中含磷分子的相对浓度较低，如磷含量为 0.2%～0.3%，增加了分析检测的困难[133]。因此，常常需要选择性的分离和预浓缩步骤来增加磷浓度，并去除干扰的非含磷溶解有机物分子，如可以通过固相萃取或透析法进行萃取和浓缩。

纳米二次离子质谱仪(NanoSIMS)融合了高分辨率显微镜与元素和同位素分析的功能，是一种具有破坏性的质谱学技术。虽然 NanoSIMS 在土壤科学中的应用潜力巨大，但该技术在土壤研究中的应用仍处于初级阶段。接下来，将介绍最新一代的 NanoSIMS——Cameca NanoSIMS 50 L。在 NanoSIMS 分析过程中，样品表面会被初级离子束(Cs^+或 O^-)垂直轰击，从而产生样品表面的溅射，释放出中性粒子以及带有正电荷或负电荷的单原子或多原子二次离子(例如，当使用 Cs^+作为初级离子时，会生成 $^{13}C^-$，$^{31}P^-$，$^{31}P^{16}O^-$，$^{56}Fe^{16}O^-$等)。多原子二次离子是由反应性单原子离子的复合反应产生的。二次离子被同轴提取并加速进入双聚焦扇形场质谱仪，可以提供如区分 $^{13}C^{14}N^-$(m/z 27.016)和 $^{12}C^{15}N^-$(m/z 27.009)所需的高质量分辨率。通过聚焦初级离子束，空间分辨率可降至 150 nm(O^-)和 50 nm(Cs^+)，以生成元素和/或同位素分布的图像。通过漂移校正，可以将来自同一点的多个连续图像进行累积和合并，以提高信噪比。NanoSIMS 提供了以高分辨率和精度解析土壤中二维和三维空间磷分布的可能性。这为在根或真菌菌丝周围定位磷富集热点或锐化和狭窄的磷耗竭区域提供了可能，从而有助于在空间上解决植物-土壤系统中的磷耗竭和转移问题。尽管 ^{31}P 是唯一的稳定磷同位素，但 P 可以作为 $^{31}P^-$、$^{31}P^{16}O^-$或$^{31}P^{16}O_2^-$进行测量。由于没有其他离子或簇对这些质量产生显著的干扰，因此不需要高质量分辨率。因此，可以采用高传输率来解决 P 相比于 C 的低电离效率和丰度问题。P 的检测限很难确定，因为相对于主要由 NanoSIMS 获取的表面 P 浓度，土壤 P 浓度的检测存在较大误差[134]。总体来讲，NanoSIMS 的功能为其在亚微米级土壤磷研究中的应用提供了可靠的论据，尤其是当与互补的非破坏性、空间分辨的物种形成技术(如各种 X 射线谱图)相互结合使用时。

自 20 世纪 90 年代初以来，同步辐射的应用(同步辐射产生的电磁辐射)使得基于 X 射线吸收的光谱和显微分析技术得以开发和应用，用于土壤及其相关样本中的磷形态和分子尺度过程的研究。在过去的十年中，光束线的数量和功能的快速发展进一步推动了这一点，这些光束线至少部分地专用于这些类型的样本。从本质上讲，这一发展与使用同步辐射的 X 射线束的高亮度和强度以及广泛的可调谐性有关。因此，与传统的 X 射线源(如 X 射线管)相比，可实现更高的灵敏度。大多数 X 射线方法都是基于光电效应。简而言之，X 射线光子被目标元素吸收，从而将其核心电子提升到更高的能级或将光电子和俄歇电子发射到连续体中。在核心电子的元素比结合能(BE)以下，吸收小；相反，在接近核心电子 BE 的能量处，吸收急剧增加[135]。

然而，能量的进一步增加会降低光子再次被吸收的可能性，从而导致吸收系数出现边缘状结构，这种现象被称为吸收边，有时也被称为“白线”。结果，吸收原子处于不稳定的激发态。为了回到基态，来自更高能级的电子迅速填补空位(即核心电子空穴)，并以特征荧光光子和/或俄歇电子的形式发射两个能级之间的能量差。利用吸收能量、发射电子的能量和荧光光子表现元素及其电子结构特性的主要技术有三种：①X 射线荧光谱(XRF)；②X 射线吸收谱(XAS)；③X 射线光电子能谱(XPS)。强度在约 2150 eV 处的显著增加对应于磷的 K 壳层核心电子的吸收边缘。基于此边缘，光谱通常分为 X 射线吸收近边结构(XANES，近边 X 射线吸收精细结构的同义词)区域，从边缘约 50 eV 开始的 X 射线吸收近边缘结构(XANES，近边缘 X 射线吸收精细结构的同义词)区域和从边缘上方的约 600 eV 延伸到 1000 eV 的扩展 X 射线吸收精细结构(EXAFS)区域。具体的范围取决于被探测的边缘。XANES 区域具有较强烈的特性，对磷原子的氧化态和局部环境敏感，如配位阳离子的键角、类型和几何形状。EXAFS 区域是 XAS 的振荡部分，由出射电子波和反向散射电子波之间的干涉产生，提供了关于磷原子间键距的局部信息以及与吸收原子配位的近邻区域和数量。对于 EXAFS，光谱在数学上从能量空间转换到 k 空间。而基于同步加速器的 XANES 光谱是识别不同含磷矿物和吸附磷的矿物最有效的手段之一，能够支持地球化学模型，因此在含磷矿物的研究中被广泛使用。例如，Andersson 等检测了施肥土壤中易溶的钙-磷相以及其他未被识别的相，如方解石-磷或非晶钙-磷，这些可能代表了肥料的反应产物，形成了中间的钙-磷矿物，经过施肥后在土壤中逐渐转变为更难溶的形式[136]。

为了深入理解土壤中有机磷的存在方式，研究人员主要采用了两种方法对土壤中的有机磷形态进行分离。首先，通过化学提取程序从土壤中分离出可识别的生物分子[137]；其次，研究这些生物分子被添加到土壤后转化为无机磷的速率。对于第一种方法，研究人员依赖对可识别生物分子化学性质的了解，如 pH 和温度稳定性、动力学反应性，以及在不同溶剂中的溶解性和颜色反应性的差异，这些都是分离磷的各种形态的有机基质的物理-化学基本性质。然而，由于土壤有机质的内在复杂性，此过程面临着挑战。至于第二种方法，研究人员假设，如果某种特定形式的有机磷在添加到土壤后只被少量水解，那么该磷可能转化为一种相对稳定的形态，即进入了土壤有机磷的磷库部分。

在土壤磷循环中，对植物及土壤有机体最直接重要的部分，可以归结为以下平衡：

$$\text{土壤可溶性磷} \rightleftharpoons \text{不稳定性磷} \rightleftharpoons \text{稳定性磷}$$

在自然生态系统中，不稳定磷的占比较小，磷的循环是紧密闭合的，大部分进入植物的磷是通过土壤中的微生物过程缓慢循环的植物残体磷提供的。而在农业系统中，地表径流和侵蚀经常造成磷的损失。因此，添加磷肥是为了弥补这些损失，并提高作物产量，这使得评估土壤循环的贡献变得更为困难。无论是在自然还是农业系统中，植物、动物和微生物残留物(地上和地下部分)的并入土壤，都提供了维持营养循环所需的能量，并确保它们所含的磷能够重新进入磷循环。

8.3.4 盐碱土壤中磷的管理

盐碱土壤中的有效磷含量通常较低，一般为 25 mg/kg，最低的土地可能仅有 0.5～1.0 mg/kg。一方面，这是因为土壤溶液的高 pH 降低了无机磷的溶解度；另一方面，高 pH 和高含盐量对微生物群落的结构、生物量、碳含量、磷酸酶和其他酶活性产生不利影响，进而影响到可用磷的转化和释放过程。此外，由于土壤颗粒在碱性条件下具有强烈的固定作用，生物有效磷在盐碱土壤中的比例严重降低。因此，即使土壤具有较高的总磷，仍可能存在生物可利用磷严重不足的情况。因此，显然需要有效的策略来减少盐碱土壤中的磷固定，并将积累的难溶性磷转化为可利用形态，以提高其可用性和利用率[138]。

1. 小分子有机酸活化磷素

在磷素缺乏的环境中，土壤微生物和植物会通过多种策略来提高土壤磷素的有效性，如改变根结构，发展大的根系、更长的根毛和更细的根，分泌低分子量有机酸(LMWOA)、质子和酶(如磷酸酶和植酸酶)，结合菌根，产生簇根，以及表达高亲和力磷转运蛋白来提高磷吸收效率。因此，植物和微生物可以在一定程度上克服土壤磷素的短缺。研究表明，土壤中存在一些 LMWOA，如琥珀酸、酒石酸、富马酸、苹果酸、柠檬酸、阿魏酸等，这些有机酸可以由植物和微生物释放，或通过有机残留物的添加进入土壤。这些有机酸可以通过溶解难溶性无机磷增加土壤中磷素的可用性，延缓肥料磷素与土壤成分的反应，使含磷矿物溶解，增加矿物态无机磷的解离。许多研究报告表明，有机酸的添加可以增加磷和其他营养元素的生物可用性[139]。

研究者通过低分子量有机酸来激活土壤中难溶性磷，进而提高土壤磷的有效性。例如，孔涛等[140]的研究发现，滨海盐碱土壤中各种形态的无机磷活化量随着有机酸浓度的增加而增加。在低浓度时，柠檬酸对 Fe-P，草酸对 Al-P 的活化能力最强。在中浓度时，草酸对所有形态的无机磷的活化能力最强。在高浓度时，草酸对 Ca-P 和 O-P 的活化能力最强，而柠檬酸对 Fe-P 和 Al-P 的活化能力最强。对于不同浓度和不同形态的无机磷而言，苯甲酸的活化能力最弱。目前的研究表明，Fe-P 和 Al-P 是一种非常有效的磷源，可以作为土壤有效磷库的主体[141]。

2. 水稻的种植

在改善盐碱土壤环境、抑制土壤结构松散以及提升土壤结构等方面，水稻的种植具有重要影响。在水稻种植过程中，保持淹水条件不仅可以实现压盐排碱，而且通过维持稳定的水层还可以减少盐分由下向上的蒸发迁移。此外，水稻种植过程中的耕作、灌排等操作有助于缓解土壤耕层的盐碱胁迫。

图 8-23 展示了在水稻种植不同年限下土壤磷素的含量。随着水稻种植年限的增加，土壤中的总磷也相应增加。经过 10 年(10Y)、25 年(25Y)和 50 年(50Y)的种植改良后，土壤总磷分别为 519 mg/kg、569 mg/kg 和 722 mg/kg，比未种植改良的荒地(CK)的总磷均显著增加，分别提升了 58.2%、73.5%和 120.1%。这表明，种植改良后的土壤对磷的供应能力显著提高，能够满足作物对磷素的需求。

土壤无机磷含量也随着水稻种植年限的增加而增加。未进行改良的荒地无机磷含量为 118.67 mg/kg，而经过 10 年、25 年和 50 年的水稻种植改良后，含量分别达到了 191.18 mg/kg、275.85 mg/kg 和 333.16 mg/kg。其中，经过 50 年的改良效果最为显著，达到了荒地无机磷含量的 2.81 倍。

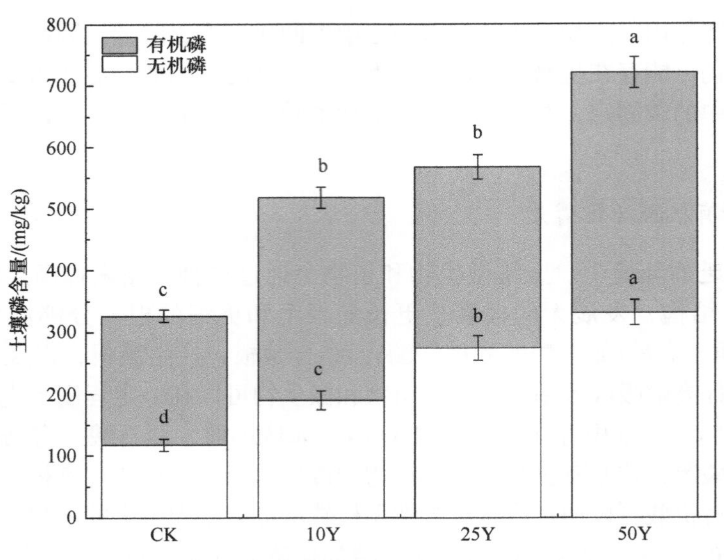

图 8-23 不同改良年限盐碱土壤磷素的含量
CK 表示荒地；10Y 表示改良 10 年，余依此类推

有机磷的变化并无明显规律。未进行改良的盐碱荒地的有机磷含量为 209.33 mg/kg，而经过 10 年的水稻种植改良后，含量提高到了 327.82 mg/kg，比荒地提高了 56.6%。然后在经过 25 年的水稻种植改良后，土壤中的有机磷含量为 293.15 mg/kg。在经过 50 年的种植改良后，其有机磷含量达到了 388.84 mg/kg，是盐碱荒地有机磷含量的 1.86 倍(图 8-23)。这些数据表明，水稻种植对于盐碱荒地来讲，能够显著提高土壤中的磷素含量。通过水稻种植，可以显著提高土壤的磷供应水平，保证作物的正常生长发育，有效改善盐碱荒地的营养贫瘠状态。

针对不同水稻种植改良年限的土壤，进行了土壤磷素分级处理，结果显示于表 8-9。根据研究，四种土壤中，高稳性磷(HHCl-P)占主导，其比例为 63.04%～89.07%，而水溶性磷(H_2O-P)占比最低，仅为 0.10%～0.65%。研究还发现，水稻种植可将盐碱荒地中的有机磷占比从 63.82%降低到 51.52%，同时将无机磷占比从 36.18%提高到 48.48%，这指示了水稻种植改良有效地促进了土壤中有机磷的矿化，使土壤中的有机磷转化成无机磷。

表 8-9 不同水稻种植改良年限土壤磷素分级情况 (单位：mg/kg)

改良年限	H_2O-P_i	$NaHCO_3$-P_i	$NaHCO_3$-P_o	NaOH-P_i	NaOH-P_o	DHCl-P_i	HHCl-P_i	HHCl-P_o	土壤总无机磷	土壤总有机磷
CK	1.035^{c}	4.48^{d}	17.92^{c}	8.47^{b}	21.54^{b}	56.32^{b}	291.48^{b}	598.79^{a}	361.81^{b}	638.24^{a}
10Y	1.55^{c}	9.85^{c}	54.93^{b}	10.41^{b}	69.47^{b}	53.97^{b}	293.63^{b}	506.27^{b}	368.47^{b}	631.60^{a}
25Y	3.34^{b}	13.74^{b}	86.69^{a}	12.42^{b}	79.85^{b}	83.10^{a}	390.13^{a}	349.30^{c}	461.40^{a}	538.67^{b}
50Y	6.51^{a}	25.23^{a}	91.74^{a}	32.81^{a}	186.77^{a}	50.07^{b}	370.79^{a}	260.19^{d}	484.83^{a}	515.29^{b}

注：P_i代表无机磷；P_o代表有机磷。

在土壤磷素中，活性磷(H_2O-P_i、$NaHCO_3$-P_i 和 $NaHCO_3$-P_o)的占比随着水稻种植改良年限的增加而提高。其中，经过 50 年水稻改良的土壤中，这三者的占比最显著地提高，分别比未改良荒地土壤增加了 5.3 倍、5.6 倍和 5.1 倍。另外，高稳性有机磷(HHCl-P_o)占比随着水稻种植改良年限的增加显著的降低，从未改良荒地的 59.89%降低至 50 年改良土壤中的 26.01%，高稳性无机磷(HHCl-P_i)占比则呈增长趋势。然而，中稳性磷(DHCl-P)在四种土壤中磷素占比变化不大，显示了水稻种植过程对这种形态磷素无显著影响。

不同水稻改良年限下土壤磷素的核磁共振波谱如图 8-24 所示，土壤各有机磷组分的化学位移见表 8-10。图谱的解析结果表明，各不同改良年限土壤有机磷中的主要成

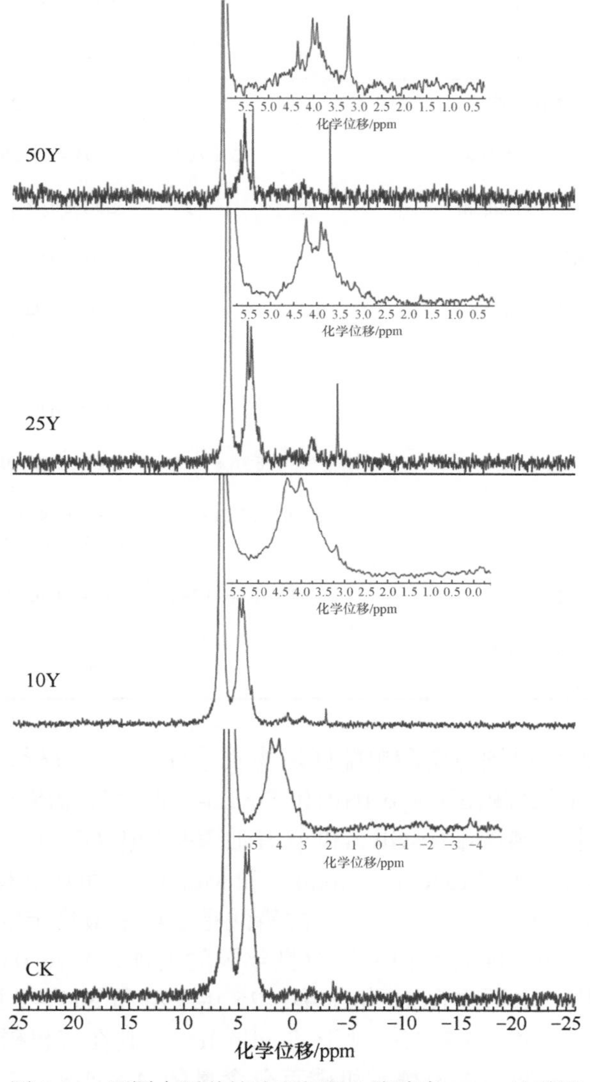

图 8-24　不同水稻种植改良年限土壤磷素 NMR 波谱图

分是磷酸单酯，其中未改良盐碱荒地(CK)中磷酸单酯的占比最高，达到了 85.79%，而水稻改良 10 年(10Y)、25 年(25Y)和 50 年(50Y)土壤的磷酸单酯占比分别为 83.26%、78.20%和 71.40%；未改良盐碱荒地及水稻改良 10 年、25 年和 50 年土壤磷酸双酯占比分别为 14.21%及 16.74%、21.80%和 286.0%，这表明水稻种植改良能够降低土壤中有机磷的磷酸单酯占比，增加土壤磷酸双酯的占比，促进了土壤有机磷中磷酸单酯的转化。

表 8-10　^{31}P NMR 测定有机磷化合物化学位移　　(单位：ppm)

磷素分类	磷素形态	化学位移
P_i	正磷酸盐	6.00 ± 0.00
	焦磷酸盐	−4.27 ± 0.01
P_o	磷酸单酯	6.8～6.3, 5.6～2.5
	Myo-l 六磷酸肌醇	5.63 ± 0.03, 4.65 ± 0.03, 4.35 ± 0.02, 4.14 ± 0.03
	Scyllo-六磷酸肌醇	3.81 ± 0.03
	葡萄糖六磷酸	5.16 ± 0.01
	α-甘油磷酸酯	4.92 ± 0.02
	β-甘油磷酸酯	4.62 ± 0.03
	磷酸胆碱	3.97 ± 0.05
	Mono 1	6.86 ± 0.07, 6.70 ± 0.06, 6.56 ± 0.09, 6.31 ± 0.06
	Mono 2	5.39 ± 0.05, 5.24 ± 0.03, 4.83 ± 0.03, 4.30 ± 0.08, 4.06 ± 0.03, 3.89 ± 0.09, 3.73 ± 0.07
	Mono 3	3.47 ± 0.06, 3.38 ± 0.06, 3.24 ± 0.05, 2.97 ± 0.08, 2.80 ± 0.10
	磷酸双酯	2～−3

同时针对 NMR 波谱图对磷酸单酯区域物质进行进一步分析，本节研究检测到了肌醇磷酸中的 Myo-lI 肌醇磷酸(Myo-IHP)和 Scyllo-六肌醇酸盐(Scyllo-IHP)，以及葡萄糖六磷酸(G6P)、α-甘油磷酸酯(α-Glyc)和 β-甘油磷酸酯(β-Glyc)、单核苷酸(Nucl)、磷酸胆碱(choline phosphate)，Mono 1、Mono 2 和 Mono 3，而其余有机磷单酯化合物在谱图上没有检测出或者存在杂峰干扰。肌醇磷酸是土壤中最稳定的有机磷形态。图谱解析结果表示(表 8-10)，随着水稻种植改良年限的增加，Myo-IHP 在土壤有机磷中占比呈现下降的趋势，水稻改良 10 年土壤、25 年土壤和 50 年土壤 Myo-IHP 含量分别降低 6.33%、20.63%和 35.32%；对于 Scyllo-IHP，其在有机磷中的占比在四种不同改良年限土壤中都较低，占土壤有机磷百分含量的 1.85%～2.71%，这表明水稻种植改良对盐碱荒地土壤有机磷中 Scyllo-IHP 占比影响不显著。土壤中 G6P、α-Glyc

和 β-Glyc 在土壤磷酸单酯中所占比例较低，分别占比 0.03%～0.35%、0.20%～0.61%和 1.06%～1.90%，经过水稻种植之后呈现下降趋势，下降幅度较小。对于磷酸胆碱(Chop)，其在土壤有机磷中占比为 5.50%～6.14%，并且随着水稻种植改良年限的增加呈现递增的趋势，其中水稻改良 50 年土壤中占比最高；同时研究发现 Nucl 在土壤有机磷中占比为 5.33%～5.91%，水稻种植改良对 Nucl 影响较小，其含量较为稳定。

8.4　盐碱土壤硫循环

8.4.1　土壤中硫的来源与分布

1. 土壤中硫的来源

土壤中的硫主要来源于母质、大气沉降、灌溉水以及施肥等。其来源可被主要划分为自然产生和人为添加两种。自然引入土壤中的硫主要源于岩石或成土矿物的自然风化，其中的硫矿物，如石膏等，会在土壤中经过微生物分解，转化为硫酸盐。在生物、物理、化学等多种因素的影响下，硫酸盐会发生一系列的迁移和转化，进而通过植物的吸收和分解，或径流、潮汐运移等作用进入土壤中[142,143]。人为添加的硫则来源于农业生产中使用的含硫肥料和含硫农药，以及由工业和人类活动排放到大气中的硫源。大气硫源可以进一步划分为自然硫源和人为硫源。自然硫源主要包括火山活动、地壳热液活动以及沼泽化过程中排放的气态硫氧化物和硫化氢；而人为硫源主要来自煤炭和原油的燃烧产生的含硫气体。在土壤中，总硫含量通常在 0.03～10 g/kg 之间，全球平均值约为 0.7 g/kg。硫的含量受到成土母质的初始含量和成土过程的变化的影响[144]。

2. 土壤中硫的形态与分布

在土壤中，硫以无机硫和有机硫的形态存在，且经历迁移、矿化、氧化和还原的过程在有机形态与无机形态之间进行转换[145]。在大多数情况下，土壤中的硫主要以有机硫的形式存在，这种形式通常占总硫量的超过 60%，其中大部分存在于土壤有机质和动植物残体中[145-147]。尽管有机硫化合物大体上是固定的，但无机硫的流动性更强，其中以硫酸盐 (SO_4^{2-}) 的流动性最强[148,149]。硫酸盐的迁移受其吸附性质的限制，故吸附和解吸受到土壤溶液中 SO_4^{2-} 浓度、土壤 pH、胶体表面特性和溶液中其他阴离子的影响。有机硫主要以酯硫酸盐(C—O—S)和碳键合硫(C—S)两种形式存在[150-152]。土壤溶液中硫酸盐的浓度较低，由于植物吸收、硫肥投入、矿化和固定化之间的平衡关系，其浓度处于不断变化中[153,154]。在表层土壤中，SO_4^{2-} 的浓度较高，主要因为施用了含硫的肥料以及土壤有机质中硫的矿化过程[155,156]。通常，由于冬春季的淋溶和低矿化率，土壤溶液中的 SO_4^{2-} 浓度在这两个季节最低[157,158]。

土壤总硫与土壤有机碳和总氮的含量显著相关，这表明硫是土壤有机质的组成部分。在农业生产实践中，土壤硫的总含量主要受施用的肥料类型的影响，并且已发现土壤中硫的变化与添加的有机残留物量具有相关性[159]。一项长期田间试验中，不施肥的对照区土壤中总硫含量为 1392 kg/hm^2，而在施用农家肥的处理区土壤中总硫含量为 1808 kg/hm^2[160-162]。

有机硫是土壤中的主要硫组分[145,163,164]。在表层土壤中，有机硫的量占总硫量的95%，在地下土壤中，有机硫的量占总硫量的 99%[165-168]，在地下土壤中占土壤硫量的99%[167,168]。有机硫存在于微生物、植物和动物中，因此，动植物体中的有机硫会在生命的某个阶段与土壤融为一体。有机硫是一种非均相混合物，其化学特性还不为人所完全了解[169,170]。由于碳、氮和硫是土壤有机质的主要组成元素，因此，土壤中有机硫的量与土壤中有机碳和总氮的含量具有显著相关性[171,172]。

无机硫是指在矿物中所存在的硫以及硫酸盐形态的硫，包括硫化氢、二氧化硫、硫单质等，根据分离步骤可进一步划分为吸附性硫、水溶性硫、锌-盐酸还原性硫和盐酸可溶性硫等[173,174]。硫的价态范围广泛，从−2(如硫化物)到+6(如硫酸盐)。在农业土壤中，主要为好氧型，其无机硫主要以硫酸盐的稳定形态存在，同时含有少量低氧化态化合物[175,176]。因此，硫酸盐通常在文献中被定义为无机硫。由于大气输入、植物分解、肥料添加、浸出、植物吸收以及微生物活动等因素的动态平衡，土壤中的硫酸盐含量在年度中是不稳定的。一般春季灌溉会导致硫酸盐离子被淋洗而浸出，冬季低温引起硫的矿化率降低，这些因素导致土壤中硫酸盐含量处于较低水平[165,177]。研究表明，硫酸盐以水溶性盐和吸附在土壤无机组分上的形式存在。常规认知认为，可溶性硫酸盐和大部分吸附的硫酸盐是植物可吸收利用的。土壤中的硫酸盐含量受胶体系统性质、pH、硫酸盐浓度以及溶液中其他离子浓度的影响[178]。硫酸盐可以被铁和铝的含水氧化物以及黏土颗粒的边缘进行吸附[179]。吸附硫酸盐的量依赖于黏土的比表面积和表面电荷，因此铝含量越高，阴离子吸附量越大[180]。

有机硫与无机硫的比例并非恒定，常随土壤类型、矿物成分、有机质含量、水文条件、剖面深度和 pH 的变化而变化，并受时间和种植方式的影响[181-183]。一般而言，土壤表层无机硫含量较低，有机硫含量较高。在垂直方向上，总硫和有效硫含量随着土层深度增加而降低，表现出显著的分层和差异性，这主要是因为土壤硫的转化大部分受植物和微生物根际活动影响，以及土壤氧化还原条件随深度的变化而变化。同时，研究还发现酯键硫主要集中于表层 20 cm 的土壤中，随着土层深度的增加，总硫含量则逐渐降低[184]。

8.4.2 土壤中硫的迁移转化

在土壤环境中，硫在无机和有机形态之间经历着不断的循环和转化。无机硫被固定为有机硫，不同的有机硫形态相互转化，并且被矿化以生成植物可利用的无机硫[169]。无论是硫的矿化还是固定化过程，都是微生物介导的[185,186]，曾有研究提出了有机硫在土壤有机质中的循环模型，其中涉及硫的生物化学和生物矿化过程[187]。鉴于大气沉积或肥料中的硫输入有限[176,188]，有机硫形式中 SO_4^{2-} 的释放对于农业系统中植物生长所需的硫供应至关重要。SO_4^{2-} 作为酸沉降的主要酸化成分，也是植物在土壤中最直接有效的吸收形式。通过对土壤吸附解吸作用的研究，可以有效评估土壤的固硫能力以及防止硫淋失的能力[189]。SO_4^{2-} 的吸附能使土壤胶体表面的 OH^-释放出来，从而提高土壤中和酸的能力，同时，固定阳离子以防止其随SO_4^{2-} 流失，增加新的阳离子交换位，进而增强土壤阳离子交换能力，因此，硫元素在土壤中的保留能力得以提高[190,191]。SO_4^{2-} 的吸附机制包括：①与水合氧化物结合，表现为专属吸附；②与水合氧化物结合时，黏土颗粒表面的SO_4^{2-} 与表面基团之间的配位交换主要通过强制吸附进行，这种交换吸附可以通过SO_4^{2-} 取代水合基团，也可以取代羟基；③分子吸附；④静电吸附。其中后两种吸附遵循质量作用定律，吸附机制为非专性吸附，解吸可被视为吸附的反向过程。

土壤中硫的循环主要包括两个关键过程，即无机硫的固定化和有机结合硫的活化，这两个过程均被认为是微生物介导的重要环节[185,192]，然而目前尚不清楚微生物群落的特定成员是否在催化这些过程中起主导作用。一项使用放射性标记的 ^{35}S 硫酸盐对硫的固定化进行研究，并测量其在不同结合态硫池中掺入量的研究[193,194]，结果表明，试验在 8 周内，将 35%～44%的标记硫酸盐掺入了土壤的有机硫中。该研究和其他早期研究将放射性标记与载体硫酸盐一起应用，模拟了添加硫酸盐肥料后硫动态的变化。然而，研究发现载体硫酸盐的存在阻碍了 ^{35}S 进入有机硫池[185,192]，后来的试验[176,188]使用了无载体的 ^{35}S 硫酸盐。试验表明，标记的硫酸盐最快进入硫酸盐池(HI 可还原硫)，进入碳键合后硫馏分的速度则相对较慢[194,195]。重要的是，添加的硫酸盐被固定化的速率主要取决于土壤条件，同时也取决于在添加 ^{35}S 硫酸盐之前如何预培养土壤，以及掺入 ^{35}S 时供应给土壤的碳和氮的含量，这表明土壤微生物群落是这一过程中的主要参与者。

8.4.3　土壤中硫的影响因素

1. 土壤性质

大量研究已经证实，土壤性质是影响土壤吸附SO_4^{2-} 的最主要因素。这些性质由土壤氧化物含量、土壤铁含量、土壤 pH、有机质含量、土壤铝饱和度和盐基饱和度、土壤温度等理化性质以及可溶性SO_4^{2-} 的含量所决定[181,183]。有研究表明，吸附量峰值前，SO_4^{2-} 的吸附以专性吸附为主，峰值后，则以非专性吸附为主，并且吸附机制的变化可能受 pH 变化的影响[145,196,197]。

研究发现，随着 pH 的升高，SO_4^{2-} 的吸附量会降低。另一项研究发现了土壤中不同固相组成对SO_4^{2-} 吸附、解吸的作用，揭示了土壤中SO_4^{2-} 的主要吸附体是活性氧化物。在高浓度时，晶态氧化物对于SO_4^{2-} 的潜在吸附力会表现出来。在大多数情况下，有机质对SO_4^{2-} 吸附起正向积极作用。同时，不同质地类型的土壤对SO_4^{2-} 的吸附能力会有所不同。研究显示，红壤对SO_4^{2-} 的吸附能力最强，最大可达 11.52 g/kg，其次是棕红壤、黄壤、黄红壤(酸性淋溶土)、黄褐壤，而红色石灰壤的吸附能力最弱，最大仅为

3.55 g/kg。黄红壤和红壤的SO_4^{2-}吸附量高于近水土壤、潮土(中性水成土)、稻土。研究还发现，土壤对SO_4^{2-}的吸附能力与土壤的 pH 及 Al 含量存在明显相关性[198,199]。

在土壤中，硫主要以硫酸盐的形式存在，受 pH 的影响很大。由于无机硫是可供植物吸收与利用的主要形态，占植物吸收硫总量的 55%以上，因此 pH 对土壤硫的转化极其重要。有研究发现，硫酸盐含量会随着 pH 的增加而逐渐减少，这可能是因为 pH 影响了土壤中参与硫循环的微生物的生长，同时影响了硫含量的分布[200,201]。另外，有研究显示，无机硫的形态和分布也会受到 pH 的影响，当土壤 pH 高于 6 时，无机硫主要以水溶性硫存在，吸附性硫含量低。另一项研究发现，随着 pH 的增加，土壤中可溶性硫含量增加，而水溶性硫含量减少，但这种影响机制仍需进一步研究。对于 pH 通常在 10 以上的盐碱土，过高的盐分会影响植物的正常生长，并形成与正常土壤截然不同的微生物群落，通常使得总硫含量大大低于正常土壤[202,203]。

2. 植被影响

相较于无植被的土壤，植物生长的环境中硫的矿化量明显增大。这一现象被归因于根际微生物密度的增加和硫酸酯酶的分泌[172]。尽管硫酸盐已经从细菌中分离出来[169,204]，但目前仅有极少的证据支持硫酸盐在植物根部的存在。Knauff 等发现，在无菌条件下生长的植物根部具有一定的芳基硫酸酯酶活性，尤其是在禾本科植物无菌生长的根部，在硫缺乏的环境下，可提取出大量芳基硫酸还原酶。因此，可以推测，植物可能通过生成和分泌硫酸酯酶来产生硫酸酯，并对硫酸酯产生积极响应。进一步地，Vogel 和 Kretzschmar 提出，植物物种可能通过根部的沉积物影响土壤中硫的动态变化[205]。

3. 土壤氧气

通常，有机硫的矿化在好氧环境下更为容易进行。针对无氧条件以及不同温度条件下土壤中有机硫的矿化特性，研究结果显示，好氧条件下的有机硫矿化量明显高于无氧条件下，且在 30℃的环境下，土壤有机硫的累积矿化量显著高于 20℃。另外，对于无氧条件下水稻土中参与矿化的硫来源的研究结果表明，参与矿化作用的有机硫主要来源于碳键硫和非还原性有机硫，而被水稻吸收的硫大部分来自酯键硫的矿化[206,207]。

8.4.4　盐碱改良对土壤中硫的影响

1. 硫在盐碱地中的分布

在盐碱荒漠环境中，由于土壤的高盐分含量和 pH，以及有机质的缺乏，土壤养分较低，存在土壤板结现象，土壤孔隙度差，水分难以下渗。预期上述条件会对土壤的总硫含量造成直接影响，此外，也会影响植物的功能蛋白合成和光合作用，从而加剧土壤的荒漠化过程。

为了了解盐碱土壤的实际硫含量，胡树文等对东北松嫩平原盐碱荒地的多个地点进行了硫含量的普查。他们对总硫和有效硫含量进行了测定，结果表明在松嫩平原五个不同的盐碱荒地样本中，总硫含量普遍较低，范围为 0.06～0.2 g/kg，平均值为 0.085 g/kg，最低的总硫含量仅为 0.062 g/kg。与东北其他黑土以及全国土壤的平均硫含量相比，其总硫含量处于严重缺硫的状态。如此低的硫含量对植物生长影响重大，会妨碍植物的光合作用，延迟幼苗生长，可能导致叶片黄化和植株矮小。同时，由于硫含量低，也会影响植株的保护系统，导致植物存活率显著下降。

由于硫在植物生长和发育中扮演着不可替代的角色，一些研究认为它对水稻的影响类似于磷[183,208,209]。然而，硫在土壤中的迁移和转化受到土壤质地、pH、盐分、土壤有机质、土壤颗粒和空隙、土壤水分等因素的影响。这些因素主要通过影响植物生长和根系微生物群落来影响土壤硫的分布与转化[26,210,211]。

2. 改良对土壤总硫和可利用硫的影响

经过土壤改良处理后，浅层土壤的有效硫含量都有所增加，其中低、中、高剂量的改良剂分别使土壤中的有效硫含量增加 319.9%、333.6%和 604.0%。高剂量改良剂的施用效果最佳，而低、中剂量改良剂的施用也使得土壤硫含量恢复到了正常耕作土壤的水平(图 8-25)。在深层土壤中，施用低、中、高剂量改良剂分别使土壤中的有效硫含量增加 384.8%、513.8%和 478.2%。其中，中剂量改良剂的施用效果最佳，但三种剂量改良剂对硫含量的提升效果无显著差异，都达到了正常耕作土壤的硫含量水平。当施加高剂量改良剂时，土壤的总硫含量达到了最高，甚至超过了正常耕作土壤的硫含量(图 8-26)。

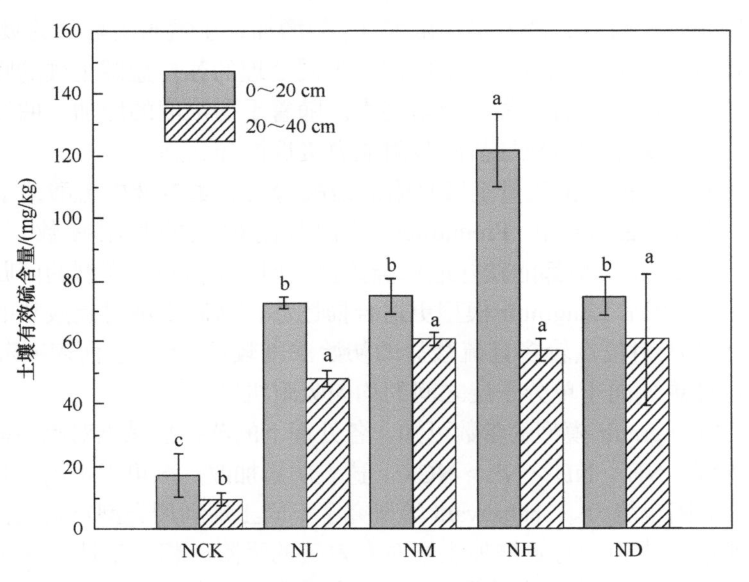

图 8-25　施用不同剂量改良剂对土壤有效硫含量的影响

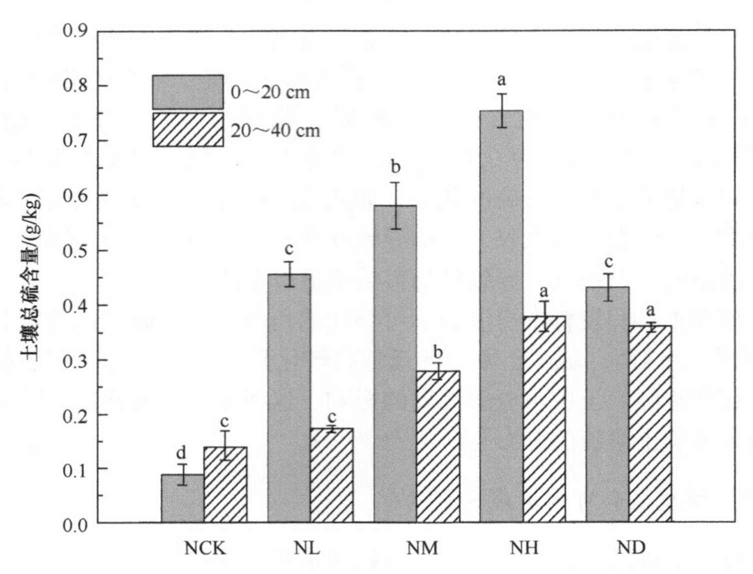

图 8-26　施用不同剂量改良剂对土壤总硫含量的影响

NCK 表示盐碱荒地，未进行任何处理；ND 表示不施用改良剂的改良水稻田，未施加任何改良剂；NL 表示种植水稻前在土壤 0～20 cm 土层一次性撒施 500 kg/hm² 改良剂；NM 表示种植水稻前在土壤 0～20 cm 土层一次性撒施 1000 kg/hm² 改良剂；NH 表示种植水稻前在土壤 0～20 cm 土层一次性撒施 1500 kg/hm² 改良剂，所使用的改良剂为纤维素磺化改性复合材料，是一种环保高效的土壤改良剂粉末，富含有机质和螯合微量元素，钙含量≥8%，有机质含量≥4%。不同小写字母代表不同处理之前存在显著性差异(P<0.05)，后同

3. 苏打盐碱土壤对硫酸盐的吸附特征影响

图 8-27 使用 Langmuir 和 Freundlich 等温吸附模型来描述不同处理的苏打盐碱土壤对硫酸盐的吸附特性。首先，随着平衡浓度 C_e 的增加，土壤对硫酸盐的吸附量 q 也相应增大。当平衡浓度在 0～400 mg/L 范围内，不同处理的苏打盐碱土壤的吸附曲线斜率较大，暗示土壤对硫酸盐具有较强的吸附能力。随着平衡浓度的增加，曲线趋于平缓，表明各处理的苏打盐碱土壤对硫酸盐的吸附能力接近饱和状态。

表 8-11 列出了根据单位质量土壤吸附的硫酸盐与土壤溶液中硫酸盐平衡浓度之间的关系所得到的 Langmuir 和 Freundlich 等温吸附模型的吸附参数。结果表明，Langmuir 和 Freundlich 模型都能较好地拟合数据，但 Langmuir 模型的回归系数略高于 Freundlich 模型。这暗示 Langmuir 模型更适合描述苏打盐碱土壤对硫酸盐的吸附行为。这可能是由于土壤吸附位点较多且硫酸盐的初始浓度较低[212]，进而表明苏打盐碱土对硫酸盐的吸附特性更偏向于单分子层之间的均匀吸附机制。

从表 8-11 中 Langmuir 模型的参数可知，各处理下的苏打盐碱土对硫酸盐的最大吸附量 q_{max} 依次为 NM > NH > ND > NL > NCK。这表明添加改良剂可以提高苏打盐碱土对植物有效性硫酸盐的固定能力。Shahsavani 等研究了不同土地利用类型对硫酸盐吸附能力的影响，发现施肥灌溉措施能有效增加土壤对有效硫的吸附，相比旱地，水田土壤对硫酸盐的吸附更强。Langmuir 模型中的常数 K_L 代表吸附溶液在土壤吸附位点的结合能力。表 8-11 显示，苏打盐碱土与硫酸盐的结合能力为 NH > NL > NM > ND > NCK，这表明施加改良剂的处理能提升土壤对硫酸盐的吸附能力。另外，土壤对硫酸盐的吸附量在很大程度上依赖于土壤的 pH 和非晶铁铝氧化物的含量[213]。这些土壤理化性质随着改良剂的施用而变化，从而在一定程度上支持了改良剂的施用能促进苏打盐碱土对硫酸盐的吸附。

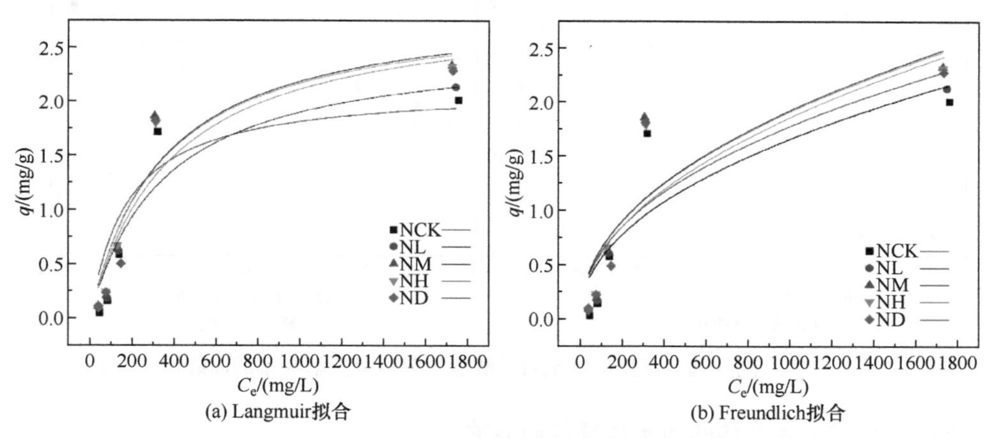

图 8-27　不同处理下苏打盐碱土对硫酸盐的吸附等温模型拟合

扫描封底二维码可见本图彩图

表 8-11　不同处理下苏打盐碱土对硫酸盐的吸附等温式参数

不同处理的土壤	Langmuir 模型			Freundlich 模型		
	q_{max}/(mg/g)	K_L/(L/mg)	R^2	K_F	$1/n$	R^2
NCK	2.02	0.0024	0.9879	0.0665	0.467	0.8748
NL	2.14	0.0031	0.9815	0.0778	0.454	0.8957
NM	2.95	0.0030	0.9853	0.0772	0.466	0.8153
NH	2.93	0.0053	0.9769	0.0771	0.466	0.8918
ND	2.92	0.0028	0.9865	0.0669	0.454	0.8539

4. 苏打盐碱土壤对硫酸盐解吸特性的影响

图 8-28(a)描述了在不同处理下，苏打盐碱土壤中硫酸盐在去离子水中的解吸量随硫酸盐浓度增加的变化情况。随着硫酸盐浓度的提高，土壤对硫酸盐的解吸过程大致可分为两个阶段：初始阶段的缓慢解吸(0～196 mg/L)，在此范围内，土壤逐渐释放硫酸盐离子；快速解吸阶段(196～1960 mg/L)，在此范围内，土壤的解吸速度加快，硫酸盐的释放量明显提升。在施用改良剂的处理组中，解吸量始终高于未添加改良剂的处理组，这表明施用改良剂能显著提升土壤有效硫的供应，从而促进土壤硫的转化。

图 8-28(b)展示的土壤解吸率曲线表明，相比未施用改良剂的土壤，随着改良剂的施用，苏打盐碱土壤的硫酸盐解吸率逐渐增大。在加入硫酸盐浓度为 1960 mg/L 时，施加改良剂的处理组(NL、NH、NM)中，土壤对硫酸盐的解吸率达到 30%，而未施加改良剂的处理组(NCK、ND)仅达到 24%。这表明，经过改良处理的苏打盐碱土壤中硫酸盐的释放高于未经改良处理的土壤。硫酸盐的解离能够在苏打盐碱土壤中释放酸性物质，从而缓解土壤的盐碱程度[214]。

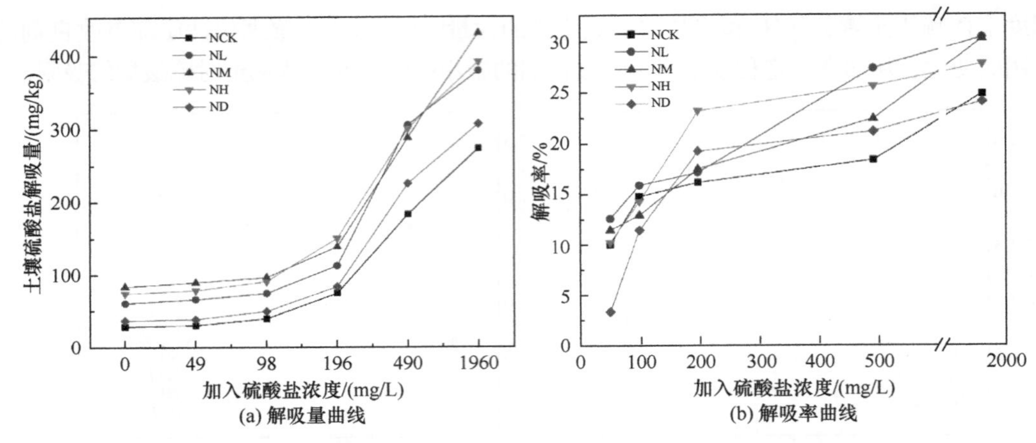

图 8-28　不同处理下苏打盐碱土对硫酸盐的解吸量及解吸率的曲线

5. 不同处理对土壤有机硫的矿化特征的影响

图 8-29 展示了在室温下，持续 0～8 周的培养期间，不同改良剂处理、淹水条件、土壤粒径及土层深度条件下，有机硫累积矿化量随培养时间的动态变化。从图中可观察到，随着培养时间和条件的变动，土壤矿化速率和累积矿化量均发生显著的变化。整体而言，前 4 周的培养阶段，大部分土壤中有机硫的矿化速度较快。在第 4 周之后，有机硫累积矿化量则趋于稳定，这表明有机硫的矿化反应主要在 0～4 周期间发生。图 8-29(a)为无淹水小粒径浅层土壤在五种不同处理条件下，有机硫累积矿化量随培养时间的变化。由图可知，五种不同处理均在 1～2 周时间段内达到最大矿化速率，低剂量的土壤改良剂处理与盐碱荒地和长期种植水稻的正常耕地中有机硫累积矿化量无明显差异，随着改良剂添加量增加，有机硫累积矿化量和矿化速率明显增加；不同处理条件下有机硫累积矿化量由大到小顺序为：NH > NM > NL > ND > NCK。这一结果表明，在无淹水小粒径浅层土壤中土壤改良剂的施加量是影响有机硫矿化的主要因素。

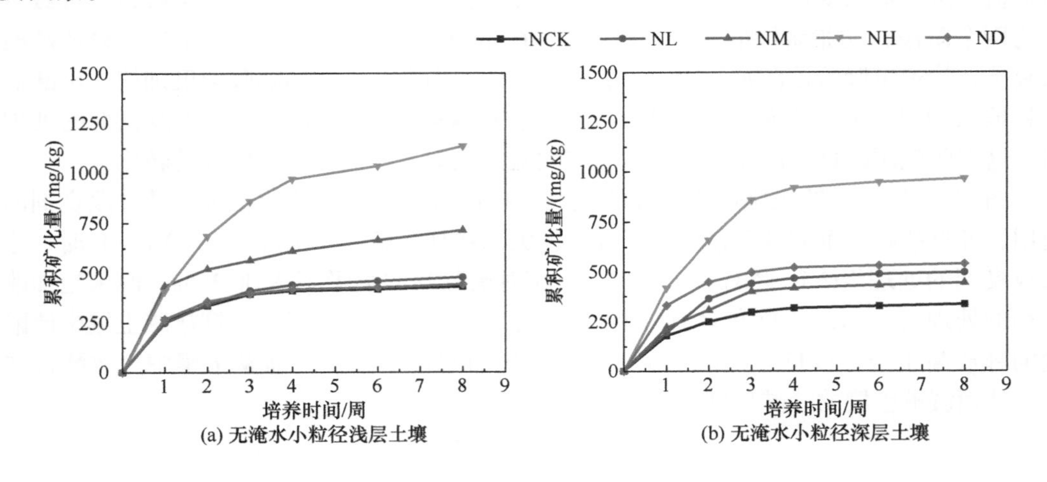

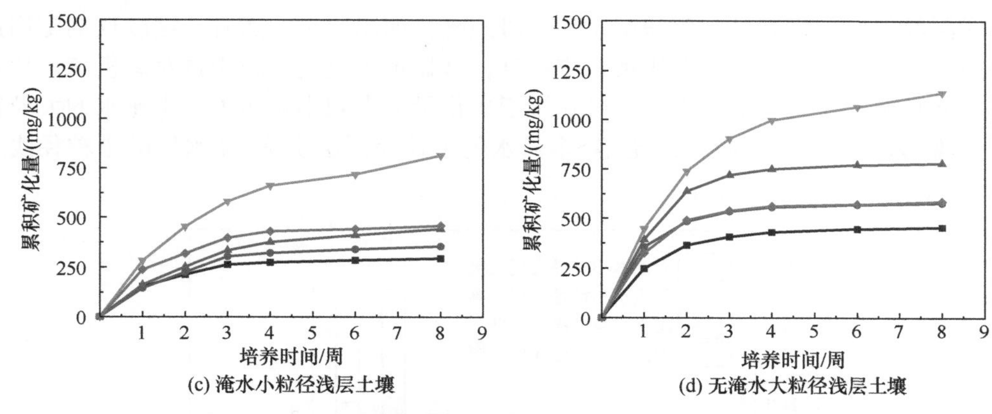

图 8-29　不同条件下土壤有机硫累积矿化量与培养时间的关系

图 8-29(b)展示了在五种不同处理条件下，无淹水小粒径深层土壤中有机硫累积矿化量随培养时间的变化情况。如图所示，五种处理在 1～2 周的时间段内均达到最大矿化速率，其中长期种植水稻的对照组在 0～2 周内的有机硫累积矿化量和矿化速率明显高于中、低剂量土壤改良剂处理组。然而，高剂量土壤改良剂的添加显著增加了有机硫的累积矿化量和矿化速率。不同处理条件下有机硫累积矿化量由大到小的顺序为：NH > ND > NL > NM > NCK。这一结果表明，改良剂的施用量及方式在无淹水小粒径深层土壤中是影响有机硫矿化的主要因素。

图 8-29(c)描绘了淹水小粒径浅层土壤在五种不同处理条件下，有机硫累积矿化量随培养时间的变化情况。所有处理在 1～2 周内均达到最大矿化速率。长期种植水稻的对照组在 0～2 周内的有机硫累积矿化量和矿化速率明显高于中、低剂量土壤改良剂处理组。在 2 周后，随着土壤改良剂施用量的增加，有机硫累积矿化量和矿化速率逐渐增加。而添加高剂量土壤改良剂后，有机硫累积矿化量和矿化速率明显增加。不同处理条件下有机硫累积矿化量由大到小的顺序为：NH > ND > NM > NL > NCK。这一结果表明，改良剂的施用量及方式在淹水小粒径浅层土壤中是影响有机硫矿化的主要因素。

图 8-29(d)展示了无淹水大粒径浅层土壤在五种不同处理条件下，有机硫累积矿化量随培养时间的变化情况。所有处理在 1～2 周内均达到最大矿化速率，随着改良剂添加量的增加，有机硫累积矿化量和矿化速率明显增加。其中，低剂量的土壤改良剂处理与长期种植水稻的正常耕地中的有机硫累积矿化量和矿化速率在 0～8 周内无明显差异。不同处理条件下有机硫累积矿化量由大到小的顺序为：NH > NM > NL = ND > NCK。这一结果表明，土壤改良剂的施用量和改良方式在无淹水大粒径浅层土壤中是影响有机硫矿化的主要因素。

综上所述，在不同条件下，土壤改良剂显著推动了土壤有机硫的矿化总量和速率的提高[215]，改良剂的施用量越大，有机硫的累积矿化量和矿化速率也越大。此外，长期种植水稻对盐碱荒地土壤有机硫矿化总量和矿化速率的提高也有一定程度的促进作用。

图 8-30 是对室温下培养 8 周后的土壤进行不同改良剂处理、淹水条件、土壤粒径

和土层深度条件下，有机硫累积矿化量的对照图。如图所示，随着土壤改良剂施用量的增加，土壤有机硫的累积矿化量相应提升，这显示了改良剂施用量对有机硫矿化过程的显著影响。在盐碱荒地中，有机硫累积矿化量由大到小顺序为：未淹水的大粒径浅层土壤>未淹水的小粒径浅层土壤>未淹水的小粒径深层土壤>淹水后的小粒径浅层土壤。

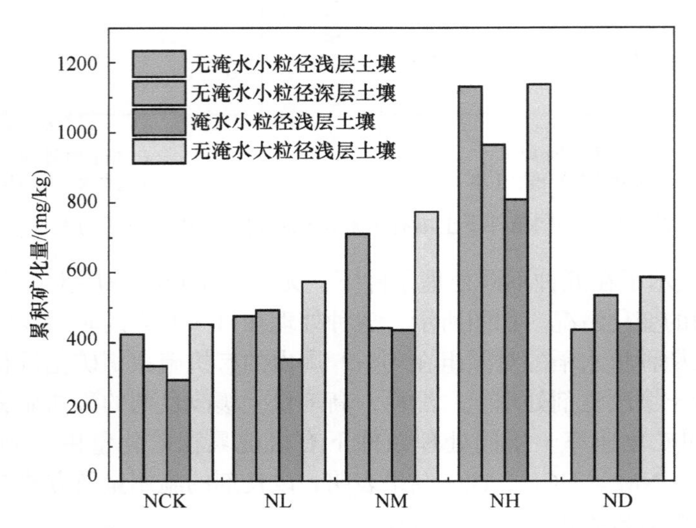

图 8-30　不同处理土壤有机硫累积矿化量与土壤淹水情况、粒径大小和土层深度的关系
扫描封底二维码可见本图彩图

当在盐碱荒地中添加低剂量土壤改良剂时，有机硫累积矿化量由大到小顺序为：无淹水大粒径浅层土壤>无淹水小粒径深层土壤>无淹水小粒径浅层土壤>淹水小粒径浅层土壤。而在添加中剂量和高剂量土壤改良剂的盐碱荒地中，这个顺序有所不同。

另外，在常规种植水稻的耕地中，有机硫累积矿化量的顺序为：无淹水大粒径浅层土壤>无淹水小粒径深层土壤>淹水小粒径浅层土壤⩾无淹水小粒径浅层土壤。

总体来讲，不同处理的土壤中，在相同条件下，有机硫累积矿化量的顺序为：无淹水土壤>淹水土壤，浅层大粒径土壤⩾浅层小粒径土壤。除了在常规种植水稻的正常耕地，一般浅层土壤的有机硫累积矿化量高于深层土壤。这可能是由于改良剂的施用量和种植方式对不同土壤深度的有机硫累积矿化过程的影响。

试验结果显示，无淹水条件相比淹水条件更有利于有机硫的矿化过程[216]，大粒径土壤比小粒径土壤更有利于有机硫的矿化。

对于经人为干预(如施加不同改良剂处理和种植稻田)后的土壤，观察到其中细菌 α 多样性的显著提升(表 8-12)，此外，主坐标分析(PCoA)图(图 8-31)进一步揭示了在施加改良剂后，土壤细菌结构的显著改变。这种现象可能归因于植物凋落物和肥料管理为微生物提供了适宜的生长环境[217]。虽然各处理后的细菌群落组成并未显著变化，但某些菌群的相对丰度确实发生了调整。在人为干预后，酸杆菌门(Acidobacteria)、拟杆菌门(Bacteroidota)、脱硫杆菌门(Desulfobacterota)的相对丰度提升，但优势菌门仍是变形菌门(Proteobacteria)、放线菌门(Actinobacteria)、绿弯菌门(Chloroflexi)、酸杆菌门(Acidobacteria)(图 8-32)，这可能是由于这些优势菌门拥有广泛的生态位，使其能够在多种环境中生存并占据主导地位[218]。各种处理方式的差异并未改变这些优势菌门的地位，这与 Tian 等的观点不同。作者推测这可能是盐碱土壤中的养分缺乏以及细菌群落的单一性，导致优势菌门单一[219]。尽管施加不同剂量的施良剂和种植稻田为其他细菌的生长提供了条件，但并未对原有优势菌门的生长产生显著影响。例如，绿弯菌门的相对丰度提升可能是由于这一菌门属于厌氧菌，且在采样时稻田处于淹水状态，气体交换受限[13]；酸杆菌门在植物凋落物的降解中发挥重要作用，加速养分循环[220]；放线菌门在降解纤维素、半纤维素方面起着重要作用[221]。对细菌群落进行 FAPROTAX 功能预测发现，施加改良剂后提高了化能异养(chemoheterotrophy)、需氧化能异养(aerobic chemoheterotrophy)、硝酸盐还原(nitrate reduction)作用，这也与细菌在门水平上的变化相符合。

表 8-12　不同处理细菌的 α 多样性

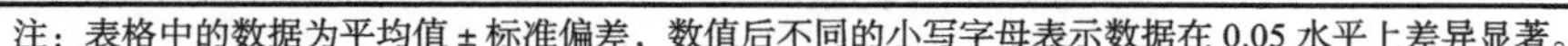

处理	Shannon	Simpson	Chao1
NCK	5.93 ± 0.19[d]	0.01 ± 0.007[a]	3103.34 ± 220.99[c]
NL	6.13 ± 0.05[c]	0.01 ± 0.002[a]	3599.49 ± 999.64[b]
NM	6.66 ± 0.01[a]	0.004 ± 0.0004[d]	3677.92 ± 77.52[b]
NH	6.60 ± 0.17[a]	0.006 ± 0.001[c]	4038.14 ± 144.73[a]
ND	6.33 ± 0.04[b]	0.008 ± 0.0002[b]	3192.68 ± 119.17[c]

注：表格中的数据为平均值 ± 标准偏差，数值后不同的小写字母表示数据在 0.05 水平上差异显著。

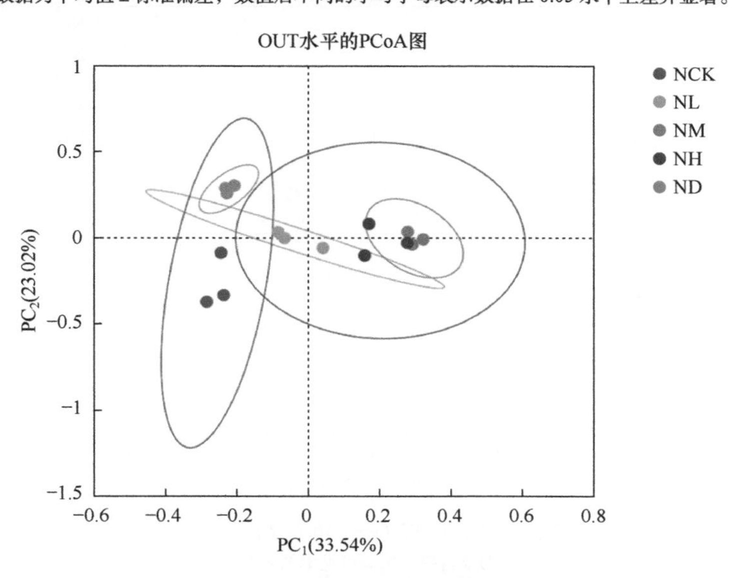

图 8-31　不同处理下细菌群落 PCoA 图

扫描封底二维码可见本图彩图

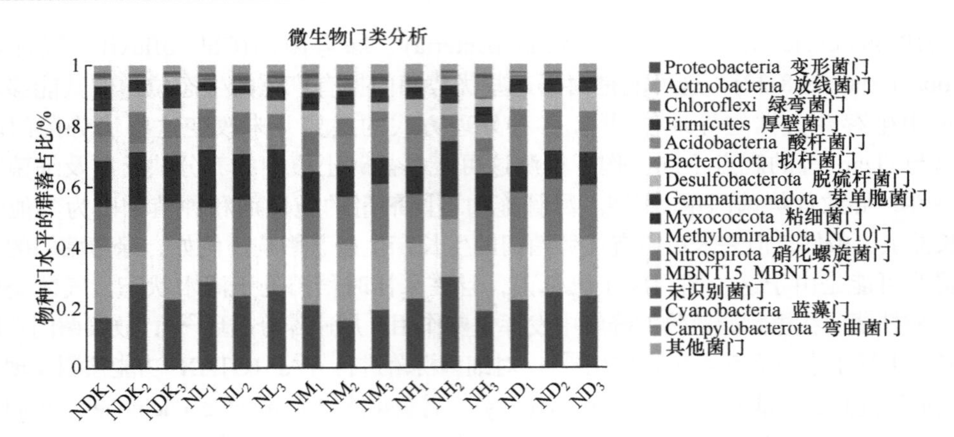

图 8-32　细菌在门水平上群落组成

扫描封底二维码可见本图彩图

DcrA 和 *DcrB* 是参与硫形态转化的功能基因，能够催化硫循环中亚硫酸盐还原为硫化物[222]。经过人为干预，提升了 TS(全硫)和 AS(有效硫)的含量，为硫酸盐还原菌提供了更多的底物以进行生产。由主坐标分析(PCoA)可见，通过施加改良剂和常规水稻种植处理后，*DcrA*(图 8-33)和 *DcrB*(图 8-34)的群落结构均发生了变化。同时，Shannon 指数和 Chao1 指数均有所上升，这表明人为干预的土地提高了 *DcrA* 和 *DcrB* 功能基因微生物菌群的 α 多样性。在对细菌群落进行 FAPROTAX 功能预测时发现，施加改良剂后硫代硫酸盐的呼吸作用有所增强，这与 α 多样性的提升是一致的。

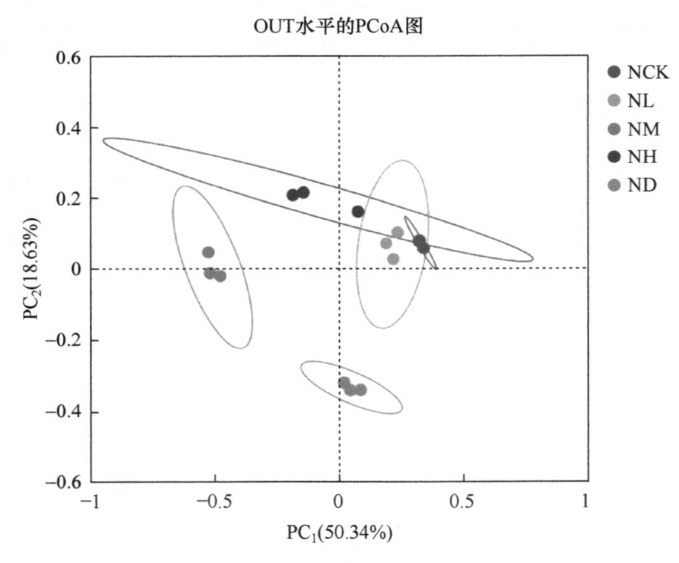

图 8-33　不同处理 *DcrA* 功能基因 PCoA 图

扫描封底二维码可见本图彩图

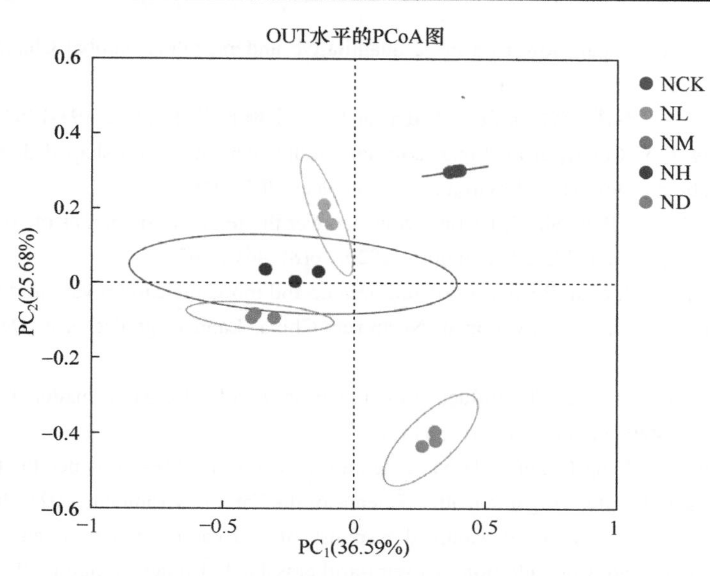

图 8-34　不同处理 *DcrB* 功能基因 PCoA 图
扫描封底二维码可见本图彩图

参 考 文 献

[1] Wang W J, He H S, Zu Y G, et al. Addition of HPMA affects seed germination, plant growth and properties of heavy saline-alkali soil in Northeastern China: comparison with other agents and determination of the mechanism. Plant and Soil, 2011, 339(1): 177-191.

[2] Chen X D, Opoku-Kwanowaa Y, Li J M, et al. Application of organic wastes to primary saline-alkali soil in Northeast China: effects on soil available nutrients and salt ions. Communications in Soil Science and Plant Analysis, 2020, 51(2): 1238-1252.

[3] Persello-Cartieaux F, Nussaume L, Robaglia C. Tales from the underground: molecular plant-rhizobacteria interactions. Plant, Cell and Environment, 2003, 26(2): 189-199.

[4] Wei L, Ge T, Zhu Z, et al. Comparing carbon and nitrogen stocks in paddy and upland soils: accumulation, stabilization mechanisms, and environmental drivers. Geoderma, 2021, 398: 115121.

[5] Zaehle S. Terrestrial nitrogen-carbon cycle interactions at the global scale. Philosophical Transactions of the Royal Society of London Series B, Biological Sciences, 2013, 368(1621): 20130125.

[6] Wu L P, Zhang S R, Ma R H, et al. Carbon sequestration under different organic amendments in saline-alkaline soils. CATENA, 2021, 196: 104882.

[7] Ivushkin K, Bartholomeus H, Bregt A K, et al. Global mapping of soil salinity change. Remote Sensing of Environment, 2019, 231: 111266.

[8] Setia R, Gottschalk P, Smith P, et al. Soil salinity decreases global soil organic carbon stocks. Science of the Total Environment, 2013, 465: 267-272.

[9] Lal R. Soil carbon sequestration impacts on global climate change and food security. Science, 2004, 304(5677): 1623-1627.

[10] Lehmann P, Stauffer F, Hinz C, et al. Effect of hysteresis on water flow in a sand column with a fluctuating capillary fringe. Journal of Contaminant Hydrology, 1998, 33(1): 81-100.

[11] Whalen E D, Grandy A S, Sokol N W, et al. Clarifying the evidence for microbial- and plant-derived soil

organic matter, and the path toward a more quantitative understanding. Global Change Biology, 2022, 28(24): 7167-7185.

[12] 陈恩凤, 王汝镛, 王春裕. 有机质改良盐碱土的作用. 土壤通报, 1984(5): 193-196.

[13] Zhang L, Wang Z Y, Cai H, et al. Long-term agricultural contamination shaped diversity response of sediment microbiome. Journal of Environmental Sciences, 2021, 99: 90-99.

[14] Luo Z, Viscarra Rossel R A, Shi Z. Distinct controls over the temporal dynamics of soil carbon fractions after land use change. Global Change Biology, 2020, 26(8): 4614-4625.

[15] Wang Y, Jiang J, Niu Z, et al. Responses of soil organic and inorganic carbon vary at different soil depths after long-term agricultural cultivation in Northwest China. Land Degradation & Development, 2019, 30(10): 1229-1242.

[16] Schmidt M P, Martínez C E. The influence of tillage on dissolved organic matter dynamics in a Mid-Atlantic agroecosystem. Geoderma, 2019, 344: 63-73.

[17] Tang J F, Wang W D, Feng J Y, et al. Urban green infrastructure features influence the type and chemical composition of soil dissolved organic matter. Science of the Total Environment, 2021, 764: 144240.

[18] Wang R, Filley T R, Xu Z, et al. Coupled response of soil carbon and nitrogen pools and enzyme activities to nitrogen and water addition in a semi-arid grassland of Inner Mongolia. Plant and Soil, 2014, 381(1): 323-336.

[19] Beillouin D, Demenois J, Cardinael R, et al. A global database of land management, land-use change and climate change effects on soil organic carbon. Scientific Data, 2022, 9(1): 228.

[20] Davidson E A, Trumbore S E, Amundson R. Soil warming and organic carbon content. Nature, 2000, 408(6814): 789-790.

[21] Feng L K, Wu H M, Zhang J, et al. Simultaneous elimination of antibiotics resistance genes and dissolved organic matter in treatment wetlands: characteristics and associated relationship. Chemical Engineering Journal, 2021, 415: 128966.

[22] Liu X, Li F M, Liu D Q, et al. Soil organic carbon, carbon fractions and nutrients as affected by land use in semi-arid region of Loess Plateau of China. Pedosphere, 2010, 20(2): 146-152.

[23] Magill A H, Aber J D. Long-term effects of experimental nitrogen additions on foliar litter decay and humus formation in forest ecosystems. Plant and Soil, 1998, 203(2): 301-311.

[24] Farrington P, Salama R B. Controlling dryland salinity by planting trees in the best hydrogeological setting. Land Degradation & Development, 1996, 7(3): 183-204.

[25] Cotrufo M F, Lavallee J M. Soil organic matter formation, persistence, and functioning: a synthesis of current understanding to inform its conservation and regeneration. Advances in Agronomy, 2022, 172: 1-66.

[26] Neubauer S C, Piehler M F, Smyth A R, et al. Saltwater intrusion modifies microbial community structure and decreases denitrification in tidal freshwater marshes. Ecosystems, 2019, 22(4): 912-928.

[27] Plaza C, Senesi N, Polo A, et al. Acid-base properties of humic and fulvic acids formed during composting. Environmental Science & Technology, 2005, 39(18): 7141-7146.

[28] Feng H J, Wang S Y, Gao Z D, et al. Aggregate stability and organic carbon stock under different land uses integrally regulated by binding agents and chemical properties in saline-sodic soils. Land Degradation & Development, 2021, 32(15): 4151-4161.

[29] Chen X, Hu Y, Xia Y, et al. Contrasting pathways of carbon sequestration in paddy and upland soils. Global Change Biology, 2021, 27(11): 2478-2490.

[30] Huang W, Hall S J. Elevated moisture stimulates carbon loss from mineral soils by releasing protected organic matter. Nature Communications, 2017, 8(1): 1774.

[31] Li H, Yang S, Xu Z, et al. Responses of soil microbial functional genes to global changes are indirectly influenced by aboveground plant biomass variation. Soil Biology and Biochemistry, 2017, 104: 18-29.
[32] Zhang X, Wei H, Chen Q, et al. The counteractive effects of nitrogen addition and watering on soil bacterial communities in a steppe ecosystem. Soil Biology and Biochemistry, 2014, 72: 26-34.
[33] Yu L L, Luo S S, Xu X, et al. The soil carbon cycle determined by GeoChip 5.0 in sugarcane and soybean intercropping systems with reduced nitrogen input in South China. Applied Soil Ecology, 2020, 155: 103653.
[34] Ajwa H A, Dell C J, Rice C W. Changes in enzyme activities and microbial biomass of tallgrass prairie soil as related to burning and nitrogen fertilization. Soil Biology and Biochemistry, 1999, 31(5): 769-777.
[35] Sun R B, Guo X S, Wang D Z, et al. Effects of long-term application of chemical and organic fertilizers on the abundance of microbial communities involved in the nitrogen cycle. Applied Soil Ecology, 2015, 95: 171-178.
[36] Elser J J, Bracken M E S, Cleland E E, et al. Global analysis of nitrogen and phosphorus limitation of primary producers in freshwater, marine and terrestrial ecosystems. Ecology Letters, 2007, 10(12): 1135-1142.
[37] Liu L, Gundersen P, Zhang T, et al. Effects of phosphorus addition on soil microbial biomass and community composition in three forest types in tropical China. Soil Biology and Biochemistry, 2012, 44(1): 31-38.
[38] Ma B, Stirling E, Liu Y H, et al. Soil biogeochemical cycle couplings inferred from a function-taxon network. Research, 2021, 2021: 7102769.
[39] Hu A, Choi M, Tanentzap A J, et al. Ecological networks of dissolved organic matter and microorganisms under global change. Nature Communications, 2022, 13(1): 3600.
[40] Poeplau C, Herrmann A M, Kätterer T. Opposing effects of nitrogen and phosphorus on soil microbial metabolism and the implications for soil carbon storage. Soil Biology and Biochemistry, 2016, 100: 83-91.
[41] Zheng M H, Zhang T, Liu L, et al. Effects of nitrogen and phosphorus additions on soil methane uptake in disturbed forests. Journal of Geophysical Research, 2016, 121(12): 3089-3100.
[42] Hagedorn F, Spinnler D, Siegwolf R. Increased N deposition retards mineralization of old soil organic matter. Soil Biology and Biochemistry, 2003, 35(12): 1683-1692.
[43] Johnson D, Leake J R, Lee J A, et al. Changes in soil microbial biomass and microbial activities in response to 7 years simulated pollutant nitrogen deposition on a heathland and two grasslands. Environmental Pollution, 1998, 103(2): 239-250.
[44] Song B, Niu S, Li L, et al. Soil carbon fractions in grasslands respond differently to various levels of nitrogen enrichments. Plant and Soil, 2014, 384(1): 401-412.
[45] Wang H, Guan D S, Zhang R D, et al. Soil aggregates and organic carbon affected by the land use change from rice paddy to vegetable field. Ecological Engineering, 2014, 70: 206-211.
[46] Gupta S K, Sharma S K. Response of crops to high exchangeable sodium percentage. Irrigation Science, 1990, 11(3): 173-179.
[47] Kim H S, Kim K R, Lee S H, et al. Effect of gypsum on exchangeable sodium percentage and electrical conductivity in the Daeho reclaimed tidal land soil in Korea—a field scale study. Journal of Soils and Sediments, 2018, 18(2): 336-341.
[48] Swarup A. Effect of exchangeable sodium percentage and presubmergence on yield and nutrition of rice under field conditions. Plant and Soil, 1985, 85(2): 279-288.
[49] Xu Z, Shao T, Lv Z, et al. The mechanisms of improving coastal saline soils by planting rice. Science of the Total Environment, 2020, 703: 135529.

[50] Lehmann J, Kleber M. The contentious nature of soil organic matter. Nature, 2015, 528(7580): 60-68.
[51] Luo R Y, Kuzyakov Y, Zhu B, et al. Phosphorus addition decreases plant lignin but increases microbial necromass contribution to soil organic carbon in a subalpine forest. Global Change Biology, 2022, 28(13): 4194-4210.
[52] Deng F, Liang C. Revisiting the quantitative contribution of microbial necromass to soil carbon pool: stoichiometric control by microbes and soil. Soil Biology and Biochemistry, 2022, 165: 108486.
[53] Liang C, Kästner M, Joergensen R G. Microbial necromass on the rise: the growing focus on its role in soil organic matter development. Soil Biology and Biochemistry, 2020, 150: 108000.
[54] Feng H J, Wang S Y, Gao Z D, et al. Effect of land use on the composition of bacterial and fungal communities in saline-sodic soils. Land Degradation & Development, 2019, 30(15): 1851-1860.
[55] Zhou M, Liu X, Meng Q, et al. Additional application of aluminum sulfate with different fertilizers ameliorates saline-sodic soil of Songnen Plain in Northeast China. Journal of Soils and Sediments, 2019, 19(10): 3521-3533.
[56] Du J X, Liu K L, Huang J, et al. Organic carbon distribution and soil aggregate stability in response to long-term phosphorus addition in different land-use types. Soil and Tillage Research, 2022, 215: 105195.
[57] Six J, Frey S D, Thiet R K, et al. Bacterial and fungal contributions to carbon sequestration in agroecosystems. Soil Science Society of America Journal, 2006, 70(2): 555-569.
[58] Drenovsky R E, Steenwerth K L, Jackson L E, et al. Land use and climatic factors structure regional patterns in soil microbial communities. Global Ecology and Biogeography, 2010, 19(1): 27-39.
[59] Thoms C, Gleixner G. Seasonal differences in tree species' influence on soil microbial communities. Soil Biology and Biochemistry, 2013, 66: 239-248.
[60] Xia Y, Chen X, Hu Y, et al. Contrasting contribution of fungal and bacterial residues to organic carbon accumulation in paddy soils across Eastern China. Biology and Fertility of Soils, 2019, 55(8): 767-776.
[61] Li N, Xu Y Z, Han X Z, et al. Fungi contribute more than bacteria to soil organic matter through necromass accumulation under different agricultural practices during the early pedogenesis of a Mollisol. European Journal of Soil Biology, 2015, 67: 51-58.
[62] 冯浩杰. 松嫩平原盐碱地利用方式对土壤团聚体稳定性和微生物群落的影响. 北京: 中国农业大学, 2019.
[63] Zou P, Fu J, Cao Z, et al. Aggregate dynamics and associated soil organic matter in topsoils of two 2,000-year paddy soil chronosequences. Journal of Soils and Sediments, 2015, 15(3): 510-522.
[64] Eash N S, Karlen D L, Parkin T B. Fungal contributions to soil aggregation and soil quality. Defining Soil Quality for a Sustainable Environment, 1994: 221-228.
[65] Yuan Y, Li Y, Mou Z, et al. Phosphorus addition decreases microbial residual contribution to soil organic carbon pool in a tropical coastal forest. Global Change Biology, 2021, 27(2): 454-466.
[66] Muruganandam S, Israel D W, Robarge W P. Activities of nitrogen-mineralization enzymes associated with soil aggregate size fractions of three tillage systems. Soil Science Society of America Journal, 2009, 73(3): 751-759.
[67] Gruber N, Galloway J N. An Earth-system perspective of the global nitrogen cycle. Nature, 2008, 451(7176): 293-296.
[68] Rabalais N N. Nitrogen in aquatic ecosystems. Ambio, 2002, 31(2): 102-112.
[69] Xing G X, Zhu Z L. Regional nitrogen budgets for China and its major watersheds. Biogeochemistry, 2002, 57(1): 405-427.
[70] Howarth R W, Anderson D B, Cloern J E, et al. Nutrient pollution of coastal rivers, bays, and seas. Issues in Ecology, 2000(7): 1-16.

[71] 朱秋莲. 论土壤氮素循环研究现状及发展前沿. 西藏农业科技, 2013, 35(2): 9-16.

[72] 谢祖彬, 张燕辉, 王慧. 稻田生物固氮研究进展及方向. 土壤学报, 2020, 57(3): 540-546.

[73] 冯敏, 吴红艳, 王志学. 秸秆还田对土壤硝化特性和氨化特性及其相关菌群数量的影响. 微生物学杂志, 2018, 38(2): 50-54.

[74] 贺纪正, 张丽梅. 土壤氮素转化的关键微生物过程及机制. 微生物学通报, 2013, 40(1): 98-108.

[75] Chen Q, Qi L, Bi Q, et al. Comparative effects of 3,4-dimethylpyrazole phosphate (DMPP) and dicyandiamide (DCD) on ammonia-oxidizing bacteria and Archaea in a vegetable soil. Applied Microbiology and Biotechnology, 2015, 99(1): 477-487.

[76] Wang B, Zhao J, Guo Z, et al. Differential contributions of ammonia oxidizers and nitrite oxidizers to nitrification in four paddy soils. The ISME Journal, 2015, 9(5): 1062-1075.

[77] Costa E, Pérez J, Kreft J U. Why is metabolic labour divided in nitrification?. Trends in Microbiology, 2006, 14(5): 213-219.

[78] Daims H, Lebedeva E V, Pjevac P, et al. Complete nitrification by *Nitrospira* bacteria. Nature, 2015, 528(7583): 504-509.

[79] Palomo A, Jane Fowler S, Gülay A, et al. Metagenomic analysis of rapid gravity sand filter microbial communities suggests novel physiology of *Nitrospira* spp. The ISME Journal, 2016, 10(11): 2569-2581.

[80] 李建兵, 黄冠华. 盐分对粉壤土氮转化的影响. 环境科学研究, 2008(5): 98-103.

[81] 苏海英, 徐万里, 蒋平安, 等. 盐渍化土壤上不同类型氮肥氨挥发损失特征研究. 新疆农业科学, 2008(2): 236-241.

[82] 刘秋丽, 马娟娟, 孙西欢, 等. 土壤的硝化-反硝化作用因素研究进展. 农业工程, 2011, 1(4): 79-83, 13.

[83] 李辉信, 胡锋, 刘满强, 等. 红壤氮素的矿化和硝化作用特征. 土壤, 2000(4): 194-197, 214.

[84] Gubry-Rangin C, Nicol G W, Prosser J I. Archaea rather than bacteria control nitrification in two agricultural acidic soils. FEMS Microbiology Ecology, 2010, 74(3): 566-574.

[85] Guo G X, Deng H, Qiao M, et al. Effect of *Pyrene* on denitrification activity and abundance and composition of denitrifying community in an agricultural soil. Environmental Pollution, 2011, 159(7): 1886-1895.

[86] Long X, Chen C, Xu Z, et al. Abundance and community structure of ammonia-oxidizing bacteria and Archaea in a temperate forest ecosystem under ten-years elevated CO_2. Soil Biology and Biochemistry, 2012, 46: 163-171.

[87] 杨亚东, 张明才, 胡君蔚, 等. 施氮肥对华北平原土壤氨氧化细菌和古菌数量及群落结构的影响. 生态学报, 2017, 37(11): 3636-3646.

[88] 贾晓宇, 贺江舟, 关统伟, 等. 新疆红井子盐碱土壤非培养放线菌多样性. 微生物学通报, 2012, 39(5): 606-613.

[89] 王银山, 张燕, 谢辉. 艾比湖湿地不同盐碱环境土壤微生物群落特征分析. 干旱区资源与环境, 2009, 23(5): 133-137.

[90] 李凤霞, 王长军, 郭永忠. 盐碱地农田土壤氮素转化微生物及其影响因素研究进展. 宁夏农林科技, 2020, 61(8): 33-36.

[91] Wuchter C, Abbas B, Coolen M J L, et al. Archaeal nitrification in the ocean. Proceedings of the National Academy of Sciences of the United States of America, 2006, 103(33): 12317-12322.

[92] Stahl D A, De la Torre J R. Physiology and diversity of ammonia-oxidizing Archaea. Annual Review of Microbiology, 2012, 66(1): 83-101.

[93] Ouyang Y, Norton J M, Stark J M, et al. Ammonia-oxidizing bacteria are more responsive than Archaea to nitrogen source in an agricultural soil. Soil Biology and Biochemistry, 2016, 96: 4-15.

[94] Magalhães C M, Joye S B, Moreira R M, et al. Effect of salinity and inorganic nitrogen concentrations on nitrification and denitrification rates in intertidal sediments and rocky biofilms of the Douro River estuary, Portugal. Water Research, 2005, 39(9): 1783-1794.
[95] Kowalchuk G A, Stephen J R. Ammonia-oxidizing bacteria: a model for molecular microbial ecology. Annual Review of Microbiology, 2001, 55(1): 485-529.
[96] Srithep P, Pornkulwat P, Limpiyakorn T. Contribution of ammonia-oxidizing Archaea and ammonia-oxidizing bacteria to ammonia oxidation in two nitrifying reactors. Environmental Science and Pollution Research International, 2018, 25(9): 8676-8687.
[97] Cai F, Luo P, Yang J, et al. Effect of long-term fertilization on ammonia-oxidizing microorganisms and nitrification in brown soil of Northeast China. Frontiers in Microbiology, 2020, 11: 622454.
[98] Van Kessel M A H J, Speth D R, Albertsen M, et al. Complete nitrification by a single microorganism. Nature, 2015, 528(7583): 555-559.
[99] 王海涛，郑天凌，杨小茹．土壤反硝化的分子生态学研究进展及其影响因素．农业环境科学学报，2013, 32(10): 1915-1924.
[100] 郭丽芸，时飞，杨柳燕．反硝化菌功能基因及其分子生态学研究进展．微生物学通报，2011, 38(4): 583-590.
[101] 高喜燕，刘鹰，郑海燕，等．一株海洋好氧反硝化细菌的鉴定及其好氧反硝化特性．微生物学报，2010, 50(9): 1164-1171.
[102] 霍朝晨，赵铎，何水清，等．盐碱土旱田改水田后其理化性质与微生物多样性差异．黑龙江八一农垦大学学报, 2020, 32(1): 60-66.
[103] 李明，张俊华，姜丽丽．脱硫废弃物改良宁夏盐渍化土壤对细菌和氨氧化微生物丰度的影响．中国土壤与肥料, 2015(4): 41-48.
[104] 戴九兰，苗永君．黄河三角洲不同盐碱农田生态系统中氮循环功能菌群研究．安全与环境学报，2019, 19(3): 1041-1048.
[105] 刘晶，郑利芳，王颖，等．减氮和秸秆还田对旱地土壤微生物和硝化潜势的影响．水土保持学报，2022, 36(4): 309-315.
[106] Chu H, Fujii T, Morimoto S, et al. Population size and specific nitrification potential of soil ammonia-oxidizing bacteria under long-term fertilizer management. Soil Biology and Biochemistry, 2008, 40(7): 1960-1963.
[107] 翟辉亮，张丽辉，王贵，等．盐碱草甸植被退化对土壤硝化作用强度的影响．水土保持研究，2021, 28(2): 21-26.
[108] Jiang X, Hou X, Zhou X, et al. pH regulates key players of nitrification in paddy soils. Soil Biology and Biochemistry, 2015, 81: 9-16.
[109] Burns R G, DeForest J L, Marxsen J, et al. Soil enzymes in a changing environment: current knowledge and future directions. Soil Biology and Biochemistry, 2013, 58: 216-234.
[110] Duan C, Fang L, Yang C, et al. Reveal the response of enzyme activities to heavy metals through *in situ* zymography. Ecotoxicology and Environmental Safety, 2018, 156: 106-115.
[111] Sinsabaugh R L, Lauber C L, Weintraub M N, et al. Stoichiometry of soil enzyme activity at global scale. Ecology Letters, 2008, 11(11): 1252-1264.
[112] Wang X, Wang G, Guo T, et al. Effects of plastic mulch and nitrogen fertilizer on the soil microbial community, enzymatic activity and yield performance in a dryland maize cropping system. European Journal of Soil Science, 2021, 72(1): 400-412.
[113] Liu Y, Hou H, Ji J, et al. Long-term fertiliser (organic and inorganic) input effects on soil microbiological characteristics in hydromorphic paddy soils in China. Soil Research, 2019, 57(5): 459-

466.

[114] Pester M, Rattei T, Flechl S, et al. *amoA*-based consensus phylogeny of ammonia-oxidizing Archaea and deep sequencing of *amoA* genes from soils of four different geographic regions. Environmental Microbiology, 2012, 14(2): 525-539.

[115] Shi Y, Jiang Y, Wang S, et al. Biogeographic distribution of comammox bacteria in diverse terrestrial habitats. Science of the Total Environment, 2020, 717: 137257.

[116] Wang Y, Shen Z, Zhang Z. Phosphorus speciation and nutrient stoichiometry in the soil-plant system during primary ecological restoration of copper mine tailings. Pedosphere, 2018, 28(3): 530-541.

[117] Roberts T L, Johnston A E. Phosphorus use efficiency and management in agriculture. Resources, Conservation and Recycling, 2015, 105: 275-281.

[118] Arenberg M R, Arai Y. Uncertainties in soil physicochemical factors controlling phosphorus mineralization and immobilization processes. Advances in Agronomy, 2019, 154:153-200.

[119] Yuan Z, Jiang S, Sheng H, et al. Human perturbation of the global phosphorus cycle: changes and consequences. Environmental Science & Technology, 2018, 52(5): 2438-2450.

[120] Reusser J E, Verel R, Frossard E, et al. Quantitative measures of myo-IP_6 in soil using solution ^{31}P NMR spectroscopy and spectral deconvolution fitting including a broad signal. Environmental Science Process and Impacts, 2020, 22(4): 1084-1094.

[121] Turner B L, Wells A, Condron L M. Soil organic phosphorus transformations along a coastal dune chronosequence under New Zealand temperate rain forest. Biogeochemistry, 2014, 121(3): 595-611.

[122] Kruse J, Abraham M, Amelung W, et al. Innovative methods in soil phosphorus research: a review. Journal of Plant Nutrition and Soil Science, 2015, 178(1): 43-88.

[123] 李发林, 庄木来, 钱笑杰, 等. 土壤修复与覆盖防草布对台地柚园氮磷流失的影响. 中国农学通报, 2021, 37(10): 94-100.

[124] 高士杰, 杜雪冬, 李琳, 等. 北京地区部分农田土壤无机磷形态分析. 环境化学, 2015, 34(3): 586-588.

[125] 何霜, 李发永, 刘子闻, 等. 胶体磷在 3 种类型土壤中的迁移阻滞. 浙江大学学报(农业与生命科学版), 2019, 45(2): 205-210.

[126] Huang Y, Dai Z, Lin J, et al. Contrasting effects of carbon source recalcitrance on soil phosphorus availability and communities of phosphorus solubilizing microorganisms. Journal of Environmental Management, 2021, 298: 113426.

[127] Bünemann E K. Assessment of gross and net mineralization rates of soil organic phosphorus: a review. Soil Biology and Biochemistry, 2015, 89: 82-98.

[128] Viscarra Rossel R A, Walvoort D J J, McBratney A B, et al. Visible, near infrared, mid infrared or combined diffuse reflectance spectroscopy for simultaneous assessment of various soil properties. Geoderma, 2006, 131(1-2): 59-75.

[129] Fan M, Andrade G F, Brolo A G. A review on the fabrication of substrates for surface enhanced Raman spectroscopy and their applications in analytical chemistry. Analytica Chimica Acta, 2011, 693(1-2): 7-25.

[130] Cade-Menun B, Liu C W. Solution phosphorus-31 nuclear magnetic resonance spectroscopy of soils from 2005 to 2013: a review of sample preparation and experimental parameters. Soil Science Society of America Journal, 2014, 78(1): 19-37.

[131] Vestergren J, Vincent A G, Jansson M, et al. High-resolution characterization of organic phosphorus in soil extracts using 2D ^{1}H-^{31}P NMR correlation spectroscopy. Environmental Science & Technology, 2012, 46(7): 3950-3956.

[132] Reemtsma T. Determination of molecular formulas of natural organic matter molecules by (ultra-) high-

resolution mass spectrometry: status and needs. Journal of Chromatography A, 2009, 1216(18): 3687-3701.

[133] He Z, Ohno T, Cade-Menun B J, et al. Spectral and chemical characterization of phosphates associated with humic substances. Soil Science Society of America Journal, 2006, 70(5): 1741-1751.

[134] Misevic G N, Rasser B, Norris V, et al. Chemical microscopy of biological samples by dynamic mode secondary ion mass spectrometry (SIMS) [M]//Even-Ram S, Artym V. Extracellular Matrix Protocols. 2nd ed. Totowa: Humana Press, 2009: 163-173.

[135] Reidinger S, Ramsey M H, Hartley S E. Rapid and accurate analyses of silicon and phosphorus in plants using a portable X-ray fluorescence spectrometer. The New Phytologist, 2012, 195(3): 699-706.

[136] Andersson K O, Tighe M K, Guppy C N, et al. XANES demonstrates the release of calcium phosphates from alkaline vertisols to moderately acidified solution. Environmental Science & Technology, 2016, 50(8): 4229-4237.

[137] Khorshid M S H, Kruse J, Semella S, et al. Phosphorus fractions and speciation in rural and urban calcareous soils in the semiarid region of Sulaimani city, Kurdistan, Iraq. Environmental Earth Sciences, 2019, 78(16): 531.

[138] Li Y, Li G. Mechanisms of straw biochar's improvement of phosphorus bioavailability in soda saline-alkali soil. Environmental Science and Pollution Research International, 2022, 29(32): 47867-47872.

[139] Oral A, Uygur V. Effects of low-molecular-mass organic acids on P nutrition and some plant properties of *Hordeum vulgare*. Journal of Plant Nutrition, 2018, 41(11): 1482-1490.

[140] 孔涛, 伏虹旭, 吕刚, 等. 低分子量有机酸对滨海盐碱土壤磷的活化作用. 环境化学, 2016, 35(7): 1526-1531.

[141] 张玉革, 李欣悦, 刘贺永, 等. 养分和水添加对弃耕草地土壤无机磷组分的影响. 应用生态学报, 2022, 33(2): 369-377.

[142] Zhang Y, Yang P, Liu X, et al. Simulation and optimization coupling model for soil salinization and waterlogging control in the Urad irrigation area, North China. Journal of Hydrology, 2022, 607: 127408.

[143] Zhang Z, Liu H, Liu X, et al. Organic fertilizer enhances rice growth in severe saline-alkali soil by increasing soil bacterial diversity. Soil Use and Management, 2022, 38(1): 964-977.

[144] Clanton C J, Schmidt D R. Sulfur compounds in gases emitted from stored manure. Transactions of the ASAE, 2000, 43(5): 1229-1239.

[145] Alewell C, Matzner E. Water, $NaHCO_3$-, NaH_2PO_4- and NaCl-extractable SO_4^{2-} in acid forest soils. Zeitschrift für Pflanzenernährung und Bodenkunde, 1996, 159(3): 235-240.

[146] Zhou W, He P, Li S T, et al. Mineralization of organic sulfur in paddy soils under flooded conditions and its availability to plants. Geoderma, 2005, 125(1-2): 85-93.

[147] Zhu M X, Chen L J, Yang G P, et al. Humic sulfur in eutrophic bay sediments: characterization by sulfur stable isotopes and K-edge XANES spectroscopy. Estuarine Coastal and Shelf Science, 2014, 138: 121-129.

[148] Abadie C, Tcherkez G. Plant sulphur metabolism is stimulated by photorespiration. Communications Biology, 2019, 2: 379.

[149] Abdallah M, Dubousset L, Meuriot F, et al. Effect of mineral sulphur availability on nitrogen and sulphur uptake and remobilization during the vegetative growth of *Brassica napus* L. Journal of Experimental Botany, 2010, 61(10): 2635-2646.

[150] Ahmad S, Fazli I S, Jamal A, et al. Interactive effect of sulfur and nitrogen on nitrate reductase and ATP-sulfurylase activities in relation to seed yield from *Psoralea coryfifolia* L. Journal of Plant Biology, 2007, 50(3): 351-357.

[151] Westerman S, Stulen I, Suter M, et al. Atmospheric H_2S as sulphur source for *Brassica oleracea*: consequences for the activity of the enzymes of the assimilatory sulphate reduction pathway. Plant Physiology and Biochemistry, 2001, 39(5): 425-432.

[152] Zhao F J, Hawkesford M J, McGrath S P. Sulphur assimilation and effects on yield and quality of wheat. Journal of Cereal Science, 1999, 30(1): 1-17.

[153] Bettany J R, Stewart J W B, Saggar S. The nature and forms of sulfur in organic matter fractions of soils selected along an environmental gradient. Soil Science Society of America Journal, 1979, 43(5): 981-985.

[154] Bhupinderpal S, Hedley M J, Saggar S, et al. Chemical fractionation to characterize changes in sulphur and carbon in soil caused by management. European Journal of Soil Science, 2004, 55(1): 79-90.

[155] Solomon D, Lehmann J, Martínez C E. Sulfur K-edge XANES spectroscopy as a tool for understanding sulfur dynamics in soil organic matter. Soil Science Society of America Journal, 2003, 67(6): 1721-1731.

[156] Solomon D, Lehmann J, Tekalign M, et al. Sulfur fractions in particle-size separates of the sub-humid Ethiopian Highlands as influenced by land use changes. Geoderma, 2001, 102(1-2): 41-59.

[157] Castellano S D, Dick R P. Cropping and sulfur fertilization influence on sulfur transformations in soil. Soil Science Society of America Journal, 1991, 55(1): 114-121.

[158] Castellano S D, Dick R P. Modified calibration procedure for the measurement of microbial sulfur in soil. Soil Science Society of America Journal, 1991, 55(1): 283-285.

[159] Larson W E, Clapp C E, Pierre W H, et al. Effects of increasing amounts of organic residues on continuous corn: Ⅱ. Organic carbon, nitrogen, phosphorus, and sulfur. Agronomy Journal, 1972, 64(2): 204-209.

[160] Assouline S, Narkis K, Gherabli R, et al. Combined effect of sodicity and organic matter on soil properties under long-term irrigation with treated wastewater. Vadose Zone Journal, 2016, 15(4): 1-10.

[161] Abiven S, Menasseri S, Chenu C. The effects of organic inputs over time on soil aggregate stability: a literature analysis. Soil Biology & Biochemistry, 2009, 41(1): 1-12.

[162] Assouline S, Narkis K. Effects of long-term irrigation with treated wastewater on the hydraulic properties of a clayey soil. Water Resources Research, 2011, 47: e2011 wr010498.

[163] Autry A R, Fitzgerald J W. Relationship between microbial activity, biomass and organosulfur formation in forest soil. Soil Biology and Biochemistry, 1993, 25(1): 33-39.

[164] Balík J, Kulhánek M, Černý J, et al. Differences in soil sulfur fractions due to limitation of atmospheric deposition. Plant, Soil and Environment, 2009, 55(8): 344-352.

[165] Chowdhury M A H, Kouno K, Ando T, et al. Microbial biomass, S mineralization and S uptake by African millet from soil amended with various composts. Soil Biology and Biochemistry, 2000, 32(6): 845-852.

[166] Chowdhury M A H, Kouno K, Ando T. Correlation among microbial biomass S, soil properties, and other biomass nutrients. Soil Science and Plant Nutrition, 1999, 45(1): 175-186.

[167] Tabatabai M A, Bremner J M. An alkaline oxidation method for determination of total sulfur in soils. Soil Science Society of America Journal, 1970, 34(1): 62-65.

[168] Tabatabai M A, Chae Y M. Mineralization of sulfur in soils amended with organic wastes. Journal of Environmental Quality, 1991, 20(3): 684-690.

[169] Kahnert A, Mirleau P, Wait R, et al. The LysR-type regulator SftR is involved in soil survival and sulphate ester metabolism in *Pseudomonas putida*. Environmental Microbiology, 2002, 4(4): 225-237.

[170] Kahnert A, Vermeij P, Wietek C, et al. The ssu locus plays a key role in organosulfur metabolism in

Pseudomonas putida S-313. Journal of Bacteriology, 2000, 182(10): 2869-2878.
[171] Knights J S, Zhao F J, McGrath S P, et al. Long-term effects of land use and fertiliser treatments on sulphur transformations in soils from the Broadbalk experiment. Soil Biology and Biochemistry, 2001, 33(12-13): 1797-1804.
[172] Nguyen M L, Goh K M. Sulphur cycling and its implications on sulphur fertilizer requirements of grazed grassland ecosystems. Agriculture, Ecosystems & Environment, 1994, 49(2): 173-206.
[173] Fitzgerald J W, Strickland T C, Swank W T. Metabolic fate of inorganic sulphate in soil samples from undisturbed and managed forest ecosystems. Soil Biology and Biochemistry, 1982, 14(6): 529-536.
[174] Fitzgerald M A, Ugalde T D, Anderson J W. Sulphur nutrition changes the sources of S in vegetative tissues of wheat during generative growth. Journal of Experimental Botany, 1999, 50(333): 499-508.
[175] Eriksen G N, Coale F J, Bollero G A. Soil nitrogen dynamics and maize production in municipal solid waste amended soil. Agronomy Journal, 1999, 91(6): 1009-1016.
[176] Eriksen J. Incorporation of S into soil organic matter in the field as determined by the natural abundance of stable S isotopes. Biology and Fertility of Soils, 1996, 22(1): 149-155.
[177] Dehghanisanij H, Agassi M, Anyoji H, et al. Improvement of saline water use under drip irrigation system. Agricultural Water Management, 2006, 85(3): 233-242.
[178] Harward M E, Reisenauer H M. Reactions and movement of inorganic soil sulfur. Soil Science, 1966, 101(4): 326-335.
[179] Foley J A, Ramankutty N, Brauman K A, et al. Solutions for a cultivated planet. Nature, 2011, 478(7369): 337-342.
[180] Cresswell H P, Kirkegaard J A. Subsoil amelioration by plant-roots-the process and the evidence. Australian Journal of Soil Research, 1995, 33(2): 221-239.
[181] Basak N, Datta A, Mitran T, et al. Assessing soil-quality indices for subtropical rice-based cropping systems in India. Soil Research, 2016, 54(1): 20-29.
[182] Basak N, Sheoran P, Sharma R, et al. Gypsum and pressmud amelioration improve soil organic carbon storage and stability in sodic agroecosystems. Land Degradation & Development, 2021, 32(15): 4430-4444.
[183] Basak N, Rai A K, Sundha P, et al. Assessing soil quality for rehabilitation of salt-affected agroecosystem: a comprehensive review. Frontiers in Environmental Science, 2022, 10: 935785.
[184] Criollo-Arteaga S, Moya-Jimenez S, Jimenez-Meza M, et al. Sulfur deprivation modulates salicylic acid responses *via* nonexpressor of pathogenesis-related gene 1 in *Arabidopsis thaliana*. Plants, 2021, 10(6): 1065.
[185] Garg V K. Interaction of tree crops with a sodic soil environment: potential for rehabilitation of degraded environments. Land Degradation & Development, 1998, 9(1): 81-93.
[186] Garg N, Choudhary O P, Thaman S, et al. Effects of irrigation water quality and NPK-fertigation levels on plant growth, yield and *Tuber* size of potatoes in a sandy loam alluvial soil of semi-arid region of Indian Punjab. Agricultural Water Management, 2022, 266: 107604.
[187] McGill W B, Cole C V. Comparative aspects of cycling of organic C, N, S and P through soil organic matter. Geoderma, 1981, 26(4): 267-286.
[188] Eriksen J. Sulphur cycling in Danish agricultural soils: turnover in organic S fractions. Soil Biology and Biochemistry, 1997, 29(9-10): 1371-1377.
[189] Delfosse T, Delmelle P, Delvaux B. Sulphate sorption at high equilibrium concentration in Andosols. Geoderma, 2006, 136(3-4): 716-722.
[190] Ali A M, Van Leeuwen H M, Koopmans R K. Benefits of draining agricultural land in Egypt: results of

five years' monitoring of drainage effects and impacts. International Journal of Water Resources Development, 2001, 17(4): 633-646.
[191] Ali A M S. Rice to shrimp: land use land cover changes and soil degradation in Southwestern Bangladesh. Land Use Policy, 2006, 23(4): 421-435.
[192] Srinivasulu V D, Solanki M R, Bhanuprakash M, et al. Effect of irrigation based on IW/CPE ratio and sulphur levels on yield and quality of gram (*Cicer arietinum* L.). Legume Research, 2016, 39(4): 601-604.
[193] Di H J, Cameron K C, McLaren R G. Isotopic dilution methods to determine the gross transformation rates of nitrogen, phosphorus, and sulfur in soil: a review of the theory, methodologies, and limitations. Australian Journal of Soil Research, 2000, 38(1): 213-230.
[194] Ghani A, McLaren R G, Swift R S. Sulphur mineralisation and transformations in soils as influenced by additions of carbon, nitrogen and sulphur. Soil Biology and Biochemistry, 1992, 24(4): 331-341.
[195] Ghani A, McLaren R G, Swift R S. Sulphur mineralisation in some New-Zealand soils. Biology and Fertility of Soils, 1991, 11(1): 68-74.
[196] Akhtar S S, Andersen M N, Liu F. Residual effects of biochar on improving growth, physiology and yield of wheat under salt stress. Agricultural Water Management, 2015, 158: 61-68.
[197] Aftan W A A, Al-Hadethi A A H. Rehabilitation of saline sodic soil by washing it with enriched water of combinations of phosphogypsum and humic acids. International Journal of Agricultural and Statistical Sciences, 2021, 17(Suppl. 1): 1643-1654.
[198] Bennett E M. Research frontiers in ecosystem service science. Ecosystems, 2017, 20(1): 31-37.
[199] Bennett J. Opportunities for increasing water productivity of CGIAR crops through plant breeding and molecular biology//Tuong T P, Bouman B A M. Water Productivity in Agriculture: Limits and Opportunities for Improvement. UK: CABI Publishing, 2003: 103-126.
[200] Al-Suhaibani N, Seleiman M F, El-Hendawy S, et al. Integrative effects of treated wastewater and synthetic fertilizers on productivity, energy characteristics, and elements uptake of potential energy crops in an arid agro-ecosystem. Agronomy, 2021, 11(11): 2250.
[201] Klikocka H, Kobialka A, Juszczak D, et al. The influence of sulphur on phosphorus and potassium content in potato tubers (*Solanum tuberosum* L.). Journal of Elementology, 2015, 20(3): 621-629.
[202] Fatma M, Iqbal N, Gautam H, et al. Ethylene and sulfur coordinately modulate the antioxidant system and ABA accumulation in mustard plants under salt stress. Plants, 2021, 10(1): 180.
[203] Fatma M, Masood A, Per T S, et al. Interplay between nitric oxide and sulfur assimilation in salt tolerance in plants. The Crop Journal, 2016, 4(3): 153-161.
[204] Kertesz M A. Riding the sulfur cycle-metabolism of sulfonates and sulfate esters in Gram-negative bacteria. FEMS Microbiology Reviews, 2000, 24(2): 135-175.
[205] Vogel H J, Kretzschmar A. Topological characterization of pore space in soil: sample preparation and digital image-processing. Geoderma, 1996, 73(1-2): 23-38.
[206] Mahajan G R, Das B, Manivannan S, et al. Soil and water conservation measures improve soil carbon sequestration and soil quality under cashews. International Journal of Sediment Research, 2021, 36(2): 190-206.
[207] Mahajan G R, Das B, Morajkar S, et al. Comparison of soil quality indexing methods for salt-affected soils of Indian coastal region. Environmental Earth Sciences, 2021, 80(21): 725.
[208] Singh A, Bali A, Kumar A, et al. Foliar spraying of potassium nitrate, salicylic acid, and thio-urea effects on growth, physiological processes, and yield of sodicity-stressed paddy (*Oryza sativa* L.) with alkali water irrigation. Journal of Plant Growth Regulation, 2022, 41(5): 10.

[209] Ahmad Waraich E, Hussain A, Ahmad Z, et al. Foliar application of sulfur improved growth, yield and physiological attributes of canola (*brassica napus* L.) under heat stress conditions. Journal of Plant Nutrition, 2022, 45(3): 369-379.

[210] Mandal U K, Burman D, Bhardwaj A K, et al. Waterlogging and coastal salinity management through land shaping and cropping intensification in climatically vulnerable Indian Sundarbans. Agricultural Water Management, 2019, 216: 12-26.

[211] Le P D, Aarnink A J A, Ogink N W M, et al. Odour from animal production facilities: its relationship to diet. Nutrition Research Reviews, 2005, 18(1): 3-30.

[212] 赵炎, 郑国灿, 朱恒, 等. 紫色土对硫丹的吸附与解吸特征. 环境科学, 2015, 36(9): 3464-3470.

[213] Kparmwang T, Esu I E, Chude V O. Sulphate adsorption and desorption characteristics of three ultisols and an alfisol developed on basalts in the Nigerian savanna. Discovery and Innovation, 1997, 9(3-4): 197-204.

[214] 金梦野, 李小华, 黄占斌, 等. 三种材料复合施用对盐碱土壤改良效果的研究. 农业资源与环境学报, 2020, 37(5): 719-726.

[215] 迟凤琴, 张玉龙, 汪景宽, 等. 东北黑土有机硫矿化动力学特征及其影响因素. 土壤学报, 2008(2): 288-295.

[216] 李新华, 刘景双, 朱振林, 等. 三江平原小叶章湿地土壤有机硫矿化特征研究. 山东农业科学, 2008(9): 42-45.

[217] Börjesson G, Menichetti L, Kirchmann H, et al. Soil microbial community structure affected by 53 years of nitrogen fertilisation and different organic amendments. Biology and Fertility of Soils, 2012, 48(3): 245-257.

[218] Davinic M, Fultz L M, Acosta-Martinez V, et al. Pyrosequencing and mid-infrared spectroscopy reveal distinct aggregate stratification of soil bacterial communities and organic matter composition. Soil Biology and Biochemistry, 2012, 46: 63-72.

[219] Tian S Y, Zhu B J, Yin R, et al. Organic fertilization promotes crop productivity through changes in soil aggregation. Soil Biology and Biochemistry, 2022, 165: 108533.

[220] Schmidt O, Walter K. Succession and activity of microorganisms in stored bagasse. European Journal of Applied Microbiology and Biotechnology, 1978, 5(1): 69-77.

[221] Ginige M P, Kaksonen A H, Morris C, et al. Bacterial community and groundwater quality changes in an anaerobic aquifer during groundwater recharge with aerobic recycled water. FEMS Microbiology Ecology, 2013, 85(3): 553-567.

[222] Muyzer G, Stams A J M. The ecology and biotechnology of sulphate-reducing bacteria. Nature Reviews Microbiology, 2008, 6(6): 441-454.

第9章 盐碱土的生物多样性与生态学

盐碱土生物多样性是指盐碱土生态系统中各种生物种类，包括动物、植物、微生物，以及它们之间的相互关系和功能[1]。此生物多样性是盐碱土生态系统的关键构成部分，对于维护其结构、功能和稳定性发挥着至关重要的作用[2]。因此，保护和恢复盐碱土生物多样性对于改善盐碱土的质量和可持续性显得至关重要。

首先，保护和恢复盐碱土生物多样性可以提高盐碱土的生产力和服务功能。盐碱土中的各种生物，尤其是微生物，参与了诸如有机质分解、养分循环、病害防治、抗逆增产等多种土壤过程和功能[3]。这些过程和功能对于提高盐碱土的肥力、保水性、抗侵蚀能力、抗病虫害能力等都有积极作用。保护和恢复盐碱土生物多样性可以增加盐碱土中有机质、养分、水分等关键因素的含量和可利用性，从而提高农作物在盐碱土上的生长和产量。此外，保护和恢复盐碱土生物多样性也可增强盐碱土对温室气体、水分、热量等环境因素的调节能力，从而提供碳储存、气候调节、水源涵养等重要的生态服务功能。

其次，保护和恢复盐碱土生物多样性可以增强盐碱土的适应性和稳定性。盐碱土中的各种生物，尤其是植物，具有不同的耐盐适应机制，如增加相容性溶质、调节离子通道、改变基因表达等。这些适应机制使得植物能够在高盐环境中生长和繁殖，并通过根系改善土壤结构和化学性质。同时，盐碱土中的各种生物之间也存在着复杂的相互作用和协同机制，如共生、竞争、捕食等。这些相互作用和协同机制使得盐碱土中形成了一个多层次和多功能的生态网络，能够在不同的环境条件下维持自身的平衡和稳定，并抵御外来干扰和压力。保护和恢复盐碱土生物多样性可以增强盐碱土对高盐、干旱、病虫害等不利环境条件的耐受能力，从而提高盐碱土的生态系统恢复力和抵抗力。

最后，保护和恢复盐碱土生物多样性可以提高盐碱土的美观性和文化价值。盐碱土中的各种生物，尤其是动物，具有不同的形态、色彩、行为等特征，为盐碱土增添了丰富的景观和趣味。同时，盐碱土中的各种生物也与人类有着深厚的历史和文化联系，如作为食物、药材、工具、纪念品等来源，或作为宗教、神话、艺术等象征。这些联系使得人类对于盐碱土中的生物产生了一定的情感和认同，并赋予它们一定的美学和伦理价值。

总体来讲，保护和恢复盐碱土生物多样性对于改善盐碱土的质量和可持续性具有重要意义。为此，需要采取以下几个方面的措施：在全球、国家和地区层面增加对盐碱土生物多样性的认识和重视，并制定相关的政策和法规以保护盐碱土中珍稀或濒危的生物种类，防止过度开发或污染导致的生物灭绝或退化；开展对盐碱土生物多样性的系统性研究，评估盐碱土中不同类型或类群的生物丰度、分布、多样性及其与环境因子之间的关系，并探索其在维持或改善盐碱土质量和功能中所发挥的作用或效应；利用科技创新促进盐碱土生物多样性的恢复或提升，考虑选择适应当地环境条件及与其他生物间适应性或协调性的合适类型或品种的植被进行造林或草原建设，并利用微生物菌剂或微生态工程等技术增强植被对高盐环境的耐受能力或修复能力；加强对盐碱土生物多样性相关知识或数据的传播和分享，提高公众对盐碱土生物多样性的了解和保护意识，以促进盐碱土生态系统的健康和可持续。

我们必须意识到，保护和恢复盐碱土生物多样性并非一朝一夕的事情，需要持续努力和不断尝试。尽管我们面临着许多挑战，如生物多样性的减少、盐碱土的退化、气候变化的影响等，但只要勇于面对，积极行动，就一定能够实现盐碱土生物多样性的保护和恢复，促进盐碱土的可持续发展。

9.1　盐碱土生物多样性的研究

盐碱土生物多样性是指盐碱土生态系统中存在的不同类型和数量的生物物种，包括动物、植物、微生物等。盐碱土生物群落是盐碱土生态系统的重要组成部分，对于维持盐碱土生态系统的功能和稳定性具有重要作用。本节将从以下几个方面对盐碱土生物多样性研究进行介绍和分析。

(1) 盐碱土生物多样性的研究现状介绍，包括国内和国外的研究进展和存在的问题。国内的研究主要集中在盐碱土中的植物和微生物多样性，以及其与土壤环境因子的关系，但缺乏对动物多样性和生态功能的系统研究。国外的研究主要集中在盐碱土中的动物和微生物多样性，以及其与气候变化和人类活动的关系，但缺乏对植物多样性和区域差异的深入研究。

(2) 盐碱土中的各种生物物种探讨，包括动物、植物、微生物等。动物是指盐碱土中具有多细胞结构和可移动能力的生物，如昆虫、蜗牛、螨虫、线虫等。植物是指盐碱土中具有光合作用能力和固定结构的生物，如草本植物、木本植物、苔藓、地衣等。微生物是指盐碱土中具有单细胞结构和肉眼不可见的生物，如细菌、真菌、古菌、藻类等。这些生物在盐碱土中具有不同的分布特征、适应机制、相互关系等。

(3) 盐碱土生物多样性的影响因素和生态作用分析，包括土壤含盐量、土壤含水量、其他因素等。这些因素可以直接或间接地影响盐碱土中各种生理学过程和化学反应，从而影响各种营养元素和信号分子在空间和时间上的可利用性和动态变化，进而影响各种生物在竞争和协作中形成特定的群落结构和功能。盐碱土生物多样性对于维持盐碱土生态系统的功能和稳定性具有重要作用，如改善土壤结构、促进土壤肥力、增加土壤有机质含量、调节土壤水分、提高土壤抗侵蚀能力、参与元素循环等。

9.1.1　盐碱土生物多样性的研究现状

土壤是重要的自然资源，是大气、生物圈、水圈和岩石圈之间的中心界面[4]。生物多样性常被用作生态环境状况的指标，与生态系统的各项服务密切相关[5]，是生态系统稳定和安全的基础[6]。土壤生物多样性是许多土壤过程背后的驱动力，土壤微生物的生物多样性对气候调节、土壤肥力以及食物和纤维生产等多种生态系统功能和服务具有积极影响[7,8]。盐碱土生物多样性对于提高土壤质量、生态系统恢复和农业生产具有重要意义。因此，研究盐碱地的土壤生物多样性对于盐碱地今后主要开展的土壤肥力恢复等方面研究具有十分重大意义。盐碱土生物多样性研究的重要性包括对农业生产的影响、生态系统健康的评估以及潜在的生物资源开发等方面。当前主要的研究方法包括采用传统的微生物培养技术、分子生物学方法(如 PCR-DGGE、T-RFLP、高通量测序等)以及功能基因组学等多种技术手段。接下来将主要从国内的盐碱地生物多样性研究现状和国外的盐碱地生物多样性研究现状来进行介绍。

1. 盐碱土生物多样性研究在中国的现状和进展

我国是全球盐碱土分布最为广泛的国家之一，据统计，全国盐碱化土地的总面积约有 1 亿 hm^2，占全国耕地面积的 10%左右。此类土地主要分布于东北、华北、西北及沿海地区，其中以东北地区最为集中。影响中国盐碱土形成的因素主要有两类，即自然因素和人为因素，其中自然因素包括气候、地质、地形、水文等，而人为因素主要为不合理的灌溉、排水、耕作和施肥方式。盐碱土对农业生产和生态环境均造成了重大影响，限制了我国农业的可持续发展并对粮食安全构成了威胁。

我国关于盐碱土生物多样性的研究起步较晚，研究热点主要集中于 20 世纪 80 年代以后。早期的研究主要关注耐盐植物的种类、分布、特征以及利用方法，后期的研究范围扩展至动物和微生物领域。目前，我国盐碱土生物多样性研究的特点可以归纳为以下几点。

一是研究对象以植物为主，动物和微生物为辅。在盐碱土环境中，植物群落受到的影响最为直观，也是改良和修复盐碱土的主要方式之一。因此，植物在盐碱土生物多样性的研究中占据了主导地位。目前，我国已鉴定出约 2000 种耐盐植物，并对其中具有经济价值或生态功能的植物进行了深入的探究。动物是盐碱土环境中另一重要的生物群落，与植物和微生物共同构成了复杂而有趣的相互作用网络。然而，对于盐碱土环境中动物的种类、分布、特征及作用的系统性研究尚待深入。微生物作为盐碱土环境中最基本且活跃的生命形式，在维持和调节盐碱土过程以及养分循环中发挥了关键作用。随着分子生物技术和高通量测序技术的发展，我国对于盐碱土微生物群落结构和功能的研究取得了初步进展，然而，仍有许多待解决的问题和尚不清楚的地方。

二是研究方法以传统方法为主，现代方法为辅。传统方法主要包括野外调查、室内培养、形态观察及理化分析等，这些方法在初步了解和描述盐碱土生物多样性方面具有一定的优势和价值。然而，这些方法在采样范围、时间尺度、空间尺度及结果可靠性等方面存在局限性。现代方法，如分子生物技术、高通量测序技术及遥感技术等，能够更准确、高效地揭示和解析盐碱土生物多样性。然而，这些方法也面临着数据处理量大、分析复杂、标准化程度不足及结果解读难度高等挑战。

三是研究内容以描述性为主，解释性为辅。描述性研究主要涵盖对盐碱土中不同类别或层次生物多样性的定量或定性描述和比较，如种类数、丰度、分布及组成等。这些内容可以反映出盐碱土中不同地区或不同时间下的生物多样性差异或变化情况。解释性研究则主要关注影响或决定盐碱土生物多样性的因素或机制，如环境因素、生物因素、遗传因素及进化因素等。这些内容可以揭示出盐碱土中生物多样性的形成和维持的原因和规律。目前，我国对于盐碱土生物多样性的研究内容尚以描述性为主，解释性为辅，对于盐碱土生物多样性的深入理解和系统总结仍需进一步努力。

四是研究目的以基础研究为主，应用研究为辅。基础研究主要指为了增进对于盐碱土生物多样性的认识和理解而进行的研究，如探索盐碱土中生物多样性的特点、规律、机制等。这些研究对于推动盐碱土生物学与生态学领域的发展和创新具有重要的作用。应用研究主要指为了解决盐碱土改良和修复等实际问题而进行的研究，如利用盐碱土中的生物资源、开发盐碱土中的生物技术、提高盐碱土中的生态服务等。这些研究对于促进盐碱土的可持续利用和保护具有重要的意义。目前，我国对于盐碱土生物多样性的研究目的还以基础研究为主，应用研究为辅，缺乏对于盐碱土生物多样性的有效利用和保护。

综上所述，我国对于盐碱土生物多样性的研究虽然取得了一定的成果和进步，但仍然存在一些不足和问题，需要进一步加强和完善。在今后的研究中，应该注意以下几个方面。

(1) 扩大研究对象，增加动物和微生物的研究比例，提高盐碱土中各类生物多样性的认识水平。例如，可以对盐碱土中的昆虫、蜗牛、螨虫等无脊椎动物进行系统的调查和分类，分析它们在盐碱土生态系统中的作用和价值；可以对盐碱土中的古菌和放线菌等未知或较少研究的微生物类群进行深入的鉴定和分析，揭示它们在盐碱土中的分布和功能。

(2) 更新研究方法，充分利用现代技术和手段，提高盐碱土中各层次生物多样性的测定精度和效率。例如，可以利用高通量测序、宏基因组学、宏转录组学等技术，对盐碱土中的微生物群落进行全面和精细的分析，获取更多的功能基因信息；可以利用遥感、GIS、数学模型等技术，对盐碱土中的植被覆盖度、物种丰度、群落结构等进行大尺度和长期的监测和评估。

(3) 深化研究内容，从描述性向解释性转变，揭示盐碱土中生物多样性的形成和维持的因素和机制。例如，可以从环境适应性、进化历史、种间关系等角度，探讨盐碱土中不同类群或不同层次的生物多样性如何应对高盐胁迫，并形成特有的适应策略；可以从生态系统功能、稳定性、恢复力等角度，探讨盐碱土中不同类群或不同层次的生物多样性如何影响或被盐碱土环境影响，并形成特有的功能特征。

(4) 转化研究目的，从基础研究向应用研究转变，促进盐碱土中生物多样性的有效利用和保护。例如，可以利用盐碱土中具有耐盐或降解能力的微生物资源或技术，开发新型的微生物肥料、菌剂、酶制剂等产品，提高盐碱地农业生产效率；可以利用盐碱土中具有观赏或药用价值的植物资源或技术，开发新型的观赏植物、药用植物、食用植物等产品，提高经济效益。

2. 国外盐碱土生物多样性的研究现状

盐碱土在全球范围内广泛分布，包括我国，尤其是在干旱、半干旱和沿海地区。据统计，全球盐碱化土地达到约 9.35 亿 hm^2，占全球陆地面积的 6.5%。这种土地类型对全球农业生产和生态环境造成了巨大的危害，每年带来的经济损失达到 270 亿美元。因此，国际学术界对于盐碱土生物多样性的研究非常重视。研究具有以下特点。

(1) 研究对象广泛，涵盖了动物、微生物和植物等各类生物。国外学者对于盐碱土中的不同生物类别或层次的多样性进行了深入系统的研究，这些研究不仅关注了耐盐植物，也包含了盐碱土中的动物、微生物、藻类等特殊或重要的生物群落。此外，还有一些研究是跨学科或综合性的，如盐碱土中不同生物之间的相互作用，以及盐碱土中生物多样性对于生态服务的贡献。

国外对于盐碱土中动物、微生物、藻类等生物多样性的研究成果或方法主要有：

(i) 动物多样性研究主要关注昆虫、蜗牛、甲壳类等无脊椎动物以及鸟类、啮齿类等脊椎动物在盐碱环境中的分布、适应性、功能和保护问题。

(ii) 微生物多样性研究主要采用分子生物学技术，如 PCR-DGGE、T-RFLP、荧光原位杂交(FISH)等，对盐碱土中细菌、真菌、古菌等微生物群落的组成、结构、多样性和变化进行了深入的分析和比较。

(iii) 藻类多样性研究主要采用形态学、生理学和分子生物学等方法，对盐碱土中不同类型和不同地区的藻类种类、数量、分布和进化进行了系统的研究，并探讨了藻类与其他生物之间的相互作用和影响。

(2) 研究方法先进，广泛运用了现代技术和手段。国外在盐碱土生物多样性的研究中，充分利用了分子技术、高通量测序技术、遥感技术等现代技术和手段，提高了盐碱土中各层次生物多样性的测定精度和效率。例如，利用分子技术和高通量测序技术，可以揭示出盐碱土中微生物群落的组成、多样性和功能；利用遥感技术，可以监测和预测全球范围内盐碱土的分布、变化和影响因素。

国外利用分子技术、高通量测序技术、遥感技术等现代技术和手段对盐碱土生物多样性进行测定和监测的研究案例或应用主要有：

(i) 利用分子技术和高通量测序技术，可以对盐碱土中微生物群落的组成、多样性和功能进行更精确和全面的测定，揭示出盐碱土中微生物群落的复杂性和多样性，并发现了一些新颖或未知的微生物类群。

(ii) 利用遥感技术，可以对盐碱土的分布、变化和影响因素进行更有效和实时的监测和预测，并结合地理信息系统(GIS)和数学模型等方法，对盐碱土生物多样性与环境因子之间的关系进行更深入和定量的分析。

(3) 研究内容深入，从描述性向解释性转变。国外对于盐碱土生物多样性的研究内容不仅停留在对于种类数、丰度、分布、组成等指标的描述和比较，而且深入探讨了影响或决定盐碱土生物多样性的因素或机制，如环境因素、生物因素、遗传因素、进化因素等。例如，分析了气候变化对于全球范围内盐碱土生物多样性的影响和预测；探讨了适应盐碱条件的特殊物种的形成和演化过程。

国外探讨的影响或决定盐碱土生物多样性的因素或机制主要有：

(i) 环境因素，主要包括气候因素(如温度、降水、光照等)、土壤因素(如 pH、盐分、水分、养分等)以及人为因素(如土地利用、排放废弃物等)对盐碱土生物多样性的影响和作用。例如，气候变化对于全球范围内盐碱土生物多样性的影响和预测，以及不同地理区域和土壤类型的盐碱土生物多样性的比较和解释。

(ii) 生物因素，主要包括物种间相互作用(如竞争、捕食、共生等)和物种与环境的相互作用对盐碱土生物多样性的影响和作用。例如，盐碱土中不同生物的功能性状和功能多样性，以及这些功能多样性对于生态系统稳定性和恢复力的贡献。

(iii) 遗传因素，主要包括物种的遗传多样性和遗传结构，以及物种的适应性进化对盐碱土生物多样性的影响和作用。例如，适应盐碱条件的特殊物种的形成和演化过程，以及这些物种对于生态系统功能和服务的贡献。

(iv) 进化因素，主要包括物种的生物地理学分布和历史，以及物种的进化历程和模式对盐碱土生物多样性的影响和作用。例如，全球范围内的盐碱土生物的起源、分布和迁移，以及这些生物的进化历史和亲缘关系。

总体来讲，国外盐碱土生物多样性的研究现状具有研究对象广泛、研究方法先进、研究内容深入等特点，为我们理解和保护盐碱土生物多样性，以及合理利用和治理盐碱土，提供了丰富的理论基础和技术支撑。然而，由于盐碱土环境的复杂性和变异性，以及生物多样性的复杂性和动态性，国外盐碱土生物多样性的研究还存在许多挑战和问题，需要进一步的研究和探讨。国外利用盐碱土中的生物资源或生物技术开发了多种耐盐植物品种、微生物菌剂，以及其他特殊或重要生物群落的产品等。

(1) 耐盐植物品种。主要包括一些具有高产量或高经济价值的农作物或园艺植物，如小麦、大豆、甜菜、番茄等，通过传统育种或基因工程等方法，提高了这些植物对高盐环境的抗逆能力，并增加了其在盐碱土上种植的可能性。

(2) 微生物菌剂。主要包括一些具有促进植物生长或改善土壤条件的细菌或真菌，如解磷细菌、固氮细菌、解钾细菌或木霉等，通过接种到盐碱土上或与耐盐植物共生，提高了土壤中养分含量或可利用性，并降低了土壤中有害成分或障碍。

(3) 特殊或重要生物群落的产品。主要包括一些具有高营养价值或高工业价值的特殊或重要生物群落及其衍生物，如 β-胡萝卜素、甘油、螯合剂、生物柴油等，通过培养或提取这些生物群落，可以利用其在食品、医药、化妆品、能源等领域广泛应用。

下面举例介绍一些国外盐碱土生物多样性研究的代表性成果。

埃里温州立大学的 Panosyan 等[9]通过使用基于分子和培养的方法，研究了位于亚美尼亚阿拉拉特平原的天然盐碱土 A 层的细菌群落组成，这是第一项结合独立培养和依赖培养的方法来揭示阿拉拉特平原盐碱土细菌多样性的研究，并表明杆菌作为这些环境的生物地球化学循环中的关键微生物发挥着重要作用。对于高盐生态系统微生物多样性的理解，得益于分子技术的深入使用以及传统微生物学方法与最先进分子生物学技术的融合，为当前理解高盐环境中的微生物多样性提供了基础[10,11]。在该研究中，应用了培养依赖性和非培养依赖性的方法来描述位于阿拉拉特平原(亚美尼亚)的天然盐碱土 A 层中的细菌多样性；与培养无关的研究涉及 16S rRNA 基因的变性梯度凝胶电泳(DGGE)分析和克隆文库的构建，以揭示嗜盐微生物种群的优势成员；培养工作包括富集和分离好氧有机营养嗜盐微生物。

Sen 和 Mukhopadhyay 等[12]通过对印度西孟加拉邦拉姆纳加尔盐碱土的微生物群落

组成进行研究，分析结果显示，研究地区的土壤群落细菌多样性广泛，包括嗜碱菌(*Alkaliphilus*, *Geoalkalibacter*)、专性厌氧菌(*Anaerobacillus*)、轻度嗜热菌(*Geothermobacter*)、耐冷菌(*Arenibacter*)和一些海洋新代表菌(*Idiomarina*)，所占比例较低。对于盐碱地这种特殊生态系统中微生物多样性的认识，其深度和广度可以被视为一种科学财富，有潜力在各种领域中找到应用，为人类带来益处。盐单胞菌[13]是一种具有很高药用和美容价值的相容溶质胞外碱的生产者；短小芽孢杆菌[14]已被报道在各种应用中是一种生物工具；从橄榄磨坊废水和厌氧反应器中分离得到的梭状芽孢杆菌[15]可以用于处理石油废水；从盐分离物中获得的类胡萝卜素和类视黄酮色素具有多种治疗特性。在这些生态系统中发现了各种色素形成属，如 *Robiginitalea*[16]、*Arenibacter*[17]和 *Sphingomonas*[18]。因此研究认为西孟加拉邦沿海(Ram Nagar)盐碱地和其他未开发盐碱地的土壤应充分开发其生物前景。

德黑兰大学的 Kakeh 等[19]通过测量伊朗东北部盐碱化旱地 32 个样地的 13 个土壤生物、营养和水文功能变量，评估了生物壳丰度、土壤质地和盐度与土壤多功能性之间的直接和间接联系，评估了裸地生物壳斑块的物种丰度，并对其土壤功能进行了表征。生物壳是多方面的群落，包括苔藓、地衣和蓝藻，它们对维持旱地土壤功能至关重要。总体而言，结壳层物种丰度随土壤黏粒含量和土壤盐度的增加而降低，而土壤盐度则随土壤黏粒含量的增加而增加。结构方程模拟结果表明，结壳层物种丰度与旱地所有土壤功能(土壤生物学功能、养分功能和水文功能)呈强正相关，但土壤水文功能随土壤盐度的增加而下降；旱地土壤多功能性与结皮物种丰度呈正相关，与黏粒含量呈负相关；生物壳物种丰度可能通过物种和生物壳功能群在提供碳和养分输入、创造有利的微场所、增强渗透和促进土壤微生物定植等方面的独特作用增强了土壤的多功能性。研究结果强调了生物壳多样性在促进和维持受土壤盐度影响的旱地土壤多功能方面的关键作用。

综上所述，国外盐碱土生物多样性研究已经形成了一套完善而系统的理论与方法体系，并取得了一系列重要而深刻的发现与进展。尽管我国在此领域已有一定的研究，并取得了一些进展，然而与国际研究水平相比，仍有明显的差距和不足之处。因此，有必要加强与其他国家的合作与交流，并在以下几个方面进行深入和创新的研究。

(1) 拓展盐碱土生物多样性的调查范围和样本数量，增加对不同类型、不同地区、不同季节、不同水平的盐碱土生物多样性的数据收集和分析。

(2) 完善盐碱土生物多样性的测定和监测技术，引入更先进和高效的分子生物学、遥感技术、数学模型等手段，提高对盐碱土生物多样性相关研究的精确度和全面性。

(3) 深化盐碱土生物多样性的机制和功能研究，揭示影响或决定盐碱土生物多样性的环境因素、生物因素、遗传因素等，并探索盐碱土生物多样性对盐碱土环境、生态系统、农业生产等方面的作用和价值。

(4) 加强盐碱土生物多样性的保护和利用研究，制定合理有效的保护措施和政策，促进盐碱土生态恢复和改善；开发利用盐碱土中的优势生物资源或生物技术，培育耐盐植物品种、微生物菌剂、藻类产品等，提高经济效益和社会效益。

9.1.2　盐碱土中的生物物种

盐碱土环境中存在着多种生物物种，它们在面临高盐碱条件的挑战下，表现出各自独特的适应策略和生存方式，共同构建了独特的盐碱土生态系统。本节将分别针对盐碱土环境中的动物、微生物进行详细探讨，包括它们在盐碱土中的种类分布、生物特性，以及在生态系统中的作用等方面的分析。

1. 盐碱土中的动物

动物是指具有多细胞结构、能主动运动、以有机物为食的生物，分为无脊椎动物和脊椎动物两大类。盐碱土中的动物主要是指无脊椎动物，如昆虫、蜗牛、蚯蚓、甲壳类等，它们在盐碱土中占据了较高的丰度和多样性。脊椎动物在盐碱土中相对较少，主要是一些耐盐的鸟类、爬行类和哺乳类等，它们在盐碱土中扮演着重要的消费者和传播者的角色。如表 9-1[20]所示，在不同盐分梯度下，盐碱土中主要动物类群(节肢动物、线形动物、软体动物、环节动物等)的丰度和多样性。其中，梯度指的是土壤盐分或电导率的变化范围，反映了土壤盐碱程度的差异；丰度指的是动物在土壤中的数量或比例；多样性指的是动物在土壤中的种类或变化。这个表格可以帮助我们了解不同梯度下盐碱土中不同动物类群的分布和特征，以及它们对盐碱环境的适应能力。

表 9-1　不同梯度下盐碱土中主要动物类群及其丰度和多样性[20]

梯度	动物类群	丰度	多样性
非盐碱地(CK)	节肢动物(如昆虫、蜘蛛)、线形动物(如线虫)、软体动物(如蜗牛)、环节动物(如蚯蚓)等	高	高
低盐碱地(S_1)	节肢动物(如昆虫、蜘蛛)、线形动物(如线虫)、软体动物(如蜗牛)、环节动物(如蚯蚓)等	中	中
中盐碱地(S_2)	节肢动物(如昆虫、蜘蛛)、线形动物(如线虫)、软体动物(如蜗牛)等	低	低
高盐碱地(S_3)	节肢动物(如昆虫、蜘蛛)、线形动物(如线虫)等	极低	极低
极高盐碱地(S_4)	线形动物(如线虫)等	极低	极低

盐碱土中的动物具有以下几个特点。

(1) 受到地理、气候、土壤等因素的影响分布不均匀。一般，盐碱土中的动物分布与植被分布密切相关，植被丰富的地区动物也较为丰富，反之则较为贫乏。此外，气候条件也会影响动物的分布，温暖湿润的地区动物比寒冷干燥的地区动物更为多样和活跃。土壤因素也会影响动物的分布，如含盐量、含水量、有机质含量等。一般，适度盐碱化的土壤对于某些动物有利，如蜗牛、甲壳类等，但过度盐碱化的土壤则对大多数动物有害。

(2) 具有一些特殊或独特的形态、生理或行为特征，适应性强。盐碱土中的动物为了在高盐环境下生存和繁殖，发展出了一些适应性强的特征，如能耐受高浓度盐分或排出多余盐分的机制；能利用水分或保持水分平衡的机制；能利用有机质或降低代谢率的机制；能避免或抵抗高温或低温的机制；能选择或改变栖息地或食源的机制等。

(3) 参与并影响着盐碱土的形成过程，具有重要作用。盐碱土中的动物在盐碱土生态系统中扮演着重要的角色，如促进有机质分解和养分循环；改善土壤结构和通透性；控制植被群落结构和组成；传播种子和花粉；提供食物和栖息地等。同时，盐碱土中的动物也受到其他生态因素的影响，如植被覆盖度、微生物活性、气候变化等。

目前对于盐碱土中动物的研究还不够充分和深入，尚缺乏对于全球范围内或不同类型盐碱土中动物多样性及其变化规律和影响因素的系统认识。此外，对于盐碱土中不同层次或不同类别动物之间以及与其他生态因素之间相互作用及其生态效应和机制也缺乏深入研究。因此，在今后的研究中，应该加强对以下几个方面的探索。

(1) 建立全球范围内以及不同类型盐碱土环境中的动物多样性及其变化规律和影响因素的数据库和模型。这一方面的研究目的是系统地收集、整理、分析和展示盐碱土中动物的种类、数量、分布、特征、功能等信息，以及与之相关的环境、气候、土壤、植被等因素的信息，从而揭示盐碱土中动物多样性及其变化规律和影响因素的普遍性和特殊性，以及不同尺度和层次上的差异性和联系性。这一方面的研究方法是通过野外调查、实验室分析、文献综述等手段获取数据，然后通过统计学、数学、计算机等工具建立数据库和模型，进行数据管理、挖掘、可视化和模拟等操作，从而得到有价值的结论和预测。

(2) 探索不同层次或不同类别动物之间以及与其他生态因素之间相互作用及其生态效应和机制。这一方面的研究目的是深入地理解盐碱土中动物在个体、种群、群落等不同层次上，以及在昆虫、蜗牛、蚯蚓、甲壳类等不同类别上，如何与自身/其他动物/植物/微生物/土壤等其他生态因素相互作用，从而影响彼此的生存和发展，以及对盐碱土过程和功能的贡献与调控。这一方面的研究方法是通过野外观察、实验室控制、模拟试验等手段设置不同的处理组，然后通过生理学、生化学、分子生物学等手段测量各种指标，从而揭示相互作用的方式、强度、方向和结果，以及其背后的生态效应和机制。

(3) 对气候变化对于盐碱土中动物多样性及其作用的影响进行评估和预测。这一方面的研究目的是科学地评估气候变化对于盐碱土中动物多样性及其作用的影响程度和趋势，以及可能产生的风险和机遇，从而为盐碱土生态系统的保护和管理提供依据和建议。这一方面的研究方法是通过利用已有的数据库和模型(或者建立新的数据库和模型)，来模拟不同的气候变化情景下盐碱土中动物多样性及其作用的变化情况，然后通过敏感性分析、不确定性分析等手段评估影响程度和趋势，以及可能产生的风险和机遇。

(4) 利用盐碱土中动物资源开发新型产品或技术。这一方面的研究目的是充分利用盐碱土中动物资源的潜力和价值，开发出具有创新性和实用性的新型产品或技术，从而为人类社会的福祉提供更多服务。这一方面的研究方法是通过对盐碱土中动物资源进行筛选、鉴定、提取、分离等获取有效成分或功能因子，然后通过化学合成、基因工程、纳米技术等手段进行改造或优化，从而开发出具有特定功能或效果的新型产品或技术。例如，利用盐碱土中某些昆虫或甲壳类产生的色素或荧光素开发出新型染料或荧光标记；利用盐碱土中某些蜗牛或蚯蚓产生的黏液或酶开发出新型保湿剂或消炎剂；利用盐碱土中某些昆虫或甲壳类具有的结构特征开发出新型材料或器件等。

2. 盐碱土中的微生物群落

微生物是指在肉眼下不可见，需要借助显微镜才能观察到的生物，包括细菌、真菌、古菌、原生动物、病毒等。微生物在盐碱土中占据了绝对的优势，构成了盐碱土生态系统中最丰富和最活跃的生物群落。微生物在盐碱土中参与并调控多种重要的生物地球化学过程，如有机质分解、养分循环、温室气体排放等，对于维持和改善盐碱土的肥力和功能具有决定性的意义。

盐碱土中的微生物群落具有以下几个特点。

(1) 具有极高的生物多样性，群落包含了多种类型和类群的微生物。盐碱土中微生物的多样性不仅体现在种类数和丰度上，还体现在分类学和功能上。盐碱土中不仅存在着常见的细菌和真菌，还存在着一些特殊或独特的微生物，如古菌、藻类、放线菌等。这些微生物在盐碱土中具有不同的功能和作用，如固氮、溶磷、降解有机质、产生抗生素等。

(2) 对高盐环境具有强烈的适应性，展现出特殊或独特的形态、生理或代谢特征。盐碱土中的微生物为了在高盐环境下生存和繁殖，发展出了一些适应性强的特征，如能耐受高浓度盐分或排出多余盐分的机制、能利用水分或保持水分平衡的机制、能利用有机质或降低代谢率的机制、能避免或抵抗高温或低温的机制、能选择或改变栖息地或食源的机制等。

(3) 在盐碱土生态系统过程和功能中发挥关键作用。盐碱土中的微生物在盐碱土生态系统中扮演着重要的角色，如促进有机质分解和养分循环、改善土壤结构和通透性、控制温室气体排放和气候变化、提供食物和栖息地等。同时，盐碱土中的微生物也受到其他生态因素的影响，如植被覆盖度、动物活动、气候变化等。

目前，对于盐碱土中微生物的研究已经取得了一些进展和成果，主要有以下几个方面。

(1) 利用现代分子技术和高通量测序技术，揭示了盐碱土中微生物群落的组成、多样性和功能。这些技术可以对盐碱土中的微生物进行快速、准确和全面的鉴定和分析，揭示其分类学、系统发育和功能基因的特征和差异。例如，Rath 等[21]利用 16S rRNA 基因测序技术，分析了两个盐度梯度下土壤细菌群落的组成和多样性，发现土壤盐度是影响细菌群落结构的主要因素，同时也发现了一些与土壤盐度相关的细菌类群，如 *Halobacteria*、*Salinibacter* 等。Wang 和 Bao[22]利用宏基因组测序技术，分析了青藏高原柴达木盐湖区盐碱土中原核微生物群落的组成和功能，发现 *Betaproteobacteria* 和 *Halobacteria* 是优势类群，同时也发现了一些与盐碱土过程和功能相关的代谢途径，如固氮、溶磷、降解有机质、甲烷生成等。

(2) 分析了影响或决定盐碱土中微生物多样性的因素或机制，如环境因素、遗传因素、进化因素等。这些因素或机制可以从不同的尺度和角度解释盐碱土中微生物多样性的形成和变化。例如，环境因素可以从宏观尺度上影响微生物多样性，如气候、地形、土壤类型等；也可以从微观尺度上影响微生物多样性，如水分、温度、pH、盐分、有机质等。遗传因素可以从基因水平上影响微生物多样性，如基因突变、水平基因转移、基因重组等。进化因素可以从种群水平上影响微生物多样性，如自然选择、遗传漂变、基因流等。例如，Zeng 等[23]利用 16S rRNA 基因测序技术，分析了青藏高原农田盐碱土中细菌群落的多样性和结构，发现土壤 pH 和有机质是影响细菌多样性的主要环境因素，同时也发现了一些与 pH 相关的细菌类群，如 *Rhodanobacter*、*Acidobacterium* 等。

(3) 探讨了不同层次或不同类别微生物之间以及与其他生态因素之间的相互作用及其生态效应和机制。这些相互作用可以从竞争、协作、共生等方面反映微生物之间以及微生物与其他生态因素之间的关系和作用，对于维持和调节盐碱土过程和功能具有重要意义。例如，不同层次或不同类别的微生物可以通过代谢互补或协同作用来促进有机质分解和养分循环；不同层次或不同类别的微生物可以通过产生抑制或促进物质来影响其他微生物或植物的生长；不同层次或不同类别的微生物可以通过形成共生体系来提高自身或宿主的适应能力。例如，Li 等[24]利用 16S rRNA 基因测序技术，分析了青藏高原农田盐碱土中细菌-古菌共存网络结构和特征，发现细菌-古菌共存网络具有较高的复杂性和稳定性，同时也发现了一些具有重要功能或地位的核心节点类群，如 *Nitrospira*、*Methanosaeta* 等。Jansson 和 Hofmockel[25]综述了气候变化对于土壤微生物多样性及其作用的影响，指出气候变化可能会导致土壤微生物群落结构和功能的重组，从而改变土壤过程和功能。Bastida 等[26]利用元分析方法，评估了不同类型的气候变化(如温度升高、降水量增加或减少、CO_2 浓度升高等)对于全球不同类型土壤中细菌多样性的影响，发现温度升高和降水量减少对于细菌多样性有负面影响，而 CO_2 浓度升高对于细菌多样性有正面影响。

9.1.3　适盐物种及盐碱土中生物的适应机制

盐碱土中的高含盐量会对植物造成渗透胁迫和离子毒害，影响植物的水分吸收、养分吸收、代谢平衡、生长发育等，如图 9-1 具体展示了植物在长期滴灌下的土壤盐分积累[27]。为了在盐碱土中生存和繁衍，植物必须具备一定的适应性机制，包括生理机制、生化机制、分子机制等。根据植物对于盐分的耐受能力，可以将植物分为非耐盐

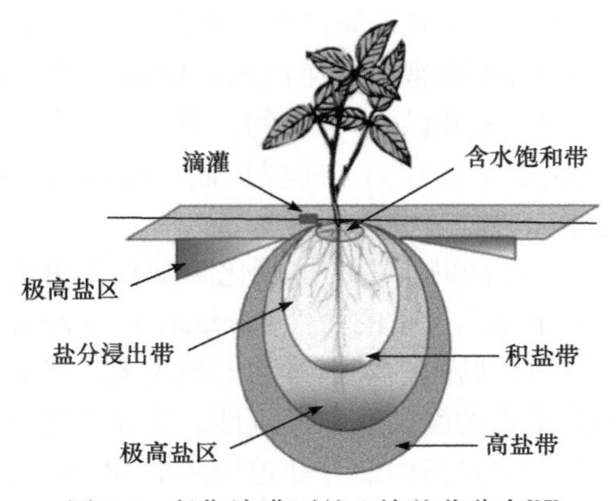

图 9-1　长期滴灌下的土壤盐分分布[27]

植物(glycophytes)和耐盐植物(halophytes)。非耐盐植物是指不能在高于 200 mmol/L NaCl 浓度的土壤中完成其生命周期的植物，如水稻、小麦、玉米等主要粮食作物。耐盐植物是指能够在高于 200 mmol/L NaCl 浓度的土壤中正常生长和繁衍的植物，如红树林、苏铁、柠条等。耐盐植物在自然界中占有一定的比例，约占所有种子植物的 6%。耐盐植物不仅可以在盐碱土中生存，而且可以为人类提供食用、饲用、药用、纺织用等多种资源，同时也可以为改良和修复盐碱土提供生态服务。

当前对于耐盐植物在盐碱土中的适应性机制已经有一些研究和认识，主要有以下几个方面。

(1) 研究分析了耐盐植物在盐碱土中的水分平衡和渗透调节机制。水分平衡是指维持细胞内外水势差或渗透势差在一定范围内的过程，是植物对抗渗透胁迫的基本策略。渗透调节是指通过调节细胞内外溶质浓度来改变细胞内外水势差或渗透势差的过程，是植物对抗渗透胁迫的重要手段。耐盐植物在盐碱土中可以通过各种方式来实现水分平衡和渗透调节，如限制根系对 Na^+和 Cl^-的吸收和转运，增加根系对 K^+和 NO_3^- 等有益离子的吸收和转运，合成和积累各种有机或无机渗透调节物质(如脯氨酸、甘露醇、硫酸镁等)，降低叶片表面积或增加叶片厚度以减少蒸腾作用损失等。例如，Bernstein[28]综述了不同类型耐盐植物(如木本植物、草本植物等)在不同类型(如海岸带、内陆区域等)盐碱土中的水分平衡和渗透调节机制，并指出不同类型渗透调节物质(如非结构性碳水化合物类、氨基酸类、糖醇类等)在不同类型耐盐植物(如木本植物、草本植物等)中具有不同的功能。

(2) 深入剖析了耐盐植物在盐碱土壤中的离子平衡和离子排泄机制。离子平衡被界定为维持细胞内外离子浓度或电位差在一定范围内的过程，这是植物对抗离子毒害的基本策略。离子排泄则指通过特殊的结构或方式，将细胞内的多余或有害离子排至细胞外或体外的过程，这是植物对抗离子毒害的重要策略。在盐碱土壤中，耐盐植物能够通过多种手段来实现离子平衡和离子排泄，例如：增强根系对 Na^+和 Cl^-的选择性排斥或主动排出，将 Na^+和 Cl^-隔离或储藏在细胞壁或液泡中以降低其毒性，利用特殊器官(如气孔或腺体)或特殊组织(如皮层或皮层下组织)将 Na^+和 Cl^-排至叶片表面或茎部表面等。例如，NOAA[29]介绍了红树林和蓝蟹等河口生态系统中一些耐盐动植物的离子排泄机制，并指出这些动植物必须能够快速响应河口水体中随潮汐周期而不断变化的盐度。Zhao 等[30]综述了各种类型耐盐植物(如木本植物、草本植物等)在不同类型(如海岸带、内陆区域等)盐碱土壤中的离子平衡和离子排泄机制，并指出这些机制涉及多种信号传导通路、转录因子、转运蛋白等分子调控因素。

(3) 详细探讨了耐盐植物在盐碱土中的抗氧化防御和代谢调节机制。抗氧化防御是一种过程，其目的在于清除细胞内过量的活性氧(reactive oxygen species, ROS)或减轻其损伤效应，这也是植物对抗氧化胁迫的基本策略。相应地，代谢调节则涉及调整细胞内的代谢途径和产物，以提高植物的耐盐性和适应性。抗氧化防御和代谢调节是植物对抗氧化胁迫的重要手段。氧化胁迫是指由盐分胁迫引起的 ROS 的过量产生或清除能力的不足，导致细胞内外 ROS 水平失衡，进而造成细胞结构和功能的损伤。代谢调节是指通过改变细胞内的代谢途径和产物，以调节细胞内外的能量平衡和物质平衡，以适应外界环境变化。耐盐植物在盐碱土中可以通过各种方式来实现抗氧化防御和代谢调节，如增强抗氧化酶(如超氧化物歧化酶、过氧化氢酶、过氧化物酶等)和非酶抗氧化物质(如抗坏血酸、谷胱甘肽、类黄酮等)的合成和活性，清除或中和 ROS，减轻脂质过氧化和蛋白质氧化等氧化损伤，调整碳水化合物、脂肪酸、次生代谢物等代谢途径和产物，以增加渗透调节能力、提高能量利用效率、改善细胞膜稳定性等。例如，Zhao 等[30]的研究综述了不同类型耐盐植物(如木本植物、草本植物等)在不同类型(如海岸带、内陆区域等)盐碱土中的抗氧化防御和代谢调节机制，并指出这些机制涉及多种信号分子(如钙离子、硝酸盐、一氧化氮等)、转录因子(如 WRKY、MYB、NAC 等)、基因表达(如 SOD、CAT、APX 等)等分子调控因素。Hasanuzzaman 等[31]的研究总结了不同类型(如维生素类、色素类、多胺类等)非酶抗氧化物质在植物抗盐过程中的作用机制，并指出这些非酶抗氧化物质可以通过直接清除 ROS 或参与信号传导通路来提高植物的耐盐性。

(4) 分析了耐盐植物在盐碱土中的形态结构和解剖结构的适应性变化。形态结构是指植物体的外部特征，包括但不限于根系形态、茎叶形态等。解剖结构则涉及植物体内部组织的微观特征，如根系解剖、茎叶解剖等。形态结构和解剖结构是植物对环境适应性的重要表现，也是植物进化过程中重要的产物。针对盐分胁迫，耐盐植物在盐碱土中可以通过诸如增加根系长度或分支数、降低叶片表面积或增加叶片厚度、发育特殊器官(如盐泌器官或盐贮器官)、增加根系或茎叶中木质部或栓皮层的发育等多种方式，来改变其形态结构和解剖结构以提高其对盐分胁迫的抵抗能力。例如，NOAA[29]详述了红树林在河口生态系统中的特殊形态结构和解剖结构，如支柱根或呼吸根以增强空气交换能力，茎端芽或茎顶芽以增强繁殖能力，叶片上的盐泌器官以排泄多余离子等。Bernstein[28]总结了各类型耐盐植物(如木本植物、草本植物等)在不同环境(如海岸带、内陆区域等)盐碱土中的形态结构和解剖结构的适应性变化，并指出这些变化与植物对盐分胁迫的响应策略(如排除型、耐受型等)密切相关。为了更详细了解不同类型耐盐植物在盐碱土壤中的适应性，可以参考表 9-2，其中列出了典型植物种类及其在不同电导率范围内的适应机制。

表 9-2　不同类型和程度的盐碱土壤中能够生长的典型植物种类及其相关特征

植物种类	分布区域	土壤类型	EC 范围/(dS/m)	适应机制
滨藜 (*Atriplex* spp.)	全球广泛分布	海岸带砂质土、内陆黏性土、盐碱土	10～50	排泄型；叶片上具有盐腺，排出 Na^+、Cl^-；细胞液积累有机溶质
芦苇 (*Phragmites australis*)	全球广泛分布	湿地、沼泽、河岸、海岸带等	5～30	排泄型；根系排出 Na^+；茎叶积累 K^+；细胞液积累有机溶质
小麦 (*Triticum aestivum*)	全球广泛分布	内陆黏性土、砂质土等	5～15	排泄型；根系排出 Na^+；茎叶积累 K^+；细胞液积累有机溶质

续表

植物种类	分布区域	土壤类型	EC 范围/(dS/m)	适应机制
番茄(*Solanum lycopersicum*)	全球广泛分布，尤其是温暖地区	内陆黏性土、砂质土等	2～10	排泄型；根系排出 Na^+；茎叶积累 K^+；细胞液积累有机溶质
藻类(algae)	全球广泛分布，尤其是干旱地区的表层土壤中	海岸带砂质土、内陆盐沼、盐碱土等	5～50	积累型或排泄型；细胞壁或细胞膜上具有特殊的结构，调节离子的进出或排出；细胞液中积累有机溶质或无机离子

对于非耐盐植物，即那些不能在电导率大于或等于 15 dS/m 的土壤中正常生长的植物，尽管它们占陆地植物总数的绝大多数，但在其中也存在着不同程度的耐盐性差异。例如，小麦(*Triticum aestivum*)、大豆(*Glycine max*)、玉米(*Zea mays*)、番茄(*Solanum lycopersicum*)等非耐盐植物可以在轻度或中度盐碱土壤中存活且其产量不受显著影响；然而，另一些如豌豆(*Pisum sativum*)、甘蓝(*Brassica oleracea*)、苹果(*Malus domestica*)、柑橘(*Citrus* spp.)等非耐盐植物则对土壤盐分非常敏感，即使在轻度盐碱土壤中也会出现明显的生长抑制和产量降低。为了减轻高盐环境下造成的水分胁迫和离子毒害，非耐盐植物通常通过降低根系对水分和离子吸收率、增加根系对 Na^+选择性排斥率、增强茎叶对 Na^+向上输运率、增加叶片对 Na^+向下输运率、增加叶片对 Na^+储存空间等方式进行调节。

除了被子植物和裸子植物外，在盐碱土壤中还存在着一些原始植物或原始植物类群，如藻类、苔藓、地衣等。这些生命形式通常具有较强的耐旱性和耐盐性，能够在极端环境下存活并发挥重要作用。例如，在干旱地区，藻类可以利用露水或降水形成短暂而密集的群落，在表层土壤中进行光合作用，并与其他微生物共同构成所谓的“生源结皮”(biological soil crust)，这种结皮可以改善土壤结构、防止水土流失、促进有机质积累、增加氮素固定等。

盐碱土是由于土壤中含有过高浓度的可溶性盐分，进而导致土壤电导率、渗透性和 pH 等发生变化，从而影响土壤的肥力和植物的生长。盐碱土对生物的生存提出了严峻的挑战，因为高盐环境会造成渗透胁迫、离子毒性、氧化应激和营养失衡等问题。然而，在自然界中，有一些生物能够适应或耐受盐碱土的环境，表现出不同的生理、生化和分子水平的适应机制。

植物在盐碱土生态系统中担任主要的初级生产者的角色，同时它们也在盐碱土改良和修复中发挥关键作用。植物对盐碱土的适应机制主要体现在以下几个方面。

(1) 渗透调节。在盐碱环境下，植物通过积累低分子量的有机或无机溶质(如脯氨酸、甘露醇、蔗糖、钾离子等)，来降低细胞液的渗透势，从而保持细胞内外的水分平衡并抵抗细胞失水和萎缩的现象。

(2) 离子排除/包含和隔室化。调节根系对钠离子等有害离子的吸收和排泄，以及在细胞内将其转运到液泡或细胞壁等部位，来降低细胞质中的离子浓度，减轻离子毒性对酶活性和代谢过程的干扰。

(3) 抗氧化防御反应。植物通过增强抗氧化酶(如过氧化物酶、超氧化物歧化酶、过氧化氢酶等)和非酶(如抗坏血酸、谷胱甘肽、类黄酮等)系统的活性，来清除高盐环境下产生的活性氧自由基，保护细胞膜和DNA等脆弱的生物大分子免受损伤。

(4) 形态和解剖学适应。植物通过改变根冠比、根系形态、叶片大小、角质层厚度、气孔密度等特征，来调节水分和光能的利用效率，增加对高盐环境的耐受性。

微生物在盐碱土生态系统中占有重要地位，也参与了盐碱土的改良和修复。其对盐碱土的适应机制包含但不限于以下几个方面。

(1) 渗透调节。微生物通过合成或摄取一些相容性溶质，如甘氨酸甜菜碱、甘露醇、脯氨酸等，以平衡细胞内外的渗透压，以此保持细胞内的水分及代谢稳定。

(2) 离子排除/包含和隔室化。微生物通过调控细胞膜上的离子通道或转运蛋白，以控制细胞内外离子的流动，同时在细胞内部，通过将有害离子隔离在液泡或其他亚细胞器中，以达到缓解离子毒性的目的。

(3) 抗氧化防御反应。微生物通过增强抗氧化酶(如过氧化物酶、超氧化物歧化酶、过氧化氢酶等)和非酶(如抗坏血酸、谷胱甘肽、类黄酮等)系统的活性，清除高盐环境下产生的活性氧自由基，以此保护细胞膜和DNA等生物大分子免受损伤。

(4) 基因表达调控。微生物通过改变基因转录或翻译水平，调节与盐胁迫相关的基因或蛋白质的表达，以提高对高盐环境的适应能力。

作为盐碱土生态系统中的消费者和分解者，动物在盐碱土的改良和修复中也扮演着重要角色。动物对盐碱土的适应机制主要体现在以下几个方面。

(1) 渗透调节。动物通过调节体液中的水分和电解质(如钠、钾、钙等)的含量和比例，以维持体内外的渗透压平衡，防止水分的过量流失或过量吸收。

(2) 离子排除/包含和隔室化。动物利用特殊的器官(如肾脏、肝脏、唾液腺等)或细胞结构(如液泡或其他亚细胞器)，以排出或储存过量或有害的离子，从而避免离子毒性。

(3) 抗氧化防御反应。动物通过增强抗氧化酶(如过氧化物酶、超氧化物歧化酶、过氧化氢酶等)和非酶(如抗坏血酸、谷胱甘肽、类黄酮等)系统的活性，清除高盐环境下产生的活性氧自由基，以此保护细胞膜和DNA等生物大分子免受损伤。

(4) 行为学适应。动物通过改变其取食、移动、繁殖等行为模式，以避开高盐环境带来的不利影响，寻找更适合其生存发展的条件。

总之，在盐碱土中，诸多类型的生物共存，每种生物都展示出一定程度的耐盐能力，以及独特的适应机制。这些适应机制既有助于生物在高盐环境下的生存与繁衍，也在维护整个盐碱土生态系统功能与服务功能中起着重要作用。当对这些耐盐生物进行研究和利用时，需要全面考虑其生物多样性，以及其与盐碱土环境和其他生物之间的相互作用和影响。

(1) 生物多样性。盐碱土生态系统中的生物多样性不仅体现在物种的丰度和均匀度上，还体现在功能的多样性上。不同类型或不同类群的生物在盐碱土中发挥着不同的功能，如固氮、固碳、分解有机质、调节养分循环等。这些功能对于维持盐碱土的生态平衡和提高土壤肥力都具有重要意义。因此，在选择耐盐生物进行改良或修复盐碱土时，需要考虑其功能多样性，以及其与土壤环境和其他生物功能之间的协调性和互补性。

(2) 生物间相互作用。盐碱土生态系统中的生物之间存在着复杂的相互作用，包括正向作用(如共生、共存、互惠等)和负向作用(如竞争、抑制、捕食等)。这些相互作用会影响生物的分布、丰度、多样性和功能，也会影响整个盐碱土生态系统的稳定性和适应性。因此，在利用耐盐生物进行改良或修复盐碱土时，需要考虑其与其他生物之间的相互作用，以及其对盐碱土生态系统的影响。

(3) 生物对环境的影响。耐盐生物对盐碱土的影响既有利也有弊。一方面，耐盐生物可以通过提高土壤有机质含量、改善土壤结构、降低土壤含盐量、增加土壤含水量等方式，改善盐碱土的环境条件，促进其他植物或微生物的入侵或定殖，从而提高盐碱土的生产力和可持续性。另一方面，耐盐生物也可能通过排泄有毒代谢物、竞争土壤养分或水分、传播病原菌或寄生虫等方式，对盐碱土中原有的植物或微生物造成负面影响，从而降低盐碱土中生物的稳定性和多样性。

总体来讲，尽管盐碱土中的耐盐生物具有重要的适应机制，但同时也存在着生物多样性、生物间相互作用以及对环境影响等多方面的复杂问题。因此，在研究和利用这些耐盐生物时，必须综合考虑这些因素，并采取合理的策略，以实现最优效果。

9.1.4　盐碱土生态系统中植物根系与藻类的重要性及其相互关系

盐碱土生态系统的物理、化学和生物特征独特，对于全球碳、氮、硫等元素的循环与平衡起着关键性作用。在此环境下的植物根系和藻类均为生态系统的重要组成部分，并在盐碱土生态系统中扮演着重要角色，如改善土壤结构、促进土壤肥力、增加土壤有机质含量、调节土壤含水量以及提高土壤生物多样性等。以下，将详述植物根系与藻类在盐碱土生态系统中所发挥的作用。

1. 植物根系在盐碱土生态系统中的多元功能性

植物根系，指的是植物体的地下部分，主要职能包括吸收水分和养分，同时也负责对植物体的支撑和固定。它在盐碱土生态系统中通过各种方式改善和调节土壤环境，如增加根系长度或分支数以提高水分和养分吸收能力，降低根系对 Na^+和 Cl^-的吸收或转运以减轻离子毒害，增加根系对 K^+和NO_3^-等有益离子的吸收或转运以维持离子平衡，合成和释放各种有机酸或其他低分子量有机质以溶解或沉淀土壤中的无机矿物质或金属离子，形成根瘤或菌根等共生体以固定或利用大气氮或磷等元素，与其他微生物(如细菌、真菌、古菌等)形成根际微生物群落以促进或抑制其他植物的生长等。例如，根据Bastida 等[26]的研究，他们综述了在不同盐碱土生态系统(如海岸带、内陆区域等)中，不同类型的耐盐植物(如木本植物、草本植物等)的根系特征及其对土壤环境的影响，并指出不同类型(如排除型、耐受型等)耐盐植物的根系特征与其对盐分胁迫的响应策略有关。Alvarez 等[32]总结了不同类型(如固氮型、非固氮型等)植物根瘤在不同类型(如海岸带、内陆区域等)盐碱土生态系统中的形成及其对氮素循环的影响，并指出不同类型(如固氮型、非固氮型等)植物根瘤与其共生菌(如豆科固氮菌、非豆科固氮菌等)之间存在着复杂的互作关系。此外，在耐盐植物种植地发生的化学过程，对于盐碱土的修复和排盐也起着至关重要的作用：耐盐植物根系活动和有机质分解可以增加根部 CO_2 分压，从而提高 $CaCO_3$ 在土壤中的溶解度来降低土壤 pH；并且土壤溶液中的 Ca^{2+}会将土壤胶体上吸收的过量 Na^+转移出土壤基质，详见图 9-2[27]。

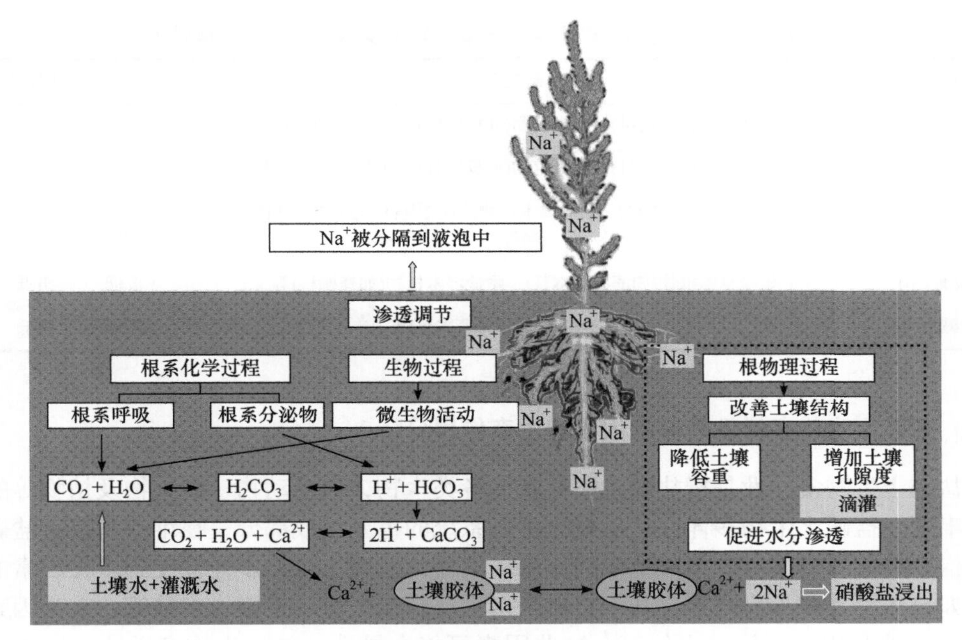

图 9-2　盐生植物修复盐碱土的不同过程[27]

2. 藻类在盐碱土生态系统中的贡献及其机制

藻类是一种主要进行光合作用的微小水生植物，种类繁多，包括蓝藻(又称蓝细菌)、绿藻、硅藻等。在盐碱土生态系统中，藻类可以通过诸多方式来改善和调节土壤环境。例如，它们利用光能将二氧化碳转化为有机质以增加土壤有机质含量，释放氧气以提高土壤氧化还原电位，合成和释放各种多糖或其他胞外多聚物以增加土壤胶体稳定性和水分保持能力，形成藻类膜或藻类结皮以保护土壤表层免受风沙侵蚀或水流冲刷，与其他微生物(如细菌、真菌、古菌等)形成藻菌共生体以固定或利用大气氮或磷等元素，以及与其他植物(如苔藓、地衣等)形成共存体以提高对盐分胁迫的耐受性等。例如，研究者 Alvarez 等[32]综述了在不同盐碱土生态系统(如海岸带、内陆区域等)中，不同类型的藻类(如单细胞型、多细胞型等)的特征及其对土壤环境的影响。他们指出，藻类通过形成不同类型的膜或结皮(如自由活动型、附着型等)，以适应盐碱土的各种环境(如湿润型、干旱型等)。

对于微生物在盐碱土生态系统中的作用，Fortuna[33]进行了详尽的介绍。他们指出，不同类型的微生物(如自养型、异养型等)能通过参与碳、氮、硫等元素的循环和平衡，来对全球气候变化产生影响。

表 9-3[32]展示了不同梯度下盐碱土中主要植被类型(草本植物、灌木植物、乔木植物等)及其覆盖度和多样性的详细数据。在此，覆盖度指的是植被在土壤表面的占有率或覆盖率，反映了植被对土壤保护和改良的作用；多样性则指的是植被在土壤中的种类或变化，反映了植被对环境适应和稳定的作用。借助此表格，能够更深入地理解在不同梯度下盐碱土中各类植被的分布特点、特性，以及它们对盐碱环境的适应能力。

表 9-3　不同梯度下盐碱土中主要植被类型及其覆盖度和多样性[32]

梯度	植被类型	覆盖度	多样性
非盐碱地(CK)	草本植物(如禾本科、豆科)、灌木植物(如杨柳科)、乔木植物(如松柏科)等	高	高
低盐碱地(S_1)	草本植物(如禾本科、豆科)、灌木植物(如杨柳科)、乔木植物(如松柏科)等	中	中
中盐碱地(S_2)	耐盐草本植物(如滨海草本科)、耐盐灌木植物(如柽柳科)、耐盐乔木植物(如白杨科)等	低	低
高盐碱地(S_3)	耐盐草本植物(如滨海草本科)、耐盐灌木植物(如柽柳科)等	极低	极低
极高盐碱地(S_4)	耐盐草本植物(如滨海草本科)等	极低	极低

9.1.5　盐碱土生物多样性的影响因素和生态作用分析

盐碱土生物多样性是指盐碱土中存在的各类生物，包括动物、微生物及植物等的种类和丰度。盐碱土生物多样性是盐碱土生态系统的重要组成部分，在维持和改善盐碱土的结构、功能等方面有着至关重要的作用。然而，盐碱土生物多样性受到多种因素的影响，如自然因素和人为因素，其中自然因素主要包括气候、土壤、水分等，人为因素主要包括土地利用、污染、入侵等。这些因素可能会导致盐碱土生物多样性的增加或减少，从而影响盐碱土生态系统的稳定性和恢复性。

盐碱土生物多样性首先受土壤条件如含盐量、土壤含水量、土壤有机质含量、土壤 pH 等的影响。以下将会概述这些因素对盐碱土生物多样性的影响。

(1) 土壤含盐量对盐碱土生物多样性的影响。土壤含盐量是指土壤中可溶性盐分的含量，通常以土壤饱和浸出液的电导率或土壤可溶性盐分含量来表示。土壤含盐量是影响盐碱土生物多样性的主要因素之一，不同类型和数量的生物对土壤含盐量有不同的耐受范围和适应机制。通常，随着土壤含盐量的增加，盐碱土生物多样性会降低，因为高盐分会造成渗透胁迫和离子毒害，影响生物的生长和繁殖。然而，也有一些特殊的情况，如在某些低水分条件下，高盐分可以保护生物免受干旱胁迫，或者在某些高有机质条件下，高盐分可以促进微生物的活性和多样性。例如，Hassani 等[34]预测了全球干旱地区在 21 世纪不同气候变化情景下自然发生的(或原发性)土壤盐碱化情况，并指出南美洲、澳大利亚南部和西部、墨西哥、美国西南部和南非等地区将成为未来的盐碱化热点地区，而美国西北部、非洲之角、东欧、土库曼斯坦和哈萨克斯坦西部等地区则将出现土壤含盐量的降低。Bastida 等[26]研究了全球不同植被和气候类型的生态系统中，土壤有机碳含量对微生物多样性-生物量关系和比值的影响，并发现在低碳含量的干旱环境中，微生物多样性-生物量比值最高，而在高碳含量的寒冷环境中，微生物多样性-生物量比值最低。

(2) 土壤含水量对盐碱土生物多样性的影响。所谓的土壤含水量，即土壤中的水分占总体的比例，通常以质量分数或体积分数来衡量。土壤含水量无疑是影响盐碱土生物多样性的主要因素之一，各类生物体对土壤含水量的需求和适应力各异。通常，随着土壤含水量的增加，盐碱土生物多样性相应提升，原因在于水分可以缓解生物体受到的渗透胁迫和离子毒害，为生物体提供水溶性营养物质以及氧气，进一步推动了生物间的交流与互动。然而，也存在一些特殊情况，例如，在某些湿度过高的情况下，过度湿润或淹水可能会造成缺氧胁迫或厌氧条件，从而抑制或杀死需氧或好氧的生物。例如，Fortuna[33]在其研究中介绍了不同类型(如自养型、异养型等)微生物在不同类型(如海岸带、内陆区域等)盐碱土生态系统中对水分条件的适应能力，并指出这些微生物通过调节其代谢方式(如光合作用、呼吸作用、硝化作用、反硝化作用等)以适应不同水分条件下产生的氧化还原电位变化。Alvarez 等[32]在其研究中总结了不同类型(如单细胞型、多细胞型等)藻类在不同类型(如海岸带、内陆区域等)盐碱土生态系统中对水分条件的适应能力，并指出这些藻类通过形成不同类型(如自由活动型、附着型等)藻类膜或结皮来适应不同类型(如湿润型、干旱型等)的盐碱土环境。

(3) 盐碱土生物多样性的其他影响因素。除了已提及的两大主要因素，还有许多其他因素对盐碱土生物多样性产生影响，包括土壤有机质含量、土壤 pH、气候条件、植被类型及人类活动等。这些因素可以直接或间接地影响盐碱土中的生理过程和化学反应，进而改变营养元素和信号分子在空间和时间上的可用性和动态变化，从而影响各种生物在竞争和协作中形成特定的群落结构和功能。例如，Javed 等[35]介绍了在不同类型(如酸性、中性、碱性等)的盐碱土中，存在着不同类型的可溶性离子，如钙离子、镁离子、钾离子、钠离子等，通过改变土壤的 pH、渗透压、电导率等物理化学性质，进一步影响土壤中生物的生长和代谢。而 Springer 的相关文章[36]则分析了不同的气候条件(如干旱型、半干旱型、湿润型等)对盐碱土生物多样性的影响，并阐明气候条件通过影响土壤的含水量、温度变化、盐分迁移等过程，影响土壤中各种生物的活性和适应性。另外，Muthuraman 等[37]详述了不同的植被类型，如豆科植物、非豆科植物等，如何影响盐碱土生物多样性，通过改变土壤的有机质含量、根系分泌物、根瘤菌等因素，影响土壤中生物的数量和组成。

目前，对于盐碱土生物多样性的影响因素和生态作用已经有一些其他研究和认识，下面就从气候变化、土地利用和污染等几个方面进行简单介绍。

(1) 气候变化对盐碱土生物多样性及其影响的分析及预测。气候变化是指由自然或人为因素导致的全球或区域气候系统的长期变化，表现形式包括全球变暖、极端气候事件增多、降水模式改变等。气候变化对盐碱土生物多样性及其作用产生了深远而复杂的影响，可能引发一系列正向或负向的反馈效应，从而影响盐碱土的生态功能和服务。例如，气候变化可能会改变盐碱土中的水分、温度、pH、盐分、有机质等环境因素，进而影响生物的生长、代谢和相互作用；气候变化可能会影响盐碱土中生物参与的有机质分解、养分循环、温室气体排放等过程，从而影响盐碱土的肥力和功能；气候变化可能会改变盐碱土中生物与其他生态因素(如植被、动物等)的相互作用，从而影响盐碱土的稳定性和恢复性。

(2) 土地利用对于盐碱土生物多样性及其生态效应的影响和预测的分析。土地利用是人类对于自然资源(如土地、水源等)的开发、利用和管理活动，主要包括农业、林业、畜牧业、工业及城市化等。对于盐碱土生物多样性及其生态效应，土地利用有着显著而复杂的影响，可能会触发一系列正向或负向的反馈机制，从而影响盐碱土的生态功能和服务。例如，土地利用可能会改变盐碱土的植被覆盖度、有机质含量以及养分含量等环境因素，进而影响生物的数量、种类和分布。此外，土地利用可能会改变盐碱土中生物参与的有机质分解、养分循环以及温室气体排放等过程，进而影响盐碱土的肥力和功能。同样，土地利用可能会改变盐碱土中生物与其他生态因素(如水文、气象等)的相互作用，从而影响盐碱土的稳定性和恢复性。

(3) 污染对于盐碱土生物多样性及其生态效应的影响和预测的分析。污染是由人类活动或自然现象导致环境中某些有害或不良成分超过正常水平或范围的现象，主要包括空气污染、水污染以及噪声污染等。对于盐碱土生物多样性及其生态效应，污染有着严重且复杂的影响，可能会引发一些正向或负向的反馈效应，从而影响盐碱土的生态功能和服务。例如，污染可能会改变盐碱土中的某些重金属或有机污染物等环境因素，进而影响生物的生存、繁殖以及适应能力。此外，污染可能会改变盐碱土中生物参与的有机质分解、养分循环以及温室气体排放等过程，进而影响盐碱土的肥力和功能。同样，污染可能会改变盐碱土中生物与其他生态因素(如病原体、寄生虫等)的相互作用，进而影响盐碱土的稳定性和恢复性。例如，Amini 等[38]综述了各种类型(如重金属污染、酸雨污染等)和来源(如工业废水排放、农业施肥农药等)的污染对于干旱区域的各种类型(如沙漠化的草原、沙漠化的荒漠等)的盐碱土中动物群落多样性和功能的影响，并指出不同类型的污染(如重金属污染、有机污染等)对于不同类型的动物(如昆虫、蜘蛛等)有着不同程度和方向的反应。

(4) 外来生物入侵对盐碱土生物多样性以及其生态功能的影响和预测。外来生物入侵是指由于人类活动或自然扩散导致的外来生物在新的环境中建立种群并扩展分布范围的现象，主要包括植物入侵、动物入侵、微生物入侵等。外来生物入侵对盐碱土生物多样性以及其生态功能具有显著且复杂的影响，可能会导致一些正向或负向的反馈效应，进而影响盐碱土的生态功能。例如，外来生物入侵可能会改变盐碱土中的植被组成、生物量、养分含量等环境因素，进而影响生物的数量、种类和分布；入侵可能会改变盐碱土中生物参与的有机质分解、养分循环、温室气体排放等过程，进而影响盐碱土的肥力和功能；入侵可能会改变盐碱土中生物与其他生态因素(如本地生物、病原体、寄生虫等)的相互作用，进而影响盐碱土的稳定性和恢复性。

9.2 盐碱土微生物群落的研究

9.2.1 盐碱土微生物群落的研究现状

盐碱土是指含有较高浓度的水溶性盐分的土壤，通常具有高电导率、高 pH、低有机质含量和低肥力等特征[22]。盐碱土在全球广泛分布，尤其是在干旱和半干旱地区，对农业生产和生态环境产生了严重的影响[21]。因此，了解和改善盐碱土的生物学特性和功能是一项重要的研究课题。

为了更好地理解和改善盐碱土的生物学特性和功能，盐碱土中的微生物群落是一个重要的研究对象。盐碱土中的微生物是土壤生态系统中的重要组成部分，参与了多种生物地球化学过程，如有机质降解、养分循环、土壤结构形成和污染物降解等。盐碱土微生物也是盐碱适应性和耐受性的重要来源，能够在高盐环境中存活和繁殖，甚至利用盐分作为能源或渗透压调节剂。因此，探索盐碱土微生物群落的组成、多样性、结构和功能对于揭示盐碱土的生态机制和促进盐碱土的修复和利用具有重要意义。

近年来，随着分子生物学技术的发展，尤其是高通量测序技术的应用，对盐碱土微生物群落的研究取得了显著进展。目前已经发现了多种能够在盐碱土中生存的微生物类群，包括细菌、真菌、古菌等。其中，细菌是最主要和最多样的微生物类群，已经鉴定出许多不同的细菌门、纲、目、科和属。真菌也是盐碱土中重要的微生物类群之一，具有较高的耐盐能力和降解能力。古菌在一些极端的盐碱土中也占有一定比例，主要属于嗜盐古菌门。

除了描述盐碱土微生物群落的组成和多样性外，一些研究还分析了影响盐碱土微生物群落结构和功能的环境因素。总体而言，盐分是决定盐碱土微生物群落特征的最重要因素，随着盐分浓度的升高，微生物数量、多样性和活性都会显著下降。此外，其他因素如 pH、含水量、温度、氧化还原电位、有机质含量等也会对盐碱土微生物群落造成影响。从功能角度来看，盐碱土微生物群落主要涉及有机质降解、氮素循环、硫素循环等过程，并且具有降解一些有机污染物如农药、石油等的能力。表 9-4[26]总结了盐碱土中三大类微生物(细菌、真菌、古菌)的丰度、多样性、适应机制和功能特征。其中，丰度表示微生物在土壤中所占的数量或比例；多样性表示微生物在土壤中所呈现的种类或变化程度；适应机制表示微生物在盐碱环境中存活和繁殖的方式或策略；功能特征表示微生物在盐碱土中所执行的作用或效果。这个表格可以帮助读者了解不同类型的微生物在盐碱土中如何分布和发挥功能，以及它们如何适应盐碱环境的压力。

表 9-4　盐碱土中主要的微生物类群及其功能特征[26]

微生物类群	丰度	多样性	适应机制	功能特征
细菌	高	高	调节渗透压、合成相容性溶质、产生外源多糖等	参与 C、N、S 等元素的循环，促进植物生长，抑制病原菌等
真菌	中	中	调节渗透压、合成相容性溶质、形成菌根等	参与有机质分解、促进植物生长、抑制病原菌等
古菌	低	低	调节渗透压、合成相容性溶质、产生外源多糖等	参与 N 和 S 的循环、促进植物生长、抑制病原菌等

我国对于盐碱土生物多样性的研究虽然取得了一定的成果和进步，但仍然存在一些不足和问题，需要进一步加强和完善。下面介绍一些研究成果和进展。

中国科学院新疆生态与地理研究所的王艳艳等[39]指出人为活动和自然因素引发的

土壤盐碱化仍然是一个重大的全球环境问题。盐碱化改变了土壤的化学和物理性质，恶化了地下水的质量，降低了生物多样性，导致土壤生产力的损失和耐盐物种的演替。研究结果表明，耐盐植物不仅可以通过叶或茎的肉质部位有效地去除土壤盐分，还可以通过增加植被覆盖度和根-土相互作用改善土壤物理和化学性质，从而阻碍土壤盐分的积累，加速地下盐分的排除。耐盐植物，如碱蓬草[*Suaeda salsa* (L.) Pall.]、盐角草(*Salicornia europaea*)和柽柳(*Tamarix chinensis*)，通常可以在高盐碱度的土壤中生长。它们通过调节体内的盐分平衡和积累有机物，以适应高盐碱环境。这些植物的根部可以改善土壤结构，从而提高盐碱土的生产力。这一过程可能对改善盐碱地发挥重要作用，因为根系的生长可以降低土壤容重，增加土壤孔隙度，改善水分渗透，从而促进盐从土壤基质中浸出。目前，耐盐植物在重盐碱地的原位培养已被广泛应用于盐碱地的改良和修复。特别是生态、经济的耐盐植物品种(如莎草)、豆科绿肥品种(如苜蓿)与普通作物(如玉米和棉花)的间作组合已成为节水抑盐、生物脱盐，用于盐碱地改良和利用的生物施肥品种。

Li 等[40]对生物炭在盐碱地修复和作物生长中的影响进行了深入探究。他们采用稻草作为原料制备生物炭，并进一步通过磁性改性和腐殖酸接枝，制备出具有显著改良效果的腐殖酸-磁性生物炭。以大白菜为试验对象，深入探讨了不同改性生物炭对盐碱地作物生长的影响。试验结果揭示，生物炭的引入可明显提高盐碱土的渗透性，且腐殖酸-磁性生物炭显著降低了盐碱地的含盐量，提高了其持水能力和土壤肥力。此外，生物炭的引入对作物生长产生了积极影响，使大白菜的株高、发芽率、叶绿素含量和可溶性蛋白含量均得以显著提高。总体来讲，试验结果充分证实，腐殖酸-磁性生物炭联合土壤浸提处理是一种行之有效的滨海盐碱土修复策略。

哈尔滨师范大学的杨迪和研究团队[41]通过试验研究了盐碱胁迫对土壤细菌群落的影响。他们采用生态板(ecological board)和 16S rRNA 基因扩增子测序，系统地探究了盐碱胁迫对土壤微生物群落的碳源代谢利用、细菌多样性和组成的影响。试验结果揭示，盐碱胁迫降低了土壤微生物的代谢活性和功能多样性，并且改变了其碳源的利用特征，特别是在高盐碱胁迫环境下，碳水化合物和氨基酸的利用率降低明显；盐碱胁迫还显著降低了土壤细菌群落的多样性，并影响了一些关键细菌类群的相对丰度，如宝石单胞菌、鞘氨醇单胞菌和慢生根瘤菌。此外，随着盐碱含量的增加，土壤过氧化氢酶、蛋白酶、脲酶和蔗糖酶的活性也显著降低。这些结果为理解盐碱胁迫下土壤细菌群落和土壤酶活性的变化提供了新的视角。

山东省蚕业科学研究所的顾银宇等[42]围绕生物炭和生物有机肥对盐碱地根际细菌影响进行了深入研究。该研究通过采用不同的生物炭和生物有机肥配方，以及运用基于基因测序手段和技术进行基因片段测序，调查了盐碱土壤中盐生植物的细菌群落。无论是在促进植物生长还是改善土壤理化性质方面，生物炭和生物有机肥(BOF)联合施用的效果均为最佳。土壤中根际细菌群落的浓度与土壤有机质(OM)和有机碳(OC)的变化相关。其中，变形菌、放线菌、绿弯菌和不动杆菌在各处理中占总细菌量的 80%以上。在生物炭和生物有机肥联合施用的情况下，单孢菌的丰度明显高于其他处理方法。生物有机肥，无论是否使用生物炭，均会对盐碱土壤中的细菌群落组成产生显著影响。土壤中的有机碳、总氮和有效磷的含量对细菌结构具有显著影响。对照试验表明，CK 与生物炭和生物有机肥联合施用之间的细菌群落的复杂相关性更高。这些发现表明，生物炭和生物有机肥联合施用对盐碱地植物生长、土壤特性以及根际细菌的多样性或群落组成有显著影响，其次是生物有机肥，然后是生物炭；在生物炭中，细粒生物炭的效果优于中粒或粗粒生物炭。这项研究为理解生物炭和生物有机肥反应中复杂微生物组成提供了深入的见解。

山东大学的梁爽等[43]研究了生物炭与功能菌结合促进盐碱土生态改良的可能性。通过对功能菌的分离，得知这些菌株具有较强的耐盐碱性，能够增加土壤养分，但由于原生微生物的竞争，其相对丰度降低。然而，生物炭的引入可以促进功能菌的定殖，有效提高土壤的水分和养分含量。生物炭与功能菌结合的实施方法包括将生物炭与功能菌接种剂混合，然后将其施加到盐碱土上。生物炭可以提供一个有利于功能菌生长和繁殖的微生境，同时有助于锁定养分，减缓土壤盐分的积累。功能菌接种剂可以通过分解有机物和固氮作用，改善土壤肥力。这种结合方法可以在一定程度上改善盐碱土的生态环境，为植物提供良好的生长条件。生物炭与功能菌结合可以提高土壤养分水平，优化根际微生物群落，增加脯氨酸和超氧化物歧化酶含量，减轻高盐度对植物的伤害，从而促进植物生长。在各处理中，10%生物炭和功能菌处理对土壤性质和植物生长的有利影响最大。生物炭与功能菌联合施用是提高盐碱地作物生长性能的一种有效和可持续的方法。

青岛农业大学的徐云硕等[44]通过田间试验，研究了一种由丙烯酸、丙烯酰胺、膨润土、生物炭、凹凸棒土、稀土、*N*, *N'*-亚甲基双丙烯酰胺和过硫酸钾制备的复合保水剂对盐碱地冬小麦土壤养分及土壤微生物多样性的影响。该复合保水剂可以通过调节土壤含水量和土壤微生物丰度组成来调节土壤养分含量，加速植物养分积累。相比于未施用保水剂或施用凹凸棒土保水剂，该复合保水剂有利于提高土壤含水量、土壤养分状况和土壤微生物多样性。试验采用多种天然环保材料作为保水剂的有效成分，有助于减轻小麦在恶劣土壤环境中的压力，避免其自身的毒性。然而，由于丙烯酸和丙烯酰胺等化学材料的使用仍然不可避免，目前的解决方案是选择天然和可生物降解的材料作为其替代品，并在复杂的野外环境中保持保水剂性能的可重复性和一致性，以进行大规模生产和农业应用。

东北林业大学的李鑫等[45]研究了桑葚-大豆间作对盐碱土损伤的减轻作用，并采用生态板技术研究了间作对盐碱土根际碳代谢微生物群落多样性的影响。实验结果显示，在桑葚-大豆间作下，代表土壤微生物代谢活性的平均颜色变化率(AWCD)明显高于桑葚或大豆单作，桑葚单作下最低；间作下的麦金托什指数也高于单作，但香农(Shannon)指数和辛普森指数间作和单作的差异较小，表明间作改变了盐碱性土壤根际微生物群落的组成，增强了微生物群落的多样性。主坐标分析(PCoA)表明，间作和单作土壤微生物群落碳源利用方式存在差异，主要碳源为碳水化合物、羧酸和聚合物。通过对试验结果的进一步分析，发现土壤 pH 和盐度是影响盐碱性土壤微生物群落多样性的主要因素，而间作能够有效地降低这两个因素的值，从而促进了土壤微生物群落多样性的改善。

中国科学院的刘万秋等[46]利用 454 焦磷酸测序技术，探讨了渤海湾桦木林地滨海盐碱土中微生物多样性及其分布特点。研究发现，在 20 个检测到的细菌门中，有 19 个是已知的，而有一个门占了很大的比例，但尚未被分类。他们认为，这种优势细菌的组成可能与沿海盐碱地的干旱环境有关。此外，他们还分析了羊草对微生物群落的影响，发现羊草改变了微生物的生态位，导致微生物群落结构的变化。他们还发现，边缘区的微生物群落与密集区和稀疏区的微生物群落有明显差异。另外，他们还观察到，海岸线距离对某些土壤细菌的分布也有影响，例如，冷藻类和黄藻类的细菌随着距离海岸线的增加而减少。他们推测，海水和温度可能是导致这种变化的主要因素。

西藏农牧学院高原生态研究所的仝淑萍等[47]研究了移栽对松嫩平原盐碱草地生物多样性和生产力的影响，采用对照试验的方法进行羊草移栽试验。结果表明，羊草移栽显著提高了草地植物的种类和密度，增加了群落的生物多样性和生产力，从而提高了草地的经济效益。羊草移栽增加了物种丰度和种群均匀度，改善了原有盐碱草地单一、简单、脆弱的结构。同时，新物种的加入也改变了群落内部的竞争关系，促进了新生态位的形成，进而提高了群落的多样性指数。与王军峰等[48]的研究结果进行比较，发现两者存在显著差异。他们认为，羊草移栽技术既能提高系统的生物多样性，又能实现生产效益的增长，是一种适合在松嫩平原西部盐碱化地区推广应用的技术模式。

宁夏农林科学院农业资源与环境研究所的李凤霞等[49]以苜蓿、油葵、玉米和黑麦草 4 种植物为材料，研究了它们对盐碱地土壤的理化性质、酶活性、微生物群落多样性和组成的影响，以及微生物群落结构与土壤理化性质的关系。结果表明，所有植株处理均显著降低了 pH、TS(全盐量)和 BD(容重)，同时增加了有机质、总氮、速效氮、总磷、速效磷、总钾的含量和总孔隙度，亚硝酸盐细菌数量减少。除玉米外，其他处理与对照相比显著增加了硝化和反硝化细菌的数量。此外，所有植株均增加了亚硝酸盐还原酶的活性，降低了脲酶的活性。并且试验结果还显示，植物处理改变了微生物群落组成，只有玉米显著降低了细菌多样性，增加了真菌多样性。综合分析试验结果，认为在四种植物中，苜蓿和玉米是盐碱土修复的最佳选择。这些数据可为盐碱地的进一步恢复提供一定的理论依据。

沃德兰特(北京)生态环境技术研究院有限公司的吴林川[50]对滨海盐碱地区域内的植被生物多样性、物种丰度、土壤水分特征等进行了研究。研究结果表明，以狗尾草为优势种多种植物伴生的杂草群落演变成单一的柽柳、碱蓬群落，较耐盐的翅碱蓬成为群落的单优势种，物种的丰度和多样性均显著降低；柽柳林样地持水蓄水特征参数在垂直方向上处于中等变异程度，碱蓬样地现有土壤贮水处于强变异程度，其余样地各特征参数的垂直变异性均处于弱变异程度。进一步分析研究结果，说明植被分布与土壤含水量之间存在显著相关性，随着含水量的降低，植物种类减少，丰度减小，生物多样性降低；并且植被群落分布与土壤含水量之间存在显著相关性，随着土壤含水量的减少，群落组成种类逐渐减少，耐旱性植被柽柳增多，成为单优势种。

根据以上案例可以看出，首先，在不同地区或不同类型的盐碱土中，微生物群落可能存在很大差异，因此需要更多地理位置或空间尺度上的比较研究。其次，在现有研究中，大多数只关注了细菌或真菌这两个主要类群，而忽略了古菌或其他未知类群在盐碱土中的作用。再次，在功能层面上，还缺乏对整个微生物群落功能潜力或功能基因表达的系统评估。最后，在应用层面上，还需要探索如何利用或调控盐碱土微生物群落来改善或恢复盐碱土质量和功能。

盐碱土微生物群落是指在盐碱土中生存和活动的微生物的总和[51]，包括真菌、细菌、古菌等主要类群。盐碱土微生物群落的研究对于揭示盐碱土的生物学特征，理解盐碱土的生态过程和机制，改善盐碱土的环境质量和适宜性，具有重要的理论意义和实践价值。本节分别从以下几个方面介绍了盐碱土微生物群落的研究：①盐碱土微生物群落的组成和多样性；②盐碱土微生物群落的功能和作用；③土壤改良剂施用对盐碱土微生物群落影响的研究；④盐碱土微生物群落的相互作用和调控；⑤盐碱土微生物群落的应用和展望。

9.2.2　盐碱土微生物群落的组成和多样性

盐碱土微生物群落的组成和多样性受到多种因素的影响，如盐分、pH、水分、温度、有机质、植被等。通过高通量测序技术，可以对盐碱土微生物群落进行准确和全面的分析，揭示其结构和变化规律。目前，已有一些研究对不同地区或不同处理条件下的盐碱土微生物群落进行了比较和评价，发现以下一些特点(表 9-5)：盐碱土中真菌、细菌、古菌三大类群均有分布，但其相对丰度和优势种类有所不同。通常，真菌在盐碱土中较少，细菌在低中度盐碱条件下较多，古菌在高度盐碱条件下较多。

表 9-5　盐碱土微生物群落的组成和多样性

类群	相对丰度	优势门	常见属
真菌	较少	担子菌门	隐球菌属、酵母属、曲霉属、青霉菌属、毛霉属
细菌	低中度盐碱条件下较多	变形菌门	假单胞菌属、芽孢杆菌属、嗜盐单胞菌属、嗜盐细菌、嗜盐球菌属
古菌	高度盐碱条件下较多	嗜盐菌纲	盐杆菌属、盐深红菌属、甲烷球形古菌属、甲烷球菌属

本节的主要内容是介绍盐碱土中真菌、细菌、古菌三大类群的组成和多样性，以及影响其分布和变化的环境因素。

(1) 盐碱土中真菌主要属于担子菌门(Basidiomycota)、子囊菌门(Ascomycota)和接合菌门(Zygomycota)，其中以担子菌门为优势。

(2) 盐碱土中细菌主要属于变形菌门(Proteobacteria)、放线菌门(Actinobacteria)、拟杆菌门(Bacteroidetes)、厚壁菌门(Firmicutes)和绿弯菌门(Chloroflexi)，其中以变形菌门为优势。

(3) 盐碱土中古菌主要属于嗜盐菌纲(Halobacteria)、甲烷微菌纲(Methanomicrobia)和热原体纲(Thermoplasmata)，其中以嗜盐菌纲为优势。

(4) 盐碱土微生物群落的组成和多样性会受到盐分、pH、水分、温度、有机质、植被等多种因素的影响。目前，可以通过高通量测序技术对盐碱土微生物群落进行全面的研究和分析：

(i) 盐分是影响盐碱土微生物群落特征的主要因素，不同程度的盐碱化会导致微生物群落的结构和功能发生显著变化。一般而言，随着含盐量的升高，微生物丰度和活性会下降，而多样性会呈现先升高后降低的趋势。高含盐量条件下，会优势地筛选出一些耐盐或嗜盐的微生物类群，如嗜盐古菌、嗜盐细菌等。

(ii) pH 是影响盐碱土微生物群落特征的主要因素之一，不同程度的酸碱化会导致微生物群落的结构和功能发生显著变化。一般而言，随着 pH 的升高，微生物丰度和活性会下降，而多样性会呈现先降低后升高的趋势。高 pH 条件下，会优势地筛选出一些耐碱或嗜碱的微生物类群，如硫代谢古菌、硝化细菌等。

1. 盐碱土中的优势微生物类群

盐碱土中的优势微生物类群是指在盐碱土中具有相对较高丰度和比例的微生物类群，反映了盐碱土中微生物的主要组成和特征。盐碱土中的优势微生物类群受到多种因素的制约，如盐分、pH、水分、温度、有机质、植被等。利用高通量测序技术，可以对盐碱土中的优势微生物类群进行准确和全面的鉴定，揭示其分布规律和变化趋势。目前，已有一些研究对不同地区或不同处理条件下盐碱土中的优势微生物类群进行了比较和评价，发现了以下一些共性。

(1) 盐碱土中真菌、细菌、古菌三大类群均有存在，但其相对丰度和优势种类有所差异。通常情况下，真菌在盐碱土中较为稀少，细菌在低中度盐碱条件下较为丰富，古菌在高度盐碱条件下较为丰富[52,53]。

(2) 盐碱土中真菌的优势类群主要隶属于担子菌门(Basidiomycota)、子囊菌门(Ascomycota)和接合菌门(Zygomycota)，其中以担子菌门为主[21]。常见的真菌属有隐球菌属(*Cryptococcus*)、酵母属(*Saccharomyces*)、曲霉属(*Aspergillus*)、青霉菌属(*Penicillium*)、毛霉属(*Mucor*)等。

(3) 盐碱土中细菌的优势类群主要隶属于变形菌门(Proteobacteria)、放线菌门(Actinobacteria)、拟杆菌门(Bacteroidetes)、厚壁菌门(Firmicutes)和绿弯菌门(Chloroflexi)，其中以变形菌门为主。常见的细菌属有假单胞菌属(*Pseudomonas*)、芽孢杆菌属(*Bacillus*)、嗜盐单胞菌属(*Halomonas*)、嗜盐细菌(*Salinibacter*)、嗜盐球菌属(*Halococcus*)等。

(4) 盐碱土中古菌的优势类群主要隶属于嗜盐菌纲(Halobacteria)、甲烷微菌纲(Methanomicrobia)和热原体纲(Thermoplasmata)，其中以嗜盐菌纲为主。常见的古菌属有盐杆菌属(*Halobacterium*)、盐深红菌属(*Halorubrum*)、甲烷球形古菌属(*Methanosphaera*)、甲烷球菌属(*Methanococcus*)等。

(5) 盐分是影响盐碱土中优势微生物类群最重要的因素之一，不同程度的盐碱化会导致优势微生物类群的显著变化。通常，随着含盐量的增加，真菌和细菌的丰度会降低，而古菌的丰度会增加。在高含盐量条件下，会筛选出一些耐盐或嗜盐的微生物种类，如嗜盐古菌等[11,22]。在低含盐量条件下，会筛选出一些耐盐或中性盐的微生物种类，如变形菌、放线菌、拟杆菌等。

(6) 盐碱土中微生物的优势类群也受到其他环境因素的影响，如 pH、水分、温度、有机质、植被等。这些因素会与盐分相互作用，影响微生物的生长和代谢。通过对不同地区或不同处理条件下盐碱土中优势微生物类群进行比较分析，发现 pH、水分、温度、有机质和植被都与真菌和细菌的丰度呈正相关，而与古菌的丰度呈负相关。这表明真菌和细菌更适应酸性、湿润、低温、富含有机质和植被覆盖的盐碱土环境，而古菌更适应碱性、干旱、高温、缺乏有机质和植被稀疏的盐碱土环境。

综上所述，盐碱土中的优势微生物类群反映了盐碱土中微生物的适应性和多样性。不同地区或不同处理条件下盐碱土中的优势微生物类群有所差异，但也有一些共性。通过对盐碱土中的优势微生物类群进行深入研究，可以揭示盐碱土中微生物的生态功能和进化机制，为盐碱土的利用和改良提供理论依据和技术支持。

2. 环境因素对微生物多样性的影响

盐碱土是指含有可溶性盐类较高而影响植物正常生长发育或造成土壤结构破坏和肥力下降等问题的土壤。盐碱土中存在着丰富而特殊的微生物资源，它们在维持土壤肥力、促进植物抗逆、改良土壤环境等方面发挥着重要作用。然而，盐碱土中的微生物多样性受到多种环境因素的制约，如盐分、pH、水分、温度、有机质、植被等。这些因素会影响微生物的生长和代谢，从而影响微生物的组成和功能。为了揭示不同环境因素对盐碱土微生物多样性的影响机制，本节对已有的相关研究进行了综述，总结了以下几个方面的特点。

盐分是影响盐碱土微生物多样性最主要的因素之一，它会改变土壤的渗透压、离子强度、水势等物理化学性质，从而影响微生物的渗透调节、酶活性、基因表达等生理过程。通常，随着含盐量的增加，真菌、细菌和古菌的多样性都会降低，但古菌相对于真菌和细菌更能适应高盐环境[11,53]。在高含盐量条件下，会筛选出一些耐盐或嗜盐的微生物种类，如嗜盐菌、嗜盐蓝藻、嗜盐放线菌等，它们具有一些特殊的耐盐机制，如合成相容性溶质、调节膜脂组成、增加胞外聚合物等[21,22]。然而，在高含盐量条件下，微生物群落的稳定性也会降低，因为高含盐量会增加土壤中有机质和无机质的迁移和淋失，导致土壤肥力下降和土壤结构破坏。

Rath 和 Rousk[54]的相关研究结果指出，pH 是影响盐碱土微生物多样性另一个重要的因素，它会改变土壤中营养元素的有效性、酶活性的最适值、细胞膜的电位等化学性质，从而影响微生物的营养吸收、代谢途径、信号传导等生理过程。通常，随着 pH 的降低，真菌和细菌的多样性会增加，而古菌的多样性会降低。这是因为真菌和细菌中有一些耐酸或嗜酸的种类，如酵母菌、放线菌、酸杆菌等，它们具有一些特殊的耐酸机制，如合成耐酸蛋白、调节胞内 pH、增加胞外缓冲物质等。而古菌中大多数是中性或碱性环境下的优势种类，如甲烷古菌、硫化氢古菌等，在低 pH 条件下难以生存。水分是影响盐碱土微生物多样性一个重要的因素，它会改变土壤中含水量、水分有效性、水分运动等水文性质，从而影响微生物的水分平衡、氧气供应、底物扩散等生理过程。通常，随着含水量的增加，真菌、细菌和古菌的多样性都会增加。这是因为水分可以增加土壤中溶解氧和有机质等营养物质的供应，促进微生物的生长和代谢。水分也可以增加土壤中微生物的活性和可培养性，提高微生物的检测率和鉴定率。然而，过多的水分也会导致土壤中氧气的缺乏，造成厌氧或缺氧环境，影响微生物的呼吸和氧化还原过程。

温度是影响盐碱土中微生物多样性的一个重要因素，不同程度的温度变化会导致微生物多样性的显著变化。通常，随着温度的升高，真菌和细菌的多样性都会降低，而古菌的多样性会增加。在高温条件下，会筛选出一些耐热或嗜热的微生物种类，增加了微生物群落的适应性，但也降低了微生物群落的稳定性。

有机质含量是影响盐碱土中微生物多样性的一个重要因素，不同程度的有机质含量会导致微生物多样性的显著变化。通常，随着有机质含量的增加，真菌、细菌和古菌的多样性都会增加。在高有机质含量条件下，会增加土壤中碳、氮、硫等元素的循环，促进微生物群落的活力和功能。同时，有机质含量也会影响土壤的物理和化学性质，如水分保持能力、pH、盐分等，进而影响微生物多样性。

植被是影响盐碱土中微生物多样性的一个重要因素，不同程度的植被覆盖会导致微生物多样性的显著变化。通常，随着植被的增加，真菌、细菌和古菌的多样性都会增加。在高植被条件下，会增加土壤中有机质和养分的输入，促进微生物群落的活力和功能。同时，植被也会影响土壤的水分、温度、pH、盐分等，进而影响微生物多样性。

综上所述，盐碱土中的微生物多样性受到多种环境因素的影响，这些因素之间也存在相互作用和调节。不同地区或不同处理条件下盐碱土中的微生物多样性有所差异，但也有一些共性。通过对盐碱土中的微生物多样性进行深入研究，可以揭示盐碱土中微生物的适应性和多样性对土壤过程和功能的影响，为盐碱土的利用和改良提供理论依据和技术支持。

9.2.3　盐碱土中微生物的功能和作用

1. 微生物介导的碳、氮、硫循环

盐碱土是一种特殊类型的土壤，在土壤过程与养分循环中微生物起着关键作用。尤其是在 C、N、S 等元素的转化与流动方面，微生物通过参与有机质降解、甲烷生成、氮素固定、硝化、反硝化、硫化、还原等过程，影响了土壤中元素的形态与含量，进而影响了土壤肥力与环境质量。已有研究对盐碱土中微生物介导的 C、N、S 循环进行了分析与评价，发现了以下特点。

(1) 碳循环是盐碱土中最重要的土壤过程之一，包括有机质降解、甲烷生成与氧化等过程。盐碱土中的微生物利用各种酶促反应，将有机质分解为二氧化碳、甲烷和微生物生物量等产物，实现了有机碳向无机碳的转化[53,55]。盐碱土中的微生物也可以通过光合作用或化能合成作用，将无机碳固定为有机碳，实现了无机碳向有机碳的转化[52]。盐碱土中微生物对碳循环的影响受到多种因素的制约，如盐分、pH、水分、温度、有机质、植被等。通常，随着盐分的升高，有机质降解和甲烷生成减少，而甲烷氧化增加；随着 pH 的降低，有机质降解和甲烷生成增加，而甲烷氧化减少；随着水分的增加，有机质降解和甲烷生成增加，而甲烷氧化减少；随着温度的升高，有机质降解和甲烷生成增加，而甲烷氧化减少；随着有机质和植被的增加，有机质降解和甲烷生成增加，而甲烷氧化减少。因此，盐碱土中微生物通过多种代谢途径，在有机碳与无机碳之间进行转化。

(2) 氮循环是盐碱土中另一个重要的土壤过程之一，涉及氮素的固定、硝化、反硝化、脱氮等过程。盐碱土中的微生物通过各种代谢途径，将大气中或土壤中的无机氮固定为有机氮或铵态氮，或将铵态氮转化为亚硝酸盐或硝酸盐，或将亚硝酸盐或硝酸盐还原为一氧化氮或二氧化氮或氮气等产物，从而实现了不同形态之间的氮素转换。盐碱土中的微生物对氮循环的影响也受到多种因素的牵制，如盐分、pH、水分、温度、有机

质、植被等。通常，随着盐分的增加，氮素固定和硝化会降低，而反硝化和脱氮会增加；随着 pH 的降低，氮素固定和硝化会增加，而反硝化和脱氮会降低；随着水分的增加，氮素固定和硝化会增加，而反硝化和脱氮会降低；随着温度的升高，氮素固定和硝化会增加，而反硝化和脱氮会降低；随着有机质和植被的增加，氮素固定和硝化会增加，而反硝化和脱氮会降低。由此可见，盐碱土中微生物通过各种代谢途径，实现了不同形态之间的氮素转换。

(3) 硫循环同样是盐碱土中重要的土壤过程之一，涉及硫酸盐还原、硫化、硫氧化等过程。盐碱土中的微生物通过各种代谢途径，将土壤中或水体中的硫酸盐还原为硫化氢或元素硫，或将硫化氢或元素硫氧化为硫酸盐，从而实现了不同形态之间的硫转换。盐碱土中的微生物对硫循环的影响也受到多种因素的影响，如盐分、pH、水分、温度、有机质、植被等。通常，随着盐分的增加，硫酸盐还原和硫化会增加，而硫氧化会降低；随着 pH 的降低，硫酸盐还原和硫化会增加，而硫氧化会降低；随着水分的增加，硫酸盐还原和硫化会增加，而硫氧化会降低；随着温度的升高，硫酸盐还原和硫化会增加，而硫氧化会降低；随着有机质和植被的增加，硫酸盐还原和硫化会增加，而硫氧化会降低。由此可见，盐碱土中微生物通过各种代谢途径，实现了不同形态之间的硫转换。

综上所述，盐碱土中的微生物在碳、氮、硫循环中扮演着至关重要的角色，通过各种代谢途径，实现了不同形态之间的元素转换。盐碱土中的微生物对碳、氮、硫循环的影响并非孤立存在，而是受到多种环境因素的影响，这些因素之间也存在相互作用和调节。不同地区或不同处理条件下盐碱土中的微生物对碳、氮、硫循环的影响有所差异，但也有一些共性。然而，通过对盐碱土中微生物介导的碳、氮、硫循环进行深入研究，可以揭示盐碱土中微生物对土壤过程和功能的影响，进而为盐碱土的利用和改良提供理论依据和技术支持。

2. 微生物对土壤团聚和结构的贡献

决定土壤质量的重要指标之一便是土壤团聚和结构，它影响着土壤的物理、化学和生物性质，如水分保持能力、通透性、养分有效性、根系发育等。盐碱土中的微生物对土壤团聚和结构有着重要的影响，主要通过以下几种机制。

(1) 微生物通过分解有机质，产生各种胞外多糖、蛋白质、脂类等胞外聚合物(EPS)，这些 EPS 具有黏附作用，可以将土壤颗粒连接起来，形成稳定的微团聚体[56,57]。微生物还可以通过分泌胞外酶，促进有机质的矿化，释放出有机酸、低分子量有机物等，这些物质也可以作为黏结剂，增加土壤团聚体的稳定性[58]。

(2) 微生物通过参与碳、氮、硫等元素的循环，影响了土壤中各种无机离子的含量和形态，从而影响了土壤团聚和结构。例如，微生物通过硫酸盐还原或硫化作用，可以降低土壤中的硫酸盐含量，从而降低土壤的渗透压和离子强度，减少土壤颗粒的分散作用。微生物还可以通过氮素固定或硝化作用，增加土壤中的钙离子含量，从而增加土壤的絮凝作用，促进土壤团聚体的形成。

(3) 微生物通过与植物根系相互作用，影响了土壤团聚和结构。一方面，微生物可以利用根系分泌物或死亡根系作为碳源或能源，增加自身的生长和活性，从而增加脂类等 EPS 的产量和多样性。另一方面，微生物可以促进植物根系的发育和分枝，增加根系长度和表面积，从而增加根系对土壤颗粒的缠绕作用和根毛对土壤颗粒的穿刺作用。

9.2.4　土壤改良剂施用对盐碱土微生物群落影响的研究

土壤改良剂是指能够改善土壤物理、化学或生物性质的有机或无机物质，如堆肥、生物炭、石灰、磷酸盐等。土壤改良剂的施用可以提高盐碱土的肥力、水分保持能力和植物生长条件，从而增加农业产量和生态效益。同时，土壤改良剂也会影响盐碱土中的微生物群落。

1. 对细菌群落结构的影响

汪顺义等在重度苏打盐碱土上建立了三个近 240 hm^2 的田间试验点[59]，在这些试验点中施用一种木质素磺酸钙为主的生物基土壤改良剂，以降低 0～20 cm 土层中 pH、EC、ESP 和 SAR 等指标，并改善土壤质量。经过施用土壤改良剂，土壤颗粒的团聚性、平均质量直径(MWD)、孔隙度和平均入渗速率都有所提高，盐分的淋洗效率也有所提升。同时，施用土壤改良剂和肥料还增加了土壤中 SOC、TN、NH_4^+-N、NO_3^--N 和有效磷(Olsen-P)的含量，促进了土壤生产力的恢复，使水稻的平均产量达到了 7313 kg/hm^2。利用高通量测序技术分析了施用土壤改良剂改良苏打盐碱土不同改良年限后土壤微生物群落的变化情况，发现施用土壤改良剂显著地改变了土壤细菌多样性。与对照组相比，施用土壤改良剂后，细菌 Chao1 和 Shannon 指数都有所增加。土壤细菌在柠檬酸代谢、氮循环、固碳作用、硫代谢、碳水化合物代谢和氨基酸代谢等方面的功能都有所增强，表明土壤细菌对有机质的降解能力和对植物生长的促进作用都有所提高。

得到的运算分类单元(operational taxonomic unit, OTU)可将土壤中细菌归集为 42 个菌门，展示的是相对丰度占比前 15 的菌门信息(图 9-3)。未改良的苏打盐碱土中优势门是双歧杆菌门(Bifidobacteria, 29.7%)、变形菌门(Proteobacteria, 23.2%)、拟杆菌门(Bacteroidetes,

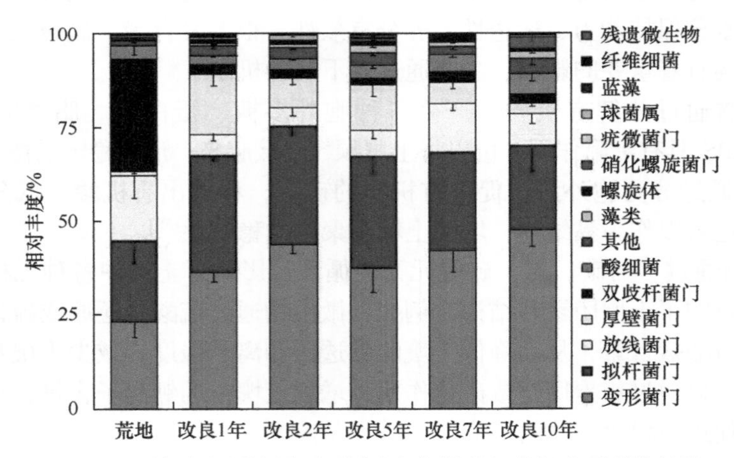

图 9-3　土壤改良剂施用下不同改良年限的细菌门水平群落结构

扫描封底二维码可见本图彩图

21.6%)和放线菌门(Actinobacteria, 17.5%)。与之相比，施用土壤改良剂改良后，土壤中双歧杆菌门(Bifidobacteria)和放线菌门(Actinobacteria)的相对丰度显著降低($P < 0.05$)。值得注意的是，与此相对应的是土壤中厚壁菌门(Firmicutes)显著增加，同时，变形菌门和拟杆菌门的相对丰度也略有增加。此外，在施用土壤改良剂连续改良 10 年后，土壤中硝化螺旋菌门(Nitrospirae)的相对丰度明显提升($P < 0.01$)。

所有的土壤样品中检测获得的 OTU 共划分为 132 个细菌纲，其相对丰度占比前 30 位的菌纲如图 9-4 所示。在分类尺度上，测序数据表明在未开垦的苏打盐碱土中优势类群是芽单胞菌门(Gemmatimonadetes)、纤维粘网纲(Cytophagia)、硝化藻纲(Nitraria)和嗜异藻纲(Hermoleophilia)。热图组间聚类分析表明，施用土壤改良剂改良后土壤处理的细菌群落聚为一类，与荒地(WL) 处理差异显著。从各菌群落相对丰度来看，改良后的土壤中芽单胞菌门(Gemmatimonadetes)和纤维粘网纲(Cytophagia)相对丰度显著降低，δ变

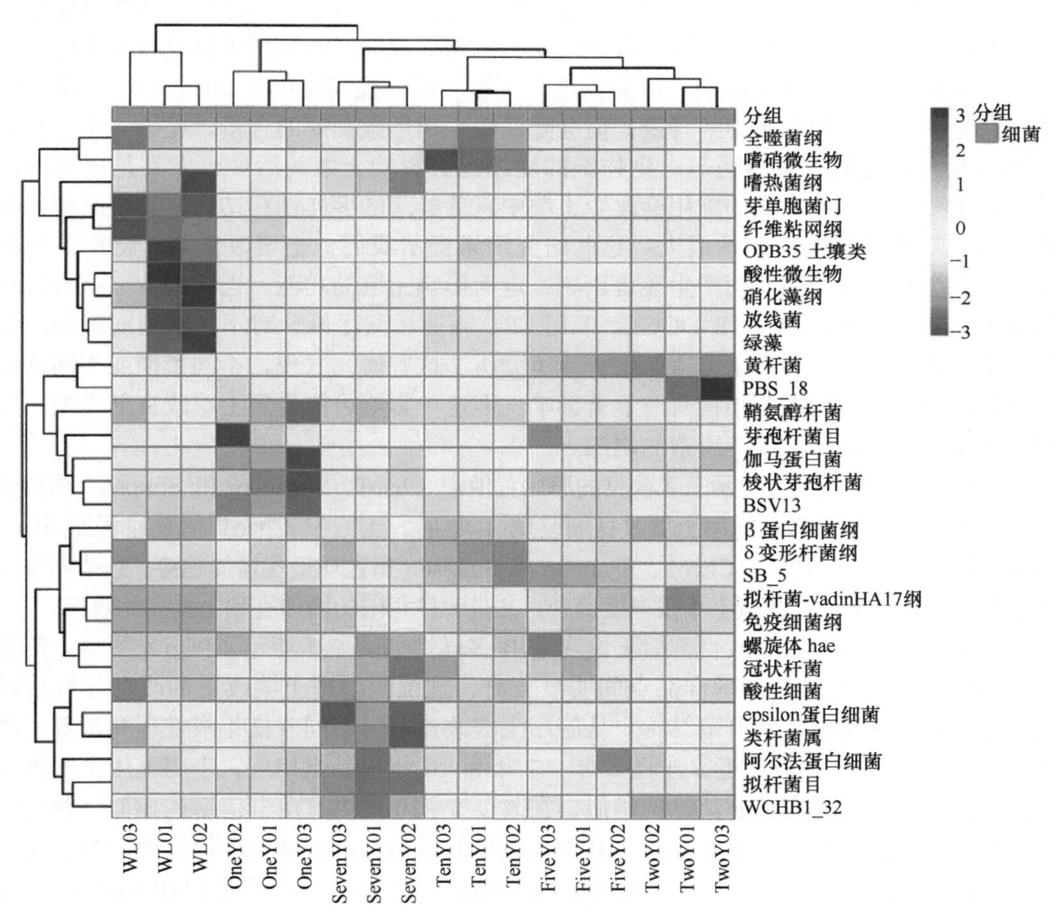

图 9-4 土壤改良剂施用下不同改良年限的土壤细菌纲水平群落结构

WL 表示盐碱荒地，OneY、TwoY、FiveY、SevenY、TenY 分别代表改良 1 年、2 年、5 年、7 年、10 年，后面的数字 01、02、03 代表不同处理的重复组

扫描封底二维码可见本图彩图

形杆菌纲(Deltaproteobacteria)、β蛋白细菌纲(beta-Proteobacteria)、拟杆菌-vadinHA17 纲(Bacteroidetes-vadinHA17)和免疫细菌纲(Immunobacteria)的相对丰度显著增加。从时间层面看，改良土壤处理间的聚类分析表明，改良 1 年(OneY)与其他处理差异较大，表明在施用土壤改良剂改良的第 1 年对土壤中细菌扰动最为显著。

2. 对真菌群落结构的影响

真菌是一类重要的土壤微生物，具有较高的耐盐能力和降解能力，参与了有机质分解、养分循环、土壤团聚和污染物降解等过程。真菌在盐碱土中占有一定的比例，主要属于子囊菌门(Ascomycota)和担子菌门(Basidiomycota)。土壤改良剂的施用会改变土壤中的有机质含量、pH、电导率、水分等因子，从而影响真菌的数量、多样性和功能。

通常，土壤改良剂的施用可能会影响土壤中真菌的丰度和多样性。这可能是由于土壤改良剂提供了更多的可利用碳源，促进了细菌等竞争性微生物的增长，从而可能抑制了真菌的生长。然而，Zhang 等[60]最近的研究发现，生物炭的施用可以改善黄土的营养含量，并影响真菌群落的结构。研究发现，生物炭可以提高土壤的 pH，增加土壤有机质、总氮、有效磷和有效钾的含量，但会降低微生物量碳和氮的含量。此外，生物炭的施用量越高，这些效果越明显。生物炭的施用还会影响土壤酶活性，尤其是蔗糖酶活性。更重要的是，生物炭的施用会改变土壤中真菌群落的多样性和结构，其中高施用量的生物炭对真菌群落的影响最大。这些研究结果提示我们，土壤改良剂，特别是生物炭，可能会对土壤中的真菌产生显著影响，进而影响土壤的功能。近年来，一些研究利用分子生物学技术，如 PCR-DGGE、T-RFLP、高通量测序等，对不同类型或不同剂量的土壤改良剂施用后的真菌群落结构进行了分析。这些研究发现，不同类型或不同剂量的土壤改良剂对真菌群落结构具有显著影响，但这种影响可能受到土壤改良剂类型、剂量、施用时间、施用深度等因素的制约。

胡树文等的研究结果显示，未改良的原始荒地中 Chao1、Shannon 和 Simpson 指数受盐度和碱度的限制最低。施用土壤改良剂改良 1 年后，土壤中 Chao1 指数显著提高($P<0.05$)。随改良年限的增加，Chao1、Shannon 和 Simpson 指数均呈现增加趋势。这表明施用土壤改良剂有利于苏打盐碱土真菌丰度提升，并且改良年限的增加有利于提高此效应。

具体来讲，施用土壤改良剂后土壤真菌 β 多样性如图 9-5 所示。PCoA 图中，荒地(WL)处理样品点与其余处理样品点间明显分离，这说明施用土壤改良剂改良苏打盐碱土可显著改变土壤微生物群落结构。从施用土壤改良剂后不同改良年限处理间来看，改良 1 年和 2 年的样品点相近，改良 5 年、7 年和 10 年样品点相近，表明施用土壤改良剂改良的前两年土壤真菌群落结构相似，在改良 5～10 年内真菌群落结构相似。获得的土壤真菌序列总共分为 33 个菌门，其中未改良的原始苏打盐碱土中优势菌门为子囊菌门(Ascomycota, 47.5%)、壶菌门(Chytridiomycota, 11.8%)、担子菌门(Basidiomycota, 9.3%)和芽生枝菌门(Blastocladiomycota, 6.4%)。

经过土壤改良剂改良后，土壤中壶菌门(Chytridiomycota)相对丰度明显减少，芽生枝菌门(Blastocladiomycota)基本消失，而接合菌门(Zygomycota)的相对丰度显著增加，同时土壤中出现了大量的罗兹菌门(Rozellomycota)真菌。从改良时间角度看，第 1 年施

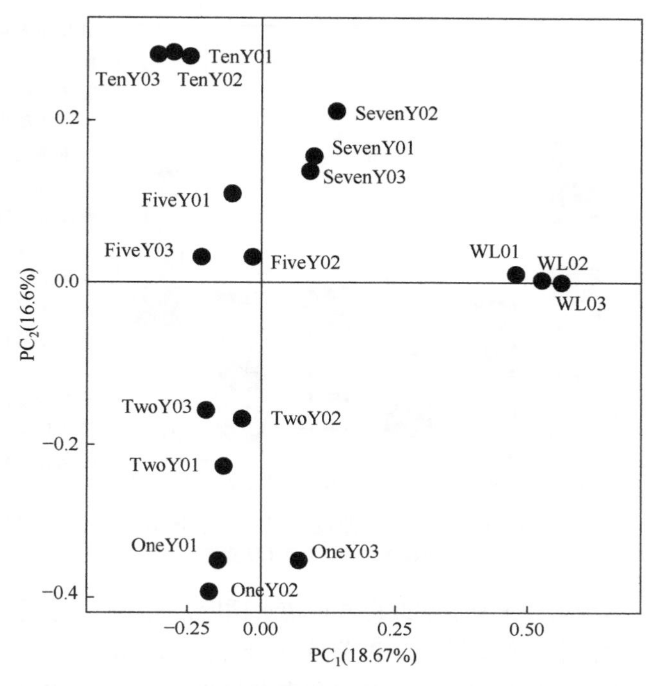

图 9-5　土壤改良剂施用下不同改良年限的真菌群落 PCoA 图

用土壤改良剂后，土壤中罗兹菌门(Rozellomycota)的占比较其余处理最大，改良 5 年后，罗兹菌门(Rozellomycota)、壶菌门(Chytridiomycota)和接合菌门(Zygomycota)的相对丰度基本稳定(图 9-6)。进一步在目水平上观测发现(图 9-7)，在未改良的苏打盐碱土中下胚层菌目(Hypocreales，30%)、小壶菌目(Spizellomycetales，8%)和红菇目(Russulales，

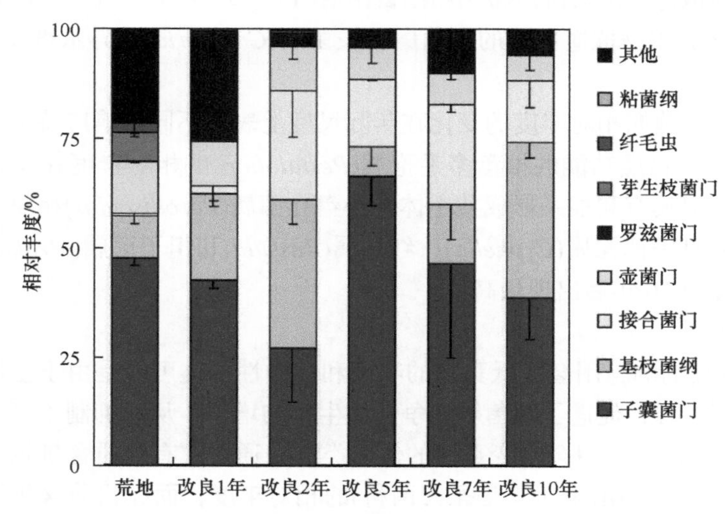

图 9-6　土壤改良剂施用下不同改良年限的真菌门水平群落结构
扫描封底二维码可见本图彩图

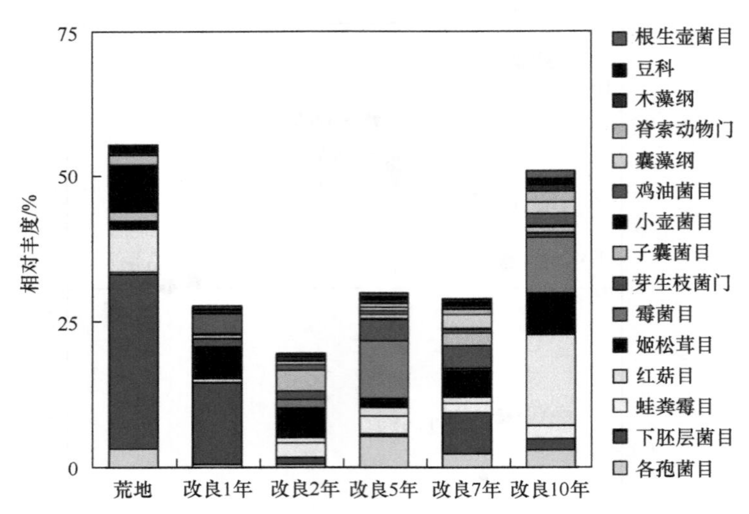

图 9-7　土壤改良剂施用下不同改良年限的土壤真菌目水平群落结构
扫描封底二维码可见本图彩图

7%)相对丰度较高。施用高分子改良剂改良并种植水稻后，土壤中下胚层菌目(Hypocreales)和红菇目(Russulales)相对丰度降低，小壶菌目(Spizellomycetales)消失，与此同时，土壤中增加了蛙粪霉目(Basidiobolus haptosporus)和霉菌目(Mycosphaerella)的相对丰度。在施用土壤改良剂 5 年后出现了根生壶菌目(Rhizophydiales)真菌。获得的 OTU 共划分为 669 个真菌属，其中在未改良的苏打盐碱土中对盐分耐性较强的猴头菌属(*Hericium*, 7.6%)和镰刀菌属(*Fusarium*, 6.9%)相对丰度较高。施用土壤改良剂改良后，显著降低了猴头菌属(*Hericium*)和镰刀菌属(*Fusarium*)相对丰度，同时，土壤中增加了具有腐解土壤有机成分功能的孢霉属(*Mortierellale*)和鹅膏菌属(*Amanita*)腐生型真菌；增加了可与植物形成共生体，增加作物抗逆性能的壶菌门链枝菌属(*Catenaria*)、异水霉属(*Allomyces*)等共生型真菌。

另外，不同真菌属相对丰度的变化在年际尺度上表现不同的响应特征。其中，具有分泌次生代谢活性物质功能的拟盘多毛孢属(*Pestalotiopsis*)相对丰度并没有随年际的变化而明显波动，但具有和根系形成共生体的小盘孔菌属(*Porodisculus*)相对丰度随年际的增加而提升，并且槟榔蕈属(*Cyphella*)、红菇属(*Russula*)和担子菌属(*Mrakiella*)相对丰度在施用土壤改良剂 10 年后出现最高值。

以上结果表明：

(1) 土壤改良剂的施用会降低真菌的丰度和多样性。这可能是由于土壤改良剂提供了更多的可利用碳源，促进了细菌等竞争性微生物的增长，从而抑制了真菌的生长。

(2) 土壤改良剂的施用会改变真菌的优势类群。通常，有机质含量较高的土壤改良剂(如堆肥)会增加子囊菌门(尤其是镰刀菌科)的相对丰度，而无机质含量较高的土壤改良剂(如石灰)会增加担子菌门(尤其是伞菌科)的相对丰度。

(3) 土壤改良剂的施用会影响真菌与其他微生物或植物之间的相互作用。例如，有机质含量较高的土壤改良剂会增加真菌与细菌之间的正相关性，而无机质含量较高的土壤改良剂会增加真菌与古菌之间的负相关性。此外，有机质含量较高的土壤改良剂也会增加真菌与植物根系之间的共生关系，如丛枝菌根真菌和内生真菌。

3. 土壤改良剂施用条件下古菌群落结构

古菌是一类与细菌和真核生物既有相似性又有差异性的微生物，具有独特的生化特征和进化历史。古菌在自然界中广泛分布，能够适应各种极端或非极端的环境，参与多种重要的生物地球化学过程，如甲烷氧化、硫氧化、硫还原、硝酸盐还原等。古菌在盐碱土中也占有一定的比例，主要属于嗜盐古菌门和土壤嗜热古菌门。土壤改良剂的施用可能会改变盐碱土中的古菌群落结构和功能，但目前对此方面的研究还很少。

近年来，一些研究利用分子生物学技术，如 PCR-DGGE、T-RFLP、高通量测序等，对不同类型或不同剂量的土壤改良剂施用后的古菌群落结构进行了分析。这些研究发现，土壤改良剂的施用会导致古菌群落结构发生显著变化，主要表现在以下几个方面：

(1) 土壤改良剂的施用会影响古菌的丰度和多样性。通常，有机质含量较高的土壤改良剂(如堆肥)会降低古菌的丰度和多样性，而无机质含量较高的土壤改良剂(如石灰)会增加古菌的丰度和多样性。

(2) 土壤改良剂的施用会改变古菌的优势类群。通常，有机质含量较高的土壤改良剂(如堆肥)会增加嗜盐古菌门(尤其是红海盐单胞菌属)的相对丰度，而无机质含量较高的土壤改良剂(如石灰)会增加土壤嗜热古菌门(尤其是硝酸盐还原嗜热古菌属)的相对丰度。

(3) 土壤改良剂的施用会影响古菌与其他微生物或植物之间的相互作用。例如，有机质含量较高的土壤改良剂(如堆肥)会增加古菌与细菌之间的负相关性，而无机质含量较高的土壤改良剂(如石灰)会增加古菌与真菌之间的正相关性。此外，有机质含量较高的土壤改良剂也会增加古菌与植物根系之间的共生关系，如甲烷氧化嗜盐古菌和固氮嗜盐古菌。

综上所述，土壤改良剂对盐碱土中古菌群落结构具有显著影响，但这种影响可能受到土壤改良剂类型、剂量、施用时间、施用深度等因素的制约。因此，在实际应用中，需要根据不同目标选择合适的土壤改良剂，并考虑其与盐碱土中原有微生物群落之间的协同或拮抗作用。

胡树文等以高通量测序技术为主要手段，对不同改良年限的土壤样品进行了古菌 16S rRNA 基因的测序和分析，探讨了土壤改良剂对苏打盐碱土中古菌群落结构和功能的影响。

施用土壤改良剂改良的土壤中古菌的观测物种数、Chao1 指数、Shannon 指数和 Simpson 指数均显著高于盐碱荒地土壤($P < 0.05$)，如表 9-6 所示，这表明施用土壤改良剂改良苏打盐碱土显著提高了古菌的多样性。同时观察到，改良 1 年处理(OneY)和改良 2 年(TwoY)样品的物种丰度和 Chao1 指数相对较高。

表 9-6 施用土壤改良剂下古菌高通量测序信息

处理方法	观测物种数	Chao1 指数	Shannon 指数	Simpson 指数
盐碱荒地	115 ± 26^{c}	136.0 ± 18.7^{c}	2.30 ± 0.39^{b}	0.61 ± 0.06^{b}
改良 1 年	174 ± 20^{a}	225.9 ± 35.7^{ab}	4.61 ± 0.23^{a}	0.92 ± 0.02^{a}

续表

处理方法	观测物种数	Chao1 指数	Shannon 指数	Simpson 指数
改良 2 年	179 ± 17[a]	240.6 ± 14.1[a]	4.63 ± 0.30[a]	0.92 ± 0.02[a]
改良 5 年	157 ± 14[b]	210.7 ± 43.7[b]	4.69 ± 0.28[a]	0.93 ± 0.01[a]
改良 7 年	162 ± 4[b]	219.2 ± 8.9[b]	4.72 ± 0.05[a]	0.93 ± 0.01[a]
改良 10 年	175 ± 6[a]	226.9 ± 5.4[ab]	4.76 ± 0.06[a]	0.94 ± 0.01[a]

注：以上数值为重复处理的均值 ± 标准偏差；不同小写字母代表在 0.05 水平上差异显著。

在土壤改良剂条件下古菌群落的 PCoA 图如图 9-8 所示。在两个解释轴上古菌的总比例为 94.2%，这可以充分反映土壤中古菌群落的差异。观察到盐碱荒地(WL)土壤与其他处理组之间发生了疏离，这表明施用土壤改良剂改良可以重塑苏打盐碱土中古菌群落。从不同改良年限处理间来看，同时采集改良 5 年、7 年和 10 年的样本点较为聚集，表明施用土壤改良剂改良 5 年后古菌群落结构趋于稳定。

同时，施用土壤改良剂后，外生菌根真菌(*Ectomycorrhizal fungi*)、丛枝菌根真菌(*Arbuscular mycorrhizal*)和腐殖质分解真菌(Saprotrophs)等对植物生长有益的真菌类群的丰度也有所增加，表明土壤真菌对植物根系的共生作用和对有机质的降解作用都有所增强。此外，改良后，土壤古菌在甲烷、碳水化合物、氮、硫和原核生物等方面的能量代谢和固碳途径的功能也有所增强，表明土壤古菌对甲烷氧化、硝化、反硝化、硫氧化还原等过程的参与程度都有所提高。冗余分析(RDA)表明，影响微生物群落结构变化的主要驱动因子是土壤盐度和碱度的下降。

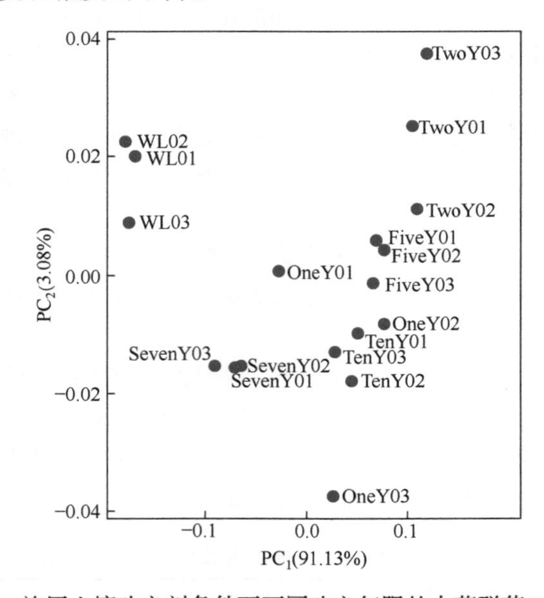

图 9-8 施用土壤改良剂条件下不同改良年限的古菌群落 PCoA 图

表 9-7[57]比较了不同类型的土壤改良剂(有机肥料、化学肥料、生物肥料)对盐碱土中真菌和古菌群落结构的影响。群落结构指的是微生物在土壤中的种类和丰度，反映了

微生物之间的相互作用和适应能力。这个表格可以帮助我们探讨不同土壤改良剂如何影响盐碱土中真菌和古菌群落结构的变化，以及这些变化对盐碱土质量和功能的意义。

表 9-7　不同土壤改良剂对盐碱土真菌和古菌群落结构的影响[57]

土壤改良剂	真菌群落结构的影响	古菌群落结构的影响
有机肥料(如农家肥、堆肥)	增加真菌丰度和多样性，促进真菌类群的变化，如增加担子菌门和子囊菌门，减少放线菌门和球担子菌门等	增加古菌丰度和多样性，促进古菌类群的变化，如增加嗜盐古菌门和缬氨酸古菌门，减少甲烷产生古菌门和硫酸盐还原古菌门等
化学肥料(如氮肥、磷肥)	减少真菌丰度和多样性，抑制真菌类群的变化，如减少担子菌门和子囊菌门，增加放线菌门和球担子菌门等	减少古菌丰度和多样性，抑制古菌类群的变化，如减少嗜盐古菌门和缬氨酸古菌门，增加甲烷产生古菌门和硫酸盐还原古菌门等
生物肥料(如微生物接种剂)	增加真菌丰度和多样性，改善真菌类群的结构，如增加耐盐或促生的真菌种类，减少致病或竞争的真菌种类等	增加古菌丰度和多样性，改善古菌类群的结构，如增加耐盐或促生的古菌种类，减少致病或竞争的古菌种类等

综上所述，土壤改良剂通过改善土壤理化性质和提供营养物质等方式，显著改变了盐碱土中真菌群落的多样性和组成。但这种影响可能受到土壤改良剂类型、剂量、施用时间、施用深度等因素的制约。因此，在实际应用中，应根据改善土壤质量和促进植物生长等目标选择合适的土壤改良剂，并考虑其与盐碱土中原有微生物群落之间的协同或拮抗作用。

9.2.5　土壤改良剂施用条件下微生物群落动态

盐碱土微生物群落不是孤立存在的，而是与其他生物(如植物、动物等)以及土壤环境因素(如温度、湿度、盐分、pH 等)之间存在着复杂的生态相互作用。这些生态相互作用会影响微生物群落的结构和功能，也会影响盐碱土的生态过程和服务功能。此外，盐碱土微生物群落也会随着时间和空间的变化而发生演替，表现出不同的动态特征和规律。

首先是生态相互作用。盐碱土微生物群落与其他生物之间的生态相互作用主要包括以下几种类型。

(1) 微生物与植物之间的相互作用。微生物与植物之间存在着多种形式的相互作用，如共生、共存、互惠、竞争、抑制等。这些相互作用会影响植物的生长、发育、代谢、抗逆等，也会影响微生物的分布、丰度、多样性、功能等。例如，一些固氮菌(如根瘤菌)可以与豆科植物形成共生关系，为植物提供氮素，同时从植物获得能源；一些解磷菌(如假单胞菌)可以与植物形成共存关系，为植物提供磷素，同时从植物获得有机质；一些促生菌(如芽孢杆菌)可以与植物形成互惠关系，为植物提供激素或抗病素，同时从植物获得营养；一些病原菌(如镰刀菌)可以与植物形成竞争或抑制关系，为植物造成病害或死亡，同时从植物获得利益。

(2) 微生物与动物之间的相互作用。微生物与动物之间也存在着多种形式的相互作用，如共生、共存、互惠、竞争、抑制等。这些相互作用会影响动物的行为、营养、健康等，也会影响微生物的分布、丰度、多样性、功能等。例如，一些消化道菌(如乳酸杆菌)可以与反刍动物形成共生关系，为动物提供维生素或酶，同时从动物获得庇护；一些附着菌(如硫氧化菌)可以与贝类动物形成共存关系，为动物提供能源或氧气，同时从动物获得硫化氢；一些寄生虫(如弓形虫)可以与鼠类动物形成竞争或抑制关系，为动物造成感染或死亡，同时从动物获得传播。

(3) 微生物与微生物之间的相互作用。微生物与微生物之间也存在着多种形式的相互作用，如共生、共存、互惠、竞争、抑制等。这些相互作用会影响微生物的分布、丰度、多样性、功能等。例如，一些甲烷氧化古菌(如 ANME-1)可以与硫还原细菌(如 *Desulfosarcina*)形成共生关系，利用甲烷和硫酸盐进行厌氧呼吸；一些固氮细菌(如酵母菌)可以与解磷细菌(如假单胞菌)形成共存关系，在土壤中进行养分循环；一些拮抗细菌(如芽孢杆菌)可以与病原细菌(如镰刀菌)形成竞争或抑制关系，在土壤中进行抗病防御。

其次是演替规律。盐碱土微生物群落随着时间和空间的变化而发生演替，呈现出不同的动态特征和规律。

(1) 时间尺度上的演替。盐碱土微生物群落在不同季节或年份之间会发生变化，主要受到温度、湿度、光照等因素的影响。通常，在温暖湿润的季节或年份中，微生物群落的丰度和多样性较高；在寒冷干燥的季节或年份中，微生物群落的丰度和多样性较低。此外，在不同季节或年份中，微生物群落的优势类群也会发生变化，主要受到土壤养分和有机质等因素的影响。例如，在春季或雨季中，固氮细菌和解磷细菌较为优势；在秋季或旱季中，甲烷氧化古菌和硫还原细菌较为优势。

(2) 空间尺度上的演替。盐碱土微生物群落在不同地理位置或土层深度上也有所差异，主要受到土壤类型、地形地貌、水文条件等因素的影响。通常，在沿海或低洼地区中，微生物群落的丰度和多样性较低；在内陆或高地地区中，微生物群落的丰度和多样性较高。此外，在不同地理位置或土层深度中，微生物群落的优势类群也会发生变化，主要受到土壤 pH 和盐分等因素的影响。例如，在沿海或表层土壤中，嗜盐古菌和嗜碱细菌较为优势；在内陆或深层土壤中，嗜热古菌和嗜酸细菌较为优势。

综上所述，盐碱土微生物群落存在着复杂的生态相互作用和演替规律，这些特征反映了盐碱土微生物群落的适应性和稳定性。

9.2.6 盐碱土微生物群落的生态功能和调控机制

1. 土壤改良剂施用下土壤微生物功能预测

土壤改良剂是一种能够改善土壤物理、化学和生物性质的材料，通常包含有机质、无机盐、微生物菌剂等成分。土壤改良剂的施用可以增加土壤的有机质含量、改善土壤的结构和通透性、降低土壤的盐分和酸度、提高土壤的肥力和水分保持能力等。土壤改良剂的施用也会影响土壤微生物群落的结构和功能，因为土壤微生物是土壤中重要的活性组分，参与了多种土壤过程和功能，如有机质分解、养分循环、病害防治等。

为了评估土壤改良剂对盐碱土微生物功能的影响，可以对施用前后的土壤微生物功能进行预测和比较。目前，有多种方法可以用来预测土壤微生物功能，主要包括以下几种。

(1) 基于基因组或宏基因组的方法。这种方法是通过测量土壤微生物的基因组或宏基因组，然后利用基因注释或功能预测软件，如 KEGG、COG、PICRUST 等，来推断土壤微生物具有哪些代谢途径或功能基因，并计算其相对丰度或表达水平。这种方法可以提供较为全面和精确的土壤微生物功能信息，但也需要较高的测序深度和计算能力。

(2) 基于酶活性或代谢产物的方法。这种方法是通过测量土壤中某些与特定功能相关的酶活性或代谢产物的含量或变化率，来反映土壤微生物在某些过程中的作用或效率。例如，通过测量脲酶、硝化酶、还原酶等活性，可以反映土壤中氮素转化的情况；通过测量呼吸速率、甲烷产量、溶解有机碳含量等参数，可以反映土壤中碳素循环的情况。这种方法可以提供较为直观和实时的土壤微生物功能信息，但也受到多种环境因素和实验条件的影响。

(3) 基于指示菌或指示基因的方法。这种方法是通过选择一些具有特定功能或特征的微生物或基因作为指示菌或指示基因，然后利用培养法、PCR 法、FISH 法等技术，来检测其在土壤中的存在与否或数量变化，从而推断土壤中某些功能或过程的状况。例如，通过检测固氮菌、解磷菌、促生菌等数量或活性，可以评估土壤中植物营养和健康状况；通过检测嗜盐菌、嗜碱菌、嗜热菌等数量或比例，可以评估土壤中逆境胁迫状况。这种方法可以提供较为简便和快速的土壤微生物功能信息，但也存在选择偏差和代表性不足的问题。

根据不同的目的和条件，可以选择合适的方法来预测盐碱土微生物功能，并与未施用土壤改良剂的盐碱土进行比较，以评估土壤改良剂对盐碱土微生物功能的影响。通常，施用合适类型和剂量的土壤改良剂可以促进盐碱土微生物功能的提高和优化，从而改善盐碱土的质量和可持续性。

表 9-8[61]列出了不同类型的土壤改良剂(有机肥料、化学肥料、生物肥料)对盐碱土微生物功能预测的影响。功能预测指的是根据微生物基因组信息推断出微生物可能具有的功能或潜力，反映了微生物对环境因子和生态过程的响应和贡献。从这个表格中我们可以看出不同土壤改良剂对盐碱土微生物功能预测值(MFP)、多样性(MFD)和冗余度(MFR)的影响，以及它们对盐碱土功能潜力和稳定性的影响。

表 9-8　不同土壤改良剂对盐碱土微生物功能预测的影响[61]

土壤改良剂	微生物功能预测的影响
有机肥料(如农家肥、堆肥)	增加土壤微生物功能预测值，提高土壤微生物功能多样性，增强土壤微生物功能冗余度，表明有机肥料可以提高土壤微生物功能潜力和稳定性
化学肥料(如氮肥、磷肥)	减少土壤微生物功能预测值，降低土壤微生物功能多样性，减弱土壤微生物功能冗余度，表明化学肥料可以降低土壤微生物功能潜力和稳定性
生物肥料(如微生物接种剂)	增加土壤微生物功能预测值，提高土壤微生物功能多样性，增强土壤微生物功能冗余度，表明生物肥料可以提高土壤微生物功能潜力和稳定性

土壤微生物群落结构变化可能导致微生物生态功能的变化。因此，将获得的微生物群落信息与数据库进行比对，利用 PICRUST 软件对细菌和古菌的 KEGG 功能进行预

测，同时参照 ITS2 数据库，并利用 FUNGuild 软件对真菌的功能进行预测。胡树文等研究结果表明，对于细菌而言，在 KEGG L2 水平上，施用土壤改良剂改良盐碱地后，提升了土壤细菌参与氨基酸代谢、碳水化合物代谢和脂质代谢的能力[图 9-9(a)]。进一步在 KEGG L3 水平上详细划分后发现，施用土壤改良剂改良盐碱地后，提升了细菌在参与柠檬酸代谢、氮循环、碳固定、胰岛素代谢、碳水化合物代谢和氨基酸代谢的能力。对于真菌而言[图 9-9(b)]，在 Guild L1 级别上，施用土壤改良剂改良盐碱地后，显著地($P < 0.05$)降低了土壤中病理营养型真菌(*Pathotroph*，PT)和共生营养型真菌(*Symbiotroph*，ST)的相对丰度，同时显著地($P < 0.05$)增加了腐生营养型真菌(*Saprotroph*，SP)相对丰度，并且改良时间对于上述真菌生态功能变化趋势有增强作用。进一步在 Guild L2 级别上详细划分后观测，施用土壤改良剂改良后显著地($P < 0.01$)提升了外生菌根真菌(Ectomycorrhizal，ECM)、丛枝状菌根真菌(Arbuscular Mycorrhizal，AM)的相对丰度。对于古菌而言[图 9-9(c)]，在 KEGG L2 水平上，施用土壤改良剂改良苏打盐碱土后促进古菌在土壤氨基酸和碳水化合物代谢过程中的能力。在 KEGG L3 水平上的进一

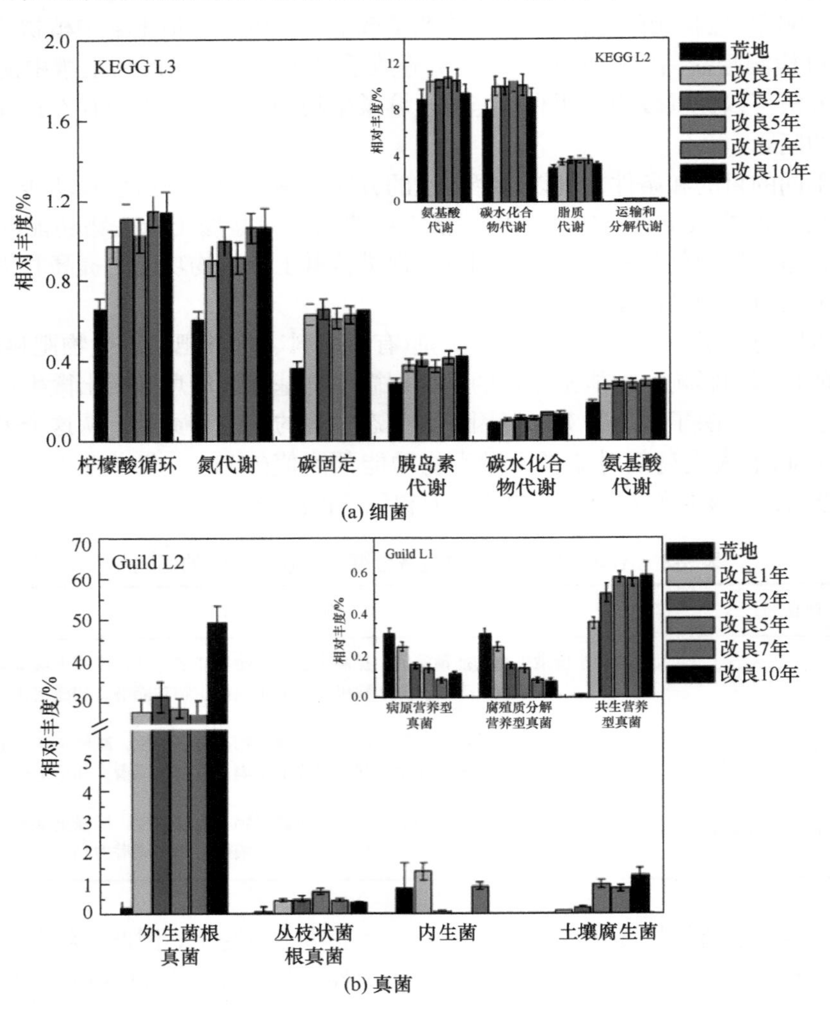

(a) 细菌

(b) 真菌

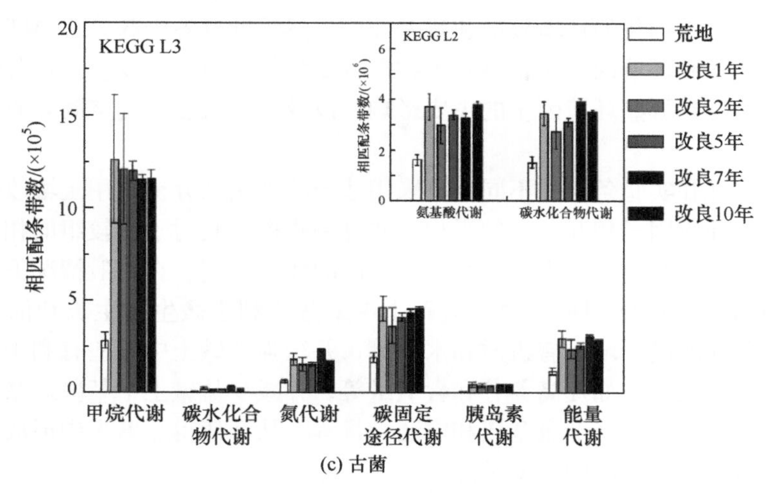

(c) 古菌

图 9-9　施用土壤改良剂土壤微生物功能预测

扫描封底二维码可见本图彩图

步观察表明，施用土壤改良剂改良后土壤古菌对甲烷、碳水化合物、氮、硫和原核生物的能量代谢和固碳途径的能力有明显的提升效果。

2. 施用土壤改良剂后土壤微生物群落与环境因子的相互关系

施用土壤改良剂的影响并不仅限于对土壤微生物群落的结构和功能，同时也会对土壤微生物群落与环境因子的相互作用产生影响。环境因子是指影响土壤微生物生存和活动的各种自然或人为的因素，如温度、湿度、光照、pH、盐分、有机质、无机盐、重金属、农药等[62]。不同的环境因子对土壤微生物群落有不同的作用，有些是促进作用，有些是抑制作用，有些是选择作用。土壤微生物群落与环境因子之间存在着复杂的反馈和协同机制，共同决定了盐碱土的质量和功能。

为了探究施用土壤改良剂对盐碱土微生物群落与环境因子相互关系的影响，需要对施用前后的土壤进行多层次和多维度的分析，包括以下几个方面[25]。

(1) 土壤微生物群落与环境因子之间的相关性分析。这种分析是通过计算土壤微生物群落(如细菌、真菌、古菌等)的丰度或多样性指数与各种环境因子(如温度、湿度、pH、盐分等)之间的相关系数或相关距离，来评估它们之间的线性或非线性关系。这种分析可以揭示土壤微生物群落对某些环境因子的敏感性或适应性，以及不同环境因子之间的协同或拮抗作用。

(2) 土壤微生物群落与环境因子之间的主成分分析。这种分析是通过将多个环境因子进行降维处理，提取出几个主要成分，然后将土壤微生物群落(如细菌、真菌、古菌等)在这些主成分上进行投影，来展示它们之间的空间分布和聚类情况。这种分析可以揭示土壤微生物群落在不同环境梯度上的变化规律，以及不同土壤样品之间的相似性或差异性。

(3) 土壤微生物群落与环境因子之间的方差分解分析。这种分析是通过将土壤微生物群落(如细菌、真菌、古菌等)的变异量分解为几个部分，包括纯粹的环境效应、纯粹的空间效应、空间结构化的环境效应和残差效应，然后计算各个部分在总变异量中所占的比例，来评估各种环境因子对土壤微生物群落变异量的贡献程度。这种分析可以揭示土壤微生物群落受到哪些环境因子的主要影响，以及不同尺度上的空间异质性对土壤微生物群落的作用。

根据研究目标和实验条件的不同，可采用适当的方法来分析施用土壤改良剂对盐碱土微生物群落与环境因子相互关系的影响，并进一步探究其对于比较组的相对效果，以期评估土壤改良剂在改善盐碱土质量和功能方面的作用机制。在一般情况下，适当类型和剂量的土壤改良剂的施用可以改善盐碱土中某些不利于微生物生长和活动的环境因子，如降低盐分和酸度、增加有机质和水分等，并增强盐碱土中某些有利于微生物功能发挥和协调的环境因子，如提高养分和含氧量等，并减少盐碱土中某些对微生物有害或干扰作用的环境因子，如降低重金属和农药含量等。从而使得盐碱土中形成一个更加适宜于微生物群落发展和平衡的环境条件。

表 9-9[26]展示了不同类型的土壤改良剂(有机肥料、化学肥料、生物肥料)对盐碱土微生物群落与环境因子的相互关系的影响。相互关系指的是微生物群落与土壤中的各种物理、化学、生物因子之间的相关性或协调性，反映了微生物群落对环境变化的适应性和敏感性。这个表格可以帮助我们了解不同土壤改良剂对盐碱土微生物群落与环境因子相互关系的改善或降低作用，以及它们对盐碱土质量和功能的影响。

表 9-9　不同土壤改良剂对盐碱土微生物群落与环境因子的相互关系的影响[26]

土壤改良剂	微生物群落与环境因子的相互关系的影响
有机肥料(如农家肥、堆肥)	增加土壤微生物群落与土壤有机质、养分、水分等因子的正相关性，减少土壤微生物群落与土壤盐分、pH 等因子的负相关性，表明有机肥料可以改善土壤微生物群落与环境因子的协调性
化学肥料(如氮肥、磷肥)	减少土壤微生物群落与土壤有机质、养分、水分等因子的正相关性，增加土壤微生物群落与土壤盐分、pH 等因子的负相关性，表明化学肥料可以降低土壤微生物群落与环境因子的协调性
生物肥料(如微生物接种剂)	增加土壤微生物群落与土壤有机质、养分、水分等因子的正相关性，减少土壤微生物群落与土壤盐分、pH 等因子的负相关性，表明生物肥料可以改善土壤微生物群落与环境因子的协调性

胡树文等利用 RDA 研究了改良盐碱地后，土壤理化因子与微生物群落信息相联系。RDA 图中各参数线之间的夹角表示两参数之间的相关性。RDA 图中细菌[图 9-10(a)]，真菌[图 9-10(b)]和古菌[图 9-10(c)]，两个解释轴的总解释量分别为 73.4%、91.4%和 86.1%，均能充分覆盖物种与环境因子信息。对于细菌而言，土壤胞外聚合物(EPS)、pH、EC 和 SAR 与细胞吞噬菌(*Cytophagia*)、放线菌(*Actinobacteria*)、芽单胞菌(*Gemmatimonadetes*)、嗜热菌(*Thermophilic bacteria*)、鞘氨醇杆菌(*Sphingobacteriia*)和甲型蛋白细菌(*Alphaproteobacteria*)相对丰度呈显著正相关。酸性细酸杆菌(*Actinobacteria*)、三角洲蛋白细菌(*Deltaproteobacteria*)，β 蛋白细菌(*Betaproteobacteria*)和拟杆菌 vadinHA17 (*Bacteroidetes*-vadinHA17)的相对丰度与土壤有效磷(AP)、总氮(TN)、总有机碳(TOC)、过氧化氢酶(CAT)、磷酸酶(PHA)、脲酶(UR)和多酚氧化酶(POR)含量呈显著正相关，与土壤 ESP、pH、EC 和 SAR 呈显著的负相关。对于真菌而言，土壤 ESP、pH、EC 和 SAR 与镰刀真菌(*Fusarium*)和猴头菌(*Hericium*)相对丰度呈显著的正相关关系，但是与等位

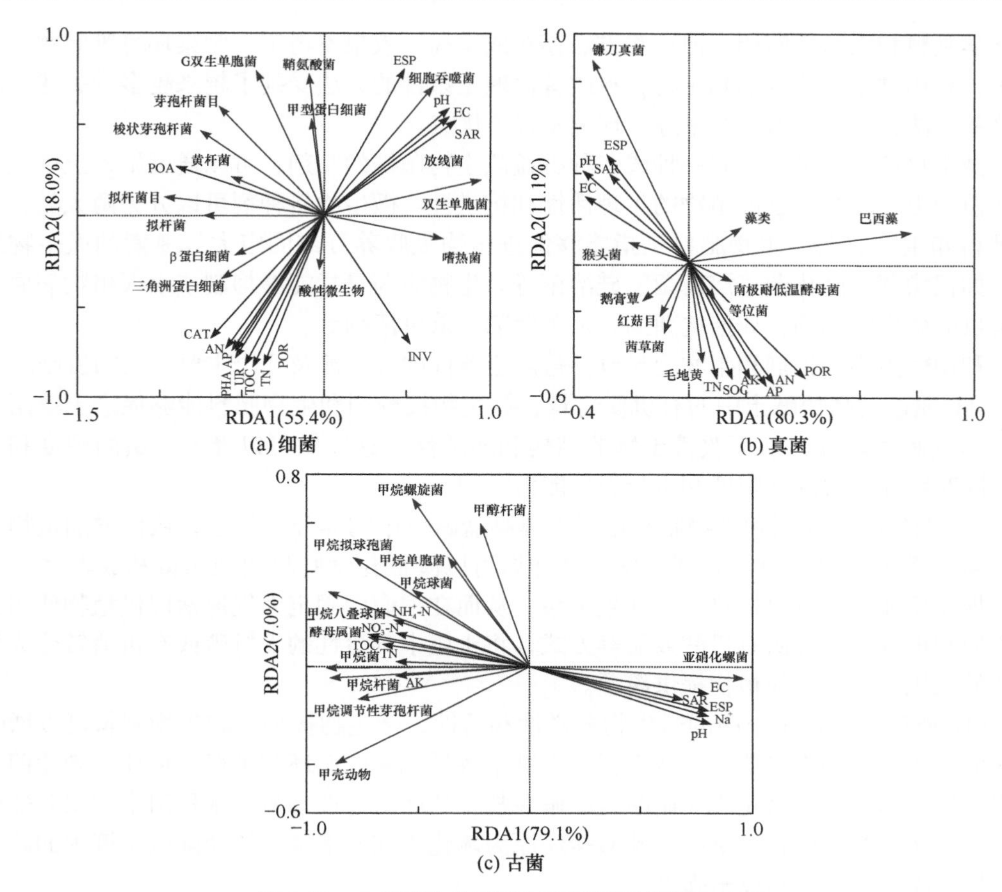

图 9-10 土壤微生物群落与环境因子的相互关系

菌(*Allomyces*)和南极耐低温酵母菌(*Guehomyces*)相对丰度呈显著的负相关。对于古菌而言，土壤 pH、Na^+含量、ESP、SAR、EC 与亚硝化螺菌(*Nitrososphaera*)呈显著的正相关关系，另外，TOC、NO_3^--N、NH_4^+-N 、AK、TN 与甲烷八叠球菌(*Methanosarcina*)、甲烷单胞菌(*Methanosaeta*)、甲烷杆菌(*Methanobacterium*)、甲烷拟球孢菌(*Methanomassiliicoccus*)、甲烷调节性芽孢杆菌(*Methanoregula*)相对丰度呈显著的正相关关系。在三种菌种的 RDA 图中按照蒙特卡罗排序法检验，第一解释轴具有最高的解释量。同时观测到 pH 和 EC 在第一解释轴投影均最大，这表明土壤盐度和碱度在众多环境因子中对细菌、真菌和古菌物种的影响最强。

9.2.7 盐碱土中微生物的应用与展望

1. 利用微生物接种剂和生物肥料改善盐碱土条件

盐碱土是一种由于含盐量和碱度过高而导致土壤肥力下降、植物生长受限的土壤类型，分布广泛，占全球土地面积的 6%以上。盐碱土的改良和利用是农业可持续发展的重要课题，也是保障粮食安全和生态环境的重要措施。传统的盐碱土改良方法主要依赖于化学肥料和农药的施用，但这些方法存在成本高、效果不稳定、污染环境等问题。近年来，利用微生物接种剂和生物肥料改善盐碱土条件的方法受到了越来越多的关注，因为这些方法具有成本低、效果好、环境友好等优点。

微生物接种剂是指含有一种或多种有益微生物菌株的制剂，可以通过施入土壤或喷洒在植物上，提高土壤或植物的生理活性和抗逆性。微生物接种剂可以分为两大类：生物肥料和生物农药。生物肥料是指能够促进植物吸收养分或固定大气氮素的微生物制剂，如根瘤菌、硝化菌、溶磷菌、硅溶菌等。生物农药是指能够抑制或杀灭植物病原菌或害虫的微生物制剂，如拮抗菌剂、杀菌菌剂、杀虫菌剂等。

利用微生物接种剂和生物肥料改善盐碱土条件的方法涉及几个主要方面的机制。

(1) 通过提高盐碱土中的有机质含量，微生物接种剂和生物肥料能够促进土壤团聚体的形成和稳定性，从而改善土壤的结构和通透性。这样做可以降低土壤的硬度和密度，同时增加土壤的孔隙度和水分保持能力[56,63]。

(2) 微生物接种剂和生物肥料还可以提高盐碱土中的养分有效性，从而增加植物对氮、磷、钾等元素的吸收和利用率，这样做可以降低化学肥料的施用量和成本[64]。例如，根瘤菌能够与豆科植物形成共生关系，从而在根瘤中固定大气氮素以供植物使用；溶磷菌则可以通过分泌有机酸或酶等方式，将土壤中难溶性的无机磷或有机磷转化为易溶性的无机磷，从而为植物提供磷源。

(3) 通过增强盐碱土中的微生物多样性和活性，微生物接种剂和生物肥料可以增强土壤的自我调节和修复能力，从而促进土壤中各种元素的循环和平衡。例如，硝化菌可以将土壤中的铵态氮氧化为亚硝酸盐或硝酸盐，从而防止铵态氮在水稻田中积累并造成毒害；硫化菌则可以将土壤中的硫酸盐还原为硫化氢或元素硫，从而降低土壤中的硫酸盐含量，减小渗透压和离子强度。

(4) 微生物接种剂和生物肥料能够提高盐碱土中植物的抗逆性和产量，从而提高作物的品质和经济效益。例如，拮抗菌可以通过产生抗生素、酶、挥发性有机物等方式，抑制或杀灭植物病原菌或害虫；杀虫菌可以通过产生毒素、酶、孢子等方式，感染或杀灭害虫；激素产生菌可以通过产生赤霉素、吲哚乙酸、脱落酸等激素类化合物，调节植物的生长发育。

综上所述，利用微生物接种剂和生物肥料改善盐碱土条件主要通过提高有机质含量、养分有效性、微生物多样性和活性、植物抗逆性和产量等方面实现。利用微生物接种剂和生物肥料改善盐碱土条件需要考虑多种因素，如微生物菌株的选择、制备、保存、施用方式、施用量、施用时间等。不同地区或不同处理条件下利用微生物接种剂和生物肥料改善盐碱土条件的效果有所差异，但也有一些共性。通过对利用微生物接种剂和生物肥料改善盐碱土条件进行深入研究，可以揭示微生物对盐碱土质量和功能的影响，为盐碱土的利用和改良提供理论依据和技术支持。因此，微生物接种剂和生物肥料是一种具有广阔前景和应用价值的盐碱土改良技术。

2. 将微生物群落整合到盐碱土管理实践中

盐碱土的管理实践是指针对盐碱土的特点和问题，采取的一系列技术措施，旨在改善盐碱土的质量和功能，提高盐碱土的利用效率和生态效益。盐碱土的管理实践包括灌溉、排水、耕作、施肥、种植、翻耕等。这些管理实践不仅影响了盐碱土的物理、化学和生物性质，也影响了盐碱土中的微生物群落。微生物群落是盐碱土中重要的生物组成部分，参与了土壤中各种过程和循环，对盐碱土的质量和功能有着重要的影响。因此，将微生物群落整合到盐碱土管理实践中，是一种有效而创新的方法，可以提高盐碱土管理实践的效果和可持续性。

将微生物群落整合到盐碱土管理实践中的策略主要有以下几方面。

(1) 调节灌溉水质和灌溉量。灌溉水质和灌溉量是影响盐碱土中微生物群落的重要因素，可以改变土壤中的水分、盐分、氧气、养分等条件，从而影响微生物的生长、活性和多样性[12]。通常，适度的灌溉可以增加土壤中的水分和养分，降低土壤中的盐分和 pH，有利于微生物群落的发展；过多或过少的灌溉量则会造成土壤中水分或盐分过高或过低，不利于微生物群落的发展。灌溉水质和灌溉量应根据不同类型和程度的盐碱土及不同种类和阶段的作物进行调节，以达到最佳效果。

(2) 优化排水系统和排水方式。排水系统和排水方式是影响盐碱土中微生物群落的另一个重要因素，可以改变土壤中的渗透压、离子强度、氧气等条件，从而影响微生物的生长、活性和多样性[3]。通常，良好的排水系统和排水方式可以促进灌溉水和降水在土壤中的下渗和排出，带走多余的水分和盐分，有利于微生物群落的发展；不良的排水系统和排水方式则会导致灌溉水和降水在土壤中滞留或蒸发，积累过多的水分和盐分，不利于微生物群落的发展。排水系统和排水方式应根据不同类型和程度的盐碱土进行优化，以防止或减轻盐碱化或次生盐碱化。

(3) 调整耕作制度和耕作方式。通常，适当的耕作制度和耕作方式可以增加土壤的孔隙度和通透性，降低土壤的密度和硬度，有利于微生物群落的发展；过度或不足的耕作制度和耕作方式则会减少土壤的孔隙度和通透性，增加土壤的密度和硬度，不利于微生物群落的发展。耕作制度和耕作方式应根据不同类型和程度的盐碱土及不同种类和阶段的作物进行调整，以改善土壤结构和通透性。

(4) 施用合理的化学肥料和有机肥料。化学肥料和有机肥料是影响盐碱土中微生物群落的另一个重要因素，可以改变土壤中的养分含量和形态，从而影响微生物的生长、活性和多样性。通常，适量的化学肥料和有机肥料可以增加土壤中的养分供应，满足植物和微生物的需求，有利于微生物群落的发展；过量或过少的化学肥料和有机肥料则会造成土壤中的养分过剩或不足，干扰植物和微生物的平衡，不利于微生物群落的发展。化学肥料和有机肥料应根据不同类型和程度的盐碱土及不同种类和阶段的作物进行施用，以平衡土壤中的养分供需。

(5) 选择适宜的种植模式和种植作物。种植模式和种植作物是影响盐碱土中微生物群落的另一个重要因素，可以改变土壤中的有机质含量和植物多样性，从而影响微生物的生长、活性和多样性。通常，合理的种植模式和种植作物可以增加土壤中的有机质含量和植物多样性，提供更多的碳源、能源、栖息地、互惠关系等，有利于微生物群落的发展；不合理的种植模式和种植作物则会减少土壤中的有机质含量和植物多样性，限制了微生物群落的发展。种植模式和种植作物应根据不同类型和程度的盐碱土进行选择，以增加土壤中的有机质含量和植物多样性。

综上所述，将微生物群落整合到盐碱土管理实践中是一种有效而创新的策略，主要通过调节灌溉水质和灌溉量、优化排水系统和排水方式、调整耕作制度和耕作方式、施用合理的化学肥料和有机肥料、选择适宜的种植模式和种植作物等方面实现。将微生物群落整合到盐碱土管理实践中需要考虑多种因素，如微生物菌株、环境条件、管理措施、经济效益等。不同地区或不同处理条件下将微生物群落整合到盐碱土管理实践中的效果有所差异，但也有一些共性。通过对将微生物群落整合到盐碱土管理实践中进行深入研究，可以揭示微生物对盐碱土质量和功能的影响，为盐碱土管理实践提供理论依据和技术支持。

9.3 盐碱地生态系统物种相互作用及对盐碱土的影响

9.3.1 土壤生态系统物种相互作用的研究现状

土壤生物间的生态作用是指土壤中不同生物之间通过物质和能量交换，以及信息和信号传递，而产生的对彼此和土壤环境的影响。这些作用包括了竞争、共生、捕食、分解、固氮、硫化、脱硫、甲烷化、脱甲烷化等多种过程，这些过程在维持土壤质量和功能方面起着重要作用，以及调节全球生物地球化学循环都具有重要意义。

盐碱土是一种广泛分布的土地退化类型，主要分布在干旱和半干旱地区，全球约有9.5 亿 hm^2 的土地受到盐碱化影响[65]。盐碱化不仅降低了土壤肥力和水分利用效率，也限制了植物和微生物的生长和多样性，从而影响了土壤生态系统的稳定性和可持续性。由此可见，盐碱土是一种特殊而复杂的土壤类型，对于土壤生物及其相互作用有着重要而独特的影响。因此，研究盐碱土中不同层次和类型的土壤生物之间的相互作用及其对盐碱土环境和功能的影响具有重要意义。

为了更好地理解和利用盐碱土中土壤生物间的生态作用，本节将从以下几个方面介绍土壤生物间的生态作用的研究现状：①盐碱土中不同类型和层次的土壤生物之间的相互作用；②盐碱土中不同环境因子对于土壤生物间相互作用的影响及其机制；③盐碱土中不同管理措施对于土壤生物间相互作用的影响及其机制；④盐碱土中土壤生物间相互作用对于盐碱土治理和利用的意义和策略。下面介绍盐碱土中不同类型和层次的土壤生物之间的相互作用(表 9-10)。

表 9-10 盐碱土中不同类型和层次的土壤生物之间的相互作用及其效果

土壤生物类型和层次	相互作用类型	相互作用效果
植物与根际微生物	共生关系	提高植物耐盐性
微生物与微生物	竞争和协作关系	调节土壤元素循环
动物与植物或微生物	捕食或传播	影响动物分布多样性

近年来，随着对盐碱土生态系统的认识和关注的增加，越来越多的研究开始探讨盐

碱土中不同层次和类型的土壤生物之间的相互作用及其对盐碱土环境的影响。例如，有研究发现，在盐碱条件下，植物与根际微生物之间的共生关系可以提高植物的耐盐性和抗逆性，促进植物营养吸收和代谢调节，改善土壤结构和肥力；有研究发现，在盐碱条件下，微生物之间的竞争和协作关系可以影响微生物群落的结构和功能，调节土壤中有机质和无机元素的转化和循环；有研究发现，在盐碱条件下，动物与植物或微生物之间的相互作用，可以影响动物的分布和多样性以及动物对植物或微生物的捕食或传播作用。

9.3.2　盐碱土生态系统中的物种相互作用

盐碱土中物种互作指盐碱土中的动物、植物、微生物等不同类型和层次的生物通过各种方式进行物质、能量和信息的交换，从而影响彼此的生存和发展，以及对盐碱土环境的改变。盐碱土中不同生物之间的相互作用可以分为以下几种类型：①植物与根际微生物之间的相互作用；②微生物之间的相互作用；③动物与植物或微生物之间的相互作用。

植物与根际微生物之间的相互作用是指植物根系与其周围土壤中的微生物(如细菌、真菌、古菌、线虫等)之间通过化学、物理和生物学的方式进行交流和互惠，从而形成一种复杂而动态的共生系统。植物与根际微生物之间的相互作用在盐碱土中具有重要意义，因为它们可以帮助植物适应和抵抗盐碱胁迫，提高植物的耐盐性和抗逆性，促进植物营养吸收和代谢调节，改善土壤结构和肥力。植物与根际微生物之间的相互作用主要包括以下几种形式。

(1) 植物与固氮菌之间的共生：固氮菌是指能够将大气中的氮气还原为氨或其他可利用形式的氮素的微生物，如根瘤菌、蓝细菌、自由生活固氮菌等。固氮菌可以与一些植物(如豆科植物)形成共生关系，在植物根部形成特殊的结构(如根瘤)，在其中进行固氮作用，为植物提供氮素营养，同时从植物获得能源和碳源。在盐碱土中，固氮菌可以帮助植物增加氮素利用效率，降低对化肥的依赖，提高土壤有机质含量，缓解盐分积累。

(2) 植物与解磷菌之间的共生：解磷菌是指能够将土壤中难溶性或有机态磷素转化为可溶性或无机态磷素供植物吸收利用的微生物，如假单胞菌、芽孢杆菌、放线菌等。解磷菌可以与一些植物(如小麦、玉米等)形成共生关系，在植物根际区域释放有机酸、酶或其他代谢产物，溶解或水解土壤中不同形式的磷素，为植物提供磷素营养，同时从植物获得能源和碳源。在盐碱土中，解磷菌可以帮助植物增加磷素利用效率，降低对化肥的依赖，提高土壤有机质含量，缓解盐分积累。

(3) 植物与促生菌之间的共生：促生菌是指能够通过各种方式促进植物生长和发育的微生物，如产生激素、溶解矿质元素、抑制病原菌、诱导抗性等。促生菌可以与多种植物(如蔬菜、水稻、棉花等)形成共生关系，在植物根际区域发挥多种功能，为植物提供多种营养和保护，同时从植物获得能源和碳源。在盐碱土中，促生菌可以帮助植物增加耐盐性和抗逆性，提高植物的生长和产量，改善土壤的理化和生物性质。植物与促生菌之间的共生主要包括以下几种形式。

(i) 植物与产生激素的菌株之间的共生：一些促生菌可以产生类似于植物激素的化合物，如吲哚乙酸(IAA)、赤霉素(GA)、细胞分裂素(CK)、脱落酸(ABA)等，这些化合物可以调节植物的生长发育，如根系发育、茎伸长、花芽分化、开花结果等。在盐碱土中，产生激素的菌株可以通过增加根系表面积和活力，提高水分和营养吸收，降低盐分对植物的毒害，增强植物的耐盐性。

(ii) 植物与溶解矿质元素的菌株之间的共生：一些促生菌可以通过分泌有机酸、酶或其他代谢产物，溶解土壤中难溶性或有机态的矿质元素，如磷、铁、锰、锌等，使其转化为可溶性或无机态供植物吸收利用。在盐碱土中，溶解矿质元素的菌株可以通过提供必需的营养元素，改善植物的营养状况，增强植物的抗逆能力。

(iii) 植物与抑制病原菌的菌株之间的共生：一些促生菌可以通过产生抗生素、氢氰酸或其他抑制因子，或者通过占据根际区域，或者通过诱导植物的系统抗性(SAR)或诱导系统抗性(ISR)，来抑制或减少土壤中病原菌对植物的侵染和危害。在盐碱土中，抑制病原菌的菌株可以通过减少病害发生和发展，保护植物的健康，提高植物的抵御能力。

(iv) 植物与降低乙烯水平的菌株之间的共生：一些促生菌可以通过含有 1-氨基环丙烷-1-羧酸(ACC)脱氨酶这种特殊酶，来降低土壤中 ACC(乙烯前体)的含量，从而降低乙烯水平。乙烯是一种重要的植物激素，在适量时可以促进植物的成熟和衰老，在过量时则会导致植物受到各种逆境胁迫而停止生长。在盐碱土中，降低乙烯水平的菌株可以通过减少乙烯对植物造成的负面影响，增加植物对盐碱胁迫的耐受性。

由此可见，在盐碱土环境中生物之间的相互作用是复杂多样的，这些相互作用对于维持盐碱土的生态环境平衡和促进植物生长具有重要意义。例如，细菌与植物根、真菌与植物根等生物之间的相互作用，可以通过共生、互生、拮抗等方式，促进植物在恶劣环境中的生长和适应。这些相互作用可以帮助植物在盐碱土中获取营养、提高抗盐碱能力，同时也有助于土壤中有益微生物的生存和繁衍。此外，盐碱土生物之间的相互作用还可以通过改善土壤结构、提高土壤有机质含量、增强土壤保水能力等途径，改善盐碱土的生态环境。因此，深入研究盐碱土生物之间的相互作用机制，对于盐碱土改良和植物生产具有重要的理论和实践意义。

在细菌和植物根相互作用的相关研究中，以菊芋为例。菊芋(*Helianthus tuberosus* L.)属于菊科，是一种块茎形成的多年生植物，分布在世界各地[66]。菊芋是一种优良的作物，对非生物胁迫(干旱、盐碱等)有很强的抵抗力，光合效率高，肥料和水分需求低，生态恢复能力强，具有很高的商业价值，因此很容易生长在盐碱土壤中，也可用于水土保持、固定梯田和不稳定沙[67,68]。之前的相关研究表明，盐胁迫抑制了菊芋干物质的积累，导致块茎产量随着盐度的增加而显著下降[69]，而菊芋种植降低了以高盐度和中等盐度为特征的土壤的含盐量，并将土壤 pH 降至更中性的值。此外，种植菊芋增加了土壤微生物的丰度，改善了土壤质地[68]。邵天云等[70]研究了一种利用菊芋原位修复的技术，用以改善中国东南部不同盐度盐碱土的微生态环境。通过对根际通道面积、根际分泌物和土壤微生物组的定量分析，研究了盐碱土中碳和氮的变化，阐明了菊芋种植对盐碱土微生态根际环境的改善作用。研究结果表明，菊芋根通道不仅改善了盐碱土的物理结构，而且为优化土壤微生态环境提供了基本条件：菊芋根际分泌物(如碳水化合物、碳氢化合物、酸等)和土壤微生物群落可以改善盐碱地的生境，根际自养细菌和固氮细菌的群落多样性和丰度大于大块土壤，许多已鉴定的微生物不仅参与碳和氮循环，还参与其他元素的生物地球化学循环，促进盐碱地微生态环境中的物质循环和能量流动。综上所述，这些发现为理解盐碱地中碳和氮的生物转化以及菊芋对盐碱地微生态根际环境的积极影响提供了科学依据。

在细菌和真菌相互作用的相关研究中，以植物生长促进根际细菌和真菌为例。植物生长促进根际细菌和真菌(plant growth-promoting rhizobacteria/plant growth-promoting fungi, PGPR/PGPF)是栖息在根际群落中的土壤微生物，可以刺激植物生长并缓解盐胁迫。PGPR/PGPF 通过分泌植物激素(如生长素和赤霉素)、分泌铁螯合物(螯合铁离子)、溶解矿物物质和固定大气氮来促进植物生长[71,72]。用 PGPR/PGPF 接种植物可以提高植物的生理耐旱性，PGPR/PGPF 可以增强质外体和液泡中 K、N 和 P 的吸收，并增加细胞质中渗透化合物(如脯氨酸和甜菜碱)的合成，从而提高渗透调节能力[71,73]和代谢紊乱耐受性[74,75]。由于根表面形成生物膜[73]和土壤聚集增加[72,76]，用 PGPR/PGPF 处理的植物对水分胁迫的抵抗力增加。许多研究表明，PGPR/PGPF 可以在低盐或无盐环境中促进植物生长[71,76-78]。然而，接种物的低质量和/或在不利的环境条件下无法与本土细菌竞争，可能影响了测试接种物微生物在沿海土壤自然高盐度条件下的性能[71,72,76]。当 PGPR/PGPF 在沿海土壤中用作休眠或活性繁殖体时，它们很脆弱。陈丽华等[79]研究了哈茨木霉 T83 菌株对盐生植物碱蓬的生长促进作用，分离出了耐盐 PGPR/PGPF，并在滨海盐碱土中测试了它们对碱蓬生长的影响。

9.3.3 探讨盐碱土中土壤生物间相互作用的生态效应和调控机制

盐碱土中土壤生物间相互作用的生态效应是指不同生物之间的相互作用对盐碱土环境和功能的影响，包括对土壤有机质、养分循环、污染物降解、植被恢复等方面的影响。盐碱土中土壤生物间相互作用的调控机制是指不同生物之间的相互作用受到哪些因素的影响，以及如何通过改变这些因素来优化或调节这些相互作用，从而提高盐碱土的质量和适宜性。根据参与相互作用的生物类型，盐碱土中土壤生物间相互作用可以分为植物与微生物、微生物与微生物、动物与植物或微生物等三类。本节将分别从土壤有机质、土壤养分循环、土壤污染物和土壤植被四个方面来探讨盐碱土中土壤生物间相互作用的生态效应和调控机制，旨在阐明盐碱土中不同类型的土壤生物间相互作用如何影响并改善盐碱土的环境条件和功能。

土壤有机质是指土壤中含有的由生物或其代谢产物构成的有机质，如腐殖质、微生物坏死细胞、根系分泌物等。土壤有机质是土壤肥力、结构、水分保持、缓冲能力等重要指标的基础，也是土壤碳库的主要组成部分。盐碱土中土壤有机质的形成和稳定受到不同生物之间相互作用的影响，主要包括以下几个方面。

(1) 植物与微生物之间的相互作用：植物通过根系分泌物、凋落物、根系呼吸等方式向土壤提供有机碳源，促进微生物的增殖和活性，同时微生物通过分解植物残体或其他有机质，向植物提供养分或激素，形成一种互惠共生或协同共生的关系。在盐碱土中，植物与微生物之间的相互作用可以增加土壤有机质含量，提高土壤肥力和缓冲能力，降低盐分对植物和微生物的毒害[80]。

(2) 微生物之间的相互作用：微生物之间可以通过合作或竞争等方式进行相互作用，影响各自的数量和功能。在盐碱土中，微生物之间的相互作用可以影响土壤有机质的分解速率和转化途径，从而影响土壤有机质的稳定性和品质[81]。

(3) 动物与植物或微生物之间的相互作用：动物(如昆虫、线虫、蚯蚓等)可以通过取食、排泄、移动等方式与植物或微生物进行相互作用，影响其数量和分布。在盐碱土中，动物与植物或微生物之间的相互作用可以改变土壤有机质的空间分布和形态结构，增加其多样性和复杂性[82]。

下面以高盐度条件为例，详细分析盐碱土中土壤生物间相互作用的生态效应和调控机制。

高盐度降低了微生物在根际的定殖，因为植物在渗透胁迫条件下降低了微生物利用营养元素、氨基酸、糖等这些作为其能量和碳源物质的能力，这最终限制了微生物的生长[78,83,84]。世界农业生产最重要的制约因素之一是环境中普遍存在的非生物胁迫条件，植物相关微生物可以在赋予对非生物胁迫的抗性方面发挥重要作用。这些生物可能包括根际、内生细菌以及共生真菌，并通过各种机制发挥作用，如触发渗透反应、提供生长激素和营养物质、作为生物控制剂和在植物中诱导新基因。

河海大学的陈丽华等[79]研究了哈茨木霉 T83 菌株(一种来自海洋沉积物的木霉菌株，具有耐盐、耐碱等特性)对盐生植物碱蓬的生长促进作用，分离出了耐盐PGPR/PGPF，并在滨海盐碱土中测试了它们对碱蓬生长的影响，整合实验结果分析相关机制：已知木霉属在传统农业条件下促进植物生长[85,86]，可溶性糖、有机酸和氨基酸是有助于渗透调节的关键渗透剂；在高粱、胡椒和小麦等作物的干旱条件下，它们会增加[73]。哈茨木霉 T83 菌株通过增加可溶性糖、有机酸、氨基酸的合成以及 K^+和 Ca^{2+}的吸收，在高盐浓度的土壤中促进碱蓬的生长。土壤盐度对植物细胞膜具有破坏性影响，包括活性氧(ROS)的产生，如超氧化物自由基($\cdot O_2^-$)、羟基自由基($\cdot OH$)和过氧化氢(H_2O_2)[87]。ROS 会对脂质和蛋白质等生物分子造成氧化损伤，并最终导致植物死亡。植物细胞产生各种抗氧化酶，这些酶可以清除活性自由基[87]。哈茨木霉 T83 菌株肥料提高了莎草的酶活性，结果表明，减轻土壤盐度对莎草的 ROS 损伤可以促进莎草的生长。这与菌根莴苣(*Lactuca sativa* L.)在干旱胁迫下的作用一致[76]。此外，沿海盐碱土的特点是高盐度、高堆积密度、低孔隙度和低田间持水量，这导致降水利用效率低、地表蒸发量高和植物存活率低[71,72,88-90]。真菌的菌丝与土壤淤泥颗粒结合形成聚集体[72,76]，并且根系发达，增加了土壤田间的含水量和总孔隙度，这可能在改良盐碱土方面发挥重要作用[76,84,89]。

诱导系统耐受(induced systemic tolerance, IST)一词已被引入，用于描述 PGPR 诱导的物理和化学变化，这些变化增强了对非生物胁迫的耐受性。PGPR 不仅通过减少植物病原体间接促进植物生长，还可通过生产植物激素(如生长素、细胞分裂素和赤霉素)、激发酶活性降低植物乙烯水平和/或通过生产铁载体直接促进营养吸收[91]。已经证明，接种 AM(丛枝菌根)真菌可以改善盐胁迫下的植物生长[92]。同样，Kohler 等证明了

PGPR 门氏假单胞菌菌株对土壤团聚体稳定的有益作用。除此之外，还有苔藓对盐胁迫下莴苣生长、养分吸收及其他生理活性的影响。用门多西纳(*P. mendocina*)接种的植物的地上部生物量显著高于对照，表明用选定的 PGPR 接种可能是缓解盐敏感植物盐度胁迫的有效工具。从不同胁迫生境中分离的细菌具有胁迫耐受能力和促进植物生长的特性，因此是潜在的促进植物生长的微生物菌株。当用这些分离株接种时，植物的根冠长度、生物量和叶绿素、类胡萝卜素和蛋白质等生化水平都有所提高[93]。

针对 PGPR 与其他微生物的相互作用以及它们对不同土壤盐度条件下作物生理反应的影响，当前的研究仍处于初级阶段。将选定的 PGPR 和其他微生物作为接种菌，可能成为缓解盐敏感作物盐分胁迫的潜在策略。因此，此领域需要进行广泛的研究，使用 PGPR 和其他共生微生物有助于制定促进盐碱地可持续农业的战略。部分 PGPR 菌株能够产生细胞分裂素和抗氧化剂，这会引起脱落酸(ABA)的积累和活性氧的降解。抗氧化酶的高活性与植物对氧化应激的耐受性密切相关[94]。而另一种能产生 1-氨基环丙烷-1-羧酸脱氨酶的 PGPR 菌株 Piechoubacter ARV8，在辣椒和番茄中能够诱导抵抗干旱和盐胁迫的 IST[95]。植物生命的许多方面均受乙烯水平的调控，乙烯的生物合成受到严格调控，包括涉及由环境线索调节的转录和转录后因子，涵盖生物和非生物胁迫[96]。在受胁迫的条件下，植物激素乙烯内源性地调控植物稳态，从而导致根部和地上部生长的减少。在 ACC 脱氨酶生成的细菌存在下，植物的 ACC 被细菌隔离并降解，用以提供氮和能量。此外，细菌通过去除 ACC，不仅能减少乙烯的有害影响，缓解压力，还能促进植物生长。根际微生物、根系、土壤以及水之间复杂且动态的相互作用引发了土壤的物理化学和结构性质的变化[97]。微生物多糖能与土壤颗粒结合，形成微团聚体和大团聚体。植物根系和真菌菌丝能填补微团聚体之间的空隙，从而进一步稳定大团聚体。正因为如此，通过产生胞外聚合物(EPS)的细菌处理，植物能够对水分和盐度胁迫有更强的抵抗力[98]。EPS 还可以与包括 Na^{+}在内的阳离子结合，使其在高盐条件下对植物不可用。Chen 等[99]将脯氨酸积累与植物的耐旱性和耐盐性联系起来。通过向拟南芥中引入来自枯草芽孢杆菌的 *proBA* 基因，可以导致产生更高水平的游离脯氨酸，从而提高转基因植物对渗透胁迫的耐受性。脯氨酸在植物体内具有保护蛋白质稳定性、稳定细胞膜结构以及调节细胞内渗透压等多种功能，从而提高植物的耐旱和耐盐能力。脯氨酸产量的增加，以及电解质渗漏的减少、叶片相对含水量的维持和钾离子的选择性吸收，最终导致与根瘤菌和假单胞菌共同接种的玉米的耐盐性提高[100]。栖息在经常暴露于胁迫条件下的根际细菌可能更具适应性或耐受性，并可能在胁迫条件下更能有效地作为植物生长促进剂[101]。

总而言之，盐碱土中土壤生物间相互作用对土壤有机质的形成和稳定有着重要的影响，可以提高土壤质量和适宜性。因此，探索盐碱土中植物、微生物和动物之间如何协同促进土壤有机质的形成和稳定，对于理解和改善盐碱土的生态系统服务功能具有重要的价值。未来的研究应该更加深入地分析盐碱土中不同类型和水平的土壤生物间相互作用对土壤有机质的定量和定性影响，以及这些影响在不同盐碱条件下的差异和规律。

参 考 文 献

[1] Bardgett R D, Bullock J M, Lavorel S, et al. Combatting global grassland degradation. Nature Reviews Earth & Environment, 2021, 2(10): 720-735.

[2] FAO. 1.5 Billion people, living with soil too salty to be fertile. (2021-10-20)[2023-07-01]. https://news.un.org/en/story/2021/10/1103532.

[3] De Deyn G B, Kooistra L. The role of soils in habitat creation, maintenance and restoration. Philosophical Transactions of the Royal Society of London Series B, Biological Sciences, 2021, 376(1834): 20200170.

[4] Yadav A N, Kour D, Kaur T, et al. Biodiversity, and biotechnological contribution of beneficial soil microbiomes for nutrient cycling, plant growth improvement and nutrient uptake. Biocatalysis and Agricultural Biotechnology, 2021, 33: 102009.

[5] 黎健龙，唐劲驰，赵超艺，等. 不同景观斑块结构对茶园节肢动物多样性的影响. 应用生态学报, 2013, 24(5): 1305-1312.

[6] 姚凤銮. 多作对稻田节肢动物群落结构及动态的影响. 福州：福建农林大学, 2012.

[7] Delgado-Baquerizo M, Maestre F T, Reich P B, et al. Microbial diversity drives multifunctionality in terrestrial ecosystems. Nature Communications, 2016, 7: 10541.

[8] El Mujtar V, Muñoz N, Prack M C, et al. Role and management of soil biodiversity for food security and nutrition; where do we stand?. Global Food Security, 2019, 20: 132-144.

[9] Panosyan H, Hakobyan A, Birkeland N K, et al. Bacilli community of saline-alkaline soils from the *Ararat* Plain (Armenia) assessed by molecular and culture-based methods. Systematic and Applied Microbiology, 2018, 41(3): 232-240.

[10] Canfora L, Bacci G, Pinzari F, et al. Salinity and bacterial diversity: to what extent does the concentration of salt affect the bacterial community in a saline soil? PLoS One, 2014, 9(9): e106662.

[11] Ma B, Gong J. A meta-analysis of the publicly available bacterial and archaeal sequence diversity in saline soils. World Journal of Microbiology and Biotechnology, 2013, 29(12): 2325-2334.

[12] Sen U, Mukhopadhyay S K. Microbial community composition of saltern soils from Ramnagar, West Bengal, India. Ecological Genetics and Genomics, 2019, 12: 100040.

[13] Ono H, Okuda M, Tongpim S, et al. Accumulation of compatible solutes, ectoine and hydroxyectoine, in a moderate halophile, *Halomonas elongata* KS3 isolated from dry salty land in Thailand. Journal of Fermentation and Bioengineering, 1998, 85(4): 362-368.

[14] Panda A K, Bisht S S, DeMondal S, et al. *Brevibacillus* as a biological tool: a short review. Antonie Van Leeuwenhoek, 2014, 105(4): 623-639.

[15] Liebgott P P, Joseph M, Fardeau M L, et al. *Clostridiisalibacter paucivorans* gen. nov. , sp. nov. , a novel moderately halophilic bacterium isolated from olive mill wastewater. International Journal of Systematic and Evolutionary Microbiology, 2008, 58(1): 61-67.

[16] Oh H M, Giovannoni S J, Lee K, et al. Complete genome sequence of *Robiginitalea biformata* HTCC2501. Journal of Bacteriology, 2009, 191(22): 7144-7145.

[17] Li A, Lin L, Zhang M, et al. *Arenibacter antarcticus* sp. nov., isolated from marine sediment. International Journal of Systematic and Evolutionary Microbiology, 2017, 67(11): 4601-4605.

[18] Asker D, Beppu T, Ueda K. *Sphingomonas jaspsi* sp. nov., a novel carotenoid-producing bacterium isolated from Misasa, Tottori, Japan. International Journal of Systematic and Evolutionary Microbiology, 2007, 57(7): 1435-1441.

[19] Kakeh J, Sanaei A, Sayer E J, et al. Biocrust diversity enhances dryland saline soil multifunctionality.

Land Degradation & Development, 2023, 34(2): 521-533.
[20] Rodriguez O, Dufour R. Saline and sodic soils: identification, mitigation, and management considerations. ATTRA Sustainable Agriculture, 2020.
[21] Rath K M, Fierer N, Murphy D V, et al. Linking bacterial community composition to soil salinity along environmental gradients. The ISME Journal, 2019, 13(3): 836-846.
[22] Wang Y, Bao G. Diversity of prokaryotic microorganisms in alkaline saline soil of the Qarhan Salt Lake area in the Qinghai-Tibet Plateau. Scientific Reports, 2022, 12(1): 3365.
[23] Zeng F, Ali S, Zhang H, et al. The influence of pH and organic matter content in paddy soil on heavy metal availability and their uptake by rice plants. Environmental Pollution, 2011, 159(1): 84-91.
[24] Li Y Q, Chai Y H, Wang X S, et al. Bacterial community in saline farmland soil on the Tibetan Plateau: responding to salinization while resisting extreme environments. BMC Microbiology, 2021, 21(1): 119.
[25] Jansson J K, Hofmockel K S. Soil microbiomes and climate change. Nature Reviews Microbiology, 2020, 18(1): 35-46.
[26] Bastida F, Eldridge D J, Garcia C, et al. Soil microbial diversity-biomass relationships are driven by soil carbon content across global biomes. The ISME Journal, 2021, 15(7): 2081-2091.
[27] Wang Y, Wang S, Zhao Z, et al. Progress of euhalophyte adaptation to arid areas to remediate salinized soil. Agriculture, 2023, 13(3): 704.
[28] Bernstein N. Plants and salt: plant response and adaptations to salinity//Seckbach J, Rampelotto P. Astrobiology Exploring Life on Earth and Beyond, Model Ecosystems in Extreme Environments. New York: Academic Press, 2019: 101-112.
[29] NOAA. Adaptations to life in the estuary: estuaries tutorial. (2021-02-26)[2023-05-16]. https://oceanservice.noaa.gov/education/tutorial_estuaries/est07_adaptations.html.
[30] Zhao C, Zhang H, Song C, et al. Mechanisms of plant responses and adaptation to soil salinity. The Innovation, 2020, 1(1): 100017.
[31] Hasanuzzaman M, Raihan M R H, Masud A A C, et al. Regulation of reactive oxygen species and antioxidant defense in plants under salinity. International Journal of Molecular Sciences, 2021, 22(17): 9326.
[32] Alvarez A L, Weyers S L, Goemann H M, et al. Microalgae, soil and plants: a critical review of microalgae as renewable resources for agriculture. Algal Research, 2021, 54: 102200.
[33] Fortuna A. The Soil Biota. [2023-06-29]. https://www.nature.com/scitable/knowledge/library/the-soil-biota-84078125/.
[34] Hassani A, Azapagic A, Shokri N. Global predictions of primary soil salinization under changing climate in the 21st century. Nature Communications, 2021, 12(1): 6663.
[35] Javed A, Ali E, Binte Afzal K, et al. Soil fertility: factors affecting soil fertility, and biodiversity responsible for soil fertility. International Journal of Plant, Animal and Environmental Sciences, 2022, 12(1): 21-33.
[36] Bidalia A B A, Vikram K V K, Yamal G Y G, et al. Effect of salinity on soil nutrients and plant health// Akhtar M S. Salt Stress, Microbes, and Plant Interactions: Causes and Solution. Singapore: Springer, 2019: 273-297.
[37] Muthuraman Y, Bose K S C, Elavarasi P, et al. Soil salinity and its management. //Meena R S, Datta R. Soil Moisture Importance, 2021: 109.
[38] Amini S, Kolle S, Petrone L, et al. Preventing mussel adhesion using lubricant-infused materials. Science, 2017, 357(6352): 668-673.
[39] Timothy J F, Colmer T D. Plant salt tolerance: adaptations in halophytes. Annals of Botany 2015, 115(3):

327-331.

[40] Li C, Wang Z, Xu Y, et al. Analysis of the effect of modified biochar on saline-alkali soil remediation and crop growth. Sustainability, 2023, 15(6): 5593.

[41] Yang D, Tang L, Cui Y, et al. Saline-alkali stress reduces soil bacterial community diversity and soil enzyme activities. Ecotoxicology, 2022, 31(9): 1356-1368.

[42] Gu Y Y, Zhang H Y, Liang X Y, et al. Impact of biochar and bioorganic fertilizer on rhizosphere bacteria in saline-alkali soil. Microorganisms, 2022, 10(12): 2310.

[43] Liang S, Wang S, Zhou L, et al. Combination of biochar and functional bacteria drives the ecological improvement of saline-alkali soil. Plants, 2023, 12(2): 284.

[44] Xu Y S, Gao Y, Li W B, et al. Effects of compound water retention agent on soil nutrients and soil microbial diversity of winter wheat in saline-alkali land. Chemical and Biological Technologies in Agriculture, 2023, 10(1): 2.

[45] Li X, Zhang H H, Yue B B, et al. Effects of mulberry-soybean intercropping on carbon-metabolic microbial diversity in saline-alkaline soil. The Journal of Applied Ecology, 2012, 23(7): 1825-1831.

[46] Liu W Q, Zhang W, Liu G X, et al. Microbial diversity in the saline-alkali soil of a coastal *Tamarix chinensis* woodland at Bohai Bay, China. Journal of Arid Land, 2016, 8(2): 284-292.

[47] 仝淑萍, 梁正伟, 关法春, 等. 松嫩平原苏打盐碱地羊草人工移栽草地生物多样性特征和生物量. 草地学报, 2019, 27(1): 22-27.

[48] 王军峰, 沙志鹏, 关法春, 等. 移栽措施对西藏退化草地生物量和植物多样性的影响. 中国农业大学学报, 2015, 20(1): 103-109.

[49] Li F X, Guo Y Z, Wang Z J, et al. Influence of different phytoremediation on soil microbial diversity and community composition in saline-alkaline land. International Journal of Phytoremediation, 2022, 24(5): 507-517.

[50] 吴林川. 滨海盐碱地植被生物多样性及土壤水分特征研究. 现代农业科技, 2022(20): 108-113.

[51] 迪力热巴·阿不都肉苏力, 穆耶赛尔·奥斯曼, 祖力胡玛尔·肉孜, 等. 盐碱土壤微生物多样性与生物改良研究进展. 生物技术通报, 2021, 37(10): 9.

[52] Vera-Gargallo B, Chowdhury T R, Brown J, et al. Spatial distribution of prokaryotic communities in hypersaline soils. Scientific Reports, 2019, 9(1): 1769.

[53] Sun R, Wang X, Tian Y, et al. Long-term amelioration practices reshape the soil microbiome in a coastal saline soil and alter the richness and vertical distribution differently among bacterial, archaeal, and fungal communities. Frontiers in Microbiology, 2021, 12: 768203.

[54] Rath K M, Rousk J. Salt effects on the soil microbial decomposer community and their role in organic carbon cycling: a review. Soil Biology and Biochemistry, 2015, 81: 108-123.

[55] Song L, Wang Y, Zhang R, et al. Microbial mediation of carbon, nitrogen, and sulfur cycles during solid waste decomposition. Microbial Ecology, 2023, 86(1): 311-324.

[56] Wu L, Wang Y, Zhang S, et al. Fertilization effects on microbial community composition and aggregate formation in saline-alkaline soil. Plant and Soil, 2021, 463(1): 523-535.

[57] Yang C, Li K, Lv D, et al. Inconsistent response of bacterial *Phyla* diversity and abundance to soil salinity in a Chinese delta. Scientific Reports, 2021, 11(1): 12870.

[58] Schoenau J J, Malhi S S. Sulfur forms and cycling processes in soil and their relationship to sulfur fertility//Jez J. Agronomy Monographs. Madison: American Society of Agronomy, Crop Science Society of America, Soil Science Society of America, 2015: 1-10.

[59] 汪顺义. 施用新型土壤调理剂对苏打碱土改良效果及水稻根系的生理响应. 北京: 中国农业大学, 2020.

[60] Zhang M, LiuY, Wei Q, et al. Biochar application ameliorated the nutrient content and fungal community structure in different yellow soil depths in the Karst area of Southwest China. Frontiers in Plant Science, 2022, 13: 1020832.

[61] Zhang Y, Cong J, Lu H, et al. Soil bacterial diversity patterns and drivers along an elevational gradient on Shennongjia Mountain, China. Microbial Biotechnology, 2015, 8(4): 739-746.

[62] Patel K F, Fansler S J, Campbell T P, et al. Soil texture and environmental conditions influence the biogeochemical responses of soils to drought and flooding. Communications Earth & Environment, 2021, 2(1): 127.

[63] O'Callaghan M, Ballard R A, Wright D. Soil microbial inoculants for sustainable agriculture: limitations and opportunities. Soil Use and Management, 2022, 38(3): 1340-1369.

[64] Elnahal A S M, El-Saadony M T, Saad A M, et al. The use of microbial inoculants for biological control, plant growth promotion, and sustainable agriculture: a review. European Journal of Plant Pathology, 2022, 162(4): 759-792.

[65] Yan N, Marschner P, Cao W, et al. Influence of salinity and water content on soil microorganisms. International Soil and Water Conservation Research, 2015, 3(4): 316-323.

[66] Shi S, Richardson A E, O'Callaghan M, et al. Effects of selected root exudate components on soil bacterial communities. FEMS Microbiology Ecology, 2011, 77(3): 600-610.

[67] Long X H, Huang Z R, Huang Y L, et al. Response of two Jerusalem artichoke (*Helianthus tuberosus*) cultivars differing in tolerance to salt treatment. Pedosphere, 2010, 20(4): 515-524.

[68] Shao T, Gu X, Zhu T, et al. Industrial crop Jerusalem artichoke restored coastal saline soil quality by reducing salt and increasing diversity of bacterial community. Applied Soil Ecology, 2019, 138: 195-206.

[69] Long X, Zhao J, Liu Z, et al. Applying geostatistics to determine the soil quality improvement by Jerusalem artichoke in coastal saline zone. Ecological Engineering, 2014, 70: 319-326.

[70] Shao T Y, Long X H, Liu Y Q, et al. Effect of industrial crop Jerusalem artichoke on the micro-ecological rhizosphere environment in saline soil. Applied Soil Ecology, 2021, 166: 104080.

[71] Sahay R, Patra D D. Identification and performance of sodicity tolerant phosphate solubilizing bacterial isolates on *Ocimum basilicum* in sodic soil. Ecological Engineering, 2014, 71: 639-643.

[72] Zhang H, Zai X, Wu X, et al. An ecological technology of coastal saline soil amelioration. Ecological Engineering, 2014, 67: 80-88.

[73] Sandhya V, Ali S Z, Grover M, et al. Effect of plant growth promoting *Pseudomonas* spp. on compatible solutes, antioxidant status and plant growth of maize under drought stress. Plant Growth Regulation, 2010, 62(1): 21-30.

[74] Tavakkoli E, Rengasamy P, McDonald G K. High concentrations of Na^+ and Cl^- ions in soil solution have simultaneous detrimental effects on growth of faba bean under salinity stress. Journal of Experimental Botany, 2010, 61(15): 4449-4459.

[75] Yao R, Fang S, Nichols D J. A strategy of Ca^{2+} alleviating Na^+ toxicity in salt-treated *Cyclocarya paliurus* seedlings: photosynthetic and nutritional responses. Plant Growth Regulation, 2012, 68(3): 351-359.

[76] Porcel R, Aroca R, Ruiz-Lozano J M. Salinity stress alleviation using arbuscular mycorrhizal fungi. A review. Agronomy for Sustainable Development, 2012, 32(1): 181-200.

[77] Grümberg B C, Urcelay C, Shroeder M A, et al. The role of inoculum identity in drought stress mitigation by arbuscular mycorrhizal fungi in soybean. Biology and Fertility of Soils, 2015, 51(1): 1-10.

[78] Nabti E, Sahnoune M, Ghoul M, et al. Restoration of growth of durum wheat (*Triticum durum* var. *waha*) under saline conditions due to inoculation with the rhizosphere bacterium *Azospirillum brasilense* NH

and extracts of the marine *Alga ulva lactuca*. Journal of Plant Growth Regulation, 2010, 29(1): 6-22.
[79] Chen L H, Zheng J H, Shao X H, et al. Effects of *Trichoderma harzianum* T83 on *Suaeda salsa* L. in coastal saline soil. Ecological Engineering, 2016, 91: 58-64.
[80] Zhu X, Chen B, Zhu L, et al. Effects and mechanisms of biochar-microbe interactions in soil improvement and pollution remediation: a review. Environmental Pollution, 2017, 227: 98-115.
[81] Sokol N W, Slessarev E, Marschmann G L, et al. Life and death in the soil microbiome: how ecological processes influence biogeochemistry. Nature Reviews Microbiology, 2022, 20(7): 415-430.
[82] Bennett J A, Klironomos J. Mechanisms of plant-soil feedback: interactions among biotic and abiotic drivers. The New Phytologist, 2019, 222(1): 91-96.
[83] Singh K, Pandey V C, Singh B, et al. Ecological restoration of degraded sodic lands through afforestation and cropping. Ecological Engineering, 2012, 43: 70-80.
[84] Wu X, Zhang H, Li G, et al. Ameliorative effect of *Castor* bean (*Ricinus communis* L.) planting on physico-chemical and biological properties of seashore saline soil. Ecological Engineering, 2012, 38(1): 97-100.
[85] Huang X, Chen L, Ran W, et al. *Trichoderma harzianum* strain SQR-T37 and its bio-organic fertilizer could control *Rhizoctonia solani* damping-off disease in cucumber seedlings mainly by the mycoparasitism. Applied Microbiology and Biotechnology, 2011, 91(3): 741-755.
[86] Yang X, Chen L, Yong X, et al. Formulations can affect rhizosphere colonization and biocontrol efficiency of *Trichoderma harzianum* SQR-T037 against *Fusarium* wilt of cucumbers. Biology and Fertility of Soils, 2011, 47(3): 239-248.
[87] Ozgur R, Uzilday B, Sekmen A H, et al. Reactive oxygen species regulation and antioxidant defence in halophytes. Functional Plant Biology, 2013, 40(9): 832-847.
[88] Singh K, Singh B, Tuli R. Sodic soil reclamation potential of *Jatropha curcas*: a long-term study. Ecological Engineering, 2013, 58: 434-440.
[89] Qin P, Han R, Zhou M, et al. Ecological engineering through the biosecure introduction of *Kosteletzkya virginica* (seashore mallow) to saline lands in China: a review of 20 years of activity. Ecological Engineering, 2015, 74: 174-186.
[90] Singh K, Pandey V C, Singh R P. *Cynodon dactylon*: an efficient perennial grass to revegetate sodic lands. Ecological Engineering, 2013, 54: 32-38.
[91] Kohler J, Caravaca F, Carrasco L, et al. Contribution of *Pseudomonas mendocina* and *Glomus intraradices* to aggregate stabilization and promotion of biological fertility in rhizosphere soil of lettuce plants under field conditions. Soil Use and Management, 2006, 22(3): 298-304.
[92] Cho K, Toler H, Lee J, et al. Mycorrhizal symbiosis and response of *Sorghum* plants to combined drought and salinity stresses. Journal of Plant Physiology, 2006, 163(5): 517-528.
[93] Tiwari S, Singh P, Tiwari R, et al. Salt-tolerant rhizobacteria-mediated induced tolerance in wheat (*Triticum aestivum*) and chemical diversity in rhizosphere enhance plant growth. Biology and Fertility of Soils, 2011, 47(8): 907-916.
[94] Štajner D, Kevrešan S, Gašić O, et al. Nitrogen and *Azotobacter chroococcum* enhance oxidative stress tolerance in sugar beet. Biologia Plantarum, 1997, 39(3): 441-445.
[95] Mayak S, Tirosh T, Glick B R. Plant growth-promoting bacteria confer resistance in tomato plants to salt stress. Plant Physiology and Biochemistry, 2004, 42(6): 565-572.
[96] Hardoim P R, Van Overbeek L S, Van ElsasL J D. Properties of bacterial endophytes and their proposed role in plant growth. Trends in Microbiology, 2008, 16(10): 463-471.
[97] Haynes R J, Swift R S. Stability of soil aggregates in relation to organic constituents and soil water

content. Journal of Soil Science, 1990, 41(1): 73-83.
[98] Sandhya V, S K Z A, Grover M, et al. Alleviation of drought stress effects in sunflower seedlings by the exopolysaccharides producing *Pseudomonas putida* strain GAP-P45. Biology and Fertility of Soils, 2009, 46(1): 17-26.
[99] Chen M, Wang Q, Cheng X, et al. GmDREB2, a soybean DRE-binding transcription factor, conferred drought and high-salt tolerance in transgenic plants. Biochemical and Biophysical Research Communications, 2007, 353(2): 299-305.
[100] Bano A, Fatima M. Salt tolerance in *Zea mays* (L). following inoculation with *Rhizobium* and *Pseudomonas*. Biology and Fertility of Soils, 2009, 45(4): 405-413.
[101] Shrivastava P, Kumar R. Soil salinity: a serious environmental issue and plant growth promoting bacteria as one of the tools for its alleviation. Saudi Journal of Biological Sciences, 2015, 22(2): 123-131.

第 10 章　盐碱地的治理利用原则与策略

10.1　概　　述

10.1.1　我国盐碱地的治理历史

在我国农业发展史上，盐碱土的开发与利用一直处于十分重要的地位。早在公元前 548 年，楚国为了征赋和规划农业生产就曾对境内广大地区包括盐碱土在内的土壤资源进行了大规模的勘测调查。在此后的 2500 多年中，我国劳动人民在改良利用盐碱土的工作中创造积累了十分丰富的经验并取得显著的成效，不少方法沿用至今。

利用雨水洗盐以改良盐碱土的措施是在早期农田排水技术的基础上逐步发展起来的。《尚书》和《论语》中提到的畎、浍、沟、洫都是农田沟渠，当时主要用于排水。春秋战国时期进一步发展成“畎亩耕作法”，通过修建农田排水系统，主要利用雨水淋洗土壤盐分，这是早期洗盐改土的重要方法。战国以后，兴修水利工程，人工引水洗盐改土已经逐步成为治理盐碱土的重要手段。北宋以后，黄河决口改道频繁，平原地区盐碱非常严重，统治阶级被迫采取一些措施以应对日趋严重的涝碱危害。因此这一时期的引浊放淤改良盐碱土的工作规模空前，成效卓著，在我国盐碱地改良史上写下了光辉的一页。中原地区大规模的引淤改土工作是在王安石等改革派的大力推动下开始的。深沟高畦修建台田是在滨海地区原有灌排洗盐措施基础上逐步发展起来的。到了近代，各地根据农业发展要求都制定了地区统一规划的设计蓝图。在这些设计蓝图中，修建台田作为改良盐碱地的一项农田水利基本建设工程被纳入其中，台田也由单一的模式发展成沟洫台田、沟洫条田和沟洫方田(俗称“三田”)，这是古人运用水盐运移规律修建台田改良盐碱地宝贵经验的继承和发展。

深层耕翻和抗旱保墒是北方旱作地区土壤耕作的一项重要技术措施，具有悠久的历史，到战国时期深耕一词已经成为通行语汇，北魏时期《齐民要术》所反映的一整套适应北方旱作地区的耕作技术体系已相当完善成熟，明清以后深翻松耕已发展成改良盐碱地的一项重要耕作技术措施，在一些地方的方志中常载有利用这一措施改良盐碱土的经验。值得注意的是，一些地区还结合其他改良措施，使深翻松耕的改土技术不断创新和发展，并取得显著的治理效果。例如，宁夏及河南东部一些地区，利用北方季节间雨量分布不均的特点，在夏季休闲地上进行伏耕淋盐，将深翻松耕与淋盐洗碱相结合，取得明显的洗盐改土、保苗增产的效果。铺沙盖草减少蒸发方法是从北方旱作地区蓄水保墒技术基础上发展起来的一项改良盐碱土的传统技术。开始人们可能采用秸秆覆盖，后来有些地方就地取材便有以沙代替秸秆的。冲沟种植(或称深沟播种)、深耕浅盖、躲盐巧种等都是广大群众在长期与盐碱做斗争中逐步认识和总结出来的一套改良利用盐碱地的成功经验。采用起碱、客土翻沙、压盐的方式改良盐碱土的策略，是基于古代人对土壤盐分分布规律的认识而发展的。

土地肥力贫瘠迄今依然是困扰盐碱地区的普遍性问题。旱涝盐瘠是共同构成该区低产的主要因素。因此，粪田改土、培肥地力仍然是治理盐碱土的重要手段。早在先秦时期，就有记录古人粪田改土，因土施肥，在其历史经验中，值得一提的是古人对绿肥在培肥改土中的突出作用十分重视。这种种植绿肥以田养田的方法不仅为地力的恢复和提高开辟了新的途径，而且在增加土壤有机培肥地力改良盐碱地的历史上具有划时代的意义。

到了现代，盐碱地治理进一步发展。在 1949 年以前，金陵大学的科研人员对苏北盐碱地的管理、改善和利用进行了一些基础研究，而大规模的改良利用则是从 1949 年开始的。20 世纪 50～60 年代，在盐碱地治理中侧重水利措施，以排为主，重视浇灌冲洗。由此，陈恩凤教授提出了以排水为基础，以培肥为根本的观点，水利工程、农业耕作和生物培肥措施相互结合，综合治理。在这种改造盐碱地的思想指导下，盐碱地的改良利用跨上新的台阶。

20 世纪 70 年代，为响应周恩来总理“治理好北方盐碱地”的号召，石元春院士、辛德惠院士等一批中国农业大学师生扎根河北省曲周县，在探明水盐运移规律基础上，明确了曲周地区的治理原则，即调节与控制水，开创了浅井深沟，农、林、水并举的旱涝盐碱综合治理模式。盐碱地治理的第一块试验区选在了有着 400 亩重度盐碱地的张庄，经过了冬灌和盐碱地冲洗压盐，土壤达到了非盐化的要求。到 1988 年时，曲周县城以北 28 万亩盐碱地已经全部完成了工程化改造。从此以后，曲周改土治碱的技术和经验，向全国中低产田改良推广，推动了我国中低产地区综合治理的研究与开发，为我国粮食增产、解决吃饱饭问题做出了重要贡献。

进入 21 世纪后，我国盐碱地综合治理进入了一个新阶段。一方面，在原有技术基础上不断创新和完善，如采用生物膜法、微生物法、电渗法等新技术改良盐碱地，提高盐碱地的生态效益和经济效益；另一方面，加强了盐碱地的监测和评价，建立了盐碱地信息系统，实现了盐碱地的动态管理和科学决策。同时，我国也积极参与了国际合作和交流，与联合国环境署、联合国粮食及农业组织等机构开展了多项盐碱地治理项目，推广了我国的经验和技术，为全球盐碱地的可持续利用做出了贡献。

10.1.2　当前治理与利用主要问题与不足

1. 盐碱地资源综合利用效率低

盐碱地资源包括盐碱土、盐碱水、盐生微生物、盐生植物等系统盐碱生态环境资源的合理利用。但是，目前盐碱土地的开发利用是我国主要的盐碱开发利用的重点，而对盐生植物、盐生微生物和盐碱水的研究、开发和利用相对较少。这导致了盐碱地资源主要处于土壤农业生产力的局部开发状态，尚未进行综合开发利用。

2. 缺乏因地制宜的治理利用理念

在常规思维中，盐碱地是农业生产限制条件的代名词，盐碱地的研究与利用的重点集中在盐碱地治理与改造，以提高盐碱土壤的生产力水平。在盐碱环境存在下的土、水、生物等成为改造对象，而没有从资源化的角度出发，合理利用这种特殊环境下存在的特殊资源。

3. 缺乏盐碱地治理利用的环境安全性评价

在盐碱地的开发和利用过程中，是否会对当地生态产生不良影响，影响严重程度等问题，都缺乏系统的研究和科学的生态风险评估。

4. 缺乏持续发展和系统治理利用的思想

一是重用轻养型耕作习惯，造成土壤瘠薄；二是重无机肥，轻有机肥，土壤有机质含量低，土壤结构性差，僵硬板结；三是对水资源不合理的开发利用，导致了土壤次生盐碱化程度加剧。

10.1.3 盐碱地治理利用的难点

盐碱土壤颗粒细腻、结构性差、盐碱含量高、水环境下的高度分散特性是盐碱土壤与正常土壤的根本区别。与正常土壤相比，盐碱土壤不具备正常土壤的生态环境，在土壤结构、理化组成、微生物环境等方面均存在显著差异。

为了提高盐碱土壤的生产力水平和稳定性，需要对其进行治理和改良。盐碱地的改良利用是集工程整治、土壤物理修复、土壤化学修复、土壤生物修复、土壤肥力提升、适应性种植管理等于一体的系统工程，是盐碱土壤微域生态环境整体的转变过程。盐碱土壤修复的专业性、系统性、复杂性，导致治理应用中广泛存在技术单一、碎片化程度高、系统性不强等弊端。生产实践中，往往过多强调某种技术措施的有效性，忽略了土壤生态环境的多样性、复杂性和系统性，造成了改良修复成本高、修复效果差、盐碱易反复等问题。

10.1.4 盐碱地治理利用的原则和策略

1. 适应性原则

首先，需进行对地块地理位置、当地经济状况以及土壤特性的分析。其次，应充分理解当地盐碱地的成因和特性，实现针对不同地区特定条件的独特适应。接着，应确定土地的开发利用方向，且需要确保利用方向与盐碱土的自然景观、当地的气候、水量以及经济发展水平的适应性。最后，需注意用水策略，以控制用水不当引起的盐分重新分配，以及地质因素引发的次生盐碱化。

2. 效益性原则

在盐碱地的开发与利用过程中，需充分考虑的是效益问题，涵盖了经济、社会及生态的各个层面。投入和产出的比例要合理与科学，同时也需考虑三种效益的兼顾，并对产投比进行优先考虑。

3. 改良利用原则

盐碱地的改良时间被认为较长，然而在开发与利用过程中，盐碱地需边改边利用。成功改良的先进经验和研究成果将被借鉴，以制定符合本地特点的利用方案。

4. 规划性原则

在开发与利用的过程中，需要制定长期以及中短期的规划，且结合当地的经济、社会以及盐碱土地特性，以确定发展目标和实施步骤。整体统筹、合理规划以及科学开发的要求必须遵守。

综上所述，盐碱地治理亟待建立新的范式。

(1) 以防为主，防治并重。对于次生盐碱化的土壤，需全力进行预防。当前，针对已经出现次生盐碱化的灌区，防治措施被同时采用，在治理过程中发挥事半功倍的效果；治理之后，坚持以防为主的原则，以此巩固和提升已取得的改良效果。对于开荒地区，在初步治理时，应立足于防止土壤次生盐碱化的发生。

(2) 水利先行，实行综合治理。土壤盐碱化的基本矛盾在于土壤积盐和脱盐，且主要表现为钠离子在土壤胶体表面的吸附和释放。上述两类矛盾的主要原因皆在于含有盐分的水溶液在土体中的运动。水既是土壤积盐或碱化的媒介，也是土壤脱盐脱碱的动力。缺少大气降水、田间灌水的上下移动，盐分便无法向上积累或向下淋洗；缺乏含钠盐水在土壤中的上下运动，交换性钠无法在胶体表面吸附，从而引发土壤盐碱化；没有含钙水的存在，便不会有钙置换出代换性钠。土壤水的运动和平衡受地面水、地下水和土壤水分蒸发的控制，因此，防止土壤盐碱化必须以水利为先，通过水利改良措施来控制地面水和地下水，使得土壤中的下行水流大于上行水流，为土壤脱盐，并为采用其他改良措施奠定基础。

(3) 实施统一规划、因地制宜。土壤水的活动被地表水和地下水所支配。要解决好灌区水的问题，必须从流域着手，从建立有利的区域水盐平衡着眼，对水土资源进行统一规划、综合平衡，合理安排地表水和地下水的开发利用。建立流域完整的排水、排盐系统，对流域上、中、下游做出统筹安排，来分区分期治理。

(4) 实行用改结合、脱盐培肥。盐碱地的治理包含利用和改良的两个层面，这两个层面必须被紧密结合。首先要把盐碱地作为自然资源加以利用，然后根据发展多种经营的需要，因地制宜，多途径地利用盐碱地。除用于发展作物种植外，还可以发展饲草、燃料、木材和野生经济作物。争取做到先利用后改良，在利用中改良，通过改良实现充分有效的利用。盐碱地治理的最终目的是高产稳产，把盐碱地变成良田，为此必须从脱盐去碱和培肥土壤两个方面入手，不脱盐去碱就不能有效地培肥土壤和发挥土壤的潜在肥力；不培肥土壤，土壤理化性质就不能进一步改善，脱盐效果不能巩固，也不能实现高产。两者密不可分，这也是垦区建设高产稳产农业用地的必由之路。

盐碱地的综合治理，一是在治理的对象上，不仅要消除盐碱地本身的危害，还必须兼顾与盐碱地有关的其他不利因素或自然灾害，把改良盐碱地与改变区域自然面貌和生产条件结合起来；二是在治理上，要采取综合治理措施，不能只片面地注重某一个方面的措施。防治土壤盐碱化的措施很多，概括起来可分为水利改良、农业改良、生物改良、化学改良措施四个方面，而每一个单项措施的作用和应用都有一定的局限性。总之，从脱盐、培肥到高产的盐碱地治理过程看，只有实行农、林、水综合措施，并把改土与治理其他自然灾害密切结合起来，才能彻底改变盐碱地的面貌。

10.2　盐碱地开发与利用的主要措施

10.2.1　工程水利措施

作为盐碱地治理利用的基础措施，工程水利措施依赖于“盐随水来，盐随水去”的基本原理，完整的灌溉与排水系统的建立被视为盐碱地治理利用的基础工作。在长期的实践中，逐渐形成了三大类工程措施。

(1) 明渠灌水、明沟排水的灌排配套。在区域丰富的地表水资源为前提下，通过大中型灌区的设计，盐碱地的改良以及水田种植的发展被促进。松嫩平原中西部的盐碱地区利用松花江、嫩江的江水资源，是这种方法的典型代表区域。经过土地整理整治，系统设计灌排，通过地表水的充分利用，盐碱地的治理和利用得以基础化。

(2) 在灌排配套的基础上，通过深沟浅井的配合，地下水位的控制和盐碱地的改良被实施。华北平原地区的盐碱地治理就是此方法的典型代表，以中国农业大学于 20 世纪 80 年代在曲周进行的盐碱地改良为主要成果。

(3) 在灌排配套的基础上，采用暗管排盐技术，解决了地下水位控制的问题，并促进了土壤脱盐。暗管排盐技术源自荷兰，我国在“十一五”“十二五”时期进行了重点论证与示范推广。自然资源部国土整治中心在 2013 年出台了土地管理行业标准《暗管改良盐碱地技术规程 第 2 部分：规划设计与施工》(TD/T 1043.2—2013)，对暗管改良盐碱地技术进行了系统化与标准化。在工程水利措施的具体原理上，“盐随水来，盐随水走”被确认为至关重要。此原理强调了完整的灌溉和排水系统，以及井沟渠结合的灌排工程系统建立的必要性。通过这样的水利工程，灌溉水和地下水的调控得以实现，从而实现土壤中盐分的进一步降低，达到改良盐碱地的目的[1]。排水的出路问题必须首先解决。根据地形、地貌、水文和水流方向，排水将被引入低洼荒漠地带。

明渠排水以较低的一次性投入和快速的效果而备受关注，然而，它占用的土地较多，土方工程量大。由于排水沟通常很深，沟道边坡含水量高，边坡容易滑塌，沟道淤积严重，因此，对于边坡陡于 1∶2 的沟道，必须采用生物和工程防护措施以固定坡度。另外，管理养护要求高，维修需要大量劳动力，劳动强度大。因此，明渠排水在土质较好、不易滑塌、地下水位相对较低，且人口稀少、土地资源丰富的地方可优先采用。此外，根据灌区土质情况，部分地方在田间布置浅沟，骨干排水沟则采用深沟。

暗管排水则利用管道集水排水，既可解决深沟占用耕地多、排水沟边坡容易坍塌堵塞的问题，也可利用机械开挖铺设管道。通过降低地下水位，实现高标准治理盐碱地的目标。暗管排水系统质量好，维修养护费用低，使用寿命长，治理一片即成一片，治理增产效果好，但一次性投入大，技术要求高。孟奇[2]在新疆某水利工程的暗管排水项目中进行了改良盐碱地的效果监测。在灌溉区域铺设暗管后，有效降低地下水位，土壤全盐量整体呈现下降趋势，且随着土壤深度的增加，全盐量逐渐减小。通过对地下水矿化度及含盐量进行线性回归分析后，得出的结果为地下水矿化度和土壤全盐量呈正相关。

竖井排水一般适用于井灌区和河滩地。地下水通过井抽取进行灌溉和洗盐，既淋洗了土壤表层的盐分，同时也能降低地下水位。如果抽排的井水不利于灌溉，则可将抽排的井水集中到明沟流入选定的排泄区。此外，井排灌还可与明沟相结合，形成一个灌排系统齐全的稳产高产灌区。地表水、土壤水和地下水的统一调节控制，被视为一项综合治理旱涝、盐碱的有效措施。通常，在土壤透水性较好的地方采用井排措施。其井的布置形式通常有两种：一种是在需要排水的一定面积上均匀地布置或采用梅花形群井，以降低整个面积的地下水位；另一种是在地下水有补给来源的地方，又需要截断来流时，可将井布置成线形。

10.2.2　物理改良措施

常见的物理改良措施主要包括客土覆盖、土地平整、旱田提升、深耕晒垡、沙压碱、物理破碎以及台田等。土地平整可消除局部洼地积盐的负面影响，被视为一种有效地提升土壤脱盐均匀性和增强洗去盐分效果的方式，能避免土壤局部积盐现象的发生[3]。深翻松耕可疏松耕作层，破除犁底层，减弱毛细管作用，同时提高土壤的透水性和保水性。因此，在深翻松耕盐碱地后，土壤淋洗盐分的速度可得到加速，从而抑制土壤水分和地下水的蒸发，防止底层盐分向上运行导致的表层积盐。

为了改良和肥沃土壤，可以采取合理施用农家肥，以肥料改善盐分，以此增加土壤的有机质。这不仅可改善土壤结构，提高土壤的透水性和保持水分的能力，减少土壤的蒸发，还可以促进田间的淋洗，抑制盐分的回升，加快脱盐过程。客土压碱能改善盐碱地的物理性质，有助于抑制盐分、淋洗盐分、压碱并增加土壤的肥力，从而降低土壤的含盐量到不会危害作物生长的程度。

压砂改良适合于盐碱化程度较轻的土壤。在耕层中掺入砂土，防止返盐。在夏季较干旱的地区，采用塑料薄膜、麦草和沙子覆盖盐碱地表面，具有较好的改良盐碱地的效果[4,5]。通过比较不同植被覆盖的盐碱地 4 个剖面层的碱化特征和养分状况，得出结论：羊草与狗尾草覆盖方式有利于盐碱化土壤的改良。冯国艺等[6]探究深耕时间对河北省滨海盐碱地土壤理化性质以及棉花生长发育和产量的影响。他们分别在冬前、开春、播前进行深耕，并以棉花免耕直播处理为对照，分析了不同深耕时间对棉花苗期表层土壤理化性质、棉花植株性状、产量构成因子和产量的影响，结果表明，开春深耕能有效改良滨海盐碱土壤，有利于棉花生长发育和产量提高[7]。

10.2.3　化学改良措施

化学措施是用一种有效的阳离子(如 Zn^{2+}、Ca^{2+}和 Al^{3+})，来取代阳离子交换复合体中过量的 Na^{+}，进而达到改良盐碱土壤的目的[8]。化学措施对改良盐碱地的作用效果明显且稳定，目前常见的化学改良剂有氯化钙、磷石膏、烟气脱硫石膏、糠醛渣、粉煤灰、天然沸石、腐殖酸、硫酸铝、泥炭等。

(1) 石膏作为盐碱地改良的历史：首先需要明确的是，脱硫石膏是一种工业副产品。近些年来，脱硫石膏被频繁地作为钙基土壤改良剂用于钠土的回收，且其效果已得到广大专家的广泛认可。脱硫石膏对土壤进行改良的主要机制是其所含的外源 Ca^{2+} 与土壤中的可交换性 Na^{+} 发生离子交换反应，以降低土壤中的可交换性钠含量，并进一步减少了 HCO_3^-、CO_3^{2-} 和可交换性 Na^{+}，最终导致土壤的 pH 和交换性钠百分比(ESP)的降低。而用 Ca^{2+} 取代胶体上的可交换性 Na^{+} 能够促进 Ca^{2+} 与有机物形成离子键和有机金属配合物，这将减少< 53 μm 的土壤团聚体的比例并增加 53～250 μm 范围内的团聚体，进而促进土壤的团聚。然而，为了推动≥ 250 μm 级别的土壤团聚体的生成以及改进钠土的结构，脱硫石膏作为一种盐，将明显增加土壤的盐胁迫。因此，脱硫石膏在处理土壤时通常会与其他有机质(如有机肥料、秸秆等)结合使用。尽管脱硫石膏含有一些营养元素如 K、P、N 和 B，但由于它们在土壤中的含量低，对作物生长的影响微乎其微，因此这些问题在盐碱土壤改良过程中需引起重视。

由清华大学盐碱地区生态修复与固碳研究中心发起并主导的盐碱地区生态修复工作在国内得到了积极推动，其中特别关注利用燃煤烟气脱硫石膏改良盐碱土壤以及利用改良土壤固碳的相关研究。该研究中心已经成功建立了一套完整的理论体系来指导脱硫石膏改良盐碱地，并针对脱硫石膏改良土壤对生态环境的影响进行了深入的研究。此外，该研究中心还制定了关于脱硫石膏改良盐碱地的国家标准，并开展了以脱硫石膏为基础的盐碱地区综合改良技术研究。同时，该研究中心还建立了一个盐碱地数据信息系统，以便研究脱硫石膏对土壤碳库固碳稳定性的物理、化学和生物机制。在此基础上，该研究中心还深入研究了脱硫石膏在土壤中的固碳机制，形成了对土壤固碳能力的定量化评估方法，并进行了盐碱地区土质监测系统的开发[9]。

(2) 硫酸铝作为盐碱地改良剂：以吉林农业大学赵兰坡教授为主。赵兰坡教授在吉林农业大学进行了一系列关于硫酸铝作为苏打盐碱土壤改良剂的作用的系统研究，明确了其作用机制，并形成了一套完整的硫酸铝治理盐碱地的修复技术，该技术在吉林省中西部盐碱土壤改良中起到了重要的作用[10]。

(3) 天然高分子改性材料的使用：中国农业大学使用改性纤维素木质素类材料进行盐碱土壤结构重塑，促进土壤微团聚体的形成，进一步形成稳定团聚体，为土壤脱盐和培肥提供了基础[11]。

(4) 其他各种材料的使用：毛玉梅和李小平[12]对南汇滩涂盐碱土施加不同烟气脱硫石膏量后的化学性质及其对植物生长的影响进行了评估。研究结果指出，适量的烟气脱硫石膏施用可以有效降低滩涂土壤的盐碱性，从而对试验植物的生长产生促进效应。崔向超等[13]的研究旨在探究磷石膏和糠醛渣对滨海盐碱地土壤改良以及番茄菌根化苗生长和果实品质的影响，发现糠醛渣对于改良滨海盐碱地和提高番茄果实品质具有显著效果。于美荣等[14]的研究表明，含腐殖酸的水溶肥料处理能够使草莓植株生长旺盛，显著增产，同时降低土壤水溶性盐分含量。此外，腐殖酸对于改善土壤结构和降低土壤含盐量具有积极效果。展争艳等[15]对工业废弃物磷石膏在盐碱地资源化利用中对土壤和作物性状的改良效果进行了分析。研究结果表明，当磷石膏施用量为 12 t/hm^2，同时配合土壤改良剂(1.5 t/hm^2)施用时，能够最大程度地降低土壤 pH 和含盐量，且试验玉米的生物学性状表现最优，与不施用磷石膏的对照组相比，增产率可达 18.4%。陈美淇等[16]的研究显示，木本泥炭作为一种特殊的有机物料，可以提升土壤有机质含量，丰富土壤微生物群落。

10.2.4 生物措施

生物措施是指利用微生物、耐盐植物及盐生植物等生物资源，对盐碱地进行改良的一系列策略。

1. 微生物在改良盐碱地中的应用

高亮和谭德星[17]的研究选择了巨大芽孢杆菌和枯草芽孢杆菌作为功能微生物，经过发酵制成生物有机肥料，应用于盐碱地的修复。研究结果显示，改良后的盐碱地土壤的理化性质显著改善，土壤微生物的数量明显增多，从而展示了显著的改良效果。另外，齐广耀等[7]运用大球盖菇出菇后剩余的栽培基质(即菌渣)对滨海盐碱地区的林地土壤进行了改良，研究结果指出，大球盖菇菌渣的施用可以有效降低土壤的含盐量，优化土壤的理化性质，改善土壤真菌群落结构，从而获得了显著的改良效果。

2. 种植耐盐植物对盐碱地的改良

轮作换茬是解决蔬菜连作障碍和土壤次生盐碱化问题的有效方法之一，可以选择的作物包括禾本科植物、不同科的蔬菜等[18]。施毅超等[19]选择了蓖麻-白菜-蓖麻、辣椒-白菜-辣椒的轮作方式，研究了对蔬菜大棚土壤次生盐碱化的影响。结果表明，辣椒-白菜-辣椒的轮作能降低土壤 SO_4^{2-} 的累积，而蓖麻-白菜-蓖麻的轮作则不能获得良好的效果。程知言等[20]发现耐盐碱的水稻种植对于改良滨海盐碱地具有良好的效果，可以将表层土壤盐分控制在较低的水平。另外，研究发现，种植碱蓬 3 年后的滨海盐碱土的土壤脱盐率可达 26.83%[21]。种植不同白榆品系也可以将土壤的全盐量降低 55%～63%。李帅等[22]的研究发现，种植耐盐植物菊芋可以加速土壤脱盐的熟化过程，对滨海盐碱地具有生态修复的作用。

3. 利用盐生植物改良盐碱地

盐生植物耐盐能力比较强。盐生植物一般分为真盐生植物、泌盐盐生植物和假盐生植物。盐生植物的抗盐性和抗盐机制都不相同，其抗盐能力顺序是：茎肉质化盐生植物>叶肉质化盐生植物>泌盐盐生植物>假盐生植物>非盐生植物[23]。根据已有研究报道，利用盐生植物改良盐碱地的主要方法有以下几种。

(1) 利用盐生植物的泌盐特性，通过种植或覆盖，将土壤中的可溶性盐分转移到地表或植物体内，从而降低土壤的含盐量。例如，种植碱蓬、碱茅等泌盐型草本植物，或覆盖苏打草、碱蓬等泌盐型枯草，可以有效地提高土壤的脱盐效率[24]。

(2) 利用盐生植物的耐旱特性，通过种植或覆盖，增加土壤的有机质含量和保水能力，改善土壤的结构和肥力。例如，种植沙打旺、沙蒿等耐旱型灌木或乔木，或覆盖沙打旺、沙蒿等耐旱型枯草，可以有效地提高土壤的有机质含量和保水能力[25]。

(3) 利用盐生植物的经济价值，通过种植或收获，提高土地的利用效率和经济收入。例如，种植芦苇、芦花草等可供造纸、编织、饲料等用途的草本植物，或收获苏打草、碱蓬等可供提取碳酸钠、硼酸等化工原料的草本植物，可以有效地提高土地的利用效率和经济收入[26]。

盐生植物的种植过程中能够有效促进盐碱土壤的含盐量降低，随着种植期间的时间推移，这些植物逐渐吸收盐碱土壤中的盐分，实现盐分的迁移，从而逐步降低盐碱土壤的含盐量。王宁等[27]研究发现，特定的盐生植物可在重度盐碱地上存活，并产生一定的生物量。例如，野榆钱菠菜、盐地碱蓬、盐角草和高碱蓬均表现出强大的吸盐能力，尽管对不同离子的吸收能力有所差异。盐地碱蓬地上部 SO_4^{2-} 吸收量显著高于其他几种植物，适宜于硫酸盐或氯化物硫酸盐盐碱土的改良；盐角草对 Cl^-表现出极强的吸收能力，适宜氯化物盐碱土的改良。种植盐生植物可以进一步增加盐碱土壤中的有机质含量。盐生植物的落叶和根系在分解后会产生大量的有机质，这些有机质有助于增加盐碱土壤中的微生物数量，并能转化土壤中的有机质，为植物提供营养，保持土壤的肥力，以此改良盐碱土壤。盐生植物的种植可以改变盐碱土壤过于紧实的质地，使其变得更为疏松，并增加土壤的通透性，以降低土壤的容重从而提高土壤的孔隙度。在内陆中重度盐碱地中，均有适宜生长的、种植环境适应性较好的聚合草、苜蓿、小冠花、苇状羊茅、枸杞等植物，可促进土壤团粒结构的形成，改良土壤理化性质，使土壤有机质、总氮含量有所增加。综合以上分析，盐生植物可以通过增加土壤的植被覆盖度、迁移盐分以及提升土壤的有机质含量，从而达到提高土壤肥力、改良盐碱土壤，改善土壤理化性质的目标，推动土壤的结构和养分循环向着有利于土壤-植物-生物系统的方向循环[28]。

10.3　重塑土壤结构治理盐碱地

10.3.1　系统工程思想

由于国民经济快速发展的需要，建设用地扩张和耕地保护的矛盾日益突出，人们就需要通过提高现有土地生产力或者开垦新的土地等途径，弥补土地盐碱化以及城市建设挤占造成的土地面积减小带来的影响，确保粮食安全和生态安全。盐碱地作为重要的土地资源，在补充耕地数量、保障重要农产品生产等方面发挥了积极作用，特别是在当前全球粮食危机的背景下，许多国家和地区都高度重视盐碱荒地的治理和开发[29]。然而盐碱地成因的复杂性以及盐碱地环境的生物和非生物因子之间的相互影响、相互作用，使得盐碱地的环境变化复杂多样。首先要了解的是盐碱地水盐运移的特征以及土壤理化性质特征。盐碱土是各种可溶性盐类物质在地面水平或垂直方向上重新分布，使盐分在土壤表层积累而形成的。影响盐分迁移的因素有：气候因素、地理分布、土壤质地、地下水高度、耕作管理制度等。盐碱土影响农林生产的主要原因是其理化性质差，碱性强，可交换性钠含量高，可溶性盐含量高。土壤理化特性的恶化，不仅不利于植物的正常生长，也不利于土壤的栽培和管理，而且盐碱土壤的复杂环境因素以及各因素的交互作用会增加管理的难度。

综上所述，盐碱土壤治理是个非常复杂的系统工程，涉及土壤结构、含盐量、养分、微生物群落、植物、水利等众多障碍因素交织在一起，互相影响。这些因子必须全部调整到最佳状态，植物才能健康生长。所以，针对不同类型和程度的盐碱地治理措施和工程也需要多学科相互结合，综合性非常强。

传统方法洗盐效率低，洗盐时间长，浪费大量淡水资源；且普遍重视工程设施，轻视土壤改良，作物仍无法生长。传统方式对盐碱地进行脱盐过程具有技术单一化、碎片化且没有整体系统化的治理方案的缺陷；这使得盐碱土在治理后期出现重复脱盐-返盐，治理效果易反复，改良周期长的问题。

总之，盐碱地地理位置的特点和土壤盐碱成因的复杂性，决定了治理措施和策略必然从单方面向综合治理工程体系发展。基于此，胡树文等创建了以“重塑土壤结构高效脱盐”为核心的生态修复盐碱地工程技术体系。其核心的治理原则是，在土壤盐分总贮量不变的前提下，调节水、盐、肥等因素在时间和空间中的存在形式，以此来调控盐分的时空分布，通过协调植物与根系层土壤之间的关系来满足动物、植物以及微生物的正常生命活动，最终在土壤表层(面)形成一个水、盐、肥的低盐淡化层，在后期的耕作管理中，根据“盐随水来，盐随水去”的水盐运移规律，控制土壤水分运移，进而调控土壤盐分运移，从而达到控制土壤盐碱化程度的目的。通过区域调水工程以及农田水利工程建设，以科学用水为基础，不断发展节水洗盐技术，使得更大面积的盐碱土壤得到修复利用，不仅提升粮食产能，还改善了生态环境，实现国家粮食安全和推进生态文明建设。

10.3.2　盐碱地的治理利用原则与策略

遵循分类开发、以水定地以及有序利用的原则，尽力采取科学且高效的盐碱地改良和综合利用技术，防止无序、随机的改良方式导致资源浪费。在进行生态修复盐碱地工程技术的过程中，建议根据地理环境差异，对全国各盐碱地进行针对性的改良。以重塑土壤结构为核心的盐碱地改良技术模式，能使每亩盐碱地的淡水洗盐总量减少至 300 m^3 以内。在此用水量范围下，该技术模式适用于年降水量在 350～500 mm 或灌区内的盐碱地区的改良。通过区域调水工程以及农田水利工程建设，实现流域内水资源的平衡，以科学用水为基础，持续开发节水脱盐洗盐技术，并根据不同盐碱地区的特性，调整灌溉方式、施肥模式以及工程措施，推广技术模式的应用。盐碱地资源的可利用性主要取决于当地的水土资源及其匹配程度。当前，我国四大主要区域的盐碱地开发情况可以概括为：西北内陆地资源多而水资源少，华北平原出现次生盐碱，松嫩平原和东北沿海地区盐碱地分布呈零星状。从土地资源角度来看，除沿海盐碱地每年以一定速度增长外，其他地区的盐碱地复垦资源几乎都是不可再生的。黄淮海平原的盐碱地已基本复垦为耕地，只有少量的盐碱地呈零星分布。

东北苏打盐碱地区的土壤类型主要包括盐土、碱土、盐碱化草甸土、淡黑钙土、风沙土等。其中，盐碱土(盐土、碱土、盐碱化草甸土)总面积约为 1.7 万 km^2。该地区的盐碱土壤的密度大，孔隙度低，土壤结构性差，透水性差，表层盐分难以通过水洗除，这往往导致土壤养分供应不足、作物生长困难等关键问题。针对东北的苏打盐碱地区存在的问题，如土壤盐碱化和碱化并存、危害性大、盐分季节性和空间性变化大、土壤胶体高度分散、土壤颗粒呈无结构状态、土壤渗透性差、土壤肥力低、盐分淋洗难、水资源短缺和浪费严重等，以及苏打盐碱地土壤养分积累慢等，提出了一种综合碱地生态修复工程技术，借助天然高分子改性材料脱盐剂、长效缓释水溶性钙与集降盐控释于一体的抗盐缓控释包膜肥料，结合物理-化学洗盐脱盐及生物控盐相结合的生态修复技术体系，以解决交换性盐基离子快速长效脱除的问题。该技术模式在东北苏打盐碱水田治理效果显著。

东部滨海盐碱地区的土壤含盐量高，地下水位高，部分地下土壤毛细管土壤占比高，土壤自然脱盐率低，存在如沿海滩涂地下水位浅、土壤易受海潮侵蚀、土壤蒸腾等问题。然而，滨海盐碱地修复工程完成后，若出现大量土地搁置或撂荒，往往会再次出现返盐现象，导致盐碱修复工程的持久性和稳定性受到影响。因此，采用多元土地利用策略是可持续性治理的重要策略之一[30]。

在控制返盐现象及次生盐碱化过程的策略选择上，应将盐碱地生态修复工程技术与如筑堤建闸、地下水位控制、疏导排盐等宏观措施相结合，借助地表径流、深层淋洗和侧渗排出等途径，从而将盐分从耕作层和相关区域排出。同时，通过应用基于生物的高分子土壤改良剂，成功重塑了土壤结构，从而有效提高了土壤团粒结构和孔隙度，并显著降低了土壤毛细作用，进而抑制了土壤返盐现象。这种方法也有效推动了土壤盐碱的去除，并促进了土壤有机质的积累，以恢复土壤的生产力。结果显示，这一技术对于作物生长具有显著的影响，其生物量显著增加，增产潜力巨大。更为重要的是，这种方法还通过提升微生物群落多样性，构建了一种作物根系-土壤-土壤微生物良性生态循环，从而加快了矿质养分循环，提升了土壤肥力及作物产能。针对西北河套灌区通过引黄灌溉导致地下水位高、浅水含盐量高，以及西北地区干旱的气候和较大的蒸发量导致盐分在地表聚集、盐碱地植被覆盖率低、生态环境脆弱等问题，根据“盐随水来，盐随水去”的原理；建立灌排系统、控制地下水位，并将盐分导出所在区域；重塑土壤结构、快速脱除土壤耕作层盐分；节水灌溉、保持土壤水分。同时，加入改良剂，改善土壤团粒结构，提高脱盐效率，将洗盐的废水汇集在洼地，然后将盐收集起来；通过种植植物改良土壤，植物的根系及秸秆抑制盐碱。

针对新疆盐碱地区地理环境为四周山地环绕，盆地四周的可溶性盐分随农业灌溉用水被带到盆地，在蒸发强烈、降水稀少的干旱气候条件下，导致土体上部盐分积累等问题，本节将介绍水利工程、生物技术、农业生产和化学改良等手段的具体内容和效果。第一种手段是采用水利工程改良的方式，就是利用“盐随水来，盐随水去”的原理以及基本的工程措施，如整平、深翻土地，建立完善的排灌系统，实行明沟和暗管排水等方式，在能够解决旱涝问题，保证灌水量的同时，还可将土壤中的盐分淋洗出去。这种方式适用于水源充足、排水条件较好、土壤渗透性较强、灌溉设施较完善的地区。第二种手段是生物改良措施，主要是筛选和种植耐盐性植物，同时与畜牧业相结合形成有机整体，提高生态效益。这种方式适用于土壤含盐量较低、耐盐植物资源丰富、畜牧业发达、生态保护意识较强的地区。第三种手段是农业改良措施，主要有平整土地、草田轮作、改土培肥和水旱轮作等方法，同时兼顾植树造林、改善环境。这种方式适用于土壤含盐量较高、灌溉条件较差、耕作条件较差、植被覆盖率较低的地区。第四种手段是化学改良措施，主要是在盐碱地上增施一些富含可溶性钙离子的生物基改良剂，通过钙离子置换出土壤胶体中的钠离子的反应，大幅度降低土壤中碱化度。这种方式适用于土壤碱化程度较高、钠离子占优势、钙离子缺乏、生物基改良剂供应充足的地区。

10.3.3　物理化学综合改良

通过前期土地平整、沟渠配套、洗盐/排盐等物理措施，配合新型高效改良剂和盐碱地专用肥料的施用，并在中后期注重精细化管理，从而实现了盐碱地的快速脱盐，土地结构得到改善，大幅度提升了土地的利用价值，实现了将盐碱地劣质土壤与脆弱生态环境向高质量耕地的转变。

物理改良过程：结合筑堤建闸、控制地下水位、疏导排盐等宏观措施，通过地表径流、深层淋洗、侧渗排出等方式，将盐分从耕层和区域导出；同时有效发挥土壤团粒结构增加以及孔隙度增大、作物根系分泌物阻滞毛细管上升等作用，大幅度降低了土壤毛细现象，抑制了土壤返盐现象。

结合化学改良开发出新型生物基改性材料，将盐碱土的“细小颗粒”黏结成稳定“大颗粒”，重塑了土壤的“团粒结构”(图 10-1)，增大了土壤孔隙度，土壤的脱盐效率提高 10 倍以上，亩用 300 m^3 淡水即可将耕作层盐碱基本脱除。改良剂主成分为纤维素磺酸钙/锌，钙/锌离子和天然高分子的官能团之间的化学反应将高度分散的盐碱土壤颗粒团聚在一起，形成了稳定性团聚体，重塑土壤结构，使土壤孔隙度从 34%增大至 36%，容重从 1.62 g/cm^3 降低至 1.52 g/cm^3，导水性和水分入渗性能大幅度提升，稳定入渗率从 0.08 mm/min 增加至 0.2 mm/min，且上层表土返盐能力减弱，实现了改善盐碱土壤结构，抑制土壤的返盐速率的目标。经多年大田试验示范，土壤中≥0.25 mm 水稳性大团聚体增加比例为 4.7%～25.9%，土壤团聚体平均质量直径(MWD)和几何平均直径也大幅增加，表层土壤的 MWD 的增幅为 41.2%～54.5%。

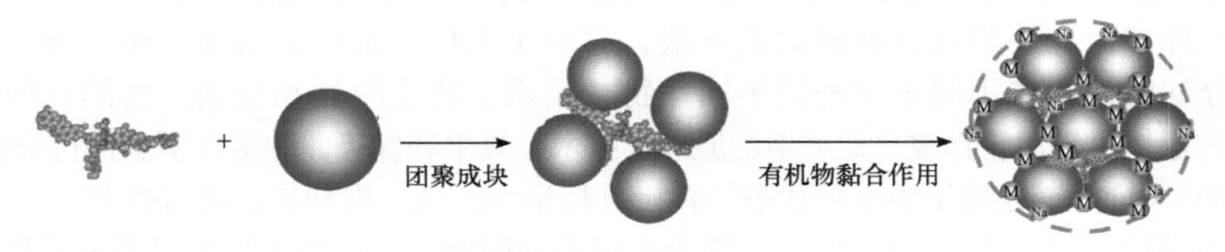

图 10-1　改良剂作用原理

扫描封底二维码可见本图彩图

通过长期技术模式改良，提高了微生物群落多样性，构建了作物根系-土壤-土壤微生物良性生态，加速了矿质养分循环，从而提升了土壤肥力和作物产能。这样促进了土壤植物的生长发育，植物根系能有效抑制土壤返盐。

重塑土壤结构生态修复工程技术体系是一项整合了土壤修复、土壤培肥、水利工程、盐分分离、抗盐品种、种植管理、生态养护等多学科和多环节的综合工程(图 10-2)。它具有综合性强、整体技术难度高、系统性强等特点，并且从根本上改变了传统盐碱地治理的弊端。

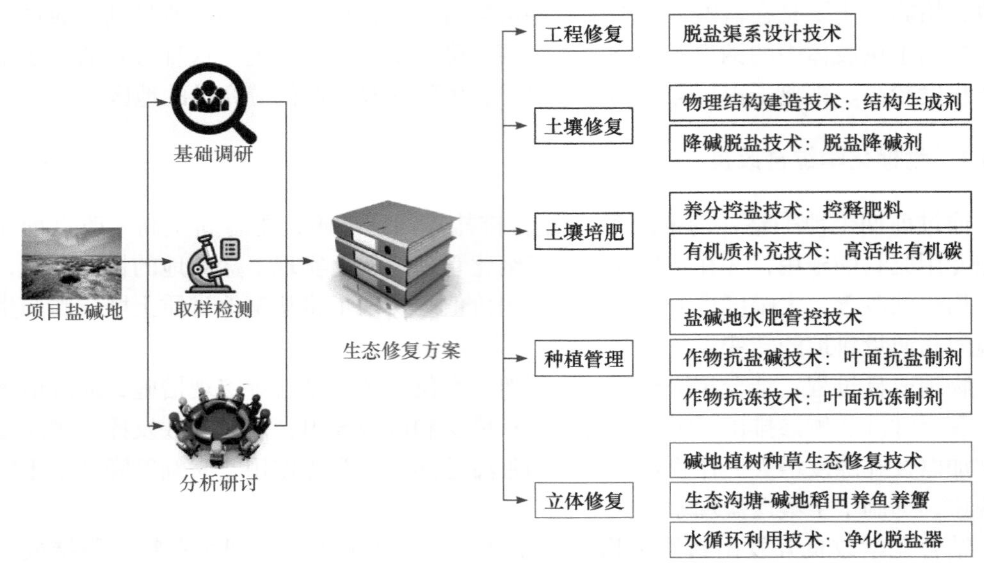

图 10-2　系统工程实施方案

10.4　水田-旱田轮作改良盐碱地快速脱盐-旱田控盐综合利用策略

10.4.1　背景介绍

盐碱地是指受到不同程度和类型的积盐影响的土壤，严重制约了农业生产和土地利用。在干旱和半干旱地区，由于降水少、蒸发大、排水差等原因，盐碱地问题尤为突出。为了提高盐碱地的生产力和可持续性，需要采取有效的改良措施，降低土壤中的有害盐分和碱度，改善土壤结构和肥力，增加作物的耐盐性和产量。其中，水田-旱田轮作是一种广泛应用的改良盐碱地的方法，它利用水稻对碱化的耐性和小麦等旱作物对盐分的耐性，在不同季节种植不同作物，实现了快速脱盐和长期控盐的目的。本节将介绍水田-旱田轮作改良盐碱地的原理、技术、效果和优势，并结合实例进行分析。

(1) 大量盐碱地处于中重度状态，直接进行旱作改良，周期长，可行性差。

(2) 根据以水定地的基本原则，因为水资源的限制，大面积土地开发不能长期维持水田种植模式。

(3) 采用水田快速脱盐，旱作长期维护的方式，解决水资源限制的问题。

重塑土壤结构生态修复工程技术改良盐碱荒地后全面实现常规种植管理并稳产高产。通过前期土地平整、沟渠配套、洗盐排盐、配合新型高效改良剂和盐碱地专用肥料的施用，并在中后期注重精细化管理，从而实现了盐碱地的快速脱盐，土地结构得到改善，大幅度提升了土地的利用价值。而且在盐碱土中种植水稻快速脱盐消耗大量水。所以在种植水稻等生态修复工程进行快速脱盐后，转向种植旱地植物，以在恢复盐碱土壤结构、养分指标的同时节约大量的资源以及实现更高的产量。

盐碱土的复垦过程中，种植水稻等生态修复进行快速脱盐后，转向种植旱地作物被认为是适宜的，因为前期种稻经过排水去盐等过程缓解了盐分和碱度对土壤-植物-微生物的影响。小麦等旱地作物对盐碱的耐性相对较强，而水稻对碱化的耐性较强，因此在盐碱地的开发利用过程中，水改旱具有盐碱荒地改良为农田的价值。另外，作物的种植制度的可持续性对亚洲的粮食安全非常重要。例如，稻麦轮作是世界上最广泛以及最重要的农业生产体系之一，始于中国唐朝[31]。以往的研究表明，水改旱的耕作可以提高土壤的透气性和氧化还原电位，降低还原物质的浓度，消除还原物质对土壤微生物和植物的毒性。

目前的农业技术和调整后的人工水资源能力的提高，水改旱模式逐渐被广泛地应用在土壤修复改良。关于水改旱的模式，存在以下几个优点。

(1) 稻田可以降低土壤表面附近的土壤砂砾及颗粒运移速率，减少风蚀造成的土壤养分损失。此外，水是一种有效的黏合剂，可将微小的土壤颗粒和灰尘颗粒联系起来，稻田会阻止沙尘暴形成，即通过抑制地表沙子及扬尘等小颗粒物的迁移。同时，保护现有的碳储量并增强土壤中的碳固存[32]。

(2) 稻田是一种人工湿地，用于保持土壤和水分，调节区域气候，维护生物多样性。稻田的另一个功能是涵养水源，即蓄水的功能，可以积累丰富的降水(大约 100 mm)并减少径流，增加渗透和补充地下水。以前对稻田的研究表明，它们在控制侵蚀和提高自然降水利用效率方面非常有效[33]。

(3) 在水稻季节，还原菌的数量和活性增加，导致有机物分解降低，有助于 SOM 积累，并促进甲烷等有毒物质的产生。土壤生产力与 SOM 状态密切相关，这对于养分矿化、土壤结构改善和有利的土壤-水-植物关系非常重要。

大多数土地利用变化通过土壤中植物和微生物衍生的养分形态的变化，如土壤有机碳(SOC)的组成。对于从稻田转变为旱田的土壤，这是否同样适用，迄今尚不清楚。

有研究对稻田转化为旱田后土壤性质进行了调查和报道。其中以植物来源的碳(木质素酚作为生物标志物)、微生物来源的碳(氨基糖作为生物标志物)、细胞脂质类磷脂酸(PLFA)的变化为研究手段。研究发现，与稻田土壤相比，在旱田土壤中观察到土壤湿度、pH 和有效氮(AN)相对较低，但观察到更高的土壤温度。此外，旱地土壤中的真菌和细菌 PLFA 分别比稻田土壤低 41%～63%和 58%～69%。

与水稻土相比，旱地土壤中 SOC、总木质素酚和氨基糖含量分别下降了 18%～46%、32%～70%和 6%～31%。将稻田转换为旱田种植模式也改变了 SOC 的组成。在旱田土壤中，总木质素酚对 SOC 的贡献下降了 25%～48%，而总氨基糖对 SOC 的贡献增加了 22%～28%。这个研究结果强调，稻田转变为旱地可降低 SOC 含量水平，表明水稻田更有利于固碳。而稻田向旱田土壤的转化降低了木质素酚对 SOC 的贡献，但增加了氨基糖对 SOC 的贡献。这些发现表明，微生物残体富集可能是来源于植物木质素的消耗，特别是在稻田转变为旱田土壤的情况下。最重要的发现是土地利用变化(即稻田转为旱地)降低了有机碳含量，而有机碳的减少归因于植物碳输入和微生物分解之间的净平衡。即在稻田转化为旱田后，总木质素酚在有机碳中的比例下降，而总氨基糖的比例增加。也就是说，水稻向旱地转化后植物生物量输入的减少是旱地土壤有机碳水平降低的主要原因。此外，水稻土壤中普遍存在的厌氧条件会阻碍和延迟有机碳分解[34]。

另外，稻田-旱作土壤经历氧化-缺氧循环，这一过程使得有机物与铁(氢)氧化物结合，这是碳稳定的附加优势。因此，在氧气有限条件下，微生物活性降低和微生物周转较慢导致稻田微生物生物量含量比旱地土壤高近两倍[34]。同时，水稻土微生物量碳(MBC)含量是旱地土壤的两倍。水稻土比旱地土壤 MBC 过剩的原因是以下几方面：水稻植株比旱地作物输入更多的根碳和根沉积物；氧气可用性降低，从而导致微生物周转减慢；稻土具有较高的微生物碳同化效率；水稻土中铁氧化物的额外碳稳定作用。

水旱轮作、水田和旱地土壤中 MBC 占土壤总有机碳的比例分别为 3.5%、2.5%和 2.1%。水稻土的微生物生物量 C/N 比(12.4 ± 0.11)高于旱地土壤(9.9 ± 0.21)，这反映出在缺氧条件下，水稻土的氮损失(通过硝酸盐淋溶和反硝化)更大，而碳损失更慢。尽管水稻土温度较高，水分有效度较好，但由于氧限制，水稻土微生物生物量的周转速率普遍比旱地土壤要慢。有学者发现，土壤物理性质主要影响旱地土壤微生物生物量，而水稻土微生物生物量主要受化学因素影响[35]。

(4) 有研究表明，适当的作物轮作和管理干预相结合，有可能将盐碱地和水资源从环境负担转变为经济资产。另外，有研究表明，在 pH、EC 和 SAR 改善的基础上，石膏或石膏/农家肥的应用能够促进盐碱地更好更快改善。如果通过上述改良方式进行施工，可以在水稻-小麦作物轮作后成功恢复盐碱土。水稻被证明是一种更好的土壤开垦作物，而小麦产量更高，从而增加了农民的净收益。水改旱的种植模式在盐碱地的工程改良后提供了综合水资源管理的优势，通过使灌溉水进行土壤开垦并节省淡水来生产高价值作物[36]。

10.4.2　水田改旱地综合改良模式

水稻-旱地轮作系统是中国农业生产中常见的一种模式，主要分布在江汉平原、淮河流域等地区。这种系统包括夏季种植水稻、冬季种植旱地作物(如小麦、油菜等)或休耕的方式。然而，由于水稻与旱地作物对土壤条件的要求不同，这种系统往往导致土壤盐碱化、结构破坏、肥力下降等问题，影响了农业生产的效率和可持续性[37]。

为了探究不同轮作方式对盐碱土壤的改良效果，胡树文等[38]在江汉平原的盐碱地上进行了为期两年的田间试验，设置了五种处理：开垦荒地(WL)、水稻后休耕(RF)、水稻-水稻连作(RR)、水稻-黑麦草轮作(RG)和水稻-高粱轮作(RS)。每种处理都施用了相同量的氮、磷、钾肥料。在试验期间定期测定了土壤的 pH、电导率、交换性钠百分比等理化性质，并在收获后采用 16S rRNA 序列分析了土壤的细菌、真菌和古菌群落组成和稳定性。

经过两年的试验，发现 RR、RG 和 RS 处理相比于 RF 和 WL 处理，能够显著提高土壤的有机碳、总氮、速效磷和生物量，降低土壤的 pH、电导率和交换性钠百分比，改善土壤的理化性质。同时，RR、RG 和 RS 处理也能够增加土壤微生物碳和氮生物量，并显著重塑了细菌、真菌和古菌群落，增加了土壤微生物的多样性和功能。这些结果表明，水稻-旱地轮作制度对盐碱土壤有明显的改良效果，可以提高土壤的可持续性。尽管 RG 和 RS 处理在改善盐碱土壤方面的效率较低，但灌溉用水却大大节省，这对于水资源紧缺的地区具有重要意义。因此，水稻-旱地轮作系统是盐碱土壤修复中一种可靠的、具有极大借鉴价值且可持续的方式。

10.5　盐碱土返盐控制

10.5.1　土壤返盐现象及其原理

蒸发量大的干旱半干旱地区，经过灌溉或降水后，水分难以被土壤有效固持，这导致 50%左右的农田水分通过蒸发损失。从而造成土壤表层与深层之间较大的水力梯度。这促使深层土壤水分向上运移，而水分是盐分的载体，盐分将随水分向土壤表层迁移，在土壤强烈蒸发过程中，最终导致大量盐分在土壤表层聚集[39]。根据土壤盐分“盐随水来，盐随水去”的运动特点，盐碱地在雨季时受强降水的影响，会使部分土壤盐分随着雨水向下淋溶，扩散至土壤深层或者渗入地下水中，而在旱季或者土壤冻融的情况下，土壤中的盐分也会随着土壤中的水向上蒸发或者扩散的过程而向上移动，出现返盐的情况。返盐过程为土壤天然的运动过程，是土壤大气循环过程中伴随产生的一种不可避免的现象。但是如果放任土壤返盐过程自由发展，不进行适当的干预，不仅会严重影响土壤改良措施的改良效果，浪费土壤改良过程中所耗费的人力物力，更会造成土壤盐碱化和盐碱化的区域性扩散，引发次生盐碱化问题，进而造成更大规模的持续性渐发灾害。

10.5.2　土壤返盐控制方法

1. 物理隔断法

改良盐碱土壤后进行表层覆盖隔离，可以有效抑制土壤返盐过程。在改良区域内覆盖一定厚度的秸秆、稻草、树皮等植物体，通过这些植物残体的纤维状、网状结构以及亲水基团，可以有效地将下层土壤的水分固定，从而起到保湿的作用，并减少因水分蒸发而造成的返盐碱现象。由于表层土壤蒸发量大和潜水含水层抬高，因此控制表层蒸发和阻断潜水上升就有可能缓解盐分积累，减轻盐分对作物的胁迫效应。建立土壤夹层，通过物理阻控的方式是改良盐碱地的有效手段。Zhang 等[40]的研究表明，将秸秆分段为 5 cm 左右，并深埋土壤中 40～45 cm，从而对土壤盐积累具有最显著的抑制作用，秸秆层显著减少了湿润锋的前进，增加了水分在秸秆层上方的停留时间，并降低了渗透速率。

2. 化学抑制返盐

化学措施是指利用化学改良剂降低土壤 pH，并通过金属阳离子置换出土壤胶体吸附的钠离子以达到改良目的，目前最常用的化学改良剂有：磷石膏、脱硫石膏、硫酸镁和有机改良剂等[41]。化学改良剂通过外源离子的加入可以改变土壤及溶液的离子组成和化学性质，影响各离子的赋存形态及在土水界面间的迁移和分配，降低土壤的膨胀性，促进土壤团聚体的团聚，从而促进土壤结构提升、增加土壤肥力[42]。而有机肥与石膏的混合施用原理是提高 $CaSO_4$ 和 $CaCO_3$ 的溶解度，并基于阴离子有机酸复合物的增溶功能激活土壤中固化的 Ca^{2+}，活化的 Ca^{2+}取代了被土壤胶体吸附的 Na^+，取代的 Na^+和阴离子盐形成水溶性复合物，这些复合物与 Cl^-和 SO_4^{2-} 一起从土壤中浸出，从而中和 H^+、去除碳酸盐[43]。

3. 生物控制(耐盐碱/抑制盐碱运移的作物)

盐生植物对盐有良好的吸收能力，这使得诸多学者通过在盐碱地区种植耐盐植物来缓解土壤盐碱化的环境压力。在盐碱环境中，盐生植物可以从生长环境中吸收盐分，降低细胞内的水势，以缓解盐胁迫，使水的跨膜运输向有利于细胞生长的方向流动[44]。Wang 等[45]研究表明，卤生植物有明显的脱盐作用，在 0～20 cm 和 0～100 cm 的盐碱地层中，卤生植物的脱盐率可分别达到 31.1%和 19.1%。

综上所述，抑制土壤返盐过程，可以分为两种类型：一种是促进土壤水分脱盐去盐过程；另一种则是降低土壤表层盐碱化程度。而要研究土壤返盐过程及其机制，并模拟土壤水-盐运移过程，需要进一步研究土壤返盐过程的迁移机制。

10.5.3　土壤返盐控制研究方法

为了探明土壤返盐过程的运动机制，需要进行数学模型的研究，但是自然界土壤的空间异质性与地下水位的差异，在一定程度上限制了对潜水埋深条件下土壤水盐运移状况机制的研究，因而也需要利用人工控制的手段进行土壤水盐运移过程的模拟，一般的人工控制手段为室内或田间土柱试验[46]。

20 世纪 70 年代以来，借助数学模型的方法定量研究土壤盐分动态，从而对土壤水盐运移的模拟和预测的研究模式逐渐被学者们所应用。这些数学模型概括起来分为确定性模型和随机模型两种。其中，确定性模型主要有对流弥散传输模型、考虑源汇模型、传递函数模型等。对流弥散传输模型一般只考虑在土壤中的对流弥散作用，有时也伴随着溶质被吸附与分解的过程。

在此基础上，王全九等开创了两区模拟[47,48]，即在对流-弥散模型的基础上，以物理非平衡模型(一部分水是运动的，一部分水是静止的)为依据，考虑了土壤中不动水体影响的可动水-不动水模型。在两区模型中，Van Genuchten 等进行了更进一步的研究，他们假设溶质在可动水与不动水两孔隙中存在，并且还在两个区域间相互运移，考虑了可动水与不动水之间的相互作用及影响，发现模型计算的渗透差异显著减小[49,50]。

为了便于对土壤水盐运移动态的研究，科研工作者普遍采用人工控制可控变量的方式研究，而室内土柱试验就是人工控制变量研究土壤水盐运移的主要手段。林高潮等[51]通过一维黄土土柱试验研究了水分在非饱和黄土中的渗透规律，以及盐分在一维非饱和黄土中的迁徙规律，研究结果证明了盐分运移过程既受到含水量的影响，也受到干密度的控制。

利用室内土柱试验可控制变量对不同影响因素进行定性或半定性的研究，不同的研究成果对田间土体中返盐过程的研究将提供极为有利的参考，对田间试验难以解释的现象进行补充说明，从而更明确地分析抑制盐碱土返盐过程的机制。

10.5.4　改良措施对土壤脱盐的影响

土壤各种溶质随水分排出土体外的过程，受到重力、毛孔张力的影响，水和溶质从表土向地下水的输送过程对毛细管边缘区域及其内部的混合状态很敏感。毛细管边缘是渗流带饱和区和非饱和区之间的过渡带。国内外的研究学者一直想通过各种手段描述土壤盐分的运动过程，例如，达西和白金汉等分别利用守恒定理推导出达西定理和白金汉公式以描述土壤盐分运动的过程及其与各种土壤条件之间的联系。Zhai 等[52]在室内进行了双峰水分特征曲线的土壤非饱和渗透性的测量实验工作。研究表明，双峰水分特征曲线的变异性对渗透率函数的估计有显著影响。

本节将介绍几种常用的土壤改良措施，以及它们对土壤脱盐的影响。然而土壤的运动过程极其复杂，利用公式推导土壤的盐分运动过程也极其烦琐，需要考虑不同的因素。

不同土壤质地对水盐运移的影响十分明显。在粗砂中，在干燥过程中毛细条纹的高度比湿润循环中的要大得多。在毛细管边缘不同展开度的区域，含水量、孔隙水流速和渗透系数随饱和度的变化而变化。这些变化改变了水、溶质和气体从土壤表面到地下含水层的运移。它们会影响含水量分布，进而影响土壤的氧含量，从而影响各种化学和微生物过程[53]。

10.5.5　改良措施对土壤理化性质的影响

土壤综合改良措施可以通过中和等反应降低土壤钠离子、钾离子、碳酸根离子、重碳酸根离子的含量，进而降低土壤的盐碱程度，同时土壤钠离子、碳酸根离子等造成土壤盐碱化和板结的土壤离子的去除，避免了土壤颗粒产生静电排斥作用，使土壤恢复团聚能力，造成土壤团聚体的增加，增大土壤孔隙度和大孔径孔隙在土壤孔隙中所占的比例，进而有效地增加了土壤的入渗排盐能力，在土壤非饱和的情况下有效地抑制了土壤盐分在垂直方向上向上运动的能力，抑制了土壤的返盐过程，使土壤恢复了生产能力，并且可以使改良效果得到维持。

多年连续种植地，在土壤经过淋溶后土壤的盐分和离子含量随水分排出量增多，对照处理次之，改良处理由于自身盐分和离子含量较低，随淋出液排出盐分量不多，幅度也不大，荒地处理的盐分总量有所降低，但是部分离子如钠离子、碳酸根和碳酸氢根离子出现了向底层累积的现象。由于脱盐过程较为复杂，在预先安排好的试验周期内难以观察到显著的脱盐现象。

首先，可以改变土壤物理结构。土壤容重可以间接反映出土壤的物理结构，土壤容重越大，说明土壤孔隙度越小，土壤结构越致密，通气性和水分入渗性能越差，毛孔张力越大，土壤盐分向下运动受到的阻力越大，盐分更易向上运动。因此，土壤容重是评价土壤改良效果和土壤盐分运动的重要指标。土壤孔隙的大小和多少直接影响着土壤毛孔张力和土壤吸附力的大小，土壤孔隙度直接反映土壤孔隙孔径的大小及体积，因此土壤孔隙度也是评价土壤改良效果的重要指标之一。通常，粗砂土孔隙度在 33%～35%之间，此时土壤大孔隙占比较大；黏土孔隙度在 45%～60%之间，此时土壤小孔隙占比较大；而当孔隙度在 55%～65%之间时，土壤大小孔隙的比例相当。土壤孔隙度越小，同体积的土壤孔隙体积越小，土壤透气性和渗水性能越差。从土壤的孔隙度的结构指标来看，综合改良苏打盐碱地处理的土壤孔隙度在 33%～36%之间，属于粗砂质或中等质地，土壤孔隙结构中大孔径的土壤孔隙占比较大，土壤通气性较好，但土壤孔隙体积占土壤总体积的比例相对较少，而对照石膏常规处理土壤孔隙度在 27%左右，土壤结构过密，土壤通透性渗水能力较差。这说明改良处理的土壤大孔径的孔隙比例上升较多，并在大孔径孔隙比例上升的同时，单位土壤孔隙体积也进一步上升，土壤通透性渗水能力得到了提高，土壤结构得到了极大的改善。

其次，土壤化学性质也有相应变化。土壤化学性质的指标主要包括 pH、土壤电导率(EC)和盐分指标分析。土壤 pH 与盐碱地的变化有着直接联系，可以直观地反映出土壤的碱化程度，因此，对试验期内土壤 pH 的测量和分析是评价土壤改良效果的重要步骤。通过对不同时期的土壤 pH 比较可以看出，土壤改良措施可以显著降低土壤的 pH，并且在冬季土地闲置时土壤 pH 没有出现显著的升高现象，在第二个耕作周期内可以使土壤改良措施的改良效果得到持续，表明土壤 pH 对于土壤改良措施的响应结果较为理想。通过种植前和收获后的土壤含盐量相比较可知，经过农作物种植和灌溉过程之后，除荒地处理外各组处理土壤表层的含盐量降低，深层含盐量升高，这说明土壤经过改良后，内部主要盐分离子可以像正常土地一样随着灌溉水向下淋溶；而荒地组在经过一个耕作周期之后表层土的各离子含量升高，说明随着夏季蒸发量的增大，荒地内部的各离子随着土地蒸发的作用进一步向上积累。盐分在不同土层的含量说明了，土壤改良措施可以显著降低土壤的含盐量，并且极大地改善了土壤的脱盐排水能力，可以降低土壤的返盐现象。

在整个脱盐过程中，主要淋洗出的离子为钠离子和碳酸氢根离子，正常土地和对照处理因为其内部各离子的基本值较大，所以排出的离子量也较多，变化幅度较大。通过土壤改良措施，可以改善土壤的脱盐排水能力。土壤累积脱盐量与土壤容重、土壤孔隙度和土壤团聚体总量之间存在线性相关性，土壤累积脱盐量的大小受土壤容重、土壤孔隙度和土壤团聚体总量的影响。在影响土壤累积脱盐量的各物理性质中，土壤容重对土壤累积脱盐量的影响最大，粒径> 0.25 mm 的土壤团聚体总量对土壤累积脱盐量的影响最小。因此，在进行土壤改良时，应优先考虑降低土壤容重、提高土壤孔隙度和增加粒径较小的土壤团聚体总量等措施。

10.5.6 改良措施对土壤积盐的影响

土壤的盐分随着土壤的水分存在几种运动，一种是受重力影响自上而下的淋溶过程，一种是随着水分蒸发和土壤基质势的影响发生的向上的返盐运动，还有一种是受土壤毛孔张力和植物根系吸收作用影响发生的横向运动[54]。此前关于盐分随着水分排出土体的淋溶过程的讨论需要考虑较多的因素，通过理论计算来描述土壤改良措施对土壤盐分向下脱出的过程相当复杂，如果只关注土壤盐分随水分的蒸发累积过程，那么需要考虑更多的计算过程，而利用数值模拟方法，也需要大量的数据去验证。此时利用土柱模拟特定的返盐过程可以省去较多的计算过程，得到有关土壤盐分随水分向上运动的基本描述，还可以通过多元线性回归的方法得到不同土壤物理性质与土壤盐分向上运动的关系，评价不同土壤物理性质对土壤返盐过程的影响程度[55]。

对于土壤的返盐过程，通过实时监测土柱表层土壤达到湿润状态时饱水液剩余量和所需时间的关系，可以简单分为两个阶段。第一个阶段为土柱内部土壤没有水分时，此阶段因为土壤含水量较低，其吸水速度与土壤饱水时的速率不相同。第二个阶段为土柱内部土壤水分是由土壤饱水所造成时，此阶段土壤含水量的大小也可以从侧面反映出各处理之间平均吸水速度和平均返盐速率的大小关系。同样地，土壤孔隙度的变化影响着各土柱的平均返盐速率和平均吸水速度，进而土壤孔隙度的改变影响整个返盐过程中的平均吸水速度和平均返盐速率。

土壤团聚体粒径的分布和大小与土壤的平均吸水速度及平均返盐速率之间也存在一定的联系。例如，大颗粒的土壤团聚体分布越多，其土壤的平均吸水速度就越大。有研究表明，盐碱土的改良能改善土壤结构和水力学特性增加土壤蓄水供水能力，从而减缓土壤返盐，抑制土壤积盐[54]。尽管土壤的生物化学变化，如植物蒸发、根系吸水以及土壤水力性质和土壤毛细作用等因素，可能导致土壤盐分转移，但返盐现象并不能被完全抑制。改良处理土壤的基础盐含量较低，所以其返盐过程表现得更为显著，但其经过返盐过程之后，土壤的含盐量仍然远低于正常土地和荒地处理，因此也可以说明其抑制盐分向上运动的能力。

10.5.7　苏打盐碱土壤积盐与返盐模型的构建与分析

依据土柱试验的结果，分析土柱内部各层土壤孔隙度、土壤容重和土壤团聚体的数量，通过计算每根土柱内部的平均土壤孔隙度、平均土壤容重和土壤团聚体总量，利用统计软件将土壤理化性质与累积脱盐量和平均脱盐速率进行线性回归，从而得出土壤累积脱盐量和平均脱盐速率之间的经验方程，以此评估不同物理性质对土壤累积脱盐量和平均排盐速度的影响程度[56]。

首先，利用土柱内水分运动速率与土壤物理结构建立模型。当综合改良地块的土壤与荒地以及常规改良土壤的土柱淋洗试验结束后，根据试验测得的土壤平均吸水速度和土壤平均孔隙度、平均容重和土壤团聚体总量的值来构建数学模型，控制土壤平均吸水速度与土壤平均孔隙度、平均容重和土壤团聚体总量之间的显著性小于 0.05。根据此条件构建的数学模型为

$$y = a + bx_1 + cx_2 + dx_3 \tag{10-1}$$

将试验数据代入模型后，进行多元线性回归拟合，拟合结果的显著性大小为 0.012，模型的拟合度达到 0.9998。这证实了土壤平均吸水速度与土壤平均孔隙度、平均容重和土壤团聚体总量的平方之间存在线性相关性，土壤平均吸水速度受到土壤平均孔隙度、平均容重和土壤团聚体总量的影响。根据回归结果中的非标准化系数，得到土壤平均吸水速度与土壤平均孔隙度、平均容重和土壤团聚体总量之间的经验关系式为

$$V = 10.163 - 2.818\rho - 0.048\omega - 0.009\mu \tag{10-2}$$

式中：V 为饱水速度(mL/h)；ρ为土柱平均容重(g/cm^3)；ω为土柱平均孔隙度(%)；μ为土柱内累积团聚体数量(g/g)。通过标准化的 Beta 系数的大小关系可以判断出不同物理性质对于土壤平均吸水速度的影响程度，其中标准化的 Beta 系数值越大，对应参数对于饱水速度的影响越大，根据$|\rho| > |\omega| > |\mu|$，可得出在三个物理性质中，土壤容重对于土壤饱水速度的影响最大，其次为土壤孔隙度，粒径> 0.25 mm 的土壤团聚体总量对于平均脱盐速率的影响最小。

经过土壤综合改良措施之后，土壤容重降低、土壤孔隙度增大、土壤团聚体总量增加，并且土壤团聚体总量的增大幅度要高于其余两项参数的变化幅度。根据线性回归得到的数学模型可知，当容重减小时，模型中与之相关联的系数的数值整体变小，第三项、第四项整体变大。虽然容重是影响土壤饱水速度最重要的因素，但由于土壤团聚体总量的变化幅度远大于土壤容重的变化幅度，加之土壤孔隙度与土壤容重呈负相关，而三个参数的标准化的 Beta 系数较为接近，因而总体来讲，随着土壤改良完成之后，容重减少、孔隙度增大、土壤团聚体总量增大会造成土壤中水分向上运移的速度降低。而水分是土壤盐分运动的主要载体，水分向上运动的速度减小可以抑制土壤返盐过程。

其次，利用土壤积盐速度与土壤物理结构的关系建模。在此，以土壤平均返盐速率数据替代土壤平均吸水速度数据，并确保其与土壤平均孔隙度、平均容重和土壤团聚体总量之间的显著性小于 0.05，进而构建数学模型：

$$y = a + bx_1 + cx_2^{\frac{1}{4}} + dx_3 \tag{10-3}$$

将数据代入模型进行多元线性回归拟合后，拟合结果的显著性大小为 sig = 0.015，拟合度达到 0.9985，证实了土壤平均返盐速率与土壤平均孔隙度、平均容重和粒径> 0.25 mm 的团聚体总数之间存在线性相关性。土壤平均积盐速度受到土壤平均孔隙度、平均容重和土壤团聚体总量的影响。根据回归结果中的非标准化系数，得到土壤平均吸水速度与土壤平均孔隙度、平均容重和土壤团聚体总量之间的经验关系式为

$$V_1 = 0.373 + 0.078\rho - 0.009\omega^{\frac{1}{4}} + 0.005\mu \tag{10-4}$$

式中：V_1 为平均积盐速度(g/d)；ρ为土柱平均容重(g/cm^3)；ω为土柱平均孔隙度(%)；μ为土柱粒径> 0.25 mm 的团聚体总量(g/g)。通过比较标准化的 Beta 系数的大小关系，可以推断出不同物理性质对土壤平均返盐速率的影响程度。根据$|\rho| > |\omega| > |\mu|$，可以推断，在这三个物理性质中，土壤容重对土壤平均返盐速率的影响最大，其次为土壤孔隙度，而粒径> 0.25 mm 的团聚体总数对平均脱盐速率的影响最小。

结合田间试验数据，观察到土壤经过改良后，土壤容重降低，土壤孔隙度增大，土壤团聚体总量增多。根据线性回归得出的数学模型，可以看到随着土壤容重减小，模型中的第二项参数数值减小，而土壤容重增大时，第三项参数数值呈负增长。由于土壤容重及土壤孔隙度对土壤平均积盐速度的影响大于土壤团聚体的总数，因此，从整个数学模型来看，土壤经过改良后，土壤的平均积盐速度整体呈现下降的趋势。总体来讲，从数学模型的角度分析，可以得出土壤改良措施能有效抑制土壤的返盐过程，减缓土壤内部盐分随水分蒸发向土壤表层积累的现象。

10.5.8 小结与展望

在研究土壤返盐和积盐的过程中，通过综合分析大田数据和室内土柱模拟试验数据的变化，可以评价土壤改良措施的改良效果以及对土壤返盐过程的影响程度。室内土柱模拟试验的分析可以表征土壤的通透性，土壤的淋溶和脱盐过程特性，抑制土壤的返盐过程，以及对土壤的保水和吸水能力。同时，有试验表明，土柱试验的土壤累积脱盐量、土壤平均脱盐速率、平均吸水速度和平均返盐速率与土壤的物理结构相关，土壤容重、土壤孔隙度、土壤团聚体总量影响着土壤的脱盐量、脱盐速率、吸水速度和返盐速率。土壤改良措施通过改善土壤容重、土壤孔隙度和土壤团聚体总量来影响土壤的返盐过程、吸水和脱盐能力。

通过分析土壤淋溶和返盐过程与土壤物理结构之间的关系以及处理各速率与土壤物理关系之间的经验方程，可以评价土壤改良措施的改良效果。但这个过程仍然有可以提高的地方以及待进一步讨论的问题。首先，在试验过程中因试验条件的多样，可以进一步探明具体时间段内返盐速率、返盐量、脱盐量和脱盐速率，来更加详细地描述土壤水盐运移的过程。其次，在分析土壤水盐运移过程中需要结合土壤内外部的物理化学条件，从而更加深入研究土壤与返盐淋溶过程的关系，如地下水矿化度、团聚体碳和团聚体氮与土壤淋溶返盐过程之间的关系。

参 考 文 献

[1] 张俊伟. 盐碱地的改良利用及发展方向. 农业科技与信息, 2011(4): 63-64.
[2] 孟奇. 灌区暗管排水改良盐碱地效果监测. 水科学与工程技术, 2022(4): 15-18.
[3] 王金才, 尹莉. 盐碱地改良技术措施. 现代农业科技, 2011(12): 282, 284.
[4] 纪永福, 蔺海明, 杨自辉, 等. 夏季覆盖盐碱地表面对土壤盐分和水分的影响. 干旱区研究, 2007, 24(3): 375-381.
[5] 范富, 张庆国, 马玉露, 等. 不同植被覆盖盐碱地碱化特征及养分状况. 草业科学, 2017, 34(5): 932-942.
[6] 冯国艺, 翟黎芳, 杜海英, 等. 不同深耕时间对河北省滨海盐碱地土壤理化性质以及棉花植株性状和产量的影响. 河北农业科学, 2016, 20(1): 25-29.
[7] 齐广耀, 张书菡, 孙建平, 等. 大球盖菇菌渣对盐碱土区林地土壤的改良研究. 山东农业科学, 2022, 54(1): 104-110.
[8] Wong V N L, Greene R S B, Dalal R C, et al. Soil carbon dynamics in saline and sodic soils: a review. Soil Use and Management, 2010, 26(1): 2-11.
[9] Zhao Y, Wang S, Li Y, et al. Extensive reclamation of saline-sodic soils with flue gas desulfurization gypsum on the Songnen Plain, Northeast China. Geoderma, 2018, 321: 52-60.
[10] 马巍, 王鸿斌, 赵兰坡. 不同硫酸铝施用条件下对苏打盐碱地水稻吸肥规律的研究. 中国农学通报, 2011, 27(12): 31-35.
[11] 胡树文. 多剂组和: 盐碱土地治理的新方向. 中国农村科技, 2016(10): 59-61.
[12] 毛玉梅, 李小平. 烟气脱硫石膏对滨海滩涂盐碱地的改良效果研究. 中国环境科学, 2016, 36(1): 225-231.
[13] 崔向超, 胡君利, 林先贵, 等. 滨海盐碱地施用磷石膏与糠醛渣对番茄菌根化苗生长的影响. 应用与环境生物学报, 2014, 20(2): 305-309.
[14] 于美荣, 辛勍, 甄少华, 等. 含腐植酸水溶肥在滨海盐碱地草莓上的试验效果. 农家参谋, 2021(24):

86-87.
[15] 展争艳, 顾生芳, 展成业. 施用磷石膏对甘肃引黄灌区重度盐碱地改良效果研究. 环境保护与循环经济, 2021, 41(3): 61-64.
[16] 陈美淇, 马垒, 赵炳梓, 等. 木本泥炭对红黄壤性水田土壤有机质提升和细菌群落组成的影响. 土壤, 2020, 52(2): 279-286.
[17] 高亮, 谭德星. 酵素菌生物有机肥在潍坊滨海盐土上的应用效果研究. 现代农业科技, 2016(12): 218-219, 229.
[18] 王力. 设施蔬菜连作障碍原因综合分析与防治措施. 农业开发与装备, 2021(6): 179-180.
[19] 施毅超, 胡正义, 龙为国, 等. 轮作对设施蔬菜大棚中次生盐渍化土壤盐分离子累积的影响. 中国生态农业学报, 2011, 19(3): 548-553.
[20] 程知言, 胡建, 葛云, 等. 种植耐盐水稻盐碱地改良过程中的盐度变化趋势研究. 矿产勘查, 2020, 11(12): 2592-2600.
[21] 张立宾, 张树岩, 郭新霞, 等. 碱茅的耐盐能力及其对滨海盐渍土的改良效果研究. 山东林业科技, 2012, 42(3): 39-41.
[22] 李帅, 杨敏, 曹惠翔, 等. 连年种植菊芋对滨海盐碱地的生态修复效果与机制. 南京农业大学学报, 2021, 44(6): 1107-1116.
[23] 杨红梅. 盐生植物在盐渍土壤改良中的作用分析. 新农业, 2022(10): 17.
[24] Mishra A, Tanna B. Halophytes: potential resources for salt stress tolerance genes and promoters. Frontiers in Plant Science, 2017, 8: 829.
[25] Bello S K, Alayafi A H, Al-Solaimani S G, et al. Mitigating soil salinity stress with gypsum and bio-organic amendments: a review. Agronomy, 2021, 11(9): 1735.
[26] Liu L, Wang B. Protection of halophytes and their uses for cultivation of saline-alkali soil in China. Biology, 2021, 10(5): 353.
[27] 王宁, 赵振勇, 张心怡, 等. 几种藜科盐生植物吸盐能力及生态学意义. 植物营养与肥料学报, 2022, 28(6): 1104-1112.
[28] 赵可夫, 范海, 江行玉, 等. 盐生植物在盐渍土壤改良中的作用. 应用与环境生物学报, 2002(1): 31-35.
[29] Yang J, Zhang S, Li Y, et al. Dynamics of saline-alkali land and its ecological regionalization in western Songnen Plain, China. Chinese Geographical Science, 2010, 20(2): 159-166.
[30] 杨东, 李新举, 孔欣欣. 不同秸秆还田方式对滨海盐渍土水盐运动的影响. 水土保持研究, 2017, 24(6): 74-78.
[31] 范明生, 江荣风, 张福锁, 等. 水旱轮作系统作物养分管理策略. 应用生态学报, 2008(2): 424-432.
[32] 邱捷, 王洪德, 郑一鹏, 等. 海涂围垦区不同土地利用类型土壤颗粒分形特征. 农业现代化研究, 2020, 41(5): 882-888.
[33] 黄新宇, 徐阳春, 沈其荣, 等. 不同地表覆盖旱作水稻和水作水稻水分利用效率的研究. 水土保持学报, 2003(3): 140-143.
[34] Wang Q C, Wang W, Zheng Y, et al. Converting rice paddy to upland fields decreased plant lignin but increased the contribution of microbial residue to SOC. Geoderma, 2022, 425: 116079.
[35] Wei L, Ge T, Zhu Z, et al. Paddy soils have a much higher microbial biomass content than upland soils: a review of the origin, mechanisms, and drivers. Agriculture, Ecosystems & Environment, 2022, 326: 107798.
[36] Murtaza G, Ghafoor A, Owens G, et al. Environmental and economic benefits of saline-sodic soil reclamation using low-quality water and soil amendments in conjunction with a rice-wheat cropping system. Journal of Agronomy and Crop Science, 2009, 195(2): 124-136.

[37] Chen S, Zheng X, Wang D, et al. Effect of long-term paddy-upland yearly rotations on rice (*Oryza sativa*) yield, soil properties, and bacteria community diversity. The Scientific World Journal, 2012, 2012: 279641.

[38] Liu J, Wang S, Hu C, et al. Diversity and function of soil microorganisms in response to paddy-upland rotation system in sustainable restoration of saline-sodic soils. Soil Research, 2023, 61(6): 582-597.

[39] 赵文举, 马宏, 豆品鑫, 等. 不同覆盖模式下土壤返盐及水盐运移规律. 干旱地区农业研究, 2016, 34(5): 210-214.

[40] Zhang H, Lin C, Pang H, et al. Straw layer burial to alleviate salt stress in silty loam soils: impacts of straw forms. Journal of Integrative Agriculture, 2020, 19(1): 265-276.

[41] 刘月, 杨树青, 张万锋, 等. 磷石膏和碱蓬对盐渍化土壤水盐及细菌群落结构的影响. 环境科学, 2023, 44(4): 2325-2337.

[42] 李健, 郭颖杰, 王景立. 深松技术与化学改良剂在苏打盐碱地土壤改良中的应用. 吉林农业大学学报, 2020, 42(6): 699-702.

[43] Liu G M, Zhang X C, Wang X P, et al. Soil enzymes as indicators of saline soil fertility under various soil amendments. Agriculture, Ecosystems & Environment, 2017, 237: 274-279.

[44] Nikalje G C, Srivastava A K, Pandey G K, et al. Halophytes in biosaline agriculture: mechanism, utilization, and value addition. Land Degradation & Development, 2018, 29(4): 1081-1095.

[45] Wang L, Zhao G, Li M, et al. C: N: P stoichiometry and leaf traits of halophytes in an arid saline environment, northwest China. PLoS One, 2015, 10(3): e0119935.

[46] Singh P, Kanwar R S, Thompson M L. Macropore characterization for two tillage systems using resin-impregnation technique. Soil Science Society of America Journal, 1991, 55(6): 1674-1679.

[47] 魏峰, 王全九, 秦新强. 考虑弥散尺度效应的两点吸附溶质运移模型及半解析解. 水动力学研究与进展(A 辑), 2015, 30(5): 580-586.

[48] 王全九, 王文焰, 沈冰, 等. 降雨-地表径流-土壤溶质相互作用深度. 土壤侵蚀与水土保持学报, 1998, 12(2): 41-46.

[49] Stankovich J M, Lockington D A. Brooks-Corey and van Genuchten soil-water-retention models. Journal of Irrigation and Drainage Engineering, 1995, 121(1): 1-7.

[50] Van Genuchten M T. A closed-form equation for predicting the hydraulic conductivity of unsaturated soils. Soil Science Society of America Journal, 1980, 44(5): 892-898.

[51] 谌文武, 刘伟, 林高潮, 等. 黄土-泥岩接触面滑坡滑带土力学特征研究. 冰川冻土, 2017, 39(3): 593-601.

[52] Zhai Q, Rahardjo H, Satyanaga A, et al. Effect of bimodal soil-water characteristic curve on the estimation of permeability function. Engineering Geology, 2017, 230: 142-151.

[53] Lehmann P, Stauffer F, Hinz C, et al. Effect of hysteresis on water flow in a sand column with a fluctuating capillary fringe. Journal of Contaminant Hydrology, 1998, 33(1-2): 81-100.

[54] 阎欣, 安慧, 刘任涛. 荒漠草原沙漠化对土壤物理和化学特性的影响. 土壤, 2019, 51(5): 1006-1012.

[55] Bhatti A U, Khan Q, Gurmani A H, et al. Effect of organic manure and chemical amendments on soil properties and crop yield on a salt affected entisol. Pedosphere, 2005, 15(001): 46-51.

[56] 王国帅, 史海滨, 李仙岳, 等. 河套灌区不同地类盐分迁移估算及与地下水埋深的关系. 农业机械学报, 2020, 51(8): 255-269.

第 11 章　中国主要盐碱地区治理技术模式与典型案例

11.1　黄淮海地区盐碱地治理技术模式与典型案例

11.1.1　黄淮海地区盐碱地治理技术模式

黄淮海地区主要包括河北、山东、河南、北京、天津等省市平原地区和苏北、皖北的平原地区。在二十世纪七十年代，该地区盐碱地面积约占总耕地面积的 10%，旱、涝、碱灾害严重，作物产量低而不稳定。1973 年，国家科学技术委员会、农林部和水利部等部门共同主持，组织多所科研单位和大专院校，联合冀、鲁、豫、苏、皖五省和京、津两市，开展了跨部门、跨行业、多专业、多学科的大型协同科技攻关——黄淮海平原旱涝盐碱综合治理项目，历经 20 多年，成功实现了对黄淮海平原盐碱地的治理[1]。

黄淮海平原的次生盐碱化问题根本上是黄淮海平原土壤的水盐运移问题，特别是在二十世纪五六十年代不合理的引水灌溉导致次生盐碱化耕地面积激增。经科学研究和生产实践证明，黄淮海地区防治土壤盐碱化采取任何单项措施都效果有限，且不稳定、易反复。在六十年代中期，我国科学家遵循“因地治理、综合治理”和“水利工程措施与农业生物措施相结合”等防治原则和指导方针，在黄淮海平原成功应用具有我国特色的机井群，开采地下水资源发展现代汲水灌溉的同时，有效地降低了地下水位，并因地制宜发展出各种形式的井沟渠相结合的灌排水利工程措施与平整土地、重施有机肥料秸秆还田、合理耕作种植等农业生物措施紧密相结合的综合防治措施体系，不仅在防治土壤盐碱化方面取得显著的成效，而且在综合防治旱、涝、盐碱等自然灾害方面取得了突破性的进展。昔日黄淮海平原因发展引水自流灌溉不当而引起的土壤次生盐碱化已基本消除，到 1980 年耕地中盐碱地总面积已缩小到 209.13 万 hm^2，农业生产条件获得巨大改善，农业生产大幅度增产，效益极为显著[2]。

黄淮海平原盐碱地综合治理和可持续发展研究的改良实践，系统揭示了“第四纪河流沉积规律，层状沉积物结构、类型及其对土壤水肥特性、水盐运移和农业生产的影响；开创性地研究了浅层地下水与土壤盐碱化的关系，总结出旱涝盐碱在发生上的联系”，为有效防治土壤盐碱化提供了理论依据，同时在实践中锻炼和成长了一大批科学工作者，为之后的黄淮海平原全面综合整治工作奠定了人才基础[3,4]。

1. 水利工程措施

黄淮海地区次生盐碱化问题的治理重点是“治水与用水并重，灌溉与排水并重”，提出了系列优化的水利工程配套措施，如建设“三田”、井灌井排、井渠结合等。特别是井灌井排是次生盐碱化防治的重要水利措施，原因是：①可抽取地下水灌溉，抗旱保丰收；②可降低地下水位，防止潜水强烈蒸发，造成土壤盐碱化；③可增大地下库容，增加降水入渗量，提高浅层地下水的利用率，缓减涝灾；④能淋洗土壤盐分，防治土壤盐碱化。

建立良好的灌排农田水利体系也十分重要。一般盐碱土地区地势低洼，潜水位高，矿化度高，因此农田水利“干、支、斗、农、毛”均要配套[5]。具体实施时，要注意春季是盐碱土的返盐季节，重度盐碱土 0～20 cm 土层含盐量一般大于 0.4%以上，在 3 月底到 4 月初要大水淋盐，一般灌水 1200 m^3/hm^2 以上，将表层土壤含盐量降至 0.3%以下。淡水灌溉能够使盐分下行，明显降低土壤表层含盐量，利于播种发芽和苗期生长。雨季要及时把沟渠里的水排走，降低地下水位，防止盐分随地下水位上升而上移。

2. 灌溉节水技术

水资源紧缺是黄淮海地区农业、经济、社会发展的主要制约因素。农业是用水最多的产业，作物高效用水是提高水资源利用率的重要突破口。当前农业生产中水资源浪费严重，灌溉水有效利用率仅 40%。每立方米水的粮食生产能力只有 0.85 kg 左右，远远低于发达国家 2 kg/m^3 以上的水平。因此，黄淮海地区节水潜力大，发展节水农业是实现农业可持续发展和缓解水资源供需矛盾的根本措施。灌溉方式提倡采用灌溉+深松土，深松可改善土壤理化性质，减少地表径流及深层渗漏而产生的损失。在喷灌条件下，结合深松可以提高深层水分保持能力，从而提高水分利用效率[6]。滴灌是典型的高效节水灌溉模式，可以减少灌溉次数、降低土表蒸发，进而提高水分利用效率，特别是将滴灌与覆膜技术相结合，可以明显提高作物产量和水分利用效率。但是要注意地膜残留对土壤中空气和水分的运移阻碍，以及导致的环境污染。浅埋滴灌被广泛使用，与传统畦灌相比，浅埋滴灌可显著提高作物产量和水分利用效率，是黄淮海地区夏玉米的最佳灌溉方式[7]。另外，定额灌水结合秸秆或地膜覆盖也有利于改善土壤理化性质，促进作物生长。

3. 覆盖控盐抑盐技术

覆盖控盐抑盐技术主要有地膜覆盖和秸秆覆盖两种。春季蒸发量大，土壤易返盐。播种后要及时覆盖地膜，达到提高地温、保温保湿、抑制返盐的作用。地膜覆盖后一般出苗快，发育早，生育期提早 7～8 天[8]。以棉花种植为例，秸秆覆盖，一般在 6 月中下旬施麦秸 4500～6000 kg/hm^2，均匀覆盖于棉花行间。覆盖麦秸后，可以减少田间水分蒸发，防止盐分表聚，提高土壤湿度，利于棉花根系发育生长，促进地上部分的形态建成和提高棉花产量[9]。随着夏季气温和雨水的增多，麦秸逐渐腐烂，矿质元素及腐殖质、腐殖酸慢慢供给棉花根部，促进棉花产量建成，能明显提高单位面积的铃数和单铃重。

4. 配方施肥、增施有机肥

研究表明随着无机肥用量增加，土壤含盐量有上升趋势。盐碱土施肥要根据土壤养分状况确定适宜施肥量[10]。虽然盐碱土一般土壤养分缺乏，但不宜一次性施肥过量。氮肥以尿素为主，磷肥以过磷酸钙为主。有机肥料中含有大量腐殖质，具有较大的吸附能力，可把碱性盐分固定起来，减轻盐分的危害作用。有机质在分解过程中能产生各种有机酸，使土壤中阴阳离子溶解度增加，有利于脱盐及补充平衡土壤中所需的阳离子，而离子平衡可提高作物抗盐性。土壤有机质影响土壤含水量、水分特征曲线、饱和导水率、水分扩散率等土壤水动力学参数，对土体水分蒸发和盐分表聚有抑制作用[11]。随有机质含量的增加，此抑制作用加强。牛粪是首选有机肥，其有机质含量高且孔隙度高，有利于增加土壤孔隙度，较少容重，提高土壤透气性。一般施用 60～75 t/hm^2 牛粪较为适宜。

5. 秸秆还田

秸秆还田可以增加土壤有机质，促进团聚体结构的形成，对于土壤水分的保持和盐分的抑制具有重要作用。以棉花为例，冬季不拔棉柴，防止风刮掉秸秆。棉柴保持到第二年 3 月大水淋盐前。一般 10 月以后至翌年 3、4 月是土壤返盐期，在这一时间内，覆盖的秸秆可起到抑盐的作用。第 2 年翻入土壤后，可通过转变为土壤有机质改良盐碱土。

11.1.2　黄淮海地区盐碱地治理典型案例

1. 河北曲周治理模式

1) 自然条件

曲周位于河北省南端，地处旱涝盐碱多灾的黑龙港流域，属于典型的浅层咸水型盐渍化低产地区。在黄淮海大平原上，像曲周这样盐碱灾害严重、低产缺粮的土地共有 5000 多万亩，大约占整个平原耕地面积的 15%。

曲周属半干旱大陆季风气候，年平均降水量在 500 mm 左右，降水特点是年内分配不均，年际变化大。全年降水量 90%集中在夏秋两季，仅七、八两月降水量就占全年的 80%，暴雨期经常出现在七月下旬到八月上旬不足一个月的时间内。春季多风少雨，全年干季长于湿季，在旱季蒸发强烈的影响下，土壤表层水分不断蒸发，土壤中毛细管水流运动又不断补充，使原来溶于水中的盐分聚积地表，危害作物生长，形成了盐碱灾害。雨季是自然淋碱的时期，但雨量分配不均，极易造成涝灾。夏秋积涝往往导致秋后地下水位升高，促使春季土壤返盐。

地下水条件是土壤盐碱化的另一重要因素。该区域地下水不但分布广，而且埋深浅，一般为 1.5～2.0 m，矿化度高，一般矿化度大于 2.0 g/L。一般地下水越浅，潜水蒸发越大，地下水越浓缩，矿化度越高，土壤盐碱化越重。咸水体是导致土壤盐碱化的最根本原因，埋藏的深浅与矿化度的高低，直接影响着土壤盐碱化的轻重。

2) 治理模式

1973 年 10 月，响应党和国家的号召，以石元春、辛德惠为首的北京农业大学盐碱土改良研究组，进驻曲周县北部盐碱地中心的张庄村，建立了“治碱实验站”，开始了“改土治碱”伟大事业。实现了盐碱土土地的治理，改变了农业生产的基本条件，使该地区实现农业现代化，建立了具有调控水盐运移、消除农业生态潜力基本限制因素的强大功能的农业工程系统。中国农业大学曲周试验区在 20 年的研究与实践中建立了一套盐碱地综合治理的措施系统[12,13]，主要有以下 4 组措施。

第 1 组：改造自然状态的工程建设。

井：将深浅井组合成网。

沟：构建深、浅沟排水系统。

渠：通过地下、地面结合的防渗灌溉系统，建立排碱通道。

建：在各种沟渠道路上的配套建筑物，如扬水站、坑塘、涵洞、桥梁。

平：平整土地，改造微地形，为合理有效利用水源和提高综合治理效果提供保障措施。

田：建立有利排水、灌溉和田间机械化的方田。

路：优化交通运输线路的布局设计，提升质量保障。

第 2 组：再生性生物资源建设。

林：构建出乔木、灌木结合的护田林带，以及果园、经济林、林粮间作等。

肥：要保有绿肥、牧草和厩肥等基本建设。它是有机农业不可缺失的重要环节。

第 3 组：动力和机械化建设。

机：建设工程施工机械、农业机械化以及自动化控制系统。

电：保障电网系统完善。

第 4 组：监测预报系统建设。

监：通过田间监测系统，对水分、养分、盐分、病虫、农田小气候、土壤其他理化性状以及作物种群状况的动态监测，提供、积累和处理信息，为当前和长远生产服务。

通过上述措施的组合，结合曲周试验区经验形成了以下农田治理措施。

(1) 浅井-深沟体系。①深浅沟系统：地面排水系统中以干支两级深沟为骨干，沟深 3～4 m，间距 1000～3000 m，同时兼具排、蓄、补、控多种功能。②深浅井系统：为了便于实行咸淡混灌或轮灌，在治理单元内以 1 眼深井带 5～6 眼浅井的方式组成深浅机井组。③灌溉排咸系统：在试验区没有经常地面灌溉水源的情况下，地面水灌溉仅靠沟网蓄水提灌，干支深沟设计为排灌合一。④平地压盐措施系统。上述农田水利工程设施的建立，为盐碱地综合治理创造了基础条件。

(2) 浅井-浅沟体系。浅井-浅沟体系与浅井-深沟体系的区别在于，根据改变了的生态环境条件，在地面排水骨干工程排水通畅、地下水位降低至 3 m 以下的条件下，地面排水系统中除了干沟以上的骨干排水工程仍采用深沟系统外，其他各级排水系统均以排出地面水为标准设计浅沟系统。浅井-浅沟体系中，浅沟的功能兼有除涝和预防地下水位提高的功能。在季风气候下，降水集中，往往形成涝灾，同时，长期地面积水，加大降水的入渗，抬高地下水位。因此，通畅的地面排水系统，不仅可除涝，还兼有预防地下水位升高的作用。

3) 经验与成效

(1) “盐随水来，盐随水去”——水盐运移理论的提出。在基于大量的科研调查和数据分析之后，中国农业大学石元春院士及其团队总结出半湿润季风气候条件下“水盐运移”理论，提出了“以浅井深沟为主体，农，林，水并举”的综合治理方案。以水盐运移理论为指导的黄淮海盐碱地治理研究在国际盐碱土研究中占有重要的一席之地。之后的几十年中，水盐运移的理论及应用研究的内涵与外延也得到了迅速拓展，其研究方法、手段和研究成果与国际同类学科前沿水平保持同步。

(2) 推广成效。采用深沟浅井、抽咸补淡、沟网结合的方法，进行小面积治碱试验并取得成功。1982 年，曲周县的治碱工程正式列为“河北省农业发展项目”，世界银行给曲周县贷款折合人民币二千六百一十万元，世界粮食计划署也无偿援助了一批物资，加上省、县自筹的一部分资金，曲周县开始了对 23 万亩盐碱地的全面治理。

经过努力，曲周试验区的土地一年比一年好，原先不能种植庄稼的“飞机场”变成了肥沃的良田，1972 年，曲周张庄粮食亩产量只有 79 kg，而到 1978 年，曲周张庄粮食亩产量达到 500 kg。1979 年初，国家科学技术委员会和农林部召开黄淮海平原五省旱涝盐碱综合治理“商丘会议”，决定开展黄淮海平原旱涝盐碱综合治理计划，由中国农业大学牵头负责。同年，在国家专款的支持下在曲周县第四疃镇建设实验站，各项盐碱治理工作全面、系统展开。石元春院士团队的经验，迅速在黄淮海地区推广开来。到改革开放初期，华北地区盐碱地面积减少了 5000 万亩，黄淮海平原每年粮食增产上百亿斤(1 斤 ＝500 g)，成为国家重要的粮食和农产品生产基地。

2. 河南封丘治理模式

1) 自然条件

河南省新乡封丘县位于河南省北部，南临黄河，北靠太行山，西北部为太行山区和丘陵，中部和东南部为黄河冲积平原。地势东部低，西、南、北三面高，自西北向东南倾斜，为一簸箕形。该区地形受黄河、沁河、卫河多次改道和泛滥冲积的影响，形成岗洼起伏，坡降平缓，排水不畅。平原地区地下水受太行山潜流和黄河侧渗的补给，造成地下水位较高。该区处于温带大陆性季风气候区，属半干旱地带。一般年降水量 500～700 mm，分配不均，70%集中在 7～9 月，且变动幅度较大，丰水年 1168 mm，枯水年 280 mm。年蒸发量约等于降水量的 3 倍，为 1300～1700 mm。气候特点是先旱后涝，涝后又旱，旱涝交替，涝碱伴生。该区土壤多属轻砂壤土，毛细管作用强烈，易于土壤表层积盐。该区盐碱地的形成，与以上地形、地貌、气候、地下水、土壤等自然因素有密切联系。

2) 治理模式

封丘地区治碱的基本经验总结为：在骨干河道治理的基础上，采用排、灌、平、肥相结合的综合措施是改良盐碱地的重要途径，发展井灌井排是综合治理旱、灾、碱的有效措施，引黄放淤是改良利用背河洼地的有效途径，深翻施肥结合灌溉是改良牛皮碱的有效办法。具体措施分述如下[14]。

(1) 治理骨干河道，解决排水出路。骨干河道的治理，不仅为排涝、排碱和灌溉退水打开出路，同时还改善区域性地下径流条件，对降低地下水位、排除盐碱有巨大作用。例如，东孟姜女河治理前，河深仅 1 m 多，各河段平槽泄量仅及 5 年一排标准的 20%～40%。

(2) 排、灌、平、肥综合措施是改良盐碱地的重要途径。若低洼盐碱地区不解决排水问题，其他措施就不能发挥应有的作用；在排水基础上，不解决灌溉或淋洗，也很难把土壤中的盐分排除；而平地、施肥能进一步发挥冲洗排水的作用，巩固土壤脱盐效果。因此，排、灌、平、肥是改良盐碱地的一个有机整体，是不可分治的。就其关系来讲，在脱盐的过程中，排和平是基础，灌是动力，只有靠水的力量才能脱盐；在防止返盐和提高土壤肥力的过程中，排和平仍然是基础，肥是提高土壤肥力和巩固改碱效果的保证。

(3) 井灌井排。盐碱地区进行井灌，既可抗旱增产，又可灌水压盐，同时也可以垂直排水，降低地下水位，增加土蓄水库容，提高抗涝能力，起到综合治理旱、涝、碱的作用。

(4) 深翻施肥。封丘地区牛皮碱对作物危害主要的特点是碱、板、薄。因此，改良碱性、破除板结和提高肥力是改良牛皮碱的重点。牛皮碱的土壤剖面，表面有一层碱化层，其下有厚薄均匀的黏土层或紧沙层，阻隔了盐分下渗。深翻可将碱化层翻下，把黏土层翻透，这样好土便可以翻上来，结合施用有机肥料和灌水踏实，当年即可见效，再经 2～3 年熟化，便可使牛皮碱逐渐变成好地。

3) 经验成效

1964 年，在竺可桢院士的领导下，熊毅等来自多学科的专家进驻封丘，展开盐渍化土壤治理工作。他们在胜水源村打了五眼梅花井做试验，采用井灌渠排技术治理盐碱获得成功，封丘也由此成为中国农业综合开发的策源地。1988 年，李振声等专家总结了封丘县潘店乡万亩中低产田综合治理的成功经验，与河南、山东等省政府联合向中央提出以大幅度提高黄淮海地区粮棉油产量为目标，递交黄淮海平原农业综合开发的请战报告。从此，在全国拉开了以中低产田改造为中心，田、林、路、井、渠综合治理，多种经营全面发展的农业综合开发的大幕。几十年来，从最初为了改善农业基础，以形成田成方、林成网、渠相通、路相连、旱能浇、涝能排的农业生产格局为目标，到后来增加对农机化、科技化、节水灌溉的要求，进入 2003 年以后，着力建成稳产、高产、旱涝保收、节水高效的高标准基本农田，在项目区突出农业综合开发“综合”特点，采取田、林、路、井、渠综合治理，催生出新的综合生产力。农业综合开发也由过去单纯追求经济效益，转变为追求经济、社会、生态效益的有机统一。

11.2　东北苏打盐碱地治理技术模式与典型案例

11.2.1　东北苏打盐碱地治理技术模式

东北苏打盐碱地分布区主要涉及黑龙江省 14 个市县、内蒙古自治区 7 个县和吉林省 14 个市县，盐渍化导致的土地产能下降严重威胁着粮食供应和当地生态稳定，对苏打盐碱地进行科学改良，对农业生产和生态恢复具有重大意义。近年，随着苏打盐碱地改良研究的不断推进，苏打盐碱地综合利用思路已逐渐从单一技术改良，改变为化学改良、工程技术、生物技术、现代农业水利和机械相结合的一揽子改良。例如，“十三五”国家重点研发计划项目“东北苏打盐碱地生态治理关键技术研发与集成示范”，综合考虑东北盐碱地气候条件、盐碱程度和土地利用方式等差异，研究了东北苏打盐碱地形成机制及障碍消减机制，研发了系列适用于苏打盐碱地治理的微生物、植物种植与修复关键技术，研制了盐碱地治理工程装备和产品，建立了苏打盐碱地综合治理和生态产业模式，为苏打盐碱地长效治理提供了科学范式。但目前限于市场部分经营者和管理者对苏打盐碱地改良的认识程度有限，新技术模式的市场认可和推广需要一定的时间，对苏打盐碱地各类治理措施的合理配套使用、盐碱地农业高效利用技术研发等方面仍需要进一步加强研究[15]。

1. 水利工程措施

水利工程措施是根据“盐随水来，盐随水走”的原理，利用水利工程对灌溉水和地下水进行调控，进而对土壤含盐量进行调控以降低土壤盐分，从而达到改良盐碱地的目的。结合土地整治工程开展水利工程措施改良盐碱地，是大面积开发苏打盐碱土的基础措施，是必不可少的。水利工程措施的核心主要包括三点：建立完善的灌溉系统、建立现代化排水系统，以及建立井沟渠相结合的灌排工程系统。此外，利用水利工程措施对盐碱地进行改良，有通畅的排水出路至关重要，如果只灌不排，不仅无法取得理想的改良效果，甚至可能加重盐碱化的程度。以吉林省重点水利工程“引嫩入白”为例，年均提水量超 3 亿 m^3，对吉林省苏打盐碱区的农业灌溉、湿地补水等方面发挥了巨大作用，其中位于“引嫩入白”工程渠首的镇赉县，利用引入的淡水为支撑将大面积盐碱荒地改造为耕地，目前该县年产水稻已近 20 亿斤。同时，“引嫩入白”工程打通了河湖水系，“盐随水走”在稻田环节完成最后一步，盐碱稻田排水进入田间沟渠-河道-泡沼，经过耐盐碱的芦苇等水草与有关水生动物净化后流入更大的河流湖泊[16]。

2. 土壤改良调理技术

苏打盐碱土的特点是碱性强、含有过量的交换性钠，传统排盐洗盐效果有限。中国科学院东北地理与农业生态研究所刘淼工程师提出“重度苏打盐碱地改良必须坚持以耕层改土治碱为基础，以灌排洗盐为支撑，而且改土要先行，通过改良剂将其中的盐碱成分降至合理水平”。因此，为了高效排盐洗盐，土壤改良剂的研发是实现苏打盐碱地快速、高效利用的核心。常用的盐碱土改良剂主要包括石膏类物质、硫酸或酸性盐和有机物料三大类。脱硫石膏是火电厂排放的废弃物，在苏打盐碱地施加脱硫石膏不仅能够治理土地盐碱化，还能够对工业废料加以利用，减轻环境污染。硫酸铝是比较常用的酸性盐类盐碱土改良剂，孙宇男等[17]开展的室内模拟试验表明，施加硫酸铝可明显降低苏打盐碱土 pH，并能够降低土壤中 Na^+、CO_3^{2-} 、HCO_3^- 的含量。杨艳丽等[18]研究证明，生物质炭与盐酸配合施用于苏打盐碱地可降低土壤 pH、电导率、容重，改善土壤渗透特性，促进燕麦的生长。金凤鹤等[19]的研究结果表明，苏打盐碱土在施加泥炭后，可溶性盐、交换性 Na^+含量和 pH 均明显下降，而 Ca^{2+}、Mg^{2+}、土壤养分含量明显上升。另外，还有一些有机物如豆渣、糠醛渣、鸡腿蘑菌糠，以及铁矿尾矿等，也可用于改良苏打盐碱土。目前，中国科学院东北地理与农业生态研究所、中国农业大学、清华大学、吉林农业大学、沈阳农业大学等单位在苏打盐碱土改良调理技术研发方面均取得丰硕的成果，相关技术在中和苏打盐碱地碱性、增加土壤絮凝性和透水性、重塑土壤耕层等方面效果显著。

3. 种稻治碱改土技术

东北苏打盐碱地种植水稻既能保证国家粮食安全、促进该地区经济发展，又能够改善当地的生态环境。刘兴土[20]提出，苏打盐碱地稻田选址要考虑的主要因素包括：灌溉水源、盐碱化程度、地形条件、排水条件和防止土壤次生盐碱化等。苏打盐碱地水稻种植技术包括整地、改土、盐碱淋洗、选择耐盐碱品种、肥料均衡、适当密植、适时收获、水分调控等。李取生等[21]的研究结果表明，微咸水使用得当可以在起到灌溉作用的同时增强苏打盐碱土的通透性、为盐碱淋洗创造前提条件。王志春等[22]研究认为，苏打盐碱地种稻技术还包括耐盐高产品种选育，钵育大苗，病、虫、草害的防治，灌排体系建立等。中国科学院东北地理与农业生态研究所梁正伟研究员提出了“苏打盐碱地大规模以稻治碱改土增粮关键技术”，创建了苏打盐碱地改土增粮关键技术，培育并推广了一批耐盐碱性水稻新品种，破解了苏打盐碱地以稻治碱适宜品种匮乏的瓶颈，研发出配套栽培关键技术体系和高效栽培模式。同时，梁正伟研究员提出了针对东北重度苏打盐碱地(碱地)治理的大安模式，即“良田+良种+良法”三良一体化盐碱地高效治理与综合利用技术模式[23]。

4. 耐盐作物品种选育

针对东北苏打盐碱地区水稻米质外观较差、口感较差的问题，国内科研团队引进 60 多种高产优质水稻品种进行耐盐碱筛选试验，已选出‘九稻 16’、‘吉优 1 号’和‘农大 10 号’等 5 个耐盐碱优质米品种，耐盐碱性强、口感好。中国科学院东北地理与农业生态研究所梁正伟研究员选育的水稻新品种‘东稻 122’在重度苏打盐碱地可实现亩产 517.39 kg，‘中科发 6 号’在轻度苏打盐碱地可实现亩产 712.65 kg。苏打盐碱地旱田主要种植玉米、大豆、谷子、燕麦等作物，其中玉米耐盐碱品种主要有‘四单 19’、‘吉单 27’、‘吉单 505’、‘吉单 35’和‘吉单 535’等，大豆耐盐碱品种主要有‘东生 118’、‘中吉 602’、‘吉林 23’、‘吉林 31’和‘吉育 608’等，高粱耐盐碱品种主要有‘白杂 11’、‘白杂 13’、‘白杂 14’和‘白糯 1’等。

近年，关于耐盐碱油菜品种筛选及应用的研究进展迅速。据报道，已育成的耐盐碱油菜能适应较强盐碱地生长，可作为绿肥、饲料或收获菜籽，具有较好的经济效益。此外，耐盐碱油菜品种生长快、生物量大、覆盖效果好，可减少盐分上升，翻耕作绿肥，能大幅增加土壤有机质含量并提升土壤质量，降低土壤 pH 和含盐量。中国工程院院士傅廷栋院士团队先后培育出‘华油杂 62’、‘饲油 2 号’和‘华油杂 158’等耐盐碱能力强、适应性强的油菜品种，并应用于生产实践。其中，在吉林省白城市的苏打盐碱地开展了耐盐碱油菜盐碱地修复改良试验，结果表明在麦收后复种耐盐碱油菜，可以亩产新鲜油菜 4～5 t，改良增产效果明显。

5. 微生物菌剂修复技术

微生物是最为有效且绿色友好的措施，是未来的新方法、新趋势，微生物生态修复技术主要是研究苏打盐碱地生境条件下的微生物生态修复机制，研发高活性微生物菌株、复合菌剂、菌肥及应用技术，构建复合生态修复技术体系。例如，Li 等[24]证明了从植物根际分离、鉴定的一株具有磷酸盐促溶、提高脱氨酶活性的克雷伯菌，可提高水稻的各项生理指标，有望成为与水稻根际互作的新型土壤改良细菌。微生物复合菌剂通常由不同的互相不产生拮抗作用的两种或更多功能有益微生物组成。赵思崎等[25]利用七种不同的植物促生细菌按照生物量 1∶1 的比例复配成微生物复合菌剂，发现可显著提高盐碱地水稻的生长指标。从长远来看，复合菌剂比单菌株更能够长期发挥作用且效果显著稳定，可分泌不同的活性物质，增加作物产量[26]。2020 年，赵飞等[27]研制出一种对根际有促生功能的复合菌剂，可降低土壤盐碱毒害，并增加土壤中的营养元素。

11.2.2　东北苏打盐碱地治理典型案例

1. 大安市苏打盐碱地生态修复案例

1) 试验地概况

该案例由中国农业大学胡树文教授团队开展并实施。试验地位于吉林省大安市“引嫩入白”项目区，灌溉水为嫩江水，pH 为 7.0～7.2，矿化度为 2.7～3.5 mg/L。试验地属于半湿润大陆性季风气候，四季分明，风多雨少，蒸发强烈，春旱严重；年均气温为 4.3℃，年平均无霜期为 137 天。试验地全年降水特征呈现出春秋干旱、夏季多雨易涝的格局；6～8 月降水量占全年降水量的 73.1%；春季大风次数多，持续时间长，大于等于 17 m/s 的大风次数占全年大风次数的近 80%；年均蒸发量为 1749 mm。

2) 田间实施步骤

(1) 土地平整：对未开垦的大面积盐碱荒地进行开垦。用耕作机具犁地并将土壤粉碎，然后用装有自动液压系统的激光拖拉机将土地整平，将土地划分为 0.2 hm^2 左右的稻田，便于机械化复垦和规模化耕作。

(2) 灌排水设计：每块稻田都设有独立的取水口和排水口，以确保灌溉用水的可达性和污水的排放。修建一个蓄水池塘(约占总面积的 5%)，用以提高灌溉水温，降低水稻受冷害风险。利用总面积的 10%左右建造了一个盐池，用来收集稻田废水，并将废水中的盐分分离储存起来。

(3) 改良剂施用：在复垦第一年时使用一次土壤改良剂，以后不再投入改良剂。根据未开垦前 0～40 cm 土层的盐分总量，计算改良剂的施用量为 1.0×10^4～3.0×10^4 kg/hm^2。将改良剂均匀施用于表层土壤，使用旋耕机深度旋耕至 15 cm，使其与土壤混合均匀。试验以当地农民使用有机肥改良的盐碱地为对照，处理设置不同改良剂用量梯度。

(4) 泡田洗盐：引江水灌溉稻田，灌溉深度为 10 cm 左右，泡田三天后排水。根据稻田湛水层含盐量重复这一过程 2～3 次，使改良剂与土壤发生反应，快速排盐洗盐。

(5) 田间管理：每年 5 月下旬，以 30 cm×16 cm 的行株距移栽耐盐水稻品种(‘白稻 8 号’)，移栽后立即灌溉到大约 10 cm 水深，根据湛水层含盐量调节水层深度。在移栽后的第 7 天、第 14 天和第 21 天，分别施用 75 kg/hm^2 硫酸铵。水稻于每年 10 月上旬收获，收获后将秸秆翻耕至 10 cm 左右，以控制表层土壤含盐量上升、增加土壤有机质含量。基肥类型和用量：商品有机肥 300 kg/hm^2、专用控释肥(N：P_2O_5：K_2O = 5：5：7，质量比)150 kg/hm^2、微生物肥 30 kg/hm^2。

3) 技术效果

(1) 对土壤盐分和碱化度的影响。未改良的原始苏打盐碱土土壤 pH 为 10.5，改良第 1 年 0～20 cm 土壤 pH 下降了 32.5%，20～40 cm 土壤 pH 变化不显著，但改良第 2 年 20～40 cm 土壤 pH 降低了 30.6%。经过连续三年的改良，0～20 cm 和 20～40 cm 土壤的电导率(EC，水土比 1：5)比原始土壤分别降低 43.2%和 30.5%。原始苏打盐碱土的碱化度(ESP)水平为 68.4%，钠吸附比(SAR)为 14.5。改良第 1 年 0～20 cm 土壤 ESP 和 SAR 分别降至 32.4%～40.2%和 9.5～10.5，降幅明显。随着改良年限增加，0～20 cm 土壤的 ESP 和 SAR 持续下降，改良 3 年后数值分别稳定在 17.3%～22.4%和 3.1～4.3。

(2) 对土壤渗透性和团聚体稳定性的影响。未改良的盐碱土中，土壤颗粒高度分散且土壤结构致密，原土的平均入渗率为 0.091 mm/min。改良第 1 年后土壤平均入渗率提高了 472.5%，随着改良年限的增加，土壤入渗性能增强，尤其表现在平均入渗率增加的幅度上。改良 3 年后土壤平均入渗率较未开垦的原始苏打盐碱土提高近 10 倍。土壤平均质量直径(MWD)发生显著变化，在改良第 1 年，土壤颗粒的团聚能力显著提高，0～20 cm 土壤 MWD 的增幅达到 54.5%，并随着改良年限延长逐年增加。

(3) 对土壤养分含量的影响。由于长期的荒废无农耕措施，未开垦苏打盐碱土的土壤有机碳(SOC)和总氮(TN)含量均较低。改良 1 年后，土壤 SOC、TN、铵态氮(NH_4^+-N)、硝态氮(NO_3^--N)、有效磷(AP)和速效钾(AK)的含量较原土分别平均增加 62.1%、150.0%、153.3%、137.3%、242.1%和 30.1%。经过 3 年的开垦，Olsen-P 的含量是原土的 5.6 倍。整体而言，改良过程中这些土壤营养元素的含量随着时间的推移而增加。

(4) 对水稻产量的影响。以当地农民使用有机肥改良盐碱地的处理为对照，对照的水稻产量仅为 4320 kg/hm^2，且随着改良年限增加对照处理水稻产量增幅不大。施用土壤改良剂第 1 年的稻田平均产量约为 7313 kg/hm^2，第 3 年达到了 7720 kg/hm^2。总体而言，随着改良年限的增加，水稻产量也稳步增加。目前，该示范基地的土壤 pH 已降至 8.0 左右，水稻亩产已超过 600 kg。

该案例采用的土壤重构脱盐-快速建立耕层的技术模式在吉林、黑龙江、内蒙古等省区进入大面积推广阶段，先后建立了多个千亩示范基地，均实现了“当年修复，水稻当年高产，一次改良，多年稳产”的目标。目前，已建立吉林松原红星牧场 1500 亩示范基地、大安市联合乡 5000 亩示范基地、通榆县八面乡 4000 亩示范基地等多个规模化示范基地，一次改良后均良好运行多年，耕地质量和水稻亩产逐年提升。

2. 前郭县苏打盐碱地“水改旱”修复案例

1) 试验地概况

该案例由中国农业大学胡树文教授团队开展并实施。试验地位于吉林省前郭县，该地是典型的大陆性季风气候，年平均气温为 4.5℃，年均降水量为 450 mm，夏季降水较为集中，年均蒸发量为 1200 mm。土壤 pH 为 10.5，电导率为 2.13 dS/m，水溶性钠离子含量为 4.12 cmol/kg，HCO_3^-和CO_3^{2-}含量为 3.25 cmol/kg，土壤碱化度为 65.3%。

2) 田间实施步骤

试验地先进行土壤改良种植水稻，后更改种植模式，设计了 4 种种植模式：①水稻-弃耕；②连续种植水稻；③水稻-黑麦草；④水稻-高粱；盐碱荒地作为纯空白参照处理。盐碱荒地开垦为稻田主要经过土地平整、管排水设计、改良剂施用、泡田洗盐等环节，经水稻种植改良 1～2 年后可转变为旱作种植模式，旱作模式不再施用改良剂。水稻、高粱、黑麦草种植的耐盐碱品种分别为‘白稻 8 号’、‘吉杂 80 号’和‘冬草 70 号’。所有处理均施用专用控释肥($N：P_2O_5：K_2O=5：5：7$，质量比)150 kg/hm^2，病虫草害防治等与当地措施保持一致。

3) 技术效果

(1) 对土壤 pH 和电导率的影响。盐碱荒地开垦为稻田种植 1 年后转为旱作种植，其中水稻连续种植处理土壤 pH 最低，为 9.2；转为旱作种植(高粱、黑麦草)后土壤 pH 在 9.6～9.7 之间，显著低于盐碱荒地(pH=10.5)。稻田种植转为旱田种植后，电导率上升了 0.4 dS/m，但显著低于盐碱荒地，略低于水稻种植后弃耕处理。

(2) 对土壤养分含量的影响。盐碱荒地开垦为稻田种植 1 年后转为旱作种植，土壤有机碳、总氮、有效磷的含量与水稻连续种植处理无明显差异，但土壤微生物量碳含量降低了 70～80 mg/kg。

(3) 对作物产量的影响。水稻连续种植处理的水稻产量为 6750 kg/hm^2，耗水量为 11700 m^3/hm^2；水稻-黑麦草处理的生物量为 9500 kg/hm^2，耗水量为 7100 m^3/hm^2；水稻-高粱处理的作物产量为 5300 kg/hm^2，耗水量为 7100 m^3/hm^2。水改旱后的旱作作物产量显著高于当地农民在盐碱地种植高粱、黑麦草的产量。

总体而言，苏打盐碱地种稻改良后转为旱作，可以节约大量的水资源，特别适于水资源缺乏的地区。水改旱种植四年后，试验田的旱作作物——高粱、黑麦草的产量保持稳定，土壤肥力逐步提升。该技术模式在吉林乾安、大安，黑龙江大庆等地均开展了大面积的推广示范。

3. 脱硫石膏改良苏打盐碱土案例

1) 试验地概况

该案例由清华大学李彦教授团队开展并实施[28]。试验地位于吉林省大安市，地理坐标为东经 124°4′～124°9′、北纬 45°21′～45°26′。试验地气候属于半湿润至半干旱的大陆性季风气候，年平均气温 4.3℃。改良前土壤的基础理化性质：pH 9.8，电导率 2000 μS/cm，碱化度 65.3%，有机质含量 11.2 g/kg，土壤总氮含量 10.4 g/kg，总磷含量 1.1 g/kg，总钾含量 3.9 g/kg。

2) 田间实施步骤

(1) 添加脱硫石膏。使用专用机具将脱硫石膏均匀撒施于盐碱土表面，用旋耕机翻耕两次，旋耕深度为 20 cm。引江水进行灌溉泡田，泡田深度约为 10 cm。泡田打浆，深度为 20～25 cm，使地表平整、表面无水坑。泡田后经过两天沉积后，将水排干，随后进行第二次泡田，灌溉深度为 15 cm，进一步促进脱硫石膏和土壤的置换反应。

(2) 施肥量。采用复混肥作为基肥，氮肥、磷肥、钾肥的施用量分别为 450 kg N/hm^2、54 kg P_2O_5 /hm^2 和 71 kg K_2O/hm^2，类型分别为尿素、过磷酸钙和硫酸钾，其中磷肥和钾肥一次性施入，氮肥分作一次基肥和两次追肥施入，具体为 50%氮肥作为基肥，35%氮肥作为分蘖肥，15%氮肥作为穗肥。

(3) 其他田间管理措施。盐碱地在重新开垦前被划分为数个大区，每个大区面积为 3000 m^2(50 m×60 m)。6 月移栽水稻前，保持约 10 cm 深度的湛水层；在水稻生长期间，湛水层深度保持 8～10 cm。湛水层维持约 60 天，在水稻分蘖期到灌浆期间歇排水，保证根系氧气供应充足。秋天在收获前 3 周进行最后一次排水，落干后等待收获。

3) 技术效果

(1) 对土壤电导率的影响。脱硫石膏改良后土壤电导率较未改良前均显著降低。2015 年土壤电导率为 631～1443 μS/cm，中位数是 847 μS/cm，较未改良前土壤电导率下降了 33.7%，2016 年土壤电导率主要在 558～1350 μS/cm 之间。2016 年土壤电导率的中位数，相比 2014 年和 2015 年分别下降了 38.6%、7.9%。

(2) 对土壤水溶性阴阳离子的影响。未改良土壤水溶性离子以 CO_3^{2-} 和 HCO_3^- 为主，占水溶性阴离子总量的 87.9%，但在脱硫石膏改良 2 年后，CO_3^{2-} 和 HCO_3^- 含量的该项占比降至 70.9%；同时，土壤 CO_3^{2-} 和 HCO_3^- 含量比未改良前下降了 96.8%。未改良前土壤可溶性 Na^+含量占水溶性阳离子总量的 59.2%，但在改良 2 年后该项占比减少至 34.7%。可溶性 Na^+含量的显著降低有助于减轻 Na^+对植物生长的潜在毒性影响。

(3) 对水稻产量的影响。施用脱硫石膏后，试验地水稻产量逐年增加，改良第 1 年产量为 4.6 t/hm^2，改良第 2 年产量为 7.4 t/hm^2，同时水稻籽粒的千粒重也随改良年限增加而增大。

(4) 对土壤和籽粒重金属含量的影响。脱硫石膏是燃煤电厂处理废气的副产物，可能存在一定的重金属污染风险。改良后土壤与背景土壤之间的重金属含量差异不显著，均低于《土壤环境质量 农用地土壤污染风险管控标准(试行)》(GB 15618—2018)。同样，稻米中重金属的平均含量也远低于中国食品安全国家标准(GB 2762—2022)的规定。

11.3 滨海盐碱地治理技术模式与典型案例

11.3.1 滨海盐碱地治理技术模式

我国境内盐碱地面积总数约为 3600 万 hm^2，其中滨海盐碱地总面积约为 $5×10^6$ hm^2，主要分布在沿海地区，包括渤海西岸、东南沿海等地区，涉及我国 11 个省市，大部分滨海盐碱地资源未被开发利用，是我国重要的后备耕地资源。滨海盐碱地多缺乏完备的灌排设备，且土壤养分含量低：其成因与沿海的特殊地理气候、生产过程等密切直接相关。滨海盐碱土壤的改良利用一般通过以下两个方面：一是通过改良土壤本身，降低土壤可溶性盐分含量，为作物创造良好的生长环境条件；二是利用生物改良，即通过选用作物中的耐盐品种，并挖掘品种自身所具有的忍耐能力，直接种植于盐碱土壤。在土壤改良条件方面，一般是通过物理措施、水利措施、农艺措施和化学改良方法等，这方面国内外也已积累了很多丰富的经验。近年，随着“改地适种”到“改种适地”盐碱地利用策略的转变，海水稻、耐盐碱大豆、耐盐碱牧草等适应盐碱地种植的新品种不断被研发出来，在盐碱地的适应性改造利用方面取得了系列成果。

中国科学院南京土壤研究所张佳宝院士团队提出了针对黄河三角洲滨海盐碱地分类利用的技术模式[29]，例如，基于含水层-土壤-植物-大气连续体(GSPAC)系统水盐运移机制，提出雨养条件下滨海盐碱地亚淡化原理，建立滨海盐碱地“上覆-中阻-下排”长效控盐技术体系；集成微域地形改造、咸水灌溉和种养技术，建立滨海盐碱地生态农场模式，在坡顶建立咸水灌溉经济植物模式，引种枸杞、金银花、蔬菜海马齿、海滨木槿、罗布麻等；在坡面建立喷灌-生物降盐牧草种植模式，开沟喷灌种植羊草、碱茅、田箐等耐盐植物，配合接种根瘤菌、高效纤维素降解菌等沃土微生物，施用聚谷氨酸等促进田菁生长降盐；在水域建立生态牧场种养集成模式，引种观赏性和净化功能的水生植物(如荇、菹草、睡莲、藨草、水葱、香蒲等)，养殖适宜微咸水环境的鱼类(如鳜鱼等)。

1. 工程措施

滨海盐碱地区域具有淡水资源缺乏、咸水资源丰富、夏季雨量充沛等特点，发展起来的适应滨海盐碱地治理的水利工程措施主要有冬咸水灌溉、井灌井排、明渠排盐等。滨海地区非常规水资源相对丰富，中国科学院遗传与发育生物学研究所刘小京研究员团队发现，利用冬季咸水结冰可以有效降低沿海地区的含盐量，改良效果显著[30]，其原理是咸水在低温下结冰，温度回升时，高含盐量的冰先融化并入渗，低含盐量的微咸水后续融化起到淋溶洗盐的作用[31]。刘海曼等[32]研究表明，春季高浓度咸水灌溉以及地膜覆盖有效降低了耕层土壤含盐量，为作物播种萌发提供了适宜的土壤水分、肥力和气环境。陆海明等[33]回顾了农业排水沟的生态功能，发现明渠排水对滨海盐碱区预防涝渍、缩短脱盐周期具有重要作用。在缺少雨水的季节，沟渠中的水又可以补充灌溉。

此外，中国农业大学康绍忠院士团队指出，要加快实施黄河三角洲滨海盐碱地高标准灌排体系与配套建设工程[34]，具体措施有：在海岸线以内 5～10 km 区域，修建从套尔河口到支脉沟口、长约 130 km 的截渗墙及若干座扬水站，利用当地丰富的可再生能源，采取强排方式加速区域排水，降低截渗墙内侧的地下水位，实质性解决排水自然坡降不足的问题。同时实现黄河多流路串联入海，将缓解沿海滩涂的蚀退压力，增加生物多样性和生物量，提高植被覆盖率，改善入海河道、近岸海域及其辐射范围内的水生态环境，加快河-海-陆交互地带的生态环境恢复进程。

2. 暗管排盐措施

暗管排水排盐是基于水盐运移规律、作物需水与耐盐度的地下水位调控措施，通过在地下铺设平行的排盐管网，利用雨水和灌溉水从地下管道上方的土壤中滤出盐分，使地下水位保持在临界深度以下[35]。为了控制排水、节约水土资源、降低成本，因地制宜地确定灌排参数，如淋洗定额、地下排水管道的最佳间距和深度等非常重要。典型案例有中国科学院南京土壤研究所杨劲松研究员团队围绕着新围垦滩涂重度盐碱地改良的难点问题，经过多年的野外观测和试验研究，研发和优化了针对低洼盐碱地快速降渍脱盐的暗管排盐技术，提高土壤脱盐速率 20%以上，重度盐碱地当年就治理改造为中轻度盐碱地。

3. 土壤调理技术

在滨海盐碱地改良中施用较多的土壤改良剂有钙质改良剂、酸性改良剂、有机改良剂等，通过加速盐碱离子的淋洗，增加盐基代换容量，达到快速排盐的目的。其中钙质改良剂包括石膏、脱硫石膏、亚硫酸钙等，石膏、脱硫石膏主要通过 Ca^{2+}置换土壤胶体吸附的 Na^{+}并淋洗，降低土壤 Na^{+}含量[36]。毛玉梅和李小平[37]研究发现，添加不同量脱硫石膏短期内均能显著降低滩涂盐碱土 ESP 和 pH，减少有害盐离子含量，但过量烟气脱硫石膏(如 50 g/kg)则对植物生长产生不利影响。酸性改良剂主要包括腐殖酸、硫酸亚铁、硫酸铝等。李晓菊等[38]研究表明，施加腐殖酸有利于改善盐碱土理化性质，促进土壤剖面盐分向深层运移并促进盐分的淋洗，降低土壤 pH。此外，将施用复合材料对黄河三角洲滨海盐碱土的改良效果与单施腐殖酸进行对比，烟气脱硫石膏与腐殖酸配施对降低土壤 pH、可交换性钠百分比和 SAR 效果更好[39]。

有机改良剂包括生物炭、泥炭、糠醛渣等，可增加土壤养分含量，降低土壤含盐量，促进植物生长[40]。近年来，生物炭越来越多地应用于盐碱地土壤修复。生物炭是生物质在缺氧条件下热解形成的富碳产物，多微孔、比表面积大、稳定性强，具有“碳封存”、改良土壤等多种功能。针对生物炭的特性，沈阳农业大学陈温福院士提出了“发展生物炭产业，助力千亿斤粮食产能提升”的耕地产能提升发展思路。按照该发展方向若利用生物炭技术将农业废弃生物质炭化还田，不但可提升盐碱地农业生态系统碳储备能力，而且有利于提高盐碱土碳氮含量，提高土壤肥力，改善土壤质量。例如，张进红等[41]发现生物炭显著降低了土壤容重和水溶性盐总量，提高了盐渍化土壤大团聚体的比例和团聚体稳定性，促进了紫花苜蓿生长。

4. 耐盐生物修复技术

耐盐植物修复技术包括两个方面，一方面是利用吸盐植物从土壤中吸收大量可溶性盐，并储存在肉质化的茎叶组织中，植株中的盐分也会随着作物的收割而转移；另一方面是培育耐盐碱的农作物，实现盐碱地边利用边改良。常见的耐盐碱适种植物有碱蓬、苜蓿、芦苇、旱柳、柽柳、牧草等。大多数盐生植物和耐盐植物都具有特殊的渗透调节机制或泌盐机制，这使得它们能够在高盐环境中生长[42]。伊朗、以色列等国家通过种植海马齿、碱蓬等盐生植物，维持了盐碱地农业生态系统的稳定性[43]。杨策等[44]研究了盐地碱蓬对滨海盐碱地的改土效应，结果表明，碱蓬的降盐作用主要通过植株吸收盐分降低土壤含盐量，此外，盐地碱蓬改善了土壤结构，也促进了土壤盐分淋洗。不同盐生植物具有不同程度的适应机制。对于滨海盐碱地耐盐作物育种方面，中国科学院遗传与发育生物学研究所研究员田志喜培育的‘科豆 35’，在中度盐碱地上实收测产亩产超过 270 kg。山东农业科学院徐冉研究员培育的‘齐黄 34’在东营盐碱地实打验收亩产

302.6 kg，实现了大豆在盐碱地上的单产新突破。耐盐碱大豆品种的突破，不仅实现了盐碱地的高值利用，也为我国粮油供应安全提供了保障。

5. 地面覆盖技术

地面覆盖可以降低蒸降比，抑制地表盐分聚集，且具有增产和节水功效，特别对于中轻度滨海盐碱地的增产效果较为明显。常用的地表覆盖物主要有地膜、秸秆等。Haque 等[45]研究表明地膜的使用大大降低了土壤的电导率，减少了地表水分无效蒸发，对促进作物生长、土壤健康具有重要意义。但地膜使用后不易降解，会对滨海盐碱地造成二次污染。秸秆覆盖可以有效阻断地表水分蒸发，达到保墒抑盐的功效。邓玲等[46]研究发现，秸秆覆盖减少了土壤水分蒸发损失，提高了水分利用效率，在一定程度上抑制了土壤中可溶性盐分的表聚作用。Cui 等[47]研究了降水联合麦秸覆盖对重盐渍化土壤脱盐淋滤效果，发现秸秆覆盖增强了降水对土壤盐分的淋失。

11.3.2　滨海盐碱地治理典型案例

1. 东营滨海盐碱地大豆种植案例

1) 试验地概况

该案例由中国农业大学胡树文教授团队开展并实施。试验地位于山东省东营市河口区，经度为 118.52°，纬度为 37.88°。试验地 2021 年 6～9 月降水量达到 556.78 mm，全年平均降水量为 893.42 mm，夏季降水量占全年降水量的 62.3%。土壤 pH 为 8.28，电导率为 1.44 mS/cm，有机碳含量为 4.28 g/kg，碱解氮含量为 25.9 mg/kg，有效磷含量为 15.08 mg/kg。

2) 田间实施步骤

改良技术思路是要筑堤建闸，控制地下水位，防止返盐；同时还要改良土壤，实现作物正常生长。本案例从抑制土壤返盐、土壤结构重塑、降低耕作层盐分角度入手，提高作物产量。作物种植制度为小麦-大豆轮作。在大豆种植之前，将改良剂按照小区梯度均匀撒施然后机械翻耕，使土壤与改良剂充分混匀。该试验共设 4 个土壤改良剂用量处理，分别是：①CK，不施加改良剂；②T_1，4500 kg/hm^2；③T_2，7500 kg/hm^2；④T_3，12000 kg/hm^2。大豆种植品种为‘齐黄 34 号’，雨养条件下种植。肥料品种和用量与当地农户保持一致。

3) 技术效果

(1) 对土壤盐分和养分供应能力的影响。施加改良剂后各土层的 pH、EC 和含盐量均有不同程度的下降，其中对于 pH，以 T_3 处理的降幅最为明显，对于 EC 和含盐量，以 T_2 处理降幅最大。总体而言，施加改良剂后降低了大豆的盐碱胁迫程度。此外，各改良处理增加了土壤大团聚体比例，提高了土壤总氮、有机碳、有效磷含量等指标。

(2) 对大豆抗逆性和产量的影响。大豆受盐碱胁迫后植物的抗氧化系统会发生氧化应激，对大豆的生长产生影响。对照处理的大豆叶片丙二醛含量为 13.8 nmol/mL，改良处理的丙二醛含量下降了 7.95%～32.84%。此外，经过改良处理后植物叶片的过氧化氢酶、过氧化物酶、超氧化物歧化酶等酶活性均显著提高，刺激了植物的抗氧化系统，提高了大豆的抗逆能力。对照处理的产量为 2625.8 kg/hm^2，施加改良剂后，大豆的单株分枝数、单株荚数、单株粒数及千粒重均显著增加，产量增加至 3334.7～3855.0 kg/hm^2，产量增幅为 27.0%～46.8%。

(3) 对根际土壤微生物群落的影响。相比对照处理，添加改良剂后大豆根际土壤细菌的 α 多样性显著增加，提高了根际固氮菌群落的丰度。通过 FAPROTAX 功能预测分析发现，相比对照处理，添加改良剂后，大豆根际土壤呼吸作用和固氮作用明显提高，同时提高了对木聚糖的分解作用。通过环境因子分析发现，添加改良剂主要通过降低土壤含盐量、增加土壤养分含量来增加大豆根际土壤细菌的多样性。

该案例采用的技术模式在江苏盐城滨海盐碱地大豆种植上实现了产量的大幅提升，对照田块产量为 169.6 kg/亩，改良处理大豆产量为 256.8 kg/亩，增产 51.4%；与对照相比，改良处理大豆叶片的叶绿素含量提高了 37%；对照处理大豆则基本没有根瘤，改良地块大豆根瘤数普遍在 20～38 个/株之间。该技术模式在山东、河北、天津、江苏等省市的大豆、小麦等作物均开展了大面积的推广示范。

2. 沧州滨海盐碱地咸水冰灌治理案例

1) 试验地概况

该案例由中国科学院遗传与发育生物学研究所刘小京研究员团队开展实施[48]。试验地位于河北省沧州市海兴县，地势低洼平坦，盐荒地较多。试验地属暖温带半湿润大陆性季风气候，年平均气温 12.1℃，平均年降水量为 582.3 mm，四季分布不均，主要集中在 7～8 月，占年降水量的 74%。该地区土壤盐分以氯化物为主，Cl^-占阴离子总量的 70%～80%，Na^+是主要的盐基阳离子。地下水水位为 0.9～1.5 m，随着季节而有一定的变化；地下水的矿化度较高，含盐量为 7～27 g/L。

2) 田间实施步骤

该试验于 2008 年冬季开始，对试验地进行咸水结冰灌溉，灌水时气温–0.3℃，灌水量为 180 mm，灌水后在处理小区地表形成冰层；为防止土壤春季返盐，在地表覆盖地膜。试验用水含盐量为 9.59 g/L。为保证灌水均匀结冰，采用分次灌水，即每天灌少量水，3 天后完成灌水量的试验设计要求。

试验设置冬灌覆膜处理(T)，以无冬灌+覆膜处理(CK_1)作为第一对照，无冬灌和不覆膜的小区作为第二对照(CK_2)。每个处理设 3 次重复，随机区组设计。4 月 23 日播种棉花，品种为‘鲁棉 28’。

3) 技术效果

(1) 对土壤水分的影响。春季融冰后，CK_1 和 CK_2 由于春季强烈蒸发，0～20 cm 表层土壤含水量降低，与灌冰前相比分别降低了 21.9%和 23.6%，而 T 由于咸水结冰融水的入渗，表层土壤含水量与灌冰期相比没有显著差异，但显著高于同时期其他两个处理。棉花播种期，T、CK_1 和 CK_2 的 0～20 cm 表层土壤含水量分别为 24.9%、23.8%和 22.6%。

(2) 对土壤盐分的影响。在咸水结冰融水入渗后，采用地膜覆盖，减少了土壤水分的蒸发，可抑制土壤的返盐，同时由于地膜覆盖，凝结在膜上的水分回流到土壤中，对土壤盐分也起到了淋洗的作用。在棉花播种期，咸水结冰灌溉结合融水入渗后地膜覆盖的处理(T)，0～20 cm 土壤含盐量降到了 0.32%，同期覆盖无咸水结冰处理(CK_1)的土壤含盐量为 0.65%，无咸水结冰灌溉又无地膜覆盖的土壤含盐量高达 0.98%。在整个棉花生长期，由于降水的淋洗作用，T 和 CK_1 的耕层土壤含盐量保持在 0.3%左右，CK_2 保持在 0.6%～0.8%。

(3) 对棉花出苗率和产量的影响。咸水结冰灌溉结合融水入渗后地膜覆盖，为棉花播种出苗提供了适宜的土壤水分和低盐环境，在棉花播种期耕层土壤含盐量降低到 0.32%，土壤含水量达到 24.9%，棉花出苗率为 76.8%，产量达 3700.2 kg/hm^2。

综上所述，在滨海盐碱地区，春季是土壤返盐高峰期，影响棉花的播种出苗；冬季咸水结冰灌溉，春季融水入渗后可以降低土壤含盐量，为春季棉花播种出苗创造了适宜的土壤水分和低盐环境；地膜覆盖可以抑制土壤返盐并有集水淋盐作用；咸水冬季结冰灌溉结合融水入渗后地膜覆盖可保证滨海盐碱地区棉花的正常生长。

3. 滨州滨海盐碱地治理案例

1) 试验地概况

该案例由中国农业大学康绍忠院士团队开展并实施[49]。试验地位于山东省滨州市(北纬 37°17′～38°03′，东经 117°42′～118°04′)，是黄河三角洲的主要农业区。试验地属温带大陆性季风气候，降水量、蒸发量、气温、风力等季节性强，年平均降水量 564 mm，其中 78%降水量集中在 6～9 月，年平均蒸发量 1806 mm。该地区淡水资源短缺，黄河是唯一的灌溉和生活用水来源。该地区地下水位一般为 1～2 m 以下，矿化度为 10～30 g/L。

2) 田间实施步骤

将黄河沉积物作为土壤改良剂，对低产滨海盐碱土的改良效果进行了比较研究。研究共设计了四个处理，各处理根据黄河泥沙或秸秆的添加量命名，具体为：①不施黄河泥沙或秸秆，对照(CK)；②黄河泥沙施用量为 70 Mg/hm^2(S_{70})；③黄河泥沙施用量为 140 Mg/hm^2(S_{140})；④秸秆施用量为 3 Mg/hm^2(P_3)。农作物秸秆还田处理(P_3)的施用量和方法与当地盐碱土改良的常用方法一致，农作物残茬被均匀切碎至长度小于 1.0 cm。种植作物为棉花，播种前，将黄河泥沙和秸秆撒在土地表面，然后使用旋耕机翻入土壤(约 20 cm 深)。所有地块的耕作措施保持一致。播种后，4 月底对地块进行灌溉。播种量、耕作、灌溉和施肥均按照当地传统措施执行。

3) 技术效果

(1) 对土壤颗粒组成的影响。表层土壤(0～20 cm)颗粒粒径分布结果表明，黄河泥沙显著增加了 0.05～0.1 mm 粒径范围的颗粒，同时显著降低了< 0.001 mm 粒径的土壤颗粒。对于< 0.001mm 粒径组分，S_{70} 处理的比例略低于 CK；对于 0.001～0.01 mm 粒径组分，S_{70} 和 S_{140} 处理的比例略高于 CK。P_3 处理对土壤粒径分布无显著影响。

(2) 对土壤电导率的影响。在不同土层中，S_{70}、S_{140} 和 P_3 处理的电导率均显著低于 CK。黄河泥沙田间处理土壤电导率降低的主要机制是通过增强土壤渗透性。与没有添加黄河泥沙的处理相比，土壤中积累的盐分更容易随泥沙的添加而渗出。较低的电导率对植物生长非常重要，因为棉花在出苗和幼苗阶段比其他生长阶段对盐胁迫更敏感。

(3) 对棉花产量的影响。可以看出，不同处理间棉花整体产量呈现出：$S_{140} \approx P_3 > S_{70} > CK$，其中 S_{140} 与 P_3 处理的棉花产量(分别为 1343 kg/hm^2、1344 kg/hm^2)比较接近，说明添加黄河泥沙对滨海盐碱地棉花种植具有很好的产量提升作用。

11.4　河套平原盐碱地治理技术模式与典型案例

11.4.1　河套平原盐碱地治理技术模式

河套平原是我国重要的商品粮基地。河套平原由于处于干旱-半干旱过渡区和季风边缘区，盛行西风和西北风，形成了降水量少、蒸发量大、无霜期短、昼夜温差大、日照时间长的气候特点，属于没有灌溉就没有农业的地区。“黄河百害，唯富一套”，尽管河套平原得益于黄河灌溉而成为塞外粮仓，但由于干旱气候和特殊的水文地质条件，土壤次生盐碱化严重，是我国盐渍化发生的典型代表区。目前，河套平原内盐碱地广泛分布，其中盐碱化耕地面积达 32.3 万 hm^2，占该区域总耕地(71.5 万 hm^2)的 45%。盐碱地面积大、分布广、程度重，已成为影响农业经济、生态环境和社会发展的突出问题[2]。近年来，很多学者依据大量数据资料，开展了河套平原地球化学分区、盐碱地分布规律、地下水类型和水盐平衡状况等方面的研究。但现有盐碱地治理缺少系统的分区治理理念，缺乏针对不同盐碱地形成过程、资源禀赋、障碍程度、盐碱类型、作物布局等差别的分类治理技术体系[50]。

通过“十三五”国家重点研发计划项目“河套平原盐碱地生态治理关键技术研究与集成示范”的实施，中国科学院南京土壤研究所杨劲松研究员等提出了“基础研究+前沿技术研究+应用示范+产业推进”的全链条式盐碱地综合治理理念[51]，从理论上揭示了河套平原土地盐碱化演变规律、驱动机制与盐碱障碍生态消减原理；在技术层面，研发了盐碱地生物优选利用、高效节水控盐、灌排生态工程、精准调理改土等生态治理与修复关键技术；在装备与产品层面，开发了新型无沟排盐暗管机、滴灌控盐装备等盐碱地整治工程设备，研制了复合生态型盐碱调理改土制剂产品；在产业技术层面，以内蒙古、宁夏河套平原不同类型盐碱地以及林果、草饲、粮经等特色产业为对象，建立了资源循环、节本高效、环境友好型的生态产业关键技术，创建河套平原盐碱地生态导向型治理修复技术体系与可持续发展产业模式，实现了河套平原盐碱地生态产业体系上、中、下游无缝衔接与技术模式集成、示范、推广的一体化推进。

以下将列举部分河套平原盐碱地的治理技术模式。

1. 暗管排盐技术

暗管排盐措施能有效控制地下水位和防治土壤盐渍化，改善土壤结构和通透性，是保障盐渍化灌区可持续发展的重要技术。该技术的应用越来越广泛，起初用于滨海盐碱地，学者们通过多年试验研究，提出了系列排涝降渍的暗管合理布局。近年来，西北干旱半干旱地区开始尝试利用暗管排水协同灌溉进行盐碱土治理，针对土壤水分、土壤盐分、土壤理化性质，以及氮素循环和作物产量等进行了大量的田间试验。但由于暗管排水技术引进时间晚，试验具有局限性，对于改良盐碱土的暗管布局研究相对较少，尚未对其进行系统性研究。周利颖等[52]为合理设计暗管排盐参数，提高河套灌区盐碱土的改良效果，研究了暗管间距对河套灌区重度盐碱土脱盐治碱效果的影响。结果表明：10 m、20 m、30 m 间距处理下表层(0～10 cm)土壤 pH 在秋浇前较第 3 次淋洗后分别降低了 4.47%、3.72%和 2.96%，说明小间距的暗管布设更具有缓解土壤碱化程度的潜力。中国科学院南京土壤研究所杨劲松研究员团队建立的“暗管+粉垄”盐碱地工程生态治理技术[53]，以此为基础创建了河套盐碱地生态治理和林果、饲草、粮经作物生态产业可持续发展模式，推动了河套灌区盐碱地治理与生产、生活、生态的协同统一，创新了河套平原盐碱地生态导向型-生物适应型长效生态治理与产业可持续发展的范式。

2. 脱硫石膏配套改良技术

大多数燃煤电厂已经配备了湿法烟气脱硫洗涤器，每年会产生大量的脱硫石膏，其主要成分是 $CaSO_4 \cdot 2H_2O$，可用于改善盐碱土壤。脱硫石膏和秸秆联合施用能够提高土壤的含水量，在水分渗透和再分配过程中促进脱硫石膏和土壤之间的反应。此外，脱硫石膏替代了对作物具有高度毒性的离子，如 Na^+和 Cl^-；随后，这些离子随着水流移动到更深的土壤层。因此，应控制脱硫石膏的施用量，以避免增加土壤含盐量。总体而言，秸秆层和脱硫石膏的联合施用显著降低了土壤 pH 和 ESP，其有效性随着脱硫石膏施用量的增加而增加[54]。

3. “上膜下秸”控抑盐技术

盐碱地“上膜下秸”控抑盐增产技术由中国农业科学院农业资源与农业区划研究所逄焕成和李玉义研究员研发，集地表覆盖、秸秆隔层、深耕、深松和秸秆还田等措施以及控抑盐、保墒、增产、改土等效果为一体的盐碱地农业高效利用技术。该技术是指在盐碱地以专用机械将切碎的秸秆翻埋至地下 30～40 cm 深处，形成秸秆隔层，每亩秸秆用量约 400 kg，每隔 2～3 年翻埋 1 次，地表耙平后覆盖地膜，膜上种植作物，同时集成秋浇春灌压盐、种植耐盐品种、水肥优化管理、施用土壤改良剂等技术形成的盐碱地微域盐分淡化耕作技术。该技术主要适用于西北内陆土壤蒸发强烈、盐分上行较快的地区，尤其是黄河上中游地区的广大盐碱地。“上膜下秸”控抑盐技术已在内蒙古、甘肃、宁夏等多盐碱程度、多土壤类型的地区进行田间试验与推广应用，并建立核心试验示范区大面积推广示范，取得了显著的控盐抑盐和增产增收效果。例如，在河套灌区五原县的实践效果显示，应用该技术后，可降低盐碱农田耕层含盐量 1～3 g/kg，每亩增产 23～40 kg，增收 140～240 元/亩。

4. 耐盐植物修复技术

清华大学李彦教授团队提出了适合河套平原盐碱地种植的耐盐碱植物品种筛选与适生栽培技术。该技术模式包括利用饲草饲料植物和生物质能源植物制备生物质炭及其高效利用技术、盐碱湿地种芦养鱼技术、低洼盐碱地稻田养蟹技术、枸杞带种和隔片种植耐盐植物等技术，通过单项技术组合形成了饲草饲料植物高效利用与生态修复模式、生物质能源植物高效利用与生态修复模式、低洼盐碱地稻田养蟹生态修复模式、盐碱湿地种苇养鱼生态修复模式、盐碱地枸杞生态配置型生态修复模式。各项生态修复模式实施后，土地生产力平均提高 50%，植被盖度平均达到 65%以上，固碳量平均提高 32%以上，景观多样性指数平均提高 1 个等级；试验示范区土壤脱盐率达 50%以上，碱化度降低 32%以上，土壤有效养分平均提高 20%，土壤有机质含量平均增加 20%，单位面积经济效益提高 30%以上。植物修复技术在改善河套平原盐碱土壤环境、提高土地生产力和生态系统多样性方面具有显著的潜力。

5. 人工藻结皮改良技术

土壤藻类是土壤微生物群落的重要组成部分，将具有活性的微藻作为生物肥料施加在土壤中可促进土壤养分循环。在含水量较低的盐碱土中接种土著藻，能促进农作物的生长并提高作物产量。土壤藻类与土壤颗粒胶结形成的生物土壤藻结皮已被证明在盐碱地、沙漠和石漠等恶劣生境中具有良好的抗逆性。刘太坤等[55]为了研究土壤藻结皮对盐碱土的改良效果，在河套平原盐碱地野外试验区分别接种了 *C. miniata* HJ-01、*S. javanicum* 和土著丝状混合藻，培植人工土壤藻结皮。研究结果表明，人工藻结皮发育 45 天后，与未接种藻类的对照组相比，0～10 cm 深度土壤中水分损失减弱，土壤 pH 轻微下降，电导率降低 57%，有效氮和有效磷含量增加。

11.4.2　河套平原盐碱地治理典型案例

1. 巴彦淖尔隔层控盐增产案例

1) 试验地概况

该案例由中国农业科学院李玉义研究员团队开展实施[56]。试验地位于内蒙古巴彦淖尔市五原县“改盐增草兴牧”试验示范项目区(108°18′E，41°02′N)内。试验地地处亚欧大陆腹地，属于典型的大陆性干旱气候，年均日照时数约 3263 h，年均温 6.1℃，≥10℃的积温 3362.5℃，无霜期 117～136 天。降水主要集中在夏秋两季，蒸发量大，年均蒸发量约 2200 mm，冬春季返盐严重。土壤质地为粉砂壤土，按盐土分类为氯化物-硫酸盐土。

2) 田间实施步骤

试验设 4 个处理：无隔层(CK)，秸秆隔层(JG)，砂层隔层(SC)，秸砂组合隔层(JS)。每个处理重复三次，随机区组排列，每个田块面积为 12 m²。用挖掘机将各小区 0～40 cm 土壤按 0～20 cm 和 20～40 cm 分层取出后，进行铺设隔层处理。其中：①CK 处理，不铺设隔层；②JG 处理，在 40 cm 处铺设 5 cm 厚的玉米秸秆；③SC 处理，在 0 cm 处铺设 5 cm 厚砂层；④JS 处理，在 40 cm 处先铺设 2.5 cm 厚的砂层，在砂层上再铺设 2.5 cm 厚的秸秆层。隔层铺设完成后，将土壤按原土层依次回填，随后统一平整土地机械覆膜。春灌结束后施底肥，所施肥料为 54%的复合肥(N : P_2O_5 : K_2O = 18 : 18 : 18)，施用量为 740 kg/hm^2。施肥后立即进行播种，供试食用型向日葵品种为‘LD1335’，行距 70 cm，株距 30 cm，种植密度为 2.7×10^4 株/亩。

3) 技术效果

(1) 对土壤全盐量的影响。2018 年春灌前各处理 0～100 cm 土层剖面土壤盐分分布无显著差异。2018 年春灌后各处理 0～40 cm 土层土壤全盐量随土层深度增加呈降低趋势，铺设隔层处理 0～40 cm 土层平均土壤全盐量显著低于 CK，其中 JG 处理 0～40 cm 土层土壤平均全盐量最低，分别比 CK、SC 和 JS 低 17.01%、10.66%和 1.98%。经过冬春两季的强烈蒸发，由于隔层的存在，到 2019 年春灌前 0～40 cm 土层土壤全盐量铺设隔层处理显著低于对照，JS 处理隔盐效果最好，0～40 cm 土层土壤全盐量分别比 CK、JG 和 SC 处理低 20.39%、0.83%和 8.66%。

(2) 对土壤盐分淋洗通量和蒸发通量的影响。2018 年 JG、SC 和 JS 处理 0～40 cm 土层土壤盐分淋洗通量分别比 CK 高 11.30%、5.30%和 10.22%。2019 年 0～40 cm 土层盐分淋洗通量变化与 2018 年相反，铺设隔层处理显著低于 CK 处理，JG、SC 和 JS 处理分别比 CK 低 25.24%、18.20%和 24.40%。

(3) 对土壤孔隙结构特征的影响。土壤总孔隙度从高到低依次为 JS＞JG＞SC＞CK，JS 处理土壤总孔隙度分别比 CK、JG、SC 处理高 254.90%、31.32%和 99.21%，孔隙连通度 JG 处理最低，分别比 CK、SC 和 JS 低 47.06%、55.56%和 25.00%。

(4) 对食用型向日葵生长性状和产量的影响。2018 年和 2019 年铺设隔层处理食用型向日葵出苗率均显著高于 CK 处理，JG、SC 和 JS 处理出苗率 2018 年分别比 CK 处理高 13.54%、14.78%和 13.45%，2019 年分别比 CK 处理高 10.49%、12.53%和 11.43%。2020 年 JS 处理食用型向日葵籽粒产量、整株干重和根重均显著高于其他三个处理，其中食用型向日葵籽粒产量分别比 CK、JG 和 SC 处理高 24.14%、5.77%和 18.99%，整株干重分别比 CK、JG 和 JS 处理高 73.22%、18.73%和 61.73%，根重分别比 CK、JG 和 JS 处理高 83.39%、17.22%和 54.0%。

2. 杭锦后旗脱硫石膏与有机物料配施改良案例

1) 试验地概况

该案例由中国科学院南京土壤研究所杨劲松研究员团队开展并实施[57]。试验地位于内蒙古自治区巴彦淖尔市杭锦后旗三道桥镇澄泥村，属于温带大陆性气候，年均降水量 138.2 mm，蒸发量 2094.4 mm，昼夜平均温差 8.2℃，年平均无霜期 135 天左右，平均风速 2～3 m/s，灌溉依赖黄河水，黄河水平均矿化度为 0.598 g/L。灌区采用一年一熟制，种植作物以向日葵、玉米和春小麦为主。试验区每年在向日葵播种前和收获后进行大水漫灌压盐，受灌水影响地下水埋深波动较大。土壤含盐量均值为 6.99 g/kg，pH 均值为 8.10，总氮含量和有机质含量均值分别为 0.83 g/kg 和 18.03 g/kg。表层土壤(0～

20 cm)质地为粉砂壤土，深层土壤多为黏壤土。

2) 田间实施步骤

(1) 试验处理。供试作物为食用型向日葵，品种为“361”。试验设计 6 个处理，包括：不施用改良剂(CK)、施用脱硫石膏(S)、施用腐殖酸(F)、施用黄腐酸(H)、施用脱硫石膏+腐殖酸(SF)、施用脱硫石膏+黄腐酸(SH)，每个处理 3 个重复，小区采用随机区组排列，每个小区面积为 33.6 m^2，向日葵播种是人工点播，行距 60 cm，株距 50 cm，种植密度为 33000 株/hm^2。

(2) 灌溉与施肥。试验地春灌(播前灌溉)、秋浇灌水量为当地灌水量(约 3000 m^3/hm^2)，整个生育期不进行灌水。底肥选用磷酸二铵，施用量为 375 kg/hm^2；追肥选用尿素，施用量为 340 kg/hm^2，其中现蕾期施用 240 kg/hm^2，开花期施用 100 kg/hm^2，常规种植处理(CK)的施肥量与改良剂处理的施肥量相同。

(3) 其他管理措施。4 月中下旬进行铺膜，5 月下旬播种，9 月下旬收获。

3) 技术效果

(1) 对土壤含盐量的影响。从 0～40 cm 土壤平均含盐量来看，各个处理的含盐量相对降低率从大到小为：SF 处理>SH 处理>F 处理>S 处理>CK 处理>H 处理，SF、SH、F、S 处理土壤含盐量相对降低率较 CK 处理分别降低 82.42%、48.01%、13.65%、9.03%，SF 处理降盐效果最好。

(2) 对土壤 pH 的影响。在 0～20 cm 土层中，各个处理土壤 pH 降低效果排序为：H 处理>S 处理>SF 处理>CK 处理>SH 处理>F 处理，H、S、SF 处理土壤 pH 降低值分别较 CK 处理降低 0.375、0.12 和 0.055，其中 H 处理 pH 降低效果最好。这是因为黄腐酸改良剂与土壤中的各组分发生多种物理、化学作用，从而改善土壤的物理性能，影响并改变土壤的碱性。在 20～40 cm 土层中表现出相似的规律。

(3) 对向日葵生长的影响。施用改良剂后，向日葵产量都显著高于 CK 处理。不同改良剂处理向日葵产量由高到低为：SF 处理 > F 处理 > S 处理 > H 处理 > SH 处理>CK 处理，其中 SF 处理增产效果最明显，产量为 4.29 t/hm^2。SF、F、S、H、SH 处理向日葵产量分别较 CK 处理增加 51.63%、47.00%、33.95%、27.91%和 22.79%。

综上所述，腐殖酸和脱硫石膏组合具有较佳的土壤改良效果，是适宜于河套灌区盐碱土的最佳改良剂，腐殖酸施用量为 600 kg/hm^2，脱硫石膏施用量为 3000 kg/hm^2。

3. 巴彦淖尔盐碱地生态修复案例

1) 试验地概况

该案例由中国农业大学胡树文教授团队开展并实施。试验地位于巴彦淖尔市杭锦后旗联增村和临河区红光村，其中联增村土壤 pH 均在 8.5 左右，土壤电导率在 5.0 mS/cm 左右，土壤中黏粒成分较多，透水性差，板结情况严重；红光村地土壤 pH 均在 8.8 左右，土壤电导率在 3.0 mS/cm 左右，土壤质地黏重，土地分散、结构性差。试验地属于典型的大陆性干旱气候，年均日照时数约 3263 h，年均温 6.1℃，≥10℃的积温 3362.5℃，无霜期 117～136 天；降水主要集中在夏秋两季，蒸发量大，年均蒸发量约

2200 mm，冬春季返盐严重。

2) 田间实施步骤

改良的技术思路是建立灌排系统，控制地下水位，并将盐分导出所在区域；重塑土壤结构，快速脱除土壤耕作层盐分；同时节水灌溉，保持土壤水分。种植作物为向日葵，品种为‘巴葵 128’。改良处理方案包括土地平整、改良剂施用、泡田洗盐/排盐等措施，改良剂施用后浅翻并灌水排盐 2 次，待晾至可进行机械作业时进行施肥、翻地、覆膜工作。改良处理底肥采用抗盐碱缓/控释肥料(N：P_2O_5：K_2O = 16：19：10，质量比)，肥料用量与当地农民常规用量保持一致，追肥同当地常规措施。以农民常规种植为对照，10 月进行测产及土壤样品采集，分析土壤理化性质。

3) 技术效果

(1) 对土壤 pH 和含盐量的影响。与对照相比，经过改良后红光村盐碱地土壤 pH 从 8.8 降至 8.2 左右，下降了 0.6 个单位，土壤电导率从 3.0 mS/cm 下降至 2.1 mS/cm 左右，含盐量下降了 30%；联增村盐碱地土壤 pH 从 8.5 降至 8.1 左右，下降了 0.4 个单位，土壤电导率从 5.0 mS/cm 下降至 3.3 mS/cm 左右，含盐量下降了 34%。

(2) 对向日葵出苗率和生长性状的影响。改良后联增村和红光村的向日葵出苗率分别为 80%和 93%，对照处理的向日葵出苗率仅为 75%和 86%，出苗率分别提高了 7%和 8%左右。此外，与农民常规种植相比，改良处理向日葵的茎粗、株高和盘直径均显著提高。

(3) 对向日葵产量的影响。临河区红光村重度盐碱地改良处理向日葵产量为 174.4 kg/亩，常规种植产量为 74.9 kg/亩，增产率为 132.8%；杭锦后旗联增村中重度盐碱地改良处理向日葵产量为 222.6 kg/亩，常规种植产量为 165.6 kg/亩，增产率为 34.4%。

总体而言，内蒙古巴彦淖尔中重度盐碱地种植向日葵，改良当年，作物增产显著，且连续种植 7 年土壤肥力状况和作物产量均持续良好。该案例采用的盐碱地修复技术在河套平原地区向日葵、玉米、水稻、牧草等作物种植均开展了大面积示范推广工作。以山西朔州应县重度盐碱荒地为例，pH 为 9.5～10.2，全盐量 4‰～8‰，经综合改良后，全盐量下降至 0.3%以下，水稻获高产，当年达验收标准；新增 1600 亩耕地，为当地政府增加了 4 亿元的财政收入，同时还大大提高了当地农业合作社成员的收入。

11.5　内陆干旱区盐碱地治理技术模式与典型案例

11.5.1　内陆干旱区盐碱地治理技术模式

我国内陆干旱区盐碱地主要位于新疆和河西走廊等内陆干旱区，多属于内陆大陆性气候，气候干燥、气温日差大、光照充足、太阳辐射强、境内高低悬殊，高山、平川、沙漠和戈壁等兼而有之，地下水位高的地带土壤盐分随毛管水上升到地面后，强烈的蒸发使盐分聚集，土壤逐渐形成盐土。其中，新疆被国际上誉为世界盐碱地博物馆，经过 50 多年的发展，新疆地区盐碱地治理技术也在不断发展变化。新疆干旱区高强度水土资源开发，加剧农业用水供需矛盾，致使传统灌排水盐平衡模式难以为继；大面积高效节水灌溉技术应用改变农田土壤水盐运移规律，滴灌使根区驱盐非根区积盐，需要创新调控理论与技术体系；传统盐碱地农业开发利用模式资源效率低、维持成本高，需要以生物修复技术为核心构建盐碱地高效率资源化利用模式。目前，新疆地区由传统“明灌明排”进入“滴灌微排”“滴灌精控”的现代工程技术阶段。总体看，新疆盐碱地治理应由灌水洗盐排盐治理模式向区域水盐平衡调控模式、高效节水灌溉的控盐促生去盐模式和重度盐碱地植物种植资源化利用模式转变。

通过“十三五”国家重点研发计划项目“新疆干旱区盐碱地生态治理关键技术研究与集成示范”的实施，中国科学院新疆生态与地理研究所田长彦研究员团队以南北疆典型县域为基地，以产业为导向，以内陆盐碱地综合治理为目标，提出了四大目标：①建立现代水土资源利用方式下的水盐平衡调控理论；②创新干旱区盐碱地生态治理模式，实现干旱区盐碱地治理技术和产品系统性突破，达到国际先进水平，引领干旱区盐碱地生态治理进入现代技术发展阶段；③集成盐碱地综合治理技术体系和产业发展模式，建立县域盐碱地产业化集成示范区，创新企业与新型农业合作组织参与的示范机制，形成全产业链的盐碱地生态治理技术服务体系；④稳定一支以新疆相关单位为主体，国内重要单位参加的根植新疆的盐碱地生态治理队伍[58]。

下面将列举部分内陆干旱区盐碱地的治理技术模式，供参考。

1. 灌排优化技术

在内陆干旱区，淡水资源匮乏，来源于地下水的灌溉水一般矿化度较高，不合理的灌溉方式更会给土壤带来大量盐分，从而容易产生次生盐碱化的风险。科学的灌溉模式可以合理地调控农田水盐运移规律，是开发利用和改良干旱区盐碱地的重要措施之一。灌排优化技术主要通过不同类型的灌溉手段结合明沟、暗管、竖井等排水方式，控制或降低地下水位、维持耕层或植物根系分布区的水盐平衡、促进土体盐分排出的水盐调控方式。受蒸腾作用与降水的影响，土壤中的水分和盐分会发生随季节而变化的垂直运移，这使得土壤中的水盐在一年当中存在积盐、脱盐和相对稳定三种不同时期。灌溉管理的关键是针对不同地区土壤的积盐高峰期进行有效控制，实现旱季有灌溉、冬季有排水。此外，针对地下水位过高的盐碱地区域，降低灌区地下水位是防治土壤次生盐碱化的关键措施。对排水沟渠严重淤塞地区，应不定期开展对各级干、支排水沟渠的清淤治理与维护工作，确保灌区排水系统的畅通。

2. 节水灌溉技术

节水灌溉技术包含喷灌、滴灌(膜上/膜下滴灌技术)等技术模式，其中喷灌、滴灌具有省水、省工、省地、地形适应性强、灌溉水利用率高等优点，缺点是投资、运行成本高。中国科学院新疆生态与地理研究所田长彦研究员团队研发出适合新疆干旱区高效节水的农田去盐抑盐关键技术，可有效提高水资源利用效率、控制根层含盐量，为解决因普及滴灌技术而导致的新盐渍化趋势提供了可行的解决方案。该技术可将水和养分直接输送到作物根部，也使土壤中植物根层盐分淡化，主要防止在土壤表层下 40 cm 或 60 cm

处形成不透水的盐结盘层，对于地下水位高或土壤盐分重的农田，应恢复排碱渠，适时适当增加春秋灌溉洗盐水量。

3. 物理调控技术

内陆干旱地区气候干燥、降水稀少、蒸发强烈，物理调控措施主要是通过改变耕层土壤物理结构、降低蒸散量、增加深层渗漏量来调节土壤水盐运移过程，从而提高土壤入渗淋盐性能，抑制土壤盐分上行并减少其耕层聚集量。物理调控措施主要包括耕作(深耕晒垡、深松破板和粉垄深旋等)和农艺(地面覆盖、蒸腾抑制剂和秸秆深埋等)措施。地膜覆盖方法是指通过覆盖农用塑料薄膜来降低地表水分，阻止返盐。乔海龙等[59]认为，深层秸秆和表面秸秆两种覆盖方式相结合，对土壤水分保持的效果最佳，还可以降低耕作层返盐，保障作物正常生长发育。王成宝等[60]对比分析了地膜、细沙和秸秆三种材料覆盖对盐碱地脱盐效果和玉米产量的影响，结果表明地膜覆盖效果>细沙覆盖效果>秸秆覆盖效果，覆盖处理对于0～20 cm土层含盐量有较好的脱盐效果，秸秆覆盖和细沙覆盖各阶段的含水量与覆盖量呈正相关。

4. 化学调理技术

化学调理主要是向土壤中施加合适且适量的化学改良剂，以改善土壤结构、调节土壤酸碱度。常用的盐碱土改良剂主要包括石膏类物质、硫酸或酸性盐和有机质三大类。脱硫石膏在苏打盐碱地施加脱硫石膏利用了工业废料来改良盐碱地，减轻环境污染。在苏打盐碱土施加硫酸铝可降低土壤 pH，并能够降低土壤中钠离子、碳酸根离子、碳酸氢根离子的含量。生物质炭与盐酸配合施用于苏打盐碱地可降低土壤 pH、电导率、容重，改善土壤渗透特性。此外，施用腐殖酸类改良剂在新疆地区盐碱地的改良效果较好。由于腐殖酸能与土壤中阳离子结合生成腐殖酸盐，进而形成腐殖酸-腐殖酸盐相互转化的缓冲系统，而且腐殖酸是一种有机大分子两性物质，阳离子交换容量大，因此可以起到调节土壤酸碱度的作用。腐殖酸可在一定程度上促进种子的萌发及根系和营养体的生长，调节植物体的新陈代谢，刺激作物生长，改善农产品品质。结合新疆盐碱地淡水资源缺乏、滴灌面积广的特点，以黄腐酸等小分子量、水溶性有机酸为主要原料的土壤改良剂，以随水滴灌为主的施用方式，在棉花生育期脱盐、降低 pH、提高棉花产量方面效果均较显著。

5. 生物改良技术

盐碱地生物改良是利用某些生物改善土壤的理化性质、减少盐分积累，从根源上缓解土壤盐渍化问题，主要包括种植耐盐碱植物、施用耐盐碱微生物等措施。中国科学院新疆生态与地理研究所田长彦研究员领导的农田生态学团队，针对干旱区土壤盐碱重、淡水资源匮乏、次生盐碱化反复的问题，围绕节水、增地、产能提升，将盐生植物的生物积盐特性用于盐碱地改良，提出了盐碱地的生物改良的新理论和新方法，将盐生植物栽培引上产业化之路，在国内开创了盐生植物综合利用的先河[61]。田长彦团队针对重度盐碱地盐碱重、植物种子萌发出苗困难、改良周期长的问题，提出了“滴灌+生物排盐+快速熟化”的盐碱地生物改良技术。该技术通过开沟避盐、滴灌淋盐来创造种子萌发所需低盐湿润土壤环境，第 1 年通过盐生植物地上部分刈割来移除农田耕作层土壤过多的盐分，第 2 年通过耐盐豆科绿肥植物来实现土壤培肥。利用盐生植物高富集盐分和耐盐豆科绿肥植物培肥土壤的特点，构建了盐碱地的生物改良及循环利用模式，缓解了水资源短缺背景下盐碱地常规水利改良难以为继的难题[62]。实践证明，该技术体系所显示的突出成效是节水、土壤脱盐速率快、土壤肥力提升迅速，土壤生产力水平在 2～3 年内可大幅度提高。

11.5.2 内陆干旱区盐碱地治理典型案例

1. 新疆干旱区盐碱地生态治理案例

1) 试验地概况

该案例由中国科学院新疆生态与地理研究所田长彦研究员团队开展并实施[63]。试验地位于新疆克拉玛依农业综合开发区，地处准噶尔盆地西北边缘湖积平原上，属于典型的温带大陆性干旱荒漠气候，冬季严寒，年极端最低温度可达−35.9℃，夏季高温炎热，年极端最高气温可达 42.9℃。多年平均降水量为 105.3 mm，潜在蒸发量 3545 mm，无霜期 150～220 天。试验地土壤为沉积母质发育而成的盐土，表层含盐量 40.66～56.81 g/kg，pH 为 7.61，土壤盐化学类型为氯化物。土壤质地组成以粉黏粒为主，不同土壤层次间质地组成差异不大。灌溉水来自克拉玛依市的西郊水库，水体矿化度均值 0.21 g/L。

2) 田间实施步骤

试验在未开垦的盐碱荒地上进行，以开垦年限为处理，种植年限分别为 0 年(盐碱荒地)、1 年(2015 年种植)、2 年(2014 年种植) 和 3 年(2013 年种植)。供试植物为盐地碱蓬。灌溉方式为滴灌，滴灌带布设采用“一管一行”的方式，盐地碱蓬种子于每年 5 月上旬条布播于滴灌带毛管两侧 20 cm 的范围内，形成 40 cm 宽的播种带，滴头间距 0.2 m，行距 1.0 m。播后 45 天定苗，80 株/m^2。

3) 技术效果

(1) 对土壤含盐量的影响。未开垦的盐碱荒地存在明显的盐分表聚现象，0～10 cm 土层土壤含盐量最高，达到 58.86 g/kg，随着土壤深度的增加含盐量逐渐下降。在 0～40 cm 深度土壤，土壤含盐量随种植年限增加逐步下降，种植 3 年后逐渐从未种植的 45.57 g/kg 下降到 20.18 g/kg。种植 3 年后整个剖面的含盐量由 32.33 g/kg 下降为 25.45 g/kg。

(2) 对土壤盐基离子组成的影响。种植盐地碱蓬后，Na^+、Cl^-和 SO_4^{2-} 仍是土壤中的主要离子，但 Na^+与 Cl^-所占的比例显著下降，对植物的毒害作用减弱，Ca^{2+}比例上升，说明土壤环境得到改善。

(3) 对土壤钠吸附比的影响。不同种植年限土壤钠吸附比(SAR)值均在滴头左右最小，在距滴头 25 cm 和 50 cm 处土壤 SAR 值较高，土壤 SAR 平均值的变化和 Cl^-/SO_4^{2-} 类似。

综上所述，滴灌种植盐地碱蓬后，随着种植年限的增加，根区土壤盐分和主要盐分离子含量下降；盐分离子组成发生改变，毒害离子的比例下降，根区土壤 Cl^-/SO_4^{2-} 和 SAR 值下降，根区土壤环境得到改善，为以后的利用提供了良好的作物根系生长环境。

2. 南疆砂质盐碱土暗管+竖井排水案例

1) 试验地概况

该典型案例由新疆农业科学院尹飞虎院士团队开展实施[64]。试验地位于新疆生产建设兵团第二师三十八团、第十四师二二四团，地处欧亚大陆腹地，属典型的大陆性干旱气候，年均降水量不足 200 mm，年均蒸发量在 2000 mm 左右，生态环境十分脆弱。新疆南疆地区分布着大面积的砂质土壤，且次生盐碱化问题严重。一方面受新疆土壤母质含盐量高影响，另一方面是灌溉水含盐量高(含量普遍在 2～6 g/L)，加上各灌区灌排系统不健全，有灌无排，使得土壤中盐分不断累积，同时过度灌溉使得地下水位也不断上升，强烈的蒸发加速深层盐分表聚，从而导致土壤次生盐碱化问题日益严重。

2) 田间实施步骤

根据南疆砂质土特性及水文特征，尹飞虎院士团队采用暗管+竖井模式对砂质盐渍化土进行排水控盐技术研究，结合管道水利、暗管布设间距、脱盐效果等技术，提出了适应不同区域暗管+竖井排水控盐的技术规范与模式。

暗管排水控盐系统由吸水管、竖井、集水管、集水井、检查井、自动水泵系统、供电系统、水盐监测系统和监控泵房等组成，其中吸水管一般采用管壁上有进水孔的聚氯乙烯或热塑型树脂单壁(或双壁)波纹管，竖井一般采用管壁上有进水孔的水泥管或钢管，使土壤中多余水分及其溶解其中的盐分通过暗管和竖井汇集至集水管或排水渠(沟)，再排入下一级排水渠(沟)。通过深耕和灌溉淋洗，使土壤中的盐分随灌溉水渗入地下的水体通过暗管和竖井排走，达到土壤洗盐和排盐的目的。

3) 技术效果

针对次生盐碱化土壤的单层暗管+竖井(暗管管径 50 mm，埋深 1.1 m，间距 6 m、8 m、10 m；竖井管径 60 cm，井深 20 m，间距 120 m)和单层暗管(暗管管径 90 mm，埋深 1.2 m，间距 30 m)的暗管排盐治理技术模式，建设试验示范点 1550 亩，示范点耕地土壤电导率平均下降 40%。

该技术模式研究形成了适合不同区域不同土壤盐渍化类型的盐渍化改良工程技术模式 3 套，创新提出了灌排异步脱盐调控技术，使土体内盐分充分溶解并形成汇流进入暗管，达到洗盐降盐的最佳效果，结合农休期间深耕深松和春秋灌溉，加作物生长期降低灌溉频次增加灌溉量的方法，形成盐碱地改良综合技术模式。

3. 和田盐碱地生态治理案例

1) 试验地概况

在 2023 年 7 月中旬，中国农业大学胡树文教授带领的研究团队在新疆和田地区拉开了一个规模宏大、目标明确的土壤改良项目的序幕。该项目占地 500 余亩，主要针对和田地区严重的土壤盐渍化问题。该项目细致地分为三个核心部分：1 号和 2 号试验田作为改良田，分别覆盖了 64 亩和 48 亩土地，作为项目的实验核心。而作为对照组，对照田则有 400 多亩。值得一提的是，无论是改良田还是对照田，均选择了玉米作为种植作物。图 11-1 为试验田示意图。

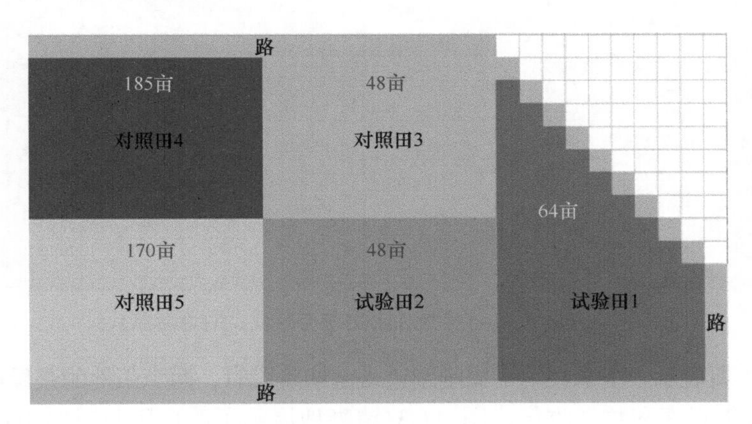

图 11-1　试验田示意图

2) 田间实施步骤

在这一设置下，改良田与对照田在玉米品种、施肥策略、灌溉量以及土地管理等方面都维持了严格的一致性。但区别在于，改良田在滴灌灌溉过程中引入了一种由胡树文教授团队专门研发的创新性生物基改良剂。这不仅仅是一次灌溉，更是一次全方位、多角度的土壤质量改善。

该改良剂是一款前沿的生物基改性材料，以水溶性钙为主要成分。通过这种改良剂，原本散乱的土壤“细小颗粒”得以聚合为“大颗粒”，显著改善了土壤的“团粒结构”，从而提升了土壤的孔隙度。该改良剂还有助于降低土壤的毛细作用，有效抑制土壤返盐现象，加速土壤中盐碱的去除，并有力提升了土壤有机质的含量。同时，因为新疆和田碱性土壤中 Na^{+}较多，缺少 Ca^{2+}，难以形成良好的土壤结构，不利于作物生长。图 11-2 和图 11-3 为改良与对照的对比。

图 11-2　改良与对照对比 1(左为改良、右为对照)

图 11-3　改良与对照对比 2(左为改良、右为对照)

如图 11-2 所展示，玉米在第一周刚刚进入苗期阶段时，两个田地的差异还并不明显。经过两周的密集观察和数据收集，图 11-3 清晰地展示了改良田与对照田在玉米生长方面的显著差异。

3) 土壤测量和评估标准

(1) 土壤采样。土壤检测的第一步是进行土壤采样。采样应该从农田的不同位置和深度进行，以获取全面、代表性的样本。通常采用环刀或铁锹等工具进行采样，将采样得到的土壤放入清洁的容器中。

(2) 土壤质地测试。土壤质地是指土壤中不同颗粒的比例关系，常见的有砂质土壤、黏质土壤和壤土。质地测试可以通过简单的手感方法，将土壤握在手中轻轻揉搓，观察土壤的形态和颗粒结合情况，判断所属的质地类型。或者将土壤样品运到有实验条件的地方进行详细测试。

(3) 土壤 pH 测量。土壤的 pH 是衡量土壤酸碱性的指标，对植物生长起着重要作用。可以使用专用的土壤 pH 测试仪器，或者用试纸进行简单测量。将采样的土壤与试剂混合，观察颜色变化并与参考色表对照，可以得到土壤的 pH。土壤微生物一般最适宜的 pH 是 6.5～7.5 之间的中性范围。过酸或过碱都会严重抑制土壤微生物的活动，从而影响氮素及其他养分的转化和供应。

(4) 土壤 EC 值测量。盐分在土壤中积聚对作物的主要伤害为引起生理性干旱。土壤中可溶性盐浓度高，土水势降低至小于根水势，作物根细胞就会失水以至枯萎死亡。将采集的土壤过筛后 1∶5 静止半小时，采用 EC 计进行测量，正常的 EC 值范围在 1～4 mS/cm 之间。

(5) 土壤养分测试。土壤养分是植物生长所需的重要营养物质，包括氮、磷、钾等。可以通过实验室化验或使用便携式土壤养分检测仪器测定土壤中的养分含量。化验方法包括提取土壤样品，使用化学试剂进行反应，并通过仪器测定反应结果。或者将土壤样品运到有实验条件的地方进行详细测试。不同的土壤养分含量标准是不同的，土壤一般性标准，氮含量 140～225 mg/kg，磷含量 57～100 mg/kg，钾含量 106～150 mg/kg。

4) 基本数据对比

土壤样品采集方案：项目团队会在每一次滴灌完成后的第三天，精心采集试验田的土壤样本，并进行详细的保存和标注。这些样本将用于分析土壤的理化性质变化。

农艺性状记录：每次滴灌完成后的一周内，研究团队会深入田间，对试验田和对照田的玉米进行详尽的农艺性状调查。调查内容包括但不限于株高、茎粗、叶片长宽等关键指标，并对其长期变化趋势进行持续监控。如图 11-4 所示为株高与茎粗数据。

这一系列数据的精确对比和记录，旨在全面而细致地评估该土壤改良项目在提高土壤质量和作物生长方面的长期和短期效果。

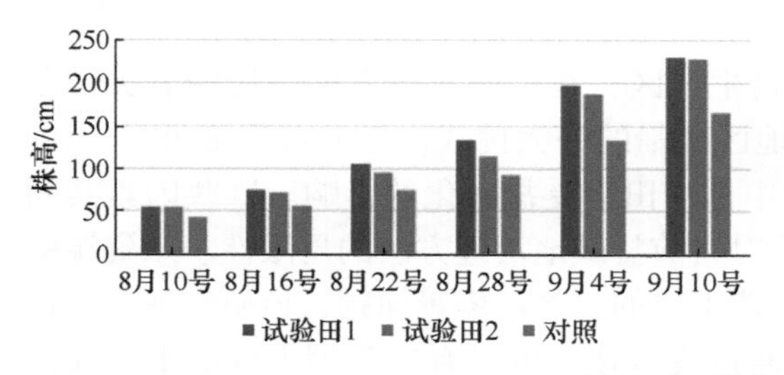

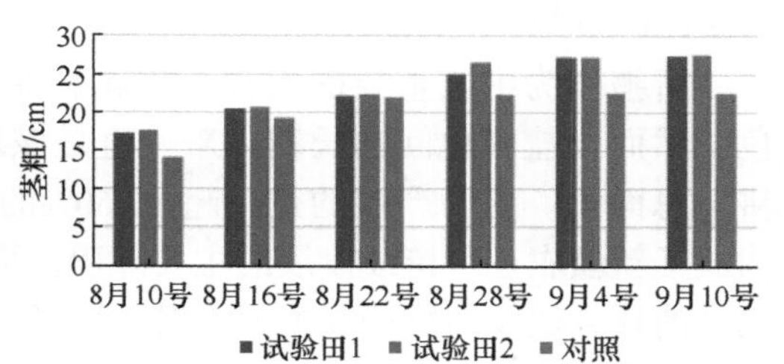

图 11-4　株高与茎粗数据

扫描封底二维码可见本图彩图

经过一个月的精心观察和持续维护，试验田的效果已然凸显，试验结果令人非常振奋(图 11-5)。

图 11-5　改良与对照对比(左为改良、右为对照)

位于和田的这片土地主要用于种植青贮玉米，该品种在夏季的正常生长周期大约为 90 天。7 月 9 日，试验田正式启动，所有准备工作后，开始了播种工作。从播种开始到最后的收获，整个周期中试验田均严格使用了滴灌技术进行灌溉。这种灌溉方式不仅高效，还能确保改良剂和肥料直接并均匀地输送到土壤中，以实现最佳吸收和利用。

值得特别强调的是，到了 9 月 1 日，也就是种植后的第 50 天，试验田中的玉米开始大规模进入了抽雄阶段。这一现象在对照田中要晚出现近 10 天，明显地展示了改良剂在促进作物生长速度和缩短生长周期方面的显著优势。

9 月 20 日，专家组完成了详尽的测产评估。数据显示，经过土壤改良后，盐碱地上的青贮玉米鲜重为 3292.38 kg/亩，相比未经改良的对照田的 2056.86 kg/亩，有 60.07%的增产。在穗重方面，试验田达到 1172.34 kg/亩，而对照田的数值为 737.1 kg/亩，增产比例为 59.05%。除此之外，试验田的玉米穗长也达到 29.72 cm/个，比对照田的 25.2 cm/个增长了 17.94%。

新疆作为中国重要的粮食、棉花和油料生产区，在全国农业发展中扮演着关键角色。然而，盐碱化问题长期以来一直是该地区面临的一大挑战，影响着新疆近 31%的耕地总面积。更为严峻的是，超过 60%的中低产田遭受盐碱化的影响。这些因素共同构成了新疆农业可持续发展的主要障碍。面对目前盐碱地治理方法的局限性、水资源的大量消耗、建设与维护成本的上升，以及可能引发的二次污染等问题，该研究证实，在水资源有限且需提升土地质量的条件下，通过改良技术可以有效管理土壤的水分和盐分。这一发现不仅助力提升新疆农业的生产效率，也为该地区的农业可持续发展提供了新的动力。

4. 内蒙古干旱区盐碱地生态治理案例

1) 试验地概况

该案例由中国农业大学胡树文教授团队开展并实施。试验地位于内蒙古赤峰市林西县大井镇(北纬 40°34′59″，东经 118°06′39″)，属于大陆性季风气候，年均降水量 370.4 mm，降水量主要集中在 7～9 月，占全年降水量的 70%以上。年均气温 4.6℃，年蒸发量 1800 mm，属于典型的内陆干旱区。试验地土壤类型为栗钙土，土壤容重为 1.53 g/cm^3，表层土壤 pH 为 8.8，土壤含盐量在 6.0～9.0 g/kg 之间，土壤总氮含量 0.688 g/kg，有机碳含量 5.12 g/kg，有效磷含量 15.90 mg/kg，土壤质地黏重、养分较为贫瘠。

2) 田间实施步骤

(1) 改良剂施用。在改良第一年时使用一次土壤改良剂，以后不再投入改良剂。根据未开垦前 0～20 cm 土层的盐分总量，计算改良剂的施用量为 3.75×10^3～30×10^3 kg/hm^2。试验共设 4 个改良用量梯度：T_1 处理 3.75×10^3 kg/hm^2，T_2 处理 7.5×10^3 kg/hm^2，T_3 处理 15×10^3 kg/hm^2，T_4 处理 30×10^3 kg/hm^2，以不添加改良剂处理为对照。将改良剂均匀施用于表层土壤，使用旋耕机深度旋耕至 15 cm，使其与土壤混合均匀。

(2) 田间管理。施用改良剂后 30 天将甜菜苗移栽至大田中，两垄间距为 0.5 m。移栽后根据降水情况连续灌溉两次，移栽后第一次灌水量为 20～30 m^3/亩，第二次灌水量为 10 m^3/亩；甜菜生育期的灌溉情况根据降水情况确定。肥料品种和用量与当地农户保持一致。10 月收获测定甜菜产量和甜度。

3) 技术效果

(1) 对土壤 pH 和电导率的影响。未改良前的土壤 pH 在 8.8 左右，施用改良剂后土壤 pH 明显下降，其中 T_2 处理降幅最大，降低至 8.05 左右。未改良前的土壤含盐量在 6.5 g/kg 左右，甜菜收获后改良处理的土壤含盐量降至 3.0～4.5 g/kg 之间，脱盐率为 33.0%～50.0%，土壤盐碱程度由重度盐渍化降为中度盐渍化。

(2) 对土壤微生物群落的影响。与对照相比，添加改良剂显著改善了土壤的微生物群落结构。改良处理土壤细菌群落丰富度指数(Chao1 指数)显著高于对照，其中节杆菌属(*Arthrobacter*)、芽孢杆菌属(*Bacillus*)、假单胞菌属(*Pseudomonas*)等根际益生菌从属相对丰度较高的菌属，其相对丰度显著高于对照处理，可以促进甜菜对氮、镁、钾、钙等元素的吸收，降低钠离子的相对含量，提高了甜菜对盐碱环境的适应性。

(3) 对甜菜产量的影响。对照处理的甜菜产量为 3616.3 kg/亩左右，对照地块缺苗严重是提升产量的主要限制因素。改良处理的甜菜产量为 4391.2～5216.1 kg/亩，产量平均增加了 35%以上，其中以 T_2 处理的甜菜产量最高(5216.1 kg/亩)且含糖量较高。

在该案例盐碱地修复技术的基础上，结合新型抗旱、抗盐等技术模式，在干旱区盐碱地的向日葵、玉米、高粱、牧草等作物种植均实现了大面积的示范推广。在内蒙古通辽盐碱荒漠化土地，采用盐碱地综合生态修复技术方案，排盐初期亩用水量少于 300 m^3，此后利用当地雨养条件，连续种植牧草、青贮高粱、燕麦、玉米，均长势良好，一次生态修复，多年有效，修复后新增 1000 亩优质草场。在新疆生产建设兵团农二师 33 团盐碱地，结合节水灌溉方式，开发出新型水溶性改良剂，实现了“边滴灌、边改良、边脱盐”，棉花长势旺盛，显著好于其他改良处理。

11.6 次生盐碱化土壤治理技术模式与典型案例

11.6.1 次生盐碱化土壤治理技术模式

我国次生盐碱地分布广泛，从热带到寒温带、从滨海到内陆、从湿润到干旱荒漠地区，均有大量的盐碱土分布。农业生产过程中的集约化多肥栽培、肥料表施、地膜和大棚湿度过高也会引发土壤集聚硝酸盐，形成次生盐碱化。保护地土壤次生盐碱化问题已成为一个非常严重的问题，引起了广泛的关注。并且随着设施栽培年限的增加，设施栽培耕作层土壤含盐量也在逐年增长，次生盐碱化问题越来越严重，并且会对农作物和生态环境产生危害。设施土壤次生盐碱化发生后，主要是化肥特别是氮肥施用量过高，并且设施土壤处于密闭环境中，不能接受雨水淋洗等的综合作用，于是普遍提出了增施有机肥、减少化肥施用量、测土施肥、大水灌溉、暗管排水、季节性揭棚等措施来防治次生盐碱化。

近年来，研究发现这些防治措施必须要科学地采用，就增施有机肥而言，盲目施用会适得其反，必须考虑有机肥的施用量和施用种类。此外，随着社会的进步和经济的发展，水质的恶化成为一个新问题，对于微咸水灌溉的研究是目前国内外研究的热点，设施栽培中采用微咸水灌溉尤其应该深入研究，以防加重次生盐碱化的发生。随着科技的进步，一些新的措施也逐渐提出，诸如土壤改良剂、缓释/控释肥料和喷灌、滴灌等的应用也使设施土壤次生盐碱化的防治措施进入了一个新局面[65]。

下面将列举部分次生盐碱化土壤的治理技术模式，供参考。

1. 土壤复合调理技术

土壤复合调理技术主要采用土壤改良剂+微生物菌剂复合制备改良剂，促进表层土壤盐分脱除。该类型土壤改良剂具有保水效果，促进团聚体形成，形成大孔隙结构，减少毛细管数量，降水或者灌溉能及时将盐分淋洗至地下深层，从而降低土壤表层含盐量；此外，微生物菌剂能改善土壤微生物群落结构，提高土壤酶活性，尤其是固氮和矿化微生物的活性，从而加速养分的固定和释放，提高作物产量和品质。张绪美等[66]为缓解蔬菜大棚土壤次生盐碱化，通过添加微生物菌肥和稻糠菌基质肥复合制备的土壤改良剂，结果表明，施用复合改良剂处理与对照不施任何肥料和传统改良剂处理相比，土壤硝酸盐含量降幅高达 26.68%，土壤有机质、总氮、速效钾、有效磷的含量分别增加 20.68%、43.56%、22.17%、21.60%。

2. 生物控盐抑盐技术

生物措施一直以来都被认为是盐碱土修复的最佳途径之一，在保护地次生盐碱化土壤修复方面主要有填闲作物种植、耐盐植物种植等方式。填闲作物即在设施栽培的休闲期，种植耐盐且生长快、吸肥力强的植物来降低土壤耕层的营养盐分离子含量。填闲作物能有效地增加地表覆盖，减少由于蒸发强烈而引起的盐分表聚；在土壤耕作休闲期，填闲作物的加入还能有效阻控氮素损失，提高土壤有效氮的含量，防止地下水污染、减少肥料投入。此外，填闲作物能将设施农业次生盐碱化土壤中的营养盐分离子从土壤转移至植物体中，相当于在农业生产过程中额外增加一个营养盐分“库”，减少土壤中营养盐分离子浓度。王金龙阮维斌[67]将毛苕子、苏丹草、甜玉米和苋菜四种填闲作物对天津黄瓜温室土壤次生盐碱化的改良效果研究比较发现：种植四种填闲作物均能降低土壤中可溶性盐分含量和 Na^+含量，且其改良作用与种植密度呈正相关，毛苕子的改良作用明显优于其他三种作物。

3. 轮作模式改良技术

根据大棚的盐碱化程度，选择不同耐受度的作物种植进行合理轮作，例如，次生盐碱化程度较高的大棚，可首先种植花菜、菠菜、甜菜等抗盐性强的蔬菜；含盐量较低时选择番茄、芦笋、洋葱、茄子等中度耐盐的蔬菜；当土壤含盐量降至 0.2%左右时，可种植黄瓜、甜椒等不耐盐的蔬菜。龙卫国[68]试验设计了蓖麻-蔬菜轮作、蔬菜-蔬菜连作两种轮作处理，研究结果表明，与蔬菜连作比较，春-夏季大棚种植蓖麻使土壤无机氮、速效磷和速效钾降低，可以显著降低土壤含盐量。根据次生盐碱化土壤主要盐害离子的不同，选择合适的轮作系统以达到最好的改良效果。

4. 蚯蚓粪改良技术

蚯蚓被称为“土壤生态系统工程师”，在土壤生态系统修复中占据重要地位。研究表明，相较于果园地、人工森林和小麦地，露天菜地土壤电导率最高，蚯蚓种群数量和生物量也最大，这可能归功于菜地土壤较高的有机质含量，有利于蚯蚓种群数量增加或接种，为蚯蚓改良设施农业次生盐碱化土壤提供了理论基础。蚯蚓的作用是能增加土壤中无机氮的含量，看似加剧了设施土壤次生盐碱化，但换言之，这些无机氮供给植物生长，可减少化肥的施用量，从而达到防止设施农业土壤次生盐碱化的目的。蚯蚓粪中含有的各种土壤酶和腐殖酸类物质，能提高植物必需营养元素的含量及有效性，促进植物生长；蚯蚓特殊的体表结构使得它能够在黏重的土壤中活动，能够改善土壤结构，提高土壤的通气性、透水性。蚯蚓粪具有较高的水稳性和良好的团聚体结构，促进了土壤中水分和空气的流通，改善了由次生盐碱化引起的设施土壤结构破坏、水稳性团聚体减少，增加了土壤的保肥供肥能力，利于植物生长。上述这些蚯蚓粪的功能特点，对于保护地次生盐碱化土壤的修复具有重要作用。

5. 微生物菌剂改良技术

微生物应用于盐碱土修复中，主要是通过单一或复合菌种的共同作用。利用微生物修复盐碱土的主要作用机制：①改善土壤理化性质，增加土壤团聚体，增强通透性；②增加土壤中的有机质含量，提高土壤中微生物的活性，缓解土壤营养成分的流失；③提供植物所需的一些营养元素，减少肥料的施用。王雨沁等[69]为了探究土壤修复菌剂对次生盐碱化土壤的改良效果，开展了不同浓度土壤修复菌剂对茼蒿生长、品质、产量以及土壤硝酸盐含量、微生物数量影响的试验。试验结果表明，在基肥中每公顷分别增施土壤修复菌剂 900 kg 和 1200 kg，显著促进了茼蒿的生长，降低了其硝酸盐含量，提高了产量和品质，还提高了土壤中有益微生物的数量，降低了有害真菌的数量和土壤硝酸盐的含量，缓解了土壤次生盐碱化。

11.6.2　次生盐碱化土壤治理典型案例

1. 武清次生盐碱化改良案例

1) 试验地概况

该案例由中国农业大学胡树文教授团队开展并实施[70]。试验地位于天津市武清区高村镇北国之春农业示范园区(116°54′E，39°36′N)日光温室，气候类型是暖温带半干旱半湿润大陆性季风气候，年平均气温为 11～12℃，年均降水量为 570～690 mm，年均蒸发量为 1100～1200 mm。试验日光温室种植年限 6 年，长 80 m，宽 7.5 m，脊高 3 m，建筑面积 600 m^2，沿南北方向栽培作物。试验地土壤类型为潮土，质地为砂质。

2) 田间实施步骤

(1) 作物品种。作物类型为番茄，品种为‘佳源大粉番茄’。

(2) 试验设计。采用土壤改良剂和微生物菌肥实施改良，其中改良剂设置三个水平：G_1(施用量 1500 kg/hm^2)、G_2(施用量 3000 kg/hm^2)、G_3(施用量 6000 kg/hm^2)；微生物菌肥设置两个水平：W_1(施用量 240 kg/hm^2)、W_2(施用量 360 kg/hm^2)，设置不添加改良剂和微生物菌肥 W_0G_0 为对照。采取完全随机区组设计。在番茄定植前，将改良剂和微生物菌肥作为基肥一次性均匀施入土壤，深翻至 20 cm 处并混匀。混匀后进行灌水泡田，每个小区灌水量为 10 m^3，待水层自然下渗后，于 5 天后定植番茄。

(3) 田间管理。番茄种植采取当地典型的沟垄覆膜栽培模式，种植小区长 4.8 m，宽 1.1 m，垄宽 28 cm，垄高 13 cm，两垄中心距离为 55 cm，一垄种植一行番茄，番茄株距 25 cm，每个小区种植 12 株，每株留 4 层果打顶。番茄定植后，间隔 7～10 天灌水一次；灌溉方式为沟灌，每次灌水量 35～40 mm。供试肥料为尿素、过磷酸钙、硫酸钾，用量分别为 N 265 kg/hm^2、P_2O_5 250 kg/hm^2、K_2O 206.8 kg/hm^2。氮肥和钾肥的 50%作为基肥施用，剩余 50%随沟灌追施，追肥时期分别为初花期、第二穗果坐果期、第三穗果坐果期、第四穗果成熟期；磷肥全部作为基肥施用。所有处理的除草、农药等其他田间农艺管理措施统一按照当地常规措施进行。

3) 技术效果

(1) 对土壤 pH 和电导率的影响。进行土壤改良后，土壤 pH、电导率(EC)值和全盐量均显著降低，0～10 cm 土层土壤降幅显著。与对照相比，W_2G_3 处理土壤 pH、EC 值、全盐量分别降低了 9.44%、51.89%、41.58%，有利于缓解盐碱对植物的胁迫。

(2) 对作物生长发育的影响。通过添加改良剂和微生物菌肥改良土壤后，有利于促进番茄根系的生长发育。相比对照，改良处理的总根长、总根表面积、总根体积、根平均直径及根尖数分别平均增加 10.97%、13.74%、37.07%、22.35%、15.31%。特别是细根系(0～1 mm)的根长、根表面积、根体积，呈现随改良剂和微生物菌肥用量增加而增加的趋势，更有利于水分和养分吸收。

(3) 对作物生物量和产量的影响。改良剂和微生物菌肥配合施用在一定程度上提高了番茄的株高、茎粗、叶面积、地上和地下部干物质量。与对照相比，改良处理的株高、茎粗、叶面积、地上和地下部干物质量分别平均增加 22.74%、18.50%、54.78%、37.98%、11.58%，降低了根冠比，有利于番茄产量的提高。

2. 房山次生盐碱化改良案例

1) 试验地概况

试验地位于北京市房山区韩村河高科技示范园区(116°E，39°59′N)的温室大棚。该地处于华北平原与太行山脉交界带，属温带大陆性季风气候，四季气候分明，年平均气温为 10.7℃左右，年降水量为 655 mm 左右，且在夏季降水量最大，可达到全年降水量的 50%以上。试验田为日光温室，建成于 2014 年，种植年限为 5 年，大棚长 23.0 m，宽 6.5 m，脊高 3.0 m，沿东西方向布置作为试验区域，配备自动化灌溉、施肥和通风系统。温室大棚内土壤类型为潮土，灌溉用水为当地地下水。该案例由中国农业大学胡树文教授团队开展并实施[71]。

2) 田间实施步骤

(1) 示范作物及品种。作物类型为黄瓜，品种为‘申杂 5 号’。

(2) 试验设计。采用有机肥、土壤改良剂和微生物菌肥实施改良。该试验共设置五个处理：①CK，有机肥 11250 kg/hm^2，为对照处理；②T_1，施用有机肥 11250 kg/hm^2，微生物菌肥 1500 kg/hm^2；③T_2，施用有机肥 11250 kg/hm^2，土壤改良剂 750 kg/hm^2，微生物菌肥 1500 kg/hm^2；④T_3，施用有机肥 11250 kg/hm^2，土壤改良剂 1500 kg/hm^2，微生物菌肥 1500 kg/hm^2；⑤T_4，施用有机肥 11250 kg/hm^2，土壤改良剂 2250 kg/hm^2，微生物菌肥 1500 kg/hm^2。每个处理设置三组重复，每个处理占地 3 畦，同时在大棚左右两侧设置保护行，一共 15 个种植小区，每个种植小区长度为 5 m，宽度为 1.5 m，垄宽 0.8 m，垄沟宽 0.7 m，每畦种植两行黄瓜，每行中黄瓜距 0.5 m，每行种植 12 株黄瓜。

(3) 田间管理措施。在黄瓜种植前，将各处理所用的有机肥、土壤改良剂、微生物菌肥按用量一次性施入土壤，深翻 20 cm，确保肥料与土壤混合均匀。之后进行灌水泡田，每小区灌水量 5 m^3，待水层自然下渗四天后定植。黄瓜定植后每四天灌水一次，采用沟灌方式进行灌溉，每次灌水量 30～40 mm。追肥所用肥料为尿素、过磷酸钙、硫酸钾，用量分别为 N 155 kg/hm^2、P_2O_5 180 kg/hm^2、K_2O 136 kg/hm^2。采用沟灌方式进行追肥，追肥时期分别为初花期、坐果前期、坐果中期、坐果后期。所有处理的除草、农药等其他田间农艺管理措施按照当地常规管理措施进行。

3) 技术效果

(1) 对土壤盐分、pH 和容重的影响。通过施用土壤改良剂和微生物菌肥后，土壤容重、pH、EC、全盐量相较于对照组均有不同程度的下降，在 0～20 cm 土层中降幅最为显著。在 0～20 cm 土层中，处理 T_4 的土壤容重、pH、EC、全盐量降幅最为显著，较对照 CK 分别下降 20%、8.4%、51.8%、50.2%，减轻黄瓜所受盐胁迫，有利于黄瓜生长发育。

(2) 对作物生长发育的影响。与对照相比，改良处理黄瓜的株高、茎粗、叶片数及叶绿素含量均显著增加，其中 T_4 处理的增幅最大，以叶片数为例，从 20.2 片增加至 26.4 片。改良处理增加了黄瓜的抗逆性，与对照相比，T_4 处理的丙二醛含量降低 26.4%，脯氨酸含量增加 24.1%。

(3) 对土壤微生物群落多样性的影响。与对照相比，处理 T_1～T_4 土壤细菌群落的多样性和丰度均显著增加，且随着土壤改良剂用量的增加，处理 T_4 中增加更为明显。这可能是由于微生物菌肥和有机肥的混施增加了土壤中的营养物质含量，从而促进了细菌群落的生长和繁殖。

参考文献

[1] 杨苑璋. 熊毅与黄淮海平原土壤次生盐渍化治理. 土壤通报, 2014, 45(4): 769-776.
[2] 周志强，王思明. 新中国成立以来黄淮海旱涝盐碱治理的历程及其经验启示. 古今农业，2022, 133(3): 1-10.
[3] 李保国, 李韵珠, 石元春. 水盐运动研究 30 年(1973—2003). 中国农业大学学报, 2003, 8(S1): 5-19.
[4] 白由路, 李保国. 黄淮海平原盐渍化土壤的分区与管理. 中国农业资源与区划, 2002, 23(2): 44-47.
[5] 张建锋，张旭东，周金星，等. 世界盐碱地资源及其改良利用的基本措施. 水土保持研究，2005, 12(6): 28-30, 107.
[6] 刘文涛，安振，张梦坤，等. 喷灌条件下耕作方式对土壤水分均匀性与冬小麦水分利用效率的影响.

水土保持学报, 2020, 34(3): 282-290.
[7] 刘戈, 王凯, 刘延, 等. 不同灌溉模式对黄淮海平原区夏玉米生产性状及水分利用率的影响. 节水灌溉, 2021(4): 48-54.
[8] 严慧峻, 魏由庆, 刘继芳, 等. 洼涝盐渍土“淡化肥沃层”的培育与功能的研究. 土壤学报, 1994, 31(4): 413-421.
[9] 马宗斌, 李伶俐, 房卫平, 等. 麦秸覆盖对土壤温湿度变化和夏棉生长发育的影响. 河南农业大学学报, 2004, 38(4): 379-383.
[10] 魏由庆, 严慧峻, 张锐, 等. 黄淮海平原季风区盐渍土培育“淡化肥沃层”措施与机理的研究. 土壤肥料, 1992(5): 28-32.
[11] 宋轩, 杜丽平, 张成才. 有机物料改良盐碱土的效果研究. 河南农业科学, 2004, 33(8): 57-60.
[12] 刘洪升. 黄淮海平原盐碱地治理与农业生态环境变迁——以河北省黑龙港及运东地区为例. 河北广播电视大学学报, 2015, 20(1): 87-92.
[13] 郝晋珉. 黄淮海平原土地利用. 北京: 中国农业大学出版社, 2013.
[14] 王遵亲, 等. 中国盐渍土. 北京: 科学出版社, 1993.
[15] 杨帆, 王志春, 马红媛, 等. 东北苏打盐碱地生态治理关键技术研发与集成示范. 生态学报, 2016, 36(22): 7054-7058.
[16] 马洪超. 不毛之地变成米粮川. 经济日报, 2023-05-22.
[17] 孙宇男, 耿玉辉, 赵兰坡. 硫酸铝改良苏打盐碱土后各离子的变化. 中国农学通报, 2011, 27(23): 255-258.
[18] 杨艳丽, 李秀军, 陈国双, 等. 生物质炭与盐酸配施对苏打盐渍土理化性状的影响研究. 土壤与作物, 2015, 4(3): 113-119.
[19] 金凤鹤, 西崎泰, 山口达明, 等. 东北地区内陆苏打盐渍土旱作玉米实施泥炭改良的研究. 生态学杂志, 1998, 17(1): 16-21.
[20] 刘兴土. 松嫩平原退化土地整治与农业发展. 北京: 科学出版社, 2001: 15-350.
[21] 李取生, 李秀军, 李晓军, 等. 松嫩平原苏打盐碱地治理与利用. 资源科学, 2003(1): 15-20.
[22] 王志春, 孙长占, 李秀军, 等. 苏打盐碱地水稻开发综合技术模式. 农业系统科学与综合研究, 2003, 19(1): 56-59.
[23] 张胜. 唤醒盐碱地建设大粮仓. 光明日报, 2023-05-17.
[24] Li X, Peng D, Zhang Y, et al. *Klebsiella* sp. PD3, a phenanthrene (PHE)-degrading strain with plant growth promoting properties enhances the PHE degradation and stress tolerance in rice plants. Ecotoxicology and Environmental Safety, 2020, 201(C): 110804.
[25] 赵思崎, 王敬敬, 杨宗政, 等. 微生物复合菌剂的制备. 微生物学通报, 2020, 47(5): 1492-1502.
[26] 周璇, 李玉明, 丛聪, 等. 外源腐解微生物的物种组合对土壤微生物群落结构及代谢活性的影响. 中国生态农业学报, 2018, 26(7): 1056-1066.
[27] 赵飞, 刘畅, 朱昌玲, 等. 功能微生物与生物炭对海滨锦葵生长及滨海盐土地力的影响. 中国土壤与肥料, 2020(5): 161-168.
[28] Zhao Y, Wang S, Li Y, et al. Extensive reclamation of saline-sodic soils with flue gas desulfurization gypsum on the Songnen Plain, Northeast China. Geoderma, 2018, 321: 52-60.
[29] 曹晓风, 孙波, 陈化榜, 等. 我国边际土地产能扩增和生态效益提升的途径与研究进展. 中国科学院院刊, 2021, 36(3): 336-348.
[30] Guo K, Liu X. Effect of initial soil water content and bulk density on the infiltration and desalination of melting saline ice water in coastal saline soil. European Journal of Soil Science, 2019, 70(6): 1249-1266.
[31] Yang G, Li F, Tian L, et al. Soil physicochemical properties and cotton (*Gossypium hirsutum* L.)yield under brackish water mulched drip irrigation. Soil and Tillage Research, 2020, 199: 104592.

[32] 刘海曼, 郭凯, 李晓光, 等. 地膜覆盖对春季咸水灌溉条件下滨海盐渍土水盐动态的影响. 中国生态农业学报, 2017, 25(12): 1761-1769.

[33] 陆海明, 孙金华, 邹鹰, 等. 农田排水沟渠的环境效应与生态功能综述. 水科学进展, 2010, 21(5): 719-725.

[34] 左强, 吴训, 石建初, 等. 黄河三角洲滨海盐碱地可持续利用的水土资源约束与均衡配置策略. 中国工程科学, 2023, 25(4): 169-179.

[35] 耿其明, 闫慧慧, 杨金泽, 等. 明沟与暗管排水工程对盐碱地开发的土壤改良效果评价. 土壤通报, 2019, 50(3): 617-624.

[36] Wang S, Chen Q, Li Y, et al. Research on saline-alkali soil amelioration with FGD gypsum. Resources Conservation and Recycling, 2017, 121: 82-92.

[37] 毛玉梅, 李小平. 烟气脱硫石膏对滨海滩涂盐碱地的改良效果研究. 中国环境科学, 2016, 36(1): 225-231.

[38] 李晓菊, 单鱼洋, 王全九, 等. 腐殖酸对滨海盐碱土水盐运移特征的影响. 水土保持学报, 2020, 34(6): 288-293.

[39] Sun Z, Huang Z, Lu Z, et al. Improvement effects of different environmental materials on coastal saline-alkali Soil in Yellow River Delta. Journal of Soil and Water Conservation, 2013, 27(4): 186-190.

[40] 卢星辰, 张济世, 苗琪, 等. 不同改良物料及其配施组合对黄河三角洲滨海盐碱土的改良效果. 水土保持学报, 2017, 31(6): 326-332.

[41] 张进红, 吴波, 王国良, 等. 生物炭对盐渍土理化性质和紫花苜蓿生长的影响. 农业机械学报, 2020, 51(8): 285-294.

[42] 王世林, 曹文侠, 王小军, 等. 河西走廊荒漠盐碱地人工柽柳林土壤水盐分布. 应用生态学报, 2019, 30(8): 2531-2540.

[43] Kafi M, Asadi H, Ganjeali A. Possible utilization of high-salinity waters and application of low amounts of water for production of the halophyte *Kochia scoparia* as alternative fodder in saline agroecosystems. Agricultural Water Management, 2010, 97(1): 139-147.

[44] 杨策, 陈环宇, 李劲松, 等. 盐地碱蓬生长对滨海重盐碱地的改土效应. 中国生态农业学报, 2019, 27(10): 1578-1586.

[45] Haque M, Jahiruddin M, Clarke D. Effect of plastic mulch on crop yield and land degradation in south coastal saline soils of Bangladesh. International Soil and Water Conservation Research, 2018, 6(4): 317-324.

[46] 邓玲, 魏文杰, 胡建, 等. 秸秆覆盖对滨海盐碱地水盐运移的影响. 农学学报, 2017, 7(11): 23-26.

[47] Cui S, Zhang J, Sun M, et al. Leaching effectiveness of desalinization by rainfall combined with wheat straw mulching on heavy saline soil. Archives of Agronomy and Soil Science, 2018, 64(7): 891-902.

[48] 郭凯, 张秀梅, 李向军, 等. 冬季咸水结冰灌溉对滨海盐碱地的改良效果研究. 资源科学, 2010, 32(3): 431-435.

[49] Mao W, Kang S, Wan Y, et al. Yellow river sediment as a soil amendment for amelioration of saline land in the Yellow River Delta. Land Degradation and Development, 2016, 27(6): 1595-1602.

[50] 李玉义, 逄焕成, 张志忠, 等. 内蒙古河套平原盐碱化土壤改良分区特点与对策. 中国农业资源与区划, 2020, 41(5): 115-121.

[51] 杨劲松, 姚荣江, 王相平, 等. 河套平原盐碱地生态治理和生态产业发展模式. 生态学报, 2016, 36(22): 7059-7063.

[52] 周利颖, 李瑞平, 苗庆丰, 等. 排盐暗管间距对河套灌区重度盐碱土盐碱特征与肥力的影响. 土壤, 2021, 53(3): 602-609.

[53] 2021 年世界土壤日系列视频(二)——我国内蒙古河套平原和滨海盐碱地生态治理与高效利用成果.

(2021-12-06). http://www.issas.cas.cn/kxcb/sjtrr/ 202112/t20211206_6288562.html.2023-7-26.
[54] Clark R B, Ritchey K D, Baligar V C. Benefits and constraints for use of FGD products on agricultural land. Fuel, 2001, 80(6): 821-828.
[55] 刘太坤，高班，谢作明，等．人工藻结皮对河套平原盐碱土理化性质和酶活性的影响．水土保持研究, 2022, 29(4): 133-139.
[56] 刘娜．河套平原盐碱地不同材料隔层水盐调控及培肥增产机制与效应．呼和浩特：内蒙古大学，2021.
[57] 高惠敏，王相平，屈忠义，等．脱硫石膏与有机物料配施对河套灌区土壤改良及向日葵生长的影响．灌溉排水学报, 2020, 39(8): 85-92.
[58] 田长彦，买文选，赵振勇．新疆干旱区盐碱地生态治理关键技术研究．生态学报，2016，36(22): 7064-7068.
[59] 乔海龙，刘小京，李伟强，等．秸秆深层覆盖对土壤水盐运移及小麦生长的影响．土壤通报，2006, 37(5): 885-889.
[60] 王成宝，杨思存，霍琳，等．地面覆盖方式对新垦盐碱地的抑盐和增产效果研究．甘肃农业科技, 2014, 45(11): 42-45.
[61] 赵振勇，田长彦，张科，等．盐碱地生物改良与盐生植物资源综合利用．高科技与产业化，2020, 26(9): 64-66.
[62] 商振芳，谢思绮，罗旺，等．我国盐碱地现状及其改良技术研究进展//中国环境科学学会．2019 中国环境科学学会科学技术年会论文集(第三卷), 北京, 2019: 386-395.
[63] 王旭，田长彦，赵振勇，等．滴灌条件下盐地碱蓬(*Suaeda salsa*)种植年限对盐碱地土壤盐分离子分布的影响．干旱区地理, 2020, 43(1): 211-217.
[64] 石磊，何帅，高志建，等．新疆南疆沙质盐碱土暗管+竖井排水控盐技术模式．新疆农垦科技，2021, 44(4): 58-60.
[65] 常婷婷，张洁，吴鹏飞，等．设施土壤次生盐渍化防治措施的研究进展．江苏农业科学, 2011, 39(4): 449-452.
[66] 张绪美，管永祥，沈文忠，等．不同施肥方式对设施土壤次生盐渍化及蕹菜生产的影响．江苏农业科学, 2019, 47(23): 137-142.
[67] 王金龙，阮维斌．4 种填闲作物对天津黄瓜温室土壤次生盐渍化改良作用的初步研究．农业环境科学学报, 2009, 28(9): 1849.
[68] 龙卫国．不同轮作作物对设施菜地次生盐渍化土壤改良效应研究．南京：南京农业大学, 2009.
[69] 王雨沁，阚雨晨，苏受婷，等．NCT-2 土壤修复菌剂对次生盐渍化土壤的改良效果．上海蔬菜，2019(6): 73-77.
[70] 贾璐．改良剂与微生物菌肥互作对设施盐渍土及番茄生长的影响．北京：中国农业大学, 2019.
[71] 王颜平．新型土壤调理剂对房山区设施菜田次生盐渍化土壤改良效果研究．北京：中国农业大学，2020.

第 12 章　全球不同区域的盐碱地治理技术

盐碱土是指土壤中可溶性盐分含量过高，影响大多数作物生长的碱性土壤[1]。盐碱地是一种常见的土地退化现象，主要由自然因素(如降水、风沙、岩石风化等)或人为因素(如灌溉、施肥、排水等)引起。盐碱地不仅降低了农业生产和收入，还破坏了生态系统的功能和服务，影响了人类的健康和福利。因此，开发和应用有效的盐碱地治理技术，是实现可持续发展目标的重要途径之一。

本章旨在介绍和比较不同全球区域的盐碱地治理技术，包括其原理、方法、效果、优缺点等。本章选取了四个具有代表性的区域作为案例分析，分别是巴基斯坦印度河流域、西班牙埃布罗河三角洲、阿根廷潘帕斯地区和埃及尼罗河三角洲。这四个区域分别位于亚洲、欧洲、南美洲和非洲，具有不同的气候、地形、土壤、水资源等自然条件，也具有不同的社会、经济、文化等人文条件，因此也面临着不同的盐碱土问题和挑战[2]。本章将分别介绍这四个区域的盐碱土形成原因、分布范围、影响程度、治理技术和策略等内容，并在最后进行横向的比较分析，以期为全球盐碱土治理提供一些借鉴和启示。

12.1　巴基斯坦印度河流域的盐碱地治理技术

印度河流域是世界上最大的灌溉系统之一，也是世界上盐渍化最严重的地区之一。为了应对盐碱土对农业、环境和社会经济的负面影响，流域内采取了多种技术和策略来治理和利用盐碱土，提高盐碱土的生产力和生态功能。本节将介绍印度河流域盐碱土治理的主要技术和策略，包括工程措施、农艺措施、生物措施和社会经济措施，并评价其效果、挑战和经验教训。

12.1.1　巴基斯坦印度河流域盐碱地挑战概述

盐碱土是印度河流域农业和环境面临的主要问题之一，约占流域总面积的 25%，约有 1600 万 hm^2 的土地受到不同程度的盐渍化影响。盐碱土不仅降低了农业生产力和农民收入，还造成了生态退化和社会问题，威胁了流域的可持续发展。本节将介绍印度河流域盐碱土形成的原因、分布范围、影响程度和发展趋势[3,4]。

印度河流域盐碱土的形成主要有两个方面的原因：自然因素和人为因素。自然因素包括地质、气候、水文等因素，决定了流域内盐分的来源、迁移和积累[5]。人为因素包括灌溉、排水、土地利用等因素，影响了流域内水分和盐分的平衡和分布[6]。

地质因素是导致印度河流域盐渍化的根本原因，因为流域内存在着大量的原生盐分，主要来源于喜马拉雅山脉和印度次大陆的岩石风化、海水侵入和沉积作用[5]。这些原生盐分随着地下水或地表水的运动而迁移，最终在低洼地区或干旱地区形成盐碱地或盐湖。

气候因素是影响印度河流域盐渍化的重要因素，因为流域内存在着明显的气候差异和干旱趋势。流域内北部地区属于寒冷干旱或半干旱气候，年降水量少于 250 mm，年蒸发量高达 2000 mm，导致水分蒸发强烈，盐分向土壤表层迁移和结晶[6]。流域内南部地区属于热带或亚热带季风气候，年降水量在 250～500 mm 之间，年蒸发量在 1500～2000 mm 之间，导致水分供需不平衡，盐分在土壤剖面中循环和累积[5]。

水文因素是调节印度河流域盐渍化的关键因素，因为流域内水资源的数量和质量决定了盐分的稀释和排除能力。印度河及其支流是流域内主要的淡水来源，每年输送约 1800 亿 m^3 的水量到下游平原地区。然而，由于上游国家(印度、阿富汗)对水资源的开发利用，以及气候变化导致的冰雪融化减少，印度河的水量和水质都呈现下降和恶化的趋势。此外，由于灌溉需求的增加，流域内地下水的开采也呈现过度和不合理的现象[5]，导致地下水位下降和含盐量上升，影响了土壤和植物的生长[3,4]。

人为因素是加剧印度河流域盐渍化的主要因素，因为流域内灌溉、排水、土地利用等活动改变了水分和盐分的自然平衡和分布。流域内灌溉面积约为 1600 万 hm^2，占全国灌溉面积的 80%，是世界上最大的灌溉系统之一[5]。然而，灌溉水量的不足和不均，以及灌溉管理的低效和失误，导致了灌区内水分和盐分的不合理分配和运移，造成了水浸和盐渍化。流域内排水系统的建设和运行也存在着许多问题，如排水设施的不完善和不充分、排水水量的不足和不稳、排水水质的恶化和污染等，导致了排水效果的不理想和不可持续。流域内土地利用的变化也对盐渍化产生了影响，例如，人口增长和经济发展，农业用地向非农业用地转移，导致了土地覆盖的减少和土壤侵蚀的加剧；市场需求和政策支持，农作物种植结构向高耗水、高产出、高污染的方向变化，导致了水资源的过度消耗和土壤肥力的下降。

1. 巴基斯坦印度河流域土壤盐渍化的原因和程度

印度河流域是巴基斯坦最重要的农业区，占该国土地面积的 16%。印度河及其支流是该区域表层水的主要来源，每年通过广泛的运河系统输送约 122 km^3 的水灌溉这片土地。然而，这些表层水供应不足以满足该流域实行的密集作物制度的作物需水量。表层水的不足由开采地下水来弥补。目前，每年约有 62 km^3 的地下水由 136 万个私人和公共管井抽取。仅旁遮普省就有约 100 万个管井。小型私人管井占抽取量的 80%[3,4]。

印度河流域的土壤盐渍化是一个严重的环境问题，影响了农业生产和可持续发展。土壤盐渍化是指土壤中可溶性盐分含量超过植物生长所能忍受的程度，导致土壤肥力下降和作物产量降低。土壤盐渍化的主要原因是灌溉管理不当、排水不良、海水入侵和气候变化[3,4]。在印度河流域，灌溉管理不当是造成土壤盐渍化的主要因素之一。由于运河系统中水分配不均，上游农民过量用水，导致水浸。相反，下游农民用水不足，导致土壤干旱和盐渍化。此外，由于灌溉用水质量低，含有较高的可溶性盐分，灌溉后会在土壤表层积累盐分[3]。排水不良也是加剧土壤盐渍化的重要因素之一。由于缺乏有效的排水系统，灌溉用水中带入的盐分无法及时排出，而是在土壤中累积。此外，由于地下水位过高，地下水中的盐分会通过毛细管作用上升到土壤表层[2]。海水入侵也是印度河三角洲地区土壤盐渍化的主要原因之一。由于印度河下游的径流量减少，阿拉伯海的咸水向印度河三角洲侵入，严重破坏了农业用地。据估计，每年有约 0.5 km^3 的海水入侵印度河三角洲[4,7]。

气候变化也可能加剧印度河流域的土壤盐渍化问题。由于全球变暖，印度河流域可能面临更高的蒸发、更低的降水、更频繁的干旱和洪涝等极端气候事件，这些都会影响灌溉需求和水资源可用性，从而增加土壤盐渍化的风险。

2. 巴基斯坦印度河流域土壤盐渍化对农业、环境和社会经济的影响

巴基斯坦印度河流域的土壤盐渍化对该地区的农业、环境和社会经济造成了严重的负面影响。土壤盐渍化降低了作物的生长和产量，增加了农业投入和管理成本，减少了农民的收入和福利，加剧了贫困和粮食安全问题。土壤盐渍化也破坏了土壤的物理、化学和生物性质，降低了土壤的肥力和有机质含量，影响了土壤的水分保持和渗透能力，增加了土壤侵蚀的风险。土壤盐渍化还对环境造成了不利影响，包括水资源的污染和浪费、生物多样性的丧失、生态系统服务的下降、温室气体的排放等。

为了评估印度河流域土壤盐渍化对农业、环境和社会经济的影响，表 12-1 列出了一些相关的指标和数据。这些数据来自不同的研究和报告，反映了不同地区、时间和方法的结果，因此可能存在一定的差异和不确定性。表 12-1 仅供参考，旨在展示印度河流域土壤盐渍化问题的严重性和紧迫性[4,8]。

表 12-1 印度河流域土壤盐渍化对农业、环境和社会经济的影响指标和数据

指标	数据
盐碱土面积/万 hm^2	450(占总灌溉面积的 30%)
盐碱土作物产量损失/(万 t/a)	小麦：120；水稻：40；棉花：10；甘蔗：100
盐碱土作物产值损失/(亿美元/a)	小麦：2.4；水稻：0.8；棉花：0.2；甘蔗：2
盐碱土农民收入损失/(亿美元/a)	0.5～1.5(占总农民收入的 2%～6%)
盐碱土农民就业损失/(万人/a)	0.3～0.9(占总农民就业的 0.5%～1.5%)
盐碱土排水量/(亿 m^3/a)	3.6(占总灌溉用水量的 3%)
盐碱土排水含盐量/(g/L)	5～15(高于国际标准 4 g/L)
盐碱土排水对下游水质的影响	印度河三角洲地区表层水含盐量增加 0.5～1.5 g/L
盐碱土排水对下游生态系统的影响/hm^2	印度河三角洲地区湿地面积减少 50%
盐碱土排水对温室气体排放的影响/(亿 t CO_2 当量/a)	0.5 亿～1.5 亿 t(占总温室气体排放的 1%～3%)

3. 巴基斯坦印度河流域土壤盐渍化的现状和趋势

巴基斯坦印度河流域土壤盐渍化的现状和趋势是评估该地区土壤盐渍化问题的重要依据，也是制定有效的治理措施和适应策略的基础。然而，由于缺乏系统的监测和评估

机制，印度河流域土壤盐渍化的现状和趋势数据并不完善和准确。目前，印度河流域土壤盐渍化的现状和趋势主要依赖于不同时间、地点和方法的局部调查和研究，因此存在一定的差异和不确定性。本节将根据现有的文献资料，尽可能地概述印度河流域土壤盐渍化的现状和趋势，同时指出数据的局限性和不足。

根据巴基斯坦国家粮食安全与研究部的数据，目前印度河流域约有 450 万 hm^2(占总灌溉面积的 30%)的土地受到不同程度的盐渍化影响。其中，约有 100 万 hm^2 的土地受到严重盐渍化影响，含盐量超过 16 g/L。另外，约有 350 万 hm^2 的土地受到中度或轻度盐渍化影响，含盐量在 4～16 g/L 之间。这些数据是基于 2002～2004 年期间进行的全国土壤调查得出的，因此可能不能反映近年来土壤盐渍化的最新变化[4,9,10]。

根据一项基于遥感技术的研究，2010～2015 年期间，印度河流域共有约 1400 万 hm^2(占总灌溉面积的 93%)的土地受到了不同程度的盐渍化影响。其中，约有 300 万 hm^2(占总灌溉面积的 20%)的土地受到了严重或极严重盐渍化影响，含盐量超过 15 g/L。另外，约有 1100 万 hm^2(占总灌溉面积的 73%)的土地受到了轻度或中度盐渍化影响，含盐量在 2～15 g/L 之间[10]。这些数据是基于 2010～2015 年期间获取的 Landsat 8 陆地成像仪(OLI)/热红外传感器(TIRS)遥感影像得出的，因此可能不能反映近年来土壤盐渍化的最新变化。

根据一项基于模型模拟的研究，未来在气候变化和人类活动影响下，印度河流域土壤盐渍化将呈现出明显的空间差异和时间变化。该研究预测了 2020～2100 年期间，在路径浓度(RCP)4.5 和 RCP 8.5 两种情景下，印度河流域各省份土壤含盐量和交换性钠百分比(ESP)的变化趋势。结果表明，在 RCP 4.5 情景下，到 2100 年，旁遮普省、信德省、阿扎德克什米尔地区和吉尔吉特-巴尔蒂斯坦省的土壤含盐量将分别增加 0.2 g/L、0.1 g/L、0.1 g/L 和 0.1 g/L，而开伯尔-普赫图赫瓦省和俾路支省的土壤含盐量将分别减少 0.1 g/L 和 0.2 g/L。在 RCP 8.5 情景下，到 2100 年，旁遮普省、信德省、阿扎德克什米尔地区和吉尔吉特-巴尔蒂斯坦省的土壤含盐量将分别增加 0.4 g/L、0.3 g/L、0.2 g/L 和 0.2 g/L，而开伯尔-普赫图赫瓦省和俾路支省的土壤含盐量将分别减少 0.2 g/L 和 0.3 g/L。在这两种情景下，各省份的交换性钠百分比变化幅度都很小，不超过 1%。这些数据是基于一个基于 GIS 的土壤盐渍化模型得出的，因此可能存在一定的误差和不确定性[4,11,12]。

综上所述，印度河流域关于土壤盐渍化现状和趋势的数据存在较大差异，这可能与数据来源、方法、时间和空间尺度等因素有关。因此，有必要建立一个系统的监测和评估机制，以获取更准确和更新的数据，以便更好地理解和应对印度河流域土壤盐渍化问题。

12.1.2　巴基斯坦印度河流域盐碱地主要治理技术和策略

1. 改善排灌系统的工程措施

改善排灌系统的工程措施是印度河流域土壤盐渍化治理的重要手段之一，旨在通过优化水资源的配置和利用，降低土壤含盐量，提高土壤肥力和作物产量，同时减少对环境的负面影响。改善排灌系统的工程措施主要包括以下几个方面[13-15]：

(1) 建设和改造地表排水系统。地表排水系统是指通过开挖沟渠、建设涵洞、设置闸门等方式，将多余的地表水和地下水排出灌区，以防止或减轻水浸和盐渍化。自 20 世纪 50 年代以来，印度河流域就开始了大规模的地表排水系统建设，主要包括主干渠、支干渠、分干渠、边沟和田间沟等。目前，印度河流域共有约 10 万 km 的地表排水系统，覆盖了约 300 万 hm^2 的灌区。然而，由于资金、技术、管理等方面的限制，地表排水系统的效率和可靠性仍然不高，需要进一步改造和维护。

(2) 建设和改造节水灌溉系统。节水灌溉系统是指通过采用先进的灌溉技术和管理方法，提高灌溉用水的利用率和作物产量，同时减少对环境的负面影响。自 20 世纪 70 年代以来，印度河流域就开始了大规模的节水灌溉系统建设，主要包括滴灌、喷灌、微灌、渗灌等。目前，印度河流域共有约 100 万 hm^2 的节水灌溉系统，覆盖了约 3%的灌区。然而，由于资金、技术、管理等方面的限制，节水灌溉系统的推广和应用仍然不广泛，需要进一步扩大和完善。

(3) 建设和改造防洪控制工程。防洪控制工程是指通过建设堤坝、蓄洪区、分洪道等设施，控制洪水的发生和流量，以防止或减轻洪涝灾害对农业生产和人民生活的影响。自 20 世纪 80 年代以来，印度河流域就开始了大规模的防洪控制工程建设，主要包括查什玛水库等。目前，印度河流域共有约 200 个防洪控制工程，覆盖了约 500 万 hm^2 的灌区。然而，由于资金、技术、管理等方面的限制，防洪控制工程的效果和安全性仍然不高，需要进一步改造和维护。

改善排灌系统的工程措施对印度河流域土壤盐渍化治理有着重要的作用，但也面临着一些挑战和问题，如资金不足、技术落后、管理缺失、环境影响等。因此，需要加强政策支持、技术创新、社会参与、环境评估等方面的工作，以提高改善排灌系统的工程措施的效率和可持续性。

2. 提高土壤肥力和作物产量的农艺措施

提高土壤肥力和作物产量的农艺措施是印度河流域土壤盐渍化治理的重要手段之一，旨在通过合理的种植制度、施肥方式、耕作方法等，调节土壤水盐平衡，改善土壤物理、化学和生物性质，增加土壤有机质和养分含量，提高作物的抗盐性和产量，同时减少对环境的负面影响。提高土壤肥力和作物产量的农艺措施主要包括以下几个方面[16-18]。

(1) 采用合理的种植制度。种植制度是指农作物的种类、品种、播期、密度、间距等因素的组合和安排。合理的种植制度可以充分利用土壤水分和养分，增加作物的生物量和收获指数，提高作物的抗逆性和适应性，降低土壤含盐量，改善土壤结构。印度河流域常见的种植制度有以下几种。

(i) 轮作制度。轮作制度是指在同一块地上按照一定的顺序和周期交替种植不同类型或不同品种的农作物。轮作制度可以打破单一作物对土壤水分和养分的消耗规律，调节土壤水盐分布，增加土壤有机质和养分含量，提高土壤肥力和生物多样性，减少病虫害发生，提高作物产量和品质。印度河流域常见的轮作制度有小麦-棉花、小麦-玉米、小麦-大豆、小麦-花生等。

(ii) 混合制度。混合制度是指在同一块地上同时或相继种植两种或两种以上不同类型或不同品种的农作物。混合制度可以充分利用土壤空间和时间，增加单位面积的生产力，降低单一作物受自然灾害或病虫害的风险，增加农民收入。印度河流域常见的混合制度有小麦-豌豆、小麦-蚕豆、玉米-花生等。

(iii) 覆盖制度。覆盖制度是指在主要农作物收获后，在同一块地上种植一些能够覆盖地表或提供有机质的植物，以保护土壤免受风蚀或水蚀，并为下一季农作物提供有机肥料。覆盖制度可以减少水分蒸发和盐分上升，改善土壤结构和渗透性，增加土壤有机质和养分含量，抑制杂草生长，提高土壤肥力和生态效益。印度河流域常见的覆盖制度有小麦-燕麦、玉米-苜蓿、棉花-白花菜等。

(2) 采用合理的施肥方式。施肥方式是指农作物的施肥种类、数量、时间、方法等因素的组合和安排。合理的施肥方式可以满足农作物的营养需求，提高肥料的利用率和效果，减少肥料的浪费和损失，降低土壤含盐量，改善土壤化学性质。印度河流域常见的施肥方式有以下几种[5,16-18]。

(i) 化肥施用。化肥施用是指使用人工合成或加工的含有植物所需的氮、磷、钾等元素的肥料。化肥施用可以快速补充土壤养分，提高作物产量和品质，但也可能造成土壤盐渍化、酸化、硬化等问题，以及水体富营养化、温室气体排放等环境问题。因此，化肥施用应该根据土壤测试和作物需求，按照适量、适时、适法的原则进行。

(ii) 有机肥施用。有机肥施用是指使用动植物或微生物分解产生的含有植物所需的氮、磷、钾等元素以及有机质的肥料。有机肥施用可以增加土壤有机质和养分含量，改善土壤结构和通透性，提高土壤生物活性和多样性，抑制病原菌和杂草的生长，提高作物的抗逆性和品质，但也可能造成土壤重金属污染、病原菌传播等问题。因此，有机肥施用应该根据有机肥的质量和来源，按照适量、适时、适法的原则进行。

(iii) 生物肥施用。生物肥施用是指使用含有能够固定氮或溶解磷等元素的微生物或其制剂的肥料。生物肥施用可以增加土壤有效养分含量，减少化肥的使用量和成本，降低环境污染风险，提高作物产量和品质，但也可能受到土壤环境、微生物活性、接种方法等因素的影响。因此，生物肥施用应该根据微生物的特性和功能，按照适量、适时、适法的原则进行。

(3) 采用合理的耕作方法。耕作方法是指对土壤进行翻动、松动、平整等操作的方式和程度。合理的耕作方法可以改善土壤的通气性和温度条件，促进水分和养分的渗透和吸收，增加土壤有机质和养分含量，抑制杂草和病虫害的发生，提高作物产量和品质。印度河流域常见的耕作方法主要为翻耕耕作，是指在播种前或收获后对土壤进行深度翻动或松动的操作。翻耕耕作可以打碎土块，消灭杂草，埋藏秸秆，增加土壤表层厚度，提高土壤通气性和温度条件，促进水分蒸发和盐分淋洗，降低土壤含盐量，改善土壤肥力和结构。然而，翻耕耕作也可能造成土壤有机质的氧化和流失，增加温室气体的排放，加速土壤侵蚀和退化。因此，翻耕耕作应该根据土壤类型、作物类型、水分条件等因素，选择合适的翻耕深度、时间和频率。

3. 利用生物方法恢复盐碱地植被和生态系统

为了改善盐碱地的环境条件，提高土地利用效率，恢复生态功能，采用生物方法恢复盐碱地植被和生态系统是一种有效的途径。生物方法是指利用具有耐盐性或抗盐性的植物种类，在适宜的条件下，在盐碱地上进行人工造林、草原建设、湿地修复等活动，以增加植被覆盖度，改善土壤结构和水分状况，降低土壤含盐量，提高土壤有机质和养分含量，促进土壤微生物活性，增强土壤固氮能力，从而实现盐碱地的生态修复[19]。

在印度河流域，已经开展了一些生物方法恢复盐碱地植被和生态系统的实践和研究。根据不同的目标和场景，可以选择几种类型的耐盐或抗盐植物：选择和种植耐盐植物。耐盐植物是指能够在高盐环境下正常生长和繁殖的植物，也称为盐生植物。耐盐植物具有一系列的抗盐机制，如调节渗透压、排泄或积累盐分、保护酶活性等。耐盐植物可以在盐碱地上形成稳定的植被，降低土壤蒸发量，增加土壤有机质含量，改善土壤结构和肥力，促进水分和养分的循环，提高土壤生物多样性和活性，为其他植物的入侵创造条件。印度河流域常见的耐盐植物有以下几种[9,20,21]。

(1) 耐盐木本植物。木本植物具有较深的根系，可以利用较深层次的水分和养分，减少表层土壤水分蒸发和盐分上升。耐盐木本植物是指能够在高盐环境下长期生长并形成树冠的木本植物。耐盐乔木可以在盐碱地上形成森林或林带，提供阴影、风障、栖息地等生态服务，同时也可以提供木材、果实、药材等经济产品。印度河流域常见的耐盐乔木有枸杞、柽柳、白胡枝子、刺槐等。在印度河流域，已经成功引种或培育了一些耐盐或抗盐木本植物，如枸杞(*Lycium barbarum*)、柽柳(*Tamarix chinensis*)、胡桃(*Juglans regia*)、枣树(*Ziziphus mauritiana*)等。

(2) 耐盐灌木。耐盐灌木是指能够在高盐环境下多年生长并形成灌丛的木本或草本植物。耐盐灌木可以在盐碱地上形成灌丛或草甸，提供保水、保肥、抑草等生态服务，同时也可以提供饲料、纤维、油脂等经济产品。印度河流域常见的耐盐灌木有白芨、碱蓬、猪毛菜、无花果等。在印度河流域，已经成功引种或培育了一些耐盐或抗盐草本植物，如紫苜蓿(*Medicago sativa*)、狼尾草(*Pennisetum alopecuroides*)、猪毛菜[*Kali collinum* (Pall.) Akhani & Roalson]、盐地碱蓬[Suaeda salsa (L.) Pall.]等。

(3) 耐盐草本植物。草本植物具有较快的生长速度，可以迅速覆盖裸露的土壤表面，防止风蚀和水蚀。草本植物还可以作为牧草或绿肥作物，提供饲料或增加土壤肥力。耐盐草本是指能够在高盐环境下一年或数年生长并形成草本植被的植物。耐盐草本可以在盐碱地上形成草皮或覆盖层，提供覆土、固沙、美化等生态服务，同时也可以提供粮食、蔬菜、花卉等经济产品。印度河流域常见的耐盐草本有狼尾草、高粱、甜菜、向日葵等。

选择和种植固氮植物。固氮植物是指能够通过与根瘤菌或其他固氮微生物共生，将大气中的氮气转化为植物可利用的氮素的植物。固氮植物可以在盐碱地上增加土壤氮素含量，改善土壤肥力和结构，提高作物产量和品质，减少化肥的使用量和成本，降低环境污染风险，提高土壤生物多样性和活性，为其他植物的生长提供养分。印度河流域常见的固氮植物有以下几种。

(1) 固氮乔木。固氮乔木是指能够与根瘤菌或其他固氮微生物共生，并形成树冠的木本植物。固氮乔木可以在盐碱地上形成森林或林带，提供阴影、风障、栖息地等生态服务，同时也可以提供木材、果实、药材等经济产品。印度河流域常见的固氮乔木有刺槐、胡桃、豆科灌木等。

(2) 固氮灌木。固氮灌木是指能够与根瘤菌或其他固氮微生物共生，并形成灌丛的木本或草本植物。固氮灌木可以在盐碱地上形成灌丛或草甸，提供保水、保肥、抑草等生态服务，同时也可以提供饲料、纤维、油脂等经济产品。印度河流域常见的固氮灌木有苜蓿、白刺、刺豆等。

(3) 固氮草本植物。固氮草本植物是指能够与根瘤菌或其他固氮微生物共生，并形成草本植被的植物。固氮草本植物可以在盐碱地上形成草皮或覆盖层，提供覆土、固沙、美化等生态服务，同时也可以提供粮食、蔬菜、花卉等经济产品。印度河流域常见的固氮草本植物有豆科作物、苋菜、芥菜等。

利用生物方法恢复盐碱地植被和生态系统对印度河流域土壤盐渍化治理有着重要的作用，但也面临着一些挑战和问题，如耐盐植物和固氮植物的种类和数量有限、种植技术和管理水平不高、种植效果和收益不稳定等。因此，需要加强耐盐植物和固氮植物的筛选和培育，提高种植技术和管理水平，增加种植效果和收益。

4. 促进印度河流域农民采用和参与的社会经济干预

印度河流域的盐碱土治理，不仅涉及技术和管理方面的问题，也涉及社会经济方面的问题。农民作为盐碱土治理的主要利益相关者和参与者，其意识、态度、行为、收入等因素，对于盐碱土治理的效果和可持续性有着重要的影响。因此，需要采取一些社会经济干预措施，以促进印度河流域农民对盐碱土治理技术和策略的采用和参与。

促进印度河流域农民采用和参与的社会经济干预措施，主要包括以下几个方面[4,14,22]。

(1) 提高农民的盐碱土治理意识和知识。通过各种途径和形式，向农民传播盐碱土治理的重要性、原理、方法、效果等信息，增强农民对盐碱土治理的认识和信心。例如，在印度河流域，通过组织培训班、示范田、现场考察、媒体宣传等方式，向农民普及盐碱土治理的技术和策略。

(2) 提供农民的盐碱土治理激励和支持。通过各种政策和机制，为农民提供盐碱土治理的资金、物资、技术、服务等支持，降低农民的盐碱土治理成本和风险，提高农民的盐碱土治理收益和动力。例如，在印度河流域，通过提供补贴、贷款、保险、市场等方式，为农民提供盐碱土治理所需的石膏、肥料、水稻种子、灌溉水等资源。

(3) 建立农民的盐碱土治理组织和网络。通过各种形式和平台，促进农民之间以及农民与其他利益相关者之间的交流和合作，增强农民的盐碱土治理能力和影响力。例如，在印度河流域，通过建立水用户协会、农业合作社、自助小组等组织，为农民提供盐碱土治理的咨询、培训、监测、评估等服务。

促进印度河流域农民采用和参与的社会经济干预措施，需要进行监测和评估，以确定各个措施在不同区域和条件下的有效性和适用性，并根据不同的目标和需求，进行相应的调整和改进。

12.1.3　巴基斯坦印度河流域盐碱地治理的成效、挑战和经验教训

1. 评估治理技术和策略的有效性和可持续性

评估治理技术和策略的有效性和可持续性是印度河流域土壤盐碱化治理的重要内容，旨在通过收集和分析相关数据，量化和评价不同治理技术和策略对土壤盐碱化治理的效果和影响，以及其在不同情境下的适应性和稳定性，从而为治理技术和策略的选择和优化提供依据和指导。评估治理技术和策略的有效性和可持续性主要包括以下几个方面[14,23,24]。

(1) 评估治理技术和策略对土壤盐碱化的控制效果。治理技术和策略对土壤盐渍化的控制效果是指不同治理技术和策略对降低土壤含盐量、改善土壤物理化学性质、恢复土壤生物活性等方面的作用和贡献。评估治理技术和策略对土壤盐碱化的控制效果需要采用科学合理的指标体系，如土壤电导率、土壤 pH、土壤有机质含量、土壤微生物数量等，以及相应的监测方法，如采样分析法、遥感监测法、地球物理探测法等。评估治理技术和策略对土壤盐渍化的控制效果可以反映不同治理技术和策略在不同地区、不同时间、不同条件下的适用性和优劣性，从而为治理技术和策略的选择提供参考。

(2) 评估治理技术和策略对农业生产的促进作用。治理技术和策略对农业生产的促进作用是指不同治理技术和策略对提高农业产量、增加农业收入、改善农业结构等方面的作用和贡献。评估治理技术和策略对农业生产的促进作用需要采用科学合理的指标体系，如单产水平、收入水平、作物种类、耕地面积等，以及相应的统计方法，如调查问卷法、回归分析法、成本效益分析法等。评估治理技术和策略对农业生产的促进作用可以反映不同治理技术和策略在不同地区、不同时间、不同条件下的经济效益和社会效益，从而为治理技术和策略的优化提供参考。

(3) 评估治理技术和策略对环境保护的贡献作用。治理技术和策略对环境保护的贡献作用是指不同治理技术和策略对减少水资源消耗、降低环境污染、保护生物多样性等方面的作用和贡献。评估治理技术和策略对环境保护的贡献作用需要采用科学合理的指标体系，如水资源利用效率、环境污染物排放量、生物多样性指数等，以及相应的评价方法，如生命周期分析法、生态足迹法、生态系统服务价值法等。评估治理技术和策略对环境保护的贡献作用可以反映不同治理技术和策略在不同地区、不同时间、不同条件下的生态效益和可持续性，从而为治理技术和策略的协调提供参考。

2. 巴基斯坦印度河流域盐碱土实施治理技术和策略的主要驱动因素和障碍

识别实施治理技术和策略的关键驱动因素和障碍是印度河流域土壤盐渍化治理的重要步骤，旨在通过收集和分析相关数据，分析和比较不同利益相关者的需求、偏好、利益、态度、行为等，找出影响治理技术和策略实施的正面或负面因素，以及其相互作用和影响，从而为治理决策和实施提供参考和建议。在印度河流域，土壤盐渍化的治理技术和策略的实施受到多种因素的影响，包括政策、经济、社会、文化、技术和环境等。以下是一些主要的驱动因素和障碍[4,9,14,24]。

(1) 技术因素：技术因素包括治理技术的可用性、适用性、有效性、可持续性等。通常，治理技术的可用性和适用性取决于当地的环境条件、资源条件、社会条件等，而治理技术的有效性和可持续性取决于治理技术的设计、运行、维护、监测等。在印度河流域，一些治理技术如改善排水和灌溉系统、种植耐盐或抗盐植物等已经在一些地区得到了广泛的应用和推广，表现出较高的可用性、适用性、有效性和可持续性，从而成为实施治理技术和策略的驱动因素。然而，一些治理技术如生物修复、社会经济干预等还处于试验或初期阶段，缺乏足够的证据和经验来证明其可用性、适用性、有效性和可持续性，从而成为实施治理技术和策略的障碍。

(2) 政策因素：政策因素包括政府的支持、监管、激励等。通常，政府的支持可以为实施治理技术和策略提供资金、技术、人力等资源，政府的监管可以为实施治理技术和策略提供法律、规范、标准等保障，政府的激励可以为实施治理技术和策略提供奖励、补贴、优惠等刺激。在印度河流域，政府在一定程度上支持了一些治理技术和策略的实施，如通过国家或省级计划或项目提供资金或技术支持，通过制定或修改相关法律或政策提供监管或激励措施。然而，政府的支持、监管和激励还不够充分和有效，存在一些问题和不足，如资金或技术支持不稳定或不及时、法律或政策执行不力或缺乏监督、奖励或补贴设置不合理或缺乏透明度。

(3) 社会因素：社会因素包括农民和社区的认知、态度、行为等。通常，农民和社区的认知可以影响他们对治理技术和策略的了解和信任，农民和社区的态度可以影响他们对治理技术和策略的接受和支持，农民和社区的行为可以影响他们对治理技术和策略的参与和贡献。在印度河流域，农民和社区的认知、态度和行为在不同的地区和情境下有所差异，既有利于实施治理技术和策略的驱动因素，也有不利于实施治理技术和策略的障碍。一些驱动因素包括：农民和社区对治理技术和策略有较高的认知和信任，农民和社区对治理技术和策略有较积极的态度和支持，农民和社区对治理技术和策略有较主动的参与和贡献。一些障碍包括：农民和社区对治理技术和策略有较低的认知和信任，农民和社区对治理技术和策略有较消极的态度和支持，农民和社区对治理技术和策略有较被动的参与和贡献。

综上所述，印度河流域实施土壤盐渍化治理技术和策略的主要驱动因素和障碍是多元的、复杂的、相互关联的，需要对这些因素进行深入的分析和评估，以制定合适的政策和措施，促进土壤盐渍化治理技术和策略的有效实施。

3. 深度剖析：印度河流域的优秀实践与经验教训

在印度河流域，实施治理技术和策略的过程中，有一些值得借鉴和推广的最佳实践，也有一些需要总结和避免的经验教训。以下是一些主要的分析[25-27]。

1) 优秀实践

(1) 综合治理模式：在印度河流域，一些项目采用了综合治理模式，即结合工程措施、农艺措施、生物措施和社会经济措施，综合考虑水、土、植被、人口等因素，实现盐碱地治理和生态修复的多目标和多效益。例如，在印度河流域的布恩德尔肯德地区，一个水管理干预项目通过建设小型水库、渠道、井等水利设施，改善了当地的水资源供给和利用；通过种植耐旱耐盐的作物和树木，提高了当地的农业生产和生态服务；通过开展社区参与、能力建设、收入增加等活动，提高了当地的社会资本和经济福利。

(2) 参与式治理机制：在印度河流域，一些项目采用了参与式治理机制，即充分发挥农民和社区在治理过程中的主体作用，通过建立多方利益相关者的协商、协作、协调机制，实现盐碱地治理和生态修复的公平性和有效性。例如，在印度河流域的旁遮普省，一个水政策改革项目通过建立灌溉管理委员会(IMC)，将灌溉系统的管理权从政府转移给农民代表，使农民能够参与灌溉系统的规划、运行、维护、监督等活动；通过建立灌溉服务费(ISF)制度，使农民能够按照灌溉水量支付费用，并将收入用于灌溉系统的改善和维护。

(3) 创新治理技术：在印度河流域，一些项目采用了创新治理技术，即引入或开发新颖或先进的技术方法，以提高盐碱地治理和生态修复的效率和效果。例如，在印度河流域的信德省，一个生物修复项目通过引入一种特殊的微生物菌剂 *Bacillus megaterium*，将其与有机肥料混合后施入盐碱土壤中，可以促进土壤中有益微生物的增殖，降低土壤中有害盐分的含量，并增加土壤中有机质和营养元素的含量；通过种植一种特殊的植物 *Salicornia bigelovii*，可以利用其高效吸收土壤中多余盐分的能力，减轻土壤盐渍化程度，并提供可食用或可加工的植物产品。

2) 经验教训

(1) 缺乏长期规划和视野：在印度河流域，一些项目缺乏长期规划和视野，即只关注短期的目标和效果，忽视长期的影响和后果，导致盐碱地治理和生态修复的不可持续性和逆转性。例如，在印度河流域的巴基斯坦部分，一些工程措施如建设大坝、水库、渠道等，虽然在短期内提高了水资源的供给和利用，但在长期内却加剧了下游地区的水资源短缺和土壤盐渍化问题；一些农艺措施如过度灌溉、过量施肥等，虽然在短期内提高了农业生产和收入，但在长期内却造成了土壤结构的破坏和土壤肥力的下降。

(2) 缺乏科学评估和监测：在印度河流域，一些项目缺乏科学评估和监测，即没有建立有效的评估和监测体系，无法准确地反映治理技术和策略的实施情况、效果和影响，也无法及时地发现和解决存在的问题和困难，导致盐碱地治理和生态修复的低效性和失效性。例如，在印度河流域的巴基斯坦部分，一些生物措施如种植耐盐或抗盐植物等，虽然在理论上具有较高的潜力和优势，但由于缺乏对植物种类、种植方式、生长状况、生态效应等方面的科学评估和监测，实际上并没有达到预期的目标和效果。

(3) 缺乏有效沟通和协调：在印度河流域，一些项目缺乏有效沟通和协调，即没有建立良好的沟通和协调机制，无法有效地整合不同利益相关者的需求、意见、建议等，也无法有效地解决不同利益相关者之间的冲突、分歧、矛盾等，导致盐碱地治理和生态修复的不平衡性和不公正性。例如，在印度河流域的印度部分，一些社会经济干预如提供收入增加或就业创造等机会，虽然在表面上看起来具有吸引力和公平性，但由于缺乏对不同社会群体(如性别、年龄、种姓等)的需求和偏好的充分了解和尊重，实际上并没有惠及所有的利益相关者，甚至加剧了一些社会不平等或歧视现象。

12.2　西班牙埃布罗河三角洲的盐碱地治理技术

埃布罗河三角洲是西班牙最大的湿地，也是地中海最重要的生态系统之一。它位于西班牙东北部的加泰罗尼亚自治区，占地约 320 km^2，拥有丰富的生物多样性和文化遗产。然而，埃布罗河三角洲也面临着严重的盐渍化问题，影响了农业、渔业、旅游业等经济活动，以及湿地的生态功能和服务。为了应对盐渍化对埃布罗河三角洲的威胁，流域内采取了多种技术和策略来治理和利用盐碱土，提高盐碱土的适应能力和恢复能力。本节将介绍埃布罗河三角洲盐碱地治理的主要技术和策略，包括工程措施、农艺措施、生物措施和社会经济措施，并评价其效果、挑战和经验教训。

12.2.1　埃布罗河三角洲盐碱地挑战概述

盐碱土是指土壤中含有过量的可溶性盐分，影响植物生长和土壤质量的土壤。盐碱土是埃布罗河三角洲农业和环境面临的主要问题之一，约占三角洲总面积的 40%，约有 13000 hm^2 的土地受到不同程度的盐渍化影响。土壤盐碱化不仅降低了农业生产力和农民收入，还造成了生态退化和社会问题，威胁了三角洲的可持续发展。本节将介绍埃布罗河三角洲盐碱土形成的原因、分布范围、影响程度和发展趋势。

1. 埃布罗河三角洲土壤盐渍化的原因和程度

埃布罗河是西班牙最长的河流(927 km)，发源于坎塔布里亚山脉的雷诺萨附近的丰蒂布雷山泉，流经布尔戈斯省的峡谷，中部为埃布罗河谷的石灰岩，最后在地中海的埃布罗河三角洲注入海洋。该流域的面积为 85611 km^2。埃布罗河三角洲是该地区最大的湿地区域之一(320 km^2)。年平均降水量从中部埃布罗河谷的半干旱区域的 320 mm/a，到比利牛斯山和坎塔布里亚山的 2000 mm/a 以上不等。该流域的人口超过 320 万[28]。

农业、城市和工业活动对水生生境造成了严重的压力。约 45%的埃布罗河流域用于农业，其中 15%是灌溉农田。农业是主要的用水部门。农业、畜牧业和水产养殖的用水需求为 7310 亿 m^3/a，相比之下，生活用水为 506 亿 m^3/a，工业用水为 250 亿 m^3/a。由灌溉和农业径流引起的土壤盐渍化是农业生产的一个主要问题[28]。

在埃布罗河三角洲，土壤盐渍化是由多种因素导致的，包括[28-31]：

(1) 海水入侵：由于河口淡水流量减少、海平面上升和风暴潮等因素，海水向内陆渗透，影响了沿海地下水和土壤的盐度。

(2) 土地沉降：由于天然或人为原因(如抽取地下水或天然气)，土地表面下降，增加了海水入侵和洪水的风险[2]。

(3) 灌溉管理：灌溉水的质量和数量不足，以及灌溉排水系统的缺乏或不适当，土壤中的盐分不能有效地冲洗或排出，导致土壤盐分积累。

(4) 气候变化：气候变化导致的降水量减少、蒸发量增加和干旱频率增加，土壤水分和盐分平衡受到影响，加剧了土壤盐渍化的过程。

根据 2016 年的一项研究，埃布罗河三角洲的土壤盐度在 0.1～1.5 dS/m 之间不等，平均为 0.6 dS/m。该研究还预测了不同海平面上升情景下的土壤盐度变化，结果显示，在最坏的情况下(海平面上升 1.8 m)，到 2100 年，土壤盐度将增加 3 倍，达到 1.8 dS/m。这将对三角洲的农业生产产生严重的负面影响，尤其是对稻米生产。

2. 埃布罗河三角洲土壤盐渍化对农业、环境和社会经济的影响

埃布罗河三角洲的土壤盐渍化不仅对当地的农业生产，也对环境和社会经济造成了严重的负面影响。以下是一些主要的影响[30-34]。

(1) 对农业生产的影响：埃布罗河三角洲是西班牙最重要的稻米产区，每年种植约 11 万 hm^2 的稻米，占全国稻米种植面积的 70%。土壤盐渍化会降低稻米的产量和质量，因为高盐度会抑制稻米的生长和分蘖，影响其光合作用和水分利用效率。一项研究模拟了不同海平面上升情景下埃布罗河三角洲土壤盐度和稻米产量的变化，发现到 2100 年，在最坏情况下(海平面上升 1.8 m)，土壤盐度将增加 3 倍，达到 1.8 dS/m，导致稻米产量从目前的 61%降低到 34%。另外，土壤盐渍化还会增加农民对灌溉水和肥料的需求，从而增加农业成本和资源消耗。

(2) 对环境的影响：埃布罗河三角洲是一个具有高生物多样性和生态价值的湿地系统，被列为《拉姆萨尔湿地公约》和联合国教科文组织生物圈保护区。土壤盐渍化会破坏三角洲的生态功能和服务，如水净化、碳储存、洪水调节、物种栖息地等。土壤盐渍化会改变三角洲的植被组成和结构，导致一些特有或濒危物种的减少或消失，同时促进一些外来或耐盐物种的入侵和扩张。土壤盐渍化还会影响三角洲的水文地质条件，如河流流量、地下水位、沉积物输送等，从而影响三角洲的形态演变和稳定性。

(3) 对社会经济的影响：埃布罗河三角洲是一个具有高社会经济价值的区域，提供了多种收入来源和就业机会，如农业、渔业、养殖业、旅游业等。土壤盐渍化会降低这些行业的收入和竞争力，从而影响当地居民的生计和福利。土壤盐渍化还会增加当地居民对淡水资源的需求和压力，从而引发水资源管理和分配方面的冲突和问题。此外，土壤盐渍化还会影响当地居民的健康和安全，因为高盐度会增加水源污染、疾病传播、食品安全等风险。

综上所述，埃布罗河三角洲土壤盐渍化是一个多方面的问题，需要综合考虑其对农业、环境和社会经济的影响，以制定有效的治理措施和适应策略。

3. 盐碱土的现状和趋势

为了了解埃布罗河三角洲盐碱土的现状和趋势，需要对盐碱土的分布范围、影响程度、变化速率等进行监测和评估。本节将介绍埃布罗河三角洲盐碱土监测和评估的主要方法、结果和结论[30,33,35-37]。

1) 监测和评估方法

埃布罗河三角洲盐碱土的监测和评估主要采用两种方法：实地调查和遥感分析。

(1) 实地调查是指通过采集和分析土壤样品，测定土壤的物理化学性质，如 pH、EC、ESP 等，判断土壤的盐渍化程度和类型。实地调查的优点是数据准确可靠，缺点是费时费力，空间覆盖不全面。

(2) 遥感分析是指通过利用卫星或航空器拍摄的影像数据，提取土壤的光谱特征，建立土壤盐分与光谱指数的关系模型，反演土壤的含盐量或盐渍化指数。遥感分析的优点是数据获取快速方便，空间覆盖全面，缺点是数据精度受多方面影响。

2) 监测和评估结果

根据实地调查和遥感分析的结果，埃布罗河三角洲盐碱土的分布范围、影响程度、变化速率等可以得出以下结果[30,33,35-40]。

(1) 盐碱土的分布范围。埃布罗河三角洲盐碱土主要分布在三角洲南部和东部地区，占三角洲总面积的 40%左右，约有 13000 hm^2。盐碱土的分布与海水入侵、灌溉排水、地下水等因素密切相关，呈现出明显的空间差异和异质性。

(2) 盐碱土的影响程度。埃布罗河三角洲盐碱土的影响程度可以用不同的指标来衡量，如 pH、EC、ESP 等。根据 FAO 的标准，埃布罗河三角洲盐碱土可以分为四种类型：轻度盐渍化(pH<8.5, EC<4 dS/m, ESP<15%)，中度盐渍化(8.5<pH<9, 4<EC<8 dS/m, 15%<ESP<25%)，重度盐渍化(9<pH<10, 8<EC<16 dS/m, 25%<ESP<40%)，极重度盐渍化(pH>10, EC>16 dS/m, ESP>40%)。根据这些标准，埃布罗河三角洲大部分地区属于轻度或中度盐渍化，少部分地区属于重度或极重度盐渍化。

(3) 盐碱土的变化速率。埃布罗河三角洲盐碱土的变化速率可以用不同的方法来估算，如比较不同时期的遥感影像数据，或利用数值模型模拟不同情景下的盐渍化过程。根据这些方法，埃布罗河三角洲盐碱土的变化速率受到多种因素的影响，如海平面上升、河流输沙量减少、灌溉排水管理等。通常，埃布罗河三角洲盐碱土的变化速率呈现出增加的趋势，预计到 21 世纪末，盐碱土的面积将增加 20%左右，盐渍化程度将加剧。

3) 监测和评估结论

综合实地调查和遥感分析的结果，可以得出以下结论。

(1) 埃布罗河三角洲盐碱土是一个复杂的环境问题，受到自然和人为因素的共同作用，呈现出多样化和动态化的特征。

(2) 埃布罗河三角洲盐碱土对农业、环境和社会经济都产生了负面的影响，造成了巨大的损失和代价。

(3) 埃布罗河三角洲盐碱土的治理需要采取综合的技术和策略，考虑不同地区和不同情景下的适应性和可持续性。

12.2.2　埃布罗河三角洲盐碱地主要治理技术和策略

为了应对埃布罗河三角洲盐碱土的挑战，流域内采取了多种治理技术和策略，旨在控制海水入侵，增加淡水供应，优化作物选择和管理，保护生物多样性和生态服务，支持农民的生计和适应能力。本节将介绍埃布罗河三角洲盐碱土治理的主要技术和策略，包括工程措施、农艺措施、生物措施和社会经济措施。

1. 控制海水入侵和增加淡水供应的工程措施

埃布罗河三角洲是地中海最重要的湿地之一，也是西班牙最大的稻米生产区。然而，这一地区面临着严重的土壤盐渍化问题，主要由以下因素引起：海平面上升、河流泥沙输送减少、地下水过度开采、灌溉管理不当和风暴潮等自然灾害。土壤盐渍化对农业、环境和社会经济造成了严重的影响，降低了稻米的产量和质量，破坏了生物多样性和生态系统服务，威胁了农民的生计和适应能力[30,40-43]。

为了应对土壤盐渍化的挑战，埃布罗河三角洲采取了一系列的工程措施，旨在控制海水入侵和增加淡水供应。这些措施包括：

(1) 建设和维护防波堤、堤坝、闸门和排水沟等防护设施，以阻止海水进入稻田和灌溉渠道，减少风暴潮造成的洪水灾害。

(2) 建设和改造水库、蓄水池、泵站和输水管道等水利设施，以增加伊布罗河下游的淡水储备和分配，保证稻田的灌溉需求。

(3) 利用卫星遥感、地理信息系统、数学模型等技术，监测和预测土壤盐分、地下水位、海平面变化等参数，为灌溉管理和工程设计提供科学依据。

(4) 开展科研和技术创新，研发新型的盐渍化治理技术，如电渗法、电渗法结合生物修复法等。

这些工程措施在一定程度上缓解了埃布罗河三角洲的土壤盐渍化问题，提高了稻米的产量和质量，保护了湿地的生态功能。然而，这些措施也存在一些局限性和挑战，例如：

(1) 工程建设和运行成本高昂，需要大量的资金投入和维护。

(2) 工程措施可能与自然过程相冲突，影响河口的动态平衡和泥沙输送。

(3) 工程措施可能导致环境污染或生态破坏，例如，电渗法可能产生有毒废液，防波堤可能影响海岸线的形态变化等。

(4) 工程措施可能难以适应气候变化带来的不确定性和极端事件，如海平面上升、干旱、风暴潮等。

因此，在实施工程措施时，需要综合考虑其效益、成本、可持续性和适应性等因素，并与其他类型的治理技术和策略相结合，以实现埃布罗河三角洲土壤盐渍化的综合治理和可持续发展。

2. 农艺措施优化作物选择和管理

除了工程措施外，埃布罗河三角洲还采用了一些农艺措施，以优化作物的选择和管理，提高稻米的抗盐性和产量。这些措施包括[44-47]：

(1) 选择和培育耐盐的稻米品种。利用传统育种或基因工程等方法，提高稻米对盐分胁迫的耐受能力。例如，NEURICE 项目通过杂交本地稻米品种和耐盐品种，获得了一百多个耐盐的稻米系，将在盐碱土壤中进行田间试验。

(2) 调整播种时间和方式。根据土壤盐分、气候条件和水资源等因素，确定最佳的播种时间和方式。例如，在埃布罗河三角洲，为了防治金苹果螺的危害，一种可行的方法是采用旱播方式，因为没有水分时金苹果螺无法活动。然而，旱播方式会导致土壤含盐量上升，因此需要选择耐盐的稻米品种。

(3) 合理施肥和灌溉。根据土壤肥力、作物需求和水质情况，制定合理的施肥和灌溉方案。例如，在埃布罗河三角洲，为了减少海水入侵造成的土壤盐渍化，可以在冬季用含盐水灌溉稻田，并在春季覆盖塑料薄膜，以增加淡水的供应和利用。

(4) 采取轮作或间作等多样化种植方式。根据市场需求和生态效益，选择适合盐碱土壤的作物进行轮作或间作。例如，在埃布罗河三角洲，可以在稻米收割后种植豆科或禾本科的绿肥作物，以改善土壤结构、增加有机质含量、固定氮素、降低土壤含盐量等。

这些农艺措施在一定程度上改善了埃布罗河三角洲的土壤质量和稻米生长条件，增加了稻米的产量和质量，降低了生产成本和环境风险。然而，这些措施也存在一些局限性和挑战，例如：

(1) 耐盐稻米品种的开发和推广需要较长的时间和较高的技术水平。

(2) 播种时间和方式的调整需要考虑多种因素，并与其他治理措施相协调。

(3) 施肥和灌溉方案的制定需要精确测量土壤、水质、气候等参数，并及时调整。

(4) 轮作或间作方式的采取需要考虑市场需求、经济效益、社会接受度等因素，并与其他治理措施相协调。

因此，在实施农艺措施时，需要综合考虑其效益、成本、可持续性和适应性等因素，并与其他类型的治理技术和策略相结合，以实现埃布罗河三角洲土壤盐渍化的综合治理和可持续发展。

3. 生物方法保护生物多样性和生态系统服务

埃布罗河三角洲不仅是重要的农业区，也是具有国际意义的湿地，拥有丰富的生物多样性和生态系统服务。然而，土壤盐渍化对湿地的生态功能和价值造成了负面影响，导致物种多样性的下降、生态系统服务的减少和生态系统恢复力的降低。为了保护和恢复湿地的生态功能和价值，埃布罗河三角洲采取了一些生物方法，利用自然或人工引入的生物资源，提高土壤质量和稻米产量。这些方法包括[32,48,49]：

(1) 利用蓝藻作为生物肥料，增加土壤有机质含量、固定氮素、提高土壤肥力。例如，在埃布罗河三角洲，从稻田中分离出了多种耐盐碱的蓝藻，其中一种未描述的鱼腥藻菌株 UAB206 表现出了高度的耐盐碱能力，并对稻米品种‘Copsemar’的光合作用有正面影响。

(2) 利用植物作为生物修复剂，吸收或排除土壤中的盐分、重金属等有害物质，改善土壤结构、增加土壤孔隙度、提高土壤微生物活性。例如，在埃布罗河三角洲，可以在稻田间种植一些耐盐植物，如芦苇、碱蓬、海芥等，或在稻田外种植一些防风固沙植物，如柽柳、松树等。

(3) 利用动物作为生物控制剂，减少或消除对稻米有害的昆虫、病原菌、杂草等生物因素，增加稻米的健康和产量。例如，在埃布罗河三角洲，可以利用一些天敌昆虫或鸟类来控制金苹果螺、稻飞虱、水稻纹枯病等对稻米造成危害的生物因素。

这些生物方法在一定程度上保护和恢复了埃布罗河三角洲湿地的生态功能和价值，增加了稻米的产量和质量，降低了化学肥料和农药的使用和污染。然而，这些方法也存在一些局限性和挑战，例如：

(1) 生物肥料的制备和施用需要较高的技术水平和成本。

(2) 生物修复剂的选择和种植需要考虑其对土壤、水质、气候等环境因素的适应性和影响。

(3) 生物控制剂的引入和管理需要考虑其对本地生态系统平衡和稳定性的影响。

因此，在实施生物方法时，需要综合考虑其效益、成本、可持续性和适应性等因素，并与其他类型的治理技术和策略相结合，以实现埃布罗河三角洲土壤盐渍化的综合治理和可持续发展。

4. 社会经济干预支持农民的生计和适应

埃布罗河三角洲的农民面临着土壤盐渍化带来的种种挑战，如稻米产量和质量的下降、生产成本的上升、市场竞争的加剧、环境风险的增加等。为了帮助农民应对这些挑战，提高他们的生计水平和适应能力，埃布罗河三角洲采取了一些社会经济干预措施，利用政策、法律、金融、教育等手段，促进农业的可持续发展。这些措施包括[50-53]：

(1) 制定和实施相关的政策和法规，以保护和管理埃布罗河三角洲的水资源、土地资源、生物资源等自然资源。

(2) 提供和扩大金融服务和支持，以降低农民的财务压力，增加他们的收入和利润。例如，埃布罗河三角洲有一些合作社和信用社，为农民提供低息贷款、保险、储蓄等金融产品，帮助他们购买种子、肥料、机械等生产资料，或者应对自然灾害、市场波动等风险。

(3) 增强和改善教育和培训服务，以提高农民的知识水平和技能水平，增强他们的创新能力和竞争力。例如，埃布罗河三角洲有一些研究机构和技术转移中心，为农民提供关于土壤盐渍化治理技术、稻米种植技术、稻米加工技术等方面的培训和咨询服务，帮助他们提高稻米的产量和质量。

(4) 建立和促进多方参与的合作机制，以增加农民的参与度和话语权，增强他们的凝聚力和协作力。例如，埃布罗河三角洲有一些利益相关者平台和网络，为农民与政府部门、研究机构、非政府组织、消费者组织等其他利益相关者之间提供沟通和协调的机会，共同制定和实施土壤盐渍化治理计划。

这些社会经济干预措施在一定程度上改善了埃布罗河三角洲农民的生计状况和适应能力，增加了他们对土壤盐渍化治理技术和策略的接受度和采用度。然而，这些措施也存在一些局限性和挑战，例如：

(1) 政策和法规的制定和实施需要考虑多方利益的平衡和协调，避免产生负面的社会和环境影响。

(2) 金融服务和支持的提供和扩大需要考虑农民的需求和偿还能力，避免产生过度债务和金融危机。

(3) 教育和培训服务的增强和改善需要考虑农民的教育水平和学习意愿，避免产生知识鸿沟和技术落后。

(4) 合作机制的建立和促进需要考虑农民的信任度和参与度，避免产生利益冲突和合作障碍。

因此，在实施社会经济干预措施时，需要综合考虑其效益、成本、可持续性和适应性等因素，并与其他类型的治理技术和策略相结合，以实现埃布罗河三角洲土壤盐渍化的综合治理和可持续发展。

12.2.3 埃布罗河三角洲盐碱地治理的成效、挑战和经验教训

在埃布罗河三角洲，实施治理技术和策略的过程中，有一些值得肯定和鼓励的成效。也有一些需要面对和解决的挑战，以及一些可以借鉴和推广的经验教训。以下是一些主要的分析[28,30,33,35,54]。

1. 成效

(1) 提高了水资源的利用效率和质量：通过建设排水系统，控制海水入侵，增加淡水供应，埃布罗河三角洲有效地降低了土壤和地下水的含盐量，改善了灌溉水的质量，减少了农业用水的需求。同时，通过淋洗法，埃布罗河三角洲有效地去除了土壤中过多的盐分，恢复了土壤的肥力和结构。

(2) 优化了作物的选择和管理：通过种植耐盐作物，埃布罗河三角洲有效地适应了盐碱环境，提高了农业生产和收入。同时，通过调整作物种植结构，埃布罗河三角洲有效地增加了作物的多样性和稳定性，降低了作物受病虫害和气候变化的影响。

(3) 保护了生物多样性和生态服务：通过种植盐生植物，埃布罗河三角洲有效地保护了盐沼湿地等珍贵的生态系统，维持了其对水文、碳、氮等循环的调节作用。同时，通过保护和恢复鸟类、鱼类、贝类等动物资源，埃布罗河三角洲有效地促进了生态旅游、渔业等产业的发展。

(4) 支持农民的生计和适应能力：通过提供技术支持、金融补贴、市场信息等服务，埃布罗河三角洲有效地帮助农民提高了盐碱地治理和利用的技能和知识。同时，通过开展社区参与、能力建设、教育培训等活动，埃布罗河三角洲有效地增强了农民对盐碱地问题和气候变化的认识和应对能力。

2. 挑战

(1) 面临着气候变化带来的风险：气候变化导致的海平面上升、极端天气事件、降水变化等因素，埃布罗河三角洲面临着土壤盐渍化加剧、水资源短缺、生态系统退化等风险。

(2) 存在着人为干扰带来的压力：由于人口增长、经济发展、土地利用变化等因素，埃布罗河三角洲存在着水资源过度开发、土地过度耕作、生态系统过度开发等压力。

(3) 缺乏有效的治理机制和政策支持：由于治理主体的多样性、利益的冲突、知识的缺乏等因素，埃布罗河三角洲缺乏有效的治理机制和政策支持，难以实现盐碱地治理和生态修复的协调和可持续。

3. 经验教训

(1) 需要采取综合治理模式：在埃布罗河三角洲，单一的治理技术或策略往往难以达到预期的效果或带来意想不到的后果，因此需要采取综合治理模式，即结合工程措施、农艺措施、生物措施和社会经济干预等多种手段，综合考虑水、土、植被、人口等多种因素，实现盐碱地治理和生态修复的多目标和多效益。

(2) 需要建立参与式治理机制：在埃布罗河三角洲，不同的利益相关者对盐碱地问题和气候变化有着不同的需求、意见、建议等，因此需要建立参与式治理机制，即充分发挥农民和社区在治理过程中的主体作用，通过建立多方利益相关者的协商、协作、协调机制，实现盐碱地治理和生态修复的公平性和有效性。

(3) 需要加强科学评估和监测：在埃布罗河三角洲，由于盐碱地问题和气候变化影响具有复杂性和不确定性，因此需要加强科学评估和监测，即建立有效的评估和监测体系，准确地反映治理技术和策略的实施情况、效果和影响，及时地发现和解决存在的问题和困难，提高盐碱地治理和生态修复的效率和效果。

12.2.4　识别实施治理技术和策略的关键驱动因素和障碍

实施埃布罗河三角洲的土壤盐渍化治理技术和策略，需要考虑多方面的因素，包括技术、环境、经济和政策等。这些因素既有利于促进治理技术和策略的推广和应用，也可能阻碍其有效实施。本节将分析这些因素的作用机制，以及如何克服障碍，增强驱动力[45,55-61]。

1) 技术因素

技术因素主要指治理技术和策略的可行性、适应性、创新性和可复制性等。技术因素是实施治理技术和策略的基础，也是影响其效果的重要因素。通常，技术因素对治理技术和策略有正向的驱动作用，即技术水平越高，治理效果越好，推广应用越容易。然而，技术因素也可能存在一些障碍，如技术转移不畅、技术需求不明确、技术匹配不适宜等。例如，在埃布罗河三角洲，由于缺乏对土壤盐渍化的精确监测和评估，治理技术和策略的选择和设计缺乏科学依据。另外，由于不同地区的土壤类型、气候条件、水资源状况等差异较大，某些治理技术和策略难以在其他地区复制或推广。为了克服这些障碍，需要加强土壤盐渍化治理技术的研发和创新，提高其针对性、灵活性和可持续性。同时，需要加强技术转移和培训，提高农民和管理者的技术认知和能力。此外，需要根据不同地区的具体情况，选择合适的治理技术和策略，避免盲目模仿或复制。

2) 环境因素

环境因素主要指土壤盐渍化治理过程中所面临的自然环境条件，如气候变化、海平面上升、水资源短缺等。环境因素是影响土壤盐渍化发生发展的重要原因之一，也是制约治理效果的重要因素之一。通常，环境因素对治理技术和策略有负向的阻碍作用，即环境条件越恶劣，土壤盐渍化越严重，治理难度越大。然而，环境因素也可能激发一些正向的驱动作用，如提高对土壤盐渍化危害的认识、促进对土壤保护的投入、增强对生态系统服务的重视等。例如，在埃布罗河三角洲，由气候变化导致的干旱、风暴等极端事件频发，使得土壤盐渍化问题更加突出。这也促使政府和社会加大了对土壤盐渍化治理的关注和支持，如建立了土壤盐渍化监测网络，制定了土壤盐渍化治理计划，提供了土壤盐渍化治理的资金和技术援助等。

为了克服环境因素的阻碍，需要加强对土壤盐渍化的监测和预警，提高对自然灾害的应对能力。同时，需要加强对环境变化的适应性研究，寻找适合未来环境条件的治理技术和策略。此外，需要加强对土壤盐渍化的生态效应和经济效益的评估，提高对土壤盐渍化治理的社会认同和参与度。

3) 经济因素

经济因素主要指土壤盐渍化治理过程中所涉及的经济成本和收益，如投入产出比、成本效益分析、市场需求等。经济因素是影响土壤盐渍化治理决策和行为的重要因素之一，也是评价治理效果的重要指标之一。通常，经济因素对治理技术和策略有正向或负向的驱动或阻碍作用，即经济效益越高，驱动力越强，阻碍力越弱；反之亦然。例如，在埃布罗河三角洲，由于水稻是主要的经济作物，其市场需求和价格较稳定，因此农民有较强的动机采用一些能够提高水稻产量和质量的治理技术和策略，如种植耐盐水稻品种、改进灌溉管理等。然而，在一些其他地区，农业收入较低或不稳定，农民缺乏投资土壤盐渍化治理的经济能力或意愿，导致治理技术和策略难以推广或实施。

为了克服经济因素的阻碍，需要加强对土壤盐渍化治理的经济分析，明确其成本收益结构和影响因素。同时，需要加强对土壤盐渍化治理的经济激励，提供一些政策支持和补贴措施，降低农民的经济负担和风险。此外，需要加强对土壤盐渍化治理的市场开发，培育一些有利于土壤保护的产业链和价值链，增加农民的经济收入和利益。

4) 政策因素

政策因素主要指土壤盐渍化治理过程中所受到的政府决策、行政干预、公共服务等方面的影响。政策因素是影响土壤盐渍化治理方向和重点的重要因素之一，也是影响治理效果的重要因素之一。通常，政策因素对治理技术和策略有正向或负向的驱动或阻碍作用，即政策支持度越高，驱动力越强，阻碍力越弱；反之亦然。例如，在埃布罗河三角洲，由于政府对土壤盐渍化问题给予了高度重视，并制定了一系列有利于土壤盐渍化治理的决策和行动，如《埃布罗河三角洲保护计划》(西班牙)、《国家防治荒漠化战略》(西班牙)等，为治理技术和策略的实施提供了明确的方向、目标和措施。同时，由于政府对土壤盐渍化治理提供了充分的资金、技术、人力等资源支持，并提供了一些公共服务和设施，如土壤盐渍化监测网络、灌溉系统改造工程等，为治理技术和策略的实施提供了充足的资源保障和服务保障。然而，在一些其他地区，由于政府对土壤盐渍化问题缺乏足够的重视或认识，或者存在一些与土壤盐渍化治理相抵触或不协调的决策和行动，导致治理技术和策略缺乏政府支持或推动。另外，由于政府对土壤盐渍化治理缺乏足够的资金、技术、人力等资源投入或分配，或者缺乏有效的公共服务和设施建设或维护，导致治理技术和策略缺乏资源保障或服务保障。

为了克服政策因素的阻碍，需要加强对土壤盐渍化治理的政策关注和支持，制定和实施一些符合国家利益和地方需求的决策和行动，为治理技术和策略的实施提供帮助。

12.2.5　分析埃布罗河三角洲土壤盐渍化治理的最佳实践和经验教训

埃布罗河三角洲的土壤盐渍化治理技术和策略，虽然还存在一些问题和挑战，但也取得了一些成效和进展，为其他地区的土壤盐渍化治理提供了一些借鉴和启示。本节将分析埃布罗河三角洲土壤盐渍化治理的最佳实践和经验教训，并提出一些改进建议和展望。

1) 最佳实践

埃布罗河三角洲土壤盐渍化治理的最佳实践主要包括以下几个方面。

(1) 综合治理。埃布罗河三角洲土壤盐渍化治理采用了综合治理的思路，结合工程措施、农业实践、生物方法和社会经济干预等多种技术和策略，从源头控制、过程调控和终端补偿等多个层面，对土壤盐渍化进行有效的预防、控制和恢复。这种综合治理的思路，有利于充分发挥各种技术和策略的优势，弥补各自的不足，实现土壤盐渍化治理的协同效应。

(2) 适应性治理。埃布罗河三角洲土壤盐渍化治理采用了适应性治理的方法，根据不同地区的土壤类型、气候条件、水资源状况、农业生产特点等，选择和设计适合当地实际情况的技术和策略，避免了一刀切或盲目模仿的做法。这种适应性治理的方法，有利于提高土壤盐渍化治理的针对性、灵活性和可持续性。

(3) 参与性治理。埃布罗河三角洲土壤盐渍化治理采用了参与性治理的方式，充分调动和利用各方利益相关者的资源和能力，建立了多方参与、协商、协作的机制和平台，增强了土壤盐渍化治理的社会共识和信任。这种参与性治理的方式，有利于提高土壤盐渍化治理的社会支持度、接受度和参与度。

(4) 创新性治理。埃布罗河三角洲土壤盐渍化治理采用了创新性治理的手段，不断开展对土壤盐渍化问题的科学研究和技术创新，引入了一些新型或改良的技术和策略，如耐盐水稻品种、水稻秸秆覆盖法、沉积物管理方案等。这种创新性治理的手段，有利于提高土壤盐渍化治理的科学性、先进性和有效性。

2) 经验教训

埃布罗河三角洲土壤盐渍化治理的经验教训主要包括以下几个方面。

(1) 土壤盐渍化治理需要有明确的目标和标准，以便对治理效果进行评估和监督。目前，埃布罗河三角洲土壤盐渍化治理缺乏统一的目标和标准，不同地区或不同项目采用不同的指标或方法，导致治理效果难以比较或衡量。因此，需要制定和完善一些符合国际惯例和本地实际的土壤盐渍化治理目标和标准，为治理效果的评估和监督提供依据和参考。

(2) 土壤盐渍化治理需要有充分的数据和信息支持，以便对治理过程进行跟踪和反馈。目前，埃布罗河三角洲土壤盐渍化治理缺乏充分的数据和信息支持，如土壤盐渍化的分布、程度、变化等，导致治理过程难以跟踪或反馈。因此，需要加强对土壤盐渍化的监测和预警，建立和完善一些可靠、及时、全面的数据和信息系统，为治理过程的跟踪和反馈提供支持和服务。

(3) 土壤盐渍化治理需要有合理的成本收益分析，以便对治理方案进行选择和优化。目前，埃布罗河三角洲土壤盐渍化治理缺乏合理的成本收益分析，如土壤盐渍化的生态效应、经济效益等，导致治理方案难以选择或优化。因此，需要加强对土壤盐渍化治理的成本收益分析，明确其成本收益结构和影响因素，为治理方案的选择和优化提供参考和依据。

(4) 土壤盐渍化治理需要有协调的制度和政策保障，以便对治理行为进行规范和引导。目前，埃布罗河三角洲土壤盐渍化治理缺乏协调的制度和政策保障，如法律法规、政策规划、管理机构、监督制约等，导致治理行为难以规范或引导。因此，需要加强对土壤盐渍化治理的制度和政策保障，制定和完善一些符合国际标准和本地实际的法律法规和政策规划，为治理行为的规范和引导提供保障和激励。

综上所述，埃布罗河三角洲土壤盐渍化治理的最佳实践和经验教训，为其他地区的土壤盐渍化治理提供了一些借鉴和启示。通过总结埃布罗河三角洲土壤盐渍化治理的成功经验和存在问题，可以更好地认识土壤盐渍化治理的优势与局限性，为改进和完善土壤盐渍化治理方案提供建议和展望。

12.3　阿根廷潘帕斯地区的盐碱地治理技术

潘帕斯地区是阿根廷中部的一个广阔的平原，占地约 90 万 km^2，由风成沉积物和冲积沉积物构成。该地区的气候从亚湿润到半干旱，年降水量从 1000～400mm 不等。该地区的大部分土壤是由火山碎屑组成的，主要含有斜长石、石英、火山玻璃、岩屑和重矿物。然而，该地区东部的土壤受到拉普拉塔河沉积物的影响，含有较高比例的高岭石、蒙脱石和可膨胀层间矿物。潘帕斯地区的土壤受到盐渍化和水渍化的影响，这些问题主要由以下因素引起[62-64]。

(1) 地形特征：该地区的坡度很低(0.01%～0.1%)，海拔也很低，包括沿海平原。该地区有很多永久或临时的湖泊，通常与地下水相连。这些条件导致了表层和地下水的积聚和流动障碍，以及盐分的迁移和富集。

(2) 气候变化：该地区的气候在过去几十年发生了显著变化，表现为降水量和蒸发量的增加，以及极端干旱和洪水事件的频率和强度的增加。这些变化影响了水文循环和盐分平衡，加剧了土壤盐渍化和水渍化的程度和范围。

(3) 土地利用变化：该地区的土地利用在过去几十年也发生了显著变化，主要表现为农业面积的扩张，牧草地和森林的减少，以及作物种植结构的调整。这些变化导致了土壤有机质和养分的流失，土壤结构和质量的恶化，以及土壤侵蚀和退化的加剧。此外，一些不合理的农业管理措施，如过度灌溉、不合适的排水系统、不充分的施肥和轮作等，也加剧了土壤盐渍化和水渍化的问题。

根据美国土壤分类法，潘帕斯地区受盐影响的土壤主要属于黑钙土、灰钙土、未定型土和黏性土四个类别(表 12-2)。这些土壤对农业生产有不同程度的限制，如降低作物产量和质量、增加管理成本和风险、减少种植选择和灵活性等。这些限制不容易从技术、经济和生态方面得到逆转。相反，更合理的做法是引入适应这些限制条件的管理和修复技术。

表 12-2　潘帕斯地区受盐影响的土壤类型、特征和分布

土壤类型	特征	分布
黑钙土	土壤 pH 中性或弱碱性，表层有机质含量丰富，下层含有碳酸钙和硫酸钙，含盐量中等，钠吸附比低，土壤结构良好，排水能力较强	主要分布在亚湿润地区，占受盐影响土壤的 40%
灰钙土	土壤 pH 强碱性，表层有机质含量较低，下层含有大量的碳酸钠和硫酸钠，含盐量高，钠吸附比高，土壤结构差，排水能力较弱	主要分布在半干旱地区，占受盐影响土壤的 30%
未定型土	土壤 pH 中性或弱碱性，表层有机质含量较低，下层含有少量的碳酸钙和硫酸钙，含盐量低，钠吸附比低，土壤结构一般，排水能力一般	主要分布在沿海平原和河流沉积区，占受盐影响土壤的 20%
黏性土	土壤 pH 中性或弱碱性，表层有机质含量较低，下层含有少量的碳酸钙和硫酸钙，含盐量低，钠吸附比低，土壤结构差，排水能力差	主要分布在沿海平原和河流沉积区，占受盐影响土壤的 10%

12.3.1　潘帕斯地区盐碱地挑战概述

1. 潘帕斯地区土壤盐渍化的原因和程度

潘帕斯地区的土壤盐渍化是一个严重的环境问题，影响了该地区约 2000 万 hm^2 的土地，约占总面积的 40%[65,66]。土壤盐渍化是指土壤中可溶性盐分含量超过植物生长所需的水平，导致土壤肥力下降和生态系统退化。土壤盐渍化可以是自然的或人为的过程，通常与水文条件、气候变化、土壤特性和植被覆盖有关。在潘帕斯地区，土壤盐渍化的主要原因如下[65-69]：

(1) 地下水位上升。由于降水量增加、灌溉活动、排水系统不足等因素，地下水位上升导致了土壤中原有的或外来的可溶性盐分向表层迁移，形成了表层或次表层盐渍化。地下水位上升也与土壤中石化钙积层(petrocalcic horizons)的存在有关，这些积层阻碍了水分和溶质的深入渗透，增加了表层土壤的蒸发量和含盐量。

(2) 土地利用变化。由于农业发展和市场需求，潘帕斯地区发生了从草原到林地或农田的转变，这些转变影响了水分和能量平衡，改变了土壤中盐分的运移和分布。一方面，林地相比草原具有更高的蒸散作用和更低的径流系数，导致了地下水位下降和深层盐分向上迁移。另一方面，农田相比草原具有更低的蒸散作用和更高的径流系数，导致了地下水位上升和外源盐分向下迁移。此外，不合理的耕作、灌溉和施肥等农业管理措施也会增加土壤中可溶性盐分的输入或累积。

根据不同亚区的气候和土壤特征，潘帕斯地区的土壤盐渍化程度和类型也有所不同。通常，西北和西南亚区的土壤盐渍化程度较高，主要表现为次表层或深层盐渍化，与地下水位下降和林地覆盖有关；而东北和东南亚区的土壤盐渍化程度较低，主要表现为表层或次表层盐渍化，与地下水位上升和农田覆盖有关(表 12-3)。

表 12-3　潘帕斯地区不同亚区的土壤盐渍化情况

亚区	气候	土壤类型	土壤盐渍化程度	土壤盐渍化类型	土壤盐渍化原因
西北	亚热带干旱	砂质或黏质	高	次表层或深层	地下水位下降，林地覆盖
西南	温带干旱	黏质或碳酸钙硬结层	高	次表层或深层	地下水位下降，林地覆盖

续表

亚区	气候	土壤类型	土壤盐渍化程度	土壤盐渍化类型	土壤盐渍化原因
东北	温带湿润	黏质或砂质	低	表层或次表层	地下水位上升，农田覆盖
东南	温带湿润	黏质或砂质	低	表层或次表层	地下水位上升，农田覆盖

2. 土壤盐渍化对农业、环境和社会经济的影响

土壤盐渍化不仅降低了土壤的生产力和质量，还对农业、环境和社会经济造成了多方面的负面影响(表 12-4)。以下是土壤盐渍化的主要影响[8,69-71]。

(1) 对农业的影响。土壤盐渍化导致了作物生长受阻，产量下降，品质降低，抗病虫能力减弱，甚至导致作物死亡。据估计，全球约有 20%的灌溉土地受到盐渍化的影响，每年造成的粮食损失达到 270 亿美元。在潘帕斯地区，土壤盐渍化对主要的粮食作物(如玉米、小麦、大豆等)和牧草作物(如苜蓿等)都有不利影响，降低了农民的收入和利润。

(2) 对环境的影响。土壤盐渍化破坏了土壤的物理、化学和生物学特性，降低了土壤的有机质含量、水分保持能力、通透性和微生物活性，增加了土壤的侵蚀风险和温室气体排放。此外，土壤盐渍化还影响了地表水和地下水的质量，增加了水体中的溶解性盐分和有毒元素，危害了人类和动植物的健康。

(3) 对社会经济的影响。土壤盐渍化导致了农业生产力的下降，农民的贫困化，农村人口的减少，农业就业机会的减少，农业投资和信贷的缩减，以及农业基础设施和服务的恶化。这些影响进一步加剧了社会不平等、粮食不安全、营养不良、健康问题和社会动荡等问题。

表 12-4　潘帕斯地区不同亚区土壤盐渍化对农业、环境和社会经济的影响

亚区	农业影响	环境影响	社会经济影响
西北	粮食作物和牧草作物产量下降	土壤侵蚀加剧，水体污染增加	农民收入减少，农村人口流失
西南	粮食作物和牧草作物产量下降	土壤侵蚀加剧，水体污染增加	农民收入减少，农村人口流失
东北	粮食作物和牧草作物产量下降	土壤有机质含量降低，温室气体排放增加	农民收入减少，农业投资缩减
东南	粮食作物和牧草作物产量下降	土壤有机质含量降低，温室气体排放增加	农民收入减少，农业投资缩减

3. 潘帕斯地区土壤盐渍化的现状和趋势

为了了解潘帕斯地区土壤盐渍化的现状和趋势，需要对土壤含盐量、分布和变化进行监测和评估。然而，由于该地区缺乏足够的观测站点、数据和信息，以及土壤盐渍化过程的复杂性和异质性，这一任务是非常困难的。因此，一些研究人员采用了不同的方法和工具，如数值模型、卫星遥感、植被指数等，来估算和预测潘帕斯地区的土壤含水量、土壤含盐量和土壤盐渍化程度(表 12-5)。根据这些研究的结果，可以总结出以下几

点[12,65,66,72]。

(1) 潘帕斯地区的土壤含盐量在空间上呈现出明显的差异，与气候、土壤、植被和地下水等因素有关。通常，西北和西南亚区的土壤含盐量较高，而东北和东南亚区的土壤含盐量较低。

(2) 潘帕斯地区的土壤含盐量在时间上也呈现出动态变化，与降水、蒸发、径流、灌溉等因素有关。一些研究表明，该地区的土壤含盐量与降水量呈负相关，与蒸发量呈正相关。此外，灌溉活动也会影响土壤含盐量的变化，尤其是在使用含盐水灌溉的情况下。

(3) 潘帕斯地区的土壤盐渍化程度在未来可能会受到气候变化的影响，表现为不同亚区之间的差异。根据 Hassani 等的预测，到 21 世纪末，在 RCP 8.5 情景下，潘帕斯地区西南亚区的土壤盐渍化程度将显著增加，而东北亚区的土壤盐渍化程度将显著减少。这与该地区未来降水量和蒸发量的变化趋势相一致。

表 12-5　潘帕斯地区不同亚区土壤盐渍化的现状和趋势

亚区	土壤含盐量	土壤盐渍化程度	土壤盐渍化趋势
西北	高	高	增加
西南	高	高	增加
东北	低	低	减少
东南	低	低	减少

12.3.2　潘帕斯地区盐碱地主要治理技术和策略

阿根廷潘帕斯地区的盐碱土治理技术可以根据它们对土壤、植被和地表及地下水的影响分为以下几类(表 12-6)[73-77]。

(1) 化学和生物处理：这些技术主要是通过施用石灰、石膏或有机肥料来改善土壤的化学性质、降低土壤的 pH 和交换性钠百分比(ESP)，增加土壤的结构稳定性和渗透性。此外，还可以通过接种盐耐受或固氮微生物来提高土壤的生物活性和肥力。

(2) 牧草管理：这些技术主要是通过调整放牧强度、时间和频率，以及引入多种牧草品种来保持或恢复盐碱土的植被覆盖，减少水土流失，增加有机质输入，提高土壤质量和生产力。

(3) 施肥：这些技术主要是通过施用适量的氮、磷、钾等营养元素来提高盐碱土的肥力，促进作物的生长和产量。施肥也可以改善作物对盐分胁迫的耐受性，例如，钾肥可以降低细胞液中的钠浓度，磷肥可以增加细胞内的渗透调节物质。

(4) 控制地下水中盐分上升：这些技术主要是通过建设排水沟、井或其他工程措施来降低地下水位，防止地下水中的盐分通过毛细作用上升到土壤表层，造成土壤二次盐渍化。这些技术需要考虑排水水的处理和利用问题，以避免对下游环境造成污染。

(5) 地表径流控制：这些技术主要是通过建设拦河坝、蓄水池或其他工程措施来截留地表径流，减少盐分的迁移和积累，增加水资源的利用效率。这些技术也可以改善地表水的质量，例如，拦河坝可以促进水中有机质的分解和沉淀。

(6) 树木“生物排水”：这些技术主要是通过种植耐盐或深根系的树木来降低地下水位，减少土壤中的含盐量，增加土壤中的有机质含量。这些技术也可以提供其他生态服务，例如，树木可以吸收二氧化碳，减少温室气体排放，提供木材、果实等产品。

(7) 社会经济干预：这些技术主要是通过提供培训、咨询、补贴、信贷等服务来增加农民对盐碱土治理的知识和动机，促进适应性管理和创新。这些技术也可以提高农民的收入和福利，例如，培训可以提高农民的技能和效率，补贴可以降低农民的投入成本，信贷可以增加农民的投资能力。

表 12-6 阿根廷潘帕斯地区的盐碱土治理技术及优缺点汇总

技术	优点	缺点
化学和生物处理	可以快速改善土壤的化学性质和生物活性	需要大量的投入和维护，可能造成环境污染
牧草管理	可以保持或恢复盐碱土的植被覆盖和土壤质量	需要适当的放牧管理，可能造成植被退化和土壤侵蚀
施肥	可以提高盐碱土的肥力和作物的产量和耐盐性	需要合理的施肥方案，可能造成环境污染
控制地下水中盐分上升	可以防止土壤二次盐渍化和水渍化	需要大量的投资和维护，可能造成排水水的处理和利用问题
地表径流控制	可以减少盐分的迁移和积累，增加水资源的利用效率	需要大量的投资和维护，可能造成地表水的质量问题
树木“生物排水”	可以降低地下水位，减少土壤中的含盐量，提供其他生态服务	需要选择合适的树种和种植方式，可能与农业用地竞争
社会经济干预	可以增强农民对盐碱土治理的知识和动机，提高农民的收入和福利	需要有效的政策和机制，可能存在信息不对称和利益冲突

1. 改善地表径流和地下水补给的工程措施

在内陆潘帕斯，盐碱土的形成和发展主要受到地下水位深度和盐度的影响。地下水位过高会导致土壤水分上升，从而增加土壤表层的含盐量。因此，控制地下水位是防止和治理盐碱土的重要手段之一。工程措施是通过人工干预改变水文条件，从而降低地下水位，减少盐分上升的速率，提高土壤排水能力和生产力的方法。工程措施主要包括以下几种类型[73,77]。

(1) 排水系统：排水系统是通过开挖沟渠或安装管道等方式，将多余的地下水或地表水排出盐碱土区域，从而降低地下水位，减少盐分积累，改善土壤物理和化学性质的方法。排水系统可以分为表层排水和深层排水两种。表层排水主要用于排除降水或灌溉引起的地表积水，深层排水主要用于降低地下水位，防止盐分上升。排水系统的设计和建设需要考虑多种因素，如土壤类型、地形、气候、作物需求、经济成本、环境影响等。在内陆潘帕斯，排水系统主要用于治理受到强烈钠质层影响的盐碱土，以及受到暴雨或地下水上升引起的积水或涝渍问题。

(2) 灌溉管理：灌溉管理是通过合理使用灌溉水，控制灌溉量、频率、时机和方式，以达到满足作物需求、促进作物生长、冲洗盐分、防止二次盐渍化的目的的方法。灌溉管理需要根据灌溉水的质量、土壤的特性、作物的耐盐性、气候条件等因素进行调整。在内陆潘帕斯，灌溉管理主要用于治理受到轻度或中度盐渍化影响的土壤，以及增加作物种类和收益。

(3) 改良剂：改良剂是通过向土壤中添加化学物质或有机质，以改变土壤的酸碱度、电导率、交换性钠百分比等指标，从而提高土壤肥力和结构稳定性的方法。改良剂可以分为化学改良剂和有机改良剂两种。化学改良剂主要用于降低土壤中的钠含量，增加钙含量，提高土壤的透气性和渗透性。常用的化学改良剂有石灰、石膏、硫酸等。有机改良剂主要用于增加土壤中的有机质含量，改善土壤的物理、化学和生物性质。常用的有机改良剂有农业废弃物、动物粪便、堆肥等。在内陆潘帕斯，改良剂主要用于治理受到中度或重度盐渍化影响的土壤，以及提高土壤的生物多样性和抗逆性。

工程措施的效果和可持续性取决于多种因素，如技术水平、经济条件、社会接受度、政策支持等。在内陆潘帕斯，工程措施的应用还面临着以下挑战。

(1) 技术限制：由于内陆潘帕斯的盐碱土具有高度的空间和时间变异性，因此需要进行精细化的土壤调查和监测，以确定最适合的工程措施类型、规模和位置。此外，还需要开发和引进更先进和高效的工程措施技术，以提高治理效果和降低成本。

(2) 经济限制：由于内陆潘帕斯的盐碱土主要分布在边远和贫困地区，因此缺乏足够的资金和人力资源来实施和维护工程措施。此外，由于工程措施的效益往往需要较长时间才能显现，因此缺乏足够的经济激励来促进农户的参与和合作。

(3) 社会限制：由于内陆潘帕斯的盐碱土涉及多个行政区域和利益相关者，因此需要建立有效的沟通和协调机制，以解决可能出现的利益冲突和管理难题。此外，还需要提高农户对工程措施的认知和信任度，以增加他们的主动性和责任感。

(4) 环境限制：由于内陆潘帕斯的盐碱土处于复杂和脆弱的生态系统中，因此需要考虑工程措施对环境的潜在影响，如排水水质污染、地下水资源消耗、生物多样性损失等。此外，还需要考虑气候变化对工程措施的影响，如降水量变化、干旱频率增加、极端事件发生等。

为了克服这些挑战，需要采取以下措施。

(1) 加强科研和技术创新：通过开展跨学科和跨区域的科研合作，提高对内陆潘帕斯盐碱土形成机制、分布特征、影响因素等方面的认识。通过引进和开发更适应当地条件和需求的工程措施技术，提高治理效率和可持续性。

(2) 加强政策和资金支持：通过制定和实施更有利于盐碱土治理的法律法规、规划计划、标准指南等政策文件，提高治理的规范性和协调性。通过增加对盐碱土治理项目的财政投入、税收优惠、补贴奖励等方式，提高治理的经济可行性和吸引力。

2. 农艺措施——多样化种植制度和改善土壤质量

农艺措施是通过调整作物的种类、数量、分布、轮作、间作等方式，以适应盐碱土的特殊条件，提高作物的生长和产量，同时改善土壤的物理、化学和生物性质的方法。

农艺措施主要包括以下几种类型[62,73,75,78]。

(1) 多样化种植制度：多样化种植制度是通过种植不同的作物或品种，以增加作物的耐盐性、抗逆性、互补性和竞争力，从而提高盐碱土的利用效率和生态稳定性的方法。多样化种植制度可以分为轮作和间作两种。轮作是指在同一块地上按照一定的顺序和周期交替种植不同的作物，以打破单一作物对土壤资源的消耗和病虫害的传播，同时利用不同作物对盐分的吸收和排泄能力，降低土壤含盐量。间作是指在同一块地上同时或相继种植两种或以上不同的作物，以利用不同作物对光、水、肥等资源的差异化利用，增加单位面积的产量和收入。在内陆潘帕斯，多样化种植制度主要用于治理受到轻度或中度盐渍化影响的土壤，以及增加农业生产的多样性和可持续性。

(2) 改善土壤质量：改善土壤质量是通过采取一系列措施，以增加土壤中有机质和养分的含量，改善土壤的结构和通透性，促进土壤微生物的活性和多样性，从而提高土壤肥力和抗盐能力的方法。改善土壤质量的措施包括有机肥料、绿肥、覆盖物、保护性耕作等。有机肥料是指向土壤中添加动植物来源的有机质，如农业废弃物、动物粪便、堆肥等，以提供养分和有机酸，促进钙与钠的置换，降低交换性钠百分比，改善土壤结构。绿肥是指在盐碱土上种植一些能够快速生长、积累大量有机质、具有较高耐盐性和深根系的植物，如高羊茅、苜蓿等，以提供养分和有机酸，增加土壤通透性，减少盐分上升。覆盖物是指在盐碱土表面铺设一层有机或无机材料，如稻草、塑料薄膜等，以减少水分蒸发和盐分结晶，保持土壤湿度和温度，抑制杂草生长。保护性耕作是指在盐碱土上采用最小化或不耕作的方式进行农业生产，以减少土壤扰动和侵蚀，保持土壤有机质和结构，增加土壤生物活性。在内陆潘帕斯，改善土壤质量的措施主要用于治理受到中度或重度盐渍化影响的土壤，以及提高土壤的生态功能和服务。

农艺措施的效果和可持续性取决于多种因素，如作物的选择、管理、收获等。在内陆潘帕斯，农艺措施的应用还面临着以下挑战。

(1) 技术限制：由于内陆潘帕斯的盐碱土具有高度的空间和时间变异性，因此需要进行精细化的作物适应性评价和推荐，以确定最适合的作物种类、品种、数量、分布等。此外，还需要开发和引进更适应当地条件和需求的农艺措施技术，以提高作物的生长和产量。

(2) 经济限制：由于内陆潘帕斯的盐碱土主要分布在边远和贫困地区，因此缺乏足够的资金和人力资源来实施和维护农艺措施。此外，由于农艺措施的效益往往需要较长时间才能显现，因此缺乏足够的经济激励来促进农户的参与和合作。

(3) 社会限制：由于内陆潘帕斯的盐碱土涉及多个行政区域和利益相关者，因此需要建立有效的沟通和协调机制，以解决可能出现的利益冲突和管理难题。此外，还需要提高农户对农艺措施的认知和信任度，以增加他们的主动性和责任感。

(4) 环境限制：由于内陆潘帕斯的盐碱土处于复杂和脆弱的生态系统中，因此需要考虑农艺措施对环境的潜在影响，如养分流失、水资源消耗、生物多样性损失等。此外，还需要考虑气候变化对农艺措施的影响，如降水量变化、干旱频率增加、极端事件发生等。

为了克服这些挑战，需要在加强科研和技术创新、政策和资金支持的基础上，加强社会参与和宣传教育。通过建立和完善盐碱土治理的社会组织、合作社、协会等形式，增加农户和其他利益相关者的参与度和话语权，促进治理的公平性和有效性。通过开展各种形式的宣传教育活动，如培训、示范、咨询、交流等，提高农户和其他利益相关者对盐碱土治理的知识和技能，增强他们的环境意识和责任感。

3. 生物方法——引入耐盐植物和微生物

生物方法是通过引入一些能够在盐碱土上生长、繁殖、固定或降解盐分的植物和微生物，以改善盐碱土的生态环境，提高土壤的生物活性和有机质含量，从而提高土壤肥力和抗盐能力的方法。生物方法主要包括以下几种类型[24,73,75,78-80]。

(1) 耐盐植物：耐盐植物是指能够在高盐环境下正常生长和发育的植物，包括盐生植物、半盐生植物和耐盐型植物三类。耐盐植物具有一些特殊的结构和生理特征，如根系发达、叶片厚实、表皮蜡质、气孔密度低、渗透调节能力强等，可以通过吸收、排泄、稀释、积累或排除盐分，以维持体内的水分平衡和代谢活动。在内陆潘帕斯，耐盐植物主要用于治理受到重度盐渍化影响的土壤，以及提供牧草、燃料、纤维等经济产品。

(2) 微生物：微生物是指在显微镜下才能观察到的生命体，包括细菌、真菌、藻类、原生动物等多种类群。微生物在盐碱土中发挥着重要的作用，如参与有机质的分解和转化，固定或溶解氮、磷等养分，产生或降解有机酸，促进钙与钠的置换，改善土壤结构等。在内陆潘帕斯，微生物主要用于治理受到中度或重度盐渍化影响的土壤，以及提高土壤的生态功能和服务。

(3) 植物-微生物互作：植物-微生物互作是指在盐碱土中形成的一种复杂的共生关系，其中植物和微生物通过各种方式相互影响和调节，以适应高盐环境的方法。植物-微生物互作可以分为根际互作和非根际互作两种。根际互作是指发生在植物根部周围的一系列化学、物理和生物过程，如根系分泌有机酸和其他代谢产物，吸引或排斥特定的微生物群落，形成菌根或固氮结节等。非根际互作是指发生在植物根部以外的一系列化学、物理和生物过程，如植被覆盖改变土壤温湿度、影响微生物的活性和多样性等。在内陆潘帕斯，植物-微生物互作主要用于治理受到轻度或中度盐渍化影响的土壤，以及增加农业系统的复杂性和稳定性。

4. 社会经济干预——提高农户的知识和激励

社会经济干预是通过采取一系列措施，以改变农户在盐碱土上进行农业生产的知识、态度、行为和动机的方法。社会经济干预主要包括以下几种类型[73,81-83]。

(1) 知识传递：知识传递是通过向农户提供有关盐碱土的形成原因、分布特征、影响因素、治理技术等方面的信息，以提高他们对盐碱土问题的认识和理解的方法。知识传递可以采用多种方式，如培训、咨询、示范、交流等，以适应不同农户的学习需求和习惯。在内陆潘帕斯，知识传递主要用于提高农户对盐碱土治理的重要性和紧迫性的意识，以及提高他们对治理技术的选择和使用的能力。

(2) 态度塑造：态度塑造是通过向农户展示盐碱土治理的环境效益和经济收益，以改变他们对盐碱土治理的看法和感受的方法。态度塑造可以采用多种方式，如宣传、教育、激励等，以适应不同农户的价值观和偏好。在内陆潘帕斯，态度塑造主要用于提高农户对盐碱土治理的积极性和主动性，以及提高他们对治理效果的满意度和信任度。

(3) 行为改变：行为改变是通过向农户提供有关盐碱土治理的技术支持和政策保障，以促使他们在盐碱土上采用更合理和可持续的农业生产方式的方法。行为改变可以采用多种方式，如指导、监督、奖惩等，以适应不同农户的实际情况和困难。在内陆潘帕斯，行为改变主要用于提高农户对盐碱土治理技术的实施和维护的水平和质量，以及提高他们对治理成本和风险的承担能力。

(4) 动机激发：动机激发是通过向农户提供有关盐碱土治理的经济激励和社会认可，以增强他们在盐碱土上进行长期和持续的农业生产的愿望和目标的方法。动机激发可以采用多种方式，如补贴、奖励、认证等，以适应不同农户的需求和期望。在内陆潘帕斯，动机激发主要用于提高农户对盐碱土治理效益的享受和分享，以及提高他们对治理责任和义务的认同和履行。

12.3.3 潘帕斯地区盐碱土治理的成效、挑战和经验教训

为了应对土壤盐渍化的问题，潘帕斯地区采用了不同的治理技术和策略，包括工程措施、农艺措施、生物方法和社会经济干预等。这些技术和策略的有效性和可持续性需要通过科学的评估方法来评价，以便总结成效、挑战和经验教训，为未来的土壤盐渍化管理提供参考和指导。

1. 治理技术和策略的有效性和可持续性评价

评价土壤盐渍化治理技术和策略的有效性和可持续性是一项复杂而多维的任务，涉及多种因素和指标，如土壤含盐量、作物产量、水资源利用效率、经济收益、环境影响、社会接受度等。因此，需要采用综合的评价方法，结合定量和定性的分析，考虑不同的时间尺度和空间尺度，以及不同的利益相关者的需求和偏好。

目前，一些研究已经对潘帕斯地区的土壤盐渍化治理技术和策略进行了有效性和可持续性评价。主要方法包括数值模拟、实地试验和经济分析。数值模拟利用数学模型模拟土壤水盐运移和作物生长过程，以及不同治理技术和策略对其的影响。实地试验通过在实际的农田或试验站进行人为干预或观测，来评估不同治理技术和策略对土壤含盐量、作物产量等指标的影响。经济分析通过计算和比较不同治理技术和策略的成本和收益，来评估其经济效益和可持续性[84-88]。

2. 识别内陆潘帕斯地区实施治理技术和策略的关键驱动因素和障碍

在内陆潘帕斯地区，实施盐碱土治理技术和策略的关键驱动因素和障碍是多种多样的，涉及自然、技术、经济、社会、制度等多个方面。根据不同的治理技术和策略类型，可以将这些因素分为以下几类[12,89]。

(1) 工程措施：工程措施是指通过建设或改善水利设施，如排水沟、灌溉渠、水库、堤坝等，以改善地表径流和地下水补给的方法。工程措施的主要驱动因素是政府的政策支持和资金投入，以及农户的集体行动和合作。工程措施的主要障碍是技术的复杂

性和成本，以及环境的不确定性和变化。

(2) 农艺措施：农艺措施是指通过调整或改变作物种类、品种、轮作、间作、覆盖等方式，以提高土壤质量和生产力的方法。农艺措施的主要驱动因素是市场的需求和价格，以及农户的知识和技能。农艺措施的主要障碍是作物的适应性和收益，以及农户的风险偏好和传统习惯。

(3) 生物措施：生物措施是指通过引入或培养一些能够在盐碱土上生长、繁殖、固定或降解盐分的植物和微生物，以改善土壤生态环境和肥力的方法。生物措施的主要驱动因素是植物和微生物的效果和可持续性，以及农户的环境意识和责任感。生物措施的主要障碍是植物和微生物的选择和引入，以及环境的干扰和影响。

(4) 社会经济干预：社会经济干预是指通过采取一系列措施，以改变农户在盐碱土上进行农业生产的知识、态度、行为和动机的方法。社会经济干预的主要驱动因素是政府的法律法规和标准指南，以及农户的经济激励和社会认可。社会经济干预的主要障碍是政府的监管能力和协调能力，以及农户的认知能力和信任度。

为了识别这些因素在不同空间尺度上的作用方式和强度，可以采用多种方法，如文献分析、问卷调查、访谈访问、焦点小组等。这些方法可以帮助了解不同治理技术和策略在不同地区、不同类型、不同规模的农户中的适用性和可行性，以及影响其实施过程和效果的关键因素。

3. 分析阿根廷潘帕斯地区土壤盐渍化治理的最佳实践和经验教训

分析阿根廷潘帕斯地区土壤盐渍化治理的最佳实践和经验教训是一种利用案例研究来总结和提炼土壤盐渍化治理的方法，主要通过评价不同的工程措施、农艺措施、生物措施和社会经济干预的效果和可持续性，以及识别实施这些措施的关键驱动因素和障碍，来提出适用于阿根廷潘帕斯地区或其他类似地区的土壤盐渍化治理的建议和指导。在分析阿根廷潘帕斯地区土壤盐渍化治理的最佳实践和经验教训时，应注意以下几点[12,87-91]。

(1) 分析阿根廷潘帕斯地区土壤盐渍化治理的最佳实践和经验教训应根据不同目标和不同标准，选择合适的评价方法和指标，如考虑其科学性、客观性、可比性等。

(2) 分析阿根廷潘帕斯地区土壤盐渍化治理的最佳实践和经验教训应根据不同情况和不同结果，采用合适的数据来源和数据分析，如考虑其可靠性、有效性、代表性等。

(3) 分析阿根廷潘帕斯地区土壤盐渍化治理的最佳实践和经验教训应根据不同措施和不同影响，提出合适的建议和指导，如考虑其可行性、适用性、创新性等。

以下是对阿根廷潘帕斯地区土壤盐渍化治理的最佳实践和经验教训的分析示例。

(1) 工程措施：工程措施是指通过改善地表径流和地下水补给，来降低土壤含盐量和含水量的方法，如建设排水系统、改善灌溉系统、增加水源保护等。在阿根廷潘帕斯地区，工程措施是土壤盐渍化治理的主要方法之一，已经在一些地区取得了一定的效果。例如，在布宜诺斯艾利斯市的拉普拉塔河流域，通过建设排水系统，降低了地下水位，减少了水浸现象，提高了农业生产力。在科尔多瓦省的里奥夸尔托河流域，通过改善灌溉系统，减少了灌溉水量，降低了土壤含盐量，增加了作物产量。在圣菲省的萨拉多河流域，通过增加水源保护，减少了海水入侵，保护了淡水资源。然而，在阿根廷潘帕斯地区实施工程措施也面临着一些挑战和障碍，如高昂的建设和维护成本，缺乏有效的规划和协调，以及可能造成的环境和社会影响等。因此，在实施工程措施时，应注意以下几点。

(i) 实施工程措施应根据不同地区和不同条件，选择合适的工程类型和规模，如考虑其土壤特性、水文特性、经济特性等。

(ii) 实施工程措施应根据不同阶段和不同要求，确定合适的建设和运行方式，如考虑其技术水平、管理水平、监测水平等。

(iii) 实施工程措施应根据不同目标和不同影响，采用合适的评价和调整方法，如考虑其效果评价、成本效益分析、环境影响评价等。

(2) 农艺措施：农艺措施是指通过多样化作物系统和改善土壤质量，来提高土壤的生产力和抗盐性的方法，如种植耐盐作物、实行轮作或间作、增加有机质输入等。在阿根廷潘帕斯地区，农艺措施是土壤盐渍化治理的主要方法之一，已经在一些地区取得了一定的效果。例如，在圣菲省的萨拉多河流域，通过种植耐盐作物，如甘蔗、棉花、向日葵等，提高了土壤的利用率和收入。在科尔多瓦省的里奥夸尔托河流域，通过实行轮作或间作，如玉米-大豆-小麦等，提高了土壤的肥力和稳定性。在布宜诺斯艾利斯市的拉普拉塔河流域，通过增加有机质输入，如秸秆还田、绿肥覆盖等，提高了土壤的结构和通透性。然而，在阿根廷潘帕斯地区实施农艺措施也面临着一些挑战和障碍，如缺乏耐盐作物种质资源，缺乏适宜的种植技术，以及可能造成的市场风险等。因此，在实施农艺措施时，应注意以下几点。

(i) 实施农艺措施应根据不同地区和不同需求，选择合适的耐盐作物种类和品种，如考虑其耐盐性、耐旱性、经济性等。

(ii) 实施农艺措施应根据不同季节和不同气候，确定合适的种植时间和密度，如考虑其生长期、成熟期、播种量等。

(iii) 实施农艺措施应根据不同目标和不同效果，采用合适的管理措施和评价方法，如考虑其灌溉需求、施肥需求、产量评价等。

(3) 生物措施：生物措施是指通过引入耐盐植物和微生物，来增加土壤的生物多样性和活性的方法，如种植盐生植物、接种固氮菌或溶磷菌等。在阿根廷潘帕斯地区，生物措施是土壤盐渍化治理的主要方法之一，已经在一些地区取得了一定的效果。然而，在阿根廷潘帕斯地区实施生物措施也面临着一些挑战和障碍，如缺乏耐盐植物和微生物的筛选和培育，缺乏适宜的引入和接种技术，以及可能造成的生态平衡失调等。因此，在实施生物措施时，应注意以下几点。

(i) 实施生物措施应根据不同地区和不同需求，选择合适的耐盐植物和微生物种类和品种，如考虑其耐盐性、耐旱性、生态效应等。

(ii) 实施生物措施应根据不同季节和不同气候，确定合适的引入和接种时间和方式，如考虑其存活率、活性期、接种量、接种方法等。

(iii) 实施生物措施应根据不同目标和不同效果，采用合适的管理措施和评价方法，如考虑其对土壤养分、水分、盐分、有机质等的影响。

12.4　埃及尼罗河三角洲的盐碱地治理技术

尼罗河三角洲是埃及最重要的农业区域，也是世界上最大的盐碱地区域之一。在尼罗河三角洲，盐碱地问题严重影响了土壤质量、农业生产和环境健康。因此，探索和应用有效的盐碱土治理技术是尼罗河三角洲可持续发展的关键。

12.4.1　尼罗河三角洲盐碱地挑战概述

盐碱地问题的成因和范围：尼罗河三角洲盐碱地问题的主要成因是海水入侵、灌溉水质差、排水不良和气候变化等。海水入侵是海平面上升、风暴潮和河口淤积等因素导致海水向内陆渗透，造成土壤和地下水的含盐量增加。灌溉水质差是尼罗河水受到工业、农业和生活污染，以及灌溉排水水被重复利用等因素导致灌溉水中含有高浓度的盐分和毒素。排水不良是排水系统建设不足、维护不善和管理不当等因素导致灌溉水在土壤中滞留，造成土壤中盐分积累。气候变化是全球变暖、降水减少和蒸发增加等因素导致土壤中水分减少，造成土壤中盐分浓缩。根据不同的分类标准，尼罗河三角洲的盐碱地可以分为咸性土壤、咸-碱性土壤和碱性土壤，尼罗河三角洲共有 30%～40%的土壤受到盐分影响[92-95]。

盐碱地问题的影响和趋势：尼罗河三角洲盐碱地问题对农业、环境和社会经济等方面都有着严重的负面影响。在农业方面，盐碱地问题降低了土壤肥力、作物产量和品质，增加了农业投入和风险。在环境方面，盐碱地问题破坏了土壤结构、生物活性和生态平衡，造成了土壤侵蚀、荒漠化和生物多样性丧失。在社会经济方面，盐碱地问题减少了农民收入、就业机会和粮食安全，增加了贫困、迁移和冲突。随着人口增长、经济发展、土地利用变化和气候变化等因素的影响，尼罗河三角洲盐碱地问题有可能进一步恶化，对埃及的可持续发展构成更大的威胁[92-95]。

1. 尼罗河三角洲土壤盐渍化的原因和程度

尼罗河三角洲是埃及最重要的农业区域，占埃及耕地面积的 63%，提供了埃及人口的大部分粮食和纤维需求。然而，尼罗河三角洲的土壤盐渍化问题日益严重，影响了农业生产的效率和可持续性。土壤盐渍化是指土壤中可溶性盐分含量超过植物正常生长所能忍受的水平，导致土壤肥力下降、作物产量降低、生物多样性减少等不利后果。土壤盐渍化可以分为原生盐渍化和次生盐碱化。原生盐渍化是指自然因素，如气候、地质、地形等，造成土壤中盐分的积累。次生盐碱化是指人为因素，如灌溉、排水、耕作等，造成土壤中盐分的增加。

尼罗河三角洲的土壤盐渍化主要是次生盐碱化，其原因和程度受到以下几个方面的影响[24,94,96,97]。

(1) 灌溉水：灌溉水是尼罗河三角洲农业生产的主要水源，也是土壤盐渍化的主要来源之一。尼罗河水在流经苏丹和埃及时，受到岩石风化、蒸发结晶、污染排放等因素的影响，其水质逐渐恶化，导致灌溉水中含有较高的可溶性盐分。此外，灌溉水量不足或不均匀，以及灌溉方式不合理或低效，导致灌溉水在土壤中不能充分利用或淋洗，造成灌溉水中的盐分在土壤表层或根层积累。根据不同地区和不同季节的调查结果，尼罗河三角洲灌溉水的电导率(EC)在 0.3～1.5 dS/m 之间变化。

(2) 地下水：地下水是尼罗河三角洲土壤盐渍化的主要来源之一，也是土壤盐渍化的主要后果之一。由于尼罗河三角洲地形平坦、排水条件差、降水稀少、蒸发散失大等，地下水位较高，甚至接近地表，在一些低洼地区或近海地区形成了浅层或深层的咸水层。这些咸水层与淡水层之间存在着动态的平衡关系，受到灌溉、排水、降水、海水入侵等因素的影响，导致咸水层的范围和厚度发生变化。当咸水层上升到根层时，就会通过毛细管作用或蒸发作用，将盐分带到土壤表层或根层，造成土壤盐渍化。根据不同地区和不同季节的调查结果，尼罗河三角洲地下水的 EC 在 0.5～20 dS/m 之间变化。

(3) 海水入侵：海水入侵是指海水通过地表或地下的途径，进入内陆地区，影响淡水资源和土壤质量的现象。海水入侵是尼罗河三角洲土壤盐渍化的主要来源之一，也是土壤盐渍化的主要威胁之一。尼罗河三角洲靠近地中海，受到海平面上升、风暴潮、河口淤积、河流改道等因素的影响，导致海水沿着河流、运河、排水沟等渠道，向内陆地区渗透或倒灌，造成土壤和地下水的盐渍化。此外，尼罗河三角洲人口密集、农业发达、工业活跃等，对淡水资源的需求和开采增加，造成地下水位下降，进而加剧了海水入侵的程度和范围。根据不同地区和不同季节的调查结果，尼罗河三角洲海水入侵的范围在 10～40 km 之间变化。

综上所述，尼罗河三角洲土壤盐渍化是一个复杂而紧迫的问题，需要采取有效而持续的措施来解决。据估计，尼罗河三角洲约有 30%的耕地受到不同程度的盐渍化影响。土壤盐渍化不仅降低了农业生产的效率和可持续性，也影响了农民的收入和福利，以及生态系统的健康和稳定。

2. 尼罗河三角洲土壤盐渍化对农业、环境和社会经济的影响

土壤盐渍化不仅影响了土壤的物理、化学和生物性质，也影响了农业、环境和社会经济的多个方面，造成了严重的负面后果。以下是土壤盐渍化对尼罗河三角洲农业、环境和社会经济的主要影响[12,24,71,80,94]。

(1) 农业方面：土壤盐渍化降低了农业生产的效率和可持续性，导致作物产量和品质的下降，以及农业收入和利润的减少。由于土壤含盐量超过了植物的耐盐阈值，植物的生长受到抑制，表现为萌发不良、生长迟缓、叶片枯萎、根系退化等症状。根据不同地区和不同季节的调查结果，尼罗河三角洲土壤盐渍化导致作物产量平均下降 10%～50%。土壤盐渍化也影响了作物的品质，表现为营养成分的降低、外观和口感的恶化、抗病性和抗逆性的减弱等。土壤盐渍化还影响了农业收入和利润，表现为种植成本的增加、市场竞争力的降低、风险和不确定性的增加等。

(2) 环境方面：土壤盐渍化影响了尼罗河三角洲生态系统的健康和稳定，导致生物多样性的减少，以及自然资源的退化和浪费。由于土壤含盐量超过了许多植物和动物的耐受范围，原生植被(如河岸林和本地林)和野生动物(如鸟类和水生动物)的数量和分布减少。土壤盐渍化也影响了自然资源的质量和数量，表现为土壤肥力和结构的恶化、地

下水位和水质的下降、地表水和大气中含盐量的增加等。此外，土壤盐渍化还加剧了其他环境问题，如土壤侵蚀、沙漠化、气候变化等。

(3) 社会经济方面：土壤盐渍化影响了尼罗河三角洲农民的生活水平和社会福利，导致贫困、营养不良、健康问题、教育障碍等社会问题。土壤盐渍化导致了农业收入和利润的减少，以及农业风险和不确定性的增加，农民出现经济困难和贫困现象。土壤盐渍化导致了作物品质和营养成分的降低，以及农业用水和饮用水的含盐量增加，农民出现营养不良和健康问题。土壤盐渍化导致了农村人口的流失、农业就业的减少、农业教育的缺乏等，农民的社会地位和文化水平下降。

综上所述，土壤盐渍化对尼罗河三角洲农业、环境和社会经济造成了严重的影响，需要采取有效而持续的措施来减轻和适应。土壤盐渍化不仅威胁了埃及的粮食安全和国家发展，也影响了全球的生态平衡和人类福祉。

3. 尼罗河三角洲土壤盐渍化的现状和趋势

为了了解尼罗河三角洲土壤盐渍化的现状和趋势，需要对土壤含盐量和分布进行定期的监测和评估。土壤含盐量通常用土壤饱和浆液的电导率(EC)来表示，而土壤盐分分布通常用地理信息系统(GIS)来制作空间插值图。根据不同的分类标准，土壤盐渍化的程度和类型可以有不同的划分方法[12,93,94,98-100]。

土壤盐渍化的现状：尼罗河三角洲是埃及最重要的农业区域，占埃及耕地面积的63%，提供了埃及人口的大部分粮食和纤维需求。然而，尼罗河三角洲也是埃及最受土壤盐渍化影响的区域之一，约有 30%的耕地受到不同程度的盐渍化影响。根据不同地区和不同季节的调查结果，尼罗河三角洲土壤电导率值在 0.5～20 dS/m 之间变化。根据农业分类法，尼罗河三角洲土壤盐渍化的程度可以分为以下五类：

① 非盐渍化土壤(EC< 2 dS/m)，占 60%；
② 轻度盐渍化土壤(2 dS/m≤ EC< 4 dS/m)，占 15%；
③ 中度盐渍化土壤(4 dS/m≤ EC < 8 dS/m)，占 13%；
④ 强度盐渍化土壤(8 dS/m≤ EC < 16 dS/m)，占 2%；
⑤ 极度盐渍化土壤(EC ≥ 16 dS/m)，占 10%。

从空间分布上看，尼罗河三角洲北部和东部是土壤盐渍化最严重的区域，主要受到海水入侵、地下水上升、灌溉水质差等因素的影响；而尼罗河三角洲南部是土壤碱化最严重的区域，主要受到灌溉水中碳酸钙含量高、排水条件差等因素的影响。

土壤盐渍化的趋势：尼罗河三角洲土壤盐渍化的趋势受到多种因素的影响，包括气候变化、水资源管理、农业活动、人口增长等。其中，气候变化是一个重要而不确定的因素，它会影响土壤盐渍化的主要机制，如可溶性盐分的积累、海盐的沉降、海水入侵、地下水位变化等。根据不同的气候情景和模型，尼罗河三角洲土壤盐渍化的未来预测存在一定的差异和不确定性。然而，一般认为，尼罗河三角洲土壤盐渍化的趋势是上升的，尤其是在北部和东部地区，海平面上升、降水量减少、蒸发量增加等因素，导致海水入侵和地下水上升的风险增加。此外，水资源的紧缺和竞争，以及农业用水的增加和重复利用，导致灌溉水水质恶化、水量减少，进而加剧土壤盐渍化的程度和范围。

综上所述，尼罗河三角洲土壤盐渍化是一个动态而复杂的过程，需要采用多种方法和技术来监测和评估。目前，尼罗河三角洲土壤盐渍化已经成为一个严重而普遍的问题，需要采取紧急而有效的措施来防治。未来，尼罗河三角洲土壤盐渍化可能会继续恶化，尤其是在受到气候变化影响较大的区域，需要采用更先进而可持续的技术来适应和减轻。

12.4.2　尼罗河三角洲土壤盐渍化治理的关键技术和策略

为了解决尼罗河三角洲的盐碱地问题，提高土壤质量和农业生产力，保护环境和生态系统，埃及采用了多种治理技术和策略，以下将分别介绍这些治理技术和策略。

1. 工程措施调节灌溉渠道的水量和水质

工程措施是土壤盐渍化治理的重要手段之一，主要通过改善灌溉渠道的水量和水质，来控制土壤盐分的积累和迁移。灌溉渠道的水量和水质受到多种因素的影响，如水源的可用性、水资源的配置和管理、灌溉方式和效率、排水系统和设施、灌溉用水的重复利用等。因此，工程措施需要综合考虑这些因素，采用合适的技术和策略，来达到优化灌溉渠道的水量和水质的目的。以下是尼罗河三角洲土壤盐渍化治理中常用的工程措施[101-104]。

(1) 水源的选择和调配：尼罗河三角洲的主要水源是尼罗河，其次是地下水、农业排水、污水处理厂出水等。不同水源的水量和水质存在差异，需要根据不同地区和不同季节的需求，合理地选择和调配。通常，尼罗河水是最优质的水源，其电导率(EC)在0.3～0.6 dS/m 之间；地下水的质量较差，其 EC 在 1～10 dS/m 之间；农业排水和污水处理厂出水的质量最差，其 EC 在 2～20 dS/m 之间。因此，在选择和调配水源时，应优先使用尼罗河水，其次是地下水，最后是农业排水和污水处理厂出水。同时，应根据作物的耐盐性、土壤的盐分状况、气候条件等因素，调整不同水源的比例和顺序，以达到最佳的灌溉效果。

(2) 灌溉方式和效率：灌溉方式和效率是影响灌溉渠道的水量和水质的重要因素，也是影响土壤盐分平衡的关键因素。不同的灌溉方式有不同的灌溉均匀性、灌溉系数、灌溉频率、灌溉深度等参数，会影响土壤中盐分的分布、迁移和淋洗。通常，高效节水灌溉方式(如滴灌、喷灌等)比传统灌溉方式(如漫灌、沟灌等)能够节省更多的用水量，提高用水效率。然而，在盐碱土上使用高效节水灌溉方式也存在一些问题，如盐分积累在根区、盐害风险增加、排盐能力降低等。因此，在选择和实施灌溉方式时，应根据土壤、作物、气候等条件，综合考虑各种因素，采用适宜的参数设置，以保证既能节约用水量，又能控制含盐量。

(3) 排水系统和设施：排水系统和设施是土壤盐渍化治理的必要条件，主要通过排除多余的水分和盐分，来维持土壤的水盐平衡。排水系统和设施包括地表排水和地下排水两种类型，根据不同的地形、地质、水文等条件，采用不同的设计和建设方式。地表排水主要通过开挖沟渠、建造涵洞、设置闸门等方式，将地表积水和农田径流引导到下游或外部水体；地下排水主要通过安装管道、井筒、泵站等方式，将地下水位降低到合适的范围。在建设和运行排水系统和设施时，应注意以下几点。

(i) 排水系统和设施应与灌溉系统和设施相协调，形成一个完整的灌溉排水工程，以保证灌溉用水的合理利用和有效回收；

(ii) 排水系统和设施应根据土壤盐分状况和作物需求，合理确定排水标准和排水频率，以保证既能有效淋洗盐分，又能避免过度排水造成的土壤干燥；

(iii) 排水系统和设施应定期进行检查和维护，以保证其正常运行和高效性能，及时发现和解决可能出现的问题，如堵塞、渗漏、破损等。

(4) 灌溉用水的重复利用：灌溉用水的重复利用是一种节约用水和增加用水效率的措施，主要通过将灌溉排水或其他废弃水经过处理后再次用于灌溉。灌溉用水的重复利用可以减少对新鲜水源的需求，缓解水资源的紧张状况；同时也可以减少对外部环境的污染，改善生态状况。然而，灌溉用水的重复利用也存在一些问题，如灌溉用水的质量下降、土壤含盐量增加、作物生长受影响等。因此，在实施灌溉用水的重复利用时，应注意以下几点。

(i) 灌溉用水的重复利用应根据不同来源的用水质量，采用合适的处理技术，如沉淀、过滤、消毒等，以达到一定的质量标准；

(ii) 灌溉用水的重复利用应根据不同类型的作物，采用合适的灌溉方式，如滴灌、喷灌等，以减少对作物的直接接触和影响；

(iii) 灌溉用水的重复利用应根据不同程度的土壤盐渍化，采用合适的管理措施，如增加淋洗量、改善排盐条件、添加改良剂等，以控制土壤含盐量。

综上所述，工程措施是尼罗河三角洲土壤盐渍化治理中不可或缺的一环，涉及灌溉渠道的各个方面和环节。在实施工程措施时，应根据具体情况选择合适的技术和策略，并与其他措施相配合，以达到降低土壤含盐量、提高农业生产力、保护生态环境的目标。

2. 农艺措施提高水分利用效率和作物轮作

农艺措施是土壤盐渍化治理的另一种重要手段，主要通过改善作物的生长条件和管理方式，来提高水分利用效率和作物轮作。水分利用效率是指作物单位产量所需的水分量，反映了作物对水分的利用程度。作物轮作是指在同一块土地上按照一定的顺序和周期种植不同种类的作物，以改善土壤肥力和结构，防止病虫害和杂草的发生。农艺措施可以通过以下几种方式来提高水分利用效率和作物轮作[105-108]。

(1) 选择适宜的作物品种：不同的作物品种有不同的耐盐性、耐旱性、生育期、根系特征等，会影响其对水分的需求和利用。通常，选择耐盐性强、耐旱性好、生育期短、根系发达的作物品种，可以减少水分消耗，提高水分利用效率。例如，在尼罗河三角洲，常见的耐盐性强的作物品种有棉花、甜菜、小麦、大麦等；常见的耐旱性好的作物品种有玉米、豆类、高粱等。在选择作物品种时，还应考虑其对土壤含盐量的影响，如有些作物品种可以排出盐分，有些则会积累盐分。此外，还应考虑其对市场需求和经济效益的影响，以保证农民的收入和利益。

(2) 优化播种时间和密度：播种时间和密度是影响作物生长发育和产量的重要因素，也是影响水分利用效率和作物轮作的关键因素。播种时间应根据气候条件、土壤湿度、作物生育期等因素确定，以避免干旱或过湿等不利情况。播种密度应根据土壤肥力、灌溉条件、作物品种等因素确定，以保证充分利用土地资源，同时避免过密或过稀造成的水分竞争或浪费。通常，在干旱或盐碱土上，应适当提前播种时间，以利用有效降水；同时应适当降低播种密度，以减少水分消耗。例如，在尼罗河三角洲，小麦的最佳播种时间为10月中旬至11月中旬；小麦的最佳播种密度为200～250 kg/hm^2。

(3) 改进灌溉方法和制度：灌溉方法和制度是决定灌溉效果和效率的重要因素，也是影响水分利用效率和作物轮作的主要因素。灌溉方法指灌溉水从水源到田间的输送方式，如漫灌、沟灌、滴灌、喷灌等；灌溉制度指灌溉水在田间的施用方式，如灌溉量、灌溉频率、灌溉时机等。改进灌溉方法和制度的目的是使灌溉水能够有效地到达作物根区，满足作物的需求，同时减少水分的损失和浪费。通常，在干旱或盐碱土上，应采用高效节水灌溉方法，如滴灌、喷灌等，以提高灌溉均匀性和用水效率；同时应采用合理的灌溉制度，如根据土壤水分状况和作物生长阶段确定灌溉量、灌溉频率、灌溉时机等，以保证既能满足作物的需求，又能淋洗盐分。

(4) 实施合理的施肥管理：施肥管理是影响作物生长和产量的重要因素，也是影响水分利用效率和作物轮作的重要因素。施肥管理包括施肥种类、施肥量、施肥时间、施肥方法等。实施合理的施肥管理的目的是使作物能够充分吸收所需的养分，提高光合作用和干物质积累，同时减少养分的流失和浪费。通常，在干旱或盐碱土上，应选择适宜的施肥种类，如有机肥、缓释肥、复合肥等，以提高养分的有效性和持久性；同时应确定合适的施肥量、施肥时间、施肥方法，例如，根据土壤养分状况和作物需求确定施肥量，根据作物生长阶段确定施肥时间，根据灌溉方式确定施肥方法等，以保证既能满足作物的需求，又能避免养分对水分利用效率的负面影响。

(5) 采用适宜的作物轮作模式：作物轮作是指在同一块土地上按照一定的顺序和周期种植不同种类的作物，以改善土壤肥力和结构，防止病虫害和杂草的发生。作物轮作也是影响水分利用效率和作物轮作的重要因素，因为不同种类的作物对水分的需求和利用不同，会影响土壤中水分的消耗和补充。通常，在干旱或盐碱土上，应采用适宜的作物轮作模式，如选择耐盐性强、耐旱性好、生育期短、根系发达、经济效益高等特点的作物与其他作物交替种植；或者选择可以排出或积累盐分、改善土壤结构、增加有机质含量等特点的作物与其他作物交替种植。例如，在尼罗河三角洲，常见的作物轮作模式有小麦-棉花-玉米、小麦-甜菜-大麦、小麦-豆类-高粱等。

综上所述，农艺措施是尼罗河三角洲土壤盐渍化治理中不可忽视的一环，涉及作物的各个方面和环节。在实施农艺措施时，应根据具体情况选择合适的作物品种、播种时间和密度、灌溉方法和制度、施肥管理、作物轮作模式等，并与其他措施相配合，以达到提高水分利用效率、增加作物产量、改善土壤盐分状况的目标。

3. 利用盐生植物和生物肥料的生物学方法

生物学方法是土壤盐渍化治理的一种创新手段，主要通过利用盐生植物和生物肥料，来改善土壤的生物活性和肥力。盐生植物是指能够在高盐环境中正常生长和繁殖的植物，如红树林、海藻、苜蓿等。生物肥料是指利用微生物或其代谢产物，来提供或促进作物吸收所需养分的肥料，如蓝藻、绿藻、固氮菌、溶磷菌等。利用盐生植物和生物肥料的生物学方法可以通过以下几种方式来治理土壤盐渍化[109-111]。

(1) 利用盐生植物进行植被恢复：利用盐生植物进行植被恢复是一种利用自然过程来治理土壤盐渍化的方法，主要通过种植或引入能够适应高盐环境的植物，来改善土壤的结构和水分状况，减少土壤含盐量，提高土壤有机质含量，增加土壤生物多样性。不同类型的盐生植物有不同的作用和效果，如红树林可以防止海水侵蚀，保护海岸线；海藻可以吸收海水中的盐分和重金属，净化水质；苜蓿可以固定大气中的氮素，提供有机质等。在利用盐生植物进行植被恢复时，应注意以下几点。

(i) 利用盐生植物进行植被恢复应根据不同地区和不同环境，选择合适的盐生植物种类，如考虑其耐盐性、耐旱性、抗逆性、经济价值等。

(ii) 利用盐生植物进行植被恢复应根据不同季节和不同气候，确定合适的种植时间和方式，如考虑其萌发期、成熟期、繁殖方式等。

(iii) 利用盐生植物进行植被恢复应根据不同土壤和不同作物，制定合适的管理措施，如考虑其灌溉需求、施肥需求、病虫害防治等。

(2) 利用盐生植物进行饲料或能源开发：利用盐生植物进行饲料或能源开发是一种利用经济价值来治理土壤盐渍化的方法，主要通过收获或加工能够适应高盐环境的植物，来提供饲料或能源，同时增加农民的收入和利益。不同类型的盐生植物有不同的饲料或能源价值，如苜蓿可以作为优质饲料，提供蛋白质和维生素；甜菜可以作为能源作物，提供乙醇和甘油等。在利用盐生植物进行饲料或能源开发时，应注意以下几点。

(i) 利用盐生植物进行饲料或能源开发应根据不同市场和不同需求，选择合适的盐生植物种类，如考虑其营养成分、能源含量、加工成本等。

(ii) 利用盐生植物进行饲料或能源开发应根据不同生长期和不同品质，确定合适的收获时间和方式，如考虑其干物质含量、含水量、含盐量等。

(iii) 利用盐生植物进行饲料或能源开发应根据不同目的和不同方法，采用合适的加工技术和设备，如考虑其干燥方法、发酵方法、提取方法等。

(3) 利用生物肥料进行土壤改良：利用生物肥料进行土壤改良是一种利用微生物活性来治理土壤盐渍化的方法，主要通过施用或接种能够在高盐环境中生存和作用的微生物或其代谢产物，来提供或促进作物吸收所需养分，同时改善土壤的理化性质和生物性质。不同类型的生物肥料有不同的作用和效果，如蓝藻可以固定大气中的氮素，提供有机质；绿藻可以分泌激素和酶，促进作物生长；固氮菌可以与豆科作物共生，提供氮肥；溶磷菌可以溶解土壤中的无机磷，提供磷肥等。在利用生物肥料进行土壤改良时，应注意以下几点。

(i) 利用生物肥料进行土壤改良应根据不同土壤和不同作物，选择合适的生物肥料种类，如考虑其耐盐性、耐旱性、抗逆性、兼容性等。

(ii) 利用生物肥料进行土壤改良应根据不同季节和不同气候，确定合适的施用时间和方式，如考虑其存活期、活性期、施用量、施用方法等。

(iii) 利用生物肥料进行土壤改良应根据不同目标和不同效果，制定合适的评价指标和监测方法，如考虑其对土壤养分、水分、盐分、有机质等的影响。

综上所述，利用盐生植物和生物肥料的生物学方法是尼罗河三角洲土壤盐渍化治理中一种具有前景的方法，可以充分利用自然资源和微生物活性，来实现土壤盐渍化治理与资源利用相结合的目标。在利用盐生植物和生物肥料的生物学方法时，应根据具体情况选择合适的盐生植物和生物肥料种类、施用时间和方式、评价指标和监测方法，并与其他方法相配合，以达到最佳效果。

4. 加强尼罗河三角洲农民组织和政策的社会经济干预

尼罗河三角洲的盐碱土治理，不仅需要技术和管理上的措施，也需要社会经济上的措施，以加强农民组织和政策的作用，提高农民对盐碱土治理的参与度和满意度。农民组织和政策是影响盐碱土治理效果和可持续性的重要因素，可以为农民提供信息、技术、资源、服务、市场等支持，促进农民之间以及农民与其他利益相关者之间的协调和合作。

加强尼罗河三角洲农民组织和政策的社会经济干预措施，主要包括以下几个方面[24,93,94,97]。

(1) 建立和完善农民组织，通过各种形式和平台，组织和动员农民参与盐碱土治理的规划、实施、监测、评估等各个环节，增强农民的集体行动能力和话语权。例如，在尼罗河三角洲，建立了水用户协会、灌区管理委员会、农业合作社等不同层级和类型的农民组织，为农民提供水资源管理、土壤改良、种植技术、市场营销等方面的支持。

(2) 制定和实施有利于盐碱土治理的政策，通过各种法律法规、规划计划、标准指南、激励机制等方式，规范和引导农民的盐碱土治理行为，保障和促进农民的盐碱土治理权益。例如，在尼罗河三角洲，制定了《水资源和灌溉法》(埃及 2021 年第 147 号法律)、埃及《1994 年的环境法(法律编号 4 号)》、埃及《1984 年第 12 号法令：灌溉与排水法》等相关法律法规，明确了水资源分配、土壤改良、排水处理等方面的责任和义务；制定了《国家水资源战略》、《埃及土地退化中立战略》、《索拉水资源战略分析》等相关规划计划，确定了水资源保护、土壤改良、排水利用等方面的目标和措施；制定了《埃及水资源开发与管理战略(至 2050 年)》、《土壤盐碱度和灌溉水对枣椰树的影响指南》、《排水利用指南》等相关标准指南，提供了水资源管理、土壤改良、排水利用等方面的技术和方法；制定了水资源管理、土壤改良、排水利用等激励机制，并提供了相关补贴、贷款、保险和税收优惠政策。

加强尼罗河三角洲农民组织和政策的社会经济干预措施，需要进行参与和沟通，以充分听取和反映农民的意见和需求，并根据不同的区域和条件，进行相应的调整和改进。

12.4.3　尼罗河三角洲盐碱土治理的成效、挑战和经验教训

为了评估尼罗河三角洲的盐碱土治理技术和策略的成效和可持续性，识别其实施过程中的驱动因素和障碍，以及总结其最佳实践和经验教训，本节将从以下几个方面进行分析。

1) 治理成效和可持续性的评估

尼罗河三角洲的盐碱土治理技术和策略的成效和可持续性可以从多个角度进行评

估，如土壤质量、农业生产、环境健康、社会经济等。根据已有的研究和数据，可以得出以下一些结论[71,112-116]。

(1) 土壤质量：尼罗河三角洲的盐碱土治理技术和策略在一定程度上改善了土壤质量，降低了土壤中的盐分和钠离子含量，提高了土壤中的钙、镁、钾等有益元素含量，改善了土壤的物理、化学和生物性质。然而，由于灌溉水质差、排水不良、气候变化等因素的影响，尼罗河三角洲的盐碱地问题仍然存在反复和复发的风险，需要持续和定期的治理措施。

(2) 农业生产：尼罗河三角洲的盐碱土治理技术和策略在一定程度上提高了农业生产，增加了作物的种植面积、产量和品质，提高了作物对盐分胁迫的耐受性，降低了农业投入和风险。然而，由于市场竞争、政策支持、技术转化等因素的影响，尼罗河三角洲的农业生产仍然面临着收入低、效率低、可持续性差等问题。

(3) 环境健康：尼罗河三角洲的盐碱土治理技术和策略在一定程度上保护了环境健康，减少了土壤侵蚀、荒漠化和生物多样性丧失等现象，增加了土壤中有机质和营养元素等资源，减少了灌溉水和排水水中有害物质等污染。然而，由于工业发展、人口增长、土地利用变化等因素的影响，尼罗河三角洲的环境健康仍然面临着水资源短缺、水质恶化、海水入侵等威胁。

(4) 社会经济：尼罗河三角洲的盐碱土治理技术和策略在一定程度上改善了社会经济状况，增加了农民收入、就业机会和粮食安全等福利，提高了农民的治理意识和能力，促进了农民组织和政策的发展。然而，由于教育水平、文化传统、制度缺陷等因素的影响，尼罗河三角洲的社会经济状况仍然面临着贫困、迁移、冲突等问题。

2) 实施驱动因素和障碍的识别

尼罗河三角洲的盐碱土治理技术和策略的实施过程中，受到了多种驱动因素和障碍的影响，主要包括以下几个方面。

(1) 驱动因素：尼罗河三角洲的盐碱土治理技术和策略的实施受到了以下几个方面的驱动因素的推动。

(i) 科技创新：科技创新是提高盐碱土治理技术和策略的效率和效果的重要手段。在尼罗河三角洲，有许多科研机构和专家致力于开发和推广适合当地条件的盐碱土治理技术和策略，如改良型灌溉排水系统、耐盐作物品种、生物肥料等。同时，有许多新兴技术和方法被引入盐碱地治理过程中，如遥感监测、模型模拟、生态修复等。

(ii) 政策支持：政策支持是保障盐碱土治理技术和策略的实施和运行的重要保障。在尼罗河三角洲，有许多政府部门和机构制定和执行了一系列关于盐碱地治理的法律、规划、标准等政策，如埃及《1994 年的环境法(法律编号 4 号)》、《埃及水资源开发与管理战略(至 2050 年)》等。关于土壤质量，埃及标准化和质量总局制定了一系列土壤质量相关的标准，涵盖了土壤物理、化学和生物学特性的多个方面。这些标准包括《土壤颗粒密度测定》(6198 / 2016)、《饱和多孔材料的水力传导率测定》(8817 / 2024)、《土壤微生物生物量测定》(8158-1 / 2018 和 8158-2 / 2018)、《有机碳测定》(5725 / 2016)、《磷含量测定》(7446 / 2011)等。这些标准为盐碱地治理提供了重要的技术指导和质量控制依据。同时，有许多政府部门和机构提供了一系列关于盐碱地治理的补贴、优惠、保障等措施，如土壤改良资金、灌溉水费减免、农业保险等。

(iii) 市场需求：市场需求是促进盐碱土治理技术和策略实施和发展的重要动力。在尼罗河三角洲，由于人口增长、经济发展、国际贸易等因素，对农产品的需求不断增加，为盐碱地治理提供了巨大的市场潜力。同时，由于消费者对农产品质量和安全的要求不断提高，对盐碱土治理技术和策略的质量和效果也提出了更高的标准。

(2) 障碍因素：尼罗河三角洲的盐碱土治理技术和策略的实施受到了以下几个方面的障碍因素的制约。

(i) 资金不足：资金不足是限制盐碱土治理技术和策略实施和扩大的重要因素。在尼罗河三角洲，由于经济困难、财政紧张、投资回报低等原因，政府部门和机构往往缺乏足够的资金来支持盐碱地治理项目。同时，由于收入低、信用差、风险高等原因，农民也难以承担盐碱地治理的成本和风险。

(ii) 技术不足：技术不足是影响盐碱土治理技术和策略效率和效果的重要因素。在尼罗河三角洲，由于缺乏适合当地条件的盐碱土治理技术和策略，以及缺乏有效的技术推广和转化机制，盐碱土治理技术和策略的应用范围和水平有限。同时，由于缺乏对盐碱地治理过程中的土壤、水、植物等要素的监测和评估，盐碱土治理技术和策略的调整和优化困难。

(iii) 政策不力：政策不力是制约盐碱土治理技术和策略的实施和发展的重要因素。在尼罗河三角洲，由于缺乏统一和协调的盐碱地治理政策体系，以及缺乏有效的政策执行和监督机制，盐碱地治理政策的落实和执行存在障碍。同时，由于缺乏对盐碱地治理利益相关者的充分参与和沟通，盐碱地治理政策的制定和实施存在冲突和抵触。

(iv) 环境变化：环境变化是加剧盐碱地问题和影响盐碱土治理技术和策略的重要因素。在尼罗河三角洲，气候变暖、海平面上升、降水减少等因素，导致土壤蒸发增加、海水入侵加剧、灌溉需求增加等现象，从而加重了土壤盐渍化和碱化程度。同时，水资源短缺、水质恶化、水环境污染等因素，导致灌溉水质下降、排水水质恶化、排水量减少等现象，从而影响了土壤改良和冲洗效果。

12.4.4 评价尼罗河三角洲治理技术和策略的有效性和可持续性

尼罗河三角洲盐碱土治理的技术和策略有多种，包括工程措施、农业实践、生物方法和社会经济干预等。这些技术和策略在不同的区域和条件下有不同的效果和影响，需要进行综合评价，以确定其有效性和可持续性。

评价尼罗河三角洲盐碱土治理技术和策略的有效性和可持续性，需要考虑以下几个方面[93,94,97,117-119]。

(1) 盐碱土治理的目标和指标，如土壤含盐量的降低、作物产量的提高、农民收入的增加、环境质量的改善等。这些目标和指标应具有可量化、可比较、可追溯的特征，以便进行客观和科学的评价。

(2) 盐碱土治理的成本和收益，如投入的资金、人力、物力、时间等，以及产生的经济、社会、环境等方面的收益。这些成本和收益应进行合理的核算和分析，以确定盐碱土治理的成本效益比和回报率。

(3) 盐碱土治理的风险和影响，如可能出现的技术故障、管理失误、自然灾害、市场波动等，以及对土壤、水资源、生态系统、人类健康等方面的影响。这些风险和影响应进行充分的识别和评估，以确定盐碱土治理的风险收益比和影响系数。

(4) 盐碱土治理的适应性和可持续性，如能否适应不同的土壤类型、气候条件、作物品种、农民需求等，以及能否长期保持或提高盐碱土治理的效果和收益。这些适应性和可持续性应进行动态的监测和评价，以确定盐碱土治理的适宜性和持久性。

评价尼罗河三角洲盐碱土治理技术和策略的有效性和可持续性，需要采用多种方法和工具，如实地调查、样品分析、模型模拟、遥感监测、地理信息系统等。这些方法和工具应结合定量和定性的数据和信息，以进行全面和深入的评价。

12.4.5　识别实施治理技术和策略的关键驱动因素和障碍

尼罗河三角洲盐碱土治理技术和策略的实施，受到多种因素的影响，有些因素是促进的，有些因素是阻碍的。识别这些因素的性质、程度和作用机制，对于制定合理的治理方案和提高治理效率具有重要的意义。

实施治理技术和策略的关键驱动因素和障碍，主要包括以下几个方面[93,94,97,120]。

(1) 技术因素，如治理技术的可用性、可行性、适应性、成本效益等。技术因素是影响治理技术和策略实施的基础性因素，决定了治理技术和策略的选择范围和潜在效果。通常，技术水平越高，治理效果越好，但同时也可能带来更高的成本和风险。

(2) 管理因素，如治理管理的组织、协调、监督、评估等。管理因素是影响治理技术和策略实施的过程性因素，决定了治理技术和策略的执行质量和效率。通常，管理水平越高，治理效果越好，但同时也可能带来更多的复杂性和不确定性。

(3) 政策因素，如治理政策的制定、实施、监督、评估等。政策因素是影响治理技术和策略实施的制度性因素，决定了治理技术和策略的合法性和合理性。通常，政策水平越高，治理效果越好，但同时也可能带来更多的约束和冲突。

(4) 社会经济因素，如农民的意识、态度、行为、收入等。社会经济因素是影响治理技术和策略实施的人文性因素，决定了治理技术和策略的可接受性和可持续性。通常，社会经济水平越高，治理效果越好，但同时也可能带来更多的需求和期待。

实施治理技术和策略的关键驱动因素和障碍，需要进行系统的分析和评价，以确定各个因素之间的相互作用和相对重要性，并根据不同的情境和目标，制定相应的优化措施和应对策略。

12.4.6　分析尼罗河三角洲经验的最佳实践和经验教训

尼罗河三角洲盐碱土治理的经验，可以为其他类似的区域和情境提供一些有益的参考和借鉴。分析尼罗河三角洲经验的最佳实践和经验教训，可以帮助我们总结和提炼出一些有效的原则和方法，以指导和促进盐碱土治理的发展和创新。

分析尼罗河三角洲经验的最佳实践和经验教训，主要包括以下几个方面[93,94,97,121-124]。

(1) 最佳实践，指在尼罗河三角洲盐碱土治理过程中，表现出较好效果和较高收益的技术和策略，以及与之相配套的管理和政策措施。最佳实践可以反映出尼罗河三角洲盐碱土治理的成功因素和优势，以及其背后的理论依据和实践经验。例如，在尼罗河三角洲，使用石膏($CaSO_4 \cdot 2H_2O$)改良剂结合间歇淋洗是一种常用的治理盐碱土的方法；使用沟灌和水稻种植是另外两种适应和缓解盐碱土积累的方法；利用耐盐植物和生物肥料是一种利用边际土壤和水资源的生物方法；加强农民组织和政策是一种增强社会经济干预的方法。

(2) 经验教训，指在尼罗河三角洲盐碱土治理过程中，遇到的一些问题和困难，以及导致这些问题和困难的原因和影响。经验教训可以反映出尼罗河三角洲盐碱土治理的挑战和不足，以及其背后的制约因素和风险因素。例如，在尼罗河三角洲，灌溉水、地下水、地表水、工业废水等多种水源的混合使用，导致了土壤盐分的复杂性和多变性；缺乏有效的排水系统，导致了土壤水分的过剩和积聚；气候变化、海平面上升、海水入侵等自然因素，导致了土壤盐分的增加和波动；农民意识、收入、需求等社会经济因素，导致了治理技术和策略的可接受性和可持续性的降低。

分析尼罗河三角洲经验的最佳实践和经验教训，需要进行比较和评价，以确定各个技术和策略在不同区域和条件下的适用性和效果，并根据不同的目标和需求，提出相应的建议和改进措施。

12.5　全球盐碱地治理技术的比较分析

不同地区和不同背景下的盐碱土治理技术有何异同？哪些技术更适合特定的情况？本节将对全球盐碱土治理技术进行比较分析，从工程措施、农艺措施、生物措施和社会经济措施四个方面进行横向和纵向的对比，揭示不同技术的优势和局限，为盐碱土治理提供参考和借鉴。

12.5.1　不同地区和环境下处理方法的比较

盐碱土是指含有大量可溶性盐分，影响种子发芽和植物生长的土壤。盐碱土的形成和分布与气候、水文、地质、土壤和人类活动等因素有关。不同地区和环境下，盐碱土的类型、程度、成因和影响因素也不尽相同，因此，需要根据具体情况选择合适的处理方法和策略。

根据本章前面介绍的四个典型地区(巴基斯坦印度河流域、西班牙埃布罗河三角洲、阿根廷潘帕斯地区和埃及尼罗河三角洲)的盐碱土处理技术，可以将其归纳为以下几种主要方法(表 12-7)[9,14,33,37,41,62,73,93,94,97,121,125-128]。

(1) 冲洗法：通过灌溉或降水，向土壤中添加大量优质水，将多余的盐分从根层以下冲走。这是一种最常用也最有效的处理方法，但需要有充足的水源和良好的排水条件。

(2) 改良剂法：通过施用石膏、磷石膏、粉煤灰、氯化物、盐酸等改良剂，改善土壤结构，增加土壤透水性，促进盐分迁移和淋洗。这是一种辅助性的处理方法，通常与冲洗法结合使用，以提高效果。

(3) 生物法：通过种植耐盐植物和草本植物，利用其吸收和排泄盐分的能力，降低土壤含盐量，同时改善土壤肥力和生态环境。这是一种低成本且环保的处理方法，但需要选择适应性强且经济价值高的植物品种。

(4) 综合法：通过综合运用水利措施(灌溉排水系统、淋洗、防渗等)、农业耕作措施(平整土地、深翻耙地、换土、增施绿肥、节水灌溉、轮作、间作等)、生物措施(耐盐植物和草本植物、养鱼、农田防护林、容器种植等)、化学措施(施用改良剂等)等多种技术手段，综合治理盐碱土。这是一种针对复杂情况的处理方法，需要根据不同因素进行优化组合。

表 12-7　四个地区采用的主要处理方法及其特点

地区	处理方法	特点
印度河流域	综合法	以冲洗法为主，结合改良剂法和生物法，建立灌溉排水系统，种植耐盐作物
埃布罗河三角洲	生物法	以生物法为主，利用海水灌溉耐盐作物，种植盐生植物，恢复湿地生态
潘帕斯地区	改良剂法	以改良剂法为主，施用石膏和粉煤灰，改善土壤结构，增加土壤透水性
尼罗河三角洲	冲洗法	以冲洗法为主，利用尼罗河水淋洗盐分，建立排水沟渠，防止地下水上升

12.5.2　影响技术选择和效果的因素分析

选择和实施盐碱土处理技术时，需要考虑多种因素，包括盐碱土的类型、程度、成因、分布、物理化学特性、生物特性等，以及处理技术的可行性、有效性、经济性、环境友好性等。这些因素之间相互影响，共同决定了处理技术的选择和效果。以下对这些因素进行分析[12,17,71,129-132]。

(1) 盐碱土的类型：根据土壤中交换性钠百分比(ESP)，盐碱土可以分为非钠盐碱土(ESP<15%)、钠盐碱土(ESP>15%)和钙盐碱土(ESP<15%，但含有大量可溶性钙盐)。不同类型的盐碱土对处理技术的适应性和反应性不同。例如，非钠盐碱土通常可以通过冲洗法有效地降低含盐量，而钠盐碱土则需要结合改良剂法，以改善土壤结构和透水性，促进盐分迁移和淋洗。

(2) 盐碱土的程度：根据土壤饱和提取液的电导率(EC)，盐碱土可以分为轻度(EC<4 dS/m)、中度(4 dS/m<EC<8 dS/m)和重度(EC >8 dS/m)。不同程度的盐碱土对处理技术的需求和效果不同。例如，轻度盐碱土通常可以通过种植耐盐作物或改变耕作方式来减轻盐害，而中度或重度盐碱土则需要通过大量淋洗或施用改良剂来降低含盐量。

(3) 盐碱土的成因：根据盐分来源和形成过程，盐碱土可以分为原生(自然形成)和继生(人为干扰)两种。不同成因的盐碱土对处理技术的难易程度和持久性不同。例如，原生盐碱土通常气候、水文、地质等自然因素导致，难以彻底消除，只能通过适应或缓解措施来减少其影响，而继生盐碱土则可以通过改变人类活动或管理方式来避免或减少其发生。

(4) 盐碱土的分布：根据空间范围和位置，盐碱土可以分为局部或广泛、表层或深层、内陆或沿海等类型。不同分布的盐碱土对处理技术的可行性和成本效益不同。例如，局部或表层的盐碱土通常可以通过局部淋洗或换土等方法来处理，而广泛或深层的盐碱土则需要通过建立灌溉排水系统或种植防护林等方法来处理。内陆的盐碱土通常由降水不足或地下水上升导致，需要通过节水灌溉或排水沟渠等方法来处理，而沿海的盐碱土则由海水入侵或风沙飞扬导致，需要通过防潮堤或盐生植物等方法来处理。

(5) 盐碱土的物理化学特性：根据土壤的颗粒大小、孔隙度、有机质含量、pH、阳离子交换容量(CEC)等指标，盐碱土的物理化学特性有所差异。不同物理化学特性的盐碱土对处理技术的响应速度和效果不同。例如，粗粒或高孔隙度的盐碱土通常具有较高的透水性和排水性，易于通过冲洗法降低含盐量，而细粒或低孔隙度的盐碱土则具有较低的透水性和排水性，需要通过改良剂法或生物法改善土壤结构。高有机质含量或低 pH 的盐碱土通常具有较高的 CEC，能够缓冲盐分的影响，而低有机质含量或高 pH 的盐碱土则具有较低的 CEC，容易受到盐分的影响。

(6) 盐碱土的生物特性：根据土壤中存在的微生物、植物、动物等生物，盐碱土的生物特性有所差异。不同生物特性的盐碱土对处理技术的协同作用和环境影响不同。例如，土壤中存在的某些微生物可以分解有机质，增加土壤肥力，或者可以分泌胞外多糖，增加土壤稳定性，从而有利于盐碱土的处理。土壤中存在的某些植物可以吸收或排泄盐分，降低土壤含盐量，或者可以覆盖土壤表面，减少水分蒸发，从而有利于盐碱土的处理。土壤中存在的某些动物可以改变土壤结构，增加土壤透气性和透水性，或者可以提供有机质和营养素，增加土壤肥力，从而有利于盐碱土的处理。

综上所述，影响盐碱土处理技术选择和效果的因素是多方面和复杂的，需要根据具体情况进行综合评估和优化设计，以实现盐碱土治理的可持续发展。

12.5.3　研究和发展需求及建议

盐碱土处理技术的发展和应用，需要有科学的理论基础、先进的技术手段、完善的政策支持和广泛的社会参与。为了实现盐碱土治理的可持续发展，需要在以下几个方面加强研究和发展[12,71,132,133]。

(1) 盐碱土的监测和评估：建立全球盐碱土的动态监测和评估系统，利用遥感、地理信息系统、大数据等技术，实时更新盐碱土的分布、类型、程度、成因、影响等信息，为盐碱土处理技术的选择和效果评价提供科学依据。

(2) 盐碱土的机制和模型：深入研究盐碱土的形成和演变机制，揭示盐分在土壤中的迁移、转化、积累等过程，建立盐碱土的数学模型和模拟系统，预测盐碱土在不同情景下的变化趋势，为盐碱土处理技术的优化设计和调整提供理论指导。

(3) 盐碱土的处理技术：开发新型的盐碱土处理技术，如正渗透法、生物修复法、环境功能材料法等，提高盐碱土处理技术的效率、经济性、环境友好性等，探索综合利用盐碱土资源的途径和方法，如种植耐盐作物、养殖耐盐动物等，实现盐碱土治理与生态修复相结合。

(4) 盐碱土的政策支持：制定和完善有关盐碱土治理的法律法规、标准规范、政策措施等，加大对盐碱土治理的资金投入和人才培养，建立多方参与的协调机制和激励机制，促进盐碱土治理的社会化和市场化，提高盐碱土治理的可操作性和可持续性。

综上所述，针对全球盐碱土治理面临的挑战和机遇，需要从多个层面进行研究和发展，以期实现盐碱土治理与农业生产、生态环境、社会经济等多方面的协调发展。

12.6　总结与展望

本章从不同地区和背景的角度，介绍了盐碱土处理技术的现状、特点、效果、优缺点等，对全球盐碱土治理的经验和教训进行了比较分析，并对影响技术选择和效果的因素以及研究和发展的需求和建议进行了探讨。以下是本章的主要总结和展望[2,129,134-138]。

(1) 土壤盐碱化是一类重要的土壤退化问题，严重影响农业生产、生态环境、社会经济等多方面的可持续发展。根据不同地区和背景的盐碱土的类型、程度、成因、分布、物理化学特性、生物特性等，需要采用不同的处理技术和措施，以实现盐碱土治理的目标。

(2) 盐碱土处理技术主要包括水利措施、农业耕作措施、生物措施、化学措施和综合措施等，各有其适用范围和条件，也有其优势和局限。在选择和实施盐碱土处理技术时，需要综合考虑技术的可行性、有效性、经济性、环境友好性等因素，以达到最佳的效果。

(3) 盐碱土处理技术之间存在一定的通用性和特殊性，一些技术可以应用于不同地区和国家，发挥通用技术的作用，如各种肥料的施用、微生物发酵技术、土壤耕作和加工技术、灌溉排水系统和盐渍物清洗技术、种植耐盐植物等；一些技术则需要针对特定地区和国家，发挥特殊技术的作用，如正渗透法、生物修复法、环境功能材料法等。

(4) 盐碱土处理技术的选择和效果受到多种因素的影响，包括盐碱土的类型、程度、成因、分布、物理化学特性、生物特性等，以及处理技术的可行性、有效性、经济性、环境友好性等。这些因素之间相互影响，共同决定了处理技术的优化设计和调整。

(5) 盐碱土处理技术的发展和应用需要有科学的理论基础、先进的技术手段、完善的政策支持和广泛的社会参与。为了实现盐碱土治理的可持续发展，需要在以下几个方面加强研究和发展：盐碱土的监测和评估、盐碱土的机制和模型、盐碱土的处理技术；盐碱土的政策支持。

本章旨在为全球盐碱土治理提供一个参考框架，希望能够促进相关领域的交流与合作，推动盐碱土治理与农业生产、生态环境、社会经济等多方面的协调发展。

参 考 文 献

[1] Gupta R K, Abrol I P. Salt-affected soils: their reclamation and management for crop production//Lal R, Stewart B A. Advances in Soil Science. New York: Springer, 1990: 223-288.

[2] Sharma B R, Minhas P S. Strategies for managing saline/alkali waters for sustainable agricultural production in South Asia. Agricultural Water Management, 2005，78(1-2): 136-151.

[3] Mitchell M, Catherine A, Jay P S, et al. Living with salinity in the Indus Basin: SRA 2: Final report. Australia: ACIAR, 2019: 102.

[4] Qureshi A S, Perry C. Managing water and salt for sustainable agriculture in the Indus basin of Pakistan. Sustainability, 2021, 13(9): 5303.

[5] Shahid S A, Zaman M, Heng L E. Soil salinity: historical perspectives and a world overview of the

problem//Zaman M, Shahid S A, Heng L. Guideline for Salinity Assessment, Mitigation and Adaptation Using Nuclear and Related Techniques. Cham: Springer International Publishing, 2018: 43-53.

[6] Zhang H. Reclaiming slick-spots and salty soils. Oklahoma Cooperative Extension Service, 2009.

[7] Solangi G S, Siyal A A, Babar M M, et al. Spatial analysis of soil salinity in the Indus River Delta, Pakistan. Engineering, Technology & Applied Science Research, 2019, 9(3): 4271-4275.

[8] Ruto E, Tzemi D, Gould I, et al. Economic impact of soil salinization and the potential for saline agriculture//Negacz K, Vellinga P, Barrett-Lennard E, et al. Future of Sustainable Agriculture in Saline Environments. Florida: CRC Press, 2021: 93-114.

[9] Qureshi A S, McCornick P G, Qadir M, et al. Managing salinity and waterlogging in the Indus Basin of Pakistan. Agricultural Water Management, 2008, 95(1): 1-10.

[10] Kumar P, Sharma P K. Soil salinity and food security in India. Frontiers in Sustainable Food Systems, 2020, 4: 533781.

[11] Archer D R, Forsythe N, Fowler H J, et al. Sustainability of water resources management in the Indus Basin under changing climatic and socio economic conditions. Hydrology and Earth System Sciences, 2010, 14(8): 1669-1680.

[12] Hassani A, Azapagic A, Shokri N. Global predictions of primary soil salinization under changing climate in the 21st century. Nature Communications, 2021, 12(1): 6663.

[13] Basharat M, Rizvi S A. Irrigation and drainage efforts in Indus basin: a review of past, present and future requirements. 2nd World Irrigation Forum, 2016.

[14] Qureshi A S, McCornick P G, Sarwar A, et al. Challenges and prospects of sustainable groundwater management in the Indus Basin, Pakistan. Water Resources Management, 2010, 24(8): 1551-1569.

[15] Ahmad M U D, Masih I, Giordano M. Constraints and opportunities for water savings and increasing productivity through resource conservation technologies in Pakistan. Agriculture, Ecosystems & Environment, 2014, 187: 106-115.

[16] Zhou B Y, Sun X F, Wang D, et al. Integrated agronomic practice increases maize grain yield and nitrogen use efficiency under various soil fertility conditions. The Crop Journal, 2019, 7(4): 527-538.

[17] Havlin J, Heiniger R. Soil fertility management for better crop production. Agronomy, 2020, 10(9): 1349.

[18] Kombiok J M, Buah S S J, Sogbedji J M. Enhancing soil fertility for cereal crop production through biological practices and the integration of organic and in-organic fertilizers in northern savanna zone of Ghana//Issaka R N. Soil Fertility. Temse: InTech, 2012: 1-30.

[19] Marcar N, Crawford D, Leppert P, et al. Trees for Saltland: a Guide to Selecting Native Species for Australia. Melbourne: CSIRO Publishing, 1995: 7-70.

[20] Barrett-Lennard E G. Restoration of saline land through revegetation. Agricultural Water Management, 2002, 53(1-3): 213-226.

[21] Basharat M. Water management in the Indus basin in Pakistan: challenges and opportunities//Khan S I, Adams T E. Indus River Basin: Water Security and Sustainability. Amsterdam: Elsevier, 2019: 375-388.

[22] Murtaza G, Ghafoor A, Owens G, et al. Environmental and economic benefits of saline-sodic soil reclamation using low-quality water and soil amendments in conjunction with a rice-wheat cropping system. Journal of Agronomy and Crop Science, 2009, 195(2): 124-136.

[23] Khan S I, Adams T E. Indus River Basin: Water Security and Sustainability. Academic: Elsevier, 2019.

[24] Qadir M, Quillérou E, Nangia V, et al. Economics of salt-induced land degradation and restoration. Natural Resources Forum, 2014, 38(4): 282-295.

[25] Singh R, Garg K K, Wani S P, et al. Impact of water management interventions on hydrology and ecosystem services in Garhkundar-Dabar watershed of Bundelkhand region, Central India. Journal of

Hydrology, 2014, 509: 132-149.

[26] Habib Z. Policy and strategic lessons from the evolution of water management in the Indus Basin Pakistan. 2010.

[27] Arora S, Singh A K, Singh Y P. Bioremediation of Salt Affected Soils: an Indian Perspective. Lucknow: Springer, 2017.

[28] Causapé J, Quílez D, Aragüés R. Irrigation efficiency and quality of irrigation return flows in the Ebro River Basin: an overview. Environmental Monitoring and Assessment, 2006, 117: 451-461.

[29] Barceló D, Petrovic M. The Ebro River Basin. Barcelona: Springer Science & Business Media, 2011: 1-425.

[30] Genua-Olmedo A, Alcaraz C, Caiola N, et al. Sea level rise impacts on rice production: the Ebro Delta as an example. Science of the Total Environment, 2016, 571: 1200-1210.

[31] Bech J, Roca N, López-Pancorbo, et al. Uranium levels in Ebro Delta topsoils (NE Spain)//EGU General Assembly Conference Abstracts, 2012.

[32] Ibáñez C, Caiola N, Belmar O. Environmental flows in the lower Ebro River and Delta: current status and guidelines for a holistic approach. Water, 2020, 12(10): 2670.

[33] Ibáñez C, Sharpe P J, Day J W, et al. Vertical accretion and relative sea level rise in the Ebro Delta wetlands (Catalonia, Spain). Wetlands, 2010, 30: 979-988.

[34] López-Pancorbo A, Bech J, Fernández-Sánchez R, et al. Assessment of Uranium levels in rice and soils from the Ebro Delta (NE Spain)//Proceeding of the Eurosoil Congress, 2011.

[35] Day J W, Ibáñez C, Pont D, et al. Status and sustainability of Mediterranean deltas: the case of the Ebro, Rhône, and Po deltas and Venice lagoon//Wolanski E, Day J W, Elliott M, et al. Coasts and Estuaries. Amsterdam: Elsevier, 2019: 237-249.

[36] Genua-Olmedo A, Temmerman S, Ibáñez C, et al. Evaluating adaptation options to sea level rise and benefits to agriculture: the Ebro Delta showcase. Science of the Total Environment, 2022, 806: 150624.

[37] Genua Olmedo A. Modelling sea level rise impacts and the management options for rice production: the Ebro delta as an example. Tarragona, 2017.

[38] Liu C, Cui B, Wang J, et al. Does short-term combined irrigation using brackish-reclaimed water cause the risk of soil secondary salinization?. Plants, 2022, 11(19): 2552.

[39] Hoitink A J F, Jay D A. Tidal river dynamics: implications for deltas. Reviews of Geophysics, 2016, 54(1): 240-272.

[40] 赵巧珍，丁建丽，韩礼敬，等. MODIS 和 Landsat 时空融合影像在土壤盐渍化监测中的适用性研究：以渭干河-库车河三角洲绿洲为例. 干旱区地理, 2022, 45(4): 1155-1164.

[41] Grases A, Gracia V, García-León M, et al. Coastal flooding and erosion under a changing climate: implications at a low-lying Coast (Ebro Delta). Water, 2020, 12(2): 346.

[42] Mutahara M. Turning the tide?: the role of participation and learning in strengthening Tidal River management in the Bangladesh Delta. Wageningen: Wageningen University and Research, 2018.

[43] Feng M. Applied technique for comprehensive control of seawater intrusion. The Chinese Journal of Geological, 2000, 24(6): 352-356.

[44] Gutiérrez F, Benito-Calvo A, Carbonel D, et al. Review on sinkhole monitoring and performance of remediation measures by high-precision leveling and terrestrial laser scanner in the salt Karst of the Ebro Valley, Spain. Engineering Geology, 2019, 248: 283-308.

[45] Roca E, Villares M. Public perceptions of managed realignment strategies: The case study of the Ebro Delta in the Mediterranean basin. Ocean & Coastal Management, 2012, 60: 38-47.

[46] Petchimuthu Christy N M, Murugaragavan R, Ramachandran J, et al. Saline soil reclamation. Biotica Research Today, 2020, 2(10): 1070-1072.

[47] Sun R, Wang X, Tian Y, et al. Long-term amelioration practices reshape the soil microbiome in a coastal saline soil and alter the richness and vertical distribution differently among bacterial, archaeal, and fungal communities. Frontiers in Microbiology, 2021, 12: 768203.

[48] Ibáñez C, Caiola N. Ebro Delta (Spain)//Finlayson C, Milton G, Prentice R, et al. The Wetland Book. Dordrecht: Springer Netherlands, 2016: 1-9.

[49] Bosch-Orea C, Sanchís J, Barceló D, et al. Ultra-trace determination of domoic acid in the Ebro Delta estuary by SPE-HILIC-HRMS. Analytical Methods, 2020, 12(15): 1966-1974.

[50] Finlayson C, Milton G, Prentice R, et al. The Wetland Book Ⅱ: Distribution, Description and Conservation. Dordrecht: Springer Netherlands, 2018: 2027.

[51] Miracle J M. Extra cost of saline ground water treatment: case of Llobregat River Delta (Spain). Developments in Water Science, 1989, 39: 279-293.

[52] Marathe D, Singh A, Raghunathan K, et al. Current available treatment technologies for saline wastewater and land-based treatment as an emerging environment-friendly technology: a review. Water Environment Research, 2021, 93(11): 2461-2504.

[53] Thaker P, Brahmbhatt N, Shah K. A review: impact of soil salinity on ecological, agricultural and socio-economic concerns. International Journal of Advanced Research, 2021, 9: 979-986.

[54] Albizua A, Zografos C. A values-based approach to vulnerability and adaptation to climate change. Applying Q methodology in the Ebro Delta, Spain. Environmental Policy and Governance, 2014, 24(6): 405-422.

[55] Chávez-García E, Siebe C. Rehabilitation of a highly saline-sodic soil using a rubble barrier and organic amendments. Soil and Tillage Research, 2019, 189: 176-188.

[56] Castañeda C, Herrero J, Nogués J. Soils of barbués and torres de barbués, Ebro Basin, NE Spain. Journal of Maps, 2017, 13(2): 47-54.

[57] Galve J P, Gutiérrez F, Lucha P, et al. Sinkholes in the salt-bearing evaporite Karst of the Ebro River valley upstream of Zaragoza city (NE Spain): geomorphological mapping and analysis as a basis for risk management. Geomorphology, 2009, 108(3-4): 145-158.

[58] Dinar A, Quinn N W T. Developing a decision support system for regional agricultural nonpoint salinity pollution management: application to the San Joaquin River, California. Water, 2022, 14(15): 2384.

[59] Tedeschi A, Beltrán A, Aragüés R. Irrigation management and hydrosalinity balance in a semi-arid area of the middle Ebro river basin (Spain). Agricultural Water Management, 2001, 49(1): 31-50.

[60] Belenguer-Manzanedo M, Rochera C, Alcaraz C, et al. Disentangling drivers of soil organic carbon storage in deltaic rice paddies from the Ebro Delta. CATENA, 2023, 228: 107131.

[61] Rovira A, Ibàñez C. Sediment management options for the lower Ebro River and its delta. Journal of Soils and Sediments, 2007, 7: 285-295.

[62] Imbellone P A, Taboada M A, Damiano F, et al. Genesis, properties and management of salt-affected soils in the flooding pampas, *Argentina*//Taleisnik E, Lavado R S. Saline and Alkaline Soils in Latin America: Natural Resources, Management and Productive Alternatives. Cham: Springer, 2020: 191-208.

[63] Lavado R S, Taboada M A. The Argentinean Pampas: a key region with a negative nutrient balance and soil degradation needs better nutrient management and conservation programs to sustain its future viability as a world agroresource. Journal of Soil and Water Conservation, 2009, 64(5): 150A-153A.

[64] Jobbágy E G, Giménez R, Marchesini V, et al. Salt accumulation and redistribution in the dry plains of southern South America: lessons from land use changes//Taleisnik E, Lavado R S. Saline and Alkaline Soils in Latin America: Natural Resources, Management and Productive Alternatives. Cham: Springer, 2020: 51-70.

[65] Spennemann P C, Fernández-Long M E, Gattinoni N N, et al. Soil moisture evaluation over the Argentine Pampas using models, satellite estimations and *in situ* measurements. Journal of Hydrology: Regional Studies, 2020, 31: 100723.

[66] Milione G M, Mujica C R, Daguer D D, et al. Influence of soil texture, climate and vegetation cover on secondary soil salinization in Pampas plains, South America. Cerne, 2020, 26: 212-221.

[67] Nosetto M D, Jobbágy E G, Paruelo J M. Land-use change and water losses: the case of grassland afforestation across a soil textural gradient in central *Argentina*. Global Change Biology, 2005, 11(7): 1101-1117.

[68] Berthrong S T, Jobbágy E G, Jackson R B. A global meta-analysis of soil exchangeable cations, pH, carbon, and nitrogen with afforestation. Ecological Applications, 2009, 19(8): 2228-2241.

[69] Aramburu Merlos F, Monzon J P, Mercau J L, et al. Potential for crop production increase in *Argentina* through closure of existing yield gaps. Field Crops Research, 2015, 184: 145-154.

[70] Dubois O. The state of the world's land and water resources for food and agriculture: managing systems at risk. Rome: Earthscan, 2011.

[71] Mukhopadhyay R, Sarkar B, Jat H S, et al. Soil salinity under climate change: challenges for sustainable agriculture and food security. Journal of Environmental Management, 2021, 280: 111736.

[72] Havrylenko S B, Bodoque J M, Srinivasan R, et al. Assessment of the soil water content in the Pampas region using SWAT. CATENA, 2016, 137: 298-309.

[73] Taboada M A, Damiano F, Cisneros J M, et al. Origin, management and reclamation technologies of salt-affected and flooded soils in the inland pampas of *Argentina*//Taleisnik E, Lavado R S. Saline and Alkaline Soils in Latin America: Natural Resources, Management and Productive Alternatives. Cham: Springer, 2020: 209-228.

[74] Lal R. Carbon sequestration in saline soils. Journal of Soil Salinity and Water Quality, 2010, 1: 30-40.

[75] Bedano J C, Domínguez A. Large-scale agricultural management and soil meso- and macrofauna conservation in the Argentine Pampas. Sustainability, 2016, 8(7): 653.

[76] Barral M P, Oscar M N. Land-use planning based on ecosystem service assessment: a case study in the Southeast Pampas of *Argentina*. Agriculture, Ecosystems & Environment, 2012, 154: 34-43.

[77] Carbonetto B, Rascovan N, Álvarez R, et al. Structure, composition and metagenomic profile of soil microbiomes associated to agricultural land use and tillage systems in Argentine Pampas. PLoS One, 2014, 9(6): e99949.

[78] Taleisnik E, Lavado R S. Saline and Alkaline Soils in Latin America. Buenos Aires: Springer, 2021.

[79] Angelini M E, Heuvelink G B M, Kempen B, et al. Mapping the soils of an Argentine Pampas region using structural equation modelling. Geoderma, 2016, 281: 102-118.

[80] Munns R, Tester M. Mechanisms of salinity tolerance. Annual Review of Plant Biology, 2008, 59: 651-681.

[81] Piquer-Rodríguez M, Butsic V, Gärtner P, et al. Drivers of agricultural land-use change in the Argentine Pampas and *Chaco* regions. Applied Geography, 2018, 91: 111-122.

[82] Cabrini S M, Portela S I, Cano P B, et al. Heterogeneity in agricultural land use decisions in Argentine Rolling Pampas: the effects on environmental and economic indicators. Cogent Environmental Science, 2019, 5(1): 1667709.

[83] Cabrini S M, Calcaterra C P. Modeling economic-environmental decision making for agricultural land use in Argentinean Pampas. Agricultural Systems, 2016, 143: 183-194.

[84] García G A, Venturini V, Brogioni M, et al. Soil moisture estimation over flat lands in the Argentinian Pampas region using Sentinel-1A data and non-parametric methods. International Journal of Remote

Sensing, 2019, 40: 3689-3720.
[85] Ghazaryan K A, Gevorgyan G A, Movsesyan H S, et al. Soil salinization in the agricultural areas of Armenian semi-arid regions: case study of masis region. Proceedings of the YSU B: Chemical and Biological Sciences, 2020, 54(2): 159-167.
[86] Cuevas J, Daliakopoulos I N, del Moral F, et al. A review of soil-improving cropping systems for soil salinization. Agronomy, 2019, 9(6): 295.
[87] Stavi I, Thevs N, Priori S. Soil salinity and sodicity in drylands: a review of causes, effects, monitoring, and restoration measures. Frontiers in Environmental Science, 2021, 9: 712831.
[88] Singh A. Soil salinization management for sustainable development: a review. Journal of Environmental Management, 2021, 277: 111383.
[89] Marconato U, Fernández R J, Posse G. Cropland net ecosystem exchange estimation for the inland Pampas (*Argentina*) using EVI, land cover maps, and eddy covariance fluxes. Frontiers in Soil Science, 2022, 2: 903544.
[90] Mishra A K, Das R, George R K, et al. Promising management strategies to improve crop sustainability and to amend soil salinity. Frontiers in Environmental Science, 2023, 10: 962581.
[91] Mohanavelu A, Naganna S R, Al-Ansari N. Irrigation induced salinity and sodicity hazards on soil and groundwater: an overview of its causes, impacts and mitigation strategies. Agriculture, 2021, 11(10): 983.
[92] Allbed A, Kumar L. Soil salinity mapping and monitoring in arid and semi-arid regions using remote sensing technology: a review. Advances in Remote Sensing, 2013, 2(4): 41262.
[93] Hammam A A, Mohamed E S. Mapping soil salinity in the East Nile Delta using several methodological approaches of salinity assessment. The Egyptian Journal of Remote Sensing and Space Science, 2020, 23(2): 125-131.
[94] Kotb T H S, Watanabe T, Ogino Y, et al. Soil salinization in the Nile Delta and related policy issues in Egypt. Agricultural Water Management, 2000, 43(2): 239-261.
[95] Aziz S A, Zeleňáková M, Mésároš P, et al. Assessing the potential impacts of the Grand Ethiopian Renaissance Dam on water resources and soil salinity in the Nile Delta, Egypt. Sustainability, 2019, 11(24): 7050.
[96] Metternicht G, Zinck A. Remote Sensing of Soil Salinization: Impact on Land Management. Boca Raton: CRC Press, 2008.
[97] Mohamed N N. Management of salt-affected soils in the Nile Delta//Negm A. The Handbook of Environmental Chemistry. Cham: Springer, 2016: 265-295.
[98] Rhoades J, Chanduvi F, Lesch S. Soil salinity assessment: methods and interpretation of electrical conductivity measurements. FAO, 1999.
[99] Shaddad S M, Buttafuoco G, Castrignanò A. Assessment and mapping of soil salinization risk in an Egyptian field using a probabilistic approach. Agronomy, 2020, 10(1): 85.
[100] Abdel Kawy W M, Ali R R. Assessment of soil degradation and resilience at northeast Nile Delta, Egypt: the impact on soil productivity. The Egyptian Journal of Remote Sensing and Space Science, 2012, 15(1): 19-30.
[101] Abdel-Fattah M K, Abd-Elmabod S K, Aldosari A A, et al. Multivariate analysis for assessing irrigation water quality: a case study of the Bahr Mouise Canal, Eastern Nile Delta. Water, 2020, 12(9): 2537.
[102] El Demerdash D, El Din Omar M, El-Din M N, et al. Development of a quality-based irrigation water security index. Ain Shams Engineering Journal, 2022, 13(5): 101735.
[103] Hosseinzade Z, Pagsuyoin S A, Ponnambalam K, et al. Decision-making in irrigation networks: selecting appropriate canal structures using multi-attribute decision analysis. Science of the Total

Environment, 2017, 601: 177-185.
[104] Habash A S H H, El-Molla A M, Shaban M S M A, et al. Tailor-made protocol for assessing water quality of irrigation canals: case study of El-Nubaria canal, Egypt. Water Science, 2018, 32(2): 380-399.
[105] Turner N C. Agronomic options for improving rainfall-use efficiency of crops in dryland farming systems. Journal of Experimental Botany, 2004, 55(407): 2413-2425.
[106] Farooq M, Hussain M, Ul-Allah S, et al. Physiological and agronomic approaches for improving water-use efficiency in crop plants. Agricultural Water Management, 2019, 219: 95-108.
[107] Ullah H, Santiago-Arenas R, Ferdous Z, et al. Improving water use efficiency, nitrogen use efficiency, and radiation use efficiency in field crops under drought stress: a review. Advances in Agronomy, 2019, 156: 109-157.
[108] Gregory P J. Water Use Efficiency in Plant Biology. Oxford: Blackwell, 2004: 142-170.
[109] Mohaseb M I, Kenawy M H, Shaban K A. Role of mineral and bio-fertilizers on some soil properties and rice productivity under reclaimed saline soils. Asian Soil Research Journal, 2019, 2(1): 1-12.
[110]Shaban K A, Mahmoud A A, Mansour A, et al. Bio-fertilizer and organic manure affects rice productivity in newly reclaimed saline soil. Dynamic Soil, Dynamic Plant, 2009, 3(1): 55-60.
[111] Omer A M. Management and Development of Agricultural and Natural Resources in Egypt's Desert. Cham: Springer International Publishing, 2021: 237-263.
[112] Shu M, Yu Y, Yin M, et al. Restoration strategies for water and salt transport in saline soils: a 20-year bibliometric analysis. Soil Use and Management, 2023, 39(1): 53-69.
[113] Armistead S J, Smith C C, Staniland S S. Sustainable biopolymer soil stabilization in saline rich, arid conditions: a 'micro to macro' approach. Scientific Reports, 2022, 12(1): 2880.
[114] Van Engelen J, Verkaik J, King J, et al. A three-dimensional palaeo-reconstruction of the groundwater salinity distribution in the Nile Delta Aquifer. Hydrology and Earth System Sciences Discussions, 2019, 23(12): 5173-5198.
[115] Abd-Elziz S, Zeleňáková M, Kršák B, et al. Spatial and temporal effects of irrigation canals rehabilitation on the land and crop yields, a case study: the Nile Delta, Egypt. Water, 2022, 14(5): 808.
[116] Mansour M, Abdel-Salam A, Rashed H S A, et al. Assessment of land sustainability in different regions of the Nile Delta, Egypt, using GIS and remote sensing techniques. Annals of Agricultural Science, Moshtohor, 2022.
[117] Rashed A A, Khalifa E, Fahmy H. Paddy rice cultivation in irrigated water managed saline sodic lands under reclamation, Egypt. International Drainage Workshop, 2003.
[118] Abu-Zeid K M. A GIS multi-criteria expert decision support system for water resources management. Coloraclo: Coloraclo State University, 1994.
[119] Brebbia C A. Water Resources Management Ⅷ. Southampton: WIT Press, 2015.
[120] Abd-Elmabod S K, Fitch A C, Zhang Z, et al. Rapid urbanisation threatens fertile agricultural land and soil carbon in the Nile delta. Journal of Environmental Management, 2019, 252: 109668.
[121] Arnous M O, Green D R. Monitoring and assessing waterlogged and salt-affected areas in the Eastern Nile Delta region, Egypt, using remotely sensed multi-temporal data and GIS. Journal of Coastal Conservation, 2015, 19(3): 369-391.
[122] Abdulaziz A M, Hurtado J J M, Al-Douri R. Application of multitemporal Landsat data to monitor land cover changes in the Eastern Nile Delta region, Egypt. International Journal of Remote Sensing, 2009, 30(11): 2977-2996.
[123] Abd El-Kawy O R, Rød J K, Ismail H A, et al. Land use and land cover change detection in the western Nile delta of Egypt using remote sensing data. Applied Geography, 2011, 31(2): 483-494.

[124] Lenney M P, Woodcock C E, Collins J B, et al. The status of agricultural lands in Egypt: the use of multitemporal NDVI features derived from Landsat TM. Remote Sensing of Environment, 1996, 56(1): 8-20.

[125] Aslam M A, Prathapar S A. Strategies to mitigate secondary salinization in the Indus basin of Pakistan: a selective review. Research Report. International Water Management Institute, 2006, 97: 1, 22.

[126] Ibàñez C, Canicio A, Day J W, et al. Morphologic development, relative sea level rise and sustainable management of water and sediment in the Ebre Delta, Spain. Journal of Coastal Conservation, 1997, 3: 191-202.

[127] Chaneton E J, Lavado R S. Soil nutrients and salinity after long-term grazing exclusion in a flooding *Pampa* grassland. Rangeland Ecology & Management/Journal of Range Management, 1996, 49(2): 182-187.

[128] Nosetto M D, Acosta A M, Jayawickreme D H, et al. Land-use and topography shape soil and groundwater salinity in central *Argentina*. Agricultural Water Management, 2013, 129: 120-129.

[129] Bauder T A, Davis J G, Waskom R M. Managing saline soils. Service in Action, No.0.503, 2004.

[130] O'Geen A. Drought tip: reclaiming saline, sodic, and saline-sodic soils. VC Agriculture & Natural Resources, 2015.

[131] Bhardwaj A K, Rajwar D, Nagaraja M S. Soil fertility problems and management. Managing salt-affected soils for sustainable agriculture. ICAR, New Delhi, 2021: 386-407.

[132] Roy D, Rahni M, Pierre P, et al. Forward osmosis for the concentration and reuse of process saline wastewater. Chemical Engineering Journal, 2016, 287: 277-284.

[133] Luo Y M. Current research and development in soil remediation technologies. Progress in Chemistry, 2009, 21(2-3): 558.

[134] Ding Z, Kheir A M S, Ali M G M, et al. The integrated effect of salinity, organic amendments, phosphorus fertilizers, and deficit irrigation on soil properties, phosphorus fractionation and wheat productivity. Scientific Reports, 2020, 10(1): 2736.

[135] Liu L, Bai X, Jiang Z. The generic technology identification of saline-alkali land management and improvement based on social network analysis. Cluster Computing, 2019, 22: 13167-13176.

[136] Qadir M, Ghafoor A, Murtaza G. Amelioration strategies for saline soils: a review. Land Degradation & Development, 2000, 11(6): 501-521.

[137] Abrol I, Yadav J S P, Massoud F. Salt-affected soils and their management. FAO, 1988: 39.

[138] Hussain M, Ahmad S, Hussain S, et al. Rice in saline soils: physiology, biochemistry, genetics, and management. Advances in Agronomy, 2018, 148: 231-287.